KB126821

Fundamentals of
Electric Circuits

7th
Edition

Alexander의
회로이론

Fundamentals of
Electric Circuits

7th Edition

Alexander의
회로이론

심귀보 · 김대진 · 김준성 · 이기원 · 전태현
차형태 · 최병재 · 최수일 · 황석승 공역

Charles K. Alexander
Matthew N. O. Sadiku

McGraw Hill

Fundamentals of Electric Circuits, Seventh Edition

Korean Language Edition Copyright © 2021 by McGraw-Hill Education Korea, Ltd.
All rights reserved. No part of this publication may be reproduced or distributed in any form or by any means, or stored in a database or retrieval system, without prior written permission of the publisher.

2 3 4 5 6 7 8 9 10 MHE-KOREA 20 23

Original: Fundamentals of Electric Circuits, Seventh Edition
By Charles K. Alexander, Matthew N. O. Sadiku
ISBN 978-1-260-22640-9

Korean ISBN   979-11-321-0662-3   93560
Printed in Korea

Alexander의
회로이론 7th Edition

발 행 일 : 2021년 1월 27일 1쇄
2023년 2월 15일 2쇄
저   자 : Charles K. Alexander, Matthew N. O. Sadiku
역   자 : 심귀보, 김대진, 김준성, 이기원, 전태현, 차형태, 최병재, 최수일, 황석승
발 행 처 : 맥그로힐에듀케이션코리아 유한회사
발 행 인 : SHARALYN YAP LUYING(샤랄린얍루잉)
등록번호 : 제 2013−000122호(2012.12.28)
주   소 : 서울시 마포구 양화로 45, 8층 801호
(서교동, 메세나폴리스)
전   화 : (02) 325−2351
편집·교정 : (주)우일미디어디지텍
인쇄·제본 : (주)성신미디어

I S B N : 979-11-321-0662-3

판 매 처 : (주)교문사
문   의 : 031) 955−6111
가   격 : 43,000원

■ 잘못된 책은 바꾸어 드립니다.
■ 이 책은 맥그로힐에듀케이션코리아 유한회사가 한국어판에 대한 출판, 판매의 독점계약에 의해 발행한 것이므로 내용, 사진, 그림 등의 전부나 일부의 무단 복제 및 무단 전사를 금합니다.
■ 역자와의 합의 하에 인지는 생략합니다.

저자 서문

Preface

책 표지를 위해서 우주에 초점을 맞추면서, 우리는 NASA 허블 우주 망원경에서 7번째 판으로 사진을 선택했다. 그 이유는 다른 위성처럼 많은 전기 회로가 그 기능에서 중요한 역할을 하기 때문이다.

1940년대에 거대 우주 망원경으로 만들어진 허블 우주 망원경은 천문학에서 가장 중요한 발전이 되었다! 왜 그것이 필요했는가? 아무리 크고 정확한 지상 망원경을 만들 수 있다고 해도 지구 대기 때문에 항상 극도로 제한될 수밖에 없었다. 대기권 위에서 작동하는 망원경을 만들면 본질적으로 우주 전체를 볼 수 있을 것이다. 마지막으로, 이전보다 더 깊은 우주를 볼 수도 있다. 수십 년간의 연구와 계획 끝에, 허블 우주 망원경은 마침내 1990년 4월 24일 우주로 발사되었다.

이 놀라운 망원경은 천문학 분야와 우주에 대한 우리의 지식을 발사 이전의 매우 제한된 지식 이상으로 훨씬 확장시켰다. 그것은 우주의 나이를 결정하게 만들었고, 우리 태양계에 대한 훨씬 더 나은 이해와 더불어 우주의 가장 깊은 움 푹 들어간 곳을 들여다볼 수 있게 해 주었다.

우리 책의 표지는 "창조의 기둥들!"의 허블 사진이다. 그것은 은하계 깊은 곳에서 찍은 사진이며 카리나 성운이다. 성운의 벽에서 솟아오른 먼지와 시원한 수소 혼합 탑이 이 아름답고 극적인 이미지를 만들어낸다!

허블에 대한 자세한 내용은 NASA 웹사이트 www.nasa.gov/을 참조하라.

특징

회로 해석의 교과 과정은 아마도 학생들이 전기전자공학에서 처음 접하게 되는 과정일 것이다. 이는 또한 학생들이 나중에 설계하는 방법을 배울 때 필요한 몇 가지 기술을 향상할 수 있는 곳이기도 하다. 이 책에서 중요한 부분은 121개의 설계 문제이다. 이 문제들은 설계 과정에서 중요한 역할을 하는 기술을 향상시키기 위한 것이다. 회로이론과 같은 기초적인 수업에서 학생들의 설계 능력을 완벽하게 계발하기는 어렵다. 학생들의 설계 능력을 완벽하게 계발하기 위해서는 일반적으로 고학년에서 갖추게 될 설계 경험이 필요하다. 이는 회로이론 과정에서 이 능력을 계발하고 연습하는 것이 불가능함을 의미하지는 않는다. 책의 내용에서 학생들이 설계 방법을 배울 때 큰 부분을 차지하는 창의성을 사용하는 것을 돕도록 열린 결말의 질문을 포함하고 있다. 이미 몇 가지 열린 결말의 질문이 있지만 우리는 이 중요한 분야의 책에 더 많은 문제를 포함하길 바라며, 그러한 측면에서 문제를 개발하고 있다. 학생들을 위한 문제를 개발할 때 우리의 목표는 문제를 푸는 과정을 통해 학생들이 이론과 문제 풀이 과정에 대해 더 배울 수 있는 기회를 주는 것이다. 우리가 하는 것처럼 학생들이 문제를 만들 수 없을까? 이것이 우리의 목표이기도 하다. 또한 다른 학생들을 더 잘 이해시키도록 학생들이 직접 설계하는 문제도 담았다. 이 방법은 두 가지 중요한 의의가 있다. 첫 번째는 기본적인 이론을 더욱 잘 이해하는 것이며, 두 번째는 학생들의 몇 가지 설계 능력을 향상하는 것이다. 누군가를 가르칠 때 더 많이 배울 수 있기 때문에 우리는 가르침에 의한 학습 원리를 최대한 활용하기 위해 애썼다. 효과적인 문제를 설계하는 것은 가르치는 과정의 핵심 요소이다. 또한 학생들은 복잡한 수식 전개가 없고 간단한 숫자의 문제를 개발하도록 권장해야 한다.

이 책의 장점은 총 2,481개에 달하는 예제, 실전문제, 복습문제, 그리고 각 장의 마지막에 있는 문제이다. 모든 실전문제의 답은 물론이고 모든 장의 홀수 번호 문제에 대한 답을 부록 D에 수록했다.

이 책의 7판의 주된 목표는 이전 판의 목표와 동일하다. 즉 회로 해석을 다른 책보다 좀 더 정확하고, 흥미 있고, 이해하기 쉽게 함과 동시에 엔지니어링을 시작하는 학생들이 이를 흥미롭게 접할 수 있도록 도와주기 위함이다. 이러한 목표는 다음의 방법을 통해 달성된다.

• 장의 시작과 요약
각 장은 성공적인 경력 혹은 경력에 기반한 전기공학의 규율에 관한 이야기를 비롯해 문제를 성공적으로 풀 수 있는 기술을 증진하는 방법을 고찰하는 방식으로 시작된다. 다음으로 해당 장이 앞의 장들과 연결될 수 있도록 소개부와 학습 목표가 등장한다. 각 장은 핵심 내용과 공식의 요약으로 마무리된다.

• 학습 목표
각 장에는 그 장에서 배워야 할 가장 중요한 항목이라고 생각되는 것을 반영하는 학습 목표가 있다. 이것들은 여러분이 무엇을 배워야 하는지에 더 주의 깊게 집중할 수 있도록 도와줄 것이다.

• 문제 해결 방법
1장에서는 가장 좋은 실전문제 해결 절차를 제시하기 위해 이 책과 미디어 보충 자료 전반에 걸쳐 일관성 있게 사용되는 회로 문제 해결을 위한 6단계 방법을 소개한다.

• 학생들에게 친숙한 설명 형식

모든 원리는 명쾌하고 논리적이며 단계적으로 설명했다. 가능하면 장황한 말투
와 지나치게 지엽적인 세부 사항을 피함으로써, 개념을 짚지 못하여 전반적인
이해를 가로막는 일이 없도록 했다.

• 중요 용어 및 공식의 강조

학생들이 어떤 것이 중요하고 그렇지 않은지를 구분할 수 있도록 중요 공식은
박스로 처리했다. 또한 주제의 중요 요소를 분명하게 이해할 수 있도록 주요 용
어의 정의를 강조했다.

• 여백 노트

여백 노트는 교육적 도움으로 사용된다. 힌트, 상호 참조, 더 많은 설명, 경고, 특
정 일반적인 실수를 하지 않도록 상기시키는 알림, 문제 해결 통찰력과 같은 다
양한 용도를 제공한다.

• 예제

각 절마다 철저하게 검증된 예제를 풍부하게 제공한다. 예제는 본문의 일부분으
로서 학생들이 각 단계를 빠짐없이 채울 수 있도록 분명하게 설명되어 있다. 철
저하게 검증된 예제는 학생들로 하여금 문제 해결 과정을 잘 이해하고 스스로
풀어보아 자신감을 가질 수 있게 한다. 몇몇 문제는 두세 가지 방법으로 풀이하
여 다른 접근법과 비교할 뿐만 아니라 주제 자료의 심도 있는 이해를 돕는다.

• 실전문제

학생들에게 실습할 기회를 주기 위해 각 설명에 도움이 되는 실제의 예를 실전
문제로 답과 함께 제공했다. 학생들이 책을 뒤져보거나 책 뒤의 답을 보지 않고
도 실전문제를 풀 수 있도록 단계별로 예제를 제공했다. 실전문제는 선행 예제
를 이해했는지 확인하려는 의도도 있으므로 다음 절로 넘어가기 전에 내용의 이
해 여부를 알 수 있다. 실전문제의 완전한 답을 웹사이트에서 얻을 수 있다.

• 응용

각 장의 마지막 절은 그 장에서 다룬 개념의 실제적인 응용으로 구성했다. 각 장
에서 살펴본 내용은 적어도 한두 가지의 실전문제나 장치에 적용된다. 이는 학
생들이 실제 상황에서 개념이 어떻게 적용되는지 알 수 있도록 도와준다.

• 복습문제

각 장의 마지막에 선택형 응답 형태의 복습문제를 답과 함께 제시했다. 복습문제는 예제를 푸는 약간의 '기교'를 포함하고, 장의 끝에 제공되는 문제는 포함되지 않도록 했다. 자체 평가 도구로서 학생들이 내용을 얼마나 잘 이해했는지 판단하게 해 준다.

• 컴퓨터 도구

컴퓨터 도구에 대한 ABET®의 요구 사항을 반영하여 학생들이 *PSpice, Multisim, MATLAB*의 사용에 친숙해지도록 했다. 특히 *PSpice*를 앞에서 다루어 학생들이 좀 더 친숙해지고 책 전반에 걸쳐 사용할 수 있게 했다. 이러한 도구의 튜토리얼을 Connect에서 이용할 수 있다. *MATLAB* 또한 이 책의 초반부에서 소개한다.

• 직접 설계하는 문제

직접 설계하는 문제는 학생들이 설계 과정에 필요한 능력을 계발하는 데 도움이 된다.

• 역사적 이야기

전기공학 연구와 관련된 중요한 선구자나 사건을 책 전반에 걸쳐 소개했다.

• 연산증폭기에 관한 이른 논의

기본 요소로서의 연산증폭기(op amp)를 책의 초반부에 소개했다.

• 푸리에 및 라플라스 변환

회로와 신호 및 시스템 교과 과정 사이의 연계가 쉽도록 푸리에 및 라플라스 변환을 완벽하게 다루었다. 해당 장의 경우 관심 있는 교수가 일차 회로 해석에서부터 15장까지 이어갈 수 있도록 구성되었다. 이는 라플라스부터 푸리에 그리고 교류회로로의 자연스러운 진행 과정이다.

• 확장된 예제

6단계 문제 해결 방법에 따라 상세하게 제시된 예제는 학생들에게 일관된 방식으로 문제를 해결하는 로드맵을 제공한다.

• 각 장의 시작 부분의 EC 2000

ABET의 새로운 기술 기반인 CRITERION 3를 바탕으로, 각 장의 시작 부분에서는 학생들이 어떻게 엔지니어로서 매우 향상된 경력으로 이끄는 기술을 획득할 수 있는지에 대해 논의했다. 이러한 기술은 경력뿐만 아니라 대학 생활에서도 매우 중요하기 때문에 글머리를 "기술과 경력 향상하기(Enhancing your Skills and your Career)"로 정했다.

· 숙제 문제

각 장의 마지막에 제시된 580개의 숙제문제는 학생들에게 충분한 연습이 되고 핵심 개념을 강화시키는 데 도움을 준다.

· 숙제 문제 아이콘

*PSpice, Multisim, MATLAB*을 사용하여 풀 수 있는 문제뿐만 아니라 공학 설계에 관계된 문제를 강조하는 데 아이콘을 사용했다.

구성

이 책은 선형 회로 해석을 2학기 혹은 3학기 과정으로 구성했다. 또한 장과 절을 적절히 선택하여 1학기 과정으로도 사용할 수 있다. 이 책은 다음과 같이 크게 3개 부로 나뉜다.

- 1~8장으로 구성된 1부는 직류회로에 대한 내용이다. 기본 법칙과 원칙, 회로 기술, 수동소자 및 능동소자를 다룬다.
- 9~14장으로 구성된 2부는 교류회로에 대한 내용이다. 페이저, 정현파의 정상상태 해석, 교류전력, rms 값, 3상 시스템과 주파수 응답을 소개한다.
- 15~19장으로 구성된 3부에서는 네트워크 해석을 위한 심화 기술을 다루었다. 라플라스 변환, 푸리에 급수, 푸리에 변환과 2단자망 해석을 소개한다.

3개 부의 내용은 두 학기 과정으로는 많은 분량이므로 교수는 수업 시간에 다룰 장 또는 절을 선택해야 한다. (†) 표시가 있는 절은 생략 가능하므로 넘어가거나 간단하게 설명하거나 숙제를 내주어도 좋다. 각 장은 관련 내용의 절에 따라 묶인 충분한 문제를 포함하여 교수가 예시로 선택하거나 숙제로 내줄 수 있을 만큼 다양하다. 앞에서도 언급했듯이 제7판에서는 세 가지 아이콘을 사용했다.

은 풀이 과정에 *PSpice*가 필요하거나, 회로가 복잡하여 *PSpice* 혹은 *Multisim*으로 해결 과정을 쉽게 하거나, 문제를 정확하게 풀었는지 *PSpice* 혹은 *Multisim*을 통해 확인하는 것이 바람직한 경우를 나타냈다.

ML 은 문제를 푸는 과정에서 *MATLAB*이 필요한 문제, *MATLAB*가 문제 구성과 복잡성 때문에 *MATLAB*이 의미가 있는 문제, 그리고 문제를 정확하게 풀었는지 확인하기 위해 *MATLAB*이 필요한 경우를 나타낸다.

e2d 은 학생들이 공학 설계에 필요한 기술을 발전시킬 수 있도록 도와주는

문제를 나타낸다. 또한 좀 더 어려운 문제에는 (*) 표시를 했다.

각 장의 마무리 문제에 이어서 제시된 종합문제는 대부분 각 장에서 배운 기술이 필요한 응용문제이다.

전제조건

대부분의 회로 입문 과정과 마찬가지로 이 교과서를 사용하는 과정의 주요 전제조건은 물리학과 미적분학이다. 복소수에 익숙하면 이 책의 후반부를 공부할 때 도움이 되지만 반드시 필수는 아니다. 이 교과서의 중요한 자산은 학생들이 필요로 하는 모든 수학 방정식과 물리학의 기초가 본문에 포함되어 있다는 것이다.

감사의 글

우리의 아내(Hannah, Kikelomo)와 딸(Christina, Tamara, Jennifer, Motunrayo, Ann, Joyce), 아들(Baixi), 그 외 다른 가족들의 애정 어린 지지에 고마움을 전한다. 더욱 좋은 책으로 만드는 데 큰 도움을 준 Richard Rarick의 귀중한 도움에 진심으로 감사드린다.

그리고 맥그로힐(McGraw-Hill)의 편집 및 제작 스태프인 최고 브랜드 매니저 Suzy Bainbridge, 제품 개발자 Tina Bower, 마케팅 매니저 Shannon O'Donnell, 콘텐츠 프로젝트 매니저 Jason Stauter에게도 감사드린다.

제7판은 다양한 문제뿐만 아니라 본문의 내용을 개선하기 위해 제안을 해주신 많은 뛰어난 분들로부터 큰 도움을 받았다. 특히 Electronics Engineering Technology의 Nicholas Reeder 교수와 Dordt College의 Douglas De Boer 교수에게 감사 인사를 드린다. 다음은 제7판에 중요한 공헌을 해주신 분들이다(알파벳 순).

Zekeriya Aliyazicioglu, *California State Polytechnic University—Pomona*

Rajan Chandra, *California State Polytechnic University—Pomona*

Mohammad Haider, *University of Alabama—Birmingham*

John Heathcote, *Reedley College*

Peter LoPresti, *University of Tulsa*

Robert Norwood, *John Brown University*

Aaron Ohta, *University of Hawaii—Manoa*

Salomon Oldak, *California State Polytechnic University—Pomona*

Hesham Shaalan, *U.S. Merchant Marine Academy*

Surendra Singh, *University of Tulsa*

마지막으로 이전 판을 보고 피드백을 주신 교수들과 학생들에게도 진심으로 감사드리며, 우리는 이러한 활동이 계속되길 바라는 마음에서 독자들이 우리 또는 출판사에 이메일을 보내주길 바란다. 이메일 주소는 <u>c.alexander@ieee.org</u> (Charles Alexander)와 <u>sadiku@ieee.org</u> (Matthew Sadiku)이다.

C. K. Alexander and M. N. O. Sadiku

보충 자료

교수와 학생을 위한 자료

Connect에서 이 책과 함께 교수와 학생용의 수많은 추가 자료를 구할 수 있다. 여기에는 각 장의 모든 실전문제와 연습문제 정답, *PSpice* 및 *Multisim* 문제의 정답, 강의용 PowerPoints®, 텍스트 이미지 파일을 포함한다.

　*Fundamentals of Electric Circuits*의 워크북인 **Problem Solving Made Almost Easy**는 문제 해결 기술을 연습하려는 학생들이 이용할 수 있다. 이 워크북은 mhhe.com/alexander7e에서 확인할 수 있으며, 문제 해결 전략에 대한 토론과 완전한 해결책을 제공하는 150개의 추가 문제를 포함하고 있다.

　또한 교수가 각 장 마무리 문제를 사용하여 숙제, 퀴즈, 시험문제를 출제할 수 있도록 도와주는 완전 온라인 기반의 솔루션 매뉴얼 구성 시스템인 COS-MOS도 웹사이트에서 만날 수 있다.

McGraw-Hill Create®

자신의 교수법에 맞는 교육 자료를 만들기 바란다. McGraw-Hill Create (<u>http://create.mheducation.com</u>)를 이용하면 쉽게 각 장의 범위를 재조정하거나 다른 콘텐츠에서 얻은 자료를 결합할 수 있고, 강의계획서나 강의 노트 등에 작성한 콘텐츠를 빠르게 업로드할 수 있다. 수천 개의 주요 McGraw-Hill 교과서를 검색하여 Create에서 필요한 콘텐츠를 찾고, 자신의 강의 스타일에 맞게 책을 배열해보라. Create를 통해 이름, 학교, 과목 정보를 더하고 표지를 선택하여 자신만의 책을 만들 수도 있다. Create 서적을 원한다면 영업일 기준으로 3~5일 이내에 무료로 출력된 복사본을 받거나 이메일을 통해 몇 분 안에 무료로 전자 복사본(eComp)을 받아볼 수 있다. 지금 바로 <u>http://create.mheducation.com</u>을 방문하여 등록하고 McGraw-Hill Create가 어떻게 학생들에게 자신의 방식을 가르칠 수 있도록 지원하는지 경험해 보기 바란다.

Adaptive Learning(개인 맞춤형 솔루션)

■ Connect를 통한 과제 수행은 내용과 연관 있는 내용부터 적용 할 수 있게 함으로써 내용 이해와 비판적 사고를 도와 줍니다.

■ Connect는 Smart Book®을 통해 각각의 개인에 맞추어진 개별화된 학습 방향을 제시합니다.

■ SmartBook®의 개인 맞춤 하이라이팅과 연습문제 출제는 학생들로 하여금 양방향 학습경험을 제공하여 더욱 효율적 인 학습을 도와줍니다.

Connect를 이용한 후 학생들의 성적향상

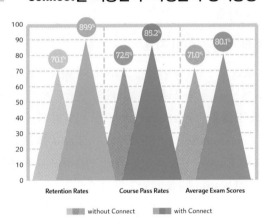

Retention Rates · Course Pass Rates · Average Exam Scores

without Connect · with Connect

학생들이 대답한 **70억 개가 넘는 연습 문제**의 방대한 데이터는 Mcgrawhill의 Connect를 보다 지능적이고, 믿을 수 있고 정확한 제품으로 만들어줍니다.

Connect를 활용한 학생들의 평균 **10% 이상**의 코스 합격률과 성적 향상

양질의 최신 강의자료

■ Connect 안에는 강의를 위한 자료가 단순하고 직관적인 인터 페이스로 구성이 되어 있습니다.

■ Connect의 smartbook은 모바일과 태블릿PC에 최적화되어 있어, 어디서나 인터넷 환경에 구애받지 않고 접속하여 공부 할 수 있습니다.

■ Connect에는 동영상, 시뮬레이션, 게임 등과 같이 학생들의 비판적 사고를 길러줄 수 있는 다양한 콘텐츠가 있습니다.

Connect를 사용한 **73%**의 교수님들의 강의평가가 평균 **28% 향상**되었습니다.

©McGraw-Hill Education

Connect Insight: 강력한 분석과 리포트

©Hero Images/Getty Images RF

- Connect Insight는 개별 학생들의 분석과 성취도를 전체 또는 특정 과제로 분류하여 한눈에 보기 쉬운 형태로 보고서를 작성합니다.

- Connect Insight는 학생들의 과제 소요 시간, 개별학습 태도, 성취도 등의 모든 데이터를 대시 보드로 제공합니다. 교수님들은 어떤 학생이 어떤 분야에 취약한지 바로 알아볼 수 있습니다.

- Connect을 통해 과제와 퀴즈의 자동 성적 평가가 가능하며, 개별 그리고 전체 반 학생들의 성취도를 한눈에 알아볼 수 있는 보고서로 제공됩니다.

학생들은 **Connect**로 강의를 들을 때, 더 많은 **A**와 **B**를 취득합니다.

신뢰할수 있는 서비스와 기술지원

- Connect는 대학 학사관리시스템(LMS)과 통합로그인(Single Sign On)으로 접속하며 성적평가도 자동으로 연동됩니다.

- Connect는 종합적인 서비스와 기술지원 그리고 솔루션 사용을 위한 각 단계에 맞는 사용법 트레이닝을 제공합니다.

- Connect 사용법에 대해 궁금하다면 주소창에 https://www.mheducation.com/highered/connect.html을 쳐보세요.

www.mheducation.com/connect

학생들에게

A Note to the Student

회로이론 과목은 아마도 전자전기공학을 전공하는 여러분에게 첫 강의일 것이다. 전자전기공학이 아무리 흥미 있고 도전적인 훈련 과목일지라도 강의가 여러분에게 겁을 줄 수도 있기 때문에 이 책은 그러한 점을 방지하기 위해 쓰였다. 좋은 교재와 좋은 교수는 이익과 같지만 여러분은 배워야 하는 사람이다. 여러분이 아래의 사항들을 항상 기억한다면 여러분은 이 강의에서 좋은 결실을 맺을 수 있다.

- 이 강의는 전자전기공학 커리큘럼에 있어서 다른 강의의 기초가 되는 강의이다. 따라서 강의를 규칙적으로 공부하는 등 많은 노력을 들여서 공부해야 한다.
- 문제풀기는 배우는 과정에서 가장 기본이 되는 부분이다. 가능한 많은 문제들을 풀어보고 각 예제에 따라 실전문제를 풀기 시작한 후 챕터 마지막의 문제를 푸는 것이 좋다. 배움의 가장 좋은 방법은 많은 문제를 푸는 것이다. 문제 앞에 표시되어 있는 별표는 어려운 문제임을 의미한다.
- 컴퓨터를 이용한 회로분석 프로그램인 *Spice*와 *Multisim*은 교재 전반에 걸쳐 사용되고 있다. *Spice*의 개인용 컴퓨터 버전인 *PSpice*는 대부분의 대학교에서 인기 있는 표준 회로 분석 프로그램이다. *PSpice for Windows*와 *Multisim*은 우리의 웹사이트에 설명되어 있다. *Pspice*로는 어떤 회로 문제도 확인할 수 있기 때문에 *PSpice* 혹은 *Multisim*을 배우도록 노력해서 올바른 문제 해결을 제시할 수 있도록 하라.
- *MATLAB*은 회로 분석에 있어서 아주 유용한 또 다른 소프트웨어이며 다른 강의에서도 배울 것이다. *MATLAB*에 대한 간단한 설명은 우리 웹사이트에서 찾을 수 있다. *MATLAB*을 배울 수 있는 가장 좋은 방법은 몇 개의 명령어를 아는 즉시 실행해 보는 것이다.
- 각 챕터는 챕터에 나오는 재료들이 어떻게 실생활에 적용되는지를 설명하는 섹션으로 끝난다. 이 섹션의 개념이 여러분에게는 새롭거나 앞서 나아간 개념이 될 수 있다. 의심의 여지 없이, 여러분은 다른 강의에서 더 많

은 자세한 사항들을 배울 수 있을 것이다. 우리는 주로 이러한 아이디어와 일반적인 친근감을 가지는 데 관심이 있다.

- 각 챕터의 마지막에 있는 복습 질문들을 풀어보기 바란다. 복습 질문들은 여러분이 강의시간이나 교재에서 미처 발견하지 못한 "트릭"을 발견할 수 있도록 도와줄 것이다.

- 분명하게도, 이 책에 나와 있는 기술적인 세부항목들을 이해하기 쉽도록 제작하기 위하여 많은 노력을 들였다. 이는 모든 수학자와 물리학자들이 이론을 이해할 필요성이 있고 공학관련 다른 강의에 매우 유용할 것임을 의미한다. 하지만 우리는 또한 여러분들이 학교에서 뿐만 아니라 산업현장에서 일을 하거나 대학원에 진학할 때 참고자료로 사용할 수 있도록 하는데 초점을 맞추었다.

- 학기가 끝나고 강의가 종료되면 여러분의 책을 팔고 싶은 유혹이 들 것이다. 하지만 우리가 여러분에게 하고 싶은 충고는 여러분의 공학책을 팔지 말라는 것이다. 책은 항상 비싸지만 이 책의 비용은 사실상 내가 과거 60년대 화폐가치로서 지불한 책 값과 같다. 사실, 그보다 더 싸다. 게다가 과거의 공학 서적은 현재 우리가 가까이서 이용 가능한 만큼 완벽하지도 않았다.

나는 학생일 때 어떠한 공학 교재도 팔지 않았고, 팔지 않았던 것을 기쁘게 여겼다. 왜냐하면 후에 나의 커리어를 위해서도 그 모든 서적들이 필요함을 깨달았기 때문이다.

행렬식을 찾는 짧은 리뷰는 부록 A에서 다루고 있으며, 복소수는 부록 B, 수학방정식은 부록 C에서 다루고 있다. 홀수 문제에 대한 답안은 부록 D에서 찾아볼 수 있다.

즐기기를 바란다!

C.K.A. and M.N.O.S

저자 소개

About the Authors

Charles K. Alexander

Charles K. Alexander 미국 오하이오 주 클리블랜드 소재 클리블랜드 주립대학교 워시크위츠 공과대학(Washkewicz College of Engineering)의 전기및컴퓨터공학과의 명예교수이며, 2002년부터 2018년까지 클리블랜드 주립대학에서 전기및컴퓨터공학과 교수로 재직했다. 2004년부터 2018년까지 CREATE(전자항공우주 기술연구센터)의 소장을 역임했다. 2002년부터 2006년까지 그는 펜 공과대학(Fenn College of Engineering)의 학장이었다. 그는 클리브랜드 주립대학교(Cleveland State University), 캘리포니아 주립대학교 노스리지(California State University Northridge), 템플대학교(Temple University)에서 공학 학장직을 역임했다(템플대학교에서는 6년 동안 학장직무 대행). 그는 또한 템플대학교(Temple University)와 테네시 공과대학(Tennessee Technological University)에서 학과장직을 역임했다. 그는 오하이오대학교(Ohio University)에서 스토크 초빙교수(기증된 석좌)로 재직했다. 그는 앞에서 언급된 모든 대학에서 교수직을 역임했다.

그는 테네시 공과대학의 전력과 에너지 분야와 클리블랜드 주립대학교의 센서시스템 분야 등 두 곳의 연구 센터 설립을 위한 자금을 확보했으며, 템플대학교와 오하이오대학교의 추가 연구 센터 3곳의 책임자였다. 그는 약 1억 달러(오늘날의 달러 가치)의 연구비를 확보했으며, 공군과 해군 등 23개 민관기구의 자문위원으로 활동했다.

그는 Ohio Northern University에서 명예공학박사(2009), Ohio University에서 공학박사(1971), 공학석사(1967), Ohio Northern University에서 공학학사(1965) 학위를 받았다.

그는 워크북과 비디오테이프 강의 시리즈를 포함하여 *Fundamentals of Electric Circuits*(현재 7판), *Engineering Skills for Career Success*, *Problem Solving Made ALMOST Easy*, *Standard Handbook of Electronic Engineering*(5판), *Applied Circuit Analysis* 등 McGraw-Hill에서 많은 책을 출판했다. 그는 개별 판과 외국 번역을 포함하여 약 30권의 책을 저술하거나 공동 집필했으며, 500편 이상의 논문을 발표하였다. 이 회로 교과서는 최근 전 세계적으로

1위 또는 2위에 올라 있다.

Alexander 박사는 IEEE의 라이프 펠로우이며, 1997년 IEEE의 국제 회장 겸 CEO를 역임했다. 또한, 그는 50년 넘게 자원봉사로 근무하면서 IEEE 내에서 여러 리더십 직책을 역임했다. 여기에는 1991년부터 1999년까지 IEEE 이사회에서 봉사한 것도 포함된다.

그는 명예 공학박사, IEEE 펠로우, IEEE-USA Jim Watson Student Professional Awareness Achievement Award, IEEE Undergraduate Teaching Award, Distinguished Professor Award, Distinguished Engineering Education Achievement Award, Distinguished Engineering Education Leadership Award, IEEE Centennial Medal, IEEE/RAB Innovation Award 등의 교육, 연구 및 서비스 부문에서 여러 지역, 지방, 국가 및 국제상을 수상했다.

Matthew N. O. Sadiku는 나이지리아의 Zaria에 있는 아흐마두 벨로 대학교 (Ahmadu Bello University)에서 학사 학위(1978)를 받고, 테네시공과대학에서 석사(1984)와 박사(1984) 학위를 받았다. 1984년부터 1988년까지 플로리다 애틀랜틱대학교의 조교수로 재직하면서 컴퓨터 과학을 전공했다. 1988년부터 2000년까지 그는 펜실베이니아 주 필라델피아의 템플대학교에서 정교수가 되었다. 2000년부터 2002년까지 그는 Lucent / Avaya, Holmdel, NJ에서 시스템 엔지니어로 근무했으며, Boeing Satellite Systems, Los Angeles, CA에서 수석 과학자로 근무했다. 그는 현재 텍사스 주 프레리 뷰에 있는 프레리 뷰 A&M 대학교의 전기 및 컴퓨터 공학 교수로 재직 중이다.

Matthew N. O. Sadiku

그는 660편 이상의 논문과 "Elements of Electromagnetics"(Oxford University Press, 7th ed., 2018), *Fundamentals of Electric Circuits* (McGraw-Hill, 현재 7판, C. Alexander와 함께), *Computational Electromagnetics with MATLAB* (CRC, 4th ed., 2019), *Principles of Modern Communication Systems* (Cambridge University Press, 2017, with S. O. Agbo) 등을 포함한 80권 이상의 책을 출판했다. 공학 서적 외에도 성공적인 결혼의 비밀, 삶을 위한 하나님의 뜻을 발견하는 방법, 신약성서의 모든 책에 대한 해설서 등 기독교 서적들을 저술했다. 그의 책들 중 일부는 프랑스어, 한국어, 중국어, 이탈리아어, 포르투갈어, 스페인어로 번역되었다.

그는 전기공학 분야에서 탁월한 공로를 인정받아 2000 McGraw-Hill/Jacob Millman Award를 수상했으며, 또한 Texas A&M University System의 2012-2013년 리전트 교수상을 수상했다. 그는 IEEE에 등록된 전문 엔지니어이자 IEEE의 펠로우이다. 그는 또한 IEEE Region 2 Student Activities Committee의 위원장, IEEE Transactions on Education의 Associate Editor를 역임하였으며, 현재는 ACM (Association for Computing Machinery) 및 ASEE (American

Society of Engineering Education)의 회원이다. 그의 현재 연구 관심 분야는 컴퓨터 전자기학, 컴퓨터 네트워크 및 공학교육 분야이다. 그의 작품은 그의 자서전인 *My Life and Work* (Trafford Publishing, 2017)에서 찾을 수 있다. 그는 현재 아내 키켈로모(Kikelomo)와 함께 텍사스주의 호클리에 거주하고 있다. 그는 이메일(sadiku@ieee.org)을 통해 연락할 수 있다.

역자 소개

심귀보 중앙대학교 전자전기공학부 교수

김대진 전남대학교 전자공학과 교수

김준성 중앙대학교 전자전기공학부 교수

이기원 원광대학교 전자공학과 교수

전태현 서울과학기술대학교 전기정보공학과 교수

차형태 숭실대학교 전자정보공학부 교수

최병재 대구대학교 전자전기공학부 교수

최수일 전남대학교 전자공학과 교수

황석승 조선대학교 전자공학부 교수

역자 서문

오늘날 IT 강국이라 불리는 우리나라의 발전 과정은 전기, 전자, 컴퓨터, 정보통신 분야의 발전과도 궤를 같이한다고 볼 수 있다. 이러한 IT 분야의 하드웨어 측면에서 가장 기본이라 할 수 있는 교과목 중 하나는 바로 기초 과목인 회로이론이다.

따라서 지난 수십 년간 회로이론 과목에 관한 수많은 교재가 출간되었다. 이러한 상황에서 회로이론 교재로서 세계적으로 유명한 『Fundamentals of Electric Circuits』 제7판(C. K. Alexander & M. N. O. Sadiku)의 한국어 번역판 출간에 참여하게 된 것을 큰 기쁨으로 생각한다. 이 책은 맥그로힐에듀케이션에서 초판을 내놓은 이래 제7판에 이르기까지 독자들로부터 호평을 받고 있으며, 다른 교재에 비해 비교적 최근에 출간되어 최신 내용을 담고 있다. 또한 학생들이 쉽게 이해할 수 있도록 명쾌하고 재미있게 회로를 해석한 것이 두드러진 특징이라 할 수 있다.

이처럼 훌륭한 회로이론 교재의 최신 한국어 번역판이 현직 대학 교수진으로 구성된 번역 팀과 맥그로힐에듀케이션코리아의 헌신적인 노력으로 원서 출간과 비슷한 시기에 세상의 빛을 보게 되었다. 이 책은 각 장의 시작 부분에 학습 목표를 언급하여 각 장에서 배울 중요한 내용을 파악하고 더욱 주의 깊게 공부할 수 있도록 했으며, 설계문제를 비롯해 예제, 실전문제, 복습문제, 종합문제 등 총 2,481개에 달하는 방대한 문제를 수록하였고 *PSpice*, *Multisim*, *MATLAB* 등 컴퓨터 프로그램을 이용한 회로 해석 부분을 강화했다.

이 책은 총 19개 장과 부록으로 이루어져 있다. 전체적인 구성을 살펴보면, 1부(1~8장)에서는 회로이론의 기초가 되는 회로소자(저항, 인덕터, 커패시터, 전원)를 중심으로 하여 기본적인 회로 법칙(키르히호프의 법칙)의 적용을 통한 회로 해석 기법을 살펴보았다. 그리고 2부(9~14장)에서는 교류회로에서 다루는 정현파 신호를 중심으로 회로를 해석하고, 마지막 3부(15~19장)에서는 시간 영역에서의 회로 해석 외에 라플라스 변환을 도입하여 복소평면에서 새롭게 회로를 해석함으로써 변환 기법의 유용성을 익히도록 했다. 또한 푸리에 변환을 도입하여 모든 연속 시간 신호를 주파수 영역에서 해석하기도 했다. 이는 앞으로 공부하게 될 신호의 해석이나 통신 이론 등에 매우 유용하게 활용할 수 있을 것이다.

역자들은 저자의 의도가 정확하게 전달되도록 원서의 내용을 충실하게 번역하는 것을 목표로 했다. 전기, 전자, 컴퓨터, 정보통신 공학을 전공하는 학생들을 대상으로 저술된 이 책은 IT 분야의 하드웨어 등에 관한 기초 과목 교재로 널리 사용할 수 있을 것이다.

역자 일동

차례

Contents

저자 서문   v
학생들에게   xiv
저자 소개   xvi
역자 소개   xix
역자 서문   xx

PART 1 직류회로   2

Chapter 01   기본 개념   3

1.1   서론   4
1.2   단위의 시스템   5
1.3   전하와 전류   6
1.4   전압   9
1.5   전력과 에너지   11
1.6   회로 요소   15
1.7   응용   17
    1.7.1   TV 음극선 튜브   17
    1.7.2   전기료   19
1.8   문제 해결   20
1.9   요약   24
    ▶ 복습문제   25
    ▶ 문제   25
    ▶ 종합문제   28

CHAPTER 02   기본 법칙   31

2.1   서론   32
2.2   옴의 법칙   32

2.3   노드, 가지, 루프   38
2.4   키르히호프 법칙   40
2.5   직렬 저항과 전압 분배   47
2.6   병렬 저항과 전류 분배   48
2.7   와이-델타 변환   56
2.8   응용   61
    2.8.1   전기 조명 시스템   62
    2.8.2   직류 계측기 설계   64
2.9   요약   68
    ▶ 복습문제   70
    ▶ 문제   71
    ▶ 종합문제   82

Chapter 03   회로 해석 방법   85

3.1   서론   86
3.2   노드 해석   86
3.3   전압원이 있는 회로에서의 노드 해석   93
3.4   메시 해석   98
3.5   전류원을 가질 경우의 메시 해석   104
3.6   단순한 검사에 의한 노드 및 메시 해석   106
3.7   노드 대 메시 해석   111
3.8   *PSpice*를 이용한 회로 해석   112
3.9   응용: DC 트랜지스터 회로   114
3.10   요약   120
    ▶ 복습문제   121
    ▶ 문제   122
    ▶ 종합문제   134

Chapter 04　회로 해석을 위한 정리　135

4.1　서론　136
4.2　선형성　136
4.3　중첩의 원리　139
4.4　전원 변환　144
4.5　테브냉의 정리　148
4.6　노턴의 정리　154
4.7　테브냉의 정리와 노턴의 정리 유도　158
4.8　최대 전력 전달　159
4.9　*PSpice*를 이용한 회로 정리의 검증　162
4.10　응용　165
　　4.10.1　전원 모델링　165
　　4.10.2　저항 측정　167
4.11　요약　170
　　▶ 복습문제　171
　　▶ 문제　172
　　▶ 종합문제　183

Chapter 05　연산증폭기　185

5.1　서론　186
5.2　연산증폭기　186
5.3　이상 연산증폭기　190
5.4　반전증폭기　192
5.5　비반전증폭기　194
5.6　가산증폭기　196
5.7　차분증폭기　198
5.8　종속 접속 연산증폭기 회로　202
5.9　*PSpice*를 이용한 연산증폭기 해석　205
5.10　응용　207
　　5.10.1　디지털–아날로그 변환기　207
　　5.10.2　기기증폭기　209
5.11　요약　211
　　▶ 복습문제　212
　　▶ 문제　213
　　▶ 종합문제　225

Chapter 06　커패시터와 인덕터　227

6.1　서론　228

6.2　커패시터　228
6.3　직렬 및 병렬 커패시터　235
6.4　인덕터　238
6.5　직렬 및 병렬 인덕터　243
6.6　응용　246
　　6.6.1　적분기　247
　　6.6.2　미분기　248
　　6.6.3　아날로그 컴퓨터　250
6.7　요약　254
　　▶ 복습문제　255
　　▶ 문제　256
　　▶ 종합문제　265

Chapter 07　일차 회로　267

7.1　서론　268
7.2　무전원 *RC* 회로　269
7.3　무전원 *RL* 회로　273
7.4　특이함수　279
7.5　*RC* 회로의 계단응답　288
7.6　*RL* 회로의 계단응답　295
7.7　일차 연산증폭기 회로　300
7.8　*PSpice*를 이용한 과도 해석　305
7.9　응용　309
　　7.9.1　지연회로　309
　　7.9.2　카메라 플래시 장치　311
　　7.9.3　릴레이 회로　313
　　7.9.4　자동차 점화장치 회로　314
7.10　요약　315
　　▶ 복습문제　317
　　▶ 문제　317
　　▶ 종합문제　329

Chapter 08　이차 회로　331

8.1　서론　332
8.2　초기값과 최종값 결정　333
8.3　무전원 직렬 *RLC* 회로　338
8.4　무전원 병렬 *RLC* 회로　345
8.5　직렬 *RLC* 회로의 계단응답　351

8.6 병렬 *RLC* 회로의 계단응답 356

8.7 일반 이차 회로 359

8.8 이차 연산증폭기 회로 364

8.9 *RLC* 회로의 *PSpice* 해석 367

8.10 쌍대성 371

8.11 응용 374

    8.11.1 자동차 점화장치 374

    8.11.2 평활회로 376

8.12 요약 378

    ▶ 복습문제 379

    ▶ 문제 380

    ▶ 종합문제 389

PART 2 교류회로 390

Chapter 09 정현파와 페이저 391

9.1 서론 392

9.2 정현파 393

9.3 페이저 398

9.4 회로소자의 페이저 관계 407

9.5 임피던스와 어드미턴스 409

9.6 주파수 영역에서 키르히호프의 법칙 412

9.7 임피던스 합성 413

9.8 응용 419

    9.8.1 위상편이 회로 419

    9.8.2 교류 브리지 421

9.9 요약 425

    ▶ 복습문제 426

    ▶ 문제 427

    ▶ 종합문제 435

Chapter 10 정현파의 정상상태 해석 437

10.1 서론 438

10.2 노드 해석 438

10.3 메시 해석 442

10.4 중첩의 정리 446

10.5 전원 변환 449

10.6 테브냉 등가회로와 노턴 등가회로 451

10.7 교류에서의 연산증폭기 회로 456

10.8 *PSpice*를 이용한 교류 해석 459

10.9 응용 463

    10.9.1 커패시턴스 승산기 464

    10.9.2 발진기 465

10.10 요약 468

    ▶ 복습문제 468

    ▶ 문제 470

Chapter 11 교류전력 해석 483

11.1 서론 484

11.2 순시전력과 평균전력 484

11.3 최대 평균전력 전달 491

11.4 실효값(rms) 494

11.5 피상전력과 역률 497

11.6 복소전력 500

11.7 교류전력의 보존 505

11.8 역률 개선 508

11.9 응용 511

    11.9.1 전력 측정 511

    11.9.2 전기 사용료 514

11.10 요약 516

    ▶ 복습문제 518

    ▶ 문제 519

    ▶ 종합문제 529

Chapter 12 3상 회로 531

12.1 서론 532

12.2 평형 3상 전압 534

12.3 평형 Y-Y 결선 537

12.4 평형 Y-Δ 결선 541

12.5 평형 Δ-Δ 결선 544

12.6 평형 Δ-Y 결선 545

12.7 평형 시스템의 전력 549

12.8 불평형 3상 시스템 555

12.9 3상 회로를 위한 *PSpice* 559

12.10 응용 565

    12.10.1 3상 전력 측정 565

12.10.2 주거용 배선 571

12.11 요약 574

▶ 복습문제 575

▶ 문제 575

▶ 종합문제 584

Chapter 13　　자기결합회로　587

13.1 서론 588

13.2 상호 인덕턴스 589

13.3 자기결합회로의 에너지 597

13.4 선형 변압기 601

13.5 이상적인 변압기 607

13.6 이상적인 단권변압기 615

13.7 3상 변압기 618

13.8 *PSpice*를 이용한 자기결합회로의 해석 621

13.9 응용 626

13.9.1 격리장치로서의 변압기 627

13.9.2 정합장치로서의 변압기 628

13.9.3 전력 배분 630

13.10 요약 632

▶ 복습문제 633

▶ 문제 634

▶ 종합문제 646

Chapter 14　　주파수 응답　649

14.1 서론 650

14.2 전달함수 650

14.3 데시벨 스케일 654

14.4 보드선도 656

14.5 직렬공진 667

14.6 병렬공진 672

14.7 수동필터 675

14.7.1 저주파 통과 필터 676

14.7.2 고주파 통과 필터 677

14.7.3 대역 통과 필터 677

14.7.4 대역 차단 필터 678

14.8 능동필터 680

14.8.1 일차 저주파 통과 필터 681

14.8.2 일차 고주파 통과 필터 681

14.8.3 대역 통과 필터 682

14.8.4 대역 제거(노치) 필터 683

14.9 스케일링 688

14.9.1 크기 스케일링 688

14.9.2 주파수 스케일링 689

14.9.3 크기와 주파수 스케일링 689

14.10 *PSpice*를 이용한 주파수 응답 691

14.11 *MATLAB*을 이용한 계산 695

14.12 응용 697

14.12.1 라디오 수신기 697

14.12.2 버튼식 전화기 699

14.12.3 교차 회로망 701

14.13 요약 703

▶ 복습문제 704

▶ 문제 705

▶ 종합문제 714

PART 3　고급 회로 해석　716

Chapter 15　　라플라스 변환　717

15.1 서론 718

15.2 라플라스 변환의 정의 719

15.3 라플라스 변환의 성질 722

15.4 라플라스 역변환 733

15.4.1 단순극의 형태 733

15.4.2 다중극의 형태 734

15.4.3 복소극의 형태 735

15.5 콘볼루션 적분 740

15.6 미적분방정식에서 라플라스 변환의 적용 750

15.7 요약 752

▶ 복습문제 752

▶ 문제 753

Chapter 16　　라플라스 변환의 응용　759

16.1 서론 760

16.2 회로소자 모델 761

16.3 회로 해석 767

16.4 전달함수 771

16.5 상태변수 776

16.6 응용 783

    16.6.1 회로망의 안정성 783

    16.6.2 회로망 합성 787

16.7 요약 793

    ▶ 복습문제 794

    ▶ 문제 794

    ▶ 종합문제 805

Chapter 17   푸리에 급수 807

17.1 서론 808

17.2 삼각함수형 푸리에 급수 809

17.3 대칭성 816

    17.3.1 우함수 대칭 816

    17.3.2 기함수 대칭 818

    17.3.3 반파 대칭 820

17.4 회로 응용 826

17.5 평균전력과 RMS 값 830

17.6 지수함수형 푸리에 급수 834

17.7 *PSpice*를 이용한 푸리에 해석 839

    17.7.1 이산 푸리에 변환 840

    17.7.2 고속 푸리에 변환 841

17.8 응용 846

    17.8.1 스펙트럼 분석기 846

    17.8.2 필터 846

17.9 요약 849

    ▶ 복습문제 851

    ▶ 문제 852

    ▶ 종합문제 861

Chapter 18   푸리에 변환 863

18.1 서론 864

18.2 푸리에 변환의 정의 864

18.3 푸리에 변환의 성질 870

18.4 회로 응용 883

18.5 파르스빌의 정리 886

18.6 푸리에 변환과 라플라스 변환의 비교 889

18.7 응용 890

    18.7.1 진폭 변조 890

    18.7.2 샘플링 893

18.8 요약 894

    ▶ 복습문제 895

    ▶ 문제 896

    ▶ 종합문제 902

Chapter 19   2단자망 903

19.1 서론 904

19.2 임피던스 파라미터 905

19.3 어드미턴스 파라미터 909

19.4 하이브리드 파라미터 913

19.5 전송 파라미터 919

19.6 파라미터 사이의 관계 924

19.7 회로망 간의 연결 927

19.8 *PSpice*를 이용한 2포트 파라미터의 계산 933

19.9 응용 937

    19.9.1 트랜지스터 회로 937

    19.9.2 사다리형 회로망 합성 943

19.10 요약 946

    ▶ 복습문제 947

    ▶ 문제 948

    ▶ 종합문제 959

PART 4 부록 960

부록 A   연립방정식과 역행렬 961

부록 B   복소수 970

부록 C   수학 공식 978

부록 D   홀수 번호 문제의 정답 983

참고문헌 1013

찾아보기 1015

Alexander의
회로이론

PART 1

직류회로

OUTLINE

1 기본 개념

2 기본 법칙

3 회로 해석 방법

4 회로 해석을 위한 정리

5 연산증폭기

6 커패시터와 인덕터

7 일차 회로

8 이차 회로

Source: NASA, ESA, and M. Livio and The Hubble 20th Anniversary Team (STScI)

기본 개념
Basic Concepts

*어떤 책들은 음미해야 하고, 어떤 책들은 삼켜야 하며, 또 어떤 책들은 씹어서
소화시켜야 한다.*

—Francis Bacon

기술과 경력 향상하기

ABET EC 2000 준거(3.a), "수학, 과학, 공학의 지식을 적용하는 능력"

공학문제에 적용하기 위해 학생으로서 당신은 수학, 과학, 그리고 공학에 대한 지식
을 쌓고 이와 관련된 기술을 개발하는 것이 필요하다. 여기서의 기술(skill)은 이들
분야의 기본이론을 적용하여 문제의 해법을 찾는 것이다. 그러면, 이러한 기술을 어
떻게 개발하고 향상시킬 수 있는가?

Charles Alexander

가장 최선의 방법은 당신이 수강하는 과목에서 가능한 한 많은 문제를 풀어보는
것이다. 그러나 당신이 정말 이것에 성공하고 싶다면, 성공적인 해답에 쉽게 다다르
는 것이 왜, 언제, 그리고 어디서인지 분석하는 데 시간을 사용해야 한다. 당신이 푸
는 문제의 대부분은 이론을 이해하는 것이 아니라 수학이라는 것을 이해하게 되면
놀랄 것이다. 당신은 또한 문제를 푸는 것을 너무 빨리 시작하고 있다는 것을 배울
것이다. 문제에 대해 생각해 보고 어떻게 그것을 풀 것인지에 대해 생각하는 시간을
가지는 것은 언제나 시간과 실패를 줄여준다.

나에게 가장 잘 맞는 것을 찾는 것은 6단계 문제 해결 방법을 적용하는 것이다.
그다음, 문제를 푸는 데 어려운 분야가 어디인지 확인한다. 많은 경우, 실제의 결함
은 나 자신의 문제에 대한 이해와 어떤 수학적인 원리를 사용할 수 있는 능력에 있
다. 그러면, 나는 다시 기초 수학교재의 적절한 부분을 다시 복습하고 어떤 경우 그
교재의 연습문제를 풀어본다. 이것이 당신이 언제나 해야 하는 다른 중요한 것을 일
깨워 준다. 당신의 주위에 기초 수학, 과학, 그리고 공학교재를 가까이 두라.

앞서의 교과목에서 학습했다고 생각되는 내용을 지속적으로 살펴보는 과정이
처음에는 매우 지루하게 느껴질 것이다. 그러나 당신의 기술이 개발되고 지식이 증
가하면서, 이 과정은 점점 더 쉬워진다. 개인적으로 이 과정이야말로 나 자신으로 하
여금 평범한 학생에서 박사학위를 얻고 성공적인 연구자가 되도록 한 비결이다.

학습목표

본 장에서 제시된 정보와 연습문제를 사용함으로써 다음 능력을 배양할 수 있다.

1. 공학자가 다루는 단위들을 이해할 수 있다.
2. 전하와 전류의 관계를 이해하고, 다양한 응용 분야에서 이를 적용하는 법을 이해할 수 있다.
3. 전압을 이해하고, 다양한 응용 분야에서 어떻게 사용되는지 이해할 수 있다.
4. 전력과 에너지에 대해 이해하고, 이들과 전류와 전압과의 관계에 대해 이해할 수 있다.
5. 다양한 회로소자의 전압–전류 특성을 이해할 수 있다.
6. 문제 해결을 위한 체계적인 접근법을 이해할 수 있고, 그것이 회로 문제를 풀기 위한 노력에 어떻게 도움을 줄 수 있는지 이해할 수 있다.

1.1   서론

회로이론과 전자기 이론은 모든 전기공학과 관련된 분야들의 바탕을 이루는 두 개의 근본적인 이론이다. 여러 전기공학 분야, 예를 들어 전력, 전동기, 제어, 전자, 통신 및 계측은 회로이론에 바탕을 두고 있다. 그러므로 회로이론 과목은 전기공학을 전공하는 학생에게 가장 중요한 과목이고, 전기공학 교육을 받기 시작하는 학생에게 좋은 출발점이 된다. 회로이론은 또한 자연과학의 다른 여러 분야를 전공하는 학생들에게도 중요한데, 이는 회로가 일반적인 에너지 시스템을 비롯해서, 응용수학, 물리학, 그리고 기하학 등과 연관된 과목을 다루는 데 좋은 모델을 제공하기 때문이다.

전기공학에서는 우리는 종종 한 지점에서 다른 지점으로 에너지를 전달하거나 통신을 하는 데 관심이 있다. 이러한 일을 하기 위해서는 전기 소자들의 상호연결이 필요하다. 그러한 상호연결을 우리는 전기회로라고 부르며, 그 회로를 구성하는 부품을 요소(element)라고 한다.

전기회로는 전기요소의 상호연결이다.

그림 1.1에 간단한 전기회로를 나타내었다. 이 회로는 세 개의 요소로 이루어져 있는데, 전지, 램프, 그리고 전선으로 이루어져 있다. 이러한 간단한 회로는 그 자체로서 여러 응용에 사용되는데, 예를 들어 회중전등, 탐색등 등이 있다.

좀 더 복잡한 회로를 그림 1.2에 나타내었는데, 이 회로는 라디오 수신부의 배선도이다. 이 회로는 조금 복잡해 보이지만, 이 책에서 배울 여러 해석법을 이용해 해석할 수 있다. 이 교재에서 우리의 목표는 이러한 회로의 특성을 기술할 수 있도록 여러 해석 기술과 컴퓨터 소프트웨어 응용을 습득하는 것이다.

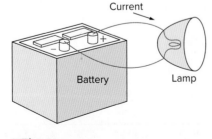

그림 1.1
간단한 전기회로.

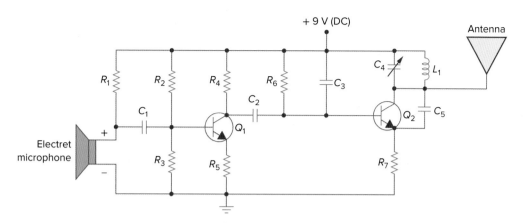

그림 1.2
라디오 송신기의 전기회로.

전기회로는 여러 전기시스템에서 여러 작업을 수행하는 데 사용된다. 이 책에서 우리의 목표는 회로의 여러 쓰임새와 응용만을 공부하는 것이 아니다. 오히려 우리의 주된 관심사는 회로의 해석에 있다. 회로해석이란 회로의 동작 특성을 이해하는 것이다: 주어진 입력에 대해 이 회로는 어떻게 반응하는가? 이 회로에서 연결배선과 소자는 어떻게 상호작용하는가?

여러 기본적인 개념을 정의하면서 이 책을 시작한다. 이러한 개념은 전하, 전류, 전압, 회로 요소, 전력, 그리고 에너지이다. 이러한 개념들은 정의하기 이전에, 이 책에서 사용될 단위 시스템을 먼저 확립해야 한다.

1.2 단위의 시스템

전기공학자로서 우리는 측정 가능한 양을 다룬다. 그러나 우리의 측정은 그러한 측정이 행해지는 국가에 상관없이 모든 전문가들이 이해할 수 있도록 공통적인 표준 언어로 의사소통되어야 한다. 그러한 국제 측정 언어가 바로 SI (International System of Units)인데, 이는 1960년에 도량형에 대한 국제 학회에서 채택되었다. 이 시스템에서는 7개의 기초 단위가 있는데, 이들로부터 여러 다른 물리적인 단위를 유도해낼 수 있다. 표 1.1에는 이 책에 적절한 6개의 기초 단위와 1개의 유도된 단위(쿨롱)가 나타나 있다. SI 단위가 공통적으로 전기공학에서 사용된다.

SI 단위를 사용하는 중요한 이점은 이 단위들이 10의 자승에 기초한 접두사를 사용하여 그 기본단위보다 더 크거나 작은 단위를 연관시킨다는 점이다. 예를 들어 다음의 표현들은 미터(m)로 같은 거리를 나타낸다.

$$600,000,000 \text{ mm} \qquad 600,000 \text{ m} \qquad 600 \text{ km}$$

표 1.1

일곱 개의 기본 SI 단위 그리고 이 책과 관련된 하나의 유도된 단위

양	기본 단위	기호
길이	meter	m
질량	kilogram	kg
시간	second	s
전류	ampere	A
온도	kelvin	K
밝기	candela	cd
전하	coulomb	C

표 1.2

SI 단위의 접두사

승수	접두사	기호
10^{18}	exa	E
10^{15}	peta	P
10^{12}	tera	T
10^{9}	giga	G
10^{6}	mega	M
10^{3}	kilo	k
10^{2}	hecto	h
10	deka	da
10^{-1}	deci	d
10^{-2}	centi	c
10^{-3}	milli	m
10^{-6}	micro	μ
10^{-9}	nano	n
10^{-12}	pico	p
10^{-15}	femto	f
10^{-18}	atto	a

1.3   전하와 전류

전하(electrical charge)의 개념은 모든 전기적 현상을 설명하는 근본적인 원리이다. 또한 전하는 회로에서 가장 기본적인 양이기도 하다. 울 스웨터를 벗으려고 하면 그것이 우리 몸에 붙으려고 할 때, 또는 카펫 위를 지나가면서 전기적 쇼크를 받을 때 그 전하의 영향을 경험한다.

> 전하는 물질을 구성하는 원자들의 전기적 성질이며, 쿨롬(C)의 단위로 측정된다.

우리는 기초물리학에서 모든 물질은 원자라는 기본적인 요소로 구성되며, 각 원자는 전자, 양성자, 그리고 중성자로 이루어진다는 것을 알고 있다. 우리는 또한 전자 한 개의 전하 e는 음 극성을 띠며 그 크기는 1.602×10^{-19} C이고, 양자는 전자와 같은 크기의 전하를 가지며 양극성을 띠는 것을 알고 있다. 이러한 같은 숫자의 양자와 전자는 원자가 전기적으로 중성이 되도록 한다.

    다음은 전하에 대한 중요한 요점들이다.

1. 쿨롬은 전하에 대해 큰 단위이다. 1 C의 전하에는 $1/(1.602 \times 10^{-19}) = 6.24 \times 10^{18}$개의 전자가 존재한다. 그러므로 실제 실험실에서 사용하게 되는 전하의 양은 pC, nC, 또는 μC 정도이다.[1]
2. 실험적 관측에 의하면, 자연계에 존재하는 전하는 전자의 전하량 $e = -1.602 \times 10^{-19}$ C의 정수배이다.
3. 전하 보존 법칙에 의하면 전하는 생성되거나 파괴될 수 없으며 단지 이동될 뿐이다. 그러므로 시스템에서 전하의 대수적 합은 변하지 않는다.

    이제 전자 흐름에 대해 살펴보도록 하자. 전하 또는 전기의 독특한 특성은 그것이 이동성이 있다는 것이다. 즉 전하는 한 곳에서 다른 곳으로 이동될 수 있고, 다른 형태의 에너지로 변환될 수 있다.

    전도성이 있는 도선(여러 개의 원자로 구성된)을 전지(전동력의 원천)에 연결하게 되면, 전하는 움직이려는 힘을 받게 된다. 양극성의 전하가 한 방향으로 움직이면, 음극성의 전하는 그 반대 방향으로 움직이게 된다. 이러한 전하의 이동이 전류를 생성한다. 전류의 흐름은 통상 양극성의 전하의 움직임의 방향으로 잡게 되며, 이는 그림 1.3에 나타낸 바와 같이 음극성 전하의 흐름과 반대방향이다. 이 규약은 미국의 과학자이자 발명가인 벤저민 프랭클린(1706~1790)에 의해 제안되었다. 우리 모두는 금속 도체의 전류가 음전하에 의한 것을 알고 있지만, 전류는 양전하의 전체적인 흐름이라는 국제적으로 공인된 규약을 따르도록 한다.

> 전류는 전하의 시간에 따른 변화량이며, 암페어(A)의 단위로 측정된다.

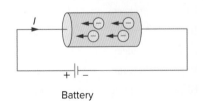

Battery

그림 1.3
도체에서 전하의 흐름으로 인한 전류.

---

[1] 그러나 고용량의 전원 커패시더는 0.5 C의 전하까지 저장할 수 있다.

Historical

Andre-Marie Ampere (1775~1836), 프랑스의 수학자이며 물리학자로서 전동력의 기초를 마련하였다. 그는 1820년도에 전류를 정의하고 측정할 수 있는 방법을 개발하였다.

프랑스의 리옹에서 태어난 그는 12세에 몇 주 만에 라틴어를 마스터하였다. 이는 그가 수학에 굉장한 흥미를 지니고 있었는데, 대부분의 고급 수학은 라틴어로 기술되어 있었기 때문이다. 그는 명석한 과학자였고 다작의 저술가였다. 그는 전자기학의 법칙을 공식화하였고, 또한 전자석과 전류계를 발명하였다. 전류의 단위인 암페어는 그의 이름에서 유래되었다.

Apic/Getty Images

수학적으로 전류(i)와 전하(q), 그리고 시간(t) 사이의 관계는 다음과 같이 표현된다.

$$i \triangleq \frac{dq}{dt} \qquad (1.1)$$

여기서 전류는 암페어(A)로 측정되고

$$1 \text{ ampere} = 1 \text{ coulomb/second}$$

시간 t_0에서 t 사이에 전달된 전하는 식 (1.1)의 양변을 적분하여 얻어진다.

$$Q \triangleq \int_{t_0}^{t} i \, dt \qquad (1.2)$$

식 (1.1)에서 전류 i를 정의하는 방식은 전류는 상수일 필요가 없다는 것을 암시한다. 이 장과 다른 여러 장에서 제시하는 것처럼 전류에는 여러 종류가 있다. 즉, 전하는 시간에 따라 여러 가지 형태로 바뀔 수 있다.

직류 전류와 교류 전류를 바라보는 다른 방법이 있다. 최선의 정의는 전류가 흐르는 두 가지 방법이다. 전류가 역방향이 아닌, 항상 같은 방향으로 흐르는 경우, 직류 전류(dc)라고 한다. 전류는 일정하거나 시간에 따라 변한다. 만약 전류가 두 방향으로 흐른다면, 교류 전류(ac)라고 한다.

직류 전류(dc)는 시간에 관계없이 한 방향으로, 값이 일정하게 흐른다.

규약에 의해, 일정한 전류를 나타내기 위해 기호 I를 사용할 것이다. 만약 전류가 시간에 대해서 다양하다면(dc나 ac), 기호 i를 사용할 것이다. 이것은 통속적으로 $i(t) = |5 \sin(377t)|$ amps와 같이 정류기(dc)의 출력이 되거나 $i(t) = 160$

규약은 같은 직업의 다른 사람들이 우리가 뜻하는 것을 이해할 수 있도록 기술하는 표준방식이다. 우리는 이 책에서 IEEE의 협약을 사용할 것이다.

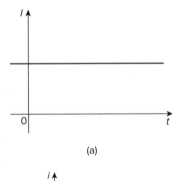

(a)

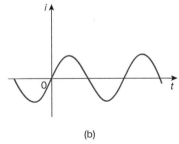

(b)

그림 1.4
두 가지의 일반적인 유형: (a) 직류 전류 (dc), (b) 교류 전류(ac).

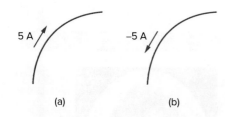

그림 1.5
규약된 전류 흐름: (a) 양의 전류 흐름, (b) 음의 전류 흐름.

sin(377t) amps와 같이 사인파 전류(ac)가 될 것이다.

> **교류 전류(ac)**는 시간에 대해서 방향이 변하는 전류이다.

교류 전류(ac)의 예는 가정에서 에어컨, 냉장고, 세탁기, 그리고 여러 다른 가전기구에서 사용된다. 그림 1.4는 dc(배터리에서 나오는 전류)와 ac(가정용 콘센트에서 나오는 전류)의 두 가지의 일반적인 예들을 나타낸다. 이 책의 후반부에 다른 형태의 전류를 살펴보도록 하겠다.

일단 전하의 이동을 전류로 정의하면, 전류는 그와 연관된 방향을 나타내야 한다. 앞에서 언급된 바와 같이, 전류의 방향은 통상적으로 양전하의 이동 방향으로 나타낸다. 이 약속에 의해 5 A의 전류를 그림 1.5에 나타낸 바와 같이 양수 또는 음수로 나타낼 수 있다. 즉 −5 A의 전류가 그림 1.5(b)에 나타낸 바와 같이 흐른다면 +5 A의 전류가 그 반대방향으로 흐르게 된다.

예제 1.1

4,600개의 전자는 얼마나 많은 양의 전하를 나타내는가?

풀이:
전자는 -1.602×10^{-19} C의 전하를 가지고 있다. 그러므로 4,600개의 전자는 -1.602×10^{-19} C/electron $\times$ 4,600 electrons $= -7.369 \times 10^{-16}$ C이다.

실전문제 1.1

1백억 개의 양자가 나타내는 전하의 양을 계산하라.

답: 1.6021×10^{-9} C

예제 1.2

한 단자를 들어가는 전체 전하의 양 $q = 5t \sin 4\pi t$ mC이다. 시간 $t = 0.5$ s일 때, 전류를 계산하라.

풀이:

$$i = \frac{dq}{dt} = \frac{d}{dt}(5t \sin 4\pi t) \text{ mC/s} = (5 \sin 4\pi t + 20\pi t \cos 4\pi t) \text{ mA}$$

$t = 0.5$일 때,

$$i = 5 \sin 2\pi + 10\pi \cos 2\pi = 0 + 10\pi = 31.42 \text{ mA}$$

예제 1.2에서 $q = (20 - 15t - 10e^{-3t})$ mC이라면, $t = 1.0$ s에서 전류를 구하라.

답: -13.506 mA

한 단자를 통과하는 전류가 $i = (3t^2 - t)$ A일 때, 시간 $t = 1$ s에서 $t = 2$ s 사이에 한 단자가 들어가는 전체 전하의 양을 구하라.

풀이:

$$Q = \int_{t=1}^{2} i\, dt = \int_{1}^{2} (3t^2 - t)\, dt$$
$$= \left(t^3 - \frac{t^2}{2} \right)\bigg|_{1}^{2} = (8 - 2) - \left(1 - \frac{1}{2} \right) = 5.5 \text{ C}$$

어떤 한 요소로 들어가는 전류가 다음과 같다.

$$i = \begin{cases} 8 \text{ A}, & 0 < t < 1 \\ 8t^2 \text{ A}, & t > 1 \end{cases}$$

시간 $t = 0$에서 $t = 2$ s 사이에 그 요소로 들어가는 전하를 계산하라.

답: 26.67 C

1.4　전압

앞 절에서 간략하게 소개한 바와 같이, 도체에서 전자를 특정한 방향으로 움직이기 위해서는 일 또는 에너지의 전달이 필요하다. 이 일은 그림 1.3에 나타낸 전지, 외부 전동력(emf)에 의해 행해진다. 이 emf는 또한 전압(voltage) 또는 전위차(potential difference)로 알려져 있다. 회로에서 두 지점 a와 b 사이의 전압 v_{ab}는 b 지점에서 a 지점으로 단위 전하를 옮기는 데 필요한 에너지(또는 일)이며, 수학적으로는

$$v_{ab} \triangleq \frac{dw}{dq} \tag{1.3}$$

여기서 w는 에너지로, 단위는 줄(J)이고 q는 쿨롬(C)의 전하이다. 전압 v_{ab} 또는 간략하게 v는 최초의 전압 전지를 발명한 이탈리아 물리학자 볼타(1745~1827)의 이름을 기념하기 위해 전압(V)으로 측정된다. 식 (1.3)으로부터

$$1 \text{ volt} = 1 \text{ joule/coulomb} = 1 \text{ newton-meter/coulomb}$$

그러므로

> 전압(또는 전위차)은 기준점(−)으로부터 다른 지점(+)까지 단위 전하를 움직이는 데 필요한 에너지이고, 전압(V)을 사용하여 측정한다.

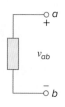

그림 1.6
전압 v_{ab}의 극성.

그림 1.6에 점 a와 b에 연결된 노란색 직사각형 블록으로 표시된 한 요소의 양단 전압을 나타내고 있다. 양(+)과 음(−)의 기호는 기준점의 방향 또는 전압의 극성을 정의하는 데 사용된다. v_{ab}는 다음 두 가지로 이해할 수 있다: (1) a 점의 전압이 점 b의 전압보다 만큼 높다, 또는 (2) 점 b에 대한 점 a의 전위는 v_{ab}이다. 논리적으로 다음 일반적 법칙이 성립된다.

$$v_{ab} = -v_{ba} \tag{1.4}$$

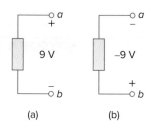

그림 1.7
같은 전압 v_{ab}에 대한 두 가지의 등가적인 표현: (a) 점 a가 점 b에 비해 9 V 높다. (b) 점 b가 점 a에 비해 −9 V 높다.

예를 들어 그림 1.7에서, 같은 전압에 대해 두 가지 표현을 할 수 있다. 그림 1.7(a)에서 점 a는 점 b에 비해 +9 V 높다; 그림 1.7(b)에서는 점 b가 점 a에 비해 −9 V 높다. 우리는 그림 1.7(a)에서 점 a에서 점 b로 이동할 때 9 V 전압 강하가 있다고 하거나 또는 등가적으로 점 b에서 점 a로 9 V의 전압 상승이 있다고 한다. 또는 점 a에서 점 b로의 전압 강하는 점 b에서 점 a로의 전압 상승과 같다.

전류와 전압은 전기회로에서 기본적인 두 가지 변수이다. 신호라는 일반적인 용어는 전류와 전압(또는 전자기파에도 해당)에 대해 사용되는 전기적인 양으로서 그것이 정보를 전달할 때 사용된다. 공학자들은 전류나 전압 같은 변수들을 시간에 따른 수학적인 함수라고 부르기보다는 신호라고 부르기를 선호하는데 이는 통신과 이와 연관된 분야에서의 중요성 때문이다. 전류와 마찬가지로 시간에 따라 일정한 전압은 dc 전압으로 부르고 V로 나타내며, 시간에 따라 사

Historical

UniversalImagesGroup/
Getty Images

Alessandro Antonio Volta (1745~1827), 이탈리아 물리학자로 전기가 연속적으로 흐를 수 있도록 한 최초의 전지와 커패시터를 발명했다.

이탈리아 코모의 귀족 집안에서 태어난 볼타는 18세에 전기적 실험을 시작하였다. 1796년에 볼타가 발명한 전지는 전기 사용에 혁명을 가져왔다. 1800년에 발표된 그의 논문은 회로이론의 시작을 상징한다. 볼타는 일생 동안 많은 영예를 얻었으며, 전압, 즉 전위는 그의 이름을 기리기 위해 볼트라는 단위를 사용하게 되었다.

인파로 변하는 전압은 *ac* 전압으로 부르며 *v*로 나타낸다. dc 전압은 전지에 의해 일반적으로 생성되고, ac 전압은 발전기에 의해 생산된다.

전류는 항상 요소를 통해서, 전압은 요소의 양단 또는 두 지점의 양단에서 존재한다는 것을 기억하라.

1.5   전력과 에너지

전기회로에서 전류와 전압이 두 개의 기본적인 변수이지만, 이 두 가지만으로는 충분하지 않다. 실용적인 목적으로 우리는 얼마나 많은 전력을 전기 소자가 사용할 수 있는지 알 필요가 있다. 우리는 100와트 전구가 60와트 전구보다 더 많은 빛을 낸다는 것을 경험을 통해 알고 있다. 우리는 또한 전기회사에 전기요금을 낼 때 일정한 시간 동안 우리가 사용한 에너지에 대해 비용을 지불한다는 것도 알고 있다. 그러므로 전력과 에너지 계산은 회로 해석에 있어 중요하다.

전력과 에너지를 전압과 전류에 연관시키기 위해서 물리학에서 배운 지식을 이용한다:

> **전력**은 단위 시간당 에너지를 흡수하거나 사용하는 양으로 와트(W)의 단위로 측정된다.

이 관계는

$$p \triangleq \frac{dw}{dt} \tag{1.5}$$

로 표시하는데 여기서 *p*는 와트(W)로 표시되는 전력이고, *w*는 줄(J)로 표시되는 에너지, 그리고 *t*는 초(s)로 표시되는 시간이다. 식 (1.1), (1.3), 그리고 (1.5)에서 다음 결과가 유도된다.

$$p = \frac{dw}{dt} = \frac{dw}{dq} \cdot \frac{dq}{dt} = vi \tag{1.6}$$

또는

$$p = vi \tag{1.7}$$

식 (1.7)에서 전력 *p*는 시간에 따라 변하는 양이며 순시전력으로 표시된다. 그러므로 요소에 의해 흡수되거나 공급된 전력은 요소의 양단 전압과 요소를 통과하는 전류의 곱이 된다. 전력이 + 기호를 가지면, 전력은 요소로 전달되거나 요소가 흡수하는 것이다. 반대로 전력이 − 기호를 가지면 요소에 의해 전력이 공급되는 것이다. 그런데 전력이 양수인지 음수인지는 어떻게 알 수 있는가?

전류의 방향과 전압의 극성은 전력의 기호를 결정하는 데 중요한 역할을 한다. 그러므로 그림 1.8(a)에 나타낸 전류 *i*와 전압 *v* 사이의 관계에 대해 주의를 기울이는 것이 중요하다. 전력이 양의 기호를 가지기 위해 전압의 극성과 전류의 방향은 그림 1.8(a)에 나타낸 것과 같이 나타내야 한다. 이것을 수동부호규정

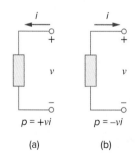

그림 1.8
수동부호 규정을 사용한 전력에 대한 기준 극성: (a) 전력 흡수, (b) 전력 공급.

전압과 전류의 방향이 그림 1.8(b)에 준할 때, 우리는 능동 부호 규정을 사용하고 *p* = +*vi*이다.

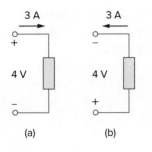

그림 1.9
요소가 12 W의 전력을 흡수하는 두 경우:
(a) $p = 4 \times 3 = 12$ W, (b) $p = 4 \times 3 = 12$ W.

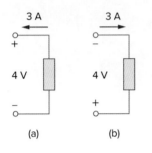

그림 1.10
요소가 12 W의 전력을 공급하는 두 경우:
(a) $p = -4 \times 3 = -12$ W, (b) $p = -4 \times 3 = -12$ W.

(passive sign convention)이라고 한다. 수동부호규정에 의해 전류는 전압이 양수인 곳으로 들어간다. 이 경우 $p = +vi$ 또는 $vi > 0$은 전력을 흡수하는 것을 의미한다. 반대로, $p = -vi$ 또는 $vi < 0$은 그림 1.8(b)에 나타낸 것처럼 요소가 전력을 방출하거나 공급하는 경우이다.

수동부호규정은 전류가 요소의 양의 단자로 들어갈 때 만족되며 $p = +vi$이다. 만약 전류가 음의 단자로 들어갈 때는 $p = -vi$이다.

달리 규정하지 않을 때, 이 책에서 우리는 수동부호규정을 따를 것이다. 예를 들어 그림 1.9의 두 회로에서 요소는 +12 W를 흡수하는데, 이는 양의 전류가 양의 단자로 두 경우 모두 들어가기 때문이다. 그러나 그림 1.10에서는 요소가 +12 W의 전력을 공급하는데, 이는 양의 전류가 음의 전압 단자로 들어가기 때문이다. 물론 -12 W의 전력을 흡수하는 것은 +12 W의 전력을 공급하는 것과 같다. 일반적으로

$$+\text{Power absorbed} = -\text{Power supplied}$$

실제로 모든 전기회로에서 에너지 보존법칙은 성립해야 한다. 이 이유 때문에, 어떤 회로에서 모든 시간에 대해 전력의 대수적 합은 0이어야 한다.

$$\boxed{\sum p = 0} \tag{1.8}$$

이것은 또한 회로에 공급된 모든 전력은 회로에서 흡수된 모든 전력과 균형을 이루어 같다는 사실과 일치한다.

식 (1.6)에서 시간 t_0에서 t 사이에 흡수되거나 공급된 에너지는

$$w = \int_{t_0}^{t} p \, dt = \int_{t_0}^{t} vi \, dt \tag{1.9}$$

에너지는 일을 할 수 있는 능력으로 줄(J)의 단위로 측정된다.

전력회사는 에너지를 와트-시(Wh)의 단위를 사용해서 측정한다.

$$1 \text{ Wh} = 3{,}600 \text{ J}$$

예제 1.4

한 에너지원이 전구에 10초 동안 2 A의 일정한 전류를 공급한다. 빛과 열에너지의 형태로 2.3 kJ의 에너지가 발생된다면, 전구 양단의 전압 강하를 계산하라.

풀이:
전체 전하는

$$\Delta q = i \, \Delta t = 2 \times 10 = 20 \text{ C}$$

전압 강하는

$$v = \frac{\Delta w}{\Delta q} = \frac{2.3 \times 10^3}{20} = 115 \text{ V}$$

점 b에서 점 a로 전하 q를 옮기기 위해서 100 J이 필요하다. 전압강하 v_{ab}를(b점
에 대해 a점의 전압이 양수) (a) $q = 5$ C, (b) $q = -10$ C일 때 구하라.

답: (a) 20 V, (b) −10 V

실전문제 1.4

요소의 양의 단자로 들어가는 전류가

$$i = 5 \cos 60\pi t \text{ A}$$

이고 전압이 (a) $v = 3i$, (b) $v = 3 \, di/dt$일 때 $t = 3$ ms에서 요소로 전달된 전력
을 구하라.

실전문제 1.5

풀이:

(a) 전압은 $v = 3i = 15 \cos 60\pi t$이다. 그러므로 전력은

$$p = vi = 75 \cos^2 60\pi t \text{ W}$$

$t = 3$ ms에서,

$$p = 75 \cos^2 (60\pi \times 3 \times 10^{-3}) = 75 \cos^2 0.18\pi = 53.48 \text{ W}$$

이다.

(b) 전압과 전류는 다음과 같이 구한다.

$$v = 3\frac{di}{dt} = 3(-60\pi)5 \sin 60\pi t = -900\pi \sin 60\pi t \text{ V}$$
$$p = vi = -4500\pi \sin 60\pi t \cos 60\pi t \text{ W}$$

$t = 3$ ms에서,

$$p = -4500\pi \sin 0.18\pi \cos 0.18\pi \text{ W}$$
$$= -14137.167 \sin 32.4° \cos 32.4° = -6.396 \text{ kW}$$

예제 1.5에서 전류는 변하지 않고 전압이 (a) $v = 6i$ V,

(b) $v = \left(6 + 10 \int_0^t i \, dt\right)$ V일 때, $t = 5$ ms에서 요소에 공급된 전력을 구하라.

실전문제 1.5

답: (a) 51.82 W, (b) 18.264 watts

Historical

1884 박람회 1884년 미국에서 열린 국제전기박람회처럼 전기의 미래를 홍보한 것은 없다. 전기가 없는 세상, 촛불과 가스전등으로 밝히는 세상, 대부분의 운송수단이 도보, 말, 또는 마차인 세상을 상상해 보라. 이 박람회에서는 토마스 에디슨을 주목받게 하고 그의 발명품들과 상품들을 홍보하는 천부적인 능력을 반영하는 하나의 전시물이 출품되었다. 그것은 100 kW의 초대형 발전기에 의해 동작하는 거대한 조명전시물이었다.

웨스턴(Edward Weston)의 발전기와 램프가 United States Lighting Company의 전시를 대표적으로 장식했다. 이와 함께, 웨스턴의 잘 알려진 과학기계들이 같이 전시되었다.

다른 유명한 전시자로는 스프라그(Frank Sprague), 톰슨(Eliu Thompson), 그리고 클리블랜드 브러시 전기회사(Brush Electric Company of Cleveland) 등이 있었다. 미국전기공학회(AIEE)는 10월 7~8일 사이 전시회기간 동안 프랭클린 학회에서 최초의 과학기술 모임을 가졌다. AIEE는 1964년에 전파공학회(IRE)와 공동으로 전기전자공학회(IEEE)를 설립하였다.

Source: IEEE History Center

2시간 동안 100 W 전구가 소모한 에너지는 얼마인가?

풀이:

$$w = pt = 100 \ (W) \times 2 \ (h) \times 60 \ (min/h) \times 60 \ (s/min)$$

$$= 720{,}000 \ J = 720 \ kJ$$

이는 다음과 같다.

$$w = pt = 100 \ W \times 2 \ h = 200 \ Wh$$

가정용 전기 히터가 115 V 전원에 연결되어 12 A의 전류를 공급받을 때, 24시간 동안 얼마나 많은 에너지를 소모하는가?

답: 33.12 k watt-hours

1.6   회로 요소

1.1절에서 논의된 대로 요소는 회로를 구성하는 기본 블록이다. 회로는 단지 이러한 요소의 상호 결합이다. 회로 해석은 회로 내 소자 양단의 전압(또는 관통하는 전류)을 결정하는 과정이다.

전기회로에서 사용되는 두 가지 종류의 구성요소가 있다: 수동소자와 능동소자. 능동소자는 에너지를 생성할 수 있는 반면 수동소자는 그렇지 못한다. 수동소자의 예로는 저항, 커패시터, 인덕터 등이 있다. 대표적인 능동소자로는 발전기, 전지, 연산 증폭기 등이 있다. 이 절의 목적은 이런 종류의 중요한 능동소자에 대해 익숙해지는 것이다.

가장 중요한 능동소자는 그것에 연결된 회로에 전력을 전달하는 전압원 또는 전류원이다. 이런 종류의 전원으로는 독립 전원과 종속 전원이 있다.

> **이상적인 독립 전원**은 그것에 연결된 다른 소자들에 상관없이 정해진 전압과 전류를 공급하는 능동소자이다.

다시 말하면, 이상적인 전압원은 그 전압원 양단의 전압을 유지하기 위해 필요한 어떠한 양의 전류를 공급할 수 있다. 전지와 발전기 같은 실제 전원은 이상적인 전원에 근사적인 것으로 간주된다. 그림 1.11에 이상적인 전압원의 기호를 나타내었다. 그림 1.11(a)와 1.11(b)의 두 개의 기호는 dc 전압원을 나타낼 수 있지만, 그림 1.11(a)는 시간에 따라 변하는 전압만을 나타낼 수 있음을 주의하라. 이와 유사하게, 이상적인 독립 전류원은 전류원 양단의 전압에 무관하게 정해진 전류를 공급할 수 있는 능동소자이다. 즉 전류원은 정해진 전류를 공급하기 위

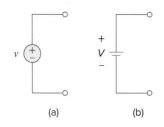

그림 1.11
독립 전압원에 사용되는 기호들: (a) 시간이 지나도 일정하거나 시간에 따라 변하는 전압, (b) 시간이 지나도 일정한 전압 (dc).

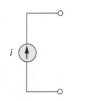

그림 1.12
독립 전류원에 사용되는 기호.

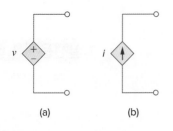

(a)   (b)

그림 1.13
(a) 종속 전압원에 대한 기호, (b) 종속 전류원에 대한 기호.

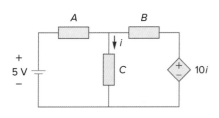

그림 1.14
오른쪽에 위치한 전원은 전류 제어 전압원이다.

해 어떠한 전압도 회로에 유지할 수 있다. 그림 1.12에 독립 전류원의 기호를 나타내었는데, 여기서 화살표는 전류 i의 방향을 표시한다.

> **이상적인 종속 전원**은 다른 전압이나 전류에 의해 제어되는 양을 가지는 **능동회로 요소이다.**

종속 전원은 일반적으로 그림 1.13에 나타낸 것과 같이 다이아몬드 형태의 기호를 사용한다. 종속 전원은 회로 내의 다른 요소에 의해 제어되는데, 그 요소는 전압이나 전류가 될 수 있으므로 종속 전원에는 다음 네 가지 종류가 있다.

1. 전압제어 전압원(VCVS)
2. 전류제어 전압원(CCVS)
3. 전압제어 전류원(VCCS)
4. 전류제어 전류원(CCCS)

종속 전원은 트랜지스터, 연산증폭기, 또는 집적회로를 모델링하는 데 유용하다. 전류제어 전압원의 예를 그림 1.14에 나타내었는데, 여기서 전압원의 전압 $10i$는 C 소자의 양단에 흐르는 전류 i에 비례한다. 학생들은 전압원인데도 종속 전압원의 값이 $10i$ V($10i$ A가 아니라)라는 데 놀랄 수도 있을 것이다. 여기서 기억해야 할 중요한 사항은 종속 전원은 그 값이 의존하는 값에 상관없이 전압원은 그 기호에 (+ −)의 극성을 가지고 있고, 전류원의 경우 화살표를 가지고 있다는 것이다.

이상적인 전압원은 (독립 또는 종속) 단자 양단의 전압에 정해진 전압을 유지하기 위해 어떠한 양의 전류도 공급하며, 전류원의 경우 정해진 전류를 유지하기 위해 어떠한 전압도 발생한다는 것에 주목해야 한다. 그러므로 이상적인 전원은 이론적으로 무한대의 에너지를 공급할 수 있다. 또한 전원은 회로로부터 전력을 공급할 수도 있지만, 회로로부터 전력을 흡수할 수도 있다는 것도 주의하라. 전압원의 경우 전류가 아니라 전압이 전압원으로부터 공급된다. 같은 맥락으로 전류는 전류원에 의해 공급되지만, 전류원 양단의 전압에 의해 공급되지는 않는다.

예제 1.7

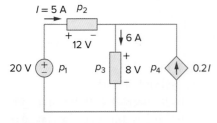

그림 1.15
예제 1.7.

그림 1.15의 각 요소에 의해 공급되거나 흡수된 전력을 계산하라.

풀이:

그림 1.8과 1.9에 나타낸 전력에 대한 기호 규약을 적용한다. p_1의 경우, 5 A의 전류가 양의 단자에서 흘러나온다(또는 음의 단자로 흘러들어간다). 그러므로

$$p_1 = 20(-5) = -100 \text{ W} \quad \text{공급된 전력}$$

p_2와 p_3의 경우, 각 경우에 대해서 전류가 양의 단자로 흘러들어간다.

$$p_2 = 12(5) = 60 \text{ W} \quad \text{흡수된 전력}$$

$$p_3 = 8(6) = 48 \text{ W} \quad \text{흡수된 전력}$$

p_4의 경우, 전압(위쪽이 양수)은 8 V이고 p_3의 경우도 전압이 같은데, 이는 수동 소자와 종속 전압원이 같은 단자에 연결되어 있기 때문이다(전압은 항상 회로에서 소자 그 양단의 값이 측정됨을 기억하라). 전류는 양의 방향에서 흘러나오기 때문에

$$p_4 = 8(-0.2I) = 8(-0.2 \times 5) = -8 \text{ W} \quad \text{공급된 전력}$$

우리는 또한 20 V 독립 전압원과 0.2I 종속전류원이 나머지 회로 네트워크에 전력을 공급하고, 두 수동소자는 전력을 흡수하고 있는 것을 알 수 있다. 또한,

$$p_1 + p_2 + p_3 + p_4 = -100 + 60 + 48 - 8 = 0$$

식 (1.8)과 일치하는 바와 같이, 공급된 전체 전력은 흡수된 전체 전력과 같다.

그림 1.16의 회로에서 각 소자가 흡수되거나 공급된 전력을 구하라.

답: $p_1 = -225$ W, $p_2 = 90$ W, $p_3 = 60$ W, $p_4 = 75$ W

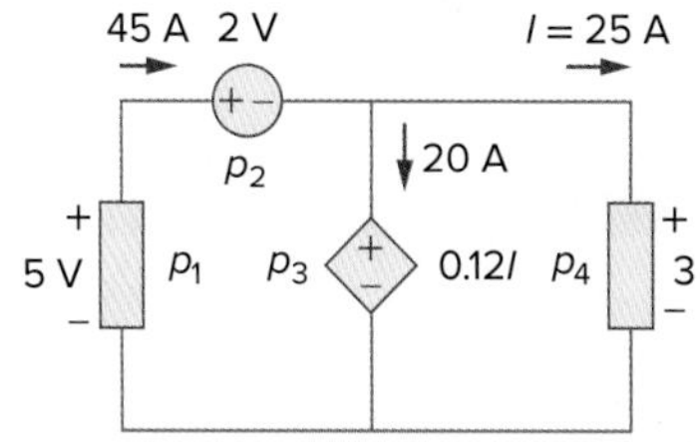

실전문제 1.7

그림 1.16
실전문제 1.7.

1.7 　†응용[2]

이 절에서는, 이 장에서 전개된 개념의 실제적인 두 가지 응용을 살펴본다. 첫째는 TV 음극선관이고 다른 한 가지는 어떻게 전력회사가 전기요금을 계산하는지이다.

1.7.1　TV 음극선 튜브

전자의 이동을 이용한 중요한 응용은 TV 신호의 송신과 수신의 두 가지 모두에서 찾을 수 있다. 수신부의 종단에서 TV 카메라는 광학 이미지의 한 장면을 전기적 신호로 바꾸어준다. 스캐닝은 카메라의 아이콘스코프(iconoscope) 카메라 튜브에서 전자의 얇은 빔으로 행해진다.

　수신 단에서는 TV 수신단의 음극선관(CRT)에 의해 이미지가 재생된다.[3] 그림 1.17에 CRT를 나타내었다. 일정한 세기의 전자빔을 발생시키는 아이콘스코프와는 달리 CRT빔은 들어오는 신호에 따라 빔의 세기를 바꾼다. 높은 전위로 유지되는 전자총은 전자빔을 쏘게 된다. 그 전자빔은 수평과 수직 편향을 위해 사용되는 두 개의 평판 사이를 지나게 되어 빔이 부딪히는 스크린상의 한 점이 상하좌우로 움직일 수 있게 된다. 전자빔이 형광 스크린에 부딪히게 되면 그

---

[2] 절 제목 앞에 있는 † 기호는 그 절을 건너뛰어도 된다는 것을 의미한다.

[3] 현대의 TV 튜브는 다른 기술을 이용한다.

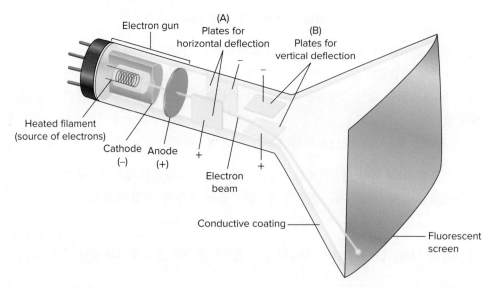

그림 1.17
음극선관.

Historical

Karl Ferdinand Braun과 Vladimir K. Zworykin

Karl Ferdinand Braun (1850~1918), 스트라스버그 대학의 칼 브라운은 1879년에 브라운 음극선관을 발명했다. 이것이 수년 동안 텔레비전에 사용된 화상 튜브의 기초가 되었다. 평판 디스플레이 가격이 급속하게 경쟁력을 가져가고 있지만, 현재에도 이것은 가장 경제적인 소자이다. 브라운 튜브가 텔레비전에 사용되기 이전에 그것은 **즈보리킨**(**Vladimir K. Zworykin**, 1889~1982)의 발명을 이용한 아이콘스코프를 이용하게 되어 현재의 텔레비전이 실현되었다. 아이콘스코프는 오리티콘(orthicon)과 이미지 오리티콘(image orthicon)으로 발전되었는데, 그것은 이미지를 포착하여 신호로 변환할 수 있게 함으로써 텔레비전 수신기로 보내질 수 있도록 하게 되었고, 이로써 텔레비전 카메라가 탄생하게 되었다.

점에서 빛을 발산하게 된다. 이런 방식으로 TV 스크린상에 그림을 그리게 된다.

예제 1.8

TV 음극선 튜브에서 전자빔이 초당 10^{15}개의 전자를 운반한다. 설계자로서 4 W의 전력을 얻기 위해 전자빔으로 가속하는 데 필요한 전압을 구하라.

풀이:
한 개의 전자가 가진 전하는

$$e = -1.6 \times 10^{-19}\ \text{C}$$

이다. 만약 전자의 개수가 n이라면, $q = ne$이고,

$$i = \frac{dq}{dt} = e\frac{dn}{dt} = (-1.6 \times 10^{-19})(10^{15}) = -1.6 \times 10^{-4}\ \text{A}$$

이다. 음수기호는 전류의 흐름이 전자의 흐름과 반대방향이라는 것을 나타내고, 그림 1.18에 나타낸 바와 같이 CRT의 수직 편향판이 전하를 가지고 있지 않을 때의 개략적 그림을 나타낸다. 빔의 전력은

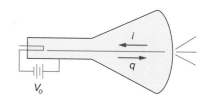

그림 1.18
예제 1.8의 음극선 튜브의 단순화된 그림.

$$p = V_o i \quad \text{또는} \quad V_o = \frac{p}{i} = \frac{4}{1.6 \times 10^{-4}} = 25{,}000\ \text{V}$$

이다. 그러므로 필요한 전압은 25 kV이다.

TV 음극선 튜브에서 전자빔이 초당 10^{13}개의 전자가 이동하고, 25 kV의 전위차로 유지되는 편향판 사이를 통과할 때, 그 빔의 전력을 구하라.

실전문제 1.8

답: 40 mW

1.7.2 전기료

두 번째 응용은 전기회사가 사용자들에게 어떻게 전기료를 부과하는가를 다룬다. 전기료는 kWh의 단위로 소모한 에너지의 양에 의해 결정된다[전기료를 결정하는 다른 요소들은 수요와 역률(power factor)은 무시하도록 한다]. 그러나 사용자가 전기를 전혀 사용하지 않아도 지불해야 되는 최소 사용요금이 있는데, 이는 전력선에 연결되어 있는 데 비용이 들기 때문이다. 에너지의 소모가 증가할수록, kWh당 가격은 감소한다. 표 1.3에 나타낸 바와 같이 5인 가족들이 사용하는 가전기구의 월 평균 소모량을 살펴보는 것은 흥미롭다.

표 1.3

가전기구의 월 평균 전력 소모량

가전기구	kWh 소모량	가전기구	kWh 소모량
온수기	500	세탁기	120
냉장고	100	스토브	100
조명	100	건조기	80
식기세척기	35	마이크로웨이브 오븐	25
전기다리미	15	개인용 컴퓨터	12
TV	10	라디오	8
토스트기	4	시계	2

예제 1.9	

한 가구가 1월에 700 kWh의 전력을 소모했다. 다음에 나타낸 주거 요율을 이용하여 이 달의 전기료를 계산하라.

> 월 기본료 $12.00
>
> 월별 최초 100 kWh는 16센트/kWh
>
> 월별 그다음 200 kWh는 10센트/kWh
>
> 월별 300 kWh 초과에 대해서는 6센트/kWh

풀이:

다음과 같이 전기료를 계산한다.

$$월\ 기본료 = \$12.00$$
$$최초\ 100\ kWh\ @\ \$0.16/kWh = \$16.00$$
$$다음\ 200\ kWh\ @\ \$0.10/kWh = \$20.00$$
$$나머지\ 400\ kWh\ @\ \$0.06/kWh = \$24.00$$
$$합계\ 요금 = \$72.00$$
$$평균\ 가격 = \frac{\$72}{100 + 200 + 400} = 10.2\ 센트/kWh$$

실전문제 1.9	

예제 1.9에 나타낸 가정 요율을 참고하여 가족이 대부분의 시간 동안 휴가 중인 7월에 260 kWh의 전력만을 사용할 때 kWh당 평균 가격을 계산하라.

답: 16.923센트/kWh

1.8 † 문제 해결

한 사람의 직업 활동 동안 해결해야 할 문제들은 그 복잡도와 크기에 있어 다양하지만 문제해결을 위한 기본적인 원리는 변하지 않고 같다. 여기서 개략적으로 소개하는 과정은 저자에 의해 산업체에서 공학문제를 해결하거나 연구과정에서의 문제해결을 위해 학생들과 함께 몇 해 동안 개발된 것이다.

먼저 간단히 각 단계를 제시하고 그 단계에 대해 자세히 설명하도록 한다.

1. 문제를 주의 깊게 **정의**(define)하라.
2. 문제에 대해 알고 있는 모든 것을 **제시**(present)하라.
3. 문제 해법의 여러 **대체방안**(alternative)을 구축하고, 가장 성공할 가능성이 높은 것을 선택하라.
4. 문제 해법을 **시도**(attempt)하라.
5. 해답을 **평가**(evaluate)하고 그 정확성을 확인하라.
6. 문제 해결에 **만족**(satisfactorily)하는가? 그렇다면 해답을 제시하고, 그렇

지 않다면 단계 3으로 돌아가서 이 과정을 반복하라.

1. **문제를 주의 깊게 정의하라.**　이 과정은 가장 중요한 부분인데, 왜냐하면 다른 모든 과정의 기본이 되기 때문이다. 일반적으로 공학문제에 있어 문제 제시는 대개 완벽하지 않다. 당신은 그 문제를 지시한 사람이 이해한 만큼 완벽하게 문제를 이해할 수 있도록 모든 가능한 것을 해야 한다. 이 시점에서 문제를 명확하게 정의하기 위해 사용한 시간은 다음 단계에서 많은 시간을 벌어주고 차질이 빚어지지 않도록 해 줄 것이다. 학생인 경우, 교수에게 질문함으로써 교과서에 있는 문제를 명확하게 할 수 있다. 산업체에서 일하는 경우 주어진 문제에 대해서 여러 사람에게 자문을 구해야 할지도 모른다. 이 단계에서, 문제 해결 단계를 계속하기 이전에 문제 해결에 필요한 모든 질문을 개발하는 것이 중요하다. 그러한 질문이 있다면, 그 질문에 대해 알맞은 개인이나 자원을 참고해서 그 문제에 대한 해답을 얻어야 할 필요가 있다. 그 해답을 가지고, 주어진 문제를 다시 정의할 수 있고, 나머지 단계의 문제 해결과정에서 문제의 기술을 재정의하는 데 사용할 수 있다.

2. **문제에 대해 알고 있는 모든 것을 제시하라.**　이제 당신이 문제에 대해 알고 있는 모든 것과 가능한 해답을 종이에 적을 필요가 있다. 이 중요한 단계는 다음 단계에서 많은 시간을 벌어주고 차질이 빚어지지 않도록 해 줄 것이다.

3. **문제 해법의 여러 대체방안을 구축하고 가장 성공할 가능성이 높은 것을 선택하라.** 대부분의 문제는 해답으로 이끌 수 있는 여러 개의 가능한 경로를 가질 수 있다. 가능한 한 많은 문제 해결 과정을 인지하는 것이 매우 바람직하다. 이 시점에서, 당신이 사용할 수 있는 툴, 예를 들어 *PSpice*나 *MATLAB*, 또는 다른 소프트웨어 패키지 등 노력은 줄여주고 정확도는 높여 주는 것은 어떤 것이 있는지 결정해야 한다. 다시 한번, 문제를 주의 깊게 정의하고 문제에 대한 여러 다른 해결 방법들을 찾는 데 사용한 시간은 나중 단계에 많은 좋은 결과를 가져온다는 것을 강조하고 싶다. 다른 가능한 방법을 살펴보고 가장 성공 가능성이 높은 방법을 결정하는 것이 어려울지도 모르나 그 노력은 그만한 가치가 있다. 첫 번째 방법이 성공하지 못할 경우 다시 이 과정으로 돌아오기를 원할 경우를 위해 이 과정을 잘 문서화 해둬라.

4. **문제 해법을 시도하라.**　이제 실제로 문제를 해결할 시간이다. 당신이 따른 과정은 만약 성공한다면 자세한 해법을 제시하기 위해, 또는 성공하지 못한다면 그 과정을 잘 살펴보기 위해 잘 문서화되어야 한다. 문제에 대한 상세한 검토는 수정을 통해 해답에 이를 수도 있다. 또한 시도할 수 있는 다른 방법에 이를 수도 있다. 많은 경우에 있어, 식에 숫자를 대입하기 이전에 해법을 충분히 마련하는 것이 바람직하다. 이것은 결과를 재확인하는 데 유용하다.

5. **해답을 평가하고 그 정확성을 확인하라.**　이제 당신이 달성한 것을 철저하게 검토한다. 당신의 팀, 상사, 또는 교수에게 제출하기를 원하는, 좋은 해법

을 가졌는지 판단하라.

6. 문제 해결에 **만족**하는가? 그렇다면 해답을 제시하고, 그렇지 않다면 단계 3으로 돌아가서 이 과정을 반복하라.   이제 당신의 해답을 제시하거나 또는 다른 대안도 시도하라. 이 시점에서 당신의 해답은 이 과정에 좀 더 가까이 다가가도록 한다. 그러나 때때로 당신의 해답 제시는 문제의 정의를 좀 더 완벽하게 해주고, 이러한 과정이 계속된다. 이런 과정을 따르는 것은 결국 만족할 만한 결론에 이르도록 해 줄 것이다.

이제 전기 및 컴퓨터 공학 기초 과목을 수강하고 있는 학생의 경우 이 과정을 살펴보자(이 기초과정은 모든 대부분의 공학 과목에도 적용된다). 비록 이런 과정들이 학문적인 문제에 적용하도록 단순화되었지만 앞에서 제시한 단계들은 항상 따라야 한다는 것을 기억하라. 예제를 한번 살펴보자.

예제 1.10

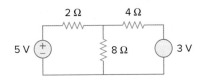

그림 1.19
예제 1.10.

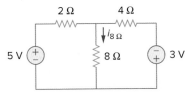

그림 1.20
문제 정의.

그림 1.19에서 8 Ω 저항에 흐르는 전류를 구하라.

풀이:

1. 문제를 주의 깊게 **정의**하라.   이 문제는 간단한 문제이지만 3 V 전원의 극성에 대해 알고 있지 못한다는 것을 알 수 있다. 우리는 다음의 선택을 할 수 있다. 교수에게 극성이 어떤 것인지 질문할 수 있다. 질문할 수 없다면, 다음 단계에 무엇을 할 것인지 결정할 필요가 있다. 우리가 두 가지 방법으로 해결할 수 있는 시간이 있다면, 3 V 전원의 위쪽이 양수일 때의 전류를 풀고, 그리고 음수일 때 전류를 구할 수 있다. 만약 우리가 두 가지 방법으로 풀 수 있는 시간이 없다면, 극성을 가정하고, 당신의 결정을 주의 깊게 문서화하라. 그림 1.20에 나타낸 것과 같이 교수가 그 전원의 극성이 아래쪽이 양수라고 알려주었다고 가정하자.

2. 문제에 대해 알고 있는 모든 것을 **제시**하라.   문제에 대해 알고 있는 모든 것을 제시하는 것은 우리가 얻고자 하는 것을 정의하기 위해 회로에 모든 것을 표시하는 것을 포함한다.

그림 1.20에 나타낸 회로에 대해 $i_{8\Omega}$ 을 구하라.

교수에게 질문하는 것이 타당하다면, 문제가 적절하게 정의되었는지 확인하라.

3. 문제 해법의 여러 **대체방안**을 구축하고 가장 성공할 가능성이 높은 것을 선택하라. 이 문제를 풀기 위해 사용할 수 있는 필수적인 세 가지 기술이 있다. 이 책의 뒷부분에서 키르히호프 법칙과 옴의 법칙을 이용한 회로 해석, 노드 해석, 메시 해석을 살펴보게 될 것이다.

회로 해석을 통한 $i_{8\Omega}$에 대해 풀게 되면 결국 한 가지 해답에 다다를 것이나, 노드 해석이나 메시 해석을 하는 것보다 더 많은 작업이 소요될 가능성이 많다.   메시 해석을 통해 $i_{8\Omega}$에 대해 문제를 풀기 위해서는 그림 1.21

에 나타낸 바와 같이 두 개의 루프 전류를 구하기 위한 두 개의 연립 방정식을 세워야 한다. 노드 해석은 단지 한 개의 미지수만 필요하다. 이것이 가장 쉬운 방법이다. 그러므로 노드 해석을 통해 $i_{8\Omega}$을 풀기로 한다.

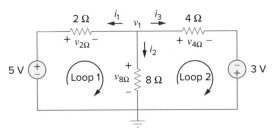

그림 1.21
노드 해석 이용하기.

4. 문제 해법을 **시도**하라.   먼저 $i_{8\Omega}$을 구하기 위해 필요한 모든 수식을 적도록 한다.

$$i_{8\Omega} = i_2, \qquad i_2 = \frac{v_1}{8}, \qquad i_{8\Omega} = \frac{v_1}{8}$$

$$\frac{v_1 - 5}{2} + \frac{v_1 - 0}{8} + \frac{v_1 + 3}{4} = 0$$

v_1에 대해 푼다.

$$8\left[\frac{v_1 - 5}{2} + \frac{v_1 - 0}{8} + \frac{v_1 + 3}{4}\right] = 0$$

이것은 $(4v_1 - 20) + (v_1) + (2v_1 + 6) = 0$

$$7v_1 = +14, \qquad v_1 = +2\text{ V}, \qquad i_{8\Omega} = \frac{v_1}{8} = \frac{2}{8} = \textbf{0.25 A}$$

가 된다.

5. 해답을 **평가**하고 그 정확성을 확인하라.   이제 키르히호프의 전압 법칙(KVL)을 이용해서 결과를 확인할 수 있다.

$$i_1 = \frac{v_1 - 5}{2} = \frac{2 - 5}{2} = -\frac{3}{2} = -1.5\text{ A}$$

$$i_2 = i_{8\Omega} = 0.25\text{ A}$$

$$i_3 = \frac{v_1 + 3}{4} = \frac{2 + 3}{4} = \frac{5}{4} = 1.25\text{ A}$$

$$i_1 + i_2 + i_3 = \textbf{-1.5} + \textbf{0.25} + \textbf{1.25} = \textbf{0} \qquad \text{(확인)}$$

루프 1에 대해 KVL을 적용하면

$$-5 + v_{2\Omega} + v_{8\Omega} = -5 + (-i_1 \times 2) + (i_2 \times 8)$$
$$= -5 + [-(-1.5)2] + (0.25 \times 8)$$
$$= -5 + 3 + 2 = 0 \quad \text{(확인)}$$

루프 2에 대해 KVL을 적용하면

$$-v_{8\Omega} + v_{4\Omega} - 3 = -(i_2 \times 8) + (i_3 \times 4) - 3$$
$$= -(0.25 \times 8) + (1.25 \times 4) - 3$$
$$= -2 + 5 - 3 = 0 \quad \text{(확인)}$$

이제 우리는 우리의 해답의 정확도에 대해 아주 높은 수준의 자신감을 갖게 되었다.

6. 문제 해결에 **만족**하는가? 그렇다면, 해법을 제시하고, 그렇지 않다면 단계 3으로 돌아가서 이 과정을 반복하라.   이 문제는 만족스럽게 해결되었다.

8-Ω 저항을 통해 흐르는 전류는 0.25 A로 8 Ω 저항을 통해 아래로 전류가 흐른다.

실전문제 1.10

이 장의 끝에 나와 있는 더 어려운 문제에 이 방법을 적용해 보라.

1.9   요약

1. 전기회로는 여러 전기 요소의 연결로 구성된다.
2. 국제단위 시스템(SI)은 국제적인 측정 언어로, 엔지니어들 사이에 그들의 결과를 의사소통해주도록 한다. 일곱 개의 주요 단위로부터, 다른 물리적인 양에 대한 단위가 유도된다.
3. 전류는 전하의 시간에 따른 흐름의 변화량이다.

$$i = \frac{dq}{dt}$$

4. 전압은 기준점(−)으로부터 다른 지점(+)까지 1 C의 전하를 이동하는 데 필요한 에너지이다.

$$v_{ab} = \frac{dw}{dq}$$

5. 전력은 단위시간당 공급되거나 흡수된 에너지이다. 이것은 또한 전압과 전류의 곱이다.

$$p = \frac{dw}{dt} = vi$$

6. 수동부호규정에 의해 소자 양단 전압의 양의 방향으로 전류가 들어갈 때 전력은 양의 값을 가진다.

7. 이상적인 전압원은 그것이 연결된 단자에 상관없이 단자의 양단에 정해진 전위차를 발생시킨다. 이상적인 전류원은 그것이 연결된 단자에 상관없이 단자를 통해 정해진 전류를 공급한다.

8. 전압과 전류는 독립 또는 종속 전원이 될 수 있다. 종속 전원은 회로 내 다른 변수의 값에 의존하는 전원이다.

9. 이 장에서 논의된 두 가지 응용 분야는 TV 음극선 튜브와 전기료의 계산 과정이다.

복습문제

1.1 1밀리볼트는 1볼트의 백만분의 1이다.

(a) 참   (b) 거짓

1.2 접두사 마이크로(micro)는 다음의 어떤 것을 뜻하는가?

(a) 10^6 (b) 10^3 (c) 10^{-3} (d) 10^{-6}

1.3 2,000,000 V는 다음의 10의 몇 승으로 표시될 수 있다:

(a) 2 mV   (b) 2 kV   (c) 2 MV   (d) 2 GV

1.4 한 지점을 통과하는 초당 2 C의 전하는 2 A의 전류이다.

(a) 참   (b) 거짓

1.5 전류의 단위는:

(a) 쿨롬   (b) 암페어   (c) 볼트   (d) 줄

1.6 전압은 다음의 단위로 측정된다:

(a) 와트   (b) 암페어   (c) 볼트   (d) 줄/초

1.7 절연체를 충전하는 4 A의 전류는 6초 후에 24 C의 전하를 축적한다.

(a) 참   (b) 거짓

1.8 10 A의 전류를 공급하는 1.1 kW의 토스트기의 양단 전압은?

(a) 11 kV   (b) 1,100 V   (c) 110 V   (d) 11 V

1.9 다음에서 전기적 양이 아닌 것은?

(a) 전하   (b) 시간   (c) 전압

(d) 전류   (e) 전력

1.10 그림 1.22에서 종속 전원은:

(a) 전압제어 전류원

(b) 전압제어 전압원

(c) 전류제어 전압원

(d) 전류제어 전류원

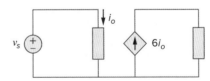

그림 1.22
복습문제 1.10.

답: *1.1b, 1.2d, 1.3c, 1.4a, 1.5b, 1.6c, 1.7a, 1.8c, 1.9b, 1.10d*

문제

1.3절 전하와 전류

1.1 다음의 전자의 양이 나타내는 전하량은 얼마인가?

(a) 6.482×10^{17}

(b) 1.24×10^{18}

(c) 2.46×10^{19}

(d) 1.628×10^{20}

1.2 전하의 흐름이 다음과 같을 때 소자를 통해 흐르는 전류를 구하라.

(a) $q(t) = (3t + 8)$ mC

(b) $q(t) = (8t^2 + 4t - 2)$ C

(c) $q(t) = (3e^{-t} - 5e^{-2t})$ nC

(d) $q(t) = 10\sin(120\pi t)$ pC

(e) $q(t) = 20e^{-4t}\cos(50t)$ μC

1.3 전류가 다음과 같을 때 소자를 통해 흐르는 전하의 양 $q(t)$를 구하라.

(a) $i(t) = 3$ A, $q(0) = 1$ C

(b) $i(t) = (2t + 5)$ mA, $q(0) = 0$

(c) $i(t) = 20\cos(10t + \pi/6)$ μA, $q(0) = 2$ μC

(d) $i(t) = 10e^{-30t}\sin 40t$ A, $q(0) = 0$

1.4 7.4A의 전류가 도체를 통해 흐른다. 20초 동안 도체의 단면을 통과하는 전하량을 계산해라.

1.5 전류가 $i(t) = \frac{1}{2}t$ A일 때 시간 구간 $0 \leq t \leq 10$ s 동안 전달된 총 전하를 구하라.

1.6 어떤 소자로 흘러 들어가는 전하의 양이 그림 1.23에 나타나 있다. 이때 다음 시간에서 전류를 구하라.

(a) $t = 1$ ms   (b) $t = 6$ ms   (c) $t = 10$ ms

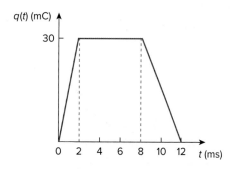

그림 1.23
문제 1.6.

1.7 그림 1.24에 한 전선으로 들어가는 전하를 나타내었다. 이에 해당하는 전류를 나타내어라.

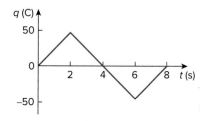

그림 1.24
문제 1.7.

1.8 그림 1.25에 한 소자의 한 점을 통과하는 전류를 나타내었다. 이 점을 지나가는 모든 전하를 계산하라.

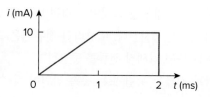

그림 1.25
문제 1.8.

1.9 그림 1.26에 한 소자를 통과하는 전류를 나타내었다. 다음 각 시간에 그 소자를 통과하는 전체 전하량을 구하라.

(a) $t = 1$ s   (b) $t = 3$ s   (c) $t = 5$ s

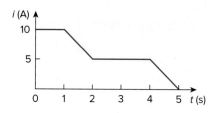

그림 1.26
문제 1.9.

1.4와 1.5절   전압, 전력, 에너지

1.10 10 kA의 전류를 가진 천둥이 한 물체에 15 μs 시간 동안 내리쳤다. 그 물체에 인가된 전하량은 얼마인가?

1.11 재충전 가능한 회중전등 전지는 12시간 동안 90 mA의 전류를 공급할 수 있다. 똑같은 비율로 얼마나 많은 양의 전하를 방출할 수 있는가? 터미널 양단의 전압이 1.5 V이면, 전지는 얼마나 많은 에너지를 공급할 수 있는가?

1.12 한 소자에 흐르는 전류가 다음과 같이 주어질 때

$$i(t) = \begin{cases} 3t\text{A}, & 0 \leq t < 6 \text{ s} \\ 18\text{A}, & 6 \leq t < 10 \text{ s} \\ -12\text{A}, & 10 \leq t < 15 \text{ s} \\ 0, & t \geq 15 \text{ s} \end{cases}$$

시간 $0 < t < 20$ s 동안 그 소자에 저장된 전하를 그려라.

1.13 한 소자의 양의 단자로 들어가는 전하가

$$q = 5\sin 4\pi t \text{ mC}$$

이고 그 소자 양단의 전압(양에서 음으로)이

$$v = 3\cos 4\pi t \text{ V}$$

이다.

(a) 시간 $t = 0.3$ s일 때 소자에 전달된 전력을 구하라.

(b) 시간 0 < t < 0.6 s 동안 소자에 전달된 에너지를 구하라.

1.14 한 소자 양단의 전압 $v(t)$와 전류 $i(t)$가 다음과 같을 때 다음을 계산하라.

$$v(t) = 10\cos(2t) \text{ V}, \ i(t) = 20(1 - e^{-0.5t}) \text{ mA}$$

(a) $q(0) = 0$일 때, 시간 $t = 1$ s에서 소자의 전체 전하량
(b) 시간 $t = 1$ s에서 소자에 의해 소모된 전력

1.15 한 소자의 양의 터미널로 흘러들어가는 전류는 $i(t) = 6e^{-2t}$이고, 소자 양단의 전압은 $v(t) = 10\,di/dt\,\text{V}$이다.

(a) 시간 $t = 0$ s와 $t = 2$ s 사이에 소자에 전달된 전하량을 구하라.
(b) 흡수된 전력을 계산하라.
(c) 시간 $t = 0$ s부터 $t = 3$ s까지 흡수된 에너지를 구하라.

1.6절 회로 요소

1.16 그림 1.27에 소자의 양단 전압과 소자로 흐르는 전류를 나타내었다.

(a) 시간 $t > 0$에서 소자로 전달된 전력을 그려라.
(b) 시간 0 < t < 4 s 동안 소자가 흡수한 전체 에너지를 구하라.

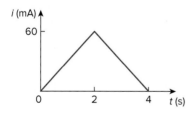
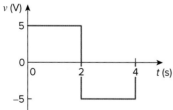

그림 1.27
문제 1.16.

1.17 그림 1.28은 5개의 소자를 가진 회로이다. 만약 $p_1 = -205$ W, $p_2 = 60$ W, $p_4 = 45$ W, 그리고 p_5는 30 W일 때, 소자3에 의해 p_3 흡수하는 전력을 계산해라.

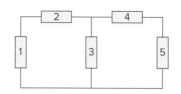

그림 1.28
문제 1.17.

1.18 그림 1.29에서 각 소자들이 흡수한 전력을 구하라.

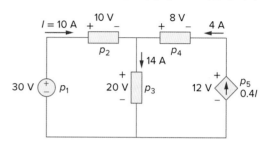

그림 1.29
문제 1.18.

1.19 그림 1.30의 네트워크에서 전류 i와 각 소자들이 흡수한 전력을 구하라.

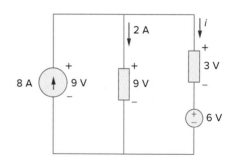

그림 1.30
문제 1.19.

1.20 그림 1.31의 회로에서 V_o와 각 소자들이 흡수한 전력을 구하라.

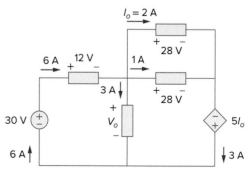

그림 1.31
문제 1.20.

1.7절 응용

1.21 60 W 백열등이 120 V에서 동작한다. 하루 동안 그 전구를 통해 흐르는 전자의 개수와 쿨롬의 양은 얼마인가?

1.22 번개가 40 kA의 전류로 1.7 ms 동안 어떤 비행기에 내리친다. 그 비행기에 쌓이게 되는 전하는 쿨롬으로 얼마인가?

1.23 1.8 kW 전기 히터가 어떤 양의 물을 데우는 데 15분이 소요된다. 이 일이 매일 한 번 행해지고 10센트/kWh의 비용이 든다면, 30일 동안의 운용에 드는 비용은 얼마인가?

1.24 전기회사에서 8.2센트/kWh의 비용을 청구한다. 한 사용자가 한 개의 60 W 전구를 하루 동안 사용한다면, 얼마의 비용이 그 사용자에게 청구되는가?

1.25 어떤 1.5 kW 토스트기는 4조각의 빵을 가열하는 데 약 3.5분이 소요된다. 1개월(30일) 동안 하루에 한 번 그 토스트기를 사용하는 데 드는 비용을 구하라. 8.2센트/kWh의 에너지 비용을 가정하라.

1.26 손전등 배터리의 정격은 10시간 동안 0.8암페어시(Ah)이다.

(a) 10시간 동안 얼마나 많은 일정한 전류를 전달할 수 있는가?

(b) 단자 전압이 6 V일 때, 10시간 동안 얼마나 많은 일정한 전압을 전달할 수 있는가?

(c) 배터리에 저장된 에너지의 양(Wh)는 얼마인가?

1.27 자동차용 전지를 충전하기 위해서 4시간 동안 3 A의 일정한 전류가 필요하다. 터미널 양단의 전압이 $10 + t/2$ V이고, 여기서 t는 시간이고, $t = 0$에서 시작할 때,

(a) 충전을 통해서 전달되는 전하의 양은 얼마인가?

(b) 소모되는 에너지의 양은 얼마인가?

(c) 충전에 소요되는 비용은 얼마인가? 9센트/kWh의 전기 비용을 가정하라.

1.28 60 W 백열전구가 120 V 전원에 연결되어 어두운 계단을 계속 비추고 있을 때 다음을 결정하라.

(a) 전구를 통해 흐르는 전류

(b) 윤년이 아닌 한 해 동안 사용하고 kWh당 요금이 9.5센트일 때 그 전구를 사용하는 비용

1.29 한 전기스토브는 4개의 버너와 한 개의 오븐을 가지고 있고 다음의 음식을 준비하는 데 사용된다.

버너 1: 20분   버너 2: 40분
버너 3: 15분   버너 4: 45분
오븐: 30분

각 버너가 1.2 kW이고 오븐이 1.8 kW의 용량으로, 동작하고 kWh당 12센트의 비용이 들 때, 음식을 준비하는데 필요한 전기요금을 계산하라.

1.30 릴라이언트(Reliant) 에너지(텍사스 휴스턴에 있는 전력회사)는 사용자에게 다음과 같은 요금을 청구한다.

한 달 기본료 $6
최초 250 kWh @ $0.02/kWh
그다음 추가 kWh @ $0.07/kWh

한 사용자가 한 달 동안 2,436 kWh를 사용한다면 릴라이언트 에너지 전력회사가 청구하는 요금은 얼마인가?

1.31 한 가정이 하루에 4시간 동안 120 W 컴퓨터와 8시간 동안 60 W 전구를 사용한다. 전기요금 부과시 0.12 dollar/kWh가 적용된다면, 1년에 지불해야 하는 금액은 얼마인가?

종합문제

1.32 전화선은 20 μA의 전류가 흐른다. 그 전화선을 통해 15 C의 전하가 통과하는 데 얼마의 시간이 필요한가?

1.33 한 번의 번개는 2 kA의 전류를 3 ms 동안 유지시킨다. 그 번개에는 얼마나 많은 쿨롬이 들어 있는가?

1.34 그림 1.32에 1일 동안 한 가정에서의 전력소모량을 나타내었다. 다음을 계산하라.

(a) kWh로 나타낸 전체 소모한 에너지

(b) 한 시간당 소모된 평균 전력

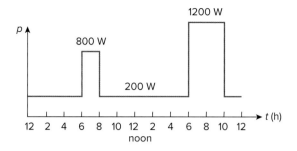

그림 1.32
문제 1.34.

1.35 그림 1.33의 그래프는 한 개의 산업체 플랜트에서 오전 8시에서 8시 30분에 사용한 전력을 나타내고 있다. 이 플랜트에서 소모한 전체 에너지를 MWh로 나타내어라.

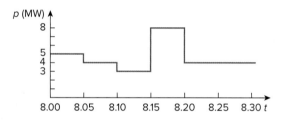

그림 1.33
문제 1.35.

1.36 배터리의 정격은 암페어–시(Ah)로 표시된다. 납축전지의 정격은 160 Ah이다.

(a) 40시간 동안 공급할 수 있는 최대 전류는 얼마인가?

(b) 1 mA로 방전된다면 며칠 동안 사용될 수 있는가?

1.37 12V 배터리를 재충전하려면 40 Ah가 필요하다. 이때 배터리에 공급되는 에너지(Joule)는?

1.38 한 개의 10 hp 모터가 30분 동안 공급할 수 있는 에너지는 얼마인가? 1 hp는 746 W로 가정하라.

1.39 한 개의 600 W TV 수신기가 아무도 시청하지 않은 채 4시간 동안 켜져 있었다. 전기료가 10센트/kWh라면 허비되는 비용은 얼마인가?

기본 법칙
Basic Laws

*많은 사람들이 제거하기에 어려운 산이라도 그들이 정말로 필요하다면 올라설
수 있는 용기가 필요하다.*

—Unknown

**ABET EC 2000 준거(3.b). *"데이터를 분석하고 해석할 뿐만 아니라 실
험을 설계하고 수행할 수 있는 능력"***

엔지니어는 데이터를 해석하고 분석할 수 있을 뿐만 아니라, 실험을 설계하고 수행
할 수 있어야 한다. 대부분의 학생들은 고등학교와 대학교에서 실험을 수행하는데
많은 시간을 보낸다. 이 시간 동안 데이터를 분석하고 해석하는 과정이 요구되었다.
그러므로 이 두 가지 활동에 대해서는 많은 기술을 습득하고 있다. 앞으로는 실험을
행하는 동안 실험의 맥락에서 데이터를 해석하고 분석하는 데 좀 더 많은 시간을 할
애하라고 저자는 충고하고 싶다. 이것은 무슨 뜻인가?

전압과 저항, 또는 전류와 저항, 또는 전력과 저항이 그려진 도표를 볼 때, 당신
은 실제로 무엇을 보는가? 이 곡선이 이치에 맞는가? 이것이 이론과 일치하는가? 만
약 이론과 다르다면 왜 그런가? 분명히 데이터를 분석하고 해석하는 훈련을 통해 이
러한 기술을 향상시킬 수 있다.

대부분의 경우 학생으로서 수행해야 하는 실험은 그것을 설계하는 과정은 포함
하지 않는데, 이 능력을 어떻게 개발하고 향상시킬 수 있는가?

실제로 이러한 제약 조건 내에서 이러한 능력을 개발하는 것은 겉으로 보이는 것
처럼 어렵지는 않다. 당신에게 필요한 것은 실험을 맡아서 그것을 분석하는 것이다. 가
장 간단한 부분으로 나눈 다음 왜 개별 소자가 그곳에 있는지를 이해하기 위해 그것을
재구성한 후, 마지막으로 실험의 저자가 당신에게 가르치려고 하는 것은 무엇인지 결
정하라. 언제나 이 경우와 같지는 않겠지만, 당신이 행하는 모든 실험은 당신에게 무엇
을 가르치려는 진정한 동기가 있는 사람에 의해 설계되었다.

학습목표

본 장에서 제시된 정보와 연습문제를 사용함으로써 다음 능력을 배양할 수 있다.
1. 저항의 전압−전류 관계(옴의 법칙)를 이해할 수 있다.
2. 전기회로의 기본 구조를 구성하는 마디, 루프, 가지를 이해할 수 있다.
3. 키르히호프의 전압과 전류 법칙을 이해하고, 전기회로 분석에 있어서 이 법칙
   들의 중요성을 이해할 수 있다.
4. 저항의 직렬연결과 전압 분배를 이해하고, 저항의 병렬연결과 전류 분배를 이
   해할 수 있다.
5. 델타−결선을 와이−결선으로 변환하고, 와이−결선을 델타−결선으로 변환하
   는 법을 알 수 있다.

2.1   서론

1장에서는 전기회로에서의 전류, 전압, 그리고 전력에 대한 개념을 소개하였다.
주어진 회로에서 실제 이러한 변수의 값을 구하기 위해서는 전기회로를 지배하
는 기본적인 법칙을 이해하여야 한다. 이러한 법칙, 즉 옴의 법칙, 키르히호프의
법칙은 회로해석 방법의 기초적인 토대가 된다.

　　이 장에서는 이러한 법칙 외에 회로 설계와 해석에서 보편적으로 사용되는
기술을 논의할 것이다. 이러한 테크닉은 직병렬 저항 결합, 전압 분배, 전류 분
배, 델타−와이(Δ-Y), 와이−델타(Y-Δ) 변환 등이다. 이 장에서 이러한 법칙과
테크닉을 응용하는 것은 저항회로에 국한될 것이다. 마지막으로 이 법칙과 테크
닉을 전기 조명과 직류 계측기 설계의 문제에 적용할 것이다.

2.2   옴의 법칙

대부분의 물질은 전하의 흐름을 방해하는 특성을 가지고 있다. 이런 물리적인
성질, 또는 전류를 방해하는 성질을 저항(resistance)이라고 하고 기호 R로 표시
한다. 일정한 단면적 A를 가지는 어떤 물체의 저항은 그림 2.1(a)에 나타낸 바와
같이 A와 ℓ에 관련되어 있다. 우리는 저항을 (실험실에서 측정하는 것과 같이)
수학적인 형태

$$R = \rho \frac{\ell}{A} \tag{2.1}$$

로 표시하는데, 여기서 ρ는 옴−미터(Ω-m)로 표시되는 물질의 고유저항(resis-
tivity)이다. 구리와 알루미늄 같은 좋은 전도체의 경우 고유저항이 낮고, 운모와
종이 같은 절연체는 고유저항이 높다. 표 2.1에 보편적인 물질들의 ρ 값과 이 물
질들이 전도체, 절연체, 반도체로 사용되는지 보여주고 있다.

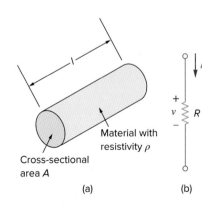

그림 2.1
(a) 저항, (b) 저항을 나타내는 기호.

어떤 물질의 전류−저항 특성을 모델하기 위해 사용되는 회로 요소는 저항 (resistor)이다. 회로를 구성하기 위한 목적으로 사용되는 저항은 대부분 금속합금과 탄소복합체로 제작된다. 그림 2.1(b)에 저항에 사용되는 기호를 나타내었는데, 여기서 R은 저항을 나타낸다. 여기서 저항은 간단한 수동 요소이다.

독일 물리학자인 옴(Georg Simon Ohm, 1787~1854)은 어떤 저항의 전류와 전압의 관계를 발견한 공로를 인정받았다. 그 관계는 옴의 법칙(Ohm's law)으로 알려져 있다.

표 2.1

보편적인 물질들의 저항

물질	고유저항($\Omega \cdot$m)	용도
은	1.64×10^{-8}	전도체
구리	1.72×10^{-8}	전도체
알루미늄	2.8×10^{-8}	전도체
금	2.45×10^{-8}	전도체
탄소	4×10^{-5}	반도체
게르마늄	47×10^{-2}	반도체
실리콘	6.4×10^{2}	반도체
종이	10^{10}	절연체
운모	5×10^{11}	절연체
유리	10^{12}	절연체
테플론	3×10^{12}	절연체

옴의 법칙에서 저항 양단의 전압 v는 저항을 흐르는 전류 i와 직접적으로 비례한다.

Historical

Georg Simon Ohm (1787~1854), 독일의 물리학자로 1826년에 저항의 전압과 전류의 관계에 대한 가장 근본적인 법칙을 실험적으로 증명하였다. 옴의 이러한 실험은 초기에는 비판자들로부터 거부되었다.

Bavaria의 Erlangen에서 조그마한 시작을 한 옴은 전기공학 연구에 일생을 바쳤다. 그의 이러한 노력은 그의 유명한 법칙을 가져왔다. 그는 1841년에 런던 왕립협회로부터 Copley Medal을 수상하였고, 1849년에는 뮌헨 대학의 물리학과 학장의 직위를 받았다. 그의 이러한 공적을 기리기 위해, 저항의 단위는 그의 이름을 따서 사용된다.

SSPL via Getty Images

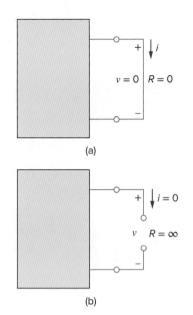

그림 2.2
(a) 단락회로($R = 0$), (b) 개방회로($R = \infty$).

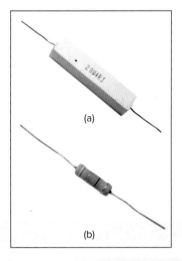

그림 2.3
고정형 저항: (a) 권선형, (b) 카본 필름형.
(McGraw-Hill Education/Mark Dierker, photographer)

즉

$$v \propto i \tag{2.2}$$

옴은 저항의 비례상수를 저항 R로 정의하였다(저항은 물질의 고유한 성질로서 내부 및 외부적 상태가 변형되면, 예를 들어 온도가 변하면 바뀐다). 그러므로 식 (2.2)는

$$\boxed{v = iR} \tag{2.3}$$

이 되며, 이것이 옴의 법칙의 수학적인 형태이다. 식 (2.3)에서 저항 R은 Ω으로 표시되는 단위로 측정된다. 그러므로

> 저항 R은 전류의 흐름을 방해하는 능력을 나타내며, 옴(Ω)의 단위로 측정된다.

우리는 식 (2.3)으로부터

$$R = \frac{v}{i} \tag{2.4}$$

의 수식을 유도할 수 있으며

$$1\,\Omega = 1\,\text{V/A}$$

이다.

식 (2.3)에 나타낸 옴의 법칙을 적용하기 위해서, 특히 전류의 방향과 전압의 극성에 주의하여야 한다. 전류 i의 방향과 전압 v의 극성은 그림 2.1(b)에 나타낸 수동부호 규정과 일치하여야 한다. 이것은 $v = iR$을 만족하기 위해 전류는 높은 전위에서 낮은 전위로 흘러야 함을 의미한다. 만약 전류가 낮은 전위에서 높은 전위로 흐른다면 $v = -iR$이 된다.

저항의 값 R이 0에서 무한대까지 범위를 가지기 때문에, 저항 R 값의 두 극단의 경우를 고려해보는 것이 중요하다. 그림 2.2(a)에 나타낸 $R = 0$인 소자는 단락회로(short circuit)라고 한다. 단락회로의 경우,

$$v = iR = 0 \tag{2.5}$$

이고, 이는 전압은 0이지만 전류는 임의의 값을 가질 수 있음을 나타낸다. 실제로 단락회로는 완전도체인 연결선을 의미한다. 그러므로

> 단락회로는 저항이 0에 가까운 요소를 의미한다.

이와 유사하게, 그림 2.2(b)에 나타낸 저항 $R = \infty$인 소자는 개방회로(open circuit)라고 한다. 개방회로의 경우

$$i = \lim_{R \to \infty} \frac{v}{R} = 0 \tag{2.6}$$

이고, 이는 전류는 0이지만 전압은 임의의 값을 가질 수 있음을 의미한다.

개방회로는 저항이 무한대인 회로 요소이다.

저항은 고정된 값을 갖거나 또는 가변시킬 수 있다. 대부분의 저항은 고정된 값을 가지고 이는 그 저항 값이 일정하다는 것을 의미한다. 보편적인 두 가지 고정형 저항(권선형과 복합형)을 그림 2.3에 나타내었다. 복합형 저항은 큰 저항 값이 필요할 때 사용된다. 그림 2.1(b)에 고정형 저항의 회로 기호를 나타내었다. 가변형 저항은 저항 조정부가 있다. 가변저항의 기호를 그림 2.4(a)에 나타내었다. 일반적인 가변저항은 전위차계(potentiometer) 또는 줄여서 **포트**(pot)라고 알려져 있으며, 그 기호를 그림 2.4(b)에 나타내었다. 포트는 3단자 소자로 슬라이딩 접점 또는 와이퍼(wiper)를 가지고 있다. 와이퍼를 움직임으로써, 와이퍼 단자와 고정 단자 간의 저항 값이 변화한다. 고정형 저항의 경우와 같이 가변저항의 경우도 그림 2.5에 나타낸 것과 같이 권선형 또는 복합형이 될 수 있다. 그림 2.3과 2.5에 나타낸 저항을 회로설계에 사용할 수 있지만, 현재 대부분의 저항을 포함하는 부품은 그림 2.6에 나타낸 것과 같이 표면실장형 또는 집적형이다.

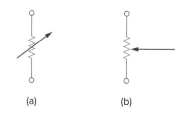

그림 2.4
회로 기호: (a) 일반적인 가변 저항, (b) 전위차계.

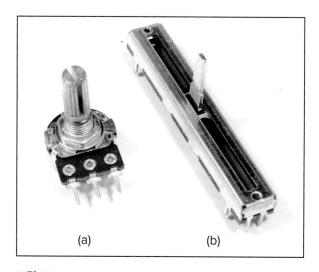

그림 2.5
가변 저항: (a) 복합형, (b) 슬라이더 포트.
(McGraw-Hill Education/Mark Dierker, photographer)

그림 2.6
집적 회로 보드에서의 저항.

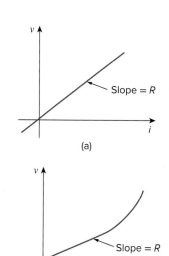

그림 2.7
i-v 특성: (a) 선형 저항, (b) 비선형 저항.

여기서 모든 저항이 옴의 법칙을 만족하는 것은 아니라는 것을 지적해야 한다. 옴의 법칙을 만족하는 저항은 선형 저항이다. 선형 저항은 일정한 저항을 가지고 있어 그림 2.7(a)에 나타낸 것과 같은 전류－전압 특성을 나타낸다. 선형 저항의 i-y 그래프는 원점을 통과하는 직선이다. 비선형 저항은 옴의 법칙을 만족하지 않는다. 그 저항 값은 전류에 따라 바뀌며 i-v 특성을 그림 2.7(b)에 나타내었다. 비선형 저항을 가지는 소자의 예로는 전구와 다이오드가 있다. 실제로 모든 저항은 어떤 특정한 조건에서 비선형성을 나타낼 수 있으나 이 책에서는 저항으로 표시된 모든 소자는 선형으로 간주한다.

회로해석에서 유용한 양으로 저항 R의 역수인 컨덕턴스(conductance)가 있으며 G로 나타낸다.

$$G = \frac{1}{R} = \frac{i}{v} \tag{2.7}$$

컨덕턴스는 소자가 얼마나 전기적 전류를 잘 흘릴 수 있는지를 나타내는 척도이다. 컨덕턴스의 단위는 *mho* (ohm을 거꾸로) 또는 ℧의 기호로 나타낸 옴의 역수가 있다. 엔지니어들은 종종 mho를 사용하지만, 이 책에서는 컨덕턴스의 SI 단위인 지멘스(S)를 사용하고자 한다.

$$1\,S = 1\,℧ = 1\,A/V \tag{2.8}$$

그러므로

> **컨덕턴스는 전류를 전도할 수 있는 능력을 나타내며 mho (℧) 또는 지멘스(S)로 측정된다.**

같은 저항도 옴(ohm)이나 지멘스(siemens)로 나타낼 수 있다. 예를 들어 10 Ω은 0.1 S와 같다. 식 (2.7)에서 우리는

$$i = Gv \tag{2.9}$$

로 쓸 수 있다. 한 개의 저항에서 소모된 전력은 R의 형태로 나타낼 수 있다. 식 (1.7)과 (2.3)을 이용하면

$$p = vi = i^2 R = \frac{v^2}{R} \tag{2.10}$$

이다. 저항에서 소모된 전력은 또한 다음과 같이 G의 형태로 나타낼 수 있다.

$$p = vi = v^2 G = \frac{i^2}{G} \tag{2.11}$$

식 (2.10)과 (2.11)에서 두 가지를 주의해야 한다.

1. 저항에서 소모된 전력은 전류 또는 전압의 비선형 함수이다.
2. R과 G는 양의 값이기 때문에, 저항에서 소모된 전력은 언제나 양수이다. 그러므로 저항은 언제나 회로에서 전력을 흡수한다. 이는 저항이 에너지를 발생할 수 없는 수동소자라는 것과 일치한다.

예제 2.1

전기다리미가 120 V에서 2 A의 전류를 흡수한다. 그 저항을 구하라.

풀이:

옴의 법칙에서

$$R = \frac{v}{i} = \frac{120}{2} = 60\,\Omega$$

실전문제 2.1

토스터의 핵심 소자는 전기 에너지를 열에너지로 변환하는 전기 요소(저항)이다. 110 V의 전압에서 15 Ω의 저항을 가진 토스터는 얼마의 전류를 흡수하는가?

답: 7.333 A

예제 2.2

그림 2.8에 나타낸 회로에서 전류 i, 컨덕턴스 G, 그리고 전력 p를 구하라.

풀이:

저항과 전압원이 두 개의 같은 단자에 연결되어 있으므로 저항 양단의 전압은 전원 전압(30 V)과 같다. 그러므로 전류는

$$i = \frac{v}{R} = \frac{30}{5 \times 10^3} = 6 \text{ mA}$$

컨덕턴스는

$$G = \frac{1}{R} = \frac{1}{5 \times 10^3} = 0.2 \text{ mS}$$

전력은 식 (1.7), (2.10) 또는 (2.11)을 이용해서 여러 가지 방법으로 계산할 수 있다.

$$p = vi = 30(6 \times 10^{-3}) = 180 \text{ mW}$$

또는

$$p = i^2 R = (6 \times 10^{-3})^2 5 \times 10^3 = 180 \text{ mW}$$

또는

$$p = v^2 G = (30)^2 0.2 \times 10^{-3} = 180 \text{ mW}$$

이다.

그림 2.8
예제 2.2.

실전문제 2.2

그림 2.9에 나타낸 회로에서, 전압 v, 컨덕턴스 G, 그리고 전력 p를 구하라.

답: 30 V, 100 μS, 90 mW

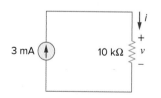

그림 2.9
실전문제 2.2.

예제 2.3

$20 \sin \pi t$ V의 전압원이 5 kΩ 저항의 양단에 연결된다. 저항에 흐르는 전류와 소모된 전력을 구하라.

풀이:

$$i = \frac{v}{R} = \frac{20 \sin\pi t}{5 \times 10^3} = 4 \sin\pi t \text{ mA}$$

그러므로

$$p = vi = 80 \sin^2 \pi t \text{ mW}$$

이다.

실전문제 2.3

전압원 $v = 15 \cos t$ V에 연결된 저항은 순시전력 $30 \cos^2 t$ mW를 흡수한다. i와 R을 구하라.

답: $2 \cos t$ mA, 7.5 kΩ

2.3   † 노드, 가지, 루프

전기회로의 요소들은 여러 가지 방법으로 연결될 수 있기 때문에 네트워크 토폴로지의 기본 개념에 대해 이해할 필요가 있다. 회로와 네트워크를 구별하기 위해서, 네트워크는 요소 또는 소자의 상호연결로 간주할 수 있는 반면, 회로는 한 개 또는 여러 개의 폐루프(closed loop)를 가지는 네트워크이다. 네트워크 토폴로지를 표시할 때 관례적으로 회로라는 말 대신 네트워크라는 단어를 사용한다. 이런 맥락에서 네트워크와 회로라는 말이 같은 의미를 나타내지만 우리는 앞에서와 같이 용어를 사용할 것이다. 네트워크 토폴로지에서 네트워크 내에 요소를 배치하는 것과 네트워크의 결합구조와 관련된 성질을 공부한다. 그러한 요소에는 가지, 노드, 그리고 루프가 있다.

> 가지는 전압원 또는 저항 등 한 개의 요소를 나타낸다.

바꾸어 말하면, 가지는 두 단자를 가진 모든 요소를 나타낸다. 그림 2.10에 나타낸 회로는 5개의 가지를 가지고 있는데, 즉 10 V 전압원, 2 A 전류원, 그리고 3개의 저항이 그것이다.

> 노드는 두 개 또는 그 이상의 가지의 연결점이다.

노드는 대부분 회로에서 한 개의 점으로 표시된다. 단락회로(연결 도선)가 두 개의 노드를 연결할 경우, 두 개의 노드는 한 개의 노드가 된다. 그림 2.10의 회로에는 3개의 노드, a, b, c가 있다. 노드 b를 형성하는 3개의 점은 도선에 의해 연결되어 있으므로 한 개의 점이 된다는 것을 주의하라. 노드 c를 형성하는 네 개의 점에서도 마찬가지이다. 그림 2.10에 나타낸 회로는 3개의 노드를 가지고 있

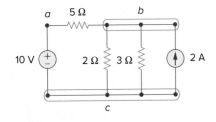

그림 2.10
노드, 가지, 루프.

는데 이는 그림 2.11과 같이 회로를 다시 그림으로써 알 수 있다. 그림 2.10과 2.11의 두 개의 회로는 동일하다. 그러나 명확성의 관점에서 노드 b와 c는 그림 2.10에서와 같이 완전한 도체로 연결되어 있다.

루프는 회로에서의 모든 폐회로이다.

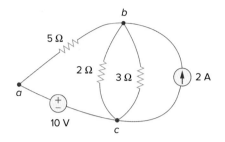

그림 2.11
그림 2.10의 세 노드 회로를 다시 그린 그림.

루프(loop)는 한 노드에서 시작하여 여러 노드를 통과하고, 어떤 노드도 한 번 이상 통과하지 않고 다시 시작점으로 돌아와서 폐경로를 형성한다. 한 개의 루프는 그것이 어떤 다른 **독립 루프**(independent loop)의 일부가 아닌 적어도 한 개의 가지를 가지고 있으면 독립 루프를 형성한다. 독립 루프 또는 경로는 상호 독립적인 여러 개의 방정식을 형성한다.

독립 루프의 세트를 형성할 수도 있는데 이는 어떤 루프도 그러한 가지를 포함하고 있지 않을 때 가능하다. 그림 2.11에 2 Ω의 저항을 가진 *abca*는 독립 루프이다. 3 Ω의 저항과 전류원을 가진 두 번째 루프도 독립이다. 세 번째 루프는 2 Ω과 3 Ω의 병렬 저항으로 형성된 것이 될 수 있다. 이와 같이 상호 독립적인 여러 루프를 형성한다.

b개의 가지, n개의 노드, 그리고 l개의 단일 루프를 가진 네트워크는 다음의 네트워크 토폴로지의 근본 법칙을 만족한다:

$$b = l + n - 1 \qquad\qquad \text{(2.12)}$$

다음의 두 정의가 나타내듯이, 회로의 토폴로지는 회로의 전압과 전류를 공부하는 데 유용한 가치를 가지고 있다.

두 개 또는 그 이상의 요소가 **직렬연결**될 때 그들은 한 개의 노드를 독점적으로 공유해서 결과적으로 같은 전류를 흘려야 한다.
두 개 또는 그 이상의 요소가 **병렬연결**될 때 그들은 같은 두 개의 노드에 연결되어 결과적으로 이들 양단에 같은 전압을 가져야 한다.

요소들이 직렬연결될 때 그들은 체인-연결 또는 순차적으로 끝과 끝이 연결된다. 예를 들어 두 요소는 그 요소들이 한 개의 공통 노드를 공유하고 다른 요소들은 그 공통 노드에 연결되지 않을 때 직렬연결이 된다. 병렬연결된 요소들은 같은 한 쌍의 단자에 연결된다. 요소들은 직렬이나 병렬이 아닌 다른 어떤 방식으로 연결될 수 있다. 그림 2.10에 나타낸 회로에서 전압원과 5 Ω 저항은 직렬연결인데 이는 같은 전류가 그들 사이로 흐르기 때문이다. 2 Ω 저항과 3 Ω 저항, 그리고 전류원은 병렬연결인데 이는 그들이 모두 같은 노드 b와 c에 같이 연결되어 있어 같은 전압을 유지하고 있기 때문이다. 5 Ω 저항과 2 Ω 저항은 상호간에 직렬연결도 병렬연결도 아니다.

예제 2.4

그림 2.12에 나타낸 회로에서 가지와 노드의 개수를 결정하라. 직렬 및 병렬인 요소를 구별하여 나타내어라.

풀이:

회로에 4개의 요소가 있으므로 4개의 가지가 있다. 즉 10 V, 5 Ω, 6 Ω, 그리고 2 A이다. 이 회로에는 그림 2.13에 나타낸 것처럼 3개의 노드가 있다. 5 Ω의 저항은 10 V 전압원과 직렬인데, 왜냐하면 같은 전류가 그들을 통해 흐르기 때문이다. 6 Ω의 저항은 2 A 전류원과 병렬인데, 왜냐하면 두 개 모두 같은 노드 2와 3에 연결되어 있기 때문이다.

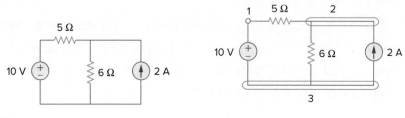

그림 2.12
예제 2.4.

그림 2.13
그림 2.12의 회로도에서 세 개의 노드.

실전문제 2.4

그림 2.14에는 몇 개의 가지와 노드가 있는가? 직렬 및 병렬인 요소를 구별하여 나타내어라.

답: 다섯 개의 가지와 세 개의 노드를 그림 2.15에서 확인할 수 있다. 1 V과 2 V의 저항은 병렬이다. 4 V의 저항과 10 V 전압원 또한 병렬이다.

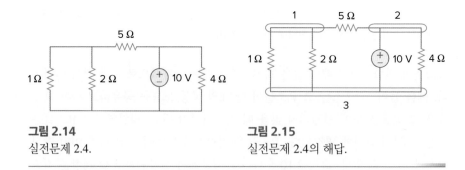

그림 2.14
실전문제 2.4.

그림 2.15
실전문제 2.4의 해답.

2.4   키르히호프 법칙

옴의 법칙은 그 자체로서는 회로 해석에 충분하지 않다. 그러나 키르히호프의 법칙과 같이 사용하게 되면, 많은 종류의 회로 해석에 사용할 수 있는 유용하고 강력한 툴이 된다. 키르히호프의 법칙은 1847년 독일 물리학자 키르히호프(Gustav Robert Kirchhoff, 1824~1887)에 의해 처음 소개되었다. 이 법칙은 공식적으로 키르히호프의 전류 법칙(KCL)과 키르히호프의 전압 법칙(KVL)으로 알려져 있다.

키르히호프의 첫째 법칙은 전하 보존 법칙에 기반을 두고 있는데, 이 법칙에 의해 시스템 내의 전하의 대수적 합은 변할 수 없다.

> **키르히호프의 전류법칙(KCL)**은 한 개의 노드(또는 폐경계)를 들어가는 전류의 대수적 합은 0 (zero)인 것을 말한다.

수학적으로, KCL은

$$\sum_{n=1}^{N} i_n = 0 \tag{2.13}$$

인 것을 의미하며, 여기서 N은 노드에 연결된 가지의 개수 그리고 i_n은 그 노드를 들어가는 (또는 나오는) n번째 전류이다. 이 법칙에 의해 한 노드를 들어가는 전류는 양수로 간주할 수 있고, 반대로 그 노드를 떠나는 전류는 음수로 또는 이와 반대로 생각할 수 있다.

KCL을 증명하기 위해서 한 노드를 들어가는 전류의 한 세트 $i_k(t)$, $k = 1, 2, \dots$, 을 가정하자. 그 노드에서 전류의 대수적 합은

$$i_T(t) = i_1(t) + i_2(t) + i_3(t) + \cdots \tag{2.14}$$

식 (2.14)의 양변을 적분하면

$$q_T(t) = q_1(t) + q_2(t) + q_3(t) + \cdots \tag{2.15}$$

Historical

Gustav Robert Kirchhoff (1824~1887), 독일 과학자로 1847년에 전기회로에서의 전류와 전압 사이의 관계에 관한 두 개의 기본 법칙을 제창하였다. 키르히호프의 법칙은 옴의 법칙과 함께 회로이론의 기반이 되는 법칙이다.

동프러시아 콘니스버그(Konigsberg)에서 법률가의 아들로 태어난 키르히호프는 18세에 콘니스버그 대학에 입학하여 나중에 베를린에서 대학 강사가 되었다. 독일 화학자 로버트 번스타인과의 분광학에 대한 공동 작업은 1860년에 세슘의 발견을 1861년에는 루비듐의 발견을 가져왔다. 키르히호프는 또한 키르히호프의 복사법칙으로도 유명하다. 이와 같이 키르히호프는 공학자, 화학자, 그리고 물리학자들 사이에서 유명하다.

Pixtal/age Fotostock

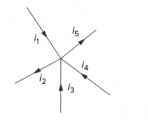

그림 2.16
KCL을 설명하는 한 개의 노드에서의 전류.

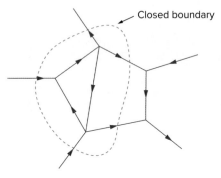

그림 2.17
한 개의 폐경로에서의 KCL 적용.

▌두 개의 소스(혹은 일반적으로 회로)가 만약 한 쌍의 터미널에서 같은 i-v 관계를 가진다면 동등하다고 말해진다.

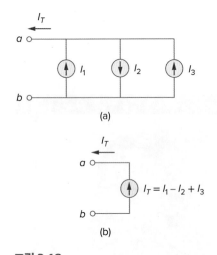

그림 2.18
병렬연결된 전류원: (a) 원래 회로, (b) 등가회로.

여기서 $q_k(t) = \int i_k(t)\,dt$이고 $q_T(t) = \int i_T(t)\,dt$이다. 그러나 전하보존의 법칙에 의해 그 노드에서의 전하의 대수적 합은 변할 수 없다. 즉 그 노드는 그 전하의 어떠한 양도 저장할 수 없다. 그러므로 $q_T(t) = 0 \rightarrow i_T(t) = 0$로 KCL의 타당성이 증명된다.

그림 2.16의 노드를 살펴보자. KCL을 적용하면

$$i_1 + (-i_2) + i_3 + i_4 + (-i_5) = 0 \tag{2.16}$$

전류 i_1, i_3 그리고 i_4는 그 노드에 들어가는 반면, i_2와 i_5는 그 노드에서 나온다. 이 항들을 정리하면 우리는

$$i_1 + i_3 + i_4 = i_2 + i_5 \tag{2.17}$$

을 얻는다. 식 (2.17)은 KCL의 다른 형태이다:

> 한 개의 노드를 들어가는 전류의 합은 그 노드에서 나오는 전류의 합과 같다.

KCL은 또한 한 개의 폐경계 표면에도 적용된다는 것을 주의하라. 이것은 일반적인 경우로 간주할 수 있는데, 왜냐하면 한 개의 노드는 닫힌 표면(closed surface)이 한 개의 점으로 줄어든 것으로 볼 수 있기 때문이다. 2차원에서 한 개의 폐경계는 한 개의 폐경로와 같다. 그림 2.17에 대표적으로 나타낸 것과 같이 닫힌 표면을 들어가는 전체 전류는 그 표면에서 나오는 전체 전류의 합과 같다.

KCL의 한 가지 간단한 응용으로 병렬연결된 전류원이 있다. 결합된 전체 전류는 각 전류원에 의해 공급된 전류의 합이다. 예를 들어 그림 2.18(a)에 나타낸 전류원은 그림 2.18(b)에서와 같이 결합될 수 있다. 결합된 또는 등가 전류원은 KCL을 노드 a에 적용하여 구할 수 있다.

$$I_T + I_2 = I_1 + I_3$$

또는

$$I_T = I_1 - I_2 + I_3 \tag{2.18}$$

한 개의 회로는 $I_1 = I_2$가 아니라면 직렬연결된 두 개의 다른 전류 I_1과 I_2를 가질 수 없는데 그렇지 않다면 KCL에 위배될 것이다.

키르히호프의 두 번째 법칙은 에너지 보존 법칙에 기반을 두고 있다.

> **키르히호프의 전압 법칙(KVL)**은 한 개의 폐경로에서 전압의 대수적인 합은 0(zero)인 것을 말한다.

수학적으로 표현하면, KVL은

$$\boxed{\sum_{m=1}^{M} v_m = 0} \tag{2.19}$$

인 것을 의미하며, 여기서 M은 루프에서 전압의 개수(또는 루프에서 가지의 개수)이고 v_m은 m번째 전압이다.

KVL을 설명하기 위해서 그림 2.19를 살펴보자. 각 전압의 기호는 그 루프를 돌 때 처음 만나는 단자의 극성이다. 우리는 어떤 가지에서도 시작할 수 있고 그 루프를 시계방향 또는 반시계방향으로 돌 수 있다. 전압원에서부터 시작한다고 가정하고 그림에 나타낸 것처럼 시계방향으로 움직이자. 그러면 전압은 $-v_1$, $+v_2$, $+v_3$, $-v_4$ 그리고 $+v_5$ 같은 순서로 될 것이다. 예를 들어 가지 3에 도달할 때, 양의 단자를 먼저 만난다. 그러므로 $+v_3$가 된다. 가지 4에서는 음의 단자를 먼저 만나므로 $-v_4$가 된다. 그러므로 KVL에 의해

$$-v_1 + v_2 + v_3 - v_4 + v_5 = 0 \qquad (2.20)$$

이 된다. 각 항들은 다시 쓰면

$$v_2 + v_3 + v_5 \;=\; v_1 + v_4 \qquad (2.21)$$

이것은 다음과 같이 해석된다.

전압 강하의 합 = 전압 상승의 합 $\qquad (2.22)$

이것은 KVL의 다른 형태이다. 우리가 만약 시계반대방향으로 움직였다면 결과는 $+v_1$, $-v_5$, $+v_4$, $-v_3$ 그리고 $-v_2$가 되고, 이는 앞의 결과와 같고 단지 기호가 반대로 된다. 그러므로 식 (2.20)과 (2.21)은 같다.

전압원이 직렬로 연결될 때, KVL을 적용해 전체 전압을 구할 수 있다. 결합된 전압은 그림 2.20(a)에 나타낸 것과 같이 각 전원의 대수적 합이 되는데, 그림 2.20(b)에서의 결합된 또는 등가적인 전압원은 KVL을 적용하여 얻는다.

$$-V_{ab} + V_1 + V_2 - V_3 = 0$$

또는

$$V_{ab} = V_1 + V_2 - V_3 \qquad (2.23)$$

KVL은 두 가지 방법으로 적용된다: 루프를 시계방향 또는 반시계방향으로 돌 수 있다. 두 가지 방법 모두 루프를 도는 전압의 합은 0이 된다.

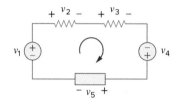

그림 2.19
KVL을 설명하는 단일 루프 회로.

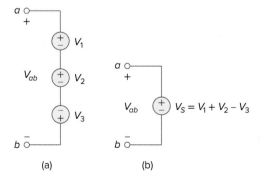

그림 2.20
직렬연결된 전압원: (a) 원래 회로, (b) 등가회로.

KVL을 위배하지 않기 위해서는 한 회로는 $V_1 = V_2$이지 않는다면, 병렬연결된 두 개의 다른 전압 V_1과 V_2가 존재할 수 없다.

예제 2.5

그림 2.21(a)의 회로에서 전압 v_1과 v_2를 구하라.

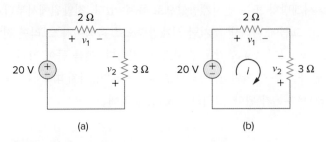

그림 2.21
예제 2.5.

풀이:

v_1과 v_2를 구하기 위해 옴의 법칙과 키르히호프의 전압 법칙을 적용하자. 전류 i가 그림 2.21(b)에 나타낸 것과 같이 루프를 통해 흐른다고 가정하자. 옴의 법칙에 의해

$$v_1 = 2i, \qquad v_2 = -3i \tag{2.5.1}$$

KVL을 루프를 따라 적용하면

$$-20 + v_1 - v_2 = 0 \tag{2.5.2}$$

이 된다. 식 (2.5.1)을 식 (2.5.2)에 대입하면

$$-20 + 2i + 3i = 0 \qquad \text{or} \qquad 5i = 20 \quad \Rightarrow \quad i = 4 \text{ A}$$

식 (2.5.1)의 전류 i를 대입하면 최종적으로

$$v_1 = 8 \text{ V}, \qquad v_2 = -12 \text{ V}$$

실전문제 2.5

그림 2.22의 회로에서 전압 v_1과 v_2를 구하라.

답: 16 V, −8 V

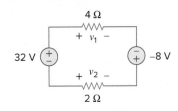

그림 2.22
실전문제 2.5.

그림 2.23(a)의 나타낸 회로에서 v_o와 i를 구하라.

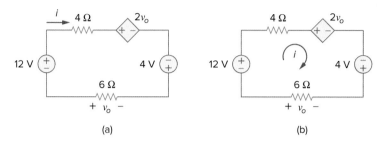

그림 2.23
실전문제 2.6.

풀이:

그림 2.23(b)에 나타낸 것처럼 KVL을 루프를 따라 적용한다. 결과는

$$-12 + 4i + 2v_o - 4 + 6i = 0 \qquad \textbf{(2.6.1)}$$

6 Ω의 저항에 옴의 법칙을 적용하면

$$v_o = -6i \qquad \textbf{(2.6.2)}$$

식 (2.6.2)를 식 (2.6.1)에 대입하면

$$-16 + 10i - 12i = 0 \quad \Rightarrow \quad i = -8\,\text{A}$$

그리고 $v_o = 48$ V이다.

그림 2.24의 회로에서 전압 v_x와 v_o를 구하라.

답: 20 V, −10 V

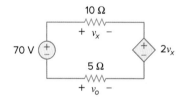

그림 2.24
실전문제 2.6.

그림 2.25에 나타낸 회로에서 전류 i_o와 전압 v_o를 구하라.

풀이:

노드 a에 KCL을 적용하면 다음을 얻는다.

$$3 + 0.5i_o = i_o \quad \Rightarrow \quad i_o = 6\,\text{A}$$

4 Ω의 저항에 대해 옴의 법칙을 적용하면

$$v_o = 4i_o = 24\,\text{V}$$

결과를 낳는다.

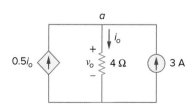

그림 2.25
예제 2.7.

실전문제 2.7

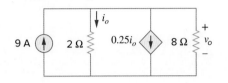

그림 2.26
실전문제 2.7.

그림 2.26의 회로에서 전압 v_o와 전류 i_o를 구하라.

답: 12 V, 6 A

예제 2.8

그림 2.27(a)에 나타낸 회로에서 전류와 전압을 구하라.

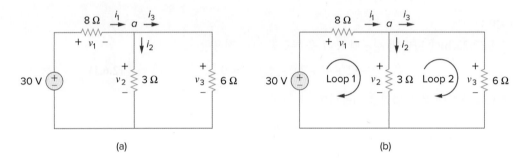

그림 2.27
예제 2.8.

풀이:

옴의 법칙과 키르히호프의 법칙을 적용한다. 옴의 법칙에 의해

$$v_1 = 8i_1, \qquad v_2 = 3i_2, \qquad v_3 = 6i_3 \qquad\qquad \textbf{(2.8.1)}$$

각 저항의 전압과 전류는 옴의 법칙에 의해 앞에서와 같이 연결되므로, 우리는 실제로 세 개의 가지 (v_1, v_2, v_3) 또는 (i_1, i_2, i_3)를 구하고 있다. 노드 a에서 **KCL**에 의해

$$i_1 - i_2 - i_3 = 0 \qquad\qquad \textbf{(2.8.2)}$$

그림 2.27(b)와 같이 루프 1에 KVL을 적용하면

$$-30 + v_1 + v_2 = 0$$

위 식을 식 (2.8.1)에서와 같이 전류 i_1과 i_2의 항으로 나타내면

$$-30 + 8i_1 + 3i_2 = 0$$

또는

$$i_1 = \frac{(30 - 3i_2)}{8} \qquad\qquad \textbf{(2.8.3)}$$

을 얻는다. 루프 2에 **KVL**을 적용하면 예상대로

$$-v_2 + v_3 = 0 \qquad \Rightarrow \qquad v_3 = v_2 \qquad\qquad \textbf{(2.8.4)}$$

왜냐하면 두 개의 저항은 병렬이기 때문이다. 우리는 i_1과 i_2를 v_1과 v_2 항으로 식 (2.8.1)과 같이 나타낸다. 식 (2.8.4)는

$$6i_3 = 3i_2 \quad \Rightarrow \quad i_3 = \frac{i_2}{2} \qquad (2.8.5)$$

식 (2.8.3)과 (2.8.5)를 (2.8.2)에 대입하면

$$\frac{30 - 3i_2}{8} - i_2 - \frac{i_2}{2} = 0$$

또는 $i_2 = 2$ A이다. i_2의 값으로부터 식 (2.8.1)과 (2.8.5)를 사용하면

$$i_1 = 3 \text{ A}, \quad i_3 = 1 \text{ A}, \quad v_1 = 24 \text{ V}, \quad v_2 = 6 \text{ V}, \quad v_3 = 6 \text{ V}$$

를 얻는다.

그림 2.28에 나타낸 회로에서 전류와 전압을 구하라.

답: $v_1 = 6$ V, $v_2 = 4$ V, $v_3 = 10$ V, $i_1 = 3$ A, $i_2 = 500$ mA, $i_3 = 2.5$ A

2.5   직렬 저항과 전압 분배

저항을 직렬 또는 병렬로 결합하는 경우가 자주 발생하기 때문에 특별한 주의를 요한다. 저항을 결합하는 과정은 그들 저항 중 한 번에 두 개를 결합하면 쉽게 할 수 있다. 이것을 기억하고 그림 2.29의 단일 루프 회로를 살펴보자. 두 개의 저항은 직렬인데, 왜냐하면 두 저항 모두에 같은 전류 i가 흐르기 때문이다. 각 저항에 옴의 법칙을 적용하면

$$v_1 = iR_1, \qquad v_2 = iR_2 \qquad (2.24)$$

를 얻는다. 루프에 (시계 방향으로) KVL을 적용하면, 우리는

$$-v + v_1 + v_2 = 0 \qquad (2.25)$$

를 얻는다. 식 (2.24)와 (2.25)를 결합하면

$$v = v_1 + v_2 = i(R_1 + R_2) \qquad (2.26)$$

또는

$$i = \frac{v}{R_1 + R_2} \qquad (2.27)$$

을 얻는다. 식 (2.26)은 다음과 같이 쓸 수 있음을 주의하라.

$$v = iR_{\text{eq}} \qquad (2.28)$$

이는 두 개의 저항은 한 개의 등가저항 R_{eq}로 교체할 수 있음을 의미한다. 즉

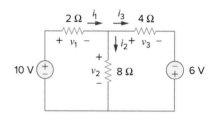

실전문제 2.8

그림 2.28
실전문제 2.8.

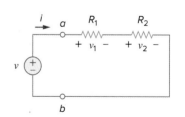

그림 2.29
두 개의 저항이 직렬연결된 단일루프 회로.

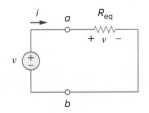

그림 2.30

그림 2.29의 등가회로.

▍직렬연결된 저항은 그 값이 각 저항의 합인 한 개의 저항으로 동작한다.

$$R_{eq} = R_1 + R_2 \tag{2.29}$$

그러므로 그림 2.29는 그림 2.30의 등가회로로 교체할 수 있다. 그림 2.29와 2.30의 두 회로는 등가인데 왜냐하면 단자 *a-b*에서 같은 전압-전류 관계를 나타내기 때문이다. 그림 2.30에서와 같은 등가회로는 회로 해석을 단순화하는 데 유용하다. 일반적으로,

임의의 직렬연결된 임의의 개수 저항의 **등가저항**은 개별 저항의 합과 같다.

그러므로 *N*개의 직렬연결된 저항에 대해

$$R_{eq} = R_1 + R_2 + \cdots + R_N = \sum_{n=1}^{N} R_n \tag{2.30}$$

그림 2.29에서 각 저항 양단의 전압을 구하기 위해서, 식 (2.26)을 식 (2.24)에 대입하면

$$v_1 = \frac{R_1}{R_1 + R_2}\, v, \qquad v_2 = \frac{R_2}{R_1 + R_2}\, v \tag{2.31}$$

을 얻는다. 전원 전압 *v*는 저항 값에 비례해서 그들 저항 사이에 분배됨을 주의하라. 저항 값이 클수록 전압강하가 더 크다. 이것은 **전압 분배의 법칙**이라고 하며, 그림 2.29의 회로는 **전압 분배회로**라고 한다. 일반적으로 전압 분배회로가 *N*개의 저항($R_1, R_2, \ldots, R_N$)이 전원 전압 *v*와 직렬로 연결될 경우 *n*번째 저항(R_n)은

$$v_n = \frac{R_n}{R_1 + R_2 + \cdots + R_N}\, v \tag{2.32}$$

의 전압강하를 나타낸다.

2.6 병렬 저항과 전류 분배

두 개의 저항이 병렬로 연결되어 있어 그 양단에 같은 전압을 가지는 그림 2.31의 회로를 고찰해보자. 옴의 법칙에 의해

$$v = i_1 R_1 = i_2 R_2$$

또는

$$i_1 = \frac{v}{R_1}, \qquad i_2 = \frac{v}{R_2} \tag{2.33}$$

노드 *a*에 KCL을 적용하면 전체 전류 *i*는

$$i = i_1 + i_2 \tag{2.34}$$

식 (2.33)을 식 (2.34)에 대입하면

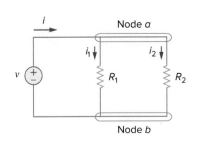

그림 2.31

병렬연결된 두 개의 저항.

$$i = \frac{v}{R_1} + \frac{v}{R_2} = v\left(\frac{1}{R_1} + \frac{1}{R_2}\right) = \frac{v}{R_{\text{eq}}} \tag{2.35}$$

을 얻는다. 여기서 R_{eq}는 병렬연결된 저항의 등가저항이다:

$$\frac{1}{R_{\text{eq}}} = \frac{1}{R_1} + \frac{1}{R_2} \tag{2.36}$$

또는

$$\frac{1}{R_{\text{eq}}} = \frac{R_1 + R_2}{R_1 R_2}$$

또는

$$\boxed{R_{\text{eq}} = \frac{R_1 R_2}{R_1 + R_2}} \tag{2.37}$$

그러므로,

> 두 개의 **병렬연결된 저항의 등가저항**은 두 저항의 곱을 두 저항의 합으로 나눈 것과 같다.

이것은 두 개의 저항이 병렬로 연결된 경우에만 적용된다는 것을 주의해야 한다. 식 (2.37)으로부터 $R_1 = R_2$이면 $R_{\text{eq}} = R_1/2$이다.

우리는 식 (2.36)의 결과를 N개의 저항이 병렬연결된 일반적인 경우로 확장할 수 있다. 이때 등가저항은

$$\boxed{\frac{1}{R_{\text{eq}}} = \frac{1}{R_1} + \frac{1}{R_2} + \cdots + \frac{1}{R_N}} \tag{2.38}$$

R_{eq}는 병렬연결된 저항 중 가장 작은 저항보다 값이 항상 작음을 주의하라. 만약 $R_1 = R_2 = \ldots = R_N = R$이라면,

$$R_{\text{eq}} = \frac{R}{N} \tag{2.39}$$

이다. 예를 들어 4개의 100 Ω의 저항이 병렬로 연결된다면, 등가저항은 25 Ω이다.

병렬연결된 저항을 다룰 때는 저항을 사용하는 것보다 컨덕턴스를 사용하는 것이 보다 편리하다. 식 (2.38)로부터 N개 병렬연결된 저항의 등가 컨덕턴스는

$$\boxed{G_{\text{eq}} = G_1 + G_2 + G_3 + \cdots + G_N} \tag{2.40}$$

여기서 $G_{\text{eq}} = 1/R_{\text{eq}}$, $G_1 = 1/R_1$, $G_2 = 1/R_2$, $G_3 = 1/R_3$, $\ldots$, $G_N = 1/R_N$이다.

> **병렬연결된 저항의 등가 컨덕턴스**는 개별 컨덕턴스의 합과 같다.

이것은 그림 2.31의 회로를 그림 2.32의 회로로 대체할 수 있음을 의미한다. 식 (2.30)과 (2.40)의 유사성에 주목하라. 병렬연결된 저항의 등가 컨덕턴스는 직렬

병렬연결된 컨덕턴스는 그 값이 각 컨덕턴스의 합인 한 개의 컨덕턴스로 동작한다.

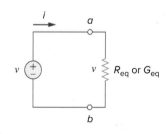

그림 2.32
그림 2.31의 등가회로.

연결된 저항의 등가저항을 구하는 것과 마찬가지 방법으로 얻는다. 같은 방법으로, 직렬연결된 저항의 등가 컨덕턴스도 병렬연결된 저항을 얻을 때와 마찬가지로 얻는다. 그러므로 N개의 직렬연결된 저항의 등가 컨덕턴스 G_{eq}는(그림 2.29에 나타낸 것과 같이)

$$\frac{1}{G_{eq}} = \frac{1}{G_1} + \frac{1}{G_2} + \frac{1}{G_3} + \cdots + \frac{1}{G_N}$$ (2.41)

그림 2.31에서 노드 a로 들어가는 전체 전류 i가 주어질 때, 전류 i_1과 i_2를 어떻게 얻을 수 있는가? 등가저항은 같은 전압을 가지는 것을 알고 있으므로

$$v = iR_{eq} = \frac{iR_1 R_2}{R_1 + R_2}$$ (2.42)

식 (2.33)과 (2.42)를 결합하면 다음 결과가 된다.

$$i_1 = \frac{R_2\, i}{R_1 + R_2}, \qquad i_2 = \frac{R_1\, i}{R_1 + R_2}$$ (2.43)

이것은 전체 전류 i는 저항 값에 반비례해서 각 저항에 의해 분배됨을 나타낸다. 이것은 **전류 분배** 법칙으로 알려져 있고, 그림 2.31의 회로는 **전류 분배회로**이다. 작은 저항으로 더 많은 전류가 흐름을 주의하라.

극단적인 경우로, 그림 2.31의 저항 중 한 개가 0, 예를 들어 $R_2 = 0$라고 가정하면, 즉 R_2가 그림 2.33(a)에 나타낸 것과 같이 단락회로이다. 식 (2.43)으로부터 $R_2 = 0$은 $i_1 = 0$, $i_2 = i$임을 의미한다. 이것은 전체 전류 i이 R_1을 우회하여 단락회로 $R_2 = 0$인 가장 저항이 작은 경로로 흐름을 의미한다. 그러므로 그림 2.33(a)에 나타낸 것과 같이 한 회로가 단락될 때 두 가지 사실을 기억해야 한다:

1. 등가저항 $R_{eq} = 0$이다. [식 (2.37)에서 $R_2 = 0$인 경우 어떤 일이 발생하는지 살펴보라.]
2. 단락회로로 모든 전류가 흐른다.

다른 극단적인 경우로, $R_2 = \infty$, 즉 R_2가 그림 2.33(b)에 나타낸 것과 같이 개방회로라고 가정하자. 전류는 가장 저항이 작은 경로인 R_1을 통해 흐를 것이다. 식 (2.37)에 $R_2 \to \infty$인 극한 값을 취하면 이 경우 $R_{eq} = R_1$이다.

위 식에서 분자와 분모를 $R_1 R_2$로 나누면, 식 (2.43)은 다음 식이 된다.

$$i_1 = \frac{G_1}{G_1 + G_2}\, i$$ (2.44a)

$$i_2 = \frac{G_2}{G_1 + G_2}\, i$$ (2.44b)

이 되며, 그러므로 일반적으로 전류분배 회로에서 N개의 도체(G_1, G_2, ..., G_N)가 전원 전류 i에 병렬연결되어 있을 경우, n번째 도체 (G_n)는 다음의 전류를 가진다.

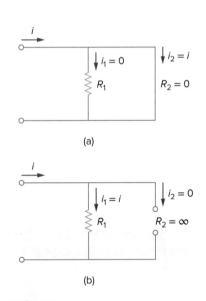

그림 2.33
(a) 단락회로, (b) 개방회로.

$$i_n = \frac{G_n}{G_1 + G_2 + \cdots + G_N} i \qquad \textbf{(2.45)}$$

　　일반적으로 저항을 직렬 또는 병렬로 결합해서 한 개의 등가저항 R_{eq}로 줄여서 나타내는 것이 편리하다. 그러한 등가저항은 네트워크의 지정된 단자 사이의 저항으로 원래 네트워크의 그 단자에서의 같은 $i\text{-}v$ 특성을 나타내어야 한다.

예제 2.9

그림 2.34의 회로에서 R_{eq}를 구하라.

풀이:

등가저항 R_{eq}를 구하기 위해, 직렬 및 병렬로 저항을 결합한다. 6 Ω과 3 Ω의 저항은 병렬연결되어 있어, 그 등가저항은

$$6\,\Omega \parallel 3\,\Omega = \frac{6 \times 3}{6 + 3} = 2\,\Omega$$

(기호 ∥는 병렬연결을 나타내기 위해 사용된다.) 또한 1 Ω과 5 Ω의 저항은 직렬이므로 그들의 등가저항은

$$1\,\Omega + 5\,\Omega = 6\,\Omega$$

그러므로 그림 2.34의 회로는 그림 2.35(a)의 회로로 간소화된다. 그림 2.35(a)에서 두 개의 2 Ω 저항은 직렬연결되어, 등가저항은

$$2\,\Omega + 2\,\Omega = 4\,\Omega$$

이다. 이 4 Ω 저항은 이제 그림 2.35와 같이 6 Ω 저항과 병렬연결된다. 등가저항은

$$4\,\Omega \parallel 6\,\Omega = \frac{4 \times 6}{4 + 6} = 2.4\,\Omega$$

그림 2.35(a)의 회로는 이제 그림 2.35(b)의 회로로 대체된다. 그림 2.35(b)에서 세 개의 저항은 직렬연결이다. 그러므로 이 회로의 등가저항은

$$R_{eq} = 4\,\Omega + 2.4\,\Omega + 8\,\Omega = 14.4\,\Omega$$

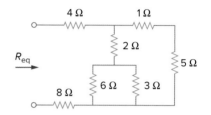

그림 2.34
예제 2.9.

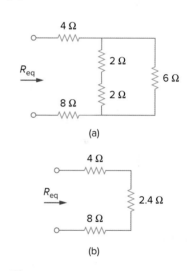

(a)

(b)

그림 2.35
예제 2.9의 등가회로.

실전문제 2.9

그림 2.36의 저항을 결합하여 R_{eq}를 구하라.

답: 10 Ω

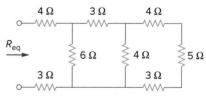

그림 2.36
실전문제 2.9.

예제 2.10

그림 2.37에서 등가저항 R_{ab}를 구하라.

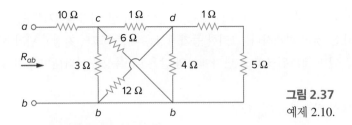

그림 2.37
예제 2.10.

풀이:

3 Ω 저항과 6 Ω 저항은 병렬연결인데, 왜냐하면 그들은 같은 노드 c와 b에 연결되어 있기 때문이다. 결합된 저항은

$$3\,\Omega \parallel 6\,\Omega = \frac{3 \times 6}{3 + 6} = 2\,\Omega \qquad (2.10.1)$$

이다. 마찬가지로 12 Ω 저항과 4 Ω 저항은 병렬연결인데, 왜냐하면 그들은 같은 두 노드 d와 b에 연결되어 있기 때문이다. 그러므로

$$12\,\Omega \parallel 4\,\Omega = \frac{12 \times 4}{12 + 4} = 3\,\Omega \qquad (2.10.2)$$

또한 1 Ω 저항과 5 Ω 저항은 직렬연결이다. 그러므로 등가저항은

$$1\,\Omega + 5\,\Omega = 6\,\Omega \qquad (2.10.3)$$

이러한 세 가지 결합으로, 그림 2.37의 회로를 그림 2.38(a)의 회로로 대체할 수 있다. 그림 2.38(a)에서 3 Ω 저항과 병렬인 6 Ω 저항은 식 (2.10.1)에서 계산한 것과 같이 2 Ω 저항이 된다. 이 2 Ω 저항은 이제 1 Ω 저항과 직렬로 연결되고 결합된 저항은 1 Ω + 2 Ω = 3 V이다. 그러므로, 그림 2.38(a)의 회로를 그림 2.38(b)의 회로로 대체한다. 그림 2.38(b)의 회로에서 2 Ω 저항과 3 Ω 저항은 병렬연결되어

$$2\,\Omega \parallel 3\,\Omega = \frac{2 \times 3}{2 + 3} = 1.2\,\Omega$$

를 얻는다. 이 1.2 Ω 저항은 10 Ω 저항과 직렬연결이므로

$$R_{ab} = 10 + 1.2 = 11.2\,\Omega$$

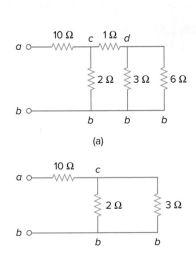

(a)

(b)

그림 2.38
예제 2.10의 등가회로.

실전문제 2.10

그림 2.39의 회로에서 R_{ab}를 구하라.

답: 19 Ω

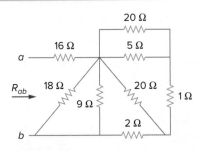

그림 2.39
실전문제 2.10.

그림 2.40(a)의 회로에서 등가 컨덕턴스 G_{eq}의 값을 구하라.

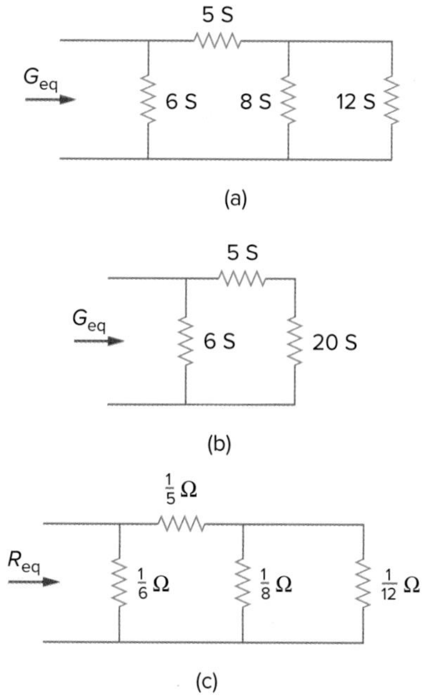

풀이:

8 S와 12 S의 저항은 병렬연결로 그들의 컨덕턴스는

$$8\,S + 12\,S = 20\,S$$

이 20 S의 저항은 이제 5 S의 저항과 그림 2.40(b)에 나타낸 바와 같이 직렬연결되어 결합된 컨덕턴스는

$$\frac{20 \times 5}{20 + 5} = 4\,S$$

이것은 6 S의 저항과 병렬이다. 그러므로

$$G_{eq} = 6 + 4 = 10\,S$$

그림 2.40(a)의 회로는 그림 2.40(c)의 회로와 같다는 것을 주의해야 한다. 그림 2.40(a)의 회로의 저항은 지멘스로 나타내었지만, 그림 2.40(c)의 회로는 옴으로 표시되어 있다. 두 회로가 등가라는 것을 보이기 위해 그림 2.40(c)의 회로에서 R_{eq}를 구한다.

$$R_{eq} = \frac{1}{6} \left\| \left(\frac{1}{5} + \frac{1}{8} \right\| \frac{1}{12} \right) = \frac{1}{6} \left\| \left(\frac{1}{5} + \frac{1}{20} \right) = \frac{1}{6} \right\| \frac{1}{4}$$

$$= \frac{\frac{1}{6} \times \frac{1}{4}}{\frac{1}{6} + \frac{1}{4}} = \frac{1}{10}\,\Omega$$

$$G_{eq} = \frac{1}{R_{eq}} = 10\,S$$

이것은 이전에 구한 것과 같다.

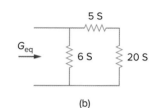

(a)

(b)

(c)

그림 2.40
예제 2.11: (a) 원래 회로, (b) 등가회로, (c) 저항으로 표시된 (a)와 같은 회로.

그림 2.41의 회로에서 G_{eq}를 구하라.

답: 4 S

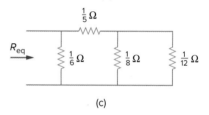

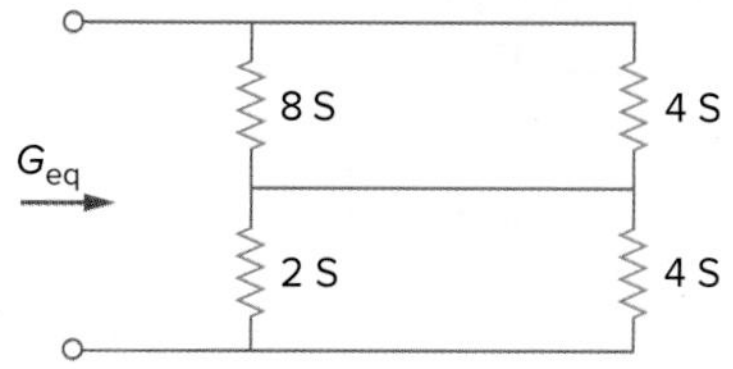

그림 2.41
실전문제 2.11.

그림 2.42(a)의 회로에서 i_o와 v_o를 구하라. 3 Ω 저항에서 소모된 전력을 구하라.

풀이:

3 Ω 저항과 6 Ω 저항은 병렬로, 그들의 결합된 저항은

$$6\,\Omega \parallel 3\,\Omega = \frac{6 \times 3}{6 + 3} = 2\,\Omega$$

이다. 그러므로 회로는 그림 2.42(b)에 나타낸 것으로 간소화된다. 저항은 병렬 연결되어 같은 전압 v_o를 가지기 때문에 이 결합된 저항에 의해 v_o는 영향을 받지 않음을 참고하라. 그림 2.42(b)의 회로에서 v_o를 두 가지 방법으로 얻을 수 있다. 한 가지 방법은 옴의 법칙을 적용하여

$$i = \frac{12}{4+2} = 2\ \text{A}$$

을 얻는 것으로 $v_o = 2i = 2 \times 2 = 4\ \Omega$이다. 다른 방법은 전압 분배를 적용할 수 있는데 그림 2.42(b)에서 12 V는 4 Ω과 2 Ω 저항 사이에 분배되기 때문이다. 그러므로

$$v_o = \frac{2}{2+4}(12\ \text{V}) = 4\ \text{V}$$

이와 유사하게 i_o도 두 가지 방법으로 얻을 수 있다. 한 가지 방법은 2.42(a)의 3 Ω 저항에 옴의 법칙을 적용하는 것으로 v_o를 알 수 있다. 그러므로

$$v_o = 3i_o = 4 \qquad \Rightarrow \qquad i_o = \frac{4}{3}\ \text{A}$$

다른 방법은 그림 2.42(a)의 회로에서 전류분배를 적용하는 것으로 다음과 같은 식으로 정리하여 i_o를 알 수 있다.

$$i_o = \frac{6}{6+3}i = \frac{2}{3}(2\ \text{A}) = \frac{4}{3}\ \text{A}$$

3 Ω 저항에서 소모된 전력은

$$p_o = v_o i_o = 4\left(\frac{4}{3}\right) = 5.333\ \text{W}$$

이다.

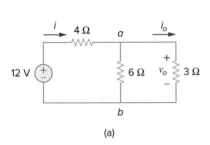

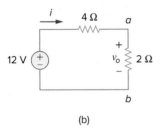

그림 2.42
예제 2.12: (a) 원래 회로, (b) 등가회로.

실전문제 2.12

그림 2.43의 회로에서 v_1과 v_2를 구하라. 또한 전류 i_1과 i_2 그리고 12 Ω과 40 Ω 저항에서 소모된 전력을 구하라.

답: $v_1 = 10$ V, $i_1 = 833.3$ mA, $p_1 = 8.333$ W, $v_2 = 20$ V, $i_2 = 500$ mA, $p_2 = 10$ W

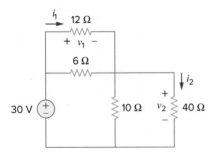

그림 2.43
실전문제 2.12.

예제 2.13

그림 2.44(a)에 나타낸 회로에서 다음을 구하라: (a) 전압 v_o, (b) 전류원에 의해 공급된 전력, (c) 각 저항에 의해 흡수된 전력.

풀이:

(a) 6 kΩ과 12 kΩ 저항은 직렬연결로서 그들의 결합된 값은 6 + 12 = 18 kΩ 이다. 그러므로 그림 2.44(a)의 회로는 그림 2.44(b)로 간소화된다. 이제 전류 분배 테크닉을 적용하여 i_1과 i_2를 얻는다.

$$i_1 = \frac{18,000}{9,000 + 18,000}(30 \text{ mA}) = 20 \text{ mA}$$

$$i_2 = \frac{9,000}{9,000 + 18,000}(30 \text{ mA}) = 10 \text{ mA}$$

9 kΩ 저항과 18 kΩ 저항 양단의 전압이 같음을 주의하고, 예상대로 $v_o = 9,000i_1 = 18,000i_2 = 180$ V이다.

(b) 전원에서 공급된 전력은

$$p_o = v_o i_o = 180(30) \text{ mW} = 5.4 \text{ W}$$

(c) 12 kΩ 저항에서 흡수된 전력은

$$p = iv = i_2(i_2 R) = i_2^2 R = (10 \times 10^{-3})^2 (12,000) = 1.2 \text{ W}$$

6 kΩ 저항에서 흡수된 전력은

$$p = i_2^2 R = (10 \times 10^{-3})^2 (6,000) = 0.6 \text{ W}$$

9 kΩ 저항에서 흡수된 전력은

$$p = \frac{v_o^2}{R} = \frac{(180)^2}{9,000} = 3.6 \text{ W}$$

또는

$$p = v_o i_1 = 180(20) \text{ mW} = 3.6 \text{ W}$$

공급된 전력(5.4 W)은 흡수된 전력(1.2 + 0.6 + 3.6 = 5.4 W)과 같음을 주의하라. 이 방법으로 결과를 확인할 수 있는 한 가지 방법이다.

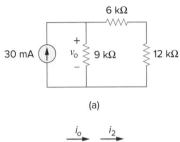

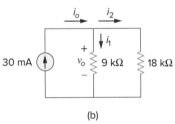

그림 2.44
예제 2.13: (a) 원래 회로, (b) 등가회로.

그림 2.45의 회로에서 다음을 구하라. (a) v_1과 v_2, (b) 3 kΩ 저항과 20 kΩ 저항에서 소모된 전력, (c) 전류원에서 공급된 전력.

실전문제 2.13

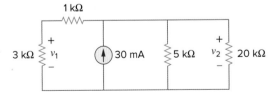

그림 2.45
실전문제 2.13.

답: (a) 45 V, 60 V, (b) 675 mW, 180 mW, (c) 1.8 W

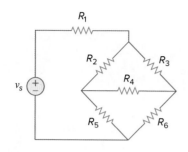

그림 2.46
브리지 네트워크.

2.7   † 와이–델타 변환

회로 해석에서 저항이 병렬도 직렬도 아닌 경우가 발생한다. 예를 들어 그림 2.46의 브리지 회로를 살펴보자. 저항이 직렬도 병렬도 아닌 경우 어떻게 R_1에서 R_6까지의 저항을 결합할 수 있는가? 그림 2.46에 나타낸 형태의 많은 회로는 3-단자 등가 네트워크를 이용하여 단순화할 수 있다. 이것은 그림 2.47에 나타낸 와이(Y) 또는 티(T) 네트워크와 그림 2.48에 나타낸 델타(Δ) 또는 파이(Π) 네트워크이다. 이들 네트워크는 그 자체로서 또는 대규모 회로의 일부로서 나타난다. 이들은 3상 네트워크, 필터, 그리고 정합회로에서 사용된다. 우리의 주된 관심사는 네트워크의 일부로서 어떻게 이들을 구별하고 네트워크 해석에 있어 와이–델타 변환을 적용하는가이다.

델타–와이 변환

델타 구성을 포함하고 있는 회로에서 와이 네트워크가 작업하기 더 편리하다고 가정하자. 우리는 기존의 델타 네트워크에 와이 네트워크를 중첩시켜 와이 네트워크의 등가저항을 구한다. 와이 네트워크의 등가저항을 얻기 위해서, 두 개의 네트워크를 비교해서 Δ(또는 Π) 네트워크의 각 노드 양단의 저항이 같은 노드의 Y(또는 T) 양단 저항과 같도록 한다. 예를 들어 그림 2.47과 2.48의 단자 1과 2에서

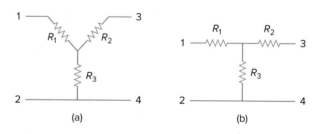

그림 2.47
동일한 네트워크의 두 가지 형태: (a) Y, (b) T.

$$R_{12}(\text{Y}) = R_1 + R_3 \tag{2.46}$$
$$R_{12}(\Delta) = R_b \| (R_a + R_c)$$

$R_{12}(\text{Y}) = R_{12}(\text{D})$을 설정하면

$$R_{12} = R_1 + R_3 = \frac{R_b(R_a + R_c)}{R_a + R_b + R_c} \tag{2.47a}$$

이와 같은 방법으로,

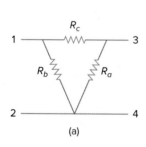

(a)

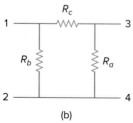

(b)

그림 2.48
동일한 네트워크의 두 가지 형태: (a) Δ, (b) Π.

$$R_{13} = R_1 + R_2 = \frac{R_c(R_a + R_b)}{R_a + R_b + R_c} \tag{2.47b}$$

$$R_{34} = R_2 + R_3 = \frac{R_a(R_b + R_c)}{R_a + R_b + R_c} \tag{2.47c}$$

식 (2.47a)에서 식 (2.47c)를 빼면, 우리는

$$R_1 - R_2 = \frac{R_c\,(R_b - R_a)}{R_a + R_b + R_c} \tag{2.48}$$

을 얻는다. 식 (2.47b)와 식 (2.48)을 더하면

$$\boxed{R_1 = \frac{R_b R_c}{R_a + R_b + R_c}} \tag{2.49}$$

를 얻고 식 (2.47b)에서 식 (2.48)을 빼면 다음 결과를 얻는다.

$$\boxed{R_2 = \frac{R_c R_a}{R_a + R_b + R_c}} \tag{2.50}$$

식 (2.47a)에서 식 (2.49)를 빼면 다음 결과를 얻는다.

$$\boxed{R_3 = \frac{R_a R_b}{R_a + R_b + R_c}} \tag{2.51}$$

우리는 식 (2.49)~(2.51)을 암기할 필요가 없다. Δ 네트워크를 Y로 변환하기 위해서, 그림 2.49에 나타낸 것과 같이 n개의 노드를 추가하여 다음의 변환 규칙을 따른다.

> Y 네트워크의 각 저항은 인접하는 Δ 가지의 두 저항의 곱에서 3개의 Δ 저항의 합을 나눈 것과 같다.

이 규칙을 따름으로써 그림 2.49로부터 식 (2.49)~(2.51)을 얻을 수 있다.

와이–델타 변환

와이 네트워크에서 등가인 델타 네트워크로의 변환 공식을 얻기 위해서, 식 (2.49)~(2.51)로부터 다음을 확인할 수 있다.

$$\begin{aligned}
R_1 R_2 + R_2 R_3 + R_3 R_1 &= \frac{R_a R_b R_c\,(R_a + R_b + R_c)}{(R_a + R_b + R_c)^2} \\
&= \frac{R_a R_b R_c}{R_a + R_b + R_c}
\end{aligned} \tag{2.52}$$

식 (2.52)를 식 (2.49)~(2.51)의 각 식으로 나누면 다음의 수식에 이른다.

$$\boxed{R_a = \frac{R_1 R_2 + R_2 R_3 + R_3 R_1}{R_1}} \tag{2.53}$$

$$\boxed{R_b = \frac{R_1 R_2 + R_2 R_3 + R_3 R_1}{R_2}} \tag{2.54}$$

$$\boxed{R_c = \frac{R_1 R_2 + R_2 R_3 + R_3 R_1}{R_3}} \tag{2.55}$$

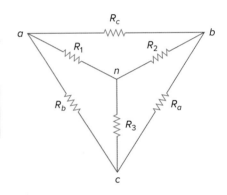

그림 2.49
Y와 Δ 상호 변환의 이해를 돕기 위한 두 네트워크 중첩.

식 (2.53)~(2.55) 그리고 그림 2.49로부터, Y에서 Δ로의 변환 규칙은 다음과 같다.

Δ 네트워크의 각 저항은 한 번에 Y 네트워크에서 선택한 두 개의 저항들의 모든 곱의 합에서 반대편의 Y 저항을 나눈 것과 같다.

Y와 Δ 네트워크는 다음과 같은 경우에 대칭(balanced)이라고 한다.

$$R_1 = R_2 = R_3 = R_Y, \qquad R_a = R_b = R_c = R_\Delta \tag{2.56}$$

이 조건에서 변환 공식은 다음과 같이 된다.

$$R_Y = \frac{R_\Delta}{3} \qquad \text{or} \qquad R_\Delta = 3R_Y \tag{2.57}$$

이 경우 R_Y가 왜 R_Δ보다 작은지 의문이 갈 것이다. 이것은 Y-결선은 직렬연결과 유사하고, 반면 Δ-결선은 병렬연결과 유사하기 때문이다.

변환을 하는 과정에서, 우리는 회로에서 어떤 새로운 것을 제거하지도 추가하지도 않았다. 우리는 단지 다르지만 수학적으로 등가인 3-단자 네트워크의 패턴으로 교체하여 저항이 직렬 또는 병렬인 회로를 생성하였다. 이는 필요하다면 R_{eq}를 계산할 수 있도록 해준다.

예제 2.14

그림 2.50(a)의 Δ 네트워크를 등가인 Y 네트워크로 변환하라.

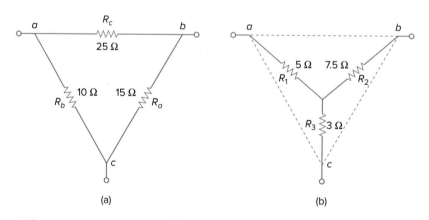

그림 2.50
예제 2.14: (a) 원래의 Δ 네트워크, (b) 등가인 Y 네트워크.

풀이:

식 (2.49)~(2.51)을 사용하면 우리는 다음을 얻는다.

$$R_1 = \frac{R_b R_c}{R_a + R_b + R_c} = \frac{10 \times 25}{15 + 10 + 25} = \frac{250}{50} = 5 \ \Omega$$

$$R_2 = \frac{R_c R_a}{R_a + R_b + R_c} = \frac{25 \times 15}{50} = 7.5 \ \Omega$$

$$R_3 = \frac{R_a R_b}{R_a + R_b + R_c} = \frac{15 \times 10}{50} = 3 \ \Omega$$

그림 2.50(b)에 등가인 Y 네트워크를 나타내었다.

그림 2.51의 와이 네트워크를 델타 네트워크로 변환하라.

답: $R_a = 140 \ \Omega$, $R_b = 70 \ \Omega$, $R_c = 35 \ \Omega$

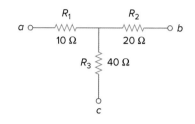

그림 2.51
실전문제 2.14.

그림 2.52의 회로에서 등가저항 R_{ab}를 구하고 전류 i를 구하는 데 사용하라.

풀이:

1. **정의하라.** 문제는 명확하게 정의되어 있다. 이 부분이 많은 시간을 요하는 만큼 중요한 부분이라는 것을 참고하라.

2. **제시하라.** 전압원을 제거할 때는 분명히 저항만으로 이루어진 회로만 남게 된다. 이것은 델타와 와이만으로 이루어져 있으므로 요소들을 결합해야 하는 좀 더 복잡한 문제가 남아 있다. 우리는 해법을 찾기 위해서 와이-델타 변환 사용할 수 있다. 와이(두 개가 있는데 한 개는 n에 다른 한 개는 c에 있다)와 델타(can, abn, cnb의 세 개가 있다)를 찾는 것이 유용하다.

3. **여러 대체방안을 고려하라.** 이 문제를 풀기 위해서 사용할 수 있는 다른 방법들이 있다. 2.7절의 초점은 와이-델타 변환이므로 이 방법을 사용하여야 한다. 다른 방법은 회로에 1 A를 주입하여 등가저항을 얻고 a와 b 사이의 전압을 찾는 것이다. 이 방법에 대해 4장에서 배울 것이다.

   여기서 우리가 검증에 적용하는 방법은 와이-델타 변환을 문제의 처음 해법으로 사용하는 것이다. 나중에 델타-와이 변환을 사용하여 해답을 확인할 수 있다.

4. **시도하라.** 이 회로에서 두 개의 Y 네트워크와 세 개의 Δ 네트워크가 있다. 이들 중 한 개를 변환하는 것이 회로를 간단하게 한다. 5 Ω, 10 Ω, 그리고 20 Ω으로 이루어진 Y 네트워크를 변환하면 우리는 다음을 선택할 것이다.

$$R_1 = 10 \ \Omega, \qquad R_2 = 20 \ \Omega, \qquad R_3 = 5 \ \Omega$$

그러므로 식 (2.53)~(2.55)를 이용하여, 우리는 다음을 얻는다.

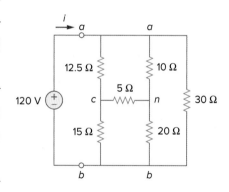

그림 2.52
예제 2.15.

$$R_a = \frac{R_1 R_2 + R_2 R_3 + R_3 R_1}{R_1} = \frac{10 \times 20 + 20 \times 5 + 5 \times 10}{10}$$

$$= \frac{350}{10} = 35\ \Omega$$

$$R_b = \frac{R_1 R_2 + R_2 R_3 + R_3 R_1}{R_2} = \frac{350}{20} = 17.5\ \Omega$$

$$R_c = \frac{R_1 R_2 + R_2 R_3 + R_3 R_1}{R_3} = \frac{350}{5} = 70\ \Omega$$

Y를 Δ로 변환하면서 등가회로(이제 전압원이 제거된)를 그림 2.53(a)에 나타내었다. 병렬인 3쌍의 저항을 결합하면, 우리는 다음을 얻게 되고

$$70\|30 = \frac{70 \times 30}{70 + 30} = 21\ \Omega$$

$$12.5\|17.5 = \frac{12.5 \times 17.5}{12.5 + 17.5} = 7.292\ \Omega$$

$$15\|35 = \frac{15 \times 35}{15 + 35} = 10.5\ \Omega$$

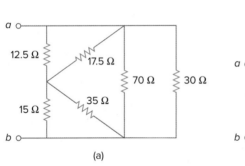 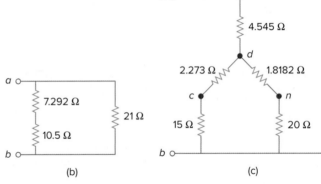

(a)   (b)   (c)

그림 2.53
전압원이 제거된 그림 2.52와 등가회로.

그 결과 등가회로를 그림 2.53(b)에 나타내었다. 그러므로 우리는 다음을 얻는다.

$$R_{ab} = (7.292 + 10.5)\ \|\ 21 = \frac{17.792 \times 21}{17.792 + 21} = \mathbf{9.632\ \Omega}$$

그러므로

$$i = \frac{v_s}{R_{ab}} = \frac{120}{9.632} = \mathbf{12.458\ A}$$

우리는 문제를 성공적으로 풀었다는 것을 알 수 있다. 이제 해답을 검토해야 한다.

5. **평가하라.** 이제 해답인 정확한지 결정하고 최종 해답을 검토해야 한다. 해답을 확인하는 것은 비교적 쉽다. 이것을 하기 위해 문제를 델타−와이 변

환부터 시작한다. 델타 *can*을 와이로 변환해보자.

$R_c = 10\ \Omega$, $R_a = 5\ \Omega$, 그리고 $R_n = 12.5\ \Omega$로 두자. 이것은 다음 결과에 이른다(와이의 중간 부분을 *d*로 표시하자).

$$R_{ad} = \frac{R_c R_n}{R_a + R_c + R_n} = \frac{10 \times 12.5}{5 + 10 + 12.5} = 4.545\ \Omega$$

$$R_{cd} = \frac{R_a R_n}{27.5} = \frac{5 \times 12.5}{27.5} = 2.273\ \Omega$$

$$R_{nd} = \frac{R_a R_c}{27.5} = \frac{5 \times 10}{27.5} = 1.8182\ \Omega$$

이것은 그림 2.53(c)의 회로가 된다. *d*와 *b* 사이의 저항을 들여다보면, 두 개의 저항을 병렬로 결합하여 다음 결과를 얻는다.

$$R_{db} = \frac{(2.273 + 15)(1.8182 + 20)}{2.273 + 15 + 1.8182 + 20} = \frac{376.9}{39.09} = 9.642\ \Omega$$

이것은 4.545 Ω과 직렬인데, 두 저항은 30 Ω 저항과 병렬이다. 이것이 이 회로의 등가저항이 된다.

$$R_{ab} = \frac{(9.642 + 4.545)30}{9.642 + 4.545 + 30} = \frac{425.6}{44.19} = \mathbf{9.631\ \Omega}$$

그러므로 다음 결과가 된다.

$$i = \frac{v_s}{R_{ab}} = \frac{120}{9.631} = \mathbf{12.46\ A}$$

우리는 와이–델타 변환의 두 가지 방법을 사용하여 같은 결과를 얻었음을 주목한다. 이것은 아주 좋은 검증 방법이다.

6. **만족하는가?** 우리는 원하는 답을 회로의 등가저항을 먼저 결정하고, 해답을 확인하여 얻었다. 그리고 나서 우리는 분명히 만족스러운 해답을 얻었다. 이것은 문제를 부여할 때 각각에 대해 제시할 수 있는 것이 된다.

그림 2.54의 브리지 네트워크에서 R_{ab}와 *i*를 구하라.

답: 40 Ω, 6 A

실전문제 2.15

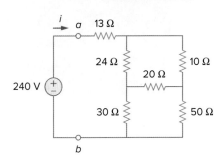

그림 2.54
실전문제 2.15.

2.8   † 응용

저항은 보통 전기적 에너지를 열이나 다른 형태의 에너지로 변환하는 소자를 모델하는 데 사용된다. 이러한 소자로는 전선, 전구, 전기 히터, 스토브, 오븐, 그리고 확성기 등이 있다. 이 절에서는 이 장에서 전개된 개념을 적용할 수 있는 두 가지 실제 문제를 살펴볼 것이다: 전기 조명 시스템과 직류 측정기(dc meter)가 그것이다.

2.8.1   전기 조명 시스템

지금까지 우리는 연결도선이 완전한 도체라고 가정했다(즉 저항이 0인 도체). 그러나 실제 시스템에서는 연결선이 굉장히 많아서, 그 시스템의 모델링을 위해서는 그 도선의 저항을 포함해야 한다.

집 내부나 크리스마스트리에 있는 조명 시스템은 대개 그림 2.55에 나타낸 것과 같이, N개의 램프가 직렬 또는 병렬로 연결되어 있다. 각 램프는 한 개의 저항으로 모델된다. 모든 전구가 동일하다고 가정하고 V_o가 전원 전압, 그리고 병렬연결의 경우 각 램프의 전압이 V_o이고 직렬연결의 경우 V_o/N이다. 직렬연결은 쉽게 제조할 수 있지만 실제로는 적어도 두 가지 이유로 거의 사용되지 않는다. 먼저,

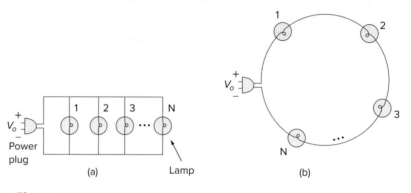

그림 2.55
(a) 전구의 병렬연결, (b) 전구의 직렬연결.

Historical

Source: Library of Congress
Prints and Photographs
Division [LC-USZ62-78942]

Thomas Alva Edison (1847~1931), 아마 가장 위대한 미국의 발명가일 것이다. 그는 1,093개의 발명에 대해 특허를 냈는데, 이는 백열등, 축음기, 그리고 최초의 상업용 영화와 같은 역사적인 발명을 포함한다.

그는 오하이오의 밀란에서 일곱 형제 중 막내로 태어났다. 에디슨은 학교를 싫어했기 때문에 정식 교육은 석 달밖에 받지 않았다. 어머니로부터 가정교육을 받았으며 자기 스스로 읽기를 곧 시작하였다. 1868년에 에디슨은 페러데이(Faraday)의 책 중 하나를 읽고 그의 요청을 발견하였다. 1876년에 뉴저지의 먼로 파크로 옮겨 잘 갖추어진 연구진을 감독하였다. 대부분의 연구는 이 연구실에서 나왔다. 그의 연구실은 현대적인 연구 기관의 모델이 되었다. 그의 다방면에 걸친 관심과 엄청난 양의 발명과 특허로 인해 에디슨은 그가 발명한 소자를 제작하기 위한 제작 공장을 설립하였다. 그는 전구에 전기를 공급하기 위해 최초의 전기 발전기를 설계하였다. 에디슨을 모델로 한 전기공학의 정식 교육은 1880년대 중반에 시작되었다.

그것은 신뢰성이 없는데, 한 개의 전구가 고장 나면 모든 전구가 불이 꺼진다. 두 번째로, 유지하기가 더 힘든데, 한 개의 전구가 고장 나면, 고장 난 전구를 찾기 위해서 모든 전구를 하나씩 테스트해야 한다.

그림 2.56(a)에 나타낸 것과 같이 세 개의 전구가 9 V 전지에 연결되어 있다. 다음을 계산하라: (a) 전지에 의해 공급된 전체 전류, (b) 각 전구로 흐르는 전류, (c) 각 전구의 저항.

예제 2.16

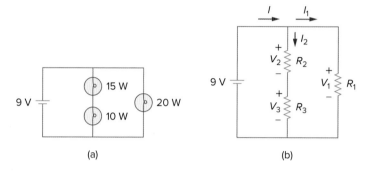

그림 2.56
(a) 세 개의 전구를 가진 전기 조명 시스템, (b) 저항 회로의 등가 모델.

풀이:

(a) 전지에 의해 공급된 전체 전력은 각 전구에 의해 흡수된 전체 전력과 같다. 그러므로

$$p = 15 + 10 + 20 = 45 \text{ W}$$

$p = VI$이므로 각 전지에 의해 공급된 전체 전류는

$$I = \frac{p}{V} = \frac{45}{9} = 5 \text{ A}$$

(b) 전구는 그림 2.56(b)와 같이 저항으로 모델할 수 있다. R_1(20 W 전구)는 전지와 병렬이고 R_2와 R_3의 직렬 결합이기 때문에

$$V_1 = V_2 + V_3 = 9 \text{ V}$$

R_1으로 흐르는 전류는

$$I_1 = \frac{p_1}{V_1} = \frac{20}{9} = 2.222 \text{ A}$$

이다. KCL에 의해 R_2와 R_3의 직렬 결합으로 흐르는 전류는

$$I_2 = I - I_1 = 5 - 2.222 = 2.778 \text{ A}$$

(c) $p = I^2 R$이므로

$$R_1 = \frac{p_1}{I_1^2} = \frac{20}{2.222^2} = 4.05 \ \Omega$$

$$R_2 = \frac{p_2}{I_2^2} = \frac{15}{2.777^2} = 1.945 \ \Omega$$

$$R_3 = \frac{p_3}{I_3^2} = \frac{10}{2.777^2} = 1.297 \ \Omega$$

실전문제 2.16

그림 2.55를 참조하라. 병렬연결할 수 있는 10개의 전구와 직렬연결할 수 있는 10개의 다른 전구가 있다고 가정하자. 어떠한 경우에도, 각 전구의 정격은 40 W 이다. 직렬 및 병렬연결에 대해 콘센트 플러그의 전압이 110 V라면, 두 경우에 대해 각 전구에 흐르는 전류를 계산하라.

답: 364 mA(병렬), 3.64 A(직렬)

2.8.2 직류 계측기 설계

그 특성에 의해 저항은 전류의 흐름을 제어하는 데 사용된다. 우리는 전위차계(그림 2.57)와 같은 여러 응용에 이러한 성질을 이용할 수 있다. 전위차계라는 단어는 '전위'와 '계측'이라는 어원에서 유래한 것으로 전위를 측정할 수 있다는 것을 의미한다. 전위차계는 전압분배의 원칙에 의해 동작하는 3 단자망 소자이다. 그것은 실제로 가변 전압 분배기이다. 전압조절기로서 라디오, TV, 또는 다른 소자의 음량 및 레벨 조절에 사용된다. 그림 2.57에서

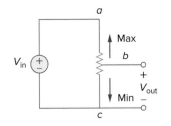

그림 2.57
전위를 제어하는 전위차계.

$$V_{out} = V_{bc} = \frac{R_{bc}}{R_{ac}} V_{in} \tag{2.58}$$

여기서 $R_{ac} = R_{ab} + R_{bc}$이다. 그러므로 전위차계의 조절 접점이 각각 c 또는 a로 움직임에 따라 V_{out}이 감소하거나 증가한다.

전류의 흐름을 제어하는 저항의 다른 응용으로 아날로그 직류 계측기 전류계, 전압계, 그리고 저항지시기가 있는데 각각 전류, 전압, 저항을 측정한다. 각각의 미터는 그림 2.58에 나타낸 것과 같이 다르송발 미터 이동기(d'Arsonval meter movement)를 이용한다. 이 이동기는 실제적으로 이동가능한 철심부 코일이 영구 자석의 두 극 사이의 축에 설치된 것이다. 전류가 코일을 통해 흐르면, 토크를 형성하여 포인터가 휘도록 만든다. 코일로 흐르는 전류의 양이 포인터의 휨 정도를 결정하고, 미터에 부착된 눈금에 표시된다. 예를 들어 미터의 정격이 1 mA, 50 Ω이라면 미터의 침이 최대로 휘는 데 1 mA가 필요할 것이다. 다르송발 미터 이동기에 추가적인 회로를 사용함으로써 전류계, 전압계, 저항지시기를 제작할 수 있다.

아날로그 전압계와 전류계가 연결된 그림 2.59를 살펴보자. 전압계는 부하 양단의 전압을 측정하기 때문에 소자와 병렬로 연결되어 있다. 그림 2.60(a)에 나타낸 것과 같이, 다르송발 미터 이동기는 회로에서의 전류 유입을 최소화하기 위해서 매우 큰 저항으로 제작된 R_m의 저항(이론적으로 무한대인)과 직렬로 연

> 전압, 전류, 저항을 모두 측정할 수 있는 장치를 멀티미터 또는 볼트−옴 미터(VOM)라고 한다.

> 부하는 에너지를 받는 에너지 싱크로, 에너지를 공급하는 발전기와 반대이다. 자세한 내용을 4.9.1절에서 다룰 것이다.

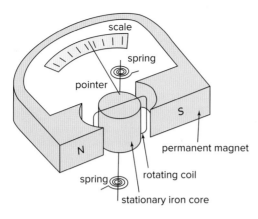

그림 2.58
다르송발 미터 이동기.

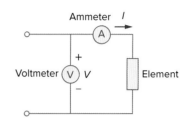

그림 2.59
요소에서의 전압계와 전류계의 연결.

결되어 있다. 미터기로 측정할 수 있는 전압의 범위를 증가시키기 위해서, 그림 2.60(b)와 같이 전압계에 직렬 체배 저항이 종종 연결된다. 그림 2.60(b)에 나타 낸 다중－범위 전압계는 스위치가 연결되는 저항 R_1, R_2, 또는 R_3에 따라 0에서 1 V, 0에서 10 V, 0에서 100 V까지의 전압을 측정할 수 있다.

그림 2.60(a)의 단일－범위 전압계에서 체배 저항 R_n 또는 그림 2.60(b)의 다중－범위 전압계의 경우 $R_n = R_1$, R_2, 또는 R_3을 계산해보자. 전압계의 내부저 항 R_m과 직렬연결 되는 R_n의 값을 결정해야 한다. 모든 설계에서 최악의 경우를 고려해야 한다. 이 경우 최악의 경우는 최대 전류 $I_{fs} = I_m$의 전류가 미터로 흐를

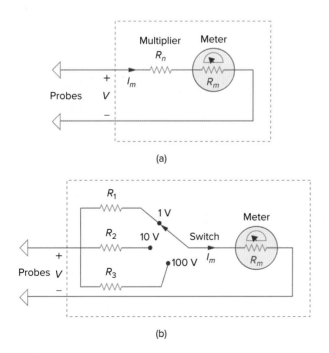

그림 2.60
전압계: (a) 단일 범위형, (b) 다중 범위형.

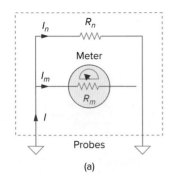

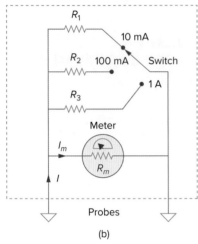

그림 2.61
전류계: (a) 단일 범위형, (b) 다중 범위형.

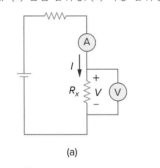

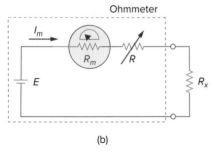

그림 2.62
저항을 측정하는 두 가지 방법: (a) 전류계
와 전압계를 이용하는 방법, (b) 옴미터를
이용하는 방법.

때이다. 이는 또한 최대 전압 또는 최대 범위 전압 V_{fs}에 해당한다. 내부 저항 R_m
은 체배 저항 R_n과 직렬로 연결되므로,

$$V_{fs} = I_{fs}(R_n + R_m) \tag{2.59}$$

이로부터, 우리는

$$R_n = \frac{V_{fs}}{I_{fs}} - R_m \tag{2.60}$$

을 얻는다.

마찬가지로, 전류계는 전류계에 직렬로 연결된 부하로 흐르는 전류를 측정
한다. 그림 2.61(a)에 나타낸 것과 같이, 전류계는 전압 강하를 최소화하기 위해
매우 작은 저항으로 제작된 R_m의 저항(이론적으로 0인)과 병렬로 연결되어 있
다. 여러 범위에서 측정할 수 있도록, 그림 2.61(b)와 같이 여러 저항이 R_m과 병
렬로 연결된다. 병렬 저항은 스위치가 연결되는 저항 R_1, R_2 또는 R_3에 따라 0에
서 10 mA, 0에서 100 mA, 또는 0에서 1 A까지의 전류를 측정할 수 있다.

이제 우리의 목표는 그림 2.61(a)의 단일 전류계의 체배 병렬저항 R_n의 값
또는 그림 2.61(b)의 다중-범위 전류계의 경우 $R_n = R_1$, R_2 또는 R_3을 계산하는
것이다. 우리는 R_m과 R_n은 병렬로 연결되어 있고, 최대 전류 $I = I_{fs} = I_m + I_n$이고,
여기서 I_n은 병렬 저항 R_n으로 흐르는 전류이다. 전류 분배 법칙을 적용하면

$$I_m = \frac{R_n}{R_n + R_m} I_{fs}$$

또는

$$R_n = \frac{I_m}{I_{fs} - I_m} R_m \tag{2.61}$$

이 된다.

선형 저항 R_x의 값은 두 가지 방법으로 측정할 수 있다. 간접적인 방법은 그
림 2.62(a)에 나타낸 것과 같이 전류계와 직렬로 연결되어 흐르는 전류 I와 전압
계와 병렬연결되어 있는 양단 전압 V를 측정하는 것이다.

$$R_x = \frac{V}{I} \tag{2.62}$$

직접적인 방법은 저항계를 이용하여 저항을 측정하는 방법이다. 저항지시
기는 기본적으로 그림 2.62(b)에 나타낸 것과 같이 다르송발 미터 이동기, 가변
저항, 그리고 전지로 이루어져 있다. KVL을 그림 2.62(b)에 적용하면

$$E = (R + R_m + R_x)I_m$$

또는

$$R_x = \frac{E}{I_m} - (R + R_m) \tag{2.63}$$

저항 R은 미터가 최대 편향을 나타내도록 선택한다. 즉 $R_x = 0$일 때 $I_m = I_{fs}$이다.

이것은 다음을 의미한다.

$$E = (R + R_m) I_{fs} \tag{2.64}$$

식 (2.64)를 식 (2.63)에 대입하면

$$R_x = \left(\frac{I_{fs}}{I_m} - 1 \right)(R + R_m) \tag{2.65}$$

이와 같이, 우리가 논의한 미터기는 아날로그 미터기로서 다르송발 미터 이동기에 기반을 두고 있다. 다른 형태의 미터기로는 디지털 미터기로 연산증폭기와 같은 능동 회로에 바탕을 두고 있다. 예를 들어 디지털 미터기는 측정된 dc 또는 ac 전압, 전류, 또는 저항 값을 아날로그 멀티미터의 연속적인 스케일에서의 포인터의 편향이 아니라 개별 숫자로 나타낸다. 디지털 미터기는 현대적인 실험실에서 많이 사용되고 있다. 그러나 디지털 미터기의 설계는 이 책의 범위 밖이다.

예제 2.17

그림 2.60의 전압계 장치를 이용하여 다음의 다중 범위에 사용될 수 있는 전압계를 설계하라.

(a) 0~1 V   (b) 0~5 V   (c) 0~50 V   (d) 0~100 V

내부 저항 R_m = 2 kΩ을 가정하고 최대 전류 I_{fs} = 100 uA를 가정하라.

풀이:

우리는 식 (2.60)을 적용하고 R_1, R_2, R_3 그리고 R_4는 각각 0~1 V, 0~5 V, 0~50 V, 그리고 0~100 V의 범위에 해당한다고 가정한다.

(a) 0~1 V 범위

$$R_1 = \frac{1}{100 \times 10^{-6}} - 2000 = 10{,}000 - 2000 = 8\ k\Omega$$

Historical

Samuel F. B. Morse (1791~1872), 미국 화가로 전기의 최초의 실용적이고 상업적인 응용으로 전신을 발명하였다.

모스는 매사추세츠 찰스타운에서 태어나 예일 대학과 런던의 국립 예술 아카데미에서 수학하고 화가가 되었다. 1830년대에 전신을 개발하는 데 참여하였다. 1836년에 동작 모델을 만들고 1838년에 특허 출원을 하였다. 미국하원은 모스가 볼티모어와 워싱턴 사이에 전신선을 설치할 수 있도록 자금을 지원하였다. 1844년 5월 24일에 그는 그 유명한 최초의 메시지 "What hath God wrought!"를 보냈다. 모스는 또한 문자와 숫자를 표현하는 점과 선을 전신을 통해 보낼 수 있는 방법을 고안하였다. 전신의 발전은 전화의 발명으로 이어졌다.

Source: Library of Congress
Prints and Photographs Division
[LC-DIG-cwpbh-00852]

(b) 0~5 V 범위

$$R_2 = \frac{5}{100 \times 10^{-6}} - 2000 = 50{,}000 - 2000 = 48 \text{ k}\Omega$$

(c) 0~50 V 범위

$$R_3 = \frac{50}{100 \times 10^{-6}} - 2000 = 500{,}000 - 2000 = 498 \text{ k}\Omega$$

(d) 0~100 V 범위

$$R_4 = \frac{100 \text{ V}}{100 \times 10^{-6}} - 2000 = 1{,}000{,}000 - 2000 = 998 \text{ k}\Omega$$

전체 저항($R_n + R_m$)과 최대 전압 V_{fs}의 비가 상수이고 네 개의 범위에 대해 $1/I_{fs}$와 같다는 점을 참조하라. 그 비(V/V로 주어진)는 전압계의 민감도로 알려져 있다. 민감도가 클수록 더 좋은 전압계이다.

실전문제 2.17

그림 2.61의 전류계 장치를 이용하여 다음의 다중 범위에 사용될 수 있는 전압계를 설계하라.

(a) 0~1 A　　　　(b) 0~100 mA　　　　(c) 0~10 mA

내부 저항 R_m = 50 Ω을 가정하고, 최대 전류 I_m = 1 mA를 가정하라.

답: 분로 저항: 50 mΩ, 505 mΩ, 5.556 Ω

2.9　요약

1. 저항은 수동소자로 그 양단전압 v는 저항을 흐르는 전류 i에 직접적으로 비례한다. 즉 저항은 다음의 옴의 법칙을 만족하는 소자이다.

$$v = iR$$

여기서 R은 저항소자의 저항이다.

2. 단락회로(완전한 도선)는 저항이 0($R = 0$)인 저항이다. 개방회로는 저항이 무한대이다($R = \infty$).

3. 저항의 컨덕턴스 G는 저항의 역수이다.

$$G = \frac{1}{R}$$

4. 가지는 전기회로에서 2단자 소자이다. 노드는 두 개 또는 여러 개의 가지의 연결점이다. 루프는 회로에서 폐경로이다. 네트워크 내의 가지의 개수 b, 노드의 개수 n, 그리고 독립적인 루프의 개수 l은 다음 관계를 만족한다.

$$b = l + n - 1$$

5. 키르히호프의 전류 법칙(KCL)에 의해 모든 노드에서 전류의 대수적 합은 0이다. 즉 한 개의 노드를 들어가는 전류의 합은 그 노드를 빠져나오는 전류의 합과 같다.

6. 키르히호프의 전압 법칙(KVL)에 의해 폐경로를 한 바퀴 돌 때 전압의 대수적 합은 0이다. 즉 전압 강하의 합은 전압 상승의 합과 같다.

7. 직렬연결된 두 개의 소자는 순차적으로 끝과 끝이 연결된다. 소자가 직렬로 연결될 때, 그들을 통해서는 같은 전류($i_1 = i_2$)가 흐른다. 같은 두 개의 노드에 연결될 때는 병렬연결이다. 병렬연결된 소자는 언제나 그 양단 전압이 같다($v_1 = v_2$).

8. 두 개의 저항 $R_1(= 1/G_1)$과 $R_2(= 1/G_2)$가 직렬일 때, 그 등가저항 R_{eq}와 등가 컨덕턴스 G_{eq}는 다음과 같다.

$$R_{eq} = R_1 + R_2, \qquad G_{eq} = \frac{G_1 G_2}{G_1 + G_2}$$

9. 두 개의 저항 $R_1(= 1/G_1)$과 $R_2(= 1/G_2)$가 병렬일 때, 그 등가저항 R_{eq}와 등가 컨덕턴스 G_{eq}는 다음과 같다.

$$R_{eq} = \frac{R_1 R_2}{R_1 + R_2}, \qquad G_{eq} = G_1 + G_2$$

10. 두 저항이 직렬일 때 전압 분배 법칙은

$$v_1 = \frac{R_1}{R_1 + R_2} v, \qquad v_2 = \frac{R_2}{R_1 + R_2} v$$

11. 두 저항이 병렬일 때 전류 분배 법칙은

$$i_1 = \frac{R_2}{R_1 + R_2} i, \qquad i_2 = \frac{R_1}{R_1 + R_2} i$$

12. 델타–와이 변환의 공식은 다음과 같다.

$$R_1 = \frac{R_b R_c}{R_a + R_b + R_c}, \qquad R_2 = \frac{R_c R_a}{R_a + R_b + R_c}$$

$$R_3 = \frac{R_a R_b}{R_a + R_b + R_c}$$

13. 와이–델타 변환의 공식은 다음과 같다.

$$R_a = \frac{R_1 R_2 + R_2 R_3 + R_3 R_1}{R_1}, \qquad R_b = \frac{R_1 R_2 + R_2 R_3 + R_3 R_1}{R_2}$$

$$R_c = \frac{R_1 R_2 + R_2 R_3 + R_3 R_1}{R_3}$$

14. 이 장에서 소개된 기본 법칙은 전기 조명과 직류 계측기 설계에 사용될 수 있다.

복습문제

2.1   저항의 역수는:

(a) 전압   (b) 전류

(c) 컨덕턴스   (d) 쿨롬

2.2   전기 히터가 120 V 전원에서 10 A의 전류를 소모한다. 그 히터의 저항은:

(a) 1,200 V   (b) 120 V

(c) 12 V   (d) 1.2V

2.3   12 A의 전류를 인출하는 1.5 kW 토스터 양단의 전압 강하는:

(a) 18 kV   (b) 125 V

(c) 120 V   (d) 10.42 V

2.4   2 W, 80 kΩ 저항이 안전하게 흐르게 할 수 있는 최대 전류는:

(a) 160 kA   (b) 40 kA

(c) 5 mA   (d) 25 μA

2.5   12개의 가지와 8개의 독립적인 루프를 가진 네트워크가 있다. 그 네트워크에는 몇 개의 노드가 있는가?

(a) 19   (b) 17

(c) 5   (d) 4

2.6   그림 2.63의 회로에서 전류 I는:

(a) −0.8 A   (b) −0.2 A

(c) 0.2 A   (d) 0.8 A

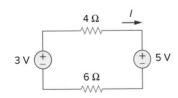

그림 2.63
복습문제 2.6.

2.7   그림 2.64의 전류 I_o는:

(a) −4 A   (b) −2 A

(c) 4 A   (d) 16 A

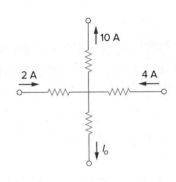

그림 2.64
복습문제 2.7.

2.8   그림 2.65의 회로에서 V는:

(a) 30 V   (b) 14 V   (c) 10 V   (d) 6 V

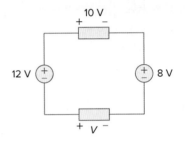

그림 2.65
복습문제 2.8.

2.9   다음의 그림 2.66의 회로에서 V_{ab} = 7 V인 것은?

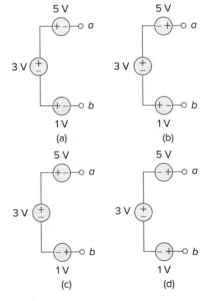

그림 2.66
복습문제 2.9.

2.10 그림 2.67의 회로에서 R_3를 감소시키며 다음의 어떤 것이 감소하는가? 해당되는 것을 모두 고르라.

(a) R_3로 흐르는 전류

(b) R_3 양단 전압

(c) R_1 양단 전압

(d) R_2에서 소모되는 전력

(e) 위의 모두가 아님

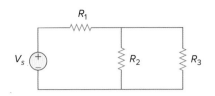

그림 2.67
복습문제 2.10.

답: *2.1c, 2.2c, 2.3b, 2.4c, 2.5c, 2.6b, 2.7a, 2.8d, 2.9d, 2.10b, d*

문제

2.2절 옴의 법칙

2.1 학생들이 옴의 법칙을 더 잘 이해할 수 있도록 도와줄 수 있는 문제와 해답을 설계하라. 적어도 두 개의 저항과 하나의 전압원을 사용하라(힌트: 두 개의 저항을 한 번에 모두 사용할 수도 있고 한 번에 한 개씩 사용할 수 있다. 창의력을 발휘하여 설계하라).

2.2 60 W, 120 V 정격 전구의 저항을 구하라.

2.3 원형 단면을 가진 길이 4 cm 길이의 실리콘 막대가 있다. 상온에서 그 막대의 저항이 240 V이라면 그 막대 단면의 반지름은 얼마인가?

2.4 (a) 그림 2.68에서 스위치가 1의 위치에 있을 때 전류 i를 계산하라.

(b) 스위치가 2의 위치에 있을 때 전류를 계산하라.

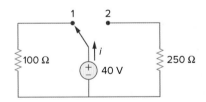

그림 2.68
문제 2.4.

2.3절 노드, 가지, 루프

2.5 그림 2.69의 네트워크 그래프에서 노드, 가지, 그리고 루프의 개수를 구하라.

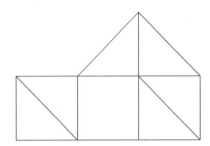

그림 2.69
문제 2.5.

2.6 그림 2.70의 네트워크 그래프에서 가지와 노드의 개수를 구하라.

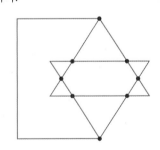

그림 2.70
문제 2.6.

2.7 그림 2.71의 회로에서 가지와 노드의 개수를 구하라.

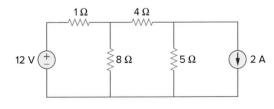

그림 2.71
문제 2.7.

2.4절   키르히호프의 법칙

2.8 키르히호프 전류의 법칙을 더 잘 이해하기 위해 다른 학생들에게 도움을 줄 수 있는 문제를 설계하고 그림 2.72의 i_a, i_b, i_c에 값을 정하라. 그리고 그림 2.72의 회로에서 전류 i_1, i_2, i_3를 구하라.

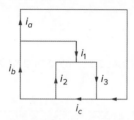

그림 2.72
문제 2.8.

2.9 그림 2.73에서 i_1, i_2, i_3를 구하라.

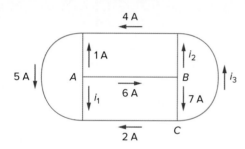

그림 2.73
문제 2.9.

2.10 그림 2.74에서 i_1과 i_2를 구하라.

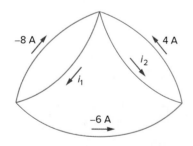

그림 2.74
문제 2.10.

2.11 그림 2.75의 회로에서 V_1과 V_2를 구하라.

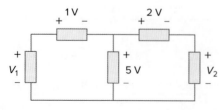

그림 2.75
문제 2.11.

2.12 그림 2.76의 회로에서 v_1, v_2 그리고 v_3을 구하라.

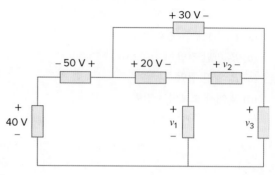

그림 2.76
문제 2.12.

2.13 그림 2.77의 회로에서 KCL을 이용하여 가지 전류 $I_1 \sim I_4$를 구하라.

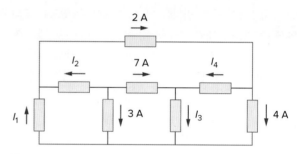

그림 2.77
문제 2.13.

2.14 그림 2.78에 주어진 회로에서 KVL을 이용하여 가지 전압 $V_1 \sim V_4$를 구하라.

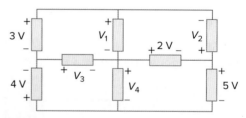

그림 2.78
문제 2.14.

2.15 그림 2.79의 회로에서 전압 v와 전류 i_x를 구하라.

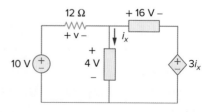

그림 2.79
문제 2.15.

2.16 그림 2.80의 회로에서 전압 V_o를 구하라.

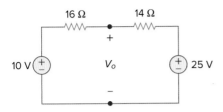

그림 2.80
문제 2.16.

2.17 그림 2.81의 회로에서 전압 $v_1 \sim v_3$를 구하라.

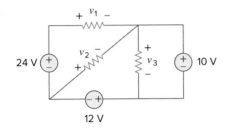

그림 2.81
문제 2.17.

2.18 그림 2.82의 회로에서 전류 I와 전압 V_{ab}를 구하라.

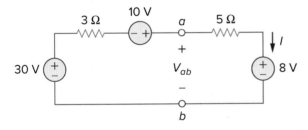

그림 2.82
문제 2.18.

2.19 그림 2.83의 회로에서 I, 저항에서 소모된 전력, 그리고 각 전원에서 공급된 전력을 구하라.

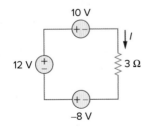

그림 2.83
문제 2.19.

2.20 그림 2.84의 회로에서 전류 i_o를 구하라.

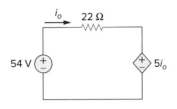

그림 2.84
문제 2.20.

2.21 그림 2.85의 회로에서 전압 V_x를 구하라.

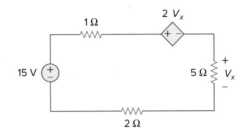

그림 2.85
문제 2.21.

2.22 그림 2.86의 회로에서 전압 V_o와 종속전원에 의해 소모되는 전력을 구하라.

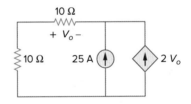

그림 2.86
문제 2.22.

2.23 그림 2.87의 회로에서 전압 V_x를 구하고 60 Ω에 의해 흡수되는 전력을 구하라.

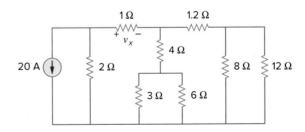

그림 2.87
문제 2.23.

2.24 그림 2.88의 회로에서 V_o/V_s를 α, R_1, R_2, R_3 그리고 R_4의 함수로 구하라. 만약 $R_1 = R_2 = R_3 = R_4$라면 $|V_o/V_s| = 10$을 만족하기 위한 α의 값은 얼마여야 하는가?

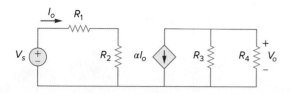

그림 2.88
문제 2.24.

2.25 그림 2.89의 네트워크에서 전류, 전압, 그리고 20 kΩ 저항에 의해 소모되는 전력을 구하라.

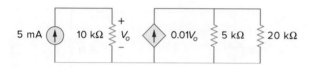

그림 2.89
문제 2.25.

2.5와 2.6절 직렬 및 병렬 저항

2.26 그림 2.90의 회로에서 $i_o = 3$ A이다. 전류 i_x와 회로에 의해 소모된 전체 전력을 구하라.

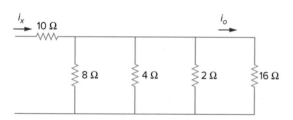

그림 2.90
문제 2.26.

2.27 그림 2.91의 회로에서 전류 I_o를 계산하라.

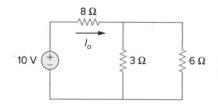

그림 2.91
문제 2.27.

2.28 그림 2.92를 사용하여 직렬과 병렬 회로를 더 잘 이해하기 위해 다른 학생들에게 도움을 줄 수 있는 문제를 설계하라.

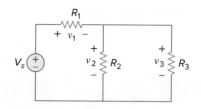

그림 2.92
문제 2.28.

2.29 그림 2.93의 모든 저항은 5 Ω 이다. R_{eq}를 구하라.

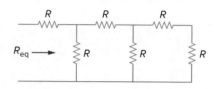

그림 2.93
문제 2.29.

2.30 그림 2.94의 저항 R_{eq}를 구하라.

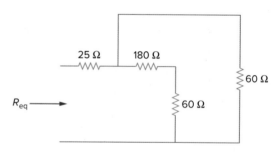

그림 2.94
문제 2.30.

2.31 그림 2.95의 회로에서 전류 $i_1 \sim i_5$를 구하라.

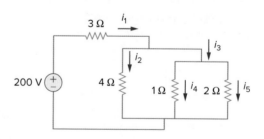

그림 2.95
문제 2.31.

2.32 그림 2.96의 회로에서 전류 $i_1 \sim i_4$를 구하라.

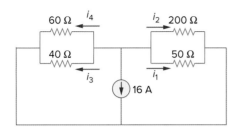

그림 2.96
문제 2.32.

2.33 그림 2.97의 회로에서 v와 i를 구하라.

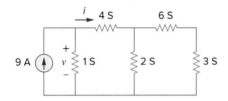

그림 2.97
문제 2.33.

2.34 저항의 직병렬 조합을 이용하여, 그림 2.98의 회로에서 전원 측에서 바라본 등가저항을 구하라. 또한 소모된 전체 전력을 구하라.

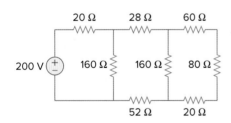

그림 2.98
문제 2.34.

2.35 그림 2.99의 회로에서 V_o와 I_o를 구하라.

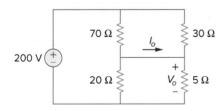

그림 2.99
문제 2.35.

2.36 그림 2.100의 회로에서 i와 V_o를 구하라.

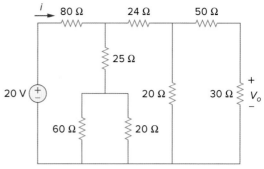

그림 2.100
문제 2.36.

2.37 그림 2.101의 회로에서 저항 R을 구하라.

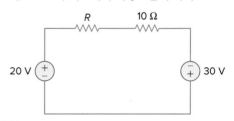

그림 2.101
문제 2.37.

2.38 그림 2.102의 회로에서 R_{eq}와 i_o를 구하라.

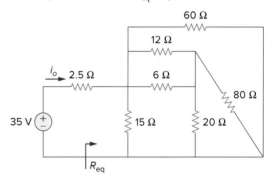

그림 2.102
문제 2.38.

2.39 그림 2.103에 나타낸 각 회로의 터미널에서 바라본 R_{eq}를 구하라.

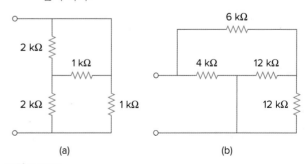

그림 2.103
문제 2.39.

2.40 그림 2.104의 사다리 네트워크에서 I와 R_{eq}를 구하라.

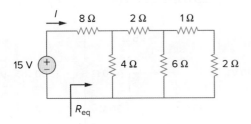

그림 2.104
문제 2.40.

2.41 그림 2.105의 회로에서 R_{eq} = 50 V이라면 R을 구하라.

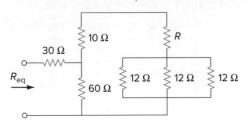

그림 2.105
문제 2.41.

2.42 그림 2.106의 각 회로를 터미널 a-b에서의 단일 저항으로 축소하라.

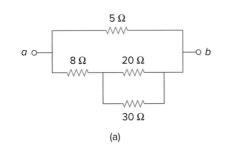

(a)

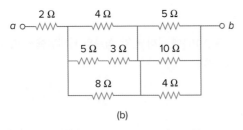

(b)

그림 2.106
문제 2.42.

2.43 그림 2.107의 각 회로를 터미널 a-b에서의 등가저항 R_{ab}를 계산하라.

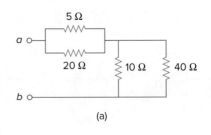

(a)

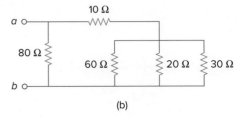

(b)

그림 2.107
문제 2.43.

2.44 그림 2.108의 회로에서 터미널 a-b에서의 등가저항을 구하라.

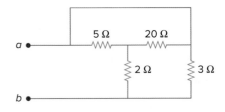

그림 2.108
문제 2.44.

2.45 그림 2.109의 각 회로에서 터미널 a-b에서의 등가저항을 구하라.

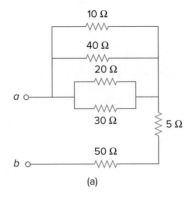

(a)

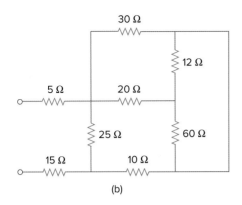

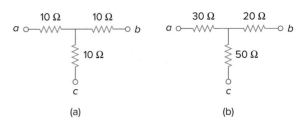

(a)   (b)

그림 2.112
문제 2.48.

2.49 그림 2.113의 회로를 Δ에서 Y로 변환하라.

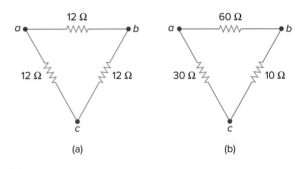

(a)   (b)

그림 2.113
문제 2.49.

그림 2.109
문제 2.45.

2.46 그림 2.110의 회로에서 *I*를 구하라.

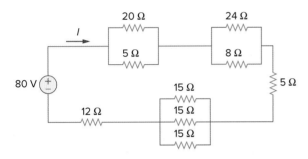

그림 2.110
문제 2.46.

2.47 그림 2.111의 회로에서 등가저항 R_{ab}를 구하라.

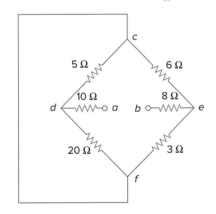

그림 2.111
문제 2.47.

2.7절   와이–델타 변환

2.48 그림 2.112의 회로를 Y에서 Δ로 변환하라.

2.50 그림 2.114를 사용하여 와이–델타 변형을 더 잘 이해하기 위해 다른 학생들에게 도움을 줄 수 있는 문제를 설계하라.

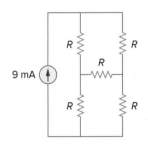

그림 2.114
문제 2.50.

2.51 그림 2.115의 각 회로에서 터미널 *a-b*에서의 등가저항을 구하라.

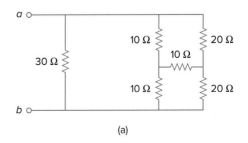

(a)

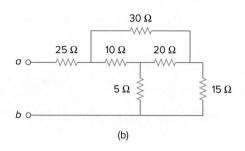

그림 2.115
문제 2.51.

*2.52 그림 2.116에 나타낸 회로에서 등가저항을 구하라. 모
든 저항은 3 Ω이다.

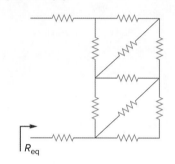

그림 2.116
문제 2.52.

*2.53 그림 2.117의 각 회로에서 등가저항 R_{ab}를 구하라. (b)
에서 모든 저항은 30 Ω이다.

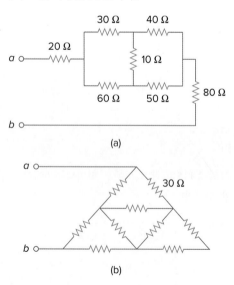

그림 2.117
문제 2.53.

2.54 그림 2.118의 회로를 살펴보자. 각 터미널에서의 등가
저항을 구하라. (a) *a-b*, (b) *c-d*.

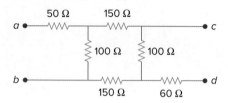

그림 2.118
문제 2.54.

2.55 그림 2.119의 회로에서 I_o를 구하라.

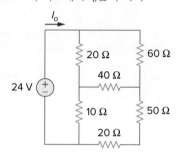

그림 2.119
문제 2.55.

2.56 그림 2.120의 회로에서 V를 구하라.

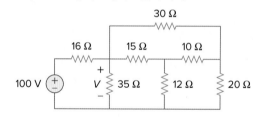

그림 2.120
문제 2.56.

*2.57 그림 2.121의 회로에서 R_{eq}와 I를 구하라.

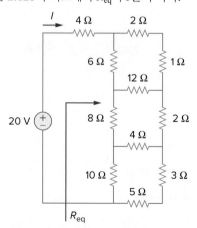

그림 2.121
문제 2.57.

2.8절 응용

2.58 그림 2.122의 전구는 120 V에서 60 W의 정격을 가지고 있다. 전구가 정격 조건에서 동작하도록 V_s를 계산하라.

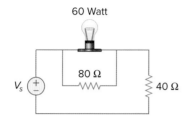

그림 2.122
문제 2.58.

2.59 그림 2.123의 3개의 전구는 120 V 전원에 직렬로 연결되어있다. 각 전구에 흐르는 전류 I를 구하라. 각 전구의 정격은 120 V이다. 각각의 전구에서 소모하는 전력은 얼마인가? 3개의 전구는 충분히 밝은가?

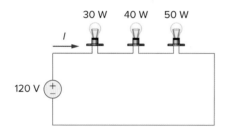

그림 2.123
문제 2.59.

2.60 문제 2.59의 세 개의 전구가 120 V 전지에 병렬로 연결되어 있을 때 각 전구로 흐르는 전류를 계산하라.

2.61 설계 엔지니어로 그림 2.124에 나타낸 것과 같이 한 개의 70 W 전원과 2개의 전구로 이루어진 조명 시스템을 설계하도록 요구받았다. 당신은 다음 세 가지 전구 중에서 두 개의 전구를 선택하여야 한다.

$R_1 = 80$ V, 가격 = \$0.60 (표준 크기)

$R_2 = 90$ V, 가격 = \$0.90 (표준 크기)

$R_3 = 100$ V, 가격 = \$0.75 (비표준 크기)

이 시스템은 전류가 $I = 1.2$ A ± 5퍼센트 범위 내에 있도록 하고 비용을 최소화되도록 설계하여야 한다.

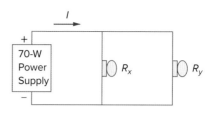

그림 2.124
문제 2.61.

2.62 그림 2.125의 시스템이 두 개의 부하 A와 B에 전력을 공급하고 있다. 부하 A는 8 A의 전류를 소모하는 모터로 이루어져 있고 부하 B는 2 A의 전류를 소모하는 PC이다. 365일 동안 하루에 10 h를 사용하고 6센트/khW의 비용을 가정할 때 이 시스템의 연 에너지 비용을 계산하라.

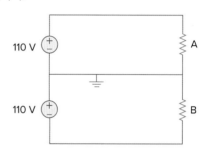

그림 2.125
문제 2.62.

2.63 내부 저항이 100 Ω이고 전류 용량이 2 mA인 어떤 전류계로 5 A를 측정하고자 한다. 필요한 저항 값을 계산하라. 병렬 저항에서 소모되는 전력도 계산하라.

2.64 그림 2.126의 전위차계(가변 저항)에서 R_x는 10 mA부터 1 A까지 가변할 수 있도록 설계되었다. 이를 구현하기 위한 R과 R_x의 값을 계산하라.

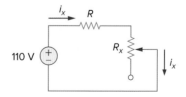

그림 2.126
문제 2.64.

2.65 미터기는 1 kΩ의 내부 저항을 가지고 있으며 최대 스
케일 편향을 생성하기 위해 10 mA의 전류가 필요한 다
르송발 미터기를 사용한 회로를 설계하라. 50 V를 최대
스케일로 읽기 위해 필요한 직렬 저항의 값을 계산하라.

2.66 20 kV/V 전압계는 10 V를 최대 전압으로 한다.

(a) 50 V를 최대 스케일로 읽기 위해 필요한 직렬 저항
은 얼마인가?

(b) 전압계가 최대 전압을 나타낼 때 직렬 저항이 소모
하는 전력은 얼마인가?

2.67 (a) 그림 2.127(a)의 회로에서 전압 V_o를 구하라.

(b) 그림 2.127(b)에서와 같이 6 kΩ의 내부저항을 가진
전압계가 연결될 때 전압 V_o'를 구하라.

(c) 미터기의 유한한 저항은 측정 오차를 가져온다. 퍼
센트 오차를 다음 식을 이용해 계산하라.

$$\left|\frac{V_o - V_o'}{V_o}\right| \times 100\%$$

(d) 내부 저항이 36 kΩ일 때 퍼센트 오차를 구하라.

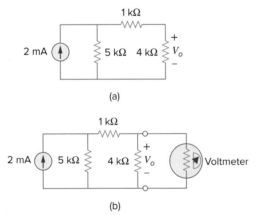

(a)

(b)

그림 2.127
문제 2.67.

2.68 (a) 그림 2.128(a)의 회로에서 전류 I를 구하라.

(b) 내부 저항이 1 Ω인 전류계로 I'을 측정하기 위해 그
림 2.128(b)와 같이 네트워크에 삽입한다. 여기서 I'은
얼마인가?

(c) 퍼센트 오차를 다음 식을 이용해 계산하라.

$$\left|\frac{I - I'}{I}\right| \times 100\%$$

(a)

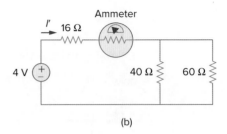

(b)

그림 2.128
문제 2.68.

2.69 그림 2.129의 회로에서 전압 V_o를 측정하기 위해 전압계
를 삽입한다. 전압계의 모델은 이상적인 전압계와 100
kΩ의 내부저항으로 이루어져 있다. 여기서 $V_s = 40$ V,
$R_s = 10$ kΩ 그리고 $R_1 = 20$ kΩ이다. 전압계가 있을 때
와 없을 때 다음의 경우에 대해 V_o를 계산하라.

(a) $R_2 = 1$ kΩ   (b) $R_2 = 10$ kΩ

(c) $R_2 = 100$ kΩ

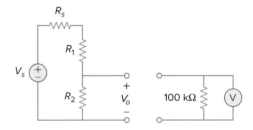

그림 2.129
문제 2.69.

2.70 (a) 그림 2.130에 나타낸 휘스톤 브리지를 살펴보자. 여
기서 v_a, v_b 그리고 v_{ab}를 계산하라.

(b) 접지가 o 대신에 a에 연결될 때 (a)의 계산을 반복하
라.

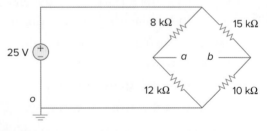

그림 2.130
문제 2.70.

2.71 그림 2.131은 태양발전기 패널의 모델을 나타낸다. $V_s =$
30 V, $R_1 = 20$ Ω, $i_L = 1$ A로 주어질 때 R_L을 계산하라.

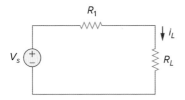

그림 2.131
문제 2.71.

2.72 그림 2.132의 2분기 전력 분배기에서 V_o를 구하라.

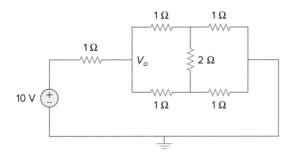

그림 2.132
문제 2.72.

2.73 어떤 전류계의 모델은 이상적인 전류계와 $20\ \Omega$의 저항으로 이루어진다. 그것은 그림 2.133에 나타낸 것과 같이 한 개의 전류원과 미지의 저항 R_x에 연결되어 있다. 전류계에서 읽은 값이 표시되어 있다. 전위차계에 R이 추가되어 전류계의 눈금이 이전 값에서 반으로 줄어들도록 조정될 때 $R = 65\ \Omega$이다. 이때 R_x의 값은 얼마인가?

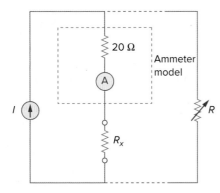

그림 2.133
문제 2.73.

2.74 그림 2.134의 회로는 스위치가 상, 중, 하에서 각각 5 A, 3 A, 1 A의 전류를 소모하는 모터의 속도를 제어한다. 그 모터는 부하저항이 $20\ m\Omega$으로 모델될 수 있다. 직렬 전압 강하 저항 R_1, R_2, R_3의 값을 정하라.

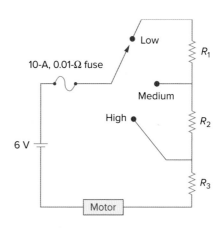

그림 2.134
문제 2.74.

2.75 그림 2.135의 4분기 전력 분배기에서 R_{ab}의 값을 구하라. 각 소자는 $1\ \Omega$으로 가정하라.

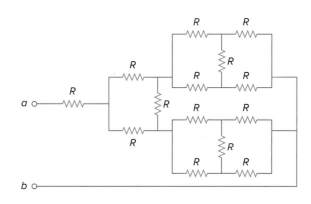

그림 2.135
문제 2.75.

종합문제

2.76 문제 2.75를 그림 2.136에 나타낸 8분기 전력분배기에서 반복하라.

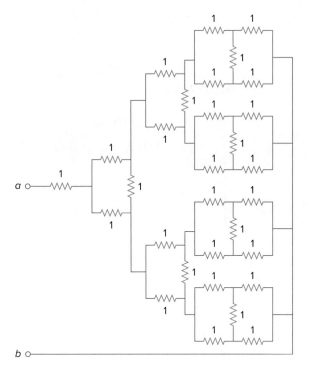

그림 2.136
문제 2.76.

2.77 당신의 회로 연구실은 다음의 산업 표준 저항을 다량으로 갖추고 있다고 가정하라.

1.8 Ω   20 Ω   300 Ω   24 kΩ   56 kΩ

직병렬 조합을 이용하되 최소의 저항 개수를 사용하여 전자회로 설계에 사용되는 다음의 저항을 어떻게 얻을 수 있겠는가?

(a) 5 Ω   (b) 311.8 Ω
(c) 40 kΩ   (d) 52.32 kΩ

2.78 그림 2.137의 회로에서 전위차계의 와이퍼는 저항 값을 αR과 $(1 - \alpha)R$까지 나눌 수 있고, 여기서 $0 \le \alpha \le 1$이다. v_o/v_s를 구하라.

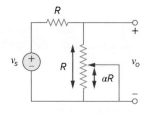

그림 2.137
문제 2.78.

2.79 정격이 240 mW, 6V인 전동 연필깎이가 그림 2.138에 나타낸 것처럼 9V 전원에 연결되어 있다. 연필깎이를 구동하기 위해 필요한 전압 강하 저항 R_x의 값을 계산하라.

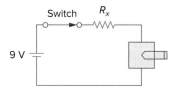

그림 2.138
문제 2.79.

2.80 확성기가 그림 2.139에서와 같이 증폭기에 연결되어 있다. 10 Ω 확성기가 최대전력 12 W를 증폭기로부터 소모할 때·4 Ω 확성기가 소모하는 최대 전력을 구하라.

그림 2.139
문제 2.80.

2.81 그림 2.140에 나타난 회로는 아래의 두 가지 조건을 만족하며 설계되었다.

(a) $V_o/V_s = 0.05$ (b) $R_{eq} = 40$ kΩ

부하의 저항이 5 kΩ 로 고정되어 있을 때, 위 조건을 만족시키기 위한 R_1과 R_2의 값은 얼마인가?

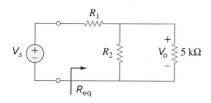

그림 2.140
문제 2.81.

2.82 저항 배열의 핀 다이어그램을 그림 2.141에 나타내었다. 다음 양단에서 저항을 구하라.

(a) 1과 2

(b) 1과 3

(c) 1과 4

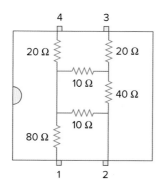

그림 2.141
문제 2.82.

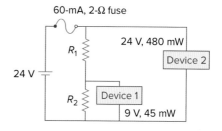

2.83 두 개의 정교한 소자가 그림 2.142에 나타낸 것과 같은 정격을 가지고 있다. 24 V의 전지를 사용하여 소자를 구동하기 위해 필요한 저항 R_1과 R_2의 값을 구하라.

그림 2.142
문제 2.83.

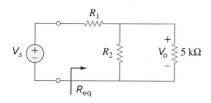

회로 해석 방법
Methods of Analysis

위대한 일은 결코 성급하게 해서 달성되지 않는다. 위대한 과학적 발견을 하거나, 멋진 사진을 찍거나, 불멸의 시를 짓거나, 장관이 되거나, 유명한 장군이 되기 위해서는 시간, 인내, 끈기가 필요하다. 위대한 작업은 조금씩 진전되는 법이다.

—W. J. Wilmont Buxton

경력 향상하기

전자공학에서의 경력

전기회로에 대한 응용 분야의 하나인 **전자공학**이라는 어휘는 원래 매우 약한 전류가 흐르는 회로를 의미하는 데 쓰였다. 이러한 고전적 의미는 더 이상 통하지 않는다. 왜냐하면 전력 반도체에는 강한 전류가 흐르기 때문이다. 오늘날, 전자공학은 가스나 진공 또는 반도체 내의 전하의 운동을 설명하는 과학으로 간주되고 있다. 현대의 전자공학은 트랜지스터나 그것으로 이루어진 회로를 다룬다. 이전의 전자 회로들은 부품으로 조립하는 수준이었지만 현재는 반도체 기판이나 칩 안에서 집적된다.

전자회로의 응용범위는 자동화, 방송, 컴퓨터, 계측장치 등 실로 넓다. 전자회로를 사용하는 장치의 범위는 오직 상상력의 한계에 의해서만 제한된다고 볼 수 있을 정도로 광대하다. 라디오, 텔레비전, 컴퓨터, 음향기기는 일부 예에 불과하다.

전기 엔지니어는 다양한 기능을 수행하게 되며, 전자회로를 이용하는 시스템을 사용하거나 설계하거나 조립하게 된다. 그러므로 전자공학의 운용 원리를 이해하거나 분석하는 일은 매우 중요하다. 전자공학은 일반적인 전기공학의 다른 학문 분야와는 다르게 매우 독특한 전문 분야가 되었다. 전자공학은 계속적으로 진보하고 있기 때문에 전자공학 엔지니어는 수시로 새로운 지식을 받아들여야 한다. 가장 좋은 방법은 **IEEE (Institute of Electrical and Electronics Engineers)** 같은 조직의 회원이 되는 것이다. IEEE는 30만 명이 넘는 회원을 가지고 있는, 세계에서 가장 큰 전문 학회 조직이다. 회원들은 매년 발간되는 많은 기술 잡지, 논문지, 학회 발표지로부터 많은 기술적 혜택을 볼 수 있다. IEEE 회원이 될 것을 고려하기 바란다.

Troubleshooting an electronic circuit board.
Steve Allen/Stockbyte/Getty Images

학습목표

본 장에서 제시된 정보와 연습문제를 사용함으로써 다음 능력을 배양할 수 있다.

1. 키르히호프의 전류 법칙을 이해할 수 있다.

2. 키르히호프의 전압 법칙을 이해할 수 있다.

3. 키르히호프의 전류 법칙을 사용하여 노드 방정식을 세우고, 마디 전압을 구하는 법을 이해할 수 있다.

4. 키르히호프의 전압 법칙을 사용하여 메시 방정식을 세우고, 루프 전류를 구하는 법을 이해할 수 있다.

5. *PSpice*를 사용하여 노드 전압과 전류를 구하는 법을 설명할 수 있다.

3.1   서론

회로이론에 대한 기본 법칙들(옴의 법칙과 키르히호프 법칙)을 이해했으므로 이제는 회로 해석에 대한 강력한 상세 기술들을 발전시킬 준비가 되었다. KCL (키르히호프 전류 법칙)을 체계적으로 응용하는 노드 해석(nodal analysis)과 KVL(키르히호프 전압 법칙)을 체계적으로 응용하는 메시 해석(mesh analysis)이 그것이다. 이 두 가지의 회로 해석 테크닉은 이 책에서 가장 중요하다고 할 정도로 필수 불가결하다. 그러므로 학생들은 매우 주의를 기울여야 할 것이다.

이 장에서 전개되는 두 가지의 테크닉을 이용하여 회로의 전압 전류를 구하는 일련의 연립 방정식을 체계적으로 구함으로써 어떠한 선형 회로도 해석할 수 있다. 연립 방정식을 푸는 한 가지 방법으로 크레이머 공식(Cramer's rule)이라는 것이 있는데 이것은 회로 변수를 행렬식의 나눗셈 형태로 계산하게 한다. 이 장의 예제는 이러한 방법을 설명할 것이다. 부록 A에도 크레이머 공식을 적용할 때 독자들이 알 필요가 있는 중요점들이 간단히 정리되어 있다. 연립 방정식을 푸는 또 다른 방법은 부록 E에 소개되어 있는 컴퓨터 소프트웨어인 *MATLAB*을 사용하는 것이다.

이 장에서는 본서 전체에서 우리가 사용할 회로 시뮬레이션 컴퓨터 소프트웨어인 윈도우용 *PSpice*도 소개한다. 마지막에는 이 장에서 배운 테크닉을 사용해서 트랜지스터 회로를 해석한다.

3.2   노드 해석

노드 해석은 *노드-전압 해석*으로도 알려져 있다.

노드 해석은 노드 전압을 회로 변수로 취급하여 회로를 해석하는 일반적인 절차이다. 요소 전압 대신 노드 전압을 회로 변수로 선택하면 편리하며 동시에 풀어야 하는 식의 수를 줄일 수 있다.

문제를 단순화하기 위해 이 절에서는 다루는 회로들은 전압원을 갖지 않는다고 가정한다. 전압원을 갖는 회로는 다음 절에서 다루어질 것이다.

노드 해석에서 우리의 관심은 노드 전압을 구하는 것이다. 전압원이 없는 조건에서 n개의 노드를 갖는 회로가 주어졌다면 회로에 대한 노드 해석은 다음의 세 가지 단계를 취한다.

노드 전압을 결정하기 위한 단계

1. 한 개의 노드를 기준 노드으로 선택하라. 나머지 $n-1$개의 노드들은 전압 $v_1, v_2, \ldots, v_{n-1}$으로 할당하라. 이 전압들은 기준 노드의 전압에 대한 상대 전압이어야 한다.
2. 기준으로 사용하지 않은 $n-1$개 노드의 각각에 KCL을 적용하라. 노드 전압에 의해 가지 전류를 표현할 때 옴의 법칙을 사용하라.
3. 미지의 노드 전압을 구하기 위해 연립 방정식을 풀어라.

이제 이러한 세 단계를 구체적으로 설명하고 적용할 것이다.

노드 해석에 있어 첫 번째 단계는 하나의 노드를 기준 노드으로 선택하는 것이다. 기준 노드는 0 전위를 갖는 것으로 가정되기 때문에 통상 **접지**라고 불린다. 기준 노드는 그림 3.1의 세 개의 기호 중 어느 것으로 표시하여도 좋다. 그림 3.1(c)의 접지 형태는 **섀시 접지**라고 불리며 외피나 섀시가 모든 회로의 기준점으로 사용되는 전기 장치에 사용된다. 대지의 전위가 기준 전위될 때는 그림 3.1(a)이나 (b)의 대지 접지를 사용한다. 우리는 그림 3.1(b)의 기호를 항상 사용할 것이다.

기준 노드를 선택한 다음에는 나머지 노드에 노드 전압을 할당한다. 그림 3.2(a)에 예시된 회로를 보면 이해가 빠를 것이다. 노드 0은 기준 노드($v = 0$)인 반면 노드 1과 2에는 전압 1과 2가 각각 할당되어 있음을 알 것이다. 여기서 노드 전압은 기준 노드에 대해서 정의된다는 것을 명심해야 한다. 그림 3.2(a)에서 설명된 것과 같이 각각의 노드 전압은 기준 전압으로부터 상승한 전압으로 보아도 좋고 또는 간단히 말해서 기준 노드에 대한 상대적인 전압으로 보아도 좋다.

두 번째 단계로, 기준으로 사용되지 않은 각각의 노드에 대하여 KCL을 적용한다. 같은 그림에 너무 많은 표시하는 것을 피하기 위해 그림 3.2(a)는 그림 3.2(b)로 다시 그렸다. 이 그림에는 i_1, i_2, i_3가 각각 저항 R_1, R_2, R_3를 통해 흐르는 전류로 추가되었다. 노드 1에서 KCL을 적용하면 다음과 같이 된다.

$$I_1 = I_2 + i_1 + i_2 \tag{3.1}$$

노드 2에서는 다음과 같이 된다.

$$I_2 + i_2 = i_3 \tag{3.2}$$

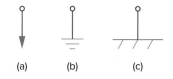

그림 3.1
기준 노드를 표시하는 기호들: (a) 공통접지, (b) 접지, (c) 섀시 접지.

▌ 비기준 노드의 수는 우리가 유도할 독립적인 방정식들의 수와 같다.

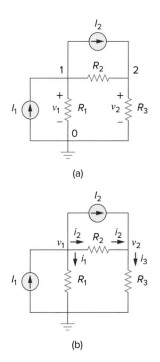

그림 3.2
노드 해석을 위한 일반적 회로 형태.

이제 옴의 법칙을 적용하여 미지의 전류 i_1, i_2, i_3을 노드 전압에 의해서 표현한다. 명심해야 할 중요점은 저항은 수동 소자이기 때문에, 수동 부호 사용 관습에 따라 전류는 항상 높은 전위에서 낮은 전위로 흘러야 한다는 것이다.

전류는 저항에 있어서 **높은 전위**에서 **낮은 전위**로 흐른다.

이러한 원리를 다음과 같이 표현할 수 있다.

$$i = \frac{v_{higher} - v_{lower}}{R} \tag{3.3}$$

이러한 원리는 2장(그림 2.1 참조)에서 정의한 방법과 일치한다는 것에 주목하라. 이러한 점들을 고려하여 그림 3.2(b)로부터 다음 식을 구한다.

$$i_1 = \frac{v_1 - 0}{R_1} \qquad \text{또는} \qquad i_1 = G_1 v_1$$
$$i_2 = \frac{v_1 - v_2}{R_2} \qquad \text{또는} \qquad i_2 = G_2(v_1 - v_2) \tag{3.4}$$
$$i_3 = \frac{v_2 - 0}{R_3} \qquad \text{또는} \qquad i_3 = G_3 v_2$$

식 (3.4)를 식 (3.1)과 (3.2)에 각각 대입하면 다음을 얻는다.

$$I_1 = I_2 + \frac{v_1}{R_1} + \frac{v_1 - v_2}{R_2} \tag{3.5}$$

$$I_2 + \frac{v_1 - v_2}{R_2} = \frac{v_2}{R_3} \tag{3.6}$$

컨덕턴스에 의해 표현하면 식 (3.5)와 (3.6)은 다음과 같이 된다.

$$I_1 = I_2 + G_1 v_1 + G_2(v_1 - v_2) \tag{3.7}$$

$$I_2 + G_2(v_1 - v_2) = G_3 v_2 \tag{3.8}$$

노드 해석에 있어서의 세 번째 단계는 노드 전압에 대하여 푸는 것이다. $n - 1$개의 기준이 아닌 노드에 KCL을 적용하면 식 (3.5)와 (3.6) 또는 (3.7)과 (3.8) 같은 $n - 1$개의 연립 방정식을 얻는다. 그림 3.2의 회로에 대해서 식 (3.5)와 (3.6) 또는 (3.7)과 (3.8)을 풀어서 노드 전압 v_1와 v_2를 구할 때 대입법, 소거법, 크레이머 공식, 역행렬 법 같은 표준 방법을 이용할 수 있다. 나중의 두 가지 방법을 사용하기 위해서는 연립 방정식을 행렬 형태로 놓아야 한다. 예를 들어 식 (3.7)과 (3.8)은 다음과 같은 형태로 놓아야 한다.

| 부록 A는 크레이머 공식을 사용하는 방법에 대한 것이다.

$$\begin{bmatrix} G_1 + G_2 & -G_2 \\ -G_2 & G_2 + G_3 \end{bmatrix} \begin{bmatrix} v_1 \\ v_2 \end{bmatrix} = \begin{bmatrix} I_1 - I_2 \\ I_2 \end{bmatrix} \tag{3.9}$$

이러한 행렬 방정식은 v_1과 v_2에 대해서 풀 수 있다. 식 (3.9)는 3.6절에서 일반화될 것이다. 연립 방정식들은 계산기나 *MATLAB*, *Mathcad*, *Maple*, *Quattro Pro* 같은 소프트웨어 패키지를 이용하여 풀 수도 있다.

그림 3.3(a)의 회로에서 노드 전압들을 계산하라.

풀이:

그림 3.3(b)를 보라. 이 그림은 그림 3.3(a)를 노드 해석하기 편하게 바꾸어 놓은 것이다. KCL을 적용하기 위해 전류가 어떻게 선택되었는지를 살펴보라. 전류원을 포함하고 있는 가지를 제외하고, 전류표시는 임의적이지만 일관된다(여기서 일관된다는 것은, 예를 들어 만약에 전류 i_2가 4 Ω 저항기를 왼쪽으로부터 흘러 들어가면 i_2는 그 저항의 우측 방향으로 나가야 한다는 것이다). 기준 전위가 선택되고 노드 전압 v_1과 v_2가 이제는 결정될 수 있다.

노드 1에서 KCL과 옴의 법칙을 적용하면 다음을 얻는다.

$$i_1 = i_2 + i_3 \quad \Rightarrow \quad 5 = \frac{v_1 - v_2}{4} + \frac{v_1 - 0}{2}$$

마지막 식의 각 항에 4를 곱하면,

$$20 = v_1 - v_2 + 2v_1$$

이나

$$3v_1 - v_2 = 20 \tag{3.1.1}$$

를 얻는다.

노드 2에서, 같은 방법을 적용하면 다음을 얻는다.

$$i_2 + i_4 = i_1 + i_5 \quad \Rightarrow \quad \frac{v_1 - v_2}{4} + 10 = 5 + \frac{v_2 - 0}{6}$$

각 항에 12를 곱하면,

$$3v_1 - 3v_2 + 120 = 60 + 2v_2$$

이나

$$-3v_1 + 5v_2 = 60 \tag{3.1.2}$$

를 얻는다. 이제 우리는 연립방정식 (3.1.1)과 (3.1.2)를 도출해 내었다. 우리는 적절한 방법을 사용하여 v_1과 v_2를 구할 수 있다.

■ **방법 1** 소거법을 사용하기 위해 식 (3.1.1)과 (3.1.2)를 더하면 다음과 같이 된다.

$$4v_2 = 80 \quad \Rightarrow \quad v_2 = 20 \text{ V}$$

$v_2 = 20$을 식 (3.1.1)에 대입하면 다음을 얻는다.

$$3v_1 - 20 = 20 \quad \Rightarrow \quad v_1 = \frac{40}{3} = 13.333 \text{ V}$$

■ **방법 2** 크레이머 공식을 사용하기 위해서는 식 (3.1.1)과 (3.1.2)를 다음과 같이 행렬 형태로 놓을 필요가 있다.

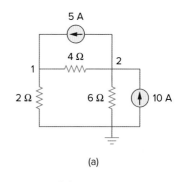

(a)

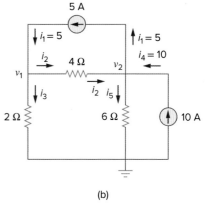

(b)

그림 3.3
예제 3.1: (a) 주어진 회로, (b) 해석을 위한 회로.

$$\begin{bmatrix} 3 & -1 \\ -3 & 5 \end{bmatrix} \begin{bmatrix} v_1 \\ v_2 \end{bmatrix} = \begin{bmatrix} 20 \\ 60 \end{bmatrix} \tag{3.1.3}$$

행렬의 결정자(determinant)는 다음과 같다.

$$\Delta = \begin{bmatrix} 3 & -1 \\ -3 & 5 \end{bmatrix} = 15 - 3 = 12$$

이제 다음과 같이 v_1과 v_2를 구할 수 있다.

$$v_1 = \frac{\Delta_1}{\Delta} = \frac{\begin{vmatrix} 20 & -1 \\ 60 & 5 \end{vmatrix}}{\Delta} = \frac{100 + 60}{12} = 13.333 \, \text{V}$$

$$v_2 = \frac{\Delta_2}{\Delta} = \frac{\begin{vmatrix} 3 & 20 \\ -3 & 60 \end{vmatrix}}{\Delta} = \frac{180 + 60}{12} = 20 \, \text{V}$$

소거법을 이용했을 때와 같은 해를 가짐을 알 수 있다.

만일 전류들을 구하기 원한다면, 그것들은 노드 전압으로부터 쉽게 구할 수 있다.

$$i_1 = 5 \, \text{A}, \qquad i_2 = \frac{v_1 - v_2}{4} = -1.6668 \, \text{A}, \qquad i_3 = \frac{v_1}{2} = 6.666 \, \text{A}$$

$$i_4 = 10 \, \text{A}, \qquad i_5 = \frac{v_2}{6} = 3.333 \, \text{A}$$

i_2가 음수라는 사실은 그 전류가 가정된 방향에 반대 방향으로 흐른다는 것을 말한다.

실전문제 3.1

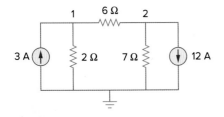

그림 3.4
실전문제 3.1.

그림 3.4의 회로에서 노드 전압들을 구하라.

답: $v_1 = -6 \, \text{V}$, $v_2 = -42 \, \text{V}$

예제 3.2

그림 3.5(a)에서 노드 전압들을 구하라.

풀이:

이 예제의 회로는 두 개의 비기준 노드를 가졌던 앞의 예제와는 달리 세 개의 비기준 노드를 가지고 있다. 그림 3.5(b)에서와 같이 3개 노드에 전압 부호를 할당하고 전류 표시를 한다.

노드 1에서, 다음을 얻는다.

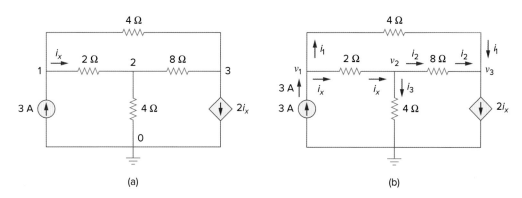

그림 3.5
예제 3.2: (a) 주어진 회로, (b) 해석을 위한 회로.

$$3 = i_1 + i_x \quad \Rightarrow \quad 3 = \frac{v_1 - v_3}{4} + \frac{v_1 - v_2}{2}$$

4를 곱하고 항들을 정리하면 다음이 된다.

$$3v_1 - 2v_2 - v_3 = 12 \tag{3.2.1}$$

노드 2에서, 다음을 얻는다.

$$i_x = i_2 + i_3 \quad \Rightarrow \quad \frac{v_1 - v_2}{2} = \frac{v_2 - v_3}{8} + \frac{v_2 - 0}{4}$$

8을 곱하고 항들을 정리하면 다음이 된다.

$$-4v_1 + 7v_2 - v_3 = 0 \tag{3.2.2}$$

노드 3에서, 다음을 얻는다.

$$i_1 + i_2 = 2i_x \quad \Rightarrow \quad \frac{v_1 - v_3}{4} + \frac{v_2 - v_3}{8} = \frac{2(v_1 - v_2)}{2}$$

8을 곱하고 항들을 정리하여 3으로 나누면 다음이 된다.

$$2v_1 - 3v_2 + v_3 = 0 \tag{3.2.3}$$

v_1, v_2 그리고 v_3에 대하여 풀기 위한 3개의 방정식이 유도되었다. 이 방정식들을 세 가지 방법을 이용하여 풀 것이다.

■ **방법 1** 소거법을 사용하기 위해 식 (3.2.1)과 (3.2.3)을 더하면 다음과 같이 된다.

$$5v_1 - 5v_2 = 12$$

이나

$$v_1 - v_2 = \frac{12}{5} = 2.4 \tag{3.2.4}$$

식 (3.2.2)와 (3.2.3)을 더하면 다음과 같이 된다.

$$-2v_1 + 4v_2 = 0 \quad \Rightarrow \quad v_1 = 2v_2 \tag{3.2.5}$$

식 (3.2.5)를 식 (3.2.4)에 대입하면 다음과 같이 된다.

$$2v_2 - v_2 = 2.4 \quad \Rightarrow \quad v_2 = 2.4, \quad v_1 = 2v_2 = 4.8 \text{ V}$$

식 (3.2.3)으로부터 다음을 얻는다.

$$v_3 = 3v_2 - 2v_1 = 3v_2 - 4v_2 = -v_2 = -2.4 \text{ V}$$

그러므로,

$$v_1 = 4.8 \text{ V}, \qquad v_2 = 2.4 \text{ V}, \qquad v_3 = -2.4 \text{ V}$$

■ **방법 2** 크레이머 공식을 사용하기 위해서는 식 (3.2.1)과 (3.2.3)을 다음과 같이 행렬 형태로 놓는다.

$$\begin{bmatrix} 3 & -2 & -1 \\ -4 & 7 & -1 \\ 2 & -3 & 1 \end{bmatrix} \begin{bmatrix} v_1 \\ v_2 \\ v_3 \end{bmatrix} = \begin{bmatrix} 12 \\ 0 \\ 0 \end{bmatrix} \tag{3.2.6}$$

이로부터 다음을 얻는다.

$$v_1 = \frac{\Delta_1}{\Delta}, \qquad v_2 = \frac{\Delta_2}{\Delta}, \qquad v_3 = \frac{\Delta_3}{\Delta}$$

여기서 Δ, Δ_1, Δ_2 그리고 Δ_3는 다음과 같이 계산되는 결정자다. 부록 A에서 설명되는 바와 같이 3 by 3 행렬의 결정자를 구하기 위해 맨 위의 두 행을 반복하여 아래에 쓰고 다음과 같이 대각 방향으로 곱한다.

$$= 21 - 12 + 4 + 14 - 9 - 8 = 10$$

유사하게, 다음을 얻는다.

$$= 84 + 0 + 0 - 0 - 36 - 0 = 48$$

$$= 0 + 0 - 24 - 0 - 0 + 48 = 24$$

$$\Delta_3 = \begin{vmatrix} 3 & -2 & 12 \\ -4 & 7 & 0 \\ 2 & -3 & 0 \end{vmatrix} \begin{matrix} \\ \\ \\ \end{matrix} = 0 + 144 + 0 - 168 - 0 - 0 = -24$$

그래서 방법 1을 사용한 때와 같은 답을 다음과 같이 얻는다.

$$v_1 = \frac{\Delta_1}{\Delta} = \frac{48}{10} = 4.8 \text{ V}, \qquad v_2 = \frac{\Delta_2}{\Delta} = \frac{24}{10} = 2.4 \text{ V}$$

$$v_3 = \frac{\Delta_3}{\Delta} = \frac{-24}{10} = -2.4 \text{ V}$$

■ **방법 3** 행렬을 풀기 위해 *MATLAB*을 이용할 수도 있다. 식 (3.2.6)은 다음과 같이 표현될 수 있다.

$$\mathbf{AV} = \mathbf{B} \qquad \Rightarrow \qquad \mathbf{V} = \mathbf{A^{-1}B}$$

여기서 **A**는 3 by 3 정사각형 행렬이고 **B**는 열벡터이며, **V**는 우리가 구하려 하는 v_1, v_2, v_3로 구성된 열벡터이다. **V**를 구하기 위해 *MATLAB*을 다음과 같이 이용한다.

```
>>A = [3   −2   −1;   −4   7   −1;   2   −3   1];
>>B = [12   0   0]′;
>>V = inv(A) ∗ B
           4.8000
     V =   2.4000
          −2.4000
```

최종적으로, $v_1 = 4.8\text{V}$, $v_2 = 2.4$ V, 그리고 $v_3 = -2.4$ V를 전과 마찬가지로 얻을 수 있다.

그림 3.6의 회로에서 비기준 노드에서의 전압들을 구하라.

답: $v_1 = 32\text{V}$, $v_2 = -25.6\text{V}$, $v_3 = 62.4\text{V}$

3.3 전압원이 있는 회로에서의 노드 해석

이제 우리는 전압원들이 있는 회로에서 어떻게 노드 해석을 수행하여야 하는지를 살펴보기로 한다. 설명을 위해, 그림 3.7의 회로를 사용한다. 다음 두 가지 가능성을 생각해보자.

■ **경우 1** 만일 전압원이 기준 노드와 비기준 노드 사이에 연결되어 있다면, 비기준 노드에서의 전압을 간단히 전압원의 전압으로 대체한다. 예를 들어 그림

실전문제 3.2

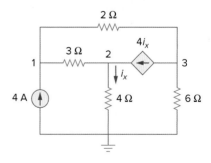

그림 3.6
실전문제 3.2.

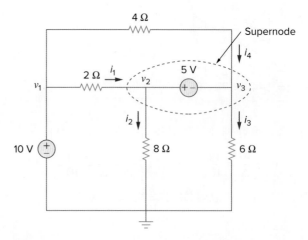

그림 3.7
큰 노드를 갖는 회로.

3.7에서 다음을 얻는다.

$$v_1 = 10 \text{ V} \tag{3.10}$$

그러므로 우리의 해석은 이 노드에서의 주어진 전압 정보에 의해 다소 간단해진다.

■ **경우 2** 만일 전압원(종속 또는 독립 전압원)이 두 개의 비기준 노드 사이에 연결되어 있다면, 두 개의 비기준 노드는 일반적인 노드 또는 큰 노드(supernode)를 형성한다. KCL과 KVL을 이용하여 노드 전압들을 결정할 수 있다.

> **큰 노드(supernode)**는 두 개의 비기준 노드 사이의 전압원(종속 또는 독립)과 이 전압원에 병렬로 연결된 모든 소자들을 포함하여 형성된다.

그림 3.7에서, 노드 2와 3은 큰 노드를 형성한다(두 개 이상의 노드로 큰 노드가 형성될 수도 있다. 예를 들어 그림 3.14의 회로를 보라.) 큰 노드가 다르게 처리된다는 것을 제외하고는, 전 절에서 언급한 똑같은 세 단계를 이용하여 큰 노드가 포함된 회로를 해석한다. 왜냐하면, 노드 해석의 중요한 요소는 KCL을 이용하기 때문인데 이것은 각 요소에 흐르는 전류를 알아야 한다. 미리 어떤 전압원에 흐르는 전류를 알 수는 없다. 그러나 다른 노드에서와 마찬가지로 큰 노드에서도 KCL을 만족하여야 한다. 그러므로 그림 3.7의 큰 노드에서 다음과 같이 쓸 수 있다.

$$i_1 + i_4 = i_2 + i_3 \tag{3.11a}$$

이나

$$\frac{v_1 - v_2}{2} + \frac{v_1 - v_3}{4} = \frac{v_2 - 0}{8} + \frac{v_3 - 0}{6} \tag{3.11b}$$

큰 노드는 전압원과 그것의 두 노드를 포함하는 닫힌 면으로 간주할 수 있다.

KVL을 그림 3.7의 큰 노드에 적용하기 위해 그림 3.8에서 보는 바와 같이 회로를 다시 그렸다. 루프를 시계방향으로 돌아가면서 KVL을 적용하면 다음을 얻는다.

$$-v_2 + 5 + v_3 = 0 \quad\Rightarrow\quad v_2 - v_3 = 5 \qquad \textbf{(3.12)}$$

식 (3.10), (3.11b), 그리고 (3.12)로부터 노드 전압을 구할 수 있다.

큰 노드에 대한 다음의 성질을 잘 기억해두자:

1. 큰 노드 안의 전압원은 노드 전압을 풀기 위해 필요한 하나의 조건식을 제공한다.
2. 큰 노드는 그 자신의 전압을 갖지 않는다.
3. 큰 노드는 KCL과 KVL 모두의 적용을 요구한다.

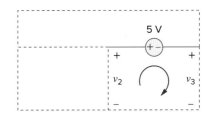

그림 3.8
큰 노드에 KVL 적용.

그림 3.9의 회로에 있어서 노드 전압들을 구하라.

예제 3.3

풀이:

큰 노드는 2 V 전원, 노드 1, 노드 2, 그리고 10 Ω 저항기를 포함한다. 그림 3.10(a)에서와 같이 KCL을 큰 노드에 적용하면 다음을 얻는다.

$$2 = i_1 + i_2 + 7$$

노드 전압들을 이용하여 i_1과 i_2를 표현하면

$$2 = \frac{v_1 - 0}{2} + \frac{v_2 - 0}{4} + 7 \quad\Rightarrow\quad 8 = 2v_1 + v_2 + 28$$

이나

$$v_2 = -20 - 2v_1 \qquad \textbf{(3.3.1)}$$

를 얻는다. v_1과 v_2의 관계를 구하기 위해, 그림 3.10(b)에 KVL을 적용한다. 루프를 회전하며 KVL을 적용하면 다음을 얻는다.

$$-v_1 - 2 + v_2 = 0 \quad\Rightarrow\quad v_2 = v_1 + 2 \qquad \textbf{(3.3.2)}$$

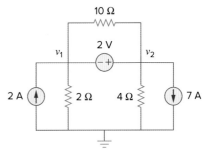

그림 3.9
예제 3.3.

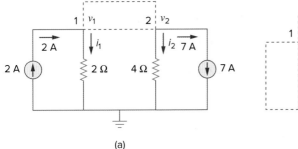

(a)

(b)

그림 3.10
적용: (a) 큰 노드에서 KCL, (b) 루프에 KVL.

식 (3.3.1)과 (3.3.2)로부터

$$v_2 = v_1 + 2 = -20 - 2v_1$$

로 쓸 수 있고 정리하면,

$$3v_1 = -22 \quad \Rightarrow \quad v_1 = -7.333 \text{ V}$$

그리고 $v_2 = v_1 + 2 = -5.333$ V를 얻는다. 10 Ω 저항기는 큰 노드에 걸쳐서 연결되어 있기 때문에 어떤 차이도 만들지 않는다는 점에 주목하라.

실전문제 3.3

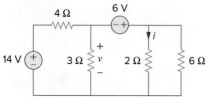

그림 3.11
실전문제 3.3.

그림 3.11의 회로에서 v와 i를 구하라.

답: −400 mV, 2.8 A

예제 3.4

그림 3.12의 회로에서 노드 전압들을 구하라.

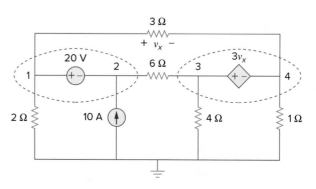

그림 3.12
예제 3.4.

풀이:

노드 1과 2는 큰 노드를 구성한다. 노드 3과 4도 마찬가지다. 그림 3.13(a)에서와 같이 KCL을 적용하면, 큰 노드 1~2에서 다음을 얻는다.

$$i_3 + 10 = i_1 + i_2$$

이것을 노드 전압들을 이용해서 표현하면,

$$\frac{v_3 - v_2}{6} + 10 = \frac{v_1 - v_4}{3} + \frac{v_1}{2}$$

이나

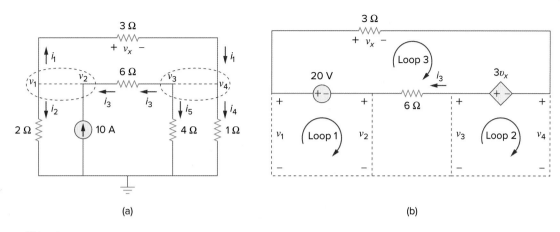

그림 3.13

적용: (a) 두 개의 큰 노드에 KCL, (b) 루프들에 KVL.

$$5v_1 + v_2 - v_3 - 2v_4 = 60 \qquad\qquad \textbf{(3.4.1)}$$

가 된다. 큰 노드 3~4에서는,

$$i_1 = i_3 + i_4 + i_5 \qquad \Rightarrow \qquad \frac{v_1 - v_4}{3} = \frac{v_3 - v_2}{6} + \frac{v_4}{1} + \frac{v_3}{4}$$

이나

$$4v_1 + 2v_2 - 5v_3 - 16v_4 = 0 \qquad\qquad \textbf{(3.4.2)}$$

가 된다. 이제 3.13(b)에서와 같이 전압원을 포함하는 가지(branch)들에 KVL을 적용한다. 루프 1에 대해서, 다음을 얻는다.

$$-v_1 + 20 + v_2 = 0 \qquad \Rightarrow \qquad v_1 - v_2 = 20 \qquad\qquad \textbf{(3.4.3)}$$

루프 2에 대해서, 다음을 얻는다.

$$-v_3 + 3v_x + v_4 = 0$$

여기서 $v_x = v_1 - v_4$이므로 다음과 같이 표현할 수 있다.

$$3v_1 - v_3 - 2v_4 = 0 \qquad\qquad \textbf{(3.4.4)}$$

루프 3에 대해서 다음을 얻는다.

$$v_x - 3v_x + 6i_3 - 20 = 0$$

여기서 $6i_3 = v_3 - v_2$와 $v_x = v_1 - v_4$이므로 다음과 같이 정리할 수 있다.

$$-2v_1 - v_2 + v_3 + 2v_4 = 20 \qquad\qquad \textbf{(3.4.5)}$$

이제 4개의 노드 전압 v_1, v_2, v_3 그리고 4에 대해 풀 수 있다. 이에 대해 풀기 위해서는 식 (3.4.1)에서 (3.4.5)까지의 5개 식 중 4개만 있으면 된다. 다섯 번째 식은 여분의 것이기는 하지만 결과를 체크해볼 때 사용할 수 있다. 식 (3.4.1)에서 (3.4.4)까지를 *MATLAB*을 이용하여 풀 수도 있다. 하나의 노드 전압을 없애서 4개의 연립 방정식이 아닌 3개의 연립 방정식을 풀 수도 있을 것이다. 식 (3.4.3)으로부터 $v_2 = v_1 - 20$임을 알 수 있고 이것을 식 (3.4.1)과 (3.4.2)에 각각 대입하면

$$6v_1 - v_3 - 2v_4 = 80 \qquad \textbf{(3.4.6)}$$

과

$$6v_1 - 5v_3 - 16v_4 = 40 \qquad \textbf{(3.4.7)}$$

을 얻는다. 식 (3.4.4), (3.4.6), 그리고 (3.4.7)을 다음과 같이 행렬 형식으로 표현할 수 있다.

$$\begin{bmatrix} 3 & -1 & -2 \\ 6 & -1 & -2 \\ 6 & -5 & -16 \end{bmatrix} \begin{bmatrix} v_1 \\ v_3 \\ v_4 \end{bmatrix} = \begin{bmatrix} 0 \\ 80 \\ 40 \end{bmatrix}$$

크레이머 공식을 이용하여 다음을 구한다.

$$\Delta = \begin{vmatrix} 3 & -1 & -2 \\ 6 & -1 & -2 \\ 6 & -5 & -16 \end{vmatrix} = -18, \qquad \Delta_1 = \begin{vmatrix} 0 & -1 & -2 \\ 80 & -1 & -2 \\ 40 & -5 & -16 \end{vmatrix} = -480,$$

$$\Delta_3 = \begin{vmatrix} 3 & 0 & -2 \\ 6 & 80 & -2 \\ 6 & 40 & -16 \end{vmatrix} = -3120, \qquad \Delta_4 = \begin{vmatrix} 3 & -1 & 0 \\ 6 & -1 & 80 \\ 6 & -5 & 40 \end{vmatrix} = 840$$

최종적으로, 3개의 노드 전압

$$v_1 = \frac{\Delta_1}{\Delta} = \frac{-480}{-18} = 26.67 \text{ V}, \qquad v_3 = \frac{\Delta_3}{\Delta} = \frac{-3120}{-18} = 173.33 \text{ V},$$

$$v_4 = \frac{\Delta_4}{\Delta} = \frac{840}{-18} = -46.67 \text{ V}$$

을 구할 수 있고 $v_2 = v_1 - 20 = 6.667$ V이다. 식 (3.4.5)는 사용하지 않았지만 이러한 결과들이 맞는지 확인하는 데 사용될 수 있다.

실전문제 3.4

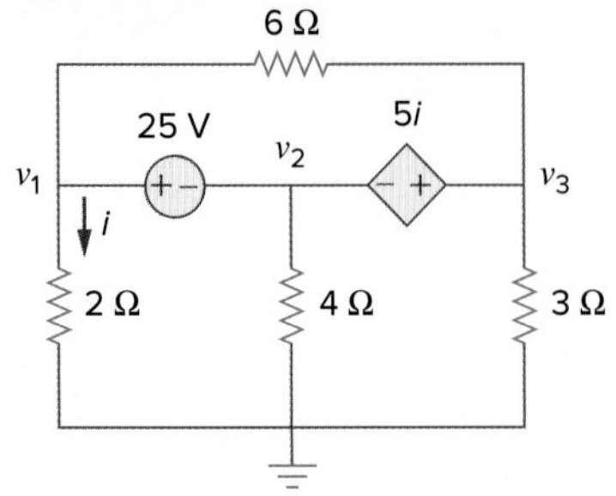

그림 3.14
실전문제 3.4.

노드 해석을 이용하여 그림 3.14에서 v_1, v_2 그리고 v_3를 구하라.

답: $v_1 = 7.608$ V, $v_2 = -17.39$ V, $v_3 = 1.6305$ V

3.4 메시 해석

메시 해석은 회로 변수로 메시 전류를 사용하면서 회로를 해석하는 또 다른 일반적인 절차이다. 회로 변수로 모든 소자에 흐르는 전류를 사용하는 대신에 메시 전류를 사용하면, 편리하고 풀어야 할 방정식의 수가 줄어든다. 루프는 두 번 이상 중복되어 통과된 적 없는 노드으로 이루어진 폐경로라는 것을 기억하라.

메시란 그 안에 또 다른 루프를 포함하지 않는 루프이다.

노드 해석에서는 주어진 회로 안의 미지 전압을 구하기 위해 KCL을 적용하였지만 메시 해석에서는 미지 전류를 구하기 위해 KVL을 적용한다. 메시 해석은 **평면 회로**에만 적용될 수 있기 때문에 노드 해석만큼 일반적이지는 않다. 평면 회로란 회로의 가지들이 서로 교차하지 않으면서 평면에 그려질 수 있는 회로를 말한다. 그렇지 않으면 **비평면 회로**이다. 어떤 회로는 공간상으로 교차하는 가지를 가지면서도 평면상에서 교차하는 가지를 갖지 않도록 그려질 수 있기 때문에 평면 회로가 될 수도 있다. 예를 들면, 그림 3.15(a)의 회로는 교차하는 가지를 갖는다고 말할 수 있다. 그러나 이 회로는 그림 3.15(b)와 같이 평면에서 교차하는 가지가 없도록 그려질 수 있다. 그러므로 그림 3.15(a)의 회로는 평면 회로이다. 그러나 그림 3.16의 회로는 교차하는 가지 없이 그릴 수 있는 방법이 없기 때문에 비평면 회로이다. 비평면 회로들은 노드 해석을 이용하여 다루어질 수 있다. 그러나 이러한 회로들은 이 책에서 고려하지 않는다.

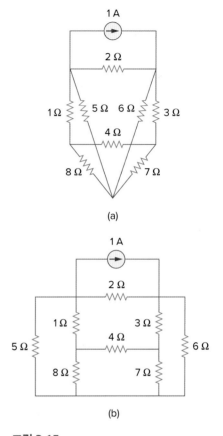

메시 해석은 *루프 해석* 또는 *메시−전류 해석 방법*이라고 한다.

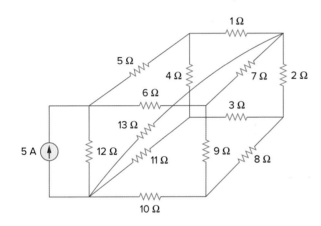

그림 3.16
비평면 회로.

그림 3.15
(a) 교차하는 가지들을 갖는 평면 회로,
(b) 교차하는 가지 없이 다시 그린 같은 회로.

메시 해석을 이해하기 위해서 먼저 메시가 무엇인지에 대해서 좀 더 설명하는 것이 좋겠다.

메시는 그것 내부에 다른 루프를 포함하지 않는 루프이다.

예를 들면 그림 3.17에서, 경로 *abefa*와 *bcdeb*는 메시들이다. 그러나 경로 *abcdefa*는 메시가 아니다. 메시에 흐르는 전류는 메시 전류라 부른다. 메시 해석에서는 주어진 회로의 메시 전류를 구하기 위해 KVL을 적용한다.

이 장에서는 전류원을 포함하지 않는 평면 회로를 해석하기 위해 메시 해석을 적용한다. 다음 장에서는 전류원들을 포함하는 회로를 고려할 것이다. *n*개의 메시를 가진 회로에 대해 메시 해석을 적용함에 있어 다음의 세 단계 절차가 필요하다.

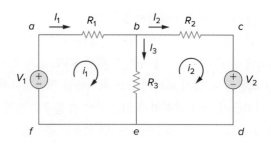

그림 3.17
두 개의 메시를 가진 회로.

경로 *abcdefa*는 루프이고 메시가 아니지만, KVL은 만족한다. 이것이 *루프 해석*과 *메시 해석*이라는 용어를 거의 같은 것으로 이용하는 이유이다.

메시 전류를 결정하기 위한 단계

1. n개의 메시에 메시 전류 $i_1, i_2, \dots, i_n$을 할당한다.
2. n개 메시의 각각에 KVL을 적용한다. 메시 전류에 의해 전압들을 표현할 때 옴의 법칙을 사용한다.
3. 메시 전류들을 구하기 위해 n개의 연립 방정식을 푼다.

메시 전류의 방향은 임의적이다—시계방향 또는 반시계방향—이것이 해를 구하는 것에 영향을 미치지 않는다.

이러한 단계들을 더 구체적으로 설명하기 위해 그림 3.17의 회로를 생각해 본다. 첫 번째 단계는 메시 1과 2에 메시 전류 i_1과 i_2를 할당하는 것이다. 메시 전류는 메시에서 임의적인 방향으로 흐른다고 그 기준 전류 방향을 설정할 수도 있지만 각각의 메시 전류는 관습적으로 시계방향으로 흐른다고 가정한다.

두 번째 단계로, 각각의 메시에 KVL을 적용한다. 메시 1에 KVL을 적용하면

$$-V_1 + R_1 i_1 + R_3(i_1 - i_2) = 0$$

이나

$$(R_1 + R_3)i_1 - R_3 i_2 = V_1 \tag{3.13}$$

을 얻는다. 메시 2에 KVL을 적용하면

$$R_2 i_2 + V_2 + R_3(i_2 - i_1) = 0$$

이나

$$-R_3 i_1 + (R_2 + R_3)i_2 = -V_2 \tag{3.14}$$

하나의 메시 전류는 시계방향으로 설정하고 다른 메시의 전류는 반시계방향으로 설정하는 것이 허용되기는 하지만 그것이 간단한 방법은 아닐 것이다.

를 얻는다. 식 (3.13)에서 i_1의 계수는 첫째 메시에서의 저항들의 합인 반면, i_2의 계수는 메시 1과 2에 공통인 저항에 음의 부호를 붙인 것임에 주의하라. 이제, 같은 사실이 식 (3.14)에도 부합함을 관찰해 보라. 이렇게 메시식을 쓰는 것이 지름길이다. 우리는 3.6절에서 이러한 착상을 이용하게 될 것이다.

세 번째 단계는 메시 전류에 대한 해를 구하는 것이다. 식 (3.13)과 (3.14)를 행렬 형태로 놓으면

$$\begin{bmatrix} R_1 + R_3 & -R_3 \\ -R_3 & R_2 + R_3 \end{bmatrix} \begin{bmatrix} i_1 \\ i_2 \end{bmatrix} = \begin{bmatrix} V_1 \\ -V_2 \end{bmatrix} \qquad \textbf{(3.15)}$$

를 얻는데 이로부터 i_1과 i_2를 구할 수 있다. 연립 방정식을 푸는 방법은 자유롭게 선택할 수 있다. 식 (2.12)에 따르면, 만약 어떤 회로가 n개의 노드, b개의 가지, 그리고 l개의 독립적인 루프나 메시를 가지고 있다면, $l = b - n + 1$로 주어진다. 그러므로 메시 해석을 이용해 회로를 풀기 위해서는 l개의 연립 방정식이 요구된다.

　　하나의 메시가 따로 격리되어 있지 않다면 가지 전류는 메시 전류와 구별됨에 주목하라. 두 종류의 전류에 대해 구분하기 위해서, 메시 전류에는 i를 사용하고 가지 전류에는 I를 사용한다. 가지 전류 요소 I_1, I_2 그리고 I_3는 메시 전류들의 대수적인 합이다. 그림 3.17로부터 다음은 명백하다.

$$I_1 = i_1, \qquad I_2 = i_2, \qquad I_3 = i_1 - i_2 \qquad \textbf{(3.16)}$$

그림 3.18의 회로에 대해 메시 해석을 사용하여 가지 전류 I_1, I_2, I_3를 구하라.

예제 3.5

풀이:
먼저 KVL을 이용하여 메시 전류들을 구한다. 메시 1에 대해서

$$-15 + 5i_1 + 10(i_1 - i_2) + 10 = 0$$

이나

$$3i_1 - 2i_2 = 1 \qquad \textbf{(3.5.1)}$$

을 얻는다. 메시 2에 대해서

$$6i_2 + 4i_2 + 10(i_2 - i_1) - 10 = 0$$

이나

$$i_1 = 2i_2 - 1 \qquad \textbf{(3.5.2)}$$

을 얻는다.

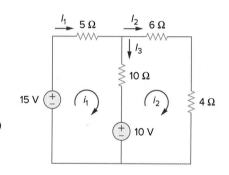

그림 3.18
예제 3.5.

■ **방법 1**　대입법에 준하여, 식 (3.5.2)를 식 (3.5.1)에 대입한 후 다음과 같이 표현한다.

$$6i_2 - 3 - 2i_2 = 1 \qquad \Rightarrow \qquad i_2 = 1\,\text{A}$$

식 (3.5.2)로부터, $i_1 = -i_2 - 1 = 2 - 1 = 1$ A를 얻는다. 그러므로

$$I_1 = i_1 = 1\,\text{A}, \qquad I_2 = i_2 = 1\,\text{A}, \qquad I_3 = i_1 - i_2 = 0$$

을 얻는다.

■ **방법 2**　크레이머 공식을 사용하기 위해, 식 (3.5.1)과 (3.5.2)를 다음과 같이

행렬 형태로 놓는다.

$$\begin{bmatrix} 3 & -2 \\ -1 & 2 \end{bmatrix} \begin{bmatrix} i_1 \\ i_2 \end{bmatrix} = \begin{bmatrix} 1 \\ 1 \end{bmatrix}$$

필요한 결정자들은 다음과 같이 구해진다.

$$\Delta = \begin{vmatrix} 3 & -2 \\ -1 & 2 \end{vmatrix} = 6 - 2 = 4$$

$$\Delta_1 = \begin{vmatrix} 1 & -2 \\ 1 & 2 \end{vmatrix} = 2 + 2 = 4, \qquad \Delta_2 = \begin{vmatrix} 3 & 1 \\ -1 & 1 \end{vmatrix} = 3 + 1 = 4$$

따라서

$$i_1 = \frac{\Delta_1}{\Delta} = 1 \text{ A}, \qquad i_2 = \frac{\Delta_2}{\Delta} = 1 \text{ A}$$

와 같이 전과 동일한 결과를 얻는다.

실전문제 3.5

그림 3.19의 회로에서 메시 전류 i_1과 i_2를 계산하라.

답: $i_1 = 2.5$ A, $i_2 = 0$ A

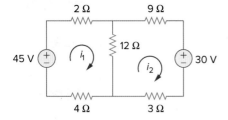

그림 3.19
실전문제 3.5.

예제 3.6

메시 해석을 이용해서 그림 3.20 회로의 전류 I_o를 구하라.

풀이:

순차적으로 3개의 메시에 KVL을 적용하라. 메시 1에 대해서

$$-24 + 10(i_1 - i_2) + 12(i_1 - i_3) = 0$$

이나

$$11i_1 - 5i_2 - 6i_3 = 12 \qquad\qquad \textbf{(3.6.1)}$$

를 얻는다. 메시 2에 대해서,

$$24i_2 + 4(i_2 - i_3) + 10(i_2 - i_1) = 0$$

이나

$$-5i_1 + 19i_2 - 2i_3 = 0 \qquad\qquad \textbf{(3.6.2)}$$

을 얻는다. 메시 3에 대해서는, 다음을 얻는다.

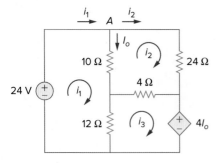

그림 3.20
예제 3.6.

$$4I_o + 12(i_3 - i_1) + 4(i_3 - i_2) = 0$$

이때 노드 A에서, $I_o = i_1 - i_2$이다. 그래서

$$4(i_1 - i_2) + 12(i_3 - i_1) + 4(i_3 - i_2) = 0$$

이나

$$-i_1 - i_2 + 2i_3 = 0 \qquad\qquad \textbf{(3.6.3)}$$

을 얻는다. 행렬 형태로 표현하면, 식 (3.6.1)과 (3.6.3)은 다음과 같이 표현된다.

$$\begin{bmatrix} 11 & -5 & -6 \\ -5 & 19 & -2 \\ -1 & -1 & 2 \end{bmatrix} \begin{bmatrix} i_1 \\ i_2 \\ i_3 \end{bmatrix} = \begin{bmatrix} 12 \\ 0 \\ 0 \end{bmatrix}$$

필요 결정자들을 다음과 같이 구할 수 있다.

$$\Delta = \begin{vmatrix} 11 & -5 & -6 \\ -5 & 19 & -2 \\ -1 & -1 & 2 \end{vmatrix}$$

$$= 418 - 30 - 10 - 114 - 22 - 50 = 192$$

$$\Delta_1 = \begin{vmatrix} 12 & -5 & -6 \\ 0 & 19 & -2 \\ 0 & -1 & 2 \end{vmatrix} = 456 - 24 = 432$$

$$\Delta_2 = \begin{vmatrix} 11 & 12 & -6 \\ -5 & 0 & -2 \\ -1 & 0 & 2 \end{vmatrix} = 24 + 120 = 144$$

$$\Delta_3 = \begin{vmatrix} 11 & -5 & 12 \\ -5 & 19 & 0 \\ -1 & -1 & 0 \end{vmatrix} = 60 + 228 = 288$$

크레이머 공식을 사용하여 메시 전류들을 다음과 같이 계산한다.

$$i_1 = \frac{\Delta_1}{\Delta} = \frac{432}{192} = 2.25 \text{ A}, \qquad i_2 = \frac{\Delta_2}{\Delta} = \frac{144}{192} = 0.75 \text{ A},$$

$$i_3 = \frac{\Delta_3}{\Delta} = \frac{288}{192} = 1.5 \text{ A}$$

따라서 $I_o = i_1 - i_2 = 1.5$ A가 된다.

실전문제 3.6

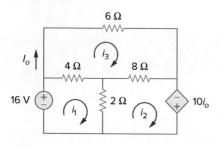

그림 3.21
실전문제 3.6.

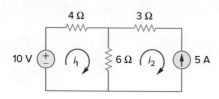

그림 3.22
전류원을 갖는 회로.

메시 해석을 하여 그림 3.21의 회로에서 I_o를 구하라.

답: −4 A

3.5   전류원을 가질 경우의 메시 해석

전류원을 포함하는 회로(종속 또는 독립)에 메시 해석을 적용한다는 것이 복잡해 보일 수도 있다. 그러나 사실상 우리가 앞 절에서 다루었던 것보다 훨씬 쉽다. 왜냐하면 전류원이 있을 경우에는 필요한 등식의 수가 줄기 때문이다. 다음 두 가지의 가능한 경우를 생각해 보자.

■**경우 1**   전류원이 하나의 메시에만 존재할 때: 예를 들어 그림 3.22의 회로를 생각해 보자. 우리는 $i_2 = -5$ A로 놓을 수 있고 다른 메시에 대한 메시식을 해 오던 대로 쓸 수 있다. 즉

$$-10 + 4i_1 + 6(i_1 - i_2) = 0 \qquad \Rightarrow \qquad i_1 = -2 \text{ A} \qquad \textbf{(3.17)}$$

■**경우 2**   전류원이 두 개의 메시 사이에 존재할 때: 예를 들어 그림 3.23(a)의 회로를 생각해 보자. 전류원과 직렬로 연결된 모든 소자와 그 전류원을 제외하고 난 후 그림 3.23(b)에서와 같이 큰 메시를 만든다.

> 두 개의 메시가 종속 또는 독립 전류원을 공동으로 가지면 큰 메시가 형성된다.

그림 3.23(b)에서 보는 바와 같이 두 개 메시의 가장자리를 이용하여 큰 메시를 만들어 일반 메시와는 다르게 다룬다(만일 하나의 회로가 교차하는 두 개 또는 그 이상의 메시를 가지면, 그것들은 더 큰 메시로 합해져야 한다). 왜 큰 메시는 다르게 다루어야 할까? 왜냐하면 메시 해석은 KVL을 적용해야 하기 때문이다.

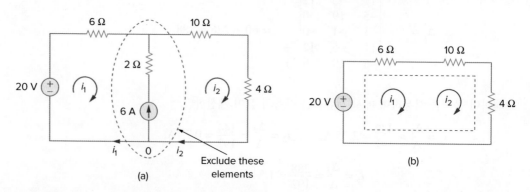

그림 3.23
(a) 전류원을 공통으로 갖는 두 개의 메시, (b) 전류원을 제거함으로써 생성된 큰 메시.

그것은 각각의 가지에 걸리는 전압을 알아야 가능한데, 전류원에 걸리는 전류를 미리 알 수는 없기 때문이다. 그러나 큰 메시도 다른 메시와 마찬가지로 KVL을 만족한다. 그러므로 3.23(b) 회로의 큰 메시에 KVL을 적용하면

$$-20 + 6i_1 + 10i_2 + 4i_2 = 0$$

이나

$$6i_1 + 14i_2 = 20 \qquad\qquad \textbf{(3.18)}$$

이 된다. 그런 후, 두 개의 메시가 교차하는 가지에 KCL을 적용한다. 그림 3.23(a)의 노드 0에서 KCL을 적용하면

$$i_2 = i_1 + 6 \qquad\qquad \textbf{(3.19)}$$

이 된다. 식 (3.18)과 (3.19)를 풀면

$$i_1 = -3.2 \text{ A}, \qquad i_2 = 2.8 \text{ A} \qquad\qquad \textbf{(3.20)}$$

이 된다.

큰 메시에 대한 다음의 성질을 메모해 두자.

1. 큰 메시 안의 전류원은 메시 전류를 구하기 위한 조건식이 된다.
2. 큰 메시는 그 자신의 전류원을 갖지 않는다.
3. 큰 메시는 KVL과 KCL 모두의 적용을 요구한다.

그림 3.24의 회로에서 메시 해석을 이용하여 i_1부터 i_4를 구하라.

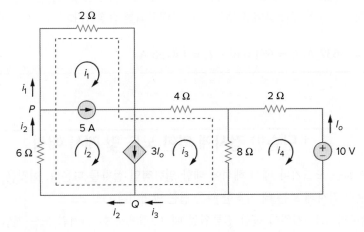

그림 3.24
예제 3.7.

풀이:

메시 1과 2는 독립 전류원을 공통으로 갖기 때문에 큰 메시를 형성한다. 또한 메시 2와 3은 종속 전원을 공통으로 갖기 때문에 또 다른 큰 메시를 형성한다. 두 개의 큰 메시는 하나의 더 큰 메시를 형성한다. 더 큰 메시에 KVL을 적용하면,

$$2i_1 + 4i_3 + 8(i_3 - i_4) + 6i_2 = 0$$

이나

$$i_1 + 3i_2 + 6i_3 - 4i_4 = 0 \qquad\qquad \textbf{(3.7.1)}$$

을 얻는다. 독립 전류원 정보의 이용을 위해, 노드 P에 KCL을 적용하면

$$i_2 = i_1 + 5 \qquad\qquad \textbf{(3.7.2)}$$

을 얻는다. 종속 전류원 정보를 이용하기 위해 노드 Q에 KCL을 이용하면

$$i_2 = i_3 + 3I_o$$

을 얻는다. 이때, $I_o = -i_4$이므로

$$i_2 = i_3 - 3i_4 \qquad\qquad \textbf{(3.7.3)}$$

이 된다. 메시 4에 KVL을 적용하면,

$$2i_4 + 8(i_4 - i_3) + 10 = 0$$

이나

$$5i_4 - 4i_3 = -5 \qquad\qquad \textbf{(3.7.4)}$$

가 된다. 식 (3.7.1)에서 (3.7.4)로부터

$$i_1 = -7.5 \text{ A}, \qquad i_2 = -2.5 \text{ A}, \qquad i_3 = 3.93 \text{ A}, \qquad i_4 = 2.143 \text{ A}$$

이 된다.

실전문제 3.7

메시 해석을 사용하여 그림 3.25의 i_1, i_2 그리고 i_3를 결정하라.

답: $i_1 = 4.632 \text{ A}$, $i_2 = 631.6 \text{ mA}$, $i_3 = 1.4736 \text{ A}$

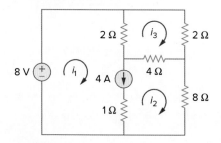

그림 3.25
실전문제 3.7.

3.6   † 단순한 검사에 의한 노드 및 메시 해석

이 장에서는 노드가나 메시 해석에 대한 일반적인 절차를 다룬다. 이것은 회로를 단순히 검사해 보는 데 기초한 빠른 접근 방법이다.

회로의 모든 전원이 독립 전류원일 때 3.2절에서 한 것처럼 노드 전압식을 구하기 위해 각각의 노드에 KCL을 적용할 필요는 없다. 그러한 식들은 회로를 간단히 검사함으로써 구해질 수 있다. 예를 들어 그림 3.2의 회로를 다시 조사해 보자. 이 회로는 독자의 편리를 위해 그림 3.26(a)에 다시 그려진다. 이 회로는 두 개의 비기준 노드를 가지고 있고 노드 식은 3.2절에서

$$\begin{bmatrix} G_1 + G_2 & -G_2 \\ -G_2 & G_2 + G_3 \end{bmatrix} \begin{bmatrix} v_1 \\ v_2 \end{bmatrix} = \begin{bmatrix} I_1 - I_2 \\ I_2 \end{bmatrix} \qquad\qquad \textbf{(3.21)}$$

로 유도되었다. 대각항 각각은 노드 1이나 2에 직접 연결된 컨덕턴스의 합인 반면, 비대각항들은 노드 사이에 연결된 컨덕턴스에 음의 부호를 붙인 것이다. 또한 식 (3.21)의 오른쪽에 있는 각각의 항들은 노드에 들어가는 전류의 대수합이다.

일반적으로, 독립 전류원들을 가지는 회로에 N개의 비기준 노드가 있다면, 노드 전압식들은 컨덕턴스를 이용하여

$$
\begin{bmatrix}
G_{11} & G_{12} & \cdots & G_{1N} \\
G_{21} & G_{22} & \cdots & G_{2N} \\
\vdots & \vdots & \vdots & \vdots \\
G_{N1} & G_{N2} & \cdots & G_{NN}
\end{bmatrix}
\begin{bmatrix}
v_1 \\
v_2 \\
\vdots \\
v_N
\end{bmatrix}
=
\begin{bmatrix}
i_1 \\
i_2 \\
\vdots \\
i_N
\end{bmatrix}
\tag{3.22}
$$

와 같이 쓸 수 있거나 단순히

$$
\mathbf{Gv = i} \tag{3.23}
$$

로 쓸 수 있다. 여기서,

> G_{kk} = 노드 k에 연결된 컨덕턴스들의 합
>
> $G_{kj} = G_{jk}$ = 노드 k와 j에 직접 연결된 컨덕턴스들의 합에 음을 붙인 것, $k \neq j$
>
> v_k = 노드 k의 미지 전압
>
> i_k = 노드 k에 직접 연결된 모든 독립 전류원의 합, 여기서 노드에 들어가는 전류를 양의 값으로 정의함

$\mathbf{G}$는 컨덕턴스 행렬이라 불린다. $\mathbf{v}$는 출력 벡터이다. 그리고 $\mathbf{i}$는 입력 벡터이다. 식 (3.22)를 풀면 미지의 노드 전압들을 구할 수 있다. 이러한 방법은 오직 독립 전류원과 선형 저항을 갖는 회로에만 유효하다는 것을 명심하라.

유사하게, 독립 전압원과 선형 저항으로만 구성된 회로에 대해서는 검사만으로 메시 전류식들을 구할 수 있다. 그림 3.17의 회로를 생각해보자. 독자의 편리를 위해 그림 3.26(b)에 다시 나타낸다. 이 회로는 두 개의 비기준 노드를 가지고 있고 노드 전압식들은 3.4절에서

$$
\begin{bmatrix}
R_1 + R_3 & -R_3 \\
-R_3 & R_2 + R_3
\end{bmatrix}
\begin{bmatrix}
i_1 \\
i_2
\end{bmatrix}
=
\begin{bmatrix}
v_1 \\
-v_2
\end{bmatrix}
\tag{3.24}
$$

로 유도되었다. 대각항 각각은 관련된 메시에서의 저항의 합인 반면, 비대각항들은 메시 1과 2에 공통으로 연결된 저항에 음의 부호를 붙인 것이다. 식 (3.24)의 오른쪽에 있는 각각의 항들은 관련된 메시에 존재하는 모든 독립 전압원에 대해 시계방향으로 돌면서 취한 대수합이다.

일반적으로, 어떤 회로가 N개의 메시를 갖는다면, 메시 전류식들은 저항들을 이용하여

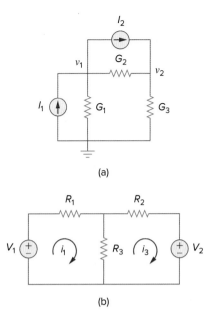

그림 3.26
(a) 그림 3.2에서의 회로, (b) 그림 3.17에서의 회로.

$$
\begin{bmatrix}
R_{11} & R_{12} & \cdots & R_{1N} \\
R_{21} & R_{22} & \cdots & R_{2N} \\
\vdots & \vdots & \vdots & \vdots \\
R_{N1} & R_{N2} & \cdots & R_{NN}
\end{bmatrix}
\begin{bmatrix}
i_1 \\ i_2 \\ \vdots \\ i_N
\end{bmatrix}
=
\begin{bmatrix}
v_1 \\ v_2 \\ \vdots \\ v_N
\end{bmatrix}
\tag{3.25}
$$

와 같이 쓸 수 있거나 단순히

$$
\mathbf{Ri} = \mathbf{v} \tag{3.26}
$$

로 쓸 수 있다. 여기서,

R_{kk} = 메시 k에 연결된 저항들의 합

$R_{kj} = R_{kj}$ = 메시 k와 j를 공통으로 하는 저항들의 합에 음을 붙인 것, $k \neq j$

i_k = 시계방향으로 돌아가는 메시 k의 미지 전류

v_k = 메시 k에 존재하는 모든 독립 전압원에 대해 시계방향으로 돌면서 취한 합, 여기서 전압 상승은 양의 값으로 정의함

$\mathbf{R}$은 저항 행렬, $\mathbf{i}$는 출력 벡터, 그리고 $\mathbf{v}$는 입력 벡터이다. 식 (3.25)를 풀면 미지의 메시 전류들을 구할 수 있다.

예제 3.8

검사에 의해 그림 3.27의 회로에 대한 노드 전압 행렬식을 써라.

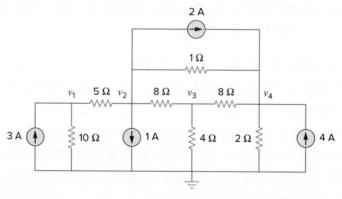

그림 3.27
예제 3.8.

풀이:

그림 3.27의 회로는 네 개의 비기준 노드를 가지고 있다, 따라서 네 개의 노드 전압식이 필요하다. 이것은 컨덕턴스 행렬 $\mathbf{G}$의 크기가 4 by 4임을 의미한다. G의 대각항들은 지멘스(siemens) 단위를 가지며

$$
G_{11} = \frac{1}{5} + \frac{1}{10} = 0.3, \qquad G_{22} = \frac{1}{5} + \frac{1}{8} + \frac{1}{1} = 1.325
$$

$$
G_{33} = \frac{1}{8} + \frac{1}{8} + \frac{1}{4} = 0.5, \qquad G_{44} = \frac{1}{8} + \frac{1}{2} + \frac{1}{1} = 1.625
$$

와 같이 구해진다. 비대각항들은

$$G_{12} = -\frac{1}{5} = -0.2, \qquad G_{13} = G_{14} = 0$$

$$G_{21} = -0.2, \qquad G_{23} = -\frac{1}{8} = -0.125, \qquad G_{24} = -\frac{1}{1} = -1$$

$$G_{31} = 0, \qquad G_{32} = -0.125, \qquad G_{34} = -\frac{1}{8} = -0.125$$

$$G_{41} = 0, \qquad G_{42} = -1, \qquad G_{43} = -0.125$$

와 같이 구해진다. 입력 전류 벡터 **i**는 암페어(amperes) 단위를 가지며

$$i_1 = 3, \qquad i_2 = -1 - 2 = -3, \qquad i_3 = 0, \qquad i_4 = 2 + 4 = 6$$

와 같이 구해진다. 그러므로 노드 전압식들은

$$\begin{bmatrix} 0.3 & -0.2 & 0 & 0 \\ -0.2 & 1.325 & -0.125 & -1 \\ 0 & -0.125 & 0.5 & -0.125 \\ 0 & -1 & -0.125 & 1.625 \end{bmatrix} \begin{bmatrix} v_1 \\ v_2 \\ v_3 \\ v_4 \end{bmatrix} = \begin{bmatrix} 3 \\ -3 \\ 0 \\ 6 \end{bmatrix}$$

로 표현된다. *MATLAB*을 이용하여 v_1, v_2, v_3 그리고 v_4에 대하여 풀 수 있다.

실전문제 3.8

단순히 회로를 검사해서 그림 3.28의 회로에 대해 노드 전압식을 구하라.

답:

$$\begin{bmatrix} 1.25 & -0.2 & -1 & 0 \\ -0.2 & 0.2 & 0 & 0 \\ -1 & 0 & 1.25 & -0.25 \\ 0 & 0 & -0.25 & 1.25 \end{bmatrix} \begin{bmatrix} v_1 \\ v_2 \\ v_3 \\ v_4 \end{bmatrix} = \begin{bmatrix} 0 \\ 5 \\ -3 \\ 2 \end{bmatrix}$$

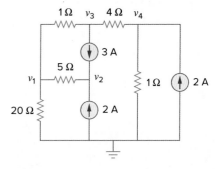

그림 3.28
실전문제 3.8.

예제 3.9

단순 검사에 의해 그림 3.29의 회로에 대해 메시 전류식을 써라.

풀이:

주어진 회로가 5개의 메시로 구성되어 있기 때문에 저항 행렬식의 크기는 5 by 5이다. 대각항들은 옴(ohms) 단위를 가지며

$$R_{11} = 5 + 2 + 2 = 9, \qquad R_{22} = 2 + 4 + 1 + 1 + 2 = 10,$$

$$R_{33} = 2 + 3 + 4 = 9, \qquad R_{44} = 1 + 3 + 4 = 8, \qquad R_{55} = 1 + 3 = 4$$

의 값을 갖는다. 비대각항들은

$$R_{12} = -2, \qquad R_{13} = -2, \qquad R_{14} = 0 = R_{15},$$

$$R_{21} = -2, \qquad R_{23} = -4, \qquad R_{24} = -1, \qquad R_{25} = -1,$$

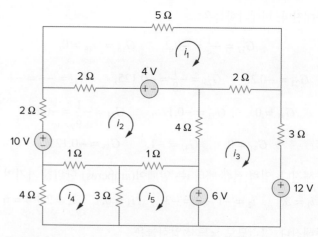

그림 3.29
예제 3.9.

$$R_{31} = -2, \qquad R_{32} = -4, \qquad R_{34} = 0 = R_{35},$$
$$R_{41} = 0, \qquad R_{42} = -1, \qquad R_{43} = 0, \qquad R_{45} = -3,$$
$$R_{51} = 0, \qquad R_{52} = -1, \qquad R_{53} = 0, \qquad R_{54} = -3$$

의 값을 갖는다. 입력 전압 벡터 **v**는 볼트(volts)의 단위를 가지며 다음의 값을 갖는다:

$$v_1 = 4, \qquad v_2 = 10 - 4 = 6,$$
$$v_3 = -12 + 6 = -6, \qquad v_4 = 0, \qquad v_5 = -6$$

그러므로 메시 전류식들은 다음과 같이 표현된다:

$$\begin{bmatrix} 9 & -2 & -2 & 0 & 0 \\ -2 & 10 & -4 & -1 & -1 \\ -2 & -4 & 9 & 0 & 0 \\ 0 & -1 & 0 & 8 & -3 \\ 0 & -1 & 0 & -3 & 4 \end{bmatrix} \begin{bmatrix} i_1 \\ i_2 \\ i_3 \\ i_4 \\ i_5 \end{bmatrix} = \begin{bmatrix} 4 \\ 6 \\ -6 \\ 0 \\ -6 \end{bmatrix}$$

이로부터 *MATLAB*을 사용하여 메시 전류 i_1, i_2, i_3, i_4 그리고 i_5를 구한다.

실전문제 3.9

검사에 의해 그림 3.30의 회로에 대한 메시 전류식을 구하라.

답:

$$\begin{bmatrix} 150 & -20 & 0 & -80 & 0 \\ -20 & 65 & -30 & -15 & 0 \\ -0 & -30 & 50 & 0 & -20 \\ 80 & -15 & 0 & 95 & 0 \\ 0 & 0 & -20 & 0 & 80 \end{bmatrix} \begin{bmatrix} i_1 \\ i_2 \\ i_3 \\ i_4 \\ i_5 \end{bmatrix} = \begin{bmatrix} 30 \\ 0 \\ -12 \\ 20 \\ -20 \end{bmatrix}$$

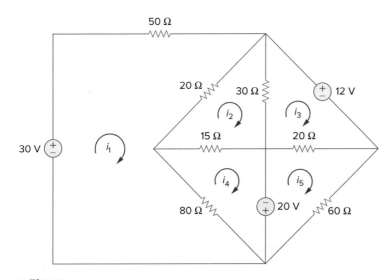

그림 3.30
실전문제 3.9.

3.7 노드 대 메시 해석

노드과 메시 해석은 둘 다 복잡한 네트워크(회로)를 해석하는 체계적인 방법을 제공한다. 어떤 이는 다음과 같이 물을지 모른다: 해석될 네트워크가 주어졌을 때, 어떤 방법이 더 좋고 더 효율적인가? 더 좋은 방법의 선택은 두 가지 요인에 따라 결정된다.

첫 번째 요인은 주어진 네트워크의 성질이다. 많은 직렬로 연결된 소자들, 전압원이나 큰 메시를 포함하는 회로들은 메시 해석에 더 적당하다. 반면, 많은 병렬로 연결된 소자들, 전류원이나 큰 노드를 포함하는 회로들은 노드 해석에 더 적당하다. 또한 메시보다 적은 노드를 갖는 회로는 노드 해석에 의해 더 잘 해석될 수 있다. 반면, 노드보다 적은 메시를 갖는 회로는 메시 해석에 의해 더 잘 해석될 수 있다. 핵심은 적은 수의 식으로 귀결하는 방법을 찾는 것이다.

두 번째 요인은 요구되는 정보이다. 만일 노드 전압이 요구된다면, 노드 해석을 적용하는 것이 시급할지 모른다. 만일 가지나 메시 전류가 요구된다면, 메시 해석을 사용하는 것이 더 나을 수 있다.

두 가지 해석 방법에 다 익숙한 것이, 적어도 두 가지 이유로, 도움을 준다. 첫째, 한 가지 방법은, 가능하다면, 다른 방법에 의한 결과를 검증할 때 사용될 수 있다. 둘째, 각각의 방법은 한계를 가지기 때문에 어떤 특별한 문제에 있어서 오직 한 가지 방법이 더 적절할 수 있다. 예를 들면, 3.9절에서 보는 바와 같이 트랜지스터를 해석하는 데는 메시 해석이 유일한 방법이다. 그러나 메시 해석은 5장에서 보는 바와 같이 연산증폭을 푸는 데 있어 쉽게 사용될 수 없다. 왜냐하면 연산증폭을 자신에 대한 전압을 직접 구할 수 있는 방법이 없기 때문이다. 비평면 회로에 대해서는 노드 해석이 유일한 선택이다. 왜냐하면, 메시 해석은 오직 평면 회로에만 적용되기 때문이다. 또한 노드 해석은 프로그램하기 쉽기 때 문에 컴퓨터에 의한 해를 구하는 데 있어 더 편리하다. 컴퓨터 프로그램은 수 계 산으로 힘든 복잡한 회로들을 해석하게 한다. 노드 해석을 바탕으로 한 컴퓨터 소프트웨어 패키지가 다음 장에서 소개된다.

3.8 ▌ *PSpice*를 이용한 회로 해석

▌윈도우용 *PSpice* 사용을 위한 튜토리얼은 Connect에서 찾을 수 있다.

*PSpices*는 이 교과서 과정 전체에 걸쳐 우리가 배우게 될 컴퓨터 소프트웨어 회 로 해석 프로그램이다. 이번 절은 우리가 지금까지 공부한 DC 회로를 해석하는 데 있어 윈도우용 *PSpice* 사용법을 설명해 준다.

　　독자들은 이 절을 진행하기 전에 튜토리얼을 살펴보는 것이 좋다. *PSpice*는 모든 회로 요소의 수치적 값을 알고 가지 전압과 전류들을 결정할 때만이 유용 하다는 것에 주목하기 바란다.

예제 3.10

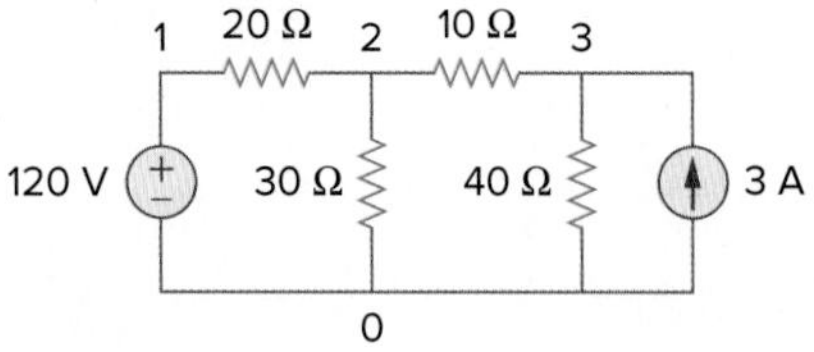

1　20 Ω　2　10 Ω　3

120 V 　30 Ω　40 Ω　3 A

0

그림 3.31
예제 3.10.

*PSpice*를 이용하여 그림 3.31의 회로에서 노드 전압들을 구하라.

풀이:

첫 번째 단계는 Schematics를 이용하여 주어진 회로를 그리는 것이다. 부록 D.2 와 D.3절에 주어진 지시 사항을 따르면 그림 3.32의 회로도가 생성된다. 이것 은 직류(DC) 해석이므로, 전압원 VDC와 전류원 IDC를 사용한다. 요구되는 노 드 전압을 표시하기 위해 VIEWPOINTS를 추가한다. 일단 회로가 그려지고 *exam310.sch*로 저장되면, **Analysis/Simulate**를 선택하여 *Pspice*를 실행한다. 회로에 대한 시뮬레이션이 끝나면 결과가 VIEWPOINTS 상에 표시되며 출력 파일 *exam310.out*에 저장된다. 출력 파일 내용은 다음과 같다:

```
NODE  VOLTAGE     NODE  VOLTAGE     NODE  VOLTAGE
(1)   120.0000    (2)    81.2900    (3)    89.0320
```

이것은 $V_1 = 120$ V, $V_2 = 81.29$ V, $V_3 = 89.032$ V라는 것을 의미한다.

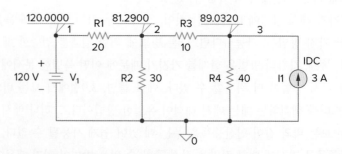

그림 3.32
예제 3.10: 그림 3.31의 회로 배선도.

그림 3.33의 회로에 대해 *PSpice*를 이용하여 노드 전압들을 구하라.

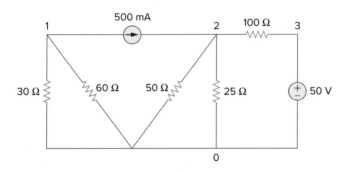

그림 3.33
실전문제 3.10.

답: $V_1 = -10$ V, $V_2 = 14.286$ V, $V_3 = 50$ V

그림 3.34의 회로에서 전류 i_1, i_2 그리고 i_3를 결정하라.

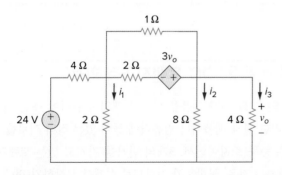

그림 3.34
예제 3.11.

풀이:

회로도는 그림 3.35에서 보는 바와 같다. (그림 3.35의 회로도는 출력 결과를 포함한다. 이것은 시뮬레이션 후 화면에 표시된 회로도라는 것을 의미한다.) 전압에 의해 제어되는 전압원 E1(그림 3.35)는 그것의 입력이 4 Ω 저항기 양단에 걸린 전압이 되도록 연결된다. 이득은 3이 되도록 설정된다. 필요 전류를 표시하기 위해 모조 부품 IPROBES를 해당 가지에 삽입한다. 이 회로 개략도는 *exam311.sch*로 저장되며 **Analysis/Simulate**를 선택함으로써 실행된다. 결과들은 그림 3.35에서 보는 바와 같이 IPROBES 상에 표시되며 출력 파일 *exam311.out*에 저장된다. 출력 파일이나 IPROBES로부터, $i_1 = i_2 = 1.333$ A 그리고 $i_3 = 2.667$ A를 얻는다.

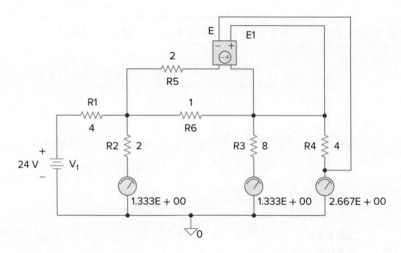

그림 3.35
그림 3.34의 회로의 배선도.

실전문제 3.11

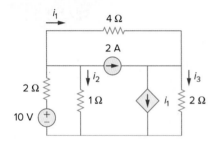

그림 3.36
실전문제 3.11.

*PSpice*를 사용하여 그림 3.36의 회로에서 전류 i_1, i_2 그리고 i_3를 결정하라.

답: $i_1 = -428.6$ mA, $i_2 = 2.286$ A, $i_3 = 2$ A

3.9   †응용: DC 트랜지스터 회로

대부분의 사람들은 늘 전자 제품을 다루고 개인 컴퓨터에 대한 어떤 경험을 가지고 있다. 이러한 전자 제품이나 컴퓨터에 들어 있는 집적 회로를 위한 가장 기본적인 부품은 능동 소자이면서, 3개의 단자를 가지고 있는 **트랜지스터**다. 트랜지스터를 이해하는 것은, 공학도가 전자회로 설계를 시작하기 전에 필수적이다.

그림 3.37은 상용화된 많은 종류의 트랜지스터를 보여 준다. 트랜지스터에는 두 가지의 기본 형태가 있다. 2극 접합 트랜지스터(bipolar junction transistor: BJT)와 필드 효과 트랜지스터(field-effect transistor: FET)가 그것이다. 여기서 우리는 BJT만 살펴 볼 것이다. BJT는 먼저 개발되었고 아직도 사용되고 있다. 우리의 목표는 이 장에서 개발된 테크닉을 적용하여 DC 트랜지스터 회로를 해석할 수 있도록 BJT에 대한 충분한 내용을 제시하는 것이다.

BJT에는 *npn*, *pnp* 두 형태가 있다. 그림 3.38에서 보는 바와 같은 기호로 표시된다. 각각의 형태는 이미터(E), 베이스(B), 그리고 컬렉터(C)라고 명명되는 3개의 단자를 가지고 있다. *npn* 트랜지스터에 있어서, 전류와 전압은 그림 3.39에 명시된 바와 같다. 그림 3.39(a)에 KCL을 적용하면,

$$I_E = I_B + I_C \tag{3.27}$$

Historical

William Schockley (1910~1989), **John Bardeen** (1908~1991), **Walter Brattain** (1902~1987)은 트랜지스터를 공동 발명하였다.

산업시대에서 공학자의 시대로 변화하는 데 있어 트랜지스터보다 더 큰 영향을 준 것은 없다. 쇼클리 박사, 바딘 박사, 브래튼 박사도 이렇게 인류 역사에 경이적인 영향을 줄지는 몰랐을 것으로 확신한다. 벨연구소에서 일할 때, 그들은 1947년 바딘과 브래튼에 의해 발명된 점접촉 트랜지스터를 성공적으로 시험하였다. 그리고 1948년 쇼클리에 의해 고안된 접합 트랜지스터는 1951년 성공적으로 생산되었다.

요즘 가장 흔히 사용되는 필드 효과 트랜지스터에 대한 아이디어가 미국에 이주한 독일인 릴리엔펠트에 의해 1925~1928년 사이에 처음으로 착상되었다는 것은 흥미롭다. 이것은 필드 효과 트랜지스터인 것으로 보이는 것에 대한 그의 특허를 보면 확실하다. 불행하게도, 구현 기술은 1954년까지 기다려야 되었고, 이때 쇼클리의 필드 효과 트랜지스터가 개발되었다. 이 트랜지스터가 30년 일찍 나오게 되었다면 오늘날이 어떤 모습일까를 생각해 보라!

트랜지스터를 발명한 공헌으로, 쇼클리 박사, 바딘 박사, 그리고 브래튼 박사는 1956년 노벨 물리학상을 받았다. 바딘 박사는 노벨 물리학상을 두 번 수상한 유일한 사람이라는 것을 기억해둘 만하다. 두 번째 상은 일리노이 대학에서의 초전도 현상에 대한 연구로 수상하였다.

Hulton Archive/Archive Photos/ Stringer/Getty Images

그림 3.37
다양한 트랜지스터의 종류.
(McGraw-Hill Education/Mark Dierker, photographer)

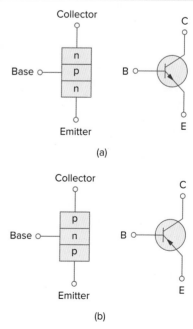

그림 3.38
두 가지 형태의 BJT와 회로 기호: (a) *npn*, (b) *pnp*.

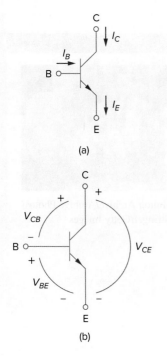

그림 3.39

npn 트랜지스터의 단말 변수들: (a) 전류,
(b) 전압.

이 된다. 여기서 I_E, I_C 그리고 I_B는 각각 이미터, 컬렉터, 베이스 전류이다. 유사하게 그림 3.39(b)에 KVL을 적용하면

$$V_{CE} + V_{EB} + V_{BC} = 0 \tag{3.28}$$

이 된다. 여기서 V_{CE}, V_{EB} 그리고 V_{BC}는 각각 컬렉터−이미터, 이미터−베이스, 베이스−컬렉터 전압이다. BJT는 3개의 모드 중 하나에서 작동할 수 있다: 능동(active), 차단(cutoff), 포화(saturation). 트랜지스터가 능동 모드에서 작동 시, 대체로 $V_{BE} \simeq 0.7$ V이다.

$$I_C = \alpha I_E \tag{3.29}$$

여기서 α는 공통−베이스 전류 이득이라고 불린다. 식 (3.29)에서, α는 이미터에서 주입되고 컬렉터에서 수집되는 전자 수의 비를 말한다. 또한,

$$\boxed{I_C = \beta I_B} \tag{3.30}$$

이다. 여기서 β는 공통−이미터 전류 이득이다. α와 β는 주어진 트랜지스터의 특성을 나타내고 그 트랜지스터에 대해 일정한 상수를 갖는다. 대체로, α는 0.98에서 0.999의 범위에 있고 β는 50에서 1,000의 범위에 있는 값을 취한다. 식 (3.27)에서 (3.30)까지를 보면,

$$I_E = (1 + \beta)I_B \tag{3.31}$$

와

$$\beta = \frac{\alpha}{1 - \alpha} \tag{3.32}$$

는 명확하다. 이러한 식들은 능동 모드에서 BJT가 종속 전류원(전류가 제어하는)으로 모델링될 수 있다. 그러므로 회로 해석에서, 그림 3.40(b)의 DC 등가 모델이 그림 3.40(a)의 *npn* 트랜지스터를 대체하여 사용될 수 있다. 식 (3.32)의 β는 큰 값을 가지므로, 작은 베이스 전류는 출력 회로에 큰 전류를 흐르게 할 수

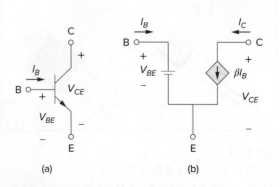

그림 3.40
(a) *npn* 트랜지스터, (b) dc 등가 모델.

있다. 따라서 이극 트랜지스터는 전류와 전압 이득을 보는 증폭기로 작동할 수 있다. 이러한 증폭기들은 스피커나 제어 모터 같은 변환기에 상당한 양의 전력을 공급하는 데 사용될 수 있다.

    다음 예제에서 트랜지스터 단자 사이의 전위 차이로 인해 노드 해석을 통해 트랜지스터 회로를 직접 해석할 수 없다는 것을 관찰할 수 있다. 트랜지스터가 등가 회로로 대체된 다음에야 노드 해석을 적용할 수 있다.

사실, 트랜지스터 회로는 종속전원 공부에 동기를 부여한다.

그림 3.41의 트랜지스터 회로에서 I_B, I_C, v_o를 구하라. 트랜지스터는 능동 모드에 있고 $\beta = 50$이라고 가정하라.

예제 3.12

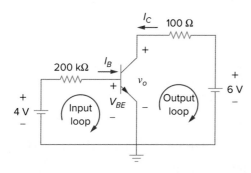

그림 3.41
예제 3.12.

풀이:

입력 루프에 대해 KVL을 이용하면,

$$-4 + I_B(200 \times 10^3) + V_{BE} = 0$$

이 된다. 능동 모드에서 $V_{BE} = 0.7$ V이므로

$$I_B = \frac{4 - 0.7}{200 \times 10^3} = 16.5 \ \mu A$$

이다. 이때

$$I_C = \beta I_B = 50 \times 16.5 \ \mu A = 0.825 \ mA$$

가 된다.

    출력 루프에 대해 KVL을 적용하면,

$$-v_o - 100I_C + 6 = 0$$

이나

$$v_o = 6 - 100I_C = 6 - 0.0825 = 5.917 \ V$$

가 된다. 이 경우에 $v_o = V_{CE}$임을 기억하라.

실전문제 3.12

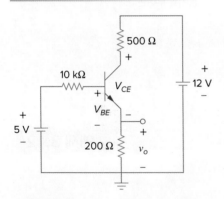

그림 3.42
실전문제 3.12.

그림 3.42의 트랜지스터 회로에서, $\beta = 100$이고 $V_{BE} = 0.7$ V이다. v_o와 V_{CE}를 구하라.

답: 2.876 V, 1.984 V

예제 3.13

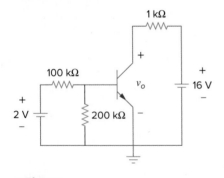

그림 3.43
예제 3.13.

그림 3.43의 BJT 회로에서 $\beta = 150$이고 $V_{BE} = 0.7$ V이다. v_o를 구하라.

풀이:

1. **정의하라.** 회로는 명확하게 정의되었고 문제도 명확히 기술되었다. 더 필요한 추가 의문도 없어 보인다.
2. **제시하라.** 그림 3.43에 보여진 출력 전압을 결정해야 한다. 회로는 $\beta = 150$이고 $V_{BE} = 0.7$ V인 이상적인 트랜지스터를 포함하고 있다.
3. **대체방안.** v_o에 대해서 풀기 위해 메시 해석을 할 수 있다. 트랜지스터를 등가 회로로 바꾸어 노드 해석을 할 수도 있다. 두 가지 접근 방법을 다 사용해서 결과를 가지고 서로 검증해 볼 수 있다. 세 번째 검증 방법으로 등가회로를 기본으로 *PSpice*를 이용할 수 있다.
4. **시도하라.**

■ **방법 1** 그림 3.44(a)에서 첫 번째 루프로 시작하여

$$-2 + 100kI_1 + 200k(I_1 - I_2) = 0 \quad \text{또는} \quad 3I_1 - 2I_2 = 2 \times 10^{-5}$$
$$(3.13.1)$$

를 얻는다. 루프 2에 대해서는

$$200k(I_2 - I_1) + V_{BE} = 0 \quad \text{또는} \quad -2I_1 + 2I_2 = -0.7 \times 10^{-5} \quad (3.13.2)$$

를 얻는다. 두 개의 식과 두 개의 미지수를 가지고 있으므로 I_1과 I_2에 대해 풀 수 있다. 식 (3.13.1)과 (3.13.2)를 더하면,

$$I_1 = 1.3 \times 10^{-5}\text{A} \quad \text{그리고} \quad I_2 = (-0.7 + 2.6)10^{-5}/2 = 9.5 \ \mu\text{A}$$

이 된다. $I_3 = -150I_2 = -1.425$ mA이므로, 루프 3을 이용하여 v_o에 대하여 풀면

$$-v_o + 1 \ kI_3 + 16 = 0 \quad \text{또는} \quad v_o = -1.425 + 16 = \mathbf{14.575 \ V}$$

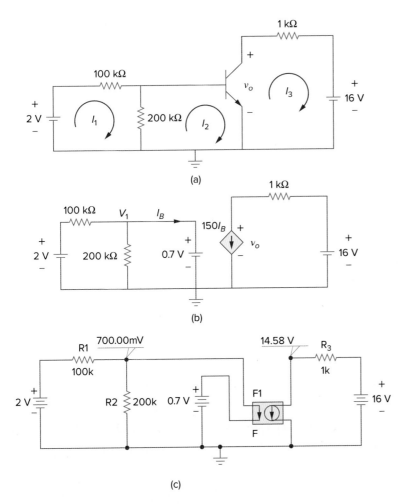

그림 3.44
예제 3.13의 해법: (a) 방법 1, (b) 방법 2, (c) 방법 3.

가 된다.

■ **방법 2**　트랜지스터를 등가회로로 바꾸면 그림 3.44(b)의 회로와 같이 된다. 이제 노드 전압을 적용하여 v_o에 대하여 풀 수 있다.

노드 1에서, $V_1 = 0.7$ V

$$(0.7 - 2)/100k + 0.7/200k + I_B = 0 \quad \text{또는} \quad I_B = 9.5 \ \mu\text{A}$$

가 된다. 노드 2에서는,

$$150I_B + (v_o - 16)/1k = 0 \quad \text{또는}$$
$$v_o = 16 - 150 \times 10^3 \times 9.5 \times 10^{-6} = \textbf{14.575 V}$$

가 된다.

5. **평가하라.** 답들은 서로 일치한다. 그러나 더 검증하기 위해 *PSpice*(방법 3)를 사용할 수 있다. 이것을 이용하면 그림 3.44(c)에서 보는 바와 같은 해

를 얻는다.

6. **만족하는가?** 그렇다. 요구되는 답을 확실한 검증과 함께 구하였다. 이러한 결과를 주어진 문제에 대한 답으로 제시할 수 있다.

실전문제 3.13

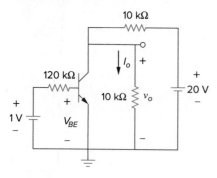

그림 3.45
실전문제 3.13.

그림 3.45의 트랜지스터 회로에서 $\beta = 80$이고 $V_{BE} = 0.7$ V이다. v_o와 I_o를 구하라.

답: 9 V, 900 μA

3.10   요약

1. 노드 해석은 키르히호프전류의 법칙을 비기준 노드에 적용한다. 이 방법은 평면이나 비평면 회로에 다 적용 가능하다. 결과들은 노드 전압에 의해서 표현된다. 연립 방정식을 풀면 노드 전압을 구할 수 있다.

2. 큰 노드는 전압원(독립이나 종속)에 의해 연결된 두 개의 비기준 노드으로 구성된다.

3. 메시 해석은 평면 회로에서 메시 둘레로 키르히호프전압의 법칙을 적용한다. 결과들은 메시 전류에 의해서 표현된다. 연립 방정식을 풀면 메시 전류가 나온다.

4. 큰 메시는 공통으로 전류원(독립이나 종속)을 갖는 두 개의 메시로 구성된다.

5. 노드 해석은 메시보다 노드 수가 적은 회로에 보통 사용된다. 메시 해석은 노드보다 메시 수가 적은 회로에 보통 사용된다.

6. 회로 해석은 *PSpice*를 이용하여 수행될 수 있다.

7. DC 트랜지스터 회로는 이 장에서 다룬 기술들을 사용하여 해석될 수 있다.

복습문제

3.1 회로 그림 3.46의 노드 1에서, KCL을 적용하면 어떤 식이 되는가?

(a) $2 + \dfrac{12 - v_1}{3} = \dfrac{v_1}{6} + \dfrac{v_1 - v_2}{4}$

(b) $2 + \dfrac{v_1 - 12}{3} = \dfrac{v_1}{6} + \dfrac{v_2 - v_1}{4}$

(c) $2 + \dfrac{12 - v_1}{3} = \dfrac{0 - v_1}{6} + \dfrac{v_1 - v_2}{4}$

(d) $2 + \dfrac{v_1 - 12}{3} = \dfrac{0 - v_1}{6} + \dfrac{v_2 - v_1}{4}$

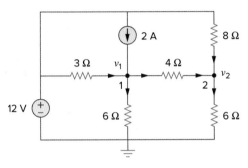

그림 3.46
복습문제 3.1, 3.2.

3.2 회로그림 3.46의 노드 2에서 KCL을 적용하면 어떤 식이 되는가?

(a) $\dfrac{v_2 - v_1}{4} + \dfrac{v_2}{8} = \dfrac{v_2}{6}$

(b) $\dfrac{v_1 - v_2}{4} + \dfrac{v_2}{8} = \dfrac{v_2}{6}$

(c) $\dfrac{v_1 - v_2}{4} + \dfrac{12 - v_2}{8} = \dfrac{v_2}{6}$

(d) $\dfrac{v_2 - v_1}{4} + \dfrac{v_2 - 12}{8} = \dfrac{v_2}{6}$

3.3 회로그림 3.47에서 v_1과 v_2의 관계가 맞는 것은?

(a) $v_1 = 6i + 8 + v_2$ (b) $v_1 = 6i - 8 + v_2$

(c) $v_1 = -6i + 8 + v_2$ (d) $v_1 = -6i - 8 + v_2$

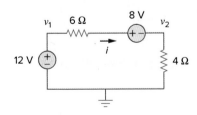

그림 3.47
복습문제 3.3, 3.4.

3.4 회로그림 3.47에서 v_2의 전압은?

(a) -8 V   (b) -1.6 V

(c) 1.6 V   (d) 8 V

3.5 회로그림 3.48에서 전류 i의 값은?

(a) -2.667 A   (b) -0.667 A

(c) 0.667 A   (d) 2.667 A

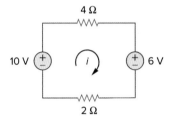

그림 3.48
복습문제 3.5, 3.6.

3.6 회로그림 3.48의 루프 방정식인 것은?

(a) $-10 + 4i + 6 + 2i = 0$

(b) $10 + 4i + 6 + 2i = 0$

(c) $10 + 4i - 6 + 2i = 0$

(d) $-10 + 4i - 6 + 2i = 0$

3.7 회로그림 3.49에서 전류 i_1의 값은?

(a) 4 A   (b) 3 A   (c) 2 A   (d) 1 A

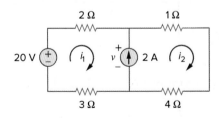

그림 3.49
복습문제 3.7, 3.8.

3.8 회로그림 3.49에서 전류원의 양단에 걸리는 전압 v는?

(a) 20 V   (b) 15 V   (c) 10 V   (d) 5 V

3.9 *PSpice*에서 전류 조정 전압원의 이름은 무엇인가?

(a) EX   (b) FX   (c) HX   (d) GX

3.10 다음 중 의사 요소 IPROBE에 관한 내용 중 거짓인 것을 찾아라.

(a) 직렬로 연결되어야만 한다.

(b) 그것은 가지전류를 그린다.

(c) 그것은 연결된 가지를 통해 흐르는 전류를 표시한다.

(d) 그것을 병렬로 연결함으로써 전압을 표시할 수 있다.

(e) 그것은 dc 해석에서만 사용된다.

(f) 그것은 특별한 회로 요소에 상응하지 않는다.

답: *3.1a, 3.2c, 3.3a, 3.4c, 3.5c, 3.6a, 3.7d, 3.8b, 3.9c, 3.10b,d*

문제

3.2와 3.3절　노드 해석

3.1 그림 3.50을 이용하여 노드 해석을 다른 학생들에게 더 잘 이해시키기 위한 문제를 설계하라.

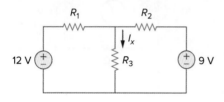

그림 3.50
문제 3.1, 3.39.

3.2 그림 3.51의 회로에서 v_1, v_2를 구하라.

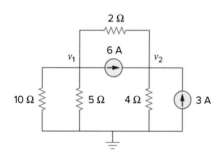

그림 3.51
문제 3.2.

3.3 그림 3.52의 회로에서 I_1부터 I_4까지, 그리고 v_o를 구하라.

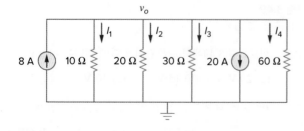

그림 3.52
문제 3.3.

3.4 주어진 그림 3.53의 회로에서 전류 $i_1 \sim i_4$를 계산하라.

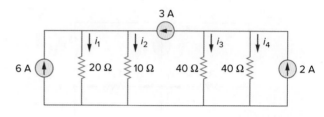

그림 3.53
문제 3.4.

3.5 그림 3.54의 회로에서 v_o를 구하라.

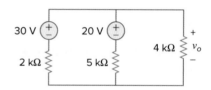

그림 3.54
문제 3.5.

3.6 노드 해석을 사용하여 그림 3.55의 회로에서 V_1를 구하라.

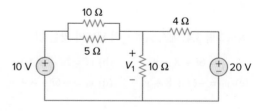

그림 3.55
문제 3.6.

3.7 노드 해석 방법을 적용하여 그림 3.56의 회로에서 V_x를 구하라.

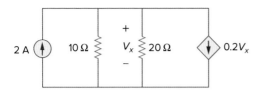

그림 3.56
문제 3.7.

3.8 노드 해석 방법을 사용하여 그림 3.57의 회로에서 v_o를 구하라.

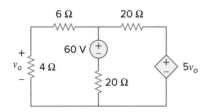

그림 3.57
문제 3.8, 3.37.

3.9 노드 해석 방법을 사용하여 그림 3.58의 회로에서 I_b를 결정하라.

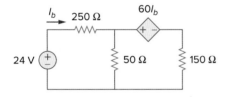

그림 3.58
문제 3.9.

3.10 그림 3.59의 회로에서 I_o를 구하라.

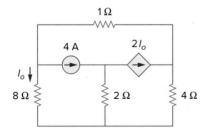

그림 3.59
문제 3.10.

3.11 그림 3.60의 회로에서 V_o를 구하라. 또 각 저항에서 소모된 전력을 구하라.

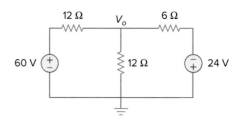

그림 3.60
문제 3.11.

3.12 노드 해석법을 사용해서 그림 3.61의 회로에서 V_o를 결정하라.

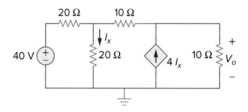

그림 3.61
문제 3.12.

3.13 노드 해석법을 사용하여 그림 3.62의 회로에서 v_1, v_2를 계산하라.

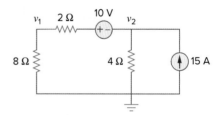

그림 3.62
문제 3.13.

3.14 노드 해석법을 사용하여 그림 3.63의 회로에서 v_o를 구하라.

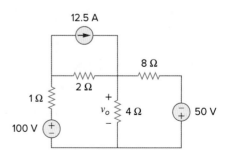

그림 3.63
문제 3.14.

3.15 그림 3.64의 회로에서 노드 해석법을 적용하여 i_o를 구하라. 또 각 저항에서 소모된 전력을 구하라.

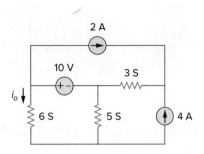

그림 3.64
문제 3.15.

3.16 노드 해석법을 사용하여 그림 3.65의 회로에서 전압 v_1에서 v_3까지를 결정하라.

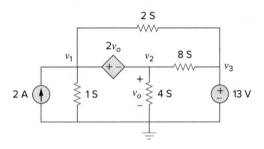

그림 3.65
문제 3.16.

3.17 노드 해석법을 사용하여 그림 3.66의 회로에서 전류 i_o를 구하라.

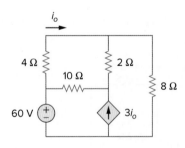

그림 3.66
문제 3.17.

3.18 노드 해석법을 사용하여 그림 3.67의 회로에서 노드 전압을 결정하라.

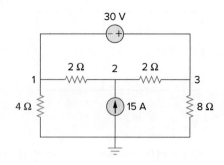

그림 3.67
문제 3.18.

3.19 노드 해석법을 사용하여 그림 3.68의 회로에서 v_1, v_2, v_3를 구하라.
ML

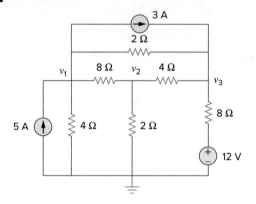

그림 3.68
문제 3.19.

3.20 노드 해석법을 사용하여 그림 3.69의 회로에서 v_1, v_2, v_3를 구하라.

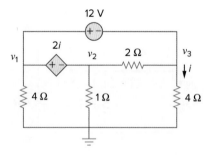

그림 3.69
문제 3.20.

3.21 노드 해석법을 사용하여 그림 3.70의 회로에서 v_1, v_2를 구하라.

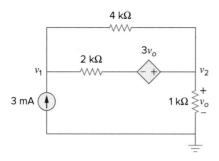

그림 3.70
문제 3.21.

3.22 그림 3.71의 회로에서 v_1, v_2를 결정하라.

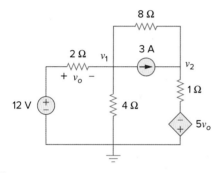

그림 3.71
문제 3.22.

3.23 노드 해석법을 사용하여 그림 3.72의 회로에서 V_o를 구하라.

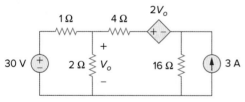

그림 3.72
문제 3.23.

3.24 노드 해석법과 *MATLAB*을 사용하여 그림 3.73의 회로에서 V_o를 구하라.

ML

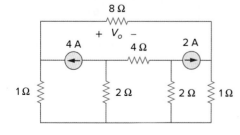

그림 3.73
문제 3.24.

3.25 노드 해석법과 *MATLAB*을 사용하여 그림 3.74의 회로에서 노드 전압을 결정하라.

ML

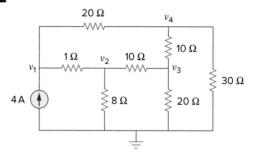

그림 3.74
문제 3.25.

3.26 그림 3.75의 회로에서 노드 전압 v_1, v_2, v_3를 계산하라.

ML

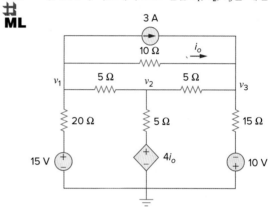

그림 3.75
문제 3.26.

*3.27 노드 해석법을 사용하여 그림 3.76의 회로에서 전압 v_1, v_2, v_3를 결정하라.

ML

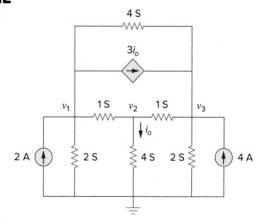

그림 3.76
문제 3.27.

* 별표는 난이도가 높은 문제를 가리킨다.

*3.28 *MATLAB*을 사용하여 그림 3.77의 회로에서 노드 a, b, c, d에서의 전압을 구하라.

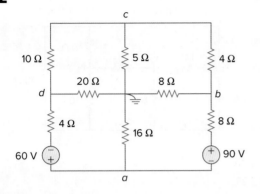

그림 3.77
문제 3.28.

3.29 *MATLAB*을 사용하여 그림 3.78의 회로에서 노드의 전압을 구하라.

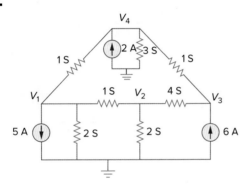

그림 3.78
문제 3.29.

3.30 노드 해석법을 사용하여 그림 3.79의 회로에서 v_o와 i_o를 구하라.

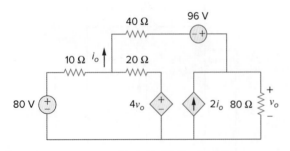

그림 3.79
문제 3.30.

3.31 그림 3.80의 회로에서 노드 전압을 구하라.

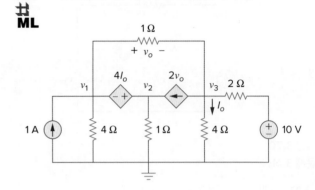

그림 3.80
문제 3.31.

3.32 그림 3.81의 회로에서 노드 전압 v_1, v_2, v_3를 구하라.

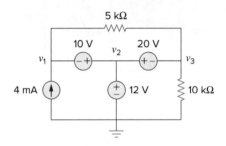

그림 3.81
문제 3.32.

3.4와 3.5절 메시 해석

3.33 그림 3.82의 회로는 평면으로 구성되어 있는가? 만약 평면이라면 겹치는 부분이 없도록 다시 그려라.

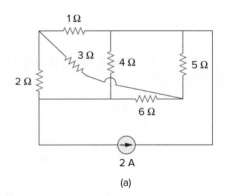

(a)

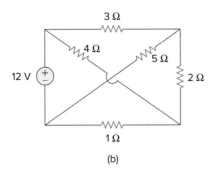

(b)

그림 3.82
문제 3.33.

3.34 그림 3.83의 회로가 평면인지 정의하라. 그리고 겹치는 부분이 없도록 다시 그려라.

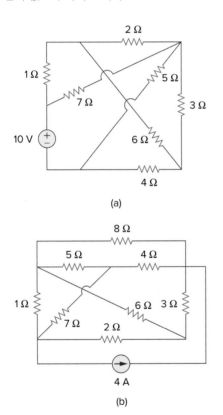

(a)

(b)

그림 3.83
문제 3.34.

3.35 문제 3.5를 메시 해석법을 사용하여 다시 풀어라.

3.36 그림 3.84에서 메시 해석법을 사용하여 i_1, i_2, i_3를 구하라.

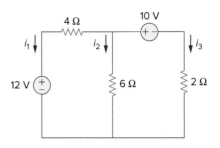

그림 3.84
문제 3.36.

3.37 문제 3.8을 메시 해석법을 사용하여 풀어라.

3.38 그림 3.85의 회로를 메시 해석법으로 풀어서 I_o를 구하라.

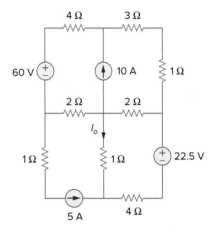

그림 3.85
문제 3.38.

3.39 문제 3.1의 그림 3.50을 사용하여 메시 해석법을 다른 학생들에게 더 잘 이해시키기 위한 문제를 설계하라.

3.40 그림 3.86의 브리지 네트워크에서 메시 해석법을 사용하여 i_o를 구하라.

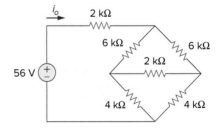

그림 3.86
문제 3.40.

3.41 메시 해석법을 적용하여 그림 3.87에서 i를 구하라.

ML

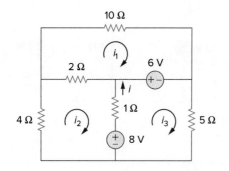

그림 3.87
문제 3.41.

3.42 그림 3.88에서 다른 학생들에게 메시 해석법을 더 잘 이해시키기 위한 문제를 설계하라.

e2d

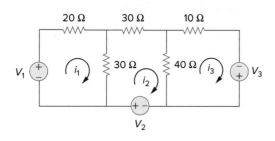

그림 3.88
문제 3.42.

3.43 메시 해석법을 사용하여 그림 3.89의 회로에서 v_{ab}, i_o를 구하라.

ML

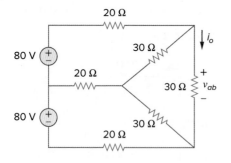

그림 3.89
문제 3.43.

3.44 메시 해석법을 사용하여 그림 3.90의 회로에서 i_o를 얻어라.

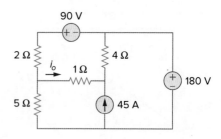

그림 3.90
문제 3.44.

3.45 그림 3.91의 회로에서 전류 i를 구하라.

ML

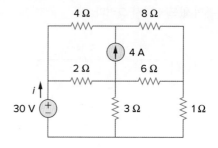

그림 3.91
문제 3.45.

3.46 그림 3.92에서 메시 전류 i_1, i_2를 계산하라.

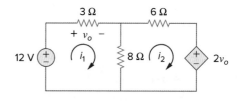

그림 3.92
문제 3.46.

3.47 문제 3.19를 메시 해석을 사용하여 다시 풀어라.

ML

3.48 메시 해석법을 사용하여 그림 3.93의 회로에서 저항 10-kΩ을 통과하는 전류를 결정하라.

ML

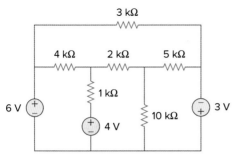

그림 3.93
문제 3.48.

3.49 그림 3.94의 회로에서 v_o, i_o를 구하라.

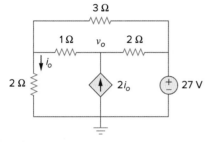

그림 3.94
문제 3.49.

3.50 메시 해석법을 사용하여 그림 3.95의 회로에서 전류 i_o
⊞ML 를 구하라.

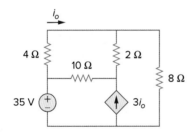

그림 3.95
문제 3.50.

3.51 메시 해석법을 적용하여 그림 3.96의 회로에서 v_o를 구하라.

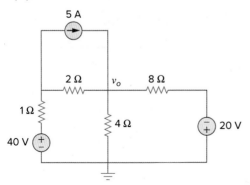

그림 3.96
문제 3.51.

3.52 메시 해석법을 사용하여 그림 3.97의 회로에서 i_1, i_2, i_3
⊞ML 를 구하라.

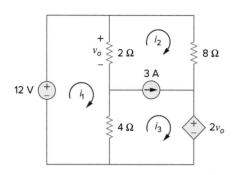

그림 3.97
문제 3.52.

3.53 *MATLAB*을 사용하여 그림 3.98의 회로에서 메시 전류
⊞ML 를 구하라.

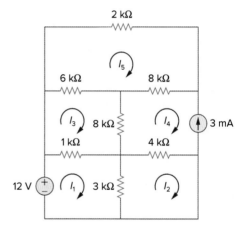

그림 3.98
문제 3.53.

3.54 그림 3.99의 회로에서 메시 전류 i_1, i_2, i_3를 구하라.
⊞ML

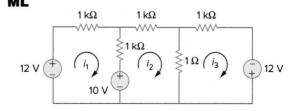

그림 3.99
문제 3.54.

*3.55 그림 3.100의 회로에서 I_1, I_3, I_3를 계산하라.

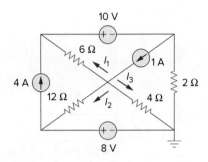

그림 3.100
문제 3.55.

3.56 그림 3.101의 회로에서 v_1, v_2를 결정하라.

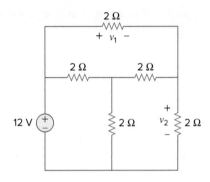

그림 3.101
문제 3.56.

3.57 그림 3.102의 회로에서 i_o = 15 mA일 때 R, V_1, V_2를 구하라.

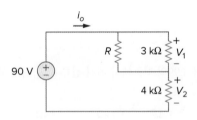

그림 3.102
문제 3.57.

3.58 그림 3.103의 회로에서 i_1, i_2, i_3를 구하라.

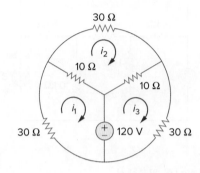

그림 3.103
문제 3.58.

3.59 문제 3.30을 메시 해석법을 사용하여 다시 풀어라.

3.60 그림 3.104의 회로에서 각 저항에서 손실된 전력을 계산하라.

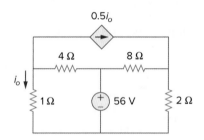

그림 3.104
문제 3.60.

3.61 그림 3.105의 회로에서 전류 이득 i_o/i_s를 계산하라.

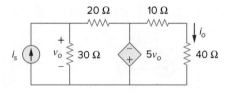

그림 3.105
문제 3.61.

3.62 그림 3.106의 망에서 메시 전류 i_1, i_2, i_3를 구하라.

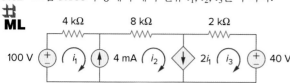

그림 3.106
문제 3.62.

3.63 그림 3.107의 회로에서 v_x, i_x를 구하라.

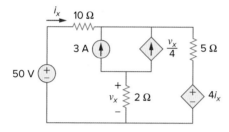

그림 3.107
문제 3.63.

3.64 그림 3.108의 회로에서 v_o, i_o를 구하라.

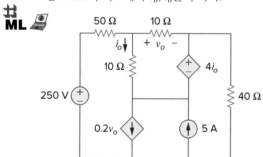

그림 3.108
문제 3.64.

3.65 *MATLAB*을 사용하여 그림 3.109의 회로에서 메시 전류를 구하라.

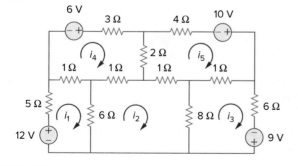

그림 3.109
문제 3.65.

3.66 그림 3.110의 회로의 메시 방정식을 써라. 그런 후 *MATLAB*을 사용하여 메시 전류를 결정하라.

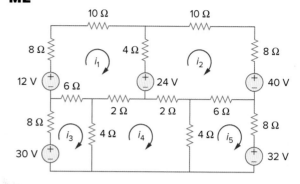

그림 3.110
문제 3.66.

3.6절　단순한 검사에 의한 절점 및 메시 해석

3.67 그림 3.111의 회로에서 검사를 위한 노드 전압 방정식을 얻어라. 그리고 V_o를 구하라.

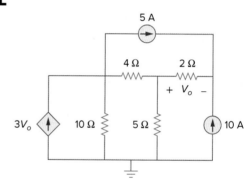

그림 3.111
문제 3.67.

3.68 그림 3.112의 회로에서 노드 해석법을 더 잘 이해시키기 위한 문제를 설계하고 전압 V_o를 구하라. 계산이 쉽도록 값을 잘 설계하라.

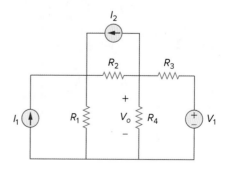

그림 3.112
문제 3.68.

3.69 그림 3.113의 회로에서 검사를 위한 노드 전압 방정식을 써라.

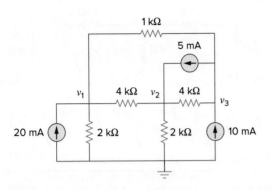

그림 3.113
문제 3.69.

3.70 그림 3.114의 회로에서 검사를 위한 노드 전압 방정식을 써라. 그리고 V_1, V_2 값을 결정하라.

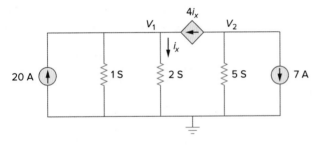

그림 3.114
문제 3.70.

3.71 그림 3.115 회로의 메시 전류 방정식을 써라. 다음으로 i_1, i_2, i_3의 값을 결정하라.

ML

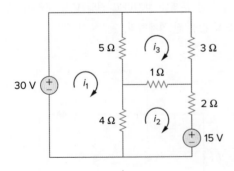

그림 3.115
문제 3.71.

3.72 그림 3.116의 회로를 단순 검사하여 메시 전류 방정식을 써라.

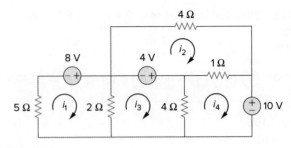

그림 3.116
문제 3.72.

3.73 그림 3.117의 회로에서 메시 전류 방정식을 써라.

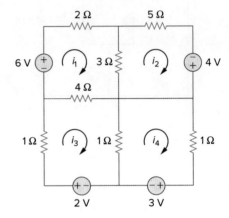

그림 3.117
문제 3.73.

3.74 그림 3.118의 회로에서 검사를 위한 메시 전류 방정식을 얻어라.

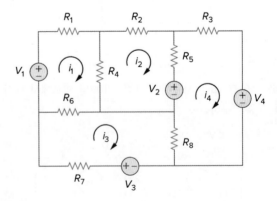

그림 3.118
문제 3.74.

3.8절   *PSpice* 또는 *MultiSim*을 이용한 회로 해석

3.75 문제 3.58을 *PSpice* 또는 *MultiSim*을 사용하여 풀어라.

3.76 문제 3.27을 *PSpice* 또는 *MultiSim*을 사용하여 풀어라.

3.77 *PSpice* 또는 *MultiSim*을 사용하여 그림 3.119의 회로에서 V_1, V_2를 구하라.

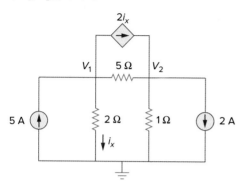

그림 3.119
문제 3.77.

3.78 문제 3.20을 *PSpice* 또는 *MultiSim*을 사용하여 풀어라.

3.79 문제 3.28을 *PSpice* 또는 *MultiSim*을 사용하여 다시 풀어라.

3.80 *PSpice* 또는 *MultiSim*을 사용하여 그림 3.120의 회로에서 노드 전압 1~4를 구하라.

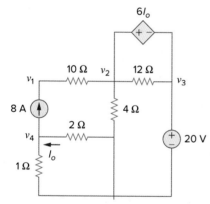

그림 3.120
문제 3.80.

3.81 예제 3.4를 *PSpice* 또는 *MultiSim*을 사용하여 풀어라.

3.82 어떤 회로에 대한 회로도 넷리스트가 다음과 같다고 할 때, 해당 회로를 그려라.

```
R_R1   1   2   2K
R_R2   2   0   4K
R_R3   3   0   8K
R_R4   3   4   6K
R_R5   1   3   3K
V_VS   4   0   DC      100
I_IS   0   1   DC      4
F_F1   1   3   VF_F1   2
VF_F1  5   0   0V
E_E1   3   2   1       3       3
```

3.83 다음 프로그램은 어떤 회로의 회로도 넷리스트다. 이 회로의 그림을 그리고 노드 2에서의 전압을 결정하라.

```
R_R1   1   2   20
R_R2   2   0   50
R_R3   2   3   70
R_R4   3   0   30
V_VS   1   0   20V
I_IS   2   0   DC      2A
```

3.9절 응용

3.84 그림 3.121의 회로에서 v_o, I_o를 계산하라.

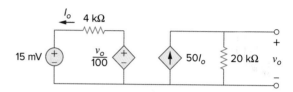

그림 3.121
문제 3.84.

3.85 9 Ω 저항을 갖는 음악 증폭기가 스피커에 전력을 공급한다. 최대의 전력이 전달되는 스피커의 저항값은 얼마인가?

3.86 그림 3.122의 간단한 트랜지스터 회로에서 전압 v_o를 계산하라.

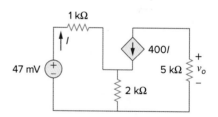

그림 3.122
문제 3.86.

3.87 그림 3.123의 회로에서 이득 v_o/v_s를 구하라.

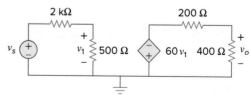

그림 3.123
문제 3.87.

*3.88 그림 3.124의 트랜지스터 증폭기 회로에서 이득 v_o/v_s를 결정하라.

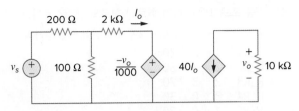

그림 3.124
문제 3.88.

3.89 그림 3.125의 트랜지스터 회로에서 I_B, V_{CE}를 구하라(β = 100, V_{BE} = 0.7 V).

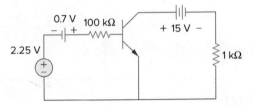

그림 3.125
문제 3.89.

3.90 그림 3.126의 트랜지스터 회로에서 s를 계산하라. 여기서 v_o = 4 V, β = 150, V_{BE} = 0.7 V이다.

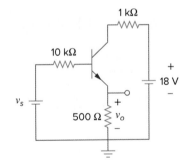

그림 3.126
문제 3.90.

3.91 그림 3.127의 트랜지스터 회로에서 I_B, V_{CE}, v_o를 구하라 (β = 200, V_{BE} = 0.7 V).

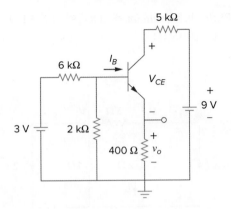

그림 3.127
문제 3.91.

3.92 그림 3.128에서 트랜지스터를 잘 이해하기 위한 문제를 **eⓧd** 설계하라. 적절한 숫자를 사용하라.

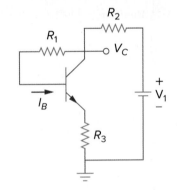

그림 3.128
문제 3.92.

종합문제

*3.93 예제 3.11을 수작업으로 다시 풀어라.

CHAPTER 4

회로 해석을 위한 정리
Circuit Theorems

기술자로서의 성공은 의사소통 능력에 정비례한다!

—Charles K. Alexander

기술과 경력 향상하기

의사소통 기술의 향상

회로 해석 과정을 수강하는 것은 전자공학 분야의 경력을 준비하는 하나의 단계이다. 의사소통에 많은 시간을 들이게 되므로, 대학에 다니는 동안 의사소통 능력을 향상하는 것이 중요하다.

산업체에 있는 사람들은 대학을 졸업한 기술자들이 쓰기와 말하기 의사소통에 충분히 훈련을 받지 않은 것에 대해 불평하곤 한다. 따라서 의사소통을 효과적으로 할 수 있는 기술자는 소중한 자산이 된다.

아마도 쉽고 빠르게 말하거나 쓸 수 있을 것이다. 하지만 어떻게 **효과적으로** 의사소통을 할 수 있는가? 효과적으로 의사소통하는 능력은 기술자로서 성공하는 데 가장 중요한 요소가 된다.

산업체의 기술자로서 의사소통 능력은 승진의 열쇠이다. 무엇이 경영의 발전에 영향을 주는가에 대해 미국의 주요 기관을 대상으로 한 여론조사 결과를 살펴보자. 그 조사는 개인의 22가지 자질과 그것들에 대한 계발의 중요성을 포함하고 있다. 그런데 "경험을 기초로 한 기술"이 뒤에서 네 번째라는 데 놀랄 것이다. 자신감, 야망, 유연성, 성숙도, 좋은 판단을 할 수 있는 능력, 사람들 속에서 일을 수행하는 능력, 어려운 일을 하는 능력 같은 요소들이 모두 높은 순위에 올라 있다. 그리고 이 목록의 최상위에 있는 것이 "의사소통 능력"이다. 즉 전문 경력이 더 높이 발전할수록 더 많은 의사소통을 필요로 하게 된다. 그러므로 공학적 도구 상자 안에서 효과적인 의사소통 능력은 매우 중요한 항목이다.

효과적인 의사소통 능력을 습득하는 것은 우리가 항상 추구해야 할 인생의 과업이다. 이것은 대학에 재학하는 동안 시작하는 것이 가장 좋다. 읽기, 듣기, 쓰기, 말하기 능력을 계속적으로 발전시킬 수 있는 방법을 찾아라. 이것은 수업 시간을 통한 발표, 팀 프로젝트, 학생 활동의 적극적인 참여, 의사소통 관련 과목 이수를 통해 가능하다. 나중에 직장에서 하는 것보다 지금 하는 것이 낫다.

임원으로 승진하기 위해서는 효과적인 의사소통 능력이 매우 중요하다.
IT Stock/PunchStock

학습목표

본 장에서 제시된 정보와 연습문제를 사용함으로써 다음 능력을 배양할 수 있다.

1. 기본 회로 해석을 위한 노드 해석법과 메시 해석법의 사용 능력을 향상할 수 있다.
2. 기본 회로에서 선형성의 특징이 지닌 기능을 이해할 수 있다.
3. 중첩의 원리 및 이를 회로 해석에 사용하는 방법을 이해할 수 있다.
4. 전원 변환과 이를 활용하여 회로를 간략화하는 방법을 이해할 수 있다.
5. 테브냉의 정리와 노턴의 정리 및 이를 활용하여 회로를 대폭 단순화하는 방법을 이해할 수 있다.
6. 최대 전력 전달의 개념을 이해할 수 있다.

4.1   서론

3장에서 익힌 키르히호프의 법칙을 이용한 회로 해석의 중요한 이점은 원래 구조의 변경 없이 회로를 해석하는 것이었다. 이 방식의 큰 단점은 크고, 복잡한 회로의 경우에는 지루한 계산이 필요하다는 것이다.

전기회로의 응용 범위가 확대되면서 회로는 단순한 것에서 복잡한 것으로 진화해 왔다. 기술자들은 오랜 시간 동안 복잡한 회로를 보다 쉽게 해석할 수 있는 이론을 개발했다. 테브냉과 노턴의 정리가 바로 그것이다. 이는 선형 회로에 적용할 수 있으므로 먼저 회로의 선형성 개념을 설명한다. 덧붙여 이 장에서는 중첩의 원리, 전원 변환, 최대 전력 전달에 대해 설명한다. 여기서 전개하는 개념은 마지막 절에 나오는 전원 제작과 저항 측정에 적용된다.

4.2   선형성

선형성은 원인과 결과 사이의 선형 관계를 나타내는 소자의 성질을 말한다. 그 특성이 많은 회로소자에 적용되지만 이 장에서는 저항에만 적용한다. 선형성은 비례성과 가산성의 결합이다.

비례성은 만약 입력에 상수를 곱하면 출력에도 같은 상수를 곱해야 함을 의미한다. 예를 들어 저항의 경우, 옴의 법칙에 의해 입력 i와 출력 v는 다음의 관계를 가진다.

$$v = iR \tag{4.1}$$

만약 전류가 k배만큼 증가하면 전압은 다음 식과 같이 동일하게 k배 증가한다.

$$kiR = kv \tag{4.2}$$

가산성은 어떤 입력들의 합에 대한 응답이 각각 분리된 입력들에 대한 응답의 합이 되어야 함을 의미한다. 저항의 전압–전류 관계식을 이용하면,

$$v_1 = i_1 R \tag{4.3a}$$

$$v_2 = i_2 R \tag{4.3b}$$

이때 $(i_1 + i_2)$가 입력이면 다음 식을 얻는다.

$$\boxed{v = (i_1 + i_2)R = i_1 R + i_2 R = v_1 + v_2} \tag{4.4}$$

전압과 전류의 관계가 비례성과 가산성을 모두 만족하므로 저항은 선형 소자이다.

가산성과 비례성을 동시에 만족하는 회로를 일반적으로 선형 회로라고 한다. 선형 회로는 선형 소자, 선형 종속 전원, 독립 전원으로만 구성된다.

> **선형 회로**는 입력과 출력이 선형(또는 정비례) 관계에 있는 회로이다.

이 책 전체에 걸쳐 선형 회로에 대해서만 고려한다. $p = i^2 R = v^2/R$(선형 함수보다는 이차 함수를 만드는 것)이므로 전력과 전압(또는 전류) 사이의 관계는 비선형이다. 그러므로 이 장에 있는 회로 정리는 전력에 적용되지 않는다.

선형 원리를 실례를 통해 살펴보기 위해 그림 4.1의 선형 회로를 고려하자. 주어진 선형 회로 안에는 독립 전원이 없다. 이 회로는 전압원 v_s에 의해 구동된다. 이 회로는 부하저항 R에 연결되어 있다. R에 흐르는 전류 i를 출력이라 하고, $v_s = 10$ V일 때 $i = 2$ A라고 가정하자. 선형 원리에 의해 $v_s = 1$ V이면 $i = 0.2$ A가 될 것이다. 같은 원리로 $i = 1$ mA가 되려면 $v_s = 5$ mV여야 한다.

예를 들어 전류 i_1이 저항 R에 흐르면 전력은 $p_1 = Ri_1^2$이고, 전류 i_2가 저항 R에 흐르면 전력은 $p_2 = Ri_2^2$이다. 만약 전류 $i_1 + i$가 저항 R에 흐르면 전력은 $p_3 = R(i_1 + i_2)^2$ $= Ri_1^2 + Ri_2^2 + 2Ri_1i_2 \neq p_1 + p_2$이다. 그러므로 전력과 전류의 관계는 비선형이다.

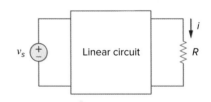

그림 4.1
입력 v_s와 출력 i의 선형 회로.

그림 4.2의 회로에서 $v_s = 12$ V일 때와 $v_s = 24$ V일 때 I_o를 구하라.

풀이:
두 루프에 KVL을 적용하면 다음 식을 얻는다.

$$12i_1 - 4i_2 + v_s = 0 \tag{4.1.1}$$

$$-4i_1 + 16i_2 - 3v_x - v_s = 0 \tag{4.1.2}$$

이때 $v_x = 2i_1$이다. 식 (4.1.2)는 다음과 같이 된다.

$$-10i_1 + 16i_2 - v_s = 0 \tag{4.1.3}$$

식 (4.1.1)과 (4.1.3)을 더하면,

$$2i_1 + 12i_2 = 0 \quad \Rightarrow \quad i_1 = -6i_2$$

이것을 식 (4.1.1)에 대입하면 다음과 같이 된다.

$$-76i_2 + v_s = 0 \quad \Rightarrow \quad i_2 = \frac{v_s}{76}$$

예제 4.1

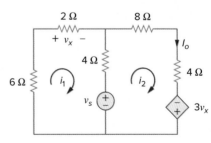

그림 4.2
예제 4.1.

v_s = 12 V일 때,

$$I_o = i_2 = \frac{12}{76} \text{ A}$$

v_s = 24 V일 때,

$$I_o = i_2 = \frac{24}{76} \text{ A}$$

여기서 전원값이 2배가 되면 I_o도 2배가 됨을 알 수 있다.

실전문제 4.1

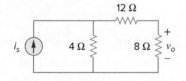

그림 4.3
실전문제 4.1.

그림 4.3의 회로에서 i_s = 30 A일 때와 i_s = 45 A일 때 v_o를 구하라.

답: 40 V, 60 V

예제 4.2

그림 4.4의 회로에서 I_o = 1 A라 가정하고, 선형성을 이용하여 I_o의 실제 값을 구하라.

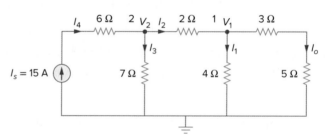

그림 4.4
예제 4.2.

풀이:

만약 I_o = 1 A라면 V_1 = (3 + 5)I_o = 8 V, I_1 = V_1/4 = 2 A가 된다. 노드 1에 KCL을 적용하면,

$$I_2 = I_1 + I_o = 3 \text{ A}$$

$$V_2 = V_1 + 2I_2 = 8 + 6 = 14 \text{ V}, \qquad I_3 = \frac{V_2}{7} = 2 \text{ A}$$

노드 2에 KCL을 적용하면,

$$I_4 = I_3 + I_2 = 5 \text{ A}$$

그러므로 I_s = 5 A가 된다. 이것은 I_o = 1 A일 때 I_s = 5 A이고, 그 실제 전류원이 15 A일 때 실제 값 I_o = 3 A임을 나타낸다.

그림 4.5의 회로에서 $V_o = 1$ V라 가정하고, 선형성을 이용하여 V_o의 실제 값을 계산하라.

답: 16 V

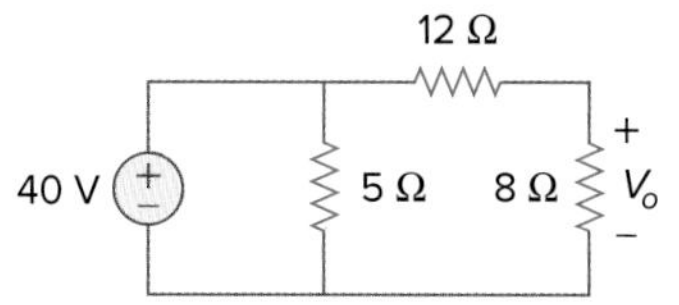

실전문제 4.2

그림 4.5
실전문제 4.2.

4.3 중첩의 원리

어떤 회로에 2개 또는 그 이상의 독립 전원이 있는 경우, 특정한 변수(전압 또는 전류)를 알아내기 위해 3장에서처럼 노드 해석법 또는 메시 해석법을 이용할 수 있다. 또 다른 방법은 각각의 독립 전원에 대한 회로 응답을 구하여 이를 합하는 것이다. 이 중 후자의 접근 방식이 중첩의 원리이다.

중첩의 원리는 선형성을 바탕으로 한다.

> **중첩의 원리**란 선형 회로의 소자 양단에 걸리는 전압(또는 소자를 통해 흐르는 전류) 이 각각의 독립 전원에 의해 소자에 걸리는 전압(또는 소자를 통해 흐르는 전류)의 대 수합과 같음을 의미한다.

중첩의 원리는 각각의 독립된 전원을 분리하여 계산함으로써 하나 이상의 독립 전원이 있는 선형 회로를 해석하는 데 도움을 준다. 하지만 중첩의 원리를 적용하기 전에 두 가지를 주의해야 한다.

중첩의 원리는 회로 해석에만 국한되지 않고 원인과 결과가 선형 관계인 많은 분야에 적용 가능하다.

1. 다른 모든 독립 전원을 제거하고 한 번에 하나의 독립 전원만 고려해야 한다. 이것은 전압원은 0 V(또는 단락회로), 전류원은 0 A(또는 개방회로)로 바뀌어야 함을 의미한다. 이는 더 단순하고 다루기 쉬운 회로로 바꿔준다.
2. 종속 전원은 회로 변수에 의해 조정되므로 그대로 둔다.

이것에 주의하여 다음의 세 단계로 중첩의 원리를 적용한다.

제거한다(죽인다), 비활성 상태로 만든다, 또는 0으로 설정한다 등의 표현은 종종 같은 의미로 사용된다.

> **중첩의 원리를 적용하는 단계**
> 1. 하나의 전원만 남기고 다른 모든 독립 전원을 제거한다. 2장과 3장에서 배운 해석법으로 출력(전류 또는 전압)을 구한다.
> 2. 다른 독립 전원 모두에 대해 1번을 반복한다.
> 3. 각 독립 전원에 의해 얻은 응답들의 대수합을 취하여 전체 응답을 구한다.

중첩의 원리에 의한 회로 해석은 한 가지 큰 단점이 있다. 너무 많은 계산을 포함하고 있다는 것이다. 만약 한 회로에 3개의 독립 전원이 있다면 아마도 세 전원 각각에 대해 회로를 해석해야 할 것이다. 그러나 중첩의 원리는 하나의 전원만 남기고, 다른 독립 전압원은 단락회로로, 다른 독립 전류원은 개방회로로 대체하면서 복잡한 회로를 단순화할 수 있도록 한다.

　　중첩의 원리는 선형성의 특징을 가진 경우에만 가능하다. 따라서 저항에서 흡수되는 전력은 전압 혹은 전류의 제곱에 의존하므로 중첩의 원리를 적용하여 구할 수 없다. 만약 전력을 구하고자 한다면 소자에 흐르는 전류(또는 소자 양단의 전압)를 먼저 중첩의 원리로 계산해야 한다.

예제 4.3

그림 4.6의 회로에서 중첩의 원리를 이용하여 v를 구하라.

풀이:
두 전원이 있기 때문에 다음과 같이 놓는다.

$$v = v_1 + v_2$$

v_1과 v_2는 각각의 6 V 전압원과 3 A 전류원으로부터 구할 수 있다. v_1을 얻기 위해 그림 4.7(a)와 같이 전류원을 0으로 놓는다. 그림 4.7(a)의 루프에 KVL을 적용하면,

$$12i_1 - 6 = 0 \quad\Rightarrow\quad i_1 = 0.5 \text{ A}$$

그러므로

$$v_1 = 4i_1 = 2 \text{ V}$$

또한 전압 분배 법칙을 사용하여 v_1을 구한다.

$$v_1 = \frac{4}{4 + 8}(6) = 2 \text{ V}$$

그림 4.7(b)처럼 v_2를 얻기 위해 전압원을 0으로 놓는다. 전류 분배 법칙을 이용하면,

$$i_3 = \frac{8}{4 + 8}(3) = 2 \text{ A}$$

따라서

$$v_2 = 4i_3 = 8 \text{ V}$$

우리가 구하는 해는 다음과 같다.

$$v = v_1 + v_2 = 2 + 8 = 10 \text{ V}$$

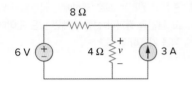

그림 4.6
예제 4.3.

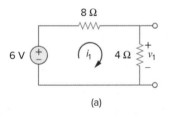

(a)

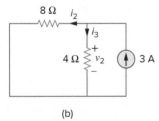

(b)

그림 4.7
예제 4.3: (a) v_1 구하기, (b) v_2 구하기.

그림 4.8의 회로에서 중첩의 원리를 이용하여 v_o를 찾아라.

답: 7.4 V

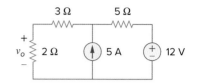

그림 4.8
실전문제 4.3.

그림 4.9의 회로에서 중첩의 원리를 이용하여 i_o를 구하라.

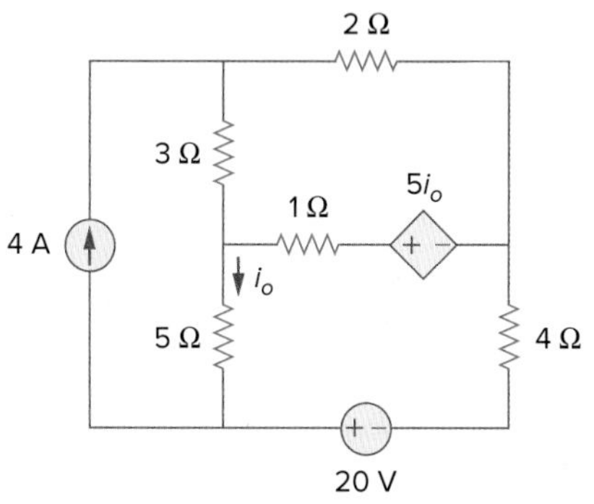

풀이:

그림 4.9의 회로에 종속 전원은 그대로 놓아둔다. 다음과 같이 놓는다.

$$i_o = i_o' + i_o'' \tag{4.4.1}$$

i_o'과 i_o''은 각각의 4 A 전류원과 20 V 전압원으로부터 구할 수 있다. i_o'을 구하기 위해 그림 4.10(a)에서처럼 20 V 전압원을 단락시킨다. 우리는 i_o'을 얻기 위해 메시 해석법을 적용한다. 루프 1에서 다음 식이 구해진다.

$$i_1 = 4 \text{ A} \tag{4.4.2}$$

루프 2에서 다음 식이 구해진다.

$$-3i_1 + 6i_2 - 1i_3 - 5i_o' = 0 \tag{4.4.3}$$

루프 3에서 다음 식이 구해진다.

$$-5i_1 - 1i_2 + 10i_3 + 5i_o' = 0 \tag{4.4.4}$$

그림 4.9
예제 4.4.

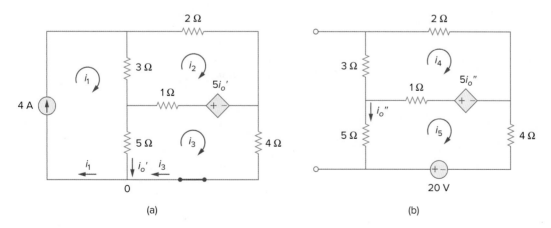

(a)　　　　　　　　　　(b)

그림 4.10
예제 4.4: (a) i_o'을 구하기 위해 중첩의 원리 적용, (b) i_o''을 구하기 위해 중첩의 원리 적용.

이때 노드 0에서,

$$i_3 = i_1 - i'_o = 4 - i'_o \tag{4.4.5}$$

식 (4.4.2)와 (4.4.5)를 식 (4.4.3)과 (4.4.4)에 대입하면 다음 두 식을 동시에 얻는다.

$$3i_2 - 2i'_o = 8 \tag{4.4.6}$$
$$i_2 + 5i'_o = 20 \tag{4.4.7}$$

위 방정식을 풀면,

$$i'_o = \frac{52}{17} \text{ A} \tag{4.4.8}$$

i''_o을 얻기 위해 그림 4.10(b)와 같이 4 A 전류원을 개방시킨다. 루프 4에서 KVL을 적용하면,

$$6i_4 - i_5 - 5i''_o = 0 \tag{4.4.9}$$

그리고 루프 5에서,

$$-i_4 + 10i_5 - 20 + 5i''_o = 0 \tag{4.4.10}$$

여기서 $i_5 = -i''_o$이기 때문에 이것을 식 (4.4.9)와 (4.4.10)에 대입하면,

$$6i_4 - 4i''_o = 0 \tag{4.4.11}$$
$$i_4 + 5i''_o = -20 \tag{4.4.12}$$

위 방정식을 풀면 다음을 얻을 수 있다.

$$i''_o = -\frac{60}{17} \text{ A} \tag{4.4.13}$$

이제 식 (4.4.8)과 (4.4.13)을 식 (4.4.1)에 대입하여 i_o를 구한다.

$$i_o = -\frac{8}{17} = -0.4706 \text{ A}$$

실전문제 4.4

그림 4.11의 회로에서 중첩의 원리를 이용하여 v_x를 구하라.

답: 31.25 V

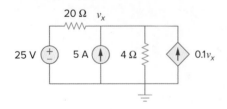

그림 4.11
실전문제 4.4.

그림 4.12의 회로에서 중첩의 원리를 이용하여 i를 구하라.

풀이:

이 경우는 3개의 독립 전원을 가지고 있다.

$$i = i_1 + i_2 + i_3$$

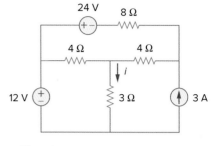

i_1, i_2, i_3는 각각 12 V, 24 V 전압원과 3 A 전류원으로부터 구할 수 있다. 그림 4.13(a)를 고려하여 i_1을 구한다. 4 Ω과 직렬연결된 8 Ω은 총 12 Ω이다. 12 Ω과 병렬연결된 4 Ω은 12 × 4/16 = 3 Ω이다. 그러므로

$$i_1 = \frac{12}{6} = 2 \text{ A}$$

그림 4.12
예제 4.5.

그림 4.13(b)를 고려하여 i_2를 구한다. 메시 해석법을 적용하면,

$$16i_a - 4i_b + 24 = 0 \quad\Rightarrow\quad 4i_a - i_b = -6 \qquad \textbf{(4.5.1)}$$

$$7i_b - 4i_a = 0 \quad\Rightarrow\quad i_a = \frac{7}{4} i_b \qquad \textbf{(4.5.2)}$$

식 (4.5.2)를 식 (4.5.1)에 대입하면,

$$i_2 = i_b = -1$$

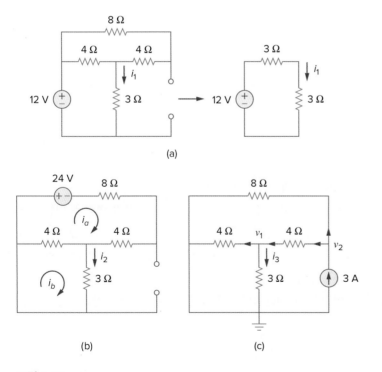

(a)

(b)   (c)

그림 4.13
예제 4.5.

그림 4.13(c)를 고려하여 i_3를 구한다. 노드 해석법을 적용하면,

$$3 = \frac{v_2}{8} + \frac{v_2 - v_1}{4} \quad \Rightarrow \quad 24 = 3v_2 - 2v_1 \tag{4.5.3}$$

$$\frac{v_2 - v_1}{4} = \frac{v_1}{4} + \frac{v_1}{3} \quad \Rightarrow \quad v_2 = \frac{10}{3}v_1 \tag{4.5.4}$$

식 (4.5.4)를 식 (4.5.3)에 대입하여 $v_1 = 3$을 얻고,

$$i_3 = \frac{v_1}{3} = 1 \text{ A}$$

그러므로

$$i = i_1 + i_2 + i_3 = 2 - 1 + 1 = 2 \text{ A}$$

실전문제 4.5

그림 4.14의 회로에서 중첩의 원리를 이용하여 I를 구하라.

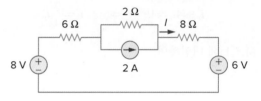

그림 4.14
실전문제 4.5.

답: 375 mA

4.4   전원 변환

우리는 직병렬 조합과 와이−델타 변환이 회로를 간략화한다는 것을 알았다. 전원 변환은 회로를 간략화하는 또 다른 방법이다. 전원 변환을 위한 기본은 등가 개념이다. 등가회로는 본래의 회로와 v-i 특성이 동일한 회로를 의미한다.

3.6절에서 전원이 모두 독립 전류원(또는 모두 독립 전압원)일 때 노드−전압(또는 메시−전류) 방정식을 쉽게 구할 수 있다는 것을 알았다. 그러므로 그림 4.15와 같이 저항과 전압원의 직렬연결 회로는 저항과 전류원의 병렬연결 회로

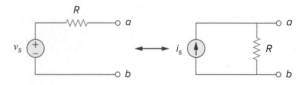

그림 4.15
독립 전원의 변환.

로 혹은 그 반대로 서로 치환하여 해석하면 회로 해석이 편리하다. 이러한 치환을 전원 변환이라 한다.

전원 변환은 저항 R과 전압원 v_s가 직렬연결된 회로를 저항 R과 전류원 i_s가 병렬연결된 회로로 바꾸거나 그 반대로 바꾸는 과정이다.

그림 4.15의 두 회로가 단자 a-b에서 전류와 전압이 같다면 두 회로는 서로 등가 회로이다. 두 회로가 서로 등가라는 것을 보이기는 쉽다. 전원을 끄면 이 두 회로에서 단자 a-b의 등가저항은 R이다. 또한 단자 a-b가 단락되면 a에서 b로 흐르는 단락회로의 전류는 왼쪽 회로에서는 $i_{sc} = v_s/R$, 오른쪽 회로에서는 $i_{sc} = i_s$로 나타낼 수 있다. 그래서 두 회로가 등가가 되기 위한 조건은 $v_s/R = i_s$이므로 전원 변환은 다음과 같은 조건을 요구한다.

$$v_s = i_s R \qquad \text{또는} \qquad i_s = \frac{v_s}{R} \tag{4.5}$$

종속 변수를 잘 조절할 수 있다면 전원 변환은 종속 전원에도 적용할 수 있다. 식 (4.5)를 만족한다면, 그림 4.16에서 보는 바와 같이 저항을 직렬로 가진 종속 전압원은 저항을 병렬로 가진 종속 전류원으로 혹은 그 반대로 변환될 수 있다.

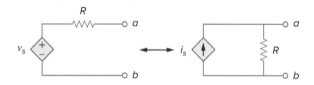

그림 4.16
종속 전원의 변환.

2장에서 공부했던 와이-델타 변환처럼 전원 변환은 회로의 남아 있는 부분에 영향을 미치지 않는다. 적용할 수만 있다면 전원 변환은 회로를 쉽게 해석하는 데 매우 효과적인 방법이다. 그러나 전원 변환을 다룰 때 다음 사항에 유의해야 한다.

1. 그림 4.15(또는 그림 4.16)로부터 전류원의 화살표 방향은 전압원의 양의 단자로 향한다.
2. 식 (4.5)로부터 전원 변환은 $R = 0$인 이상 전압원의 경우에는 불가능하다. 그러나 실제로는 $R \neq 0$인 비이상 전압원이다. 마찬가지로 $R = \infty$인 이상 전류원은 유한한 값의 전압원으로 대체될 수 없다. 4.10.1절에서 이상 전원 및 비이상 전원에 대해 더 살펴볼 것이다.

예제 4.6

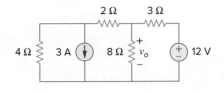

그림 4.17
예제 4.6.

그림 4.17의 회로에서 전원 변환을 이용하여 v_o를 구하라.

풀이:

우선 그림 4.18(a)의 회로를 얻기 위해 전류원과 전압원을 변환한다. 직렬인 4 Ω과 2 Ω을 합치고 12 V의 전압원을 변환함으로써 그림 4.18(b)의 회로를 얻을 수 있다. 우리는 이제 2 Ω을 얻기 위해 병렬인 3 Ω과 6 Ω을 합친다. 또한 2 A의 전원을 얻기 위해 2 A와 4 A의 전류원을 합친다. 그래서 전원 변환을 반복적으로 적용함으로써 그림 4.18(c)의 회로를 얻을 수 있다.

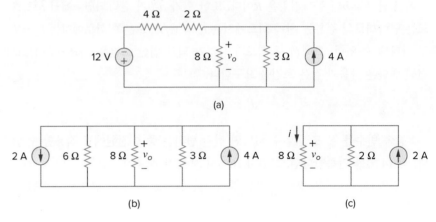

그림 4.18
예제 4.6.

그림 4.18(c)에서 전류 분배 법칙을 이용하여,

$$i = \frac{2}{2 + 8}(2) = 0.4 \text{ A}$$

그리고

$$v_o = 8i = 8(0.4) = 3.2 \text{ V}$$

그림 4.18(c)에서 8 Ω과 2 Ω의 저항이 병렬로 연결되어 있기 때문에 두 저항에는 같은 전압 v_o가 걸린다. 그러므로 다음과 같이 v_o를 구할 수 있다.

$$v_o = (8 \parallel 2)(2 \text{ A}) = \frac{8 \times 2}{10}(2) = 3.2 \text{ V}$$

실전문제 4.6

그림 4.19의 회로에서 전원 변환을 이용하여 i_o를 구하라.

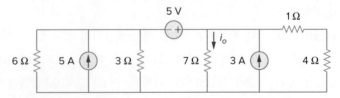

그림 4.19
실전문제 4.6.

답: 1.78 A

그림 4.20의 회로에서 전원 변환을 이용하여 v_x를 구하라.

풀이:

그림 4.20의 회로는 전압이 조절되는 종속 전류원을 수반한다. 그림 4.21(a)에서 보는 바와 같이 6 V의 독립 전압원뿐만 아니라 이 종속 전류원을 변환한다. 18 V의 전압원은 어떤 저항과도 직렬로 연결되어 있지 않기 때문에 변환되지 않는다. 병렬로 연결되어 있는 2개의 2 Ω 저항은 합쳐져 3 A의 전류원과 병렬로 연결되는 1 Ω의 저항이 된다. 그 전류원은 그림 4.21(b)에서 보는 바와 같이 전압원으로 변환된다. 단자 v_x들은 그대로라는 것을 주의하라. 그림 4.21(b)에서 루프 주위로 KVL을 적용하면,

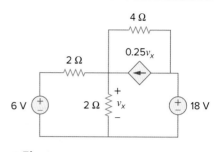

그림 4.20
예제 4.7.

$$-3 + 5i + v_x + 18 = 0 \qquad \textbf{(4.7.1)}$$

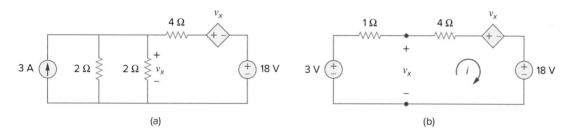

(a)   (b)

그림 4.21
예제 4.7: 전원 변환 적용.

3 V 전압원, 1 Ω 저항, v_x를 포함하는 루프에 KVL을 적용하면,

$$-3 + 1i + v_x = 0 \qquad \Rightarrow \qquad v_x = 3 - i \qquad \textbf{(4.7.2)}$$

이것을 식 (4.7.1)에 대입하면 다음을 얻을 수 있다.

$$15 + 5i + 3 - i = 0 \qquad \Rightarrow \qquad i = -4.5 \text{ A}$$

또한 그림 4.21(b)에서 v_x, 4 Ω 저항, 전압 조절이 가능한 종속 전압원, 18 V 전압원을 포함하는 루프에 KVL을 적용할 수 있다. 이것으로부터 다음을 얻는다.

$$-v_x + 4i + v_x + 18 = 0 \qquad \Rightarrow \qquad i = -4.5 \text{ A}$$

따라서 $v_x = 3 - i = 7.5 \text{ V}$이다.

그림 4.22의 회로에서 전원 변환을 이용하여 i_x를 구하라.

답: 7.059 mA

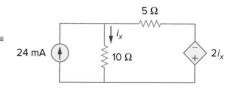

그림 4.22
실전문제 4.7.

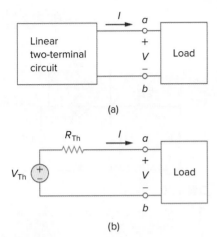

(a)

(b)

그림 4.23
테브냉 회로로 대체: (a) 원래 회로, (b) 테
브냉 등가회로.

4.5   테브냉의 정리

회로의 다른 요소들이 고정되어 있는 동안 회로의 일부 요소(보통 부하라 부름)가 변하는 경우가 실제로 종종 발생한다. 전형적인 예로서, 다양한 부하로 구성된 여러 가전기기가 가정용 콘센트에 연결되어 있는 것을 볼 수 있다. 가변 요소가 매번 변할 때마다 전체 회로는 다시 해석되어야 한다. 이와 같은 문제를 피하기 위해 테브냉의 정리는 회로의 고정된 부분을 등가회로로 대체하는 방법을 제공한다.

테브냉의 정리에 따라 그림 4.23(a)의 선형 회로는 그림 4.23(b)의 선형 회로로 대체될 수 있다(그림 4.23에서 부하는 하나의 저항이나 하나의 회로가 될 수 있다). 그림 4.23(b)에서 단자 *a-b* 왼쪽의 회로를 테브냉 등가회로라고 한다. 이것은 1883년 프랑스의 전신 분야 엔지니어인 레옹 테브냉(M. Leon Thevenin, 1857~1926)에 의해 개발되었다.

> **테브냉의 정리**는 2개의 단자를 가진 선형 회로는 전압원 V_{Th}와 저항 R_{Th}가 직렬로 연결된 등가회로로 대체될 수 있다는 것을 의미한다. 여기서 V_{Th}는 그 단자들에서의 개방회로 전압이고, R_{Th}는 독립 전원을 제거하고 난 후 그 단자들에서의 입력 저항 혹은 등가 저항이다.

이 정리의 증명은 4.7절에서 다룰 것이다. 지금 우리의 주요 관심사는 테브냉 등가 전압 V_{Th}와 저항 R_{Th}를 어떻게 구하느냐이다. 이를 위해서는 그림 4.23의 두 회로가 등가라고 가정하라. 두 회로의 단자에서 같은 전류−전압 관계를 갖는다면 그 두 회로는 등가라고 할 수 있다. 그렇다면 두 회로의 무엇이 등가로 만드는지를 찾아보자. 만약 단자 *a-b*가 개방회로로 만들어져 있다면 (부하를 제거함으로써) 전류가 흐르지 않으며, 따라서 그림 4.23(a)에서 단자 *a-b*에 걸리는 개방회로 전압이 그림 4.23(b)의 전압원 V_{Th}와 같아야만 한다. 이는 두 회로가 등가이기 때문이다. 그래서 V_{Th}는 그림 4.24(a)에서 보듯이 단자들 사이에 걸리는 개방회로 전압이다. 이는 다음 식과 같다.

$$V_{Th} = v_{oc} \tag{4.6}$$

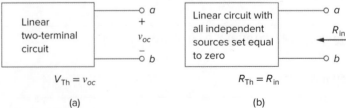

(a)

(b)

그림 4.24
V_{Th}와 R_{Th} 구하기.

또다시 부하가 연결되지 않고 개방되어 있는 단자 *a-b*를 가지고 우리는 모든 독립 전원을 제거한다. 그림 4.23(a)의 단자 *a-b*에서 꺼진 회로의 입력 저항(또는 등가 저항)은 그림 4.23(b)의 R_{Th}와 같아야만 한다. 왜냐하면 두 회로가 등가이기 때문이다. 그래서 R_{Th}는 그림 4.24(b)에서 보는 바와 같이 독립 전원을 제거했을 때 단자들에서의 입력 저항이다. 즉

$$R_{Th} = R_{in} \qquad\qquad \textbf{(4.7)}$$

테브냉 저항 R_{Th}를 찾기 위해서는 다음의 두 가지 경우를 고려해야 한다.

■ **경우 1** 만약 회로망에 종속 전원이 없다면 모든 독립 전원을 끈다. R_{Th}는 그림 4.24(b)와 같이 단자 *a*와 *b* 사이에 보이는 회로망의 입력 저항이다.

■ **경우 2** 만약 회로망에 종속 전원이 있다면 모든 독립 전원을 끈다. 중첩의 원리에 의해 종속 전원은 회로 변수에 따라 변하기 때문에 끌 수 없다. 단자 *a-b*에 전압원 v_o를 적용하여 그 결과인 i_o를 구한다. 그것은 그림 4.25(a)와 같이 $R_{Th} = v_o/i_o$이다. 대신에 그림 4.25(b)와 같이 전류원 i_o를 집어넣어서 그 단자 전압인 v_o를 구할 수도 있다. 다시 $R_{Th} = v_o/i_o$가 된다. 이 두 접근 방법은 같은 결과를 가져온다. 각각의 접근 방법에서 우리는 v_o와 i_o의 어떤 임의의 값을 추측할 수 있다. 예를 들면 $v_o = 1\ V$ 또는 $i_o = 1\ A$, 아니면 다른 임의의 값 v_o 또는 i_o를 사용할 수 있다.

종종 R_{Th}가 음의 값일 때가 있다. 이 경우에 음의 저항($v = -iR$)은 그 회로가 전력을 공급한다는 것을 의미한다. 이것은 종속 전원이 있는 회로에서 가능하다. 예제 4.10이 이를 보여준다.

테브냉의 정리는 회로 해석에서 매우 중요하며 회로를 간단하게 만들어준다. 대규모 회로가 하나의 독립 전압원과 하나의 저항회로로 대체될 수 있다. 이 변환 방법은 회로 설계에서 매우 효과적인 방법이다.

앞서 언급했듯이 가변 부하를 가진 선형 회로는 부하를 제외한 테브냉 등가회로로 교체될 수 있다. 등가회로망은 형식적으로는 본래의 회로와 동일하게 동작한다. 그림 4.26(a)와 같이 부하 R_L로써 종단된 선형 회로를 생각해보자. 부하를 통해 흐르는 전류 I_L과 부하에 걸리는 전압 V_L은 그림 4.26(b)에서 보듯이 일단 부하 단자에서의 테브냉 등가회로만 구한다면 이로부터 쉽게 결정된다. 그림 4.26(b)에서 다음을 얻을 수 있다.

$$I_L = \frac{V_{Th}}{R_{Th} + R_L} \qquad\qquad \textbf{(4.8a)}$$

$$V_L = R_L I_L = \frac{R_L}{R_{Th} + R_L} V_{Th} \qquad\qquad \textbf{(4.8b)}$$

테브냉 등가에 의해 간단한 전압 분배 회로가 되고, V_L을 간단히 구한다는 것을 그림 4.26(b)를 통해 알 수 있다.

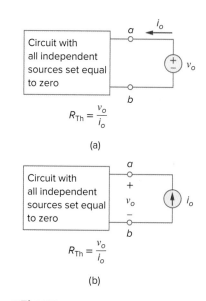

$$R_{Th} = \frac{v_o}{i_o}$$

(a)

$$R_{Th} = \frac{v_o}{i_o}$$

(b)

그림 4.25
종속 전원이 있는 회로에서 R_{Th} 구하기.

▌ 뒤에서 R_{Th}는 $R_{Th} = v_{oc}/i_{sc}$를 구하는 또 다른 방법임을 알게 된다.

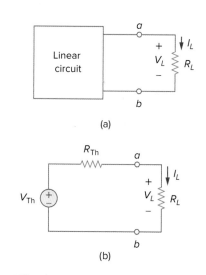

(a)

(b)

그림 4.26
부하에 있는 회로: (a) 원래 회로, (b) 테브냉 등가회로.

예제 4.8

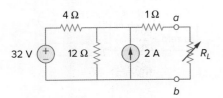

그림 4.27
예제 4.8.

그림 4.27의 회로에서 단자 *a-b* 왼쪽의 테브냉 등가회로를 구하라. 그리고 $R_L = 6\ \Omega,\ 16\ \Omega,\ 36\ \Omega$일 때 전류를 구하라.

풀이:

32 V의 전압원(단락회로로 대체)과 2 A의 전류원(개방회로로 대체)을 끔으로써 R_{Th}를 찾는다. 그 회로는 그림 4.28(a)와 같다. 그러므로

$$R_{Th} = 4 \parallel 12 + 1 = \frac{4 \times 12}{16} + 1 = 4\ \Omega$$

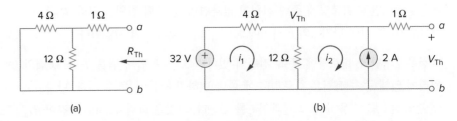

(a)   (b)

그림 4.28
예제 4.8: (a) R_{Th} 구하기, (b) V_{Th} 구하기.

V_{Th}를 구하기 위해 그림 4.28(b)를 고려한다. 2개의 루프에 메시 해석을 적용함으로써 다음을 구할 수 있다.

$$-32 + 4i_1 + 12(i_1 - i_2) = 0, \qquad i_2 = -2\ A$$

i_1을 구하면 0.5 A이다. 따라서

$$V_{Th} = 12(i_1 - i_2) = 12(0.5 + 2.0) = 30\ V$$

대신에 노드 해석법을 사용하는 것이 훨씬 쉽다. 1 Ω 저항으로 전류가 흐르지 않기 때문에 1 Ω 저항은 무시한다. 첫 번째 노드에서 KCL을 적용하면,

$$\frac{32 - V_{Th}}{4} + 2 = \frac{V_{Th}}{12}$$

또는

$$96 - 3V_{Th} + 24 = V_{Th} \qquad \Rightarrow \qquad V_{Th} = 30\ V$$

또한 V_{Th}를 구하기 위해 전원 변환을 사용할 수 있다.

테브냉 등가회로는 그림 4.29에 나타냈다. R_L을 통해 흐르는 전류는 다음과 같다.

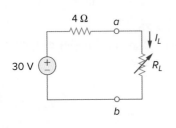

그림 4.29
예제 4.8: 테브냉 등가회로.

$$I_L = \frac{V_{Th}}{R_{Th} + R_L} = \frac{30}{4 + R_L}$$

$R_L = 6$일 때,

$$I_L = \frac{30}{10} = 3\ A$$

$R_L = 16$일 때,

$$I_L = \frac{30}{20} = 1.5 \text{ A}$$

$R_L = 36$일 때,

$$I_L = \frac{30}{40} = 0.75 \text{ A}$$

실전문제 4.8

그림 4.30의 회로에서 테브냉의 정리를 적용하여 단자의 왼쪽 등가회로를 구하라. 그리고 I를 구하라.

답: $V_{\text{Th}} = 6 \text{ V}, R_{\text{Th}} = 3 \text{ }\Omega, I = 1.5 \text{ A}$

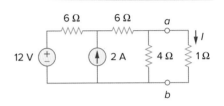

그림 4.30
실전문제 4.8.

예제 4.9

그림 4.31의 회로에서 단자 a-b의 테브냉 등가회로를 구하라.

풀이:

이 회로는 앞 예제의 회로와 달리 종속 전원을 포함하고 있다. R_{Th}를 구하기 위해 독립 전원은 0으로 놓고 종속 전원을 남긴다. 종속 전원이 있기 때문에 그림 4.32(a)와 같이 단자에 연결된 전압원 v_o를 여기되게 한다. 이 회로는 선형이므로 계산을 쉽게 하기 위해 $v_o = 1 \text{ V}$로 놓을 수 있다. 우리의 목적은 단락을 통해 흐르는 전류 i_o를 구하는 것이다. 그리고 $R_{\text{Th}} = 1/i_o$을 얻는다. (대신에 1 A의 전류원을 넣어 그것에 대응하는 전압 vo를 구하고 $R_{\text{Th}} = v_o/1$를 얻을 수 있다.)

그림 4.32(a)의 회로에서 루프 1에 메시 해석법을 적용하면,

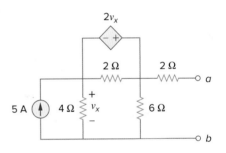

그림 4.31
예제 4.9.

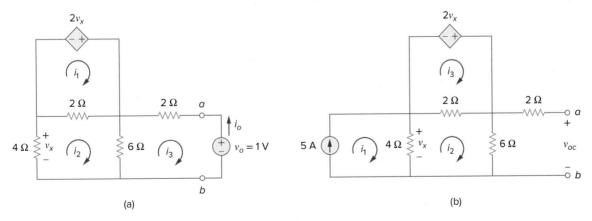

그림 4.32
예제 4.9: (a) R_{Th} 구하기, (b) V_{Th} 구하기.

$$-2v_x + 2(i_1 - i_2) = 0 \quad \text{또는} \quad v_x = i_1 - i_2$$

그러나 $-4i_2 = v_x = i_1 - i_2$이므로,

$$i_1 = -3i_2 \tag{4.9.1}$$

루프 2와 3에 KVL을 적용하면,

$$4i_2 + 2(i_2 - i_1) + 6(i_2 - i_3) = 0 \tag{4.9.2}$$

$$6(i_3 - i_2) + 2i_3 + 1 = 0 \tag{4.9.3}$$

주어진 방정식을 풀면,

$$i_3 = -\frac{1}{6} \text{ A}$$

그러나 $i_o = -i_3 = 1/6$ A이다. 따라서

$$R_{\text{Th}} = \frac{1 \text{ V}}{i_o} = 6 \text{ } \Omega$$

V_{Th}를 얻기 위해 그림 4.32(b)에서 v_{oc}를 찾는다. 메시 해석으로 문제를 풀면 다음 식들을 얻을 수 있다.

$$i_1 = 5 \tag{4.9.4}$$

$$-2v_x + 2(i_3 - i_2) = 0 \quad \Rightarrow \quad v_x = i_3 - i_2 \tag{4.9.5}$$

$$4(i_2 - i_1) + 2(i_2 - i_3) + 6i_2 = 0$$

또는

$$12i_2 - 4i_1 - 2i_3 = 0 \tag{4.9.6}$$

그러나 $4(i_1 - i_2) = v_x$이다. 이 방정식을 풀면 $i_2 = 10/3$이다. 따라서

$$V_{\text{Th}} = v_{oc} = 6i_2 = 20 \text{ V}$$

테브냉 등가회로는 그림 4.33과 같다.

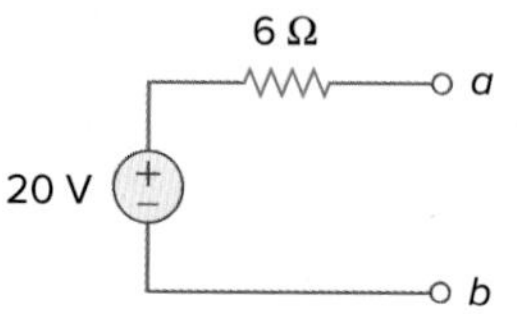

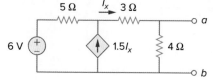

그림 4.33
예제 4.9: 테브냉 등가회로.

실전문제 4.9

그림 4.34의 회로에서 단자 왼쪽의 테브냉 등가회로를 구하라.

답: $V_{\text{Th}} = 5.333$ V, $R_{\text{Th}} = 444.4$ mΩ

그림 4.34
실전문제 4.9.

예제 4.10

그림 4.35(a)의 회로에서 단자 a-b의 테브냉 등가회로를 구하라.

풀이:

1. **정의하라.** 문제가 명확하게 정의되었다. 그림 4.35(a)에 제시된 회로의 테

브냉 등가회로를 구하는 것이다.

2. **제시하라.** 이 회로는 4 Ω 저항과 병렬로 연결된 2 Ω 저항이 포함되어 있다. 이 두 저항은 종속 전류원과 병렬로 연결되어 있다. 여기서 독립 전원이 존재하지 않는다는 것이 중요하다.

3. **대체방안을 고려하라.** 첫 번째로 고려해야 할 것은, 이 회로에는 독립 전원이 없기 때문에 반드시 외부에서 회로를 여기되게 해야 한다는 것이다. 회로에 독립 전원이 없을 때 V_{Th}는 0이고, R_{Th}만 구할 수 있다.

가장 간단한 해석법은 1 V 전압원 또는 1 A 전류원을 회로에 연결하는 것이다. 결국 등가 저항(양의 값이나 음의 값)을 구하는 것이기 때문에 전류원과 노드 해석을 이용하여 등가 저항과 같은 값을 갖는 출력 단자의 전압을 구하는 것이 좋다(1 A가 흘러 들어가면 v_o는 등가 저항에 1을 곱한 값이 된다).

다른 방법으로, 회로에 1 V 전압원을 연결하고 메시 해석을 이용하여 등가 저항을 구할 수도 있다.

4. **시도하라.** $i_o = 1$ A라 가정하고, 그림 4.35(b)의 노드 a에서 노드 방정식을 쓰는 것으로 시작한다.

$$2i_x + (v_o - 0)/4 + (v_o - 0)/2 + (-1) = 0 \qquad \textbf{(4.10.1)}$$

2개의 미지수에 하나의 방정식만 있기 때문에 또 하나의 방정식이 필요하다.

$$i_x = (0 - v_o)/2 = -v_o/2 \qquad \textbf{(4.10.2)}$$

식 (4.10.2)를 식 (4.10.1)에 대입하면,

$$2(-v_o/2) + (v_o - 0)/4 + (v_o - 0)/2 + (-1) = 0$$
$$= (-1 + \tfrac{1}{4} + \tfrac{1}{2})v_o - 1 \quad \text{or} \quad v_o = -4 \text{ V}$$

$v_o = 1 \times R_{Th}$이므로 $R_{Th} = v_o/1 = -4$ Ω이다.

음의 저항값은 수동부호규정에 따라 그림 4.35(a)의 회로가 전력을 공급하고 있다는 것을 의미한다. 물론 그림 4.35(a)의 저항은 전력을 공급할 수 없다(전력을 소모한다). 전력을 공급하고 있는 것은 종속 전원이다. 이것은 어떻게 종속 전원과 저항이 음의 저항값으로 가정되곤 하는지를 보여주는 예이다.

5. **평가하라.** 먼저 해가 음의 값인 것에 주목해야 한다. 이것은 수동회로에서 불가능하다. 그러나 이 회로는 능동소자(종속 전류원)를 가지고 있다. 따라서 이 등가회로는 본질적으로 전원을 공급할 수 있는 능동회로이다.

이제 우리는 해를 검증해야 한다. 검증을 하는 가장 좋은 방법은 다른 해석법을 사용하여 같은 해가 나오는지 확인하는 것이다. 원래 회로의 출력 단자에 10 V 전압원과 9 Ω 저항을 직렬로 연결하고 테브냉 등가회로를

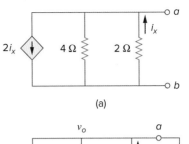

(a)

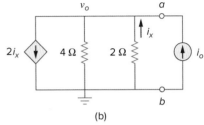

(b)

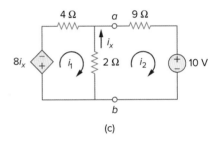

(c)

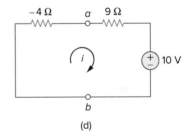

(d)

그림 4.35
예제 4.10.

구한다. 회로를 쉽게 해석하기 위해 전원 변환을 이용하여 전류원과 4 Ω 저항의 병렬 회로를 전압원과 4 Ω 저항의 직렬 회로로 바꿀 수 있다. 그림 4.35(c)는 새로운 부하가 있는 회로를 보여준다.

이제 2개의 메시 방정식을 쓸 수 있다.

$$8i_x + 4i_1 + 2(i_1 - i_2) = 0$$
$$2(i_2 - i_1) + 9i_2 + 10 = 0$$

미지수는 3개이지만 방정식은 2개이므로 하나의 방정식이 더 필요하다. 다음 식을 사용하여

$$i_x = i_2 - i_1$$

루프 1을 위한 새로운 방정식을 얻을 수 있다. 단순화하면,

$$(4 + 2 - 8)i_1 + (-2 + 8)i_2 = 0$$

또는

$$-2i_1 + 6i_2 = 0 \quad 또는 \quad i_1 = 3i_2$$
$$-2i_1 + 11i_2 = -10$$

첫 번째 방정식을 두 번째 방정식에 대입하면,

$$-6i_2 + 11i_2 = -10 \quad 또는 \quad i_2 = -10/5 = -2 \text{ A}$$

그림 4.35(d)와 같이 하나의 루프만 있기 때문에 테브냉 등가회로를 사용하기가 매우 쉽다.

$$-4i + 9i + 10 = 0 \quad 또는 \quad i = -10/5 = -2 \text{ A}$$

6. **만족하는가?** 우리는 문제에서 요구하는 등가회로의 정확한 값을 명확하게 찾았다. 검증은 구해낸 해를 증명했다(등가회로에서 얻은 해와 원래 회로에 부하를 연결하여 얻은 해를 비교했다). 이 모든 것을 문제에 대한 답으로 제시할 수 있다.

실전문제 4.10

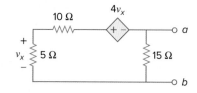

그림 4.36
실전문제 4.10.

그림 4.36의 회로에서 테브냉 등가회로를 구하라.

답: $V_{\text{Th}} = 0$ V, $R_{\text{Th}} = -7.5$ Ω

4.6   노턴의 정리

테브냉의 정리가 발표된 지 약 43년 후인 1926년, 벨연구소에서 미국 엔지니어 에드워드 로리 노턴(Edward Lawry Norton, 1898~1983)은 비슷한 정리를 제

안했다.

> **노턴의 정리**는 2개의 단자가 있는 선형 회로는 전류원 I_N과 저항 R_N이 병렬로 연결된 등가회로로 대체할 수 있다는 것을 의미한다. 여기서 I_N은 단자에 흐르는 단락회로 전류이고, R_N은 입력 저항 또는 독립 전원을 제거했을 때 단자에서의 등가 저항이다.

따라서 4.37(a)의 회로는 그림 4.37(b)의 회로로 대체될 수 있다.

　　노턴 정리의 증명은 다음 절에서 설명할 것이다. 이제 어떻게 R_N과 I_N을 구할 것인가를 살펴보자. R_N은 R_{Th}를 구할 때와 같은 방법으로 구한다. 사실 전원 변환으로부터 테브냉 저항과 노턴 저항은 같다. 즉

$$R_N = R_{Th} \qquad\qquad \textbf{(4.9)}$$

　　노턴 전류 I_N을 구하기 위해 그림 4.37의 회로 단자 a에서 b로 흐르는 단락회로 전류를 구한다. 그림 4.37(b)에서 단락회로 전류가 I_N임은 명백하다. 두 회로는 등가이기 때문에 이 전류는 그림 4.37(a)의 단자 a에서 b로 흐르는 단락회로 전류와 같다. 따라서 그림 4.38에서 보는 바와 같이,

$$I_N = i_{sc} \qquad\qquad \textbf{(4.10)}$$

종속 전원과 독립 전원은 테브냉의 정리에서와 같은 방법으로 다루어진다.

　　노턴 정리와 테브냉 정리 사이의 긴밀한 연관성을 주의해서 보자. 식 (4.9)와 같이 $R_N = R_{Th}$이다. 그리고

$$I_N = \frac{V_{Th}}{R_{Th}} \qquad\qquad \textbf{(4.11)}$$

이것은 근본적으로 전원 변환이다. 이러한 이유로 전원 변환은 종종 테브냉–노턴 변환이라고 불린다.

　　V_{Th}, I_N, R_{Th}는 식 (4.11)에 의해 서로 연관되기 때문에 테브냉이나 노턴 등가회로를 결정하기 위해 다음을 구해야 한다.

- 단자 a와 b 사이의 개방회로 전압 v_{oc}
- 단자 a와 b에서의 단락회로 전류 i_{sc}
- 모든 독립 전원을 제거한 후 단자 a와 b 사이의 입력 저항 또는 등가 저항 R_{in}

최소의 노력으로 3개의 값 중에 2개를 먼저 구하고, 2개의 값을 옴의 법칙에 적용하여 나머지 하나의 값을 계산할 수 있다. 예제 4.11은 이것을 보여준다. 또한

$$V_{Th} = v_{oc} \qquad\qquad \textbf{(4.12a)}$$
$$I_N = i_{sc} \qquad\qquad \textbf{(4.12b)}$$

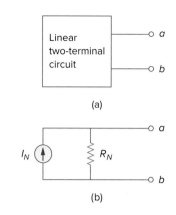

그림 4.37
(a) 원래 회로, (b) 노턴 등가회로.

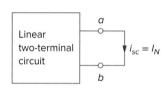

그림 4.38
노턴 전류 I_N 구하기.

테브냉과 노턴 등가회로는 전원 변환과 관련있다.

$$R_{\text{Th}} = \frac{v_{oc}}{i_{sc}} = R_N \qquad \qquad \textbf{(4.12c)}$$

그러므로 개방회로와 단락회로 검사를 하면 적어도 하나의 독립 전원을 가진 어떤 회로의 테브냉 등가회로나 노턴 등가회로를 찾을 수 있다.

예제 4.11

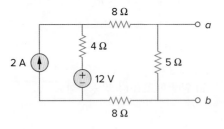

그림 4.39
예제 4.11.

그림 4.39 회로의 단자 a-b에서 노턴 등가회로를 구하라.

풀이:

먼저 테브냉 등가회로의 R_{Th}를 구하는 것과 같은 방법으로 R_N을 구한다. 독립 전원은 0으로 놓는다. 이로부터 그림 4.40(a)와 같은 회로를 얻을 수 있고, 여기 서 R_N은 다음과 같이 구한다.

$$R_N = 5 \,\|\, (8 + 4 + 8) = 5 \,\|\, 20 = \frac{20 \times 5}{25} = 4 \ \Omega$$

I_N을 찾기 위해 단자 a와 b를 그림 4.40(b)와 같이 단락시킨다. 단락되었기 때문에 5 Ω 저항은 무시한다. 메시 해석을 적용하면,

$$i_1 = 2 \text{ A}, \qquad 20i_2 - 4i_1 - 12 = 0$$

두 식으로부터 다음과 같은 관계를 얻을 수 있다.

$$i_2 = 1 \text{ A} = i_{sc} = I_N$$

다른 방식으로 $V_{\text{Th}}/R_{\text{Th}}$로부터 I_N을 구할 수 있다. V_{Th}는 그림 4.40(c)와 같이 단자 a-b를 개방시켰을 때 단자 a-b에 걸리는 전압이다. 메시 해석을 사용하

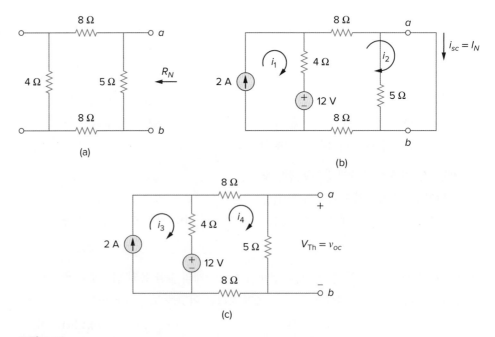

그림 4.40
예제 4.11: (a) R_N 구하기, (b) $I_N = i_{sc}$ 구하기, (c) $V_{\text{Th}} = v_{oc}$ 구하기.

여 다음과 같이 구할 수 있다.

$$i_3 = 2 \text{ A}$$

$$25i_4 - 4i_3 - 12 = 0 \quad \Rightarrow \quad i_4 = 0.8 \text{ A}$$

그리고

$$v_{oc} = V_{\text{Th}} = 5i_4 = 4 \text{ V}$$

그러므로 앞에서 구한 것과 같이 구할 수 있다.

$$I_N = \frac{V_{\text{Th}}}{R_{\text{Th}}} = \frac{4}{4} = 1 \text{ A}$$

이것은 식 (4.12c), 즉 $R_{\text{Th}} = v_{oc}/i_{sc} = 4/1 = 4 \ \Omega$을 이용하여 검증할 수 있다. 따라서 노턴 등가회로는 그림 4.41과 같다.

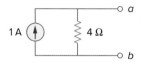

그림 4.41
예제 4.11: 노턴 등가회로.

실전문제 4.11

그림 4.42 회로의 단자 a-b에서 노턴 등가회로를 구하라.

답: $R_N = 3 \ \Omega, \ I_N = 4.5 \text{ A}$

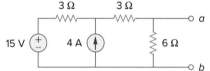

그림 4.42
실전문제 4.11.

예제 4.12

그림 4.43의 회로에서 노턴의 정리를 이용하여 단자 a-b에서 R_N과 I_N을 구하라.

풀이:

R_N을 구하기 위해 독립 전압원을 0으로 놓고 $v_o = 1 \text{ V}$(또는 임의의 전압 v_o)인 전압 전원을 단자에 연결하여 그림 4.44(a)의 회로를 얻는다. 단락회로이므로 4 Ω 저항은 무시할 수 있다. 또한 단락회로이기 때문에 5 Ω 저항, 전압원, 종속 전류원은 모두 병렬연결이다. 따라서 $i_x = 0$이다. 노드 a에서 $i_o = \frac{1 \text{ V}}{5 \ \Omega} = 0.2 \text{ A}$이고,

$$R_N = \frac{v_o}{i_o} = \frac{1}{0.2} = 5 \ \Omega$$

I_N을 구하기 위해 그림 4.44(b)와 같이 a-b 단자를 단락시키고 i_{sc}를 구한다. 4 Ω 저항과 10 V 전압원, 5 Ω 저항, 종속 전류원은 모두 병렬이다. 따라서

$$i_x = \frac{10}{4} = 2.5 \text{ A}$$

노드 a에서 KCL을 적용하면,

$$i_{sc} = \frac{10}{5} + 2i_x = 2 + 2(2.5) = 7 \text{ A}$$

따라서

$$I_N = 7 \text{ A}$$

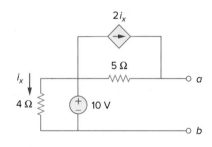

그림 4.43
예제 4.12.

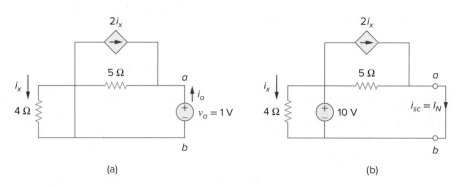

그림 4.44
예제 4.12: (a) R_N 구하기, (b) I_N 구하기.

실전문제 4.12

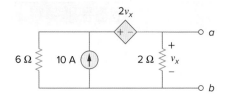

그림 4.45
실전문제 4.12.

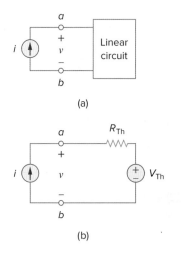

그림 4.46
테브냉 등가회로의 유도: (a) 전류 구동 회로, (b) (a)의 테브냉 등가회로.

그림 4.45 회로의 단자 a-b에서 노턴 등가회로를 구하라.

답: $R_N = 1\ \Omega$, $I_N = 10$ A

4.7   † 테브냉의 정리와 노턴의 정리 유도

이 절에서는 중첩의 원리를 이용하여 테브냉의 정리와 노턴의 정리를 증명한다.

그림 4.46(a)와 같이 저항과 종속 전원, 독립 전원을 가진 선형 회로를 고려해보자. 단자 a와 b를 통해 회로에 전원을 인가할 수 있다. 우리의 목표는 단자 a-b에서의 전압-전류 관계가 그림 4.46(b)에 나타낸 테브냉 등가회로의 단자 a-b에서의 전압-전류 관계와 동일하도록 하는 것이다. 문제를 단순화하기 위해 그림 4.46(a)의 선형 회로에 2개의 독립 전압원 v_{s1}과 v_{s2}, 2개의 독립 전류원 i_{s1}과 i_{s2}가 있다고 가정한다. 우리는 중첩의 원리를 적용하여 단자 전압 v와 같은 임의의 회로 변수를 구할 수 있다. 즉 외부 전류 i를 포함한 각각의 독립 전원에 의한 영향을 고려한다. 중첩의 원리로부터 단자 전압 v는

$$v = A_0 i + A_1 v_{s1} + A_2 v_{s2} + A_3 i_{s1} + A_4 i_{s2} \tag{4.13}$$

여기서 A_0, A_1, A_2, A_3, A_4는 상수이다. 식 (4.13) 우변의 각 항은 독립 전원과 관계있는 항이다. 즉 $A_0 i$는 v에 대한 외부 전류원 i의 영향이고, $A_1 v_{s1}$은 전압원 v_{s1}의 영향 등등이다. 내부 독립 전원에 관한 항들을 B_0로 묶으면 식 (4.13)은

$$v = A_0 i + B_0 \tag{4.14}$$

여기서 $B_0 = A_1 v_{s1} + A_2 v_{s2} + A_3 i_{s1} + A_4 i_{s2}$이다. 이제 상수 A_0와 B_0의 값을 구해야 한다. 단자 a-b를 개방회로로 놓으면 $i = 0$, $v = B_0$이다. B_0는 개방회로 전압 v_{oc}이고 V_{Th}와 같다. 따라서

$$B_0 = V_{Th} \tag{4.15}$$

모든 내부 전원을 없애면, $B_0 = 0$일 때 회로는 R_{Th}와 같은 값을 가진 등가 저항 R_{eq}로 대체할 수 있고 식 (4.14)는 다음과 같이 된다.

$$v = A_0 i = R_{Th} i \quad \Rightarrow \quad A_0 = R_{Th} \tag{4.16}$$

A_0와 B_0 값을 식 (4.14)에 대입하면,

$$v = R_{Th} i + V_{Th} \tag{4.17}$$

이것은 그림 4.46(b) 회로의 단자 a-b에서의 전압-전류 관계를 나타낸다. 따라서 그림 4.46(a)와 (b)의 두 회로는 등가이다.

그림 4.47(a)에서 보듯이 전압원 v에 의해 동작하는 선형 회로에서 회로로 흘러 들어가는 전류는 중첩의 원리를 사용하여 다음과 같이 구할 수 있다.

$$i = C_0 v + D_0 \tag{4.18}$$

여기서 $C_0 v$는 외부 전압원 v의 전류 i에 대한 영향이고, D_0는 내부 독립 전원들의 전류 i에 대한 영향을 포함한다. 단자 a-b가 단락회로일 때, $v = 0$이므로 $= D_0 = -i_{sc}$이다. 여기서 i_{sc}는 단자 a 밖으로 흐르는 단락회로 전류이고 노턴 전류 I_N과 같다. 즉

$$D_0 = -I_N \tag{4.19}$$

모든 내부 전원을 없애면 $D_0 = 0$이다. 이 회로는 R_{Th} 또는 R_N인 등가 저항 R_{eq}(또는 등가 전도도 $G_{eq} = 1/R_{eq}$)로 대체할 수 있고, 식 (4.19)는 다음과 같이 된다.

$$i = \frac{v}{R_{Th}} - I_N \tag{4.20}$$

이 식은 그림 4.47(b) 회로 단자 a-b에서의 전압-전류 관계를 나타내고, 그림 4.47(a)와 (b)의 두 회로가 등가임을 증명한다.

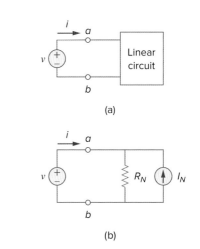

그림 4.47
노턴 등가회로의 유도: (a) 전압 구동 회로, (b) (a)의 노턴 등가회로.

4.8   최대 전력 전달

많은 실제 상황에서 회로는 부하에 전력을 공급하도록 설계된다. 통신 분야 등의 응용에서는 부하에 전달되는 전력이 최대가 되도록 요구한다. 여기서는 알려진 내부 손실이 있는 시스템에서 부하로 최대 전력을 전달하는 문제에 초점을 맞춘다. 이 문제는 부하로 전달되는 전력과 같거나 오히려 더 큰 내부 손실을 초래한다는 것을 알아야 한다.

테브냉 등가는 회로가 부하에 전달할 수 있는 최대 전력 전달을 구하는 데 유용하다. 부하저항 R_L은 조절 가능하다고 가정하고, 만약 그림 4.48처럼 부하를 제외한 전체 회로를 테브냉 등가회로로 변환하면 부하로 전달되는 전력은 다음과 같다.

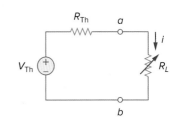

그림 4.48
최대 전력 전달을 위한 회로.

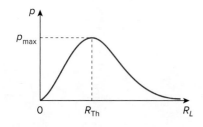

그림 4.49
R_L에 대한 함수로 나타낸, 부하에서의 전력.

$$p = i^2 R_L = \left(\frac{V_{Th}}{R_{Th} + R_L} \right)^2 R_L \qquad \textbf{(4.21)}$$

주어진 회로에서 V_{Th}와 R_{Th}는 고정되어 있다. 부하저항 R_L을 변화시키면 부하로 전달되는 전력은 그림 4.49의 그래프와 같이 변한다. 그림 4.49로부터 R_L 값이 작거나 크면 부하로 전달되는 전력이 작고, 0과 ∞ 사이의 R_L 값에서 최대 전력값을 가짐을 알 수 있다. 이제 R_L이 R_{Th}와 같을 때 최대 전력 전달이 일어남을 보이고자 한다. 이것을 최대 전력 전달 법칙이라고 부른다.

> **부하로의 최대 전력 전달**은 부하에서 바라본 테브냉 저항과 부하저항이 같을 때($R_L = R_{Th}$) 일어난다.

최대 전력 전달 법칙을 입증하기 위해 식 (4.21)의 p를 R_L에 대해 미분하고 그 결과를 0으로 놓는다. 그 결과는 다음과 같다.

$$\frac{dp}{dR_L} = V_{Th}^2 \left[\frac{(R_{Th} + R_L)^2 - 2R_L(R_{Th} + R_L)}{(R_{Th} + R_L)^4} \right]$$

$$= V_{Th}^2 \left[\frac{(R_{Th} + R_L - 2R_L)}{(R_{Th} + R_L)^3} \right] = 0$$

이것은 다음 식을 의미하며,

$$0 = (R_{Th} + R_L - 2R_L) = (R_{Th} - R_L) \qquad \textbf{(4.22)}$$

식 (4.23)을 산출한다.

$$\boxed{R_L = R_{Th}} \qquad \textbf{(4.23)}$$

| $R_L = R_{Th}$일 때 전원과 부하가 일치되었다고 한다.

식 (4.22)의 결과는 R_L이 테브냉 저항 R_{Th}와 같을 때 최대 전력이 전달되는 것을 보여준다. $d^2p/dR_L^2 < 0$을 보임으로써 식 (4.23)의 조건이 최대 전달 전력임을 확인할 수 있다.

최대 전달 전력은 식 (4.23)을 식 (4.21)로 치환하면 다음을 얻을 수 있다.

$$\boxed{p_{max} = \frac{V_{Th}^2}{4R_{Th}}} \qquad \textbf{(4.24)}$$

식 (4.24)는 $R_L = R_{Th}$인 조건에서만 적용된다. $R_L \neq R_{Th}$일 때는 식 (4.21)을 이용하여 부하로 전달되는 전력을 구한다.

예제 4.13

그림 4.50의 회로에서 최대 전력 전달이 되도록 R_L의 값을 구하라. 또한 그때의 최대 전력을 구하라.

풀이:
단자 a-b에서 테브냉 저항 R_{Th}와 테브냉 전압 V_{Th}를 구해야 한다. R_{Th}를 구하기

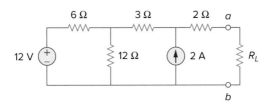

그림 4.50
예제 4.13.

위해 그림 4.51(a)의 회로를 이용하여 다음을 얻는다.

$$R_{Th} = 2 + 3 + 6 \| 12 = 5 + \frac{6 \times 12}{18} = 9 \ \Omega$$

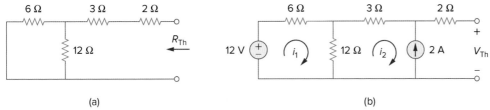

(a)   (b)

그림 4.51
예제 4.13: (a) R_{Th} 구하기, (b) V_{Th} 구하기.

V_{Th}를 구하기 위해서는 그림 4.51(b)의 회로를 이용한다. 메시 해석법을 적용하면,

$$-12 + 18i_1 - 12i_2 = 0, \qquad i_2 = -2 \text{ A}$$

$i_1 = -2/3$를 얻는다. 바깥쪽 루프에 KVL을 적용하면 단자 a-b에 걸리는 V_{Th}를 구할 수 있고,

$$-12 + 6i_1 + 3i_2 + 2(0) + V_{Th} = 0 \qquad \Rightarrow \qquad V_{Th} = 22 \text{ V}$$

최대 전력 전달 조건은

$$R_L = R_{Th} = 9 \ \Omega$$

최대 전력은

$$p_{max} = \frac{V_{Th}^2}{4R_L} = \frac{22^2}{4 \times 9} = 13.44 \text{ W}$$

실전문제 4.13

그림 4.52의 회로에서 최대 전력 전달이 되도록 R_L의 값을 구하라. 또한 그때의 최대 전력을 구하라.

답: 4.222 Ω, 2.901 W

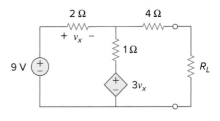

그림 4.52
실전문제 4.13.

4.9 | *PSpice*를 이용한 회로 정리의 검증

이 장에서는 *PSpice*를 이용하여 회로 이론을 검증하는 방법을 살펴보자. 특히 DC Sweep 해석을 이용하여 회로의 임의 노드에서의 테브냉 및 노턴 등가회로와 부하로 전달되는 최대 전력을 구한다. 이 장을 시작하기 전에 부록 D의 D.3절을 읽어두면 도움이 될 것이다.

*PSpice*를 이용하여 개방 단자 쌍에서 회로의 테브냉 등가를 구하기 위해 schematic editor를 사용하여 회로를 그리고, 독립 시험 전류원 Ip를 단자에 삽입한다. 시험 전류원은 ISRC를 사용한다. D.3절에서 논의한 바와 같이 Ip에 대해 DC Sweep을 수행한다. 일반적으로 전류 Ip를 0부터 1까지 0.1 A씩 증가시키며 흘려준다. 회로에 대해 시뮬레이션을 실행한 후 Probe를 사용하여 전류 Ip에 대한 전압 그래프를 그린다. 그래프의 0을 지나는 점이 테브냉 등가 전압이며, 그래프의 기울기는 테브냉 저항이다.

노턴 등가를 찾는 것은 독립 전압원(VSRC) Vp를 단자 사이에 삽입하는 것을 제외하면 위와 비슷한 과정을 수반한다. Vp에 대해 DC Sweep을 수행하고, 0부터 1까지 0.1 V씩 증가시킨다. 시뮬레이션 후 Probe 메뉴를 이용하여 Vp에 대한 전류 그래프를 그린다. 0을 지나는 점이 노턴 전류이고, 그래프의 기울기는 노턴 컨덕턴스이다.

부하에 전달되는 최대 전력을 *PSpice*를 이용하여 구하는 것은 그림 4.48의 R_L 값에 대한 DC parametric Sweep의 수행을 수반하며, 부하로 전달되는 전력은 R_L의 함수로 표현된다. 그림 4.49에 따르면 최대 전력은 $R_L = R_{Th}$일 때 나타난다. 이것은 예제 4.15에 잘 설명되어 있다.

독립 전압원과 전류원을 각각 VSRC와 ISRC로 사용한다.

예제 4.14

그림 4.31(예제 4.9)의 회로에서 *PSpice*를 이용하여 테브냉 등가회로와 노턴 등가회로를 구하라.

풀이:

(a) 그림 4.31의 회로에서 단자 *a-b* 사이의 테브냉 저항 R_{Th}와 테브냉 전압 V_{Th}를 구하기 위해 그림 4.53(a)의 회로를 Schematics를 이용하여 그린다. 단자에 구동 전류 I2를 삽입한다. **Analysis/Setput** 메뉴의 DC Sweep을 선택한다. DC Sweep 대화상자에서 *Sweep Type*으로 Linear를 선택하고, *Sweep Var. Type*으로 전류원을 선택한다. *Name* 상자에 I2를 입력하고, 시작값은 0, 최종값은 1, 증가값은 0.1로 한다. 시뮬레이션 후 *PSpice* A/D 창에서 V(I2:-) 그래프를 추가하면 그림 4.53(b)를 얻게 되고, 그래프에서 다음을 얻는다.

$$V_{Th} = \text{Zero intercept} = 20 \text{ V}, \qquad R_{Th} = \text{Slope} = \frac{26 - 20}{1} = 6 \ \Omega$$

이는 예제 4.9의 해석적 결과와 일치한다.

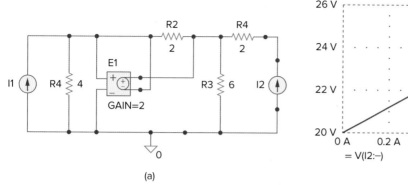

(a)

(b)

그림 4.53
예제 4.14: (a) 회로도, (b) R_{Th}와 V_{Th}를 구하기 위한 그래프.

(b) 노턴 등가는 그림 4.53(a)의 회로에서 전류원을 전압원 V1으로 대체함으로써 구할 수 있다. 그림 4.54(a)는 대체된 회로를 보여준다. 또한 DC Sweep 대화상자에서 *Sweep Var. Type*으로 전압원을, *Sweep Type*으로 Linear를 선택한다. *Name* 상자에 V1을 입력하고, 시작값은 0, 최종값은 1, 증가값은 0.1로 한다. *PSpice* A/D 창에서 I (V1) 그래프를 추가하면 그림 4.54(b)를 얻게 되고, 그래프에서 다음을 얻는다.

$$I_N = \text{Zero intercept} = 3.335 \text{ A}$$

$$G_N = \text{Slope} = \frac{3.335 - 3.165}{1} = 0.17 \text{ S}$$

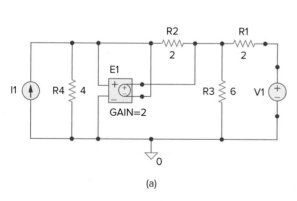

(a)

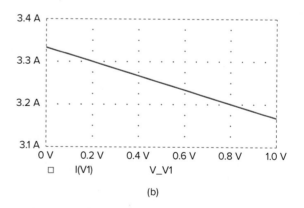

(b)

그림 4.54
예제 4.14: (a) 회로도, (b) G_N와 I_N을 구하기 위한 그래프.

*PSpice*를 이용하여 실전문제 4.9를 다시 풀라.

실전문제 4.14

답: $V_{Th} = 5.333 \text{ V}$, $R_{Th} = 444.4 \text{ m}\Omega$

예제 4.15

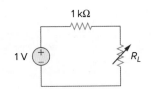

그림 4.55
예제 4.15.

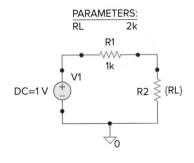

그림 4.56
예제 4.15: 회로도.

그림 4.55의 회로에서 *PSpice*를 이용하여 최대 전력 전달이 되도록 R_L의 값을 구하라.

풀이:

전력이 최대에 이르는 때를 찾기 위해 R_L에 대해 DC Sweep을 수행해야 한다. Schematics를 이용하여 그림 4.56의 회로를 그린다. 회로를 완성하면 DC Sweep을 수행하기 위해 다음 3단계를 거쳐야 한다.

첫 번째로 R_L의 값을 변수로 정한다.

1. R2 (R_L을 의미하는)의 값 1k를 더블클릭하여 속성값을 설정하는 대화상자 (*Set Attribute Value*)를 연다.
2. 1k를 {RL}로 대치하고, **OK** 버튼을 눌러 설정한다.

중괄호를 꼭 넣어야 한다.

두 번째 단계는 변수를 지정하는 것이다.

1. **Draw/Get New Part/Libraries … /special.slb**를 선택한다.
2. PARAM을 *PartName* 상자에 입력하고 **OK** 버튼을 누른다.
3. 선택 상자를 회로 근처에 옮긴다.
4. 클릭하여 배치를 마무리한다.
5. *PartName*을 열기 위해 *PARAM* 대화상자를 더블클릭한다.
6. *NAME1 =* 을 클릭하여 값으로 RL(중괄호 없이 입력)을 입력하고, **Save Attr**을 클릭하여 속성을 저장한다.
7. *VALUE1 =* 을 클릭하여 값으로 2k를 입력하고, **Save Attr**을 클릭하여 속성을 저장한다.
8. **OK** 버튼을 누른다.

7번 항목의 2k 값은 바이어스 점을 위해 필요하며 공란으로 남겨둘 수 없다. 세 번째 단계는 변수에 대해 DC Sweep를 수행하기 위한 설정이다.

1. **Analysis/Setput**을 선택하여 DC Sweep 대화상자를 불러온다.
2. *Sweep Type*으로 Linear를 선택한다(또는 넓은 범위의 R_L에 대해서는 Octave를 선택한다).
3. *Sweep Var. Type*으로 전역변수를 선택한다.
4. 이름으로 R_L을 입력한다.
5. 시작값은 100을 입력한다.
6. 최종값은 5k를 입력한다.
7. 증가값은 100을 입력한다.
8. **OK** 버튼을 누르고 **Close** 버튼을 눌러 파라미터 설정을 마친다.

위의 3단계를 거치고 회로를 저장하면 시뮬레이션 준비가 된다. **Analysis/**

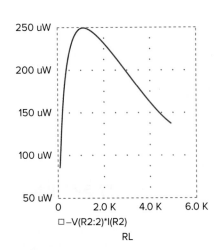

그림 4.57
예제 4.15: R_L에서의 전력.

Simulate를 선택한다. 오류가 없다면 *PSpice* A/D 창의 **Add Trace**를 선택하여 −V(R2:2)*I(R2)를 *Trace Command* 상자에 입력한다. [음의 부호가 필요한 이유는 I(R2)가 음수이기 때문이다.] 이 그래프는 R_L이 100 Ω부터 5 kΩ까지 변함에 따라 R_L에 전달되는 전력을 나타낸다. 또한 *Trace Command* 상자에 V(R2:2)*V(R2:2)/R_L을 입력하여 R_L에 흡수되는 전력을 얻을 수 있다. 어떤 방법으로든 그림 4.57과 같은 결과 그림을 얻게 된다. 이 그림으로부터 최대 전력이 250 μW임이 명백하다. 이론과 같이 최대값은 R_L = 1 kΩ일 때임을 확인할 수 있다.

그림 4.55의 회로에서 1 kΩ을 2 kΩ으로 바꾸었을 때, 최대 전력 전달이 되도록 R_L의 값을 구하라.

답: 125 mW

4.10   †응용

이 장에서 학습한 두 가지 중요한 개념, 즉 전원 모델링과 저항 측정의 실제 응용에 대해 살펴보자.

4.10.1 전원 모델링

전원 모델링은 테브냉 또는 노턴 등가의 유용한 예이다. 건전지 같은 능동전원은 그것의 테브냉 또는 노턴 등가회로로 특성화된다. 이상 전압원은 부하에 흐르는 전류에 관계없이 일정한 전압을 공급하고, 이상 전류원은 부하에 걸리는 전압에 관계없이 일정한 전류를 공급한다. 그림 4.58에서 보는 바와 같이 실제적인 전압원과 전류원은 내부 저항 혹은 전원 저항 R_s와 R_p로 인해 이상적이지 않다. 이것들이 $R_s \rightarrow 0$, $R_p \rightarrow \infty$가 되면 이상적이 된다. 이것은 그림 4.59(a)에서 보듯이 부하저항이 전압원에 주는 영향을 고려하는 경우이다. 전압 분배 법칙에 의해 부하에 걸리는 전압은 다음과 같다.

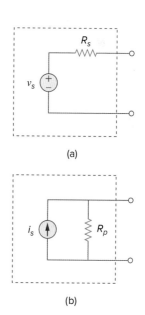

그림 4.58
(a) 실제 전압원, (b) 실제 전류원.

$$v_L = \frac{R_L}{R_s + R_L} v_s \tag{4.25}$$

그림 4.59(b)의 그래프와 같이 R_L이 증가함에 따라 부하에 걸리는 전압은 전원 전압 vs에 가까워진다. 식 (4.25)로부터 다음과 같은 사항을 알 수 있다.

1. 내부 저항 R_s가 0이거나 $R_s \ll R_L$이면 부하에 걸리는 전압은 일정할 것이다. 즉 R_L에 비해 R_s 값이 작을수록 부하에 걸리는 저항이 전원 저항에 가까워져 이상적인 경우가 된다.

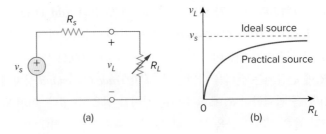

그림 4.59
(a) 실제 전압원이 부하 R_L에 연결되면, (b) R_L이 감소할 때 부하
전압이 감소한다.

2. 부하저항이 연결되지 않으면(즉 $R_L \rightarrow \infty$가 되어 전원이 개방회로가 되면)
$v_{oc} = v_s$이다. 그래서 v_s는 부하가 없는 전원 전압으로 간주한다. 부하의 연결
은 단자 전압의 크기를 감소시킨다. 이것이 부하 영향이다.

동일한 원리가 그림 4.60(a)와 같이 부하가 연결된 실제 전류원에도 적용된다.
전류 분배 법칙에 의해,

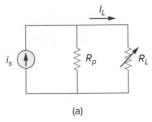

(a)

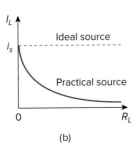

(b)

그림 4.60
(a) 부하 R_L에 연결된 실제적인 전류원,
(b) 부하 R_L이 증가하면 부하 전류가 감소
한다.

$$i_L = \frac{R_p}{R_p + R_L} i_s \qquad (4.26)$$

그림 4.60(b)는 부하저항이 증가함에 따라 부하에 흐르는 전류의 변화를 보여준
다. 또한 부하(부하 영향)에 의해 전류가 떨어지는 것과 내부 저항이 매우 클 때
(즉 $R_p \rightarrow \infty$이거나 적어도 $R_p \gg R_L$일 때) 부하에 흐르는 전류가 일정한(이상 전
류원) 것을 알 수 있다.

때때로 부하가 없는 전원 전압 v_s와 내부 저항 R_s를 알아야 할 때가 있다.
v_s와 R_s를 찾기 위해 그림 4.61에 나타낸 절차를 따라야 한다. 첫 번째로 그림
4.61(a)와 같이 개방회로 전압 v_{oc}를 측정하고 다음과 같이 설정한다.

$$v_s = v_{oc} \qquad (4.27)$$

그리고 그림 4.61(b)와 같이 단자에 가변 저항 R_L을 연결한다. 부하에 걸리는 전
압이 개방회로 전압의 정확히 반($v_L = v_{oc}/2$)이 되도록 저항 R_L의 값을 조정한다.
왜냐하면 그때 $R_L = R_{\text{Th}} = R_s$이기 때문이다. 이때 R_L을 떼어내고 측정하면 다음
과 같이 놓을 수 있다.

$$R_s = R_L \qquad (4.28)$$

예를 들어 어떤 자동차의 건전지는 $v_s = 12$ V, $R_s = 0.05$ Ω이다.

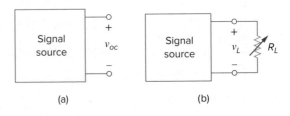

그림 4.61
(a) v_{oc} 측정, (b) v_L 측정.

2 W의 부하가 연결되었을 때 전압원의 단자 전압은 12 V이다. 부하가 연결되지 않았을 때는 단자 전압이 12.4 V까지 올라간다. (a) 전원 전압 v_s와 내부저항 R_s를 구하라. (b) 8 Ω의 부하저항이 연결되었을 때의 전압을 구하라.

풀이:

(a) 전원을 테브냉 등가로 치환한다. 부하가 연결되지 않았을 때의 단자 전압은 개방회로 전압이고, 다음과 같이 구할 수 있다.

$$v_s = v_{oc} = 12.4 \text{ V}$$

그림 4.62(a)와 같이 부하가 연결되면 $v_L = 12$ V이고, $p_L = 2$ W이다. 따라서

$$p_L = \frac{v_L^2}{R_L} \quad \Rightarrow \quad R_L = \frac{v_L^2}{p_L} = \frac{12^2}{2} = 72 \ \Omega$$

부하에 흐르는 전류는

$$i_L = \frac{v_L}{R_L} = \frac{12}{72} = \frac{1}{6} \text{ A}$$

R_s에 걸리는 전압은 전원 전압 v_s와 부하에 걸리는 전압 v_L의 차이이거나,

$$12.4 - 12 = 0.4 = R_s i_L, \qquad R_s = \frac{0.4}{I_L} = 2.4 \ \Omega$$

(b) 테브냉 등가를 구했으므로 그림 4.62(b)와 같이 테브냉 등가회로에 8 Ω을 연결한다. 전압 분배 법칙을 이용하여 다음과 같이 구한다.

$$v = \frac{8}{8 + 2.4}(12.4) = 9.538 \text{ V}$$

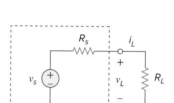

(a)

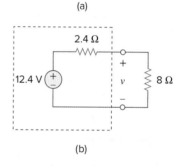

(b)

그림 4.62
예제 4.16.

어떤 증폭기의 개방회로 전압이 9 V로 측정되었다. 20 Ω의 확성기를 증폭기에 연결했더니 전압이 8 V로 떨어졌다. 10 Ω의 확성기를 연결했을 때의 전압을 구하라.

답: 7.2 V

4.10.2 저항 측정

옴미터를 이용한 측정 방법이 가장 간단한 저항 측정 방법이지만, 휘트스톤 브리지를 이용하면 더욱 정확한 측정이 가능하다. 옴미터는 작은 범위, 중간 범위, 큰 범위에 따라 설계되지만, 휘트스톤 브리지는 1 Ω에서 1 MΩ 정도의 중간 범위 측정에 사용되곤 한다. 아주 작은 저항값은 밀리옴미터로 측정하고, 아주 큰 저항값은 메거 테스터로 측정한다.

　다양하게 응용되는 휘트스톤 브리지(저항 브리지) 회로를 이용하여 임의의

역사적 기록: 브리지는 영국 교수 찰스 휘트스톤(Charles Wheatstone, 1802∼1875)이 발명했다. 새뮤얼 모스가 미국에서 전신 기술을 발명했을 때, 휘트스톤도 독자적으로 영국에서 전신 기술을 발명했다.

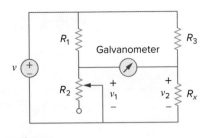

그림 4.63
휘트스톤 브리지: R_x는 저항값을 측정해야 할 저항.

저항값을 측정한다. 임의의 저항 R_x를 그림 4.63과 같이 연결한다. 가변 저항의 값은 검류계(galvanometer)에 전류가 흐르지 않을 때까지 조정한다. 검류계는 마이크로앰프 대역에서 사용하는 암미터(ammeter)와 같이 전류를 측정하는 데 민감한 다르송발(d'Arsonval) 작동 기구이다. $v_1 = v_2$라는 조건이 성립하면 브리지가 **평형**(balanced)하다고 말한다. 검류계에 더 이상 전류가 흐르지 않으면 R_1과 R_2는 직렬연결인 것처럼 된다. R_3와 R_x도 마찬가지이다. 또한 검류계에 전류가 흐르지 않는 것은 $v_1 = v_2$를 의미한다. 전압 분배 법칙을 적용하면,

$$v_1 = \frac{R_2}{R_1 + R_2} v = v_2 = \frac{R_x}{R_3 + R_x} v \tag{4.29}$$

따라서 다음과 같은 조건일 때 검류계에 전류가 흐르지 않는다.

$$\frac{R_2}{R_1 + R_2} = \frac{R_x}{R_3 + R_x} \quad \Rightarrow \quad R_2 R_3 = R_1 R_x$$

또는

$$\boxed{R_x = \frac{R_3}{R_1} R_2} \tag{4.30}$$

만약 $R_1 = R_3$이고 검류계에 전류가 흐르지 않을 때까지 R_2를 조정하면 $R_x = R_2$이다.

휘트스톤 브리지가 **불평형**일 때, 검류계에 전류가 흐르는 것을 어떻게 찾을 수 있을까? 검류계의 단자에 대해 테브냉 등가(V_{Th}와 R_{Th})를 찾는다. 검류계의 저항이 R_m이라면 불평형 조건에서 흐르는 전류는 다음과 같이 구한다.

$$I = \frac{V_{\text{Th}}}{R_{\text{Th}} + R_m} \tag{4.31}$$

예제 4.18은 이 현상을 설명해줄 것이다.

예제 4.17

그림 4.63의 회로에서 $R_1 = 500\ \Omega$, $R_3 = 200\ \Omega$이고, R_2가 125 Ω으로 조정되었을 때 브리지가 평형이다. 임의의 저항 R_x의 값을 구하라.

풀이:
식 (4.30)을 이용하면,

$$R_x = \frac{R_3}{R_1} R_2 = \frac{200}{500} 125 = 50\ \Omega$$

실전문제 4.17

휘트스톤 브리지에서 $R_1 = R_3 = 1$ kΩ이다. 검류계에 전류가 흐르지 않을 때까지 R_2가 조정되었고, 그 값이 3.2 kΩ이다. 임의의 저항값은 얼마인가?

답: 3.2 kΩ

그림 4.64의 회로는 불평형 브리지를 나타낸 것이다. 검류계의 저항이 40 Ω일 때 검류계에 흐르는 전류를 구하라.

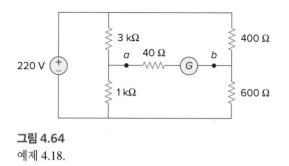

그림 4.64
예제 4.18.

풀이:

먼저 회로를 단자 a-b에 대해 테브냉 등가로 치환해야 한다. 테브냉 저항은 그림 4.65(a)의 회로를 이용하여 구한다. 3 kΩ 저항과 1 kΩ 저항은 병렬연결이다. 그러므로 400 Ω 저항과 600 Ω 저항도 마찬가지로 병렬연결이다. 두 병렬연결의 조합은 단자 a-b에 대해 하나의 직렬연결을 형성한다. 따라서 다음과 같이 구할 수 있다.

$$R_{Th} = 3000 \parallel 1000 + 400 \parallel 600$$

$$= \frac{3000 \times 1000}{3000 + 1000} + \frac{400 \times 600}{400 + 600} = 750 + 240 = 990 \ \Omega$$

테브냉 전압을 구하기 위해 그림 4.65(b)의 회로를 고려한다. 전압 분배 법칙을

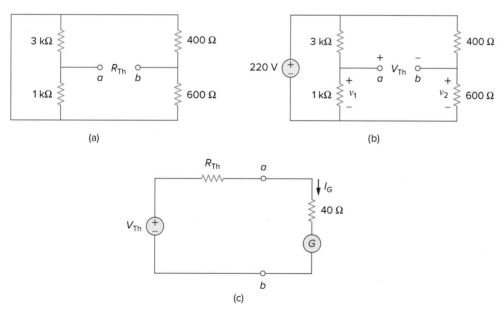

(a)   (b)

(c)

그림 4.65
예제 4.18: (a) R_{Th} 구하기, (b) V_{Th} 구하기, (c) 검류계로 통하는 전류 측정.

이용하면,

$$v_1 = \frac{1000}{1000 + 3000}(220) = 55\text{ V}, \qquad v_2 = \frac{600}{600 + 400}(220) = 132\text{ V}$$

루프 ab에 KVL을 적용하면,

$$-v_1 + V_{Th} + v_2 = 0 \quad \text{또는} \quad V_{Th} = v_1 - v_2 = 55 - 132 = -77\text{ V}$$

테브냉 등가가 결정되면 그림 4.65(c)를 이용하여 검류계에 흐르는 전류를 구할 수 있다.

$$I_G = \frac{V_{Th}}{R_{Th} + R_m} = \frac{-77}{990 + 40} = -74.76\text{ mA}$$

음의 부호는 전류가 처음에 가정한 방향의 반대로 흐른다는 것을 의미한다. 즉 단자 b에서 a로 흐른다.

실전문제 4.18

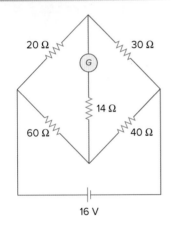

그림 4.66
실전문제 4.18.

그림 4.66의 휘트스톤 브리지에서 검류계의 저항이 14 Ω일 때 검류계에 흐르는 전류를 구하라.

답: 64 mA

4.11 요약

1. 선형 회로망은 선형 소자, 선형 종속 전원, 선형 독립 전원으로 이루어져 있다.
2. 회로망 정리는 복잡한 회로를 간단하게 한다. 그러므로 회로 해석을 훨씬 간단하게 해준다.
3. 중첩의 원리는 여러 개의 독립 전원이 있을 경우 어떤 소자에 걸리는 전압 (또는 소자를 통해 흐르는 전류)이 각각의 독립 전원에 의해 생기는 전압 (또는 전류)의 대수합과 같다는 원리이다.
4. 전원 변환은 저항과 전압원의 직렬연결을 저항과 전류원의 병렬연결로 바꾸거나, 혹은 그 반대로 하는 것이다.
5. 테브냉의 정리와 노턴의 정리는 회로의 나머지 부분을 등가회로로 치환함으로써 회로의 일부분을 분리해준다. 테브냉 등가는 전압원 V_{Th}와 직렬 저항 R_{Th}로 이루어져 있으며, 노턴 등가는 전류원 I_N과 병렬 저항 R_N으로 이루어져 있다. 두 정리는 전원 변환의 관계를 가진다.

$$R_N = R_{Th}, \qquad I_N = \frac{V_{Th}}{R_{Th}}$$

6. 테브냉 등가회로가 주어진 경우, 최대 전력 전달은 $R_L = R_{Th}$일 때 일어난

다. 즉 부하저항이 테브냉 저항과 같을 때이다.

7. 최대 전력 전달 법칙은 R_L이 부하에서의 테브냉 저항 R_{Th}와 같을 때 전원에서 부하저항에 가장 큰 전력이 전달된다는 것이다.

8. 이 장의 회로 이론을 검증하는 데 *PSpice*를 사용할 수 있다.

9. 테브냉 정리의 응용으로 전원 모델링과 휘트스톤 브리지를 이용한 저항 측정이 있다.

복습문제

4.1 입력 전압이 10 V일 때 선형 회로망의 가지로 흐르는 전류가 2 A이다. 만약 전압이 1 V로 줄어들고 극성이 바뀐다면 가지에 흐르는 전류는?

(a) −2 A　　　(b) −0.2 A　　　(c) 0.2 A

(d) 2 A　　　(e) 20 A

4.2 중첩의 원리를 적용하기 위해 한 번에 하나의 독립 전원만을 고려해야 하는 것은 아니다. 여러 개의 독립 전원을 동시에 고려할 수 있다.

(a) 참　　　　　　　　(b) 거짓

4.3 중첩의 원리는 전력 계산에 적용될 수 있다.

(a) 참　　　　　　　　(b) 거짓

4.4 그림 4.67 회로의 단자 *a-b*에서 테브냉 저항은?

(a) 25 Ω　　　　　　(b) 20 Ω

(c) 5 Ω　　　　　　(d) 4 Ω

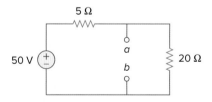

그림 4.67
복습문제 4.4, 4.6.

4.5 그림 4.67의 회로에서 단자 *a*와 *b* 사이의 테브냉 전압은?

(a) 50 V　　　　　　(b) 40 V

(c) 20 V　　　　　　(d) 10 V

4.6 그림 4.67의 회로에서 단자 *a*와 *b* 사이의 노턴 전류는?

(a) 10 A　　(b) 2.5 A　　(c) 2 A　　(d) 0 A

4.7 노턴 저항 R_N과 테브냉 저항 R_{Th}는 정확하게 같다.

(a) 참　　　　　　　　(b) 거짓

4.8 그림 4.68에서 등가인 회로 쌍은?

(a) a와 b　　　　　　(b) b와 d

(c) a와 c　　　　　　(d) c와 d

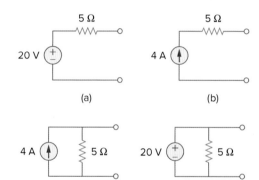

그림 4.68
복습문제 4.8.

4.9 부하저항이 네트워크에 연결되어 있다. 부하저항이 연결된 단자에 저항 R_{Th} = 10 Ω, 전압 V_{Th} = 40 V가 연결되어 있다. 부하저항에 공급 가능한 최대 전력은 얼마인가?

(a) 160 W　　　　　　(b) 80 W

(c) 40 W　　　　　　(d) 1 W

4.10 전원저항과 부하저항이 같을 때 최대 전력이 부하로 전달된다.

(a) 참　　　　　　　　(b) 거짓

답: *4.1b, 4.2a, 4.3b, 4.4d, 4.5b, 4.6a, 4.7a, 4.8c, 4.9c, 4.10a*

문제

4.2절   선형성

4.1   그림 4.69의 회로에서 전류 i_o를 구하라. i_o가 5 A가 되기 위한 입력 전압은 얼마인가?

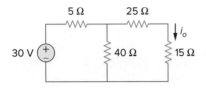

그림 4.69
문제 4.1.

4.2   그림 4.70을 이용하여 다른 학생들이 선형성을 더 잘 이해하도록 도와주는 문제를 설계하라.

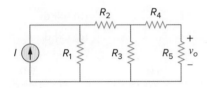

그림 4.70
문제 4.2.

4.3   (a) 그림 4.71의 회로에서 $v_s = 1$ V일 때 v_o와 i_o를 구하라.

(b) $v_s = 10$ V일 때 v_o와 i_o를 구하라.

(c) 각각의 1 Ω 저항을 10 Ω으로 교체하고 $v_s = 10$ V로 했을 때 v_o와 i_o를 구하라.

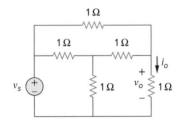

그림 4.71
문제 4.3.

4.4   그림 4.72의 회로에서 선형성을 이용하여 i_o를 구하라.

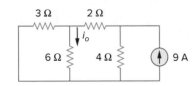

그림 4.72
문제 4.4.

4.5   그림 4.73의 회로에서 $v_o = 1$ V라 가정하고, 선형성을 이용하여 v_o를 구하라.

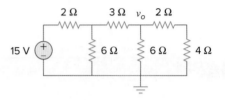

그림 4.73
문제 4.5.

4.6   그림 4.74의 선형 회로에서 선형성을 이용하여 다음 표를 완성하라.

실험	V_s	V_o
1	12 V	4 V
2		16 V
3	1 V	
4		−2 V

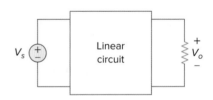

그림 4.74
문제 4.6.

4.7   그림 4.75의 회로에서 $V_o = 1$ V라 가정하고, 선형성을 이용하여 V_o를 구하라.

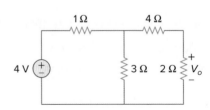

그림 4.75
문제 4.7.

4.3절　중첩의 원리

4.8 그림 4.76의 회로에서 중첩의 원리를 이용하여 V_o를 구하라(*PSpice*나 *MultiSim*으로 검증하라).

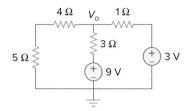

그림 4.76
문제 4.8.

4.9 $V_s = 40$ V이고 $I_s = 4$ A일 때 $I = 4$ A, $V_s = 20$ V이고 $I_s = 0$ A일 때 $I = 1$ A이다. 중첩의 원리와 선형성의 특성으로부터 $V_s = 60$ V, $I_s = -2$ A일 때 I의 값을 구하라.

그림 4.77
문제 4.9.

4.10 그림 4.78을 이용하여 다른 학생들이 중첩의 정리를 더 잘 이해하도록 도와주는 문제를 설계하라. k는 0이 아닌 값 중에서 문제를 쉽게 풀 수 있는 값으로 하라.

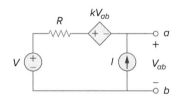

그림 4.78
문제 4.10.

4.11 그림 4.79의 회로에서 중첩의 원리를 이용하여 i_o와 v_o를 구하라.

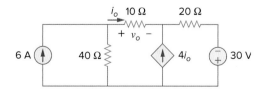

그림 4.79
문제 4.11.

4.12 그림 4.80의 회로에서 중첩의 원리를 이용하여 v_o를 구하라.

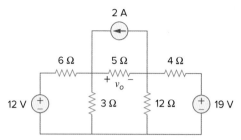

그림 4.80
문제 4.12.

4.13 그림 4.81의 회로에서 중첩의 원리를 이용하여 v_o를 구하라.

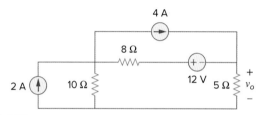

그림 4.81
문제 4.13.

4.14 그림 4.82의 회로에서 중첩의 원리를 이용하여 v_o를 구하라.

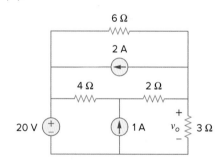

그림 4.82
문제 4.14.

4.15 그림 4.83의 회로에서 중첩의 원리를 이용하여 i를 구하라. 그리고 3 Ω의 저항에 전달되는 전력을 계산하라.

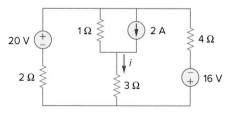

그림 4.83
문제 4.15.

4.16 그림 4.84의 회로에서 중첩의 원리를 이용하여 i_o를 구하라.

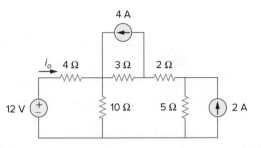

그림 4.84
문제 4.16.

4.17 그림 4.85의 회로에서 중첩의 원리를 이용하여 v_x를 구하라. 결과를 *PSpice* 또는 *MultiSim*으로 검증하라.

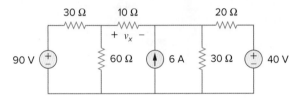

그림 4.85
문제 4.17.

4.18 그림 4.86의 회로에서 중첩의 원리를 이용하여 V_o를 구하라.

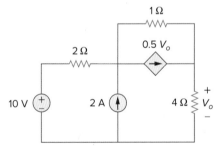

그림 4.86
문제 4.18.

4.19 그림 4.87의 회로에서 중첩의 원리를 이용하여 v_x를 구하라.

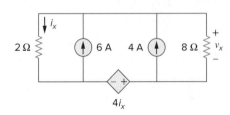

그림 4.87
문제 4.19.

4.4절   전원 변환

4.20 그림 4.88의 회로에 전원 변환을 이용하여 단일 전압원과 단일 저항이 직렬로 연결된 간단한 회로로 바꾸어라.

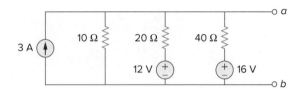

그림 4.88
문제 4.20.

4.21 그림 4.89를 이용하여 다른 학생들이 전원 변환을 더 잘 이해하도록 도와주는 문제를 설계하라.

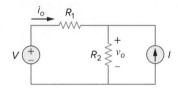

그림 4.89
문제 4.21.

4.22 그림 4.90의 회로에서 전원 변환을 이용하여 i를 구하라.

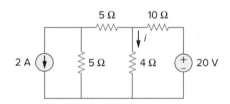

그림 4.90
문제 4.22.

4.23 그림 4.91의 회로에서 전원 변환을 이용하여 8 Ω 저항에 흐르는 전류와 소모되는 전력을 구하라.

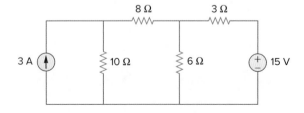

그림 4.91
문제 4.23.

4.24 그림 4.92의 회로에서 전원 변환을 이용하여 전압 V_x를 구하라.

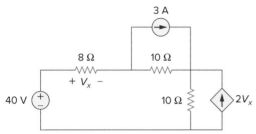

그림 4.92
문제 4.24.

4.25 그림 4.93의 회로에서 전원 변환을 이용하여 v_o를 구하라. 결과를 *PSpice* 또는 *MultiSim*으로 검증하라.

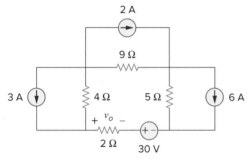

그림 4.93
문제 4.25.

4.26 그림 4.94의 회로에서 전원 변환을 이용하여 i_o를 구하라.

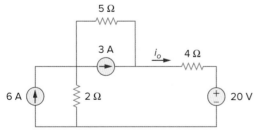

그림 4.94
문제 4.26.

4.27 그림 4.95의 회로에서 전원 변환을 이용하여 v_x를 구하라.

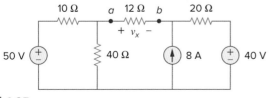

그림 4.95
문제 4.27.

4.28 그림 4.96의 회로에서 전원 변환을 이용하여 I_o를 구하라.

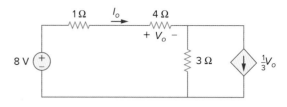

그림 4.96
문제 4.28.

4.29 그림 4.97의 회로에서 전원 변환을 이용하여 v_o를 구하라.

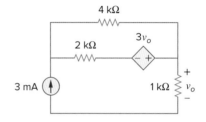

그림 4.97
문제 4.29.

4.30 그림 4.98의 회로에서 전원 변환을 이용하여 i_x를 구하라.

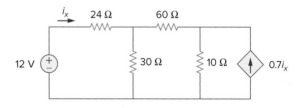

그림 4.98
문제 4.30.

4.31 그림 4.99의 회로에서 전원 변환을 이용하여 v_x를 구하라.

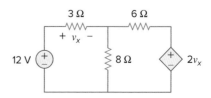

그림 4.99
문제 4.31.

4.32 그림 4.100의 회로에서 전원 변환을 이용하여 i_x를 구하라.

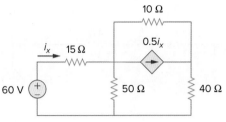

그림 4.100
문제 4.32.

4.5절과 4.6절   테브냉의 정리와 노턴의 정리

4.33 그림 4.101의 회로에서 5 Ω 저항에서의 테브냉 등가회로를 구하라. 그리고 5 Ω 저항에 흐르는 전류를 구하라.

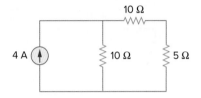

그림 4.101
문제 4.33.

4.34 그림 4.102를 이용하여 다른 학생들이 테브냉 등가회로를 더 잘 이해하도록 도와주는 문제를 설계하라.

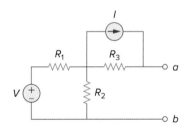

그림 4.102
문제 4.34, 4.49.

4.35 문제 4.12에서 테브냉 정리를 이용하여 v_o를 구하라.

4.36 그림 4.103의 회로에서 테브냉 정리를 이용하여 전류 i를 구하라. (힌트: 12 Ω 저항에서의 테브냉 등가회로를 구하라.)

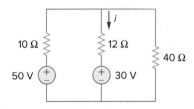

그림 4.103
문제 4.36.

4.37 그림 4.104의 회로에서 단자 *a-b*에서의 노턴 등가회로를 구하라.

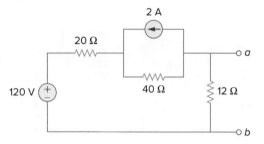

그림 4.104
문제 4.37.

4.38 그림 4.105의 회로에서 테브냉 정리를 이용하여 V_o를 구하라.

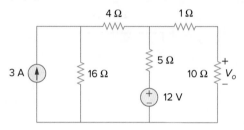

그림 4.105
문제 4.38.

4.39 그림 4.106의 회로에서 단자 *a-b*에서의 테브냉 등가회로를 구하라.

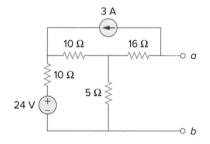

그림 4.106
문제 4.39.

4.40 그림 4.107의 회로에서 단자 *a-b*에서의 테브냉 등가회로를 구하라.

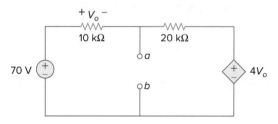

그림 4.107
문제 4.40.

4.41 그림 4.108의 회로에서 단자 *a-b*에서의 테브냉 등가회로와 노턴 등가회로를 구하라.

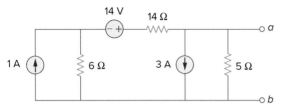

그림 4.108
문제 4.41.

*4.42 그림 4.109의 회로에서 단자 *a-b*에서의 테브냉 등가회로를 구하라.

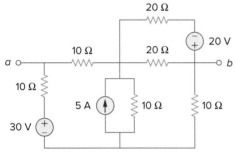

그림 4.109
문제 4.42.

4.43 그림 4.110의 회로에서 단자 *a-b*에서의 테브냉 등가회로와 i_x를 구하라.

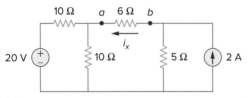

그림 4.110
문제 4.43.

4.44 그림 4.111의 회로에서 다음 각 단자에서의 테브냉 등가회로를 구하라.

(a) *a-b*　　　　　　　　(b) *b-c*

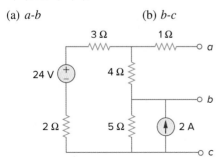

그림 4.111
문제 4.44.

* 별표는 난이도가 높은 문제를 가리킨다.

4.45 그림 4.112의 회로에서 단자 *a-b*에서의 테브냉 등가회로를 구하라.

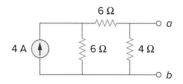

그림 4.112
문제 4.45.

4.46 그림 4.113을 이용하여 다른 학생들이 노턴 등가회로를 더 잘 이해하도록 도와주는 문제를 설계하라.

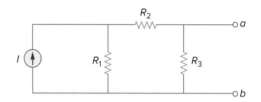

그림 4.113
문제 4.46.

4.47 그림 4.114의 회로에서 단자 *a-b*에서의 테브냉 등가회로와 노턴 등가회로를 구하라.

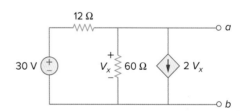

그림 4.114
문제 4.47.

4.48 그림 4.115의 회로에서 단자 *a-b*에서의 노턴 등가회로를 구하라.

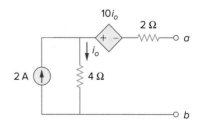

그림 4.115
문제 4.48.

4.49 그림 4.102의 회로에서 단자 *a-b*에서의 노턴 등가회로를 구하라. 단, $V = 40$ V, $I = 3$ A, $R_1 = 10$ Ω, $R_2 = 40$ Ω, $R_3 = 20$ Ω이다.

4.50 그림 4.116의 회로에서 단자 *a-b*의 왼쪽 회로에 대한 노턴 등가회로를 구하라. 그리고 그 결과를 이용하여 전류 *i*를 구하라.

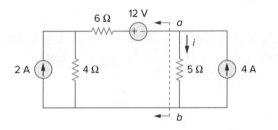

그림 4.116
문제 4.50.

4.51 그림 4.117의 회로에서 다음 각 단자에서 본 노턴 등가회로를 구하라.

   (a) *a-b*　　　　　　　　(b) *c-d*

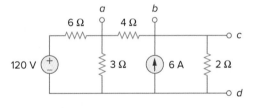

그림 4.117
문제 4.51.

4.52 그림 4.118의 트랜지스터 모델에서 단자 *a-b*에서의 테브냉 등가회로를 구하라.

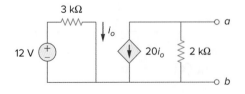

그림 4.118
문제 4.52.

4.53 그림 4.119의 회로에서 단자 *a-b*에서의 노턴 등가회로를 구하라.

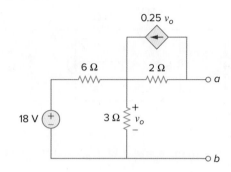

그림 4.119
문제 4.53.

4.54 그림 4.120의 회로에서 단자 *a-b*에서의 테브냉 등가회로를 구하라.

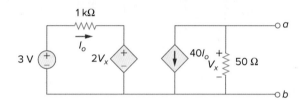

그림 4.120
문제 4.54.

*4.55 그림 4.121의 회로에서 단자 *a-b*에서의 노턴 등가회로를 구하라.

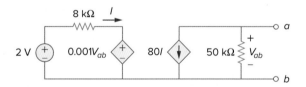

그림 4.121
문제 4.55.

4.56 그림 4.122의 회로에서 노턴의 정리를 이용하여 V_o를 구하라.

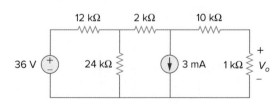

그림 4.122
문제 4.56.

4.57 그림 4.123의 회로에서 단자 *a-b*에서의 테브냉 등가회로와 노턴 등가회로를 구하라.

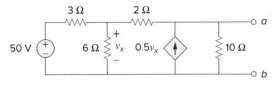

그림 4.123
문제 4.57, 4.79

4.58 그림 4.124의 회로에서 양극 트랜지스터 공통 이미터 증폭기에 부하저항이 연결되어 있다. 부하저항에서 본 테브냉 저항을 구하라.

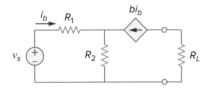

그림 4.124
문제 4.58.

4.59 그림 4.125의 회로에서 단자 *a-b*에서의 테브냉 등가회로와 노턴 등가회로를 구하라.

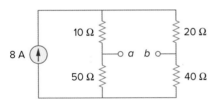

그림 4.125
문제 4.59, 4.80

*4.60 그림 4.126의 회로에서 단자 *a-b*에서의 테브냉 등가회로와 노턴 등가회로를 구하라.

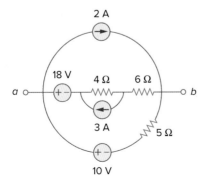

그림 4.126
문제 4.60, 4.81

*4.61 그림 4.127의 회로에서 단자 *a-b*에서의 테브냉 등가회로와 노턴 등가회로를 구하라.

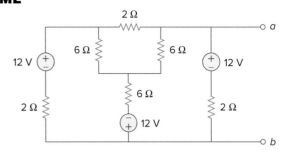

그림 4.127
문제 4.61.

*4.62 그림 4.128의 회로에서 테브냉 등가회로를 구하라.

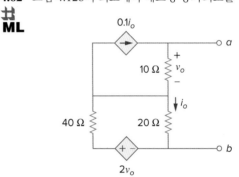

그림 4.128
문제 4.62.

4.63 그림 4.129의 회로에서 노턴 등가회로를 구하라.

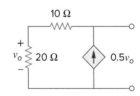

그림 4.129
문제 4.63.

4.64 그림 4.130의 회로에서 단자 *a-b*에서의 테브냉 등가회로를 구하라.

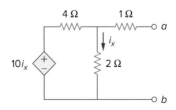

그림 4.130
문제 4.64.

4.65 그림 4.131의 회로에서 V_o와 I_o 사이의 관계식을 구하라.

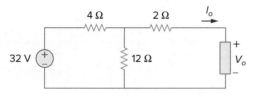

그림 4.131
문제 4.65.

4.8절 최대 전력 전달

4.66 그림 4.132의 회로에서 저항 R에 전달될 수 있는 최대 전력을 구하라.

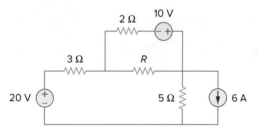

그림 4.132
문제 4.66.

4.67 그림 4.133의 회로에서 가변 저항 R이 회로로부터 최대 전력을 흡수(소모)하도록 조절되어 있다.

(a) 최대 전력을 흡수하기 위한 저항 R의 값을 구하라.
(b) R에서 흡수하는 최대 전력을 구하라.

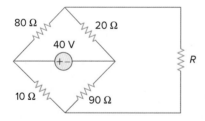

그림 4.133
문제 4.67.

*4.68 그림 4.134의 회로에서 10 Ω 저항에 최대 전력을 전달하기 위한 R의 값을 구하라. 그때의 최대 전력은 얼마인가?

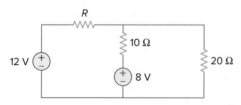

그림 4.134
문제 4.68.

4.69 그림 4.135의 회로에서 저항 R에 전달될 수 있는 최대 전력을 구하라.

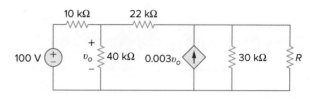

그림 4.135
문제 4.69.

4.70 그림 4.136의 회로에서 가변 저항 R에 전달될 수 있는 최대 전력을 구하라.

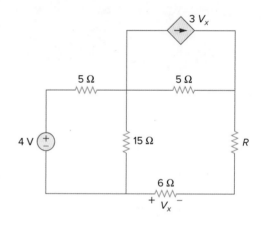

그림 4.136
문제 4.70.

4.71 그림 4.137의 회로에서 단자 a-b에 저항을 연결했다. 회로로부터 최대 전력을 흡수할 때의 저항값은 얼마인가? 그때의 전력은 얼마인가?

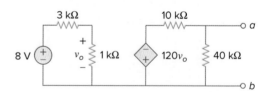

그림 4.137
문제 4.71.

4.72 (a) 그림 4.138의 회로에서 단자 a-b에서의 테브냉 등가 회로를 구하라.

(b) $R_L = 8$ Ω일 때 전류를 구하라.
(c) R_L에 최대 전력이 전달될 때의 R_L을 구하라.
(d) 최대 전력은 얼마인가?

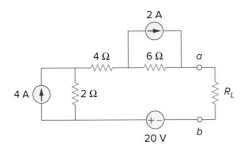

그림 4.138
문제 4.72.

4.73 그림 4.139의 회로에서 가변 저항 R에 최대 전력이 전달될 때의 R 값을 구하라.

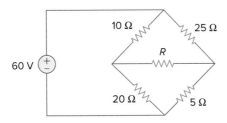

그림 4.139
문제 4.73.

4.74 그림 4.140의 브리지 회로에서 부하 R_L에 최대 전력이 흡수될 때의 저항값 R_L과 그때의 전력값을 구하라.

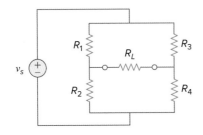

그림 4.140
문제 4.74.

*4.75 그림 4.141의 회로에서 부하에 전달되는 최대 전력이 3 mW가 될 때의 부하저항 R의 값을 구하라.

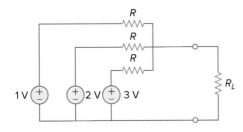

그림 4.141
문제 4.75.

4.9절   *PSpice*를 이용한 회로 정리의 검증

4.76 *PSpice* 또는 *MultiSim*을 이용하여 문제 4.34를 다시 풀라. 이때 $V = 40$ V, $I = 3$ A, $R_1 = 10$ Ω, $R_2 = 40$ Ω, $R_3 = 20$ Ω이다.

4.77 *PSpice* 또는 *MultiSim*을 이용하여 문제 4.44를 다시 풀라.

4.78 *PSpice* 또는 *MultiSim*을 이용하여 문제 4.52를 다시 풀라.

4.79 그림 4.123의 회로에서 *PSpice* 또는 *MultiSim*을 이용하여 테브냉 등가회로를 구하라.

4.80 그림 4.125의 회로에서 *PSpice* 또는 *MultiSim*을 이용하여 단자 *a-b*에서의 테브냉 등가회로를 구하라.

4.81 그림 4.126의 회로에서 *PSpice* 또는 *MultiSim*을 이용하여 단자 *a-b*에서의 테브냉 등가회로를 구하라.

4.10절   응용

4.82 어떤 배터리의 단락회로 전류가 20 A, 개방회로 전압이 12 V이다. 이 배터리에 2 Ω 저항의 전구를 연결하면 전구에서 소비되는 전력은 얼마인가?

4.83 저항으로 구성된 회로망의 두 단자 사이를 측정한 결과가 다음과 같다. 이 회로망의 테브냉 등가회로를 구하라.

단자 전압	12 V	0 V
단자 전류	0 A	1.5 A

4.84 개방회로 전압이 12 V인 배터리를 4 Ω 저항에 연결하면 단자 전압이 10.8 V가 된다. 배터리의 테브냉 등가회로를 구하라.

4.85 그림 4.142는 선형 회로망의 단자 *a-b*에서 본 테브냉 등가회로를 측정을 통해 정의한 것이다. 단자 *a-b*에 10 kΩ 저항을 연결하면 전압 V_{ab}는 6 V이고, 30 kΩ 저항을 연결하면 전압 V_{ab}는 12 V이다.

(a) 단자 *a-b*에서의 테브냉 등가회로를 구하라.

(b) 단자 *a-b*에 20 kΩ 저항을 연결하면 V_{ab}는 어떻게 되는가?

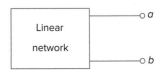

그림 4.142
문제 4.85.

4.86 블랙박스에 가변 저항을 연결했다. 내부 저항이 0인 이상적인 전류계, 내부 저항이 무한대인 이상적인 전압계를 사용하여 그림 4.143에서 보는 바와 같이 전압과 전류를 측정했다. 결과는 다음 표와 같다.

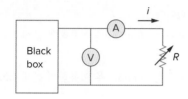

그림 4.143
문제 4.86.

    (a) $R = 4\ \Omega$일 때 i를 구하라.

    (b) 블랙박스가 공급할 수 있는 최대 전력을 구하라.

$R(\Omega)$	$V(\mathbf{V})$	$i(\mathbf{A})$
2	3	1.5
8	8	1
14	10.5	0.75

4.87 전류원 I_s, 병렬 저항 R_s로 모델링되는 기기가 있다. 내부 저항이 20 Ω인 전류계를 사용하여 전원 단자에서 측정한 전류값이 9.975 mA이다.

    (a) 2 kΩ 저항을 전원 단자에 연결하고 전류계를 사용하여 전류를 측정한 결과 9.876 mA로 읽혔다. I_s와 R_s를 구하라.

    (b) 전원 단자의 저항을 4 kΩ으로 바꾸면 전류계는 얼마의 값을 나타내는가?

4.88 그림 4.144의 회로에 내부 저항이 R_i인 전류계를 A, B 사이에 넣어서 I_o를 측정했다. 다음 조건의 전류계에서 읽히는 전류값을 구하라.

    (a) $R_i = 500\ \Omega$

    (b) $R_i = 0\ \Omega$ (힌트: 단자 a-b에서의 테브냉 등가회로를 구하라.)

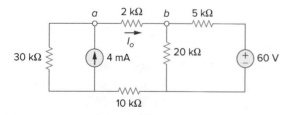

그림 4.144
문제 4.88.

4.89 그림 4.145의 회로에서 (a) R_L을 내부 저항이 없는 전류계로 교체하면 얼마의 전류가 흐르겠는가? (b) 교환 법칙을 증명하기 위해 전류계와 12 V 전압원의 위치를 서로 바꾸었을 때 전류계에서 읽히는 전류값을 구하라.

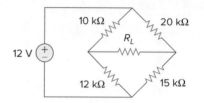

그림 4.145
문제 4.89.

4.90 그림 4.146의 휘트스톤 브리지 회로를 이용하여 스트레인 게이지의 저항값을 측정하려 한다. 회로 내의 가변저항은 탭의 위치에 의해 선형적으로 값이 변하고 최대값은 100 Ω이다. 스트레인 게이지의 저항값이 42.6 Ω일 때, 회로가 평형을 이루어 G에 전류가 흐르지 않게 되었다. 이 조건에서 가변 저항의 탭 위치는 전체 가변 저항 길이의 몇 %에 있게 되는지 구하라.

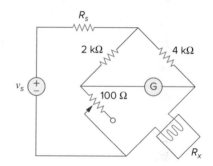

그림 4.146
문제 4.90.

4.91 (a) 그림 4.147의 회로는 휘트스톤 브리지이다. R_x의 측정 범위가 0~10 Ω이 될 때의 R_a와 R_b 값을 구하라.

    (b) 측정 범위가 0~100 Ω이 될 때의 R_a와 R_b 값을 구하라.

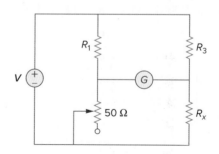

그림 4.147
문제 4.91.

*4.92 그림 4.148은 브리지 회로이다. 이 브리지는 평형을 이루는가? 10 kΩ 저항을 18 kΩ 저항으로 교체하면 단자 *a-b* 사이에 얼마의 저항이 연결되었을 때 최대 전력이 전달되는가? 그때의 전력은 얼마인가?

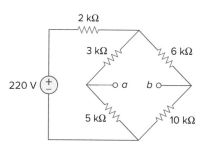

그림 4.148
문제 4.92.

종합문제

4.93 그림 4.149의 회로는 공통 이미터 트랜지스터 증폭기 모델이다. 전원 변환을 이용하여 i_x를 구하라.

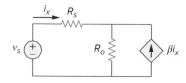

그림 4.149
문제 4.93.

4.94 감쇄기는 출력 저항을 변화시키지 않으면서 전압을 줄이는 회로이다.

(a) 그림 4.150에서 감쇄기는 다음의 요구를 만족하도록 설계되었다. R_s와 R_p를 구하라.

$$\frac{V_o}{V_g} = 0.125, \qquad R_{eq} = R_{Th} = R_g = 100\ \Omega$$

(b) (a)의 설계를 사용하여 $V_g = 12$ V일 때 부하저항 $R_L = 50\ \Omega$에 흐르는 전류를 구하라.

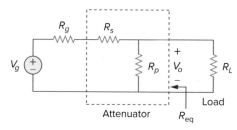

그림 4.150
문제 4.94.

*4.95 감도가 20 kΩ/V인 직류 전압계가 있다. 이 전압계를 사용하여 선형 회로의 테브냉 등가회로를 구하려 한다. 다음 두 경우의 테브냉 등가 전압과 등가 저항을 구하라.

(a) 0~10 V 측정 영역에서 4 V 측정

(b) 0~50 V 측정 영역에서 5 V 측정

*4.96 그림 4.151에서 보듯이 배열된 저항이 부하저항 R과 9 V 전지에 연결되어 있다.

(a) $V_o = 1.8$ V일 때 R의 값을 구하라.

(b) 최대 전류를 흐르게 하는 저항값 R을 구하라. 이때 최대 전류는 얼마인가?

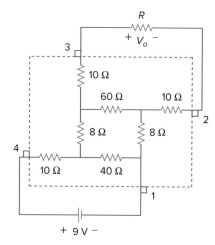

그림 4.151
문제 4.96.

4.97 그림 4.152는 공통 이미터 증폭기 회로이다. 점 B와 E
e2d 왼쪽 회로의 테브냉 등가회로를 구하라.

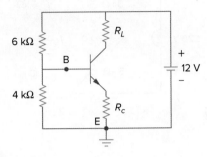

그림 4.152
문제 4.97.

*4.98 실전문제 4.18에서 40 Ω 저항에 흐르는 전류와 저항에
서 소모되는 전력을 구하라.

연산증폭기
Operational Amplifiers

이성적이지 않은 사람은 괴팍하고, 이성적일 수 없는 사람은 바보이며, 이성적일 생각조차 없는 사람은 노예이다.

—Lord Byron

경력 향상하기

전자 산업에서의 경력

공학에서는 사람들의 생활을 편리하게 하기 위해 물리적인 법칙을 가지고 기기를 설계한다. 그러나 물리적인 법칙은 측정하지 않고는 이해할 수 없다. 실제로 물리학자들은 "물리학은 현상을 측정하는 과학"이라고 말하곤 한다. 측정은 물리학의 세계를 이해하는 도구이고, 기기는 측정을 위한 도구이다. 이 장에서 소개하는 연산증폭기는 현대 전자기기를 구성하는 벽돌과 같은 것이다. 그러므로 연산증폭기의 원리를 완전히 이해하는 것은 전자회로의 실제적인 적용을 위해 필수적이라 하겠다.

전자기기는 과학과 공학의 모든 영역에 사용된다. 전자기기를 사용하지 않고서는 과학과 기술 교육이 이루어지지 않는다 해도 과언이 아닐 정도로 전자기기는 이미 과학과 기술에 널리 사용되고 있다. 예를 들어 물리학자, 생리학자, 화학자, 생물학자는 반드시 전자기기를 사용하는 방법을 배워야만 한다. 실제로 전자공학도에게 디지털과 아날로그 전자기기를 동작시키는 기술의 습득은 필수적이다. 전류계, 전자계, 저항지시기, 오실로스코프, 스펙트럼 분석기, 신호 발생기 등이 이런 기기에 속한다.

기기를 동작시키는 기술의 습득과 더불어 어떤 전자공학 분야는 전자기기를 설계하고 구현하는 일을 하기도 한다. 이런 공학도는 자신만의 기기를 만드는 기쁨을 만끽하게 된다. 그들 중 대부분은 그 발명을 특허로 내기도 한다. 전자기기 전공자들은 의과대학, 병원, 연구소, 비행기 산업, 그리고 전자기기가 항상 사용되는 다른 수많은 산업 분야에서 일하고 있다.

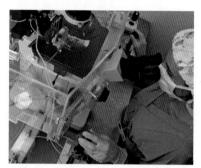

의료 연구에 사용되는 전자기기.
Corbis

학습목표

본 장에서 제시된 정보와 연습문제를 사용함으로써 다음 능력을 배양할 수 있다.
1. 실제적인 연산증폭기의 동작 원리를 이해할 수 있다.
2. 실제적인 연산증폭기와 아주 흡사한 이상적인 연산증폭기 및 이를 다양한 회로에 적용하는 방법을 이해할 수 있다.
3. 기본적인 반전 연산증폭기가 연산증폭기의 구성에 사용되는 방법을 이해할 수 있다.
4. 반전 연산증폭기를 사용한 합산기의 구조와 설계 방법을 이해할 수 있다.
5. 연산증폭기를 사용한 차분증폭기를 이용할 수 있다.
6. 다양한 연산증폭기 회로의 병렬연결 방법을 설명할 수 있다.

5.1   서론

연산증폭기는 제2차 세계대전 후에 미 국 방부 연구센터에서 쓰일 아날로그 컴퓨터를 설계하기 위해 1947년에 존 라가치니(John Ragazzini)와 동료가 소개했다. 최초의 연산증폭기는 트랜지스터가 아닌 진공관을 사용했다.

연산증폭기는 매우 높은 이득을 가진 전압증폭기처럼 간주되기도 한다.

지금까지 공부한 회로 이론의 기본적인 법칙과 이론을 바탕으로 이 장에서는 매우 중요한 능동회로소자인 **연산증폭기**(operational amplifier) 또는 *op amp*에 대해 공부한다. 연산증폭기는 여러 가지 회로를 연결하여 이루어진 소자이다.

연산증폭기는 전압제어 전류원과 같이 동작하는 전자회로이다.

이 회로는 전압제어 전류원 또는 전류제어 전류원을 구성하는 데도 사용된다. 연산증폭기는 신호를 더하거나, 증폭하거나, 적분하거나, 미분하는 곳에 사용할 수 있다. 이런 수학적인 연산을 수행할 수 있는 능력 때문에 이 소자는 **연산증폭기**라 불린다. 이것은 또한 연산증폭기가 아날로그 설계에서 보편적으로 쓰이는 이유이기도 하다. 연산증폭기는 다양한 곳에 쓰이며 값이 싸고 사용하기 쉽기 때문에 실제적인 회로 설계에 아주 많이 사용된다.

이 장에서는 먼저 이상적인 연산증폭기에 대해 논의하고 그 후에 실제적인 연산증폭기를 살펴본다. 노드 해석을 사용하여 이상적인 연산증폭기가 부호 변환기, 전압추종기, 가산기, 차분기와 같이 구성될 수 있다는 것을 논의한다. 또한 *PSpice*를 이용하여 연산증폭기를 해석한다. 최종적으로 연산증폭기가 디지털-아날로그 변환기나 기기증폭기와 같이 사용될 수 있다는 것을 학습한다.

5.2   연산증폭기

연산증폭기는 저항이나 커패시터와 같은 외부 소자가 연결되었을 때 특정한 수학적 연산을 수행하도록 설계되었다.

연산증폭기는 덧셈, 뺄셈, 곱셈, 나눗셈, 미분, 적분과 같은 수학적 연산을 수행하도록 설계된 능동소자이다.

연산증폭기는 많은 저항, 트랜지스터, 커패시터, 다이오드가 매우 복잡한 구
조로 연결되어 만들어진 전자소자이다. 연산증폭기 내부를 깊이 논의하는 것은
이 책에서 다루는 범위를 벗어나므로 이 장에서는 연산증폭기를 하나의 회로소자
로 생각하여 단순히 입력단과 출력단에서 어떤 일이 일어나는가에 대해 논의한다.

연산증폭기는 여러 가지 모양의 집적회로로서 상업적으로 판매되고 있다.
그림 5.1은 일반적인 연산증폭기의 집적회로 모양이다. 일반적인 연산증폭기의
집적회로는 그림 5.2(a)와 같이 8개의 단자를 가진 이선화 패키지(dual in-line
package: DIP)로 되어 있고 핀 또는 단자 8번은 사용되지 않으며, 이 중에서 1번
과 5번은 특별히 중요하지 않다. 중요한 5개의 단자는 다음과 같다.

1. 반전 입력, 2번 핀
2. 비반전 입력, 3번 핀
3. 출력, 6번 핀
4. 양전원 공급부 V^+, 7번 핀
5. 음전원 공급부 V^-, 4번 핀

연산증폭기의 회로 기호를 보여주는 그림 5.2(b)와 같이 2개의 입력 단자와 1개
의 출력 단자가 있는 경우는 삼각형 모양으로 표시된다. 입력은 (−)와 (+)로 표
시하는데 상대적으로 반전 입력과 비반전 입력을 나타낸다. 비반전 입력 단자에
공급되는 입력은 출력과 같은 극성을 가지고 있으며, 반전 입력 단자에 공급되
는 입력은 출력과 반대의 극성을 가지게 된다.

연산증폭기는 능동소자이기 때문에 그림 5.3과 같이 전압을 공급해주어야
한다. 연산증폭기를 단순하게 표시하기 위해 전력 공급부를 표시하지 않는 경우
도 있지만 전력 공급부의 전류를 간과해서는 안 된다. KCL에 의해,

$$i_o = i_1 + i_2 + i_+ + i_- \tag{5.1}$$

그림 5.1
일반적인 연산증폭기.
Mark Dierker/McGraw-Hill Education

그림 5.2(a)의 핀 구성은 페어차일드세미컨
덕터(Fairchild Semiconductor)에서 만
든 741 범용 연산증폭기와 일치한다.

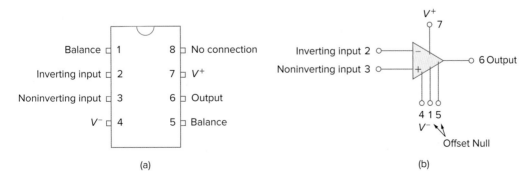

그림 5.2
일반적인 연산증폭기: (a) 핀 구성, (b) 회로 기호.

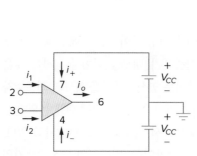

그림 5.3
연산증폭기의 전원 공급.

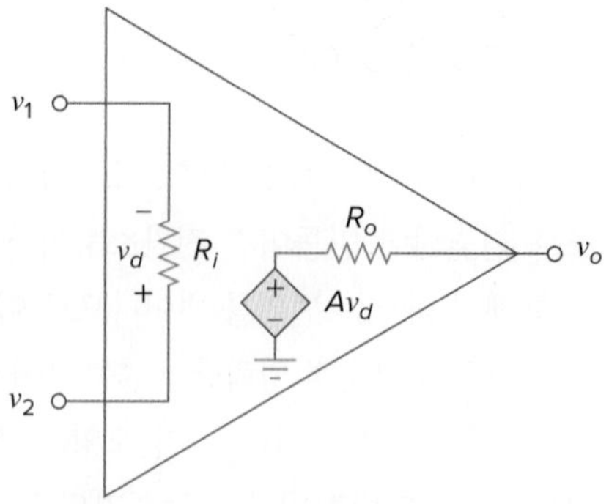

그림 5.4
실제적인 연산증폭기의 등가회로.

연산증폭기의 등가회로 모델은 그림 5.4와 같다. 출력 부분은 전압 제어원이 출력 저항 R_o와 직렬로 연결되어 있다. 그림 5.4에서 보듯이 입력 저항 R_i는 입력 단자에서의 테브냉 등가저항이며, 출력 저항 R_o는 출력 단자에서의 테브냉 등가저항이다. 입력 전압의 전위차 v_d는 다음과 같다.

$$v_d = v_2 - v_1 \tag{5.2}$$

이때 v_1은 반전 단자와 접지 사이의 전압이고, v_2는 비반전 단자와 접지 사이의 전압이다. 연산증폭기는 두 입력 사이의 전위차에 이득 A를 곱하고 그 결과를 출력으로 보내는 역할을 한다. 그래서 출력 v_o는 다음과 같이 계산된다.

$$\boxed{v_o = Av_d = A(v_2 - v_1)} \tag{5.3}$$

14장에서 다룰 전압이득은 때때로 데시벨 (dB)로 표시된다.

$$A \text{ dB} = 20 \log_{10} A$$

이때 A는 개방루프 전압이득이라고 부르는데, 이는 출력으로부터 입력으로의 어떤 외부 궤환도 없는 연산증폭기의 이득이기 때문이다. 표 5.1에 전압이득값 A, 입력 저항값 R_i, 출력 저항값 R_o, 그리고 공급되는 전압 V_{CC}의 일반적인 값을 제시했다.

연산증폭기에서 궤환(feedback)의 개념을 이해하는 것은 매우 중요하다. 부궤환(negative feedback)은 출력이 연산증폭기의 반전 단자로 되돌아와서 공급되는 것이다. 예제 5.1에서와 같이 출력으로부터 입력으로 궤환 경로가 존재할 때 출력 전압과 입력 전압의 비율을 **폐루프 이득**이라고 부른다. 부궤환회로를 사용할 때, 폐루프 이득은 연산증폭기의 개방루프 이득 A에 거의 영향을 받지 않는다는 것을 알 수 있다. 이 때문에 연산증폭기에는 부궤환 경로가 사용되고 있다.

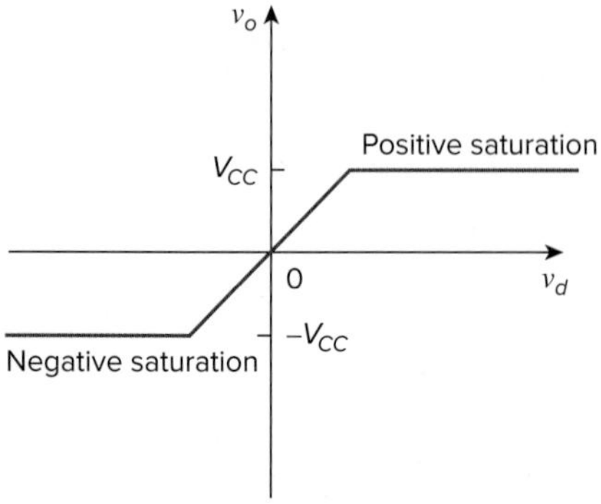

연산증폭기의 실제적인 한계점은 출력 전압의 크기가 $|V_{CC}|$보다 커질 수 없다는 것이다. 다시 말해 출력 전압은 공급되는 전압에 의존하고 제한을 받게 된다. 그림 5.5는 연산증폭기가 다른 입력 전압 v_d에 의해 세 가지 모드로 동작할 수 있다는 것을 보여준다.

그림 5.5
입력 전압 v_d의 차이 함수로 표현된 연산증폭기의 출력 전압 v_o.

1. 최대 한계, $v_o = V_{CC}$
2. 선형 영역, $-V_{CC} \leq v_o = Av_d \leq V_{CC}$
3. 최소 한계, $v_o = -V_{CC}$

만일 선형 영역 밖으로 v_d를 변화시키면 연산증폭기는 포화되어 $v_o = V_{CC}$ 또는 $v_o = -V_{CC}$가 된다. 이 책에서는 앞으로 연산증폭기가 선형 영역에서만 동작한다고 간주한다. 이는 출력 전압이 다음과 같다는 것을 의미한다.

$$-V_{CC} \leq v_o \leq V_{CC} \tag{5.4}$$

표 5.1

연산증폭기 계숫값의 일반적인 영역

계수	일반적인 영역	이상적인 영역
개방루프 이득, A	$10^5 \sim 10^8$	∞
입력 저항, R_i	$10^5 \sim 10^{13}$ Ω	∞ Ω
출력 저항, R_o	$10 \sim 100$ Ω	0 Ω
공급 전압, V_{CC}	$5 \sim 24$ V	

여기서는 연산증폭기가 선형 영역에서만 동작하는 것으로 간주하지만, 실제적인 연산증폭기를 사용하는 설계에서는 항상 포화 상태의 가능성을 염두에 두고 동작하지 않는 연산증폭기 회로를 설계하는 것을 피해야 한다.

> 이 책에서는 연산증폭기가 선형 영역에서만 동작한다고 가정한다. 연산증폭기의 전압이 제한되는 것에 유의하라.

예제 5.1

741 연산증폭기는 개방루프 전압이득 2×10^5, 입력 저항 2 MΩ, 출력 저항 50 Ω이다. 연산증폭기가 그림 5.6(a)의 회로에서 사용될 때 폐루프 이득 v_o/v_s를 구하라. 그리고 $v_s = 2$ V일 때 전류 i를 구하라.

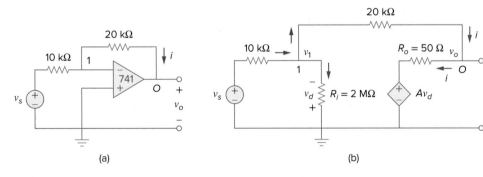

그림 5.6
예제 5.1: (a) 원래 회로, (b) 등가회로.

풀이:

그림 5.4의 연산증폭기 모델을 사용하여 그림 5.6(a)의 등가회로인 그림 5.6(b)를 얻을 수 있다. 여기서 그림 5.6(b)에 노드 해석을 사용하여 답을 구한다.

$$\frac{v_s - v_1}{10 \times 10^3} = \frac{v_1}{2000 \times 10^3} + \frac{v_1 - v_o}{20 \times 10^3}$$

양변에 $2{,}000 \times 10^3$을 곱하면,

$$200v_s = 301v_1 - 100v_o$$

또는

$$2v_s \simeq 3v_1 - v_o \quad \Rightarrow \quad v_1 = \frac{2v_s + v_o}{3} \tag{5.1.1}$$

노드 O에서

$$\frac{v_1 - v_o}{20 \times 10^3} = \frac{v_o - Av_d}{50}$$

그러나 $v_d = -v_1$, $A = 200{,}000$이므로,

$$v_1 - v_o = 400(v_o + 200{,}000v_1) \tag{5.1.2}$$

식 (5.1.1)을 식 (5.1.2)에 대입하면,

$$0 \simeq 26{,}667{,}067v_o + 53{,}333{,}333v_s \quad \Rightarrow \quad \frac{v_o}{v_s} = -1.9999699$$

이것이 폐루프 이득인데, 20 kΩ의 궤환 저항이 출력 단자와 입력 단자 사이를 연결하고 있기 때문이다. 여기서 $v_s = 2$ V이면 $v_o = -3.9999398$ V이다. 식 (5.1.1)에서 $v_1 = 20.066667$ μV이다.

$$i = \frac{v_1 - v_o}{20 \times 10^3} = 0.19999 \ \text{mA}$$

이 문제는 실제적인 연산증폭기를 사용하기가 까다롭다는 것을 보여주는데, 이유는 사용하는 수식의 값이 매우 크기 때문이다.

실전문제 5.1

예제 5.1에서 사용한 것과 같은 741 연산증폭기를 그림 5.7의 회로에서 사용했을 때 폐루프 이득 v_o/v_s를 구하라. 그리고 $v_s = 1$ V일 때 전류 i_o를 구하라.

답: 9.00041, 657 μA

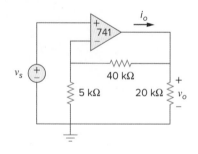

그림 5.7
실전문제 5.1.

5.3 ＿＿ 이상 연산증폭기

연산증폭기 회로를 쉽게 이해하기 위해 이상적인 연산증폭기를 살펴보자. 연산증폭기는 다음의 특성을 가지고 있으면 이상적이라고 한다.

1. 무한 개방루프 이득, $A \simeq \infty$
2. 무한 입력 저항, $R_i \simeq \infty$
3. 제로 출력 저항, $R_o \simeq 0$

이상적인 연산증폭기는 무한 개방루프 이득과 무한 입력 저항, 제로 출력 저항을 가지고 있다.

여기서는 이상적인 연산증폭기를 근사적인 해석을 통해 계산하는 것으로 추정하지만, 오늘날 사용되는 대부분의 증폭기는 매우 큰 이득과 입력 임피던스를 가지고 있어서 실제에 매우 근접한 근사적인 해석을 할 수 있다. 특별히 다른 조건이 없으면 지금부터 사용하는 모든 연산증폭기는 이상적인 것으로 간주한다.

회로 해석을 위해 그림 5.4의 실제적인 모델에서 유도된 이상적인 연산증폭기를 그림 5.8에 제시했다. 연산증폭기의 중요한 두 가지 특성은 다음과 같다.

1. 두 입력 단자에 흐르는 전류는 0이다.

$$i_1 = 0, \quad i_2 = 0 \tag{5.5}$$

이것은 무한 입력 저항 때문이다. 입력 단자 사이의 무한 저항값은 단락회로를 의미하며 전류가 연산증폭기 안으로 들어갈 수 없다. 그러나 출력 전류는 식 (5.1)에 의해 반드시 0이어야 할 필요는 없다.

2. 입력 단자 사이의 전압은 0이다.

$$v_d = v_2 - v_1 = 0 \tag{5.6}$$

또는

$$v_1 = v_2 \tag{5.7}$$

이는 연산증폭기의 두 입력 단자에 흐르는 전류가 0이고 두 입력 단자 사이의 전압이 0이라는 것이다. 식 (5.5)와 (5.7)은 매우 중요하며 연산증폭기 회로를 해석하는 데 주된 요소로 사용될 것이다.

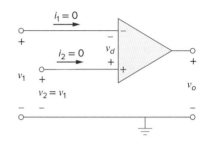

그림 5.8
이상적인 연산증폭기 모델.

두 가지 특성은 전압 계산을 위해서는 입력 포트가 단락회로와 같이 동작하고, 전류 계산을 위해서는 입력 포트가 개방루프와 같이 동작하는 것에 주목함으로써 사용될 수 있다.

예제 5.2

이상적인 연산증폭기를 사용하여 실전문제 5.1을 다시 풀라.

풀이:
예제 5.1에서와 같이 그림 5.7의 연산증폭기를 등가 모델을 사용하여 그림 5.9로 대체한다. 그러나 사실 이러한 과정은 필요하지 않다. 그림 5.7의 회로를 해석할 때 식 (5.5)와 (5.7)을 대신 사용하면 되는 것이다. 따라서 그림 5.7의 회로는 그림 5.9와 같이 표현할 수 있다. 주의할 점은 다음과 같다.

$$v_2 = v_s \tag{5.2.1}$$

이때 $i_1 = 0$이며, 40 kΩ과 5 kΩ의 저항은 직렬로 연결되어 있고 같은 양의 전류가 흐른다. v_1은 5 kΩ의 저항에 걸리는 전압이다. 그러므로 전압 분배 법칙을 적용하면,

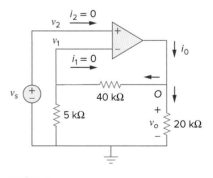

그림 5.9
예제 5.2.

$$v_1 = \frac{5}{5 + 40} \, v_o = \frac{v_o}{9} \qquad \text{(5.2.2)}$$

식 (5.7)에 의해,

$$v_2 = v_1 \qquad \text{(5.2.3)}$$

식 (5.2.1)과 (5.2.2)를 식 (5.2.3)에 대입하여 폐루프 이득을 구할 수 있다.

$$v_s = \frac{v_o}{9} \quad \Rightarrow \quad \frac{v_o}{v_s} = 9 \qquad \text{(5.2.4)}$$

이 값은 실전문제 5.1에서 실제 모델을 사용하여 얻은 값인 9.00041과 매우 유사하다. 이것은 이상적인 연산증폭기의 특성을 사용해도 무시할 정도의 오차가 발생한다는 것을 보여준다.

노드 O에서

$$i_o = \frac{v_o}{40 + 5} + \frac{v_o}{20} \, \text{mA} \qquad \text{(5.2.5)}$$

식 (5.2.4)로부터 $v_s = 1$ V일 때 $v_o = 9$ V이다. 식 (5.2.5)에 $v_o = 9$ V를 대입하면,

$$i_o = 0.2 + 0.45 = 0.65 \, \text{mA}$$

이 값도 역시 실전문제 5.1에서 실제적인 모델을 사용했을 때 구한 값인 0.657 mA와 매우 흡사하다.

실전문제 5.2

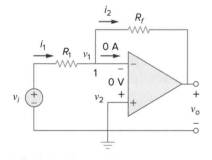

그림 5.10
반전증폭기.

반전증폭기의 중요한 요소는 입력 신호와 궤환 모두가 연산증폭기의 반전 단자에 공급된다는 것이다.

이상적인 연산증폭기를 사용하여 예제 5.1을 다시 풀라.

답: -2, $200 \, \mu\text{A}$

5.4 반전증폭기

이 절과 다음 절에서는 더욱 복잡한 회로를 설계할 때 가끔 모듈과 같이 사용되는 유용한 연산증폭기 회로를 학습한다. 연산증폭기를 이용한 첫 번째 회로는 그림 5.10의 반전증폭기이다. 이 회로에서 비반전 입력은 접지되어 있고, v_i는 R_1을 통해 반전 입력에 연결되어 있으며, 궤환 저항 R_f는 반전 입력과 출력 사이에 연결되어 있다. 이 절의 목표는 입력 전압 v_i와 출력 전압 v_o 사이의 관계를 정립하는 것이다. 노드 1에 KCL을 적용하면,

$$i_1 = i_2 \quad \Rightarrow \quad \frac{v_i - v_1}{R_1} = \frac{v_1 - v_o}{R_f} \qquad \text{(5.8)}$$

그러나 이상적인 연산증폭기에서 비반전 단자가 접지되어 있어서 $v_1 = v_2 = 0$이다. 그러므로

$$\frac{v_i}{R_1} = -\frac{v_o}{R_f}$$

또는

$$v_o = -\frac{R_f}{R_1}v_i$$ **(5.9)**

전압이득은 $A_v = v_o/v_i = -R_f/R_1$이다. 그림 5.10의 회로가 반전기와 같이 설계되었다는 것은 음수 부호가 나온 것으로부터 알 수 있다.

> **반전증폭기는 증폭되는 도중에 입력 신호의 극성을 바꾼다.**

이때 이득은 궤환 저항을 입력 저항으로 나눈 값이라는 데 주목할 필요가 있으며, 이는 이득이 단지 연산증폭기에 연결된 외부 소자에 의해서 결정된다는 것을 의미한다. 식 (5.9)의 특성을 가진 반전증폭기의 등가회로를 그림 5.11에 제시했다. 예를 들어 부호 반전증폭기는 전류–전압 변환기와 같이 사용되기도 한다.

두 종류의 이득에 주의하라. 하나는 폐루프 전압이득 A_v이고 또 하나는 연산증폭기 자신의 개방루프 전압이득 A이다.

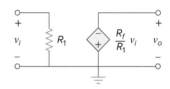

그림 5.11
그림 5.10의 반전기를 위한 등가회로.

예제 5.3

그림 5.12를 참조하여 $v_i = 0.5$ V일 때 (a) 출력 전압 v_o, (b) 10 kΩ 저항에 흐르는 전류를 구하라.

풀이:

(a) 식 (5.9)를 사용하여

$$\frac{v_o}{v_i} = -\frac{R_f}{R_1} = -\frac{25}{10} = -2.5$$

$$v_o = -2.5v_i = -2.5(0.5) = -1.25 \text{ V}$$

(b) 10 kΩ 저항에 흐르는 전류는

$$i = \frac{v_i - 0}{R_1} = \frac{0.5 - 0}{10 \times 10^3} = 50 \text{ } \mu\text{A}$$

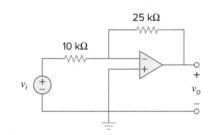

그림 5.12
예제 5.3.

실전문제 5.3

그림 5.13의 연산증폭기 회로에서 출력과 궤환 저항에 흐르는 전류를 구하라.

답: −3.15 V, 11.25 μA

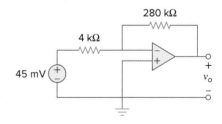

그림 5.13
실전문제 5.3.

예제 5.4

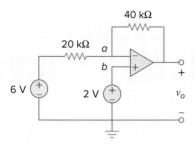

그림 5.14
예제 5.4.

그림 5.14의 연산증폭기 회로에서 v_o을 구하라.

풀이:

노드 a에 KCL을 적용하면,

$$\frac{v_a - v_o}{40 \text{ k}\Omega} = \frac{6 - v_a}{20 \text{ k}\Omega}$$

$$v_a - v_o = 12 - 2v_a \quad \Rightarrow \quad v_o = 3v_a - 12$$

그러나 이상적인 연산증폭기에서는 $v_a = v_b = 2$ V인데, 이는 연산증폭기의 입력 단자 사이 전위차가 0이기 때문이다. 그러므로

$$v_o = 6 - 12 = -6 \text{ V}$$

이때 식 (5.9)에서와 같이 $v_b = 0 = v_a$이면 $v_o = -12$가 되는 것에 주목하라.

실전문제 5.4

그림 5.15는 두 종류의 전류–전압 변환기(트랜스레지스턴스 증폭기)를 나타낸 것이다.

(a) 그림 5.15(a)에서 변환기가 다음 식을 만족함을 보여라.

$$\frac{v_o}{i_s} = -R$$

(b) 그림 5.15(b)에서 변환기가 다음 식을 만족함을 보여라.

$$\frac{v_o}{i_s} = -R_1\left(1 + \frac{R_3}{R_1} + \frac{R_3}{R_2}\right)$$

답: 증명하라.

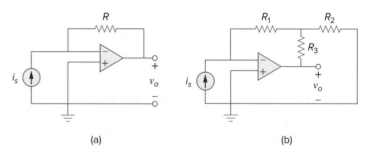

(a) 　 　 (b)

그림 5.15
실전문제 5.4.

5.5 　 비반전증폭기

연산증폭기의 또 다른 중요한 적용 예는 그림 5.16에 나타낸 비반전증폭기이다. 이 경우에는 입력 전압 v_i가 비반전 입력 단자에 직접 연결되어 있고, 저항 R_1은

접지와 반전 단자 사이에 연결되어 있다. 이때 중요한 것은 출력 전압과 전압이 득이다. 반전 단자에 KCL을 적용하면,

$$i_1 = i_2 \quad \Rightarrow \quad \frac{0 - v_1}{R_1} = \frac{v_1 - v_o}{R_f} \tag{5.10}$$

이때 $v_1 = v_2 = v_i$이며 식 (5.10)은 다음과 같이 된다.

$$\frac{-v_i}{R_1} = \frac{v_i - v_o}{R_f}$$

또는

$$\boxed{v_o = \left(1 + \frac{R_f}{R_1}\right)v_i} \tag{5.11}$$

전압이득은 $A_v = v_o/v_i = 1 + R_f/R_1$이며, 이때 음수 부호가 없다. 따라서 출력은 입력과 같은 극성을 가지고 있다.

> 비반전증폭기는 전압이득이 양수가 되도록 설계된 연산증폭기 회로이다.

여기서 다시 주목할 점은 이득이 외부 저항에 의해서만 결정된다는 것이다.

궤환 저항 $R_f = 0$(단락회로)이거나 $R_1 = \infty$(개방루프) 또는 둘 다일 때 이득이 1이 된다. 이런 조건($R_f = 0$이고 $R_1 = \infty$)하에서 그림 5.16의 회로는 그림 5.17과 같이 되며, 이 회로는 출력이 입력을 따라가는 것처럼 보이기 때문에 전압추종기(단위이득 증폭기)라고 불린다. 전압추종기는

$$\boxed{v_o = v_i} \tag{5.12}$$

이런 회로는 매우 높은 입력 임피던스를 가지고 있어서 그림 5.18과 같이 하나의 회로를 다른 회로와 분리시키는 중간 단계 증폭기 또는 완충증폭기(buffer amplifier)로 유용하게 사용된다. 전압추종기는 두 회로 사이의 간섭을 최소화하거나 제거하는 역할을 한다.

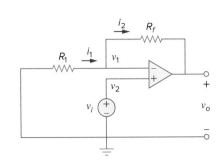

그림 5.16
비반전증폭기.

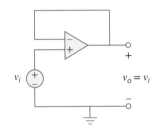

그림 5.17
전압추종기.

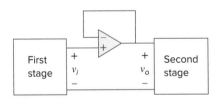

그림 5.18
회로가 2개의 종속 단계로 분리되어 사용되는 전압추종기.

예제 5.5

그림 5.19의 연산증폭기 회로에서 출력 전압 v_o를 계산하라.

풀이:
중첩의 정리와 노드 해석, 이 두 가지 기법을 사용하여 문제를 풀 수 있다.

■ **방법 1** 중첩의 정리를 사용하면,

$$v_o = v_{o1} + v_{o2}$$

여기서 v_{o1}은 6 V 전압원에 의한 것이고 v_{o2}는 4 V 입력에 의한 것이다. v_{o1}을 구하기 위해 먼저 4 V 전압원을 0으로 만든다. 이 조건하에서 회로는 반전기가 된

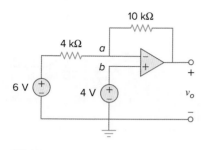

그림 5.19
예제 5.5.

다. 그러므로 식 (5.9)에 의해,

$$v_{o1} = -\frac{10}{4}(6) = -15 \text{ V}$$

v_{o2}를 구하기 위해 6 V 전압원을 0으로 만든다. 회로는 비반전증폭기가 되며 식 (5.11)을 적용하면,

$$v_{o2} = \left(1 + \frac{10}{4}\right)4 = 14 \text{ V}$$

그러므로

$$v_o = v_{o1} + v_{o2} = -15 + 14 = -1 \text{ V}$$

■ **방법 2** 노드 a에 KCL을 적용하면,

$$\frac{6 - v_a}{4} = \frac{v_a - v_o}{10}$$

그러나 $v_a = v_b = 4$이며,

$$\frac{6 - 4}{4} = \frac{4 - v_o}{10} \quad \Rightarrow \quad 5 = 4 - v_o$$

또는 위와 같이 $v_o = -1$ V가 된다.

실전문제 5.5

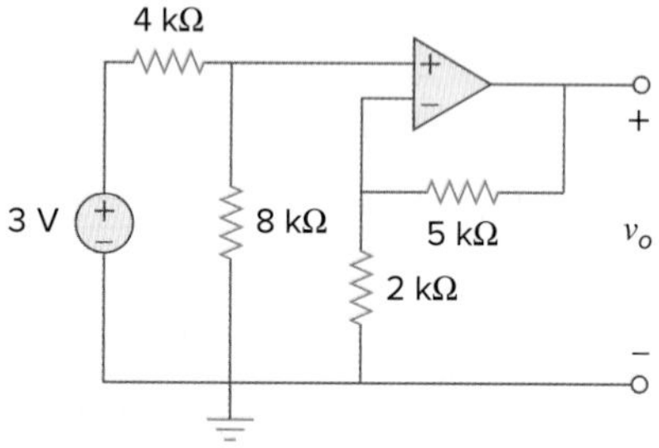

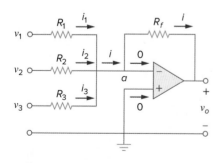

그림 5.20
실전문제 5.5.

그림 5.20의 회로에서 v_o를 계산하라.

답: 7 V

5.6   가산증폭기

연산증폭기는 증폭하는 것 외에도 덧셈이나 뺄셈을 수행할 수 있다. 덧셈은 이 절에서 다루는 가산증폭기에 의해 수행되고, 뺄셈은 다음 절에서 다루는 차분증폭기에 의해 수행된다.

> 가산증폭기는 여러 개의 입력이 존재할 때 입력에 가중치를 두어 합산한 값을 출력으로 만드는 연산증폭기 회로이다.

그림 5.21과 같이 가산증폭기는 반전증폭기의 변형이다. 이는 반전 구성이 동시에 여러 개의 입력을 처리할 수 있다는 사실을 이용한 것이다. 이때 각 연산증폭기의 입력에 들어가는 전류가 0이라는 것을 항상 염두에 두어야 한다. 노드 a에 KCL을 적용하면,

그림 5.21
가산증폭기.

$$i = i_1 + i_2 + i_3 \qquad (5.13)$$

그러나

$$i_1 = \frac{v_1 - v_a}{R_1}, \quad i_2 = \frac{v_2 - v_a}{R_2}$$

$$i_3 = \frac{v_3 - v_a}{R_3}, \quad i = \frac{v_a - v_o}{R_f} \qquad (5.14)$$

이때 $v_a = 0$이고 식 (5.14)를 식 (5.13)에 대입하면,

$$\boxed{v_o = -\left(\frac{R_f}{R_1} v_1 + \frac{R_f}{R_2} v_2 + \frac{R_f}{R_3} v_3 \right)} \qquad (5.15)$$

이는 출력 전압이 입력들에 가중치를 주어서 합한 것임을 의미한다. 이러한 이유로 그림 5.21의 회로는 가산기(summer)라고 불린다. 두말할 필요도 없이 가산기의 입력은 3개 이상이 될 수도 있다.

그림 5.22의 연산증폭기 회로에서 v_o와 i_o를 구하라.

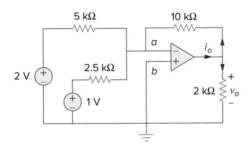

그림 5.22
예제 5.6.

풀이:

이 회로는 2개의 입력을 가진 가산기이다. 식 (5.15)를 이용하면,

$$v_o = -\left[\frac{10}{5}(2) + \frac{10}{2.5}(1) \right] = -(4 + 4) = -8 \text{ V}$$

전류 i_o는 10 kΩ과 2 kΩ을 통해 흐르는 전류의 합과 같다. 저항 2개에는 $v_a = v_b = 0$이기 때문에 전압 $v_o = -8$ V가 걸린다. 그러므로

$$i_o = \frac{v_o - 0}{10} + \frac{v_o - 0}{2} \text{ mA} = -0.8 - 4 = -4.8 \text{ mA}$$

그림 5.23의 연산증폭기 회로에서 v_o와 i_o를 구하라.

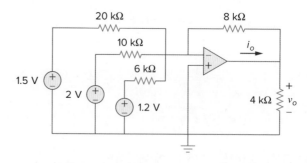

그림 5.23
실전문제 5.6.

답: −3.8 V, −1.425 mA

5.7   차분증폭기

차분(또는 미분)증폭기는 두 입력 신호의 차이를 증폭할 필요가 있는 여러 부분에서 다양하게 사용된다. 이 회로는 5.10절에서 설명할, 매우 유용하며 일반적으로 사용되는 증폭기인 기기증폭기(instrumentation amplifier)와 밀접한 관계가 있다.

> 차분증폭기는 두 입력 사이의 차이를 증폭하는 기기로, 두 입력에서 공통된 부분의 신호를 제거한다.

그림 5.24의 연산증폭기 회로를 고려해보자. 연산증폭기 단자에 들어가는 전류가 0이라는 것에 주목하라. 노드 a에 KCL을 적용하면,

$$\frac{v_1 - v_a}{R_1} = \frac{v_a - v_o}{R_2}$$

또는

차분증폭기는 두 입력에서 공통된 부분의 신호를 제거하므로 *감산기*라고도 불린다.

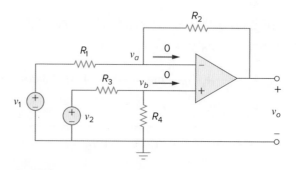

그림 5.24
차분증폭기.

$$v_o = \left(\frac{R_2}{R_1} + 1 \right) v_a - \frac{R_2}{R_1} v_1 \qquad (5.16)$$

노드 b에 KCL을 적용하면,

$$\frac{v_2 - v_b}{R_3} = \frac{v_b - 0}{R_4}$$

또는

$$v_b = \frac{R_4}{R_3 + R_4} v_2 \qquad (5.17)$$

그러나 $v_a = v_b$이며 식 (5.17)을 식 (5.16)에 대입하면,

$$v_o = \left(\frac{R_2}{R_1} + 1 \right) \frac{R_4}{R_3 + R_4} v_2 - \frac{R_2}{R_1} v_1$$

또는

$$\boxed{v_o = \frac{R_2(1 + R_1/R_2)}{R_1(1 + R_3/R_4)} v_2 - \frac{R_2}{R_1} v_1} \qquad (5.18)$$

차분증폭기가 두 입력 사이의 공통적인 신호를 제거하기 때문에 이 증폭기는 $v_1 = v_2$일 때 $v_o = 0$인 특성을 가지고 있다. 이 특성은 다음과 같을 때 성립한다.

$$\frac{R_1}{R_2} = \frac{R_3}{R_4} \qquad (5.19)$$

그러므로 연산증폭기 회로가 차분증폭기일 때 식 (5.18)은 다음과 같이 된다.

$$v_o = \frac{R_2}{R_1}(v_2 - v_1) \qquad (5.20)$$

만약 $R_2 = R_1$이고 $R_3 = R_4$이면 차분증폭기는 감산기(subtractor)가 되며 출력은 다음과 같다.

$$v_o = v_2 - v_1 \qquad (5.21)$$

예제 5.7

입력 v_1과 v_2가 다음의 관계식이 되도록 연산증폭기 회로를 설계하라. $v_o = -5v_1 + 3v_2$

풀이:

이 회로에서 요구하는 것은

$$v_o = 3v_2 - 5v_1 \qquad (5.7.1)$$

이 회로는 두 가지 방법으로 설계할 수 있다.

설계 1　하나의 연산증폭기만을 사용하여 설계한다면 그림 5.24의 연산증폭기 회로를 사용할 수 있다. 식 (5.7.1)과 식 (5.18)을 비교해보면,

$$\frac{R_2}{R_1} = 5 \quad \Rightarrow \quad R_2 = 5R_1 \tag{5.7.2}$$

또한

$$5\frac{(1 + R_1/R_2)}{(1 + R_3/R_4)} = 3 \quad \Rightarrow \quad \frac{\frac{6}{5}}{1 + R_3/R_4} = \frac{3}{5}$$

또는

$$2 = 1 + \frac{R_3}{R_4} \quad \Rightarrow \quad R_3 = R_4 \tag{5.7.3}$$

만약 $R_1 = 10$ kΩ이고 $R_3 = 20$ kΩ이면 $R_2 = 50$ kΩ, $R_4 = 20$ kΩ이 된다.

설계 2   하나 이상의 연산증폭기를 사용한다면 그림 5.25와 같이 하나의 반전증폭기와 2개의 입력을 가진 반전가산기를 이용하여 설계할 수 있다. 가산기를 위해서는

$$v_o = -v_a - 5v_1 \tag{5.7.4}$$

그리고 반전기는

$$v_a = -3v_2 \tag{5.7.5}$$

식 (5.7.4)와 (5.7.5)를 합하면 원하는 결과를 얻을 수 있다.

$$v_o = 3v_2 - 5v_1$$

그림 5.25에서 $R_1 = 10$ kΩ이고 $R_3 = 20$ kΩ 또는 $R_1 = R_3 = 10$ kΩ을 선택할 수 있다.

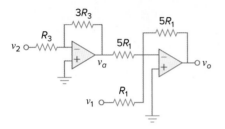

그림 5.25
예제 5.7.

실전문제 5.7

이득이 7.5인 차분증폭기를 설계하라.

답: 일반적인 해: $R_1 = R_3 = 20$ kΩ, $R_2 = R_4 = 150$ kΩ

예제 5.8

그림 5.26의 기기증폭기는 작은 신호를 증폭하는 것으로, 처리 과정을 통제하거나 측정하는 데 응용되며 단품으로 상업적으로 판매되기도 한다. 다음 식을 증명하라.

$$v_o = \frac{R_2}{R_1}\left(1 + \frac{2R_3}{R_4}\right)(v_2 - v_1)$$

풀이:
그림 5.26에서 증폭기 A_3는 차분증폭기이다. 따라서 식 (5.20)으로부터

$$v_o = \frac{R_2}{R_1}(v_{o2} - v_{o1}) \tag{5.8.1}$$

연산증폭기 A_1과 A_2에는 전류가 흐르지 않기 때문에 전류 i는 직렬로 연결된 3개

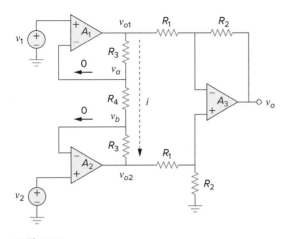

그림 5.26
예제 5.8의 기기증폭기.

의 저항을 통해 흐르게 된다. 따라서

$$v_{o1} - v_{o2} = i(R_3 + R_4 + R_3) = i(2R_3 + R_4) \qquad (5.8.2)$$

그러나

$$i = \frac{v_a - v_b}{R_4}$$

그리고 $v_a = v_1$, $v_b = v_2$이므로,

$$i = \frac{v_1 - v_2}{R_4} \qquad (5.8.3)$$

식 (5.8.2)와 (5.8.3)을 식 (5.8.1)에 대입하면,

$$v_o = \frac{R_2}{R_1}\left(1 + \frac{2R_3}{R_4}\right)(v_2 - v_1)$$

기기증폭기는 5.10절에서 자세히 다룰 것이다.

실전문제 5.8

그림 5.27의 기기증폭기 회로에서 i_o를 구하라.

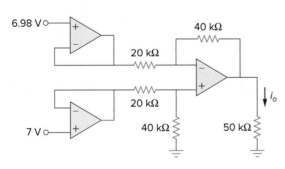

그림 5.27
실전문제 5.8

답: 800 nA

5.8   종속 접속 연산증폭기 회로

이미 알고 있는 바와 같이 연산증폭기 회로는 복잡한 회로를 설계하는 데 사용되는 모듈이나 부품이다. 실제 적용 사례에서는 전체적으로 더 큰 이득을 얻기 위해 종속 접속(머리~꼬리)으로 연결하는 경우가 있다. 일반적으로 2개의 회로는 직렬로 연결될 때, 즉 하나의 뒤에 다른 것이 연결되어 있을 때 종속 접속이라고 한다.

> 종속 접속은 2개나 그 이상의 연산증폭기 회로가 직렬로 배치되어 있는 것으로, 한 회로의 출력이 다음 회로의 입력으로 사용된다.

연산증폭기 회로가 종속 접속일 때 일련의 회로에서 각 회로는 단계(stage)라고 부른다. 본래의 입력 신호는 각 단계의 이득에 의해서 증가한다. 연산증폭기 회로는 입력과 출력의 관계를 변경하지 않고서도 종속으로 접속할 수 있는 장점이 있다. 이것은 각 (이상적인) 연산증폭기 회로가 무한한 입력 저항값과 0의 출력 저항값을 가지고 있다는 데에서 기인한다. 그림 5.28은 3개의 연산증폭기 회로가 종속 접속으로 연결되어 있는 블록선도를 보여준다. 한 단계의 출력이 다음 단계의 입력으로 공급되기 때문에 종속 접속의 전체 이득은 각 연산증폭기 회로의 이득을 곱한 것과 같다. 즉

$$A = A_1 A_2 A_3 \tag{5.22}$$

비록 종속 접속이 연산증폭기의 입력–출력 관계에 영향을 미치지는 못하지만, 실제적인 설계에서는 종속 접속 시 다음 단계의 입력이 연산증폭기를 포화시키지 않도록 주의를 기울여야 한다.

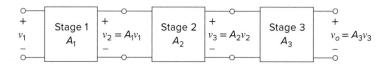

그림 5.28
3단계 종속 연결.

예제 5.9

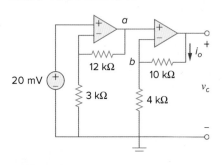

그림 5.29
예제 5.9.

그림 5.29의 회로에서 v_o와 i_o를 구하라.

풀이:
이 회로는 2개의 비반전증폭기가 종속 접속되어 있는 것이다. 첫 번째 연산증폭기의 출력은

$$v_a = \left(1 + \frac{12}{3}\right)(20) = 100 \text{ mV}$$

두 번째 연산증폭기의 출력은

$$v_o = \left(1 + \frac{10}{4}\right)v_a = (1 + 2.5)100 = 350 \text{ mV}$$

구하고자 하는 전류 i_o는 10 kΩ의 저항을 통과하는 전류이다.

$$i_o = \frac{v_o - v_b}{10} \text{ mA}$$

그러나 $v_a = v_b = 100$ mV이다. 따라서

$$i_o = \frac{(350 - 100) \times 10^{-3}}{10 \times 10^3} = 25 \ \mu\text{A}$$

실전문제 5.9

그림 5.30의 회로에서 v_o와 i_o를 구하라.

답: 6 V, 24 μA

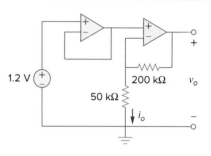

그림 5.30
실전문제 5.9.

예제 5.10

그림 5.31의 연산증폭기에서 $v_1 = 1$ V이고 $v_2 = 2$ V일 때 v_o를 구하라.

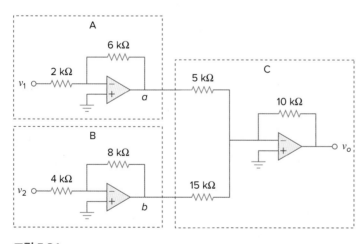

그림 5.31
예제 5.10.

풀이:

1. **정의하라.** 문제는 명확하게 정의되었다.

2. **제시하라.** 입력 $v_1 = 1$ V이고 $v_2 = 2$ V일 때 그림 5.31의 회로에서 출력 전압을 결정하라. 연산증폭기 회로는 실제로 3개의 회로로 구성되어 있다. 첫 번째 회로는 v_1을 이득 −3(−6 kΩ/2 kΩ)만큼 증폭하는 것처럼 동작하고, 두 번째 회로는 v_2를 이득 −2(−8 kΩ/4 kΩ)만큼 증폭하는 것처럼 동작

한다. 마지막 회로는 다른 2개의 회로 출력에 2개의 다른 이득을 가진 가산기처럼 동작한다.

3. **대체방안을 고려하라.** 이 회로를 위한 다른 풀이 방법도 있다. 이것은 이상적인 연산증폭기이기 때문에 완전히 수학적인 접근으로도 아주 쉽게 풀이가 가능하다. 두 번째 방법은 수학을 증명하는 방법으로 *PSpice*를 사용할 수도 있다.

4. **시도하라.** 첫 번째 연산증폭기 회로의 출력은 v_{11}이라 하고, 두 번째 연산증폭기 회로의 출력은 v_{22}라 하자. 그러면

$$v_{11} = -3v_1 = -3 \times 1 = -3 \text{ V},$$
$$v_{22} = -2v_2 = -2 \times 2 = -4 \text{ V}$$

세 번째 회로에서

$$v_o = -(10 \text{ k}\Omega/5 \text{ k}\Omega)v_{11} + [-(10 \text{ k}\Omega/15 \text{ k}\Omega)v_{22}]$$
$$= -2(-3) - (2/3)(-4)$$
$$= 6 + 2.667 = \textbf{8.667 V}$$

5. **평가하라.** 위의 풀이를 적절히 평가하기 위해 적당한 검토 방법을 정의할 필요가 있다. 이런 검토를 위해 쉽게 *PSpice*를 사용할 수 있다.

여기서는 *PSpice*로 검토해보자. 그림 5.32에서 그 결과를 볼 수 있다. 완전히 다른 두 가지 기술(첫 번째는 연산증폭기를 단순히 이득과 가산만을 위한 것으로 생각한 것이고, 두 번째는 *PSpice*를 통한 회로 해석을 사

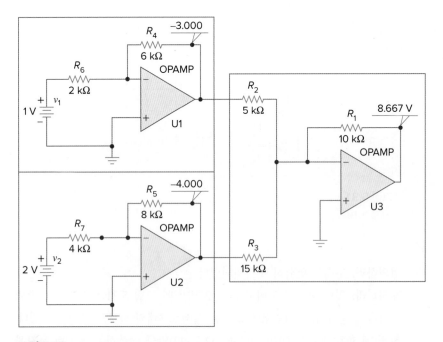

그림 5.32
예제 5.10.

용한 것이다)을 사용하여 같은 결과를 얻을 수 있다는 데 주목하라. 이것은
올바르게 답을 구했는가를 확인하는 매우 좋은 방법이다.

6. **만족하는가?** 얻은 결과에 만족한다면 이제 이 문제의 해답으로 앞의 결과
를 제시할 수 있다.

실전문제 5.10

그림 5.33의 연산증폭기 회로에서 $v_1 = 7$ V이고 $v_2 = 3.1$ V일 때 v_o를 구하라.

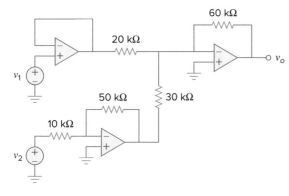

그림 5.33
실전문제 5.10.

답: 10 V

5.9　　*PSpice*를 이용한 연산증폭기 해석

윈도우용 *PSpice*는 도구 메뉴에 있는 *Create Subcircuit*를 이용하여 새로운 부회
로(subcircuit)를 만들 수는 있지만 이상적인 연산증폭기를 위한 모델이 없다. 이
상적인 연산증폭기를 생성하기보다는 *PSpice*의 *eval.slb*에서 제공하는, 상업적
으로 사용되는 4개의 실제적인 연산증폭기를 사용할 것이다. 그림 5.34는 부품
이름이 LF411, LM111, LM324, uA741인 연산증폭기 모델을 보여준다. 이 모

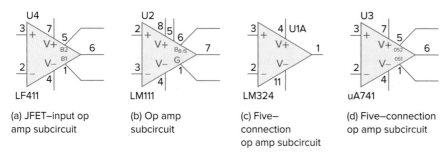

(a) JFET–input op
amp subcircuit

(b) Op amp
subcircuit

(c) Five–
connection
op amp subcircuit

(d) Five–connection
op amp subcircuit

그림 5.34
*PSpice*에서 제공하는 실제적인 연산증폭기 모델.

델들은 각각 **Draw/Get New Part/libraries…/eval.lib**에 있거나, 단순히 **Draw/ Get New Part**를 선택하고 *PartName* 대화상자에 부품의 이름을 써서 사용할 수 있다. 이 각각의 모델에는 직류 전원이 필요하며 이것 없이는 연산증폭기가 동작하지 않는다는 데 주목하라. 그림 5.3과 같이 직류 전원이 연결되어야 한다.

예제 5.11

*PSpice*를 이용하여 예제 5.1을 다시 풀라.

풀이:

배선도를 사용하여 그림 5.6(a)의 회로를 그림 5.35와 같이 그릴 수 있다. 이때 전압원 v_s의 양의 단자가 10 kΩ 저항을 거쳐서 반전 단자(핀 2)에 연결되어 있고, 그림 5.6(a)에서 요구하는 것과 같이 비반전 단자(핀 3)는 접지되어 있다는 것에 주목하라. 또한 연산증폭기에 전원이 어떻게 공급되는가에 주목하라. 양의 전원 단자 V+(핀 7)는 15 V의 직류 전압원에 연결되어 있고, 음의 전원 단자 V−(핀 4)는 −15 V에 연결되어 있다. 핀 1번과 5번은 이 장에서는 사용하지 않는 오프셋 조정에 사용하며 연결되지 않은 상태로 있게 된다. 그림 5.6(a)의 본래 회로에 직류 전원을 연결하는 것 이외에도 핀 6번에서의 출력 전압 v_o와 20 kΩ 저항에 흐르는 전류 i를 구하기 위해 가상소자인 VIEWPOINT와 IPROBE를 상대적으로 추가한다.

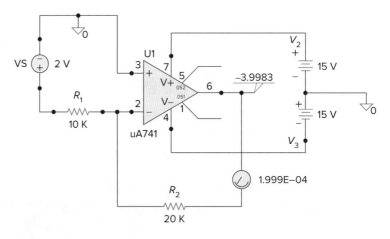

그림 5.35
예제 5.11.

배선도를 저장한 다음 **Analysis/Simulate**를 선택하여 회로를 구동하고 VIEWPOINT와 IPROBE에서 결과를 볼 수 있다. 결론적으로 폐루프 이득은 다음과 같다.

$$\frac{v_o}{v_s} = \frac{-3.9983}{2} = -1.99915$$

그리고 $i = 0.1999$ mA이며, 이 결과는 예제 5.1의 해석 및 결과와 동일하다.

*PSpice*를 이용하여 실전문제 5.1을 다시 풀라.

답: 9.0027, 650.2 μA

5.10 †응용

연산증폭기는 현대의 전자기기를 구성하는 기본적인 모듈이다. 이것은 일반적으로 저항 및 다른 수동소자와 함께 매우 다양한 기기에 사용된다. 실제적인 적용 사례는 기기증폭기, 디지털-아날로그 변환기, 아날로그 컴퓨터, 레벨 시프터(level-shifter), 필터, 조정 회로, 반전기, 가산기, 적분기, 미분기, 차분기, 뺄셈기, 논리증폭기, 비교기(comparator), 자이레이터(gyrator), 발진기, 정류기(rectifier), 조정기(regulator), 전압-전류 변환기, 전류-전압 변환기, 클리퍼(clipper) 등이 있다. 이 중 몇 종류는 이미 이 장에서 살펴보았다. 여기서는 두 가지 다른 적용 방법인 디지털-아날로그 변환기와 기기증폭기에 대해 알아보자.

5.10.1 디지털-아날로그 변환기

디지털-아날로그 변환기(DAC)는 디지털 신호를 아날로그 모양으로 변환한다. 4비트 DAC의 기본적인 예를 그림 5.36(a)에 제시했다. 4비트 DAC는 여러 가지 방법으로 구현할 수 있다. 가장 간단한 방법은 그림 5.36(b)의 이진 가중 사다리(binary weighted ladder) 모양으로 구현할 수 있다. 비트들은 그 자리 값의 크기에 가중치를 사용하는데, 이 가중치는 각각의 작은 비트에 그 옆의 큰 비트 가중치의 반에 해당하는 R_f/R_n와 같은 감소하는 값이다. 이것은 확실하게 반전 가산증폭기이다. 출력은 식 (5.15)와 같이 입력과 연관된다.

$$-V_o = \frac{R_f}{R_1}V_1 + \frac{R_f}{R_2}V_2 + \frac{R_f}{R_3}V_3 + \frac{R_f}{R_4}V_4 \tag{5.23}$$

입력 V_1은 최상위 비트(MSB), 입력 V_4는 최하위 비트(LSB)라고 불린다. 4개의 이진 입력 $V_1, \ldots, V_4$는 각각 2개의 전압값 0 V와 1 V만을 가지고 있다. 적당한 입력과 궤환 저항값을 사용함으로써 DAC는 입력에 비례하여 하나의 출력을 제공한다.

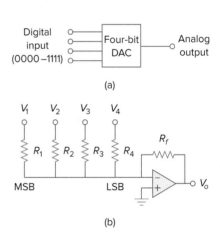

그림 5.36
4비트 DAC: (a) 다이어그램, (b) 이진 가중 사다리 모양.

> 실제적으로 전압 레벨은 보통 0에서 ±5 V 이다.

그림 5.36(b)의 연산증폭기 회로에서 R_f = 10 kΩ, R_1 = 10 kΩ, R_2 = 20 kΩ, R_3 = 40 kΩ, R_4 = 80 kΩ일 때 이산 입력 [0000], [0001], [0010], ..., [1111]의 아날로그 출력값을 구하라.

풀이:
식 (5.23)의 입력과 궤환 저항에 주어진 값을 대입하면,

$$-V_o = \frac{R_f}{R_1}V_1 + \frac{R_f}{R_2}V_2 + \frac{R_f}{R_3}V_3 + \frac{R_f}{R_4}V_4$$

$$= V_1 + 0.5V_2 + 0.25V_3 + 0.125V_3$$

이 방정식을 이용하여 디지털 입력 $[V_1V_2V_3V_4] = [0000]$은 아날로그 출력 $-V_o$ = 0 V를 제공하고, $[V_1V_2V_3V_4] = [0001]$은 아날로그 출력 $-V_o$ = 0.125 V를 제공한다. 이와 비슷하게

$$[V_1V_2V_3V_4] = [0010] \quad \Rightarrow \quad -V_o = 0.25 \text{ V}$$
$$[V_1V_2V_3V_4] = [0011] \quad \Rightarrow \quad -V_o = 0.25 + 0.125 = 0.375 \text{ V}$$
$$[V_1V_2V_3V_4] = [0100] \quad \Rightarrow \quad -V_o = 0.5 \text{ V}$$
$$\vdots$$
$$[V_1V_2V_3V_4] = [1111] \quad \Rightarrow \quad -V_o = 1 + 0.5 + 0.25 + 0.125$$
$$= 1.875 \text{ V}$$

표 5.2에 디지털−아날로그 변환기의 결과가 요약되어 있다. 각 비트는 0.125 V의 값을 가지고 있다고 추정한다는 데 주목하라. 이 시스템에서는 예를 들어 1.000과 1.125 사이의 전압은 표현할 수 없다. 이런 해상도의 부족은 디지털−아날로그 변환기의 가장 큰 한계점이다. 더 큰 정확도를 위해서는 더 많은 비트 수를 이용한 단어의 표현이 요구된다. 그렇다 해도 아날로그 전압의 디지털식 표현은 절대로 정확할 수가 없다. 부정확한 표현에도 불구하고 디지털 표현 방식은 현재 오디오 CD나 디지털 사진 기술에 훌륭히 적용 및 사용되고 있다.

표 5.2

4비트 DAC의 입출력값

이진 입력 [$V_1V_2V_3V_4$]	십진수	출력 $-V_o$
0000	0	0
0001	1	0.125
0010	2	0.25
0011	3	0.375
0100	4	0.5
0101	5	0.625
0110	6	0.75
0111	7	0.875
1000	8	1.0
1001	9	1.125
1010	10	1.25
1011	11	1.375
1100	12	1.5
1101	13	1.625
1110	14	1.75
1111	15	1.875

그림 5.37은 3비트 DAC를 나타낸 것이다.

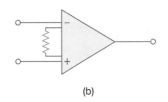

(a) $[V_1 V_2 V_3] = [010]$일 때 $|V_o|$를 구하라.

(b) $[V_1 V_2 V_3] = [110]$일 때 $|V_o|$를 구하라.

(c) $|V_o| = 1.25$ V를 얻으려면 $[V_1 V_2 V_3]$는 무엇이 되어야 하는가?

(d) $|V_o| = 1.75$ V를 얻으려면 $[V_1 V_2 V_3]$는 무엇이 되어야 하는가?

답: 0.5 V, 1.5 V, [101], [111]

그림 5.37
실전문제 5.12의 3비트 DAC.

5.10.2 기기증폭기

정확한 측정이나 공정 통제를 위한 매우 유용하고 효율적인 연산증폭기 회로 중 하나가 기기증폭기(IA)인데, 이는 측정 시스템에 광범위하게 사용되고 있기 때문에 이와 같이 불린다. IA의 보편적인 적용 예로는 절연증폭기, 열전지증폭기, 자료 획득 시스템 등이 있다.

기기증폭기는 입력 신호 사이의 차이를 증폭하는 차분증폭기의 연장선상에 있다. 그림 5.26(예제 5.8)과 같이 기기증폭기는 보통 3개의 연산증폭기와 7개의 저항으로 이루어져 있다. 그림 5.38(a)에 이 증폭기를 간략화하여 나타냈는데, 여기서 저항은 이득 조정 단자 사이에 연결된 외부 이득 조정 저항 R_G를 제외하고는 모두 같도록 만들었다. 그림 5.38(b)는 도식적인 상징을 보여준다. 예제 5.8에서 기기증폭기는

$$v_o = A_v(v_2 - v_1) \tag{5.24}$$

이때 전압이득은

$$A_v = 1 + \frac{2R}{R_G} \tag{5.25}$$

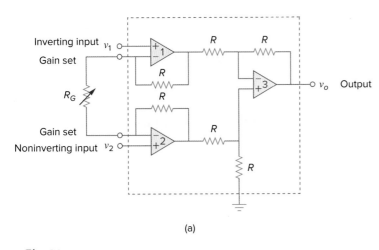

(a)   (b)

그림 5.38
(a) 이득 조정을 위한 외부 저항이 있는 기기증폭기, (b) 도식적인 다이어그램.

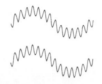 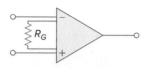

Small differential signals riding on larger common-mode signals   Instrumentation amplifier   Amplified differential signal, no common-mode signal

그림 5.39

IA는 공통적인 전압을 배제하고 작은 신호 전압을 증폭한다.

그림 5.39와 같이 기기증폭기는 더 큰 일반적인 상태의 전압에 포함되어 있는 작은 차분 신호 전압을 증폭한다. 일반적인 상태의 전압은 같기 때문에 서로 상쇄된다.

IA는 주요한 세 가지 특징을 가지고 있다.

1. 전압이득은 하나의 외부 저항 R_G에 의해 조정된다.
2. 두 입력의 입력 임피던스는 매우 높고 이득을 조정해도 변하지 않는다.
3. 출력 v_o는 입력 v_1과 v_2 사이의 차이에 의존하며, 두 입력 사이에 일반적인 상태의 전압에 의존하지 않는다.

IA의 광범위한 사용에 따라 생산자들은 단품 단위로 그들만의 증폭기를 발전시켜 왔다. 보편적인 예인 LH0036은 내셔널세미컨덕터(National Semiconductor)에서 개발되었다. 이득은 외부 저항을 100 kΩ에서 10 kΩ까지 변화시킴으로써 1에서 1,000까지 변화될 수 있다.

예제 5.13

그림 5.38에서 $R = 10$ kΩ, $v_1 = 2.011$ V, $v_2 = 2.017$ V라고 하자. R_G가 500 Ω으로 조정되었을 때 (a) 전압이득, (b) 출력 전압 v_o를 구하라.

풀이:

(a) 전압이득은

$$A_v = 1 + \frac{2R}{R_G} = 1 + \frac{2 \times 10,000}{500} = 41$$

(b) 출력 전압은

$$v_o = A_v(v_2 - v_1) = 41(2.017 - 2.011) = 41(6) \text{ mV} = 246 \text{ mV}$$

실전문제 5.13

그림 5.38의 IA에서 $R = 25$ kΩ일 때, 이득이 142이 되는 외부 이득 조정 저항 R_G의 값을 구하라.

답: 354.6 Ω

5.11   요약

1. 연산증폭기는 높은 입력 저항값과 낮은 출력 저항값을 가진 고이득 증폭기이다.

2. 이 장에서 다룬 연산증폭기 회로를 표 5.3에 요약했다. 각 증폭기 회로의 이득을 위한 표현 방법은 일반적으로 입력이 직류, 교류, 시변일 때도 적용된다.

3. 이상 연산증폭기는 무한대의 입력 저항값, 출력 저항값 0, 무한대의 이득값을 가지고 있다.

4. 이상 연산증폭기에서 2개의 입력 단자에 각각 흐르는 전류는 0이며, 입력 단자 사이의 전압은 무시할 수 있을 정도로 작다.

5. 반전증폭기에서 출력 전압은 입력의 음의 배수이다.

6. 비반전증폭기에서 출력 전압은 입력의 양의 배수이다.

7. 전압추종기에서 출력은 입력을 따라간다.

표 5.3

기본적인 연산증폭기 회로의 요약

연산증폭기 회로	이름/입출력 관계식
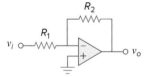	반전증폭기 $v_o = -\dfrac{R_2}{R_1} v_i$
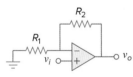	비반전증폭기 $v_o = \left(1 + \dfrac{R_2}{R_1}\right) v_i$
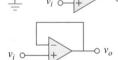	전압추종기 $v_o = v_i$
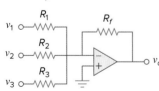	가산기 $v_o = -\left(\dfrac{R_f}{R_1} v_1 + \dfrac{R_f}{R_2} v_2 + \dfrac{R_f}{R_3} v_3\right)$
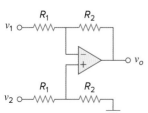	차분증폭기 $v_o = \dfrac{R_2}{R_1}(v_2 - v_1)$

8. 가산증폭기에서 출력은 입력을 가중하여 합산한 것이다.

9. 차분증폭기에서 출력은 두 입력의 차에 비례한다.

10. 연산증폭기 회로는 입출력 관계를 변화시키지 않고 종속 연결할 수 있다.

11. 연산증폭기 회로를 분석하는 데 *PSpice*를 사용할 수 있다.

12. 이 장에서 다룬 연산증폭기의 보편적인 예에는 디지털−아날로그 변환기와 기기증폭기가 포함된다.

복습문제

5.1 하나의 연산증폭기에서 두 입력 단자는 다음과 같이 분류된다.

    (a) 높음, 낮음   (b) 양수, 음수

    (c) 반전, 비반전   (d) 미분, 반미분

5.2 이상적인 연산증폭기에 대한 설명 중 틀린 것은?

    (a) 입력 단자들 사이의 미분 전압이 0이다.

    (b) 입력 단자로 들어가는 전류가 0이다.

    (c) 입력 저항값이 0이다.

    (d) 출력 저항값이 0이다.

5.3 그림 5.40의 회로에서 전압 v_o는?

    (a) −6 V   (b) −5 V

    (c) −1.2 V   (d) −0.2 V

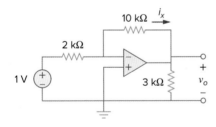

그림 5.40
복습문제 5.3, 5.4.

5.4 그림 5.40의 회로에서 전류 i_x는?

    (a) 600 μA   (b) 500 μA

    (c) 200 μA   (d) 1/12 μA

5.5 그림 5.41의 회로에서 $v_s = 0$이면 전류 i_o는?

    (a) −10 μA   (b) −2.5 μA

    (c) 10/12 μA   (d) 10/14 μA

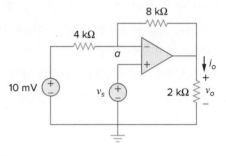

그림 5.41
복습문제 5.5, 5.6, 5.7.

5.6 그림 5.41의 회로에서 $v_s = 8$ mV이면 출력 전압은?

    (a) −44 mV   (b) −8 mV

    (c) 4 mV   (d) 7 mV

5.7 그림 5.41의 회로에서 $v_s = 8$ mV이면 전압 v_a는?

    (a) −8 mV   (b) 0 mV

    (c) 10/3 mV   (d) 8 mV

5.8 그림 5.42의 회로에서 4 kΩ 저항에 의해 소모된 전력은?

    (a) 9 mW   (b) 4 mW

    (c) 2 mW   (d) 1 mW

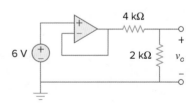

그림 5.42
복습문제 5.8.

5.9 다음 중 디지털-아날로그 변환기에 사용되는 증폭기는?

(a) 비반전기   (b) 전압추종기

(c) 가산기   (d) 차분증폭기

5.10 차분증폭기는 다음 중 어디에 사용되는가?

(a) 기기증폭기   (b) 전압추종기

(c) 전압조정기   (d) 완충기

(e) 가산증폭기   (f) 뺄셈증폭기

답: *5.1c, 5.2c, d, 5.3b, 5.4b, 5.5a, 5.6c, 5.7d, 5.8b, 5.9c, 5.10a, f*

문제

5.2절 연산증폭기

5.1 그림 5.43의 연산증폭기 등가 모델에서 다음을 구하라.

(a) 입력 저항값

(b) 출력 저항값

(c) 전압이득(dB)

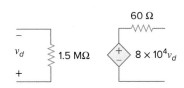

그림 5.43
문제 5.1.

5.2 연산증폭기의 개방루프 이득이 100,000이다. 반전 단자에 +10 μV, 비반전 단자에 +20 μV가 공급되었을 때 출력 전압을 계산하라.

5.3 연산증폭기의 반전 단자에 20 μV가 공급되고, 비반전 단자에 +30 μV가 공급되었을 때 출력 전압을 계산하라. 이때 개방루프 이득이 200,000이라고 가정한다.

5.4 비반전 단자의 입력이 1 mV일 때 연산증폭기의 출력 전압이 −4 V이다. 만일 개방루프 이득이 2×10^6이라면 반전 입력값은 얼마인가?

5.5 그림 5.44의 연산증폭기 회로에서 개방루프 이득이 100,000이고 입력 저항값이 10 kΩ, 출력 저항값이 100 Ω이다. 실제적인 연산증폭기를 사용할 때 전압이득 v_o/v_i를 구하라.

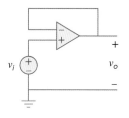

그림 5.44
문제 5.5.

5.6 741 연산증폭기가 예제 5.1과 같은 변수를 가지고 있을 때 그림 5.45의 연산증폭기에서 v_o를 구하라.

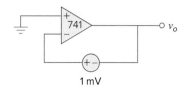

그림 5.45
문제 5.6.

5.7 그림 5.46의 연산증폭기에서 $R_i = 100$ kΩ, $R_o = 100$ Ω, $A = 100,000$이다. 이때 입력 전압의 전위차 v_d와 출력 전압 v_o를 구하라.

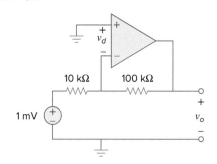

그림 5.46
문제 5.7.

5.3절   이상 연산증폭기

5.8   그림 5.47의 연산증폭기 회로에서 v_o를 구하라.

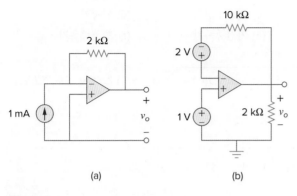

그림 5.47
문제 5.8.

5.9   그림 5.48의 연산증폭기 회로에서 각각의 v_o를 구하라.

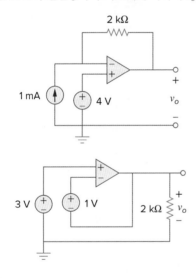

그림 5.48
문제 5.9.

5.10   그림 5.49의 회로에서 이득 v_o/v_s를 구하라.

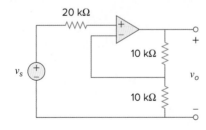

그림 5.49
문제 5.10.

5.11   그림 5.50을 이용하여 다른 학생들이 이상적인 연산증폭기가 어떻게 동작하는지를 더 잘 이해하도록 도와주는 문제를 설계하라.

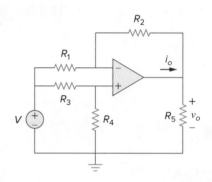

그림 5.50
문제 5.11.

5.12   그림 5.51의 연산증폭기 회로에서 전압비 v_o/v_s를 구하라. 이때 연산증폭기는 이상적이라고 가정한다.

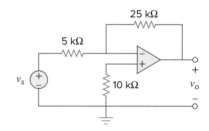

그림 5.51
문제 5.12.

5.13   그림 5.52의 회로에서 v_o와 i_o를 구하라.

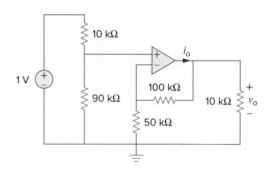

그림 5.52
문제 5.13.

5.14 그림 5.53의 회로에서 출력 전압 v_o를 구하라.

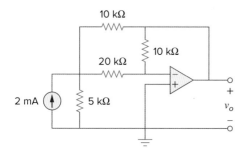

그림 5.53
문제 5.14.

5.4절 반전증폭기

5.15 (a) 그림 5.54의 연산증폭기 회로에서 v_o/i_s를 구하라.

　　(b) $R_1 = 20$ kΩ, $R_2 = 25$ kΩ, $R_3 = 40$ kΩ일 때 위의
　　비율을 구하라.

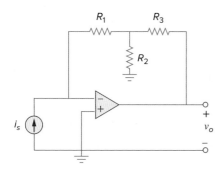

그림 5.54
문제 5.15.

5.16 그림 5.55를 이용하여 다른 학생들이 반전증폭기를 더
ezd 잘 이해하도록 도와주는 문제를 설계하라.

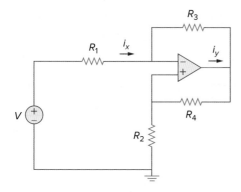

그림 5.55
문제 5.16.

5.17 그림 5.56의 회로에서 스위치가 다음과 같을 때 이득
　　v_o/v_i를 구하라.

　　(a) 위치 1　　　　　(b) 위치 2　　　　　(c) 위치 3

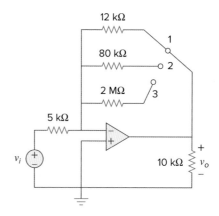

그림 5.56
문제 5.17.

*5.18 그림 5.57 회로의 단자 *a-b* 왼쪽에서 본 테브냉 등가회
　　로를 구하라.

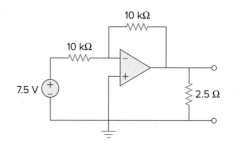

그림 5.57
문제 5.18.

5.19 그림 5.58의 회로에서 i_o를 구하라.

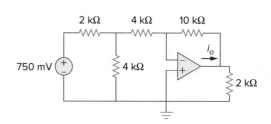

그림 5.58
문제 5.19.

_____

* 별표는 난이도가 높은 문제를 가리킨다.

5.20 그림 5.59의 회로에서 $v_s = 2$ V일 때 v_o를 구하라.

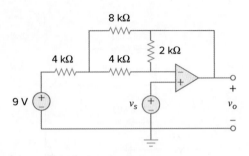

그림 5.59
문제 5.20.

5.21 그림 5.60의 연산증폭기 회로에서 v_o를 구하라.

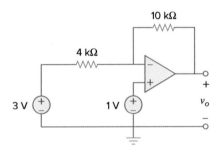

그림 5.60
문제 5.21.

5.22 이득이 −15인 반전증폭기를 설계하라.
e⊘d

5.23 그림 5.61의 연산증폭기 회로에서 전압이득 v_o/v_s를 구하라.

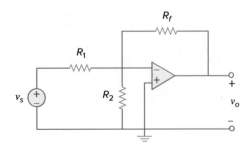

그림 5.61
문제 5.23.

5.24 그림 5.62의 회로에서 전압 전달 함수 $v_o = kv_s$일 때 k를 구하라.

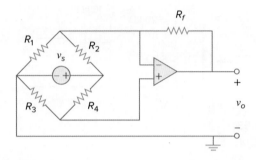

그림 5.62
문제 5.24.

5.5절   비반전증폭기

5.25 그림 5.63의 연산증폭기 회로에서 v_o를 구하라.

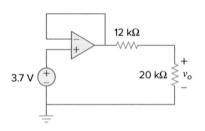

그림 5.63
문제 5.25.

5.26 그림 5.64를 이용하여 다른 학생들이 비반전증폭기를 더 잘 이해하도록 도와주는 문제를 설계하라.
e⊘d

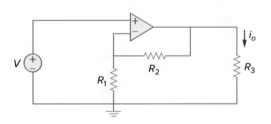

그림 5.64
문제 5.26.

5.27 그림 5.65의 연산증폭기 회로에서 v_o를 구하라.

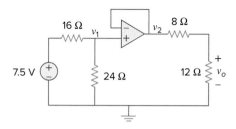

그림 5.65
문제 5.27.

5.28 그림 5.66의 회로에서 i_o를 구하라.

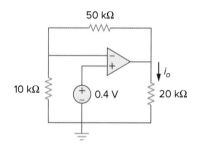

그림 5.66
문제 5.28.

5.29 그림 5.67의 연산증폭기 회로에서 전압이득 v_o/v_i를 구하라.

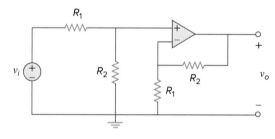

그림 5.67
문제 5.29.

5.30 그림 5.68의 회로에서 i_x를 구하고, 20 kΩ의 저항에서 소모된 전력을 계산하라.

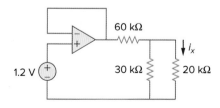

그림 5.68
문제 5.30.

5.31 그림 5.69의 회로에서 i_x를 구하라.

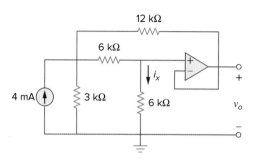

그림 5.69
문제 5.31.

5.32 그림 5.70의 회로에서 i_x와 v_o를 구하고, 60 kΩ의 저항에 인가된 전력을 계산하라.

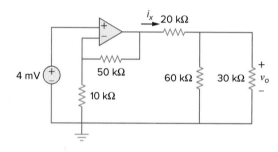

그림 5.70
문제 5.32.

5.33 그림 5.71의 연산증폭기 회로에서 i_x를 구하고, 3 kΩ의 저항에 인가된 전력을 계산하라.

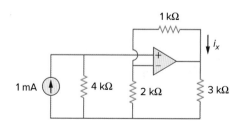

그림 5.71
문제 5.33.

5.34 그림 5.72의 연산증폭기 회로에서 v_1과 v_2를 이용하여 v_o를 표현하라.

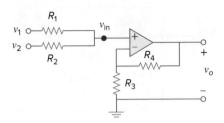

그림 5.72
문제 5.34.

5.35 이득이 7.5인 비반전증폭기를 설계하라.

e⯑d

5.36 그림 5.73의 회로에서 단자 a-b의 테브냉 등가회로를 구하라. (힌트: R_{Th}를 구하기 위해 전류원 i_o를 공급하고 v_o을 계산하라.)

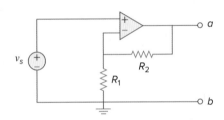

그림 5.73
문제 5.36.

5.6절 가산증폭기

5.37 그림 5.74의 가산증폭기 회로에서 출력을 구하라.

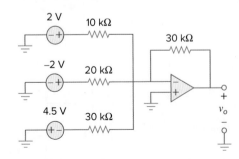

그림 5.74
문제 5.37.

5.38 그림 5.75를 이용하여 다른 학생들이 가산증폭기를 더 잘 이해하도록 도와주는 문제를 설계하라.

e⯑d

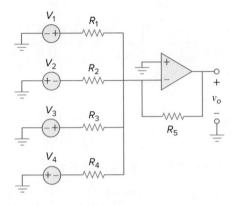

그림 5.75
문제 5.38.

5.39 그림 5.76의 연산증폭기 회로에서 $v_o = -16.5$ V가 되는 v_2의 값을 구하라.

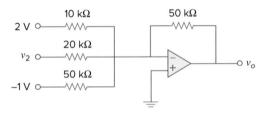

그림 5.76
문제 5.39.

5.40 그림 5.77의 회로에서 v_1과 v_2를 이용하여 v_o를 표현하라.

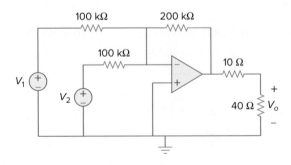

그림 5.77
문제 5.40.

5.41 평균증폭기는 입력의 평균과 같은 출력을 만드는 가산기
이다. 적당한 입력과 궤환 저항값을 사용하여 다음과 같
이 구할 수 있다.

$$-v_{\text{out}} = \frac{1}{4}(v_1 + v_2 + v_3 + v_4)$$

궤환 저항 10 kΩ을 사용하여 4개의 입력을 가진 평균증
폭기를 설계하라.

5.42 3개의 입력을 가진 가산증폭기의 입력 저항이 $R_1 = R_2$
$= R_3 = 75$ kΩ이다. 평균 가산증폭기를 만들기 위한 궤
환 저항값을 구하라.

5.43 4개의 입력을 가진 가산증폭기의 입력 저항이 $R_1 = R_2$
$= R_3 = R_4 = 80$ kΩ이다. 평균 가산증폭기를 만들기 위
한 궤환 저항값을 구하라.

5.44 그림 5.78의 회로에서 출력 전압 v_o가 다음과 같이 됨을
보여라.

$$v_o = \frac{(R_3 + R_4)}{R_3(R_1 + R_2)}(R_2 v_1 + R_1 v_2)$$

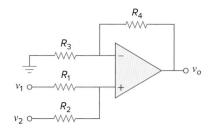

그림 5.78
문제 5.44.

5.45 다음과 같이 동작하는 연산증폭기를 설계하라. 모든 저
항값은 100 kΩ보다 작거나 같아야 한다.

$$v_o = 3v_1 - 2v_2$$

5.46 2개의 연산증폭기만 사용하여 다음과 같이 동작하는 회
로를 설계하라.

$$-v_{\text{out}} = \frac{v_1 - v_2}{3} + \frac{v_3}{2}$$

5.7절   차분증폭기

5.47 그림 5.79의 차분증폭기 회로에서 $v_1 = 1$ V, $v_2 = 2$ V일
때 v_o를 구하라.

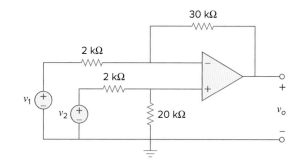

그림 5.79
문제 5.47.

5.48 그림 5.80은 브리지에 의해 동작하는 차분증폭기 회로
이다. v_o를 구하라.

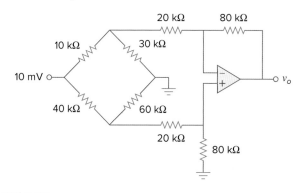

그림 5.80
문제 5.48.

5.49 이득이 4이고 각각의 입력에 20 kΩ의 일반적인 입력 저
항값이 주어진 차분증폭기를 설계하라.

5.50 두 입력 사이의 차이를 2.5배로 증폭하는 회로를 설계하
라.

    (a) 1개의 연산증폭기를 사용하라.

    (b) 2개의 연산증폭기를 사용하라.

5.51 2개의 연산증폭기를 사용하여 뺄셈기를 설계하라.

*5.52 다음과 같은 연산증폭기를 설계하라. 모든 저항은 20~
200 kΩ 사이에 존재해야 한다.

$$v_o = 4v_1 + 6v_2 - 3v_3 - 5v_4$$

*5.53 그림 5.81(a)는 고정 이득 동작을 위한 보통의 차분증폭기로, 이득이 변하지 않을 때 간단하고 믿을 만한 회로이다. 간편함과 정확도를 손상하지 않고 이득을 조정하기 위한 하나의 방법은 그림 5.81(b)의 회로를 사용하는 것이다. 다른 방법은 그림 5.81(c)에 나타냈다.

(a) 그림 5.81(a)의 회로에서 다음 식이 성립함을 보여라.

$$\frac{v_o}{v_i} = \frac{R_2}{R_1}$$

(b) 그림 5.81(b)의 회로에서 다음 식이 성립함을 보여라.

$$\frac{v_o}{v_i} = \frac{R_2}{R_1} \frac{1}{1 + \dfrac{R_1}{2R_G}}$$

(c) 그림 5.81(c)의 회로에서 다음 식이 성립함을 보여라.

$$\frac{v_o}{v_i} = \frac{R_2}{R_1}\left(1 + \frac{R_2}{2R_G}\right)$$

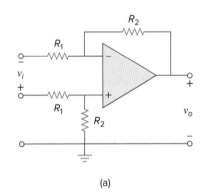

(a)

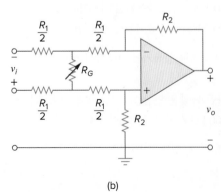

(b)

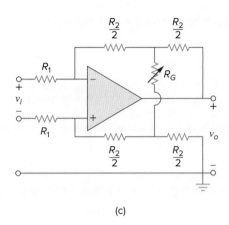

(c)

그림 5.81
문제 5.53.

5.8절 종속 접속 연산증폭기 회로

5.54 그림 5.82의 연산증폭기 회로에서 $R = 10\ \text{k}\Omega$일 때 전압 변환 비율 v_o/v_s를 구하라.

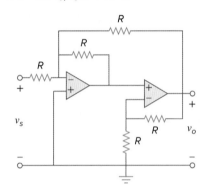

그림 5.82
문제 5.54.

5.55 어떤 전자기기가 전체 전압이득이 42 dB인 3단계 증폭기를 필요로 한다. 처음 두 단계의 각 전압이득은 같고, 세 번째 단계의 이득은 처음 2개 각 이득의 1/4이다. 각각의 전압이득을 계산하라.

5.56 그림 5.83을 이용하여 다른 학생들이 종속 접속 연산증폭기를 더 잘 이해하도록 도와주는 문제를 설계하라.

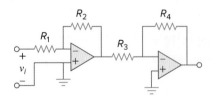

그림 5.83
문제 5.56.

5.57 그림 5.84의 연산증폭기 회로에서 v_o를 구하라.

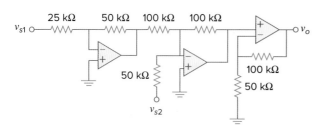

그림 5.84
문제 5.57.

5.58 그림 5.85의 연산증폭기 회로에서 i_o를 구하라.

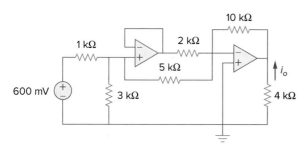

그림 5.85
문제 5.58.

5.59 그림 5.86의 연산증폭기 회로에서 전압이득 v_o/v_s를 구하라. 이때 $R = 10 \text{ k}\Omega$이다.

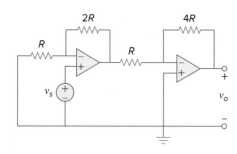

그림 5.86
문제 5.59.

5.60 그림 5.87의 연산증폭기 회로에서 v_o/v_i를 구하라.

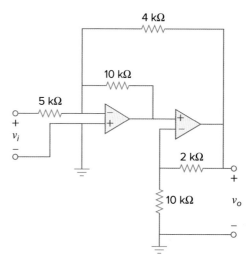

그림 5.87
문제 5.60.

5.61 그림 5.88의 회로에서 v_o를 구하라.

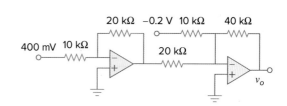

그림 5.88
문제 5.61.

5.62 그림 5.89의 회로에서 폐루프 전압이득 v_o/v_i를 구하라.

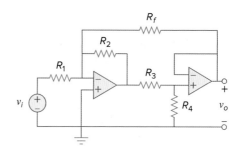

그림 5.89
문제 5.62.

5.63 그림 5.90의 회로에서 이득 v_o/v_i를 구하라.

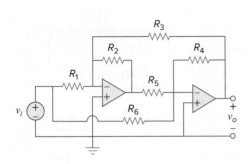

그림 5.90
문제 5.63.

5.64 그림 5.91의 연산증폭기 회로에서 v_o/v_s를 구하라.

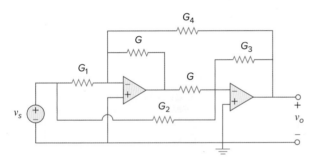

그림 5.91
문제 5.64.

5.65 그림 5.92의 연산증폭기 회로에서 v_o를 구하라.

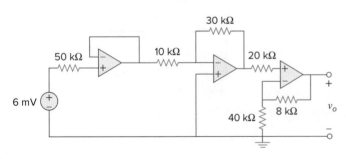

그림 5.92
문제 5.65.

5.66 그림 5.93의 회로에서 v_o를 구하라.

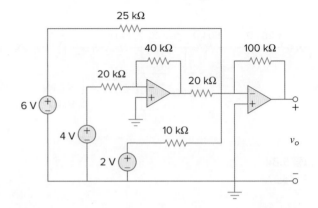

그림 5.93
문제 5.66.

5.67 그림 5.94의 회로에서 출력 v_o를 구하라.

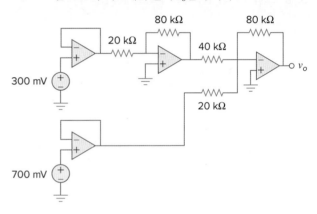

그림 5.94
문제 5.67.

5.68 그림 5.95의 회로에서 $R_f = \infty$(단락회로)라고 가정하고 v_o를 구하라.

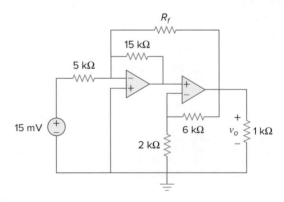

그림 5.95
문제 5.68, 5.69.

5.69 문제 5.68에서 R_f = 10 kΩ일 때 v_o를 구하라.

5.70 그림 5.96의 연산증폭기 회로에서 v_o를 구하라.

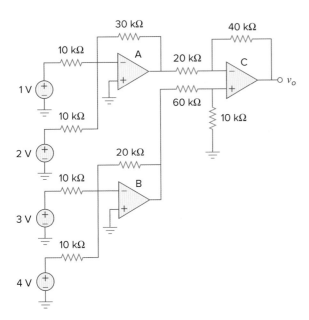

그림 5.96
문제 5.70.

5.71 그림 5.97의 연산증폭기 회로에서 v_o를 구하라.

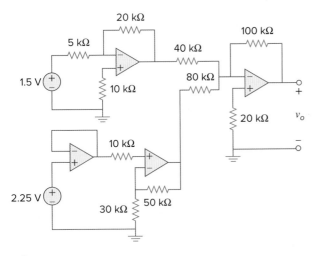

그림 5.97
문제 5.71.

5.72 그림 5.98의 회로에서 부하전압 v_L을 구하라.

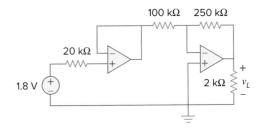

그림 5.98
문제 5.72.

5.73 그림 5.99의 회로에서 부하전압 v_L을 구하라.

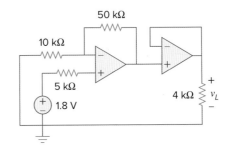

그림 5.99
문제 5.73.

5.74 그림 5.100의 연산증폭기 회로에서 i_o를 구하라.

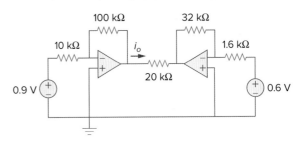

그림 5.100
문제 5.74.

5.9절　　*PSpice*를 이용한 연산증폭기 해석

5.75 uA741 대신에 실제적인 연산증폭기 LM324를 이용하여 예제 5.11을 다시 풀라.

5.76 *PSpice* 또는 *MultiSim*과 연산증폭기 uA741을 이용하여 문제 5.19를 다시 풀라.

5.77 *PSpice* 또는 *MultiSim*과 연산증폭기 LM324를 이용하여 문제 5.48을 다시 풀라.

5.78 그림 5.101의 회로에서 *PSpice* 또는 *MultiSim*을 이용하여 v_o를 구하라.

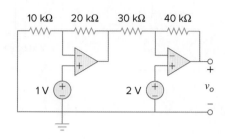

그림 5.101
문제 5.78.

5.79 그림 5.102의 연산증폭기 회로에서 *PSpice* 또는 *MultiSim*을 이용하여 v_o를 구하라.

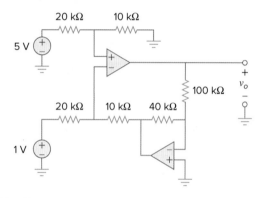

그림 5.102
문제 5.79.

5.80 *PSpice* 또는 *MultiSim*을 이용하여 문제 5.70을 다시 풀라.

5.81 예제 5.9의 결과를 검증하기 위해 *PSpice* 또는 *MultiSim*과 실제적인 연산증폭기인 LM324를 사용하라.

5.10절   응용

5.82 5비트의 DAC로 0부터 7.75 V까지 전압 영역을 표현하려고 한다. 각 비트에 할당된 전압의 크기를 계산하라.

5.83 6비트의 디지털–아날로그 변환기를 설계하라.

(a) $|V_o|$ = 1.1875 V가 요구될 때 $[V_1 V_2 V_3 V_4 V_5 V_6]$ 값은 무엇인가?

(b) $[V_1 V_2 V_3 V_4 V_5 V_6]$ = [011011]일 때 $|V_o|$를 구하라.

(c) $|V_o|$의 최대값은 어떻게 추정되는가?

*5.84 그림 5.103은 4비트의 *R-2R* 사다리 모양 DAC이다.

(a) 출력 전압이 다음과 같음을 보여라.

$$-V_o = R_f\left(\frac{V_1}{2R} + \frac{V_2}{4R} + \frac{V_3}{8R} + \frac{V_4}{16R}\right)$$

(b) R_f = 12 kΩ, R = 10 kΩ일 때 $[V_1 V_2 V_3 V_4]$ = [1011], $[V_1 V_2 V_3 V_4]$ = [0101]이 되기 위한 $|V_o|$를 구하라.

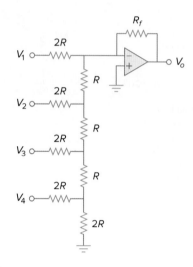

그림 5.103
문제 5.84.

5.85 그림 5.104에 나타낸 연산증폭기 회로의 10 kΩ 저항에서 소모된 전력이 10 mW일 때의 R값을 구하라. 이때 v_s = 2 V이다.

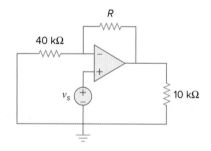

그림 5.104
문제 5.85.

5.86 출력 전류가 200 $v_s(t)$ μA일 때 이상적인 전압 통제 전류원을 설계하라.

5.87 그림 5.105는 2개의 연산증폭기를 사용한 기기증폭기 회로이다. v_1과 v_2를 이용하여 v_o를 표현하라. 이 증폭기는 어떻게 감산기로 사용될 수 있는가?

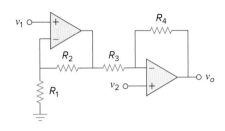

그림 5.105
문제 5.87.

*5.88 그림 5.106은 브리지를 이용한 기기증폭기 회로이다. 이 증폭기의 이득 v_o/v_i를 구하라.

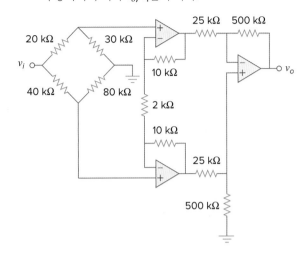

그림 5.106
문제 5.88.

종합문제

5.89 출력 전압 v_o와 입력 전압 v_s의 관계가 $v_o = 12v_s - 10$이 되도록 회로를 설계하라. 2개의 연산증폭기와 6 V 전원, 몇 개의 저항만을 사용하라.

5.90 그림 5.107의 연산증폭기 회로는 **전류증폭기**이다. 이 증폭기의 전류이득 i_o/i_s를 구하라.

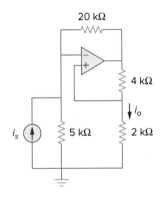

그림 5.107
문제 5.90.

5.91 그림 5.108의 비반전 전류증폭기 회로에서 이득 i_o/i_s를 구하라. 이때 $R_1 = 8$ kΩ, $R_2 = 1$ kΩ이다.

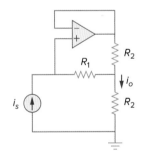

그림 5.108
문제 5.91.

5.92 그림 5.109의 브리지증폭기 회로에서 전압이득 v_o/v_i를 구하라.

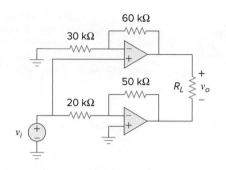

그림 5.109
문제 5.92.

*5.93 그림 5.110은 $R_1R_2 = R_3R_4$일 때 $i_L = Av_i$가 되는 전압－전류 변환기이다. 상수 A의 값을 구하라.

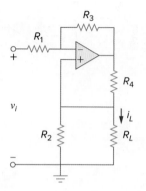

그림 5.110
문제 5.93.

6

커패시터와 인덕터
Capacitors and Inductors

과학에서는 아이디어를 처음 생각해낸 사람보다는 세상에 보여준 사람에게 보상이 돌아간다.

—Francis Darwin

기술과 경력 향상하기

ABET EC 2000 준거(3.c), "요구되는 필요조건에 맞추어 기계부품/시스템/생산공정을 설계할 수 있는 능력"

"요구되는 필요조건에 맞추어 기계부품/시스템/생산공정을 설계할 수 있는 능력"은 공학도를 필요로 하는 이유이다. 이것은 공학도가 가져야 할 가장 중요한 전문적인 기술이다. 흥미롭게도 공학도로서의 성공은 대화하는 능력에 절대적으로 비례하지만, 처음에 공학도가 고용되는 이유는 그가 가진 설계 능력 때문이다.

점차적으로 답을 얻는 개방된 문제를 가지고 있을 때 설계가 필요하다. 이 책이나 과정의 목차 안에서 학생들은 설계 요소 중 한 부분을 공부하게 될 것이다. 문제를 푸는 기술의 단계를 거치면서 설계 과정 중에서 아주 중요한 몇 가지 소자를 배울 것이다.

Charles Alexander

아마도 설계의 가장 중요한 부분은 시스템, 요소, 과정, 또는 문제가 무엇인가를 확실하게 정의하는 것이다. 공학도에게 아주 명백한 과제는 거의 주어지지 않는다. 그러므로 학생들은 문제의 구성을 명확하게 하도록 설계된 질문을 자신에게, 동료에게, 교수에게 하는 기술을 발전시키고 향상해야 한다.

다른 방법으로 답을 구하는 것도 설계 과정에서 중요한 부분이다. 또다시 학생들은 지금까지 해왔던 다른 문제들과 더불어 설계 과정의 이 부분을 연습해야 한다.

자신만의 답을 구하는 것은 공학 문제에서 아주 중요한 부분이다. 이것은 학생으로서 모든 문제를 풀 수 있도록 반드시 가져야만 하는 기술이다.

학습목표

본 장에서 제시된 정보와 연습문제를 사용함으로써 다음 능력을 배양할 수 있다.
1. 커패시터와 인덕터의 전압, 전류 특성 및 기본 회로의 응용을 이해할 수 있다.
2. 커패시터가 직렬과 병렬로 연결되었을 때의 동작 특성을 설명할 수 있다.
3. 인덕터가 직렬과 병렬로 연결되었을 때의 동작 특성을 설명할 수 있다.
4. 커패시터와 연산증폭기를 사용한 적분기의 설계를 이해할 수 있다.
5. 미분기의 설계와 제한 특성을 이해할 수 있다.
6. 아날로그 컴퓨터의 설계 방법과 선형 미분 공식의 해석을 이해할 수 있다.

재사용이 불가능하게 에너지를 소비하는 저항과는 반대로 인덕터나 커패시터는 에너지를 저장하고 방출할 수 있다(즉 메모리를 가지고 있다).

6.1   서론

지금까지는 저항회로에 대해서만 공부했다. 이 장에서는 새롭고 중요한 수동 선형 회로소자인 커패시터와 인덕터를 소개한다. 에너지를 소모하는 저항과 달리 커패시터와 인덕터는 에너지를 소모하지 않고 다음에 다시 사용할 수 있도록 저장한다. 이런 이유로 커패시터와 인덕터를 저장소자라고 부르기도 한다.

저항회로의 적용은 사실 한정적이다. 이 장에서 커패시터와 인덕터를 소개함으로써 더 중요하고 실제적인 회로를 해석할 수 있을 것이다. 3장과 4장에서 공부한 회로 해석 기법이 커패시터와 인덕터를 사용한 회로에도 적용된다는 것에 주목하라.

먼저 커패시터를 소개하고 직렬과 병렬로 연결하는 방법을 설명한다. 그리고 인덕터도 같은 방법으로 살펴볼 것이다. 또한 일반적인 응용 사례로 커패시터와 연산증폭기를 같이 사용하여 적분기, 미분기, 아날로그 컴퓨터를 구성할 수 있는 방법을 공부한다.

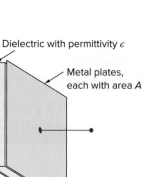

그림 6.1
보통의 커패시터.

6.2   커패시터

커패시터는 전기장으로 에너지를 저장하기 위해 설계된 수동소자이다. 저항 외에도 커패시터는 가장 일반적으로 사용되는 전기소자이다. 커패시터는 전자, 통신, 컴퓨터, 발전 시스템 등에 광범위하게 사용되는데, 예를 들어 라디오 수신기의 동조회로나 컴퓨터 시스템의 동적 기억소자 등에 적용된다.

커패시터는 일반적으로 그림 6.1과 같이 만들어진다.

커패시터는 비전도물질(절연체)로 분리된 2개의 전도체 판으로 구성된다.

많은 실제 응용 사례에서는 알루미늄이 판으로 사용되기도 하며 절연체로는 공기, 세라믹, 종이, 운모 등이 사용된다.

전압원 v가 그림 6.2와 같이 커패시터에 연결되었을 때 전원은 하나의 판에

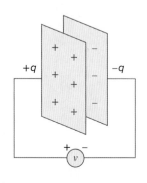

그림 6.2
전압 v가 공급되는 커패시터.

Historical

Michael Faraday (1791~1867), 영국의 화학자이자 물리학자이며 아마도 가장 위대한 실험주의자일 것이다.

런던 근처에서 태어난 패러데이의 어린 시절 꿈은 그가 54년간 일한 왕립과학원에서 위대한 화학자인 험프리 데이비(Humphry Davy) 경과 함께 일하는 것이었다. 그는 물리학의 전 분야에 걸쳐 몇 가지의 공헌을 했으며 전기분해, 양극, 음극과 같은 용어를 만들기도 했다. 1831년 코일에서 전자기적인 유도를 발견한 것은 전기발전을 가능하게 함으로써 공학에 중요한 돌파구를 마련했다. 전기 모터와 발전기가 이 원리로 동작하고 있다. 커패시턴스의 단위 패럿(farad)은 그의 이름에서 따온 것이다.

Stock Montage/Getty Images

양전자 q를, 다른 판에는 음전자 $-q$를 공급하게 된다. 커패시터가 전하를 저장한다고 말하기도 한다. q로 표시되는 저장된 전하의 양은 공급된 전압 v와 비례한다.

$$q = Cv \qquad (6.1)$$

비례상수 C는 커패시터의 커패시턴스(capacitance)라고도 한다. 커패시턴스의 단위는 영국의 물리학자 마이클 패러데이(Michael Faraday)를 기리기 위해 패럿(F)이라고 한다. 식 (6.1)에서 다음의 정의를 유도할 수 있다.

> **커패시턴스**는 커패시터의 한쪽 판에 있는 전하와 두 판 사이의 전위차에 대한 비율이며 패럿(F)으로 측정된다.

식 (6.1)로부터 1 F = 1 coulomb/volt임에 주목하라.

커패시터의 커패시턴스 C는 전하 q와 공급된 전압 v의 비율이지만 q나 v에 의존하지는 않고 커패시터의 물리적인 차원에 의존한다. 예를 들어 그림 6.1의 병렬 판 커패시터의 커패시턴스는 다음과 같이 주어진다.

$$C = \frac{\epsilon A}{d} \qquad (6.2)$$

여기서 A는 각 판의 표면적, d는 판 사이의 거리, ϵ는 판 사이에 있는 절연 재료의 유전율이다. 식 (6.2)는 단지 병렬 판 커패시터에 적용되지만, 이것으로부터 일반적으로 세 가지 요소가 커패시턴스의 값을 결정한다는 것을 알 수 있다.

1. 판의 표면적: 면적이 넓어지면 커패시턴스가 커진다.
2. 판 사이의 거리: 거리가 짧아지면 커패시턴스가 커진다.
3. 재료의 투과율: 투과율이 높아지면 커패시턴스가 커진다.

다른 말로 커패시턴스는 커패시터에 단위전압 차이 동안 판에 저장된 전하의 총량이다.

커패시터의 전압 변화나 커패시턴스는 보통 식 (6.1)과 (6.2)의 관계에 의해 반비례한다. d가 작거나 v가 높으면 아치 모양이 된다.

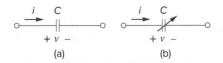

그림 6.3
커패시터의 회로 기호: (a) 고정 커패시터,
(b) 가변 커패시터.

커패시터는 상업적으로 사용할 수 있도록 다양한 값과 종류가 있다. 일반적으로 커패시터는 피코패럿(pF)에서 마이크로패럿(μF) 사이의 값을 갖는다. 만들어진 절연 재료나 고정 또는 가변 형태인가에 따라서 분류된다. 그림 6.3에 고정 또는 가변 커패시터의 회로 기호를 나타냈다. 수동부호규정에 의해 만일 $v > 0$이고 $i > 0$이거나 $v < 0$이고 $i < 0$이면 커패시터는 충전되는 중이며, $v \cdot i < 0$이면 커패시터는 방전되는 중이다.

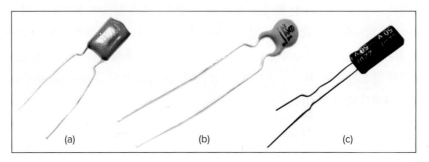

그림 6.4
고정 커패시터: (a) 폴리에스테르 커패시터, (b) 세라믹 커패시터, (c) 전해 커패시터.
Mark Dierker/McGraw-Hill Education

그림 6.4는 일반적인 형태의 고정값 커패시터를 보여준다. 폴리에스테르(polyester) 커패시터는 무게가 가볍고 안정적이며 온도에 따른 변화가 예측 가능하다. 폴리에스테르 대신에 운모나 폴리스티렌(polystyrene) 같은, 다른 절연 물질의 사용도 가능하다. 필름 커패시터는 금속이나 플라스틱 필름을 돌돌 만 것이다. 전해(electrolytic) 커패시터는 매우 높은 커패시턴스를 제공한다. 그림 6.5는 가장 일반적으로 사용되는 가변 커패시터를 보여준다. 미세 조정용 가변 소자(trimmer) 커패시터는 가끔 다른 커패시터와 병렬로 연결되는데, 이는 등가 커패시턴스가 조금 변하게 할 수 있기 때문이다. 가변 공기 커패시터(그물막 판)의 커패시턴스는 축을 돌림으로써 조정할 수 있다. 가변 커패시터는 라디오 수신기에서 사람들이 다른 방송국을 선택할 수 있도록 사용되기도 한다. 또한 커패시터는 직류를 막고 교류를 통과시키며, 위상을 변화시키고 에너지를 저장하며, 모터를 동작시키고 잡음을 줄이는 데 사용되기도 한다.

커패시터의 전류-전압 관계를 얻기 위해 식 (6.1)의 양변을 미분한다. 다음의 관계가 성립하기 때문에,

$$i = \frac{dq}{dt} \tag{6.3}$$

식 (6.1)의 양변을 미분하면,

$$\boxed{i = C\frac{dv}{dt}} \tag{6.4}$$

그림 6.5
가변 커패시터.
Charles Alexander

이것은 수동부호 기준에 근거한 커패시터의 전류–전압 관계이다. 그림 6.6에 커패시턴스가 전압에 독립적인 커패시터의 관계가 도시되어 있다. 식 (6.4)를 만족하는 커패시터는 선형(linear)이라고 한다. 비선형 커패시터는 전류–전압 관계 그림이 직선이 아니다. 약간의 커패시터는 비선형이지만 대부분은 선형이다. 이 책에서는 선형 커패시터만을 다룰 것이다.

커패시터의 전류–전압 관계는 식 (6.4)의 양변을 적분하여 얻을 수 있다.

$$v(t) = \frac{1}{C} \int_{-\infty}^{t} i(\tau)\, d\tau \tag{6.5}$$

또는

$$v(t) = \frac{1}{C} \int_{t_0}^{t} i(\tau)\, d\tau + v(t_0) \tag{6.6}$$

여기서 $v(t_0) = q(t_0)/C$는 시간 t_0 시점에서 커패시터에 걸리는 전압이다. 식 (6.6)은 커패시터의 전압이 커패시터 전류의 과거 기록에 의존한다는 것을 의미한다. 그래서 커패시터는 메모리—가끔 언급된 특성—를 가진다.

커패시터에 공급된 순시전력은 다음과 같다.

$$p = vi = Cv\frac{dv}{dt} \tag{6.7}$$

커패시터에 저장된 에너지는

$$w = \int_{-\infty}^{t} p(\tau)\, d\tau = C \int_{-\infty}^{t} v\frac{dv}{d\tau}\, d\tau = C \int_{v(-\infty)}^{v(t)} v\, dv = \frac{1}{2}Cv^2 \Big|_{v(-\infty)}^{v(t)} \tag{6.8}$$

이때 $v(-\infty) = 0$인데 커패시터가 $t = -\infty$에서 방전되어 있기 때문이다. 그러므로

$$w = \frac{1}{2}Cv^2 \tag{6.9}$$

식 (6.1)을 사용하여 식 (6.9)를 다시 쓰면,

$$w = \frac{q^2}{2C} \tag{6.10}$$

식 (6.9)와 (6.10)은 커패시터의 판들 사이에 존재하는 전기장에 저장된 에너지를 표현한 것이다. 이상적인 커패시터는 에너지를 소모하지 않기 때문에 이 에너지는 다시 사용될 수 있다. 사실 커패시터란 말 자체가 전기장으로 에너지를 저장하는 이 소자의 수용 능력에서 비롯된 것이다.

다음과 같은 커패시터의 중요한 특성에 주목하라.

1. 커패시터에 걸리는 전압이 시간에 따라 변하지 않을 때(즉 직류 전압) 식 (6.4)에 의해 커패시터에 흐르는 전류는 0이다.

식 (6.4)에 의해 커패시터에 전류가 흐르기 위해서는 시간에 따라 전압이 변화해야 한다. 따라서 전압이 고정되면 $i = 0$이다.

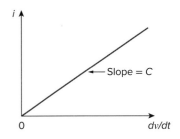

그림 6.6
커패시터의 전류–전압 관계.

이것을 보기 위한 다른 방법은 에너지가 전압에 정비례함을 보여주는 식 (6.9)를 사용하는 것이다. 에너지를 주입하거나 추출하는 것은 어떤 정해진 시간 내에만 할 수 있는 일이어서 커패시터의 전압은 순간적으로 변화할 수 없다.

커패시터는 직류에 대해 개방회로이다.

그러나 전원(직류)이 커패시터에 연결되면 커패시터는 충전된다.

2. 커패시터의 전압은 연속성을 가지고 있어야 한다.

커패시터의 전압은 갑자기 변하지 않는다.

커패시터는 전압의 측면에서 급격하게 변화하는 것을 거부한다. 식 (6.4)에 의해 전압의 불연속적인 변화는 무한대의 전류를 필요로 하는데 이는 물리적으로 불가능하다. 예를 들어 커패시터의 전압은 그림 6.7(a)에 나타낸 모양을 나타낼 수 있는 반면, 그림 6.7(b)의 모양은 급작스러운 변화 때문에 물리적으로 불가능하다. 이와 반대로 커패시터의 전류는 즉각적으로 변할 수 있다.

3. 이상적인 커패시터는 에너지를 소모하지 않는다. 이는 전기장으로 에너지를 저장할 때 회로로부터 전력을 가져오며, 회로로 전력을 전달할 때는 사전에 저장된 에너지를 돌려준다.

4. 실제적인 커패시터에는 그림 6.8에서 보듯이 병렬로 연결된 누수 저항이 있다. 누수 저항은 100 MΩ보다 더 클 수도 있기 때문에 대부분의 실제적인 적용 사례에서도 무시되고 있다. 이런 이유로 이 책에서는 이상적인 커패시터만을 다룰 것이다.

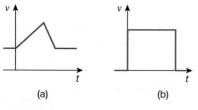

그림 6.7
커패시터의 전압: (a) 가능, (b) 불가능; 급격한 변화가 허용되지 않는다.

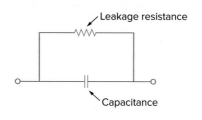

그림 6.8
비이상적인 커패시터의 회로 모델.

예제 6.1

(a) 3 pF의 커패시터에 20 V가 인가되었을 때 저장되는 전하를 구하라.

(b) 커패시터에 저장된 에너지를 구하라.

풀이:

(a) $q = Cv$이므로,

$$q = 3 \times 10^{-12} \times 20 = 60 \text{ pC}$$

(b) 저장된 에너지는

$$w = \frac{1}{2} Cv^2 = \frac{1}{2} \times 3 \times 10^{-12} \times 400 = 600 \text{ pJ}$$

실전문제 6.1

한 판의 전하가 0.12 mC일 때 4.5 μF 커패시터에 걸리는 전압은 얼마인가? 저장된 에너지는 얼마인가?

답: 26.67 V, 1.6 mJ

예제 6.2

5 μF 커패시터에 걸리는 전압이 다음과 같을 때 흐르는 전류를 구하라.

$$v(t) = 10 \cos 6000t \text{ V}$$

풀이:

정의에 의해 전류는

$$i(t) = C\frac{dv}{dt} = 5 \times 10^{-6}\frac{d}{dt}(10 \cos 6000t)$$

$$= -5 \times 10^{-6} \times 6000 \times 10 \sin 6000t = -0.3 \sin 6000t \text{ A}$$

실전문제 6.2

10 μF의 커패시터가 다음과 같은 전압원에 연결되어 있을 때 흐르는 전류를 구하라.

$$v(t) = 75 \sin(2,000t) \text{ V}$$

답: 1.5 cos(2,000t) A

예제 6.3

다음의 전류가 흐르는 2 μF 커패시터에 걸리는 전압을 구하라. 이때 커패시터의 초기 전압값이 0이라고 가정한다.

$$i(t) = 6e^{-3000t} \text{ mA}$$

풀이:

$v = \frac{1}{C}\int_0^t i \, d\tau + v(0)$, $v(0) = 0$ 이고,

$$v = \frac{1}{2 \times 10^{-6}}\int_0^t 6e^{-3000\tau} \, d\tau \cdot 10^{-3}$$

$$= \frac{3 \times 10^3}{-3000}e^{-3000\tau}\Big|_0^t = (1 - e^{-3000t}) \text{ V}$$

실전문제 6.3

100 μF의 커패시터에 흐르는 전류가 $i(t) = 50 \sin 120\pi t$ mA이다. $v(0) = 0$이라 하고 $t = 1$ ms일 때와 $t = 5$ ms일 때 커패시터에 걸리는 전압을 구하라.

답: 93.14 mV, 1.736 V

예제 6.4

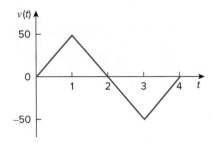

그림 6.9
예제 6.4.

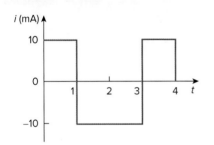

그림 6.10
예제 6.4.

전압이 그림 6.9와 같이 주어졌을 때 200 μF 커패시터에 흐르는 전류를 구하라.

풀이:

전압 파형은 수학적으로 다음과 같이 쓸 수 있다.

$$v(t) = \begin{cases} 50t \text{ V} & 0 < t < 1 \\ 100 - 50t \text{ V} & 1 < t < 3 \\ -200 + 50t \text{ V} & 3 < t < 4 \\ 0 & \text{그 밖의 경우} \end{cases}$$

$i = C \, dv/dt$이고 $C = 200 \, \mu$F일 때 v를 미분하면,

$$i(t) = 200 \times 10^{-6} \times \begin{cases} 50 & 0 < t < 1 \\ -50 & 1 < t < 3 \\ 50 & 3 < t < 4 \\ 0 & \text{그 밖의 경우} \end{cases}$$

$$= \begin{cases} 10 \text{ mA} & 0 < t < 1 \\ -10 \text{ mA} & 1 < t < 3 \\ 10 \text{ mA} & 3 < t < 4 \\ 0 & \text{그 밖의 경우} \end{cases}$$

이 전류 파형은 그림 6.10과 같다.

실전문제 6.4

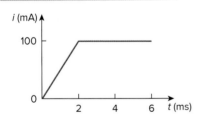

그림 6.11
실전문제 6.4.

초기에 방전된 1 mF 커패시터에 그림 6.11과 같이 전류가 흐르고 있다. $t = 2$ ms일 때와 $t = 5$ ms일 때 커패시터에 걸리는 전압을 구하라.

답: 100 mV, 400 mV

예제 6.5

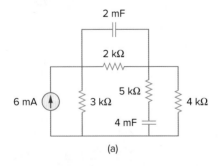

(a)

직류 환경에서 그림 6.12(a)의 각 커패시터에 저장된 에너지를 구하라.

풀이:

직류 환경에서는 그림 6.12(b)와 같이 각 커패시터가 개방회로로 대체될 수 있다.
2 kΩ와 4 kΩ 저항의 직렬 결합에 흐르는 전류는 전류 분배에 의해 얻을 수 있다.

$$i = \frac{3}{3 + 2 + 4}(6 \text{ mA}) = 2 \text{ mA}$$

따라서 커패시터 양단의 전압 v_1과 v_2는

$$v_1 = 2000i = 4 \text{ V} \qquad v_2 = 4000i = 8 \text{ V}$$

여기에 저장된 에너지는

$$w_1 = \frac{1}{2}C_1 v_1^2 = \frac{1}{2}(2 \times 10^{-3})(4)^2 = 16 \text{ mJ}$$

$$w_2 = \frac{1}{2}C_2 v_2^2 = \frac{1}{2}(4 \times 10^{-3})(8)^2 = 128 \text{ mJ}$$

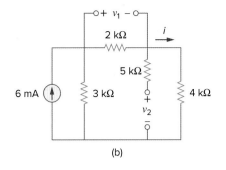

그림 6.12
예제 6.5.

실전문제 6.5

직류 환경에서 그림 6.13의 커패시터에 저장된 에너지를 구하라.

답: 20.25 mJ, 3.375 mJ

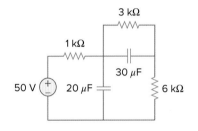

그림 6.13
실전문제 6.5.

6.3 직렬 및 병렬 커패시터

우리는 저항회로를 통해 직렬·병렬 연결이 회로를 간략화하는 매우 강력한 도구라는 것을 알고 있다. 이 기술은 가끔 나타나는 커패시터의 직렬·병렬 연결로 확장될 수 있다. 우리는 이 커패시터들을 하나의 등가 커패시터 C_{eq}로 대체할 수 있기를 바란다.

병렬로 연결된 N개의 커패시터를 위한 등가 커패시터 C_{eq}를 구하기 위해 그림 6.14(a)의 회로를 고려해보자. 등가회로는 그림 6.14(b)와 같다. 커패시터들에는 같은 전압 v가 인가되어 있다. 그림 6.14(a)에 KCL을 적용하면,

$$i = i_1 + i_2 + i_3 + \cdots + i_N \tag{6.11}$$

그러나 $i_k = C_k \, dv/dt$이며,

$$i = C_1 \frac{dv}{dt} + C_2 \frac{dv}{dt} + C_3 \frac{dv}{dt} + \cdots + C_N \frac{dv}{dt} \tag{6.12}$$

$$= \left(\sum_{k=1}^{N} C_k \right) \frac{dv}{dt} = C_{eq} \frac{dv}{dt}$$

여기서

$$\boxed{C_{eq} = C_1 + C_2 + C_3 + \cdots + C_N} \tag{6.13}$$

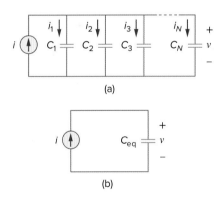

그림 6.14
(a) 병렬연결된 N 커패시터, (b) 병렬 커패시터의 등가회로.

> 병렬로 연결된 N개의 커패시터를 위한 **등가 커패시턴스**는 각 커패시턴스를 합한 것과 같다.

커패시터들의 병렬연결은 저항이 직렬로 연결되었을 때와 유사하다는 것을

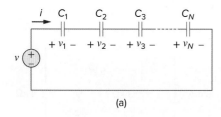

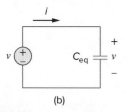

그림 6.15
(a) 직렬연결된 N 커패시터, (b) 직렬 커패시터의 등가회로.

알 수 있다.

그림 6.15(a)의 회로와 그림 6.15(b)의 등가회로를 비교함으로써 직렬로 연결된 커패시터 N개의 C_{eq}를 구해보자. 커패시터들을 통해 같은 전류 i(당연히 같은 전하)가 흐르고 있다는 것에 주목하라. 그림 6.15(a)의 루프에 KVL을 적용하면,

$$v = v_1 + v_2 + v_3 + \cdots + v_N \tag{6.14}$$

그러나 $v_k = \dfrac{1}{C_k}\displaystyle\int_{t_0}^{t} i(\tau)\,d\tau + v_k(t_0)$이다. 따라서

$$v = \frac{1}{C_1}\int_{t_0}^{t} i(\tau)\,d\tau + v_1(t_0) + \frac{1}{C_2}\int_{t_0}^{t} i(\tau)\,d\tau + v_2(t_0)$$

$$+ \cdots + \frac{1}{C_N}\int_{t_0}^{t} i(\tau)\,d\tau + v_N(t_0)$$

$$= \left(\frac{1}{C_1} + \frac{1}{C_2} + \cdots + \frac{1}{C_N}\right)\int_{t_0}^{t} i(\tau)\,d\tau + v_1(t_0) + v_2(t_0) \tag{6.15}$$

$$+ \cdots + v_N(t_0)$$

$$= \frac{1}{C_{eq}}\int_{t_0}^{t} i(\tau)\,d\tau + v(t_0)$$

여기서

$$\boxed{\frac{1}{C_{eq}} = \frac{1}{C_1} + \frac{1}{C_2} + \frac{1}{C_3} + \cdots + \frac{1}{C_N}} \tag{6.16}$$

C_{eq}에 걸리는 초기 전압 $v(t_0)$는 KVL에 의해 t_0에서 커패시터 전압의 합으로 구할 수 있다.

$$v(t_0) = v_1(t_0) + v_2(t_0) + \cdots + v_N(t_0)$$

또는 식 (6.16)에 의해 다음과 같이 된다.

> 직렬로 연결된 커패시터의 **등가 커패시턴스**는 각 커패시턴스의 역수를 더하여 역수를 취한 것과 같다.

직렬로 연결된 커패시터들은 병렬로 연결된 저항값을 구하는 것과 같은 방법으로 구할 수 있다. 식 (6.16)에서 $N = 2$일 때,

$$\frac{1}{C_{eq}} = \frac{1}{C_1} + \frac{1}{C_2}$$

또는

$$\boxed{C_{eq} = \frac{C_1 C_2}{C_1 + C_2}} \tag{6.17}$$

그림 6.16의 회로에서 단자 a와 b 사이의 등가 커패시턴스를 구하라.

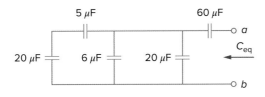

그림 6.16
예제 6.6.

풀이:

20 μF과 5 μF의 커패시터는 직렬이다. 이때 등가 커패시턴스는

$$\frac{20 \times 5}{20 + 5} = 4\ \mu F$$

이 4 μF은 6 μF이나 20 μF과 병렬로 연결되어 있다. 이때 통합된 커패시턴스는

$$4 + 6 + 20 = 30\ \mu F$$

이 30 μF 커패시터는 60 μF과 직렬이다. 따라서 전체 회로의 등가 커패시턴스는

$$C_{eq} = \frac{30 \times 60}{30 + 60} = 20\ \mu F$$

그림 6.17의 회로에서 단자 사이의 등가 커패시턴스를 구하라.

답: 40 μF

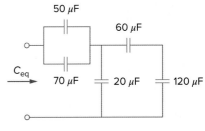

그림 6.17
실전문제 6.6.

그림 6.18의 회로에서 각 커패시터에 걸리는 전압을 구하라.

풀이:

먼저 그림 6.19에 나타낸 등가 커패시턴스 C_{eq}를 구한다. 그림 6.18에서 2개의 병렬 커패시터는 40 + 20 = 60 mF과 같이 통합된다. 이 60 mF 커패시터는 20 mF, 30 mF과 직렬로 연결되어 있다. 그러므로

$$C_{eq} = \frac{1}{\frac{1}{60} + \frac{1}{30} + \frac{1}{20}}\ mF = 10\ mF$$

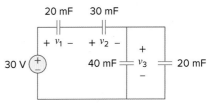

그림 6.18
예제 6.7.

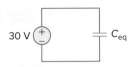

그림 6.19
예제 6.7: 등가회로.

전체 전하는

$$q = C_{eq}v = 10 \times 10^{-3} \times 30 = 0.3 \text{ C}$$

이것은 20 mF과 30 mF 커패시터에 저장된 전하인데, 30 V의 전원과 직렬로 연결되어 있기 때문이다($i = dq/dt$에서 전하가 전류와 같이 동작한다는 것에서 이런 관계를 유추할 수 있다). 그러므로

$$v_1 = \frac{q}{C_1} = \frac{0.3}{20 \times 10^{-3}} = 15 \text{ V} \qquad v_2 = \frac{q}{C_2} = \frac{0.3}{30 \times 10^{-3}} = 10 \text{ V}$$

v_1과 v_2를 구했고 이제 v_3를 구하기 위해 KVL을 적용하면,

$$v_3 = 30 - v_1 - v_2 = 5 \text{ V}$$

다른 방법으로, 40 mF과 20 mF 커패시터가 병렬로 연결되어 있으므로 그곳에는 같은 전압 v_3가 걸려 있고 그것들의 통합 커패시턴스는 40 + 20 = 60 mF이다. 이 통합 커패시턴스는 20 mF, 30 mF과 직렬이기 때문에 당연히 같은 전하량을 가지고 있다. 따라서

$$v_3 = \frac{q}{60 \text{ mF}} = \frac{0.3}{60 \times 10^{-3}} = 5 \text{ V}$$

실전문제 6.7

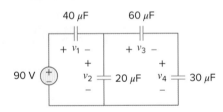

그림 6.20
실전문제 6.7.

그림 6.20의 회로에서 각각의 커패시터에 걸리는 전압을 구하라.

답: $v_1 = 45$ V, $v_2 = 45$ V, $v_3 = 15$ V, $v_4 = 30$ V

6.4   인덕터

인덕터는 자기장으로 에너지를 저장하도록 설계된 수동소자이다. 인덕터는 전자와 전력 시스템에서 아주 많이 사용되는데 전원 공급기, 변환기, 라디오, TV, 레이다, 전기모터 등을 예로 들 수 있다.

전기회로에서의 어떤 도체도 유도성의 특성을 가지고 있으며 인턱터로 간주될 수 있다. 그러나 유도 영향을 개선하기 위해 실제적인 인턱터는 그림 6.21과 같이 전선을 많이 감아 원통의 코일 모양을 만들어서 사용한다.

> **인덕터**는 전선으로 감은 코일로 되어 있다.

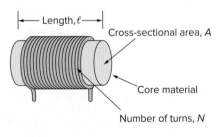

그림 6.21
인덕터의 일반적인 형태.

만일 전류가 인턱터를 통해 흐른다면 인턱터의 전압은 시간에 대한 전류의 변화량과 정비례한다는 것을 알 수 있다. 수동부호규정에 의해,

$$\boxed{v = L\frac{di}{dt}} \qquad\qquad\text{(6.18)}$$

여기서 L은 비례상수로서 인덕터의 인덕턴스(inductance)라고 부른다. 단위는 헨리(H)이며, 미국의 발명가 조지프 헨리(Joseph Henry, 1797~1878)를 기리는 뜻에서 이렇게 명명되었다. 식 (6.18)로부터 1 H는 1 volt-second/ampere가 된다.

> **인덕턴스**는 인덕터를 통해 흐르는 전류의 변화를 거부하는 특성이 있으며 헨리(H)로 측정된다.

인덕터의 인덕턴스는 그것의 물리적인 크기나 구성에 의존한다. 다른 모양을 가진 인덕터의 인덕턴스를 계산하는 공식은 전자기학적인 법칙으로 유도될 수 있으며 보통의 전기공학 핸드북에 나와 있다. 예를 들어 그림 6.21의 인덕터는

$$L = \frac{N^2 \mu A}{\ell} \tag{6.19}$$

여기서 N은 권선 수이며 ℓ은 길이, A는 단면적, μ는 코어의 투자율이다. 식 (6.19)로부터 코일의 권선 수를 증가시키거나, 코일의 투자율을 높이거나, 단면적을 넓히거나, 코일의 길이를 줄임으로써 인덕턴스가 증가된다는 것을 알 수 있다.

커패시터와 같이 상업적으로 공급되는 인덕터는 가격과 모양이 다양하다. 실제로 사용되는 인덕터는 통신 시스템에 사용되는 아주 작은 마이크로헨리(μH)부터 전력 시스템에 사용되는 수십 헨리(H)에 이르는 값을 가지고 있다. 인덕터는 고정적이거나 가변적일 수 있다. 코어는 철이나 강철, 플라스틱, 또는 공기를 사용하여 만들어진다. 코일이나 초크(choke) 같은 것들이 인덕터에 사용된다. 보통의 인덕터는 그림 6.22에 제시했다. 인덕터의 회로 기호는 수동부호규정에 의해 그림 6.23과 같다.

식 (6.18)은 인덕터의 전압–전류 관계를 나타낸다. 그림 6.24는 이 관계를

식 (6.18)에서와 같이 단자에 전압이 공급될 때 인덕터는 시간에 따라 전류가 변한다. 따라서 인덕터에 흐르는 전류가 상수이면 $v = 0$이다.

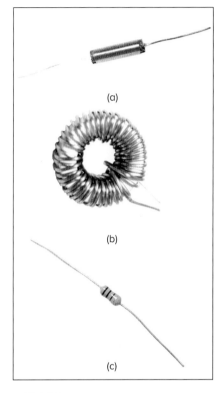

(a)

(b)

(c)

그림 6.22
다양한 종류의 인덕터: (a) 솔레노이드 인덕터, (b) 트로이덜 인덕터, (c) 칩 인덕터.
Mark Dierker/McGraw-Hill Education

Historical

Joseph Henry (1797~1878), 미국의 물리학자로 인덕턴스를 발견하고 전기모터를 설계했다.

뉴욕의 올버니에서 태어난 헨리는 올버니아카데미를 졸업하고 1832년부터 1846년까지 프린스턴대학에서 철학을 강의했으며, 스미소니언박물관의 초대 원장을 역임했다. 그는 전자기학에서 몇 가지 실험을 했으며 수천 파운드의 무게를 움직일 수 있는 강력한 전자석을 발명했다. 흥미롭게도 헨리는 패러데이 전에 전자기 유도를 발견했으나 출판하지는 못했다. 인덕턴스의 단위는 그의 이름을 따서 헨리(H)이다.

Source: NOAA's People Collection

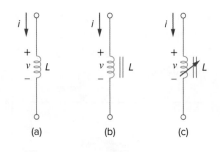

그림 6.23
인덕터의 회로 기호: (a) 공기 심, (b) 철심, (c) 가변 철심.

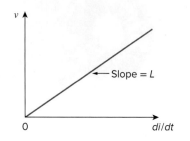

그림 6.24
인덕터의 전압–전류 관계.

인덕터에 대한 그래프로 나타낸 것으로, 인덕턴스가 전류에 대해 독립적이라는 것을 보여준다. 이런 인덕터를 선형 인덕터라고 한다. 식 (6.18)에 나타낸 비선형 인덕터는 직선 모양이 아닌데, 이는 인덕턴스가 전류에 의해 변화하기 때문이다. 이 책에서는 특별히 강조하지 않는 이상 모두 선형 인덕터라고 가정한다.

전압–전류 관계는 식 (6.18)에 주어졌다.

$$di = \frac{1}{L}v\,dt$$

양변을 적분하면,

$$i = \frac{1}{L}\int_{-\infty}^{t} v(\tau)\,d\tau \tag{6.20}$$

또는

$$\boxed{i = \frac{1}{L}\int_{t_0}^{t} v(\tau)\,d\tau + i(t_0)} \tag{6.21}$$

여기서 $i(t_0)$는 $-\infty < t < t_0$이고 $i(-\infty) = 0$일 때의 전체 전류값이다. $i(-\infty) = 0$을 만드는 것은 실제적이고 이치에 맞는데, 왜냐하면 과거에 인덕터에 전류가 흐르지 않는 시점이 반드시 있었기 때문이다.

인덕터는 자기장으로 에너지를 저장하기 위해 설계되었다. 저장된 에너지는 식 (6.18)로 구할 수 있다. 인덕터에 의해 유도된 전력은

$$p = vi = \left(L\frac{di}{dt}\right)i \tag{6.22}$$

저장된 에너지는

$$\begin{aligned} w &= \int_{-\infty}^{t} p(\tau)\,d\tau = L\int_{-\infty}^{t} \frac{di}{d\tau}\,i\,d\tau \\ &= L\int_{-\infty}^{t} i\,di = \frac{1}{2}Li^2(t) - \frac{1}{2}Li^2(-\infty) \end{aligned} \tag{6.23}$$

여기서 $i(-\infty) = 0$이므로,

$$\boxed{w = \frac{1}{2}Li^2} \tag{6.24}$$

인덕터에서 중요한 다음의 특성에 주목하라.

1. 식 (6.18)에서 인덕터에 걸리는 전압은 전류가 일정하면 0이다.

> 인덕터는 직류에 대해 단락회로와 같이 동작한다.

2. 인덕터에서 중요한 특징은 그것을 통해 흐르는 전류의 변화를 거부한다는 것이다.

인덕터를 통해 흐르는 전류는 급격히 변화할 수 없다.

식 (6.18)에 의해 인덕터를 통해 흐르는 전류의 불연속적인 변화는 무한대의 전압을 요구하는데 이것은 물리적으로 불가능하다. 그래서 인덕터에 흐르는 전류는 급격히 변화할 수 없다. 예를 들어 인덕터를 통해 흐르는 전류는 그림 6.25(a)와 같이 나타낼 수 있으며, 불연속성에 기인하여 실제 상황에서는 그림 6.25(b)의 모양이 불가능하다. 그러나 인덕터의 전압은 갑자기 변할 수 있다.

3. 이상적인 커패시터와 마찬가지로 이상적인 인덕터도 에너지를 소비하지 않는다. 인덕터에 저장된 에너지는 후에 다시 회수할 수 있다. 인덕터는 에너지를 저장할 때 회로에서 전력을 사용하며 사전에 저장된 에너지를 돌려줌으로써 회로에 전력을 공급하게 된다.

4. 이상적이지 않은 실제적 인덕터는 그림 6.26과 같이 중요한 저항 요소를 가지고 있다. 이것은 인덕터가 구리와 같이 약간의 저항을 가지고 있는 도체로 만들어졌다는 것에 기인한다. 권선저항(winding resistance) R_w라고 하는 이 저항은 인덕터의 인덕턴스와 직렬로 연결되어 있다. R_w의 존재는 인덕터를 에너지를 저장하는 기기이자 에너지를 소비하는 기기로 만든다. R_w는 보통 매우 작기 때문에 대부분의 경우에 무시된다. 이상적이지 않은 인덕터는 또한 권선 용량(winding capacitance) C_w를 가지게 되는데, 이는 전선으로 되어 있는 코일 사이의 결합 용량에 기인한 것이다. C_w 또한 매우 작기 때문에 고주파일 때를 제외하고는 대부분의 경우에 무시된다. 이 책에서는 이상적인 인덕터만을 다룰 것이다.

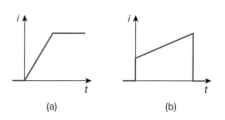

그림 6.25
인덕터에 흐르는 전류: (a) 가능, (b) 불가능; 급격한 변화가 허용되지 않는다.

> 인덕터는 가끔 높은 전도율의 선으로 만들어지기 때문에 매우 작은 저항을 가지고 있다.

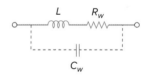

그림 6.26
실제적인 인덕터의 회로 모델.

예제 6.8

0.1 H의 인덕터를 통해 흐르는 전류가 $i(t) = 10te^{-5t}$ A이다. 인덕터에 걸리는 전압과 저장된 에너지를 구하라.

풀이:

$v = L\,di/dt$이고 $L = 0.1$ H이므로,

$$v = 0.1\frac{d}{dt}(10te^{-5t}) = e^{-5t} + t(-5)e^{-5t} = e^{-5t}(1 - 5t) \text{ V}$$

저장된 에너지는

$$w = \frac{1}{2}Li^2 = \frac{1}{2}(0.1)100t^2e^{-10t} = 5t^2e^{-10t} \text{ J}$$

실전문제 6.8

1 mH의 인덕터를 통해 흐르는 전류가 $i(t) = 60\cos(100t)$ mA이다. 단자 전압과 저장된 에너지를 구하라.

답: $-6\sin(100t)$ mV, $1.8\cos^2(100t)$ μJ

예제 6.9

전압이 다음과 같을 때 5 H의 인덕터에 흐르는 전류를 구하라.

$$v(t) = \begin{cases} 30t^2, & t > 0 \\ 0, & t < 0 \end{cases}$$

또한 $t = 5$ s일 때 저장된 에너지를 구하라. 이때 $i(v) > 0$이라고 가정한다.

풀이:

$i = \dfrac{1}{L} \displaystyle\int_{t_0}^{t} v(\tau)\, d\tau + i(t_0)$이고 $L = 5$ H이므로,

$$i = \frac{1}{5} \int_0^t 30\tau^2\, d\tau + 0 = 6 \times \frac{t^3}{3} = 2t^3 \text{ A}$$

전력 $p = vi = 60t^5$이고 저장된 에너지는

$$w = \int p\, dt = \int_0^5 60t^5\, dt = 60\frac{t^6}{6}\Big|_0^5 = 156.25 \text{ kJ}$$

다른 방법으로 식 (6.24)를 이용하여 사용된 에너지를 구하면,

$$w\Big|_0^5 = \frac{1}{2}Li^2(5) - \frac{1}{2}Li(0) = \frac{1}{2}(5)(2 \times 5^3)^2 - 0 = 156.25 \text{ kJ}$$

실전문제 6.9

2 H의 인덕터 단자 전압이 $v = 10(1 - t)$ V이다. $t = 4$ s일 때 인덕터를 통해 흐르는 전류와 $t = 4$ s일 때 저장된 에너지를 구하라. 단, $i(0) = 2$ A이다.

답: -18 A, 324 J

예제 6.10

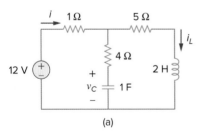

(a)

(b)

그림 6.27
예제 6.10.

그림 6.27(a)의 회로에서 직류가 공급되고 있을 때 (a) i, v_C, i_L, (b) 커패시터와 인덕터에 저장된 에너지를 구하라.

풀이:

(a) 직류 환경에서 커패시터는 개방회로로, 인덕터는 단락회로로 그림 6.27(b)와 같이 대체할 수 있다. 그림 6.27(b)에서

$$i = i_L = \frac{12}{1 + 5} = 2 \text{ A}$$

전압 v_C는 5 Ω 저항에 걸리는 전압과 같다. 그러므로

$$v_C = 5i = 10 \text{ V}$$

(b) 커패시터의 에너지는

$$w_C = \frac{1}{2}Cv_C^2 = \frac{1}{2}(1)(10^2) = 50 \text{ J}$$

인덕터에는

$$w_L = \frac{1}{2}Li_L^2 = \frac{1}{2}(2)(2^2) = 4 \text{ J}$$

그림 6.28의 회로에서 직류가 공급되고 있을 때 v_C, i_L과 커패시터, 인덕터에 저장된 에너지를 구하라.

답: 15 V, 7.5 A, 450 J, 168.75 J

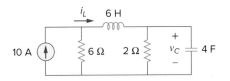

그림 6.28
실전문제 6.10.

6.5 직렬 및 병렬 인덕터

인덕터가 수동소자의 목록에 포함되는 데 있어서 직렬연결과 병렬연결의 강력한 도구에 대해 생각해볼 필요가 있다. 실제적인 회로에서 인덕터가 직렬이나 병렬로 연결되어 있을 때 등가 인덕턴스를 찾는 방법을 알아보자.

그림 6.29(a)와 같이 N개의 인덕터가 직렬로 연결되어 있고 등가회로는 그림 6.29(b)와 같다고 하자. 인덕터에는 같은 전류가 흐르게 된다. 루프에 KVL을 적용하면,

$$v = v_1 + v_2 + v_3 + \cdots + v_N \tag{6.25}$$

$v_k = L_k \, di/dt$를 대입하면,

$$\begin{aligned} v &= L_1\frac{di}{dt} + L_2\frac{di}{dt} + L_3\frac{di}{dt} + \cdots + L_N\frac{di}{dt} \\ &= (L_1 + L_2 + L_3 + \cdots + L_N)\frac{di}{dt} \\ &= \left(\sum_{k=1}^{N} L_k\right)\frac{di}{dt} = L_{eq}\frac{di}{dt} \end{aligned} \tag{6.26}$$

여기서

$$\boxed{L_{eq} = L_1 + L_2 + L_3 + \cdots + L_N} \tag{6.27}$$

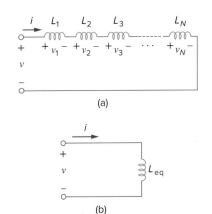

그림 6.29
(a) 인덕터 N개의 직렬연결, (b) 직렬 인덕터의 등가회로.

직렬로 연결된 인덕터의 등가 인덕턴스는 각 인덕턴스를 합한 것과 같다.

직렬로 연결된 인덕터는 직렬로 연결된 저항과 같은 방법으로 연결되어 있다.

그림 6.30(a)와 같이 N개의 인덕터가 병렬로 연결되어 있을 때와 그림 6.30(b)의 등가회로를 고려해보자. 인덕터에 걸리는 전압은 모두 같다. KCL을 적용하면,

$$i = i_1 + i_2 + i_3 + \cdots + i_N \tag{6.28}$$

그러나 $i_k = \dfrac{1}{L_k}\displaystyle\int_{t_0}^{t} v \, dt + i_k(t_0)$이므로,

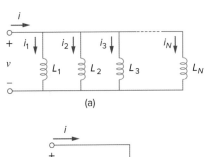

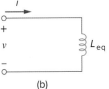

그림 6.30
(a) 인덕터 N개의 병렬연결, (b) 병렬 인덕터의 등가회로.

$$i = \frac{1}{L_1}\int_{t_0}^{t} v\,dt + i_1(t_0) + \frac{1}{L_2}\int_{t_0}^{t} v\,dt + i_2(t_0)$$

$$+ \cdots + \frac{1}{L_N}\int_{t_0}^{t} v\,dt + i_N(t_0)$$

$$= \left(\frac{1}{L_1} + \frac{1}{L_2} + \cdots + \frac{1}{L_N}\right)\int_{t_0}^{t} v\,dt + i_1(t_0) + i_2(t_0)$$

$$+ \cdots + i_N(t_0)$$

$$= \left(\sum_{k=1}^{N}\frac{1}{L_k}\right)\int_{t_0}^{t} v\,dt + \sum_{k=1}^{N} i_k(t_0) = \frac{1}{L_{\text{eq}}}\int_{t_0}^{t} v\,dt + i(t_0) \qquad (6.29)$$

여기서

$$\boxed{\frac{1}{L_{\text{eq}}} = \frac{1}{L_1} + \frac{1}{L_2} + \frac{1}{L_3} + \cdots + \frac{1}{L_N}} \qquad (6.30)$$

$t = t_0$ 시점에 L_{eq}를 통해 흐르는 초기 전류 $i(t_0)$는 KCL에 의해 t_0에서의 인덕터의 전류 합으로 구할 수 있다. 식 (6.29)에 따라,

$$i(t_0) = i_1(t_0) + i_2(t_0) + \cdots + i_N(t_0)$$

식 (6.30)에 의해 다음과 같다.

> 병렬로 연결된 인덕터의 **등가 인덕턴스**는 각 인덕턴스의 역수를 더하여 역수를 취한 것과 같다.

이때 병렬의 인덕터는 저항이 병렬로 연결되었을 때와 같은 방법으로 처리할 수 있다.

2개의 인덕터($N = 2$)가 병렬로 연결되었다면 식 (6.30)에 의해,

$$\frac{1}{L_{\text{eq}}} = \frac{1}{L_1} + \frac{1}{L_2} \qquad \text{or} \qquad L_{\text{eq}} = \frac{L_1 L_2}{L_1 + L_2} \qquad (6.31)$$

모든 소자들이 같은 유형으로 되어 있다면 2.7절에서 논의한 저항의 Δ-와이 변환은 커패시터와 인덕터에도 확장하여 적용할 수 있다.

예제 6.11

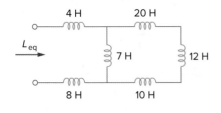

그림 6.31
예제 6.11.

그림 6.31의 회로에서 등가 인덕턴스를 구하라.

풀이:

10 H, 12 H, 20 H의 인덕터가 직렬이므로 이것들을 합하면 42 H 인덕턴스가 된다. 이 42 H 인덕터는 7 H 인덕터와 병렬이므로,

$$\frac{7 \times 42}{7 + 42} = 6\text{ H}$$

이 6 H 인덕터는 4 H, 8 H와 직렬이다. 따라서

$$L_{\text{eq}} = 4 + 6 + 8 = 18\text{ H}$$

이 시점에서 지금까지 공부한 3개 기본 소자의 가장 중요한 특성을 요약할 필요가 있다. 표 6.1에 이를 요약했다.

표 6.1
기본 소자의 주요 특성[†]

관계	저항(R)	커패시터(C)	인덕터(L)
v-i:	$v = iR$	$v = \dfrac{1}{C}\displaystyle\int_{t_0}^{t} i(\tau)\,d\tau + v(t_0)$	$v = L\dfrac{di}{dt}$
i-v:	$i = v/R$	$i = C\dfrac{dv}{dt}$	$i = \dfrac{1}{L}\displaystyle\int_{t_0}^{t} v(\tau)\,d\tau + i(t_0)$
p 또는 w:	$p = i^2R = \dfrac{v^2}{R}$	$w = \dfrac{1}{2}Cv^2$	$w = \dfrac{1}{2}Li^2$
직렬:	$R_{eq} = R_1 + R_2$	$C_{eq} = \dfrac{C_1 C_2}{C_1 + C_2}$	$L_{eq} = L_1 + L_2$
병렬:	$R_{eq} = \dfrac{R_1 R_2}{R_1 + R_2}$	$C_{eq} = C_1 + C_2$	$L_{eq} = \dfrac{L_1 L_2}{L_1 + L_2}$
직류일 때:	동일	개방회로	단락회로
소자값이 급격히 변화하지 않음:	해당 사항 없음	v	i

[†] 수동부호규정이 사용되었다.

실전문제 6.11

그림 6.32의 사다리 모양 인덕터 회로에서 등가 인덕턴스를 구하라.

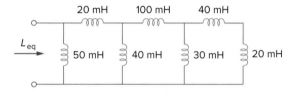

그림 6.32
실전문제 6.11.

답: 25 mH

예제 6.12

그림 6.33의 회로에서 $i(t) = 4(2 - e^{-10t})$ mA이다. $i_2(0) = -1$ mA일 때 (a) $i_1(0)$; (b) $v(t), v_1(t), v_2(t)$; (c) $i_1(t), i_2(t)$를 구하라.

풀이:

(a) $i(t) = 4(2 - e^{-10t})$ mA에서 $i(0) = 4(2 - 1) = 4$ mA이다. $i = i_1 + i_2$이며,

$$i_1(0) = i(0) - i_2(0) = 4 - (-1) = 5 \text{ mA}$$

(b) 등가 인덕턴스는

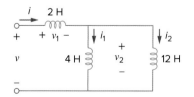

그림 6.33
예제 6.12.

$$L_{eq} = 2 + 4 \| 12 = 2 + 3 = 5 \text{ H}$$

그러므로

$$v(t) = L_{eq}\frac{di}{dt} = 5(4)(-1)(-10)e^{-10t} \text{ mV} = 200e^{-10t} \text{ mV}$$

그리고

$$v_1(t) = 2\frac{di}{dt} = 2(-4)(-10)e^{-10t} \text{ mV} = 80e^{-10t} \text{ mV}$$

$v = v_1 + v_2$이므로,

$$v_2(t) = v(t) - v_1(t) = 120e^{-10t} \text{ mV}$$

(c) 전류 i_1은

$$i_1(t) = \frac{1}{4}\int_0^t v_2 \, dt + i_1(0) = \frac{120}{4}\int_0^t e^{-10t} \, dt + 5 \text{ mA}$$

$$= -3e^{-10t}\Big|_0^t + 5 \text{ mA} = -3e^{-10t} + 3 + 5 = 8 - 3e^{-10t} \text{ mA}$$

마찬가지로

$$i_2(t) = \frac{1}{12}\int_0^t v_2 \, dt + i_2(0) = \frac{120}{12}\int_0^t e^{-10t} \, dt - 1 \text{ mA}$$

$$= -e^{-10t}\Big|_0^t - 1 \text{ mA} = -e^{-10t} + 1 - 1 = -e^{-10t} \text{ mA}$$

이때 $i_1(t) + i_2(t) = i(t)$임에 주의하라.

실전문제 6.12

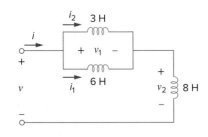

그림 6.34
실전문제 6.12.

그림 6.34의 회로에서 $i_1(t) = 600e^{-2t}$ mA이다. $i(0) = 1.4$ A일 때 (a) $i_2(0)$; (b) $i_2(t)$, $i(t)$; (c) $v_1(t)$, $v_2(t)$, $v(t)$를 구하라.

답: (a) 800 mA, (b) $(-0.4 + 1.2e^{-2t})$ A, $(-0.4 + 1.8e^{-2t})$ A, (c) $-7.2e^{-2t}$ V, $-28.8e^{-2t}$ V, $-36e^{-2t}$ V

6.6   † 응용

저항이나 커패시터와 같은 회로소자는 상업적으로 단품이나 집적회로(IC)의 형태로 공급된다. 커패시터나 저항과 달리 상당한 정도의 인덕턴스를 가진 인덕터는 IC 회로기판 위에 제작하기가 매우 어렵다. 그러므로 인덕터(코일)는 보통 단품으로 만들어지며 부피가 크고 비싼 경향이 있다. 이런 이유로 인덕터는 커패시터나 저항처럼 응용이 자유롭지 않고 제한된다. 그러나 인덕터를 대체할 수 없는 몇 가지 응용 사례가 있다. 일반적으로 릴레이, 지연기, 감지장치, 픽업 헤드, 전화 회로, 라디오, TV 수신기, 전원 공급기, 전기모터, 송화기, 스피커 이외에도 몇 개가 있다.

전기회로에서 매우 유용하게 사용되는 커패시터와 인덕터는 다음과 같은 특별한 특성을 가지고 있다.

1. 에너지를 저장하는 커패시터는 임시적인 전압이나 전류원으로 유용하게 사용된다. 따라서 이 소자는 짧은 시간 동안 큰 용량의 전류나 전압을 발생시키는 데 사용된다.

2. 커패시터는 전압이 급격히 변하는 것을 방해하며, 인덕터는 전류가 급격히 변하는 것을 방해한다. 이런 특성으로 인덕터는 스파크나 아크를 억제하는 데 유용하며, 진동하는 직류 전압을 상대적으로 부드러운 직류 전압으로 변환하는 데 사용된다.

3. 커패시터나 인덕터는 주파수에 민감하다. 이 특성은 주파수 판별에 유용하게 사용된다.

첫 번째와 두 번째 특성은 주로 직류회로에 사용되고 세 번째 특성은 교류회로에 사용된다. 이러한 특성이 얼마나 유용하게 사용되는가는 다음 장에서 살펴볼 것이다. 여기서는 커패시터와 연산증폭기가 포함된 응용 예인 적분기, 미분기, 아날로그 컴퓨터에 대해 살펴보자.

6.6.1 적분기

에너지 저장소자를 사용하는 중요한 연산증폭기 회로에는 적분기와 미분기가 포함된다. 이 연산증폭기 회로에는 가끔 저항과 커패시터가 사용된다. 인덕터는 부피가 더 크고 비싸다.

연산증폭 적분기는 많은 응용 예가 있지만 특히 6.6.3절에서 논의할 아날로그 컴퓨터에 사용된다.

> 적분기는 출력이 입력 신호의 적분값에 비례하는 연산증폭기 회로이다.

그림 6.35(a)와 같이 잘 알고 있는 반전증폭기에서 궤환 저항 R_f가 커패시터로 교체되면 그림 6.35(b)에 나타낸 이상적인 적분기를 얻을 수 있다. 이러한 방법으로 적분의 수학적인 표현을 얻을 수 있다. 그림 6.35(b)의 노드 a에서

$$i_R = i_C \tag{6.32}$$

그러나

$$i_R = \frac{v_i}{R}, \qquad i_C = -C\frac{dv_o}{dt}$$

식 (6.32)에 이 식을 대입하면,

$$\frac{v_i}{R} = -C\frac{dv_o}{dt} \tag{6.33a}$$

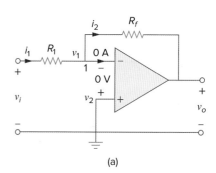

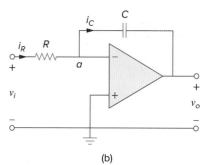

그림 6.35
(a)의 반전증폭기에서 궤환 저항을 대체하여 (b)의 적분기를 만든다.

$$dv_o = -\frac{1}{RC}v_i\,dt \tag{6.33b}$$

양변을 적분하면,

$$v_o(t) - v_o(0) = -\frac{1}{RC}\int_0^t v_i(\tau)\,d\tau \tag{6.34}$$

$v_o(0) = 0$을 만들기 위해 신호가 사용되기 전에 적분기의 커패시터를 방전해야 한다. $v_o(0) = 0$이라고 가정하면,

$$\boxed{v_o = -\frac{1}{RC}\int_0^t v_i(\tau)\,d\tau} \tag{6.35}$$

이는 그림 6.35(b)의 회로가 입력의 적분값에 비례하는 출력 전압을 제공하는 것을 보여준다. 실제 상황에서 연산증폭 적분기는 직류이득을 줄이고 포화상태를 방지하기 위해 궤환 저항이 필요하다. 이때 연산증폭기가 포화되는 것을 방지하기 위해 선형 영역에서 동작하도록 하는 것에 주의해야 한다.

예제 6.13

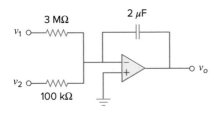

그림 6.36
예제 6.13.

그림 6.36의 연산증폭기 회로에서 $v_1 = 10\cos 2t$ mV이고 $v_2 = 0.5t$ mV일 때 v_o를 구하라. 커패시터의 전압이 초기에 0이라고 가정한다.

풀이:

이것은 가산 적분기이다. 따라서

$$v_o = -\frac{1}{R_1 C}\int v_1\,dt - \frac{1}{R_2 C}\int v_2\,dt$$

$$= -\frac{1}{3 \times 10^6 \times 2 \times 10^{-6}}\int_0^t 10\cos(2\tau)\,d\tau$$

$$\quad -\frac{1}{100 \times 10^3 \times 2 \times 10^{-6}}\int_0^t 0.5\tau\,d\tau$$

$$= -\frac{1}{6}\frac{10}{2}\sin 2t - \frac{1}{0.2}\frac{0.5t^2}{2} = -0.833\sin 2t - 1.25t^2 \text{ mV}$$

실전문제 6.13

그림 6.35(b)의 적분기에서 $R = 100$ kΩ, $C = 20$ μF이다. $t = 0$에서 2.5 mV의 직류 전압이 공급될 때 출력 전압을 구하라. 초기에 연산증폭기가 비어 있다고 가정한다.

답: $-1.25t$ mV

6.6.2   미분기

미분기는 출력이 입력 신호의 변화율에 비례하는 연산증폭기 회로이다.

그림 6.35(a)에서 입력 저항이 커패시터에 의해 대체된다면 그 회로는 그림 6.37과 같이 미분기가 된다. 노드 a에서 KCL을 적용하면,

$$i_R = i_C \tag{6.36}$$

그러나

$$i_R = -\frac{v_o}{R}, \qquad i_C = C\frac{dv_i}{dt}$$

식 (6.36)에 이 식을 대입하면,

$$\boxed{v_o = -RC\frac{dv_i}{dt}} \tag{6.37}$$

이 식은 출력이 입력의 미분이라는 것을 보여준다. 어떤 전기적인 노이즈도 미분기에 의해 과대화되기 때문에 미분기 회로는 전자적으로 불안하다. 이런 이유로 그림 6.37의 미분기 회로는 적분기처럼 많이 사용되지 않으며 실제로 거의 사용되지 않는다.

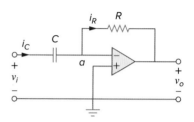

그림 6.37
연산증폭 미분기.

예제 6.14

입력 전압이 그림 6.38(b)와 같을 때 그림 6.38(a) 회로의 출력 전압을 그려라. $t = 0$에서 $v_o = 0$이다.

풀이:

이 미분기는

$$RC = 5 \times 10^3 \times 0.2 \times 10^{-6} = 10^{-3} \text{ s}$$

$0 < t < 4$ ms일 때 그림 6.38(b)의 입력 전압은 다음과 같이 표현할 수 있다.

$$v_i = \begin{cases} 2000t & 0 < t < 2 \text{ ms} \\ 8 - 2000t & 2 < t < 4 \text{ ms} \end{cases}$$

또한 이것은 $4 < t < 8$ ms에도 반복된다. 식 (6.37)을 사용하여 다음과 같이 출력을 얻을 수 있다.

$$v_o = -RC\frac{dv_i}{dt} = \begin{cases} -2 \text{ V} & 0 < t < 2 \text{ ms} \\ 2 \text{ V} & 2 < t < 4 \text{ ms} \end{cases}$$

이 출력은 그림 6.39에 도시되어 있다.

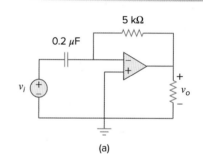

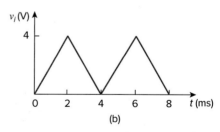

그림 6.38
예제 6.14.

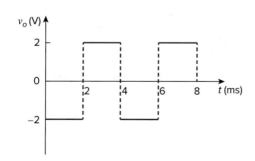

그림 6.39
그림 6.38(a) 회로의 출력.

실전문제 6.14

그림 6.37의 미분기가 $R = 100 \text{ k}\Omega$, $C = 0.1 \ \mu\text{F}$이고 $v_i = 1.25t$ V일 때 출력 v_o를 구하라.

답: -12.5 mV

6.6.3 아날로그 컴퓨터

연산증폭기는 초기에 전자적인 아날로그 컴퓨터를 위해 만들어졌다. 아날로그 컴퓨터는 기계적이거나 전기적인 시스템의 수학적인 모델을 풀기 위해 프로그래밍될 수 있다. 이 모델은 보통 미분방정식의 항으로 표현된다.

아날로그 컴퓨터를 이용하여 간단한 미분방정식을 풀려면 세 가지 종류의 연산증폭기 회로를 종속적으로 연결할 필요가 있다. 적분기 회로, 가산증폭기, 그리고 양수/음수의 크기 조정을 위한 반전증폭기/비반전증폭기가 그것이다. 아날로그 컴퓨터가 어떻게 미분방정식을 풀 수 있는가를 설명하는 가장 좋은 방법은 예제를 이용하는 것이다.

방정식의 해 $x(t)$를 구해보자.

$$a\frac{d^2x}{dt^2} + b\frac{dx}{dt} + cx = f(t), \qquad t > 0 \tag{6.38}$$

여기서 a, b, c는 상수이고 $f(t)$는 임의의 강제함수이다. 이 해는 먼저 고차 미분 항을 풀어서 얻을 수 있다. d^2x/dt^2를 풀면,

$$\frac{d^2x}{dt^2} = \frac{f(t)}{a} - \frac{b}{a}\frac{dx}{dt} - \frac{c}{a}x \tag{6.39}$$

dx/dt를 얻기 위해 d^2x/dt^2 항을 적분하고 반전한다. 마지막으로 x를 얻기 위해 dx/dt 항을 적분하고 반전한다. 강제함수는 적당한 곳에 삽입한다. 따라서 식 (6.38)을 풀기 위한 아날로그 컴퓨터는 적당한 가산기, 반전기, 적분기를 연결하여 구현된다. 도형기나 오실로스코프를 이용하여 시스템에 연결함으로써 출력 x, dx/dt, d^2x/dt^2를 볼 수도 있다.

이 예제는 이차 미분방정식이지만 어떤 차수의 미분방정식이라도 적분기와 반전기, 반전가산기를 이용하여 구현할 수 있다. 그러나 연산증폭기가 계산 시간 동안에 포화되는 것을 방지하기 위해 적당한 값의 저항과 커패시터를 선택해야 한다.

진공관을 이용한 아날로그 컴퓨터는 1950~1960년대에 만들어졌다. 현재 이 기기의 사용은 줄어들고 디지털 컴퓨터로 대체되고 있다. 그러나 우리는 아직 두 가지 이유로 아날로그 컴퓨터를 공부하고 있다. 첫째는 집적된 연산증폭기 사용이 가능해짐에 따라 아날로그 컴퓨터를 쉽고 싸게 만들 수 있다는 것이고, 둘째는 아날로그 컴퓨터를 이해하는 것이 디지털 컴퓨터의 이해에 도움이 되기 때문이다.

다음의 미분방정식을 풀기 위한 아날로그 컴퓨터 회로를 설계하라.

$$\frac{d^2v_o}{dt^2} + 2\frac{dv_o}{dt} + v_o = 10\sin 4t, \qquad t > 0$$

여기서 $v_o(0) = -4$, $v_o'(0) = 1$이며, 프라임 기호는 시간에 대한 미분을 뜻한다.

풀이:

1. **정의하라.** 명확하게 문제가 제시되었고 해를 기대하고 있다. 주지한 바와 같이 문제가 명확하게 정의되지 않으면 문제를 푸는 과정에 더 많은 노력을 기울여야 한다. 여기서 사용되는 시간은 나중의 노력을 덜어주며 풀이 과정 중에서 발생할 수 있는 많은 좌절감을 줄일 수 있다는 것을 명심하기 바란다.

2. **제시하라.** 6.6.3절에서 만들어진 기기를 사용하여 원하는 아날로그 컴퓨터를 명확하게 만들 수 있을 것이다. 여기서는 적분기 회로(아마도 가산 능력을 가지고 있는)와 하나 이상의 반전회로가 필요할 것이다.

3. **대체방안을 고려하라.** 이 문제를 풀기 위한 접근 방법은 간단하다. 저항값과 커패시터값을 정확히 결정함으로써 우리가 표현하고자 하는 식의 구현이 가능할 것이다. 회로의 최종 출력이 원하는 결과를 제공할 것이다.

4. **시도하라.** 정확한 값을 주기 위한 저항과 커패시터의 무한대 조합이 가능하다. 저항과 커패시터의 값이 너무 극단적이면 정확한 결과를 얻을 수 없다. 예를 들어 저항값이 너무 작으면 전자회로에 지나친 부담을 주게 될 것이다. 너무 큰 저항값을 사용하면 연산증폭기의 이상적인 동작이 멈추는 원인이 되기도 한다. 이 한계는 실제 연산증폭기의 특성에 의해 결정될 것이다.

   먼저 이차 미분을 풀기 위해,

   $$\frac{d^2v_o}{dt^2} = 10\sin 4t - 2\frac{dv_o}{dt} - v_o \qquad \textbf{(6.15.1)}$$

   이것을 풀기 위해서는 가산, 크기 조정, 적분과 같은 수학적인 연산이 필요하다. 식 (6.15.1)의 양변을 적분하면,

   $$\frac{dv_o}{dt} = -\int_0^t \left(-10\sin(4\tau) + 2\frac{dv_o(\tau)}{d\tau} + v_o(\tau) \right) d\tau + v_o'(0) \qquad \textbf{(6.15.2)}$$

   여기서 $v_o'(0) = 1$이다. 그림 6.40(a)의 가산 적분기를 사용하여 식 (6.15.2)를 구현한다. 다음 식에서 $RC = 1$이 되는 저항과 커패시터의 값을 선택한다.

   $$-\frac{1}{RC}\int_0^t v_o(\tau)\, d\tau$$

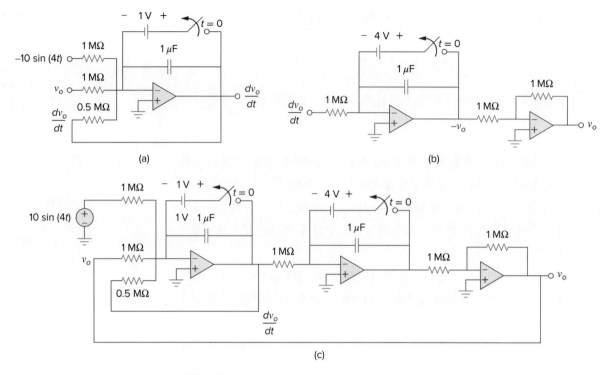

그림 6.40
예제 6.15.

식 (6.15.2)에서 가산 적분기의 다른 항들은 그에 맞게 구현된다. 초기 상태 $dv_o(0)/dt = 1$은 그림 6.40(a)에 나타낸 커패시터의 양단에 스위치를 가진 1 V 전원을 연결하는 것으로 구현된다.

다음 단계는 dv_o/dt를 적분하고 그 결과를 반전하여 v_o를 얻는 것이다.

$$v_o = -\int_0^t -\frac{dv_o(\tau)}{d\tau}\,d\tau + v(0) \qquad \textbf{(6.15.3)}$$

이것은 그림 6.40(b)와 같이 초기 상태가 −4 V인 전원이 있는 회로로 구현된다. 이제 그림 6.40(a)와 (b)의 두 회로를 결합하여 그림 6.40(c)의 완전한 회로를 구할 수 있다. 입력 신호 10 sin 4t가 공급되면 t = 0에서 스위치를 개방하고 오실로스코프에서 관찰할 수 있는 출력 파형 v_o를 얻을 수 있다.

5. **평가하라.** 답이 맞아 보이기는 하는데 정말 그럴까? v_o의 실제 해를 구해야 한다면 먼저 *PSpice*를 이용하여 회로를 구현하고 해를 찾아보는 것은 훌륭한 검토 방법이 될 것이다. 이 결과는 *MATLAB*의 미분방정식 능력을 이용하여 해를 구하고 비교해볼 수도 있을 것이다.

실제로 여기서 필요한 것은 식을 표현하는 회로를 검토하고 증명하는 것이기 때문에 더 쉬운 방법을 택할 수도 있다. 그냥 회로를 따라가고 나서 원하는 식이 만들어지는지를 보는 것이다.

그러나 아직도 선택할 것이 남아 있다. 회로를 왼쪽에서 오른쪽으로 가면서 볼 수도 있는데, 이것은 본래의 식을 얻기 위해 결과를 미분하는 작업을 포함한다. 더 쉬운 접근법은 오른쪽에서 왼쪽으로 가는 것이다. 이 방법을 이용하여 결과를 검토할 것이다.

출력 v_o에서 출발하면 오른쪽에 있는 연산증폭기가 이득이 1인 반전기로만 이용된다는 것을 알 수 있다. 이는 중간 회로의 출력이 $-v_o$라는 것을 의미한다. 다음은 중간 회로에서 발생하는 동작을 표현한 것이다.

$$-v_o = -\left(\int_0^t \frac{dv_o}{d\tau}\, d\tau + v_o(0) \right) = -\left(v_o \Big|_0^t + v_o(0) \right)$$

$$= -(v_o(t) - v_o(0) + v_o(0))$$

여기서 $v_o(0) = -4$ V는 커패시터의 초기 전압이다.

같은 방법으로 왼쪽의 회로를 검토해보자.

$$\frac{dv_o}{dt} = -\int_0^t -\frac{d^2 v_o}{d\tau^2}\, d\tau - v_o'(0) = -\left(-\frac{dv_o}{dt} + v_o'(0) - v_o'(0) \right)$$

마지막으로 첫 번째 연산증폭기의 입력이 $-d^2 v_o/dt^2$라는 것을 증명해야 한다.

입력 측에서 보면 다음의 식을 얻을 수 있다.

$$-10\sin(4t) + v_o + \frac{1/10^{-6}}{0.5\ \text{M}\Omega} \frac{dv_o}{dt} = -10\sin(4t) + v_o + 2\frac{dv_o}{dt}$$

이 식은 본래의 식에서 $-d^2 v_o/dt^2$와 같다.

6. **만족하는가?** 여기서 얻은 해는 만족스럽다. 따라서 이 문제의 답으로 제출할 수 있다.

다음의 미분방정식을 풀기 위한 아날로그 컴퓨터 회로를 설계하라.   **실전문제 6.15**

$$\frac{d^2 v_o}{dt^2} + 3\frac{dv_o}{dt} + 2v_o = 4\cos 10t, \qquad t > 0$$

여기서 $v_o(0) = 2$, $v_o'(0) = 0$이다.

답: $RC = 1$ s일 때 그림 6.41을 보라.

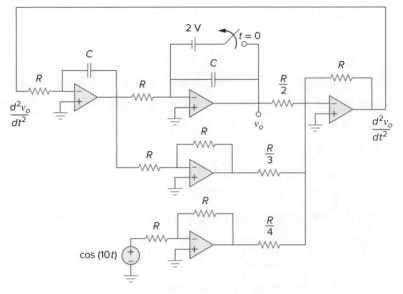

그림 6.41
실전문제 6.15.

6.7   요약

1. 커패시터를 통해 흐르는 전류는 그것에 걸리는 전압의 시변율에 정비례한다.

$$i = C\frac{dv}{dt}$$

   커패시터의 전류는 전압의 변화가 없으면 0이다. 따라서 커패시터는 직류원에 대해 개방회로와 같이 동작한다.

2. 커패시터의 전압은 그것을 통해 흐르는 전류의 시적분값에 정비례한다.

$$v = \frac{1}{C}\int_{-\infty}^{t} i\, d\tau = \frac{1}{C}\int_{t_0}^{t} i\, d\tau + v(t_0)$$

   커패시터의 전압은 갑자기 변할 수 없다.

3. 직렬 및 병렬로 연결된 커패시터는 컨덕턴스와 같은 방법으로 결합할 수 있다.

4. 인덕터에 걸리는 전압은 그것을 통해 흐르는 전류의 시변율에 정비례한다.

$$v = L\frac{di}{dt}$$

   인덕터의 전압은 전류의 변화가 없으면 0이다. 따라서 인덕터는 직류원에 대해 단락회로와 같이 동작한다.

5. 인덕터의 전류는 그것에 걸리는 전압의 시적분값에 정비례한다.

$$i = \frac{1}{L}\int_{-\infty}^{t} v\, d\tau = \frac{1}{L}\int_{t_0}^{t} v\, d\tau + i(t_0)$$

인덕터의 전류는 갑자기 변할 수 없다.

6. 직렬 및 병렬로 연결된 인덕터는 저항이 직렬 및 병렬로 연결되었을 때와 같은 방법으로 구할 수 있다.

7. 주어진 시간 t에 커패시터에 저장된 에너지는 $\frac{1}{2}Cv^2$이고 인덕터에 저장된 에너지는 $\frac{1}{2}Li^2$이다.

8. 응용 회로인 적분기, 미분기, 아날로그 컴퓨터는 저항과 커패시터, 연산증폭기를 이용하여 구현할 수 있다.

복습문제

6.1 하나의 5 F 커패시터에 120 V의 전원이 연결되었을 때 전하는 얼마인가?

   (a) 600 C   (b) 300 C

   (c) 24 C   (d) 12 C

6.2 커패시턴스의 측정 단위는?

   (a) 쿨롬   (b) 줄

   (c) 헨리   (d) 패럿

6.3 커패시터의 전체 전하가 2배가 될 때 저장된 에너지는?

   (a) 변화가 없다.   (b) 반으로 줄어든다.

   (c) 2배가 된다.   (d) 4배가 된다.

6.4 그림 6.42의 전압 파형은 실제 커패시터에 적용될 수 있는가?

   (a) 그렇다.   (b) 아니다.

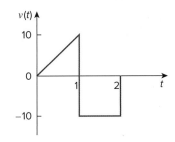

그림 6.42
복습문제 6.4.

6.5 40 mF 커패시터 2개가 직렬로 연결되고 그것이 4 mF 커패시터와 병렬로 연결되었을 때 전체 커패시턴스는?

   (a) 3.8 mF   (b) 5 mF   (c) 24 mF

   (d) 44 mF   (e) 84 mF

6.6 그림 6.43의 회로에서 $i = \cos 4t$이고 $v = \sin 4t$라면 사용된 소자는?

   (a) 저항   (b) 커패시터   (c) 인덕터

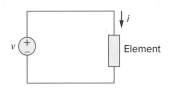

그림 6.43
복습문제 6.6.

6.7 5 H의 인덕터에서 0.2초 동안 3 A의 전류 변화가 있었다. 인덕터의 단자에서 생산되는 전압은?

   (a) 75 V   (b) 8.888 V

   (c) 3 V   (d) 1.2 V

6.8 10 mH 인덕터의 전류가 0에서 2 A로 증가했다면 얼마나 많은 에너지가 인덕터에 저장되었는가?

   (a) 40 mJ   (b) 20 mJ

   (c) 10 mJ   (d) 5 mJ

6.9 병렬로 연결된 인덕터는 병렬로 연결된 저항과 같이 합성할 수 있다.

(a) 참   (b) 거짓

6.10 그림 6.44의 회로에서 전압 분할 공식은?

(a) $v_1 = \dfrac{L_1 + L_2}{L_1} v_s$ (b) $v_1 = \dfrac{L_1 + L_2}{L_2} v_s$

(c) $v_1 = \dfrac{L_2}{L_1 + L_2} v_s$ (d) $v_1 = \dfrac{L_1}{L_1 + L_2} v_s$

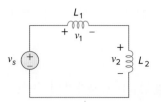

그림 6.44
복습문제 6.10.

답: *6.1a, 6.2d, 6.3d, 6.4b, 6.5c, 6.6b, 6.7a, 6.8b, 6.9a, 6.10d*

문제

6.2절   커패시터

6.1 7.5 F의 커패시터에 걸리는 전압이 $2te^{-3t}$ V일 때 전류와 전력을 구하라.

6.2 50 μF의 커패시터가 $w(t) = 10 \cos^2 377t$ J의 에너지를 가지고 있을 때 커패시터에 흐르는 전류를 구하라.

6.3 다른 학생들이 커패시터가 어떻게 동작하는지 더 잘 이해하도록 도와주는 문제를 설계하라.

6.4 5 F의 커패시터에 흐르는 전류가 $4 \sin (4t)$ A이고 $v(0) = 1$ V일 때 커패시터에 걸리는 전압 $v(t)$를 구하라.

6.5 10 μF의 커패시터에 걸리는 전압이 그림 6.45와 같을 때 전류 파형을 구하라.

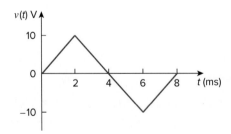

그림 6.45
문제 6.5.

6.6 그림 6.46의 전압 파형이 55 μF의 커패시터에 공급되고 있다. 이것을 통해 흐르는 전류 파형을 그려라.

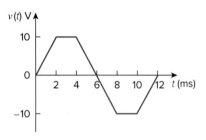

그림 6.46
문제 6.6.

6.7 $t = 0$일 때 25 mF 커패시터의 전압이 10 V이다. $t > 0$에서 전류 $5t$ mA가 흐를 때 커패시터에 걸리는 전압을 구하라.

6.8 4 mF의 커패시터가 다음과 같은 단자 전압을 가지고 있다.

$$v = \begin{cases} 50 \text{ V}, & t \le 0 \\ Ae^{-100t} + Be^{-600t} \text{ V}, & t \ge 0 \end{cases}$$

커패시터의 초기 전류가 2 A일 때 다음을 구하라.

(a) 상수 A와 B

(b) $t = 0$일 때 커패시터에 저장된 에너지

(c) $t > 0$일 때 커패시터 전류

6.9 0.5 F의 커패시터에 흐르는 전류가 $6(1 - e^{-t})$ A이다. $t = 2$ s일 때 전압과 전력을 구하라. $v(0) = 0$이라고 가정한다.

6.10 5 mF의 커패시터에 걸리는 전압이 그림 6.47과 같을 때 커패시터에 흐르는 전류를 구하라.

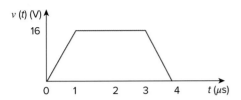

그림 6.47
문제 6.10.

6.11 4 mF 커패시터의 전류 파형이 그림 6.48과 같다. $v(0) = 10$ V일 때 전압 파형 $v(t)$를 그려라.

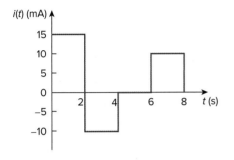

그림 6.48
문제 6.11.

6.12 100 mF 커패시터와 12 Ω 저항이 병렬로 연결된 곳에 $45e^{-2000t}$ V의 전압이 걸려 있다. 병렬연결에 의해 사용된 전력을 구하라.

6.13 직류 환경에서 그림 6.49 회로의 커패시터들에 걸리는 전압을 구하라.

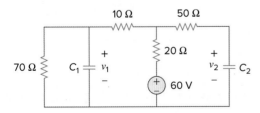

그림 6.49
문제 6.13.

6.3절 직렬 및 병렬 커패시터

6.14 직렬로 연결된 20 pF, 60 pF 커패시터와 직렬로 연결된 30 pF, 70 pF 커패시터가 병렬로 연결되어 있을 때 등가 커패시턴스를 구하라.

6.15 2개의 커패시터(25 μF, 75 μF)가 100 V의 전원에 연결되어 있다. 다음의 상태로 연결되었을 때 각 커패시터에 저장된 에너지를 구하라.
(a) 병렬   (b) 직렬

6.16 그림 6.50 회로의 단자 a-b에서 등가 커패시턴스가 30 μF일 때 C의 값을 구하라.

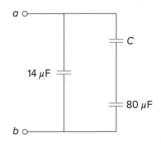

그림 6.50
문제 6.16.

6.17 그림 6.51의 각 회로에서 등가 커패시턴스를 구하라.

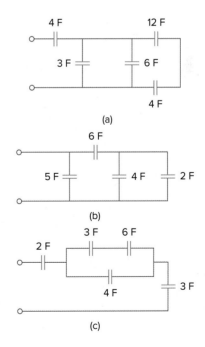

그림 6.51
문제 6.17.

6.18 그림 6.52의 회로에서 모든 커패시터가 4 μF일 때 C_{eq}를 구하라.

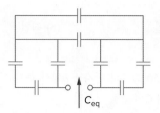

그림 6.52
문제 6.18.

6.19 그림 6.53의 회로에서 단자 a와 b 사이의 등가 커패시턴스를 구하라. 모든 커패시턴스의 단위는 μF이다.

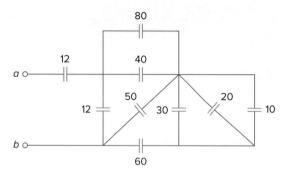

그림 6.53
문제 6.19.

6.20 그림 6.54의 회로에서 단자 a와 b 사이의 등가 커패시턴스를 구하라.

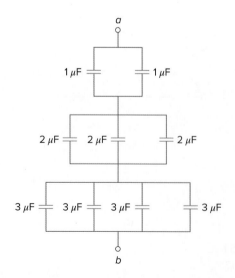

그림 6.54
문제 6.20.

6.21 그림 6.55의 회로에서 단자 a와 b 사이의 등가 커패시턴스를 구하라.

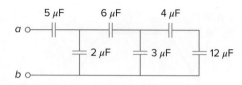

그림 6.55
문제 6.21.

6.22 그림 6.56의 회로에서 등가 커패시턴스를 구하라.

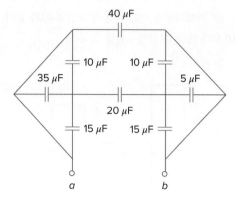

그림 6.56
문제 6.22.

6.23 그림 6.57을 이용하여 다른 학생들이 커패시터의 직렬 연결과 병렬연결이 어떻게 동작하는지를 더 잘 이해하도록 도와주는 문제를 설계하라.

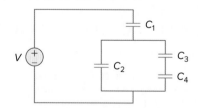

그림 6.57
문제 6.23.

6.24 그림 6.58의 회로에서 커패시터들이 초기에 방전되고 90 V의 전압원이 $t = 0$에서 연결되고 점차적으로 90 V로 증가하였다. 최종적으로 각 커패시터에 걸리는 전압과 저장된 에너지를 구하라.

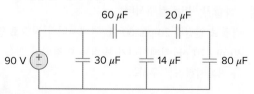

그림 6.58
문제 6.24.

6.25 (a) 그림 6.59(a)에서 직렬로 연결된 2개의 커패시터를 위한 전압 분배 법칙이 다음과 같음을 보여라. 초기 상태는 0이라고 가정한다.

$$v_1 = \frac{C_2}{C_1 + C_2} v_s, \qquad v_2 = \frac{C_1}{C_1 + C_2} v_s$$

(b) 그림 6.59(b)에서 병렬로 연결된 2개의 커패시터를 위한 전류 분배 법칙이 다음과 같음을 보여라. 초기 상태는 0이라고 가정한다.

$$i_1 = \frac{C_1}{C_1 + C_2} i_s, \qquad i_2 = \frac{C_2}{C_1 + C_2} i_s$$

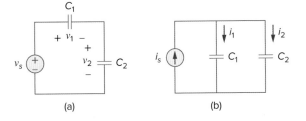

(a)   (b)

그림 6.59
문제 6.25.

6.26 3개의 커패시터 $C_1 = 5\ \mu\text{F}$, $C_2 = 10\ \mu\text{F}$, $C_3 = 20\ \mu\text{F}$이 150 V의 전원에 병렬로 연결되어 있다. 다음을 구하라.

(a) 전체 커패시턴스

(b) 각 커패시터의 전하

(c) 병렬연결 시에 저장된 전체 에너지

6.27 4 μF 커패시터 4개가 직렬과 병렬로 연결될 수 있을 때, 직렬연결/병렬연결 시에 얻을 수 있는 최소값과 최대값을 구하라.

*6.28 그림 6.60의 회로망에서 등가 커패시턴스를 구하라.

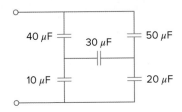

그림 6.60
문제 6.28.

---

* 별표는 난이도가 높은 문제를 가리킨다.

6.29 그림 6.61의 회로에서 C_{eq}를 구하라.

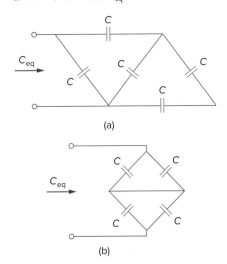

(a)

(b)

그림 6.61
문제 6.29.

6.30 그림 6.62의 회로에서 커패시터가 초기에 방전된 상태일 때 $v_o(t)$를 구하라.

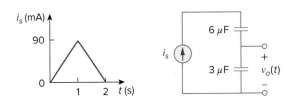

그림 6.62
문제 6.30.

6.31 그림 6.63의 회로에서 $v(0) = 0$일 때 $v(t)$, $i_1(t)$, $i_2(t)$를 구하라.

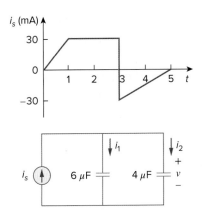

그림 6.63
문제 6.31.

6.32 그림 6.64의 회로에서 $i_s = 50e^{-2t}$ mA이고, $v_1(0) = 50$ V, $v_2(0) = 20$ V이다. (a) $v_1(t)$, $v_2(t)$를 구하고, (b) $t = 0.5$ s 일 때 각 커패시터에 저장된 에너지를 구하라.

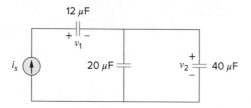

그림 6.64
문제 6.32.

6.33 그림 6.65 회로의 단자 a-b에서 테브냉 등가회로를 구하라. 테브냉 등가회로는 일반적으로 커패시터와 저항을 포함하는 회로에서는 존재하지 않는다는 것에 유의하라. 이 회로는 테브냉 등가회로가 존재하는 특별한 경우이다.

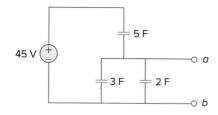

그림 6.65
문제 6.33.

6.4절 인덕터

6.34 10 mH 인덕터에 흐르는 전류가 $10e^{-t/2}$ A일 때 $t = 3$ s 에서의 전압과 전력을 구하라.

6.35 인덕터에 2 ms 동안 50 mA에서 100 mA로 전류가 선형으로 변화했을 때 160 mV의 전압이 야기되었다. 인덕터의 값을 구하라.

6.36 다른 학생들이 인덕터가 어떻게 동작하는지를 더 잘 이해하도록 도와주는 문제를 설계하라.

6.37 12 mH 인덕터에 흐르는 전류가 $4 \sin 100t$ A이다. $t = \frac{\pi}{200}$ s일 때 인덕터에 걸리는 전압과 저장된 에너지를 구하라.

6.38 40 mH 인덕터에 흐르는 전류가 다음과 같을 때 전압 $v(t)$를 구하라.

$$i(t) = \begin{cases} 0, & t < 0 \\ te^{-2t} \text{ A}, & t > 0 \end{cases}$$

6.39 50 mH 인덕터에 걸리는 전압이 다음과 같을 때 인덕터에 흐르는 전류 $i(t)$를 구하라. $i(0) = 0$ A라고 가정한다.

$$t > 0 \text{에서 } v(t) = [3t^2 + 2t + 4] \text{ V}$$

6.40 5 mH 인덕터에 흐르는 전류가 그림 6.66과 같다. $t = 1$, 3, 5 ms일 때 인덕터에 걸리는 전압을 구하라.

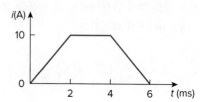

그림 6.66
문제 6.40.

6.41 2 H 인덕터에 걸리는 전압이 $20(1 - e^{-2t})$ V이다. 인덕터에 흐르는 초기 전류가 0.3 A일 때 $t = 1$ s에서 인덕터에 흐르는 전류와 저장된 에너지를 구하라.

6.42 그림 6.67의 전압 파형이 5 H 인덕터 단자에 공급될 때 인덕터에 흐르는 전류를 구하라. $i(0) = -1$ A라고 가정한다.

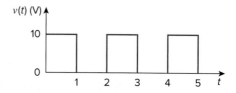

그림 6.67
문제 6.42.

6.43 80 mH 인덕터의 전류가 0에서 60 mA(안정화 상태)로 증가했다. 인덕터에 얼마나 많은 에너지가 저장되었는가?

*6.44 100 mH 인덕터가 2 kΩ 저항과 병렬로 연결되어 있다. 인덕터에 흐르는 전류는 $i(t) = 50e^{-400t}$ mA이다.

(a) 인덕터에 걸리는 전압 v_L을 구하라.

(b) 저항에 걸리는 전압 v_R을 구하라.

(c) $v_R(t) + v_L(t) = 0$인가?

(d) $t = 0$일 때 인덕터에 저장된 에너지를 구하라.

6.45 그림 6.68의 전압 파형이 10 mH의 인덕터에 공급될 때 $0 < t < 2$ s에서의 인덕터 전류 $i(t)$를 구하라. $i(0) = 0$ 이라고 가정한다.

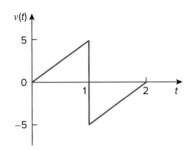

그림 6.68
문제 6.45.

6.46 직류 환경에서 그림 6.69 회로의 커패시터와 인덕터에 저장된 에너지와 v_C, i_L을 구하라.

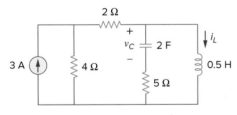

그림 6.69
문제 6.46.

6.47 직류 환경에서 그림 6.70 회로의 커패시터에 저장된 에너지와 인덕터에 저장된 에너지가 같도록 R 값을 구하라.

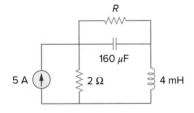

그림 6.70
문제 6.47.

6.48 안정화 상태의 직류 환경에서 그림 6.71 회로의 i와 v를 구하라.

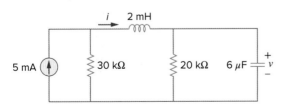

그림 6.71
문제 6.48.

6.5절 직렬 및 병렬 인덕터

6.49 그림 6.72의 회로에서 등가 인덕턴스를 구하라. 모든 인덕터는 10 mH라고 가정한다.

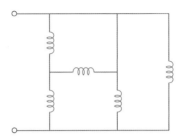

그림 6.72
문제 6.49.

6.50 에너지 저장 네트워크가 직렬로 연결된 16 mH, 14 mH 인덕터와 직렬로 연결된 24 mH, 36 mH 인덕터가 병렬로 연결된 것일 때 등가 인덕턴스를 구하라.

6.51 그림 6.73 회로의 단자 a-b에서 L_{eq}를 구하라.

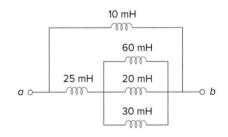

그림 6.73
문제 6.51.

6.52 그림 6.74를 이용하여 다른 학생들이 인덕터의 직렬연결과 병렬연결이 어떻게 동작하는지를 더 잘 이해하도록 도와주는 문제를 설계하라.

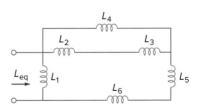

그림 6.74
문제 6.52.

6.53 그림 6.75 회로의 단자에서 L_{eq}를 구하라.

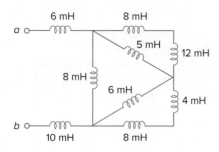

그림 6.75
문제 6.53.

6.54 그림 6.76 회로의 단자에서 보이는 등가 인덕턴스를 구하라.

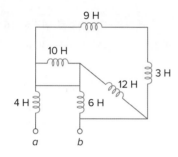

그림 6.76
문제 6.54.

6.55 그림 6.77의 각 회로에서 L_{eq}를 구하라.

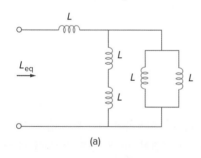

(a)

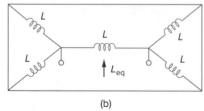

(b)

그림 6.77
문제 6.55.

6.56 그림 6.78의 회로에서 L_{eq}를 구하라.

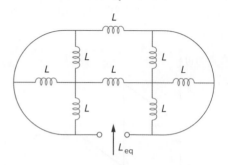

그림 6.78
문제 6.56.

*6.57 그림 6.79의 단자에서 유도 네트워크를 표현하는 데 사용하는 L_{eq}를 구하라.

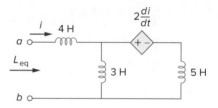

그림 6.79
문제 6.57.

6.58 그림 6.80의 전류 파형이 3 H의 인덕터에 흐르고 있다. $0 < t < 6$ s에서 인덕터에 걸리는 전압의 파형을 그려라.

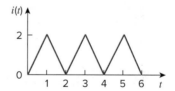

그림 6.80
문제 6.58.

6.59 (a) 그림 6.81(a)의 직렬로 연결된 2개의 인덕터에서 전압 분배 법칙이 다음과 같음을 보여라. 초기 상태는 0이라고 가정한다.

$$v_1 = \frac{L_1}{L_1 + L_2}v_s, \qquad v_2 = \frac{L_2}{L_1 + L_2}v_s$$

(b) 그림 6.81(b)의 병렬로 연결된 2개의 인덕터에서 전류 분배 법칙이 다음과 같음을 보여라. 초기 상태는 0이라고 가정한다.

$$i_1 = \frac{L_2}{L_1 + L_2}i_s, \qquad i_2 = \frac{L_1}{L_1 + L_2}i_s$$

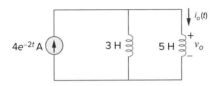

그림 6.81
문제 6.59.

6.60 그림 6.82의 회로에서 $i_o(0) = 2$ A이다. $t > 0$일 때 $i_o(t)$와 $v_o(t)$를 구하라.

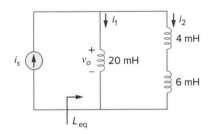

그림 6.82
문제 6.60.

6.61 그림 6.83의 회로에서 (a) $i_s = 3e^{-t}$ mA일 때 L_{eq}, $i_1(t)$, $i_2(t)$, (b) $v_o(t)$, (c) $t = 1$ s일 때 20 mH 인덕터에 저장된 에너지를 구하라.

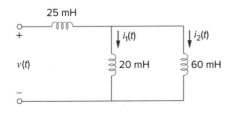

그림 6.83
문제 6.61.

6.62 그림 6.84의 회로에서 $v(t) = 12e^{-3t}$ mV, $t > 0$이고 $i_1(0) = -10$ mA일 때 (a) $i_2(0)$, (b) $i_1(t)$와 $i_2(t)$를 구하라.

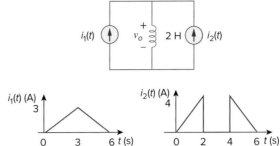

그림 6.84
문제 6.62.

6.63 그림 6.85의 회로에서 v_o를 그려라.

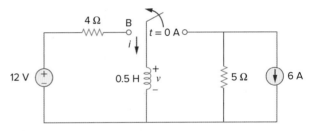

그림 6.85
문제 6.63.

6.64 그림 6.86의 회로에서 스위치가 위치 A에 오랫동안 있다 $t = 0$일 때 위치 B로 움직였다. 스위치는 인덕터 전류의 방해가 없는 선을 먼저 연결하고 기존의 선을 개방하는 유형(make-before-break)이다. 다음을 구하라.

(a) $t > 0$일 때 $i(t)$

(b) 스위치가 위치 B로 이동한 그 순간의 v

(c) 스위치가 위치 B에 오랫동안 있은 후의 $v(t)$

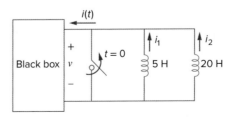

그림 6.86
문제 6.64.

6.65 그림 6.87의 인덕터가 초기에 충전되어 있고 $t = 0$일 때 블랙박스에 연결되었다. $i_1(0) = 4$ A, $i_2(0) = -2$ A, $v(t) = 50e^{-200t}$ mV, $t \geq 0$일 때 다음을 구하라.

(a) 각 인덕터에 저장된 초기 에너지

(b) $t = 0$에서 $t = \infty$일 때까지 공급된 전체 에너지

(c) $i_1(t)$, $i_2(t)$, $t \geq 0$

(d) $i(t)$, $t \geq 0$

6.66 20 mH 인덕터에 흐르는 전류 $i(t)$가 크기 면에서 전체 시간 동안에 그것에 걸리는 전압과 같다. $i(0) = 2$ A일 때 $i(t)$를 구하라.

6.6절 응용

6.67 연산증폭 적분기에서 $R = 50$ kΩ, $C = 0.04$ μF이다. 입력 전압이 $v_i = 10 \sin 50t$ mV일 때 출력 전압을 구하라. $t = 0$에서 출력은 0이라고 가정한다.

6.68 10 V의 직류 전압이 $t = 0$에서 $R = 50$ kΩ, $C = 100$ μF인 적분기에 공급되고 있다. 만일 포화 전압이 +12 V에서 −12 V라면 연산증폭기가 포화될 때까지 얼마의 시간이 걸리는가? 초기 커패시터 전압은 0이라고 가정한다.

6.69 $R = 4$ MΩ, $C = 1$ μF인 연산증폭 적분기의 입력 파형이 그림 6.88과 같을 때 출력 파형을 그려라.

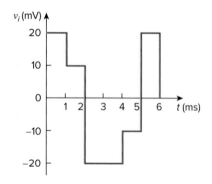

그림 6.88
문제 6.69.

6.70 하나의 연산증폭기, 하나의 커패시터, 하나의 100 kΩ 저항이나 그 이하를 사용하여 다음 식을 구현하기 위한 회로를 설계하라. $t = 0$일 때 $v_o = 0$이라고 가정한다.

$$v_o = -50 \int_0^t v_i(\tau)\, d\tau$$

6.71 하나의 연산증폭기를 사용하여 다음 식을 어떻게 구현할 수 있는가를 보여라.

$$v_o = -\int_0^t (v_1 + 4v_2 + 10v_3)\, d\tau$$

적분기의 커패시터가 $C = 2$ μF일 때 다른 소자들의 값을 구하라.

6.72 그림 6.89의 중첩 적분기에서 $t = 1.5$ ms일 때 v_o를 구하라. 적분기가 $t = 0$에서 0 V로 초기화되었다고 가정한다.

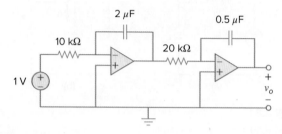

그림 6.89
문제 6.72.

6.73 그림 6.90의 회로가 비반전 적분기라는 것을 보여라.

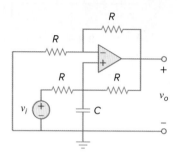

그림 6.90
문제 6.73.

6.74 그림 6.91(a)의 삼각 파형이 그림 6.91(b)의 연산증폭 미분기에 입력으로 공급될 때 출력을 그려라.

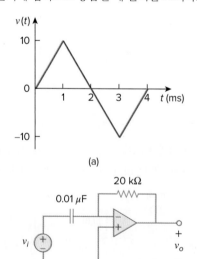

그림 6.91
문제 6.74.

6.75 연산증폭 미분기에서 $R = 250$ kΩ, $C = 10$ μF이다. 입력 전압이 $r(t) = 12t$ mV일 때 출력 전압을 구하라.

6.76 전압 파형이 5 ms 동안 20 V/s의 양수 기울기이고, 다음 10 ms 동안 10 V/s의 음수 기울기인 특성을 가지고 있다. 파형이 $R = 50$ kΩ, $C = 10$ μF인 미분기에 공급될 때 출력 전압 파형을 그려라.

*6.77 그림 6.92(a)에 나타낸 연산증폭기 회로의 출력 v_o가 그림 6.92(b)와 같다. $R_i = R_f = 1$ MΩ이고 $C = 1$ μF일 때 입력 전압 파형을 계산하고 그려라.

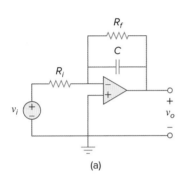

(a)

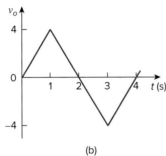

(b)

그림 6.92
문제 6.77.

6.78 다음 식을 계산하기 위한 아날로그 컴퓨터를 설계하라.

$$\frac{d^2v_o}{dt^2} + 2\frac{dv_o}{dt} + v_o = 10 \sin 2t$$

여기서 $v_o(0) = 2$ V이고 $v'_o(0) = 0$이다.

6.79 다음 식에서 $y(t)$를 풀기 위한 아날로그 컴퓨터를 설계하라.

$$(dy(t)/dt) + 4y(t) = f(t)$$

여기서 $y(0) = 1$ V이고 $f(t)$는 입력이다.

6.80 그림 6.93은 미분방정식을 풀기 위해 설계된 아날로그 컴퓨터를 나타낸 것이다. $f(t)$를 알고 있다고 가정할 때 $f(t)$로 표현된 방정식을 구하라.

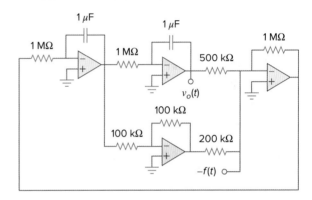

그림 6.93
문제 6.80.

6.81 다음 식에서 $v(t)$를 구하기 위한 아날로그 컴퓨터를 설계하라. 초기값은 0이라고 가정한다.

$$(d^2v/dt^2) + 5v = -2f(t)$$

6.82 다음 식을 표현하기 위한 연산증폭기 회로를 설계하라.

$$v_o = 10v_s + 2\int v_s dt$$

여기서 v_s는 입력 전압이고 v_o는 출력 전압이다.

종합문제

6.83 연구실에 10 μF, 300 V라고 표시된 커패시터가 많이 있다. 40 μF, 600 V의 커패시터 뱅크를 설계하기 위해 얼마나 많은 10 μF 커패시터가 필요하며, 이것을 어떻게 연결해야 하는가?

6.84 8 mH 인덕터가 융합 전력 실험에 사용된다. 인덕터에 흐르는 전류가 $i(t) = 5 \sin^2 (\pi t)$ mA, $t > 0$이라면 인덕터에 전달된 전력과 $t = 0.5$ s일 때 저장된 에너지를 구하라.

6.85 사각 파형 발생기가 그림 6.94(a)와 같은 전압 파형을 발생시키고 있다. 이 전압 파형을 그림 6.94(b)의 삼각 전류 파형으로 변환시키는 데 어떤 종류의 회로소자가 필요한가? 초기에 방전상태라고 가정할 때 소자값을 구하라.

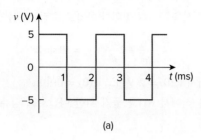

(a)

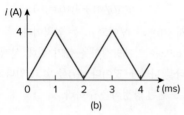

(b)

그림 6.94
문제 6.85.

6.86 전기모터가 12 Ω 저항과 200 mH 인덕터의 직렬결합으로 모델링될 수 있다. 전류 $i(t) = 2te^{-10t}$ A가 이 직렬결합으로 흐를 때 이 결합에 걸리는 전압을 구하라.

일차 회로
First-Order Circuits

21세기는 엔지니어의 시대라고 믿는다! 컴퓨터는 엔지니어의 성공에 가장 중요한 기여를 한다! 그렇기 때문에 컴퓨터 소프트웨어 및 컴퓨터 하드웨어 분야의 경력이 매우 중요하다!

—Charles K. Alexander

경력 향상하기

컴퓨터 공학에서의 경력

전기공학의 교육은 최근 수십 년 동안에 많은 변화가 있었다. 대부분의 전기공학과는 컴퓨터로 인한 엄청난 변화를 강조하기 위해 전기컴퓨터공학과로 개명하게 되었다. 컴퓨터는 현대 사회와 교육에서 중요한 위치를 차지한다. 컴퓨터는 흔한 것이 되었고 연구, 개발, 생산, 사업 및 오락의 면모를 변화시키고 있다. 과학자, 공학자, 의사, 변호사, 교사, 비행기 조종사, 사업가… 거의 모든 사람들은 컴퓨터가 매우 짧은 시간에 정보를 처리하고 방대한 정보를 저장하는 능력을 통해 이익을 얻는다. 컴퓨터 통신망인 인터넷은 사업, 교육, 도서관학에서 필수적인 것이 되었다. 컴퓨터의 이용은 비약적인 증가 일로에 있다.

컴퓨터 공학에서의 교육은 소프트웨어와 하드웨어 설계 및 기본적인 모형화 기술에 활력을 불어넣어야 한다. 교과 과정에 포함되어야 할 것은 데이터 구조, 디지털 시스템, 컴퓨터 구조, 마이크로프로세서, 인터페이싱, 소프트웨어 공학, 운영체제이다.

컴퓨터 공학을 전공하는 전기공학자는 컴퓨터가 사용되는 수많은 분야와 컴퓨터 산업에서 직업을 구할 수 있다. 소프트웨어를 생산하는 기업의 수와 규모가 급격히 성장하고 있으며 프로그래밍에 숙련된 사람들에게는 일자리를 제공한다. 컴퓨터의 지식을 향상하는 탁월한 방법은 IEEE(전기전자공학회)의 컴퓨터연구회에 가입하는 것이다. 컴퓨터연구회는 다양한 잡지, 학회지, 학술대회 논문집을 제공한다.

VLSI 회로의 컴퓨터 설계.
Courtesy Brian Fast, Cleveland State University

학습목표

본 장에서 제시된 정보와 연습문제를 사용함으로써 다음 능력을 배양할 수 있다.
1. 비강제 일차 선형미분방정식의 해에 대해 이해할 수 있다.
2. 특이방정식 및 선형미분방정식 풀이의 중요성을 인식할 수 있다.
3. 단위계단 형태의 전원이 일차 선형미분방정식에 미치는 영향을 이해할 수 있다.
4. 종속 전원과 연산증폭기가 일차 선형미분방정식에 미치는 영향을 이해할 수 있다.
5. 인덕터 혹은 커패시터가 하나만 있는 간단한 과도 회로의 해석에 *PSpice*를 사용할 수 있다.

7.1   서론

지금까지 3개의 수동소자(저항, 커패시터, 인덕터)와 1개의 능동소자(연산증폭기)를 개별적으로 설명했고, 이제 2~3개의 수동소자를 결합한 회로에 대해 공부할 것이다. 이 장에서는 두 가지 형태의 간단한 회로, 즉 저항과 커패시터로 구성된 회로, 저항과 인덕터로 구성된 회로를 검토할 것이다. 이 회로는 각각 *RC* 회로, *RL* 회로라고 부르며, 간단하여 전자, 통신, 제어 시스템에서 지속적으로 이용되고 있다.

저항회로에 대해 키르히호프의 법칙을 적용했듯이 *RC* 및 *RL* 회로의 해석에도 키르히호프의 법칙을 적용한다. 순수 저항회로에 키르히호프의 법칙을 적용하면 대수방정식이 유도되지만, *RC* 및 *RL* 회로에 이 법칙을 적용하면 미분방정식이 만들어진다는 것이 유일한 차이점이다. 그리고 후자는 대수방정식을 푸는 것보다 더 어렵다. *RC* 및 *RL* 회로의 해석에서 유도되는 미분방정식은 일차이기 때문에 이 회로를 일차 회로라고 부른다.

일차 회로는 일차 미분방정식의 특성을 띤다.

일차 회로에는 두 가지 형태(*RL*, *RC*)가 있으며, 이러한 회로는 두 가지 방법으로 구동할 수 있다. 첫 번째 방법은 회로의 저장성 소자에 초기 조건을 주는 것이다. 이는 무전원 회로라 불리며, 용량성(커패시터) 혹은 유도성(인덕터) 소자에 초기 에너지가 저장되어 있다고 가정한다. 이 에너지는 회로에 전류가 흐르게 하며, 저항에서 점차적으로 소비된다. 비록 무전원 회로가 독립 전원이 없는 것으로 정의된다고 해도 종속 전원은 가질 수 있다. 일차 회로를 자극하는 두 번째 방법은 독립 전원에 의한 것이다. 이 장에서 고려하는 독립 전원은 직류 전원이다. (다음 장에서 정현파와 지수함수 전원을 살펴볼 것이다.) 일차 회로의 두 가지 형태와 두 가지 구동 방법은 이 장에서 배울 네 가지 상황을 가능하게 한다. 마지막으로 *RC* 및 *RL* 회로의 전형적인 네 가지 응용 예(지연 회로, 릴레이 회로, 카메라 플래시 장치, 자동차 점화 회로)를 설명한다.

7.2 ▮▮▮ 무전원 *RC* 회로

무전원 *RC* 회로는 직류 전원이 갑자기 끊어질 때 발생한다. 커패시터에 이미 저장된 에너지는 저항으로 방출된다.

그림 7.1에서 보는 바와 같이 저항과 초기에 충전된 커패시터의 직렬결합을 고려해보자(여기서 저항과 커패시터는 복잡하게 연결된 회로의 등가 저항과 등가 커패시터라고 생각할 수 있다). 우리의 목적은 커패시터 양단의 전압을 $v(t)$로 가정하고 회로응답을 구하는 것이다. 커패시터가 초기에 충전되어 있어서, 시간이 $t = 0$일 때 초기 전압은 다음과 같이 가정할 수 있다.

$$v(0) = V_0 \tag{7.1}$$

충전된 에너지의 대응값은

$$w(0) = \frac{1}{2}CV_0^2 \tag{7.2}$$

그림 7.1에서 회로의 위쪽 노드에 KCL을 적용하면,

$$i_C + i_R = 0 \tag{7.3}$$

정의에 의해 $i_C = C\,dv/dt$, $i_R = v/R$이다. 그러므로

$$C\frac{dv}{dt} + \frac{v}{R} = 0 \tag{7.4a}$$

또는

$$\frac{dv}{dt} + \frac{v}{RC} = 0 \tag{7.4b}$$

이것은 일차 미분방정식이며, v의 일차 도함수를 의미한다. 이것을 풀면 다음과 같다.

$$\frac{dv}{v} = -\frac{1}{RC}dt \tag{7.5}$$

양변을 적분하면,

$$\ln v = -\frac{t}{RC} + \ln A$$

여기서 $\ln A$는 적분상수이다. 그러므로

$$\ln\frac{v}{A} = -\frac{t}{RC} \tag{7.6}$$

지수함수로 나타내면,

$$v(t) = Ae^{-t/RC}$$

그러나 초기 조건에서 $v(0) = A = V_0$이다. 그러므로

$$v(t) = V_0 e^{-t/RC} \tag{7.7}$$

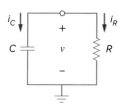

그림 7.1
무전원 *RC* 회로.

▮ 어떤 회로의 응답은 그 회로의 어떤 입력에 대한 출력을 의미한다.

이것은 RC 회로의 전압응답이 초기 전압에 대해 지수함수적으로 감쇄하는 것을 나타낸다. 이 응답은 외부의 어떤 전압원 또는 전류원에 의해서가 아니라 초기에 충전된 에너지와 회로의 물리적 특성에 의해서 결정되므로 회로의 **고유응답**(natural response, 자연응답)이라 부른다.

> 회로의 **자연응답**은 회로 자체의 (전압과 전류) 동작에 따르며, 외부의 전원에 의한 것은 아니다.

자연응답은 그림 7.2에 도시되어 있다. $t = 0$일 때, 식 (7.1)과 같은 정확한 초기 조건을 가진다. t가 증가하면 전압은 0으로 감소한다. 전압 감소의 빠름 정도를 시상수라고 하며, τ로 표시한다.

> 회로의 **시상수**는 응답이 초기값의 1/e 또는 36.8%로 감쇄하는 데 소요되는 시간이다.[1]

$t = \tau$일 때는 식 (7.7)과 같이 된다.

$$V_0 e^{-\tau/RC} = V_0 e^{-1} = 0.368 V_0$$

또는

$$\boxed{\tau = RC} \tag{7.8}$$

시상수에 의해 식 (7.7)은 다음과 같이 쓸 수 있다.

$$\boxed{v(t) = V_0 e^{-t/\tau}} \tag{7.9}$$

$v(t)/V_0$의 값은 쉽게 계산할 수 있으며, 이를 표 7.1에 나타냈다. 전압 $v(t)$는 5τ 시간 이후에는 V_0의 1%보다 더 작아진다는 것을 표 7.1로부터 잘 알 수 있다. 그러므로 보통 커패시터는 5τ 시간 이후 완전히 방전(또는 충전)된다고 가정한다. 바꿔 말하면, 회로가 시간적으로 변화가 없는 경우 정상상태 또는 최종상태에 도달할 때까지는 5τ 시간이 걸린다는 것이다. τ 시간마다 전압이 이전 값의 36.8%로 감소한다. 즉 t에 관계없이 $v(t + \tau) = v(t)/e = 0.368 v(t)$가 된다.

식 (7.8)로부터 시상수가 작을수록 전압이 더 빠르게 감소함이 관찰된다. 즉

---

[1] 시상수는 다른 관점에서 생각할 수 있다. $t = 0$에서 식 (7.7)을 시간 미분하면 다음을 얻는다.

$$\frac{d}{dt}\left(\frac{v}{V_0}\right)\bigg|_{t=0} = -\frac{1}{\tau}e^{-t/\tau}\bigg|_{t=0} = -\frac{1}{\tau}$$

따라서 시상수는 감쇄 속도가 일정하다고 가정할 때 초기 감쇄 속도이며, v/V_o가 1에서 0으로 감쇄하는 데 걸리는 시간이다. 시상수를 초기 기울기로 해석하는 것은 연구실에서 오실로스코프에 나타난 응답 곡선으로부터 도형적으로 시상수를 구하는 데 흔히 사용되고 있다. 응답 곡선에서 t를 구하기 위해서는 그림 7.3과 같이 $t = 0$에서 응답 곡선의 접선을 그린다. 접선은 $t = \tau$에서 시간 축과 만난다.

자연응답은 외부 전원이 없는 상태에서의 회로 자체 특성에 따라 달라진다. 회로는 커패시터에 처음 축적된 에너지 하나에 의해서만 응답이 나타난다.

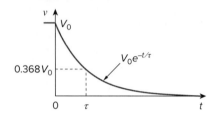

그림 7.2
RC 회로의 전압응답.

표 7.1

$v(t)/V_0 = e^{-t/\tau}$의 값

t	$v(t)/V_0$
τ	0.36788
2τ	0.13534
3τ	0.04979
4τ	0.01832
5τ	0.00674

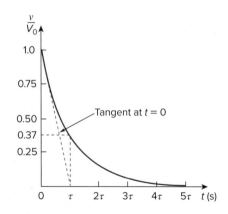

그림 7.3
응답 곡선으로부터 시상수 τ를 구하는 방법.

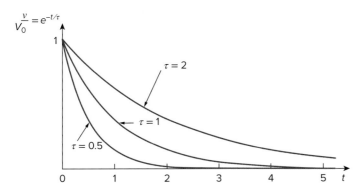

그림 7.4
시상수의 여러 값에 대한 $v/V_0 = e^{-t/\tau}$의 그래프.

응답이 더 빨라진다. 이것은 그림 7.4에 도시되어 있다. 시상수가 작은 회로는 저장된 에너지의 급속한 소비에 의해 정상상태(최종상태)에 빨리 도달할 수 있도록 응답이 빠른 반면에, 시상수가 큰 회로는 정상상태에 도달하는 데 많은 시간이 걸리기 때문에 응답이 느리게 나타난다. 시상수가 작든 크든 회로는 시상수의 5배 시간에 정상상태에 도달한다.

식 (7.9)의 전압 $v(t)$에서 전류 $i_R(t)$를 구할 수 있다.

$$i_R(t) = \frac{v(t)}{R} = \frac{V_0}{R}e^{-t/\tau} \tag{7.10}$$

저항에서 소비 전력은

$$p(t) = vi_R = \frac{V_0^2}{R}e^{-2t/\tau} \tag{7.11}$$

시간이 t까지 증가할 때 저항이 흡수한 에너지는

$$w_R(t) = \int_0^t p(\lambda)d\lambda = \int_0^t \frac{V_0^2}{R}e^{-2\lambda/\tau}d\lambda$$

$$= -\frac{\tau V_0^2}{2R}e^{-2\lambda/\tau}\bigg|_0^t = \frac{1}{2}CV_0^2(1 - e^{-2t/\tau}), \qquad \tau = RC \tag{7.12}$$

즉 커패시터의 초기 저장 에너지, $t \to \infty$, $w_R(\infty) \to \frac{1}{2}CV_0^2$와 같다. 결국 커패시터에 저장되었던 에너지는 저항에서 모두 소비된다.

> **무전원 RC 회로를 풀기 위해서는 다음 두 가지를 구하는 것이 중요하다.**
>
> 1. 커패시터 양단의 초기 전압 $v(0) = V_0$
> 2. 시상수 τ

이 두 가지를 알면 커패시터 전압을 $v_C(t) = v(t) = v(0)e^{-t/\tau}$로 구할 수 있다. 일단 커패시터 전압을 구하면 다른 변수들(커패시터 전류 i_C, 저항 전압 v_R, 저항

시상수는 출력을 무엇으로 설정하느냐와 관계없이 동일하다.

회로가 하나의 커패시터와 몇 개의 저항, 종속 전원을 가지고 있을 때 커패시터 양단에서 테브냉 등가회로를 구할 수 있으며, 이렇게 하면 전체 회로를 단순 RC 회로로 변환할 수 있다. 또한 저항뿐 아니라 커패시터가 여러 개 있어도 여러 개의 커패시터를 하나의 커패시터로 변환할 수 있으면, 위에서와 마찬가지로 테브냉 등가회로를 이용하여 이 회로를 단순 RC 회로로 변환할 수 있다.

전류 i_R)을 결정할 수 있다. 시상수 $\tau = RC$를 구할 때, 저항 R은 흔히 커패시터 단자에서의 테브냉 등가 저항이다. 즉 커패시터 C 값을 구하고, 단자에서의 $R = R_{Th}$를 구한다.

예제 7.1

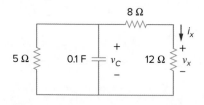

그림 7.5
예제 7.1.

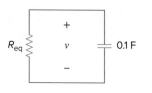

그림 7.6
예제 7.1: 등가회로.

그림 7.5의 회로에서 $v_C(0) = 15$ V라 하자. $t > 0$일 때 v_C, v_x, i_x를 구하라.

풀이:

먼저 그림 7.5의 회로를 그림 7.1과 같은 표준 RC 회로로 변환할 필요가 있다. 커패시터 단자에서의 등가 저항 또는 테브냉 저항을 구한다. 또한 커패시터 전압 v_C를 구해야 한다. 이것으로부터 v_x와 i_x를 구할 수 있다.

직렬로 연결된 8 Ω과 12 Ω의 저항은 20 Ω으로 결합될 수 있다. 5 Ω의 저항과 병렬로 연결된 이 20 Ω의 저항은 결합되어 등가 저항은

$$R_{eq} = \frac{20 \times 5}{20 + 5} = 4 \text{ Ω}$$

그러므로 등가회로는 그림 7.6과 같으며, 이는 그림 7.1과 유사하다. 시상수는

$$\tau = R_{eq}C = 4(0.1) = 0.4 \text{ s}$$

따라서

$$v = v(0)e^{-t/\tau} = 15e^{-t/0.4} \text{ V}, \qquad v_C = v = 15e^{-2.5t} \text{ V}$$

그림 7.5로부터 v_x를 얻기 위해 전압 분배를 이용할 수 있다.

$$v_x = \frac{12}{12 + 8}v = 0.6(15e^{-2.5t}) = 9e^{-2.5t} \text{ V}$$

마지막으로

$$i_x = \frac{v_x}{12} = 0.75e^{-2.5t} \text{ A}$$

실전문제 7.1

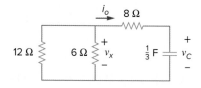

그림 7.7
실전문제 7.1.

그림 7.7의 회로에서 $v_C(0) = 60$ V라 하자. $t \geq 0$일 때 v_C, v_x, i_o를 구하라.

답: $60e^{-0.25t}$ V, $20e^{-0.25t}$ V, $25e^{-0.25t}$ A

예제 7.2

그림 7.8의 회로에서 스위치가 계속 닫혀 있다가 $t = 0$일 때 스위치를 개방했다. $t \geq 0$일 때 $v(t)$를 구하라. 그리고 커패시터에 초기에 저장된 에너지를 구하라.

풀이:

$t < 0$에서 스위치를 닫는다. 그림 7.9(a)에 나타난 바와 같이 커패시터는 직류에서 개방회로이다. 전압 분배를 이용하면,

$$v_C(t) = \frac{9}{9+3}(20) = 15 \text{ V}, \qquad t < 0$$

커패시터 양단의 전압은 갑작스럽게 변할 수 없으므로 $t = 0^-$일 때 커패시터 양단의 전압은 $t = 0$일 때와 같거나, 또는

$$v_C(0) = V_0 = 15 \text{ V}$$

$t > 0$에서 스위치가 개방되면 그림 7.9(b)의 *RC* 회로가 된다. [그림 7.9(b)의 *RC* 회로에서 주의할 점은 전원이 없다는 것이다. 그림 7.8의 독립 전원은 V_o또는 커패시터의 초기 에너지를 공급하는 데 필요하다.] 1 Ω과 9 Ω의 직렬 저항을 구하면,

$$R_{eq} = 1 + 9 = 10 \text{ Ω}$$

시상수는

$$\tau = R_{eq}C = 10 \times 20 \times 10^{-3} = 0.2 \text{ s}$$

그러므로 $t \geq 0$일 때 커패시터 양단의 전압은

$$v(t) = v_C(0)e^{-t/\tau} = 15e^{-t/0.2} \text{ V}$$

또는

$$v(t) = 15e^{-5t} \text{ V}$$

커패시터에 저장된 초기 에너지는

$$w_C(0) = \frac{1}{2}Cv_C^2(0) = \frac{1}{2} \times 20 \times 10^{-3} \times 15^2 = 2.25 \text{ J}$$

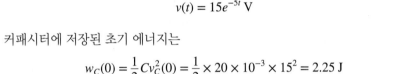

그림 7.10의 회로에서 $t = 0$일 때 스위치를 개방한다면, $t \geq 0$일 때 $v(t)$와 $w_C(0)$을 구하라.

답: $8e^{-2t}$ V, 5.333 J

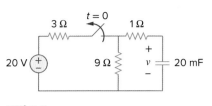

그림 7.8
예제 7.2.

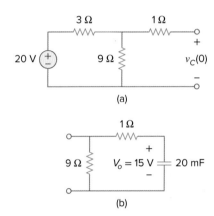

그림 7.9
예제 7.2의 풀이: (a) $t < 0$, (b) $t > 0$.

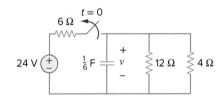

그림 7.10
실전문제 7.2.

7.3   무전원 *RL* 회로

그림 7.11과 같은 저항과 인덕터의 직렬연결을 고려해보자. 우리의 목표는 회로 응답을 구하는 것이고, 이때 인덕터에 흐르는 전류를 $i(t)$라고 가정한다. 인덕터 전류는 순간적으로 변할 수 없기 때문에 응답으로써 인덕터 전류를 선택한다. $t = 0$일 때 인덕터가 초기 전류 I_0를 가지고 있다고 가정한다. 또는

$$i(0) = I_0 \tag{7.13}$$

인덕터에 저장된 대응 에너지는

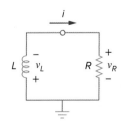

그림 7.11
무전원 *RL* 회로.

$$w(0) = \frac{1}{2}LI_0^2 \tag{7.14}$$

그림 7.11의 루프에 KVL을 적용하면,

$$v_L + v_R = 0 \tag{7.15}$$

그러나 $v_L = L\,di/dt$, $v_R = iR$이다. 그러므로

$$L\frac{di}{dt} + Ri = 0$$

또는

$$\frac{di}{dt} + \frac{R}{L}i = 0 \tag{7.16}$$

적분을 취하고 다시 정렬하면,

$$\int_{I_0}^{i(t)} \frac{di}{i} = -\int_0^t \frac{R}{L}\,dt$$

$$\ln i\, \Big|_{I_0}^{i(t)} = -\frac{Rt}{L}\Big|_0^t \quad \Rightarrow \quad \ln i(t) - \ln I_0 = -\frac{Rt}{L} + 0$$

또는

$$\ln \frac{i(t)}{I_0} = -\frac{Rt}{L} \tag{7.17}$$

지수함수로 나타내면,

$$i(t) = I_0 e^{-Rt/L} \tag{7.18}$$

이것은 RL 회로의 자연응답이 초기 전류에서 지수함수적으로 감쇄하는 것을 나타낸다. 전류응답은 그림 7.12에 나타냈다. 식 (7.18)로부터 RL 회로의 시상수는 다음과 같이 된다.

$$\boxed{\tau = \frac{L}{R}} \tag{7.19}$$

시상수 τ의 단위는 초이다. 식 (7.18)은 다음과 같이 쓸 수 있다.

$$\boxed{i(t) = I_0 e^{-t/\tau}} \tag{7.20}$$

식 (7.20)의 전류로, 저항 양단에 걸리는 전압을 다음과 같이 나타낼 수 있다.

$$v_R(t) = iR = I_0 R e^{-t/\tau} \tag{7.21}$$

저항에서 소비된 전력은

$$p = v_R i = I_0^2 R e^{-2t/\tau} \tag{7.22}$$

저항에 의해 흡수되는 에너지는

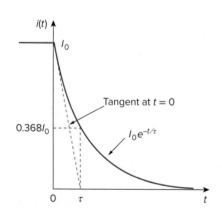

그림 7.12
RL 회로의 전류응답.

회로의 시상수 τ가 작을수록 응답의 감쇄 속도는 더 빨라지고, 시상수가 클수록 응답의 감쇄 속도는 더 느려진다. 어떤 속도에서 건 시상수의 5배 시간 이후에는 응답이 초기값의 1%보다 더 작은 값으로 감쇄된다 (즉 정상상태에 도달한다).

$$w_R(t) = \int_0^t p(\lambda)d\lambda = \int_0^t I_0^2 Re^{-2\lambda/\tau}\, d\lambda = -\frac{\tau}{2}\, I_0^2 Re^{-2\lambda/\tau}\Big|_0^t, \qquad \tau = \frac{L}{R}$$

또는

$$w_R(t) = \frac{1}{2}L\, I_0^2(1 - e^{-2t/\tau}) \qquad\qquad \textbf{(7.23)}$$

즉 인덕터의 초기 저장 에너지, $t \to \infty$, $w_R(\infty) \to \frac{1}{2}L\, I_0^2$와 같다. 결국 인덕터에 저장되었던 에너지는 저항에서 모두 소비된다.

> 그림 7.12는 그래프의 초기 시각에서의 기울기가 τ 값임을 나타낸다.

> **무전원 *RL* 회로를 풀기 위해서는 다음 두 가지를 구하는 것이 중요하다.**
>
> 1. 인덕터에 흐르는 초기 전류 $i(0) = I_0$
> 2. 회로의 시상수 τ

위의 두 가지를 알면 인덕터의 전류응답은 $i_L(t) = i(t) = i(0)e^{-t/\tau}$로 구할 수 있다. 인덕터 전류 i_L을 구하면 다른 변수들(인덕터 전압 v_L, 저항 전압 v_R, 저항 전류 i_R)을 얻을 수 있다. 일반적으로 주의할 점은 식 (7.19)의 R이 인덕터 단자에서의 테브냉 등가 저항이라는 것이다.

> 회로가 하나의 인덕터와 몇 개의 저항, 종속 전원을 가지고 있을 때 인덕터 양단에서 테브냉 등가회로를 구할 수 있으며, 이렇게 하면 전체 회로를 단순 *RL* 회로로 변환할 수 있다. 또한 저항뿐 아니라 인덕터가 여러 개 있어도 여러 개의 인덕터를 하나의 인덕터로 변환할 수 있으면, 위에서와 마찬가지로 테브냉 등가회로를 이용하여 이 회로를 단순 *RL* 회로로 변환할 수 있다.

그림 7.13의 회로에서 $i(0) = 10$ A라 가정하고 $i(t)$와 $i_x(t)$를 구하라.

예제 7.3

풀이:

이 문제를 푸는 데에는 두 가지 방법이 있다. 첫 번째 방법은 인덕터 단자와 식 (7.20)을 이용하여 등가 저항을 구하는 것이다. 다른 방법은 키르히호프의 전압법칙을 이용하여 시작하는 것이다. 어떤 방법을 사용하든 먼저 인덕터의 전류를 구하는 것이 더 좋다.

■ **방법 1** 등가 저항은 인덕터 단자에서 테브냉 저항과 같다. 종속 전원 때문에 그림 7.14(a)와 같이 인덕터 단자 a-b에 $v_o = 1$ V의 전압원을 삽입한다(또한 단자에서 1 A의 전류원을 삽입할 수 있다). 두 루프에 KVL을 적용하면,

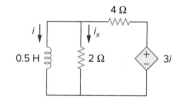

그림 7.13
예제 7.3.

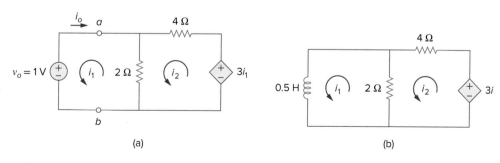

그림 7.14
예제 7.3의 풀이.

$$2(i_1 - i_2) + 1 = 0 \quad \Rightarrow \quad i_1 - i_2 = -\frac{1}{2} \tag{7.3.1}$$

$$6i_2 - 2i_1 - 3i_1 = 0 \quad \Rightarrow \quad i_2 = \frac{5}{6}i_1 \tag{7.3.2}$$

식 (7.3.1)에 식 (7.3.2)를 대입하면,

$$i_1 = -3 \text{ A}, \quad i_o = -i_1 = 3 \text{ A}$$

그러므로

$$R_{eq} = R_{Th} = \frac{v_o}{i_o} = \frac{1}{3} \, \Omega$$

시상수는

$$\tau = \frac{L}{R_{eq}} = \frac{\frac{1}{2}}{\frac{1}{3}} = \frac{3}{2} \text{ s}$$

따라서 인덕터를 통해 흐르는 전류는

$$i(t) = i(0)e^{-t/\tau} = 10e^{-(2/3)t} \text{ A}, \quad t > 0$$

■ **방법 2** 그림 7.14(b)와 같이 회로에 KVL을 직접 적용할 수 있다. 루프 1은

$$\frac{1}{2}\frac{di_1}{dt} + 2(i_1 - i_2) = 0$$

또는

$$\frac{di_1}{dt} + 4i_1 - 4i_2 = 0 \tag{7.3.3}$$

루프 2는

$$6i_2 - 2i_1 - 3i_1 = 0 \quad \Rightarrow \quad i_2 = \frac{5}{6}i_1 \tag{7.3.4}$$

식 (7.3.3)에 식 (7.3.4)를 대입하면,

$$\frac{di_1}{dt} + \frac{2}{3}i_1 = 0$$

다시 정렬하면,

$$\frac{di_1}{i_1} = -\frac{2}{3}dt$$

$i_1 = i$ 이므로 i_1를 i로 대치하여 적분하면,

$$\ln i \Big|_{i(0)}^{i(t)} = -\frac{2}{3}t \Big|_{0}^{t}$$

또는

$$\ln \frac{i(t)}{i(0)} = -\frac{2}{3}t$$

양변에 지수함수를 취하면 결국 다음과 같이 얻을 수 있다.

$$i(t) = i(0)e^{-(2/3)t} = 10e^{-(2/3)t}\,\text{A}, \qquad t > 0$$

이것은 방법 1과 같다.

　　인덕터 양단 전압은

$$v = L\frac{di}{dt} = 0.5(10)\left(-\frac{2}{3}\right)e^{-(2/3)t} = -\frac{10}{3}e^{-(2/3)t}\,\text{V}$$

인덕터와 2 Ω 저항이 병렬이므로,

$$i_x(t) = \frac{v}{2} = -1.6667e^{-(2/3)t}\,\text{A}, \qquad t > 0$$

그림 7.15의 회로에서 $i(0) = 12$ A라 가정하고 i와 v_x를 구하라.

답: $12e^{-2t}$ A, $-12e^{-2t}$ V, $t > 0$

실전문제 7.3

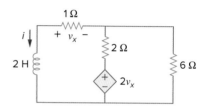

그림 7.15
실전문제 7.3.

예제 7.4

그림 7.16의 회로에서 스위치가 장시간 닫혀 있다가 $t = 0$일 때 스위치를 개방했다. $t > 0$일 때의 $i(t)$를 구하라.

풀이:

$t < 0$일 때 스위치가 닫혀 있고, 인덕터는 직류에 대해 단락회로로 동작한다. 16 Ω의 저항은 단락되어 그 결과 회로는 그림 7.17(a)와 같다. 그림 7.17(a)에서 i_1을 구하기 위해 병렬연결된 4 Ω과 12 Ω의 저항을 계산하면,

$$\frac{4 \times 12}{4 + 12} = 3\,\Omega$$

그러므로

$$i_1 = \frac{40}{2 + 3} = 8\,\text{A}$$

전류 분배를 이용하여 그림 7.17(a)의 i_1으로부터 $i(t)$를 구할 수 있다.

$$i(t) = \frac{12}{12 + 4}\,i_1 = 6\,\text{A}, \qquad t < 0$$

인덕터를 통해 흐르는 전류는 순간적으로 변할 수 없으므로,

$$i(0) = i(0^-) = 6\,\text{A}$$

　　$t > 0$일 때 스위치가 개방되고 전압원은 분리되어 그림 7.17(b)의 무전원 *RL* 회로가 된다. 저항을 결합하면,

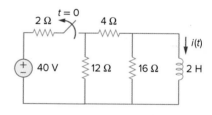

그림 7.16
예제 7.4.

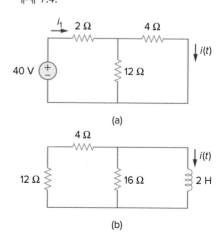

(a)

(b)

그림 7.17
예제 7.4의 풀이: (a) $t < 0$, (b) $t > 0$.

$$R_{eq} = (12 + 4) \parallel 16 = 8\ \Omega$$

시상수는

$$\tau = \frac{L}{R_{eq}} = \frac{2}{8} = \frac{1}{4}\ s$$

그러므로

$$i(t) = i(0)e^{-t/\tau} = 6e^{-4t}\ A$$

실전문제 7.4

그림 7.18의 회로에서 $t > 0$일 때 $i(t)$를 구하라.

답: $5e^{-2t}$ A, $t > 0$

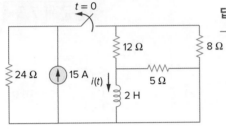

그림 7.18
실전문제 7.4.

예제 7.5

그림 7.19의 회로에서 모든 시간에 대해 i_o, v_o, i를 구하라. 단, 스위치는 오랫동안 개방되어 있었다고 가정한다.

풀이:

인덕터 전류 i를 먼저 구하고, 이것으로부터 다른 변수를 구하는 것이 더 좋다.

$t < 0$일 때 스위치는 개방상태이다. 인덕터는 직류에 대해 단락회로로 동작하고, 저항 6 Ω은 단락회로가 되므로 그림 7.20(a)에 나타낸 것과 같다. 그러므로 $i_o = 0$, 그리고

$$i(t) = \frac{10}{2 + 3} = 2\ A, \qquad t < 0$$

$$v_o(t) = 3i(t) = 6\ V, \qquad t < 0$$

따라서 $i(0) = 2$이다.

$t > 0$일 때 스위치가 닫혀 있고 전원전압은 단락회로가 된다. 즉 그림 7.20(b)에 나타낸 무전원 RL 회로가 된다. 인덕터 단자에서,

$$R_{Th} = 3 \parallel 6 = 2\ \Omega$$

시상수는

$$\tau = \frac{L}{R_{Th}} = 1\ s$$

그러므로

$$i(t) = i(0)e^{-t/\tau} = 2e^{-t}\ A, \qquad t > 0$$

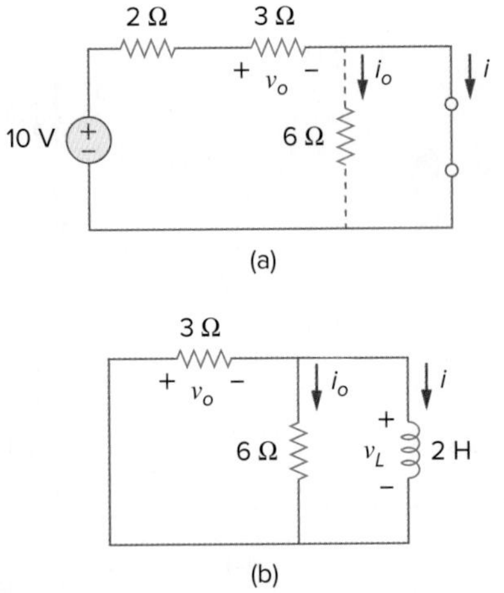

그림 7.19
예제 7.5.

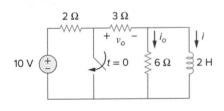

(a)

(b)

그림 7.20
예제 7.5의 풀이: (a) $t < 0$, (b) $t > 0$.

인덕터가 6 Ω과 3 Ω의 저항에 병렬연결되어 있으므로,

$$v_o(t) = -v_L = -L\frac{di}{dt} = -2(-2e^{-t}) = 4e^{-t} \text{ V}, \qquad t > 0$$

그리고

$$i_o(t) = \frac{v_L}{6} = -\frac{2}{3}e^{-t} \text{A}, \qquad t > 0$$

그러므로 모든 시간에 대해

$$i_o(t) = \begin{cases} 0 \text{ A}, & t < 0 \\ -\dfrac{2}{3}e^{-t} \text{ A}, & t > 0 \end{cases}, \qquad v_o(t) = \begin{cases} 6 \text{ V}, & t < 0 \\ 4e^{-t} \text{ V}, & t > 0 \end{cases}$$

$$i(t) = \begin{cases} 2 \text{ A}, & t < 0 \\ 2e^{-t} \text{ A}, & t \ge 0 \end{cases}$$

인덕터 전류는 $t = 0$일 때 연속적인 반면에 6 Ω 저항에 흐르는 전류는 $t = 0$일 때 0에서 $-2/3$까지 강하하고, 3 Ω 저항의 양단 전압은 $t = 0$일 때 6에서 4까지 강하한다. 또한 시상수는 출력을 무엇으로 정의하든지 똑같다. 그림 7.21에 i와 i_o를 도시했다.

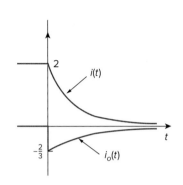

그림 7.21
i와 i_o의 시간응답.

그림 7.22의 회로에서 모든 시간 t에 대해 i, i_o, v_o를 구하라. 스위치는 오랜 시간 닫혀 있었다고 가정한다. 이상적인 전류원과 직렬의 스위치를 개방하는 것은 전류원 단자에 무한 전압을 생성하는 데 주의할 필요가 있다. 명백히 이것은 불가능하다. 문제를 해결할 목적으로 전원에 병렬로 분지(shunt) 저항을 놓을 수 있다(이것은 저항과 직렬연결된 전압원을 만든다). 더 실제적인 회로에서 대부분의 경우에 전류원처럼 동작하는 장치는 전자회로이다. 이러한 회로는 동작 범위 내에서 전원이 이상 전류원으로 동작하게 한다. 그러나 개방회로처럼 부하저항이 너무 커질 때는 전압 제한을 한다.

실전문제 7.5

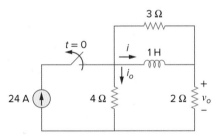

그림 7.22
실전문제 7.5.

답:

$$i = \begin{cases} 16 \text{ A}, & t < 0 \\ 16e^{-2t} \text{ A}, & t \ge 0 \end{cases}, \qquad i_o = \begin{cases} 8 \text{ A}, & t < 0 \\ -5.333e^{-2t} \text{ A}, & t > 0 \end{cases},$$

$$v_o = \begin{cases} 32 \text{ V}, & t < 0 \\ 10.667e^{-2t} \text{ V}, & t > 0 \end{cases}$$

7.4　특이함수

이 장의 절반이 지나기 전에 과도 해석의 이해를 도와줄 수 있는 몇 가지 수학적인 개념을 먼저 설명할 필요가 있다. 독립 직류 전압이나 전류를 인가했을 때의 일차 회로응답을 구하려면 기본적인 특이함수를 이해해야 한다.

특이함수(스위칭함수라고도 함)는 회로 해석에서 매우 유용하여 회로의 스위칭 동작에서 일어나는 전환 신호를 매우 근사적으로 표현할 수 있도록 한다. 이는 어떤 회로 현상의 간결한 표현에 도움이 되며, 특히 다음 장에서 논의할 RC 또는 RL 회로의 계단응답에 도움이 된다.

특이함수는 그 함수가 불연속이거나 그 도함수가 불연속인 함수이다.

회로 이론에서 가장 널리 사용되는 특이함수는 단위계단함수, 단위임펄스함수, 단위램프함수이다.

단위계단함수 $u(t)$는 t가 음수일 때 0, t가 양수일 때 1의 값을 갖는다.

수학적으로

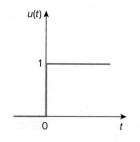

그림 7.23
단위계단함수.

$$u(t) = \begin{cases} 0, & t < 0 \\ 1, & t > 0 \end{cases} \tag{7.24}$$

계단함수는 $t = 0$에서는 정의되지 않고, 0과 1 사이에서 불연속적으로 변화한다. 이것은 다른 수학적인 함수, 사인과 코사인같이 무차원이다. 그림 7.23에 단위계단함수를 표현했다. 만약 $t = 0$ 대신에 $t = t_0$(여기서 $t_0 > 0$)일 때, 단위계단함수의 급격한 변화는 다음과 같다.

$$u(t - t_0) = \begin{cases} 0, & t < t_0 \\ 1, & t > t_0 \end{cases} \tag{7.25}$$

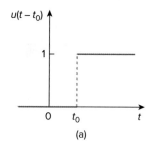

(a)

여기서 그림 7.24(a)에 나타낸 바와 같이 단위계단함수는 t_0만큼 지연된다. 식 (7.24)에서 식 (7.25)를 얻기 위해 간단히 t를 $t - t_0$로 바꾸면 된다. 만일 $t = -t_0$에서 값이 변화하면 단위계단함수는 다음과 같다.

$$u(t + t_0) = \begin{cases} 0, & t < -t_0 \\ 1, & t > -t_0 \end{cases} \tag{7.26}$$

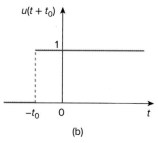

(b)

그림 7.24
(a) t_0 지연된 단위계단함수, (b) t_0 앞선 단위계단함수.

그림 7.24(b)에서 볼 수 있듯이 $u(t)$는 t_0만큼 앞섬을 의미한다.

계단함수는 제어 시스템과 디지털 컴퓨터 회로에서 발생할 수 있는 변화와 같이 전압과 전류의 갑작스러운 변화를 나타내는 데 사용한다. 예를 들면 전압은

$$v(t) = \begin{cases} 0, & t < t_0 \\ V_0, & t > t_0 \end{cases} \tag{7.27}$$

다음의 단위계단함수로 나타낼 수 있다.

$$v(t) = V_0 u(t - t_0) \tag{7.28}$$

만약 $t_0 = 0$이라면 간단히 $v(t)$는 계단전압 $V_0 u(t)$이다. 전압원 $V_0 u(t)$는 그림 7.25(a)에 나타냈다. 등가회로는 그림 7.25(b)이다. 그림 7.25(b)에서 단자 a-b는 $t < 0$일 때는 단락회로($v = 0$)이고, $t > 0$일 때는 단자에서 $v = V_0$로 나타난다. 마

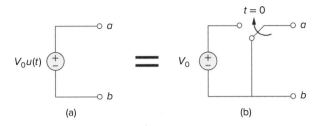

그림 7.25

(a) $V_0 u(t)$의 전압원, (b) 등가회로.

찬가지로, 전류원 $I_0 u(t)$는 그림 7.26(a)에 나타냈고 그 등가회로는 그림 7.26(b)이다. $t > 0$일 때는 개방회로($i = 0$)이고, $t > 0$일 때는 $i = I_0$임에 주의하라.

> 다른 방법으로, 식 (7.24)로부터 식 (7.25)와 (7.26)을 유도할 수 있다. 여기서 $f(t)$는 $t = t_0$ 또는 $t + t_0$가 될 수 있고, $f(t) > 0$에서 $u[f(t)] = 1$을 사용한다.

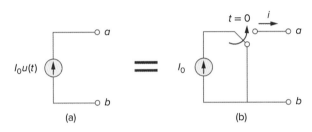

그림 7.26

(a) $I_0 u(t)$의 전압원, (b) 등가회로.

단위계단함수 $u(t)$의 도함수는 단위임펄스함수 $\delta(t)$이며 다음과 같다.

$$\delta(t) = \frac{d}{dt}u(t) = \begin{cases} 0, & t < 0 \\ \text{정의되지 않음}, & t = 0 \\ 0, & t > 0 \end{cases} \qquad \textbf{(7.29)}$$

그림 7.27에 단위임펄스함수(델타함수라고도 함)를 나타냈다.

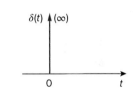

그림 7.27

단위임펄스함수.

> **단위임펄스함수** $\delta(t)$는 $t = 0$ 이외에서는 모두 0이며, $t = 0$에서는 정의되지 않는다.

임펄스 전류와 전압은 스위칭 동작이나 충격적인 전원의 결과로 전기회로에서 발생한다. 비록 단위임펄스함수는 물리적으로 실현할 수 없지만(이상적인 전원, 이상적인 저항 등과 마찬가지로) 수학적인 도구로 대단히 유용하다.

단위임펄스는 인가되거나 결과로 일어나는 충격으로 생각할 수 있다. 이는 단위면적에서 매우 짧은 구간의 펄스로 볼 수 있으며, 수학적으로 표현하면 다음과 같다.

$$\int_{0^-}^{0^+} \delta(t)\, dt = 1 \qquad \textbf{(7.30)}$$

여기서 $t = 0^-$는 시간 $t = 0$ 바로 이전을 의미하고, $t = 0^+$는 $t = 0$ 바로 이후를

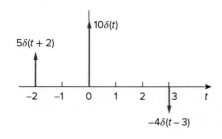

그림 7.28
3개의 임펄스함수.

의미한다. 이러한 이유로, 그림 7.27과 같이 단위임펄스함수 기호로 사용되는 화살표 옆에 1로 쓰는 것이 관례이다. 단위면적은 임펄스함수의 세기로 알려져 있다. 임펄스함수가 1 이외의 세기를 가질 때 임펄스의 면적은 임펄스의 세기와 동일하다. 예를 들면 임펄스함수 $10\delta(t)$는 10의 면적을 가진다. 그림 7.28은 임펄스함수 $5\delta(t+2)$, $10\delta(t)$, $-4\delta(t-3)$을 나타낸 것이다.

임펄스함수가 다른 함수에 어떤 영향을 미치는지 설명하기 위해 적분값을 구해보자.

$$\int_a^b f(t)\delta(t-t_0)dt \tag{7.31}$$

여기서 $a < t_0 < b$이다. $t = t_0$를 제외한 시간에서 $d(t-t_0) = 0$이므로 적분은 t_0 이외에서 0 값을 갖는다. 그러므로

$$\int_a^b f(t)\delta(t-t_0)\,dt = \int_a^b f(t_0)\delta(t-t_0)\,dt$$
$$= f(t_0)\int_a^b \delta(t-t_0)dt = f(t_0)$$

또는

$$\boxed{\int_a^b f(t)\delta(t-t_0)\,dt = f(t_0)} \tag{7.32}$$

이는 어떤 함수가 임펄스함수로 적분될 때 그 함수의 값은 임펄스가 일어나는 순간에 얻어진다는 것을 보여준다. 이것은 **표본화** 또는 **단사화(sifting)**로 알려진 임펄스함수의 매우 유용한 성질이다. 식 (7.31)의 특수한 경우는 $t_0 = 0$일 때이다. 이때 식 (7.32)는 다음과 같이 된다.

$$\int_{0^-}^{0^+} f(t)\delta(t)\,dt = f(0) \tag{7.33}$$

단위계단함수 $u(t)$의 적분은 단위램프함수 $r(t)$가 된다. 즉

$$r(t) = \int_{-\infty}^t u(\lambda)d\lambda = tu(t) \tag{7.34}$$

또는

$$\boxed{r(t) = \begin{cases} 0, & t \leq 0 \\ t, & t \geq 0 \end{cases}} \tag{7.35}$$

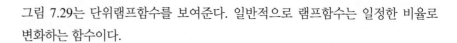
단위램프함수는 t가 음수일 때 0이고, t가 양수일 때 단위 기울기를 갖는다.

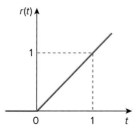

그림 7.29
단위램프함수.

그림 7.29는 단위램프함수를 보여준다. 일반적으로 램프함수는 일정한 비율로 변화하는 함수이다.

단위램프함수는 그림 7.30에서 보는 바와 같이 지연되거나 앞설 수 있다. 지연된 단위램프함수에 대해

$$r(t - t_0) = \begin{cases} 0, & t \leq t_0 \\ t - t_0, & t \geq t_0 \end{cases} \quad \text{(7.36)}$$

앞선 단위램프함수는

$$r(t + t_0) = \begin{cases} 0, & t \leq -t_0 \\ t + t_0, & t \geq -t_0 \end{cases} \quad \text{(7.37)}$$

세 가지 특이함수(단위임펄스함수, 단위계단함수, 단위램프함수)는 다음과 같은 미분과 적분에 관련이 있다는 것에 유념해야 한다.

$$\delta(t) = \frac{du(t)}{dt}, \qquad u(t) = \frac{dr(t)}{dt} \quad \text{(7.38)}$$

$$u(t) = \int_{-\infty}^{t} \delta(\lambda)\, d\lambda, \quad r(t) = \int_{-\infty}^{t} u(\lambda)\, d\lambda \quad \text{(7.39)}$$

더 많은 종류의 특이함수가 있지만 여기서는 이 세 가지 함수(단위임펄스함수, 단위계단함수, 단위램프함수)만 다룬다.

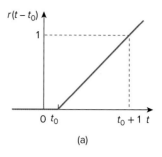

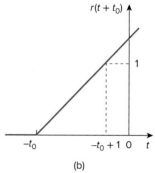

그림 7.30
(a) t_0 지연된 단위램프함수, (b) t_0 앞선 단위램프함수

그림 7.31의 전압 펄스를 단위계단함수로 표현하라. 그리고 그 미분값을 구하고 그림으로 나타내라.

풀이:

그림 7.31의 펄스 형태를 게이트함수라 부른다. 이것은 스위치가 어떤 t의 값에서 열리면 다른 t의 값에서 닫히는 계단함수로 생각할 수 있다. 그림 7.31은 스위치가 $t = 2$ s에서 열리고 $t = 5$ s에서 닫히는 게이트함수를 보여준다. 이 게이트함수는 그림 7.32(a)와 같이 두 단위계단함수의 합으로 구성되어 있다. 그림으로부터 분명하게

$$v(t) = 10u(t - 2) - 10u(t - 5) = 10[u(t - 2) - u(t - 5)]$$

이것을 미분하면,

$$\frac{dv}{dt} = 10[\delta(t - 2) - \delta(t - 5)]$$

이를 그림 7.32(b)에 나타냈다. $t = 2$ s에서 10 V만큼 갑자기 증가하여 $10\delta(t - 2)$가 됨을 관찰함으로써 그림 7.31로부터 그림 7.32(b)를 직접 얻을 수 있다. 그리고 $t = 5$ s에서 10 V만큼 갑자기 감소하여 $-10\delta(t - 5)$가 된다.

예제 7.6

게이트함수는 스위치처럼 다른 신호를 통과시키거나 차단하는 데 사용된다.

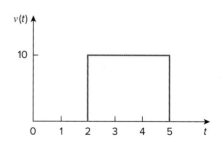

그림 7.31
예제 7.6.

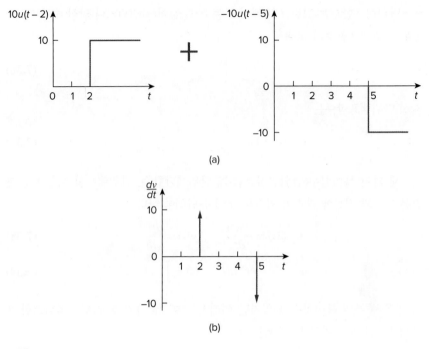

그림 7.32
(a) 그림 7.31에서 펄스의 분해, (b) 그림 7.31에서 펄스의 미분.

실전문제 7.6

그림 7.33의 전류 펄스를 단위계단함수로 표현하라. 그리고 그 적분값을 구하고 그림으로 나타내라.

답: $10[u(t) - 2u(t - 2) + u(t - 4)]$ A, $10[r(t) - 2r(t - 2) + r(t - 4)]$ amp-sec. 그림 7.34를 보라.

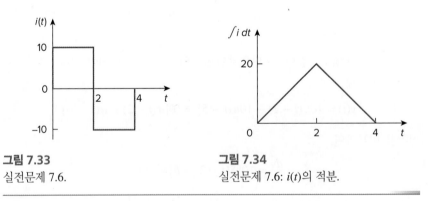

그림 7.33
실전문제 7.6.

그림 7.34
실전문제 7.6: $i(t)$의 적분.

예제 7.7

그림 7.35의 톱니파형을 특이함수로 표현하라.

풀이:

이 문제를 해결할 수 있는 방법은 세 가지가 있다. 첫 번째 방법은 주어진 함수의 단순한 관찰에 의한 것이고, 그 외 방법은 함수의 그래프 처리에 의한 것이다.

■ **방법 1**   그림 7.35를 보면 주어진 함수 $v(t)$는 특이함수의 조합이라는 것을 쉽게 알 수 있다.

$$v(t) = v_1(t) + v_2(t) + \cdots \qquad (7.7.1)$$

함수 $v_1(t)$는 기울기가 5인 램프함수이고, 이를 그림 7.36(a)에 나타냈다. 즉

$$v_1(t) = 5r(t) \qquad (7.7.2)$$

$v_1(t)$가 무한대로 가므로 $v(t)$를 얻기 위해 $t = 2s$일 때 다른 함수가 필요하다. 이 함수를 v_2라 하면 기울기가 −5인 램프함수이고, 이를 그림 7.36(b)에 나타냈다. 즉

$$v_2(t) = -5r(t - 2) \qquad (7.7.3)$$

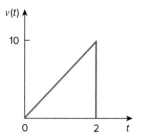

그림 7.35
예제 7.7.

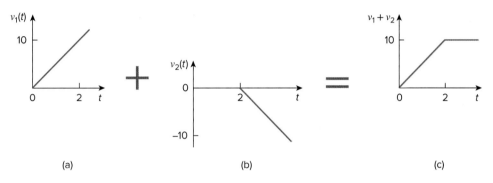

그림 7.36
예제 7.7: $v(t)$의 일부분 분해.

그림 7.36(c)에서 v_1과 v_2를 합한 신호로 주어진다. 이것은 그림 7.35의 $v(t)$와 명백히 같지 않다. 그러나 그 차이는 $t > 2$ s에 대해 단지 상수 10이다. 세 번째 신호 v_3를 합해서

$$v_3 = -10u(t - 2) \qquad (7.7.4)$$

그림 7.37에 나타낸 것과 같이 $v(t)$를 얻는다. 식 (7.7.2)~(7.7.4)를 식 (7.7.1)에 대입하면

$$v(t) = 5r(t) - 5r(t - 2) - 10u(t - 2)$$

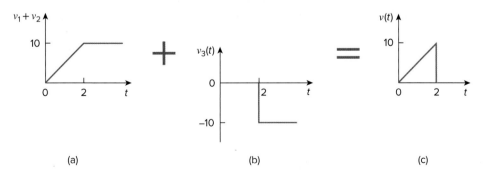

그림 7.37
예제 7.7: $v(t)$의 완전한 분해.

■ **방법 2** 그림 7.35의 $v(t)$를 면밀히 관찰하면 두 함수(램프함수와 게이트함수)의 곱이라는 것을 알 수 있다. 즉

$$v(t) = 5t[u(t) - u(t - 2)]$$
$$= 5tu(t) - 5tu(t - 2)$$
$$= 5r(t) - 5(t - 2 + 2)u(t - 2)$$
$$= 5r(t) - 5(t - 2)u(t - 2) - 10u(t - 2)$$
$$= 5r(t) - 5r(t - 2) - 10u(t - 2)$$

이는 방법 1과 같은 결과이다.

■ **방법 3** 이 방법은 방법 2와 비슷하다. 그림 7.35에서 관찰한 $v(t)$는 램프함수와 단위계단함수의 곱이며, 그림 7.38과 같다. 그러므로

$$v(t) = 5r(t)u(-t + 2)$$

만약 $u(-t)$를 $1 - u(t)$로 바꾸면 $u(-t + 2)$를 $1 - u(t - 2)$로 바꾸어 쓸 수 있다. 그러므로

$$v(t) = 5r(t)[1 - u(t - 2)]$$

방법 2와 같은 결과를 간략하게 구할 수 있다.

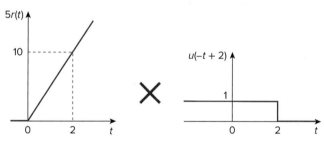

그림 7.38
예제 7.7: $v(t)$의 분해.

실전문제 7.7

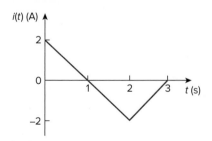

그림 7.39
실전문제 7.7.

그림 7.39의 $i(t)$를 특이함수로 표현하라.

답: $2u(t) - 2r(t) + 4r(t - 2) - 2r(t - 3)$ A

다음 신호 $g(t)$를 계단함수와 램프함수로 표현하라.

$$g(t) = \begin{cases} 3, & t < 0 \\ -2, & 0 < t < 1 \\ 2t - 4, & t > 1 \end{cases}$$

풀이:

신호 $g(t)$는 세 구간($t < 0, 0 < t < 1, t > 1$)에서 지정된 세 함수의 합으로 간주할 수 있다.

$t < 0$일 때 $g(t)$는 $u(-t)$의 3배와 같다고 할 수 있다. 여기서 $t < 0$일 때는 $u(-t) = 1, t > 0$일 때는 0이다. 시간 구간 $0 < t < 1$에서 그 함수는 게이트함수 $[u(t) - u(t-1)]$에 -2를 곱한 것으로 생각할 수 있다. $t > 1$에서 그 함수는 단위 계단함수 $u(t-1)$에 $2t - 4$를 곱한 것으로 간주할 수 있다.

$$\begin{aligned} g(t) &= 3u(-t) - 2[u(t) - u(t-1)] + (2t-4)u(t-1) \\ &= 3u(-t) - 2u(t) + (2t - 4 + 2)u(t-1) \\ &= 3u(-t) - 2u(t) + 2(t-1)u(t-1) \\ &= 3u(-t) - 2u(t) + 2r(t-1) \end{aligned}$$

$u(-t)$는 $1 - u(t)$로 바꾸어 표현하면 된다.

$$g(t) = 3[1 - u(t)] - 2u(t) + 2r(t-1) = 3 - 5u(t) + 2r(t-1)$$

$g(t)$를 도시하여 예제 7.7의 방법 1을 적용해도 된다.

다음 함수를 특이함수로 표현하라.

$$h(t) = \begin{cases} 0, & t < 0 \\ -4, & 0 < t < 2 \\ 3t - 8, & 2 < t < 6 \\ 0, & t > 6 \end{cases}$$

답: $-4u(t) + 2u(t-2) + 3r(t-2) - 10u(t-6) - 3r(t-6)$

임펄스함수를 포함하는 다음의 적분값을 구하라.

$$\int_0^{10} (t^2 + 4t - 2)\delta(t-2)\, dt$$

$$\int_{-\infty}^{\infty} [\delta(t-1)e^{-t}\cos t + \delta(t+1)e^{-t}\sin t]\, dt$$

풀이:

첫 번째 적분은 식 (7.32)의 추출 성질을 적용하면,

$$\int_0^{10} (t^2 + 4t - 2)\delta(t - 2)\, dt = (t^2 + 4t - 2)|_{t=2} = 4 + 8 - 2 = 10$$

마찬가지로 두 번째 적분은

$$\int_{-\infty}^{\infty} [\delta(t-1)e^{-t}\cos t + \delta(t+1)e^{-t}\sin t]\, dt$$

$$= e^{-t}\cos t|_{t=1} + e^{-t}\sin t|_{t=-1}$$

$$= e^{-1}\cos 1 + e^1 \sin(-1) = 0.1988 - 2.2873 = -2.0885$$

실전문제 7.9

다음의 적분값을 구하라.

$$\int_{-\infty}^{\infty} (t^3 + 5t^2 + 10)\delta(t + 3)\, dt, \qquad \int_0^{10} \delta(t - \pi)\cos 3t\, dt$$

답: 28, −1

7.5   *RC* 회로의 계단응답

RC 회로에 직류 전원을 인가하면 전압원 또는 전류원은 계단함수로 나타낼 수 있으며, 그 응답을 계단응답이라고 한다.

> 회로의 **계단응답**은 전원이 계단함수일 때의 회로응답이며, 전원은 전압 또는 전류원 이 될 수 있다.

계단응답은 직류 전압원 또는 직류 전류원을 인가한 회로의 응답이다.

그림 7.40(a)의 회로를 그림 7.40(b)로 대체할 수 있는 *RC* 회로를 생각해보자. 여기서 V_s는 일정한 직류 전압원이다. 다시 회로응답으로서 커패시터의 전압을 선택한다. 커패시터에 초기 전압이 계단응답에 필요하지 않을지라도 V_0로 가정한다. 커패시터 전압은 순간적으로 변할 수 없으므로,

$$v(0^-) = v(0^+) = V_0 \tag{7.40}$$

이때 $v(0^-)$는 스위칭하기 바로 전 커패시터 양단의 전압이고, $v(0^+)$는 스위칭 바로 후의 전압이다. KCL을 적용하면,

$$C\frac{dv}{dt} + \frac{v - V_s u(t)}{R} = 0$$

또는

$$\frac{dv}{dt} + \frac{v}{RC} = \frac{V_s}{RC}u(t) \tag{7.41}$$

여기서 v는 커패시터 양단의 전압이다. $t > 0$이면 식 (7.41)은

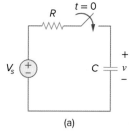

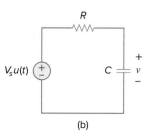

그림 7.40
전압이 계단 입력된 *RC* 회로.

$$\frac{dv}{dt} + \frac{v}{RC} = \frac{V_s}{RC} \tag{7.42}$$

다시 정리하면,

$$\frac{dv}{dt} = -\frac{v - V_s}{RC}$$

또는

$$\frac{dv}{v - V_s} = -\frac{dt}{RC} \tag{7.43}$$

양변을 적분하고 초기 조건을 도입하면,

$$\ln(v - V_s)\Big|_{V_0}^{v(t)} = -\frac{t}{RC}\Big|_0^t$$

$$\ln(v(t) - V_s) - \ln(V_0 - V_s) = -\frac{t}{RC} + 0$$

또는

$$\ln \frac{v - V_s}{V_0 - V_s} = -\frac{t}{RC} \tag{7.44}$$

양변을 지수함수로 나타내면,

$$\frac{v - V_s}{V_0 - V_s} = e^{-t/\tau}, \qquad \tau = RC$$

$$v - V_s = (V_0 - V_s)e^{-t/\tau}$$

또는

$$v(t) = V_s + (V_0 - V_s)e^{-t/\tau}, \qquad t > 0 \tag{7.45}$$

따라서

$$v(t) = \begin{cases} V_0, & t < 0 \\ V_s + (V_0 - V_s)\,e^{-t/\tau}, & t > 0 \end{cases} \tag{7.46}$$

이 식은 커패시터가 초기에 충전된 것으로 가정하면, 직류 전압원의 순간적인 적용에 대한 *RC* 회로의 완전응답(총응답)으로 알려져 있다. "완전하다"는 이유는 뒤에서 설명하겠다. $V_s > V_0$라고 가정했을 때 $v(t)$의 곡선을 그림 7.41에 나타냈다.

만일 커패시터가 초기에 충전되지 않았다고 가정하면 식 (7.46)에서 $V_0 = 0$으로 놓는다. 즉

$$v(t) = \begin{cases} 0, & t < 0 \\ V_s(1 - e^{-t/\tau}), & t > 0 \end{cases} \tag{7.47}$$

이것을 다시 쓰면,

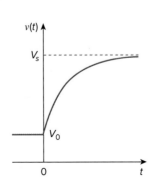

그림 7.41
초기에 충전된 커패시터를 가진 *RC* 회로의 응답.

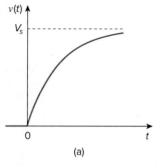

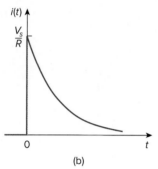

그림 7.42
초기에 충전되지 않은 커패시터를 가진 *RC* 회로의 계단응답: (a) 전압응답, (b) 전류응답.

$$v(t) = V_s(1 - e^{-t/\tau})u(t) \tag{7.48}$$

이 식은 커패시터가 초기에 충전되지 않았을 때 *RC* 회로의 완전한 계단응답이다. 커패시터를 흐르는 전류는 $i(t) = Cdv/dt$를 이용하여 식 (7.47)에 의해 얻을 수 있다. $i(t)$의 값은

$$i(t) = C\frac{dv}{dt} = \frac{C}{\tau}V_s e^{-t/\tau}, \qquad \tau = RC, \qquad t > 0$$

또는

$$i(t) = \frac{V_s}{R}e^{-t/\tau}\,u(t) \tag{7.49}$$

그림 7.42는 커패시터의 전압 $v(t)$와 전류 $i(t)$를 보여준다.

　　RC 또는 *RL* 회로의 계단응답을 구하는 것은 위와 같이 유도해내기보다는 시스템적 접근 방법으로 실행하는 것이 더 빠르다. 식 (7.45)를 재검토해보면 식 (7.48)보다 더 일반적이다. $v(t)$는 2개의 성분으로 구성된다. 이것은 다시 두 가지 방법으로 나타낼 수 있다. 그 하나는 "자연응답과 강제응답"으로 분리하는 것이고, 또 하나는 "과도응답과 정상상태 응답"으로 분리하는 것이다. 자연응답과 강제응답으로 표현하면 전체응답 혹은 완전응답은

> 완전응답 = 자연응답 + 강제응답
> 　　　　　　저장 에너지　　독립 전원

또는

$$v = v_n + v_f \tag{7.50}$$

여기서

$$v_n = V_o e^{-t/\tau}$$

그리고

$$v_f = V_s(1 - e^{-t/\tau})$$

v_n은 회로의 자연응답이고, 7.2절에서 다루었다. v_f는 외부의 "힘"(이 경우 전압원)이 회로에 가해질 때 만들어지므로 강제응답이라고 한다. 이는 회로에 입력되는 신호에 의해 강제로 만들어지는 응답이라는 의미이다. 자연응답은 강제응답의 과도 성분과 함께 결국 사라져가고, 강제응답의 정상상태 성분만이 남는다.

　　완전응답을 두 성분으로 분리하는 다른 방법—한 성분은 일시적이고 한 성분은 영구적인 것—이 있다. 즉

> 완전응답 = 과도응답 + 정상상태 응답
> 　　　　　　일시적인 부분　　영구적인 부분

또는

$$v = v_t + v_{ss} \qquad (7.51)$$

여기서

$$v_t = (V_o - V_s)e^{-t/\tau} \qquad (7.52a)$$
$$v_{ss} = V_s \qquad (7.52b)$$

과도응답 v_t는 일시적이다. 이는 완전응답 중에서 시간이 무한히 지나면 0으로 감쇄하는 부분이다.

> **과도응답**은 회로의 일시적인 응답이며, 시간이 지나면 사라질 것이다.

정상상태 응답 v_{ss}는 완전응답 중에서 과도응답이 사라진 후 남아 있는 부분이다.

> **정상상태 응답**은 외부 신호가 인가되고 오랜 시간이 경과한 후 회로의 응답이다.

완전응답의 첫 번째 분리 방법은 전원 관련 응답에 의한 분리이고, 두 번째 분리 방법은 영속성 관련 응답에 의한 분리이다. 어떤 조건에서 자연응답과 과도응답은 동일하다. 마찬가지로 강제응답과 정상상태 응답도 같다고 말할 수 있다.

그것을 어떤 방법으로 관찰하든 식 (7.45)의 완전응답은 다음 식처럼 쓸 수 있다.

$$\boxed{v(t) = v(\infty) + [v(0) - v(\infty)]e^{-t/\tau}} \qquad (7.53)$$

> 이는 완전응답이 과도응답과 정상상태 응답의 합이라고 말하는 것과 같다.

여기서 $v(0)$은 $t = 0^+$일 때 초기 전압이고, $v(\infty)$는 최종 혹은 정상상태 응답이다. 그러므로 *RC* 회로에서 계단응답을 구하기 위해 다음의 세 가지가 요구된다.

> 1. 초기 커패시터 전압 $v(0)$
> 2. 최종 커패시터 전압 $v(\infty)$
> 3. 시상수 τ

주어진 회로에서 $t < 0$일 때 1항을 얻고, 2항과 3항은 $t > 0$일 때 얻는다. 일단 이러한 각 항이 결정되면 식 (7.53)에서 응답을 얻는다. 다음 절에서 알 수 있듯이 이러한 기법은 *RL* 회로에 똑같이 적용된다.

만약 시간 $t = 0$ 대신에 $t = t_0$에서 스위치가 작동하면 시간 지연이 있고, 그래서 식 (7.53)은 다음과 같이 된다.

$$v(t) = v(\infty) + [v(t_0) - v(\infty)]e^{-(t - t_0)/\tau} \qquad (7.54)$$

> 일단 $x(0)$, $x(\infty)$, τ를 알고 나면 7장의 거의 모든 회로 문제는 다음 공식을 사용해서 풀 수 있다.
>
> $$x(t) = x(\infty) + [x(0) - x(\infty)]e^{-t/\tau}$$

여기서 $v(t_0)$는 $t = t_0^+$에서 초기값이다. 식 (7.53) 또는 식 (7.54)는 계단응답에만 적용됨을 명심하라. 즉 입력 신호가 상숫값일 때이다.

예제 7.10

그림 7.43에서 스위치는 오랜 시간 A 위치에 있다 $t = 0$에서 스위치가 B로 이동한다. $t > 0$일 때 $v(t)$를 구하고, $t = 1$ s, $t = 4$ s일 때 그 값을 계산하라.

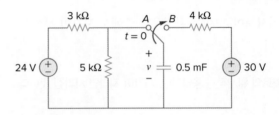

그림 7.43
예제 7.10.

풀이:

$t < 0$일 때 스위치는 A 위치에 있다. 커패시터는 직류에 개방회로처럼 동작한다. 그러나 v는 저항 5 kΩ의 전압과 동일하다. 따라서 커패시터 양단의 전압은 $t = 0$ 직전에 전압 분배에 의해 얻을 수 있다. 즉

$$v(0^-) = \frac{5}{5+3}(24) = 15 \text{ V}$$

커패시터의 전압은 순간적으로 바뀌지 않으므로,

$$v(0) = v(0^-) = v(0^+) = 15 \text{ V}$$

$t > 0$일 때 스위치는 B 위치에 있다. 커패시터에 접속된 테브냉 저항은 $R_{Th} = 4$ kΩ이고, 이때의 시상수는

$$\tau = R_{Th}C = 4 \times 10^3 \times 0.5 \times 10^{-3} = 2 \text{ s}$$

커패시터는 직류에 대해 정상상태에서 개방회로로 동작하므로 $v(\infty) = 30$ V이다. 그러므로

$$v(t) = v(\infty) + [v(0) - v(\infty)]e^{-t/\tau}$$
$$= 30 + (15 - 30)e^{-t/2} = (30 - 15e^{-0.5t}) \text{ V}$$

$t = 1$일 때,

$$v(1) = 30 - 15e^{-0.5} = 20.9 \text{ V}$$

$t = 4$일 때,

$$v(4) = 30 - 15e^{-2} = 27.97 \text{ V}$$

그림 7.44의 회로에서 $t > 0$일 때 $v(t)$를 구하라. 스위치가 오랜 시간 개방되어 있었으며, $t = 0$에서 닫혀 있다고 가정한다. 그리고 $t = 0.5$일 때 $v(t)$를 구하라.

답: $t > 0$일 때 $(9.375 + 5.625e^{-2t})$ V, 11.444 V

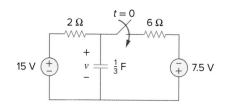

실전문제 7.10

그림 7.44
실전문제 7.10.

예제 7.11

그림 7.45의 회로에서 스위치는 오랜 시간 닫혀 있었으며, $t = 0$에서 개방된다. 전체 시간 동안의 i와 v를 구하라.

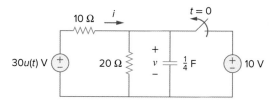

그림 7.45
예제 7.11.

풀이:

저항의 전류 i는 $t = 0$일 때 불연속적일 수 있고, 커패시터 전압 v는 연속적이다. 그러므로 v를 구하기가 더 쉽다. 그다음 v로부터 i를 구한다.

단위계단함수의 정의에 의해,

$$30u(t) = \begin{cases} 0, & t < 0 \\ 30, & t > 0 \end{cases}$$

$t < 0$일 때 스위치는 닫혀 있고, $30u(t) = 0$이다. 그래서 $30u(t)$의 전압원은 단락 회로로 대체되고, v에는 기여되는 것이 없다고 간주해야 한다. 스위치가 긴 시간 동안 닫혀 있으므로 커패시터의 전압은 정상상태에 도달하고, 커패시터는 개방회로로 동작한다. 그러므로 이 회로는 $t < 0$일 때 그림 7.46(a)에 나타낸 것과 같다. 회로로부터 얻는 값은

$$v = 10 \text{ V}, \qquad i = -\frac{v}{10} = -1 \text{ A}$$

커패시터의 전압은 순간적으로 변할 수 없기 때문에,

$$v(0) = v(0^-) = 10 \text{ V}$$

$t > 0$일 때 스위치는 개방되고, 전압원 10 V는 회로에서 분리된다. $30u(t)$ 전압원은 인가되고, 그 회로는 그림 7.46(b)에 나타낸 것과 같다. 오랜 시간이 지난 후 회로는 정상상태에 도달하고, 커패시터는 다시 개방회로가 된다. 전압

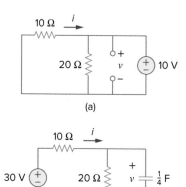

그림 7.46
예제 7.11의 풀이: (a) $t < 0$일 때, (b) $t > 0$일 때.

분배를 이용하여 $v(\infty)$의 값은

$$v(\infty) = \frac{20}{20 + 10}(30) = 20 \text{ V}$$

커패시터 단자에서 테브냉 저항은

$$R_{Th} = 10\|20 = \frac{10 \times 20}{30} = \frac{20}{3}\,\Omega$$

그리고 시상수는

$$\tau = R_{Th}C = \frac{20}{3} \cdot \frac{1}{4} = \frac{5}{3}\text{ s}$$

따라서

$$v(t) = v(\infty) + [v(0) - v(\infty)]e^{-t/\tau}$$
$$= 20 + (10 - 20)e^{-(3/5)t} = (20 - 10e^{-0.6t})\text{ V}$$

그림 7.46(b)로부터 전류 i는 저항 20 Ω과 커패시터에 흐르는 전류의 합과 같다.

$$i = \frac{v}{20} + C\frac{dv}{dt}$$
$$= 1 - 0.5e^{-0.6t} + 0.25(-0.6)(-10)e^{-0.6t} = (1 + e^{-0.6t})\text{ A}$$

그림 7.46(b)로부터 기대했던 대로 $v + 10i = 30$을 만족한다. 그러므로

$$v = \begin{cases} 10\text{ V}, & t < 0 \\ (20 - 10e^{-0.6t})\text{ V}, & t \geq 0 \end{cases}$$

$$i = \begin{cases} -1\text{ A}, & t < 0 \\ (1 + e^{-0.6t})\text{ A}, & t > 0 \end{cases}$$

커패시터의 전압은 연속적인 반면에 저항의 전류는 불연속적이다.

실전문제 7.11

그림 7.47의 회로에서 스위치는 $t = 0$일 때 닫혀 있다. 전체 시간 동안의 $i(t)$와 $v(t)$를 구하라. 단, $t < 0$일 때 $u(-t) = 1$이고, $t > 0$일 때 0임을 유의하라. 또한 $u(-t) = 1 - u(t)$이다.

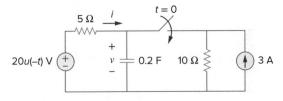

그림 7.47
실전문제 7.11.

답: $i(t) = \begin{cases} 0, & t < 0 \\ -2(1 + e^{-1.5t})\text{ A}, & t > 0, \end{cases}$

$$v = \begin{cases} 20 \text{ V}, & t < 0 \\ 10(1 + e^{-1.5t}) \text{ V}, & t > 0 \end{cases}$$

7.6   *RL* 회로의 계단응답

그림 7.48(a)의 *RL* 회로를 고려하자. 이것은 그림 7.48(b) 회로로 대체할 수 있다. 여기서 우리의 목표는 회로의 응답으로부터 인덕터 전류 *i*를 구하는 것이다. 키르히호프의 법칙을 적용하기보다 식 (7.50)~(7.53)의 간단한 기법을 사용할 것이다. 응답은 과도응답과 정상상태 응답의 합이라고 생각하자.

$$i = i_t + i_{ss} \tag{7.55}$$

과도응답은 항상 지수함수적으로 감쇄한다고 알고 있다. 즉

$$i_t = Ae^{-t/\tau}, \qquad \tau = \frac{L}{R} \tag{7.56}$$

이때 *A*는 결정해야 할 상수이다.

정상상태 응답은 그림 7.48(a)에서 스위치가 닫히고 오랜 시간이 지난 후의 전류값이다. 과도응답은 본질적으로 시상수의 5배 시간이 경과하면 사라진다. 그때 인덕터는 단락회로가 되고, 양단 전압은 0이 된다. 완전한 전압원 V_s는 *R* 양단에 나타난다. 따라서 정상상태 응답은

$$i_{ss} = \frac{V_s}{R} \tag{7.57}$$

식 (7.56)과 (7.57)을 식 (7.55)에 대입하면,

$$i = Ae^{-t/\tau} + \frac{V_s}{R} \tag{7.58}$$

이제 *i*의 초기값으로부터 상수 *A*를 구할 수 있다. 인덕터의 초기 전류를 I_0라 하자. 이는 V_s가 아니라 다른 전원에서 나온 것이다. 인덕터에 흐르는 전류는 순간적으로 변할 수 없으므로,

$$i(0^+) = i(0^-) = I_0 \tag{7.59}$$

따라서 *t* = 0일 때 식 (7.58)은 다음과 같다.

$$I_0 = A + \frac{V_s}{R}$$

이로부터 *A*를 구하면,

$$A = I_0 - \frac{V_s}{R}$$

*A*를 식 (7.58)에 대입하면,

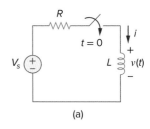

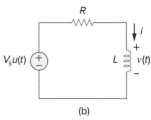

그림 7.48
계단 입력 전압원이 있는 *RL* 회로.

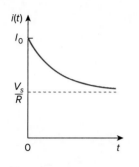

그림 7.49
초기 인덕터 전류 I_0를 가진 *RL* 회로의 전체 응답.

$$i(t) = \frac{V_s}{R} + \left(I_0 - \frac{V_s}{R} \right) e^{-t/\tau} \tag{7.60}$$

이것이 *RL* 회로의 완전응답이며 그림 7.49에 도시되어 있다. 식 (7.60)에서 응답을 다음과 같이 쓸 수 있다.

$$i(t) = i(\infty) + [i(0) - i(\infty)]e^{-t/\tau} \tag{7.61}$$

여기서 $i(0)$과 $i(\infty)$는 i의 초기값과 최종값이다. 따라서 *RL* 회로의 계단응답을 구하기 위해 다음의 세 가지가 요구된다.

1. $t = 0$일 때 초기 인덕터의 전류 $i(0)$
2. 최종 인덕터의 전류 $i(\infty)$
3. 시상수 τ

1항은 주어진 회로로부터 $t < 0$일 때 얻고 2항과 3항은 $t > 0$일 때 얻는다. 이 항들을 구하면 식 (7.61)을 이용하여 응답을 얻을 수 있다. 이러한 기법은 계단응답에만 적용됨을 명심하라.

여기서 스위치를 $t = 0$ 대신에 $t = t_0$로 대체하면 식 (7.61)은 다음과 같다.

$$i(t) = i(\infty) + [i(t_0) - i(\infty)]e^{-(t-t_0)/\tau} \tag{7.62}$$

만약 $I_0 = 0$이면,

$$i(t) = \begin{cases} 0, & t < 0 \\ \dfrac{V_s}{R}(1 - e^{-t/\tau}), & t > 0 \end{cases} \tag{7.63a}$$

또는

$$i(t) = \frac{V_s}{R}(1 - e^{-t/\tau})u(t) \tag{7.63b}$$

이것은 초기 인덕터 전류가 0일 때 *RL* 회로의 계단응답이다. 인덕터 양단의 전압은 $v = L\,di/dt$를 사용하여 식 (7.63)으로부터 얻을 수 있다.

$$v(t) = L\frac{di}{dt} = V_s \frac{L}{\tau R}e^{-t/\tau}, \qquad \tau = \frac{L}{R}, \qquad t > 0$$

또는

$$v(t) = V_s e^{-t/\tau} u(t) \tag{7.64}$$

그림 7.50은 식 (7.63)과 (7.64)의 계단응답을 보여준다.

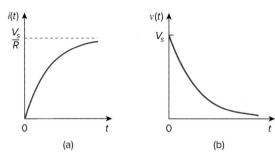

그림 7.50
초기 인덕터 전류가 없는 *RL* 회로의 계단응답: (a) 전류
응답, (b) 전압응답.

그림 7.51의 회로에서 $t > 0$일 때 $i(t)$를 구하라. 스위치는 오랜 시간 닫혀 있었다
고 가정한다.

풀이:

$t < 0$일 때 3 Ω의 저항은 단락회로이며, 인덕터는 단락회로로 동작한다. $t = 0^-$
일 때($t = 0$ 직전) 인덕터에 흐르는 전류는

$$i(0^-) = \frac{10}{2} = 5 \text{ A}$$

인덕터의 전류는 순간적으로 변할 수 없으므로,

$$i(0) = i(0^+) = i(0^-) = 5 \text{ A}$$

$t > 0$일 때 스위치는 개방된다. 저항 2 Ω과 3 Ω은 직렬로 연결되어 있으므로,

$$i(\infty) = \frac{10}{2 + 3} = 2 \text{ A}$$

인덕터 양단의 테브냉 저항은

$$R_{\text{Th}} = 2 + 3 = 5 \text{ Ω}$$

시상수는

$$\tau = \frac{L}{R_{\text{Th}}} = \frac{\frac{1}{3}}{5} = \frac{1}{15} \text{s}$$

따라서

$$i(t) = i(\infty) + [i(0) - i(\infty)]e^{-t/\tau}$$

$$= 2 + (5 - 2)e^{-15t} = 2 + 3e^{-15t} \text{ A}, \qquad t > 0$$

검증: 그림 7.51에서 $t > 0$일 때 KVL을 만족해야 한다. 즉

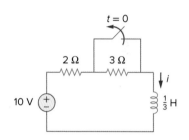

그림 7.51
예제 7.12.

$$10 = 5i + L\frac{di}{dt}$$

$$5i + L\frac{di}{dt} = [10 + 15e^{-15t}] + \left[\frac{1}{3}(3)(-15)e^{-15t}\right] = 10$$

이것은 결과가 일치함을 보인다.

실전문제 7.12

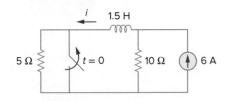

그림 7.52
실전문제 7.12.

그림 7.52에서 스위치는 오랜 시간 닫혀 있다 $t = 0$에서 개방된다. $t > 0$일 때 $i(t)$를 구하라.

답: $t > 0$일 때 $(4 + 2e^{-10t})$ A

예제 7.13

그림 7.53의 회로에서 $t = 0$일 때 S_1은 닫혀 있고 S_2는 4 s 후에 닫힌다. $t > 0$일 때 $i(t)$를 구하라. 그리고 $t = 2$ s, $t = 5$ s일 때 i를 계산하라.

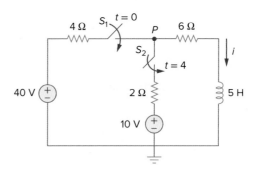

그림 7.53
예제 7.13.

풀이:

세 가지 시간 간격 $t \le 0$, $0 \le t \le 4$, $t \ge 4$ 각각에 대해 생각할 필요가 있다. $t < 0$에서 스위치 S_1과 S_2는 개방되고, 이때 전류 $i = 0$이다. 인덕터의 전류는 순간적으로 변하지 않으므로,

$$i(0^-) = i(0) = i(0^+) = 0$$

$0 \le t \le 4$일 때 S_1이 닫히기 때문에 4 Ω과 6 Ω은 직렬로 연결된다(이때 S_2는 여전히 열려 있다). S_1이 영구히 닫혀 있다고 가정하면,

$$i(\infty) = \frac{40}{4 + 6} = 4 \text{ A}, \qquad R_{Th} = 4 + 6 = 10 \text{ Ω}$$

$$\tau = \frac{L}{R_{Th}} = \frac{5}{10} = \frac{1}{2} \text{ s}$$

따라서

$$i(t) = i(\infty) + [i(0) - i(\infty)]e^{-t/\tau}$$

$$= 4 + (0 - 4)e^{-2t} = 4(1 - e^{-2t}) \text{ A}, \qquad 0 \le t \le 4$$

$t \ge 4$일 때 S_2는 닫혀 있으며, 10 V 전압원이 연결되고 회로가 바뀐다. 인덕터 전류는 갑자기 변할 수 없기 때문에 이러한 급격한 변화는 인덕터 전류에 영향을 주지 않는다. 그래서 초기 전류는

$$i(4) = i(4^-) = 4(1 - e^{-8}) \simeq 4 \text{ A}$$

$i(\infty)$를 구하기 위해 그림 7.53의 노드 P에서 전압을 v라 하자. KCL을 이용하면,

$$\frac{40 - v}{4} + \frac{10 - v}{2} = \frac{v}{6} \qquad \Rightarrow \qquad v = \frac{180}{11} \text{ V}$$

$$i(\infty) = \frac{v}{6} = \frac{30}{11} = 2.727 \text{ A}$$

인덕터 단자에서 테브냉 저항은

$$R_{\text{Th}} = 4 \| 2 + 6 = \frac{4 \times 2}{6} + 6 = \frac{22}{3} \text{ } \Omega$$

그리고

$$\tau = \frac{L}{R_{\text{Th}}} = \frac{5}{\frac{22}{3}} = \frac{15}{22} \text{ s}$$

그러므로

$$i(t) = i(\infty) + [i(4) - i(\infty)]e^{-(t-4)/\tau}, \qquad t \ge 4$$

시간이 지연되기 때문에 지수함수로 $(t - 4)$가 필요하다. 따라서

$$i(t) = 2.727 + (4 - 2.727)e^{-(t-4)/\tau}, \qquad \tau = \frac{15}{22}$$

$$= 2.727 + 1.273e^{-1.4667(t-4)}, \qquad t \ge 4$$

이 모든 것을 모으면,

$$i(t) = \begin{cases} 0, & t \le 0 \\ 4(1 - e^{-2t}), & 0 \le t \le 4 \\ 2.727 + 1.273e^{-1.4667(t-4)}, & t \ge 4 \end{cases}$$

$t = 2$일 때,

$$i(2) = 4(1 - e^{-4}) = 3.93 \text{ A}$$

$t = 5$일 때,

$$i(5) = 2.727 + 1.273e^{-1.4667} = 3.02 \text{ A}$$

실전문제 7.13

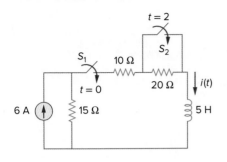

그림 7.54
실전문제 7.13.

그림 7.54의 회로에서 스위치 S_1은 $t = 0$일 때 닫히고, 스위치 S_2는 $t = 2$ s일 때 닫힌다. 모든 시간 t에 대해 $i(t)$를 구하라. 그리고 $i(1)$과 $i(3)$을 구하라.

답: $i(t) = \begin{cases} 0, & t < 0 \\ 2(1 - e^{-9t}), & 0 < t < 2 \\ 3.6 - 1.6e^{-5(t-2)}, & t > 2 \end{cases}$

$i(1) = 1.9997$ A, $i(3) = 3.589$ A.

7.7   † 일차 연산증폭기 회로

하나의 저장소자를 포함하는 연산증폭기 회로는 일차 동작을 나타낼 것이다. 6.6절에서 다룬 미분기와 적분기는 일차 연산증폭기 회로의 실례이다. 또한 실제적인 이유로 인덕터는 연산증폭기 회로에 거의 사용되지 않는다. 그러므로 여기서 고찰하는 연산증폭기 회로는 RC형이다.

보통 연산증폭기 회로에는 노드 해석법을 사용한다. 연산증폭기 회로를 쉽게 다룰 수 있는 회로로 줄이는 데 테브냉 등가회로가 사용되기도 한다. 다음의 세 가지 예제를 통해 이 개념을 설명한다. 첫 번째는 무전원 연산증폭기 회로를 다루는 것이고, 나머지 두 가지는 계단응답을 포함하는 것이다. 세 가지 예제는 모든 가능한 RC형 연산증폭기 회로를 포함하도록 선택했다. 연산증폭기에서 커패시터는 입력, 출력, 혹은 피드백 루프에 위치할 수 있는데, 그에 따라서 여러 가지 형태의 RC 회로 구성이 가능하다.

예제 7.14

그림 7.55(a)의 연산증폭기 회로에서 $t > 0$일 때 $v(0) = 3$ V이다. v_o를 구하라. $R_f = 80$ kΩ, $R_1 = 20$ kΩ, $C = 5$ μF이라고 가정한다.

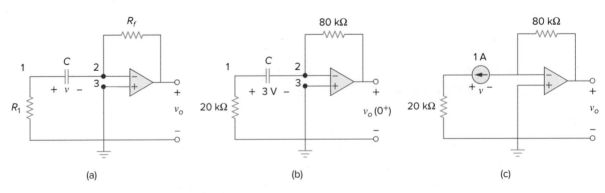

(a)   (b)   (c)

그림 7.55
예제 7.14.

풀이:
이 문제는 두 가지 방법으로 풀 수 있다.

■ **방법 1**　그림 7.55(a)의 회로를 고려하자. 노드 해석을 사용하여 적합한 미분방정식을 유도한다. 만약 v_1이 노드 1의 전압이라면 그 노드에서의 KCL은 다음과 같다.

$$\frac{0 - v_1}{R_1} = C\frac{dv}{dt} \qquad (7.14.1)$$

노드 2와 3에서 전압값이 동일해야 하기 때문에 노드 2에서의 전압값은 0이다. 그러므로 $v_1 - 0 = v$ 또는 $v_1 = v$, 그리고 식 (7.14.1)은 다음과 같이 된다.

$$\frac{dv}{dt} + \frac{v}{CR_1} = 0 \qquad (7.14.2)$$

이는 식 (7.4b)와 유사하므로 해는 7.2절에서와 같은 방식으로 구할 수 있다. 즉

$$v(t) = V_0 e^{-t/\tau}, \qquad \tau = R_1 C \qquad (7.14.3)$$

여기서 V_0는 커패시터 양단의 초기 전압이다. 그러나 $v(0) = 3 = V_0$이고, $\tau = 20 \times 10^3 \times 5 \times 10^{-6} = 0.1$이다. 그러므로

$$v(t) = 3e^{-10t} \qquad (7.14.4)$$

노드 2에 KCL을 적용하면,

$$C\frac{dv}{dt} = \frac{0 - v_o}{R_f}$$

또는

$$v_o = -R_f C\frac{dv}{dt} \qquad (7.14.5)$$

이제 v_0를 다음과 같이 구할 수 있다.

$$v_o = -80 \times 10^3 \times 5 \times 10^{-6}(-30e^{-10t}) = 12e^{-10t} \text{ V}, \qquad t > 0$$

■ **방법 2**　식 (7.53)으로부터 쉬운 방법을 적용해보자. $v_o(0^+)$, $v_o(\infty)$, τ를 구할 필요가 있다. $v(0^+) = v(0^-) = 3$ V이므로 다음의 식을 얻기 위해 그림 7.55(b)의 노드 2에 KCL을 적용한다.

$$\frac{3}{20{,}000} + \frac{0 - v_o(0^+)}{80{,}000} = 0$$

혹은 $v_o(0^+) = 12$ V이다. 무전원 회로이므로 $v(\infty) = 0$ V이다. τ를 구하기 위해 커패시터 단자의 등가 저항 R_{eq}가 필요하다. 만약 커패시터를 제거하고 1 A 전류원으로 대체한다면 그림 7.55(c)와 같은 회로가 된다. 입력 루프에 KVL을 적용하면 다음과 같이 계산된다.

$$20{,}000(1) - v = 0 \qquad \Rightarrow \qquad v = 20 \text{ kV}$$

그러면

$$R_{\text{eq}} = \frac{v}{1} = 20 \text{ k}\Omega$$

그리고 $\tau = R_{eq}C = 0.1$이다. 따라서

$$v_o(t) = v_o(\infty) + [v_o(0) - v_o(\infty)]e^{-t/\tau}$$

$$= 0 + (12 - 0)e^{-10t} = 12e^{-10t} \text{ V}, \qquad t > 0$$

방법 1과 동일한 결과가 나온다.

실전문제 7.14

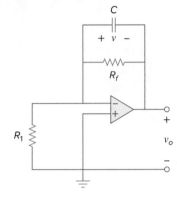

그림 7.56
실전문제 7.14.

그림 7.56의 연산증폭기 회로에서 $v(0) = 4$ V라면 $t > 0$일 때 v_o를 구하라. $R_f =$ 50 kΩ, $R_1 = 10$ kΩ, $C = 10 \, \mu$F이라고 가정한다.

답: $-4e^{-2t}$ V, $t > 0$

예제 7.15

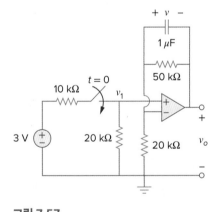

그림 7.57
예제 7.15.

그림 7.57의 회로에서 $v(t)$와 $v_o(t)$를 구하라.

풀이:
앞의 예제와 같이 두 가지 방법으로 풀 수 있지만 여기서는 두 번째 방법만 적용할 것이다. 구하고자 하는 것은 계단응답이므로 식 (7.53)을 적용하여 다음과 같이 쓸 수 있다.

$$v(t) = v(\infty) + [v(0) - v(\infty)]e^{-t/\tau}, \qquad t > 0 \tag{7.15.1}$$

여기서 시간 상수 τ와 초기값 $v(0)$, 최종값 $v(\infty)$만 구하면 된다. 커패시터 전압으로 계단입력이 인가된다는 것을 유의하라. 연산증폭기의 입력 단자에는 전류가 흐를 수 없기 때문에 연산증폭기의 피드백 루프상의 소자들이 RC 회로를 구성한다. 즉

$$\tau = RC = 50 \times 10^3 \times 10^{-6} = 0.05 \tag{7.15.2}$$

$t < 0$일 때 스위치는 열려 있고, 커패시터 양단의 전압은 0이다. 그러므로 $v(0) =$ 0이다. $t > 0$일 때 다음 식과 같은 전압 분배에 의해 노드 1에서의 전압을 얻는다.

$$v_1 = \frac{20}{20 + 10}3 = 2 \text{ V} \tag{7.15.3}$$

입력 루프에는 에너지 저장소자가 없기 때문에 v_1은 모든 t에 대해 일정하게 남는다. 정상상태에서 커패시터는 개방회로처럼 동작하므로 연산증폭기 회로는 비반전증폭기이다. 그러므로

$$v_o(\infty) = \left(1 + \frac{50}{20}\right)v_1 = 3.5 \times 2 = 7 \text{ V} \qquad \textbf{(7.15.4)}$$

그러나

$$v_1 - v_o = v \qquad \textbf{(7.15.5)}$$

따라서

$$v(\infty) = 2 - 7 = -5 \text{ V}$$

τ, $v(0)$, $v(\infty)$를 식 (7.15.1)에 대입하면,

$$v(t) = -5 + [0 - (-5)]e^{-20t} = 5(e^{-20t} - 1) \text{ V}, \qquad t > 0 \qquad \textbf{(7.15.6)}$$

식 (7.15.3), (7.15.5), (7.15.6)으로부터 다음 식을 얻을 수 있다.

$$v_o(t) = v_1(t) - v(t) = 7 - 5e^{-20t} \text{ V}, \qquad t > 0 \qquad \textbf{(7.15.7)}$$

실전문제 7.15

그림 7.58의 연산증폭기 회로에서 $v(t)$와 $v_o(t)$를 구하라.

답: (입력이 $t < 0$일 때 0이기 때문에 커패시터 양단의 전압과 출력 전압이 $t < 0$일 때 동일하게 0임에 주의하라.) $40(1 - e^{-10t})\, u(t)$ mV, $40(e^{-10t} - 1)\, u(t)$ mV

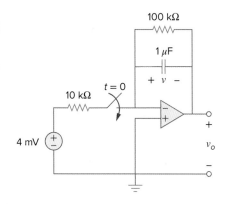

그림 7.58
실전문제 7.15.

예제 7.16

그림 7.59의 연산증폭기 회로에서 $t > 0$일 때 계단응답 $v_o(t)$를 구하라. 여기서 v_i = $2u(t)$ V, $R_1 = 20$ kΩ, $R_f = 50$ kΩ, $R_2 = R_3 = 10$ kΩ, $C = 2$ μF이다.

풀이:
예제 7.14에서는 커패시터가 입력 루프에 위치하지만, 예제 7.15의 커패시터는 피드백 루프에 위치한다. 여기서는 커패시터가 연산증폭기의 출력에 위치해 있다. 앞의 예제와 마찬가지로 노드 해석을 직접 이용하여 이 문제를 풀 수 있다. 그러나 테브냉 등가회로를 이용하면 문제를 간소화할 수 있다.

일시적으로 커패시터를 제거하고 그 단자에서 테브냉 등가회로를 구한다. V_{Th}를 구하기 위해 그림 7.60(a)의 회로를 고려하자. 회로가 반전증폭기이므로,

$$V_{ab} = -\frac{R_f}{R_1}v_i$$

전압 분배에 의해,

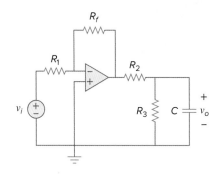

그림 7.59
예제 7.16.

$$V_{Th} = \frac{R_3}{R_2 + R_3} V_{ab} = -\frac{R_3}{R_2 + R_3} \frac{R_f}{R_1} v_i$$

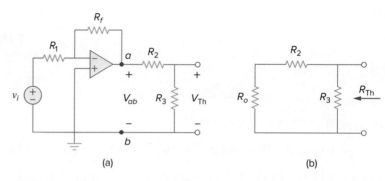

그림 7.60

예제 7.16: 커패시터 양단의 V_{Th}와 R_{Th} 구하기.

　　R_{Th}를 구하기 위해 그림 7.60(b)의 회로를 생각해보자. 여기서 R_o는 연산증폭기의 출력 저항이다. 이상적인 연산증폭기라고 가정하면 $R_o = 0$이고,

$$R_{Th} = R_2 \parallel R_3 = \frac{R_2 R_3}{R_2 + R_3}$$

주어진 수치를 대입하면,

$$V_{Th} = -\frac{R_3}{R_2 + R_3} \frac{R_f}{R_1} v_i = -\frac{10}{20} \frac{50}{20} 2u(t) = -2.5u(t)$$

$$R_{Th} = \frac{R_2 R_3}{R_2 + R_3} = 5k\Omega$$

테브냉 등가회로는 그림 7.61에 나타냈으며, 이는 그림 7.40과 유사하다. 그러므로 해는 식 (7.48)과 유사하다. 즉

$$v_o(t) = -2.5(1 - e^{-t/\tau})u(t)$$

여기서 $\tau = R_{Th}C = 5 \times 10^3 \times 2 \times 10^{-6} = 0.01$이다. 따라서 $t > 0$일 때 계단응답은

$$v_o(t) = 2.5(e^{-100t} - 1)u(t) \text{ V}$$

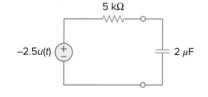

그림 7.61

예제 7.16: 테브냉 등가회로.

실전문제 7.16

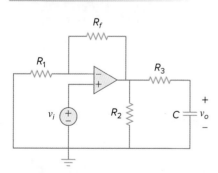

그림 7.62

실전문제 7.16.

그림 7.62의 회로에서 계단응답 $v_o(t)$를 구하라. 여기서 $v_i = 4.5u(t)$ V, $R_1 = 20$ kΩ, $R_f = 40$ kΩ, $R_2 = R_3 = 10$ kΩ, $C = 2$ μF이다.

답: $13.5(1 - e^{-50t})u(t)$ V

7.8　*PSpice*를 이용한 과도 해석

7.5절에서 살펴보았듯이 과도응답은 곧 사라지는 회로의 일시적인 응답이다. *PSpice*는 에너지 저장소자를 가진 회로의 과도응답을 얻는 데에 사용될 수 있다. 부록 D의 D.4절에서 윈도우용 *PSpice*를 사용하여 과도 해석을 하는 방법을 설명했다. 이 절을 계속 공부하기 전에 D.4절을 먼저 읽어보기 바란다.

　　필요하면 먼저 직류 *PSpice* 해석으로 초기 조건을 구하고, 그런 다음 과도 *PSpice* 해석에 그 초기 조건을 사용하여 과도응답을 구한다. 직류 해석에서 모든 인덕터는 단락회로가 되고 모든 커패시터는 개방회로가 되지만 필수 사항은 아니다.

> *PSpice*에서 "과도(transient)"라는 용어는 "시간에 대한 함수"를 의미한다. 따라서 *PSpice*에서 과도응답은 실제로 사라져버리는 것이 아니다.

예제 7.17

그림 7.63의 회로에서 *PSpice*를 이용하여 $t > 0$일 때 응답 $i(t)$를 구하라.

풀이:

이 문제를 직접 풀면 $i(0) = 0$, $i(\infty) = 2$ A, $R_{\text{Th}} = 6\,\Omega$, $\tau = 3/6 = 0.5$ s이다. 따라서 다음과 같다.

$$i(t) = i(\infty) + [i(0) - i(\infty)]e^{-t/\tau} = 2(1 - e^{-2t}), \qquad t > 0$$

　　*PSpice*를 사용하기 위해 먼저 그림 7.64의 회로를 도면에 그린다. 부록 D로부터 스위치가 닫힌 상태의 이름은 Sw_tclose이다. *PSpice*로 회로의 초기 조건을 구할 수 있기 때문에 인덕터의 초기 조건을 표기할 필요는 없다. **Analysis/Setup/Transient**를 선택하고 *Print Step*을 25 ms로, *Final Step*을 $5\tau = 2.5$ s로 설정한다. 회로를 저장한 후 **Analysis/Simulate**를 선택하여 모의 실험을 수행한다. *PSpice* A/D 창에서 **Trace/Add**를 선택하고 인덕터에 흐르는 전류 **−I(L1)**을 그린다. 그림 7.65는 손수 계산하여 얻은 $i(t)$의 값과 동일한 도형을 나타낸 것이다.

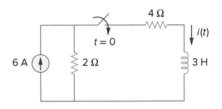

그림 7.63
예제 7.17.

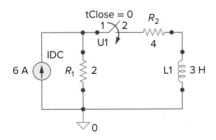

그림 7.64
예제 7.17: 회로도.

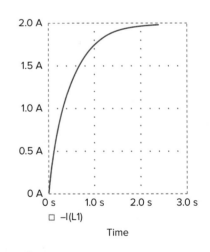

그림 7.65
예제 7.17: 회로응답.

　　I(L1)상에 음의 부호가 필요하다. 왜냐하면 시계 반대 방향으로 회전 후 전류는 음의 단자가 될 인덕터의 위쪽 단자로 흘러 들어가기 때문이다. 음의 부호를 피하는 방법은 전류가 인덕터의 핀 1을 통과하게 하는 것이다. 양의 전류 흐름의 방향을 얻기 위해서는 초기에 수평 인덕터 기호를 시계 반대 방향으로 270° 회전하고 원하는 위치에 놓아야 한다.

실전문제 7.17

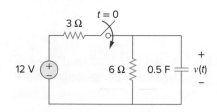

그림 7.66
실전문제 7.17.

그림 7.66의 회로에서 *PSpice*를 이용하여 $t > 0$일 때 $v(t)$를 구하라.

답: $t > 0$일 때 $v(t) = 8(1 - e^{-t})$ V이다. 응답은 그림 7.65의 모양과 유사하다.

예제 7.18

그림 7.67(a)의 회로에서 응답 $v(t)$를 구하라.

풀이:

1. **정의하라.** 문제가 명시되고 회로가 주어졌다.
2. **제시하라.** 주어진 그림 7.67(a)에서 응답 $v(t)$를 구하라.
3. **대체방안을 고려하라.** 노드 해석, 메시 해석, 혹은 *PSpice* 등의 회로 해석 기술로 회로를 해석할 수 있다. 여기서는 테브냉 등가회로의 회로 해석 기

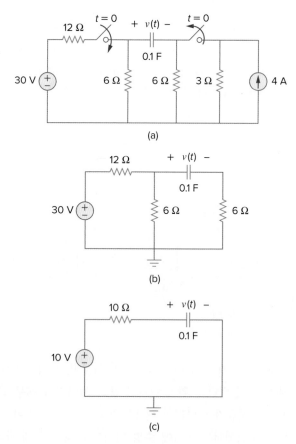

그림 7.67
예제 7.18: (a) 원래 회로, (b) $t > 0$일 때 회로, (c) $t > 0$일 때 축소된 회로.

술을 통해 문제를 풀고 *PSpice*의 두 가지 방법으로 그 해를 확인하자.

4. **시도하라.** $t > 0$일 때 좌측 스위치는 개방되고 우측 스위치는 닫힌다. 우측 스위치는 회로가 정상상태에 도달할 만큼 오랫동안 닫혀 있었다고 가정한다. 그러면 커패시터는 개방회로처럼 동작하며, 4 A 전원에서 나오는 전류는 $2 \times 4 = 8$ V $= -v(0)$만큼의 전압을 생산하고 6 Ω과 3 Ω의 병렬결합(6 ∥ 3 = 18/9 = 2)을 통해 흐른다.

그림 7.67(b)에서 $t = 0$일 때 좌측 스위치는 닫히고 우측 스위치는 열린다. 가장 쉬운 방법은 커패시터에서 보았을 때의 테브냉 등가회로를 구하는 것이다. 커패시터가 제거된 개방회로 전압은 좌단에서 6 Ω 저항 양단의 전압 강하, 혹은 (12 Ω 저항 양단의 20 V, 그리고 6 Ω 저항 양단의 10 V 전압 강하와 균등한) 10 V와 동일하다. 이것이 V_{Th}이다. 커패시터가 있었던 곳을 보는 저항은 12 ∥ 6 + 6 = 72/18 + 6 = 10 Ω이고 곧 R_{eq}에 해당한다. 이것이 그림 7.67(c)에서 볼 수 있는 테브냉 등가회로이다. 경계 조건[$v(0) = -8$ V, $v(\infty) = 10$ V]과 $\tau = RC = 1$을 일치시키면 다음을 구할 수 있다.

$$v(t) = 10 - 18e^{-t} \text{ V}$$

5. **평가하라.** *PSpice*를 이용하여 이 문제를 해결하는 두 가지 방법이 있다.

■ **방법 1**   한 가지 방법은 초기 커패시터 전압을 구하기 위해 먼저 *PSpice*의 직류 해석을 하는 것이다. 관련 회로의 입력 도면은 그림 7.68(a)에 있다. 두 가상소자 VIEWPOINT는 노드 1과 2에서 전압을 측정하기 위해 삽입되었다. 회로를 모의 실험할 때 그림 7.68(a)에서 V150 V, V258 V와 같이 나타낸 값을 구할 수 있다. 그러므로 초기 커패시터 전압은 $v(0) = V_1 - V_2 = -8$ V이다. *PSpice* 과도 해석은 그림 7.68(b)의 입력 도면과 함께 이 값을 사용한다. 일단 그림 7.68(b)의 회로가 그려지면 커패시터의 초기 전압으로 IC = −8을 삽입한다. **Analysis/Setup/Transient**를 선택하고 *Print Step*을 0.1 s로, *Final Step*을 $4\tau = 4$ s로 설정한다. 회로를 저장한 후 이 회로를 모의 실험하기 위해 **Analysis/Simulate**를 선택한다. *PSpice* A/D 창에서 **Trace/Add**를 선택하고, 커패시터 전압 $v(t)$로서 V(R2:2) − V(R3:2) 또는 V(C1:1) − V(C1:2)로 나타낸다. $v(t)$의 그래프는 그림 7.69에 나타냈다. 이는 $v(t) = 10 - 18e^{-t}$ V로 손수 계산하여 구한 결과와 일치한다.

■ **방법 2**   *PSpice*는 스위치의 개폐와 초기 조건을 자동으로 결정할 수 있으므로 그림 7.67에서 직접 회로를 모의 실험할 수 있다. 이러한 접근법을 사용하면 회로도는 그림 7.70과 같이 그려진다. 회로를 그린 후 **Analysis/Setup/Transient**를 선택하고 *Print Step*을 0.1 s로, *Final Step*을 $4\tau = 4$ s로 설정한다. 회로를 저장하고 회로를 모의 실험하기 위해 **Analysis/Simulate**를 선택한다. *PSpice* A/D 창에서 **Trace/Add**를 선택하고 커패시터 전압 $v(t)$로서 V(R2:2)2V(R3:2)로 나타낸다. $v(t)$의 그래프는 그림 7.69와 같다.

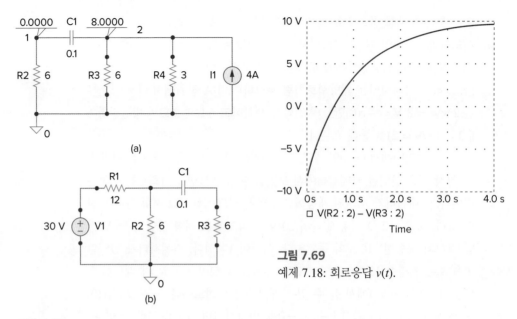

그림 7.68
(a) $v(0)$을 얻기 위한 직류 해석 도면, (b) 응답 $v(t)$
를 얻기 위한 과도 해석 도면.

그림 7.69
예제 7.18: 회로응답 $v(t)$.

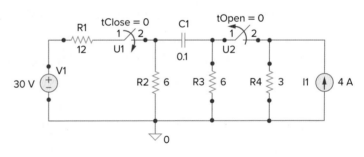

그림 7.70
예제 7.18.

6. **만족하는가?** 문제에서 요구한 대로 출력응답 $v(t)$의 값을 구했다. 검사 과정을 통해 답의 유효성을 확인했으므로 이것은 문제에 대한 완전한 답이다.

실전문제 7.18

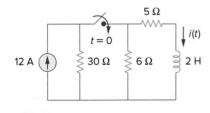

그림 7.71
실전문제 7.18.

그림 7.71의 회로에서 스위치는 긴 시간 개방되어 있으나 $t = 0$에서 닫혔다. 만일 $i(0) = 10$ A이면 $t > 0$일 때 손수 계산으로 $i(t)$를 구하고, 또한 *PSpice*로도 구하라.

답: $i(t) = 6 + 4e^{-5t}$ A. *PSpice* 해석으로 얻은 $i(t)$의 그래프는 그림 7.72와 같다.

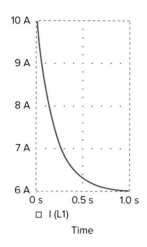

그림 7.72
실전문제 7.18.

7.9 †응용

RC 및 *RL* 회로의 다양한 장치는 직류 전력 공급장치에서의 필터링과 디지털 통신에서 평활회로, 미분기, 적분기, 지연회로, 릴레이(relay) 회로를 포함하는 응용 회로에서 찾을 수 있다. 이러한 응용 장치 중에 *RC* 혹은 *RL* 회로의 짧거나 긴 시상수를 이용하는 것이 있다. 여기서는 간단한 응용 장치 네 가지를 살펴본다. 처음의 2개는 *RC* 회로이고, 나머지 2개는 *RL* 회로이다.

7.9.1 지연회로

RC 회로는 다양한 시간 지연을 공급하기 위해 사용될 수 있다. 그림 7.73은 이러한 회로를 보여준다. 이는 기본적으로 네온 램프와 병렬로 연결된 커패시터를 가진 *RC* 회로로 구성되어 있다. 전압원은 램프를 밝히기 위해 충분한 전압을 공급한다. 스위치가 닫혀 있을 때 커패시터 전압은 회로의 시상수, $(R_1 + R_2)C$에 의해 결정된 비율로 110 V를 향해서 점차적으로 증가한다. 램프는 개방회로로 동작하고, 그것에 걸린 전압이 70 V를 초과할 때까지 빛을 방출하지 않는다. 전압이 적정값에 도달할 때 램프가 점등되고 커패시터는 램프를 통해 방전한다.

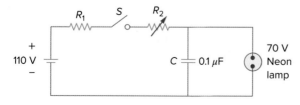

그림 7.73
RC 지연회로.

램프의 발광(on)으로 저항값이 작아지면 커패시터 전압은 빠르게 감소하고 램프가 꺼진다. 램프는 다시 개방회로로 동작하고 커패시터는 재충전된다. R_2를 조정하여 회로에 짧거나 긴 시간 지연을 적용할 수 있으며, 램프를 점등, 재충전, 시상수 $\tau = (R_1 + R_2)C$마다 반복하여 점등하도록 할 수 있다. 왜냐하면 램프를 점등하기 위해 충분히 높은 커패시터 전압을 얻거나, 소등하기 위해 충분히 낮은 전압을 얻기 위해 시간 주기 τ가 있어야 하기 때문이다.

     노상 검문소에서 일반적으로 사용하는 경고등은 이러한 RC 지연회로의 유용한 실례 중 하나이다.

예제 7.19

그림 7.73의 회로에서 $R_1 = 1.5$ MΩ, $0 < R_2 < 2.5$ MΩ이다. (a) 회로의 시상수 극한값을 구하라. (b) 스위치가 닫힌 후 처음 램프가 발광하는 데까지 얼마의 시간이 걸리겠는가? R_2는 최대값이라고 가정한다.

풀이:

(a) R_2의 최소값은 0 Ω이고 회로에 대응하는 시상수는

$$\tau = (R_1 + R_2)C = (1.5 \times 10^6 + 0) \times 0.1 \times 10^{-6} = 0.15 \text{ s}$$

R_2의 최대값은 2.5 MΩ이고 회로에 대응하는 시상수는

$$\tau = (R_1 + R_2)C = (1.5 + 2.5) \times 10^6 \times 0.1 \times 10^{-6} = 0.4 \text{ s}$$

따라서 적절한 회로 설계에 의해 시상수는 회로에서 적당한 시간 지연을 적용하기 위해 조정될 수 있다.

(b) 커패시터가 초기에 충전되어 있지 않은 상태, 즉 $v_C(\infty) = 110$을 가정했지만 $v_C(0) = 0$이다. 그러나

$$v_C(t) = v_C(\infty) + [v_C(0) - v_C(\infty)]e^{-t/\tau} = 110[1 - e^{-t/\tau}]$$

이때 (a)에서 계산한 것처럼 $\tau = 0.4$ s이다. 램프는 $v_C = 70$ V일 때 발광한다. $t = t_0$일 때 $v_C(t) = 70$ V라면,

$$70 = 110[1 - e^{-t_0/\tau}] \qquad \Rightarrow \qquad \frac{7}{11} = 1 - e^{-t_0/\tau}$$

또는

$$e^{-t_0/\tau} = \frac{4}{11} \qquad \Rightarrow \qquad e^{t_0/\tau} = \frac{11}{4}$$

양변에 자연로그를 취하면,

$$t_0 = \tau \ln \frac{11}{4} = 0.4 \ln 2.75 = 0.4046 \text{ s}$$

     t_0를 구하기 위한 좀 더 일반적인 공식은

$$t_0 = \tau \ln \frac{-v(\infty)}{v(t_0) - v(\infty)}$$

만일 $v(t_0) < v(\infty)$라면 t_0초마다 램프가 반복적으로 점등될 것이다.

그림 7.74의 RC 회로는 전류가 120 μA를 초과하여 흐를 때 작동하는 경고등으로 설계되었다. $0 \leq R \leq 6$ kΩ일 때, 가변 저항이 만들어낼 수 있는 시간 지연의 범위를 구하라.

답: 47.23 ms와 124 ms 사이

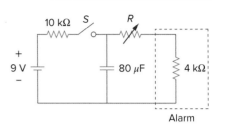

그림 7.74
실전문제 7.19.

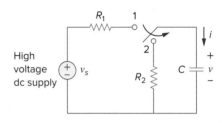

그림 7.75
위치 1에서의 저속 충전, 위치 2에서의 고속 방전을 제공하는 플래시 장치의 회로.

7.9.2 카메라 플래시 장치

전자 플래시 장치는 RC 회로의 일반적인 예 중 하나이다. 여기서는 커패시터가 전압의 급격한 변화를 방지하는 역할을 보여준다. 그림 7.75는 간략화된 회로이다. 이 회로는 본래 고전압 직류 공급장치, 전류 제한용 고저항 R_1, 저저항 R_2의 포토 플래시와 병렬로 연결된 커패시터 C로 구성된다. 스위치가 1의 위치에 있을 때 커패시터는 큰 시상수($\tau_1 = R_1C$) 때문에 천천히 충전된다. 그림 7.76(a)에서 보듯이 커패시터 전압은 0에서 V_s까지 점차적으로 증가하고, 반면에 그 전류는 $I_1 = V_s/R_1$에서 0으로 점차적으로 감소한다. 충전 시간은 대략 시상수의 5배이다.

$$t_{charge} = 5R_1C \qquad (7.65)$$

스위치가 2의 위치에 있을 때 커패시터 전압은 방전된다. 그림 7.76(b)에서 볼 수 있듯이 포토 플래시의 저저항 R_2는 짧은 지속 시간 동안 최대값 $I_2 = V_s/R_2$인 대방전 전류를 허용한다. 방전은 대략적으로 시상수의 5배 정도 시점에서 발생한다.

$$t_{discharge} = 5R_2C \qquad (7.66)$$

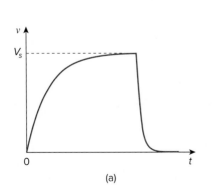

(a)

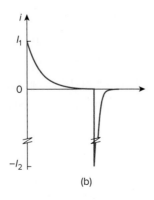

(b)

그림 7.76
(a) 저속 충전과 고속 방전을 보여주는 커패시터 전압, (b) 저속 충전 전류 $I_1 = V_s/R_1$와 고속 방전 전류 $I_2 = V_s/R_2$를 나타내는 커패시터 전류.

그러므로 그림 7.75의 간단한 *RC* 회로는 짧은 지속성과 대전류 펄스를 제공한다. 이러한 회로는 또한 전기 접점 용접과 레이다 트랜스미터 튜브에 응용된다.

예제 7.20

카메라 플래시건에 전류 제한용 6 kΩ 저항과 240 V로 충전된 2000 μF 전해질 커패시터가 있다. 램프 저항이 12 Ω일 때 다음을 구하라. (a) 충전 전류의 첨두값, (b) 커패시터가 완전히 충전되는 시간, (c) 방전 전류의 첨두값, (d) 커패시터에 저장된 총에너지와 램프에 의해 소비된 평균전력.

풀이:

(a) 충전 전류의 첨두값은

$$I_1 = \frac{V_s}{R_1} = \frac{240}{6 \times 10^3} = 40 \text{ mA}$$

(b) 식 (7.65)로부터

$$t_{\text{charge}} = 5R_1C = 5 \times 6 \times 10^3 \times 2000 \times 10^{-6} = 60 \text{ s} = 1 \text{ minute}$$

(c) 방전 전류의 첨두값은

$$I_2 = \frac{V_s}{R_2} = \frac{240}{12} = 20 \text{ A}$$

(d) 저장된 에너지는

$$W = \frac{1}{2}CV_s^2 = \frac{1}{2} \times 2000 \times 10^{-6} \times 240^2 = 57.6 \text{ J}$$

커패시터에 저장된 에너지는 방전 시간 동안에 램프를 통해 소모된다. 식 (7.66)으로부터

$$t_{\text{discharge}} = 5R_2C = 5 \times 12 \times 2000 \times 10^{-6} = 0.12 \text{ s}$$

그러므로 소비된 평균전력은

$$p = \frac{W}{t_{\text{discharge}}} = \frac{57.6}{0.12} = 480 \text{ watts}$$

실전문제 7.20

카메라의 플래시 장치에 80 V로 충전된 2 mF 커패시터가 있다.

(a) 커패시터의 충전량은 얼마인가?

(b) 커패시터에 저장되는 에너지는 얼마인가?

(c) 만일 플래시가 0.8 ms에 점등된다면 플래시 튜브를 통과하는 평균전류는 얼마인가?

(d) 플래시 튜브로 전달되는 전력은 얼마인가?

(e) 사진을 찍은 후에 커패시터는 최대 5 mA를 공급하는 전력장치에 의해서 재충전된다. 커패시터가 충전되는 데 걸리는 시간은 얼마인가?

답: (a) 160 mC, (b) 6.4 J, (c) 200 A, (d) 8 kW, (e) 32 s

7.9.3 릴레이 회로

자성으로 제어된 스위치를 릴레이라 부른다. 릴레이는 다른 회로를 제어하는 스위치를 열고 닫는 데 사용되는 전자기 장치이다. 그림 7.77(a)는 전형적인 릴레이 회로를 보여준다. 코일 회로는 그림 7.77(b)와 같은 RL 회로이며, 여기서 R과 L은 코일의 저항과 인덕턴스이다. 그림 7.77(a)에서 스위치 S_1이 닫히면 코일 회로에 전류가 가해진다. 코일 전류는 점차적으로 증가하고 자계를 생성한다. 마침내 자계는 다른 회로의 가동 접촉자를 당길 만큼 충분히 강해져서 스위치 S_2가 닫힌다. 이 점에서 릴레이는 잡아당긴다고 일컬어진다. 스위치 S_1과 S_2의 닫힘 시간 간격 t_d는 릴레이 지연 시간이라 한다.

릴레이는 초기에 디지털 회로에 사용되었으며, 지금은 고출력 회로의 스위칭에도 사용된다.

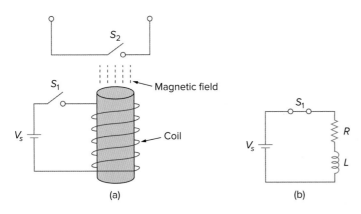

그림 7.77
릴레이 회로.

어떤 릴레이 코일이 12 V 배터리에 의해 작동된다. 코일이 150 Ω의 저항과 30 mH의 인덕턴스를 가지고 있으며, 당기는 데 필요한 전류가 50 mA일 때, 릴레이의 지연 시간을 구하라.

풀이:

코일에 흐르는 전류는 다음 식과 같이 주어진다.

$$i(t) = i(\infty) + [i(0) - i(\infty)]e^{-t/\tau}$$

여기서

$$i(0) = 0, \qquad i(\infty) = \frac{12}{150} = 80 \text{ mA}$$

$$\tau = \frac{L}{R} = \frac{30 \times 10^{-3}}{150} = 0.2 \text{ ms}$$

그러므로

$$i(t) = 80[1 - e^{-t/\tau}] \text{ mA}$$

만일 $i(t_d) = 50$ mA이면,

$$50 = 80[1 - e^{-t_d/\tau}] \quad\Rightarrow\quad \frac{5}{8} = 1 - e^{-t_d/\tau}$$

또는

$$e^{-t_d/\tau} = \frac{3}{8} \quad\Rightarrow\quad e^{t_d/\tau} = \frac{8}{3}$$

양쪽에 자연로그를 취하면 다음을 얻는다.

$$t_d = \tau \ln\frac{8}{3} = 0.2 \ln\frac{8}{3} \text{ ms} = 0.1962 \text{ ms}$$

다른 방법으로 다음 식을 사용하여 t_d를 구할 수도 있다.

$$t_d = \tau \ln\frac{i(0) - i(\infty)}{i(t_d) - i(\infty)}$$

실전문제 7.21

릴레이가 200 Ω의 저항과 500 mH의 인덕턴스를 가지고 있으며, 코일을 통한 전류가 350 mA에 도달하면 릴레이가 닫힌다. 코일에 110 V를 공급하는 시간과 릴레이가 닫히는 시간 사이의 간격은 얼마인가?

답: 2.529 ms

7.9.4 자동차 점화장치 회로

전류의 급속한 변화에 대한 인덕터의 반발력은 아크 또는 스파크를 발생시키는 데 유용하다. 자동차 점화장치 시스템은 이러한 특징을 이용한다.

    자동차의 가솔린 엔진은 실린더에 연료·공기 혼합이 적절한 시간에 점화되어야 한다. 이는 공기 간극(gap)으로 분리된 전극의 한 쌍으로 구성된 스파크 플러그(그림 7.78)에 의해 이루어진다. 전극 사이에 큰 전압(수천 볼트)이 만들어지면서 공기 간극에서 스파크가 형성되고, 이를 통해 연료가 점화된다. 하지만 어떻게 12 V만을 공급하는 자동차 배터리로부터 그런 큰 전압을 얻을 수 있을까? 이것은 인덕터(스파크 코일)의 L에 의해 가능하다. 인덕터의 전압은 $v = L\,di/dt$이기 때문에 매우 짧은 시간에 전류에 큰 변화를 줌으로써 di/dt를 크게 할 수 있다. 그림 7.78에서 점화 스위치가 닫힐 때 인덕터의 전류는 점차적으로 증가하고, 최종값 $i = V_s/R$에 도달한다. 이때 $V_s = 12$ V이다. 여기서 인덕터가 충전되는 데 걸리는 시간은 회로 시상수($\tau = L/R$)의 5배이다.

$$t_{\text{charge}} = 5\frac{L}{R} \tag{7.67}$$

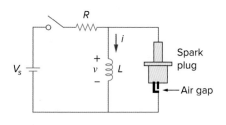

그림 7.78
자동차 점화 시스템의 회로.

정상상태에서 i는 일정하므로 $di/dt = 0$이고, 인덕터 전압은 $v = 0$이다. 스위치가 갑자기 개방되면 공기 간극에서 스파크 또는 아크를 일으키며 인덕터 양단에서 큰 전압이 발생한다(빠르게 붕괴하는 자계 때문에). 스파크는 인덕터에 저장된 에너지가 스파크 방전으로 사라질 때까지 계속된다. 실험실에서 유도성 회로를 연구할 때 이와 동일한 효과가 매우 심한 쇼크를 일으키므로 반드시 주의해야 한다.

예제 7.22

저항 4 Ω과 인덕턴스 6 mH를 가진 솔레노이드가 그림 7.78과 유사한 자동차 점화장치 회로에 사용된다. 만약 배터리가 12 V를 공급하는 경우, 스위치가 닫혔을 때 솔레노이드에 흐르는 최종 전류, 코일에 저장된 에너지, 공기 간극 양단의 전압을 구하라. 단, 스위치를 개방하는 데 1 μs가 걸린다고 가정한다.

풀이:

코일에 흐르는 최종 전류는

$$I = \frac{V_s}{R} = \frac{12}{4} = 3 \text{ A}$$

코일에 저장된 에너지는

$$W = \frac{1}{2}L I^2 = \frac{1}{2} \times 6 \times 10^{-3} \times 3^2 = 27 \text{ mJ}$$

공기 간극 양단의 전압은

$$V = L\frac{\Delta I}{\Delta t} = 6 \times 10^{-3} \times \frac{3}{1 \times 10^{-6}} = 18 \text{ kV}$$

실전문제 7.22

자동차 점화장치 시스템의 스파크 코일이 20 mH의 인덕턴스와 5 Ω의 저항을 갖는다. 12 V의 전압을 공급할 때 스위치가 2 μs에서 개방된다면 코일을 완전히 충전하는 데 걸리는 시간, 코일에 저장된 에너지, 스파크 간극에서 발생하는 전압을 구하라.

답: 20 ms, 57.6 mJ, 24 kV

7.10 요약

1. 이 장에서의 해석은 저항과 하나의 에너지 저장소자(인덕터 또는 커패시터)로 이루어진 등가회로로 변환되는 회로에 적용할 수 있다. 이런 회로는 그 동작이 일차 미분방정식으로 표현되므로 일차 회로이다. RC 및 RL 회로를 해석할 때, 정상상태 직류 조건에서 커패시터는 개방회로이고, 인덕터는 단락회로임을 반드시 명심해야 한다.

2. 자연응답은 독립 전원이 존재하지 않을 때 얻어지며 일반 식은 다음과 같다.

$$x(t) = x(0)e^{-t/\tau}$$

여기서 x는 저항, 커패시터, 혹은 인덕터에 흐르는 전류(혹은 양단 전압)를 나타내고, $x(0)$은 x의 초기값이다. 실제 사용되는 저항, 커패시터, 인덕터는 대부분이 항상 손실을 가지고 있기 때문에 자연응답이 곧 과도응답이다. 즉 시간이 흐르면서 점차 사라진다.

3. 시상수 τ는 응답이 초기값의 $1/e$로 감쇄하는 데 필요한 시간이다. RC 회로에서 $\tau = RC$이고, RL 회로에서 $\tau = L/R$이다.

4. 특이함수는 단위계단함수, 단위램프함수, 단위임펄스함수를 포함한다. 단위계단함수 $u(t)$는

$$u(t) = \begin{cases} 0, & t < 0 \\ 1, & t > 0 \end{cases}$$

단위임펄스함수는

$$\delta(t) = \begin{cases} 0, & t < 0 \\ \text{정의되지 않음}, & t = 0 \\ 0, & t > 0 \end{cases}$$

단위램프함수는

$$r(t) = \begin{cases} 0, & t \leq 0 \\ t, & t \geq 0 \end{cases}$$

5. 정상상태 응답은 독립 전원이 오랜 시간 공급된 후의 회로응답이다. 과도응답은 시간이 흐르면서 차츰 사라져가는 응답으로 완전응답의 일부이다.

6. 전체응답 또는 완전응답은 정상상태 응답과 과도응답으로 이루어진다.

7. 계단응답은 직류 전류 또는 직류 전압의 갑작스러운 공급에 의한 회로의 응답이다. 일차 회로의 계단응답을 구하기 위해서는 초기값 $x(0^+)$, 최종값 $x(\infty)$, 시상수 τ가 필요하다. 이 세 가지 항목으로 다음과 같은 계단응답을 얻는다.

$$x(t) = x(\infty) + [x(0^+) - x(\infty)]e^{-t/\tau}$$

이 방정식의 일반적인 형식은

$$x(t) = x(\infty) + [x(t_0^+) - x(\infty)]e^{-(t-t_0)/\tau}$$

또는 다음과 같이 쓸 수 있다.

$$\text{순시값} = \text{최종값} + [\text{초깃값} - \text{최종값}]e^{-(t-t0)/\tau}$$

8. $PSpice$는 회로의 과도응답을 얻는 데 매우 유용하다.

9. RC 및 RL 회로의 네 가지 실제 응용으로 지연회로, 카메라 플래시 장치, 릴레이 회로, 자동차 점화장치 회로가 있다.

복습문제

7.1 $R = 2\ \Omega$, $C = 4$ F인 RC 회로의 시상수는?

(a) 0.5 s   (b) 2 s   (c) 4 s

(d) 8 s   (e) 15 s

7.2 $R = 2\ \Omega$, $L = 4$ H인 RL 회로의 시상수는?

(a) 0.5 s   (b) 2 s   (c) 4 s

(d) 8 s   (e) 15 s

7.3 $R = 2\ \Omega$, $C = 4$ F인 RC 회로에서 커패시터가 충전되고 있다. 커패시터 전압이 정상상태의 63.2%까지 도달하는 데 걸리는 시간은?

(a) 2 s   (b) 4 s   (c) 8 s

(d) 16 s   (e) 보기 중 답이 없음

7.4 어떤 RL 회로가 $R = 2\ \Omega$, $L = 4$ H이다. 인덕터 전류가 정상상태의 40%에 도달하는 데 걸리는 시간은?

(a) 0.5 s   (b) 1 s   (c) 2 s

(d) 4 s   (e) 보기 중 답이 없음

7.5 그림 7.79의 회로에서 $t = 0$일 때 커패시터 전압은?

(a) 10 V   (b) 7 V   (c) 6 V

(d) 4 V   (e) 0 V

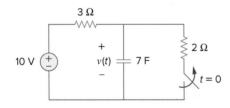

그림 7.79
복습문제 7.5, 7.6.

7.6 그림 7.79의 회로에서 $v(\infty)$는?

(a) 10 V   (b) 7 V   (c) 6 V

(d) 4 V   (e) 0 V

7.7 그림 7.80의 회로에서 $t = 0$일 때 인덕터 전류는?

(a) 8 A   (b) 6 A   (c) 4 A

(d) 2 A   (e) 0 A

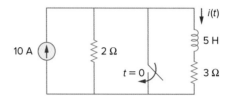

그림 7.80
복습문제 7.7, 7.8.

7.8 그림 7.80의 회로에서 $i(\infty)$는?

(a) 10 A   (b) 6 A   (c) 4 A

(d) 2 A   (e) 0 A

7.9 v_s가 $t = 0$일 때 2 V에서 4 V로 변한다면 v_s의 표현식은 ?

(a) $\delta(t)$ V   (b) $2u(t)$ V

(c) $2u(-t) + 4u(t)$ V   (d) $2 + 2u(t)$ V

(e) $4u(t) - 2$ V

7.10 그림 7.116(a)에서 펄스의 특이함수 식은?

(a) $2u(t) + 2u(t-1)$ V   (b) $2u(t) - 2u(t-1)$ V

(c) $2u(t) - 4u(t-1)$ V   (d) $2u(t) + 4u(t-1)$ V

답: *7.1d, 7.2b, 7.3c, 7.4b, 7.5d, 7.6a, 7.7c, 7.8e, 7.9c, d, 7.10b*

문제

7.2절   무전원 RC 회로

7.1 그림 7.81의 회로에서 $v(t)$와 $i(t)$가 다음과 같다.

$$v(t) = 56e^{-200t}\,\text{V}, \quad t > 0$$

$$i(t) = 8e^{-200t}\,\text{mA}, \quad t > 0$$

(a) R과 C를 구하라.

(b) 시상수 τ를 구하라.

(c) $t = 0$에서 전압이 초기값의 반으로 줄어드는 데 걸리는 시간을 구하라.

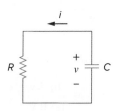

그림 7.81
문제 7.1.

7.2   그림 7.82의 *RC* 회로에서 시상수를 구하라.

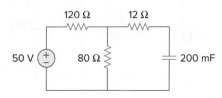

그림 7.82
문제 7.2.

7.3   그림 7.83의 회로에서 시상수를 구하라.

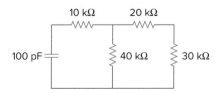

그림 7.83
문제 7.3.

7.4   그림 7.84의 회로에서 스위치가 오랜 시간 위치 *A*에 있다가 $t = 0$일 때 *B*로 순간적으로 움직인다고 가정하자. $t > 0$일 때 *v*를 구하라.

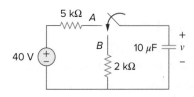

그림 7.84
문제 7.4.

7.5   그림 7.85를 이용하여 다른 학생들이 무전원 *RC* 회로를 더 잘 이해하도록 도와주는 문제를 설계하라.

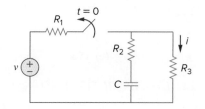

그림 7.85
문제 7.5.

7.6   그림 7.86의 회로에서 스위치가 오랜 시간 닫혀 있다가 $t = 0$일 때 개방되었다. $t \geq 0$일 때 $v(t)$를 구하라.

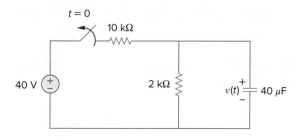

그림 7.86
문제 7.6.

7.7   그림 7.87의 회로에서 스위치가 오랜 시간 위치 *A*에 있다가 $t = 0$일 때 *B*로 옮겨졌다고 가정하자. $t = 1$ s일 때 스위치가 *B*에서 *C*로 이동하면, $t \geq 0$일 때 $v_C(t)$를 구하라.

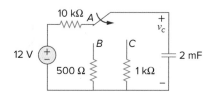

그림 7.87
문제 7.7.

7.8   그림 7.88의 회로에서 *v*와 *i*가 다음과 같다.

$$v = 10e^{-4t} \text{ V}, \quad i = 0.2e^{-4t} \text{ A}, \quad t > 0$$

(a) *R*과 *C*를 구하라.

(b) 시상수를 구하라.

(c) 커패시터의 초기 에너지를 구하라.

(d) 초기 에너지의 50%를 소비하는 데 걸리는 시간을 구하라.

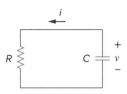

그림 7.88
문제 7.8.

7.9 그림 7.89의 회로에서 스위치가 $t = 0$일 때 개방된다. $t > 0$일 때 v_o를 구하라.

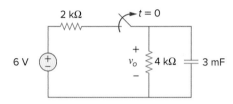

그림 7.89
문제 7.9.

7.10 그림 7.90의 회로에서 $t > 0$일 때 $v_o(t)$를 구하라. 커패시터 전압이 $t = 0$일 때의 값에서 1/3로 줄어드는 데 걸리는 시간을 구하라.

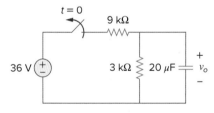

그림 7.90
문제 7.10.

7.3절　무전원 *RL* 회로

7.11 그림 7.91의 회로에서 $t > 0$일 때 i_o를 구하라.

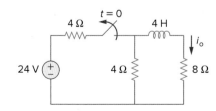

그림 7.91
문제 7.11.

7.12 그림 7.92를 이용하여 다른 학생들이 무전원 *RL* 회로를 더 잘 이해하도록 도와주는 문제를 설계하라.

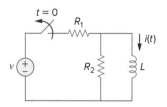

그림 7.92
문제 7.12.

7.13 그림 7.93의 회로에서 $v(t)$와 $i(t)$가 다음과 같다.

$$v(t) = 80e^{-10^3 t}\,\text{V}, \quad t > 0$$

$$i(t) = 5e^{-10^3 t}\,\text{mA}, \quad t > 0$$

(a) R, L과 τ를 구하라.

(b) $0 < t < 0.5$ ms일 때 저항에서 소비되는 에너지를 구하라.

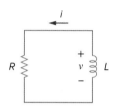

그림 7.93
문제 7.13.

7.14 그림 7.94의 회로에서 시상수를 구하라.

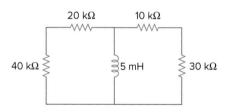

그림 7.94
문제 7.14.

7.15 그림 7.95의 각 회로에서 시상수를 구하라.

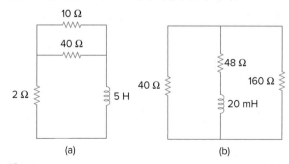

그림 7.95
문제 7.15.

7.16 그림 7.96의 각 회로에서 시상수를 구하라.

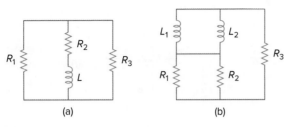

그림 7.96
문제 7.16.

7.17 그림 7.97의 회로에서 $i(0) = 6$ A이고 $v(t) = 0$일 때 $v_o(t)$
를 구하라.

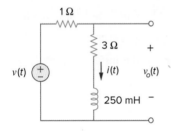

그림 7.97
문제 7.17.

7.18 그림 7.98의 회로에서 $i(0) = 5$ A이고 $v(t) = 0$일 때 $v_o(t)$
를 구하라.

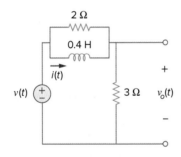

그림 7.98
문제 7.18.

7.19 그림 7.99의 회로에서 $i(0) = 6$ A이다. $t > 0$일 때 $i(t)$를
구하라.

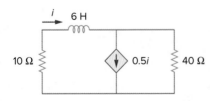

그림 7.99
문제 7.19.

7.20 그림 7.100의 회로에서 v와 i가 다음과 같다.

$$v = 90e^{-50t} \text{V}$$
$$i = 30e^{-50t} \text{A}, \qquad t > 0$$

(a) L과 R을 구하라.

(b) 시상수를 구하라.

(c) 인덕터의 초기 에너지를 구하라.

(d) 10 ms일 때 에너지는 초기 에너지에 비해 얼마의 비
율로 소비되는가?

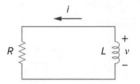

그림 7.100
문제 7.20.

7.21 그림 7.101의 회로에서 인덕터에 저장된 정상상태 에너
지가 1 J일 때 R의 값을 구하라.

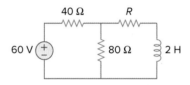

그림 7.101
문제 7.21.

7.22 그림 7.102의 회로에서 $i(0) = 10$ A이다. $t > 0$일 때 $i(t)$
와 $v(t)$를 구하라.

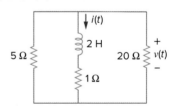

그림 7.102
문제 7.22.

7.23 그림 7.103의 회로에서 $v_o(0) = 10$ V이다. $t > 0$일 때 v_o
와 v_x를 구하라.

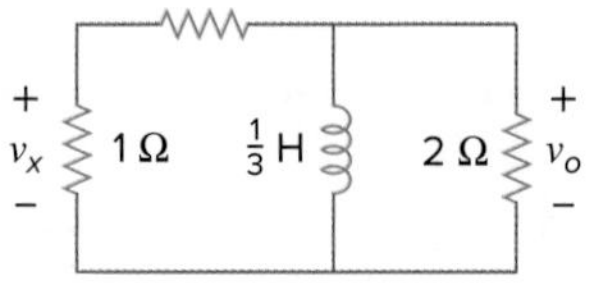

그림 7.103
문제 7.23.

7.4절 특이함수

7.24 다음 신호를 특이함수로 표현하라.

(a) $v(t) = \begin{cases} 0, & t < 0 \\ -5, & t > 0 \end{cases}$

(b) $i(t) = \begin{cases} 0, & t < 1 \\ -10, & 1 < t < 3 \\ 10, & 3 < t < 5 \\ 0, & t > 5 \end{cases}$

(c) $x(t) = \begin{cases} t - 1, & 1 < t < 2 \\ 1, & 2 < t < 3 \\ 4 - t, & 3 < t < 4 \\ 0, & \text{그 밖의 경우} \end{cases}$

(d) $y(t) = \begin{cases} 2, & t < 0 \\ -5, & 0 < t < 1 \\ 0, & t > 1 \end{cases}$

7.25 다른 학생들이 특이함수를 더 잘 이해하도록 도와주는 **e⊘d** 문제를 설계하라.

7.26 그림 7.104의 신호를 특이함수로 표현하라.

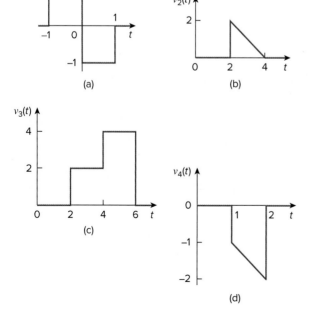

(a)

(b)

(c)

(d)

그림 7.104
문제 7.26.

7.27 그림 7.105의 $v(t)$를 계단함수로 표현하라.

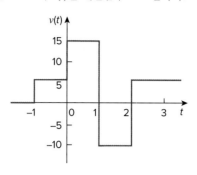

그림 7.105
문제 7.27.

7.28 다음 식으로 표현되는 파형을 그려라.

$$i(t) = r(t) + r(t - 1) - u(t - 2) - r(t - 2) + r(t - 3) + u(t - 4)$$

7.29 다음 함수를 그려라.

(a) $x(t) = 10e^{-t}u(t - 1)$,

(b) $y(t) = 10e^{-(t-1)}u(t)$,

(c) $z(t) = \cos 4t\delta(t - 1)$

7.30 임펄스함수를 포함하는 다음 적분을 풀라.

(a) $\displaystyle\int_{-\infty}^{\infty} 4t^2\delta(t - 1)dt$

(b) $\displaystyle\int_{-\infty}^{\infty} 4t^2\cos 2\pi t\delta(t - 0.5)dt$

7.31 다음 적분을 풀라.

(a) $\displaystyle\int_{-\infty}^{\infty} e^{-4t^2}\delta(t - 2)dt$

(b) $\displaystyle\int_{-\infty}^{\infty} [5\delta(t) + e^{-t}\delta(t) + \cos 2\pi t\delta(t)]dt$

7.32 다음 적분을 풀라.

(a) $\displaystyle\int_{1}^{t} u(\lambda)d\lambda$

(b) $\displaystyle\int_{0}^{4} r(t - 1)dt$

(c) $\displaystyle\int_{1}^{5} (t - 6)^2\delta(t - 2)dt$

7.33 10 mH 인덕터에 걸리는 전압이 $15\delta(t - 2)$ mV이다. 인덕터가 초기에 충전되지 않았다고 가정하고 인덕터 전류를 구하라.

7.34 다음 미분을 풀라.

(a) $\dfrac{d}{dt}[u(t-1)u(t+1)]$

(b) $\dfrac{d}{dt}[r(t-6)u(t-2)]$

(c) $\dfrac{d}{dt}[\sin 4t\, u(t-3)]$

7.35 다음 미분방정식의 해를 구하라.

(a) $\dfrac{dv}{dt}+2v=0,\qquad v(0)=-1\text{ V}$

(b) $2\dfrac{di}{dt}-3i=0,\qquad i(0)=2\text{ A}$

7.36 주어진 초기 조건에서 미분방정식의 v를 구하라.

(a) $dv/dt+v=u(t),\qquad v(0)=0\text{ V}$

(b) $2\,dv/dt-v=3u(t),\qquad v(0)=-6\text{ V}$

7.37 어떤 회로가 다음 수식으로 표현된다.

$$4\dfrac{dv}{dt}+v=10$$

(a) 회로의 시상수를 구하라.

(b) v의 최종값 $v(\infty)$를 구하라.

(c) $v(0)=2$라면 $t\ge 0$일 때 $v(t)$를 구하라.

7.38 어떤 회로가 다음 수식으로 표현된다.

$$\dfrac{di}{dt}+3i=2u(t)$$

$i(0)=0$이면 $t>0$일 때 $i(t)$를 구하라.

7.5절 RC 회로의 계단응답

7.39 그림 7.106의 각 회로에서 $t<0$일 때와 $t>0$일 때 커패시터의 전압을 구하라.

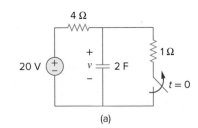

(a)

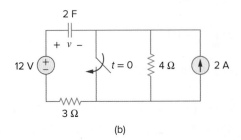

(b)

그림 7.106
문제 7.39.

7.40 그림 7.107의 각 회로에서 $t<0$일 때와 $t>0$일 때 커패시터의 전압을 구하라.

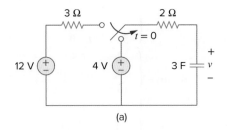

(a)

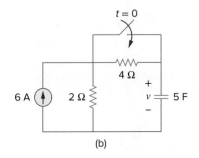

(b)

그림 7.107
문제 7.40.

7.41 그림 7.108을 이용하여 다른 학생들이 RC 회로의 계단 응답을 더 잘 이해하도록 도와주는 문제를 설계하라.

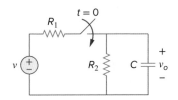

그림 7.108
문제 7.41.

7.42 (a) 그림 7.109의 회로에서 스위치가 오랜 시간 개방되어 있다가 $t=0$일 때 닫혔다. $v_o(t)$를 구하라.

(b) 스위치가 오랜 시간 닫혀 있다가 $t=0$일 때 개방되었다. $v_o(t)$를 구하라.

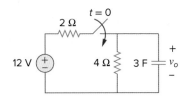

그림 7.109
문제 7.42.

7.43 그림 7.110의 회로에서 $t < 0$일 때와 $t > 0$일 때 $i(t)$를 구하라.

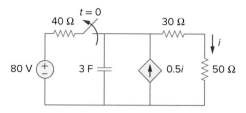

그림 7.110
문제 7.43.

7.44 그림 7.111의 회로에서 스위치가 오랜 시간 위치 a에 있다가 $t = 0$일 때 b로 이동한다. $t > 0$일 때 $i(t)$를 구하라.

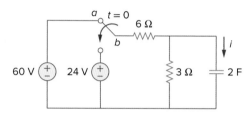

그림 7.111
문제 7.44.

7.45 그림 7.112의 회로에서 $v_s = 30u(t)$ V일 때 v_o를 구하라. $v_o(0) = 5$ V라고 가정한다.

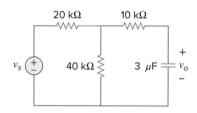

그림 7.112
문제 7.45.

7.46 그림 7.113의 회로에서 $i_s(t) = 5u(t)$일 때 $v(t)$를 구하라.

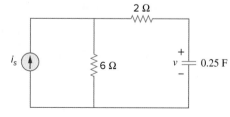

그림 7.113
문제 7.46.

7.47 그림 7.114의 회로에서 $v(0) = 0$이다. $t > 0$일 때 $v(t)$를 구하라.

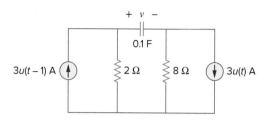

그림 7.114
문제 7.47.

7.48 그림 7.115의 회로에서 $v(t)$와 $i(t)$를 구하라.

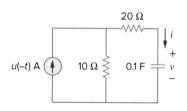

그림 7.115
문제 7.48.

7.49 그림 7.116(a)의 파형을 (b)의 회로에 공급했을 때 $v(t)$를 구하라. $v(0) = 0$이라고 가정한다.

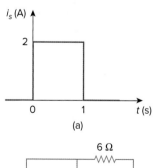

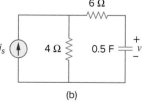

그림 7.116
문제 7.49, 복습문제 7.10.

*7.50 그림 7.117의 회로에서 $t > 0$일 때 i_x를 구하라. $R_1 = R_2$ $= 1\ k\Omega$, $R_3 = 2\ k\Omega$, $C = 0.25\ mF$이다.

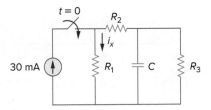

그림 7.117
문제 7.50.

7.6절   *RL* 회로의 계단응답

7.51 7.6절에서 사용한 간략화된 기법 대신 KVL을 사용하여 식 (7.60)을 유도하라.

7.52 그림 7.118을 이용하여 다른 학생들이 *RL* 회로의 계단 응답을 더 잘 이해하도록 도와주는 문제를 설계하라.

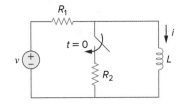

그림 7.118
문제 7.52.

7.53 그림 7.119의 각 회로에서 $t < 0$일 때와 $t > 0$일 때 인덕터 전류 $i(t)$를 구하라.

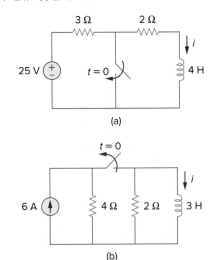

그림 7.119
문제 7.53.

7.54 그림 7.120의 각 회로에서 $t < 0$일 때와 $t > 0$일 때 인덕터 전류를 구하라.

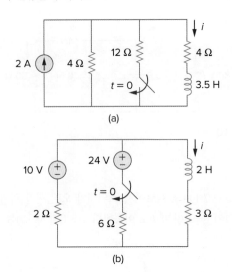

그림 7.120
문제 7.54.

7.55 그림 7.121의 회로에서 $t < 0$일 때와 $t > 0$일 때 $v(t)$를 구하라.

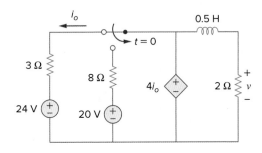

그림 7.121
문제 7.55.

7.56 그림 7.122의 회로에서 $t > 0$일 때 $v(t)$를 구하라.

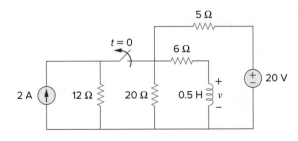

그림 7.122
문제 7.56.

---

* 별표는 난이도가 높은 문제를 가리킨다.

*7.57 그림 7.123의 회로에서 $t > 0$일 때 $i_1(t)$와 $i_2(t)$를 구하라.

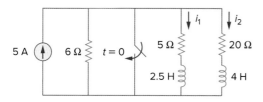

그림 7.123
문제 7.57.

7.58 $i(0) = 10$ A, $v(t) = 20u(t)$ V인 조건에서 문제 7.17을 다시 풀라.

7.59 그림 7.124의 회로에서 $v_s = 18u(t)$ V일 때 계단응답 $v_o(t)$를 구하라.

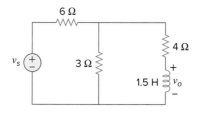

그림 7.124
문제 7.59.

7.60 그림 7.125의 회로에서 인턱터의 초기 전류가 0이다. $t > 0$일 때 $v(t)$를 구하라.

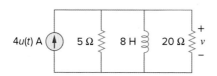

그림 7.125
문제 7.60.

7.61 그림 7.126의 회로에서 $t = 0$일 때 i_s가 5 A에서 10 A로 변화했다. 즉 $i_s = 5u(-t) + 10u(t)$이다. v와 i를 구하라.

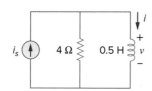

그림 7.126
문제 7.61.

7.62 그림 7.127의 회로에서 $i(0) = 0$일 때 $i(t)$를 구하라.

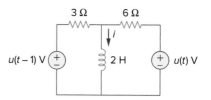

그림 7.127
문제 7.62.

7.63 그림 7.128의 회로에서 $v(t)$와 $i(t)$를 구하라.

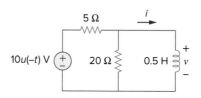

그림 7.128
문제 7.63.

7.64 그림 7.129의 회로에서 $i_L(t)$와 $t = 0$에서 $t = \infty$까지 소비한 총에너지를 구하라. $v_{in}(t)$는 $[40 - 40u(t)]$ V이다.

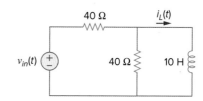

그림 7.129
문제 7.64.

7.65 그림 7.130(a)의 입력 펄스를 (b)의 회로에 공급할 때 응답 $i(t)$를 구하라.

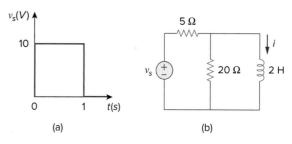

그림 7.130
문제 7.65.

7.7절   일차 연산증폭기 회로

7.66 그림 7.131을 이용하여 다른 학생들이 일차 연산증폭기 **e⌐d** 회로를 더 잘 이해하도록 도와주는 문제를 설계하라.

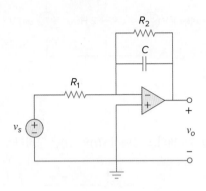

그림 7.131
문제 7.66.

7.67 그림 7.132의 연산증폭기 회로에서 $v(0) = 5$ V이다. $t > 0$일 때 $v_o(t)$를 구하라. $R = 10$ kΩ, $C = 1$ μF이다.

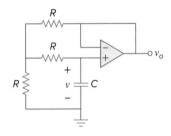

그림 7.132
문제 7.67.

7.68 그림 7.133의 회로에서 $t > 0$일 때 v_o을 구하라.

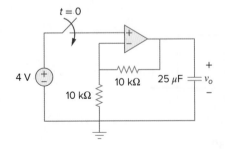

그림 7.133
문제 7.68.

7.69 그림 7.134의 연산증폭기 회로에서 $t > 0$일 때 $v_o(t)$를 구하라.

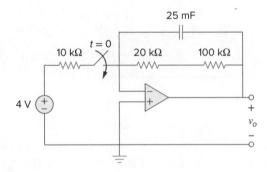

그림 7.134
문제 7.69.

7.70 그림 7.135의 연산증폭기 회로에서 $v_s = 20$ mV이다. $t > 0$일 때 v_o를 구하라.

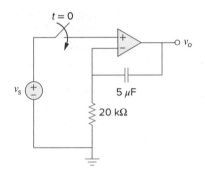

그림 7.135
문제 7.70.

7.71 그림 7.136의 연산증폭기 회로에서 $v(0) = 0$V, $v_s = 3$V 이다. $t > 0$일 때 $v(t)$를 구하라.

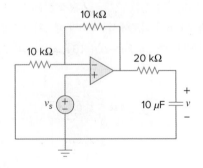

그림 7.136
문제 7.71.

7.72 그림 7.137의 연산증폭기 회로에서 i_o를 구하라. $v(0)$ 522 V, $R = 10$ kΩ, $C = 10$ μF이라고 가정한다.

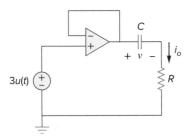

그림 7.137
문제 7.72.

7.73 그림 7.138의 연산증폭기 회로에서 $R_1 = 10$ kΩ, $R_f = 20$ kΩ, $C = 20$ μF, $v(0) = 1$ V이다. v_o를 구하라.

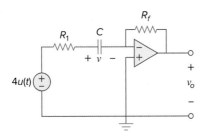

그림 7.138
문제 7.73.

7.74 그림 7.139의 회로에서 $t > 0$일 때 $v_o(t)$를 구하라. $i_s = 10u(t)$ μA이고, 커패시터는 초기에 충전되어 있지 않다고 가정한다.

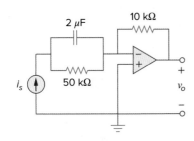

그림 7.139
문제 7.74.

7.75 그림 7.140의 회로에서 $v_s = 4u(t)$ V, $v(0) = 1$ V일 때 v_o와 i_o를 구하라.

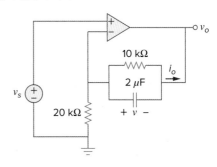

그림 7.140
문제 7.75.

7.8절 *PSpice*를 이용한 과도 해석

7.76 *PSpice* 또는 *MultiSim*을 이용하여 문제 7.49를 다시 풀라.

7.77 그림 7.141의 회로에서 스위치가 $t = 0$일 때 열린다. *PSpice* 또는 *MultiSim*을 이용하여 $t > 0$일 때 $v(t)$를 구하라.

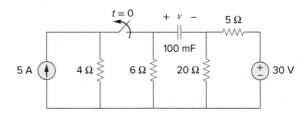

그림 7.141
문제 7.77.

7.78 그림 7.142의 회로에서 스위치가 $t = 0$일 때 위치 a에서 b로 이동한다. *PSpice* 또는 *MultiSim*을 이용하여 $t > 0$일 때 $i(t)$를 구하라.

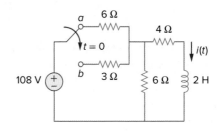

그림 7.142
문제 7.78.

7.79 그림 7.143의 회로에서 스위치가 오랜 시간 위치 a에 있다가 $t = 0$인 순간에 위치 b로 이동한다. $i_o(t)$를 구하라.

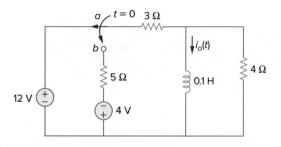

그림 7.143
문제 7.79.

7.80 그림 7.144의 회로에서 스위치는 오랜 시간 동안 a의 위치에 있었다. 다음을 구하라.

(a) $i_1(0)$, $i_2(0)$, $v_0(0)$

(b) $i_L(t)$

(c) $i_1(\infty)$, $i_2(\infty)$, $v_0(\infty)$

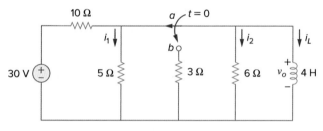

그림 7.144
문제 7.80.

7.81 *PSpice* 또는 *MultiSim*을 이용하여 문제 7.65를 다시 풀라.

7.9절 응용

7.82 신호 스위칭 회로를 설계하는 데 3 ms의 시상수를 얻기 위해 100 μF의 커패시터가 필요하다는 것을 알았다. 회로에 필요한 저항값은 얼마인가?

7.83 160 mH 코일의 저항이 8 Ω이다. 전압이 코일에 인가될 때, 전류가 최종값의 60%에 도달하는 데 걸리는 시간을 구하라.

7.84 10 mF의 커패시터가 2 MΩ의 누설 저항을 가지고 있다. 커패시터 양단의 전압이 초기 충전 전압의 40%로 감소하는 데 걸리는 시간을 구하라. 이때 커패시터는 충전된 후 그대로 그 상태를 유지한다고 가정한다.

7.85 그림 7.145는 간단한 완화 발진기 회로(relaxation oscillator circuit)를 나타낸 것이다. 네온 램프는 전압이 75 V에 도달하면 켜지고 전압이 30 V로 떨어지면 꺼진다. 램프가 켜졌을 때 저항은 120 Ω이고 꺼졌을 때는 무한대이다.

(a) 커패시터가 방전될 때마다 램프는 얼마 동안 켜져 있는가?

(b) 빛이 점멸하는 사이의 시간 간격은 얼마인가?

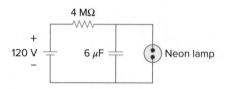

그림 7.145
문제 7.85.

7.86 그림 7.146은 용접기의 전극에 공급되는 전압의 시간을 조절하는 회로이다. 커패시터가 0에서 8 V로 충전하는 데 걸리는 시간으로 전압 공급 시간이 결정된다. 가변 저항을 사용하여 조절 가능한 전압 공급 시간의 범위는 얼마인가?

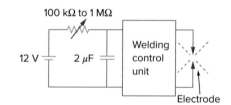

그림 7.146
문제 7.86.

7.87 120 V 직류 발전기가 50 H 인덕턴스와 100 Ω 저항을 가진 코일로 구성된 모터에 에너지를 공급한다. 그림 7.147에서 보듯이 모터의 손상을 막기 위해 400 Ω의 계자 방전 저항이 모터와 병렬로 연결되어 있다. 시스템은 정상상태이다. 회로 차단기가 작동하고 100 ms 후에 계자 방전 저항을 통해 흐르는 전류를 구하라.

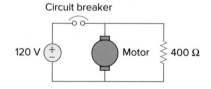

그림 7.147
문제 7.87.

종합문제

7.88 그림 7.148(a)의 회로는 근사적인 미분기나 적분기로 사
e⊘d 용할 수 있게 설계되었다. 근사적인 미분기가 될지 적
분기가 될지는 출력을 저항에서 얻는지 아니면 커패
시터에서 얻는지, 회로의 시상수 $\tau = RC$, 그리고 그림
7.148(b)의 입력 펄스 길이 T에 의해 결정된다. 이 회로
는 $\tau \ll T$이면, 예를 들어 $\tau < 0.1T$이면 미분기이다. 반
면 $\tau \gg T$이면, 예를 들어 $\tau > 10T$이면 적분기이다.

(a) 커패시터 양단에 미분기 출력이 나타날 수 있는 최
소 펄스폭은 얼마인가?

(b) 만약 출력이 입력의 적분이 되게 하려면 최대 펄스
폭은 얼마인가?

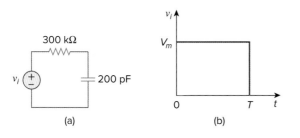

그림 7.148
문제 7.88.

7.89 RL 회로는 인덕터를 통해 출력을 얻고 $\tau \ll T$(예를 들면
e⊘d $\tau < 0.1T$)이면 미분기로 사용될 수 있다. 여기서 T는 입
력 펄스폭이다. $R = 200$ kΩ으로 고정할 때, $T = 10$ μs
인 펄스를 미분하는 데 필요한 L의 최대값을 구하라.

7.90 오실로스코프에 사용된 감쇠 프로브가 입력 전압 v_i를
e⊘d 1/10로 줄이도록 설계되어 있다. 그림 7.149에 나타낸
바와 같이 오실로스코프는 내부 저항 R_s와 내부 커패시
터 C_s를 갖고 있으며, 프로브는 내부 저항 R_p를 갖는다.
R_p가 6 MΩ일 때, 회로가 15 μs의 시상수를 갖는 데 필
요한 R_s와 C_s 값을 구하라.

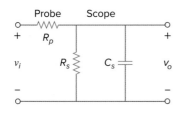

그림 7.149
문제 7.90.

7.91 그림 7.150 회로가 생물시간에 "개구리 발차기" 실험을
e⊘d 위하여 사용되었다. 스위치가 닫혔을 때 개구리가 조금
발차기를 하였고, 스위치가 열리면 개구리가 5 s 동안
격렬하게 발차기를 하는 것이 관찰되었다. 개구리를 저
항으로 모델하고 개구리의 저항 값을 계산하라. 개구리
는 10 mA의 전류가 흐르면 격렬하게 발차기를 한다고
가정하자.

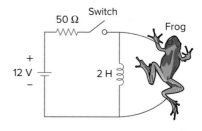

그림 7.150
문제 7.91.

7.92 음극선관(cathode ray tube: CRT)의 스크린에서 점을
이동시키기 위해서는 그림 7.151에서 나타낸 바와 같
이 편향판(deflection plate)에 걸리는 전압을 선형적으
로 증가시켜줘야 한다. 편향판의 판 사이 커패시턴스가
4 nF일 때, 편향판 사이에 흐르는 전류를 도시하라.

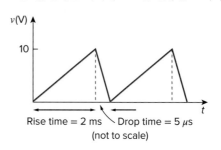

그림 7.151
문제 7.92.

8

이차 회로

Second-Order Circuits

공학 분야에서 석사 학위를 추구할 수 있는 사람들은 경력상의 성공을 극대화하기 위해서라도 반드시 학위를 취득해야 한다. 만약 연구직, 최첨단 공학 기술직에 종사하고자 한다면, 혹은 대학에서 강의를 하거나 사업을 시작하고자 한다면 박사 학위가 간절히 필요할 것이다.

—Charles K. Alexander

경력 향상하기

졸업 후 공학 경력의 기회를 늘리기 위해 공학의 다양한 영역에 대한 기본 이해력을 강화하라. 가능하다면 학사 학위를 받자마자 석사 학위를 추구하는 것이 가장 좋은 방법이 될 수 있다.

공학에서 각각의 학위는 학생들이 성취하게 되는 기술을 의미한다. 학사 학위의 수준에서는 공학의 전문 용어, 공학의 기초와 설계를 배운다. 석사 학위의 수준에서는 고급 공학 프로젝트를 수행하는 능력, 말과 글로 자신의 업무를 효과적으로 전달하는 능력을 배운다. 박사 학위는 전기공학의 기초에 대한 완전한 이해는 물론 공학 영역에서의 선구자적인 일을 하기 위한 기술과 업무상의 의사소통에 필요한 기술에 정통했다는 것을 의미한다.

졸업 후에 어떤 경력을 추구할지 결정하지 않았다면 대학원 학위 과정은 경력 선택의 폭을 넓히는 데 필요한 당신의 능력을 향상해줄 것이다. 학사 학위는 공학의 기초만을 추구하기 때문에, 공학을 전공하는 학생들은 공학 석사 학위와 경영학 과목의 수강을 병행한다면 경영학 석사(Master's of Business Administration: MBA) 학위를 취득하는 것보다 유익할 것이다. MBA 학위를 시작하는 가장 좋은 시점은 수년 동안 실무를 접한 후 자신의 미래를 위해 경영 지식 및 기술의 강화가 필수적이라 판단되는 때일 것이다.

공학자는 교육의 가용한 모든 수단을 동원하여 정규 과정이나 비정규 과정을 통해 끊임없이 재교육을 받아야 한다. 경력을 향상하기 위해 IEEE와 같은 전문적인 학회에 가입하거나 활동적인 회원이 되는 것이 가장 좋은 방법일 것이다.

경력 향상은 목표의 이해, 변화에의 적응, 기회 참여, 자신의 분야에 대한 기획 등의 일을 포함한다.

IEEE Magazine

학습목표

본 장에서 제시된 정보와 연습문제를 사용함으로써 다음 능력을 배양할 수 있다.

1. 일반 이차 미분방정식의 풀이를 더 잘 이해할 수 있다.
2. 초기값과 최종값을 결정하는 방법을 학습할 수 있다.
3. 무전원 직렬 *RLC* 회로의 응답에 대해 이해할 수 있다.
4. 무전원 병렬 *RLC* 회로의 응답에 대해 이해할 수 있다.
5. 직렬 *RLC* 회로의 계단응답에 대해 이해할 수 있다.
6. 병렬 *RLC* 회로의 계단응답에 대해 이해할 수 있다.
7. 일반 이차 회로에 대해 이해할 수 있다.
8. 일반 이차 연산증폭기 회로에 대해 이해할 수 있다.

8.1   서론

앞 장에서는 단 하나의 에너지 저장소자(커패시터 혹은 인덕터)를 가진 회로에 대해 살펴보았다. 이러한 회로는 일차 미분방정식으로 기술되기 때문에 일차 회로라 한다. 이 장에서는 2개의 에너지 저장소자를 포함하는 회로에 대해 살펴본다. 이러한 회로는 그 응답을 기술하는 미분방정식이 이차 미분항을 포함하기 때문에 이차 회로로 알려져 있다.

이차 회로의 전형적인 예로는 세 종류의 수동소자로 구성된 *RLC* 회로가 있다. 그림 8.1(a)와 (b)는 이러한 회로의 예를 보여준다. 다른 예로는 그림 8.1(c)와 (d)의 *RL* 회로와 *RC* 회로가 있다. 그림 8.1을 통해 이차 회로는 같은 종류(2개의 소자가 등가의 단일 소자로 표현될 수 없는 경우) 혹은 다른 종류의 에너지 저장소자 2개로 구성됨을 알 수 있다. 2개의 에너지 저장소자를 가진 연산증폭기 회로도 이차 회로가 될 수 있다. 이차 회로는 일차 회로와 마찬가지로 여러 개의 저항과 종속 전원 및 독립 전원 등을 포함할 수 있다.

이차 회로는 이차 미분방정식에 의해 그 특성이 기술된다. 이것은 저항과 등가적인 에너지 저장소자 2개로 구성된다.

이차 회로의 해석은 일차 회로의 해석과 유사하다. 먼저 에너지 저장소자의 초기 조건에 의해서 동작하는 회로를 살펴본다. 이 회로는 종속 전원을 포함할 수 있으나 독립 전원은 포함하지 않는 경우이다. 이러한 무전원 회로는 자연응답을 가진다. 다음으로 독립 전원에 의해 동작하는 회로를 살펴본다. 이러한 회로는 과도응답과 정상상태 응답을 모두 가진다. 이 장에서는 직류 독립 전원만을 고려하고, 정현파와 지수함수 형태의 전원을 가진 회로는 다음 장에서 다룬다.

이차 회로 해석에서 대단히 중요한 회로의 변수와 도함수에 관한 초기 조건을 구하는 방법에 대한 학습으로 시작한다. 다음으로 그림 8.1에서 보듯이 두 종류의 구동원, 즉 에너지 저장소자의 초기 조건과 계단 입력에 의해 동작하는

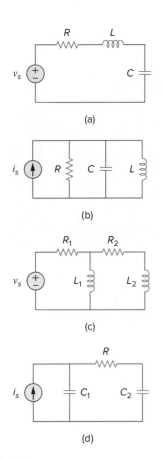

그림 8.1
이차 회로의 예: (a) 직렬 *RLC* 회로, (b) 병렬 *RLC* 회로, (c) *RL* 회로, (d) *RC* 회로.

RLC 직렬 · 병렬 회로에 대해 검토한다. 또한 연산증폭기를 포함하는 다른 형태의 이차 회로에 대해서도 검토하고, 이차 회로의 *PSpice* 해석을 다룬다. 마지막으로, 이 장에서 다루는 회로의 전형적인 응용 예로 자동차 점화 시스템과 평활 회로(smoothing circuit)를 살펴본다. 또 다른 응용 예인 공진회로와 필터는 14장에서 공부할 것이다.

8.2 초기값과 최종값 결정

이차 회로를 해석하면서 학생들이 부딪히는 가장 큰 문제는 아마 회로 변수의 초기 조건과 최종상태를 구하는 것이다. 일반적으로 학생들은 v와 i의 초기값과 최종값은 쉽게 찾지만 도함수의 초기값과 최종값(dv/dt와 di/dt)을 찾는 데는 어려움을 느낀다. 이러한 이유로 이 절에서는 어려움을 겪는 $v(0)$, $i(0)$, $dv(0)/dt$, $di(0)/dt$, $i(\infty)$, $v(\infty)$를 구하는 데 중점을 둔다. 이 장에서 특별한 언급이 없는 한 v는 커패시터 전압을, i는 인덕터 전류를 나타낸다.

초기 조건을 결정하는 데 유의해야 할 점이 두 가지 있다.

첫째, 회로 해석에서 항상 그렇지만 커패시터 양단에 걸리는 전압 $v(t)$의 극성과 인덕터에 흐르는 전류 $i(t)$의 방향에 유의한다. v와 i는 수동부호규정에 의해 명확히 정의된다는 것을 주의한다(그림 6.3과 6.23 참조). 이것들의 적용과 정의가 어떻게 되어 있는지를 주의해서 살펴보아야 한다.

둘째, 커패시터 전압은 항상 연속성이 있으므로 다음이 성립하고,

$$v(0^+) = v(0^-) \tag{8.1a}$$

인덕터 전류도 항상 연속성이 있으므로 다음이 성립함을 명심한다.

$$i(0^+) = i(0^-) \tag{8.1b}$$

여기서 스위칭이 $t = 0$에서 발생한다는 가정하에 $t = 0^-$는 스위칭이 일어나기 바로 직전을 나타내고, $t = 0^+$는 스위칭이 일어난 직후를 나타낸다.

그러므로 초기 조건을 구할 때 시간에 따라 갑자기 변화할 수 없는 변수인 커패시터 전압과 인덕터 전류에 우선 집중하여 식 (8.1)을 적용한다. 다음 예제를 통해 이러한 개념을 살펴본다.

그림 8.2의 회로에서 스위치가 오랫동안 닫혀 있었다. $t = 0$에서 스위치를 열었을 때 (a) $i(0^+)$, $v(0^+)$; (b) $di(0^+)/dt$, $dv(0^+)/dt$; (c) $i(\infty)$, $v(\infty)$를 구하라.

풀이:

(a) 스위치가 $t = 0$ 이전에 오랫동안 닫혀 있었다면 $t = 0$일 때 회로가 직류 정상상태에 있다는 것을 의미한다. 직류 정상상태에서 인덕터는 단락회로로 동작하고 커패시터는 개방회로로 동작하므로 $t = 0^-$일 때 그림 8.3(a)와 같은 회로로 나타낼 수 있다. 그러므로

예제 8.1

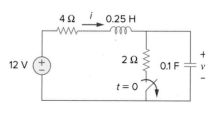

그림 8.2
예제 8.1.

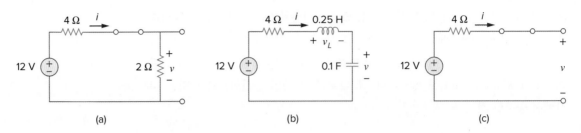

그림 8.3
그림 8.2의 등가회로: (a) $t = 0^-$, (b) $t = 0^+$, (c) $t \to \infty$.

$$i(0^-) = \frac{12}{4 + 2} = 2 \text{ A}, \qquad v(0^-) = 2i(0^-) = 4 \text{ V}$$

인덕터 전류와 커패시터 전압은 갑작스럽게 변할 수 없으므로,

$$i(0^+) = i(0^-) = 2 \text{ A}, \qquad v(0^+) = v(0^-) = 4 \text{ V}$$

(b) $t = 0^+$일 때 스위치를 개방한다. 이때의 등가회로는 그림 8.3(b)와 같다. 인덕터와 커패시터를 통해 흐르는 전류는 동일하다. 그러므로

$$i_C(0^+) = i(0^+) = 2 \text{ A}$$

$C\,dv/dt = i_C$이므로 $dv/dt = i_C/C$이고,

$$\frac{dv(0^+)}{dt} = \frac{i_C(0^+)}{C} = \frac{2}{0.1} = 20 \text{ V/s}$$

같은 방법으로 $L\,di/dt = v_L$이므로 $di/dt = v_L/L$이다. 다음으로 그림 8.3(b)의 루프에 KVL을 적용하여 v_L을 구한다. 그 결과는

$$-12 + 4i(0^+) + v_L(0^+) + v(0^+) = 0$$

또는

$$v_L(0^+) = 12 - 8 - 4 = 0$$

그러므로

$$\frac{di(0^+)}{dt} = \frac{v_L(0^+)}{L} = \frac{0}{0.25} = 0 \text{ A/s}$$

(c) $t > 0$일 때 과도상태가 발생한다. 그러나 $t \to \infty$로 하면 회로는 다시 정상상태에 도달한다. 인덕터는 단락회로로 동작하고 커패시터는 개방회로로 동작하기 때문에 그림 8.3(b)의 회로는 그림 8.3(c)와 같이 되고 다음을 구할 수 있다.

$$i(\infty) = 0 \text{ A}, \qquad v(\infty) = 12 \text{ V}$$

실전문제 8.1

그림 8.4의 회로에서 스위치가 오랫동안 개방되어 있었다. $t = 0$에서 스위치가 닫힐 때 (a) $i(0^+)$, $v(0^+)$; (b) $di(0^+)/dt$, $dv(0^+)/dt$; (c) $i(\infty)$, $v(\infty)$를 구하라.

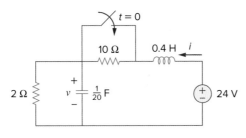

그림 8.4
실전문제 8.1.

답: (a) 2 A, 4 V; (b) 50 A/s, 0 V/s; (c) 12 A, 24 V

그림 8.5의 회로에서 (a) $i_L(0^+)$, $v_C(0^+)$, $v_R(0^+)$; (b) $di_L(0^+)/dt$, $dv_C(0^+)/dt$, $dv_R(0^+)/dt$; (c) $i_L(\infty)$, $v_C(\infty)$, $v_R(\infty)$를 구하라.

예제 8.2

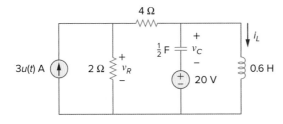

그림 8.5
예제 8.2.

풀이:

(a) $t < 0$일 때 $3u(t) = 0$이다. $t = 0^-$일 때 회로는 정상상태에서 동작하므로 그림 8.6(a)와 같이 인덕터는 단락회로로, 커패시터는 개방회로로 바꿔놓을 수 있다. 그림으로부터 다음을 얻을 수 있다.

$$i_L(0^-) = 0, \qquad v_R(0^-) = 0, \qquad v_C(0^-) = -20 \text{ V} \qquad \textbf{(8.2.1)}$$

$t = 0^-$에서 이들에 대한 미분값이 필요하지는 않지만, 회로는 정상상태에 도달하고 어떤 값도 변화하지 않으므로 미분값은 모두 0이 된다.

$t > 0$일 때 $3u(t) = 3$이므로 회로는 그림 8.6(b)와 같이 바꾸어 그릴 수 있다. 인덕터 전류와 커패시터 전압은 갑작스럽게 변하지 않으므로,

$$i_L(0^+) = i_L(0^-) = 0, \qquad v_C(0^+) = v_C(0^-) = -20 \text{ V} \qquad \textbf{(8.2.2)}$$

4 Ω 저항 양단의 전압은 필요하지 않지만 KCL과 KVL를 적용하기 위해 사용한다. 이를 v_o라 하자. 그림 8.6(b)의 노드 a에 KCL을 적용하면,

$$3 = \frac{v_R(0^+)}{2} + \frac{v_o(0^+)}{4} \qquad \textbf{(8.2.3)}$$

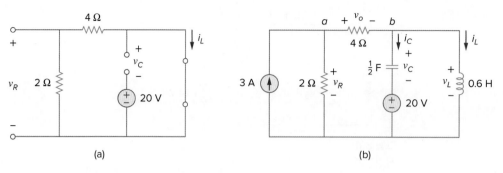

그림 8.6

그림 8.5의 등가회로: (a) $t = 0^-$, (b) $t = 0^+$.

그림 8.6(b)의 중간 메시에 KVL을 적용하면,

$$-v_R(0^+) + v_o(0^+) + v_C(0^+) + 20 = 0 \qquad \text{(8.2.4)}$$

식 (8.2.2)에서 $v_C(0^+) = -20$ V이므로 식 (8.2.4)로부터,

$$v_R(0^+) = v_o(0^+) \qquad \text{(8.2.5)}$$

식 (8.2.3)과 (8.2.5)에서 다음과 같은 결과를 얻을 수 있다.

$$v_R(0^+) = v_o(0^+) = 4 \text{ V} \qquad \text{(8.2.6)}$$

(b) $L \, di_L/dt = v_L$이므로,

$$\frac{di_L(0^+)}{dt} = \frac{v_L(0^+)}{L}$$

그림 8.6(b)의 오른쪽 메시에 KVL을 적용하면,

$$v_L(0^+) = v_C(0^+) + 20 = 0$$

그러므로

$$\frac{di_L(0^+)}{dt} = 0 \qquad \text{(8.2.7)}$$

같은 방법으로 $C \, dv_C/dt = i_C$이므로 $dv_C/dt = i_C/C$이다. i_C를 구하기 위해 그림 8.6(b)의 노드 b에 KCL을 적용하면,

$$\frac{v_o(0^+)}{4} = i_C(0^+) + i_L(0^+) \qquad \text{(8.2.8)}$$

$v_o(0^+) = 4$이고 $i_L(0^+) = 0$이므로 $i_C(0^+) = 4/4 = 1$ A이다. 따라서

$$\frac{dv_C(0^+)}{dt} = \frac{i_C(0^+)}{C} = \frac{1}{0.5} = 2 \text{ V/s} \qquad \text{(8.2.9)}$$

$dv_R(0^+)/dt$를 얻기 위해 노드 a에 KCL를 적용하면,

$$3 = \frac{v_R}{2} + \frac{v_o}{4}$$

각 항을 미분하고 $t = 0^+$로 놓으면,

$$0 = 2\frac{dv_R(0^+)}{dt} + \frac{dv_o(0^+)}{dt} \qquad (8.2.10)$$

그림 8.6(b)의 중간 메시에 KVL을 적용하면,

$$-v_R + v_C + 20 + v_o = 0$$

다시 각 항을 미분하고 $t = 0^+$로 놓으면,

$$-\frac{dv_R(0^+)}{dt} + \frac{dv_C(0^+)}{dt} + \frac{dv_o(0^+)}{dt} = 0$$

$dv_C(0^+)/dt = 2$를 대입하면,

$$\frac{dv_R(0^+)}{dt} = 2 + \frac{dv_o(0^+)}{dt} \qquad (8.2.11)$$

식 (8.2.10)과 (8.2.11)로부터 다음을 얻을 수 있다.

$$\frac{dv_R(0^+)}{dt} = \frac{2}{3} \text{ V/s}$$

필요하지는 않지만 $di_R(0^+)/dt$를 구할 수 있다. $v_R = 2i_R$이므로,

$$\frac{di_R(0^+)}{dt} = \frac{1}{2}\frac{dv_R(0^+)}{dt} = \frac{1}{2}\frac{2}{3} = \frac{1}{3} \text{ A/s}$$

(c) $t \to \infty$로 하면 회로는 정상상태에 도달한다. 3 A의 전류원이 동작하는 것을 제외하고는 그림 8.6(a)의 등가회로를 그대로 사용할 수 있다. 전류 분배의 법칙에 의해,

$$i_L(\infty) = \frac{2}{2+4} 3 \text{ A} = 1 \text{ A}$$

$$v_R(\infty) = \frac{4}{2+4} 3 \text{ A} \times 2 = 4 \text{ V}, \qquad v_C(\infty) = -20 \text{ V}$$
$$(8.2.12)$$

실전문제 8.2

그림 8.7의 회로에서 (a) $i_L(0^+)$, $v_C(0^+)$, $v_R(0^+)$; (b) $di_L(0^+)/dt$, $dv_C(0^+)/dt$, $dv_R(0^+)/dt$; (c) $i_L(\infty)$, $v_C(\infty)$, $v_R(\infty)$를 구하라.

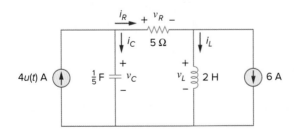

그림 8.7
실전문제 8.2.

답: (a) -6 A, 0, 0; (b) 0, 20 V/s, 0; (c) -2 A, 20 V, 20 V

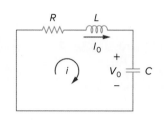

그림 8.8
무전원 직렬 *RLC* 회로.

8.3 무전원 직렬 *RLC* 회로

직렬 *RLC* 회로의 고유응답에 대한 이해는 후에 통신회로망과 필터 설계 등을 공부하는 데 기본적으로 필요하다.

그림 8.8은 직렬 *RLC* 회로를 보여준다. 회로는 커패시터와 인덕터의 초기 저장된 에너지에 의해 구동된다. 저장된 에너지를 인덕터의 초기 전류 I_0와 커패시터의 초기 전압 V_0로 표현한다. 그러므로 $t = 0$에서,

$$v(0) = \frac{1}{C} \int_{-\infty}^{0} i \, dt = V_0 \qquad \textbf{(8.2a)}$$

$$i(0) = I_0 \qquad \textbf{(8.2b)}$$

그림 8.8의 루프에 KVL을 적용하면,

$$Ri + L\frac{di}{dt} + \frac{1}{C} \int_{-\infty}^{t} i(\tau) \, d\tau = 0 \qquad \textbf{(8.3)}$$

적분항을 제거하기 위해 t에 대해 미분하고 항들을 정리하면,

$$\frac{d^2 i}{dt^2} + \frac{R}{L}\frac{di}{dt} + \frac{i}{LC} = 0 \qquad \textbf{(8.4)}$$

이것은 이차 미분방정식이며, 이 장에서 *RLC* 회로를 이차 회로라 부르는 이유이기도 하다. 우리의 목표는 식 (8.4)를 푸는 것이다. 이러한 이차 미분방정식을 푸는 데 i의 초기값과 i의 일차 도함수 혹은 i와 v의 초기값과 같은 2개의 초기 조건이 필요하다. i의 초기값은 식 (8.2b)에 주어졌다. i 미분의 초기값은 식 (8.2a)와 (8.3)에서 얻을 수 있다. 즉

$$Ri(0) + L\frac{di(0)}{dt} + V_0 = 0$$

또는

$$\frac{di(0)}{dt} = -\frac{1}{L}(RI_0 + V_0) \qquad \textbf{(8.5)}$$

식 (8.2b)와 (8.5)의 2개 초기 조건을 바탕으로 식 (8.4)를 풀 수 있다. 일차 회로에 대한 회로 해석으로부터 결과는 지수 형태로 나타난다는 것을 알 수 있다. 따라서

$$i = Ae^{st} \qquad \textbf{(8.6)}$$

여기서 A와 s는 미지의 상수이다. 식 (8.6)을 식 (8.4)에 대입하고 미분하면 다음을 얻을 수 있다.

$$As^2 e^{st} + \frac{AR}{L}se^{st} + \frac{A}{LC}e^{st} = 0$$

또는

$$Ae^{st}\left(s^2 + \frac{R}{L}s + \frac{1}{LC}\right) = 0 \qquad \textbf{(8.7)}$$

$i = Ae^{st}$는 회로 해석을 위해 가정한 해이므로 괄호 안의 식을 0으로 한다.

$$s^2 + \frac{R}{L}s + \frac{1}{LC} = 0 \qquad (8.8)$$

이 이차 방정식은 근이 i의 특성을 나타내므로 미분방정식 (8.4)의 특성방정식이라 일컫는다. 식 (8.8)의 두 근은 다음과 같다.

$$s_1 = -\frac{R}{2L} + \sqrt{\left(\frac{R}{2L}\right)^2 - \frac{1}{LC}} \qquad (8.9a)$$

$$s_2 = -\frac{R}{2L} - \sqrt{\left(\frac{R}{2L}\right)^2 - \frac{1}{LC}} \qquad (8.9b)$$

이차 방정식의 근을 구하는 공식은 부록 C.1절을 참조한다.

근의 표현을 좀 더 간략화하면,

$$\boxed{s_1 = -\alpha + \sqrt{\alpha^2 - \omega_0^2}, \qquad s_2 = -\alpha - \sqrt{\alpha^2 - \omega_0^2}} \qquad (8.10)$$

여기서

$$\boxed{\alpha = \frac{R}{2L}, \qquad \omega_0 = \frac{1}{\sqrt{LC}}} \qquad (8.11)$$

근 s_1과 s_2는 단위가 초당 네퍼(Np/s)이며, 회로의 고유응답과 관계가 있기 때문에 고유주파수라 부른다. ω_0는 공진주파수 혹은 부족제동상태의 고유주파수로 알려져 있고 단위는 초당 라디안(rad/s)이다. 그리고 α는 네퍼주파수로 알려져 있고 단위는 초당 네퍼(Np/s)이다. α와 ω_0의 항을 이용하면 식 (8.8)은 다음과 같이 표현할 수 있다.

네퍼(Np)는 스코틀랜드 수학자 존 네이퍼 (John Napier, 1550~1617)의 이름에서 따온 무차원의 단위이다.

$$s^2 + 2\alpha s + \omega_0^2 = 0 \qquad (8.8a)$$

변수 s와 ω_0는 지금부터 이 책의 후반부까지 논의해야 할 중요한 값이다.

α/ω_0의 비는 *제동비* ζ라고도 일컫는다.

식 (8.10)에서 s에 대한 2개의 값은 i에 대해 가능한 해가 두 가지 있음을 의미하며, 각각은 식 (8.6)에서 가정한 해의 형태를 갖는다. 즉

$$i_1 = A_1 e^{s_1 t}, \qquad i_2 = A_2 e^{s_2 t} \qquad (8.12)$$

식 (8.4)는 선형 방정식이므로 두 해인 i_1과 i_2의 선형 합성도 식 (8.4)의 해가 된다. 식 (8.4)의 완전해 또는 전체해는 i_1과 i_2의 선형 합성이 필요하다. 그러므로 직렬 *RLC* 회로의 자연응답은

$$i(t) = A_1 e^{s_1 t} + A_2 e^{s_2 t} \qquad (8.13)$$

여기서 상수 A_1과 A_2는 식 (8.2b)와 (8.5)의 초기값 $i(0)$과 $di(0)/dt$로부터 결정된다.

식 (8.10)으로부터 세 가지 형태의 해가 있음을 알 수 있다.

회로의 특성방정식 근이 서로 다른 실수인 경우 응답은 과제동, 중근인 실수인 경우는 임계제동, 복소수인 경우는 부족제동이다.

1. $\alpha > \omega_0$일 때 응답은 과제동이다.
2. $\alpha = \omega_0$일 때 응답은 임계제동이다.

3. $\alpha < \omega_0$일 때 응답은 부족제동이다.

각각의 경우에 대해 살펴보자.

과제동($\alpha > \omega_0$)

식 (8.9)와 (8.10)으로부터 $\alpha > \omega_0$는 $C > 4L/R^2$을 의미한다. 이때 두 해인 s_1과 s_2는 음이고 실수이다. 응답은

$$i(t) = A_1 e^{s_1 t} + A_2 e^{s_2 t} \qquad\qquad \textbf{(8.14)}$$

t가 증가함에 따라 감소하며 0에 수렴한다. 그림 8.9(a)는 전형적인 과제동 응답을 보여준다.

임계제동($\alpha = \omega_0$)

$\alpha = \omega_0$일 때 $C = 4L/R^2$이 되고,

$$s_1 = s_2 = -\alpha = -\frac{R}{2L} \qquad\qquad \textbf{(8.15)}$$

이러한 경우 식 (8.13)은

$$i(t) = A_1 e^{-\alpha t} + A_2 e^{-\alpha t} = A_3 e^{-\alpha t}$$

여기서 $A_3 = A_1 + A_2$이다. 두 초기 조건은 하나의 상수 A_3로 충족될 수 없으므로 이것은 해가 될 수 없다. 그렇다면 무엇이 잘못된 것일까? 지수함수 형태의 해에 대한 가정은 임계제동이라는 특별한 경우에는 부정확하다. 식 (8.4)로 다시 돌아가보자. $\alpha = \omega_0 = R/2L$일 때 식 (8.4)는 다음과 같이 된다.

$$\frac{d^2 i}{dt^2} + 2\alpha \frac{di}{dt} + \alpha^2 i = 0$$

또는

$$\frac{d}{dt}\left(\frac{di}{dt} + \alpha i\right) + \alpha\left(\frac{di}{dt} + \alpha i\right) = 0 \qquad\qquad \textbf{(8.16)}$$

다음과 같이 치환하면,

$$f = \frac{di}{dt} + \alpha i \qquad\qquad \textbf{(8.17)}$$

식 (8.16)은 아래와 같이 된다.

$$\frac{df}{dt} + \alpha f = 0$$

이것은 해 $f = A_1 e^{-\alpha t}$를 가진 일차 미분방정식으로, 여기서 A_1은 상수이다. 식 (8.17)은 다음과 같이 된다.

$$\frac{di}{dt} + \alpha i = A_1 e^{-\alpha t}$$

또는

$$e^{\alpha t}\frac{di}{dt} + e^{\alpha t}\alpha i = A_1 \tag{8.18}$$

이것은 다음과 같이 쓸 수 있다.

$$\frac{d}{dt}(e^{\alpha t}i) = A_1 \tag{8.19}$$

양변을 적분하면,

$$e^{\alpha t}i = A_1 t + A_2$$

또는

$$i = (A_1 t + A_2)e^{-\alpha t} \tag{8.20}$$

여기서 A_2는 또 다른 상수이다. 그러므로 임계제동 회로의 고유응답은 두 항의 합이 된다. 음의 지수함수와 선형항을 곱한 음의 지수함수, 즉

$$\boxed{i(t) = (A_2 + A_1 t)e^{-\alpha t}} \tag{8.21}$$

그림 8.9(b)는 전형적인 임계제동 응답을 보여준다. 사실 그림 8.9(b)는 $i(t) = te^{-\alpha t}$를 나타낸 것이며, $t = 1/\alpha$, 즉, 1*시상수일 때 최대값이 e^{-1}/α이 되고 0으로 수렴한다.

부족제동($\alpha < \omega_0$)

$\alpha < \omega_0$일 때 $C < 4L/R^2$이다. 해는 다음과 같이 된다.

$$s_1 = -\alpha + \sqrt{-(\omega_0^2 - \alpha^2)} = -\alpha + j\omega_d \tag{8.22a}$$

$$s_2 = -\alpha - \sqrt{-(\omega_0^2 - \alpha^2)} = -\alpha - j\omega_d \tag{8.22b}$$

여기서 $j = \sqrt{-1}$이고, 감쇠주파수라고 불리는 $\omega_d = \sqrt{\omega_0^2 - \alpha^2}$이다. ω_0와 ω_d는 모두 고유응답을 결정하는 데 도움을 주기 때문에 고유주파수이다. ω_0는 무감쇠 고유주파수라 부르고, ω_d는 감쇠 고유주파수라 부른다. 고유응답은

$$i(t) = A_1 e^{-(\alpha - j\omega_d)t} + A_2 e^{-(\alpha + j\omega_d)t}$$

$$= e^{-\alpha t}(A_1 e^{j\omega_d t} + A_2 e^{-j\omega_d t}) \tag{8.23}$$

오일러의 정리를 이용하면,

$$e^{j\theta} = \cos\theta + j\sin\theta, \qquad e^{-j\theta} = \cos\theta - j\sin\theta \tag{8.24}$$

다음과 같은 식을 얻을 수 있다.

$$i(t) = e^{-\alpha t}[A_1(\cos\omega_d t + j\sin\omega_d t) + A_2(\cos\omega_d t - j\sin\omega_d t)]$$

$$= e^{-\alpha t}[(A_1 + A_2)\cos\omega_d t + j(A_1 - A_2)\sin\omega_d t] \tag{8.25}$$

상수 $(A_1 + A_2)$와 $j(A_1 - A_2)$를 B_1과 B_2로 치환하면,

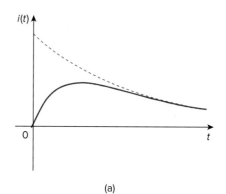

(a)

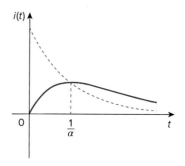

(b)

(c)

그림 8.9
(a) 과제동 응답, (b) 임계제동 응답, (c) 부족제동 응답.

$$i(t) = e^{-\alpha t}(B_1 \cos \omega_d t + B_2 \sin \omega_d t) \tag{8.26}$$

사인함수와 코사인함수의 존재로 이러한 경우의 고유응답은 지수적으로 감쇠되며 진동한다는 것을 명확히 알 수 있다. 응답은 시상수가 $1/\alpha$이고 주기는 $T = 2\pi/\omega_d$이다. 그림 8.9(c)는 전형적인 부족제동 응답을 보여준다. 그림 8.9는 각 경우에 대해 $i(0) = 0$이라고 가정한다.

위에서 보았듯이 직렬 *RLC* 회로에서 인덕터의 전류 $i(t)$를 구하면 각각의 소자 전압과 같은 다른 회로량을 쉽게 구할 수 있다. 예를 들면 저항 전압 $v_R = Ri$, 인덕터 전압 $v_L = L\,di/dt$이다. 인덕터 전류 $i(t)$는 식 (8.1b)를 이용하기 위해 우선적으로 결정해야 할 주요 변수가 된다.

RLC 회로의 고유 성질에 주목하여 이 절을 다음과 같이 정리할 수 있다.

R = 0인 경우 완전한 정현파 응답을 갖는다. 이는 L과 C로 구성된 회로에서 불가피한 손실이 있으므로 실질적인 응답이 될 수는 없다. 그림 6.8과 6.26을 참고한다. 오실레이터(발진기)라 불리는 전자기기는 완전한 정현파 응답을 제공할 수 있다.

1. 이러한 회로망의 작용은 감쇠의 개념으로 나타낼 수 있으며, 이것은 응답의 진폭이 지속적으로 감소하는 데에서 볼 수 있듯이 초기에 저장된 에너지의 점진적인 소모를 의미한다. 감쇠 효과는 저항 *R*의 존재 때문이다. 감쇠 계수 α는 응답이 감소되는 비율을 결정한다. 만약 $R = 0$이라면 $\alpha = 0$이고 무감쇠 고유주파수가 $1/\sqrt{LC}$인 *LC* 회로가 된다. 이 경우에는 $\alpha < \omega_0$이므로 응답은 부족제동 응답일 뿐 아니라 진동한다. 회로는 에너지 소비, 즉 감쇠 성분 *R*이 없기 때문에 손실이 없다고 한다. *R* 값을 적절히 조절함으로써 응답을 무감쇠, 과제동, 임계제동, 또는 부족제동으로 만들 수 있다.

예제 8.5와 8.7은 다양한 R 값에 대한 효과를 보여준다.

2. 진동응답은 두 가지 형태의 저장 요소가 존재함으로써 가능하다. *L*과 *C*는 에너지의 흐름을 서로 주고받는다. 부족제동 응답에 의해 나타나는 감쇠 진동은 울림(ringing)으로 알려져 있다. 이것은 저장소자 *L*과 *C*의 에너지를 주고받는 능력에 기인한다.

그림 8.1(c)와 (d)에서 보듯이 동일한 종류의 저장 요소가 2개인 이차 회로는 진동이 없는 응답을 갖는다.

3. 그림 8.9에서 응답 파형이 다른 것을 관찰할 수 있다. 일반적으로 과제동 응답과 임계제동 응답의 차이를 파형으로 구별하기는 어렵다. 임계제동의 경우는 부족제동과 과제동 사이의 경계이고 가장 빠르게 감소한다. 같은 초기 조건에서 과제동은 초기에 저장된 에너지를 소비하는 데 가장 긴 시간이 걸리기 때문에 안정화 시간(settling time)이 가장 길다. 만약 울림이나 진동 없이 가장 빠르게 최종값에 이르는 응답을 원한다면 임계제동 회로가 올바른 선택이다.

대부분의 실제 회로에서 이는 우리가 가능한 한 임계제동에 근접하는 과제동 회로를 추구한다는 것을 의미한다.

예제 8.3

그림 8.8의 회로에서 $R = 40\ \Omega$, $L = 4$ H, $C = 1/4$ F일 때 특성근을 구하라. 회로는 어떤 형태의 고유응답을 갖는가?

풀이:

먼저 다음을 계산하면,

$$\alpha = \frac{R}{2L} = \frac{40}{2(4)} = 5, \qquad \omega_0 = \frac{1}{\sqrt{LC}} = \frac{1}{\sqrt{4 \times \frac{1}{4}}} = 1$$

근은

$$s_{1,2} = -\alpha \pm \sqrt{\alpha^2 - \omega_0^2} = -5 \pm \sqrt{25 - 1}$$

또는

$$s_1 = -0.101, \qquad s_2 = -9.899$$

$\alpha > \omega_0$이므로 응답은 과제동이다. 이것은 근이 음의 실수라는 사실로부터도 확인할 수 있다.

실전문제 8.3

그림 8.8의 회로에서 $R = 10\ \Omega$, $L = 5$ H, $C = 2$ mF일 때 α, ω_0, s_1, s_2를 구하라. 회로는 어떤 형태의 고유응답을 갖는가?

답: 1, 10, $-1 \pm j9.95$, 부족제동

예제 8.4

그림 8.10의 회로에서 $i(t)$를 구하라. $t = 0^-$에서 회로가 정상상태라고 가정한다.

풀이:

$t < 0$일 때 스위치는 닫혀 있다. 커패시터는 개방회로로 동작하고 인덕터는 단락회로로 동작한다. 등가회로는 그림 8.11(a)와 같다. 그러므로 $t = 0$에서

$$i(0) = \frac{10}{4 + 6} = 1\ \text{A}, \qquad v(0) = 6i(0) = 6\ \text{V}$$

여기서 $i(0)$은 인덕터를 통한 초기 전류이고, $v(0)$은 커패시터 양단에 걸리는 초기 전압이다.

$t > 0$일 때 스위치가 개방되고 전압원의 연결이 끊어진다. 등가회로는 그림 8.11(b)와 같고 이것은 무전원 직렬 *RLC* 회로이다. 스위치가 개방되었을 때, 그림 8.10에 직렬로 연결된 3 Ω과 6 Ω의 저항은 그림 8.11(b)에 $R = 9\ \Omega$으로 합

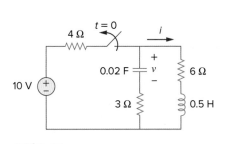

그림 8.10
예제 8.4.

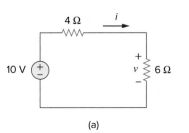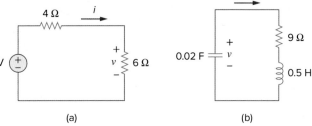

그림 8.11
그림 8.10의 등가회로: (a) $t < 0$, (b) $t > 0$.

성하여 표현했다. 근은 다음과 같이 계산된다.

$$\alpha = \frac{R}{2L} = \frac{9}{2\left(\frac{1}{2}\right)} = 9, \qquad \omega_0 = \frac{1}{\sqrt{LC}} = \frac{1}{\sqrt{\frac{1}{2} \times \frac{1}{50}}} = 10$$

$$s_{1,2} = -\alpha \pm \sqrt{\alpha^2 - \omega_0^2} = -9 \pm \sqrt{81 - 100}$$

또는

$$s_{1,2} = -9 \pm j4.359$$

그러므로 응답은 부족제동($\alpha < \omega_0$)이다. 즉

$$i(t) = e^{-9t}(A_1 \cos 4.359t + A_2 \sin 4.359\,t) \tag{8.4.1}$$

A_1과 A_2는 초기 조건을 사용하여 얻을 수 있다. $t = 0$에서

$$i(0) = 1 = A_1 \tag{8.4.2}$$

식 (8.5)에서

$$\frac{di}{dt}\bigg|_{t=0} = -\frac{1}{L}[Ri(0) + v(0)] = -2[9(1) - 6] = -6 \text{ A/s} \tag{8.4.3}$$

v의 극성이 그림 8.8과 반대이기 때문에 $v(0) = V_0 = -6$ V가 사용되었다. 식 (8.4.1)에서 $i(t)$의 미분을 취하면,

$$\frac{di}{dt} = -9e^{-9t}(A_1 \cos 4.359t + A_2 \sin 4.359t)$$
$$+ e^{-9t}(4.359)(-A_1 \sin 4.359t + A_2 \cos 4.359t)$$

$t = 0$일 때 식 (8.4.3)을 적용하면,

$$-6 = -9(A_1 + 0) + 4.359(\,-0 + A_2)$$

그러나 식 (8.4.2)에서 $A_1 = 1$이므로,

$$-6 = -9 + 4.359A_2 \qquad \Rightarrow \qquad A_2 = 0.6882$$

식 (8.4.1)에 A_1과 A_2를 대입하면 완전해가 다음과 같이 나타난다.

$$i(t) = e^{-9t}(\cos 4.359t + 0.6882 \sin 4.359\,t) \text{ A}$$

실전문제 8.4

그림 8.12의 회로는 $t = 0^-$에서 정상상태에 도달했다. $t = 0$일 때 스위치가 위치 a에서 b로 이동한다면 $t > 0$일 때 전류 $i(t)$를 구하라.

답: $e^{-2.5t}(10 \cos 1.6583t - 15.076 \sin 1.6583t)$ A

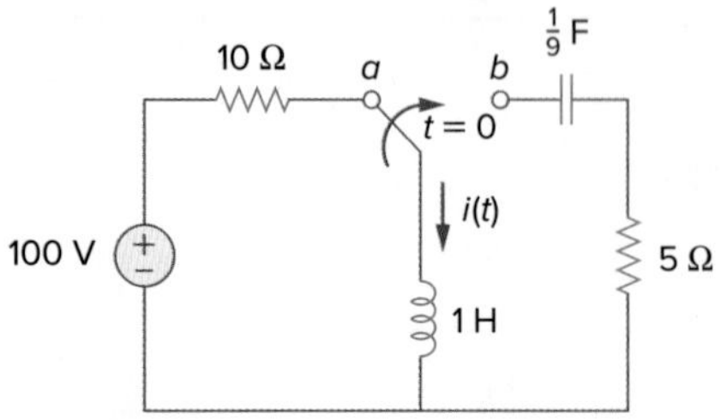

그림 8.12
실전문제 8.4.

8.4 무전원 병렬 *RLC* 회로

병렬 *RLC* 회로는 통신망과 필터 설계를 포함하여 실질적인 응용에서 많이 볼 수 있다.

그림 8.13의 병렬 *RLC* 회로를 생각해보자. 초기 인덕터 전류를 I_0, 초기 커패시터 전압을 V_0라고 가정하자.

$$i(0) = I_0 = \frac{1}{L}\int_{-\infty}^{0} v(t)\,dt \tag{8.27a}$$

$$v(0) = V_0 \tag{8.27b}$$

3개의 소자가 병렬로 연결되어 있으므로 모두 동일한 전압 v가 양단에 걸린다. 수동부호규정에 따라서 전류는 각각의 소자로 흘러 들어간다. 즉 각 소자를 통해 흐르는 전류는 회로 상단의 노드로부터 흘러 나간다. 그러므로 회로 상단의 노드에 KCL을 적용하면,

$$\frac{v}{R} + \frac{1}{L}\int_{-\infty}^{t} v(\tau)\,d\tau + C\frac{dv}{dt} = 0 \tag{8.28}$$

t에 대해 미분하고 C로 나누면,

$$\frac{d^2v}{dt^2} + \frac{1}{RC}\frac{dv}{dt} + \frac{1}{LC}v = 0 \tag{8.29}$$

이차 미분은 s^2로, 일차 미분은 s로 치환함으로써 특성방정식을 얻을 수 있다. 식 (8.4)~(8.8)에 적용된 것과 같은 방식으로 특성방정식을 다음과 같이 얻는다.

$$s^2 + \frac{1}{RC}s + \frac{1}{LC} = 0 \tag{8.30}$$

특성방정식의 근은

$$s_{1,2} = -\frac{1}{2RC} \pm \sqrt{\left(\frac{1}{2RC}\right)^2 - \frac{1}{LC}}$$

또는

$$\boxed{s_{1,2} = -\alpha \pm \sqrt{\alpha^2 - \omega_0^2}} \tag{8.31}$$

여기서

$$\boxed{\alpha = \frac{1}{2RC}, \qquad \omega_0 = \frac{1}{\sqrt{LC}}} \tag{8.32}$$

각 항의 이름은 해에서 같은 역할을 하므로 앞 절에서 언급한 바와 동일하다. 다시 $\alpha > \omega_0,\ \alpha = \omega_0,\ \alpha < \omega_0$에 따라 가능한 해가 3개 있다. 각각의 경우를 살펴보자.

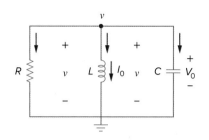

그림 8.13
무전원 병렬 *RLC* 회로.

과제동($\alpha > \omega_0$)

식 (8.32)로부터 $\alpha > \omega_0$일 때 $L > 4R^2C$이다. 특성방정식의 근은 음의 실수이다. 응답은

$$v(t) = A_1 e^{s_1 t} + A_2 e^{s_2 t} \qquad\qquad \textbf{(8.33)}$$

임계제동($\alpha = \omega_0$)

$\alpha = \omega_0$일 때 $L = 4R^2C$이다. 근은 실수이고 동일한 값을 가지므로 응답은

$$v(t) = (A_1 + A_2 t)e^{-\alpha t} \qquad\qquad \textbf{(8.34)}$$

부족제동($\alpha < \omega_0$)

$\alpha < \omega_0$일 때 $L < 4R^2C$이다. 이 경우 근은 복소수이고 다음과 같이 표현된다.

$$s_{1,2} = -\alpha \pm j\omega_d \qquad\qquad \textbf{(8.35)}$$

여기서

$$\omega_d = \sqrt{\omega_0^2 - \alpha^2} \qquad\qquad \textbf{(8.36)}$$

응답은

$$v(t) = e^{-\alpha t}(A_1 \cos \omega_d t + A_2 \sin \omega_d t) \qquad\qquad \textbf{(8.37)}$$

각각의 경우 상수 A_1과 A_2는 초기 조건으로부터 결정할 수 있다. 우리는 $v(0)$과 $dv(0)/dt$가 필요하다. $v(0)$은 식 (8.27b)로부터 구할 수 있고, $dv(0)/dt$는 식 (8.27)과 (8.28)의 조합으로 구할 수 있다.

$$\frac{V_0}{R} + I_0 + C\frac{dv(0)}{dt} = 0$$

또는

$$\frac{dv(0)}{dt} = -\frac{(V_0 + RI_0)}{RC} \qquad\qquad \textbf{(8.38)}$$

전압 파형은 그림 8.9와 비슷하고 회로가 과제동, 부족제동, 임계제동인지에 따라 구별된다.

위에서 보여준 것과 같이 병렬 *RLC* 회로에 대한 커패시터 전압 $v(t)$를 구하고 나면 각각의 소자 전류와 같은 다른 회로량을 충분히 구할 수 있다. 예를 들면 저항 전류는 $i_R = v/R$이고 커패시터 전류는 $i_C = C\, dv/dt$이다. 우리는 식 (8.1a)를 이용하기 위해 우선적으로 결정해야 할 주요 변수로서 커패시터 전압 $v(t)$를 선택했다. 직렬 *RLC* 회로의 경우에는 인덕터 전류 $i(t)$를 먼저 알아야 하고, 병렬 *RLC* 회로의 경우에는 커패시터 전압 $v(t)$를 먼저 알아야 한다는 것을 명심하라.

그림 8.13의 병렬 회로에서 $v(0) = 5$ V, $i(0) = 0$, $L = 1$ H, $C = 10$ mF이라 가정하고, $t > 0$일 때 $v(t)$를 구하라. $R = 1.923$ Ω, $R = 5$ Ω, $R = 6.25$ Ω의 경우를 고려하라.

풀이:

■ **경우 1** $R = 1.923$ Ω이라면,

$$\alpha = \frac{1}{2RC} = \frac{1}{2 \times 1.923 \times 10 \times 10^{-3}} = 26$$

$$\omega_0 = \frac{1}{\sqrt{LC}} = \frac{1}{\sqrt{1 \times 10 \times 10^{-3}}} = 10$$

$\alpha > \omega_0$이므로 이런 경우는 응답이 과제동이다. 특성방정식의 근은

$$s_{1,2} = -\alpha \pm \sqrt{\alpha^2 - \omega_0^2} = -2, -50$$

그리고 응답은

$$v(t) = A_1 e^{-2t} + A_2 e^{-50t} \tag{8.5.1}$$

이제 A_1과 A_2를 얻기 위해 초기 조건을 적용하면,

$$v(0) = 5 = A_1 + A_2 \tag{8.5.2}$$

$$\frac{dv(0)}{dt} = -\frac{v(0) + Ri(0)}{RC} = -\frac{5 + 0}{1.923 \times 10 \times 10^{-3}} = -260$$

그러나 식 (8.5.1)을 미분하면,

$$\frac{dv}{dt} = -2A_1 e^{-2t} - 50A_2 e^{-50t}$$

$t = 0$일 때,

$$-260 = -2A_1 - 50A_2 \tag{8.5.3}$$

식 (8.5.2)와 (8.5.3)에서 $A_1 = -0.2083$, $A_2 = 5.208$을 얻을 수 있다. A_1과 A_2를 식 (8.5.1)에 대입하면,

$$v(t) = -0.2083 e^{-2t} + 5.208 e^{-50t} \tag{8.5.4}$$

■ **경우 2** $R = 5$ Ω이라면,

$$\alpha = \frac{1}{2RC} = \frac{1}{2 \times 5 \times 10 \times 10^{-3}} = 10$$

반면에 $\omega_0 = 10$으로 전과 같다. $\alpha = \omega_0 = 10$이므로 응답이 임계제동이다. 따라서 $s_1 = s_2 = -10$이고,

$$v(t) = (A_1 + A_2 t)e^{-10t} \tag{8.5.5}$$

A_1과 A_2를 얻기 위해 초기 조건을 적용하면,

$$v(0) = 5 = A_1 \tag{8.5.6}$$

$$\frac{dv(0)}{dt} = -\frac{v(0) + Ri(0)}{RC} = -\frac{5 + 0}{5 \times 10 \times 10^{-3}} = -100$$

그러나 식 (8.5.5)를 미분하면,

$$\frac{dv}{dt} = (-10A_1 - 10A_2t + A_2)e^{-10t}$$

$t = 0$일 때,

$$-100 = -10A_1 + A_2 \tag{8.5.7}$$

식 (8.5.6)과 (8.5.7)로부터 $A_1 = 5$, $A_2 = -50$이다. 그러므로

$$v(t) = (5 - 50t)e^{-10t} \text{ V} \tag{8.5.8}$$

■ **경우 3** $R = 6.25 \ \Omega$이라면,

$$\alpha = \frac{1}{2RC} = \frac{1}{2 \times 6.25 \times 10 \times 10^{-3}} = 8$$

반면에 $\omega_0 = 10$으로 전과 같다. $\alpha < \omega_0$이므로 응답이 부족제동이다. 특성방정식의 근은

$$s_{1,2} = -\alpha \pm \sqrt{\alpha^2 - \omega_0^2} = -8 \pm j6$$

그러므로

$$v(t) = (A_1 \cos 6t + A_2 \sin 6t)e^{-8t} \tag{8.5.9}$$

이제 다음과 같이 A_1과 A_2를 구한다.

$$v(0) = 5 = A_1 \tag{8.5.10}$$

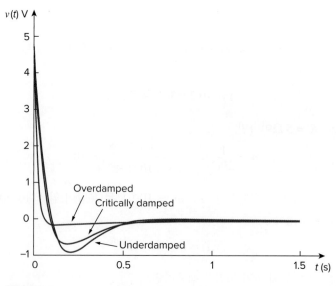

그림 8.14
예제 8.5: 제동 정도에 따른 세 가지 응답.

$$\frac{dv(0)}{dt} = -\frac{v(0) + Ri(0)}{RC} = -\frac{5 + 0}{6.25 \times 10 \times 10^{-3}} = -80$$

그러나 식 (8.5.9)를 미분하면,

$$\frac{dv}{dt} = (-8A_1 \cos 6t - 8A_2 \sin 6t - 6A_1 \sin 6t + 6A_2 \cos 6t)e^{-8t}$$

$t = 0$일 때,

$$-80 = -8A_1 + 6A_2 \qquad\qquad (8.5.11)$$

식 (8.5.10)과 (8.5.11)에서 $A_1 = 5$, $A_2 = -6.667$이다. 그러므로

$$v(t) = (5 \cos 6t - 6.667 \sin 6t)e^{-8t} \qquad\qquad (8.5.12)$$

R의 값을 증가시킴에 따라 감쇠의 정도가 감소하며 응답이 달라진다는 것을 유의하라. 그림 8.14는 이러한 세 가지 경우를 나타낸 것이다.

실전문제 8.5

그림 8.13의 회로에서 $R = 2\ \Omega$, $L = 0.4$ H, $C = 25$ mF, $v(0) = 0$, $i(0) = 50$ mA라고 가정하고, $t > 0$일 때 $v(t)$를 구하라.

답: $(-2t)e^{-10t}\ u(t)$ V

예제 8.6

그림 8.15의 *RLC* 회로에서 $t > 0$일 때 $v(t)$를 구하라.

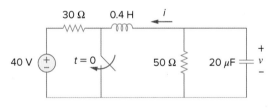

그림 8.15
예제 8.6.

풀이:

$t < 0$일 때 스위치가 개방되어 있다. 인덕터는 단락회로같이 동작하고 커패시터는 개방회로같이 동작한다. 커패시터 양단에 걸리는 초기 전압은 50 Ω 저항의 양단에 걸리는 전압과 동일하다. 즉

$$v(0) = \frac{50}{30 + 50}(40) = \frac{5}{8} \times 40 = 25 \text{ V} \qquad\qquad (8.6.1)$$

인덕터를 통해 흐르는 초기 전류는

$$i(0) = -\frac{40}{30 + 50} = -0.5 \text{ A}$$

i의 방향은 그림 8.15에 표시된 것과 같고, 이는 그림 8.13의 I_0 방향을 만족시키며 전류가 인덕터 양의 단자로 흘러 들어가는 형식과 일치한다(그림 6.23 참조). v를 구하기 위해 이를 dv/dt의 항으로 표현해야 한다.

$$\frac{dv(0)}{dt} = -\frac{v(0) + Ri(0)}{RC} = -\frac{25 - 50 \times 0.5}{50 \times 20 \times 10^{-6}} = 0 \tag{8.6.2}$$

$t > 0$일 때는 스위치가 닫혀 있다. 30 Ω 저항과 전압원은 나머지 회로로부터 분리된다. 병렬 RLC 회로는 그림 8.16에서 보는 바와 같이 전압원에 무관하게 동작한다. 다음은 특성방정식의 근을 결정한 것이다.

$$\alpha = \frac{1}{2RC} = \frac{1}{2 \times 50 \times 20 \times 10^{-6}} = 500$$

$$\omega_0 = \frac{1}{\sqrt{LC}} = \frac{1}{0.4 \times 20 \times 10^{-6}} = 354$$

$$s_{1,2} = -\alpha \pm \sqrt{\alpha^2 - \omega_0^2}$$

$$= -500 \pm \sqrt{250{,}000 - 124{,}997.6} = -500 \pm 354$$

또는

$$s_1 = -854, \qquad s_2 = -146$$

$\alpha > \omega_0$이므로 과제동 응답이다.

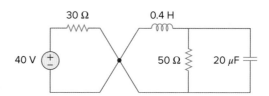

그림 8.16
예제 8.6: $t > 0$일 때 그림 8.15의 회로. 오른쪽의 병렬 RLC 회로는 노드 왼쪽의 회로와 무관하게 동작한다.

$$v(t) = A_1 e^{-854t} + A_2 e^{-146t} \tag{8.6.3}$$

$t = 0$일 때 식 (8.6.1)의 조건을 적용하면,

$$v(0) = 25 = A_1 + A_2 \qquad \Rightarrow \qquad A_2 = 25 - A_1 \tag{8.6.4}$$

식 (8.6.3)에서 $v(t)$의 미분을 취하면,

$$\frac{dv}{dt} = -854A_1 e^{-854t} - 146A_2 e^{-146t}$$

식 (8.6.2)의 조건을 적용하면,

$$\frac{dv(0)}{dt} = 0 = -854A_1 - 146A_2$$

또는

$$0 = 854A_1 + 146A_2 \qquad (8.6.5)$$

식 (8.6.4)와 (8.6.5)를 풀면,

$$A_1 = -5.156, \qquad A_2 = 30.16$$

따라서 식 (8.6.3)의 완전해는 다음과 같이 된다.

$$v(t) = -5.156e^{-854t} + 30.16e^{-146t} \text{ V}$$

그림 8.17의 회로에서 $t > 0$일 때 $v(t)$를 구하라.

답: $150(e^{-10t} - e^{-2.5t}) \text{ V}$

실전문제 8.6

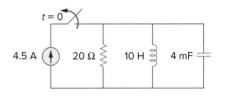

그림 8.17
실전문제 8.6.

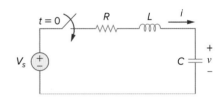

그림 8.18
직렬 *RLC* 회로에 인가하는 계단함수의
전압.

8.5 직렬 *RLC* 회로의 계단응답

앞 장에서 배웠듯이 계단응답은 직류 전원의 갑작스러운 공급에 대한 반응이다. 그림 8.18의 직렬 *RLC* 회로를 살펴보자. $t > 0$일 때 루프에 KVL을 적용하면,

$$L\frac{di}{dt} + Ri + v = V_s \qquad (8.39)$$

그러나

$$i = C\frac{dv}{dt}$$

식 (8.39)에 i를 대입하고 정리하면,

$$\frac{d^2v}{dt^2} + \frac{R}{L}\frac{dv}{dt} + \frac{v}{LC} = \frac{V_s}{LC} \qquad (8.40)$$

이것은 식 (8.4)와 같은 형태이다. 좀 더 명확하게 말하자면 계수는 같고(주파수 파라미터를 결정하는 데 중요하다) 변수는 다르다[마찬가지로 식 (8.47)을 보라]. 그러므로 직렬 *RLC* 회로의 특성방정식은 직류 전원의 존재에 따른 영향을 받지 않는다.

식 (8.40)의 해에는 두 가지 요소, 과도응답 $v_t(t)$와 정상상태 응답 $v_{ss}(t)$가 있다. 즉

$$v(t) = v_t(t) + v_{ss}(t) \qquad (8.41)$$

과도응답 $v_t(t)$는 총응답 중 시간에 따라 소멸되는 부분이다. 과도응답의 형태는 8.3절에서 식 (8.14), (8.21), (8.26)으로 주어지는 무전원 회로의 해와 같다. 그러므로 과도응답 $v_t(t)$의 과제동, 부족제동, 임계제동은

$$v_t(t) = A_1 e^{s_1 t} + A_2 e^{s_2 t} \qquad \text{(과제동)} \tag{8.42a}$$

$$v_t(t) = (A_1 + A_2 t)e^{-\alpha t} \qquad \text{(임계제동)} \tag{8.42b}$$

$$v_t(t) = (A_1 \cos \omega_d t + A_2 \sin \omega_d t)e^{-\alpha t} \qquad \text{(부족제동)} \tag{8.42c}$$

정상상태 응답은 $v(t)$의 최종값이다. 그림 8.18의 회로에서 커패시터 전압의 최종값은 전원 전압 V_s와 같다. 그러므로

$$v_{ss}(t) = v(\infty) = V_s \tag{8.43}$$

과제동, 부족제동, 임계제동의 경우에 대한 완전해는

$$
\boxed{
\begin{aligned}
v(t) &= V_s + A_1 e^{s_1 t} + A_2 e^{s_2 t} \qquad \text{(과제동)} &&\text{(8.44a)}\\
v(t) &= V_s + (A_1 + A_2 t)e^{-\alpha t} \qquad \text{(임계제동)} &&\text{(8.44b)}\\
v(t) &= V_s + (A_1 \cos \omega_d t + A_2 \sin \omega_d t)e^{-\alpha t} \qquad \text{(부족제동)} &&\text{(8.44c)}
\end{aligned}
}
$$

상수 A_1과 A_2는 초기 조건, 즉 $v(0)$과 $dv(0)/dt$으로부터 얻을 수 있다. v와 i는 각각 커패시터 단자에 걸리는 전압, 인덕터를 통해 흐르는 전류라는 것을 유의한다. 그러므로 식 (8.44)는 v를 찾는 데 적용된다. 그러나 커패시터 전압 $v_C = v$를 찾고 나면 커패시터, 인덕터 및 저항을 통해 흐르는 전류 $i = C\,dv/dt$를 계산할 수 있다. 그러므로 저항에 걸리는 전압은 $v_R = iR$, 반면에 인덕터 전압은 $v_L = L\,di/dt$를 이용하여 결정한다.

　다른 방법으로, 임의의 변수 $x(t)$에 대한 완전응답은 일반형을 가지고 있기 때문에 직접적으로 구할 수 있다.

$$x(t) = x_{ss}(t) + x_t(t) \tag{8.45}$$

여기서 $x_{ss} = x(\infty)$는 최종값이고 $x_t(t)$는 과도응답이다. 최종값은 8.2절에서와 같이 구할 수 있다. 과도응답은 식 (8.42)의 형태와 같고, 관계된 상수는 $x(0)$과 $dx(0)/dt$을 기본으로 하는 식 (8.44)로부터 결정된다.

예제 8.7

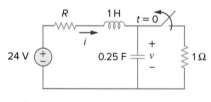

그림 8.19
예제 8.7.

그림 8.19의 회로에서 $t > 0$일 때 $v(t)$와 $i(t)$를 구하라. $R = 5\ \Omega$, $R = 4\ \Omega$, $R = 1\ \Omega$인 경우를 고려하라.

풀이:

■ **경우 1**　$R = 5\ \Omega$이라면 $t < 0$일 때 스위치가 오랜 시간 닫혀 있다. 커패시터는 개방회로같이 동작하고 인덕터는 단락회로같이 동작한다. 인덕터에 흐르는 초기 전류는

$$i(0) = \frac{24}{5+1} = 4\ \text{A}$$

그리고 커패시터 양단에 걸리는 초기 전압은 $1\ \Omega$ 저항에 걸리는 전압과 같다. 즉

$$v(0) = 1 i(0) = 4\ \text{V}$$

　　$t > 0$일 때 스위치가 개방되어 1 Ω 저항과 연결이 끊어진다. 남아 있는 것은 전압원을 가진 직렬 *RLC* 회로이다. 특성근은 다음과 같이 결정된다.

$$\alpha = \frac{R}{2L} = \frac{5}{2 \times 1} = 2.5, \qquad \omega_0 = \frac{1}{\sqrt{LC}} = \frac{1}{\sqrt{1 \times 0.25}} = 2$$

$$s_{1,2} = -\alpha \pm \sqrt{\alpha^2 - \omega_0^2} = -1, -4$$

$\alpha > \omega_0$이므로 과제동 고유응답이다. 따라서 총응답은

$$v(t) = v_{ss} + (A_1 e^{-t} + A_2 e^{-4t})$$

여기서 v_{ss}는 정상상태 응답으로 커패시터 전압의 최종값이다. 그림 8.19에서 v_f = 24 V이다. 그러므로

$$v(t) = 24 + (A_1 e^{-t} + A_2 e^{-4t}) \tag{8.7.1}$$

　　이제 A_1과 A_2를 얻기 위해 초기 조건을 대입하면,

$$v(0) = 4 = 24 + A_1 + A_2$$

또는

$$-20 = A_1 + A_2 \tag{8.7.2}$$

인덕터를 통해 흐르는 전류는 갑작스럽게 변할 수 없으며, 인덕터와 커패시터는 직렬로 연결되어 있기 때문에 $t = 0^+$에서 커패시터에 흐르는 전류와 같다. 그러므로

$$i(0) = C \frac{dv(0)}{dt} = 4 \qquad \Rightarrow \qquad \frac{dv(0)}{dt} = \frac{4}{C} = \frac{4}{0.25} = 16$$

이런 상태를 사용하기 전에 식 (8.7.1)에서 v의 미분을 취할 필요가 있다.

$$\frac{dv}{dt} = -A_1 e^{-t} - 4A_2 e^{-4t} \tag{8.7.3}$$

$t = 0$일 때,

$$\frac{dv(0)}{dt} = 16 = -A_1 - 4A_2 \tag{8.7.4}$$

식 (8.7.2)와 (8.7.4)로부터 $A_1 = -64/3$이고 $A_2 = 4/3$이다. A_1과 A_2를 식 (8.7.1)에 대입하면,

$$v(t) = 24 + \frac{4}{3}(-16e^{-t} + e^{-4t}) \text{ V} \tag{8.7.5}$$

　　$t > 0$일 때 인덕터와 커패시터가 직렬로 연결되어 있으므로 인덕터 전류는 커패시터 전류와 동일하다. 그러므로

$$i(t) = C \frac{dv}{dt}$$

$C = 0.25$를 식 (8.7.3)에 곱하고 A_1과 A_2 값을 대입하면,

$$i(t) = \frac{4}{3}(4e^{-t} - e^{-4t}) \text{ A} \tag{8.7.6}$$

예상대로 $i(0) = 4$ A이다.

■ **경우 2** $R = 4$ Ω이라면 인덕터를 통해 흐르는 초기 전류는

$$i(0) = \frac{24}{4+1} = 4.8 \text{ A}$$

그리고 초기 커패시터 전압은

$$v(0) = 1i(0) = 4.8 \text{ V}$$

특성근은

$$\alpha = \frac{R}{2L} = \frac{4}{2 \times 1} = 2$$

$\omega_0 = 2$로 동일하다. 이 경우에 $s_1 = s_2 = -\alpha = -2$이고 임계제동 고유응답을 가진다. 총응답은

$$v(t) = v_{ss} + (A_1 + A_2 t)e^{-2t}$$

$v_{ss} = 24$ V이므로,

$$v(t) = 24 + (A_1 + A_2 t)e^{-2t} \tag{8.7.7}$$

A_1과 A_2를 찾기 위해 초기 조건을 사용하면,

$$v(0) = 4.8 = 24 + A_1 \quad \Rightarrow \quad A_1 = -19.2 \tag{8.7.8}$$

$i(0) = C\, dv(0)/dt = 4.8$이므로,

$$\frac{dv(0)}{dt} = \frac{4.8}{C} = 19.2$$

식 (8.7.7)로부터,

$$\frac{dv}{dt} = (-2A_1 - 2tA_2 + A_2)e^{-2t} \tag{8.7.9}$$

$t = 0$일 때,

$$\frac{dv(0)}{dt} = 19.2 = -2A_1 + A_2 \tag{8.7.10}$$

식 (8.7.8)과 (8.7.10)에서 $A_1 = -19.2$, $A_2 = -19.2$를 얻는다. 그러므로 식 (8.7.7)은

$$v(t) = 24 - 19.2(1 + t)e^{-2t} \text{ V} \tag{8.7.11}$$

인덕터 전류는 커패시터 전류와 같다. 즉

$$i(t) = C \frac{dv}{dt}$$

식 (8.7.9)에 $C = 0.25$를 곱하고 A_1과 A_2 값을 대입하면,

$$i(t) = (4.8 + 9.6t)e^{-2t} \text{ A} \qquad\qquad \textbf{(8.7.12)}$$

예상대로 $i(0) = 4.8$ A이다.

■**경우 3** $R = 1\ \Omega$이라면 인덕터를 통해 흐르는 초기 전류는

$$i(0) = \frac{24}{1 + 1} = 12 \text{ A}$$

그리고 커패시터에 걸리는 초기 전압은 1 Ω 저항에 걸리는 전압과 같다.

$$v(0) = 1i(0) = 12 \text{ V}$$

$$\alpha = \frac{R}{2L} = \frac{1}{2 \times 1} = 0.5$$

$\alpha = 0.5 < \omega_0 = 2$이므로 부족제동 응답이다.

$$s_{1,2} = -\alpha \pm \sqrt{\alpha^2 - \omega_0^2} = -0.5 \pm j1.936$$

총응답은

$$v(t) = 24 + (A_1 \cos 1.936t + A_2 \sin 1.936t)e^{-0.5t} \qquad \textbf{(8.7.13)}$$

이제 A_1과 A_2를 구한다.

$$v(0) = 12 = 24 + A_1 \qquad \Rightarrow \qquad A_1 = -12 \qquad \textbf{(8.7.14)}$$

$i(0) = C\, dv(0)/dt = 12$이므로,

$$\frac{dv(0)}{dt} = \frac{12}{C} = 48 \qquad\qquad \textbf{(8.7.15)}$$

그러나

$$\frac{dv}{dt} = e^{-0.5t}(-1.936A_1 \sin 1.936t + 1.936A_2 \cos 1.936t)$$
$$- 0.5e^{-0.5t}(A_1 \cos 1.936t + A_2 \sin 1.936t) \qquad \textbf{(8.7.16)}$$

$t = 0$일 때,

$$\frac{dv(0)}{dt} = 48 = (-0 + 1.936A_2) - 0.5(A_1 + 0)$$

$A_1 = -12$를 대입하면 $A_2 = 21.694$를 구할 수 있으며, 식 (8.7.13)은

$$v(t) = 24 + (21.694 \sin 1.936t - 12 \cos 1.936t)e^{-0.5t} \text{ V} \qquad \textbf{(8.7.17)}$$

인덕터 전류는

$$i(t) = C\frac{dv}{dt}$$

식 (8.7.16)에 $C = 0.25$를 곱하고 A_1과 A_2 값을 대입하면,

$$i(t) = (3.1 \sin 1.936t + 12 \cos 1.936t)e^{-0.5t} \text{ A} \qquad \textbf{(8.7.18)}$$

예상대로 $i(0) = 12$ A이다.

그림 8.20은 이러한 세 경우에 대한 응답을 나타낸 것이다. 이 그림을 통해 임계제동 응답이 24 V의 계단 입력에 가장 빠르게 근접하는 것을 볼 수 있다.

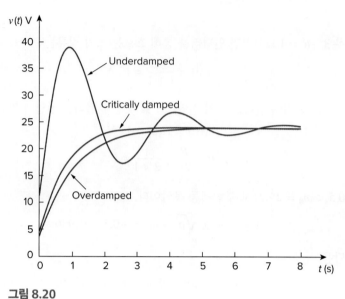

그림 8.20
예제 8.7: 제동 정도에 따른 세 가지 응답.

실전문제 8.7

그림 8.21의 회로에서 스위치가 위치 a에 오랫동안 연결되어 있다가 $t = 0$에서 b로 이동한다. $t > 0$일 때 $v(t)$와 $v_R(t)$를 구하라.

그림 8.21
실전문제 8.7.

답: $15 - (1.7321 \sin 3.464t + 3 \cos 3.464t)e^{-2t}$ V, $3.464e^{-2t} \sin 3.464t$ V

8.6   병렬 *RLC* 회로의 계단응답

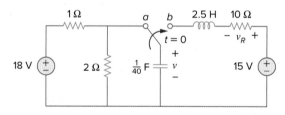

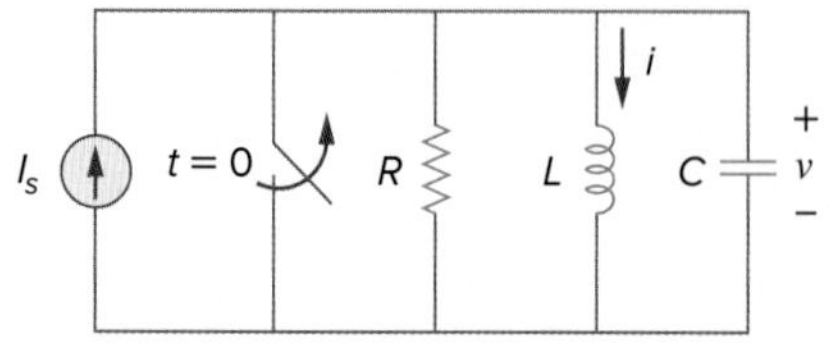

그림 8.22
전류원을 가진 병렬 *RLC* 회로.

그림 8.22의 병렬 *RLC* 회로를 살펴보자. 우리는 직류 전원의 갑작스러운 인가로 인한 *i*의 변화를 알고 싶다. $t > 0$일 때 위쪽 노드에 KCL을 적용하면,

$$\frac{v}{R} + i + C\frac{dv}{dt} = I_s \tag{8.46}$$

그러나

$$v = L\frac{di}{dt}$$

식 (8.46)에 v를 대입하고 LC로 나누면,

$$\frac{d^2i}{dt^2} + \frac{1}{RC}\frac{di}{dt} + \frac{i}{LC} = \frac{I_s}{LC} \qquad \textbf{(8.47)}$$

이것은 식 (8.29)와 동일한 특성방정식을 갖는다.

　　식 (8.47)의 완전한 해는 과도응답 $i_t(t)$와 정상상태 응답 i_{ss}로 이루어진다. 즉

$$i(t) = i_t(t) + i_{ss}(t) \qquad \textbf{(8.48)}$$

과도응답은 8.4절에서 했던 것과 같다. 정상상태 응답은 i의 최종값이다. 그림 8.22의 회로에서 인덕터를 통해 흐르는 전류의 최종값은 전원 전류 I_s와 같다. 그러므로

$$\boxed{\begin{aligned}
i(t) &= I_s + A_1 e^{s_1 t} + A_2 e^{s_2 t} \quad \text{(과제동)} \\
i(t) &= I_s + (A_1 + A_2 t)e^{-\alpha t} \quad \text{(임계제동)} \\
i(t) &= I_s + (A_1 \cos \omega_d t + A_2 \sin \omega_d t)e^{-\alpha t} \quad \text{(부족제동)}
\end{aligned}} \qquad \textbf{(8.49)}$$

상수 A_1과 A_2는 i와 di/dt의 초기 조건으로부터 각각 결정할 수 있다. 다시 식 (8.49)는 인덕터 전류 i를 찾는 데에만 적용된다는 것을 유의한다. 그러나 인덕터 전류 $i_L = i$가 결정되면 인덕터, 커패시터, 저항에 걸리는 전압을 $v = L\,di/dt$를 이용하여 구할 수 있다. 그러므로 저항을 통해 흐르는 전류는 $i_R = v/R$이다. 반면에 커패시터 전류는 $i_C = C\,dv/dt$로 구한다. 또한 어떤 변수 $x(t)$에 대해 완전응답은 다음과 같은 방법을 사용하여 직접적으로 구할 수 있다.

$$x(t) = x_{ss}(t) + x_t(t) \qquad \textbf{(8.50)}$$

여기서 x_{ss}와 x_t는 각각 최종값과 과도응답이다.

예제 8.8

그림 8.23의 회로에서 $t > 0$일 때 $i(t)$와 $i_R(t)$를 구하라.

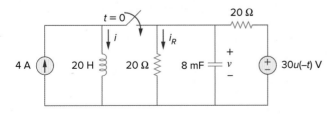

그림 8.23
예제 8.8.

풀이:

$t < 0$일 때 스위치가 개방되어 있고, 회로는 서로 무관한 2개의 회로로 분리되어

있다. 4 A 전류가 인덕터를 통해 흐르므로,

$$i(0) = 4 \text{ A}$$

$t < 0$일 때 $30u(-t) = 30$이고 $t > 0$일 때 0이므로 전압원은 $t < 0$일 경우에만 동작한다. 커패시터는 개방회로같이 동작하고 양단에 걸리는 전압은 병렬로 연결된 20 Ω 저항의 양단에 걸리는 전압과 동일하다. 전압 분배 법칙에 의해 초기 커패시터 전압은

$$v(0) = \frac{20}{20 + 20}(30) = 15 \text{ V}$$

$t > 0$일 때 스위치가 닫혀 있고, 전류원을 가진 병렬 RLC 회로가 된다. 전압원은 0 V, 즉 단락회로같이 동작한다. 2개의 20 Ω 저항은 이제 병렬로 연결되어 $R = 20 \parallel 20 = 10$ Ω이 된다. 특성근은 다음과 같이 결정된다.

$$\alpha = \frac{1}{2RC} = \frac{1}{2 \times 10 \times 8 \times 10^{-3}} = 6.25$$

$$\omega_0 = \frac{1}{\sqrt{LC}} = \frac{1}{\sqrt{20 \times 8 \times 10^{-3}}} = 2.5$$

$$s_{1,2} = -\alpha \pm \sqrt{\alpha^2 - \omega_0^2} = -6.25 \pm \sqrt{39.0625 - 6.25}$$
$$= -6.25 \pm 5.7282$$

또는

$$s_1 = -11.978, \qquad s_2 = -0.5218$$

$\alpha > \omega_0$이므로 과제동이다. 따라서

$$i(t) = I_s + A_1 e^{-11.978t} + A_2 e^{-0.5218t} \tag{8.8.1}$$

여기서 $I_s = 4$는 $i(t)$의 최종값이다. A_1과 A_2를 결정하기 위해 초기 조건을 사용한다. $t = 0$일 때,

$$i(0) = 4 = 4 + A_1 + A_2 \quad \Rightarrow \quad A_2 = -A_1 \tag{8.8.2}$$

식 (8.8.1)에서 $i(t)$의 미분을 취하면,

$$\frac{di}{dt} = -11.978 A_1 e^{-11.978t} - 0.5218 A_2 e^{-0.5218t}$$

$t = 0$일 때,

$$\frac{di(0)}{dt} = -11.978 A_1 - 0.5218 A_2 \tag{8.8.3}$$

그러나

$$L\frac{di(0)}{dt} = v(0) = 15 \quad \Rightarrow \quad \frac{di(0)}{dt} = \frac{15}{L} = \frac{15}{20} = 0.75$$

식 (8.8.3)에 대입하고 식 (8.8.2)와 합하면,

$$0.75 = (11.978 - 0.5218)A_2 \quad \Rightarrow \quad A_2 = 0.0655$$

그러므로 $A_1 = -0.0655$이고 $A_2 = 0.0655$이다. A_1과 A_2를 식 (8.8.1)에 대입하면 완전해를 얻는다.

$$i(t) = 4 + 0.0655(e^{-0.5218t} - e^{-11.978t}) \text{ A}$$

$i(t)$로부터 $v(t) = L\, di/dt$를 얻을 수 있고,

$$i_R(t) = \frac{v(t)}{20} = \frac{L}{20}\frac{di}{dt} = 0.785e^{-11.978t} - 0.0342e^{-0.5218t} \text{ A}$$

실전문제 8.8

그림 8.24의 회로에서 $t > 0$일 때 $i(t)$와 $v(t)$를 구하라.

답: $10(1 - \cos(0.25t))$ A, $50\sin(0.25t)$ V

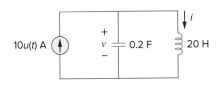

그림 8.24
실전문제 8.8.

8.7 일반 이차 회로

이제 직렬 및 병렬 RLC 회로에 대한 이해를 바탕으로 하나 이상의 직류 독립 전원을 가진 임의의 이차 회로에 대한 회로 해석에 적용해보자. 직렬 및 병렬 RLC 회로가 가장 흥미로운 이차 회로이긴 하지만, 연산증폭기를 포함하는 다른 이차 회로도 유용하다. 어떤 이차 회로가 주어지면 다음 4단계에 따라서 계단응답 $x(t)$ (전압이나 전류)를 구한다.

1. 8.2절과 마찬가지로 먼저 초기 조건 $x(0)$과 $dx(0)/dt$, 최종값 $x(\infty)$를 구한다.
2. 독립 전원을 없애고 KCL과 KVL을 적용해서 과도응답 $x_t(t)$의 형태를 찾는다. 이차 미분방정식을 얻으면 그 특성근을 구한다. 응답이 과제동, 임계제동, 부족제동인지에 따라 앞 절에서 했던 것처럼 2개의 미지 상수를 가진 $x_t(t)$를 얻는다.
3. 정상상태 응답을 다음과 같이 얻는다.

$$x_{ss}(t) = x(\infty) \tag{8.51}$$

여기서 $x(\infty)$는 x의 최종값으로 1단계에서 얻어진다.
4. 이제 과도응답과 정상상태 응답의 합으로 총응답을 얻는다.

$$x(t) = x_t(t) + x_{ss}(t) \tag{8.52}$$

마지막으로 1단계에서 구한 초기 조건 $x(0)$과 $dx(0)/dt$을 대입함으로써 과도응답의 미지 상수값을 구한다.

연산증폭기를 포함하는 임의의 이차 회로에 대한 계단응답을 구하기 위해 이 일반적인 과정을 적용할 수 있다. 아래의 예제는 4단계의 적용을 보여준다.

첫눈에는 회로가 복잡해 보일 수 있다. 그러나 과도응답의 형태를 구하는 과정에서 전원을 제거하면 저장소자의 결합을 통해 일차 회로 혹은 병렬/직렬 RLC 회로로 전환할 수 있다. 회로가 일차 회로로 전환되는 경우에는 7장에서 다룬 간단한 해로 구해진다. 회로가 병렬/직렬 RLC 회로로 전환되는 경우에는 이 장의 앞 절에서 다룬 기법을 이용한다.

이 장의 문제는 15장과 16장에서 다룰 라플라스 변환을 이용해서도 풀 수 있다.

예제 8.9

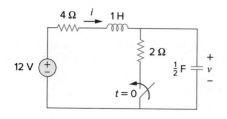

그림 8.25
예제 8.9.

그림 8.25의 회로에서 $t > 0$일 때 완전 응답 v와 i를 구하라.

풀이:

먼저 초기값과 최종값을 구한다. $t = 0^-$일 때 회로는 정상상태에서 동작한다. 스위치는 개방상태이고, 등가회로는 그림 8.26(a)와 같다. 그림으로부터 다음을 알 수 있다.

$$v(0^-) = 12 \text{ V}, \qquad i(0^-) = 0$$

$t = 0^+$일 때 스위치가 닫히고, 등가회로는 그림 8.26(b)와 같다. 커패시터 전압과 인덕터 전류는 연속적이기 때문에 다음과 같이 나타낼 수 있다.

$$v(0^+) = v(0^-) = 12 \text{ V}, \qquad i(0^+) = i(0^-) = 0 \qquad \textbf{(8.9.1)}$$

$dv(0^+)/dt$를 구하기 위해 $C \, dv/dt = i_C$ 또는 $dv/dt = i_C/C$를 이용한다. 그림 8.26(b)의 노드 a에 KCL을 적용하면,

$$i(0^+) = i_C(0^+) + \frac{v(0^+)}{2}$$

$$0 = i_C(0^+) + \frac{12}{2} \qquad \Rightarrow \qquad i_C(0^+) = -6 \text{ A}$$

그러므로

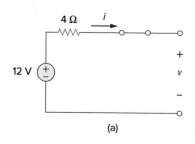

(a)

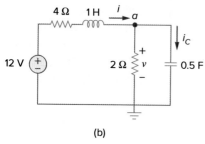

(b)

그림 8.26
그림 8.25의 등가회로: (a) $t < 0$, (b) $t > 0$.

$$\frac{dv(0^+)}{dt} = \frac{-6}{0.5} = -12 \text{ V/s} \qquad \textbf{(8.9.2)}$$

그림 8.26(b)에서 인덕터는 단락회로로 놓고 커패시터는 개방회로로 놓을 때 최종값을 구할 수 있다.

$$i(\infty) = \frac{12}{4 + 2} = 2 \text{ A}, \qquad v(\infty) = 2i(\infty) = 4 \text{ V} \qquad \textbf{(8.9.3)}$$

다음으로 $t > 0$인 경우의 과도응답을 구해보자. 12 V의 전압원을 차단함으로써 그림 8.27과 같은 회로가 된다. 그림 8.27에서 노드 a에 KCL을 적용하면,

$$i = \frac{v}{2} + \frac{1}{2}\frac{dv}{dt} \qquad \textbf{(8.9.4)}$$

왼쪽의 메시에 KVL을 적용하면,

$$4i + 1\frac{di}{dt} + v = 0 \qquad \textbf{(8.9.5)}$$

v를 구하기 위해 식 (8.9.4)의 i를 식 (8.9.5)에 대입한다.

$$2v + 2\frac{dv}{dt} + \frac{1}{2}\frac{dv}{dt} + \frac{1}{2}\frac{d^2v}{dt^2} + v = 0$$

또는

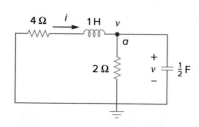

그림 8.27
예제 8.9: 과도응답 구하기.

$$\frac{d^2v}{dt^2} + 5\frac{dv}{dt} + 6v = 0$$

위의 식으로부터 다음과 같은 특성방정식을 얻는다.

$$s^2 + 5s + 6 = 0$$

근은 $s = -2$, $s = -3$이다. 그러므로 고유응답은 다음과 같이 주어진다.

$$v_n(t) = Ae^{-2t} + Be^{-3t} \qquad \qquad \textbf{(8.9.6)}$$

여기서 A와 B는 나중에 결정되는 미지의 상수이다. 정상상태 응답은

$$v_{ss}(t) = v(\infty) = 4 \qquad \qquad \textbf{(8.9.7)}$$

완전응답은

$$v(t) = v_t + v_{ss} = 4 + Ae^{-2t} + Be^{-3t} \qquad \qquad \textbf{(8.9.8)}$$

이제 초기값을 이용하여 A와 B를 구할 수 있다. 식 (8.9.1)로부터 $v(0) = 12$이다. 이것을 $t = 0$일 때 식 (8.9.8)에 대입하면,

$$12 = 4 + A + B \qquad \Rightarrow \qquad A + B = 8 \qquad \qquad \textbf{(8.9.9)}$$

식 (8.9.8)에서 v의 도함수를 구하면,

$$\frac{dv}{dt} = -2Ae^{-2t} - 3Be^{-3t} \qquad \qquad \textbf{(8.9.10)}$$

$t = 0$일 때 식 (8.9.2)를 식 (8.9.10)에 대입하면,

$$-12 = -2A - 3B \qquad \Rightarrow \qquad 2A + 3B = 12 \qquad \qquad \textbf{(8.9.11)}$$

식 (8.9.9)와 (8.9.11)로부터 A와 B를 구할 수 있다.

$$A = 12, \qquad B = -4$$

따라서 식 (8.9.8)은 다음과 같이 된다.

$$v(t) = 4 + 12e^{-2t} - 4e^{-3t} \text{ V}, \qquad t > 0 \qquad \qquad \textbf{(8.9.12)}$$

v로부터 그림 8.26(b)를 바탕으로 다른 양을 구할 수 있다. 예를 들면 i를 구하기 위해

$$i = \frac{v}{2} + \frac{1}{2}\frac{dv}{dt} = 2 + 6e^{-2t} - 2e^{-3t} - 12e^{-2t} + 6e^{-3t}$$
$$= 2 - 6e^{-2t} + 4e^{-3t} \text{ A}, \qquad t > 0 \qquad \qquad \textbf{(8.9.13)}$$

$i(0) = 0$으로 식 (8.9.1)과 일치함을 알 수 있다.

실전문제 8.9

그림 8.28의 회로에서 $t > 0$일 때 v와 i를 구하라(실전문제 7.5의 전류원에 대한 설명을 참고하라).

답: $12(1 - e^{-5t})$ V, $3(1 - e^{-5t})$ A

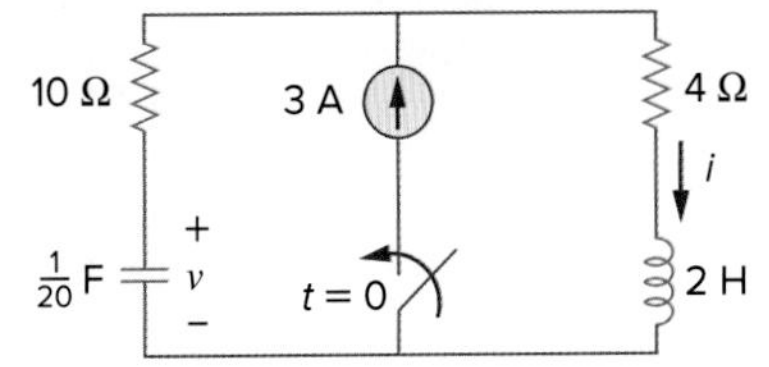

그림 8.28
실전문제 8.9.

예제 8.10

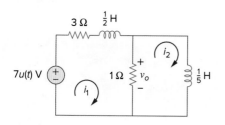

그림 8.29
예제 8.10.

그림 8.29의 회로에서 $t > 0$일 때 $v_o(t)$를 구하라.

풀이:

주어진 회로는 2개의 인덕터를 가진 이차 회로의 예이다. 우선 메시 전류 i_1과 i_2를 구하는데 이 경우에는 인덕터를 통해서 흐르게 된다. 이러한 메시 전류 i_1, i_2의 초기값과 최종값을 구할 필요가 있다.

$t < 0$일 때 $7u(t) = 0$이고, 따라서 $i_1(0^-) = 0 = i_2(0^-)$이다. $t > 0$일 때 $7u(t) = 7$이므로 그림 8.30(a)와 같이 등가회로를 나타낼 수 있다. 인덕터 전류의 연속성 때문에

$$i_1(0^+) = i_1(0^-) = 0, \qquad i_2(0^+) = i_2(0^-) = 0 \tag{8.10.1}$$

$$v_{L2}(0^+) = v_o(0^+) = 1[(i_1(0^+) - i_2(0^+))] = 0 \tag{8.10.2}$$

그림 8.30(a)에서 $t = 0^+$일 때 왼쪽 루프에 KVL을 적용하면,

$$7 = 3i_1(0^+) + v_{L1}(0^+) + v_o(0^+)$$

또는

$$v_{L1}(0^+) = 7 \text{ V}$$

$L_1\, di_1/dt = v_{L1}$이므로,

$$\frac{di_1(0^+)}{dt} = \frac{v_{L1}}{L_1} = \frac{7}{\frac{1}{2}} = 14 \text{ A/s} \tag{8.10.3}$$

마찬가지로 $L_2\, di_2/dt = v_{L2}$이므로,

$$\frac{di_2(0^+)}{dt} = \frac{v_{L2}}{L_2} = 0 \tag{8.10.4}$$

$t \to \infty$일 때 회로는 정상상태에 도달하고, 인덕터는 그림 8.30(b)에 나타낸 것과 같이 단락회로로 대체할 수 있다. 이 그림으로부터,

$$i_1(\infty) = i_2(\infty) = \frac{7}{3} \text{ A} \tag{8.10.5}$$

다음으로 그림 8.31과 같이 전압원을 제거하여 과도응답의 형태를 얻는다.

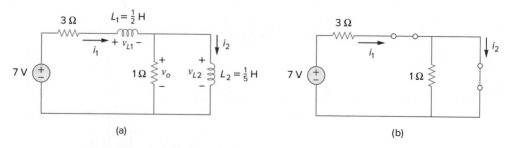

(a)   (b)

그림 8.30
그림 8.29의 등가회로: (a) $t > 0$, (b) $t \to \infty$.

2개의 메시에 KVL을 적용하면,

$$4i_1 - i_2 + \frac{1}{2}\frac{di_1}{dt} = 0 \qquad \text{(8.10.6)}$$

그리고

$$i_2 + \frac{1}{5}\frac{di_2}{dt} - i_1 = 0 \qquad \text{(8.10.7)}$$

식 (8.10.6)으로부터,

$$i_2 = 4i_1 + \frac{1}{2}\frac{di_1}{dt} \qquad \text{(8.10.8)}$$

식 (8.10.8)을 식 (8.10.7)에 대입하면,

$$4i_1 + \frac{1}{2}\frac{di_1}{dt} + \frac{4}{5}\frac{di_1}{dt} + \frac{1}{10}\frac{d^2i_1}{dt^2} - i_1 = 0$$

$$\frac{d^2i_1}{dt^2} + 13\frac{di_1}{dt} + 30i_1 = 0$$

이것으로부터 특정방정식을 얻을 수 있다.

$$s^2 + 13s + 30 = 0$$

근은 $s = -3$, $s = -10$이다. 그러므로 과도응답의 형태는

$$i_{1n} = Ae^{-3t} + Be^{-10t} \qquad \text{(8.10.9)}$$

여기서 A와 B는 상수이다. 정상상태 응답은 다음과 같다.

$$i_{1ss} = i_1(\infty) = \frac{7}{3}\,\text{A} \qquad \text{(8.10.10)}$$

식 (8.10.9)와 (8.10.10)으로부터 완전응답은

$$i_1(t) = \frac{7}{3} + Ae^{-3t} + Be^{-10t} \qquad \text{(8.10.11)}$$

마지막으로 초기값으로부터 A와 B를 구한다. 식 (8.10.1)과 (8.10.11)로부터,

$$0 = \frac{7}{3} + A + B \qquad \text{(8.10.12)}$$

식 (8.10.11)의 미분을 취하고 $t = 0$으로 정하여 식 (8.10.3)을 적용하면,

$$14 = -3A - 10B \qquad \text{(8.10.13)}$$

식 (8.10.12)와 (8.10.13)으로부터 $A = -4/3$, $B = -1$이다. 그러므로

$$i_1(t) = \frac{7}{3} - \frac{4}{3}e^{-3t} - e^{-10t} \qquad \text{(8.10.14)}$$

i_1으로부터 i_2를 구할 수 있다. 그림 8.30(a)의 왼쪽 루프에 KVL을 적용하면,

$$7 = 4i_1 - i_2 + \frac{1}{2}\frac{di_1}{dt} \qquad \Rightarrow \qquad i_2 = -7 + 4i_1 + \frac{1}{2}\frac{di_1}{dt}$$

식 (8.10.14)에 i_1을 대입하면,

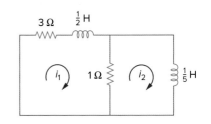

그림 8.31
예제 8.10: 과도응답 구하기.

$$i_2(t) = -7 + \frac{28}{3} - \frac{16}{3} e^{-3t} - 4e^{-10t} + 2e^{-3t} + 5e^{-10t}$$

$$= \frac{7}{3} - \frac{10}{3} e^{-3t} + e^{-10t} \tag{8.10.15}$$

그림 8.29로부터,

$$v_o(t) = 1[i_1(t) - i_2(t)] \tag{8.10.16}$$

식 (8.10.14)와 (8.10.15)를 식 (8.10.16)에 대입하면,

$$v_o(t) = 2(e^{-3t} - e^{-10t}) \tag{8.10.17}$$

식 (8.10.2)로부터 예상했던 대로 $v_o(0) = 0$이다.

실전문제 8.10

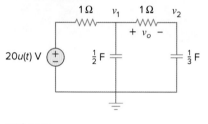

그림 8.32
실전문제 8.10.

┃ 연산증폭기를 이용한 이차 회로에서의 인덕
┃ 터 사용은 많은 응용에서 바람직하지 않으
┃ 므로 지양한다.

그림 8.32의 회로에서 $t > 0$일 때 $v_o(t)$를 구하라. (힌트: 먼저 v_1과 v_2를 구한다.)

답: $8(e^{-t} - e^{-6t})$ V, $t > 0$

8.8   이차 연산증폭기 회로

하나의 등가 요소로 합성될 수 없는 2개의 저장 요소를 가진 연산증폭기 회로는 이차이다. 인덕터는 부피가 크고 무겁기 때문에 실제로 연산증폭기 회로에서는 잘 쓰이지 않는다. 이러한 이유로 여기서는 RC 이차 연산증폭기 회로만 고려한다. 이러한 회로는 필터나 발진기와 같은 장치에서 널리 사용된다.

이차 연산증폭기 회로의 해석은 앞 절에서 설명한 4단계의 적용을 따른다.

예제 8.11

그림 8.33의 연산증폭기 회로에서 $v_s = 10u(t)$ mV이다. $t > 0$일 때 $v_o(t)$를 구하라. $R_1 = R_2 = 10$ kΩ, $C_1 = 20$ μF, $C_2 = 100$ μF이라고 가정한다.

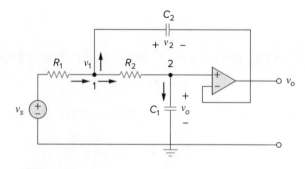

그림 8.33
예제 8.11.

풀이:

이 문제를 풀기 위해 앞 절에서 주어진 4단계를 그대로 따를 수 있으나 조금 다

른 방식으로 문제를 해결한다. 전압 구성으로 C_1의 양단에 걸리는 전압은 v_o이다. 노드 1에 KCL을 적용하면,

$$\frac{v_s - v_1}{R_1} = C_2 \frac{dv_2}{dt} + \frac{v_1 - v_o}{R_2} \qquad \textbf{(8.11.1)}$$

노드 2에 KCL을 적용하면,

$$\frac{v_1 - v_o}{R_2} = C_1 \frac{dv_o}{dt} \qquad \textbf{(8.11.2)}$$

그러나

$$v_2 = v_1 - v_o \qquad \textbf{(8.11.3)}$$

지금 식 (8.11.1)~(8.11.3)의 v_1과 v_2를 소거하고자 한다. 식 (8.11.2)와 (8.11.3)을 식 (8.11.1)에 대입하여 정리하면,

$$\frac{v_s - v_1}{R_1} = C_2 \frac{dv_1}{dt} - C_2 \frac{dv_o}{dt} + C_1 \frac{dv_o}{dt} \qquad \textbf{(8.11.4)}$$

식 (8.11.2)로부터,

$$v_1 = v_o + R_2 C_1 \frac{dv_o}{dt} \qquad \textbf{(8.11.5)}$$

식 (8.11.5)를 식 (8.11.4)에 대입하면,

$$\frac{v_s}{R_1} = \frac{v_o}{R_1} + \frac{R_2 C_1}{R_1} \frac{dv_o}{dt} + C_2 \frac{dv_o}{dt} + R_2 C_1 C_2 \frac{d^2 v_o}{dt^2} - C_2 \frac{dv_o}{dt} + C_1 \frac{dv_o}{dt}$$

또는

$$\frac{d^2 v_o}{dt^2} + \left(\frac{1}{R_1 C_2} + \frac{1}{R_2 C_2} \right) \frac{dv_o}{dt} + \frac{v_o}{R_1 R_2 C_1 C_2} = \frac{v_s}{R_1 R_2 C_1 C_2} \qquad \textbf{(8.11.6)}$$

주어진 값 R_1, R_2, C_1, C_2를 대입하고 식 (8.11.6)을 정리하면,

$$\frac{d^2 v_o}{dt^2} + 2 \frac{dv_o}{dt} + 5 v_o = 5 v_s \qquad \textbf{(8.11.7)}$$

과도응답의 형태를 얻기 위해 식 (8.11.7)에서 전원이 차단되는 효과를 주도록 $v_s = 0$으로 설정한다. 특성방정식은

$$s^2 + 2s + 5 = 0$$

복소근 $s_{1,2} = -1 \pm j2$를 갖는다. 따라서 과도응답의 형태는

$$v_{ot} = e^{-t}(A \cos 2t + B \sin 2t) \qquad \textbf{(8.11.8)}$$

여기서 A와 B는 결정해야 할 미지 상수이다.

  $t \to \infty$일 때 회로는 정상상태에 도달하고, 커패시터는 개방회로로 대체할 수 있다. 정상상태 조건에서는 커패시터 C_1, C_2를 통해 전류가 흐르지 않고, 이상적인 연산증폭기의 입력 단자에서는 전류가 유입되지 않으므로 전류는 R_1, R_2

를 통해 흐르지 않는다. 따라서

$$v_o(\infty) = v_1(\infty) = v_s$$

정상상태 응답은 다음과 같다.

$$v_{oss} = v_o(\infty) = v_s = 10 \text{ mV}, \qquad t > 0 \qquad \textbf{(8.11.9)}$$

완전응답은

$$v_o(t) = v_{ot} + v_{oss} = 10 + e^{-t}(A\cos 2t + B\sin 2t) \text{ mV} \qquad \textbf{(8.11.10)}$$

A와 B를 결정하기 위해서는 초기 조건이 필요하다. $t < 0$일 때 $v_s = 0$이므로,

$$v_o(0^-) = v_2(0^-) = 0$$

$t > 0$일 때 전원이 공급된다. 그러나 커패시터 전압의 연속성 때문에,

$$v_o(0^+) = v_2(0^+) = 0 \qquad \textbf{(8.11.11)}$$

식 (8.11.3)으로부터,

$$v_1(0^+) = v_2(0^+) + v_o(0^+) = 0$$

그리고 식 (8.11.2)로부터,

$$\frac{dv_o(0^+)}{dt} = \frac{v_1 - v_o}{R_2 C_1} = 0 \qquad \textbf{(8.11.12)}$$

시간 $t = 0$일 때 완전응답 식 (8.11.10)에 식 (8.11.11)을 적용하면,

$$0 = 10 + A \qquad \Rightarrow \qquad A = -10 \qquad \textbf{(8.11.13)}$$

식 (8.11.10)의 미분을 취하면,

$$\frac{dv_o}{dt} = e^{-t}(-A\cos 2t - B\sin 2t - 2A\sin 2t + 2B\cos 2t)$$

$t = 0$으로 놓고 식 (8.11.12)와 통합하면,

$$0 = -A + 2B \qquad \textbf{(8.11.14)}$$

식 (8.11.13)과 (8.11.14)로부터 $A = -10$, $B = -5$이다. 따라서 계단응답은 다음과 같다.

$$v_o(t) = 10 - e^{-t}(10\cos 2t + 5\sin 2t) \text{ mV}, \qquad t > 0$$

실전문제 8.11

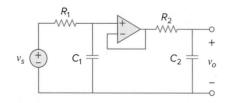

그림 8.34
실전문제 8.11.

그림 8.34의 연산증폭기 회로에서 $v_s = 10u(t)$ V이다. $t > 0$일 때 $v_o(t)$를 구하라. 저항 $R_1 = R_2 = 10$ kΩ, $C_1 = 20$ μF, $C_2 = 100$ μF이라고 가정한다.

답: $(10 - 12.5e^{-t} + 2.5e^{-5t})$ V, $t > 0$

8.9 *RLC* 회로의 *PSpice* 해석

7장의 *RC* 및 *RL* 회로와 같이 *RLC* 회로는 *PSpice*를 이용하여 매우 쉽게 해석할 수 있다. 다음의 두 예제를 통해 이를 설명할 것이다. 독자들은 우선 부록 D의 D.4절에서 *PSpice*의 과도 해석 부분을 참고하길 바란다.

예제 8.12

그림 8.35(a)의 입력 전압이 그림 8.35(b)의 회로에 적용된다. *PSpice*를 이용하여 $0 < t < 4$ s일 때의 파형 $v(t)$를 구하라.

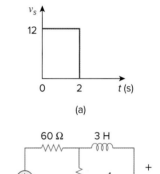

풀이:

1. **정의하라.** 대부분 교재의 문제에서 그렇듯 문제는 명확히 기술되어 있다.

2. **제시하라.** 입력은 크기 12 V와 주기 2 s의 단일 구형파와 같다. *PSpice*를 이용하여 출력 파형을 도식화한다.

3. **대체방안을 고려하라.** *PSpice*의 사용을 요구하므로 풀이를 위한 다른 방안은 없다. 하지만 8.5절의 회로 해석 기법(직렬 *RLC* 회로의 계단응답)을 이용하여 검증할 수 있다.

4. **시도하라.** 그림 8.36과 같이 Schematics를 사용하여 회로를 그린다. 펄스는 VPWL 전압원을 사용하여 표기할 수 있으나 VPULSE를 대신 사용할 수 있다. 부분적 선형 함수를 사용하여 그림 8.36과 같이 VPWL의 속성을 T1 = 0, V1 = 0, T2 = 0.001, V2 = 12 등으로 설정한다. 입력 전압과 출력 전압을 나타내기 위해 2개의 전압 표기를 삽입한다. 먼저 회로를 그리고 속성을 설정하고 나서 *Transient Analysis* 메뉴를 열기 위해 **Analysis/Setup/Transient**를 선택한다. 병렬 *RLC* 회로이므로 특성방정식의 근은 −1과 −9이다. 따라서 *Final Time*을 4 s로 설정한다(작은 근의 4배 크기). 회로도를 저장할 때 **Analysis/Simulate**를 선택하고, 그림 8.37에 나타난 *PSpice* A/D 창을 통해 입력 및 출력 전압에 대한 파형을 얻는다.

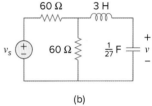

그림 8.35
예제 8.12.

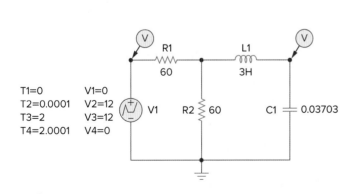

그림 8.36
예제 8.12: Schematic.

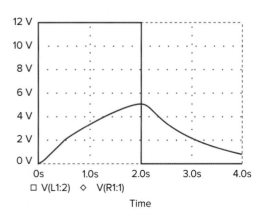

그림 8.37
예제 8.12: 입력과 출력.

이제 8.5절의 기법을 이용하여 검증한다. 저항−전원 조합의 테브냉 등가 V_{Th} = 12/2(개방회로 전압이 두 저항에 균등하게 분배된다) = 6 V를 구현함으로써 시작할 수 있다. 등가 저항은 30 Ω (60 ∥ 60)이다. 그러므로 $R = 30$ Ω, $L = 3$ H, $C = (1/27)$ F을 이용하여 응답을 구할 수 있다.

우선 α와 ω_0를 구한다.

$$\alpha = R/(2L) = 30/6 = 5 \quad \text{그리고} \quad \omega_0 = \frac{1}{\sqrt{3\frac{1}{27}}} = 3$$

5는 3보다 크므로 과제동이 된다.

$$s_{1,2} = -5 \pm \sqrt{5^2 - 9} = -1, \ -9, \quad \begin{aligned} &v(0) = 0, \\ &v(\infty) = 6 \text{ V}, \qquad i(0) = 0 \end{aligned}$$

$$i(t) = C\frac{dv(t)}{dt},$$

여기서

$$v(t) = A_1 e^{-t} + A_2 e^{-9t} + 6$$
$$v(0) = 0 = A_1 + A_2 + 6$$
$$i(0) = 0 = C(-A_1 - 9A_2)$$

이로부터 $A_1 = -9A_2$를 얻는다. 이를 위의 식에 대입하면 $0 = 9A_2 - A_2 + 6$ 혹은 $A_2 = 0.75$, $A_1 = -6.75$를 얻는다.

$$v(t) = (\mathbf{-6.75}e^{-t} + \mathbf{0.75}e^{-9t} + \mathbf{6})u(t) \ V \quad 0 < t < 2 \text{ s의 경우}$$

$t = 1$ s일 때 $v(1) = -6.75e^{-1} + 0.75e^{-9} + 6 = 12.483 + 0.0001 + 6 = 3.552$ V이다. 그리고 $t = 2$ s일 때 $v(2) = -6.75e^{-2} + 0 + 6 = 5.086$ V이다.

$2 < t < 4$ s일 때 $V_{Th} = 0$이며, 이는 $v(\infty) = 0$을 의미한다는 데 유의한다. 따라서 $v(t) = A_3 e^{-(t-2)} + A_4 e^{-9(t-2)})u(t-2)$ V이다. $t = 2$ s일 때 $A_3 + A_4 = 5.086$이다.

$$i(t) = \frac{(-A_3 e^{-(t-2)} - 9A_4 e^{-9(t-2)})}{27}$$

그리고

$$i(2) = \frac{(6.75e^{-2} - 6.75e^{-18})}{27} = 33.83 \text{ mA}$$

그러므로 $-A_3 - 9A_4 = 0.9135$이다.

두 방정식을 결합하면 $-A_3 - 9(5.086 - A_3) = 0.9135$가 되며 $A_3 = 5.835$, $A_4 = -0.749$를 얻는다.

$$v(t) = (\mathbf{5.835}e^{-(t-2)} - \mathbf{0.749}e^{-9(t-2)}) \, u(t-2) \ V$$

$t = 3$ s일 때 $v(3) = 2.147 - 0) = 2.147$ V이다. $t = 4$ s일 때 $v(4) = 0.7897$

V이다.

5. **평가하라.** 그림 8.37의 그래프와 위에서 계산된 값들을 검토하면 상당히 정확하게 일치함을 알 수 있다.

6. **만족하는가?** 그렇다. 검증을 통해 결과가 문제의 답으로 타당함을 알 수 있다.

실전문제 8.12

그림 8.35(a)의 펄스 전압을 그림 8.38의 회로에 적용해보자. *PSpice*를 이용하여 $0 < t < 4$ s일 때 $i(t)$를 구하라.

답: 그림 8.39를 보라.

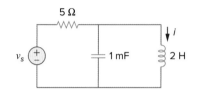

그림 8.38
실전문제 8.12.

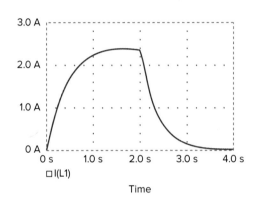

그림 8.39
실전문제 8.12: $i(t)$ 파형.

예제 8.13

그림 8.40의 회로에서 *PSpice*를 이용하여 $0 < t < 3$ s일 때 $i(t)$를 구하라.

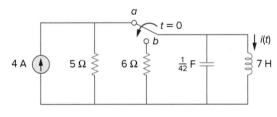

그림 8.40
예제 8.13.

풀이:

스위치가 a에 연결되었을 때 저항 6 Ω은 회로와 무관하다. 이 경우의 schematic은 그림 8.41(a)와 같다. 전류 $i(t)$를 핀 1에 확실히 흐르게 하기 위해 인덕터를 회로에 배치하기 전에 세 번 회전시킨다. 커패시터에 대해서도 동일하게 적용한다. 초기 커패시터 전압과 초기 인덕터 전류를 결정하기 위해 가상소자

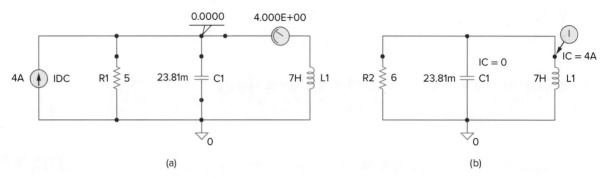

그림 8.41
예제 8.13: (a) 직류 해석, (b) 과도상태 해석.

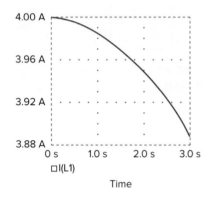

그림 8.42
예제 8.13: $i(t)$ 파형.

로 VIEWPOINT와 IPROBE를 삽입한다. **Analysis/Simulate**를 선택하여 dc *PSpice* 해석을 수행한다. 그림 8.41(a)와 같이 dc 해석으로부터 초기 커패시터 전압 0 V와 초기 인덕터 전류 $i(0)$은 4 A를 얻는다. 이러한 초기값은 과도 해석에 사용된다.

스위치를 *b*로 이동했을 때 회로는 그림 8.41(b)의 무전원 병렬 *RLC* 회로가 된다. 커패시터 초기 조건을 IC = 0으로, 인덕터 초기 조건을 IC = 4 A로 설정한다. 전류 표기는 인덕터의 핀 1에 삽입한다. *Transient Analysis* 메뉴를 열기 위해 **Analysis/Setup/Transient**를 선택하고, *Final Time*에 3 s를 입력한다. 회로도를 저장하고 **Analysis/Simulate**를 선택한다. $i(t)$의 파형은 그림 8.42에 나타냈다. 직접 손으로 계산한 전류값 $i(t) = 4.8e^{-t} - 0.8e^{-6t}$ A와 동일하다.

실전문제 8.13

그림 8.21의 회로(실전문제 8.7 참조)에서 *PSpice*를 이용하여 $0 < t < 2$일 때 $v(t)$를 구하라.

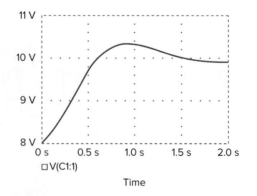

그림 8.43
실전문제 8.13: $v(t)$ 파형.

답: 그림 8.43을 보라.

8.10 †쌍대성

쌍대성은 시간을 절약하면서 회로 문제를 효율적으로 풀 수 있는 개념이다. 식 (8.4)와 (8.29)의 유사성을 고려한다. 두 방정식은 (1) 전압과 전류, (2) 저항과 컨덕턴스, (3) 커패시턴스와 인덕턴스를 바꾸는 것을 제외하고는 같다. 회로 해석에서 어떤 보완적인 요소들의 상호 교환을 제외하고, 서로 다른 두 회로가 동일한 방정식과 해석을 가지는 경우가 때때로 발생한다. 이 상호 교환은 쌍대성의 원리로 알려져 있다.

> **쌍대성의 원리**는 전기회로의 법칙 및 특성방정식의 쌍에 대한 병렬성의 관점을 주목한다.

쌍대적인 짝을 표 8.1에 정리했다. 전력은 쌍대성이 없기 때문에 표 8.1에는 없다. 이는 선형성의 원리에 기인한다. 전력은 선형성이 아니므로 쌍대성이 적용되지 않는다. 또한 표 8.1로부터 쌍대성의 원리는 회로 요소, 구성, 정리까지 포함함을 주목하라.

두 회로가 그 변수들이 상호 교환되는 동일한 형식의 방정식에 의해 기술되면 서로가 쌍대라고 일컫는다.

> 두 회로가 상호 교환되는 쌍대량을 가진 동일한 특성방정식으로 설명될 수 있는 경우 두 회로는 서로 **쌍대적**이라고 일컫는다.

쌍대성의 원리는 명백히 유용하다. 하나의 회로에 대한 풀이를 알고 있을 때, 자동적으로 쌍대회로에 대한 해를 가지게 된다. 그림 8.8과 8.13의 회로가 서로 쌍대인 것은 분명하다. 결론적으로 식 (8.32)의 결과는 식 (8.11)의 결과와 서로 쌍대적이다. 여기에 기술된 쌍대를 찾는 방법은 평면회로에만 적용된다는 것을 명심해야 한다. 이는 비평면회로가 메시 방정식으로 기술될 수 없는 시스템이기 때문이며, 평면회로가 아닌 경우에 쌍대를 찾는 것은 이 책의 범위를 벗어난다.

주어진 회로의 쌍대를 찾기 위해 메시 또는 노드 방정식을 구할 필요는 없으며, 그래픽 기법을 이용할 수 있다. 주어진 평면회로는 다음의 세 단계를 적용하여 쌍대회로를 구성한다.

1. 주어진 회로의 각 메시 중앙에 노드를 위치시킨다. 주어진 회로의 외부에 쌍대회로를 위한 기준점(접지)을 위치시킨다.
2. 각 선이 하나의 회로 요소를 가로지를 수 있도록 노드 사이를 연결한다. 해당 회로 요소를 쌍대의 요소로 교체한다(표 8.1 참조).
3. 전압원의 극성과 전류원의 방향을 결정하기 위해 다음 규칙을 따른다—양의(시계 방향) 메시 전류를 만드는 전압원은 기준 방향이 접지로부터 기준

표 8.1

쌍대성을 갖는 짝

저항 R	컨덕턴스 G
인덕턴스 L	커패시턴스 C
전압 v	전류 i
전압원	전류원
노드	메시
직렬 경로	병렬 경로
개방회로	단락회로
KVL	KCL
테브냉	노턴

선형성의 원리가 적용되더라도 회로 요소 혹은 변수의 쌍대를 갖지 않는 경우도 있다. 예를 들면 (13장에서 다룰) 상호 인덕턴스는 쌍대를 갖지 않는다.

점이 아닌 방향의 전류원을 쌍대로 갖는다.

확실하지 않은 경우 노드 또는 메시 방정식을 구하여 쌍대회로를 확인하면 된다. 본래 회로의 메시(또는 노드) 방정식은 쌍대회로의 노드(또는 메시) 방정식과 유사하다. 다음 두 예제를 통해 쌍대성의 원리를 살펴보자.

예제 8.14

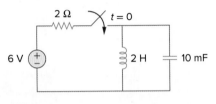

그림 8.44
예제 8.14.

그림 8.44의 회로에 대한 쌍대회로를 그려라.

풀이:
그림 8.45(a)에서 알 수 있듯이 먼저 2개의 메시에 쌍대회로를 위한 노드 1, 2와 쌍대회로를 위한 접지점 0을 위치시킨다. 회로 요소를 가로질러 하나의 노드와 다른 노드 사이에 선을 그린다. 노드를 연결하는 선을 가로지르는 회로 요소의 쌍대 요소로 교체한다. 예를 들면 2 H 인덕터를 가로지르는 노드 1과 2 사이의 선에 2 F 커패시터(인덕터의 쌍대)를 배치한다. 6 V 전원 전압을 가로지르는 노드 1과 0 사이의 선은 6 A의 전류원을 포함할 것이다. 모든 회로 요소를 가로지르도록 선을 그리고 나면 그림 8.45(a)에 주어진 쌍대회로가 구성된다. 쌍대회로를 명확하게 하기 위해 다시 그리면 그림 8.45(b)와 같다.

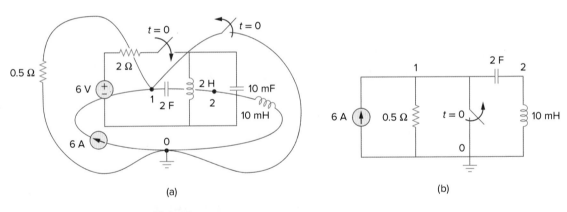

그림 8.45
예제 8.14: (a) 그림 8.44의 쌍대회로 구성, (b) 쌍대회로를 다시 그림.

실전문제 8.14

그림 8.46의 회로에 대한 쌍대회로를 그려라.

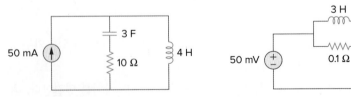

그림 8.46
실전문제 8.14.

그림 8.47
실전문제 8.14: 그림 8.46의 쌍대회로.

답: 그림 8.47을 보라.

그림 8.48의 회로에 대한 쌍대회로를 그려라.

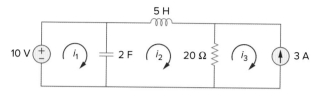

그림 8.48
예제 8.15.

풀이:

쌍대회로는 그림 8.49(a)와 같이 본래 회로 위에 구성되어 있다. 먼저 노드 1~3
과 기준점 0을 위치시킨다. 노드 1과 2를 연결하면 2 F 커패시터를 교차하므로
2 H 인덕터로 대체한다.

노드 2와 3을 연결하면 20 Ω의 저항을 교차하므로 $\frac{1}{20}$ Ω 저항으로 대체한
다. 모든 회로 요소가 교차될 때까지 계속한다. 그 결과는 그림 8.49(a)이며, 그
림 8.49(b)에 쌍대회로를 다시 그렸다.

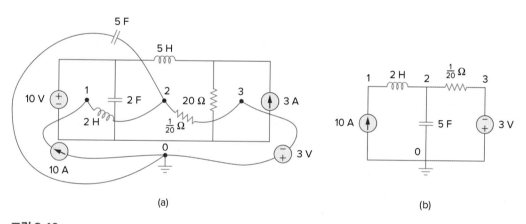

(a)   (b)

그림 8.49
예제 8.15: (a) 그림 8.48의 쌍대회로 구성, (b) 쌍대회로를 다시 그림.

전압원의 극성과 전류원의 방향을 확인하기 위해 본래 회로인 그림 8.48에
메시 전류 i_1, i_2, i_3(모두 시계 방향)를 적용해도 된다. 10 V 전압원은 양의 메시
전류 i_1을 생성하므로 쌍대는 노드 0에서 노드 1로 향하는 10 A 전류원이다. 또
한 그림 8.48에서 $i_3 = -3$ A는 그림 8.49(b)에서 $v_3 = -3$ V와 쌍대이다.

실전문제 8.15	그림 8.50의 회로에 대한 쌍대회로를 구하라.

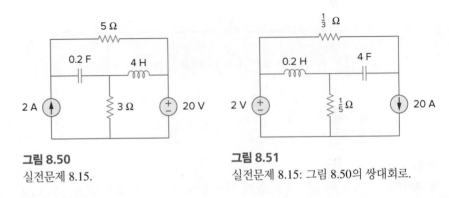

그림 8.50
실전문제 8.15.

그림 8.51
실전문제 8.15: 그림 8.50의 쌍대회로.

답: 그림 8.51을 보라.

8.11　†응용

RLC 회로의 실제 응용은 울림회로, 피크회로, 공진회로, 평활회로, 그리고 필터와 같은 제어회로 및 통신회로에서 볼 수 있다. 이러한 회로의 대부분은 교류 전원을 학습할 때까지는 다루지 않는다. 여기서는 자동차 점화장치와 평활회로의 간단한 응용만 살펴본다.

8.11.1　자동차 점화장치

7.9.4절에서 충전 시스템으로 자동차 점화장치를 살펴보았는데 이는 점화장치의 일부분이었다. 여기서는 또 하나의 부분인 전압 발전 시스템에 대해 고려한다. 이 시스템은 그림 8.52와 같은 회로로 나타낼 수 있다. 12 V 전원은 전지와 교류 발전기에 기인한 것이다. 4 Ω 저항은 권선저항을 나타내고 점화 코일은 8 mH의 인덕터로 모델링되었다. 1 μF 커패시터(자동화 기기의 **콘덴서**)는 스위

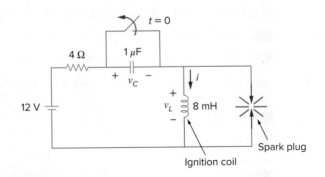

그림 8.52
자동차 점화 회로.

치(파괴점과 전기적 점화)와 병렬로 되어 있다. 다음의 예제에서 그림 8.52의 *RLC*
회로가 어떻게 고전압을 발생시키는 데 사용되는지 살펴보자.

그림 8.52의 회로에서 스위치가 $t = 0^-$ 이전에 닫혀 있다고 가정하고, $t > 0$일
때 인덕터 전압 v_L을 구하라.

풀이:

스위치가 $t = 0^-$ 이전에 닫혀 있다면 회로는 정상상태이며,

$$i(0^-) = \frac{12}{4} = 3 \text{ A}, \qquad v_C(0^-) = 0$$

$t = 0^+$일 때 스위치는 개방되어 있다. 연속 조건에 따라,

$$i(0^+) = 3 \text{ A}, \qquad v_C(0^+) = 0 \qquad \textbf{(8.16.1)}$$

$v_L(0^+)$로부터 $di(0^+)/dt$를 얻을 수 있다. $t = 0^+$일 때 메시에 KVL을 적용하면,

$$-12 + 4i(0^+) + v_L(0^+) + v_C(0^+) = 0$$
$$-12 + 4 \times 3 + v_L(0^+) + 0 = 0 \quad \Rightarrow \quad v_L(0^+) = 0$$

그러므로

$$\frac{di(0^+)}{dt} = \frac{v_L(0^+)}{L} = 0 \qquad \textbf{(8.16.2)}$$

$t \to \infty$일 때 시스템은 정상상태에 도달하므로 커패시터는 개방회로같이 동작한
다.

$$i(\infty) = 0 \qquad \textbf{(8.16.3)}$$

$t > 0$일 때 메시에 KVL을 적용하면,

$$12 = Ri + L\frac{di}{dt} + \frac{1}{C}\int_0^t i\, dt + v_C(0)$$

각 항의 도함수를 취하면,

$$\frac{d^2i}{dt^2} + \frac{R}{L}\frac{di}{dt} + \frac{i}{LC} = 0 \qquad \textbf{(8.16.4)}$$

8.3절에서의 순서에 따라 과도응답의 형태를 얻는다. $R = 4\ \Omega$, $L = 8$ mH, $C = 1\ \mu$F을 대입하면 다음을 얻을 수 있다.

$$\alpha = \frac{R}{2L} = 250, \qquad \omega_0 = \frac{1}{\sqrt{LC}} = 1.118 \times 10^4$$

$\alpha < \omega_0$이므로 응답은 부족제동이다. 제동 고유주파수는 다음과 같다.

$$\omega_d = \sqrt{\omega_0^2 - \alpha^2} \simeq \omega_0 = 1.118 \times 10^4$$

과도응답의 형태는 다음과 같다.

$$i_t(t) = e^{-\alpha}\,(A\cos\omega_d t + B\sin\omega_d t) \qquad \textbf{(8.16.5)}$$

여기서 A, B는 상수이다. 정상상태 응답은

$$i_{ss}(t) = i(\infty) = 0 \tag{8.16.6}$$

그러므로 완전응답은

$$i(t) = i_t(t) + i_{ss}(t) = e^{-250t}(A \cos 11{,}180t + B \sin 11{,}180t) \tag{8.16.7}$$

이제 A, B를 구한다.

$$i(0) = 3 = A + 0 \quad \Rightarrow \quad A = 3$$

식 (8.16.7)의 도함수를 취하면,

$$\begin{aligned}
\frac{di}{dt} &= -250e^{-250t}(A \cos 11{,}180t + B \sin 11{,}180t) \\
&\quad + e^{-250t}(-11{,}180A \sin 11{,}180t + 11{,}180B \cos 11{,}180t)
\end{aligned}$$

$t = 0$이라 하고 식 (8.16.2)와 결합하면,

$$0 = -250A + 11{,}180B \quad \Rightarrow \quad B = 0.0671$$

그러므로

$$i(t) = e^{-250t}(3 \cos 11{,}180t + 0.0671 \sin 11{,}180t) \tag{8.16.8}$$

인덕터의 양단에 걸리는 전압은

$$v_L(t) = L\frac{di}{dt} = -268e^{-250t} \sin 11{,}180t \tag{8.16.9}$$

사인함수가 1일 때, 즉 $11{,}180t_0 = \pi/2$ 또는 $t_0 = 140.5\ \mu s$일 때 최대값을 갖는다. $t = t_0$일 때 인덕터 전압은 최대가 되고 다음 식과 같다.

$$v_L(t_0) = -268e^{-250t_0} = -259\ \text{V} \tag{8.16.10}$$

비록 값은 자동차의 스파크 플러그 점화에 필요한 전압 범위인 6,000~10,000 V보다 훨씬 작지만 **변압기**(13장에서 설명)라는 장치를 이용하여 필요한 수준으로 인덕터 전압을 승압시킨다.

실전문제 8.16

그림 8.52의 회로에서 $t > 0$일 때 커패시터 전압 v_C를 구하라.

답: $12 - 12e^{-250t} \cos 11{,}180t + 267.7e^{-250t} \sin 11{,}180t$ V

8.11.2 평활회로

전형적인 디지털 통신 시스템에서 전송되는 신호는 먼저 샘플링된다. 샘플링은 모든 신호에 대한 처리에 반하여 신호의 샘플을 선택하는 과정을 말한다. 각 샘플은 일련의 펄스로 나타낸 이진수로 변환된다. 펄스는 동축 케이블, 트위스트, 광섬유와 같은 전송선에 의해 전달된다. 수신단에서 신호는 디지털 아날로그(D/A) 컨버터에 적용되고 그 출력은 계단함수로 각각의 시간 간격에서 일정하다.

전송된 아날로그 신호를 회복하기 위해 출력은 그림 8.53에 나타낸 것처럼 평활 회로를 통과시킴으로써 평활된다. *RLC* 회로가 평활회로로 이용된다.

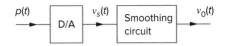

그림 8.53

일련의 펄스가 D/A 컨버터로 인가되고 그 출력이 평활회로에 인가된다.

예제 8.17

D/A 컨버터의 출력이 그림 8.54(a)와 같다. 그림 8.54(b)의 *RLC* 회로에서 평활 회로가 사용될 때 출력 전압 $v_o(t)$를 구하라.

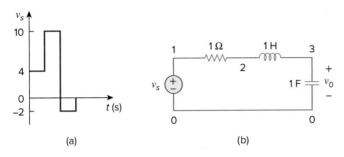

그림 8.54

예제 8.17: (a) D/A 컨버터의 출력, (b) *RLC* 평활회로.

풀이:

이 문제는 *PSpice*를 이용하여 푸는 것이 좋다. 회로는 그림 8.55(a)에 나타냈다. 그림 8.54(a)에서 펄스는 톱니파 선형함수를 이용하여 표기했다. V1의 속성은 T1 = 0, V1 = 0, T2 = 0.001, V2 = 4, T3 = 1, V3 = 4 등으로 설정한다. 입력과 출력 전압을 모두 나타내기 위해 2개의 전압 표기를 삽입한다. *Transient Analysis* 메뉴를 열기 위해 **Analysis/Setup/Transient**를 선택하고 *Final Time*을 6 s로 설정한다. 회로를 저장한 후 **Analysis/Simulate**를 선택하여 실행하고 그림 8.55(b)에 나타낸 파형을 얻는다.

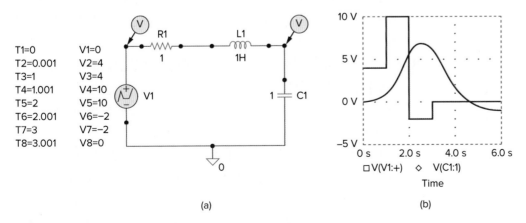

그림 8.55

예제 8.17: (a) Schematic, (b) 입출력 전압.

실전문제 8.17

D/A 컨버터의 출력이 그림 8.56과 같을 때 예제 8.17을 다시 풀라.

답: 그림 8.57을 보라.

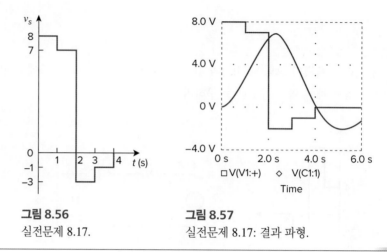

그림 8.56
실전문제 8.17.

그림 8.57
실전문제 8.17: 결과 파형.

8.12   요약

1. 초기값 $x(0)$, $dx(0)/dt$, 최종값 $x(\infty)$는 이차 회로를 해석하는 데 중요하다.

2. *RLC* 회로는 이차 미분방정식에 의해 설명되기 때문에 이차 회로이다. 특성방정식은 $s^2 + 2\alpha s + \omega_0^2 = 0$이고, 여기서 α는 제동계수, ω_0는 비제동 고유주파수이다. 직렬 회로의 경우 $\alpha = R/2L$이고, 병렬 회로의 경우 $\alpha = 1/2RC$이며, 두 경우 모두 $\omega_0 = 1/\sqrt{LC}$이다.

3. 만약 스위칭(갑작스러운 변화) 후 회로에 독립 전원이 없는 경우에는 무전원 회로로 생각한다. 완전해는 고유응답이다.

4. *RLC* 회로의 고유응답은 특성방정식의 근에 따라 과제동, 임계제동, 혹은 부족제동이다. 근이 동일하면($s_1 = s_2$ 혹은 $\alpha = \omega_0$) 임계제동, 근이 실수이고 동일하지 않으면($s_1 \neq s_2$ 혹은 $\alpha > \omega_0$) 과제동, 근이 복소근이면($s_1 = s_2^*$ 혹은 $\alpha < \omega_0$) 부족제동이다.

5. 만약 스위칭 후 회로에 독립 전원이 존재하면 완전응답은 과도응답과 정상상태 응답의 합이다.

6. *PSpice*는 *RC* 또는 *RL* 회로에서와 동일한 방법으로 *RLC* 회로를 해석하는 데 사용된다.

7. 만약 한 회로를 설명하는 메시 방정식과 또 다른 한 회로를 설명하는 노드 방정식이 서로 같은 형태이면 두 회로는 쌍대적이다. 한 회로의 해석은 쌍대회로에 대한 해석을 제공한다.

8. 자동차 점화장치 회로와 평활회로는 이 장에서 학습한 내용의 전형적인 응용 예이다.

복습문제

8.1 그림 8.58의 회로에서 $t = 0^-$일 때(스위치가 닫히기 직전) 커패시터 전압은 얼마인가?

(a) 0 V   (b) 4 V   (c) 8 V   (d) 12 V

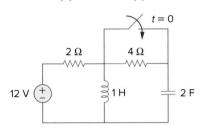

그림 8.58
복습문제 8.1, 8.2.

8.2 그림 8.58의 회로에서 $t = 0$일 때 초기 인덕터 전류는 얼마인가?

(a) 0 A   (b) 2 A   (c) 6 A   (d) 12 A

8.3 계단 입력이 이차 회로에 적용될 때 회로 변수의 최종값을 구하려면 어떻게 해야 하는가?

(a) 커패시터는 단락회로, 인덕터는 개방회로로 대체

(b) 커패시터는 개방회로, 인덕터는 단락회로로 대체

(c) 보기 중 답이 없음

8.4 RLC 회로의 특성방정식 근이 -2와 -3일 때 응답은?

(a) $(A \cos 2t + B \sin 2t)e^{-3t}$

(b) $(A + 2Bt)e^{-3t}$

(c) $Ae^{-2t} + Bte^{-3t}$

(d) $Ae^{-2t} + Be^{-3t}$

여기서 A와 B는 상수이다.

8.5 직렬 RLC 회로에서 $R = 0$으로 설정하면 응답은?

(a) 과제동 응답   (b) 임계제동 응답

(c) 부족제동 응답   (d) 무제동 응답

(e) 보기 중 답이 없음

8.6 병렬 RLC 회로가 $L = 2$ H, $C = 0.25$ F이다. 단일 네퍼 주파수를 만드는 R의 값은?

(a) 0.5 Ω   (b) 1 Ω   (c) 2 Ω   (d) 4 Ω

8.7 그림 8.59의 직렬 RLC 회로에서 만들어질 수 있는 응답의 종류는?

(a) 과제동   (b) 부족제동

(c) 임계제동   (d) 보기 중 답이 없음

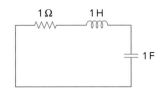

그림 8.59
복습문제 8.7.

8.8 그림 8.60의 병렬 RLC 회로에서 만들어질 수 있는 응답의 종류는?

(a) 과제동   (b) 부족제동

(c) 임계제동   (d) 보기 중 답이 없음

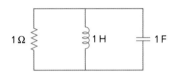

그림 8.60
복습문제 8.8.

8.9 그림 8.61의 회로들을 다음 항목에 따라 구분하라.

(i) 일차 회로   (ii) 이차 직렬회로

(iii) 이차 병렬회로   (iv) 보기 중 답이 없음

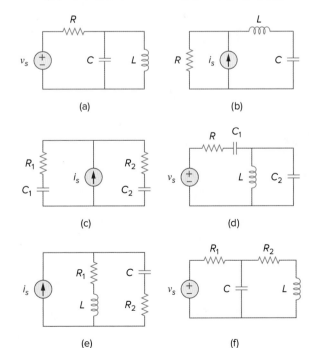

그림 8.61
복습문제 8.9.

8.10 전기회로에서 저항의 쌍대는?

    (a) 컨덕턴스   (b) 인덕턴스

    (c) 커패시턴스   (d) 개방회로

    (e) 단락회로

답: *8.1a, 8.2c, 8.3b, 8.4d, 8.5d, 8.6c, 8.7b, 8.8b, 8.9 (i)-c, (ii)-b, e, (iii)-a, (iv)-d, f, 8.10a*

문제

8.2절   초기값과 최종값 결정

8.1 그림 8.62의 회로에서 다음을 구하라.

    (a) $i(0^+)$, $v(0^+)$

    (b) $di(0^+)/dt$, $dv(0^+)/dt$

    (c) $i(\infty)$, $v(\infty)$

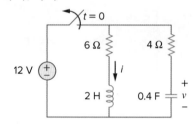

그림 8.62
문제 8.1.

8.2 그림 8.63을 이용하여 다른 학생들이 초기값과 최종값 결정을 더 잘 이해하도록 도와주는 문제를 설계하라.

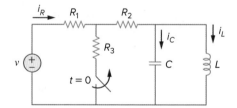

그림 8.63
문제 8.2.

8.3 그림 8.64의 회로에서 다음을 구하라.

    (a) $i_L(0^+)$, $v_C(0^+)$, $v_R(0^+)$

    (b) $di_L(0^+)/dt$, $dv_C(0^+)/dt$, $dv_R(0^+)/dt$

    (c) $i_L(\infty)$, $v_C(\infty)$, $v_R(\infty)$

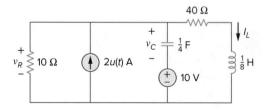

그림 8.64
문제 8.3.

8.4 그림 8.65의 회로에서 다음을 구하라.

    (a) $i(0^+)$, $v(0^+)$

    (b) $di(0^+)/dt$, $dv(0^+)/dt$

    (c) $i(\infty)$, $v(\infty)$

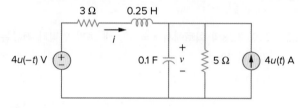

그림 8.65
문제 8.4.

8.5 그림 8.66의 회로에서 다음을 구하라.

    (a) $i(0^+)$, $v(0^+)$

    (b) $di(0^+)/dt$, $dv(0^+)/dt$

    (c) $i(\infty)$, $v(\infty)$

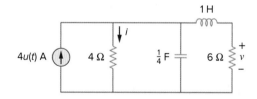

그림 8.66
문제 8.5.

8.6 그림 8.67의 회로에서 다음을 구하라.

    (a) $v_R(0^+)$, $v_L(0^+)$

    (b) $dv_R(0^+)/dt$, $dv_L(0^+)/dt$

    (c) $v_R(\infty)$, $v_L(\infty)$

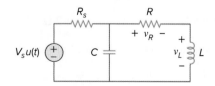

그림 8.67
문제 8.6.

8.3절　무전원 직렬 *RLC* 회로

8.7 직렬 *RLC* 회로가 $R = 20\ \text{k}\Omega$, $L = 0.2\ \text{mH}$, $C = 5\ \mu\text{F}$
이다. 회로에 의한 감쇠 형태는 무엇인가?

8.8 다른 학생들이 무전원 *RLC* 회로를 더 잘 이해하도록 도
e🔲d 와주는 문제를 설계하라.

8.9 *RLC* 회로에서 전류가 다음과 같이 표현된다.

$$\frac{d^2i}{dt^2} + 10\frac{di}{dt} + 25i = 0$$

$i(0) = 10\ \text{A}$, $di(0)/dt = 0$이면 $t > 0$일 때 $i(0)$을 구하라.

8.10 *RLC* 회로망의 전압을 기술하는 미분방정식이 다음과
같다.

$$\frac{d^2v}{dt^2} + 5\frac{dv}{dt} + 4v = 0$$

$v(0) = 0$, $dv(0)/dt = 10\ \text{V/s}$일 때 $v(t)$를 구하라.

8.11 *RLC* 회로의 고유응답이 다음 미분방정식으로 표현된다.

$$\frac{d^2v}{dt^2} + 2\frac{dv}{dt} + v = 0$$

초기 조건이 $v(0) = 10\ \text{V}$, $dv(0)/dt = 0$일 때 $v(t)$를 구하라.

8.12 $R = 50\ \Omega$, $L = 1.5\ \text{H}$인 직렬 *RLC* 회로에서 다음 각 경
우의 *C* 값은 얼마인가?

　(a) 과제동　　　(b) 임계제동　　　(c) 부족제동

8.13 그림 8.68의 회로에서 임계제동 응답을 가지기 위한 *R*의
값을 구하라.

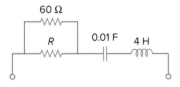

그림 8.68
문제 8.13.

8.14 그림 8.69의 회로에서 $t = 0$일 때 스위치가 위치 *A*에서 *B*
로 움직인다(스위치가 *A* 연결점이 끊어지기 전에 *B*에 먼
저 연결된다). $v(0) = 0$이라면 $t > 0$일 때 $v(t)$를 구하라.

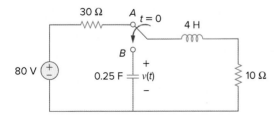

그림 8.69
문제 8.14.

8.15 직렬 *RLC* 회로의 응답이 다음과 같다.

$$v_C(t) = 30 - 10e^{-20t} + 30e^{-10t}\ \text{V}$$
$$i_L(t) = 40e^{-20t} - 60e^{-10t}\ \text{mA}$$

여기서 v_C와 i_L은 각각 커패시터 전압과 인덕터 전류이
다. *R*, *L*, *C*의 값을 구하라.

8.16 그림 8.70의 회로에서 $t > 0$일 때 $i(t)$를 구하라.

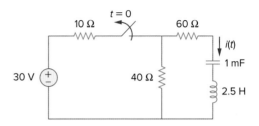

그림 8.70
문제 8.16.

8.17 그림 8.71의 회로에서 $t = 0$일 때 스위치가 *A*에서 *B*로
순간적으로 움직인다. $t \geq 0$일 때 $v(t)$를 구하라.

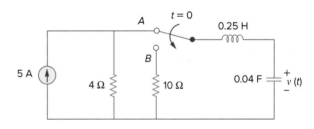

그림 8.71
문제 8.17.

8.18 그림 8.72의 회로에서 $t > 0$일 때 커패시터에 걸리는 전
압을 시간의 함수로 구하라. $t = 0^-$에서 정상상태라고
가정한다.

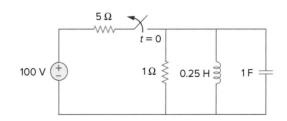

그림 8.72
문제 8.18.

8.19 그림 8.73의 회로에서 $t > 0$일 때 $v(t)$를 구하라.

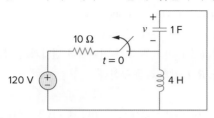

그림 8.73
문제 8.19.

8.20 그림 8.74의 회로에서 스위치가 오랜 시간 동안 닫혀 있다가 $t = 0$일 때 개방되었다. $t > 0$일 때 $i(t)$를 구하라.

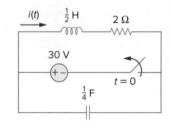

그림 8.74
문제 8.20.

*8.21 그림 8.75의 회로에서 $t > 0$일 때 $v(t)$를 구하라.

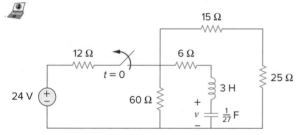

그림 8.75
문제 8.21.

8.4절 무전원 병렬 RLC 회로

8.22 다음의 특성방정식을 가진 병렬 RLC 회로를 설계하라. $R = 2 \text{ k}\Omega$이라고 가정한다.

$$s^2 + 100s + 10^6 = 0.$$

8.23 그림 8.76의 회로망에서 단일 제동계수$(\alpha = 1)$를 가진 부족제동을 만들기 위한 C의 값은 얼마인가?

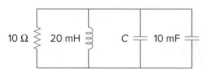

그림 8.76
문제 8.23.

_____

* 별표는 난이도가 높은 문제를 가리킨다.

8.24 그림 8.77의 회로에서 스위치가 $t = 0$일 때 위치 A에서 B로 움직인다(스위치가 A 연결점이 끊어지기 전에 B에 먼저 연결된다). $t > 0$일 때 $i(t)$를 구하라.

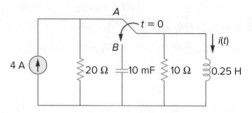

그림 8.77
문제 8.24.

8.25 그림 8.78을 이용하여 다른 학생들이 무전원 RLC 회로를 더 잘 이해하도록 도와주는 문제를 설계하라.

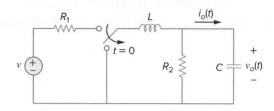

그림 8.78
문제 8.25.

8.5절 직렬 RLC 회로의 계단응답

8.26 RLC 회로의 계단응답이 다음과 같다.

$$\frac{d^2i}{dt^2} + 2\frac{di}{dt} + 5i = 10$$

$i(0) = 2$, $di(0)/dt = 4$일 때 $i(t)$를 구하라.

8.27 RLC 회로에서 브랜치 전압이 다음과 같다.

$$\frac{d^2v}{dt^2} + 4\frac{dv}{dt} + 8v = 24$$

초기 조건이 $v(0) = 0 = dv(0)/dt$일 때 $v(t)$를 구하라.

8.28 직렬 RLC 회로가 다음과 같다.

$$L\frac{d^2i}{dt^2} + R\frac{di}{dt} + \frac{i}{C} = 10$$

$R = 4 \ \Omega$, $L = 0.5 \text{ H}$, $C = 0.2 \text{ F}$일 때 응답을 구하라. $i(0) = 1$, $di(0)/d = 0$이라고 가정한다.

8.29 초기 조건에 따라 다음 미분방정식을 풀라.

(a) $d^2v/dt^2 + 4v = 12$, $v(0) = 0$, $dv(0)/dt = 2$

(b) $d^2i/dt^2 + 5\,di/dt + 4i = 8$, $i(0) = -1$, $di(0)/dt = 0$

(c) $d^2v/dt^2 + 2\,dv/dt + v = 3$, $v(0) = 5$, $dv(0)/dt = 1$

(d) $d^2i/dt^2 + 2\,di/dt + 5i = 10$, $i(0) = 4$, $di(0)/dt = -2$

8.30 직렬 *RLC* 회로의 계단응답이 다음과 같다.

$$v_C = 40 - 10e^{-2000t} - 10e^{-4000t} \text{ V}, \qquad t > 0$$

$$i_L(t) = 3e^{-2000t} + 6e^{-4000t} \text{ mA}, \qquad t > 0$$

(a) *C*를 구하라.

(b) 회로에 의해 나타나는 제동의 형태는 무엇인가?

8.31 그림 8.79의 회로에서 $v_L(0^+)$와 $v_C(0^+)$를 구하라.

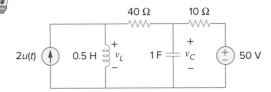

그림 8.79
문제 8.31.

8.32 그림 8.80의 회로에서 $t > 0$일 때 $v(t)$를 구하라.

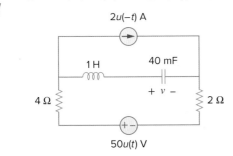

그림 8.80
문제 8.32.

8.33 그림 8.81의 회로에서 $t > 0$일 때 $v(t)$를 구하라.

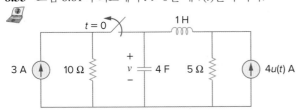

그림 8.81
문제 8.33.

8.34 그림 8.82의 회로에서 $t > 0$일 때 $i(t)$를 구하라.

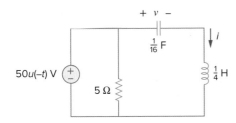

그림 8.82
문제 8.34.

8.35 그림 8.83을 이용하여 다른 학생들이 직렬 *RLC* 회로의 **e⊘d** 계단응답을 더 잘 이해하도록 도와주는 문제를 설계하라.

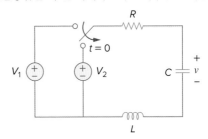

그림 8.83
문제 8.35.

8.36 그림 8.84의 회로에서 $t > 0$일 때 $v(t)$와 $i(t)$를 구하라.

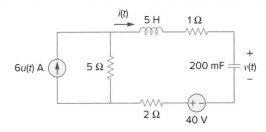

그림 8.84
문제 8.36.

*8.37 그림 8.85의 회로망에서 $t > 0$일 때 $i(t)$를 구하라.

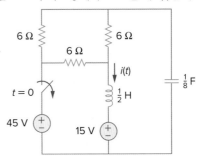

그림 8.85
문제 8.37.

8.38 그림 8.86의 회로에서 $t > 0$일 때 $i(t)$를 구하라.

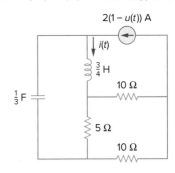

그림 8.86
문제 8.38.

8.39   그림 8.87의 회로에서 $t > 0$일 때 $v(t)$를 구하라.

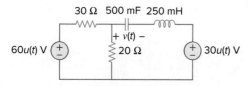

그림 8.87
문제 8.39.

8.40   그림 8.88의 회로에서 $t = 0$일 때 스위치가 위치 a에서 b로 이동했다. 커패시터의 전압은 $t = 0$에서 0이고, 스위치는 a 연결점이 끊어지기 전에 b에 먼저 연결된다고 가정한다. $t > 0$일 때 $i(t)$를 구하라.

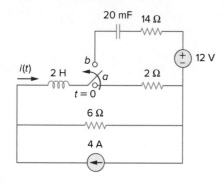

그림 8.88
문제 8.40.

*8.41   그림 8.89의 회로망에서 $t > 0$일 때 $i(t)$를 구하라.

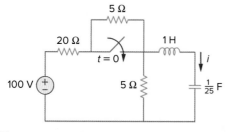

그림 8.89
문제 8.41.

*8.42   그림 8.90의 회로망에서 $t > 0$일 때 $v(t)$를 구하라.

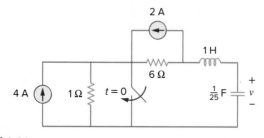

그림 8.90
문제 8.42.

8.43   그림 8.91의 회로가 정상상태에 도달한 후 $t = 0$일 때 스위치가 개방되었다. $\alpha = 8$ Np/s, $\omega_d = 30$ rad/s가 되도록 R과 C의 값을 구하라.

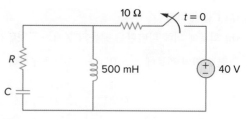

그림 8.91
문제 8.43.

8.44   직렬 RLC 회로에서 $R = 1$ kΩ, $L = 1$ H, $C = 10$ nF이다. 이 회로의 제동 형태는 무엇인가?

8.6절   병렬 RLC 회로의 계단응답

8.45   그림 8.92의 회로에서 $t > 0$일 때 $v(t)$와 $i(t)$를 구하라.

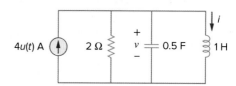

그림 8.92
문제 8.45.

8.46   그림 8.93을 이용하여 다른 학생들이 병렬 RLC 회로의 계단응답을 더 잘 이해하도록 도와주는 문제를 설계하라.

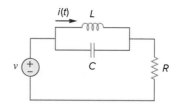

그림 8.93
문제 8.46.

8.47   그림 8.94의 회로에서 출력 전압 $v_o(t)$를 구하라.

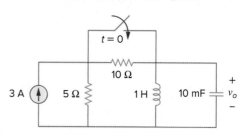

그림 8.94
문제 8.47.

8.48 그림 8.95의 회로에서 $t > 0$일 때 $v(t)$와 $i(t)$를 구하라.

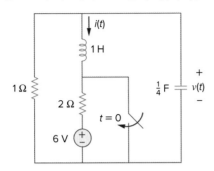

그림 8.95
문제 8.48.

8.49 그림 8.96의 회로에서 $t > 0$일 때 $i(t)$를 구하라.

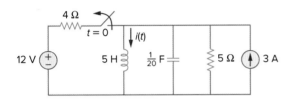

그림 8.96
문제 8.49.

8.50 그림 8.97의 회로에서 $t > 0$일 때 $i(t)$를 구하라.

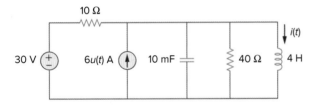

그림 8.97
문제 8.50.

8.51 그림 8.98의 회로에서 $t > 0$일 때 $v(t)$를 구하라.

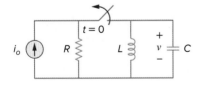

그림 8.98
문제 8.51.

8.52 병렬 *RLC* 회로의 계단응답이 다음과 같다.

$$v = 10 + 20e^{-300t}(\cos 400t - 2 \sin 400t) \text{ V},$$

인덕터가 50 mH일 때 *R*과 *C*를 구하라.

8.7절   일반 이차 회로

8.53 그림 8.99의 회로에서 스위치가 하루 동안 개방되었다가 $t = 0$일 때 단락된다. $t > 0$일 때 $i(t)$를 표현하는 미분방정식을 구하라.

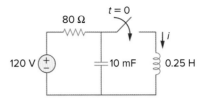

그림 8.99
문제 8.53.

8.54 그림 8.100을 이용하여 다른 학생들이 일반 이차 회로를 더 잘 이해하도록 도와주는 문제를 설계하라.

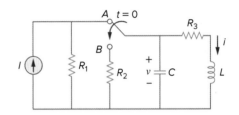

그림 8.100
문제 8.54.

8.55 그림 8.101의 회로에서 $t > 0$일 때 $v(t)$를 구하라. $v(0^+)$ = 4 V, $i(0^+)$ = 2 A라고 가정한다.

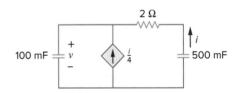

그림 8.101
문제 8.55.

8.56 그림 8.102의 회로에서 $t > 0$일 때 $i(t)$를 구하라.

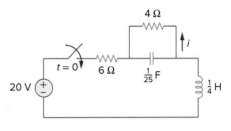

그림 8.102
문제 8.56.

8.57 그림 8.103의 회로에서 스위치가 오랫동안 닫혀있다가 $t = 0$일 때 개방된다. 다음을 구하라.

(a) 회로의 특성방정식   (b) $t > 0$일 때 i_x와 v_R

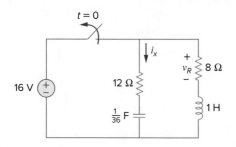

그림 8.103
문제 8.57.

8.58 그림 8.104의 회로에서 스위치가 위치 1에 오랫동안 접속되어 있다가 $t = 0$일 때 위치 2로 움직였다. 다음을 구하라.

(a) $v(0^+)$, $dv(0^+)/dt$ (b) $t \geq 0$일 때 $v(t)$

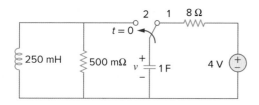

그림 8.104
문제 8.58.

8.59 그림 8.105의 회로에서 스위치가 $t < 0$일 때 위치 1에 연결되어 있다가 $t = 0$일 때 커패시터의 상단부로 움직였다. 스위치는 커패시터의 상단부에 접속할 때까지 위치 1에의 연결을 유지하며, 그 이후에 위치 1의 연결이 해지된다. 커패시터에 걸리는 초기 전압이 0일 때 $v(t)$를 구하라.

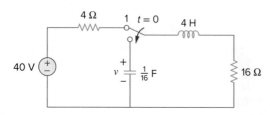

그림 8.105
문제 8.59.

8.60 그림 8.106의 회로에서 $t > 0$일 때 i_1과 i_2를 구하라.

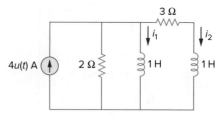

그림 8.106
문제 8.60.

8.61 문제 8.5의 회로에서 $t > 0$일 때 i와 v를 구하라.

8.62 그림 8.107의 회로에서 $t > 0$일 때 응답 $v_R(t)$를 구하라. $R = 3\ \Omega$, $L = 2$ H, $C = 1/18$ F이라 가정한다.

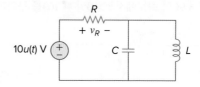

그림 8.107
문제 8.62.

8.8절 이차 연산증폭기 회로

8.63 그림 8.108의 연산증폭기 회로에서 $i(t)$에 대한 미분방정식을 구하라.

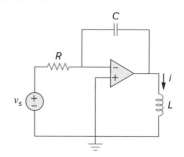

그림 8.108
문제 8.63.

8.64 그림 8.109를 이용하여 다른 학생들이 이차 연산증폭기 회로를 더 잘 이해하도록 도와주는 문제를 설계하라.

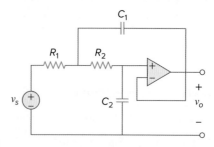

그림 8.109
문제 8.64.

8.65 그림 8.110의 연산증폭기 회로에서 미분방정식을 구하라. $v_1(0^+) = 2$ V, $v_2(0^+) = 0$ V이고, $t > 0$일 때 v_o를 구하라. $R = 100$ kΩ, $C = 1$ μF이라 가정한다.

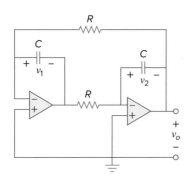

그림 8.110
문제 8.65.

8.66 그림 8.111의 연산증폭기 회로에서 $v_o(t)$에 대한 미분방정식을 구하라.

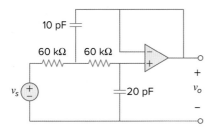

그림 8.111
문제 8.66.

*8.67 그림 8.112의 연산증폭기 회로에서 $t > 0$일 때 $v_o(t)$를 구하라. $v_{in} = u(t)$ V, $R_1 = R_2 = 10$ kΩ, $C_1 = C_2 = 100$ μF이다.

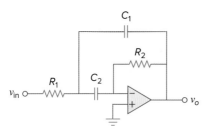

그림 8.112
문제 8.67.

8.9절　*RLC* 회로의 *PSpice* 해석

8.68 그림 8.113의 회로에서 계단함수 $v_s = u(t)$에 대해 *PSpice* 혹은 *MultiSim*을 이용하여 $0 < t < 6$ s일 때 응답 $v(t)$를 구하라.

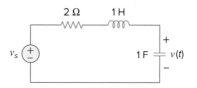

그림 8.113
문제 8.68.

8.69 그림 8.114의 무전원 회로에서 *PSpice* 혹은 *MultiSim*을 이용하여 $0 < t < 20$ s일 때 $i(t)$를 구하라. $v(0) = 30$ V, $i(0) = 2$ A이다.

그림 8.114
문제 8.69.

8.70 그림 8.115의 회로에서 $0 < t < 4$ s일 때 *PSpice* 혹은 *MultiSim*을 이용하여 $v(t)$를 구하라. $t = 0$일 때 커패시터 전압과 인덕터 전류는 모두 0이라고 가정한다.

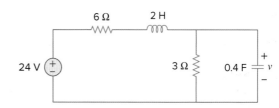

그림 8.115
문제 8.70.

8.71 그림 8.116의 회로에서 *PSpice* 혹은 *MultiSim*을 이용하여 $0 < t < 4$ s일 때 $v(t)$를 구하라.

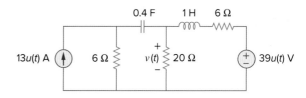

그림 8.116
문제 8.71.

8.72 그림 8.117의 회로에서 스위치가 위치 1에 오랫동안 연결되어 있다가 $t = 0$일 때 위치 2로 이동한다. *PSpice* 혹은 *MultiSim*을 이용하여 $0 < t < 0.2$ s일 때 $i(t)$를 구하라.

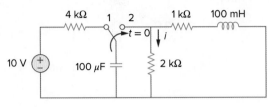

그림 8.117
문제 8.72.

8.73 다른 학생들이 무전원 *RLC* 회로를 더 잘 이해하도록 도
e⟐d 와주는 문제를 *PSpice* 혹은 *MultiSim*을 이용하여 설계하라.

8.10절 쌍대성

8.74 그림 8.118의 회로에 대한 쌍대회로를 그려라.

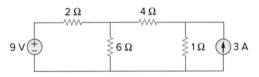

그림 8.118
문제 8.74.

8.75 그림 8.119의 회로에 대한 쌍대회로를 그려라.

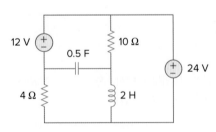

그림 8.119
문제 8.75.

8.76 그림 8.120의 회로에 대한 쌍대회로를 그려라.

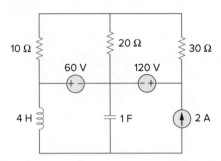

그림 8.120
문제 8.76.

8.77 그림 8.121의 회로에 대한 쌍대회로를 그려라.

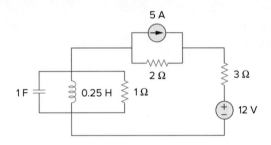

그림 8.121
문제 8.77.

8.11절 응용

8.78 그림 8.122의 회로는 자동차 에어백 점화장치를 나타낸 것이다. 스위치가 *A*에서 *B*로 전환된 후 점화장치의 전압이 최초 피크에 도달하는 데 걸리는 시간을 구하라. $R = 3\ \Omega$, $C = 1/30$ F, $L = 60$ mH이다.

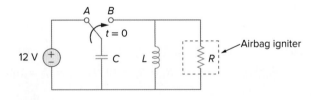

그림 8.122
문제 8.78.

8.79 부하가 12 Ω 저항과 병렬연결된 250 mH 인덕터로 모델링되었다. 회로망이 60 Hz 임계제동을 가지도록 커패시터를 부하에 연결하려 할 때 커패시터의 크기를 구하라.

종합문제

8.80 기계적 시스템은 직렬 *RLC* 회로로 나타낼 수 있다. 기계적 시스템은 시상수가 0.1 ms와 0.5 ms인 과제동 응답을 발생시킨다. 직렬연결된 50 kΩ 저항이 사용될 때 *L*과 *C*의 값을 구하라.

8.81 오실로그램은 병렬 *RLC* 회로 형태의 이차 시스템으로 나타낼 수 있다. 제동주파수가 4 kHz이고 시상수가 0.25 s일 때 저항 200 Ω 양단에 걸리는 부족제동 전압이 발생되기 위한 *L*과 *C*의 값을 구하라.

8.82 그림 8.123의 회로는 의과대학에서 경련을 연구하는 데 사용되는 신체 기능에 대한 전기적 모델이다. 이는 다음과 같다.

　C_1 = 약품에서 액체의 양

　C_2 = 특정 부위의 혈류량

　R_1 = 입력에서 혈류에 약이 통과하는 데의 저항

　R_2 = 신장과 같은 배설 메커니즘의 저항

　v_0 = 투약의 초기 농도

　$v(t)$ = 혈류에서 약의 퍼센트

　　$C_1 = 0.5 \ \mu\text{F}$, $C_2 = 5 \ \mu\text{F}$, $R_1 = 5 \ \text{M}\Omega$, $R_2 = 2.5$ MΩ, $v_0 = 60u(t)$ V라 가정하고, $t > 0$일 때 $v(t)$를 구하라.

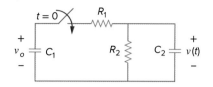

그림 8.123
문제 8.82.

8.83 그림 8.124는 전형적인 터널 다이오드 발진기 회로를 나타낸 것이다. 다이오드는 $i_D = f(v_D)$의 특성을 가진 비선형 저항으로 묘사된다. 즉 다이오드 전류는 다이오드 전압의 비선형 함수이다. v와 i_D의 식으로 회로에 대한 미분방정식을 유도하라.

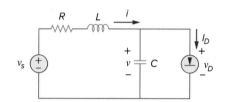

그림 8.124
문제 8.83.

PART 2

교류회로

OUTLINE

9   정현파와 페이저

10   정현파의 정상상태 해석

11   교류전력 해석

12   3상 회로

13   자기결합회로

14   주파수 응답

Source: NASA, ESA, and M. Livio and The Hubble 20th Anniversary Team (STScI)

정현파와 페이저
Sinusoids and Phasors

모르면서 자신이 모른다는 것도 모르는 자는 바보이니 멀리하라.
모르지만 자신이 모른다는 것을 아는 자는 어린아이니 가르쳐라.
알지만 자신이 안다는 것을 모르는 자는 게으르니 깨워라.
알면서 자신이 안다는 것을 아는 자는 현명하니 따르라.

—페르시아 속담

기술과 경력 향상하기

ABET EC 2000 준거(3.d), "*다양한 분야로 구성된 팀에서 일할 수 있는 능력*"

"다양한 분야로 구성된 팀에서 일할 수 있는 능력"은 엔지니어에게 피할 수 없을 정도로 중요하다. 엔지니어는 혼자서 작업하지 않고 항상 어떤 팀의 일원으로 일한다. 내가 학생들에게 일깨워주고 싶은 사실은 팀의 모든 구성원을 좋아할 필요는 없다는 것이다. 단지 팀의 훌륭한 구성원이 되는 것으로 족하다.

대부분의 경우, 이러한 팀은 경영이나 회계 분야의 비공학 전공자는 물론 다양한 공학 분야의 전공자로 구성된다.

학생들은 수강하는 모든 과목에서 그룹으로 학습함으로써 이러한 능력을 쉽게 계발하고 발전시켜 나갈 수 있다. 개인의 전공 분야 과목은 물론 비공학 분야 과목에서 그룹으로 학습함으로써 다양한 분야로 구성된 팀에서 일하는 경험을 얻게 된다.

Charles Alexander

Historical

George Westinghouse
Bettmann/Getty Images

Nikola Tesla (1856~1943)와 George Westinghouse (1846~1914), 교류 전류를 송전 및 배전의 주요 모드로 설정하는 데 기여했다.

오늘날에는 전력의 광범위한 배전을 효율적이고 경제적으로 만드는 전력의 형태로 교류 발전이 지배적이다. 그러나 19세기 후반에는 직류와 교류 중 어느 것이 더 좋은가에 대한 의견이 분분하여 둘로 양분되었다. 직류 진영은 많은 공헌으로 명성을 얻은 토머스 에디슨이 이끌었다. 교류를 이용한 발전은 테슬라의 성공적인 공헌 이후에 시작되었다. 실질적인 교류의 성공은 테슬라를 포함하여 조지 웨스팅하우스와 그가 조직한 팀에서 비롯되었다. 또한 C. F. 스콧과 B. G. 램이라는 거장도 있다.

교류의 초창기 성공에 대한 최고의 공헌은 1888년 테슬라의 다상 교류 모터에 대한 특허였다. 유도선 모터와 다상 발전 및 배전 시스템은 주요 에너지원으로서 직류의 사용을 무너뜨렸다.

학습목표

본 장에서 제시된 정보와 연습문제를 사용함으로써 다음 능력을 배양할 수 있다.

1. 정현파에 대해 더 잘 이해할 수 있다.
2. 페이저에 대해 이해할 수 있다.
3. 회로소자의 페이저 관계를 이해할 수 있다.
4. 임피던스와 어드미턴스의 개념을 이해할 수 있다.
5. 주파수 영역에서 키르히호프의 법칙을 이해할 수 있다.
6. 위상편이의 개념을 이해할 수 있다.
7. 교류 브리지에 대해 이해할 수 있다.

9.1   서론

지금까지는 직류회로를 대상으로 회로 해석을 살펴보았는데 이러한 회로는 시불변 또는 정전원에 의해 동작한다. 우리는 단순화 및 교육상의 이유와 역사적인 이유로 회로의 구동을 직류 전원으로 한정했다. 역사적으로 1800년대 후반까지 직류 전원은 전력을 공급하는 주요 수단이었다. 19세기 말에 이르러 교류와 직류의 논쟁이 시작되었으며 당시의 전기 기술자들이 둘로 양분되었다. 하지만 장거리에 걸쳐 보다 효율적이고 경제적으로 전송할 수 있는 이점에 힘입어 교류 시스템이 승리했다. 그러므로 우리가 직류 전원을 우선적으로 살펴본 것은 역사적인 순서에 따른 것이다.

지금부터 전원전압 또는 전원전류가 시간에 따라 변하는 회로에 대해 해석한다. 이 장에서는 특히 교류 시변 동작, 즉 정현파에 의해 구동되는 회로를 살펴본다.

정현파는 사인함수와 코사인함수의 형태를 가진 신호이다.

정현파 전류는 보통 교류(ac)라 일컫는다. 이와 같은 전류는 규칙적으로 양과 음의 값을 반복한다. 전형적인 정현파 형태의 전원전압 또는 전원전류에 의해 동작하는 회로를 교류회로라 부른다.

우리는 다양한 이유로 정현파에 관심을 기울이게 되었다. 첫째, 자연 자체가 정현파로 특징지어진다. 진자의 운동, 실의 진동, 바다 표면의 잔잔한 파도, 부족제동된 이차 시스템의 고유응답 등 많은 경우에서 정현파 형태를 경험할 수 있다. 둘째, 정현파 신호는 발생과 전송이 쉽다. 세계 도처의 발전소에서 발생시켜 가정과 공장, 연구실 등에 공급되는 전압의 형태가 정현파이다. 통신과 전력 산업에서 주도적인 신호 형태도 정현파이다. 셋째, 푸리에 해석에 따라 임의의 실제적인 주기 신호는 정현파의 합으로 나타낼 수 있다. 그러므로 주기 신호의 해석에서 정현파는 중요한 역할을 한다. 마지막으로, 정현파는 수학적으로 용이하게 다루어진다. 정현파는 미분하거나 적분해도 정현파이다. 이러한 이유 등으로 정현파는 회로 해석에서 매우 중요한 함수이다.

정현파 형태의 강제함수는 7, 8장에서 다루었던 계단함수와 마찬가지로 과도응답과 정상상태 응답을 가진다. 과도응답은 시간에 따라 서서히 소멸하며, 결국 정상상태 응답만이 남게 된다. 과도응답이 정상상태 응답에 비해 무시할 수 있을 만큼 작아졌을 때, 회로가 정현파 정상상태로 동작한다고 말한다. 이 정현파의 정상상태 응답이 이 장의 주요 관심사이다.

먼저 페이저와 정현파의 기본 사항으로 시작한다. 다음으로 어드미턴스와 임피던스의 개념을 소개한다. 직류회로에서 소개했던 키르히호프와 옴의 기본 회로 법칙은 교류회로에도 적용된다. 끝으로 교류회로의 응용 중에서 브리지와 위상이동 회로에 관해서도 알아본다.

9.2　정현파

정현파 전압은

$$v(t) = V_m \sin \omega t \tag{9.1}$$

V_m = 정현파의 진폭

ω = 각주파수(rad/s)

ωt = 정현파의 편각(argument)

Historical

Hulton Archive/Getty Images

Heinrich Rudorf Hertz (1857~1894), 전자기파에도 빛에 적용되는 기본적인 법칙이 적용된다는 것을 증명한 독일의 실험물리학자이다. 그의 연구는 제임스 클러크 맥스웰(James Clerk Maxwell)이 공표한 1864년의 학설과 전자기파가 존재한다는 예언에 의해 증명되었다.

헤르츠는 독일 함부르크의 부유한 가정에서 태어났다. 그는 베를린대학에서 공부했고, 유명한 물리학자 헤르만 폰 헬름홀츠(Hermann von Helmholtz)의 지도 아래 박사 학위를 받았다. 그는 전자기파에 대한 탐구를 시작했던 카를스루에(Karlsruhe)에서 교수가 되었다. 헤르츠는 전자기파를 성공적으로 발생시키고 측정했다. 그는 빛이 전자기 에너지라는 것을 보인 최초의 인물이다. 1887년에 헤르츠는 처음으로 분자 구조에서 전자의 광전자 효과를 언급했다. 헤르츠는 37세의 나이에 요절했지만, 전자기파에 관한 그의 발견은 라디오, TV 및 다른 통신 시스템에 전자기파가 실용적으로 사용될 수 있는 길을 열었다. 주파수의 단위인 헤르츠(Hz)는 그의 이름을 따른 것이다.

그림 9.1(a)는 편각의 함수로서 정현파를, 그림 9.1(b)는 시간의 함수로서 정현파를 보여준다. 정현파는 T초마다 반복된다는 것을 알 수 있다. T는 정현파의 주기라고 부른다. 그림 9.1로부터 $\omega T = 2\pi$라는 것을 알 수 있다.

$$T = \frac{2\pi}{\omega} \tag{9.2}$$

$v(t)$가 T초마다 반복된다는 사실로부터 식 (9.1)에서 t를 $t + T$로 바꿀 수 있다. 즉

$$
\begin{aligned}
v(t + T) &= V_m \sin \omega(t + T) = V_m \sin \omega\left(t + \frac{2\pi}{\omega}\right) \\
&= V_m \sin(\omega t + 2\pi) = V_m \sin \omega t = v(t)
\end{aligned}
\tag{9.3}
$$

그러므로

$$v(t + T) = v(t) \tag{9.4}$$

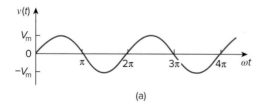

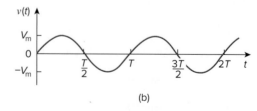

그림 9.1

$V_m \sin \omega t$의 개략도: (a) ωt의 함수, (b) t의 함수.

t에서의 v 값은 $t + T$에서의 v와 같은 값이며, $v(t)$를 주기적이라고 일컫는다. 일반적으로 다음과 같다.

주기함수는 모든 t와 모든 정수 n에 대해 $f(t) = f(t + nT)$를 만족한다.

주기함수의 주기 T는 한 사이클을 이루는 시간 또는 사이클당 초를 의미한다. 주기의 역수는 시간당 사이클 수가 되며, 이를 정현파의 주기주파수 f라 일컫는다. 그러므로

$$f = \frac{1}{T} \qquad (9.5)$$

식 (9.2)와 (9.5)로부터,

$$\omega = 2\pi f \qquad (9.6)$$

여기서 ω는 초당 라디안(rad/s), f는 헤르츠(Hz) 단위이다.

이제 정현파를 보다 일반적인 형태로 표현해보자.

$$v(t) = V_m \sin(\omega t + \phi) \qquad (9.7)$$

여기서 $(\omega t + \phi)$는 편각이고, ϕ는 위상이다. 편각과 위상은 라디안 또는 각도 단위로 나타낼 수 있다.

다음의 두 정현파를 그림 9.2에 나타냈다.

$$v_1(t) = V_m \sin \omega t \quad 그리고 \quad v_2(t) = V_m \sin(\omega t + \phi) \qquad (9.8)$$

그림 9.2에서 v_2는 v_1보다 앞선 시점에 출발한다. 그러므로 이 경우 "v_2가 v_1보다 ϕ만큼 앞선다(lead)" 또는 "v_1이 v_2보다 ϕ만큼 뒤진다(lag)"고 한다. 만약 $\phi \neq 0$이면 "v_1과 v_2는 위상이 다르다(out of phase)"고 한다. 그리고 $\phi = 0$이면 "v_1과

f의 단위는 독일의 물리학자인 Heinrich R. Hertz (1857~1894)의 이름을 따라 명명되었다.

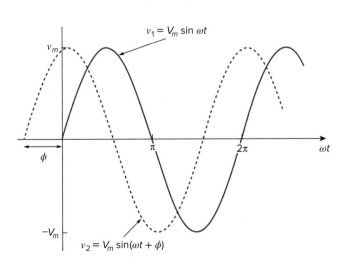

그림 9.2
위상이 다른 2개의 정현파.

v_2는 **동위상(in phase)**"이라고 한다. v_1과 v_2는 동일한 시점에 최소값과 최대값에 도달한다. 이러한 방식에 따른 v_1과 v_2의 비교는 동일 주파수로 동작하는 경우에만 가능하다. v_1과 v_2가 동일한 진폭을 가질 필요는 없다.

정현파는 사인 또는 코사인 형태로 표현될 수 있다. 2개의 정현파를 비교할 때, 양의 진폭값을 가진 코사인 또는 사인으로 표현하는 것이 편리하다. 이러한 비교를 위해 다음의 삼각함수를 이용할 수 있다.

$$\sin(A \pm B) = \sin A \cos B \pm \cos A \sin B$$
$$\cos(A \pm B) = \cos A \cos B \mp \sin A \sin B \tag{9.9}$$

이상의 관계식으로부터 다음이 쉽게 증명될 수 있다.

$$\sin(\omega t \pm 180°) = -\sin \omega t$$
$$\cos(\omega t \pm 180°) = -\cos \omega t$$
$$\sin(\omega t \pm 90°) = \pm \cos \omega t$$
$$\cos(\omega t \pm 90°) = \mp \sin \omega t \tag{9.10}$$

이러한 관계를 이용하여 임의의 정현파를 사인 형태에서 코사인 형태로 상호 변환할 수 있다.

사인의 비교와 상호 관계를 나타내기 위해 식 (9.9)와 (9.10)의 삼각함수를 이용하는 대신 도식적 표현을 이용할 수 있다. 그림 9.3(a)의 기준 축을 고려하자. 가로축은 코사인의 크기를 나타내고, 세로축은 사인의 크기를 나타낸다. 각은 통상 극좌표에서와 마찬가지로, 가로축으로부터 시계 반대 방향(아래로 향하는 방향)으로 측정된다. 이 도식적 표현은 두 정현파의 상호 관계를 파악하는 데 사용된다. 예를 들어 $\cos \omega t$의 편각으로부터 90°를 빼면 $\sin \omega t$가 되는, 즉 $\cos(\omega t - 90°) = \sin \omega t$ 관계를 그림 9.3(a)에서 볼 수 있다. 마찬가지로 $\sin \omega t$의 편각으로부터 180°를 더하면 $-\sin \omega t$로 주어지고, $\sin(\omega t + 180°) = -\sin \omega t$의 관계를 그림 9.3(b)에 나타냈다.

도식적 표현은 사인 형태와 코사인 형태로 각각 주어진 동일 주파수의 두 정현파를 합성하는 데 사용될 수 있다. $A \cos \omega t$와 $B \sin \omega t$를 합성하기 위해 그림 9.4(a)와 같이 $\cos \omega t$의 크기를 A, $\sin \omega t$의 크기를 B로 나타낸다. 코사인 형태 정현파 합성의 크기와 편각은 다음 삼각함수로부터 쉽게 구할 수 있다.

$$A \cos \omega t + B \sin \omega t = C \cos(\omega t - \theta) \tag{9.11}$$

여기서

$$C = \sqrt{A^2 + B^2}, \qquad \theta = \tan^{-1}\frac{B}{A} \tag{9.12}$$

예를 들어 그림 9.4(b)에서 보듯이 $3 \cos \omega t$와 $-4 \sin \omega t$를 합성하면 다음과 같다.

$$3 \cos \omega t - 4 \sin \omega t = 5 \cos(\omega t + 53.1°) \tag{9.13}$$

식 (9.9)와 (9.10)의 삼각함수와 비교하면 도식적 표현 기법은 외우려고 노력하지 않아도 된다. 그러나 다음 절에서 다룰 복소수 축, 사인 및 코사인 축과

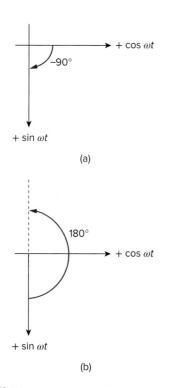

그림 9.3
사인함수와 코사인함수의 상호 관계에 대한 도식적 의미: (a) $\cos(\omega t - 90°) = \sin \omega t$, (b) $\sin(\omega t + 180°) = -\sin \omega t$.

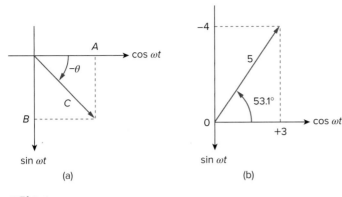

그림 9.4
(a) $A \cos \omega t$와 $B \sin \omega t$의 합, (b) $3 \cos \omega t$와 $-4 \sin \omega t$의 합.

혼동해서는 안 된다. 그림 9.3과 9.4에서 주목할 점은, 일반적인 경우 수직축 위쪽 방향을 양의 방향으로 나타내지만 사인함수의 양의 방향은 아래쪽을 향한다는 것이다.

예제 9.1

다음 정현파의 진폭, 위상, 주기, 주파수를 구하라.

$$v(t) = 12 \cos(50t + 10°) \text{ V}.$$

풀이:

진폭 $V_m = 12$ V

위상 $\phi = 10°$

각주파수 $\omega = 50$ rad/s

주기 $T = 2\pi/\omega = 2\pi/50 = 0.1257$ s

주파수 $f = \dfrac{1}{T} = 7.958$ Hz

실전문제 9.1

정현파가 $30 \sin(4\pi t - 45°)$일 때 진폭, 위상, 각주파수, 주기, 주파수를 구하라.

답: 30, $-45°$, 12.57 rad/s, 500 ms, 2 Hz

예제 9.2

$v_1 = -10 \cos(\omega t + 50°)$와 $v_2 = 12 \sin(\omega t - 10°)$ 사이의 위상각을 구하라. 어느 정현파가 앞선 상태인가?

풀이:

세 가지 방법으로 위상을 구해보자. 첫 번째와 두 번째 방법은 삼각함수를 사용하고, 세 번째 방법은 도식적 표현을 사용한다.

■ **방법 1** v_1과 v_2를 비교하기 위해 같은 형태로 표현해야 한다. 만약 양(+)의 크기를 가진 코사인 형태로 표현한다면,

$$v_1 = -10 \cos(\omega t + 50°) = 10 \cos(\omega t + 50° - 180°)$$
$$v_1 = 10 \cos(\omega t - 130°) \quad \text{or} \quad v_1 = 10 \cos(\omega t + 230°) \tag{9.2.1}$$

그리고

$$v_2 = 12 \sin(\omega t - 10°) = 12 \cos(\omega t - 10° - 90°)$$
$$v_2 = 12 \cos(\omega t - 100°) \tag{9.2.2}$$

v_1과 v_2 사이에 30°의 위상차가 발생한다는 것은 식 (9.2.1)과 (9.2.2)로부터 알 수 있다. v_2는 다음과 같이 나타낼 수 있다.

$$v_2 = 12 \cos(\omega t - 130° + 30°) \quad \text{or} \quad v_2 = 12 \cos(\omega t + 260°) \tag{9.2.3}$$

식 (9.2.1)과 (9.2.3)을 비교하면 분명히 v_2가 v_1보다 30° 앞선다.

■ **방법 2** 다른 방법으로 v_1을 사인 형태로 표현하면,

$$v_1 = -10 \cos(\omega t + 50°) = 10 \sin(\omega t + 50° - 90°)$$
$$= 10 \sin(\omega t - 40°) = 10 \sin(\omega t - 10° - 30°)$$

그러나 $v_2 = 12 \sin(\omega t - 10°)$이다. 두 식을 비교해보면 v_1이 v_2보다 30° 뒤진다. 이것은 v_2가 v_1보다 30° 앞선다는 것과 같다.

■ **방법 3** v_1을 $-10 \cos \omega t$가 $+50°$의 위상변이(phase shift)를 가진 것으로 간주하자. 그러므로 v_1은 그림 9.5에 나타낸 것과 같다. 마찬가지로 v_2는 그림 9.5에서 보듯이 $-10°$의 위상변이를 가진 $12 \sin \omega t$이다. v_2가 v_1보다 30°, 즉 $90° - 50° - 10°$ 앞선다는 것을 그림 9.5로부터 쉽게 알 수 있다.

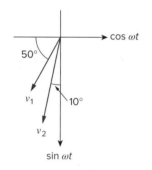

그림 9.5
예제 9.2.

실전문제 9.2

i_1과 i_2 사이의 위상각을 구하라.

$$i_1 = -4 \sin(377t + 55°), \quad i_2 = 5 \cos(377t - 65°)$$

i_1이 i_2에 앞서는가, 뒤지는가?

답: 210°, i_1이 i_2보다 앞선다.

9.3   페이저

정현파는 종래의 코사인함수와 사인함수보다 더 편리한 페이저로 쉽게 표현할 수 있다.

> 페이저는 정현파의 진폭과 위상을 표현하는 복소수이다.

페이저는 정현파 전원에 의해 구동되는 선형 회로 해석을 간단히 하기 위해 사용한다. 이런 회로의 해는 다른 방법으로는 구하기가 어렵다. 페이저를 사용한 교류회로 해석의 개념은 1893년 찰스 프로테우스 스타인메츠(Charles Proteus Steinmetz)가 처음 소개했다. 우리는 페이저의 정의와 이를 회로 해석에 적용하기에 앞서 복소수에 대해 이해할 필요가 있다.

복소수 z는 다음과 같이 직각좌표 형태로 표현할 수 있다.

$$z = x + jy \tag{9.14a}$$

여기서 $j = \sqrt{-1}$, x는 z의 실수부, y는 z의 허수부이다. 이러한 관계에서 변수 x와 y는 이차원 벡터 해석처럼 위치를 나타내는 것이 아니고, 복소 평면에서 z의 실수부와 허수부를 나타낸다. 그렇지만 우리는 이차원 벡터 계산과 복소수 계산의 유사성에 주목한다.

또한 복소수 z는 다음과 같이 지수함수 형태 또는 극좌표 형태로 표현될 수 있다.

$$z = r\underline{/\phi} = re^{j\phi} \tag{9.14b}$$

여기서 r은 z의 크기, ϕ는 z의 위상이다. z는 세 가지 방법으로 나타낼 수 있다.

$$
\begin{aligned}
z &= x + jy &&\text{직각좌표 형식}\\
z &= r\underline{/\phi} &&\text{극좌표 형식}\\
z &= re^{j\phi} &&\text{지수 형식}
\end{aligned}
\tag{9.15}
$$

그림 9.6은 직각좌표 형식과 극좌표 형식의 관계를 보여주며, 여기서 x축은 복소수의 실수부를 나타내고 y축은 복소수의 허수부를 나타낸다. x와 y가 주어지면 다음과 같이 r과 ϕ를 구할 수 있다.

$$r = \sqrt{x^2 + y^2}, \qquad \phi = \tan^{-1}\frac{y}{x} \tag{9.16a}$$

반대로 r과 ϕ가 주어지면 x와 y를 구할 수 있다.

$$x = r\cos\phi, \qquad y = r\sin\phi \tag{9.16b}$$

그러므로 z는 다음과 같이 쓸 수 있다.

$$\boxed{z = x + jy = r\underline{/\phi} = r(\cos\phi + j\sin\phi)} \tag{9.17}$$

복소수의 덧셈과 뺄셈은 직각좌표 형식으로 계산하는 것이 더 편리하고, 곱셈과 나눗셈은 극좌표 형식으로 계산하는 것이 더 편리하다. 다음과 같은 복소수가 주어질 때,

$$
\begin{aligned}
z &= x + jy = r\underline{/\phi}, \qquad z_1 = x_1 + jy_1 = r_1\underline{/\phi_1}\\
z_2 &= x_2 + jy_2 = r_2\underline{/\phi_2}
\end{aligned}
$$

찰스 프로테우스 스타인메츠(1865~1923)는 독일계 오스트리아인으로 수학자이자 전기공학자였다.

부록 B에서 복소수에 대해 간략하게 설명했다.

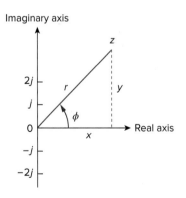

그림 9.6
복소수 $z = x + jy = r\,\underline{/\phi}$의 표현.

Historical

Bettmann/Getty Images

Charles Proteus Steinmetz (1865~1923), 교류회로 해석에서 페이저 방법(이 장의 주제)을 도입한 수학자이자 공학자로 독일계 오스트리아인이다. 그는 또한 히스테리시스 이론에 관한 연구로 주목을 받았다.

  스타인메츠는 독일의 브레슬라우(Breslau)에서 태어나 한 살 때 어머니를 잃었다. 청년 시절에 브레슬라우대학에서 수학 전공의 박사 학위 논문을 막 끝마치려 할 때 그는 정치적인 활동으로 인해 독일을 떠나야만 했다. 그는 스위스로 갔다 후에 미국으로 이주했으며, 1893년 GE (General Electric)에 입사했다. 같은 해에 그는 복소수를 교류회로 해석에 사용할 수 있다는 논문을 처음으로 발표했다. 1897년에 맥그로힐에서 출판된 『*Theory and Calculation of ac Phenomena*』는 그의 많은 저서 중 하나이다. 1901년에 그는 IEEE의 전신인 미국전기공학회(AIEE)의 의장이 되었다.

다음 계산법은 중요하다.

덧셈:

$$z_1 + z_2 = (x_1 + x_2) + j(y_1 + y_2) \tag{9.18a}$$

뺄셈:

$$z_1 - z_2 = (x_1 - x_2) + j(y_1 - y_2) \tag{9.18b}$$

곱셈:

$$z_1 z_2 = r_1 r_2 \underline{/\phi_1 + \phi_2} \tag{9.18c}$$

나눗셈:

$$\frac{z_1}{z_2} = \frac{r_1}{r_2} \underline{/\phi_1 - \phi_2} \tag{9.18d}$$

역수:

$$\frac{1}{z} = \frac{1}{r} \underline{/-\phi} \tag{9.18e}$$

제곱근:

$$\sqrt{z} = \sqrt{r} \underline{/\phi/2} \tag{9.18f}$$

켤레복소수:

$$z^* = x - jy = r\underline{/-\phi} = re^{-j\phi} \tag{9.18g}$$

식 (9.18e)로부터

$$\frac{1}{j} = -j \tag{9.18h}$$

이상이 우리가 필요로 하는 복소수의 기본적인 성질이다. 복소수의 다른 성질은 부록 B를 참조하라.

페이저 표현의 개념은 오일러(Euler) 함수를 기본으로 한다. 일반적으로 다음과 같다.

$$\boxed{e^{\pm j\phi} = \cos\phi \pm j\sin\phi} \tag{9.19}$$

$e^{j\phi}$의 실수부와 허수부를 각각 $\cos\phi$와 $\sin\phi$로 보면 된다. 그러므로 다음과 같이 쓸 수 있다.

$$\cos\phi = \text{Re}(e^{j\phi}) \tag{9.20a}$$
$$\sin\phi = \text{Im}(e^{j\phi}) \tag{9.20b}$$

여기서 Re와 Im은 정현파 $v(t) = V_m\cos(\omega t + \phi)$에 대해 실수부와 허수부를 의미한다. 식 (9.20a)를 이용하면 $v(t)$를 다음과 같이 표현할 수 있다.

$$v(t) = \text{V}_m\cos(\omega t + \phi) = \text{Re}(V_m e^{j(\omega t + \phi)}) \tag{9.21}$$

또는

$$v(t) = \text{Re}(V_m e^{j\phi}e^{j\omega t}) \tag{9.22}$$

그러므로

$$\boxed{v(t) = \text{Re}(\mathbf{V}e^{j\omega t})} \tag{9.23}$$

여기서

$$\mathbf{V} = V_m e^{j\phi} = V_m\underline{/\phi} \tag{9.24}$$

앞에서 언급한 바와 같이 $\mathbf{V}$는 정현파 $v(t)$의 페이저 표현이다. 다시 말해 페이저는 정현파의 위상과 크기를 복소수로 표현한 것이다. 식 (9.20a)와 (9.20b) 모두 페이저의 전개에 사용할 수 있으나 표준형으로 식 (9.20a)를 사용한다.

식 (9.23)과 (9.24)를 관찰하는 한 가지 방법은 회전벡터(sinor) $\mathbf{V}e^{j\omega t} = V_m e^{j(\omega t + \phi)}$의 복소평면에서의 표현으로 보는 것이다. 그림 9.7(a)에서 보듯이 회전벡터는 시간의 증가에 따라 반지름 V_m인 원 안에서 각속도 ω인 시계 반대 방향으로 회전한다. 그림 9.7(b)에서 보는 바와 같이 $v(t)$를 회전벡터 $\mathbf{V}e^{j\omega t}$가 실수축으로 투영되는 것으로 간주할 수 있다. $t = 0$일 때 회전벡터의 값이 정현파 $v(t)$의 페이저 $\mathbf{V}$이다. 회전벡터는 회전하는 페이저로 간주할 수 있다. 즉 정현파를 페이저로 표현하는 경우 $e^{j\omega t}$ 부분이 함축적으로 포함된다. 그러므로 페이저를 다룰 때 페이저의 주파수를 기억하는 것이 중요하다. 그렇지 않으면 중대한 오류를 범할 수 있다.

페이저는 수학적으로는 시간 의존성을 배제한 정현파와 동일하게 간주할 수 있다.

페이저 표현에 코사인함수 대신 사인함수를 사용하는 경우 $v(t) = V_m\sin(\omega t + \phi) = \text{Im}(V_m e^{j(\omega t + \phi)})$가 되고, 이에 따른 페이저는 식 (9.24)와 동일하다.

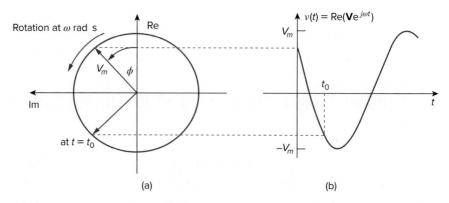

그림 9.7
$\mathbf{V}e^{j\omega t}$의 표현: (a) 시계 반대 방향으로 회전하는 회전벡터, (b) 시간의 함수에 따른 회전벡터의 실수축에 대한 투영도.

식 (9.23)은 페이저 $\mathbf{V}$에 대응되는 정현파를 구하기 위해 페이저에 시간 요소 $e^{j\omega t}$를 곱한 후 실수부를 취한다는 것을 보여준다. 복소수로서의 페이저는 지수 형식, 극좌표 형식, 또는 직각좌표 형식으로 표현될 수 있다. 페이저는 크기와 방향이 있으므로 벡터의 성질을 가지며 굵은 글씨체로 표현한다. 예를 들면 페이저 $\mathbf{V} = V_m \underline{/\phi}$와 $\mathbf{I} = I_m \underline{/-\theta}$를 그림 9.8에 도식적으로 표현했다. 이와 같은 페이저의 도식적 표현을 페이저도라고 일컫는다.

복소수 표현은 z와 같이 얇은 글씨의 이탤릭체를 사용하나 페이저 표현은 벡터양이기 때문에 $\mathbf{V}$와 같이 굵은 글씨체로 표현한다.

식 (9.21)~(9.23)은 정현파에 대응되는 페이저 표현법을 보여주며, 첫 번째로 정현파를 복소수의 실수부로 나타낼 수 있도록 코사인 형태로 표현한다. 그 다음으로 $e^{j\omega t}$인 시간 요소를 제거하고 남는 부분이 정현파와 대응되는 페이저가 된다. 정현파의 시간 요소를 제거함으로써 시간 영역으로부터 페이저 영역으로 변환하는 것이다. 이 변환은 다음과 같이 요약할 수 있다.

$$v(t) = V_m \cos(\omega t + \phi) \quad \Leftrightarrow \quad \mathbf{V} = V_m \underline{/\phi}$$

(시간 영역 표현)   (페이저 영역 표현)   **(9.25)**

정현파 $v(t) = V_m \cos(\omega t + \phi)$로 주어질 때 $\mathbf{V} = V_m \underline{/\phi}$인 페이저로 대응할 수 있다. 또한 식 (9.25)는 사인함수뿐 아니라 코사인함수와 더불어 표 9.1에 잘

표 9.1

정현파-페이저 변환

시간 영역 표현	페이저 영역 표현
$V_m \cos(\omega t + \phi)$	$V_m \underline{/\phi}$
$V_m \sin(\omega t + \phi)$	$V_m \underline{/\phi - 90°}$
$I_m \cos(\omega t + \theta)$	$I_m \underline{/\theta}$
$I_m \sin(\omega t + \theta)$	$I_m \underline{/\theta - 90°}$

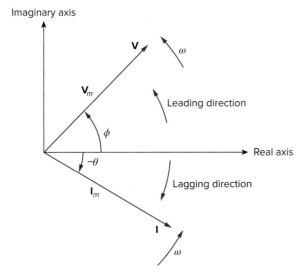

그림 9.8
$\mathbf{V} = V_m \underline{/\phi}$와 $\mathbf{I} = I_m \underline{/-\theta}$의 페이저도.

설명되어 있다. 식 (9.25)로부터 정현파의 페이저 표현은 코사인 형태로 표현한 후 크기와 위상을 취함으로써 구할 수 있음을 알 수 있다. 반면에 페이저가 주어져있을 경우, 페이저의 위상과 ωt의 합으로 주어지는 편각, 페이저와 동일한 크기를 가진 코사인함수를 통해 대응되는 시간 영역의 표현이 된다. 서로 다른 영역에서의 정보 표현 개념은 공학의 전 분야에서 기본이 된다.

식 (9.25)는 주파수(또는 시간) 요소 $e^{j\omega t}$가 없어지고 ω가 일정하기 때문에 페이저 영역 표기에서 주파수는 표현하지 않는다. 그러나 응답은 ω에 의존한다. 이러한 이유로 페이저 영역은 **주파수 영역**으로도 알려져 있다.

식 (9.23)과 (9.24)로부터 $v(t) = \mathrm{Re}(\mathbf{V}e^{j\omega t}) = V_m \cos(\omega t + \phi)$이므로,

$$\frac{dv}{dt} = -\omega V_m \sin(\omega t + \phi) = \omega V_m \cos(\omega t + \phi + 90°) \tag{9.26}$$
$$= \mathrm{Re}(\omega V_m\, e^{j\omega t} e^{j\phi} e^{j90°}) = \mathrm{Re}(j\omega \mathbf{V}e^{j\omega t})$$

$v(t)$의 도함수는 $j\omega\mathbf{V}$인 페이저 영역으로 변환할 수 있음을 보여준다.

$$\underset{\text{(시간 영역)}}{\frac{dv}{dt}} \qquad \Leftrightarrow \qquad \underset{\text{(페이저 영역)}}{j\omega\mathbf{V}} \tag{9.27}$$

> 정현파의 미분은 해당 페이저에 대한 $j\omega$의 곱으로 나타낼 수 있다.

마찬가지로 $v(t)$의 적분은 $\mathbf{V}/j\omega$인 페이저 영역으로 변환할 수 있다.

$$\underset{\text{(시간 영역)}}{\int v\, dt} \qquad \Leftrightarrow \qquad \underset{\text{(페이저 영역)}}{\frac{\mathbf{V}}{j\omega}} \tag{9.28}$$

> 정현파의 적분은 해당 페이저를 $j\omega$로 나눈 것으로 나타낼 수 있다.

식 (9.27)로부터 시간에 대한 미분은 페이저 영역에서 $j\omega$를 곱하는 것으로 대응된다. 반면에 식 (9.28)은 시간에 대한 적분이 페이저 영역에서 $j\omega$로 나누는 것으로 대응됨을 의미한다. 식 (9.27)과 (9.28)은 변수의 초기값을 필요로 하지 않는 정상상태 해석에 유용하다. 이것은 페이저의 중요한 응용 중 하나이다.

시간의 미분과 적분 외에도 페이저는 같은 주파수의 정현파를 합성하는 데 유용하게 사용된다. 예제 9.6은 그 예를 잘 보여준다.

$v(t)$와 $\mathbf{V}$의 차이점은 다음과 같다.

동일한 주파수 정현파의 덧셈은 해당 페이저의 덧셈으로 나타낼 수 있다.

1. $v(t)$는 순시값 또는 시간 영역 표현이지만 $\mathbf{V}$는 주파수 또는 페이저 영역 표현이다.
2. $v(t)$는 시간에 의존하지만 $\mathbf{V}$는 그렇지 않다. (학생들은 종종 이 사실을 잊는다.)
3. $v(t)$는 복소수 항이 없는 실수이지만 $\mathbf{V}$는 일반적으로 복소수이다.

끝으로, 페이저 해석은 주파수가 일정한 경우에만 적용한다는 것을 기억해야 한다. 2개 또는 그 이상의 정현파 신호에 대한 페이저의 적용은 동일한 주파수일 경우에만 가능하다.

예제 9.3

다음 복소수의 값을 구하라.

(a) $(40\underline{/50°} + 20\underline{/-30°})^{1/2}$

(b) $\dfrac{10\underline{/-30°} + (3 - j4)}{(2 + j4)(3 - j5)^*}$

풀이:

(a) 극좌표의 직각좌표 변환에 의해,

$$40\underline{/50°} = 40(\cos 50° + j\sin 50°) = 25.71 + j30.64$$

$$20\underline{/-30°} = 20[\cos(-30°) + j\sin(-30°)] = 17.32 - j10$$

주어진 함수를 더하면,

$$40\underline{/50°} + 20\underline{/-30°} = 43.03 + j20.64 = 47.72\underline{/25.63°}$$

이것에 제곱근을 취하면,

$$(40\underline{/50°} + 20\underline{/-30°})^{1/2} = 6.91\underline{/12.81°}$$

(b) 극좌표의 직각좌표 변환을 이용하여 더하기, 곱하기, 나누기를 하면,

$$\frac{10\underline{/-30°} + (3 - j4)}{(2 + j4)(3 - j5)^*} = \frac{8.66 - j5 + (3 - j4)}{(2 + j4)(3 + j5)}$$

$$= \frac{11.66 - j9}{-14 + j22} = \frac{14.73\underline{/-37.66°}}{26.08\underline{/122.47°}}$$

$$= 0.565\underline{/-160.13°}$$

실전문제 9.3

다음 복소수의 값을 구하라.

(a) $[(5 + j2)(-1 + j4) - 5\underline{/60°}]^*$

(b) $\dfrac{10 + j5 + 3\underline{/40^\circ}}{-3 + j4} + 10\underline{/30^\circ} + j5$

답: (a) $-15.5 - j13.67$, (b) $8.293 + j7.2$

예제 9.4

다음의 정현파를 페이저로 변환하라.

(a) $i = 6 \cos(50t - 40^\circ)$ A

(b) $v = -4 \sin(30t + 50^\circ)$ V

풀이:

(a) $i = 6 \cos(50t - 40^\circ)$는 다음과 같은 페이저를 가진다.

$$\mathbf{I} = 6\underline{/-40^\circ}\ \text{A}$$

(b) $-\sin A = \cos(A + 90^\circ)$이므로,

$$v = -4 \sin(30t + 50^\circ) = 4 \cos(30t + 50^\circ + 90^\circ)$$
$$= 4 \cos(30t + 140^\circ)\ \text{V}$$

v의 페이저 형식은

$$\mathbf{V} = 4\underline{/140^\circ}\ \text{V}$$

실전문제 9.4

다음의 정현파를 페이저로 변환하라.

(a) $v = -7 \cos(2t + 40^\circ)$ V

(b) $i = -4 \sin(10t + 10^\circ)$ A

답: (a) $\mathbf{V} = 7\underline{/40^\circ}$ V, (b) $\mathbf{I} = 4\underline{/100^\circ}$ A

예제 9.5

다음의 페이저를 정현파로 변환하라.

(a) $\mathbf{I} = -3 + j4$ A

(b) $\mathbf{V} = j8e^{-j20^\circ}$ V

풀이:

(a) $\mathbf{I} = -3 + j4 = 5\underline{/126.87^\circ}$이다. 이것을 시간 영역으로 변환하면 다음과 같다.

$$i(t) = 5 \cos(\omega t + 126.87^\circ)\ \text{A}$$

(b) $j = 1\underline{/90^\circ}$이므로,

$$\mathbf{V} = j8\underline{/-20^\circ} = (1\underline{/90^\circ})(8\underline{/-20^\circ})$$
$$= 8\underline{/90^\circ} - 20^\circ = 8\underline{/70^\circ}\ \text{V}$$

이것을 시간 영역으로 변환하면 다음과 같다.

$$v(t) = 8 \cos(\omega t + 70°)\text{V}$$

실전문제 9.5

다음의 페이저에 대응하는 정현파를 구하라.

(a) $\mathbf{V} = -25\underline{/40°}$ V

(b) $\mathbf{I} = j(12 - j5)$ A

답: (a) $v(t) = 25 \cos(\omega t - 140°)$ V 또는 $25 \cos(\omega t + 220°)$ V,

(b) $i(t) = 13 \cos(\omega t + 67.38°)$ A

예제 9.6

$i_1(t) = 4 \cos(\omega t + 30°)$ A와 $i_2(t) = 5 \sin(\omega t - 20°)$ A의 합을 구하라.

풀이:

여기서는 페이저의 중요한 활용 영역으로 동일 주파수를 가진 정현파의 합을 다룬다. 전류 $i_1(t)$는 표준 형태로 주어져 있다. 이를 페이저로 표현하면 다음과 같다.

$$\mathbf{I}_1 = 4\underline{/30°}$$

$i_2(t)$는 코사인 형태로 표현해야 한다. 코사인을 사인으로 변환하기 위해 90°를 빼면 된다. 그러므로

$$i_2 = 5 \cos(\omega t - 20° - 90°) = 5 \cos(\omega t - 110°)$$

이 페이저는

$$\mathbf{I}_2 = 5\underline{/-110°}$$

만약 $i = i_1 + i_2$라면,

$$\begin{aligned}\mathbf{I} = \mathbf{I}_1 + \mathbf{I}_2 &= 4\underline{/30°} + 5\underline{/-110°} \\ &= 3.464 + j2 - 1.71 - j4.698 = 1.754 - j2.698 \\ &= 3.218\underline{/-56.97°} \text{ A}\end{aligned}$$

이것을 시간 영역으로 변환하면 다음과 같다.

$$i(t) = 3.218 \cos(\omega t - 56.97°) \text{ A}$$

물론 식 (9.9)를 이용하여 $i_1 + i_2$를 구할 수도 있으나 계산이 쉽지 않다.

실전문제 9.6

$v_1 = -10 \sin(\omega t - 30°)$ V이고, $v_2 = 20 \cos(\omega t + 45°)$ V일 때, $v_1 + v_2$를 구하라.

답: $v(t) = 29.77 \cos(\omega t + 49.98°)$ V

다음 미적분방정식으로 주어진 회로 전류 $i(t)$를 페이저를 이용하여 구하라.

$$4i + 8\int i\, dt - 3\frac{di}{dt} = 50\cos(2t + 75°)$$

풀이:

우선 방정식의 각 항을 시간 영역에서 페이저 영역으로 변환한다. 식 (9.27)과 (9.28)을 바탕으로, 주어진 방정식에 대한 페이저 형태를 얻을 수 있다.

$$4\mathbf{I} + \frac{8\mathbf{I}}{j\omega} - 3j\omega\mathbf{I} = 50\underline{/75°}$$

그러나 $\omega = 2$이므로,

$$\mathbf{I}(4 - j4 - j6) = 50\underline{/75°}$$

$$\mathbf{I} = \frac{50\underline{/75°}}{4 - j10} = \frac{50\underline{/75°}}{10.77\underline{/-68.2°}} = 4.642\underline{/143.2°}\ \text{A}$$

이것을 시간 영역으로 변환하면,

$$i(t) = 4.642\cos(2t + 143.2°)\ \text{A}$$

이는 단지 정상상태 해석으로 초기값을 필요로 하지 않는다.

미적분방정식으로 표현된 회로의 전압 $v(t)$를 페이저를 이용하여 구하라.

$$2\frac{dv}{dt} + 5v + 10\int v\, dt = 50\cos(5t - 30°)$$

답: $v(t) = 5.3\cos(5t - 88°)$ V

9.4 회로소자의 페이저 관계

우리는 주파수 영역에서의 전압과 전류를 페이저 형태로 표현하는 방법을 공부했는데, 이를 수동소자인 R, L, C를 포함하는 회로 해석에 어떻게 적용하는지 알아보자. 이를 위해 각 소자에 대한 전압-전류의 관계를 시간 영역에서 주파수 영역으로 변환한다. 지금까지와 마찬가지로 수동부호규정을 가정한다.

우선 저항부터 알아보자. 저항 R에 흐르는 전류가 $i = I_m\cos(\omega t + \phi)$이면 저항 양단에 걸리는 전압은 옴의 법칙에 의해 다음과 같이 주어진다.

$$v = iR = RI_m\cos(\omega t + \phi) \tag{9.29}$$

이 전압의 페이저 형태는

$$\mathbf{V} = RI_m\underline{/\phi} \tag{9.30}$$

그리고 전류의 페이저 표현은 $\mathbf{I} = I_m\underline{/\phi}$이다. 그러므로

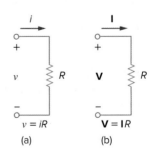

그림 9.9
저항의 전압-전류 관계: (a) 시간 영역, (b) 주파수 영역.

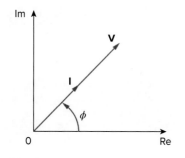

그림 9.10
저항의 페이저도.

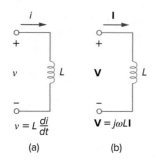

$$v = L\frac{di}{dt} \qquad V = j\omega LI$$

(a)   (b)

그림 9.11
인덕터의 전압−전류 관계: (a) 시간 영역,
(b) 주파수 영역.

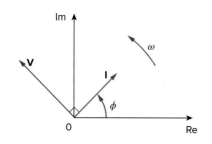

그림 9.12
인덕터의 페이저도: **I**가 **V**에 뒤진다.

> 인덕터 전압이 전류에 90° 앞선다고 할 수
> 도 있으나 관습에 따라 전압에 대한 전류의
> 위상을 일컫는다.

$$\mathbf{V} = R\mathbf{I} \tag{9.31}$$

페이저 영역에서 저항의 전압−전류 관계는 시간 영역에서처럼 옴의 법칙을 그대로 적용할 수 있음을 보여준다. 그림 9.9는 저항의 전압−전류 관계를 보여준다. 그림 9.10의 페이저도에서 보는 바와 같이 전압과 전류는 동위상이라는 것을 식 (9.31)로도 알 수 있다.

인덕터 L을 통해 흐르는 전류가 $i = I_m \cos(\omega t + \phi)$라고 가정하자. 인덕터 양단에 걸리는 전압은

$$v = L\frac{di}{dt} = -\omega L I_m \sin(\omega t + \phi) \tag{9.32}$$

식 (9.10)의 $-\sin A = \cos(A + 90°)$로부터 다음과 같이 표현할 수 있다.

$$v = \omega L I_m \cos(\omega t + \phi + 90°) \tag{9.33}$$

이것을 페이저로 변환하면,

$$\mathbf{V} = \omega L I_m e^{j(\phi + 90°)} = \omega L I_m e^{j\phi} e^{j90°} = \omega L I_m \underline{/\phi + 90°} \tag{9.34}$$

$I_m \underline{/\phi} = \mathbf{I}$이고 식 (9.19)로부터 $e^{j90°} = j$이다. 그러므로

$$\mathbf{V} = j\omega L\mathbf{I} \tag{9.35}$$

전압의 크기는 $\omega L I_m$이고, 위상은 $\phi + 90°$임을 나타낸다. 전압과 전류는 90°의 위상차가 있다. 구체적으로 말하면 전류가 전압보다 위상이 90° 늦다. 그림 9.11은 인덕터의 전압−전류 관계를, 그림 9.12는 페이저도를 보여준다.

커패시터 C 양단의 전압이 $v = V_m \cos(\omega t + \phi)$라고 가정하자. 커패시터에 흐르는 전류는

$$i = C\frac{dv}{dt} \tag{9.36}$$

인덕터에서 적용한 방법에 따라 혹은 식 (9.27)을 식 (9.36)에 적용하면 다음을 얻을 수 있다.

$$\mathbf{I} = j\omega C\mathbf{V} \quad \Rightarrow \quad \mathbf{V} = \frac{\mathbf{I}}{j\omega C} \tag{9.37}$$

전압과 전류는 90°의 위상차가 있다. 구체적으로 말하면 전류가 전압보다

표 9.2

전압−전류 관계 요약

소자	시간 영역	주파수 영역
R	$v = Ri$	$\mathbf{V} = R\mathbf{I}$
L	$v = L\dfrac{di}{dt}$	$\mathbf{V} = j\omega L\mathbf{I}$
C	$i = C\dfrac{dv}{dt}$	$\mathbf{V} = \dfrac{\mathbf{I}}{j\omega C}$

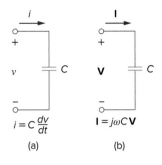

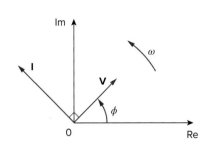

그림 9.13
커패시터의 전압–전류 관계: (a) 시간 영역, (b) 주파수 영역.

그림 9.14
커패시터의 페이저도: $\mathbf{I}$가 $\mathbf{V}$에 앞선다.

위상이 90° 앞선다. 그림 9.13은 커패시터의 전압–전류 관계를, 그림 9.14는 페이저도를 보여준다. 표 9.2는 회로소자의 시간 영역과 페이저 영역 표시를 요약한 것이다.

예제 9.8

0.1 H인 인덕터에 전압 $v = 12\cos(60t + 45°)$를 인가한다. 인덕터에 흐르는 정상상태 전류를 구하라.

풀이:

인덕터의 경우 $\mathbf{V} = j\omega L\mathbf{I}$이며, 여기서 $\omega = 60$ rad/s이고 $\mathbf{V} = 12\,\underline{/45°}$ V이다.
그러므로

$$\mathbf{I} = \frac{\mathbf{V}}{j\omega L} = \frac{12\,\underline{/45°}}{j60 \times 0.1} = \frac{12\,\underline{/45°}}{6\,\underline{/90°}} = 2\,\underline{/-45°}\ \text{A}$$

이것을 시간 영역으로 변환하면,

$$i(t) = 2\cos(60t - 45°)\ \text{A}$$

실전문제 9.8

50 μF인 커패시터에 전압 $v = 10\cos(100t + 30°)$가 인가되는 경우 커패시터에 흐르는 전류를 구하라.

답: 50 cos(100t + 120°) mA

9.5 임피던스와 어드미턴스

앞 절에서 세 가지 수동소자에 대한 전압–전류 관계를 다음과 같이 구했다.

$$\mathbf{V} = R\mathbf{I}, \qquad \mathbf{V} = j\omega L\mathbf{I}, \qquad \mathbf{V} = \frac{\mathbf{I}}{j\omega C} \tag{9.38}$$

이 관계식은 페이저 전압과 페이저 전류의 비를 이용하여 표현하면 다음과 같다.

$$\frac{\mathbf{V}}{\mathbf{I}} = R, \qquad \frac{\mathbf{V}}{\mathbf{I}} = j\omega L, \qquad \frac{\mathbf{V}}{\mathbf{I}} = \frac{1}{j\omega C} \tag{9.39}$$

위의 표현으로부터 각 소자에 대해 페이저 형태의 옴의 법칙을 얻을 수 있다.

$$\boxed{\mathbf{Z} = \frac{\mathbf{V}}{\mathbf{I}} \qquad \text{또는} \qquad \mathbf{V} = \mathbf{ZI}} \tag{9.40}$$

여기서 $\mathbf{Z}$는 주파수에 의존하는 양으로 임피던스라 일컬으며, 단위는 옴(Ω)을 사용한다.

> 회로의 **임피던스 Z**는 페이저 전압 **V**와 페이저 전류 **I**의 비이며, 단위는 옴(Ω)이다.

임피던스는 회로에서 정현파 전류의 흐름에 반하는 양을 나타낸다. 임피던스는 2개의 페이저 비로 주어지지만 그 값이 정현적으로 변화하지 않으므로 페이저가 아니다.

저항, 인덕터, 커패시터의 임피던스는 식 (3.39)로부터 쉽게 구할 수 있다. 표 9.3에 소자들의 임피던스를 요약했다. 표로부터 $\mathbf{Z}_L = j\omega L$, $\mathbf{Z}_C = -j/\omega C$임을 알 수 있다. 각 주파수의 두 극한값에 대해 생각해보자. $\omega = 0$(즉 직류 전원)의 경우, $\mathbf{Z}_L = 0$이고 $\mathbf{Z}_C \to \infty$로 앞에서 학습한 바와 일치한다. 인덕터는 단락회로로 동작하고, 커패시터는 개방회로로 동작한다. $\omega \to \infty$(즉 고주파)의 경우, $Z_L \to \infty$이고 $\mathbf{Z}_C = 0$으로, 인덕터는 고주파에 대해 개방회로인 반면 커패시터는 단락회로임을 알 수 있다. 그림 9.15는 등가회로를 통해 이를 보여준다.

임피던스는 복소량으로 다음과 같이 직각좌표 형식으로 표현할 수 있다.

$$\mathbf{Z} = R \pm jX \tag{9.41}$$

여기서 $R = \text{Re } \mathbf{Z}$는 저항, $X = \text{Im } \mathbf{Z}$는 리액턴스이다. 리액턴스 X는 크기로 양의 값이지만, 벡터로 사용되는 경우에는 j가 인덕턴스와 관련되고 $-j$는 커패시턴스와 관련된다. 그러므로 임피던스 $\mathbf{Z} = R + jX$는 유도성 또는 뒤진다(lagging)라고 일컫는데, 이는 전류가 전압보다 위상이 늦기 때문이다. 반면에 임피던스 $\mathbf{Z} = R - jX$는 용량성 또는 앞선다(leading)라고 일컫는데, 이는 전류가 전압보다 위상이 앞서기 때문이다. 임피던스, 저항, 리액턴스의 단위는 모두 옴(Ω)이다. 임피던스는 다음과 같이 극좌표 형식으로도 표현할 수 있다.

$$\mathbf{Z} = |\mathbf{Z}| \underline{/\theta} \tag{9.42}$$

식 (9.41)과 (9.42)를 비교하면 다음과 같이 정리할 수 있다.

$$\boxed{\mathbf{Z} = R \pm jX = |\mathbf{Z}| \underline{/\theta}} \tag{9.43}$$

여기서

$$|\mathbf{Z}| = \sqrt{R^2 + X^2}, \qquad \theta = \tan^{-1} \frac{\pm X}{R} \tag{9.44}$$

표 9.3

수동소자의 임피던스와 어드미턴스

소자	임피던스	어드미턴스
R	$\mathbf{Z} = R$	$\mathbf{Y} = \dfrac{1}{R}$
L	$\mathbf{Z} = j\omega L$	$\mathbf{Y} = \dfrac{1}{j\omega L}$
C	$\mathbf{Z} = \dfrac{1}{j\omega C}$	$\mathbf{Y} = j\omega C$

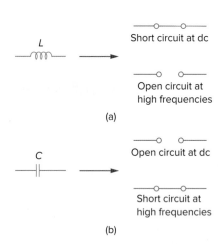

그림 9.15
직류 및 고주파에서의 등가회로: (a) 인덕터, (b) 커패시터.

$$R = |\mathbf{Z}| \cos\theta, \qquad X = |\mathbf{Z}| \sin\theta \qquad\qquad \textbf{(9.45)}$$

임피던스의 역수인 어드미턴스를 사용하는 것이 편리한 경우도 있다.

어드미턴스 Y는 임피던스의 역수이며, 단위는 지멘스(S)이다.

소자 혹은 회로의 어드미턴스 **Y**는 소자를 통해 흐르는 페이저 전류와 소자의 양 단에 걸리는 페이저 전압의 비이다. 즉

$$\boxed{\mathbf{Y} = \frac{1}{\mathbf{Z}} = \frac{\mathbf{I}}{\mathbf{V}}} \qquad\qquad \textbf{(9.46)}$$

저항, 인덕터, 커패시터의 어드미턴스는 식 (9.39)로부터 구할 수 있다. 표 9.3에 어드미턴스를 요약하여 정리했다.

복소량이므로 **Y**를 다음과 같이 표현할 수 있다.

$$\boxed{\mathbf{Y} = G + jB} \qquad\qquad \textbf{(9.47)}$$

여기서 $G = \mathrm{Re}\,\mathbf{Y}$는 컨덕턴스라 부르고, $B = \mathrm{Im}\,\mathbf{Y}$는 서셉턴스라 부른다. 어드미 턴스, 컨덕턴스, 서셉턴스는 모두 지멘스(또는 mhos)라는 단위로 표현한다. 식 (9.41)과 (9.47)로부터,

$$G + jB = \frac{1}{R + jX} \qquad\qquad \textbf{(9.48)}$$

유리화에 의해서,

$$G + jB = \frac{1}{R + jX} \cdot \frac{R - jX}{R - jX} = \frac{R - jX}{R^2 + X^2} \qquad\qquad \textbf{(9.49)}$$

실수부와 허수부는 다음과 같다.

$$G = \frac{R}{R^2 + X^2}, \qquad B = -\frac{X}{R^2 + X^2} \qquad\qquad \textbf{(9.50)}$$

저항으로 이루어진 회로에서와 달리 $G \neq 1/R$이다. 물론 $X = 0$인 경우는 $G = 1/R$이 된다.

그림 9.16의 회로에서 $v(t)$와 $i(t)$를 구하라.

풀이:

전압 전원 $10\cos 4t$로부터 $\omega = 4$,

$$\mathbf{V}_s = 10\underline{/0^\circ}\ \mathrm{V}$$

임피던스는

$$\mathbf{Z} = 5 + \frac{1}{j\omega C} = 5 + \frac{1}{j4 \times 0.1} = 5 - j2.5\ \Omega$$

예제 9.9

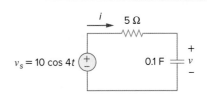

그림 9.16
예제 9.9.

이때 전류는

$$
\mathbf{I} = \frac{\mathbf{V}_s}{\mathbf{Z}} = \frac{10\underline{/0°}}{5 - j2.5} = \frac{10(5 + j2.5)}{5^2 + 2.5^2}
$$
$$
= 1.6 + j0.8 = 1.789\underline{/26.57°} \text{ A} \tag{9.9.1}
$$

커패시터 양단에 걸리는 전압은

$$
\mathbf{V} = \mathbf{I}\mathbf{Z}_C = \frac{\mathbf{I}}{j\omega C} = \frac{1.789\underline{/26.57°}}{j4 \times 0.1}
$$
$$
= \frac{1.789\underline{/26.57°}}{0.4\underline{/90°}} = 4.47\underline{/-63.43°} \text{ V} \tag{9.9.2}
$$

식 (9.9.1)과 (9.9.2)의 **I**와 **V**를 시간 영역으로 변환하면,

$$
i(t) = 1.789 \cos(4t + 26.57°) \text{ A}
$$
$$
v(t) = 4.47 \cos(4t - 63.43°) \text{ V}
$$

예상대로 $i(t)$가 $v(t)$보다 위상이 90° 앞선다는 것을 알 수 있다.

실전문제 9.9

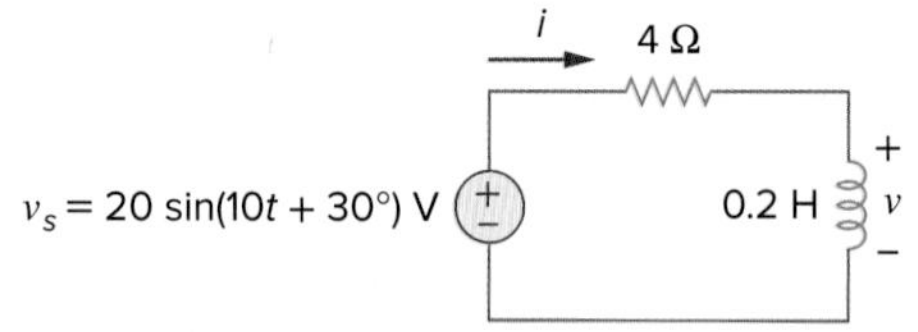

그림 9.17
실전문제 9.9.

그림 9.17의 회로에서 $v(t)$와 $i(t)$를 구하라.

답: 8.944 sin (10t + 93.43°) V, 4.472 sin(10t + 3.43°) A

9.6   † 주파수 영역에서 키르히호프의 법칙

키르히호프의 전압 법칙과 전류 법칙을 사용하지 않고서는 주파수 영역에서의 회로 해석을 할 수 없다. 그러므로 주파수 영역에서의 이 법칙에 대한 표현이 필요하다.

KVL에서 $v_1, v_2, \dots, v_n$을 임의의 폐루프를 따른 전압이라고 하자. 그러면

$$
v_1 + v_2 + \cdots + v_n = 0 \tag{9.51}
$$

정현파 정상상태에서 각각의 전압은 코사인 형태로 쓸 수 있으므로 식 (9.51)은 다음과 같이 된다.

$$
V_{m1} \cos(\omega t + \theta_1) + V_{m2} \cos(\omega t + \theta_2)
$$
$$
+ \cdots + V_{mn} \cos(\omega t + \theta_n) = 0 \tag{9.52}
$$

이것은 다음과 같이 쓸 수 있다.

$$
\text{Re}(V_{m1}e^{j\theta_1}e^{j\omega t}) + \text{Re}(V_{m2}e^{j\theta_2}e^{j\omega t}) + \cdots + \text{Re}(V_{mn}e^{j\theta_n}e^{j\omega t}) = 0
$$

또는

$$
\text{Re}[(V_{m1}e^{j\theta_1} + V_{m2}e^{j\theta_2} + \cdots + V_{mn}e^{j\theta_n})e^{j\omega t}] = 0 \tag{9.53}
$$

만약 $\mathbf{V}_k = V_{mk}e^{j\theta k}$라면,

$$\text{Re}[(\mathbf{V}_1 + \mathbf{V}_2 + \cdots + \mathbf{V}_n)e^{j\omega t}] = 0 \qquad (9.54)$$

$e^{j\omega t} \neq 0$이므로,

$$\mathbf{V}_1 + \mathbf{V}_2 + \cdots + \mathbf{V}_n = 0 \qquad (9.55)$$

키르히호프의 전압 법칙이 페이저에 대해 성립함을 알 수 있다.

같은 방법으로 키르히호프의 전류 법칙도 페이저에 대해 성립함을 보일 수 있다. 시간 t에서 회로망상 임의의 폐표면을 향해 흘러 들어가거나 나오는 전류를 $i_1, i_2, \ldots, i_n$이라 하자. 그러면

$$i_1 + i_2 + \cdots + i_n = 0 \qquad (9.56)$$

만약 $\mathbf{I}_1, \mathbf{I}_2, \ldots, \mathbf{I}_n$이 정현파 $i_1, i_2, \ldots, i_n$의 페이저 형태라면,

$$\mathbf{I}_1 + \mathbf{I}_2 + \cdots + \mathbf{I}_n = 0 \qquad (9.57)$$

이것은 주파수 영역에서 키르히호프의 전류 법칙이다.

주파수 영역에서 KVL과 KCL이 성립하는 것을 보았으며, 이를 바탕으로 임피던스 합성, 노드 및 메시 해석법, 중첩의 정리, 전원 변환 등을 용이하게 수행할 수 있다.

9.7 임피던스 합성

그림 9.18은 직렬연결된 N개의 임피던스를 보여준다. 각 임피던스를 통해 흐르는 전류 $\mathbf{I}$는 모두 동일하다. 이 루프에 KVL을 적용하면,

$$\mathbf{V} = \mathbf{V}_1 + \mathbf{V}_2 + \cdots + \mathbf{V}_N = \mathbf{I}(\mathbf{Z}_1 + \mathbf{Z}_2 + \cdots + \mathbf{Z}_N) \qquad (9.58)$$

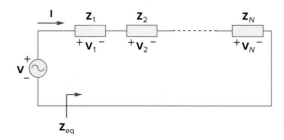

그림 9.18
직렬연결된 N개의 임피던스.

입력 단자에서의 등가 임피던스는

$$\mathbf{Z}_{eq} = \frac{\mathbf{V}}{\mathbf{I}} = \mathbf{Z}_1 + \mathbf{Z}_2 + \cdots + \mathbf{Z}_N$$

또는

$$\boxed{\mathbf{Z}_{eq} = \mathbf{Z}_1 + \mathbf{Z}_2 + \cdots + \mathbf{Z}_N} \qquad (9.59)$$

직렬연결된 임피던스의 등가 임피던스 또는 총임피던스는 각각의 임피던스를 합한 것과 같음을 알 수 있다. 이것은 저항의 직렬연결과 같다.

만약 그림 9.19와 같이 $N = 2$이면 임피던스에 흐르는 전류는

$$\mathbf{I} = \frac{\mathbf{V}}{\mathbf{Z}_1 + \mathbf{Z}_2} \qquad (9.60)$$

$\mathbf{V}_1 = \mathbf{Z}_1\mathbf{I}$이고 $\mathbf{V}_2 = \mathbf{Z}_2\mathbf{I}$이므로,

$$\boxed{\mathbf{V}_1 = \frac{\mathbf{Z}_1}{\mathbf{Z}_1 + \mathbf{Z}_2}\mathbf{V}, \qquad \mathbf{V}_2 = \frac{\mathbf{Z}_2}{\mathbf{Z}_1 + \mathbf{Z}_2}\mathbf{V}} \qquad (9.61)$$

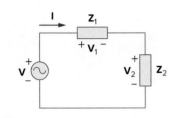

그림 9.19
전압 분배.

이것은 전압 분배 법칙이다.

같은 방법으로 그림 9.20에 나타낸 병렬연결된 N개의 임피던스에 대한 등가 임피던스 또는 어드미턴스를 구할 수 있다. 각 임피던스의 양단에 걸리는 전압은 동일하다. 첫 번째 위쪽 노드에 KCL을 적용하면,

$$\mathbf{I} = \mathbf{I}_1 + \mathbf{I}_2 + \cdots + \mathbf{I}_N = \mathbf{V}\left(\frac{1}{\mathbf{Z}_1} + \frac{1}{\mathbf{Z}_2} + \cdots + \frac{1}{\mathbf{Z}_N}\right) \qquad (9.62)$$

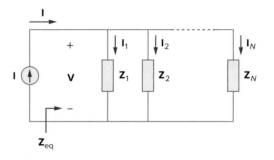

그림 9.20
병렬연결된 N개의 임피던스.

등가 임피던스는

$$\frac{1}{\mathbf{Z}_{\text{eq}}} = \frac{\mathbf{I}}{\mathbf{V}} = \frac{1}{\mathbf{Z}_1} + \frac{1}{\mathbf{Z}_2} + \cdots + \frac{1}{\mathbf{Z}_N} \qquad (9.63)$$

등가 어드미턴스는

$$\boxed{\mathbf{Y}_{\text{eq}} = \mathbf{Y}_1 + \mathbf{Y}_2 + \cdots + \mathbf{Y}_N} \qquad (9.64)$$

병렬연결된 어드미턴스의 등가 어드미턴스는 각 어드미턴스의 합으로 구할 수 있다.

그림 9.21과 같이 $N = 2$일 때의 등가 임피던스는

$$\mathbf{Z}_{\text{eq}} = \frac{1}{\mathbf{Y}_{\text{eq}}} = \frac{1}{\mathbf{Y}_1 + \mathbf{Y}_2} = \frac{1}{1/\mathbf{Z}_1 + 1/\mathbf{Z}_2} = \frac{\mathbf{Z}_1\mathbf{Z}_2}{\mathbf{Z}_1 + \mathbf{Z}_2} \qquad (9.65)$$

또한

$$\mathbf{V} = \mathbf{I}\mathbf{Z}_{\text{eq}} = \mathbf{I}_1\mathbf{Z}_1 = \mathbf{I}_2\mathbf{Z}_2$$

그러므로 임피던스에 흐르는 전류는

$$\mathbf{I}_1 = \frac{\mathbf{Z}_2}{\mathbf{Z}_1 + \mathbf{Z}_2}\mathbf{I}, \qquad \mathbf{I}_2 = \frac{\mathbf{Z}_1}{\mathbf{Z}_1 + \mathbf{Z}_2}\mathbf{I} \qquad \textbf{(9.66)}$$

이것은 전류 분배 법칙이다.

저항회로에서 사용된 Δ-Y와 Y-Δ 변환법은 임피던스에 대해서도 그대로 적용할 수 있다. 그림 9.22를 참고로 다음과 같은 변환 공식을 구할 수 있다.

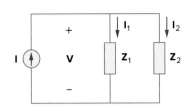

그림 9.21
전류 분배.

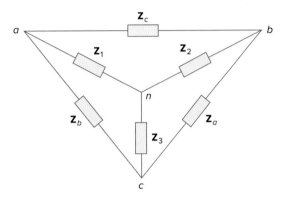

그림 9.22
중첩된 Y와 Δ 회로망.

Y-Δ 변환:

$$\begin{aligned}
\mathbf{Z}_a &= \frac{\mathbf{Z}_1\mathbf{Z}_2 + \mathbf{Z}_2\mathbf{Z}_3 + \mathbf{Z}_3\mathbf{Z}_1}{\mathbf{Z}_1} \\[2mm]
\mathbf{Z}_b &= \frac{\mathbf{Z}_1\mathbf{Z}_2 + \mathbf{Z}_2\mathbf{Z}_3 + \mathbf{Z}_3\mathbf{Z}_1}{\mathbf{Z}_2} \\[2mm]
\mathbf{Z}_c &= \frac{\mathbf{Z}_1\mathbf{Z}_2 + \mathbf{Z}_2\mathbf{Z}_3 + \mathbf{Z}_3\mathbf{Z}_1}{\mathbf{Z}_3}
\end{aligned} \qquad \textbf{(9.67)}$$

Δ-Y 변환:

$$\begin{aligned}
\mathbf{Z}_1 &= \frac{\mathbf{Z}_b\mathbf{Z}_c}{\mathbf{Z}_a + \mathbf{Z}_b + \mathbf{Z}_c} \\[2mm]
\mathbf{Z}_2 &= \frac{\mathbf{Z}_c\mathbf{Z}_a}{\mathbf{Z}_a + \mathbf{Z}_b + \mathbf{Z}_c} \\[2mm]
\mathbf{Z}_3 &= \frac{\mathbf{Z}_a\mathbf{Z}_b}{\mathbf{Z}_a + \mathbf{Z}_b + \mathbf{Z}_c}
\end{aligned} \qquad \textbf{(9.68)}$$

Δ 또는 Y 회로에서 모든 가지 3개의 임피던스가 같다면 **평형**이라고 말한다.

Δ-Y 회로가 평형일 때 식 (9.67)과 (9.68)은 다음과 같아진다.

$$\mathbf{Z}_\Delta = 3\mathbf{Z}_Y \qquad \text{또는} \qquad \mathbf{Z}_Y = \frac{1}{3}\mathbf{Z}_\Delta \tag{9.69}$$

여기서 $\mathbf{Z}_Y = \mathbf{Z}_1 = \mathbf{Z}_2 = \mathbf{Z}_3$이고 $\mathbf{Z}_\Delta = \mathbf{Z}_a = \mathbf{Z}_b = \mathbf{Z}_c$이다.

이 장에서 살펴본 바와 같이 전압 분배, 전류 분배, 회로의 간략화, 등가 임피던스, Y-Δ 변환의 원리는 모두 교류회로에 적용된다. 10장은 다른 회로 기술, 예를 들어 중첩, 노드 해석, 메시 해석, 전원 변환, 테브냉의 정리, 노턴의 정리가 직류회로에서 적용되었던 것과 마찬가지로 교류회로에도 적용됨을 보여줄 것이다.

예제 9.10

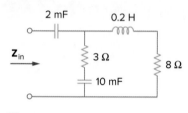

그림 9.23
예제 9.10.

그림 9.23의 회로에서 입력 임피던스를 구하라. $\omega = 50$ rad/s일 때 회로가 동작한다고 가정한다.

풀이:

다음과 같다고 하자.

$\mathbf{Z}_1 = 2$ mF 커패시터의 임피던스

$\mathbf{Z}_2 = 10$ mF 커패시터와 직렬로 연결된 3 Ω 저항의 임피던스

$\mathbf{Z}_3 = 8$ Ω 저항과 직렬로 연결된 0.2 H 인덕터의 임피던스

그러면

$$\mathbf{Z}_1 = \frac{1}{j\omega C} = \frac{1}{j50 \times 2 \times 10^{-3}} = -j10 \ \Omega$$

$$\mathbf{Z}_2 = 3 + \frac{1}{j\omega C} = 3 + \frac{1}{j50 \times 10 \times 10^{-3}} = (3 - j2) \ \Omega$$

$$\mathbf{Z}_3 = 8 + j\omega L = 8 + j50 \times 0.2 = (8 + j10) \ \Omega$$

입력 임피던스는

$$\mathbf{Z}_{in} = \mathbf{Z}_1 + \mathbf{Z}_2 \parallel \mathbf{Z}_3 = -j10 + \frac{(3-j2)(8+j10)}{11+j8}$$

$$= -j10 + \frac{(44+j14)(11-j8)}{11^2+8^2} = -j10 + 3.22 - j1.07 \ \Omega$$

그러므로

$$\mathbf{Z}_{in} = 3.22 - j11.07 \ \Omega$$

실전문제 9.10

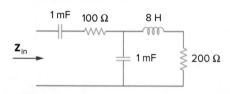

그림 9.24
실전문제 9.10.

그림 9.24의 회로에서 $\omega = 10$ rad/s일 때 입력 임피던스를 구하라.

답: $(149.52 - j195) \ \Omega$

그림 9.25의 회로에서 $v_o(t)$를 구하라.

풀이:

주파수 영역에서의 해석을 하기 위해 우선 그림 9.25의 시간 영역 회로를 그림 9.26의 주파수 영역으로 등가 변환한다. 변환하면 다음과 같다.

$$v_s = 20\cos(4t - 15°) \quad \Rightarrow \quad \mathbf{V}_s = 20\underline{/-15°}\ \text{V}, \quad \omega = 4$$

$$10\ \text{mF} \quad \Rightarrow \quad \frac{1}{j\omega C} = \frac{1}{j4 \times 10 \times 10^{-3}}$$

$$= -j25\ \Omega$$

$$5\ \text{H} \quad \Rightarrow \quad j\omega L = j4 \times 5 = j20\ \Omega$$

$\mathbf{Z}_1 = 60\ \Omega$ 저항의 임피던스

$\mathbf{Z}_2 = 10\ \text{mF}$ 커패시터와 5 H 인덕터의 병렬(합성) 임피던스

$\mathbf{Z}_1 = 60\ \Omega$이고,

$$\mathbf{Z}_2 = -j25\ \|\ j20 = \frac{-j25 \times j20}{-j25 + j20} = j100\ \Omega$$

전압 분배 법칙에 의해,

$$\mathbf{V}_o = \frac{\mathbf{Z}_2}{\mathbf{Z}_1 + \mathbf{Z}_2}\mathbf{V}_s = \frac{j100}{60 + j100}(20\underline{/-15°})$$

$$= (0.8575\underline{/30.96°})(20\underline{/-15°}) = 17.15\underline{/15.96°}\ \text{V}$$

이것을 시간 영역으로 변환하면 다음과 같다.

$$v_o(t) = 17.15\cos(4t + 15.96°)\ \text{V}$$

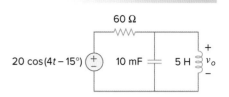

그림 9.25
예제 9.11.

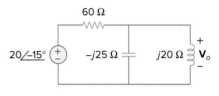

그림 9.26
예제 9.11: 그림 9.25에 대한 주파수 영역에서의 등가회로.

그림 9.27의 회로에서 v_o를 구하라.

답: $v_o(t) = 35.36\cos(10t - 105°)\ \text{V}$

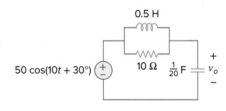

그림 9.27
실전문제 9.11.

그림 9.28의 회로에서 전류 **I**를 구하라.

풀이:

노드 a, b, c로 연결된 Δ 회로망은 그림 9.29의 Y 회로망으로 변환할 수 있다. 식 (9.68)을 사용하면 다음과 같은 Y 임피던스를 얻을 수 있다.

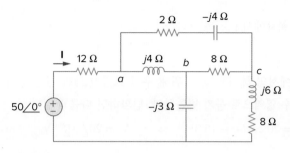

그림 9.28
예제 9.12.

$$\mathbf{Z}_{an} = \frac{j4(2-j4)}{j4+2-j4+8} = \frac{4(4+j2)}{10} = (1.6+j0.8)\ \Omega$$

$$\mathbf{Z}_{bn} = \frac{j4(8)}{10} = j3.2\ \Omega, \qquad \mathbf{Z}_{cn} = \frac{8(2-j4)}{10} = (1.6-j3.2)\ \Omega$$

전원 단자에서의 총임피던스는

$$\mathbf{Z} = 12 + \mathbf{Z}_{an} + (\mathbf{Z}_{bn} - j3) \parallel (\mathbf{Z}_{cn} + j6 + 8)$$

$$= 12 + 1.6 + j0.8 + (j0.2) \parallel (9.6 + j2.8)$$

$$= 13.6 + j0.8 + \frac{j0.2(9.6 + j2.8)}{9.6 + j3}$$

$$= 13.6 + j1 = 13.64 \underline{/4.204°}\ \Omega$$

전류는

$$\mathbf{I} = \frac{\mathbf{V}}{\mathbf{Z}} = \frac{50\underline{/0°}}{13.64\underline{/4.204°}} = 3.666\underline{/-4.204°}\ \text{A}$$

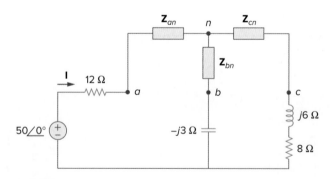

그림 9.29
예제 9.12: 그림 9.28에 대한 Δ-Y 변환.

그림 9.30의 회로에서 **I**를 구하라.

답: 9.546/33.8° A

실전문제 9.12

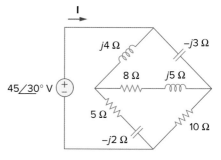

그림 9.30
실전문제 9.12.

9.8 †응용

7장과 8장에서는 직류 응용으로 RC, RL, RLC 회로의 활용을 살펴보았다. 이러한 회로는 교류 응용에도 활용된다. 즉 결합회로, 위상편이 회로, 필터, 공진회로, 교류 브리지 회로, 변압기 등의 응용이 있다. 교류에 관한 응용은 이루 말할 수 없이 다양하다. 이러한 응용은 나중에 조금씩 다룰 것이며 여기서는 간단한 두 가지 응용 예, 즉 RC 위상편이 회로와 교류 브리지 회로에 대해 알아본다.

9.8.1 위상편이 회로

위상편이 회로는 종종 특수하게 요구하는 위상편이의 발생이나 회로에 바람직하지 않은 위상편이를 보정하기 위해 쓰인다. RC 회로는 커패시터의 회로 전류가 전압보다 앞서기 때문에 이러한 목적에 적합하다. 그림 9.31은 일반적으로 사용하는 두 가지 RC 회로를 보여준다. (임의의 리액티브 회로 또는 RL 회로도 같은 목적으로 사용될 수 있다.)

그림 9.31(a)에서 보는 바와 같이 회로 전류 **I**는 인가 전압 **V**$_i$보다 $0 < \theta < 90°$ 범위의 위상각 θ만큼 앞선다. R과 C의 값에 따라, 만약 $X_C = -1/\omega C$일 경우 총임피던스는 $\mathbf{Z} = R + jX_C$이고, 위상편이는 다음과 같이 주어진다.

$$\theta = \tan^{-1}\frac{X_C}{R} \tag{9.70}$$

이것은 위상편이의 정도가 동작주파수와 R, C의 값에 의존한다는 것을 보여준다. 저항 양단에 걸리는 출력 전압 **V**$_o$는 전류와 동위상이므로 **V**$_o$는 그림 9.32(a)에서 보는 바와 같이 **V**$_i$보다 앞선다(양의 위상편이).

그림 9.31(b)에서는 출력이 커패시터 양단에 나타난다. 전류 **I**는 입력 전압

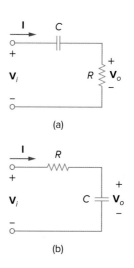

그림 9.31
직렬 RC 시프트 회로: (a) 앞선 출력, (b) 뒤진 출력.

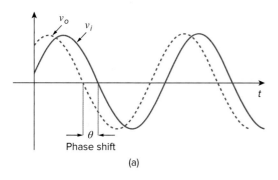
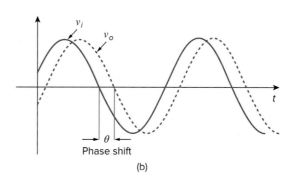

그림 9.32
RC 회로의 위상편이: (a) 앞선 출력, (b) 뒤진 출력.

$\mathbf{V}_i$보다 θ만큼 앞서나, 커패시터 양단에 걸리는 출력 전압 $v_o(t)$는 그림 9.32(b)에서 보는 바와 같이 입력 전압 $v_i(t)$보다 뒤진다(음의 위상편이).

그림 9.31의 간단한 RC 회로는 전압 분배기로도 동작한다는 것을 기억해야 한다. 그러므로 위상편이 θ가 90°에 가까워지면 출력 전압 $\mathbf{V}_o$는 0에 가까워진다. 이러한 이유에서 간단한 RC 회로는 작은 양의 위상편이가 필요한 경우에만 이용한다. 만약 60°보다 큰 양의 위상편이를 얻고자 한다면 간단한 RC 회로를 종속 접속함으로써 총위상편이가 각 위상편이의 합과 같도록 한다. 실제의 경우, 만약 연산증폭기를 단(stage)의 분리에 사용하지 않는다면, 종속된 단은 앞선 단에서 부하를 떨어뜨리기 때문에 단 사이의 위상편이가 동일하지 않다.

예제 9.13

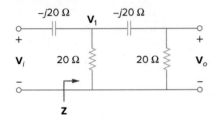

그림 9.33
90° 앞서는 위상편이를 가진 RC 위상편이회로.

위상이 90° 앞서는 RC 회로를 설계하라.

풀이:

만약 특정 주파수에서 $R = |X_C| = 20\ \Omega$의 값을 가진 회로 요소가 선택된다면 식 (9.70)에 의해 위상편이는 정확히 45°가 된다. 그림 9.31(a)와 유사한 RC 회로 2개를 종속 접속함으로써 그림 9.33의 회로를 구성할 수 있으며, 이 회로의 위상편이가 90° 앞서거나 또는 양(+)의 위상편이를 보임을 알아보자. 그림 9.33의 $\mathbf{Z}$는 직렬-병렬 합성법을 사용하여 다음과 같이 구할 수 있다.

$$\mathbf{Z} = 20\ \| \ (20 - j20) = \frac{20(20 - j20)}{40 - j20} = 12 - j4\ \Omega \tag{9.13.1}$$

전압 분배를 이용하면,

$$\mathbf{V}_1 = \frac{\mathbf{Z}}{\mathbf{Z} - j20}\mathbf{V}_i = \frac{12 - j4}{12 - j24}\mathbf{V}_i = \frac{\sqrt{2}}{3}\underline{/45°}\ \mathbf{V}_i \tag{9.13.2}$$

그리고

$$\mathbf{V}_o = \frac{20}{20 - j20}\mathbf{V}_1 = \frac{\sqrt{2}}{2}\underline{/45°}\ \mathbf{V}_1 \tag{9.13.3}$$

식 (9.13.2)를 식 (9.13.3)에 대입하면,

$$\mathbf{V}_o = \left(\frac{\sqrt{2}}{2}\underline{/45°}\right)\left(\frac{\sqrt{2}}{3}\underline{/45°}\ \mathbf{V}_i\right) = \frac{1}{3}\underline{/90°}\ \mathbf{V}_i$$

그러므로 출력은 입력보다 90° 앞서지만 그 크기는 입력의 33% 정도이다.

실전문제 9.13

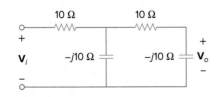

그림 9.34
실전문제 9.13.

입력 전압에 비해 출력 전압의 위상이 90° 뒤지는 RC 회로를 설계하라. 만약 교류 전압 60 V rms의 전압이 공급된다면 출력 전압은 얼마인가?

답: 그림 9.34는 전형적인 설계를 보여준다(20 V rms).

그림 9.35(a)의 *RL* 회로가 2 kHz에서 동작할 때 위상편이의 양을 구하라.

풀이:

2 kHz일 때 5 mH와 10 mH의 인덕터를 대응하는 임피던스 값으로 변환한다.

$$10\,\text{mH} \quad\Rightarrow\quad X_L = \omega L = 2\pi \times 2 \times 10^3 \times 10 \times 10^{-3}$$
$$= 40\pi = 125.7\ \Omega$$

$$5\,\text{mH} \quad\Rightarrow\quad X_L = \omega L = 2\pi \times 2 \times 10^3 \times 5 \times 10^{-3}$$
$$= 20\pi = 62.83\ \Omega$$

그림 9.35(b)의 회로를 고려한다. 임피던스 **Z**는 $j125.7\ \Omega$과 $100 + j62.83\ \Omega$의 병렬연결이다. 그러므로

$$\mathbf{Z} = j125.7 \parallel (100 + j62.83)$$

$$= \frac{j125.7(100 + j62.83)}{100 + j188.5} = 69.56\ \underline{/60.1^\circ}\ \Omega \qquad \textbf{(9.14.1)}$$

전압 분배를 이용하면,

$$\mathbf{V}_1 = \frac{\mathbf{Z}}{\mathbf{Z} + 150}\mathbf{V}_i = \frac{69.56\ \underline{/60.1^\circ}}{184.7 + j60.3}\mathbf{V}_i$$

$$= 0.3582\ \underline{/42.02^\circ}\ \mathbf{V}_i \qquad \textbf{(9.14.2)}$$

그리고

$$\mathbf{V}_o = \frac{j62.832}{100 + j62.832}\mathbf{V}_1 = 0.532\ \underline{/57.86^\circ}\ \mathbf{V}_1 \qquad \textbf{(9.14.3)}$$

식 (9.14.2)를 식 (9.14.3)에 대입하면,

$$\mathbf{V}_o = (0.532\ \underline{/57.86^\circ})(0.3582\ \underline{/42.02^\circ})\mathbf{V}_i = 0.1906\ \underline{/100^\circ}\ \mathbf{V}_i$$

출력의 크기는 입력의 19% 정도이나 입력보다 위상이 100°만큼 앞서는 것을 보여준다. 만약 위상편이 회로에 부하가 연결되어 있다면 부하가 위상편이에 영향을 미친다.

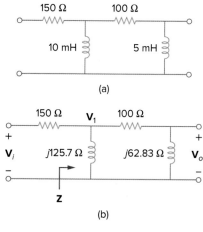

그림 9.35
예제 9.14.

그림 9.36의 *RL* 회로에서 10 V가 인가될 때, 5 kHz에서 위상편이의 위상과 크기를 구하라. 위상편이가 앞서는가, 뒤지는가?

답: 1.7161 V, 120.39°, 위상편이가 뒤진다.

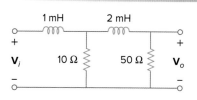

그림 9.36
실전문제 9.14.

9.8.2 교류 브리지

교류 브리지 회로는 커패시터의 커패시턴스 *C* 또는 인덕터의 인덕턴스 *L*을 측정하는 데 사용된다. 미지 저항을 측정하기 위해(4.10절 참조) 사용한 휘트스톤

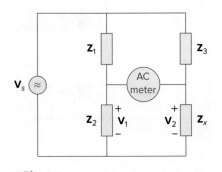

그림 9.37
일반적인 교류 브리지.

브리지와 같은 형태이고 동일한 원리를 바탕으로 한다. 그러나 L과 C를 측정하기 위해 검출계 대신에 교류계기와 더불어 교류 전원을 사용한다. 이 교류계기는 감도가 좋은 교류 전류계와 교류 전압계를 말한다.

그림 9.37은 일반적인 교류 브리지 회로의 구성을 보여준다. 이 브리지는 계기를 통해 전류가 흐르지 않을 때 **평형**이다. 이는 $\mathbf{V}_1 = \mathbf{V}_2$ 를 의미한다. 전압 분배 원리를 적용하면,

$$\mathbf{V}_1 = \frac{\mathbf{Z}_2}{\mathbf{Z}_1 + \mathbf{Z}_2}\mathbf{V}_s = \mathbf{V}_2 = \frac{\mathbf{Z}_x}{\mathbf{Z}_3 + \mathbf{Z}_x}\mathbf{V}_s \tag{9.71}$$

그러므로

$$\frac{\mathbf{Z}_2}{\mathbf{Z}_1 + \mathbf{Z}_2} = \frac{\mathbf{Z}_x}{\mathbf{Z}_3 + \mathbf{Z}_x} \quad \Rightarrow \quad \mathbf{Z}_2\mathbf{Z}_3 = \mathbf{Z}_1\mathbf{Z}_x \tag{9.72}$$

또는

$$\boxed{\mathbf{Z}_x = \frac{\mathbf{Z}_3}{\mathbf{Z}_1}\mathbf{Z}_2} \tag{9.73}$$

이것은 교류 브리지의 평형방정식이고, R이 $\mathbf{Z}$로 바뀌어 표현되는 것을 제외하면 저항 브리지의 식 (4.30)과 유사하다.

그림 9.38은 L과 C를 측정하기 위한 구체적인 교류 브리지 회로를 보여준다. 여기서 L_x와 C_x는 측정하고자 하는 미지의 커패시턴스와 인덕턴스이며, L_s와 C_s는 표준 인덕턴스와 커패시턴스이다(이는 정확도 높은 고정값을 갖는다). 각각의 경우 R_1과 R_2 두 저항은 교류계기가 0이 될 때까지 변화시킨다. 그러면 브리지는 평형이 된다. 식 (9.73)으로부터,

$$L_x = \frac{R_2}{R_1}L_s \tag{9.74}$$

$$C_x = \frac{R_1}{R_2}C_s \tag{9.75}$$

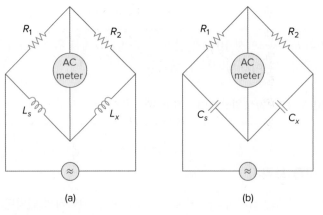

그림 9.38
(a) L 측정을 위한 교류 브리지, (b) C 측정을 위한 교류 브리지.

그림 9.38의 교류 브리지 회로의 평형은 식 (9.74)와 (9.75)의 관계가 주파수 f와 무관하므로 교류 전원의 주파수 f에 의존하지 않는다는 것을 주목하라.

그림 9.37의 교류 브리지 회로는 $\mathbf{Z}_1$에 1 kΩ 저항, $\mathbf{Z}_2$에 4.2 kΩ 저항, $\mathbf{Z}_3$에 1.5 MΩ 저항과 12 pF의 커패시터가 병렬로 접속되어 있을 때 $f = 2$ kHz에서 평형을 이룬다. (a) $\mathbf{Z}_x$를 구성하는 직렬 성분과 (b) $\mathbf{Z}_x$를 구성하는 병렬 성분을 구하라.

풀이:

1. **정의하라.** 문제가 명확히 기술되어 있다.

2. **제시하라.** 주어진 양에 평형하다는 전제 아래 미지 요소를 결정한다. 이 회로의 경우 직렬–병렬 등가가 존재하므로 두 가지를 모두 구할 필요가 있다.

3. **대체방안을 고려하라.** 미지의 값을 구하는 다른 방법도 있으나 직접적인 방법이 최상이다. 해를 구하면 노드 해석법이나 *PSpice*를 사용하는 방법 등으로 검증한다.

4. **시도하라.** 식 (9.73)으로부터,

$$\mathbf{Z}_x = \frac{\mathbf{Z}_3}{\mathbf{Z}_1}\mathbf{Z}_2 \tag{9.15.1}$$

여기서 $\mathbf{Z}_x = R_x + jX_x$,

$$\mathbf{Z}_1 = 1000\ \Omega, \qquad \mathbf{Z}_2 = 4200\ \Omega \tag{9.15.2}$$

그리고

$$\mathbf{Z}_3 = R_3 \parallel \frac{1}{j\omega C_3} = \frac{\dfrac{R_3}{j\omega C_3}}{R_3 + 1/j\omega C_3} = \frac{R_3}{1 + j\omega R_3 C_3}$$

$R_3 = 1.5$ MΩ, $C_3 = 12$ pF이므로,

$$\mathbf{Z}_3 = \frac{1.5 \times 10^6}{1 + j2\pi \times 2 \times 10^3 \times 1.5 \times 10^6 \times 12 \times 10^{-12}} = \frac{1.5 \times 10^6}{1 + j0.2262}$$

또는

$$\mathbf{Z}_3 = 1.427 - j0.3228\ \text{M}\Omega \tag{9.15.3}$$

(a) $\mathbf{Z}_x$가 직렬 성분으로 구성되어 있다고 가정하면 식 (9.15.2)와 (9.15.3)을 식 (9.15.1)에 대입하여 다음과 같이 구할 수 있다.

$$R_x + jX_x = \frac{4200}{1000}(1.427 - j0.3228) \times 10^6$$
$$= (5.993 - j1.356)\ \text{M}\Omega \tag{9.15.4}$$

실수부와 허수부를 각각 대응시키면 $R_x = 5.993$ MΩ과 용량성 리액턴스

$$X_x = \frac{1}{\omega C} = 1.356 \times 10^6$$

또는

$$C = \frac{1}{\omega X_x} = \frac{1}{2\pi \times 2 \times 10^3 \times 1.356 \times 10^6} = 58.69 \text{ pF}$$

(b) $\mathbf{Z}_x$는 식 (9.15.4)에서와 동일하나 R_x와 X_x는 병렬연결되어 있다. RC 병렬 조합을 가정하면,

$$\mathbf{Z}_x = (5.993 - j1.356) \text{ M}\Omega$$

$$= R_x \parallel \frac{1}{j\omega C_x} = \frac{R_x}{1 + j\omega R_x C_x}$$

실수부와 허수부를 같게 하면 다음을 얻는다.

$$R_x = \frac{\text{Real}(\mathbf{Z}_x)^2 + \text{Imag}(\mathbf{Z}_x)^2}{\text{Real}(\mathbf{Z}_x)} = \frac{5.993^2 + 1.356^2}{5.993} = \mathbf{6.3} \text{ M}\Omega$$

$$C_x = -\frac{\text{Imag}(\mathbf{Z}_x)}{\omega[\text{Real}(\mathbf{Z}_x)^2 + \text{Imag}(\mathbf{Z}_x)^2]}$$

$$= -\frac{-1.356}{2\pi(2000)(5.917^2 + 1.356^2)} = \mathbf{2.852} \text{ } \mu\mathbf{F}$$

이 경우 병렬 RC 조합을 가정했다.

5. **평가하라.** 이제 *PSpice*를 사용하여 올바른 값을 구했는지 살펴본다. 회로의 브리지 부분이 단락회로인 등가회로를 가지고 *PSpice*를 실행하면 10 V 입력 전압에서 회로 하단의 기준점에 대한 브리지 종단의 전압을 다음과 같이 얻을 수 있다.

```
FREQ            VM($N_0002)     VP($N_0002)
2.000E + 03     9.993E + 00     -8.634E - 03
2.000E + 03     9.993E + 00     -8.637E - 03
```

두 전압값이 같으므로 회로의 브리지 부분을 연결하는 소자에 측정되는 전류가 없으며 예상했던 대로 평형 브리지를 형성한다. 이는 곧 미지의 임피던스값을 결정할 수 있음을 의미한다.

풀이 과정에서 매우 중요한 문제가 있다. 우리는 이상적인, 즉 이론적인 해를 구했으나 실제의 경우에는 그리 좋은 해가 아니다. 임피던스 크기의 상한값과 하한값 차이가 너무 커서 실제의 브리지 회로에서는 결코 받아들일 수 없다. 정확도를 위해 임피던스의 개략적 크기는 동일 차수(order) 내에 있어야 한다. 이 문제에서 해의 정확도를 제고하기 위해 최대 임피던스의 크기를 500 kΩ에서 1.5 MΩ 범위로 증가시키기를 권장한다. 실제 상황에서의 또 다른 견해: 이러한 임피던스의 크기는 실제 측정에서 심각한 문제를 야기하므로 회로의 부하를 최소화하기 위해 적절한 측정기를 사용해야 한다.

6. **만족하는가?** 미지수에 대해 풀고 바르게 동작하는지 살펴보았으므로 결과 값을 검증했다. 이는 문제의 답이 될 수 있다.

그림 9.37의 교류 브리지 회로에서 $\mathbf{Z}_1$은 4.8 kΩ 저항이고, $\mathbf{Z}_2$는 10 Ω의 저항과 0.25 μH 인덕터가 직렬연결되어 있으며, $\mathbf{Z}_3$는 12 kΩ 저항일 때, f = 6 MHz에 서 평형이 이루어졌다고 가정한다. $\mathbf{Z}_x$로 구성한 직렬 성분을 구하라.

답: 25 Ω 저항과 0.625 μH 인덕터의 직렬연결

9.9   요약

1. 정현파는 코사인함수 또는 사인함수 형태인 신호이다. 다음과 같은 일반적 인 형태를 갖는다.

$$v(t) = V_m \cos(\omega t + \phi)$$

여기서 V_m은 진폭, $\omega = 2\pi f$는 각주파수, $(\omega t + \phi)$는 편각, ϕ는 위상이다.

2. 페이저는 정현파의 위상과 크기를 표현하는 복소량이다. 정현파 $v(t) = V_m \cos(\omega t + \phi)$에 대응되는 페이저 $\mathbf{V}$는

$$\mathbf{V} = V_m \underline{/\phi}$$

3. 교류회로에서 전압과 전류의 페이저는 임의의 시간에서 서로 간에 고정된 관계를 갖는다. $v(t) = V_m \cos(\omega t + \phi_v)$, $i(t) = I_m \cos(\omega t + \phi_i)$가 각각 소 자에 걸리는 전압과 흐르는 전류를 나타낼 때, 임의의 소자가 저항일 경우 $\phi_i = \phi_v$이며, 소자가 커패시터일 경우 ϕ_i는 ϕ_v보다 90° 앞서고, 소자가 인 덕터일 경우 ϕ_i는 ϕ_v보다 90° 뒤진다.

4. 회로의 임피던스 $\mathbf{Z}$는 회로의 양단에 걸리는 페이저 전압과 회로에 흐르는 페이저 전류의 비이다.

$$\mathbf{Z} = \frac{\mathbf{V}}{\mathbf{I}} = R(\omega) + jX(\omega)$$

어드미턴스 $\mathbf{Y}$는 임피던스의 역수이다.

$$\mathbf{Y} = \frac{1}{\mathbf{Z}} = G(\omega) + jB(\omega)$$

임피던스는 저항에서와 같은 방법으로 직렬 또는 병렬로 조합할 수 있다. 즉 직렬연결된 임피던스는 더하고, 병렬연결된 어드미턴스는 더한다.

5. 저항은 $\mathbf{Z} = R$, 인덕터는 $\mathbf{Z} = jX = j\omega L$, 커패시터는 $\mathbf{Z} = -jX = 1/j\omega C$이다.

6. 기본 회로 법칙(옴의 법칙과 키르히호프의 법칙)은 직류회로에서 행했던

방법과 마찬가지로 교류회로에도 동일하게 적용된다. 즉

$$\mathbf{V} = \mathbf{ZI}$$

$$\Sigma \mathbf{I}_k = 0 \quad \text{(KCL)}$$

$$\Sigma \mathbf{V}_k = 0 \quad \text{(KVL)}$$

7. 전압/전류 분배, 임피던스/어드미턴스의 직렬/병렬 조합, 회로의 간략화, Y-Δ 변환 기법은 모두 교류회로 해석에 적용된다.

8. 교류회로는 위상편이와 브리지 등에 응용된다.

복습문제

9.1 다음 중 정현파 $A \cos \omega t$를 표현하는 방법으로 옳지 않은 것은?

(a) $A \cos 2\pi f t$ (b) $A \cos(2\pi t / T)$

(c) $A \cos \omega(t - T)$ (d) $A \sin(\omega t - 90°)$

9.2 고정된 간격을 가지며 되풀이되는 함수를 무엇이라 하는가?

(a) 페이저   (b) 고조파

(c) 주기   (d) 리액티브(반작용)

9.3 어느 주파수가 보다 짧은 주기를 가지는가?

(a) 1 krad/s   (b) 1 kHz

9.4 $v_1 = 30 \sin(\omega t + 10°)$, $v_2 = 20 \sin(\omega t + 50°)$일 때 다음 중 참인 것은?

(a) v_1이 v_2보다 앞선다.

(b) v_2가 v_1보다 앞선다.

(c) v_2가 v_1보다 뒤진다.

(d) v_1이 v_2보다 뒤진다.

(e) v_1과 v_2는 동위상이다.

9.5 인덕터 양단에 걸리는 전압은 인덕터에 흐르는 전류보다 위상이 90° 앞선다.

(a) 참   (b) 거짓

9.6 임피던스의 허수부는 무엇이라 불리는가?

(a) 저항   (b) 임피던스   (c) 서셉턴스

(d) 컨덕턴스   (e) 리액턴스

9.7 커패시터의 임피던스는 주파수가 증가함에 따라 증가한다.

(a) 참   (b) 거짓

9.8 그림 9.39에서 출력 전압 $v_o(t)$와 입력 전압 $v(t)$를 같게 하기 위한 주파수는?

(a) 0 rad/s   (b) 1 rad/s   (c) 4 rad/s

(d) ∞ rad/s   (e) 보기 중 답이 없음

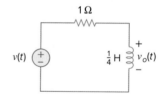

그림 9.39
복습문제 9.8.

9.9 직렬 RC 회로가 $|V_R| = 12$ V와 $|V_C| = 5$ V로 구성되어 있다. 인가 전압의 크기는 얼마인가?

(a) -7 V   (b) 7 V

(c) 13 V   (d) 17 V

9.10 직렬 RLC 회로가 $R = 30$ Ω, $X_C = 50$ Ω, $X_L = 90$ Ω으로 구성되어 있다. 이 회로의 임피던스는 얼마인가?

(a) $30 + j140$ Ω   (b) $30 + j40$ Ω

(c) $30 - j40$ Ω   (d) $-30 - j40$ Ω

(e) $-30 + j40$ Ω

답: *9.1d, 9.2c, 9.3b, 9.4b,d, 9.5a, 9.6e, 9.7b, 9.8d, 9.9c, 9.10b*

문제

9.2절 정현파

9.1 정현파 전압 $v(t) = 50\cos(30t + 10°)$ V에 대해 다음을 구하라.

(a) 진폭 V_m (b) 주기 T
(c) 주파수 f (d) $t = 10$ ms일 때 $v(t)$

9.2 선형 회로에서 전류원이 다음과 같다.

$$i_s = 15\cos(25\pi t + 25°)\text{ A}$$

(a) 전류의 크기를 구하라.
(b) 각주파수를 구하라.
(c) 전류의 주파수를 구하라.
(d) $t = 2$ ms일 때 i_s를 구하라.

9.3 다음 함수를 코사인 형태로 표현하라.

(a) $10\sin(\omega t + 30°)$
(b) $-9\sin(8t)$
(c) $-20\sin(\omega t + 45°)$

9.4 다른 학생들이 정현파를 더 잘 이해하도록 도와주는 문제를 설계하라. e☉d

9.5 $v_1 = 45\sin(\omega t + 30°)$ V, $v_2 = 50\cos(\omega t - 30°)$ V일 때 두 정현파 사이의 위상각을 구하고, 어느 것이 다른 것보다 뒤지는지 알아보라.

9.6 다음과 같은 쌍으로 된 정현파에 대해 어느 정현파가 얼마만큼 앞서는지 알아보라.

(a) $v(t) = 10\cos(4t - 60°)$ and
$i(t) = 4\sin(4t + 50°)$
(b) $v_1(t) = 4\cos(377t + 10°)$ and
$v_2(t) = -20\cos 377t$
(c) $x(t) = 13\cos 2t + 5\sin 2t$ and
$y(t) = 15\cos(2t - 11.8°)$

9.3절 페이저

9.7 만약 $f(\phi) = \cos\phi + j\sin\phi$라면 $f(\phi) = e^{j\phi}$임을 보여라.

9.8 다음 복소수를 계산하고, 그 결과를 직각좌표 형태로 표현하라.

(a) $\dfrac{60\underline{/45°}}{7.5 - j10} + j2$

(b) $\dfrac{32\underline{/-20°}}{(6 - j8)(4 + j2)} + \dfrac{20}{-10 + j24}$

(c) $20 + (16\underline{/-50°})(5 + j12)$

9.9 다음 복소수를 계산하고, 그 결과를 극좌표 형태로 표현하라.

(a) $5\underline{/30°}\left(6 - j8 + \dfrac{3\underline{/60°}}{2 + j}\right)$

(b) $\dfrac{(10\underline{/60°})(35\underline{/-50°})}{(2 + j6) - (5 + j)}$

9.10 다른 학생들이 페이저를 더 잘 이해하도록 도와주는 문제를 설계하라. e☉d

9.11 다음 신호에 대응되는 페이저를 구하라.

(a) $v(t) = 21\cos(4t - 15°)$ V
(b) $i(t) = -8\sin(10t + 70°)$ mA
(c) $v(t) = 120\sin(10t - 50°)$ V
(d) $i(t) = -60\cos(30t + 10°)$ mA

9.12 $\mathbf{X} = 4\underline{/40°}$이고 $\mathbf{Y} = 20\underline{/-30°}$일 때 다음 신호에 대응되는 페이저를 구하라.

(a) $(\mathbf{X} + \mathbf{Y})\mathbf{X}^*$
(b) $(\mathbf{X} - \mathbf{Y})^*$
(c) $(\mathbf{X} + \mathbf{Y})/\mathbf{X}$

9.13 다음 복소수를 계산하라.

(a) $\dfrac{2 + j3}{1 - j6} + \dfrac{7 - j8}{-5 + j11}$

(b) $\dfrac{(5\underline{/10°})(10\underline{/-40°})}{(4\underline{/-80°})(-6\underline{/50°})}$

(c) $\begin{vmatrix} 2 + j3 & -j2 \\ -j2 & 8 - j5 \end{vmatrix}$

9.14 다음 표현식을 단순화하라.

(a) $\dfrac{(5 - j6) - (2 + j8)}{(-3 + j4)(5 - j) + (4 - j6)}$

(b) $\dfrac{(240\underline{/75°} + 160\underline{/-30°})(60 - j80)}{(67 + j84)(20\underline{/32°})}$

(c) $\left(\dfrac{10 + j20}{3 + j4}\right)^2\sqrt{(10 + j5)(16 - j20)}$

9.15 다음 행렬식을 구하라.

(a) $\begin{vmatrix} 10+j6 & 2-j3 \\ -5 & -1+j \end{vmatrix}$

(b) $\begin{vmatrix} 20\underline{/-30°} & -4\underline{/-10°} \\ 16\underline{/0°} & 3\underline{/40°} \end{vmatrix}$

(c) $\begin{vmatrix} 1-j & -j & 0 \\ j & 1 & -j \\ 1 & j & 1+j \end{vmatrix}$

9.16 다음 정현파를 페이저로 변환하라.

(a) $-20 \cos(4t + 135°)$ (b) $8 \sin(20t + 30°)$

(c) $20 \cos(2t) + 15 \sin(2t)$

9.17 두 전압 v_1과 v_2가 직렬로 연결되어 그 합이 $v = v_1 + v_2$이다. $v_1 = 10 \cos(50t - \pi/3)$ V, $v_2 = 12 \cos(50t + 30°)$ V일 때 v를 구하라.

9.18 다음의 페이저 각각에 대응하는 정현파를 구하라.

(a) $\mathbf{V}_1 = 60\underline{/15°}$ V, $\omega = 1$

(b) $\mathbf{V}_2 = 6 + j8$ V, $\omega = 40$

(c) $\mathbf{I}_1 = 2.8e^{-j\pi/3}$ A, $\omega = 377$

(d) $\mathbf{I}_2 = -0.5 - j1.2$ A, $\omega = 10^3$

9.19 페이저를 이용하여 다음을 구하라.

(a) $3 \cos(20t + 10°) - 5 \cos(20t - 30°)$

(b) $40 \sin 50t + 30 \cos(50t - 45°)$

(c) $20 \sin 400t + 10 \cos(400t + 60°)$
    $-5 \sin(400t - 20°)$

9.20 선형 회로망의 입력 전류가 $7.5 \cos(10t + 30°)$ A, 출력 전압이 $120 \cos(10t + 75°)$ V이다. 관련 임피던스를 구하라.

9.21 다음을 단순화하라.

(a) $f(t) = 5 \cos(2t + 15°) - 4 \sin(2t - 30°)$

(b) $g(t) = 8 \sin t + 4 \cos(t + 50°)$

(c) $h(t) = \int_0^t (10 \cos 40t + 50 \sin 40t) \, dt$

9.22 교류 전압이 $55 \cos(5t + 45°)$ V일 때 페이저를 이용하여 다음을 구하라. $t = -\infty$일 때 적분값이 0이라고 가정한다.

$$10v(t) + 4\frac{dv}{dt} - 2\int_{-\infty}^{t} v(t) \, dt$$

9.23 다음을 계산하는 데 페이저 해석을 적용하라.

(a) $v = [110 \sin(20t + 30°) + 220 \cos(20t - 90°)]$ V

(b) $i = [30 \cos(5t + 60°) - 20 \sin(5t + 60°)]$ A

9.24 페이저를 이용하여 다음 미적분방정식의 $v(t)$를 구하라.

(a) $v(t) + \int v \, dt = 10 \cos t$

(b) $\frac{dv}{dt} + 5v(t) + 4\int v \, dt = 20 \sin(4t + 10°)$

9.25 페이저를 이용하여 다음 방정식의 $i(t)$를 구하라.

(a) $2\frac{di}{dt} + 3i(t) = 4 \cos(2t - 45°)$

(b) $10 \int i \, dt + \frac{di}{dt} + 6i(t) = 5 \cos(5t + 22°)$ A

9.26 직렬 RLC 회로에 대한 루프 방정식이 다음과 같다. $t = -\infty$의 적분값을 0이라 가정하고, 페이저를 이용하여 $i(t)$를 구하라.

$$\frac{di}{dt} + 2i + \int_{-\infty}^{t} i \, dt = \cos 2t \text{ A}$$

9.27 병렬 RLC 회로가 다음과 같은 노드 방정식을 가진다. 페이저를 이용하여 $v(t)$를 구하라. $t = -\infty$의 적분값은 0이라 가정한다.

$$\frac{dv}{dt} + 50v + 100 \int v \, dt = 110 \cos(377t - 10°) \text{ V}$$

9.4절 회로소자의 페이저 관계

9.28 전압원 $v_s = 156 \cos(377t + 45°)$ V와 연결된 저항 15 Ω을 통해 흐르는 전류를 구하라.

9.29 2 μF의 커패시터를 통해 흐르는 전류가 $i = 4 \sin(10^6 t + 25°)$ A일 때, 커패시터 양단에 걸리는 순시전압은 얼마인가? $v_C(0) = 2 \cos(155°)$ V라고 가정한다.

9.30 전압 $v(t) = 100 \cos(60t + 20°)$ V가 40 kΩ 저항과 50 μF 커패시터의 병렬조합에 작용한다. 저항과 커패시터를 통해 흐르는 정상상태 전류를 구하라.

9.31 직렬 RLC 회로가 $R = 80 \Omega$, $L = 240$ mH, $C = 5$ mF 이다. 입력 전압 $v(t) = 10 \cos 2t$일 때 회로를 통해 흐르는 전류를 구하라.

9.32 그림 9.40을 이용하여 다른 학생들이 회로소자의 페이저 상관관계를 더 잘 이해하도록 도와주는 문제를 설계하라.

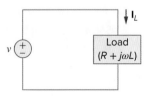

그림 9.40
문제 9.32.

9.33 직렬 *RL* 회로가 110 V 교류 전원과 연결되어 있다. 저항 양단에 걸리는 전압이 85 V일 때 인덕터 양단에 걸리는 전압을 구하라.

9.34 그림 9.41의 회로에서 강제응답 v_o가 0이 되기 위한 ω의 값을 구하라.

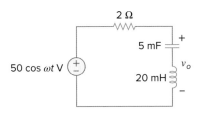

그림 9.41
문제 9.34.

9.5절 임피던스와 어드미턴스

9.35 그림 9.42의 회로에서 전압원이 $v_s(t) = 50 \cos 200t$ V일 때 안정상태의 전류 *i*를 구하라.

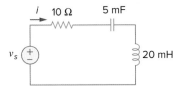

그림 9.42
문제 9.35.

9.36 그림 9.43을 이용하여 다른 학생들이 임피던스를 더 잘 e⊃d 이해하도록 도와주는 문제를 설계하라.

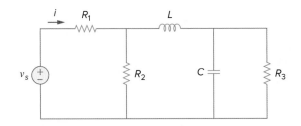

그림 9.43
문제 9.36.

9.37 그림 9.44의 회로에서 어드미턴스 **Y**를 구하라.

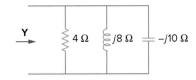

그림 9.44
문제 9.37.

9.38 그림 9.45를 이용하여 다른 학생들이 어드미턴스를 더 e⊃d 잘 이해하도록 도와주는 문제를 설계하라.

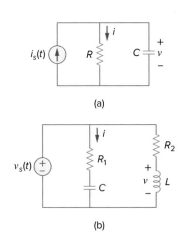

(a)

(b)

그림 9.45
문제 9.38.

9.39 그림 9.46의 회로에서 Z_{eq}를 구하고, 이를 사용하여 전류 **I**를 구하라. $\omega = 10$ rad/s라고 가정한다.

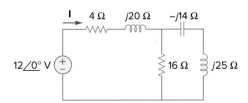

그림 9.46
문제 9.39.

9.40 그림 9.47의 회로에서 다음 각 경우에 대해 i_o를 구하라.

(a) $\omega = 1$ rad/s   (b) $\omega = 5$ rad/s

(c) $\omega = 10$ rad/s

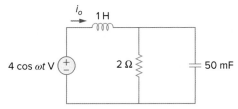

그림 9.47
문제 9.40.

9.41 그림 9.48의 *RLC* 회로에서 $v(t)$를 구하라.

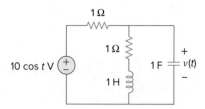

그림 9.48
문제 9.41.

9.42 그림 9.49의 회로에서 $v_o(t)$를 구하라.

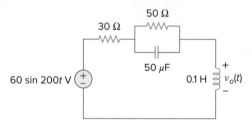

그림 9.49
문제 9.42.

9.43 그림 9.50의 회로에서 전류 $\mathbf{I}_o$를 구하라.

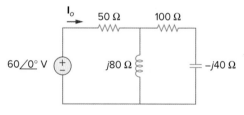

그림 9.50
문제 9.43.

9.44 그림 9.51의 회로에서 $i(t)$를 구하라.

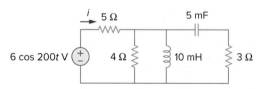

그림 9.51
문제 9.44.

9.45 그림 9.52의 회로망에서 전류 $\mathbf{I}_o$를 구하라.

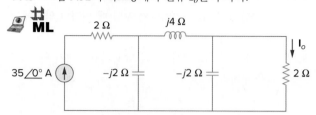

그림 9.52
문제 9.45.

9.46 그림 9.53의 회로에서 $i_s = 5\cos(10t + 40°)$ V일 때 i_o 를 구하라.

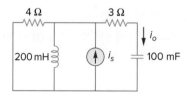

그림 9.53
문제 9.46.

9.47 그림 9.54의 회로에서 $i_s(t)$를 구하라.

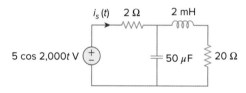

그림 9.54
문제 9.47.

9.48 그림 9.55의 회로에서 $v_s(t) = 20\sin(100t - 40°)$일 때 $i_x(t)$를 구하라.

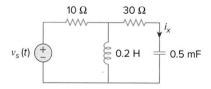

그림 9.55
문제 9.48.

9.49 그림 9.56의 회로에서 1 Ω 저항에 흐르는 전류 i_x가 500 sin(200 t) A일 때 $v_s(t)$를 구하라.

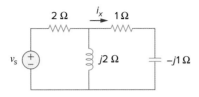

그림 9.56
문제 9.49.

9.50 그림 9.57의 회로에서 v_x를 구하라. $i_s(t) = 5 \cos(100t + 40°)$ A라고 가정한다.

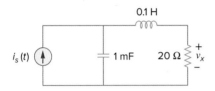

그림 9.57
문제 9.50.

9.51 그림 9.58의 회로에서 2 Ω 저항 양단에 걸리는 전압 v_o가 10 cos 2t V일 때 i_s를 구하라.

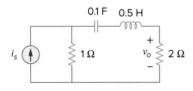

그림 9.58
문제 9.51.

9.52 그림 9.59의 회로에서 $\mathbf{V}_o = 8\underline{/30°}$ V일 때 $\mathbf{I}_s$를 구하라.

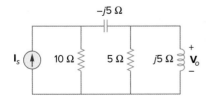

그림 9.59
문제 9.52.

9.53 그림 9.60의 회로에서 $\mathbf{I}_o$를 구하라.

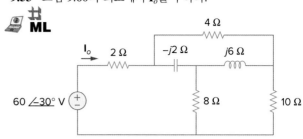

그림 9.60
문제 9.53.

9.54 그림 9.61의 회로에서 $\mathbf{I}_o = 2\underline{/0°}$ A일 때 $\mathbf{V}_s$를 구하라.

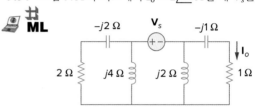

그림 9.61
문제 9.54.

*9.55 그림 9.62의 회로망에서 $\mathbf{V}_o = 4\underline{/0°}$ V일 때 $\mathbf{Z}$를 구하라.

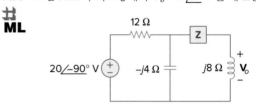

그림 9.62
문제 9.55.

9.7절 임피던스 합성

9.56 그림 9.63의 회로에서 $\omega = 377$ rad/s일 때 입력 임피던스를 구하라.

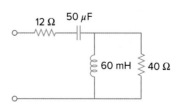

그림 9.63
문제 9.56.

---

* 별표는 난이도가 높은 문제를 가리킨다.

9.57 그림 9.64의 회로에서 $\omega = 1$ rad/s일 때 입력 임피던스를 구하라.

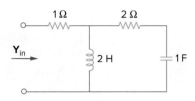

그림 9.64
문제 9.57.

9.58 그림 9.65를 이용하여 다른 학생들이 임피던스 합성을 더 잘 이해하도록 도와주는 문제를 설계하라.

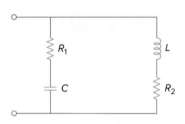

그림 9.65
문제 9.58.

9.59 그림 9.66의 회로에서 $\omega = 10$ rad/s일 때 $\mathbf{Z}_{in}$을 구하라.

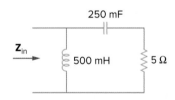

그림 9.66
문제 9.59.

9.60 그림 9.67의 회로에서 $\mathbf{Z}_{in}$을 구하라.

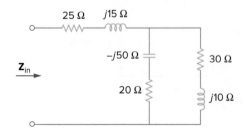

그림 9.67
문제 9.60.

9.61 그림 9.68의 회로에서 $\mathbf{Z}_{eq}$를 구하라.

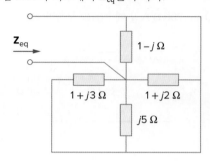

그림 9.68
문제 9.61.

9.62 그림 9.69의 회로에서 10 krad/s일 때 입력 임피던스 $\mathbf{Z}_{in}$을 구하라.

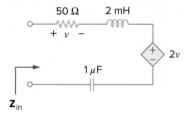

그림 9.69
문제 9.62.

9.63 그림 9.70의 회로에서 $\mathbf{Z}_T$를 구하라.

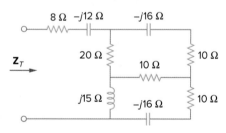

그림 9.70
문제 9.63.

9.64 그림 9.71의 회로에서 $\mathbf{Z}_T$와 $\mathbf{I}$를 구하라.

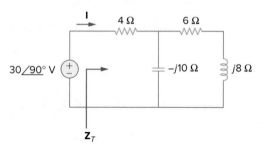

그림 9.71
문제 9.64.

9.65 그림 9.72의 회로에서 **I**와 **Z**$_T$를 구하라.

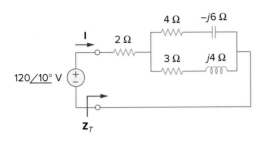

그림 9.72
문제 9.65.

9.66 그림 9.73의 회로에서 **V**$_{ab}$와 **Z**$_T$를 구하라.

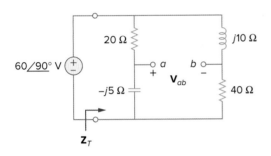

그림 9.73
문제 9.66.

9.67 그림 9.74의 각 회로에서 $\omega = 10^3$ rad/s일 때 입력 어드미턴스를 구하라.

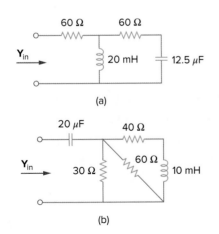

그림 9.74
문제 9.67.

9.68 그림 9.75의 회로에서 **Y**$_{eq}$를 구하라.

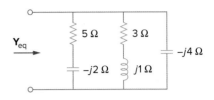

그림 9.75
문제 9.68.

9.69 그림 9.76의 회로에서 등가 어드미턴스 **Y**$_{eq}$를 구하라.

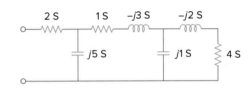

그림 9.76
문제 9.69.

9.70 그림 9.77의 회로에서 등가 임피던스를 구하라.

ML

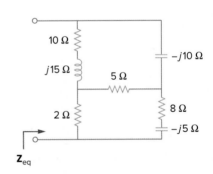

그림 9.77
문제 9.70.

9.71 그림 9.78의 회로에서 등가 임피던스를 구하라.

ML

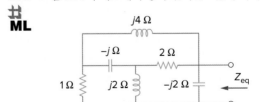

그림 9.78
문제 9.71.

9.72 그림 9.79의 회로망에서 $\mathbf{Z}_{ab}$의 값을 구하라.

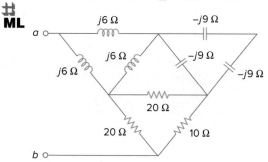

그림 9.79
문제 9.72.

9.73 그림 9.80의 회로에서 등가 임피던스를 구하라.

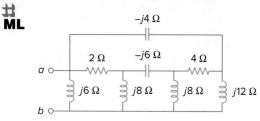

그림 9.80
문제 9.73.

9.8절 응용

9.74 위상편이가 90° 앞서는 RL 회로를 설계하라.

9.75 사인함수 형태의 정현파 전압 입력을 코사인함수 형태의 전압 출력으로 변환하는 회로를 설계하라.

9.76 다음 신호 쌍에서 v_1이 v_2에 얼마나 앞서거나 뒤지는가?

(a) $v_1 = 10 \cos(5t - 20°)$, $v_2 = 8 \sin 5t$

(b) $v_1 = 19 \cos(2t + 90°)$, $v_2 = 6 \sin 2t$

(c) $v_1 = -4 \cos 10t$, $v_2 = 15 \sin 10t$

9.77 그림 9.81은 RC 회로를 나타낸 것이다.

(a) 2 MHz에서 위상편이를 구하라.

(b) 위상편이가 45°일 때 주파수를 구하라.

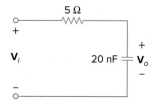

그림 9.81
문제 9.77.

9.78 임피던스가 $8 + j6$ Ω인 코일이 용량성 리액턴스 X와 직렬연결되어 있고 그 직렬조합은 저항 R과 병렬연결되어 있다. 결과적으로 등가 임피던스가 $5\underline{/0°}$ Ω일 때 R과 X의 값을 구하라.

9.79 (a) 그림 9.82의 회로에서 위상편이를 구하라.

(b) 위상편이는 입력에 대한 출력이 앞선 상태인가, 뒤진 상태인가?

(c) 입력이 120 V일 때 출력의 크기를 구하라.

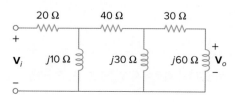

그림 9.82
문제 9.79.

9.80 그림 9.83의 위상편이 회로에서 $\mathbf{V}_i = 120$ V가 60 Hz에서 동작한다.

(a) R이 최대일 때 $\mathbf{V}_o$를 구하라.

(b) R이 최소일 때 $\mathbf{V}_o$를 구하라.

(c) 45°의 위상변위가 생기게 되는 R의 값을 구하라.

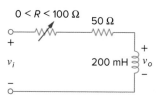

그림 9.83
문제 9.80.

9.81 그림 9.37의 교류 브리지가 $R_1 = 400$ Ω, $R_2 = 600$ Ω, $R_3 = 1.2$ kΩ, $C_2 = 0.3$ μF일 때 평형이다. R_x와 C_x를 구하라. R_2와 C_2는 직렬연결이라고 가정한다.

9.82 커패시턴스 브리지가 $R_1 = 100$ Ω, $R_2 = 2$ kΩ, $C_s = 40$ μF일 때 평형이다. 측정하고자 하는 커패시터의 커패시턴스 C_x의 값은 얼마인가?

9.83 인덕티브 브리지가 $R_1 = 1.2$ kΩ, $R_2 = 500$ Ω, $L_s = 250$ mH일 때 평형이다. 인덕터의 인덕턴스 L_x의 값은 얼마인가?

9.84 그림 9.84의 교류 브리지는 **맥스웰 브리지**로 알려져 있고, 표준 커패시턴스 C_s에 대한 코일의 저항과 인덕턴스의 정확한 측정에 사용된다. 브리지가 평형일 때 다음이 성립함을 보여라.

$$L_x = R_2 R_3 C_s, \quad R_x = \frac{R_2}{R_1} R_3$$

$R_1 = 40\ \text{k}\Omega$, $R_2 = 1.6\ \text{k}\Omega$, $R_3 = 4\ \text{k}\Omega$, $C_s = 0.45\ \mu\text{F}$일 때 L_x와 R_x를 구하라.

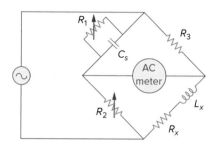

그림 9.84
문제 9.84.

9.85 그림 9.85의 교류 브리지 회로는 **빈(Wein) 브리지**라고 불리며 전원의 주파수를 측정하는 데 사용된다. 브리지가 평형일 때 다음이 성립함을 보여라.

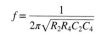

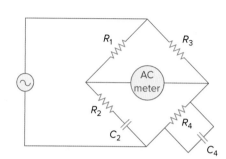

그림 9.85
문제 9.85.

종합문제

9.86 그림 9.86의 회로는 TV 수상기에 사용된다. 이 회로의 총임피던스는 얼마인가?

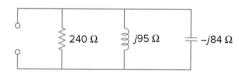

그림 9.86
문제 9.86.

9.87 그림 9.87의 회로망은 산업적 전자식 검출장치를 도식적으로 묘사한 것의 일부분이다. 2 kHz에서 회로의 총임피던스는 얼마인가?

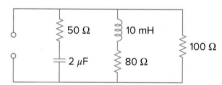

그림 9.87
문제 9.87.

9.88 그림 9.88은 직렬 오디오 회로를 나타낸 것이다.

　(a) 회로의 임피던스는 얼마인가?

　(b) 만약 주파수를 반으로 줄이면 회로의 임피던스는 얼마인가?

그림 9.88
문제 9.88.

9.89 그림 9.89에서 보는 바와 같이 산업적 부하는 저항과 인덕터의 직렬조합으로 표현이 가능하다. 2 kHz의 주파수에서 회로망 임피던스가 저항성이 되도록 직렬조합 양단의 커패시턴스 C의 값을 구하라.

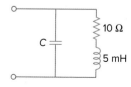

그림 9.89
문제 9.89.

9.90 그림 9.90에서 보는 바와 같이 산업적 코일은 저항 R과 인덕턴스 L의 직렬조합으로 표현이 가능하다. 교류 전압계는 정현파의 크기만을 측정하므로, 다음 측정값은 회로가 정상상태에서 60 Hz로 동작할 때 측정되었다.

$$|\mathbf{V}_s| = 145 \text{ V}, \qquad |\mathbf{V}_1| = 50 \text{ V}, \qquad |\mathbf{V}_o| = 110 \text{ V}$$

이러한 측정값을 사용하여 L과 R의 값을 구하라.

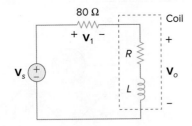

그림 9.90
문제 9.90.

9.91 그림 9.91의 회로는 저항과 인덕턴스의 병렬조합을 보여준다. 10 MHz에서 망 임피던스가 저항성이 되도록 병렬조합과 직렬로 커패시터를 연결하고자 할 때 필요한 C의 값은 얼마인가?

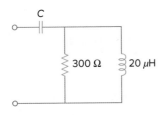

그림 9.91
문제 9.91.

9.92 전송선이 직렬 임피던스 $\mathbf{Z} = 100\underline{/75^\circ}$ Ω, 션트 임피던스 $\mathbf{Y} = 450\underline{/48^\circ}$ μS일 때 다음을 구하라.

(a) 특성 임피던스 $Z_o = \sqrt{\mathbf{Z}/\mathbf{Y}}$

(b) 전달상수 $\gamma = \sqrt{\mathbf{ZY}}$

9.93 그림 9.92는 전력 전송 시스템을 나타낸 것이다. 다음과 같이 주어졌을 때 부하 전류 $\mathbf{I}_L$을 구하라.

전원전압	$\mathbf{V}_s = 115\underline{/0^\circ}$ V
전원 임피던스	$\mathbf{Z}_s = (1 + j0.5)$ Ω
선 임피던스	$\mathbf{Z}_t = (0.4 + j0.3)$ Ω
부하 임피던스	$\mathbf{Z}_L = (23.2 + j18.9)$ Ω

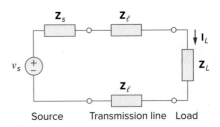

그림 9.92
문제 9.93.

정현파의 정상상태 해석
Sinusoidal Steady-State Analysis

나는 3명의 친구—나를 사랑하는 친구, 나를 미워하는 친구, 나와 별반 다르지 않은 친구—가 있다. 나를 사랑하는 친구는 친절함과 애정을, 나를 미워하는 친구는 신중함을, 나와 다르지 않은 친구는 자신감을 일깨워준다.

—Ivan Panin

경력 향상하기

소프트웨어 공학 분야의 경력

소프트웨어 공학은 컴퓨터 프로그램의 설계, 구성, 확인에 필요한 과학적 지식의 실제적인 응용과, 컴퓨터 프로그램을 개발하고 실행하고 유지하는 데 필요한 문서를 공학의 관점에서 다루는 학문이다. 소프트웨어 공학은 더욱더 많은 교육 과정이 소프트웨어 패키지의 형태 또는 루틴 구조의 임무를 요구하고, 프로그래밍 가능한 마이크로 전자공학이 한층 광범위한 응용 분야에 사용됨에 따라 점차 중요성을 더해가는 전기공학의 한 분야이다.

소프트웨어 기술자의 역할을 컴퓨터 과학자와 혼동하면 안 된다. 소프트웨어 기술자는 이론 연구자가 아니라 실제 현장에서 구현하는 사람이다. 소프트웨어 기술자는 뛰어난 컴퓨터 프로그래밍 능력을 지녀야 하고, 프로그래밍 언어—특히 사용이 급속도로 늘어 이미 대중화되고 있는 C^{++} 언어—와 친숙해야 한다. 하드웨어와 소프트웨어는 서로 밀접한 관련이 있기 때문에 소프트웨어 기술자는 하드웨어 설계에 관한 완벽한 이해가 필요하다. 또한 소프트웨어 기술자는 소프트웨어 발전 기술이 실제 응용되는 분야의 전문적인 지식을 습득할 필요가 있다.

대체로 소프트웨어 공학 분야는 소프트웨어 패키지의 프로그래밍과 개발을 즐기는 사람들에게 매우 적합하다. 또한 철저한 준비를 하는 사람들에게는 노력한 만큼의 보수가 보장될 뿐 아니라, 정규교육 과정을 수료한 사람들에게는 매우 매력적이고 도전적인 기회가 펼쳐질 것이다.

NASA 플라이휠의 AutoCAD 모델 출력을 위한 3D 프린팅.
Charles K. Alexander

학습목표

본 장에서 제시된 정보와 연습문제를 사용함으로써 다음 능력을 배양할 수 있다.

1. 노드 해석을 이용한 주파수 영역에서의 전기회로를 분석할 수 있다.
2. 메시 해석을 이용한 주파수 영역에서의 전기회로를 분석할 수 있다.
3. 주파수 영역 전기회로에 중첩 정리를 적용할 수 있다.
4. 주파수 영역 회로에 전원 변환을 적용할 수 있다.
5. 테브냉과 노턴 등가회로가 주파수 영역에서 어떻게 이용되는지를 이해할 수 있다.
6. 연산증폭기를 포함하는 전기회로를 분석할 수 있다.

10.1   서론

9장에서는 페이저를 사용하여 정현파 입력의 강제 또는 정상상태 응답을 얻을 수 있다는 것에 대해 공부했다. 또한 옴과 키르히호프의 법칙을 교류회로에도 적용할 수 있다는 것을 알았다. 이 장에서는 노드 해석, 메시 해석, 테브냉의 정리, 노턴의 정리, 중첩의 정리, 전원 변환 등이 교류회로를 해석하는 데 어떻게 적용되는지를 살펴보자. 이러한 기법은 이미 직류회로에서 소개했기 때문에 이 장에서는 주로 예제를 통해 설명할 것이다.

교류회로를 해석하는 데에는 일반적으로 다음과 같은 3단계가 필요하다.

교류회로를 해석하는 단계

1. 회로를 페이저나 주파수 영역으로 변환한다.
2. 노드 해석, 메시 해석, 중첩 정리 등의 회로 해석법으로 문제를 푼다.
3. 해석 결과인 페이저를 시간 영역으로 변환한다.

여기서 1단계는 문제가 주파수 영역으로 명시되어 있다면 필요하지 않다. 2단계에서는 복소수가 포함되어 있다는 것 외에는 직류회로 해석과 같은 방법으로 해석을 수행하면 된다. 3단계는 9장에서 이미 공부한 내용이다.

이 장의 뒷부분에서는 *PSpice*를 사용하여 교류회로를 해석하는 방법을 설명한 다음, 이러한 교류회로 해석법을 발진기, 교류 트랜지스터 회로 등과 같은 실제 교류회로에 적용한다.

페이저를 이용한 교류회로의 주파수 영역 해석이 시간 영역에서의 회로 해석보다 훨씬 쉽다.

10.2   노드 해석

노드 해석의 기본은 키르히호프의 전류 법칙이다. 9.6절에서 설명한 바와 같이 KCL이 페이저에도 유효하기 때문에 노드 해석으로 교류회로를 해석할 수 있다. 예제를 통해 이를 살펴보자.

그림 10.1의 회로에서 노드 해석을 이용하여 i_x를 구하라.

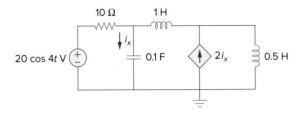

그림 10.1
예제 10.1.

풀이:

우선 주파수 영역으로 회로를 변환한다.

$$20 \cos 4t \quad \Rightarrow \quad 20\underline{/0°}, \qquad \omega = 4 \text{ rad/s}$$
$$1 \text{ H} \quad \Rightarrow \quad j\omega L = j4$$
$$0.5 \text{ H} \quad \Rightarrow \quad j\omega L = j2$$
$$0.1 \text{ F} \quad \Rightarrow \quad \frac{1}{j\omega C} = -j2.5$$

그러므로 주파수 영역의 등가회로는 그림 10.2와 같다.

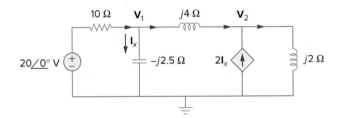

그림 10.2
예제 10.1: 그림 10.1의 주파수 영역 등가회로.

노드 1에 KCL을 적용하면,

$$\frac{20 - \mathbf{V}_1}{10} = \frac{\mathbf{V}_1}{-j2.5} + \frac{\mathbf{V}_1 - \mathbf{V}_2}{j4}$$

또는

$$(1 + j1.5)\mathbf{V}_1 + j2.5\mathbf{V}_2 = 20 \qquad\qquad \textbf{(10.1.1)}$$

노드 2에서는

$$2\mathbf{I}_x + \frac{\mathbf{V}_1 - \mathbf{V}_2}{j4} = \frac{\mathbf{V}_2}{j2}$$

한편 $\mathbf{I}_x = \mathbf{V}_1/-j2.5$이므로 이것을 위 식에 대입하면,

$$\frac{2\mathbf{V}_1}{-j2.5} + \frac{\mathbf{V}_1 - \mathbf{V}_2}{j4} = \frac{\mathbf{V}_2}{j2}$$

이를 간략화하면 다음을 얻는다.

$$11\mathbf{V}_1 + 15\mathbf{V}_2 = 0 \qquad\qquad\textbf{(10.1.2)}$$

식 (10.1.1)과 (10.1.2)는 다음과 같은 행렬식으로 표현할 수 있다.

$$\begin{bmatrix} 1+j1.5 & j2.5 \\ 11 & 15 \end{bmatrix}\begin{bmatrix} \mathbf{V}_1 \\ \mathbf{V}_2 \end{bmatrix} = \begin{bmatrix} 20 \\ 0 \end{bmatrix}$$

이 행렬식을 계산하면,

$$\Delta = \begin{vmatrix} 1+j1.5 & j2.5 \\ 11 & 15 \end{vmatrix} = 15 - j5$$

$$\Delta_1 = \begin{vmatrix} 20 & j2.5 \\ 0 & 15 \end{vmatrix} = 300, \qquad \Delta_2 = \begin{vmatrix} 1+j1.5 & 20 \\ 11 & 0 \end{vmatrix} = -220$$

$$\mathbf{V}_1 = \frac{\Delta_1}{\Delta} = \frac{300}{15-j5} = 18.97\ \underline{/18.43°}\ \text{V}$$

$$\mathbf{V}_2 = \frac{\Delta_2}{\Delta} = \frac{-220}{15-j5} = 13.91\ \underline{/198.3°}\ \text{V}$$

따라서 전류 $\mathbf{I}_x$는

$$\mathbf{I}_x = \frac{\mathbf{V}_1}{-j2.5} = \frac{18.97\ \underline{/18.43°}}{2.5\ \underline{/-90°}} = 7.59\ \underline{/108.4°}\ \text{A}$$

이것을 시간 영역으로 변환하면 다음과 같다.

$$i_x = 7.59\cos(4t + 108.4°)\ \text{A}$$

실전문제 10.1

그림 10.3의 회로에서 노드 해석을 이용하여 v_1과 v_2를 구하라.

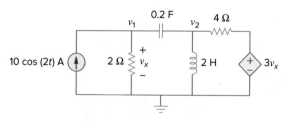

그림 10.3
실전문제 10.1.

답: $v_1(t) = 11.325\cos(2t + 60.01°)\ \text{V}$,
$v_2(t) = 33.02\cos(2t + 57.12°)\ \text{V}$

그림 10.4의 회로에서 $\mathbf{V}_1$과 $\mathbf{V}_2$를 구하라.

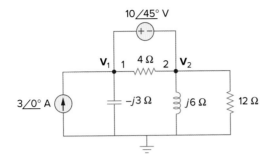

그림 10.4
예제 10.2.

풀이:

노드 1과 2는 그림 10.5에서 보는 바와 같이 중첩 노드(supernode)를 형성한다.
이 노드에 KCL을 적용하면,

$$3 = \frac{\mathbf{V}_1}{-j3} + \frac{\mathbf{V}_2}{j6} + \frac{\mathbf{V}_2}{12}$$

또는

$$36 = j4\mathbf{V}_1 + (1 - j2)\mathbf{V}_2 \qquad\qquad \textbf{(10.2.1)}$$

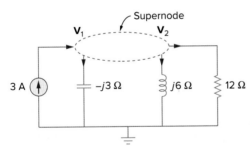

그림 10.5
예제 10.2: 그림 10.4 회로의 중첩노드

그러나 실제 노드 1과 2 사이에는 전압원이 연결되어 있기 때문에,

$$\mathbf{V}_1 = \mathbf{V}_2 + 10 \underline{/45^\circ} \qquad\qquad \textbf{(10.2.2)}$$

식 (10.2.2)를 식 (10.2.1)에 대입하면,

$$36 - 40 \underline{/135^\circ} = (1 + j2)\mathbf{V}_2 \quad\Rightarrow\quad \mathbf{V}_2 = 31.41 \underline{/-87.18^\circ} \text{ V}$$

식 (10.2.2)로부터

$$\mathbf{V}_1 = \mathbf{V}_2 + 10 \underline{/45^\circ} = 25.78 \underline{/-70.48^\circ} \text{ V}$$

실전문제 10.2

그림 10.6의 회로에서 $\mathbf{V}_1$과 $\mathbf{V}_2$를 구하라.

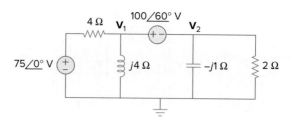

그림 10.6
실전문제 10.2.

답: $\mathbf{V}_1 = 96.8\ \underline{/69.66°}$ V, $\mathbf{V}_2 = 16.88\underline{/165.72°}$ V

10.3   메시 해석

메시 해석의 기본은 키르히호프의 전압 법칙(KVL)이다. 교류회로에 대한 KVL의 타당성은 이미 9.6절에서 설명했고 다음의 예제를 통해 증명한다. 여기서 메시 해석을 사용하는 본질은 이것이 평면회로에 적용 가능하기 때문임을 기억하라.

예제 10.3

그림 10.7의 회로에서 메시 해석을 이용하여 전류 $\mathbf{I}_o$를 구하라.

풀이:

메시 1에 KVL을 적용하면,

$$(8 + j10 - j2)\mathbf{I}_1 - (-j2)\mathbf{I}_2 - j10\mathbf{I}_3 = 0 \qquad (10.3.1)$$

메시 2에 대해서는,

$$(4 - j2 - j2)\mathbf{I}_2 - (-j2)\mathbf{I}_1 - (-j2)\mathbf{I}_3 + 20\ \underline{/90°} = 0 \qquad (10.3.2)$$

메시 3에서 $\mathbf{I}_3 = 5$이다. 이것을 식 (10.3.1)과 (10.3.2)에 대입하면 다음 식을 얻는다.

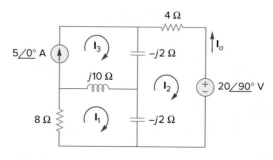

그림 10.7
예제 10.3.

$$(8 + j8)\mathbf{I}_1 + j2\mathbf{I}_2 = j50 \tag{10.3.3}$$

$$j2\mathbf{I}_1 + (4 - j4)\mathbf{I}_2 = -j20 - j10 \tag{10.3.4}$$

식 (10.3.3)과 (10.3.4)를 행렬식으로 표현하면 다음과 같다.

$$\begin{bmatrix} 8 + j8 & j2 \\ j2 & 4 - j4 \end{bmatrix} \begin{bmatrix} \mathbf{I}_1 \\ \mathbf{I}_2 \end{bmatrix} = \begin{bmatrix} j50 \\ -j30 \end{bmatrix}$$

이 행렬식을 계산하면,

$$\Delta = \begin{vmatrix} 8 + j8 & j2 \\ j2 & 4 - j4 \end{vmatrix} = 32(1 + j)(1 - j) + 4 = 68$$

$$\Delta_2 = \begin{vmatrix} 8 + j8 & j50 \\ j2 & -j30 \end{vmatrix} = 340 - j240 = 416.17 \underline{/-35.22^\circ}$$

$$\mathbf{I}_2 = \frac{\Delta_2}{\Delta} = \frac{416.17 \underline{/-35.22^\circ}}{68} = 6.12\underline{/-35.22^\circ}\,\text{A}$$

따라서 원하는 전류는

$$\mathbf{I}_o = -\mathbf{I}_2 = 6.12\underline{/144.78^\circ}\,\text{A}$$

실전문제 10.3

그림 10.8에서 메시 해석을 이용하여 $\mathbf{I}_o$를 구하라.

답: $5.969\underline{/65.45^\circ}\,\text{A}$

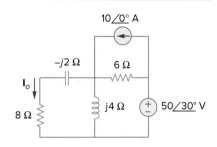

그림 10.8
실전문제 10.3.

예제 10.4

그림 10.9의 회로에서 메시 해석을 이용하여 $\mathbf{V}_o$를 구하라.

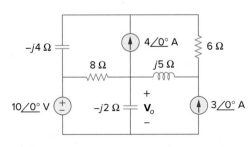

그림 10.9
예제 10.4.

풀이:

그림 10.10에서 보듯이 메시 3과 메시 4는 그것들 사이에 전류원이 존재하므로 중첩 메시(supermesh)를 형성한다. 메시 1에 대해 KVL을 적용하면,

$$-10 + (8 - j2)\mathbf{I}_1 - (-j2)\mathbf{I}_2 - 8\mathbf{I}_3 = 0$$

또는

$$(8 - j2)\mathbf{I}_1 + j2\mathbf{I}_2 - 8\mathbf{I}_3 = 10 \tag{10.4.1}$$

메시 2에서,

$$\mathbf{I}_2 = -3 \tag{10.4.2}$$

중첩 메시에서,

$$(8 - j4)\mathbf{I}_3 - 8\mathbf{I}_1 + (6 + j5)\mathbf{I}_4 - j5\mathbf{I}_2 = 0 \tag{10.4.3}$$

메시 3과 메시 4 사이의 전류원 때문에 노드 A에서의 전류 관계는

$$\mathbf{I}_4 = \mathbf{I}_3 + 4 \tag{10.4.4}$$

■ **방법 1**   위의 네 가지 방정식을 푸는 방법 대신 삭제를 통해 2개의 방정식으로 간단히 만들 수 있다.

식 (10.4.1)과 (10.4.2)를 결합하면,

$$(8 - j2)\mathbf{I}_1 - 8\mathbf{I}_3 = 10 + j6 \tag{10.4.5}$$

식 (10.4.2)와 (10.4.4)를 결합하면,

$$-8\mathbf{I}_1 + (14 + j)\mathbf{I}_3 = -24 - j35 \tag{10.4.6}$$

식 (10.4.5)와 (10.4.6)으로부터 다음 행렬 방정식을 구할 수 있다.

$$\begin{bmatrix} 8 - j2 & -8 \\ -8 & 14 + j \end{bmatrix} \begin{bmatrix} \mathbf{I}_1 \\ \mathbf{I}_3 \end{bmatrix} = \begin{bmatrix} 10 + j6 \\ -24 - j35 \end{bmatrix}$$

따라서 행렬식을 계산하면,

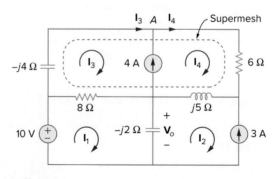

그림 10.10
예제 10.4: 그림 10.9 회로 해석.

$$\Delta = \begin{vmatrix} 8-j2 & -8 \\ -8 & 14+j \end{vmatrix} = 112 + j8 - j28 + 2 - 64 = 50 - j20$$

$$\Delta_1 = \begin{vmatrix} 10+j6 & -8 \\ -24-j35 & 14+j \end{vmatrix} = 140 + j10 + j84 - 6 - 192 - j280$$
$$= -58 - j186$$

전류 $\mathbf{I}_1$은 다음과 같다.

$$\mathbf{I}_1 = \frac{\Delta_1}{\Delta} = \frac{-58-j186}{50-j20} = 3.618\ \underline{/274.5°}\,\text{A}$$

그러므로 구하고자 하는 전압 $\mathbf{V}_o$는

$$\mathbf{V}_o = -j2(\mathbf{I}_1 - \mathbf{I}_2) = -j2(3.618\ \underline{/274.5°} + 3)$$
$$= -7.2134 - j6.568 = 9.756\ \underline{/222.32°}\,\text{V}$$

■ **방법 2** 식 (10.4.1)~(10.4.4)를 계산하기 위해 *MATLAB*을 이용할 수 있다. 먼저 방정식을 다음과 같이 정의하거나,

$$\begin{bmatrix} 8-j2 & j2 & -8 & 0 \\ 0 & 1 & 0 & 0 \\ -8 & -j5 & 8-j4 & 6+j5 \\ 0 & 0 & -1 & 1 \end{bmatrix} \begin{bmatrix} \mathbf{I}_1 \\ \mathbf{I}_2 \\ \mathbf{I}_3 \\ \mathbf{I}_4 \end{bmatrix} = \begin{bmatrix} 10 \\ -3 \\ 0 \\ 4 \end{bmatrix} \qquad \textbf{(10.4.7a)}$$

또는

$$\mathbf{AI} = \mathbf{B}$$

$\mathbf{A}$의 역행렬을 취해서 다음과 같이 $\mathbf{I}$를 구한다.

$$\mathbf{I} = \mathbf{A}^{-1}\mathbf{B} \qquad \textbf{(10.4.7b)}$$

이제 *MATLAB* 프로그램을 실행하면,

```
>> A = [(8-j*2) j*2  -8       0;
         0      1    0        0;
        -8     -j*5 (8-j*4) (6+j*5);
         0      0   -1       1];
>> B = [10 -3 0 4]';
>> I = inv(A)*B
I =
  0.2828 - 3.6069i
 -3.0000
 -1.8690 - 4.4276i
  2.1310 - 4.4276i
>> Vo = -2*j*(I(1) - I(2))

Vo =
 -7.2138 - 6.5655i
```

이상의 결과는 방법 1에 의한 결과와 같음을 알 수 있다.

실전문제 10.4

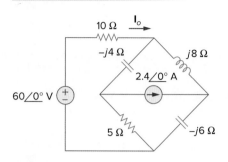

그림 10.11
실전문제 10.4.

그림 10.11의 회로에서 전류 $\mathbf{I}_o$를 구하라.

답: $6.089\underline{/5.94°}\,\text{A}$

10.4   중첩의 정리

교류회로는 선형적이기 때문에 직류회로에서 적용한 것과 같은 방법으로 교류회로에서도 중첩의 정리를 적용할 수 있다. 중첩의 정리는 회로가 서로 다른 주파수의 전원으로 운전된다면 반드시 유념해야 할 중요한 사항이 하나 있다. 즉 이 경우에 임피던스는 주파수에 의존하기 때문에 각각의 전원 주파수에 따른 서로 다른 주파수 영역 회로를 가져야만 한다. 여기서 전체 응답은 시간 영역에서 각각의 응답을 합한 것과 같다. 만약 페이저 또는 주파수 영역에서 응답을 합하면 정확한 결과를 얻을 수 없다. 왜 그럴까? 그 이유는 지수함수 인자 $e^{j\omega t}$가 정현파 해석에서 고려되지 않고 모든 각주파수 ω에 따라 변하기 때문이다. 그러므로 페이저 영역에서 서로 다른 주파수의 응답을 합성하는 것은 의미가 없다. 따라서 임의의 회로가 주파수가 서로 다른 전원으로 동작하고 있을 때는 반드시 페이저들을 각각의 주파수에 따른 시간 영역으로 변환한 후 그 응답을 더해야만 한다.

예제 10.5

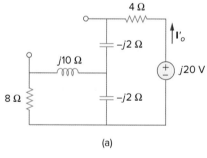

(a)

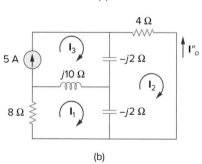

(b)

그림 10.12
예제 10.5의 풀이.

그림 10.7의 회로에서 중첩의 정리를 이용하여 $\mathbf{I}_o$를 구하라.

풀이:

$$\mathbf{I}_o = \mathbf{I}'_o + \mathbf{I}''_o \qquad (10.5.1)$$

여기서 $\mathbf{I}'_o$와 $\mathbf{I}''_o$는 각각 전압원과 전류원이다. $\mathbf{I}'_o$를 구하기 위해 그림 10.12(a)의 회로를 고려하자. 회로에서 $-j2$와 $8 + j10$의 병렬연결 부분을 $\mathbf{Z}$라 하면,

$$\mathbf{Z} = \frac{-j2(8 + j10)}{-2j + 8 + j10} = 0.25 - j2.25$$

그리고 전류 $\mathbf{I}'_o$는

$$\mathbf{I}'_o = \frac{j20}{4 - j2 + \mathbf{Z}} = \frac{j20}{4.25 - j4.25}$$

또는

$$\mathbf{I}'_o = -2.353 + j2.353 \qquad (10.5.2)$$

$\mathbf{I}''_o$를 구하기 위해 그림 10.12(b)의 회로를 고려한다. 메시 1에 대해,

$$(8 + j8)\mathbf{I}_1 - j10\mathbf{I}_3 + j2\mathbf{I}_2 = 0 \qquad (10.5.3)$$

메시 2에 대해,

$$(4 - j4)\mathbf{I}_2 + j2\mathbf{I}_1 + j2\mathbf{I}_3 = 0 \qquad (10.5.4)$$

메시 3에 대해,

$$\mathbf{I}_3 = 5 \qquad (10.5.5)$$

식 (10.5.4)와 (10.5.5)로부터,

$$(4 - j4)\mathbf{I}_2 + j2\mathbf{I}_1 + j10 = 0$$

$\mathbf{I}_2$에 대해 $\mathbf{I}_1$을 표현하면 다음과 같다.

$$\mathbf{I}_1 = (2 + j2)\mathbf{I}_2 - 5 \qquad (10.5.6)$$

식 (10.5.5)와 (10.5.6)을 식 (10.5.3)에 대입하면 다음과 같거나,

$$(8 + j8)[(2 + j2)\mathbf{I}_2 - 5] - j50 + j2\mathbf{I}_2 = 0$$

또는

$$\mathbf{I}_2 = \frac{90 - j40}{34} = 2.647 - j1.176$$

따라서 전류 $\mathbf{I}_o''$는 다음과 같이 구해진다.

$$\mathbf{I}_o'' = -\mathbf{I}_2 = -2.647 + j1.176 \qquad (10.5.7)$$

식 (10.5.2)와 (10.5.7)로부터 $\mathbf{I}_o$는 다음과 같다.

$$\mathbf{I}_o = \mathbf{I}_o' + \mathbf{I}_o'' = -5 + j3.529 = 6.12\underline{/144.78^\circ}\,\text{A}$$

이는 예제 10.3에서 얻은 결과와 같다. 이 문제를 푸는 방법으로 중첩의 정리가 최선이 아니라는 것을 유념하자. 아마도 중첩의 정리를 사용하는 것이 처음 사용했던 방법보다 2배 정도는 어렵다고 생각될 것이다. 그러나 예제 10.6에서는 중첩의 정리가 명백하게 가장 쉬운 해결 방법임을 알 수 있다.

실전문제 10.5

그림 10.8의 회로에서 중첩의 정리를 이용하여 전류 $\mathbf{I}_o$를 구하라.

답: $5.97\underline{/65.45^\circ}\,\text{A}$

예제 10.6

그림 10.13의 회로에서 중첩의 정리를 이용하여 v_o를 구하라.

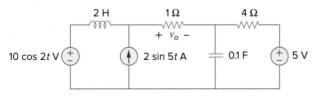

그림 10.13
예제 10.6.

풀이:

이 회로는 3개의 다른 주파수($\omega = 0$ 직류 전압원)에서 동작하고 있기 때문에, 해를 구하는 한 방법은 각각 단일 주파수로 생각해서 계산할 수 있는 중첩의 정리를 사용하는 것이다. 구하고자 하는 전압 v_o는

$$v_o = v_1 + v_2 + v_3 \tag{10.6.1}$$

여기서 v_1은 5 V의 직류 전압원, v_2는 $10 \cos 2t$ V의 전압원, v_3는 $2 \sin 5t$ A의 전류원에 의한 전압이다.

v_1을 구하기 위해 5 V 직류 전압원을 제외한 모든 전원을 0으로 놓는다. 직류 전원의 정상상태에서 커패시터는 개방회로로, 인덕터는 단락회로로 작용한다는 것을 상기하라. 또 다른 방법은 $\omega = 0$, $j\omega L = 0$, $1/j\omega C = \infty$로부터 관계를 파악하는 것이다. 이 중 하나의 방법을 사용하면 그림 10.14(a)와 같은 등가회로로 나타낼 수 있다. 전압 분배에 의해,

$$-v_1 = \frac{1}{1+4}(5) = 1 \text{ V} \tag{10.6.2}$$

v_2를 구하기 위해 5 V의 전압원과 $2 \sin 5t$의 전류원은 0으로 놓고 회로를 주파수 영역으로 변환하면 다음과 같다.

$$10 \cos 2t \quad \Rightarrow \quad 10\underline{/0^\circ}, \quad \omega = 2 \text{ rad/s}$$
$$2 \text{ H} \quad \Rightarrow \quad j\omega L = j4 \ \Omega$$
$$0.1 \text{ F} \quad \Rightarrow \quad \frac{1}{j\omega C} = -j5 \ \Omega$$

이것의 등가회로를 그림 10.14(b)에 나타냈다. 여기서 $\mathbf{Z}$는

$$\mathbf{Z} = -j5 \parallel 4 = \frac{-j5 \times 4}{4 - j5} = 2.439 - j1.951$$

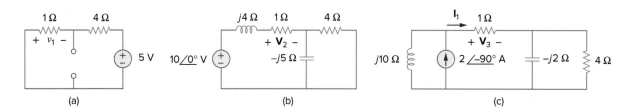

그림 10.14

예제 10.6의 풀이: (a) 5 V 직류 전원을 제외한 모든 전원을 0으로 놓음, (b) 교류 전압원을 제외한 모든 전원을 0으로 놓음, (c) 교류 전류원을 제외한 모든 전원을 0으로 놓음.

전압 분배에 의해,

$$\mathbf{V}_2 = \frac{1}{1 + j4 + \mathbf{Z}}(10\underline{/0^\circ}) = \frac{10}{3.439 + j2.049} = 2.498\underline{/-30.79^\circ}$$

시간 영역에서,

$$v_2 = 2.498 \cos(2t - 30.79^\circ) \tag{10.6.3}$$

v_3를 구하기 위해 전압원은 0으로 놓고 나머지를 주파수 영역으로 변환한다.

$$2 \sin 5t \quad \Rightarrow \quad 2\underline{/-90°}, \quad \omega = 5 \text{ rad/s}$$

$$2 \text{ H} \quad \Rightarrow \quad j\omega L = j10 \ \Omega$$

$$0.1 \text{ F} \quad \Rightarrow \quad \frac{1}{j\omega C} = -j2 \ \Omega$$

이것의 등가회로를 그림 10.14(c)에 나타냈다. 여기서 병렬연결된 임피던스 $\mathbf{Z}_1$은 다음과 같고,

$$\mathbf{Z}_1 = -j2 \parallel 4 = \frac{-j2 \times 4}{4 - j2} = 0.8 - j1.6 \ \Omega$$

전류 분배에 의해 다음과 같이 주어지며,

$$\mathbf{I}_1 = \frac{j10}{j10 + 1 + \mathbf{Z}_1} (2\underline{/-90°}) \text{ A}$$

$$\mathbf{V}_3 = \mathbf{I}_1 \times 1 = \frac{j10}{1.8 + j8.4} (-j2) = 2.328\underline{/-77.9°} \text{ V}$$

시간 영역으로 변환하면 다음의 식을 얻는다.

$$v_3 = 2.33 \cos(5t - 80°) = 2.33 \sin(5t + 12.1°) \text{ V} \qquad \textbf{(10.6.4)}$$

식 (10.6.2)~(10.6.4)를 식 (10.6.1)에 대입하면,

$$v_o(t) = -1 + 2.498 \cos(2t - 30.79°) + 2.33 \sin(5t + 12.1°) \text{ V}$$

실전문제 10.6

그림 10.15의 회로에서 중첩의 정리를 이용하여 v_o를 구하라.

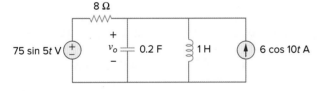

그림 10.15
실전문제 10.6.

답: $11.577 \sin(5t - 81.12°) + 3.154 \cos(10t - 86.24°)$ V

10.5 　 전원 변환

그림 10.16에서 보는 바와 같이 주파수 영역에서의 전원 변환은 임피던스와 직렬로 연결된 전압원을 임피던스와 병렬로 연결된 전류원으로의 변환하거나 그

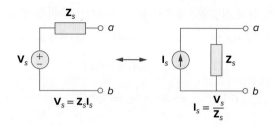

그림 10.16
전원 변환.

역으로 변환하는 것을 의미한다. 어떤 전원 형태에서 다른 형태의 전원으로 변환할 때는 다음의 관계를 기억할 필요가 있다.

$$\mathbf{V}_s = \mathbf{Z}_s\mathbf{I}_s \qquad \Leftrightarrow \qquad \mathbf{I}_s = \frac{\mathbf{V}_s}{\mathbf{Z}_s} \qquad \text{(10.1)}$$

예제 10.7

그림 10.17의 회로에서 전원 변환법을 이용하여 $\mathbf{V}_x$를 구하라.

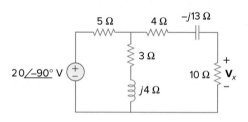

그림 10.17
예제 10.7.

풀이:

전압원을 전류원으로 변환하면 그림 10.18(a)의 회로를 구할 수 있고, 여기서

$$\mathbf{I}_s = \frac{20\underline{/-90^\circ}}{5} = 4\underline{/-90^\circ} = -j4 \text{ A}$$

5 Ω 저항과 $(3 + j4)$의 임피던스를 병렬연결한 합성 임피던스는 다음과 같다.

$$\mathbf{Z}_1 = \frac{5(3 + j4)}{8 + j4} = 2.5 + j1.25 \ \Omega$$

여기서 전류원을 다시 전압원으로 변환하면 그림 10.18(b)의 회로를 구할 수 있고, 여기서

$$\mathbf{V}_s = \mathbf{I}_s\mathbf{Z}_1 = -j4(2.5 + j1.25) = 5 - j10 \text{ V}$$

전압 분배에 의해,

$$\mathbf{V}_x = \frac{10}{10 + 2.5 + j1.25 + 4 - j13} (5 - j10) = 5.519\underline{/-28^\circ} \text{ V}$$

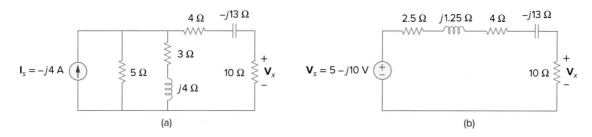

그림 10.18
예제 10.7: 그림 10.17 회로 풀이.

그림 10.19의 회로에서 전원 변환의 개념을 이용하여 I_o를 구하라.

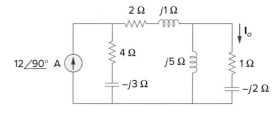

그림 10.19
실전문제 10.7.

답: $9.863\underline{/99.46°}$ A

10.6 테브냉 등가회로와 노턴 등가회로

테브냉 및 노턴의 정리는 직류회로에서 사용한 것처럼 교류회로에도 같은 방법으로 적용할 수 있다. 다만 교류회로에서는 직류회로에 비해 복소수 연산이 부가적으로 필요하다. 주파수 영역에서의 테브냉 등가회로는 그림 10.20과 같으며, 여기서 선형 회로는 임피던스와 직렬로 연결된 전압원의 형태이다. 한편 노턴 등가회로는 그림 10.21과 같으며, 여기서 선형 회로는 임피던스와 병렬로 연결된 전류원의 형태이다. 이 두 등가회로는 전원 변환에서와 마찬가지로 식 (10.2)와 같은 관계가 있다는 것을 명심해야 한다.

$$\mathbf{V}_{Th} = \mathbf{Z}_N \mathbf{I}_N, \qquad \mathbf{Z}_{Th} = \mathbf{Z}_N \tag{10.2}$$

여기서 $\mathbf{V}_{Th}$는 개방회로 전압이고 $\mathbf{I}_N$은 단락회로 전류이다.

회로가 서로 다른 주파수의 전원에 의해 동작한다면 테브냉 및 노턴 등가회로는 각각의 주파수에서 결정되어야만 한다(예제 10.6의 예 참조). 이는 등가 전원과 등가 임피던스를 가진 하나의 등가회로가 아니라 각각의 주파수에 대해 완전히 다른 등가회로로 주어진다.

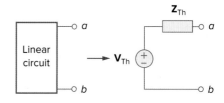

그림 10.20
테브냉 등가.

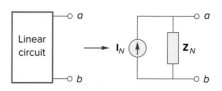

그림 10.21
노턴 등가.

예제 10.8

그림 10.22의 회로에서 단자 *a-b*에서의 테브냉 등가회로를 구하라.

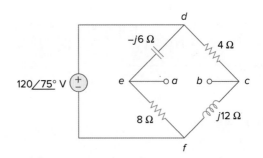

그림 10.22
예제 10.8.

풀이:

$\mathbf{Z}_{\text{Th}}$는 회로에서 전압원을 0으로 하여 구할 수 있다. 그림 10.23(a)에서 보는 바와 같이 8 Ω의 저항은 $-j6$의 리액턴스와 병렬로 연결되어 있으므로 그 임피던스 값은 다음과 같다.

$$\mathbf{Z}_1 = -j6 \parallel 8 = \frac{-j6 \times 8}{8 - j6} = 2.88 - j3.84 \ \Omega$$

마찬가지로 4 Ω의 저항과 $j12$의 리액턴스가 병렬로 연결되어 있으므로 그 임피던스 값은 다음과 같다.

$$\mathbf{Z}_2 = 4 \parallel j12 = \frac{j12 \times 4}{4 + j12} = 3.6 + j1.2 \ \Omega$$

따라서 테브냉 임피던스는 $\mathbf{Z}_1$과 $\mathbf{Z}_2$의 직렬 접속이다. 즉

$$\mathbf{Z}_{\text{Th}} = \mathbf{Z}_1 + \mathbf{Z}_2 = 6.48 - j2.64 \ \Omega$$

이제 $\mathbf{V}_{\text{Th}}$를 구하기 위해 그림 10.23(b)의 등가회로를 고려하자. 여기서 전류 $\mathbf{I}_1$과 $\mathbf{I}_2$는 다음과 같이 구할 수 있다.

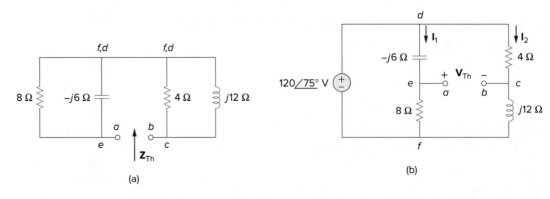

(a)   (b)

그림 10.23
예제 10.8: 그림 10.22 회로 풀이: (a) $\mathbf{Z}_{\text{Th}}$ 구하기, (b) $\mathbf{V}_{\text{Th}}$ 구하기.

$$\mathbf{I}_1 = \frac{120\underline{/75^\circ}}{8 - j6}\,\text{A}, \qquad \mathbf{I}_2 = \frac{120\underline{/75^\circ}}{4 + j12}\,\text{A}$$

그림 10.23(b)에서 루프 *bcdeab*에 KVL을 적용하면,

$$\mathbf{V}_{Th} - 4\mathbf{I}_2 + (-j6)\mathbf{I}_1 = 0$$

또는

$$\mathbf{V}_{Th} = 4\mathbf{I}_2 + j6\mathbf{I}_1 = \frac{480\underline{/75^\circ}}{4 + j12} + \frac{720\underline{/75^\circ + 90^\circ}}{8 - j6}$$

$$= 37.95\underline{/3.43^\circ} + 72\underline{/201.87^\circ}$$

$$= -28.936 - j24.55 = 37.95\underline{/220.31^\circ}\,\text{V}$$

그림 10.24의 회로에서 단자 *a-b*에서의 테브냉 등가회로를 구하라.

실전문제 10.8

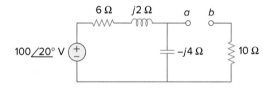

그림 10.24
실전문제 10.8.

답: $\mathbf{Z}_{Th} = 12.4 - j3.2\,\Omega$, $\mathbf{V}_{Th} = 63.24\underline{/-51.57^\circ}\,\text{V}$

그림 10.25 회로의 단자 *a-b*에서 본 테브냉 등가회로를 구하라.

예제 10.9

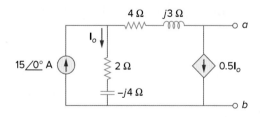

그림 10.25
예제 10.9.

풀이:

$\mathbf{V}_{Th}$를 구하기 위해 그림 10.26(a)의 노드 1에 KCL을 적용한다.

$$15 = \mathbf{I}_o + 0.5\mathbf{I}_o \quad \Rightarrow \quad \mathbf{I}_o = 10\,\text{A}$$

그림 10.26(a)의 오른쪽 루프에 KVL을 적용하면,

$$-\mathbf{I}_o(2 - j4) + 0.5\mathbf{I}_o(4 + j3) + \mathbf{V}_{Th} = 0$$

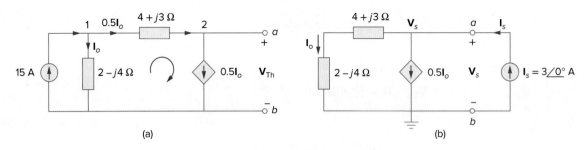

그림 10.26

예제 10.9: 그림 10.25 문제 풀이: (a) $\mathbf{V}_{\text{Th}}$ 구하기, (b) $\mathbf{Z}_{\text{Th}}$ 구하기.

또는

$$\mathbf{V}_{\text{Th}} = 10(2 - j4) - 5(4 + j3) = -j55$$

그러므로 테브냉 전압은

$$\mathbf{V}_{\text{Th}} = 55\underline{/-90^\circ}\text{ V}$$

이제 $\mathbf{Z}_{\text{Th}}$를 얻기 위해 독립 전원을 제거한다. 그림 10.26(b)에서 보듯이 종속 전류원이 있기 때문에 단자 a-b에 3 A의 전류원을 연결했다(이때 3은 노드 2에서 유출하는 전류의 합으로 나누어지는 숫자 중에서 편의상 선택한 임의의 값). 노드 2에 KCL을 적용하면,

$$3 = \mathbf{I}_o + 0.5\mathbf{I}_o \quad \Rightarrow \quad \mathbf{I}_o = 2\text{A}$$

그림 10.26(b)의 바깥쪽 루프에 KVL을 적용하면 다음과 같다.

$$\mathbf{V}_s = \mathbf{I}_o(4 + j3 + 2 - j4) = 2(6 - j)$$

따라서 테브냉 임피던스는

$$\mathbf{Z}_{\text{Th}} = \frac{\mathbf{V}_s}{\mathbf{I}_s} = \frac{2(6 - j)}{3} = 4 - j0.6667 \text{ } \Omega$$

실전문제 10.9

그림 10.27 회로의 단자 a-b에서 본 테브냉 등가 전압과 임피던스를 구하라.

답: $\mathbf{Z}_{\text{Th}} = 4.473\underline{/-7.64^\circ}$ Ω, $\mathbf{V}_{\text{Th}} = 7.35\underline{/72.9^\circ}$ volts

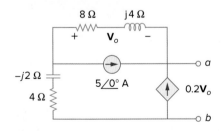

그림 10.27

실전문제 10.9.

그림 10.28의 회로에서 노턴의 정리를 이용하여 전류 $\mathbf{I}_o$를 구하라.

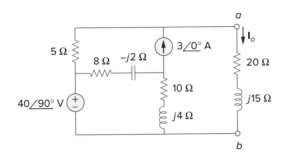

그림 10.28
예제 10.10.

풀이:

첫 번째 목표는 단자 a-b에서 노턴 등가회로를 구하는 것이다. $\mathbf{Z}_N$은 $\mathbf{Z}_{\text{Th}}$와 같은 방법으로 구할 수 있다. 회로의 모든 전원을 0으로 놓으면 그림 10.29(a)와 같고, 이 그림으로부터 $(8 - j2)$와 $(10 + j4)$ 임피던스는 명백하게 단락회로임을 알 수 있다. 즉

$$\mathbf{Z}_N = 5 \ \Omega$$

이제 $\mathbf{I}_N$을 구하기 위해 그림 10.29(b)와 같이 단자 a-b를 단락시키고 메시 해석법을 적용한다. 메시 2와 3 사이를 연결하는 전류원 때문에 이 메시는 중첩 메시를 형성할 수 있음을 유념하라. 먼저 메시 1에 대해,

$$-j40 + (18 + j2)\mathbf{I}_1 - (8 - j2)\mathbf{I}_2 - (10 + j4)\mathbf{I}_3 = 0 \qquad \textbf{(10.10.1)}$$

중첩 메시에 대해,

$$(13 - j2)\mathbf{I}_2 + (10 + j4)\mathbf{I}_3 - (18 + j2)\mathbf{I}_1 = 0 \qquad \textbf{(10.10.2)}$$

노드 a에서의 KCL은 메시 2와 3 사이의 전류원에 의해,

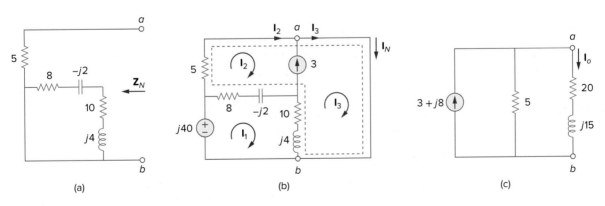

그림 10.29
예제 10.10: 그림 10.28 회로 풀이: (a) $\mathbf{Z}_N$ 구하기, (b) $\mathbf{V}_N$ 구하기, (c) $\mathbf{I}_o$ 구하기.

$$\mathbf{I}_3 = \mathbf{I}_2 + 3 \qquad\qquad \textbf{(10.10.3)}$$

식 (10.10.1)과 (10.10.2)를 더하면 다음을 구할 수 있다.

$$-j40 + 5\mathbf{I}_2 = 0 \qquad \Rightarrow \qquad \mathbf{I}_2 = j8$$

식 (10.10.3)으로부터

$$\mathbf{I}_3 = \mathbf{I}_2 + 3 = 3 + j8$$

따라서 노턴 전류는

$$\mathbf{I}_N = \mathbf{I}_3 = (3 + j8)\,\text{A}$$

단자 a-b에서의 임피던스와 노턴 등가회로는 그림 10.29(c)와 같다. 그림에서 전류 분배 법칙에 의해,

$$\mathbf{I}_o = \frac{5}{5 + 20 + j15}\,\mathbf{I}_N = \frac{3 + j8}{5 + j3} = 1.465\,\underline{/38.48^\circ}\,\text{A}$$

실전문제 10.10

그림 10.30 회로의 단자 a-b에서 본 노턴 등가회로를 구하고, 이 등가회로를 사용하여 $\mathbf{I}_o$를 구하라.

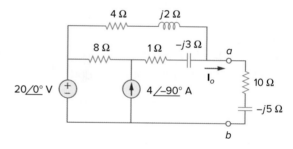

그림 10.30
실전문제 10.10과 문제 10.35.

답: $\mathbf{Z}_N = 3.176 + j0.706\,\Omega$, $\mathbf{I}_N = 8.396\,\underline{/-32.68^\circ}\,\text{A}$,

$\mathbf{I}_o = 1.9714\,\underline{/-2.10^\circ}\,\text{A}$

10.7 교류에서의 연산증폭기 회로

선형 영역으로 동작하는 연산증폭기 회로 역시 10.1절에서 언급한 교류회로 해석의 3단계를 적용할 수 있다. 이제까지 그래왔던 것처럼 연산증폭기를 이상적인 회로로 가정하고 해석한다(5.2절 참조). 5장에서 논의한 바와 같이 연산증폭기 회로 해석의 핵심은 이상적인 연산증폭기가 다음과 같은 두 가지 중요한 특성을 갖고 있다는 것이다.

1. 입력 단자는 어떤 단자에도 전류가 유입되지 않는다.
2. 입력 단자 양단의 전압은 0이다.

다음의 예제를 통해 이를 설명한다.

예제 10.11

그림 10.31(a)의 연산증폭기 회로에서 $v_s = 3 \cos 1000t$ V일 때 $v_o(t)$를 구하라.

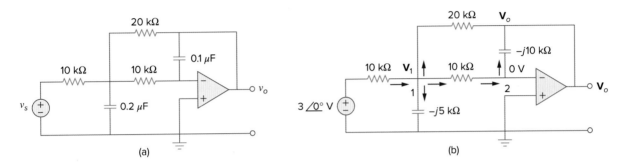

그림 10.31
예제 10.11: (a) 시간 영역에서의 원래 회로, (b) 주파수 영역에서의 등가회로.

풀이:

우선 회로를 그림 10.31(b)와 같이 주파수 영역으로 변환한다. 이때 $\mathbf{V}_s = 3\underline{/0°}$,
$\omega = 1000$ rad/s이다. 회로의 노드 1에 KCL을 적용하면,

$$\frac{3\underline{/0°} - \mathbf{V}_1}{10} = \frac{\mathbf{V}_1}{-j5} + \frac{\mathbf{V}_1 - 0}{10} + \frac{\mathbf{V}_1 - \mathbf{V}_o}{20}$$

또는

$$6 = (5 + j4)\mathbf{V}_1 - \mathbf{V}_o \qquad\qquad \textbf{(10.11.1)}$$

노드 2에 KCL을 적용하면,

$$\frac{\mathbf{V}_1 - 0}{10} = \frac{0 - \mathbf{V}_o}{-j10}$$

이에 의해 다음을 구할 수 있다.

$$\mathbf{V}_1 = -j\mathbf{V}_o \qquad\qquad \textbf{(10.11.2)}$$

식 (10.11.2)를 식 (10.11.1)에 대입하면,

$$6 = -j(5 + j4)\mathbf{V}_o - \mathbf{V}_o = (3 - j5)\mathbf{V}_o$$

$$\mathbf{V}_o = \frac{6}{3 - j5} = 1.029\underline{/59.04°}$$

그러므로

$$v_o(t) = 1.029 \cos(1000t + 59.04°) \text{ V}$$

실전문제 10.11

그림 10.32의 연산증폭기 회로에서 $v_s = 12 \cos 5000t$ V의 전원이 인가될 때 v_o와 i_o를 구하라.

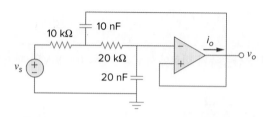

그림 10.32
실전문제 10.11.

답: 4 sin 5,000t V, 400 sin 5,000t μA

예제 10.12

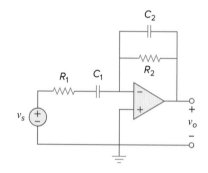

그림 10.33
예제 10.12.

그림 10.33의 회로에서 폐루프 이득과 위상이동을 구하라. 각 소자의 값은 $R_1 = R_2 = 10$ kΩ, $C_1 = 2$ μF, $C_2 = 1$ μF, $\omega = 200$ rad/s이다.

풀이:

회로의 피드백 임피던스와 입력 임피던스는 다음과 같이 계산된다.

$$\mathbf{Z}_f = R_2 \left\| \frac{1}{j\omega C_2} = \frac{R_2}{1 + j\omega R_2 C_2} \right.$$

$$\mathbf{Z}_i = R_1 + \frac{1}{j\omega C_1} = \frac{1 + j\omega R_1 C_1}{j\omega C_1}$$

그림 10.33의 회로는 반전증폭기이므로 폐루프 이득은 다음과 같다.

$$\mathbf{G} = \frac{\mathbf{V}_o}{\mathbf{V}_s} = -\frac{\mathbf{Z}_f}{\mathbf{Z}_i} = \frac{-j\omega C_1 R_2}{(1 + j\omega R_1 C_1)(1 + j\omega R_2 C_2)}$$

앞 식에 R_1, R_2, C_1, C_2, ω의 주어진 값을 대입하면 폐루프 이득은

$$\mathbf{G} = \frac{-j4}{(1 + j4)(1 + j2)} = 0.434 \underline{/130.6^\circ}$$

그러므로 폐루프 이득은 0.434이고 위상이동은 130.6°이다.

실전문제 10.12

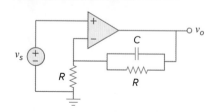

그림 10.34
실전문제 10.12.

그림 10.34의 회로에서 폐루프 이득과 위상이동을 구하라. $R = 10$ kΩ, $C = 1$ μF, $\omega = 1000$ rad/s이다.

답: 1.0147, -5.6°

10.8 *PSpice*를 이용한 교류 해석

*PSpice*는 교류회로 해석에서 복소수를 계산하는 지루한 작업을 덜어준다. 교류 해석을 위한 *PSpice*의 사용 절차는 직류 해석을 할 때와 매우 유사하다. 교류회로 해석을 위한 *PSpice*의 개념을 좀 더 자세히 알고 싶으면 부록 D의 D.5절을 참조하기 바란다. 교류회로 해석은 페이저 또는 주파수 영역에서 행해지고, 이때 회로에 인가된 모든 전원은 반드시 같은 주파수여야 한다. *PSpice*로 교류 해석을 할 때 AC Sweep 기능을 사용할 수 있지만, 이 장에서는 단일 주파수 $f = \omega/2\pi$만을 고려한다. *PSpice*의 출력 파일에는 전압과 전류 페이저가 포함되어 있다. 필요할 경우에 임피던스는 출력 파일의 전압과 전류를 사용하여 구할 수 있다.

예제 10.13

그림 10.35의 회로에서 *PSpice*를 이용하여 v_o와 i_o를 구하라.

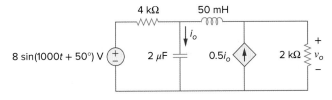

그림 10.35
예제 10.13.

풀이:

우선 다음과 같이 정현함수를 여현함수로 변환한다.

$$8\sin(1000t + 50°) = 8\cos(1000t + 50° - 90°)$$
$$= 8\cos(1000t - 40°)$$

주파수 f는 ω로부터 다음과 같이 구할 수 있다.

$$f = \frac{\omega}{2\pi} = \frac{1000}{2\pi} = 159.155 \text{ Hz}$$

회로에 대한 *PSpice* 회로도를 그림 10.36에 나타냈다. 종속 전류원 F1은 전류가 그림 10.35의 회로와 동일하게 노드 0에서 노드 3으로 흐르도록 배선했음을 유의하라. 우리는 v_o와 i_o의 크기와 위상만을 필요로 하기 때문에 IPRINT 와 VPRINT1의 속성 *AC = yes*, *MAG = yes*, *PHASE = yes*로 설정한다. 단일 주파수 해석으로 **Analysis/Setup/AC Sweep**를 선택하고, *Total Pts = 1*, *Start Freq = 159.155*, *Final Freq = 159.155*를 입력한다. 이 회로도를 저장한 후 **Analysis/Simulate**를 선택하여 시뮬레이션을 수행한다. 출력 파일에는 다음과 같이 가상소자인 IPRINT와 VPRINT1에 계산된 값들과 함께 전원 주파수가 기록된다.

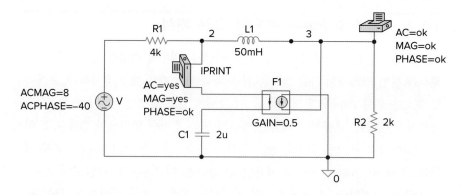

그림 10.36
예제 10.13: 그림 10.35 회로에 대한 도식도.

```
FREQ              IM(V_PRINT3)   IP(V_PRINT3)
1.592E+02         3.264E-03      -3.743E+01

FREQ              VM(3)          VP(3)
1.592E+02         1.550E+00      -9.518E+01
```

이 출력 파일로부터 전압과 전류를 구할 수 있다.

$$\mathbf{V}_o = 1.55\underline{/-95.18°}\ \text{V}, \qquad \mathbf{I}_o = 3.264\underline{/-37.43°}\ \text{mA}$$

이러한 페이저를 시간 영역으로 변환하면,

$$v_o = 1.55\cos(1000t - 95.18°) = 1.55\sin(1000t - 5.18°)\ \text{V}$$

그리고

$$i_o = 3.264\cos(1000t - 37.43°)\ \text{mA}$$

실전문제 10.13

그림 10.37의 회로에서 *PSpice*를 이용하여 v_o와 i_o를 구하라.

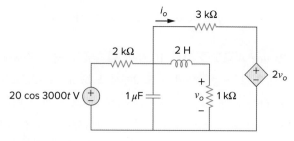

그림 10.37
실전문제 10.13.

답: $536.4\cos(3{,}000t - 154.6°)$ mV, $1.088\cos(3{,}000t - 55.12°)$ mA

그림 10.38의 회로에서 $\mathbf{V}_1$와 $\mathbf{V}_2$를 구하라.

풀이:

1. **정의하라.** 문제에 제시된 형태로부터 그 의미가 명확하게 파악된다. 즉 문제 파악을 제대로 해야 나중에 많은 시간과 비용을 절약할 수 있다. 만약 문제를 해결하는 판단 기준을 잃어버리면 문제 풀이 과정의 단계마다 무엇을 어떻게 해야 하는지에 대한 생각을 반복해야만 한다. 그렇게 할 수 없다면, 먼저 문제 풀이 과정을 추측한 다음 풀이 결과와 왜 그렇게 풀었는지를 명확하게 검토할 필요가 있다.

2. **제시하라.** 주어진 회로가 주파수 영역이고, 미지의 노드 전압 $\mathbf{V}_1$과 $\mathbf{V}_2$ 역시 주파수 영역의 값이다. 따라서 이 미지의 값을 주파수 영역에서 해석할 필요가 있다.

3. **대체방안을 고려하라.** 이 문제를 쉽게 풀 수 있는 두 가지 직접적인 풀이 방법이 있다. 직접적인 노드 해석법을 이용하거나 *PSpice*를 이용하는 것이다. *PSpice*를 이용하여 문제를 해결하는 방법에 대한 예제이므로, $\mathbf{V}_1$과 $\mathbf{V}_2$를 구하기 위해 *PSpice*를 이용한다. 그다음에 노드 해석을 이용하여 해를 검토할 수 있다.

4. **시도하라.** 그림 10.35의 회로는 시간 영역으로 구성되었지만 그림 10.38의 회로는 주파수 영역으로 구성되어 있다. *PSpice*에서는 주파수가 필요한데 그림의 회로에는 특별한 주파수가 주어지지 않았으므로 우리는 주어진 임피던스와 일치하는 임의의 주파수를 선택한다. 예를 들어 $\omega = 1$ rad/s를 선택하면 상응하는 주파수는 $f = \omega/2\pi = 0.15916$ Hz이다. 이에 의해 커패시턴스($C = 1/\omega X_C$)와 인덕턴스($L = X_L/\omega$)의 값을 얻을 수 있다. 이러한 변환의 결과로 그림 10.39와 같은 회로도를 그릴 수 있다. 배선을 쉽게 하기 위해 전압제어 전류원 G1과 $2 + j2\ \Omega$의 임피던스 위치를 바꾸었

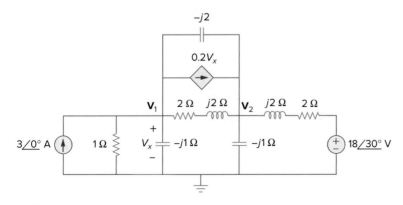

그림 10.38
예제 10.14.

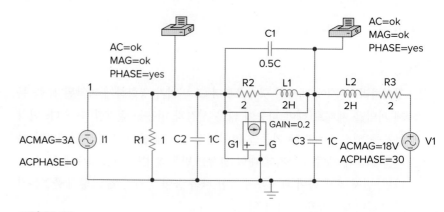

그림 10.39
예제 10.14: 그림 10.38 회로에 대한 도식도.

다. G1의 제어 전압은 그림 10.38에서 요구하는 것처럼 커패시터 C2의 양
단 전압이고, 전류는 노드 1에서 노드 3으로 흐른다는 것에 주의하라. 가
상소자 VPRINT1의 속성은 그림에서와 같이 설정되었다. 단일 주파수의
해석이므로 **Analysis/Setup/AC Sweep**를 선택하고 *Total Pts* = 1, *Start
Freq* = 0.15916, *Final Freq* = 0.15916을 입력했다. 이 회로도를 저장한
후 회로를 시뮬레이션하기 위해 **Analysis/Simulate**를 선택한다. 시뮬레이
션이 수행되면 출력 파일에는 다음 내용이 포함된다.

```
FREQ          VM(1)         VP(1)
1.592E-01     2.708E+00     -5.673E+01

FREQ          VM(3)         VP(3)
1.592E-01     4.468E+00     -1.026E+02
```

이상의 결과로부터 다음을 얻을 수 있다.

$$\mathbf{V}_1 = 2.708\underline{/-56.74°}\ \mathbf{V}, \quad \mathbf{V}_2 = 6.911\underline{/-80.72°}\ \mathbf{V}$$

5. **평가하라.** *PSpice*와 같은 프로그램을 사용할 때 알아야 할 가장 중요한
   사항 중 하나는 시뮬레이션 수행 결과를 검증할 필요가 있다는 것이다.
   *PSpice*는 미상의 버그에 의한 부정확한 결과와 같은 실수가 발생할 가능
   성이 많다.

   그렇다면 어떤 방법으로 이런 결과를 검증할 수 있을까? 같은 결과를
   확인하기 위해 노드 해석법, 그리고 필요하다면 *MATLAB*을 사용하여 문
   제를 다시 풀 수 있다. 여기서는 이와 다른 방법을 사용할 것이다. 노드 방
   정식을 세우고, *PSpice*로 얻은 해를 대입한 다음, 이것이 노드 방정식을 만
   족하는지를 확인하면 된다.

   이 회로의 노드 방정식은 다음과 같다. 종속 전원에 $\mathbf{V}_1 = \mathbf{V}_x$를 대입한
   것에 주목하라.

$$-3 + \frac{\mathbf{V}_1 - 0}{1} + \frac{\mathbf{V}_1 - 0}{-j1} + \frac{\mathbf{V}_1 - \mathbf{V}_2}{2 + j2} + 0.2\mathbf{V}_1 + \frac{\mathbf{V}_1 - \mathbf{V}_2}{-j2} = 0$$

$$(1 + j + 0.25 - j0.25 + 0.2 + j0.5)\mathbf{V}_1$$
$$- (0.25 - j0.25 + j0.5)\mathbf{V}_2 = 3$$

$$(1.45 + j1.25)\mathbf{V}_1 - (0.25 + j0.25)\mathbf{V}_2 = 3$$

$$1.9144\underline{/40.76°}\, \mathbf{V}_1 - 0.3536\underline{/45°}\, \mathbf{V}_2 = 3$$

이제 해를 검증하기 위해 *PSpice*에서 얻은 해를 위 식에 대입한다.

$$1.9144\underline{/40.76°} \times 2.708\underline{/-56.74°} - 0.3536\underline{/45°} \times 6.911\underline{/-80.72°}$$

$$= 5.184\underline{/-15.98°} - 2.444\underline{/-35.72°}$$

$$= 4.984 - j1.4272 - 1.9842 + j1.4269$$

$$= 3 - j0.0003 \qquad \text{[Answer checks]}$$

6. **만족하는가?** 해를 검증하기 위해 노드 1에서의 방정식만을 사용했지만, 이 방법은 *PSpice*에서 얻은 해로 정답을 검증하는 것 못지않게 만족스러운 것이다. 지금까지 문제를 해결하는 방법에 대해 설명했다.

그림 10.40의 회로에서 $\mathbf{V}_x$와 $\mathbf{I}_x$를 구하라.

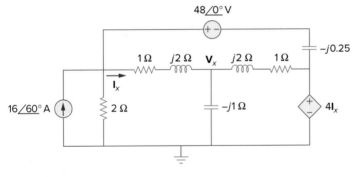

그림 10.40
실전문제 10.14.

답: $39.37\underline{/44.78°}$ V, $10.336\underline{/158°}$ A

10.9 †응용

이 장에서 배운 개념은 다음 장에서 전력을 계산하고 주파수 응답을 결정하는 데 적용하게 될 것이다. 이러한 개념은 또한 결합회로, 3상회로, 교류 트랜지스터 회로, 필터, 발진기 등의 교류회로를 해석하는 데 사용된다. 이 절에서는 이러한 개념을 커패시턴스 승산기와 정현파 발진기 같은 실제적인 교류회로를 해석하는 데 적용한다.

10.9.1   커패시턴스 승산기

그림 10.41의 연산증폭기 회로는 그림에서 명백히 알 수 있듯이 커패시턴스 승산기로 알려져 있다. 이 회로는 용량이 큰 커패시턴스가 필요할 때 작은 커패시턴스 C의 곱으로 산출하기 위해 적분회로 기법을 사용한다. 그림 10.41의 회로는 커패시턴스의 값을 1,000배까지 곱하는 데 사용할 수 있다. 예를 들면 10 pF 커패시터가 100 nF 커패시터와 같은 기능을 가지도록 만들 수 있다.

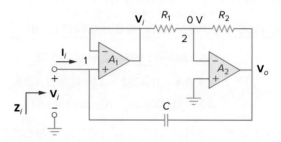

그림 10.41
커패시턴스 승산기.

그림 10.41에서 첫 번째 연산증폭기는 전압 추종기(follower)이고, 두 번째 연산증폭기는 반전증폭기로 동작한다. 전압 추종기는 반전증폭기에 의해 부하가 부가된 것과 같은 회로로 형성된 커패시턴스를 분리시킨다. 연산증폭기의 입력 단자로 유입되는 전류가 없기 때문에 입력 전류 $\mathbf{I}_i$는 궤환 커패시터를 통해 흐른다. 그러므로 노드 1에서,

$$\mathbf{I}_i = \frac{\mathbf{V}_i - \mathbf{V}_o}{1/j\omega C} = j\omega C(\mathbf{V}_i - \mathbf{V}_o) \tag{10.3}$$

노드 2에 KCL을 적용하면,

$$\frac{\mathbf{V}_i - 0}{R_1} = \frac{0 - \mathbf{V}_o}{R_2}$$

또는

$$\mathbf{V}_o = -\frac{R_2}{R_1}\mathbf{V}_i \tag{10.4}$$

식 (10.4)를 식 (10.3)에 대입하면,

$$\mathbf{I}_i = j\omega C\left(1 + \frac{R_2}{R_1}\right)\mathbf{V}_i$$

또는

$$\frac{\mathbf{I}_i}{\mathbf{V}_i} = j\omega\left(1 + \frac{R_2}{R_1}\right)C \tag{10.5}$$

입력 임피던스는

$$\mathbf{Z}_i = \frac{\mathbf{V}_i}{\mathbf{I}_i} = \frac{1}{j\omega C_{eq}} \tag{10.6}$$

여기서

$$C_{eq} = \left(1 + \frac{R_2}{R_1}\right)C \tag{10.7}$$

그러므로 그림 10.41의 연산증폭기 회로에서 R_1과 R_2의 값을 적절하게 선택함으로써, 입력 단자와 접지 사이에 실제 커패시턴스 C의 곱으로 주어지는 실효 커패시턴스를 만들 수 있다. 실효 커패시턴스의 크기는 반전된 출력 전압 한계에 의해서 실제적으로 제한된다. 그러므로 커패시턴스의 곱이 커질수록 연산증폭기의 포화를 방지하기 위해 허용 입력 전압이 작아진다.

　인덕턴스로 수행되는 연산증폭기 회로를 이와 유사하게 설계할 수도 있다 (문제 10.89 참조). 또한 저항 승산기를 만들기 위한 연산증폭기 회로도 있다.

예제 10.15

그림 10.41의 회로에서 $R_1 = 10\,k\Omega$, $R_2 = 1\,M\Omega$, $C = 1\,nF$일 때 C_{eq}를 구하라.

풀이:

식 (10.7)로부터

$$C_{eq} = \left(1 + \frac{R_2}{R_1}\right)C = \left(1 + \frac{1 \times 10^6}{10 \times 10^3}\right) 1\,nF = 101\,nF$$

실전문제 10.15

그림 10.41의 연산증폭기 회로에서 $R_1 = 10\,k\Omega$, $R_2 = 10\,M\Omega$, $C = 10\,nF$일 때 등가 커패시턴스를 구하라.

답: $10\,\mu F$

10.9.2 발진기

이미 알고 있듯이 직류는 배터리로부터 얻을 수 있다. 그런데 교류는 어떻게 만들 수 있을까? 교류를 만드는 한 가지 방법은 직류를 교류로 변환하는 회로인 발진기를 사용하는 것이다.

　발진기는 직류 입력을 공급할 때 출력이 교류 파형으로 발생하는 회로이다.

　발진기에 필요한 외부 전원은 직류 전원장치이다. 역설적으로 직류 전원장치는 보통 전력 회사에서 공급하는 교류를 직류로 변환하여 얻어진다. 이러한 전력 변환의 문제를 갖고 있음에도 불구하고, 직류를 교류로 다시 변환하기 위해 왜 발진기를 사용해야만 할까? 이는 전력 회사에서 공급하는 교류가 미리 설

60 Hz에 상응하는 각주파수는 $\omega = 2\pi f = 377$ rad/s이다.

정된 주파수(한국과 미국의 경우 60 Hz, 일부 다른 국가는 50 Hz)로 동작하는 데 반해, 전자회로나 통신 시스템, 고주파 소자 등의 많은 응용 분야에서 요구하는 발진주파수의 범위는 0~10 GHz 또는 그 이상의 높은 주파수이기 때문에 이러한 주파수를 발생시키는 데 발진기가 사용되는 것이다.

정현파 발진기의 지속적인 진동을 위해서는 바르크하우젠 조건(Barkhausen criteria)을 만족해야 한다.

1. 발진기의 전체 이득은 1 또는 그 이상이어야 한다. 따라서 손실을 증폭장치로 보상해야 한다.
2. 전체 위상이동(입력에서 출력까지 또는 출력에서 입력까지)은 반드시 0이 되어야 한다.

정현파 발진기의 일반적인 세 가지 형태는 위상이동, 트윈 T, 빈–브리지 발진기이다. 여기서는 빈–브리지 발진기만 살펴보자.

빈–브리지 발진기는 1 MHz 주파수 범위 내의 정현파를 발생시키는 데 광범위하게 사용한다. 이 발진기는 조정이 용이하고 디자인이 간단하며, 몇 개의 부품만으로 구성된 RC 연산증폭기 회로이다. 그림 10.42에 보듯이 발진기는 본질적으로 2개의 궤환 경로를 가진 비반전증폭기로 구성되어 있다. 비반전 입력의 정궤환 경로는 진동을 발생시키고, 반전 입력의 부궤환 경로는 이득을 제어한다. RC 직렬연결과 병렬연결의 임피던스를 각각 $\mathbf{Z}_s$와 $\mathbf{Z}_p$로 정의하면,

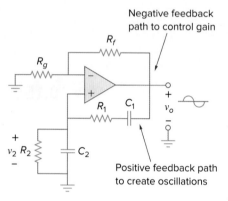

그림 10.42
빈–브리지 발진기.

$$\mathbf{Z}_s = R_1 + \frac{1}{j\omega C_1} = R_1 - \frac{j}{\omega C_1} \tag{10.8}$$

$$\mathbf{Z}_p = R_2 \| \frac{1}{j\omega C_2} = \frac{R_2}{1 + j\omega R_2 C_2} \tag{10.9}$$

궤환율은

$$\frac{\mathbf{V}_2}{\mathbf{V}_o} = \frac{\mathbf{Z}_p}{\mathbf{Z}_s + \mathbf{Z}_p} \tag{10.10}$$

식 (10.8)과 (10.9)를 식 (10.10)에 대입하면 다음과 같다.

$$\frac{\mathbf{V}_2}{\mathbf{V}_o} = \frac{R_2}{R_2 + \left(R_1 - \dfrac{j}{\omega C_1} \right)(1 + j\omega R_2 C_2)}$$

$$= \frac{\omega R_2 C_1}{\omega(R_2 C_1 + R_1 C_1 + R_2 C_2) + j(\omega^2 R_1 C_1 R_2 C_2 - 1)} \tag{10.11}$$

바르크하우젠의 두 번째 조건을 만족하기 위해 $\mathbf{V}_2$는 $\mathbf{V}_o$와 동상이 되어야 한다. 이는 식 (10.11)에서의 궤환율이 순수한 실수가 되어야 함을 의미한다. 그러므로 허수부는 0이 되어야 한다. 허수부를 0으로 놓으면 진동주파수 ω_o는 다음과 같다.

$$\omega_o^2 R_1 C_1 R_2 C_2 - 1 = 0$$

또는

$$\omega_o = \frac{1}{\sqrt{R_1 R_2 C_1 C_2}} \qquad \textbf{(10.12)}$$

대부분의 실제 응용에서는 $R_1 = R_2 = R$, $C_1 = C_2 = C$이므로,

$$\omega_o = \frac{1}{RC} = 2\pi f_o \qquad \textbf{(10.13)}$$

또는

$$\boxed{f_o = \frac{1}{2\pi RC}} \qquad \textbf{(10.14)}$$

식 (10.13)과 $R_1 = R_2 = R$, $C_1 = C_2 = C$를 식 (10.11)에 대입하면,

$$\frac{\mathbf{V}_2}{\mathbf{V}_o} = \frac{1}{3} \qquad \textbf{(10.15)}$$

그러므로 바르크하우젠의 첫 번째 조건을 만족하기 위해 연산증폭기는 3 이상의 이득을 갖도록 함에 의해 보상되어 전체 이득이 최소한 1이 된다. 비반전증폭기 수식으로부터,

$$\frac{\mathbf{V}_o}{\mathbf{V}_2} = 1 + \frac{R_f}{R_g} = 3 \qquad \textbf{(10.16)}$$

또는

$$R_f = 2R_g \qquad \textbf{(10.17)}$$

연산증폭기는 고유한 지연을 갖고 있기 때문에 빈-브리지 발진기는 1 MHz 이하의 주파수 범위로 동작이 제한된다.

예제 10.16

100 kHz에서 발진하는 빈-브리지 회로를 설계하라.

풀이:

식 (10.14)에 의해 회로의 시상수는 다음과 같다.

$$RC = \frac{1}{2\pi f_o} = \frac{1}{2\pi \times 100 \times 10^3} = 1.59 \times 10^{-6} \qquad \textbf{(10.16.1)}$$

$R = 10$ kΩ을 선택했다면 식 (10.16.1)을 만족하기 위해 $C = 159$ pF을 선택할 수 있다. 이득을 3으로 해야 하기 때문에 R_f/R_g는 2가 된다. 따라서 $R_g = 10$ kΩ일 때 $R_f = 20$ kΩ을 선택할 수 있다.

실전문제 10.16

그림 10.42의 빈-브리지 발진회로에서 $R_1 = R_2 = 2.5$ kΩ, $C_1 = C_2 = 1$ nF일 때 발진기의 발진주파수 f_o를 구하라.

답: 63.66 kHz

10.10   요약

1. 회로의 페이저 형태에서 KCL과 KVL을 적용함으로써 교류회로에 노드 해석과 메시 해석을 적용할 수 있다.

2. 서로 다른 주파수를 가진 독립 전원이 포함된 회로의 정상상태 응답을 구하려면 각각의 독립 전원을 분리해서 생각해야 한다. 이와 같은 회로를 해석할 때 가장 좋은 접근 방법은 중첩의 정리를 적용하는 것이다. 각 주파수별로 분리한 페이저 회로는 독립적으로 해석하고 이에 대응하는 응답은 시간 영역에서 구해야 한다. 따라서 전체 응답은 각각의 페이저 회로에 대한 시간 영역 응답의 합으로 이루어진다.

3. 전원 변환의 개념은 주파수 영역에도 적용할 수 있다.

4. 교류회로의 테브냉 등가회로는 전압원 $\mathbf{V}_{Th}$와 테브냉 임피던스 $\mathbf{Z}_{Th}$로 이루어진다.

5. 교류회로의 노턴 등가회로는 전류원 $\mathbf{I}_N$과 노턴 임피던스 $\mathbf{Z}_N(=\mathbf{Z}_{Th})$으로 이루어진다.

6. PSpice는 교류회로 문제를 해결하는 데 간단하고 강력한 도구이다. PSpice는 정상상태 해석에 필요한 복소수의 계산을 용이하게 하도록 지원한다.

7. 이 장의 개념을 설명하기 위해 전형적인 응용인 커패시턴스 승산기와 교류 발진기를 제시했다. 커패시턴스 승산기는 물리적인 커패시턴스의 곱을 발생시키는 데 사용하는 연산증폭기 회로이고, 발진기는 직류 입력을 교류 출력으로 발생시키는 데 사용하는 장치이다.

복습문제

10.1 그림 10.43의 회로에서 커패시터의 양단 전압 $\mathbf{V}_o$는?

(a) $5\underline{/0°}$ V   (b) $7.071\underline{/45°}$ V

(c) $7.071\underline{/-45°}$ V   (d) $5\underline{/-45°}$ V

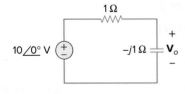

그림 10.43
복습문제 10.1.

10.2 그림 10.44의 회로에서 전류 $\mathbf{I}_o$는?

(a) $4\underline{/0°}$ A   (b) $2.4\underline{/-90°}$ A

(c) $0.6\underline{/0°}$ A   (d) -1 A

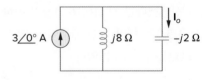

그림 10.44
복습문제 10.2.

10.3 그림 10.45의 회로에서 노드 해석법을 이용하여 $\mathbf{V}_o$를 구하면?

    (a) −24 V   (b) −8 V

    (c) 8 V   (d) 24 V

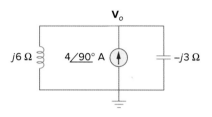

그림 10.45
복습문제 10.3.

10.4 그림 10.46의 회로에서 전류 $i(t)$는?

    (a) 10 cos t A   (b) 10 sin t A   (c) 5 cos t A

    (d) 5 sin t A   (e) 4.472 cos(t − 63.43°) A

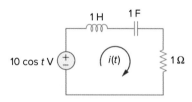

그림 10.46
복습문제 10.4.

10.5 그림 10.47의 회로에서 2개의 전원은 같은 주파수가 아니다. 전류 $i_x(t)$를 다음 중 어떤 방법으로 구할 수 있는가?

    (a) 전원 변환

    (b) 중첩의 정리

    (c) *PSpice*

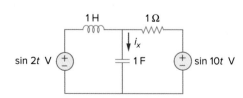

그림 10.47
복습문제 10.5.

10.6 그림 10.48의 회로에서 단자 *a-b*에서의 테브냉 임피던스는?

    (a) 1 Ω   (b) 0.5 − j0.5 Ω

    (c) 0.5 + j0.5 Ω   (d) 1 + j2 Ω

    (e) 1 − j2 Ω

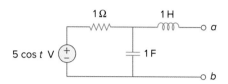

그림 10.48
복습문제 10.6과 10.7.

10.7 그림 10.48의 회로에서 단자 *a-b*에서의 테브냉 전압은?

    (a) 3.535$\underline{/−45°}$ V   (b) 3.535$\underline{/45°}$ V

    (c) 7.071$\underline{/−45°}$ V   (d) 7.071$\underline{/45°}$ V

10.8 그림 10.49의 회로에서 단자 *a-b*에서의 노턴 등가 임피던스는?

    (a) −j4 Ω   (b) −j2 Ω

    (c) j2 Ω   (d) j4 Ω

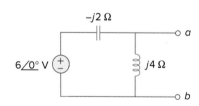

그림 10.49
복습문제 10.8과 10.9.

10.9 그림 10.49의 회로에서 단자 *a-b*에서의 노턴 전류는?

    (a) 1$\underline{/0°}$ A   (b) 1.5$\underline{/−90°}$ A

    (c) 1.5$\underline{/90°}$ A   (d) 3$\underline{/90°}$ A

10.10 *PSpice*는 다른 주파수의 독립적인 전원 2개를 가진 회로를 다룰 수 있다.

    (a) 참   (b) 거짓

답: *10.1c, 10.2a, 10.3d, 10.4a, 10.5b, 10.6c, 10.7a, 10.8a, 10.9d, 10.10b*

문제

10.2절 노드 해석

10.1 그림 10.50의 회로에서 i를 구하라.

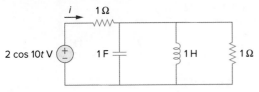

그림 10.50
문제 10.1.

10.2 그림 10.51을 이용하여 다른 학생들이 노드 해석을 더 **e⦿d** 잘 이해하도록 도와주는 문제를 설계하라.

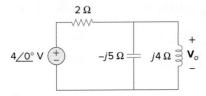

그림 10.51
문제 10.2.

10.3 그림 10.52의 회로에서 v_o를 구하라.

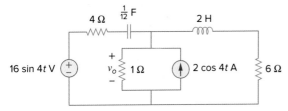

그림 10.52
문제 10.3.

10.4 그림 10.53의 회로에서 $v_o(t)$를 구하라.

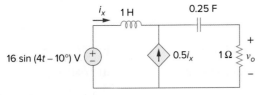

그림 10.53
문제 10.4.

10.5 그림 10.54의 회로에서 i_o를 구하라.

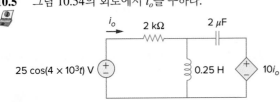

그림 10.54
문제 10.5.

10.6 그림 10.55의 회로에서 $\mathbf{V}_x$를 구하라.

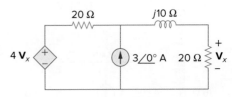

그림 10.55
문제 10.6.

10.7 그림 10.56의 회로에서 노드 해석을 이용하여 $\mathbf{V}$를 구하라.

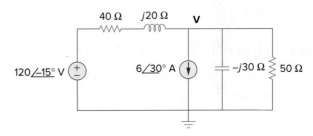

그림 10.56
문제 10.7.

10.8 그림 10.57의 회로에서 노드 해석을 이용하여 i_o를 구하 **ML** 라. $i_s = 6\cos(200t + 15°)$ A이다.

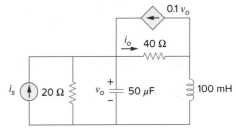

그림 10.57
문제 10.8.

10.9 그림 10.58의 회로에서 노드 해석을 이용하여 전압 v_o를 **ML** 구하라.

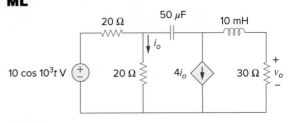

그림 10.58
문제 10.9.

10.10 그림 10.59의 회로에서 노드 해석을 이용하여 전압 v_o를 구하라. ω는 2 krad/s이다.

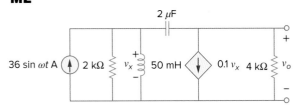

그림 10.59
문제 10.10.

10.11 그림 10.60의 회로에서 노드 해석을 이용하여 전류 $i_o(t)$를 구하라.

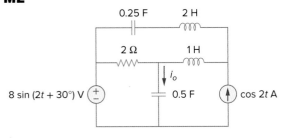

그림 10.60
문제 10.11.

10.12 그림 10.61을 이용하여 다른 학생들이 노드 해석을 더 잘 이해하도록 도와주는 문제를 설계하라.

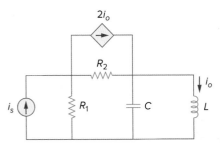

그림 10.61
문제 10.12.

10.13 그림 10.62의 회로에서 원하는 회로 해석법을 이용하여 $\mathbf{V}_x$를 구하라.

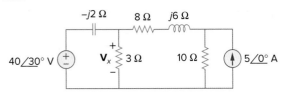

그림 10.62
문제 10.13.

10.14 그림 10.63의 회로에서 노드 해석을 이용하여 노드 1과 2 사이의 전압을 구하라.

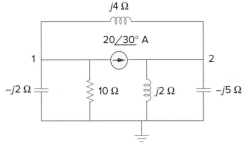

그림 10.63
문제 10.14.

10.15 그림 10.64의 회로에서 노드 해석을 이용하여 전류 $\mathbf{I}$를 구하라.

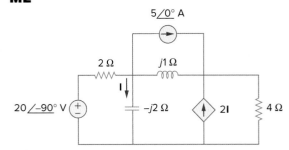

그림 10.64
문제 10.15.

10.16 그림 10.65의 회로에서 노드 해석을 이용하여 $\mathbf{V}_x$를 구하라.

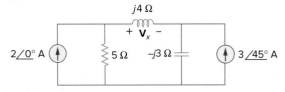

그림 10.65
문제 10.16.

10.17 그림 10.66의 회로에서 노드 해석을 이용하여 전류 $\mathbf{I}_o$를 구하라.

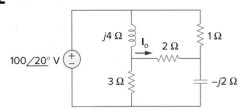

그림 10.66
문제 10.17.

10.18 그림 10.67의 회로에서 노드 해석을 이용하여 $\mathbf{V}_o$를 구하라.

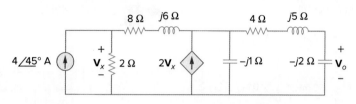

그림 10.67
문제 10.18.

10.19 그림 10.68의 회로에서 노드 해석을 이용하여 전압 $\mathbf{V}_o$를 구하라.

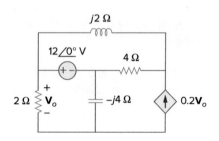

그림 10.68
문제 10.19.

10.20 그림 10.69의 회로에서 $v_s(t) = V_m \sin \omega t$이고 $v_o(t) = A \sin(\omega t + \phi)$일 때, A와 ϕ를 유도하라.

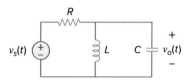

그림 10.69
문제 10.20.

10.21 그림 10.70의 각 회로에서 $\omega = 0$, $\omega \to \infty$, $\omega^2 = 1/LC$일 때 $\mathbf{V}_o/\mathbf{V}_i$를 구하라.

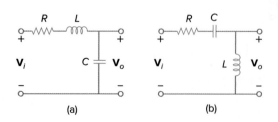

그림 10.70
문제 10.21.

10.22 그림 10.71의 회로에서 $\mathbf{V}_o/\mathbf{V}_s$를 구하라.

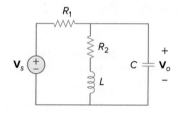

그림 10.71
문제 10.22.

10.23 그림 10.72의 회로에서 노드 해석을 이용하여 $\mathbf{V}$를 구하라.

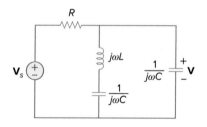

그림 10.72
문제 10.23.

10.3절 메시 해석

10.24 다른 학생들이 메시 해석을 더 잘 이해하도록 도와주는 문제를 설계하라.

10.25 그림 10.73의 회로에서 메시 해석을 이용하여 i_o를 구하라.

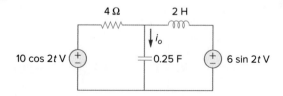

그림 10.73
문제 10.25.

10.26 그림 10.74의 회로에서 메시 해석을 이용하여 전류 i_o를 구하라.

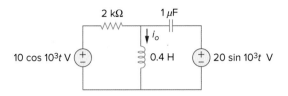

그림 10.74
문제 10.26.

10.27 그림 10.75의 회로에서 메시 해석을 이용하여 $\mathbf{I}_1$과 $\mathbf{I}_2$를 구하라.
ML

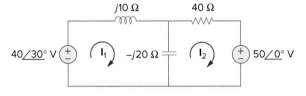

그림 10.75
문제 10.27.

10.28 그림 10.76의 회로에서 메시 전류 i_1과 i_2를 구하라. $v_1 =$ 10 cos 4t V, $v_2 =$ 20 cos (4t − 30°) V이다.
ML

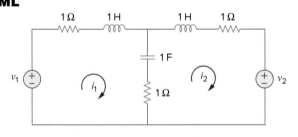

그림 10.76
문제 10.28.

10.29 그림 10.77을 이용하여 다른 학생들이 메시 해석을 더 **e⌬d** 잘 이해하도록 도와주는 문제를 설계하라.

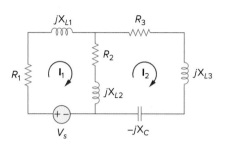

그림 10.77
문제 10.29.

10.30 그림 10.78의 회로에서 메시 해석을 이용하여 v_o를 구하라. 여기서 $v_{s1} =$ 120 cos(100t + 90°) V, $v_{s2} =$ 80 cos 100t V 이다.
ML

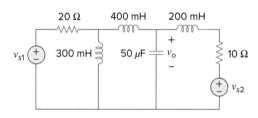

그림 10.78
문제 10.30.

10.31 그림 10.79의 회로에서 메시 해석을 이용하여 전류 $\mathbf{I}_o$를 구하라.
ML

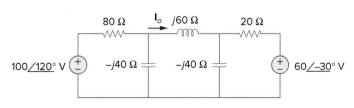

그림 10.79
문제 10.31.

10.32 그림 10.80의 회로에서 메시 해석을 이용하여 전압 $\mathbf{V}_o$ 와 전류 $\mathbf{I}_o$를 구하라.

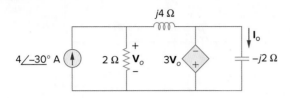

그림 10.80
문제 10.32.

10.33 메시 해석을 이용하여 문제 10.15를 다시 풀라.

10.34 그림 10.28(예제 10.10)의 회로에서 메시 해석을 이용하여 전류 $\mathbf{I}_o$를 구하라.

10.35 그림 10.30(실전문제 10.10)의 회로에서 메시 해석을 이용하여 전류 $\mathbf{I}_o$를 구하라.

10.36 그림 10.81의 회로에서 메시 해석을 이용하여 전압 $\mathbf{V}_o$를 구하라.

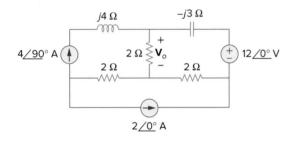

그림 10.81
문제 10.36.

10.37 그림 10.82의 회로에서 메시 해석을 이용하여 전류 $\mathbf{I}_1$, $\mathbf{I}_2$, $\mathbf{I}_3$를 구하라.

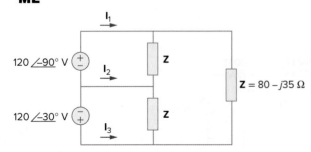

그림 10.82
문제 10.37.

10.38 그림 10.83의 회로에서 메시 해석을 이용하여 $\mathbf{I}_o$를 구하라.

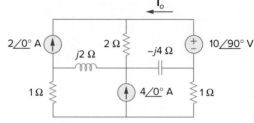

그림 10.83
문제 10.38.

10.39 그림 10.84의 회로에서 전류 $\mathbf{I}_1$, $\mathbf{I}_2$, $\mathbf{I}_3$, $\mathbf{I}_x$를 구하라.

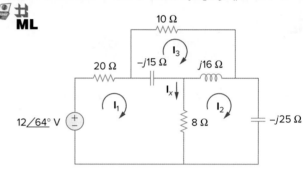

그림 10.84
문제 10.39.

10.4절 중첩의 정리

10.40 그림 10.85의 회로에서 중첩의 정리를 이용하여 i_o를 구하라.

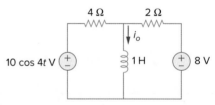

그림 10.85
문제 10.40.

10.41 그림 10.86의 회로에서 $v_s = [6\cos(2t) + 4\sin(4t)]$ V 일 때 v_o를 구하라.

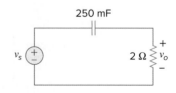

그림 10.86
문제 10.41.

10.42 그림 10.87을 이용하여 다른 학생들이 중첩의 정리를
e🎓d 더 잘 이해하도록 도와주는 문제를 설계하라.

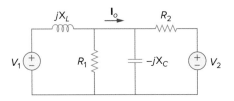

그림 10.87
문제 10.42.

10.43 그림 10.88의 회로에서 중첩의 정리를 이용하여 i_x를 구하라.

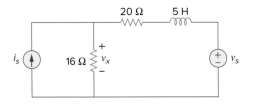

그림 10.88
문제 10.43.

10.44 그림 10.89의 회로에서 중첩의 정리를 이용하여 v_x를 구하라. $v_s = 50 \sin 2t$ V, $i_s = 12 \cos(6t + 10°)$ A이다.

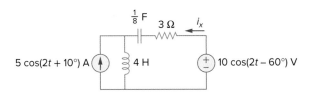

그림 10.89
문제 10.44.

10.45 그림 10.90의 회로에서 중첩의 정리를 이용하여 $i(t)$를 구하라.

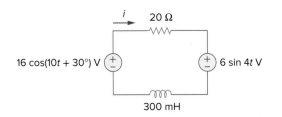

그림 10.90
문제 10.45.

10.46 그림 10.91의 회로에서 중첩의 정리를 이용하여 $v_o(t)$를 구하라.

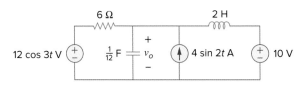

그림 10.91
문제 10.46.

10.47 그림 10.92의 회로에서 중첩의 정리를 이용하여 i_o
🖥⚙ML 를 구하라.

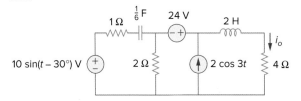

그림 10.92
문제 10.47.

10.48 그림 10.93의 회로에서 중첩의 정리를 이용하여 i_o
🖥⚙ML 를 구하라.

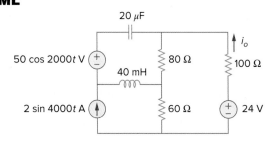

그림 10.93
문제 10.48.

10.5절 전원 변환

10.49 그림 10.94의 회로에서 전원 변환을 이용하여 i를 구하라.

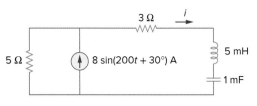

그림 10.94
문제 10.49.

10.50 그림 10.95를 이용하여 다른 학생들이 전원 변환을 더 잘 이해하도록 도와주는 문제를 설계하라.

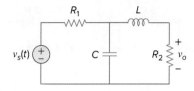

그림 10.95
문제 10.50.

10.51 그림 10.87의 회로에서 전원 변환을 이용하여 I_o를 구하라.

10.52 그림 10.96의 회로에서 전원 변환을 이용하여 I_x를 구하라.

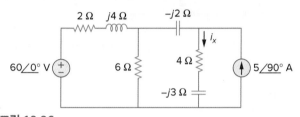

그림 10.96
문제 10.52.

10.53 그림 10.97의 회로에서 전원 변환을 이용하여 V_o를 구하라.

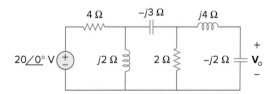

그림 10.97
문제 10.53.

10.54 전원 변환을 이용하여 문제 10.7을 다시 풀라.

10.6절   테브냉 등가회로와 노턴 등가회로

10.55 그림 10.98의 각 회로에서 단자 a-b에서의 테브냉 및 노턴 등가회로를 구하라.

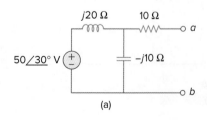

(a)

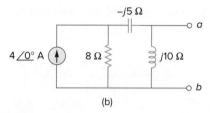

(b)

그림 10.98
문제 10.55.

10.56 그림 10.99의 각 회로에서 단자 a-b에서의 테브냉 및 노턴 등가회로를 구하라.

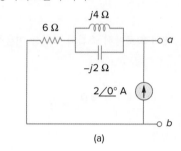

(a)

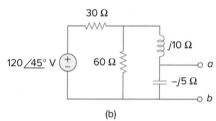

(b)

그림 10.99
문제 10.56.

10.57 그림 10.100을 이용하여 다른 학생들이 테브냉 및 노턴 등가회로를 더 잘 이해하도록 도와주는 문제를 설계하라.

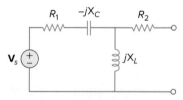

그림 10.100
문제 10.57.

10.58 그림 10.101의 회로에서 단자 a-b에서의 테브냉 등가회로를 구하라.

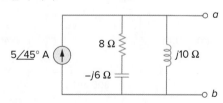

그림 10.101
문제 10.58.

10.59 그림 10.102의 회로에서 출력 임피던스를 구하라.

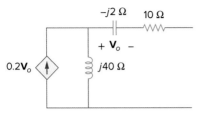

그림 10.102
문제 10.59.

10.60 그림 10.103의 회로에서 다음 단자에서의 테브냉 등가
회로를 구하라.

(a) 단자 *a-b*   (b) 단자 *c-d*

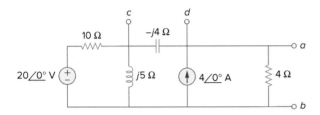

그림 10.103
문제 10.60.

10.61 그림 10.104의 회로에서 단자 *a-b*에서의 테브냉 등
가회로를 구하라.
ML

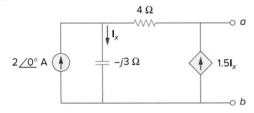

그림 10.104
문제 10.61.

10.62 그림 10.105의 회로에서 테브냉의 정리를 이용하여 v_o
를 구하라.

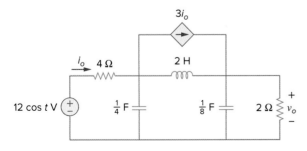

그림 10.105
문제 10.62.

10.63 그림 10.106의 회로에서 단자 *a-b*에서의 노턴 등가회로
를 구하라.

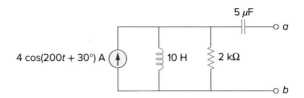

그림 10.106
문제 10.63.

10.64 그림 10.107의 회로에서 단자 *a-b*에서의 노턴 등가회로
를 구하라.

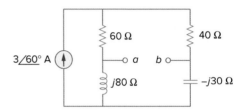

그림 10.107
문제 10.64.

10.65 그림 10.108을 이용하여 다른 학생들이 노턴 등가회로
를 더 잘 이해하도록 도와주는 문제를 설계하라.

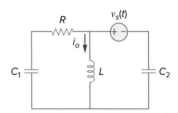

그림 10.108
문제 10.65.

10.66 그림 10.109의 회로에서 단자 *a-b*에서의 테브냉 및 노
턴 등가회로를 구하라. $\omega = 10$ rad/s이다.

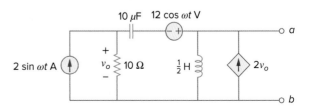

그림 10.109
문제 10.66.

10.67 그림 10.110의 회로에서 단자 a-b에서의 테브냉 및 노
ML 턴 등가회로를 구하라.

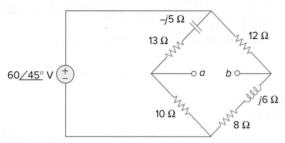

그림 10.110
문제 10.67.

10.68 그림 10.111의 회로에서 단자 a-b에서의 테브냉 등가회
ML 로를 구하라.

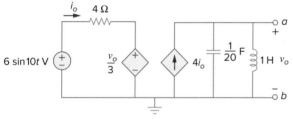

그림 10.111
문제 10.68.

10.7절 교류에서의 연산증폭기 회로

10.69 그림 10.112의 미분기에서 $\mathbf{V}_o/\mathbf{V}_s$를 구하라. 그리고
$v_s(t) = \mathbf{V}_m \sin \omega t$, $\omega = 1/RC$일 때 $v_o(t)$를 구하라.

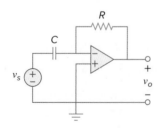

그림 10.112
문제 10.69.

10.70 그림 10.113을 이용하여 다른 학생들이 교류회로 연산
e2d 증폭기를 더 잘 이해하도록 도와주는 문제를 설계하라.

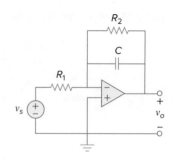

그림 10.113
문제 10.70.

10.71 그림 10.114의 연산증폭기 회로에서 v_o를 구하라.

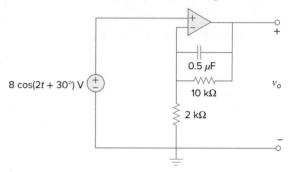

그림 10.114
문제 10.71.

10.72 그림 10.115의 연산증폭기 회로에서 $v_s = 4 \cos(10^4 t)$ V
일 때 $i_o(t)$를 구하라.

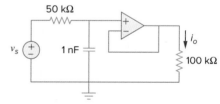

그림 10.115
문제 10.72.

10.73 입력 임피던스가 $\mathbf{Z}_{in} = \mathbf{V}_s/\mathbf{I}_s$로 정의될 때, 그림 10.116
의 연산증폭기 회로에서 입력 임피던스를 구하라. R_1
$= 10$ kΩ, $R_2 = 20$ kΩ, $C_1 = 10$ nF, $C_2 = 20$ nF, $\omega = $
5000 rad/s이다.

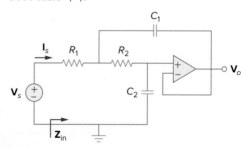

그림 10.116
문제 10.73.

10.74 그림 10.117의 연산증폭기 회로에서 전압이득 $A_v = V_o/V_s$를 구하라. 그리고 $\omega = 0$, $\omega \to \infty$, $\omega = 1/R_1C_1$ 와 $\omega = 1/R_2C_2$ 일 때 A_v를 구하라.

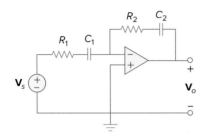

그림 10.117
문제 10.74.

10.75 그림 10.118의 연산증폭기 회로에서 $C_1 = C_2 = 1$ nF, $R_1 = R_2 = 100$ kΩ, $R_3 = 20$ kΩ, $R_4 = 40$ kΩ, $\omega = 2000$ rad/s일 때, 입력 전압에 대한 출력 전압의 폐루프 이득과 위상이동을 구하라.

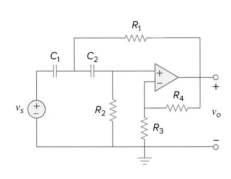

그림 10.118
문제 10.75.

10.76 그림 10.119의 연산증폭기 회로에서 V_o와 I_o를 구하라.

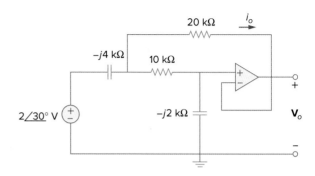

그림 10.119
문제 10.76.

10.77 그림 10.120의 연산증폭기 회로에서 폐루프 이득 V_o/V_s를 구하라.

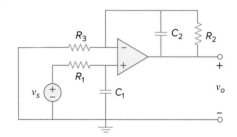

그림 10.120
문제 10.77.

10.78 그림 10.121의 연산증폭기 회로에서 $v_o(t)$를 구하라.

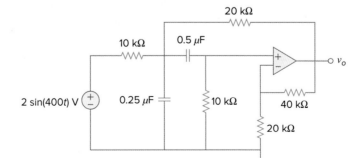

그림 10.121
문제 10.78.

10.79 그림 10.122의 연산증폭기 회로에서 $\mathbf{V}_o$를 구하라.

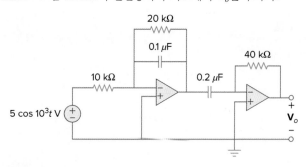

그림 10.122
문제 10.79.

10.80 그림 10.123의 연산증폭기 회로에서 $v_s = 4 \cos(1000t - 60°)$ V일 때 $v_o(t)$를 구하라.

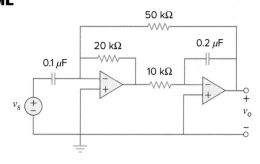

그림 10.123
문제 10.80.

10.8절 *PSpice*를 이용한 교류 해석

10.81 그림 10.124의 회로에서 *PSpice* 또는 *MultiSim*을 이용하여 $\mathbf{V}_o$를 구하라. $\omega = 1$ rad/s이다.

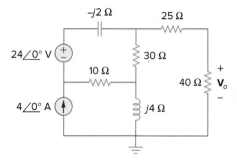

그림 10.124
문제 10.81.

10.82 *PSpice* 또는 *MultiSim*을 이용하여 문제 10.19를 다시 풀라.

10.83 그림 10.125의 회로에서 *PSpice* 또는 *MultiSim*을 이용하여 $v_o(t)$를 구하라. $i_s = 2 \cos(10^3 t)$ A이다.

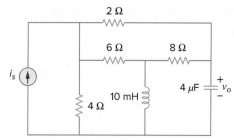

그림 10.125
문제 10.83.

10.84 그림 10.126의 회로에서 *PSpice* 또는 *MultiSim*을 이용하여 $\mathbf{V}_o$를 구하라.

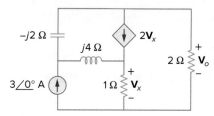

그림 10.126
문제 10.84.

10.85 그림 10.127을 이용하여 다른 학생들이 *PSpice* 또는 *MultiSim*에 의한 교류 해석을 더 잘 이해하도록 도와주는 문제를 설계하라.

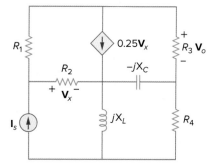

그림 10.127
문제 10.85.

10.86 그림 10.128의 회로에서 *PSpice* 또는 *MultiSim*을 이용하여 $\mathbf{V}_1$, $\mathbf{V}_2$, $\mathbf{V}_3$를 구하라.

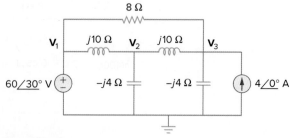

그림 10.128
문제 10.86.

10.87 그림 10.129의 회로에서 *PSpice* 또는 *MultiSim*을 이용하여 $\mathbf{V}_1$, $\mathbf{V}_2$, $\mathbf{V}_3$를 구하라.

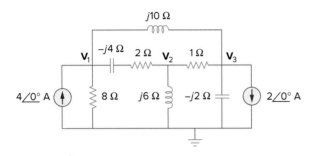

그림 10.129
문제 10.87.

10.88 그림 10.130의 회로에서 *PSpice* 또는 *MultiSim*을 이용하여 v_o와 i_o를 구하라.

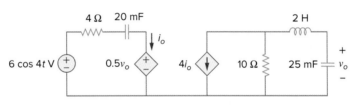

그림 10.130
문제 10.88.

10.9절　응용

10.89 인덕턴스 시뮬레이터라 불리는 그림 10.131의 연산증폭기 회로에서 입력 임피던스가 다음 식과 같이 주어진다는 것을 보여라.

$$\mathbf{Z}_{in} = \frac{\mathbf{V}_{in}}{\mathbf{I}_{in}} = j\omega L_{eq}$$

여기서

$$L_{eq} = \frac{R_1 R_3 R_4}{R_2 C}$$

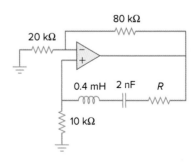

그림 10.131
문제 10.89.

10.90 그림 10.132는 빈-브리지 회로이다. 입력과 출력 신호 사이의 위상이동이 0일 때 주파수는 $f = \frac{1}{2\pi}RC$이고, 그 주파수에서 필요한 이득은 $\mathbf{A}_v = \mathbf{V}_o/\mathbf{V}_i = 3$이라는 것을 보여라.

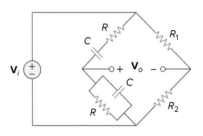

그림 10.132
문제 10.90.

10.91 그림 10.133의 발진기에서

(a) 발진 주파수를 구하라.

(b) 발진이 일어나는 R의 최소값을 구하라.

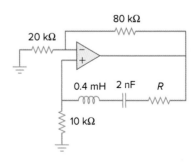

그림 10.133
문제 10.91.

10.92 그림 10.134의 발진기 회로는 이상적인 연산증폭기를 사용했다.

(a) 발진이 일어나는 R_o의 최소값을 구하라.

(b) 발진주파수를 구하라.

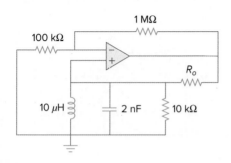

그림 10.134
문제 10.92.

10.93 그림 10.135는 **콜피츠(Colpitts)** 발진기를 나타낸 것이다. 발진주파수가 다음과 같다는 것을 증명하라. (**힌트:** 궤환회로에서 임피던스의 허수부를 0으로 놓는다.)

$$f_o = \frac{1}{2\pi \sqrt{LC_T}}$$

이때 $C_T = C_1 C_2/(C_1 + C_2)$이고 $R_i \gg X_{C_2}$ 이다.

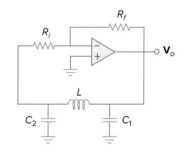

그림 10.135
문제 10.93.

10.94 50 kHz에서 동작하는 콜피츠 발진기를 설계하라.

10.95 그림 10.136은 **하틀리(Hartley)** 발진기를 나타낸 것이다. 발진주파수가 다음과 같다는 것을 증명하라.

$$f_o = \frac{1}{2\pi \sqrt{C(L_1 + L_2)}}$$

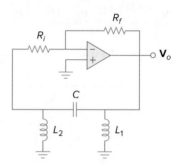

그림 10.136
문제 10.95: 하틀리 발진기

10.96 그림 10.137의 발진기에서 다음을 풀라.

(a) $\dfrac{\mathbf{V}_2}{\mathbf{V}_o} = \dfrac{1}{3 + j(\omega L/R - R/\omega L)}$ 임을 보여라.

(b) 발진주파수 f_o를 구하라.

(c) 발진이 일어나기 위한 R_1과 R_2의 관계를 구하라.

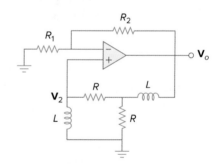

그림 10.137
문제 10.96.

교류전력 해석

AC Power Analysis

이미 내뱉은 말, 시위를 떠난 화살, 흘러간 시간, 무심코 흘려버린 기회 등은 다시 되돌릴 수 없다.

—Omar Ibn Al-Halif

경력 향상하기

전력 시스템 분야의 경력

1831년 마이클 패러데이가 발견한 교류 발전기의 원리는 공학 분야를 획기적으로 발전시킨 주된 연구 성과 중 하나였다. 이러한 교류 발전기는 지금 우리가 사용하고 있는 모든 전자, 전기, 전기기계 장치 등에 필요한 전력을 발생시키는 편리한 방법을 제공했다.

전력은 화석 연료(가스, 석유, 석탄), 핵연료(우라늄), 수력(물의 낙차 에너지), 지열 에너지(뜨거운 물, 증기), 풍력, 조력, 생물 자원 에너지(동식물의 폐기물) 등으로부터 에너지를 변환하여 얻는다. 이렇게 전력을 발생시키는 다양한 방법은 전기공학의 필수 교과 과정인 전력공학 분야에서 상세히 다룬다. 따라서 전기공학 기술자는 전력의 해석, 발전, 송전, 배전, 생산 비용 등에 관한 숙련된 지식이 필요하다.

전력 산업은 수많은 전기공학 기술자를 필요로 한다. 이러한 산업은 광범위한 지역에서 상호 연결된 전력망을 통해 전력을 공급하는 대형 전력 회사에서부터 개별 기업 또는 공장에 공급하는 소규모 전력 회사에 이르기까지 수많은 전력 회사를 포함하고 있다. 이러한 전력 산업의 복잡성 때문에 산업의 여러 분야—발전소(발전), 송전·배전, 유지·보수, 연구, 디지털 계측과 전력 제어, 전력 시스템 운용 등—에서 수많은 전기공학 관련 직업이 창출된다. 이제 전력은 어디에서나 사용되고 전력 회사도 어디에나 있는 기간 산업이 되었기 때문에 전 세계에 걸쳐 수천 개의 관련 기관에서 남녀를 불문하고 활발한 교육 훈련을 진행하고 있으며, 경제의 부침에 관계없이 매우 안정된 일자리를 제공하는 산업이 되었다.

저전력 극형 변압기, 3선 분배 시스템.
Dennis Wise/Getty Images

학습목표

본 장에서 제시된 정보와 연습문제를 사용함으로써 다음 능력을 배양할 수 있다.

1. 순시전력과 평균전력을 완전히 이해할 수 있다.
2. 최대 평균전력의 기초를 이해할 수 있다.
3. 유효값 또는 rms 값 및 이를 계산하는 방법과 그 중요성을 이해할 수 있다.
4. 피상전력(복소전력), 전력, 무효전력과 역률을 이해할 수 있다.
5. 역률 보정과 그 사용의 중요성을 이해할 수 있다.

11.1   서론

이제까지 교류회로를 해석하면서 주로 전압과 전류를 계산하는 데 초점을 맞추었지만 이 장에서는 전력의 해석에 대해 설명할 것이다.

전기 설비, 전자 및 통신 시스템은 한 곳에서 다른 곳으로 전력을 전송함으로써 동작하는 것이기 때문에 전력의 물리량을 아는 것이 매우 중요하다. 따라서 이러한 시스템에서 가장 중요한 것은 전력의 해석이다. 또한 모든 산업용 및 가정용 전기장치—모든 종류의 팬(fan), 전동기, 전구, 다리미, TV, PC—는 각 장치에 필요한 전력량의 크기를 나타내는 정격전력이 있는데, 이러한 정격전력을 초과하면 기기는 복구 불능의 영구적인 충격을 받을 수도 있다. 가장 일반적인 전력의 형태는 50 또는 60 Hz의 교류전력이다. 직류보다 교류를 선택하는 이유는 발전소로부터 수용가로의 고전압 전력 전송을 가능하게 하기 때문이다.

여기서는 순시전력(instantaneous power)과 평균전력(average power)을 정의하고 관계식을 유도한다. 그런 다음 또 다른 전력의 개념을 소개할 것이다. 이러한 개념의 실용적인 응용 측면에서 전력의 측정 방법에 대해 공부하고, 전력 회사가 사용자에게 어떤 방식으로 요금을 청구하는지에 대해서도 다시 생각해볼 기회를 가질 것이다.

11.2   순시전력과 평균전력

2장에서 언급한 바와 같이 회로소자에서 소비되는 순시전력 $p(t)$는 그 소자의 양단에 인가된 순시전압 $v(t)$와 그 소자를 도통하는 순시전류 $i(t)$를 곱한 것이다. 수동부호규정에 따라 전력은 다음과 같다.

$$p(t) = v(t)i(t) \tag{11.1}$$

순시전력(단위는 W)은 어떤 임의 시점에서의 전력이다.

이 전력은 어떤 소자에서 소비되는 에너지의 비율이다.

그림 11.1에서 보는 바와 같이 임의의 소자로 구성된 회로에 정현파가 인가
될 때 소비되는 일반적인 경우의 순시전력을 생각해보자. 이 회로의 단자 전압
과 전류가 다음과 같다고 하자.

$$v(t) = V_m \cos(\omega t + \theta_v) \tag{11.2a}$$

$$i(t) = I_m \cos(\omega t + \theta_i) \tag{11.2b}$$

여기서 V_m, I_m은 각각 전압과 전류의 크기(또는 최대값)이고, θ_v, θ_i는 이것들의
위상각(phase angle)이다. 이때 회로에서 소비되는 순시전력은 다음과 같다.

$$p(t) = v(t)i(t) = V_m I_m \cos(\omega t + \theta_v)\cos(\omega t + \theta_i) \tag{11.3}$$

이 식에 다음의 삼각함수 공식을 적용하면,

$$\cos A \cos B = \frac{1}{2}[\cos(A - B) + \cos(A + B)] \tag{11.4}$$

식 (11.3)은 다음과 같이 표현할 수 있다.

$$p(t) = \frac{1}{2}V_m I_m \cos(\theta_v - \theta_i) + \frac{1}{2}V_m I_m \cos(2\omega t + \theta_v + \theta_i) \tag{11.5}$$

식 (11.5)에서 순시전력은 두 부분으로 구성되어 있음을 알 수 있다. 첫 번째 항
은 상수 또는 시불변항이고, 그 크기는 전압과 전류의 위상차에 의해 결정된다.
두 번째 항은 전압 또는 전류 각주파수가 2ω인 정현파 함수이다.

식 (11.5)의 $p(t)$를 그림 11.2에 나타냈다. 여기서 $T = 2\pi/\omega$는 전압 또는
전류의 주기이다. 그림에서 $p(t)$의 주파수가 전압 또는 전류의 2배이므로 $T_0 = T/2$의 주기를 가진 $p(t) = p(t + T_0)$의 주기함수임을 알 수 있다. 또한 각 사이
클의 일부분에서는 $p(t)$가 양(+)의 값이고 나머지 부분에서는 음(−)의 값이라는
것을 알 수 있다. $p(t)$가 양일 때는 전력이 전원으로부터 공급되어 회로에서 소
비됨을 뜻하고, 음일 때는 거꾸로 전력이 전원에 의해 흡수됨을, 즉 전력이 회로
에서 전원으로 공급됨을 의미한다. 이는 회로 내의 저장소자(커패시터, 인덕터)
때문에 가능한 것이다.

우리는 순시전력을 어떤 특정 순간에 회로
소자에서 소비되는 전력이라고 생각할 수도
있다. 순시값은 소문자로 표기한다.

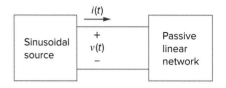

그림 11.1
정현파 전원과 수동 선형 회로.

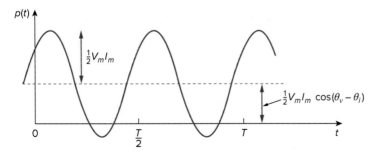

그림 11.2
회로에 공급되는 순시전력 $p(t)$.

순시전력은 시간에 따라 변하기 때문에 측정이 어렵다. 이에 비해 **평균전력**은 측정이 보다 편리하다. 전력 측정장치인 전력계(wattmeter)는 평균전력에 대한 응답을 나타내는 것이다.

평균전력(단위는 W)은 1주기 동안 순시전력의 평균이다.

따라서 평균전력은 다음 식으로 주어진다.

$$P = \frac{1}{T} \int_0^T p(t)\, dt \tag{11.6}$$

식 (11.6)은 한 주기 T 동안의 평균을 구하는 것이지만 $p(t)$의 실제 주기, 즉 $T_0 = T/2$ 동안 적분하더라도 동일한 결과를 얻을 수 있다.

식 (11.5)의 $p(t)$를 식 (11.6)에 대입하면,

$$\begin{aligned}
P &= \frac{1}{T} \int_0^T \frac{1}{2} V_m I_m \cos(\theta_v - \theta_i)\, dt \\
&\quad + \frac{1}{T} \int_0^T \frac{1}{2} V_m I_m \cos(2\omega t + \theta_v + \theta_i)\, dt \\
&= \frac{1}{2} V_m I_m \cos(\theta_v - \theta_i) \frac{1}{T} \int_0^T dt \\
&\quad + \frac{1}{2} V_m I_m \frac{1}{T} \int_0^T \cos(2\omega t + \theta_v + \theta_i)\, dt
\end{aligned} \tag{11.7}$$

첫 번째 적분항은 상수이며, 상수의 평균 역시 같은 값의 상수이다. 두 번째 적분 항은 정현파이므로 한 주기 동안의 적분값은 0이다. 이는 양의 값인 반 주기 동안의 면적이 음의 값인 다음 반 주기 동안의 면적에 의해 상쇄되기 때문이다. 따라서 식 (11.7)의 두 번째 항은 0이 되므로 평균전력은 다음과 같다.

$$P = \frac{1}{2} V_m I_m \cos(\theta_v - \theta_i) \tag{11.8}$$

여기서 $\cos(\theta_v - \theta_i) = \cos(\theta_i - \theta_v)$이므로 중요한 것은 단지 전압과 전류의 위상차이다.

순시전력 $p(t)$는 시변함수이지만 평균전력 P는 시간과 무관하다는 점을 주의하라. 순시전력을 알기 위해서는 반드시 시간 영역에서의 $v(t)$와 $i(t)$의 순시값을 알아야만 한다. 그러나 평균전력은 식 (11.8)에서와 같이 전압과 전류가 시간 영역에서 표현될 때뿐 아니라 주파수 영역에서 표현될 때도 구할 수 있다. 식 (11.2)에 주어진 $v(t)$와 $i(t)$의 페이저 형태는 각각 $\mathbf{V} = V_m\underline{/\theta_v}$, $\mathbf{I} = I_m\underline{/\theta_i}$이다. P는 식 (11.8)을 이용하거나 페이저 $\mathbf{V}$와 $\mathbf{I}$를 이용하여 계산할 수 있다. 페이저를 이용한 계산에서는 다음을 유념해야 한다.

$$\begin{aligned}
\frac{1}{2}\mathbf{V}\mathbf{I}^* &= \frac{1}{2} V_m I_m \underline{/\theta_v - \theta_i} \\
&= \frac{1}{2} V_m I_m [\cos(\theta_v - \theta_i) + j\sin(\theta_v - \theta_i)]
\end{aligned} \tag{11.9}$$

이 수식의 실수부가 식 (11.8)에 의한 평균전력 P와 같음을 알 수 있다. 그러므로

$$P = \frac{1}{2}\text{Re}[\mathbf{VI}^*] = \frac{1}{2}V_m I_m \cos(\theta_v - \theta_i) \qquad \textbf{(11.10)}$$

식 (11.10)의 두 가지 특별한 경우를 생각해보자. 첫째, $\theta_v = \theta_i$일 때 전압과 전류는 동상이다. 이는 회로가 순수한 저항회로 또는 저항부하 R임을 의미하고,

$$P = \frac{1}{2}V_m I_m = \frac{1}{2}I_m^2 R = \frac{1}{2}|\mathbf{I}|^2 R \qquad \textbf{(11.11)}$$

여기서 $|\mathbf{I}|^2 = \mathbf{I} \times \mathbf{I}^*$이다. 식 (11.11)은 모든 시간에 순수 저항회로가 전력을 소비하고 있음을 보여준다. 둘째, $\theta_v - \theta_i = \pm 90°$일 때는 순수한 리액티브 회로이고,

$$P = \frac{1}{2}V_m I_m \cos 90° = 0 \qquad \textbf{(11.12)}$$

이는 순수 리액티브 회로에서 소비되는 평균전력이 0임을 의미한다. 이상을 요약하면 다음과 같다.

> 순수 저항부하(R)는 모든 시간에 전력을 소비하지만, 리액티브 부하(L 또는 C)에서 소비하는 평균전력은 0이다.

예제 11.1

전압과 전류가

$$v(t) = 120 \cos(377t + 45°) \text{ V} \quad \text{and} \quad i(t) = 10 \cos(377t - 10°) \text{ A}$$

일 때, 그림 11.1의 수동 선형 네트워크에서 소비되는 순시전력과 평균전력을 구하라.

풀이:

순시전력은 다음과 같다.

$$p = vi = 1200 \cos(377t + 45°) \cos(377t - 10°)$$

다음의 삼각함수 공식을 적용하면,

$$\cos A \cos B = \frac{1}{2}[\cos(A + B) + \cos(A - B)]$$

순시전력은

$$p = 600[\cos(754t + 35°) + \cos 55°]$$

또는

$$p(t) = 344.2 + 600 \cos(754t + 35°) \text{ W}$$

평균전력은

$$P = \frac{1}{2}V_m I_m \cos(\theta_v - \theta_i) = \frac{1}{2}120(10) \cos[45° - (-10°)]$$

$$= 600 \cos 55° = 344.2 \text{ W}$$

여기서 평균전력은 순시전력 $p(t)$의 상수 부분과 같음을 알 수 있다.

실전문제 11.1

전압과 전류가 각각 $v(t) = 330\cos(10t + 20°)$ V, $i(t) = 33\sin(10t + 60°)$ A일 때, 그림 11.1의 수동 선형 네트워크에서 소비되는 순시전력과 평균전력을 구하라.

답: $3.5 + 5.445 \cos(20t - 10°)$kW, 3.5 kW

예제 11.2

임피던스 $\mathbf{Z} = 30 - j70$ Ω의 양단에 $\mathbf{V} = 120\underline{/0°}$의 전압이 인가될 때 임피던스에서 소비되는 평균전력을 구하라.

풀이:

임피던스에 흐르는 전류는

$$\mathbf{I} = \frac{\mathbf{V}}{\mathbf{Z}} = \frac{120\underline{/0°}}{30 - j70} = \frac{120\underline{/0°}}{76.16\underline{/-66.8°}} = 1.576\underline{/66.8°} \text{ A}$$

평균전력은

$$P = \frac{1}{2}V_m I_m \cos(\theta_v - \theta_i) = \frac{1}{2}(120)(1.576)\cos(0 - 66.8°) = 37.24 \text{ W}$$

실전문제 11.2

임피던스 $\mathbf{Z} = 40\underline{/-22°}$ Ω에 흐르는 전류가 $\mathbf{I} = 33\underline{/30°}$ A일 때 임피던스에 전달되는 평균전력을 구하라.

답: 20.19 kW

예제 11.3

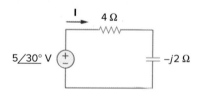

그림 11.3
예제 11.3.

그림 11.3의 회로에서 전원이 공급하는 평균전력과 저항이 소비하는 평균전력을 구하라.

풀이:

전류 $\mathbf{I}$는

$$\mathbf{I} = \frac{5\underline{/30°}}{4 - j2} = \frac{5\underline{/30°}}{4.472\underline{/-26.57°}} = 1.118\underline{/56.57°} \text{ A}$$

전압원에 의해 공급된 평균전력은

$$P = \frac{1}{2}(5)(1.118)\cos(30° - 56.57°) = 2.5 \text{ W}$$

저항에 흐르는 전류는

$$\mathbf{I}_R = \mathbf{I} = 1.118\underline{/56.57°} \text{ A}$$

그리고 저항 양단의 전압은

$$\mathbf{V}_R = 4\mathbf{I}_R = 4.472\underline{/56.57°} \text{ V}$$

저항에서 소비한 평균전력은

$$P = \frac{1}{2}(4.472)(1.118) = 2.5 \text{ W}$$

저항에서 소비한 평균전력과 전원에서 공급한 평균전력이 같다. 따라서 커패시터에서 소비한 평균전력은 0이다.

실전문제 11.3

그림 11.4의 회로에서 저항과 인덕터가 소비하는 평균전력과 전원이 공급하는 평균전력을 구하라.

답: 15.361 kW, 0 W, 15.361 kW

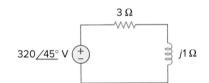

그림 11.4
실전문제 11.3.

예제 11.4

그림 11.5(a)의 회로에서 각 전원이 공급하는 평균전력과 각 수동소자에서 소비하는 평균전력을 구하라.

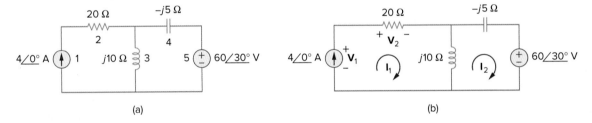

(a)   (b)

그림 11.5
예제 11.4.

풀이:

그림 11.5(b)에서 보는 바와 같이 메시 해석을 적용한다. 메시 1에서,

$$\mathbf{I}_1 = 4 \text{ A}$$

메시 2에서,

$$(j10 - j5)\mathbf{I}_2 - j10\mathbf{I}_1 + 60\underline{/30°} = 0, \qquad \mathbf{I}_1 = 4 \text{ A}$$

또는

$$j5\mathbf{I}_2 = -60\underline{/30°} + j40 \quad\Rightarrow\quad \begin{aligned} \mathbf{I}_2 &= -12\underline{/-60°} + 8 \\ &= 10.58\underline{/79.1°} \text{ A} \end{aligned}$$

회로 전압원의 경우 여기에 흐르는 전류가 $\mathbf{I}_2 = 10.58\underline{/79.1°}$A이고 그 양단 전압이 $60\underline{/30°}$V이므로 평균전력은

$$P_5 = \frac{1}{2}(60)(10.58)\cos(30° - 79.1°) = 207.8 \text{ W}$$

수동부호규정(그림 1.8 참조)에 따라 전압원의 극성과 전류 $\mathbf{I}_2$ 방향의 관점에서 보면 이 평균전력은 전원에서 흡수된다. 즉 평균전력이 회로로부터 전압원으로 전달됨을 의미한다.

다음 전류원에 대해서는 이로부터 전류 $\mathbf{I}_1 = 4\underline{/0°}$가 흐르고 그 양단 전압은

$$\mathbf{V}_1 = 20\mathbf{I}_1 + j10(\mathbf{I}_1 - \mathbf{I}_2) = 80 + j10(4 - 2 - j10.39)$$
$$= 183.9 + j20 = 184.984\underline{/6.21°} \text{ V}$$

전류원에 의해 공급되는 평균전력은

$$P_1 = -\frac{1}{2}(184.984)(4)\cos(6.21° - 0) = -367.8 \text{ W}$$

수동부호규정에 따라 전력이 음(−)이라는 것은 전류원이 전력을 회로에 공급함을 의미한다.

저항에 대해 살펴보면, 여기에 흐르는 전류가 $\mathbf{I}_1 = 4\underline{/0°}$이고 양단 전압이 $20\mathbf{I}_1 = 80\underline{/0°}$므로 저항에서 소비되는 전력은

$$P_2 = \frac{1}{2}(80)(4) = 160 \text{ W}$$

커패시터의 경우, 여기에 흐르는 전류가 $\mathbf{I}_2 = 10.58\underline{/79.1°}$이고 양단 전압이 $-j5\mathbf{I}_2 = (5\underline{/-90°})(10.58\underline{/79.1°}) = 52.9\underline{/79.1° - 90°}$이다. 커패시터에서 소비되는 평균전력은

$$P_4 = \frac{1}{2}(52.9)(10.58)\cos(-90°) = 0$$

인덕터의 경우, 여기에 흐르는 전류가 $\mathbf{I}_1 - \mathbf{I}_2 = 2 - j10.39 = 10.58\underline{/-79.1°}$이고 양단 전압이 $j10(\mathbf{I}_1 - \mathbf{I}_2) = 105.8\underline{/-79.1° + 90°}$이다. 그러므로 인덕터에서 소비되는 평균전력은

$$P_3 = \frac{1}{2}(105.8)(10.58)\cos 90° = 0$$

이상에서 인덕터와 커패시터에서 흡수한 평균전력은 0이고, 전류원에서 공급한 전체 전력은 저항과 전압원에서 소비한 전력과 같음을 알 수 있다. 또는 다음과 같이 쓸 수 있는데,

$$P_1 + P_2 + P_3 + P_4 + P_5 = -367.8 + 160 + 0 + 0 + 207.8 = 0$$

이는 전력이 보존됨을 나타낸다.

그림 11.6의 회로를 구성하는 5개의 요소 각각에서 소비하는 평균전력을 구하라.

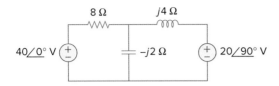

그림 11.6
실전문제 11.4.

답: 40-V 전압원: −60 W; j20-V 전압원: −40 W; 저항: 100 W; 기타: 0 W

11.3 최대 평균전력 전달

4.8절에서 전력을 공급하는 저항회로망의 부하 R_L에 최대 전력을 전달하도록 하는 문제를 다루었다. 또한 회로가 테브냉 등가회로로 표현될 때 부하에 전달되는 최대 전력은 부하저항과 테브냉 저항이 $R_L = R_{\text{Th}}$로 같음을 증명했다. 이제 이러한 결과를 교류회로에 적용한다.

테브냉 등가회로로 표현된 교류회로에 부하 $\mathbf{Z}_L$이 연결되어 있는 그림 11.7의 회로를 생각해보자. 부하는 보통 전동기, 안테나, TV 등의 모델인 임피던스로 표현된다. 테브냉 임피던스 $\mathbf{Z}_{\text{Th}}$와 부하 임피던스 $\mathbf{Z}_L$의 직각좌표 형태는

$$\mathbf{Z}_{\text{Th}} = R_{\text{Th}} + jX_{\text{Th}} \tag{11.13a}$$

$$\mathbf{Z}_L = R_L + jX_L \tag{11.13b}$$

부하에 흐르는 전류는

$$\mathbf{I} = \frac{\mathbf{V}_{\text{Th}}}{\mathbf{Z}_{\text{Th}} + \mathbf{Z}_L} = \frac{\mathbf{V}_{\text{Th}}}{(R_{\text{Th}} + jX_{\text{Th}}) + (R_L + jX_L)} \tag{11.14}$$

식 (11.11)로부터 부하에 전달되는 평균전력은

$$P = \frac{1}{2}|\mathbf{I}|^2 R_L = \frac{|\mathbf{V}_{\text{Th}}|^2 R_L/2}{(R_{\text{Th}} + R_L)^2 + (X_{\text{Th}} + X_L)^2} \tag{11.15}$$

여기서 우리의 목적은 부하 파라미터 R_L과 X_L을 조절하여 공급되는 평균전력 P가 최대가 되도록 하는 것이다. 따라서 이를 위해 $\partial P/\partial R_L$와 $\partial P/\partial X_L$가 0이 되도록 하면 된다. 식 (11.15)로부터

$$\frac{\partial P}{\partial X_L} = -\frac{|\mathbf{V}_{\text{Th}}|^2 R_L(X_{\text{Th}} + X_L)}{[(R_{\text{Th}} + R_L)^2 + (X_{\text{Th}} + X_L)^2]^2} \tag{11.16a}$$

$$\frac{\partial P}{\partial R_L} = \frac{|\mathbf{V}_{\text{Th}}|^2[(R_{\text{Th}} + R_L)^2 + (X_{\text{Th}} + X_L)^2 - 2R_L(R_{\text{Th}} + R_L)]}{2[(R_{\text{Th}} + R_L)^2 + (X_{\text{Th}} + X_L)^2]^2} \tag{11.16b}$$

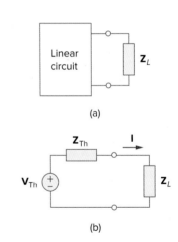

그림 11.7
최대 평균전력 전달 구하기: (a) 부하가 연결된 회로, (b) 테브냉 등가회로.

$\partial P/\partial X_L$를 0으로 놓으면,

$$X_L = -X_{\text{Th}} \tag{11.17}$$

그리고 $\partial P/\partial R_L$를 0으로 놓고 계산한 결과는

$$R_L = \sqrt{R_{\text{Th}}^2 + (X_{\text{Th}} + X_L)^2} \tag{11.18}$$

식 (11.17)과 (11.18)에 의해 최대 평균전력 전달을 위한 회로의 조건을 찾을 수 있는데, $\mathbf{Z}_L$은 반드시 $X_L = -X_{\text{Th}}$, $R_L = R_{\text{Th}}$가 되도록 선택해야만 한다. 즉

$$\boxed{\mathbf{Z}_L = R_L + jX_L = R_{\text{Th}} - jX_{\text{Th}} = \mathbf{Z}_{\text{Th}}^* \tag{11.19}}$$

$\mathbf{Z}_L = \mathbf{Z}_{\text{Th}}^*$일 때, 부하가 전원에 정합되었다고 말한다.

> 최대 평균전력 전달을 위해서는 부하 임피던스 $\mathbf{Z}_L$이 반드시 테브냉 임피던스 $\mathbf{Z}_{\text{Th}}$의 켤레복소수와 같아야 한다.

이상의 결과를 정현파 정상상태에서의 최대 평균전력 전달 정리라고 한다. 식 (11.15)에 $R_L = R_{\text{Th}}$, $X_L = -X_{\text{Th}}$를 대입하면 다음과 같은 최대 평균전력을 얻을 수 있다.

$$\boxed{P_{\text{max}} = \frac{|\mathbf{V}_{\text{Th}}|^2}{8R_{\text{Th}}} \tag{11.20}}$$

부하가 순수 저항부하인 경우에는 최대 평균전력 전달을 위한 조건을 $X_L = 0$을 대입한 식 (11.18)로 구한다. 즉

$$R_L = \sqrt{R_{\text{Th}}^2 + X_{\text{Th}}^2} = |\mathbf{Z}_{\text{Th}}| \tag{11.21}$$

이것은 순수 저항부하에서의 최대 평균전력 전달을 위해서는 부하 임피던스(또는 저항)가 테브냉 임피던스의 크기와 같아야 함을 의미한다.

예제 11.5

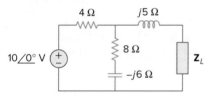

그림 11.8
예제 11.5.

그림 11.8의 회로에서 평균전력이 최대가 되는 부하 임피던스 $\mathbf{Z}_L$을 구하라. 이때 최대 평균전력은 얼마인가?

풀이:

먼저 부하 단자에서 본 테브냉 등가회로를 그린다. 테브냉 임피던스 $\mathbf{Z}_{\text{Th}}$를 구하기 위해 그림 11.9(a)의 회로를 고려하면,

$$\mathbf{Z}_{\text{Th}} = j5 + 4 \,\|\, (8 - j6) = j5 + \frac{4(8 - j6)}{4 + 8 - j6} = 2.933 + j4.467 \ \Omega$$

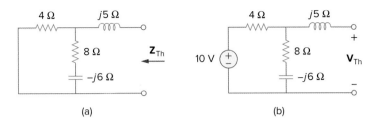

그림 11.9
예제 11.5: 그림 11.8 회로의 테브냉 등가회로 구하기.

이제 테브냉 전압 $\mathbf{V}_{Th}$를 구하기 위해 그림 11.9(b)의 회로를 고려한다. 전압 분배법칙에 의해,

$$\mathbf{V}_{Th} = \frac{8 - j6}{4 + 8 - j6}(10) = 7.454\underline{/-10.3°} \text{ V}$$

회로에서 최대 전력을 이끌어내기 위한 부하 임피던스는

$$\mathbf{Z}_L = \mathbf{Z}_{Th}^* = 2.933 - j4.467 \ \Omega$$

식 (11.20)에 따라 최대 평균전력은

$$P_{max} = \frac{|\mathbf{V}_{Th}|^2}{8R_{Th}} = \frac{(7.454)^2}{8(2.933)} = 2.368 \text{ W}$$

실전문제 11.5

그림 11.10의 회로에서 최대 평균전력을 소비하는 부하 임피던스 $\mathbf{Z}_L$을 구하고, 이때의 최대 평균전력을 계산하라.

답: $3.415 - j0.7317 \ \Omega$, 51.47 W

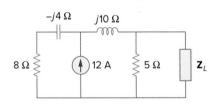

그림 11.10
실전문제 11.5.

예제 11.6

그림 11.11의 회로에서 최대 평균전력을 소비하는 R_L의 값을 구하고, 이때의 전력을 계산하라.

풀이:
먼저 R_L의 단자에서 본 테브냉 등가회로를 구한다.

$$\mathbf{Z}_{Th} = (40 - j30) \| j20 = \frac{j20(40 - j30)}{j20 + 40 - j30} = 9.412 + j22.35 \ \Omega$$

전압 분배에 의해,

$$\mathbf{V}_{Th} = \frac{j20}{j20 + 40 - j30}(150\underline{/30°}) = 72.76\underline{/134°} \text{ V}$$

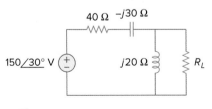

그림 11.11
예제 11.6.

최대 전력을 소비하기 위한 R_L의 값은

$$R_L = |\mathbf{Z}_{\text{Th}}| = \sqrt{9.412^2 + 22.35^2} = 24.25 \ \Omega$$

부하에 흐르는 전류는

$$\mathbf{I} = \frac{\mathbf{V}_{\text{Th}}}{\mathbf{Z}_{\text{Th}} + R_L} = \frac{72.76\underline{/134°}}{33.66 + j22.35} = 1.8\underline{/100.42°} \ \text{A}$$

R_L에서 소비하는 최대 평균전력은

$$P_{\text{max}} = \frac{1}{2}|\mathbf{I}|^2 R_L = \frac{1}{2}(1.8)^2(24.25) = 39.29 \ \text{W}$$

실전문제 11.6

그림 11.12의 회로는 저항 R_L에서 최대 평균전력을 소비할 때까지 저항 크기를 조절한다. 이때의 R_L과 여기에 소비되는 최대 평균전력을 구하라.

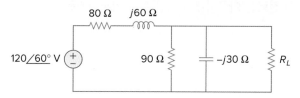

그림 11.12
실전문제 11.6.

답: 30 Ω, 6.863 W

11.4   실효값(rms)

실효값의 개념은 전력이 공급되고 있는 저항부하에서 전압 또는 전류원의 유효값을 측정할 필요성에 의해 설정되었다.

> 주기적 전류의 **실효값**은 저항에 주기적 전류와 동일한 평균전력을 공급하는 직류 전류의 값이다.

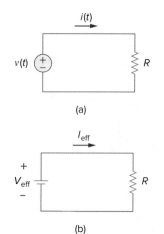

그림 11.13
유효 전류 구하기: (a) 교류회로, (b) 직류회로.

그림 11.13의 (a)는 교류회로, (b)는 직류회로이다. 우리의 목적은 저항 R에 정현파 전류 i와 같은 평균전력을 공급하는 I_{eff}를 구하는 것이다. 교류회로에서 저항이 소비하는 평균전력은

$$P = \frac{1}{T}\int_0^T i^2 R \ dt = \frac{R}{T}\int_0^T i^2 \ dt \qquad \textbf{(11.22)}$$

반면에 직류회로에서 저항이 소비하는 전력은

$$P = I_{\text{eff}}^2 R \qquad \textbf{(11.23)}$$

같은 전력이 공급되기 때문에 식 (11.22)와 (11.23)은 같다. 따라서 I_{eff}에 대해 풀면,

$$I_{\text{eff}} = \sqrt{\frac{1}{T}\int_0^T i^2\,dt} \qquad\qquad \textbf{(11.24)}$$

전류에서와 같은 방법으로 전압의 실효값도 찾을 수 있다. 즉

$$V_{\text{eff}} = \sqrt{\frac{1}{T}\int_0^T v^2\,dt} \qquad\qquad \textbf{(11.25)}$$

이상에서 실효값은 주기적인 신호의 **제곱 평균값**을 구한 다음 이것의 **제곱근**을 구하는 것임을 알 수 있다. 따라서 실효값을 *root-mean-square* 값 또는 줄여서 *rms* 값이라 하고, 이를 다음과 같이 쓴다.

$$I_{\text{eff}} = I_{\text{rms}}, \qquad V_{\text{eff}} = V_{\text{rms}} \qquad\qquad \textbf{(11.26)}$$

일반적으로 어떤 주기함수 $x(t)$에 대한 rms 값은

$$\boxed{X_{\text{rms}} = \sqrt{\frac{1}{T}\int_0^T x^2\,dt}} \qquad\qquad \textbf{(11.27)}$$

어떤 주기적인 신호의 **실효값**은 그것의 rms 값이다.

식 (11.27)에서 보는 바와 같이 $x(t)$의 rms 값을 구하기 위해서는 먼저 그것의 제곱인 x^2의 값을 구한 다음 **평균**을 구한다. 즉

$$\frac{1}{T}\int_0^T x^2\,dt$$

그리고 이 평균값의 제곱근($\sqrt{\quad}$)을 구하면 된다. 상수의 rms 값은 상수 그 자체의 값이다. 정현파 $i(t) = I_m \cos \omega t$에 대한 실효값 또는 rms 값은

$$I_{\text{rms}} = \sqrt{\frac{1}{T}\int_0^T I_m^2 \cos^2 \omega t\,dt}$$

$$= \sqrt{\frac{I_m^2}{T}\int_0^T \frac{1}{2}(1 + \cos 2\omega t)\,dt} = \frac{I_m}{\sqrt{2}} \qquad\qquad \textbf{(11.28)}$$

마찬가지로 $v(t) = V_m \cos \omega t$에 대해서는,

$$V_{\text{rms}} = \frac{V_m}{\sqrt{2}} \qquad\qquad \textbf{(11.29)}$$

식 (11.28)과 (11.29)는 정현파 신호일 경우에 한해 유효하다는 것을 명심하라.

식 (11.8)에서의 평균전력은 rms 값의 형태로 쓸 수 있다.

$$P = \frac{1}{2}V_m I_m \cos(\theta_v - \theta_i) = \frac{V_m}{\sqrt{2}}\frac{I_m}{\sqrt{2}}\cos(\theta_v - \theta_i)$$

$$= V_{\text{rms}} I_{\text{rms}} \cos(\theta_v - \theta_i) \qquad\qquad \textbf{(11.30)}$$

같은 방법으로 식 (11.11)의 저항 R에서 소비되는 평균전력도 rms 값의 형태로 쓰면,

$$P = I_{rms}^2 R = \frac{V_{rms}^2}{R} \tag{11.31}$$

정현파 전압 또는 전류를 어떤 값으로 규정할 때, 그 평균이 0이 되기 때문에 보통 최대값 또는 rms 값의 형태로 규정한다. 전력 산업에서는 페이저의 크기를 최대값보다는 rms 값으로 규정하는 것을 선호한다. 예를 들면 전력 회사로부터 공급받아 모든 가정에서 사용하고 있는 220 V(미국의 경우 110 V)는 rms 값이다. 전압과 전류를 rms 값으로 표현하면 전력 해석이 편리하다. 또한 아날로그 전압계와 전류계는 각각 전압과 전류의 값을 직접 읽을 수 있도록 설계되었다.

예제 11.7

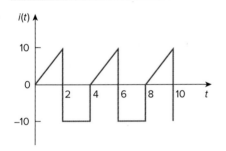

그림 11.14
예제 11.7.

그림 11.14와 같은 전류 파형의 rms 값을 구하라. 만약 전류가 2 Ω의 저항을 통해 흐른다면 이 저항에서 소비되는 평균전력을 계산하라.

풀이:
그림에서 파형의 주기는 $T = 4$이고, 한 주기 동안의 전류 파형은 다음과 같이 쓸 수 있다.

$$i(t) = \begin{cases} 5t, & 0 < t < 2 \\ -10, & 2 < t < 4 \end{cases}$$

따라서 전류의 rms 값은

$$I_{rms} = \sqrt{\frac{1}{T} \int_0^T i^2\, dt} = \sqrt{\frac{1}{4}\left[\int_0^2 (5t)^2\, dt + \int_2^4 (-10)^2\, dt \right]}$$

$$= \sqrt{\frac{1}{4}\left[25\frac{t^3}{3}\bigg|_0^2 + 100t\bigg|_2^4 \right]} = \sqrt{\frac{1}{4}\left(\frac{200}{3} + 200 \right)} = 8.165 \text{ A}$$

2 Ω의 저항에서 소비되는 전력은

$$P = I_{rms}^2 R = (8.165)^2(2) = 133.3 \text{ W}$$

실전문제 11.7

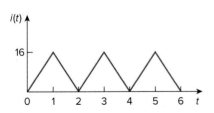

그림 11.15
실전문제 11.7.

그림 11.15와 같은 전류 파형의 rms 값을 구하라. 만약 전류가 9 Ω의 저항을 통해 흐른다면 이 저항에서 소비되는 평균전력을 계산하라.

답: 9.238 A, 768 W

그림 11.16과 같이 반파 정류된 사인파의 rms 값을 구하라. 그리고 이 전압이 인 가된 10 Ω의 저항에서 소비되는 평균전력을 계산하라.

풀이:

전압 파형의 주기는 $T = 2\pi$이고, 한 주기 동안의 전압 파형은

$$v(t) = \begin{cases} 10 \sin t, & 0 < t < \pi \\ 0, & \pi < t < 2\pi \end{cases}$$

이 전압의 rms 값은 다음과 같이 구해진다.

$$V_{\text{rms}}^2 = \frac{1}{T} \int_0^T v^2(t)\, dt = \frac{1}{2\pi} \left[\int_0^\pi (10 \sin t)^2\, dt + \int_\pi^{2\pi} 0^2\, dt \right]$$

여기서 $\sin^2 t = \frac{1}{2}(1 - \cos 2t)$이므로,

$$V_{\text{rms}}^2 = \frac{1}{2\pi} \int_0^\pi \frac{100}{2}(1 - \cos 2t)\, dt = \frac{50}{2\pi} \left(t - \frac{\sin 2t}{2} \right) \Big|_0^\pi$$

$$= \frac{50}{2\pi} \left(\pi - \frac{1}{2}\sin 2\pi - 0 \right) = 25, \qquad V_{\text{rms}} = 5 \text{ V}$$

저항에서 소비된 평균전력은

$$P = \frac{V_{\text{rms}}^2}{R} = \frac{5^2}{10} = 2.5 \text{ W}$$

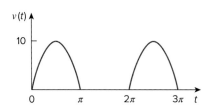

그림 11.16
예제 11.8.

그림 11.17과 같이 전파 정류된 사인파의 rms 값을 구하라. 그리고 이 전압이 인 가된 6 Ω의 저항에서 소비되는 평균전력을 계산하라.

답: 70.71 V, 833.3 W

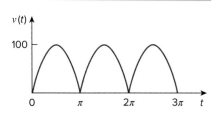

그림 11.17
실전문제 11.8.

11.5 ▊ 피상전력과 역률

11.2절에서 회로 단자의 전압과 전류가

$$v(t) = V_m \cos(\omega t + \theta_v), \quad i(t) = I_m \cos(\omega t + \theta_i) \qquad \textbf{(11.32)}$$

또는 페이저 형태로 $\mathbf{V} = V_m \underline{/\theta_v}$, $\mathbf{I} = I_m \underline{/\theta_i}$ 일 때 평균전력이 다음과 같다는 것 을 알았다.

$$P = \frac{1}{2} V_m I_m \cos(\theta_v - \theta_i) \qquad \textbf{(11.33)}$$

또한 11.4절에서는 다음과 같이 실효값으로 표현할 수 있음도 알았다.

$$P = V_{\text{rms}} I_{\text{rms}} \cos(\theta_v - \theta_i) = S \cos(\theta_v - \theta_i) \qquad \textbf{(11.34)}$$

위의 식에 식 (11.35)와 같은 새로운 항을 추가한다.

$$S = V_{\text{rms}} I_{\text{rms}} \qquad (11.35)$$

이상의 관계에서 평균전력은 식 (11.35)와 위상차 항의 곱이다. 여기서 $V_{\text{rms}} I_{\text{rms}}$는 피상전력 S라 하고, $\cos(\theta_v - \theta_i)$는 역률(power factor: pf)이라 한다.

> **피상전력**(단위는 VA)은 전압과 전류 rms 값의 곱이다.

피상전력이라고 부르는 이유는 교류 저항회로에서와 같이 전력은 외형상 전압과 전류의 곱으로 나타나기 때문이다. 따라서 볼트-암페어 또는 VA로 측정되는 피상전력은 와트로 측정되는 평균전력 또는 유효전력과 구별되어야 한다. 역률은 다음 식과 같이 피상전력에 대한 평균전력의 비율이기 때문에 단위가 없다.

$$\text{pf} = \frac{P}{S} = \cos(\theta_v - \theta_i) \qquad (11.36)$$

각 $\theta_v - \theta_i$는 그것의 코사인 값이 역률이기 때문에 역률각(power factor angle)이라고 한다. 전압 $\mathbf{V}$가 부하 양단의 전압이고, 전류 $\mathbf{I}$가 부하를 통해 흐르는 전류라면 역률각은 부하 임피던스각과 같다. 이것은 다음 식에 의해 명백해진다.

$$\mathbf{Z} = \frac{\mathbf{V}}{\mathbf{I}} = \frac{V_m \underline{/\theta_v}}{I_m \underline{/\theta_i}} = \frac{V_m}{I_m} \underline{/\theta_v - \theta_i} \qquad (11.37)$$

다른 표현으로 전압의 실효값은

$$\mathbf{V}_{\text{rms}} = \frac{\mathbf{V}}{\sqrt{2}} = V_{\text{rms}} \underline{/\theta_v} \qquad (11.38a)$$

전류의 실효값은

$$\mathbf{I}_{\text{rms}} = \frac{\mathbf{I}}{\sqrt{2}} = I_{\text{rms}} \underline{/\theta_i} \qquad (11.38b)$$

그러므로 임피던스는

$$\mathbf{Z} = \frac{\mathbf{V}}{\mathbf{I}} = \frac{\mathbf{V}_{\text{rms}}}{\mathbf{I}_{\text{rms}}} = \frac{V_{\text{rms}}}{I_{\text{rms}}} \underline{/\theta_v - \theta_i} \qquad (11.39)$$

> 역률은 전압과 전류 위상차의 코사인 값과 같다. 이것은 또한 부하 임피던스각의 코사인 값과 같다.

식 (11.36)으로부터 역률은 부하의 피상전력에 대한 부하에서 소비되는 유효전력의 비율로도 간주된다.

식 (11.36)으로부터 역률은 평균전력 또는 유효전력을 얻기 위해 피상전력에 반드시 곱해야 하는 인자이다. 역률의 범위는 0에서 1 사이이다. 순수 저항부하일 때 전압과 전류는 동상(in phase)이기 때문에 $\theta_v - \theta_i = 0$이어서 pf = 1이고, 이것은 평균전력과 피상전력이 같음을 의미한다. 한편 순수 리액티브 부하일 때는 $\theta_v - \theta_i = \pm 90°$이므로 pf = 0이 된다. 이 경우 평균전력은 0이다. 이러한 두 가지 극단적인 경우 사이에서 역률은 앞섬(leading) 또는 뒤짐(lagging)이 된다고 일컫는다. 앞섬 역률은 전류가 전압을 앞서는데 이것은 용량성 부하를 의미한다. 뒤짐 역률의 경우에는 전류가 전압에 뒤지는데 이것은 유도성 부하를 의미한다. 역률은 소비자가 전력 회사에 지불해야 할 전기료에 영향을 끼치는데, 자세한 사항은 11.9.2절에서 살펴보자.

예제 11.9

직렬연결된 부하에 인가된 전압이 $i(t) = 4 \cos(100\pi t + 10°)$ A일 때, $v(t) = 120 \cos(100\pi t - 20°)$ V의 전류가 흐른다. 부하의 피상전력과 역률, 직렬연결된 부하가 구성하는 소자의 값을 구하라.

풀이:

피상전력은

$$S = V_{rms}I_{rms} = \frac{120}{\sqrt{2}} \frac{4}{\sqrt{2}} = 240 \text{ VA}$$

역률은

$$pf = \cos(\theta_v - \theta_i) = \cos(-20° - 10°) = 0.866 \quad \text{(앞섬)}$$

전류가 전압을 앞서기 때문에 역률은 앞섬이다. 또한 역률은 부하 임피던스로부터 구할 수도 있다.

$$\mathbf{Z} = \frac{\mathbf{V}}{\mathbf{I}} = \frac{120\underline{/-20°}}{4\underline{/10°}} = 30\underline{/-30°} = 25.98 - j15 \text{ } \Omega$$

$$pf = \cos(-30°) = 0.866 \quad \text{(앞섬)}$$

따라서 부하 임피던스 $\mathbf{Z}$는 25.98 Ω의 저항에 다음과 같은 커패시터가 직렬로 연결된 것으로 생각할 수 있다.

$$X_C = -15 = -\frac{1}{\omega C}$$

또는

$$C = \frac{1}{15\omega} = \frac{1}{15 \times 100\pi} = 212.2 \text{ } \mu\text{F}$$

실전문제 11.9

임피던스 $\mathbf{Z} = 60 + j40$ Ω에 인가된 전압 $v(t) = 320 \cos(377t + 10°)$ V일 때, 이 부하의 역률과 피상전력을 구하라.

답: 0.8321 뒤짐, 710 VA

예제 11.10

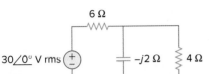

그림 11.18
예제 11.10.

그림 11.18의 전체 회로에서, 전원에서 본 역률과 전원에서 전달하는 평균전력을 구하라.

풀이:
전체 임피던스는

$$\mathbf{Z} = 6 + 4 \,\|\, (-j2) = 6 + \frac{-j2 \times 4}{4 - j2} = 6.8 - j1.6 = 7\underline{/-13.24°}\ \Omega$$

역률은

$$pf = \cos(-13.24) = 0.9734 \quad (앞섬)$$

용량성 임피던스이므로 전류의 실효값은

$$\mathbf{I}_{rms} = \frac{\mathbf{V}_{rms}}{\mathbf{Z}} = \frac{30\underline{/0°}}{7\underline{/-13.24°}} = 4.286\underline{/13.24°}\text{A}$$

전원에서 공급하는 평균전력은

$$P = V_{rms}I_{rms}pf = (30)(4.286)0.9734 = 125\ \text{W}$$

또는

$$P = I_{rms}^2\,R = (4.286)^2(6.8) = 125\ \text{W}$$

여기서 R은 $\mathbf{Z}$의 저항 성분이다.

실전문제 11.10

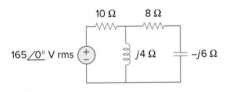

그림 11.19
실전문제 11.10.

그림 11.19의 전체 회로에서, 전원에서 본 역률과 전원에서 공급하는 평균전력을 구하라.

답: 0.936 뒤짐, 2.008 kW

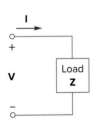

그림 11.20
부하와 결합된 전압과 전류 페이저.

11.6   복소전력

이상의 전력 관계를 가능한 한 간단하게 표현하기 위해 수년간에 걸쳐 상당한 노력을 경주해왔는데, 그 일환으로 전력 엔지니어들은 **복소전력**을 정의했다. 이는 병렬 부하에 미치는 전체적인 영향을 알기 위해 사용한다. 복소전력은 주어진 부하에 의해 소비되는 전력에 관한 모든 정보를 포함하고 있기 때문에 전력을 해석하는 데 중요하다.

그림 11.20과 같은 교류 부하를 생각해보자. 전압 $v(t)$와 전류 $i(t)$의 페이저 형태가 $\mathbf{V} = V_m\underline{/\theta_v}$, $\mathbf{I} = I_m\underline{/\theta_i}$로 주어질 때, 교류 부하에서 소비되는 복소전력 $\mathbf{S}$는 전압과 전류 켤레복소수의 곱이다. 즉

$$\mathbf{S} = \frac{1}{2}\mathbf{VI}^* \qquad (11.40)$$

이는 그림 11.20과 같은 수동부호규정을 가정한 것이다. 이를 실효값으로 표현하면,

$$\mathbf{S} = \mathbf{V}_{rms}\mathbf{I}_{rms}^* \qquad (11.41)$$

여기서

$$\mathbf{V}_{rms} = \frac{\mathbf{V}}{\sqrt{2}} = V_{rms}\underline{/\theta_v} \qquad (11.42)$$

그리고

$$\mathbf{I}_{rms} = \frac{\mathbf{I}}{\sqrt{2}} = I_{rms}\underline{/\theta_i} \qquad (11.43)$$

그러므로 식 (11.41)은 다음과 같이 쓸 수 있다.

$$\begin{aligned}\mathbf{S} &= V_{rms}I_{rms}\underline{/\theta_v - \theta_i} \\ &= V_{rms}I_{rms}\cos(\theta_v - \theta_i) + jV_{rms}I_{rms}\sin(\theta_v - \theta_i)\end{aligned} \qquad (11.44)$$

이 식은 식 (11.9)에 의해서도 얻을 수 있다. 식 (11.44)에서 주목할 점은 복소전력의 크기가 피상전력과 같다는 것이다. 그래서 복소전력은 볼트−암페어(VA)로 측정된다. 또한 복소전력의 각은 역률각과 같다.

한편 복소전력을 부하 임피던스 항으로 표현할 수도 있다. 식 (11.37)로부터 부하 임피던스 $\mathbf{Z}$는 다음과 같다.

$$\mathbf{Z} = \frac{\mathbf{V}}{\mathbf{I}} = \frac{\mathbf{V}_{rms}}{\mathbf{I}_{rms}} = \frac{V_{rms}}{I_{rms}}\underline{/\theta_v - \theta_i} \qquad (11.45)$$

그러므로 $\mathbf{V}_{rms} = \mathbf{ZI}_{rms}$이다. 이것을 식 (11.41)에 대입하면,

$$\boxed{\mathbf{S} = I_{rms}^2\mathbf{Z} = \frac{V_{rms}^2}{\mathbf{Z}^*} = \mathbf{V}_{rms}\mathbf{I}_{rms}^*} \qquad (11.46)$$

$\mathbf{Z} = R + jX$이므로 식 (11.46)은 다음과 같이 된다.

$$\mathbf{S} = I_{rms}^2(R + jX) = P + jQ \qquad (11.47)$$

여기서 P와 Q는 각각 복소전력의 실수부와 허수부에 해당한다. 즉

$$P = \mathrm{Re}(\mathbf{S}) = I_{rms}^2 R \qquad (11.48)$$
$$Q = \mathrm{Im}(\mathbf{S}) = I_{rms}^2 X \qquad (11.49)$$

P는 평균전력 또는 유효전력이고 이것은 부하의 저항 R에 종속된다. Q는 무효전력(reactive power 또는 quadrature power)이고 부하의 리액터스 X에 종속된다.

식 (11.44)와 (11.47)을 비교하면,

실제 전류 또는 전압이 rms 값을 나타낼 때, 혼동을 주지 않는 범위 내에서 첨자 rms를 생략할 수도 있다.

$$P = V_{\text{rms}} I_{\text{rms}} \cos(\theta_v - \theta_i), \qquad Q = V_{\text{rms}} I_{\text{rms}} \sin(\theta_v - \theta_i) \qquad \textbf{(11.50)}$$

유효전력 P는 부하에 전달되는 평균전력으로 그 단위는 와트이다. 이것만이 유용한 전력으로서 실질적으로 부하에서 소모되는 전력이다. 무효전력 Q는 전원과 부하의 리액티브 부분 사이에서 교환되는 에너지의 측정량이며, 그 단위는 볼트-암페어 리액티브(VAR)로 유효전력의 단위 와트와 구별된다. 6장에서 언급한 바와 같이 에너지 저장소자는 전력을 공급하지도 않고 소모하지도 않지만, 회로망의 나머지 소자와 함께 전력을 주고받는 교환을 한다. 같은 방식으로 무효전력은 전원과 부하 사이에서 계속 왕복하여 전달된다. 이는 부하와 전원 사이의 무손실 전력 교환을 의미한다. 무효전력은 다음과 같이 정리할 수 있다.

1. 저항성 부하(단위 역률)의 경우, $Q = 0$
2. 용량성 부하(앞섬 역률)의 경우, $Q < 0$
3. 유도성 부하(뒤짐 역률)의 경우, $Q > 0$

> **복소전력**(단위는 VA)은 rms 전압 페이저와 rms 전류 페이저 켤레복소수의 곱이다. 복소전력의 실수부는 유효전력 P이고 허수부는 무효전력 Q이다.

복소전력은 전압 및 전류 페이저로부터 직접 유효전력과 무효전력을 구할 수 있다.

$$\begin{aligned}
\text{복소전력} = \mathbf{S} &= P + jQ = \mathbf{V}_{\text{rms}}(\mathbf{I}_{\text{rms}})^* \\
&= |\mathbf{V}_{\text{rms}}|\,|\mathbf{I}_{\text{rms}}|\underline{/\theta_v - \theta_i} \\
\text{피상전력} = S = |\mathbf{S}| &= |\mathbf{V}_{\text{rms}}|\,|\mathbf{I}_{\text{rms}}| = \sqrt{P^2 + Q^2} \\
\text{유효전력} = P &= \text{Re}(\mathbf{S}) = S\cos(\theta_v - \theta_i) \\
\text{무효전력} = Q &= \text{Im}(\mathbf{S}) = S\sin(\theta_v - \theta_i) \\
\text{역률} &= \frac{P}{S} = \cos(\theta_v - \theta_i)
\end{aligned} \qquad \textbf{(11.51)}$$

이것은 복소전력이 주어진 부하에 관련된 모든 전력 정보를 어떻게 포함하고 있는지를 보여준다.

$\mathbf{S}$, P, Q를 그림 11.21(a)와 같이 삼각형의 형태로 표현하는 것이 일반적인데, 이를 전력 삼각형이라 한다. 이것은 $\mathbf{Z}$, R, X의 관계를 나타낸 그림 11.21(b)의 임피던스 삼각형과 비슷하다. 전력 삼각형은 피상전력/복소전력, 유효전력, 무효전력, 역률각의 네 가지 성분을 가지고 있다. 이 중 두 가지 성분이 주어지면 다른 두 가지 성분은 전력 삼각형에서 쉽게 구할 수 있다. 그림 11.22에서 볼 수 있듯이 $\mathbf{S}$가 1사분면에 있다면 유도성 부하이고 뒤짐 역률이다. $\mathbf{S}$가 4사분면에 있다면 부하는 용량성이고 역률은 앞섬이다. 복소전력이 2사분면 또는 3사분면에 있는 것 역시 가능한데, 이 경우에 부하 임피던스는 능동회로에서 가능한 한 음의 저항을 가져야 한다.

> $\mathbf{S}$는 부하의 *모든* 정보를 포함한다. $\mathbf{S}$의 실수부는 유효전력 P이고 허수부는 무효전력 Q이며, 그 크기는 피상전력 S이다. 그리고 위상각의 코사인 값은 역률 pf이다.

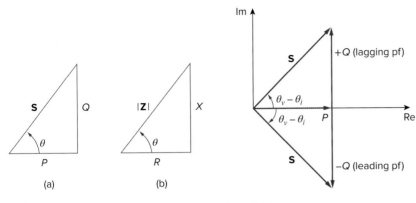

그림 11.21
(a) 전력 삼각형, (b) 임피던스 삼각형.

그림 11.22
전력 삼각형.

부하 양단의 전압이 $v(t) = 60 \cos(\omega t - 10°)$ V이고, 전압 강하 방향으로 소자에 흐르는 전류가 $i(t) = 1.5 \cos(\omega t + 50°)$ A이다. (a) 복소전력과 피상전력, (b) 유효전력과 무효전력, (c) 역률과 부하 임피던스를 구하라.

풀이:

(a) 전압과 전류의 실효값은

$$\mathbf{V}_{rms} = \frac{60}{\sqrt{2}}\underline{/-10°}, \qquad \mathbf{I}_{rms} = \frac{1.5}{\sqrt{2}}\underline{/+50°}$$

복소전력은

$$\mathbf{S} = \mathbf{V}_{rms}\mathbf{I}_{rms}^* = \left(\frac{60}{\sqrt{2}}\underline{/-10°}\right)\left(\frac{1.5}{\sqrt{2}}\underline{/-50°}\right) = 45\underline{/-60°} \text{ VA}$$

피상전력은

$$S = |\mathbf{S}| = 45 \text{ VA}$$

(b) 복소전력을 직각좌표 형태로 나타내면,

$$\mathbf{S} = 45\underline{/-60°} = 45[\cos(-60°) + j\sin(-60°)] = 22.5 - j38.97$$

$\mathbf{S} = P + jQ$이므로 유효전력은

$$P = 22.5 \text{ W}$$

반면에 무효전력은

$$Q = -38.97 \text{ VAR}$$

(c) 역률은

$$\text{pf} = \cos(-60°) = 0.5 \text{ (앞섬)}$$

이것이 앞섬인 이유는 무효전력이 음의 값이기 때문이다. 부하 임피던스는 다음과 같고,

$$Z = \frac{\mathbf{V}}{\mathbf{I}} = \frac{60\underline{/-10°}}{1.5\underline{/+50°}} = 40\underline{/-60°}\ \Omega$$

용량성 임피던스이다.

실전문제 11.11

어떤 부하에서 전압과 전류가 $\mathbf{V}_{rms} = 110\underline{/85°}$ V, $\mathbf{I}_{rms} = 400\underline{/15°}$ mA이다. (a) 복소전력과 피상전력, (b) 유효전력과 무효전력, (c) 역률과 부하 임피던스를 구하라.

답: (a) $44\underline{/70°}$ VA, 44 VA, (b) 15.05 W, 41.35 VAR, (c) 0.342 뒤짐, (94.06 + j258.4) Ω

예제 11.12

120 V 실효 정현파 전원에 의해 부하 $\mathbf{Z}$에서 뒤짐 역률 0.856의 12 kVA가 소비된다. (a) 부하에 전달되는 평균전력과 무효전력, (b) 최대 전류, (c) 부하 임피던스를 구하라.

풀이:

(a) 주어진 역률 pf = $\cos\theta$ = 0.856으로부터 역률각은 $\theta = \cos^{-1} 0.856 = 31.13°$이다. 피상전력이 S = 12,000 VA이므로 평균전력 또는 유효전력은

$$P = S\cos\theta = 12,000 \times 0.856 = 10.272\ \text{kW}$$

반면에 무효전력은

$$Q = S\sin\theta = 12,000 \times 0.517 = 6.204\text{kVA}$$

(b) 역률이 뒤짐이므로 복소전력은

$$\mathbf{S} = P + jQ = 10.272 + j6.204\ \text{kVA}$$

$\mathbf{S} = \mathbf{V}_{rms}\mathbf{I}^*_{rms}$로부터

$$\mathbf{I}^*_{rms} = \frac{\mathbf{S}}{\mathbf{V}_{rms}} = \frac{10{,}272 + j6204}{120\underline{/0°}} = 85.6 + j51.7\ \text{A} = 100\underline{/31.13°}\ \text{A}$$

그러므로 $\mathbf{I}_{rms} = 100\underline{/-31.13°}$ 이고 최대 전류는

$$I_m = \sqrt{2}I_{rms} = \sqrt{2}(100) = 141.4\ \text{A}$$

(c) 부하 임피던스는 다음과 같고,

$$\mathbf{Z} = \frac{\mathbf{V}_{rms}}{\mathbf{I}_{rms}} = \frac{120\underline{/0°}}{100\underline{/-31.13°}} = 1.2\underline{/31.13°}\ \Omega$$

유도성 임피던스이다.

실전문제 11.12

정현파 전원이 100 kVAR의 무효전력을 부하 $\mathbf{Z} = 250\underline{/-75°}\ \Omega$에 공급한다. (a) 역률, (b) 부하에 전달되는 피상전력, (c) 최대 전압을 구하라.

답: (a) 0.2588 앞섬, (b) 103.53 kVA, (c) 5.087 kV

11.7 †교류전력의 보존

직류회로와 마찬가지로 교류회로에서도 전력 보존의 법칙이 성립한다(1.5절 참조).

이것을 알아보기 위해 그림 11.23(a)와 같이 2개의 부하 임피던스 $\mathbf{Z}_1$, $\mathbf{Z}_2$가 병렬로 연결되어 있고, 여기에 교류 전압원 $\mathbf{V}$가 인가된 경우를 생각해보자. KCL로부터

$$\mathbf{I} = \mathbf{I}_1 + \mathbf{I}_2 \tag{11.52}$$

전원에 의해 공급되는 복소전력은(지금부터 별도의 설명이 없는 한 모든 전압과 전류의 값은 rms 값이라고 가정한다.)

$$\mathbf{S} = \mathbf{VI}^* = \mathbf{V}(\mathbf{I}_1^* + \mathbf{I}_2^*) = \mathbf{VI}_1^* + \mathbf{VI}_2^* = \mathbf{S}_1 + \mathbf{S}_2 \tag{11.53}$$

교류회로에서 평균전력이 보존됨을 앞의 예제 11.3과 11.4에서 보았다.

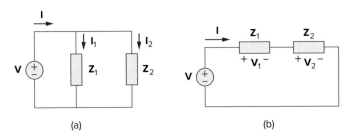

그림 11.23
부하에 공급하는 교류 접압원: (a) 병렬 부하 (b) 직렬 부하.

여기서 $\mathbf{S}_1$과 $\mathbf{S}_2$는 각각 부하 $\mathbf{Z}_1$과 $\mathbf{Z}_2$에 전달되는 복소전력이다.

만약 그림 11.23(b)와 같이 부하가 전압원에 직렬로 연결되어 있다면 KVL로부터,

$$\mathbf{V} = \mathbf{V}_1 + \mathbf{V}_2 \tag{11.54}$$

전원에서 공급하는 복소전력은

$$\mathbf{S} = \mathbf{VI}^* = (\mathbf{V}_1 + \mathbf{V}_2)\mathbf{I}^* = \mathbf{V}_1\mathbf{I}^* + \mathbf{V}_2\mathbf{I}^* = \mathbf{S}_1 + \mathbf{S}_2 \tag{11.55}$$

여기서 $\mathbf{S}_1$과 $\mathbf{S}_2$는 각각 부하 $\mathbf{Z}_1$과 $\mathbf{Z}_2$에 전달되는 복소전력이다.

식 (11.53)과 (11.55)로부터 부하가 직렬연결이든 병렬(또는 일반적인)연결이든 전원에서 **공급되는** 전체 전력은 부하에 **전달되는** 전체 전력과 같음을 알 수

있다. 그러므로 전원에 N개의 부하가 연결되어 있는 경우,

$$\boxed{\mathbf{S} = \mathbf{S}_1 + \mathbf{S}_2 + \cdots + \mathbf{S}_N} \tag{11.56}$$

| 사실 순시전력, 유효전력, 무효전력, 복소전력 등 모든 형태의 교류전력은 보존된다.

이는 회로망에서의 전체 복소전력이 개별 소자 복소전력의 합과 같다는 것을 의미한다(이것은 유효전력과 무효전력에 대해서도 성립하지만 피상전력에서는 성립하지 않는다). 이를 교류전력 보존의 법칙이라고 한다.

> 전원에서의 복소전력, 유효전력, 무효전력은 각 부하에서의 복소전력, 유효전력, 무효전력의 합과 같다.

이로부터, 회로망의 전원에서 흘러 나간 유효(또는 무효)전력은 회로망의 다른 소자들에게 흘러 들어간 유효(또는 무효)전력과 같다.

예제 11.13

그림 11.24의 회로는 전송선을 통해 전압원이 부하에 전력을 공급하는 것을 보여준다. 전송선의 임피던스가 $(4 + j2)\ \Omega$일 때, (a) 전원, (b) 전송선, (c) 부하에서 공급 또는 소비되는 유효전력과 무효전력을 구하라.

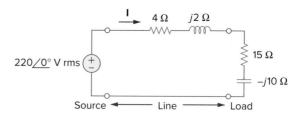

그림 11.24
예제 11.13.

풀이:
전체 임피던스는

$$\mathbf{Z} = (4 + j2) + (15 - j10) = 19 - j8 = 20.62\underline{/-22.83°}\ \Omega$$

회로에 흐르는 전류는

$$\mathbf{I} = \frac{\mathbf{V}_s}{\mathbf{Z}} = \frac{220\underline{/0°}}{20.62\underline{/-22.83°}} = 10.67\underline{/22.83°}\ \text{A rms}$$

(a) 전원에서 복소전력은

$$\mathbf{S}_s = \mathbf{V}_s\mathbf{I}^* = (220\underline{/0°})(10.67\underline{/-22.83°})$$
$$= 2347.4\underline{/-22.83°} = (2163.5 - j910.8)\ \text{VA}$$

이것으로부터 유효전력 2163.5 W, 무효전력 910.8 VAR(앞섬)을 구할 수 있다.

(b) 전송선에서 전압은

$$\mathbf{V}_{line} = (4 + j2)\mathbf{I} = (4.472\underline{/26.57°})(10.67\underline{/22.83°})$$
$$= 47.72\underline{/49.4°} \text{ V rms}$$

전송선에서 소비되는 복소전력은

$$\mathbf{S}_{line} = \mathbf{V}_{line}\mathbf{I}^* = (47.72\underline{/49.4°})(10.67\underline{/-22.83°})$$
$$= 509.2\underline{/26.57°} = 455.4 + j227.7 \text{ VA}$$

또는

$$\mathbf{S}_{line} = |\mathbf{I}|^2\mathbf{Z}_{line} = (10.67)^2(4 + j2) = 455.4 + j227.7 \text{ VA}$$

즉 유효전력은 455.4 W이고 무효전력은 227.76 VAR(뒤짐)이다.

(c) 부하에서 전압은

$$\mathbf{V}_L = (15 - j10)\mathbf{I} = (18.03\underline{/-33.7°})(10.67\underline{/22.83°})$$
$$= 192.38\underline{/-10.87°} \text{ V rms}$$

부하에 의해 소비되는 복소전력은

$$\mathbf{S}_L = \mathbf{V}_L\mathbf{I}^* = (192.38\underline{/-10.87°})(10.67\underline{/-22.83°})$$
$$= 2053\underline{/-33.7°} = (1708 - j1139) \text{ VA}$$

유효전력은 1708 W이고 무효전력은 1139 VAR(앞섬)이다. 기대했던 대로 $\mathbf{S}_s = \mathbf{S}_{line} + \mathbf{S}_L$이 된다. 여기서 전압과 전류는 rms 값을 사용했다.

실전문제 11.13

그림 11.25의 회로에서 60 Ω의 저항이 소비하는 평균전력은 240 W이다. 전압원 **V**와 각 가지에서의 복소전력을 구하라. 회로의 전체 복소전력은 얼마인가? (60-Ω의 저항에 흐르는 전류는 위상이동이 없다고 가정한다.)

답: 240.7$\underline{/21.45°}$ V (rms); 20-Ω 저항: 656 VA; (30 − j10) Ω 임피던스: 480 − j160 VA; (60 + j20) Ω 임피던스: 240 + j80 VA; 전체: 1376 − j80 VA

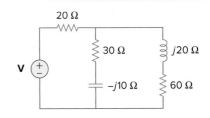

그림 11.25
실전문제 11.13.

예제 11.14

그림 11.26의 회로에서 $\mathbf{Z}_1 = 60\underline{/-30°}$ Ω, $\mathbf{Z}_2 = 40\underline{/45°}$ Ω이다. 전원에서 공급하는 전체 (a) 피상전력, (b) 유효전력, (c) 무효전력, (d) 전원에서 본 역률을 구하라.

풀이:
$\mathbf{Z}_1$에 흐르는 전류는

$$\mathbf{I}_1 = \frac{\mathbf{V}}{\mathbf{Z}_1} = \frac{120\underline{/10°}}{60\underline{/-30°}} = 2\underline{/40°} \text{ A rms}$$

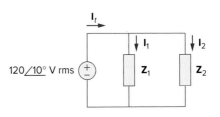

그림 11.26
예제 11.14.

반면에 $\mathbf{Z}_2$에 흐르는 전류는

$$\mathbf{I}_2 = \frac{\mathbf{V}}{\mathbf{Z}_2} = \frac{120\underline{/10°}}{40\underline{/45°}} = 3\underline{/-35°} \text{ A rms}$$

임피던스에서 소비되는 복소전력은

$$\mathbf{S}_1 = \frac{V_{\text{rms}}^2}{\mathbf{Z}_1^*} = \frac{(120)^2}{60\underline{/30°}} = 240\underline{/-30°} = 207.85 - j120 \text{ VA}$$

$$\mathbf{S}_2 = \frac{V_{\text{rms}}^2}{\mathbf{Z}_2^*} = \frac{(120)^2}{40\underline{/-45°}} = 360\underline{/45°} = 254.6 + j254.6 \text{ VA}$$

전체 복소전력은

$$\mathbf{S}_t = \mathbf{S}_1 + \mathbf{S}_2 = 462.4 + j134.6 \text{ VA}$$

(a) 전체 피상전력은

$$|\mathbf{S}_t| = \sqrt{462.4^2 + 134.6^2} = 481.6 \text{ VA.}$$

(b) 전체 유효전력은

$$P_t = \text{Re}(\mathbf{S}_t) = 462.4 \text{ W or } P_t = P_1 + P_2.$$

(c) 전체 무효전력은

$$Q_t = \text{Im}(\mathbf{S}_t) = 134.6 \text{ VAR or } Q_t = Q_1 + Q_2.$$

(d) 역률 pf $= P_t/|\mathbf{S}_t| = 462.4/481.6 = 0.96$(뒤짐)이다.

전원에서 공급하는 복소전력 $\mathbf{S}_s$를 계산한 결과와 비교해보면 이전의 결과와 같음을 알 수 있다.

$$\mathbf{I}_t = \mathbf{I}_1 + \mathbf{I}_2 = (1.532 + j1.286) + (2.457 - j1.721)$$
$$= 4 - j0.435 = 4.024\underline{/-6.21°} \text{ A rms}$$
$$\mathbf{S}_s = \mathbf{VI}_t^* = (120\underline{/10°})(4.024\underline{/6.21°})$$
$$= 482.88\underline{/16.21°} = 463 + j135 \text{ VA}$$

실전문제 11.14

병렬로 연결된 2개의 부하가 각각 앞섬 역률 0.75의 2 kW, 뒤짐 역률 0.95의 4 kW 전력을 소비한다. 두 부하의 결합된 역률과 전원에 의해 공급되는 복소전력을 구하라.

답: 0.9972(앞섬), $6 - j0.4495$ kVA

11.8   역률 개선

대부분의 가정용 부하(세탁기, 에어컨, 냉장고 등)와 산업용 부하(유도 전동기 등)는 유도성 부하로 낮은 뒤짐 역률에서 운전된다. 비록 유도성 부하의 본질을 변화시킬 수는 없지만 그 역률을 증가시킬 수는 있다.

　원래 부하에 걸리는 전압이나 전류의 변화 없이 역률을 증가시키는 프로세스를 **역률 개선**이라고 한다.

　그림 11.27(a)에서 보듯이 대부분의 부하가 유도성이기 때문에 그림 11.27(b)와 같이 부하와 병렬로 적절하게 커패시터를 설치함으로써 역률을 향상 또는 개선할 수 있다. 커패시터를 부가한 효과는 전력 삼각형 또는 전류를 포함하는 페이저 다이어그램을 이용하여 설명할 수 있다. 그림 11.28을 보면, 그림 11.27(a)의 회로가 $\cos\theta_1$의 역률을 가진다고 할 때 그림 11.27(b)의 회로는 $\cos\theta_2$의 역률을 가진다. 그림 11.28에서 보듯이 부가한 커패시터가 전압과 전류 사이의 역률각을 θ_1에서 θ_2로 줄여주므로 역률이 증가한다. 또한 그림 11.28에서 벡터의 크기로부터, 동일한 전압 인가 시 그림 11.27(b)의 전류 I보다 그림 11.27(a)의 전류 I_L이 더 크다. 전류가 많이 흐를수록 그 제곱에 비례해서 전력 손실이 증가($P = I_L^2 R$이므로)하기 때문에 전력 회사는 대전류에 더 많은 요금을 부과한다. 그러므로 역률을 가능한 한 1에 가깝게 유지하거나 전류를 최소화하려는 모든 노력은 전력 회사와 소비자 모두에게 이익이 된다. 우리는 적당한 크기의 커패시터를 선택함으로써 전류를 전압과 완전히 동상(단위역률을 의미)으로 만들 수 있다.

> 역률 개선이란 역률을 1에 가깝게 만들기 위해 부하에 병렬로 리액티브 소자(일반적으로 커패시터)를 부가하는 것으로 볼 수 있다.

> 유도성 부하는 인덕터와 저항의 직렬연결 형태를 말한다.

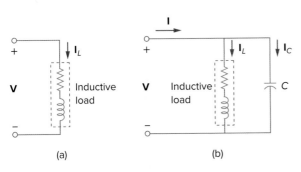

(a)　　　　　　　　(b)

그림 11.27
역률 개선: (a) 원래의 유도성 부하, (b) 역률이 향상된 유도성 부하.

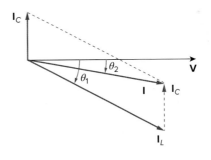

그림 11.28
유도성 부하에 병렬로 커패시터를 부가했을 때의 효과를 보여주는 페이저 다이어그램.

　그림 11.29의 전력 삼각형에 의해 위와는 다른 관점에서 역률 개선을 설명할 수도 있다. 원래의 유도성 부하가 S_1의 피상전력을 가질 때,

$$P = S_1 \cos\theta_1, \qquad Q_1 = S_1 \sin\theta_1 = P\tan\theta_1 \qquad (11.57)$$

유효전력(즉 $P = S_2 \cos\theta_2$)의 변화 없이 역률을 $\cos\theta_1$에서 $\cos\theta_2$로 증가시키고자 한다면, 그때의 새로운 무효전력은

$$Q_2 = P\tan\theta_2 \qquad (11.58)$$

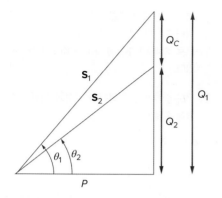

그림 11.29
역률 개선을 보여주는 전력 삼각형.

병렬 커패시터에 의해 무효전력이 감소한다. 즉

$$Q_C = Q_1 - Q_2 = P(\tan\theta_1 - \tan\theta_2) \tag{11.59}$$

식 (11.46)에서 $Q_C = V^2_{\text{rms}}/X_C = \omega C V^2_{\text{rms}}$이므로 필요한 병렬 커패시터 C의 값은 다음과 같이 결정된다.

$$\boxed{C = \frac{Q_C}{\omega V^2_{\text{rms}}} = \frac{P(\tan\theta_1 - \tan\theta_2)}{\omega V^2_{\text{rms}}}} \tag{11.60}$$

여기서 커패시터에 의한 평균전력은 0이기 때문에 부하에서 소모되는 유효전력 P는 역률 개선에 의해 아무런 영향도 받지 않는다는 것을 유의하라.

실생활에서 대부분의 상황이 유도성 부하임에도 불구하고 부하가 앞섬 역률로 운전되는 용량성 부하인 경우도 있다. 이런 경우는 역률 개선을 위해 부하의 양단에 인덕터를 연결해야 한다. 요구되는 병렬 인덕턴스 L은 다음과 같이 결정된다.

$$Q_L = \frac{V^2_{\text{rms}}}{X_L} = \frac{V^2_{\text{rms}}}{\omega L} \quad \Rightarrow \quad L = \frac{V^2_{\text{rms}}}{\omega Q_L} \tag{11.61}$$

여기서 $Q_L = Q_1 - Q_2$로 역률 개선 전과 후 무효전력의 차이다.

예제 11.15

어떤 부하가 120-V (rms), 60-Hz의 전력선에 연결될 때 뒤짐 역률 0.8의 4 kW를 소비한다. 역률을 0.95로 증가시키는 데 필요한 커패시턴스의 값을 구하라.

풀이:

pf = 0.8이라면,

$$\cos\theta_1 = 0.8 \quad \Rightarrow \quad \theta_1 = 36.87°$$

여기서 θ_1은 전압과 전류의 위상차이다. 유효전력과 역률로부터 피상전력은

$$S_1 = \frac{P}{\cos\theta_1} = \frac{4000}{0.8} = 5000 \text{ VA}$$

무효전력은

$$Q_1 = S_1 \sin\theta = 5000 \sin 36.87 = 3000 \text{ VAR}$$

역률을 0.95로 증가시키면,

$$\cos\theta_2 = 0.95 \quad \Rightarrow \quad \theta_2 = 18.19°$$

유효전력 P는 변하지 않지만 피상전력은 변한다. 그 새로운 값은

$$S_2 = \frac{P}{\cos\theta_2} = \frac{4000}{0.95} = 4210.5 \text{ VA}$$

새로운 무효전력은

$$Q_2 = S_2 \sin\theta_2 = 1314.4 \text{ VAR}$$

역률 개선 전후 무효전력의 차는 부하에 병렬로 부가한 커패시터 때문이다. 커패시터에 의한 무효전력은

$$Q_C = Q_1 - Q_2 = 3000 - 1314.4 = 1685.6 \text{ VAR}$$

그리고

$$C = \frac{Q_C}{\omega V_{\text{rms}}^2} = \frac{1685.6}{2\pi \times 60 \times 120^2} = 310.5 \ \mu\text{F}$$

주: 실제 커패시터는 정상적으로 견딜 수 있는 정격전압으로 출시된다. 예제의 경우에는 커패시터에 걸리는 최대 전압이 약 170 V이다. 따라서 정격전압이 200 V 이상인 커패시터를 사용할 것을 권장한다.

실전문제 11.15

140 kVAR, 0.85의 뒤짐 역률을 가진 부하의 역률을 단위역률로 개선하는 데 필요한 병렬 커패시터의 값을 구하라. 110 V(rms), 60 Hz의 전원이 부하에 공급된다고 가정한다.

답: 30.69 mF

11.9 †응용

이 절에서는 전력의 중요한 응용 분야인 전력 측정 방법과 전력 회사가 전기료를 결정하는 방법에 대해 알아본다.

11.9.1 전력 측정

전력계는 부하에서 소비하는 평균전력을 측정하는 장치이다.

> **전력계는 평균전력을 측정하는 장치이다.**

> 무효전력은 *바미터*(varmeter)라고 부르는 계측기로 측정한다. 바미터는 전력계와 같은 방법으로 부하에 연결한다.

그림 11.30은 전압 코일과 전류 코일, 2개의 코일로 구성된 기본적인 전력계를 보여준다. 매우 작은 임피던스(이상적으로 0)를 가진 전류 코일은 부하에 직렬로 연결되어 있고(그림 11.31) 부하전류에 반응한다. 아주 큰 임피던스(이상적으로 무한대)를 가진 전압 코일은 그림 11.31에서 보듯이 부하에 병렬로 연결되어 있으며 부하전압에 반응한다. 전류 코일은 임피던스가 작기 때문에 단락회로처럼 작동하고, 전압 코일은 임피던스가 높기 때문에 개방회로처럼 작동한다. 전력계의 이러한 특성은 회로에 전력계를 연결해도 회로에 방해가 되지 않을 뿐 아니라 전력 측정에도 영향을 미치지 않는다.

> 일부 전력계는 코일이 없는 것도 있지만 여기서는 전자기 타입에 대해 설명했다.

전압과 전류, 두 코일이 여자될 때, 역학 시스템의 기계적 관성은 곱셈 $v(t)$ $i(t)$의 평균값에 비례하는 편향각을 만든다. 만일 부하의 전류와 전압이 $v(t) =$

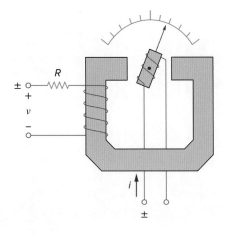

그림 11.30
전력계.

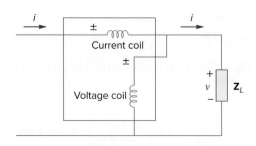

그림 11.31
부하에 연결된 전력계.

$V_m \cos(\omega t + \theta_v)$, $i(t) = I_m \cos(\omega t + \theta_i)$라면 rms 페이저는

$$\mathbf{V}_{\text{rms}} = \frac{V_m}{\sqrt{2}} \underline{/\theta_v}, \quad \mathbf{I}_{\text{rms}} = \frac{I_m}{\sqrt{2}} \underline{/\theta_i} \tag{11.62}$$

전력계가 측정한 평균전력은

$$P = |\mathbf{V}_{\text{rms}}||\mathbf{I}_{\text{rms}}| \cos(\theta_v - \theta_i) = V_{\text{rms}} I_{\text{rms}} \cos(\theta_v - \theta_i) \tag{11.63}$$

그림 11.31에서 보듯이 각 코일은 두 단자를 가지고 있는데 그중 하나의 단자에는 ± 표기가 되어 있다. 바늘이 정방향(upscale)이 되도록 하기 위해서는 전류 코일의 ±를 전원 쪽을 향하게 하고 전압 코일의 ±는 전류 코일과 같은 선에 연결한다. 두 코일의 접속이 모두 바뀔 때는 계측기가 여전히 정방향 편향을 하지만, 어느 한 코일만 접속을 반대로 하면 바늘이 역방향(downscale)으로 편향되어 전력계를 읽을 수 없게 된다.

예제 11.16

그림 11.32의 회로에서 전력계가 가리키는 값을 구하라.

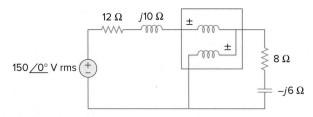

그림 11.32
예제 11.16.

풀이:

1. **정의하라.** 문제의 의미는 명확하게 파악된다. 흥미롭게도 이 문제는 학생들이 실제 전력계를 가지고 실험실에서 실측을 통해 입증할 수 있는 문제이다.

2. **제시하라.** 이 문제는 직렬 임피던스를 가진 외부 전원에 의해 부하에 전달되는 평균전력을 구하는 것이다.

3. **대체방안을 고려하라.** 이는 부하를 통해 흐르는 전류의 크기와 위상, 부하 양단에 걸리는 전압의 크기와 위상을 알면 되는 간단한 문제이다. 이 값들은 결과 검증을 위해 사용하게 될 *PSpice*로도 구할 수 있다.

4. **시도하라.** 그림 11.32에서 전류 코일은 임피던스와 직렬로 연결되어 있고 전압 코일은 병렬로 연결되어 있기 때문에 전력계는 $(8 - j6)$ Ω의 임피던스에서 소비되는 평균전력을 읽는다. 회로에 흐르는 전류는

$$\mathbf{I}_{rms} = \frac{150\underline{/0°}}{(12 + j10) + (8 - j6)} = \frac{150}{20 + j4}\text{ A}$$

$(8 - j6)$ Ω의 임피던스 양단 전압은

$$\mathbf{V}_{rms} = \mathbf{I}_{rms}(8 - j6) = \frac{150(8 - j6)}{20 + j4}\text{ V}$$

복소전력은

$$\mathbf{S} = \mathbf{V}_{rms}\mathbf{I}_{rms}^* = \frac{150(8 - j6)}{20 + j4} \cdot \frac{150}{20 - j4} = \frac{150^2(8 - j6)}{20^2 + 4^2}$$
$$= 423.7 - j324.6 \text{ VA}$$

그러므로 전력계는 다음 값을 가리킨다.

$$P = \text{Re}(\mathbf{S}) = \mathbf{432.7 \text{ W}}$$

5. **평가하라.** *PSpice*를 사용하여 위 결과를 검증할 수 있다.

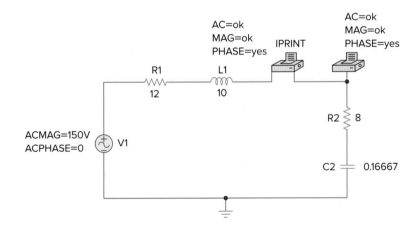

시뮬레이션 결과는 다음과 같다.

```
    FREQ          IM(V_PRINT2)     IP(V_PRINT2)
    1.592E-01     7.354E+00        -1.131E+01
```

그리고

```
    FREQ          VM($N_0004)      VP($N_0004)
    1.592E-01     7.354E+01        -4.818E+01
```

결과를 검증하기 위해 필요한 것은 단지 부하저항을 통해 흐르는 전류의
크기(7.354 A)이다.

$$P = (I_L)^2R = (7.354)^2 8 = \textbf{432.7 W}$$

기대한 바와 같이 결과가 검증되었다.

6. **만족하는가?** 문제를 만족스럽게 해결하여 그 결과를 문제의 답으로 제시
할 수 있다.

실전문제 11.16

그림 11.33의 회로에서 전력계가 가리키는 값을 구하라.

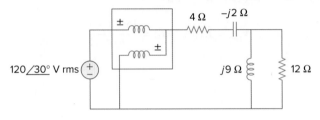

그림 11.33
실전문제 11.16.

답: 1.437 kW.

11.9.2 전기 사용료

1.7절에서 전기 사용료가 결정되는 간단한 형태의 방법을 살펴보았다. 그러나
그 계산법에는 역률의 개념이 포함되지 않았으므로 여기서는 전기 사용료에서
역률의 중요성을 살펴보고자 한다.

낮은 역률을 가진 부하는 11.8절에서 설명한 것처럼 큰 전류를 요구하기 때
문에 값비싼 대가를 치러야 한다. 따라서 이를 피하기 위한 이상적인 조건은 S
$= P$, $Q = 0$, pf $= 1$이 되도록 하여 공급원으로부터 최소의 전류가 흐르도록 하
는 것이다. 0이 아닌 Q를 가진 부하는 에너지가 부하와 전원 사이에서 반복적으
로 흐르는 것을 의미하기 때문에 추가 전력 손실이 발생한다. 이러한 관점에서
전력 회사는 소비자가 가능한 한 단위역률에 가까운 역률을 유지하도록 권장하
고, 부하 역률을 개선하지 않는 수용가에 대해서는 벌금을 부과하고 있다.

실제로 전력 회사는 수용가를 주거용(가정용), 상업용, 산업용 또는 저전력,
중전력, 대전력과 같은 범주로 분류하고, 각 범주에 대해 서로 다른 비율의 요금
체계를 적용한다. 킬로와트–시(kWh)의 단위로 소비되는 에너지의 양은 수용가
의 구내에 설치된 전력량계(kilowatt-hour meter)를 사용하여 측정한다.

전력 회사가 수용가 요금 징수에 다른 방법을 사용한다 하더라도 수용가에

대한 고지서는 두 가지로 분류된다. 첫 번째는 기본 요금으로, 수용가의 부하 요구를 만족시킬 수 있는 발전, 송전, 배전의 비용에 따라 결정한다. 일반적으로 기본 요금은 계약 용량에 따라 kW당 일정 금액으로 설정된다. 또는 수용가의 역률을 계산하기 위해 계약 용량(kVA)을 기준으로 할 수도 있다. 역률 할증료는 수용가의 역률이 0.85 또는 0.9와 같은 규정값 이하로 역률이 낮아지는 경우, 0.01씩 떨어질 때마다 계약 용량 kW 또는 kVA의 일정 비율만큼 수용가에 부과된다. 반면에 규정값을 초과하여 역률을 유지할 경우, 0.01씩 초과할 때마다 이에 상응하는 요금 공제를 해주는 경우도 있다.

두 번째는 사용료로, kWh 단위로 소비되는 에너지에 비례하여 부과한다. 예를 들면 사용량의 처음 100 kWh까지는 16센트/kWh, 다음 200 kWh까지는 10센트/kWh 등으로 등급을 정하여 부과한다. 그러므로 요금 청구서는 다음 식에 근거하여 결정된다.

$$\text{총전기료} = \text{기본 요금} + \text{사용량 요금} \qquad (11.64)$$

예제 11.17

어느 제조업체에서 한 달에 200 MWh의 전력을 소비한다. 계약 용량이 1,600 kW일 때 다음 두 가지 분류의 요율에 따라서 전기료를 계산하라.

기본 요금: 매월 kW당 5.00달러
사용량 요금: 처음 50,000 kWh까지는 kWh당 8센트, 나머지 전력량은
kWh당 5센트

풀이:
기본 요금은

$$\$5.00 \times 1,600 = \$8,000 \qquad (11.17.1)$$

처음 50,000 kWh에 대한 사용량 요금은

$$\$0.08 \times 50,000 = \$4,000 \qquad (11.17.2)$$

나머지 전력량은 200,000 kWh − 50,000 kWh = 150,000 kWh이고, 이에 따른 사용량 요금은

$$\$0.05 \times 150,000 = \$7,500 \qquad (11.17.3)$$

식 (11.17.1)~(11.17.3)을 모두 더하면,

$$\text{월 총전기료} = \$8,000 + \$4,000 + \$7,500 = \$19,500$$

이상의 결과만 보면 전기료가 너무 비싸게 느껴질 수도 있다. 그러나 이는 제품의 전체 생산 비용 또는 완제품의 전체 판매 가격과 비교할 때 매우 낮은 비율에 지나지 않는다.

실전문제 11.17

종이 압연기 전력량계의 월 측정량이 다음과 같다.

    계약 용량: 32,000 kW
    소비 전력: 500 MWh

예제 11.17과 두 가지 분류의 요율을 적용하여 월 전기료를 계산하라.

답: $186,500

예제 11.18

13 kV (rms) 전압이 인가되는 300 kW 부하를 한 달에 80% 역률로 520시간을 사용한다. 다음과 같이 간략화된 요율에 따라서 매월 평균요금을 계산하라.

    전력량 요금: kWh당 6센트
    역률 할증: 0.85에 미달하는 역률 0.01마다 전력량 요금의 0.1% 적용
    역률 할인: 0.85를 초과하는 역률 0.01마다 전력량 요금의 0.1% 적용

풀이:

소비되는 전력량은

$$W = 300 \text{ kW} \times 520 \text{ h} = 156,000 \text{ kWh}$$

운전 역률 pf = 80% = 0.8은 규정 역률 0.85에 미달하고, 그 값은 5×0.01이다. 0.01마다 전력량 요금의 0.1%가 할증되므로 0.5%의 역률 할증 요금이 가해진다. 이 경우 할증되는 전력량은

$$\Delta W = 156,000 \times \frac{5 \times 0.1}{100} = 780 \text{ kWh}$$

총전력량은

$$W_t = W + \Delta W = 156,000 + 780 = 156,780 \text{ kWh}$$

따라서 매월 요금은 다음과 같다.

$$\text{요금} = 6 \text{ cents} \times W_t = \$0.06 \times 156,780 = \$9,406.80$$

실전문제 11.18

역률 0.88의 800 kW 전기로를 한 달에 26일 동안 매일 20시간씩 운전한다. 예제 11.18의 요율을 적용하여 한 달 전기료를 계산하라.

답: $24,885.12

11.10 요약

1. 어떤 소자에서 소비되는 순시전력은 그 소자의 단자 전압과 소자를 통해 흐르는 전류의 곱이다:

$$p = vi.$$

2. 평균전력 또는 유효전력 P(단위는 W)는 순시전력 p의 평균이다:

$$P = \frac{1}{T} \int_0^T p \, dt$$

만약 $v(t) = V_m \cos(\omega t + \theta_v)$, 이고, $i(t) = I_m \cos(\omega t + \theta_i)$일 때 $V_{\text{rms}} = V_m/\sqrt{2}$, $I_{\text{rms}} = I_m/\sqrt{2}$이며,

$$P = \frac{1}{2} V_m I_m \cos(\theta_v - \theta_i) = V_{\text{rms}} I_{\text{rms}} \cos(\theta_v - \theta_i)$$

인덕터와 커패시터는 평균전력을 소비하지 않지만 저항에서 소비되는 평균전력은 $(1/2)I_m^2 R = I_{\text{rms}}^2 R$이 된다.

3. 부하 단자에서 본 부하 임피던스가 테브냉 임피던스의 켤레복소수일 때 ($\mathbf{Z}_L = Z_{\text{Th}}^*$일 때) 최대 평균전력이 부하로 전달된다.

4. 주기 신호 $x(t)$의 실효값은 rms 값이라고 한다.

$$X_{\text{eff}} = X_{\text{rms}} = \sqrt{\frac{1}{T} \int_0^T x^2 dt}$$

정현파에 대해 실효값 또는 rms 값은 그 최대값을 $\sqrt{2}$로 나눈 값과 같다.

5. 역률은 전압과 전류 위상차의 코사인이다:

$$\text{pf} = \cos(\theta_v - \theta_i)$$

이는 부하 임피던스각의 코사인 또는 피상전력에 대한 유효전력의 비율로도 표현된다. 역률은 유도성 부하로 전류가 전압보다 위상이 뒤지면 뒤짐, 용량성 부하로 전류가 전압보다 위상이 앞서면 앞섬이 된다.

6. 피상전력 S (단위는 VA)는 전압과 전류 실효값의 곱이다:

$$S = V_{\text{rms}} I_{\text{rms}}$$

이는 역시 $S = |\mathbf{S}| = \sqrt{P^2 + Q^2}$로도 표현된다. 여기서 P는 유효전력, Q는 무효전력이다.

7. 무효전력(단위는 VAR)은:

$$Q = \frac{1}{2} V_m I_m \sin(\theta_v - \theta_i) = V_{\text{rms}} I_{\text{rms}} \sin(\theta_v - \theta_i)$$

8. 복소전력 $\mathbf{S}$ (단위는 VA)는 실효값 전압 페이저와 실효값 전류 페이저 켤레복소수의 곱으로 나타낸다. 또한 복소전력은 평균전력 P와 무효전력 Q의 복소 합으로도 나타낸다.

$$\mathbf{S} = \mathbf{V}_{\text{rms}} \mathbf{I}_{\text{rms}}^* = V_{\text{rms}} I_{\text{rms}} \underline{/\theta_v - \theta_i} = P + jQ$$

또한

$$S = I_{rms}^2 \mathbf{Z} = \frac{V_{rms}^2}{\mathbf{Z}^*}$$

9. 회로망에서 전체 복소전력은 개별 소자 복소전력의 합이다. 또한 전체 평균전력과 무효전력은 각각 개별 평균전력의 합, 무효전력의 합이다. 그러나 전체 피상전력은 위 과정으로 계산되지 않는다.

10. 역률 개선은 경제적인 이유로 필요하다. 역률 개선은 전체 무효전력을 감소시킴으로써 부하 역률을 개선하는 프로세스이다.

11. 전력계는 평균전력을 측정하는 장치이다. 소비되는 전력량은 전력량계로 측정된다.

복습문제

11.1 인덕터에서 소비되는 평균전력은 0이다.

(a) 참   (b) 거짓

11.2 부하 단자에서 본 회로망의 테브냉 임피던스가 80 + $j55$ Ω이다. 최대 전력 전달을 위한 부하 임피던스는?

(a) −80 + $j55$ Ω   (b) −80 − $j55$ Ω
(c) 80 − $j55$ Ω   (d) 80 + $j55$ Ω

11.3 가정용 전기 콘센트에 인가되는 전압이 60 Hz, 120 V일 때 이 전압의 크기는?

(a) 110 V   (b) 120 V
(c) 170 V   (d) 210 V

11.4 부하 임피던스가 20 − $j20$일 때 역률은?

(a) $\underline{/-45°}$ (b) 0   (c) 1
(d) 0.7071   (e) 보기 중 답이 없음

11.5 주어진 부하에서 모든 전력 정보를 포함하고 있는 것은?

(a) 역률   (b) 피상전력
(c) 평균전력   (d) 무효전력
(e) 복소전력

11.6 무효전력의 단위는?

(a) watts   (b) VA
(c) VAR   (d) 보기 중 답이 없음

11.7 그림 11.34(a)의 전력 삼각형에서 무효전력은?

(a) 1000 VAR 앞섬   (b) 1000 VAR 뒤짐
(c) 866 VAR 앞섬   (d) 866 VAR 뒤짐

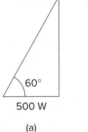
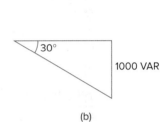

(a)   (b)

그림 11.34
복습문제 11.7과 11.8.

11.8 그림 11.34(b)의 전력 삼각형에서 피상전력은?

(a) 2000 VA   (b) 1000 VAR
(c) 866 VAR   (d) 500 VAR

11.9 전원이 부하 $\mathbf{Z}_1$, $\mathbf{Z}_2$, $\mathbf{Z}_3$에 병렬로 연결되어 있다. 다음 중 거짓인 것은?

(a) $P = P_1 + P_2 + P_3$
(b) $Q = Q_1 + Q_2 + Q_3$
(c) $S = S_1 + S_2 + S_3$
(d) $\mathbf{S} = \mathbf{S}_1 + \mathbf{S}_2 + \mathbf{S}_3$

11.10 평균전력을 계측하는 기구는?

(a) 전압계   (b) 전류계
(c) 전력계   (d) 무효전력계
(e) 전력량계

답: *11.1a, 11.2c, 11.3c, 11.4d, 11.5e, 11.6c, 11.7d, 11.8a, 11.9c, 11.10c*

문제[1]

11.2절 순시전력과 평균전력

11.1 $v(t) = 160 \cos 50t$ V이고 $i(t) = -33 \sin (50t - 30°)$ A 일 때 순시전력과 평균전력을 구하라.

11.2 그림 11.35의 회로에서, 각 소자에서 공급 또는 소비되는 평균전력을 구하라.

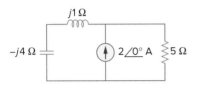

그림 11.35
문제 11.2.

11.3 60 Ω의 저항과 90 μF의 커패시터가 병렬연결되어 부하가 구성되었다. 부하에 전압원 $v_s(t) = 160 \cos 2000t$가 인가될 때, 부하에 전달되는 평균전력을 구하라.

11.4 그림 11.36을 이용하여 다른 학생들이 순시전력과 평균 **e²d** 전력을 더 잘 이해하도록 도와주는 문제를 설계하라.

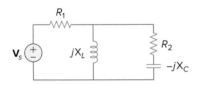

그림 11.36
문제 11.4.

11.5 그림 11.37의 회로에 $v_s = 8 \cos(2t - 40°)$ V의 전압이 인가될 때, 각 수동소자에 전달되는 평균전력을 구하라.

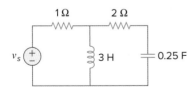

그림 11.37
문제 11.5.

11.6 그림 11.38의 회로에 전류원 $i_s = 6 \cos 10^3 t$ A가 인가될 때, 50 Ω의 저항에서 소비되는 평균전력을 구하라.

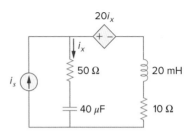

그림 11.38
문제 11.6.

11.7 그림 11.39의 회로에서 10 Ω의 저항에 의해 소비되는 평균전력을 구하라.

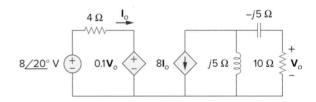

그림 11.39
문제 11.7.

11.8 그림 11.40의 회로에서, 40 Ω의 저항에서 소비되는 평균전력을 구하라.

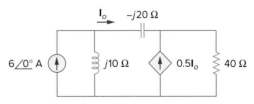

그림 11.40
문제 11.8.

---

[1] 문제 11.22부터는 별도의 설명이 없는 한 모든 전압과 전류가 rms 값이라고 가정한다.

11.9   그림 11.41의 연산증폭기 회로에서 $\mathbf{V}_s = 10\underline{/30°}$ V일 때, 20 kΩ의 저항에서 소비되는 평균전력을 구하라.

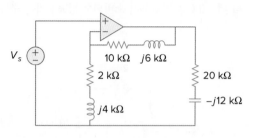

그림 11.41
문제 11.9.

11.10   그림 11.42의 연산증폭기 회로에서 저항에 의해 소비되는 전체 평균전력을 구하라.

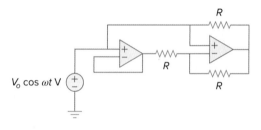

그림 11.42
문제 11.10.

11.11   그림 11.43의 회로망에서 단자 임피던스가 다음과 같다.

$$\mathbf{Z}_{ab} = \frac{R}{\sqrt{1 + \omega^2 R^2 C^2}} \underline{/-\tan^{-1}\omega RC}$$

$R = 10$ kΩ, $C = 200$ nF, $i = 33\sin(377t + 22°)$ mA일 때, 회로망에서 소비되는 평균전력을 구하라.

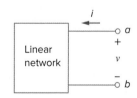

그림 11.43
문제 11.11.

11.3절   최대 평균전력 전달

11.12   그림 11.44의 회로에서 최대 전력 전달을 위한 부하 임피던스 $\mathbf{Z}_L$를 구하고, 이때 부하에서 소비되는 최대 전력을 계산하라.

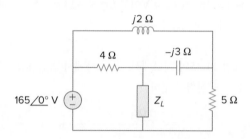

그림 11.44
문제 11.12.

11.13   전원의 테브냉 임피던스가 $\mathbf{Z}_{Th} = 120 + j60$ Ω이고, 최고 테브냉 전압이 $\mathbf{V}_{Th} = 165 + j0$ V이다. 전원으로부터 이용 가능한 최대 평균전력을 구하라.

11.14   그림 11.45를 이용하여 다른 학생들이 최대 평균전력 전달을 더 잘 이해하도록 도와주는 문제를 설계하라.

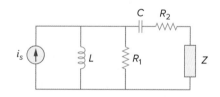

그림 11.45
문제 11.14.

11.15   그림 11.46의 회로에서 최대 전력을 얻기 위한 $\mathbf{Z}_L$의 값과 그때의 최대전력을 구하라.

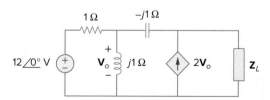

그림 11.46
문제 11.15.

11.16 그림 11.47의 회로에서 최대 전력을 받는 부하 $\mathbf{Z}_L$의 값을 구하라. 또한 부하 $\mathbf{Z}_L$에 전달되는 전력을 구하라.

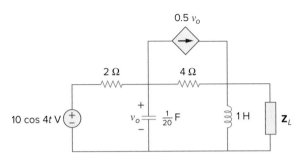

그림 11.47
문제 11.16.

11.17 그림 11.48의 회로에서 최대 평균전력을 받기 위한 $\mathbf{Z}_L$의 값을 구하라. 또한 $\mathbf{Z}_L$에 의해 받는 최대 평균전력은 얼마인가?

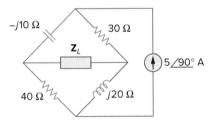

그림 11.48
문제 11.17.

11.18 그림 11.49의 회로에서 최대 전력 전달을 위한 $\mathbf{Z}_L$의 값을 구하라.

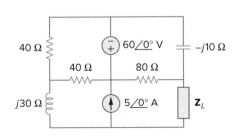

그림 11.49
문제 11.18.

11.19 그림 11.50의 회로에서 가변 저항 R은 최대 평균전력을 소비할 때까지 조절된다. R의 값과 이때 소비되는 최대 평균전력을 구하라.

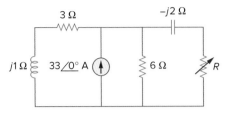

그림 11.50
문제 11.19.

11.20 그림 11.51의 회로에서 부하저항 R_L은 최대 평균전력을 소비할 때까지 조절된다. R_L의 값과 최대 평균전력을 구하라.

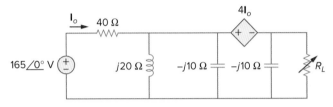

그림 11.51
문제 11.20.

11.21 그림 11.52의 회로에서 단자 a-b에 연결되는 부하 임피던스가 순수한 저항 부하일 때, 이 부하에 전달되는 최대 전력을 구하라.

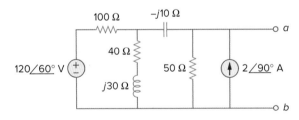

그림 11.52
문제 11.21.

11.4절 실효값(rms)

11.22 그림 11.53에 나타낸 오프셋 정현파의 실효값을 구하라.

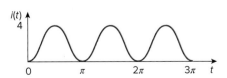

그림 11.53
문제 11.22.

11.23 그림 11.54를 이용하여 다른 학생들이 파형의 실효값을 **e⌿d** 구하는 방법을 더 잘 이해하도록 도와주는 문제를 설계 하라.

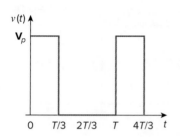

그림 11.54
문제 11.23.

11.24 그림 11.55에 나타낸 파형의 실효값을 구하라.

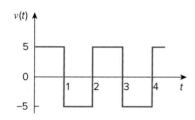

그림 11.55
문제 11.24.

11.25 그림 11.56에 나타낸 신호의 실효값을 구하라.

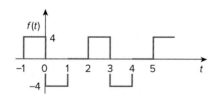

그림 11.56
문제 11.25.

11.26 그림 11.57에 나타낸 전압 파형의 실효값을 구하라.

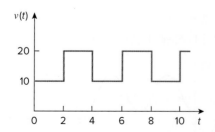

그림 11.57
문제 11.26.

11.27 그림 11.58에 나타낸 전류 파형의 실효값을 구하라.

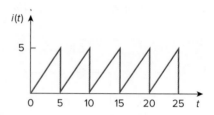

그림 11.58
문제 11.27.

11.28 그림 11.59에 나타낸 전압 파형의 실효값을 구하고, 이 전압이 저항 양단에 인가될 때 2 Ω의 저항에서 소비되 는 평균전력을 계산하라.

그림 11.59
문제 11.28.

11.29 그림 11.60에 나타낸 전류 파형의 실효값을 구하고, 이 전류를 12 Ω의 저항에 흘릴 때 전달되는 평균전력을 계 산하라.

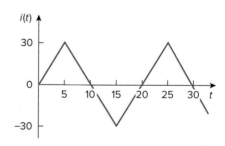

그림 11.60
문제 11.29.

11.30 그림 11.61에 나타낸 파형의 실효값을 구하라.

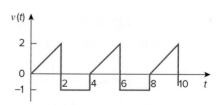

그림 11.61
문제 11.30.

11.31 그림 11.62에 나타낸 신호의 실효값을 구하라.

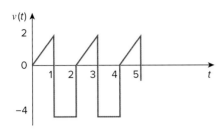

그림 11.62
문제 11.31.

11.32 그림 11.63에 나타낸 전류 파형의 실효값을 구하라.

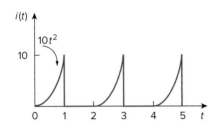

그림 11.63
문제 11.32.

11.33 그림 11.64에 나타낸 파형의 실효값을 구하라.

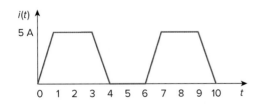

그림 11.64
문제 11.33.

11.34 그림 11.65에 나타낸 $f(t)$의 유효값을 구하라.

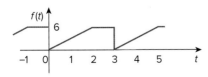

그림 11.65
문제 11.34.

11.35 그림 11.66은 주기 전압 파형의 한 주기를 나타낸 것이다. 이 전압의 유효값을 구하라. 한 주기는 $t = 0$에서 시작하고 $t = 6$ s에서 끝난다.

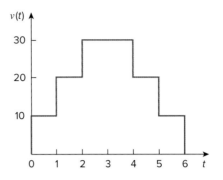

그림 11.66
문제 11.35.

11.36 다음 각 함수의 유효값을 구하라.

(a) $i(t) = 10$ A   (b) $v(t) = 4 + 3 \cos 5t$ V

(c) $i(t) = 8 - 6 \sin 2t$ A   (d) $v(t) = 5 \sin t + 4 \cos t$ V

11.37 다른 학생들이 다중 전류 합의 유효값을 구하는 방법을 **e⊘d** 더 잘 이해하도록 도와주는 문제를 설계하라.

11.5절 피상전력과 역률

11.38 그림 11.67의 전력 계통에 인가 전압이 220 V 실효값일 때 (a) 평균전력, (b) 무효전력, (c) 역률을 구하라.

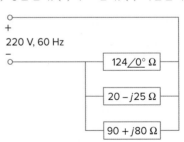

그림 11.67
문제 11.38.

11.39 임피던스 $\mathbf{Z}_L = 4.2 + j3.6$ Ω인 교류 전동기에 220 V, 60 Hz의 전원이 공급된다. (a) 역률, P, Q를 구하라. (b) 역률을 단위역률로 개선하기 위해 전동기에 병렬로 연결할 커패시터의 크기를 구하라.

11.40 다른 학생들이 피상전력과 역률을 더 잘 이해하도록 도 **e⊘d** 와주는 문제를 설계하라.

11.41 그림 11.68의 각 회로에서 역률을 구하고, 역률이 앞섬인지 뒤짐인지를 밝혀라.

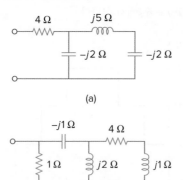

(a)

(b)

그림 11.68
문제 11.41.

11.6절   복소전력

11.42 부하 임피던스 Z에 110 V rms, 60 Hz의 전원이 인가될 때 부하에 유입되는 피상전력은 120 VA이고, 역률은 0.707(뒤짐)이다.

(a) 복소전력을 구하라.

(b) 부하에 공급되는 실효전류를 구하라.

(c) **Z**를 구하라.

(d) 임피던스가 $\mathbf{Z} = R + j\omega L$로 구성될 때 R과 L의 값을 구하라.

11.43 다른 학생들이 복소전력을 더 잘 이해하도록 도와주는
e⊇d 문제를 설계하라.

11.44 그림 11.69의 회로에서 v_s에 의해 회로망에 전달되는 복소전력을 구하라. 여기서 $v_s = 100 \cos 2000t$ V이다.

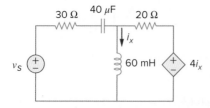

그림 11.69
문제 11.44.

11.45 부하 양단에 걸리는 전압과 여기에 흐르는 전류가 다음과 같다.

$$v(t) = 20 + 60 \cos 100t \text{ V}$$
$$i(t) = 1 - 0.5 \sin 100t \text{ A}$$

(a) 전압과 전류의 실효값을 구하라.

(b) 저항에서 소비되는 평균전력을 구하라.

11.46 다음에 주어진 전압과 전류의 페이저에 대한 복소전력, 피상전력, 유효전력, 무효전력을 구하라. 또한 각각의 역률이 앞섬인지 뒤짐인지를 밝혀라.

(a) $\mathbf{V} = 220\underline{/30°}$ V rms, $I = 0.5\underline{/60°}$ A rms

(b) $\mathbf{V} = 250\underline{/-10°}$ V rms, $\mathbf{I} = 6.2\underline{/-25°}$ A rms

(c) $\mathbf{V} = 120\underline{/0°}$ V rms, $\mathbf{I} = 2.4\underline{/-15°}$ A rms

(d) $\mathbf{V} = 160\underline{/45°}$ V rms, $\mathbf{I} = 8.5\underline{/90°}$ A rms

11.47 다음 각 경우의 복소전력, 평균전력, 무효전력을 구하라.

(a) $v(t) = 112 \cos (\omega t + 10°)$V, $i(t) = 4 \cos (\omega t - 50°)$ A

(b) $v(t) = 160 \cos (377t)$ V, $i(t) = 4 \cos (377t + 45°)$ A

(c) $\mathbf{V} = 80\underline{/60°}$ V rms, $\mathbf{Z} = 50\underline{/30°}$ Ω

(d) $\mathbf{I} = 10\underline{/60°}$ A rms, $\mathbf{Z} = 100\underline{/45°}$ Ω

11.48 다음 각 경우의 복소전력을 구하라.

(a) $P = 269$ W, $Q = 150$ VAR (용량성)

(b) $Q = 2000$ VAR, pf = 0.9 (앞섬)

(c) $S = 600$ VA, $Q = 450$ VAR (유도성)

(d) $V_{\text{rms}} = 220$ V, $P = 1$ kW, $|\mathbf{Z}| = 40$ Ω (유도성)

11.49 다음 각 경우의 복소전력을 구하라.

(a) $P = 4$ kW, pf = 0.86 (뒤짐)

(b) $S = 2$ kVA, $P = 1.6$ kW (용량성)

(c) $\mathbf{V}_{\text{rms}} = 208\underline{/20°}$ V, $\mathbf{I}_{\text{rms}} = 6.5\underline{/-50°}$ A

(d) $\mathbf{V}_{\text{rms}} = 120\underline{/30°}$ V, $\mathbf{Z} = 40 + j60$ Ω

11.50 다음 각 경우의 전체 임피던스를 구하라.

(a) $P = 1000$ W, pf = 0.8 (앞섬), $V_{\text{rms}} = 220$ V

(b) $P = 1500$ W, $Q = 2000$ VAR (유도성), $I_{\text{rms}} = 12$ A

(c) $\mathbf{S} = 4500\underline{/60°}$ VA, $\mathbf{V} = 120\underline{/45°}$ V

11.51 그림 11.70의 전체 회로에서 다음을 구하라.

(a) 역률

(b) 전원에서 전달되는 평균전력

(c) 무효전력

(d) 피상전력

(e) 복소전력

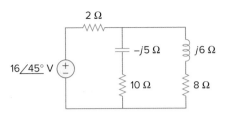

그림 11.70
문제 11.51.

11.52 그림 11.71의 회로에서 장치 A는 2 kW, 0.8 pf(뒤짐)의 전력을, 장치 B는 3 kVA, 0.4 pf(앞섬)의 전력을 받으며, 장치 C는 1 kW의 전력을 소비하고 500 VAR의 전력을 받는 유도성 부하이다.

    (a) 전체 시스템의 역률을 구하라.

    (b) 전압이 $\mathbf{V}_s = 120\underline{/45°}$ V rms일 때 전류 $\mathbf{I}$를 구하라.

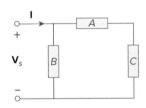

그림 11.71
문제 11.52.

11.53 그림 11.72의 회로에서 부하 A는 4 kVA, 0.8 pf(앞섬)의 전력을, 부하 B는 2.4 kVA, 0.6 pf(뒤짐)의 전력을 받으며, 부하 C는 1 kW의 전력을 소비하고 500 VAR의 전력을 받는 유도성 부하이다.

    (a) 전류 $\mathbf{I}$를 구하라.

    (b) 전체 역률을 구하라.

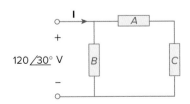

그림 11.72
문제 11.53.

11.7절 교류전력의 보존

11.54 그림 11.73의 회로망에서, 각 소자에서 소비되는 복소전력을 구하라.

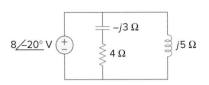

그림 11.73
문제 11.54.

11.55 그림 11.74를 이용하여 다른 학생들이 교류전력의 보존에 대해 더 잘 이해하도록 도와주는 문제를 설계하라.

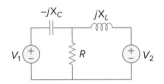

그림 11.74
문제 11.55.

11.56 그림 11.75의 회로에서 전압원에 의해 전달되는 복소전력을 구하라.

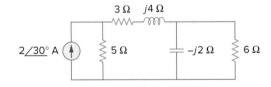

그림 11.75
문제 11.56.

11.57 그림 11.76의 회로에서 종속 전류원에 의해 전달되는 평균전력, 무효전력, 복소전력을 구하라.

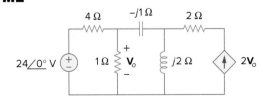

그림 11.76
문제 11.57.

11.58 그림 11.77의 회로에서 10 kΩ 저항에 전달되는 복소전
력을 구하라.

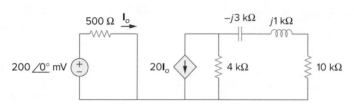

그림 11.77
문제 11.58.

11.59 그림 11.78의 회로에서 인덕터와 커패시터의 무효전력
을 구하라.

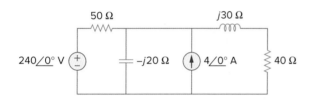

그림 11.78
문제 11.59.

11.60 그림 11.79의 회로에서 $\mathbf{V}_o$와 입력 역률을 구하라.

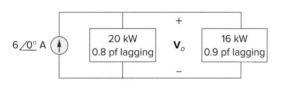

그림 11.79
문제 11.60.

11.61 그림 11.80의 회로에서 I_o와 공급되는 전체 복소전력을
구하라.

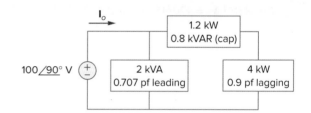

그림 11.80
문제 11.61.

11.62 그림 11.81의 회로에서 $\mathbf{V}_s$를 구하라.

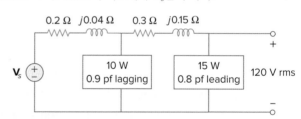

그림 11.81
문제 11.62.

11.63 그림 11.82의 회로에서 $\mathbf{I}_o$를 구하라.

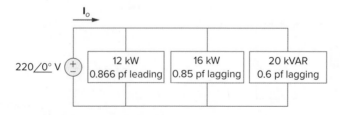

그림 11.82
문제 11.63.

11.64 그림 11.83의 회로에서 전압원이 2.5 kW와 0.4 kVAR (앞섬)의 전력을 공급할 때 $\mathbf{I}_s$를 구하라.

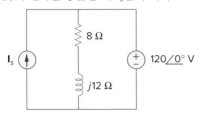

그림 11.83
문제 11.64.

11.65 그림 11.84의 연산증폭기 회로에서 전압이 $v_s = 4 \cos 10^4 t$ V일 때, 50 kΩ의 저항에 전달되는 평균전력을 구하라.

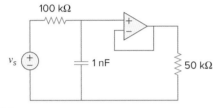

그림 11.84
문제 11.65.

11.66 그림 11.85의 연산증폭기 회로에서 6 kΩ 저항에 의해 소비되는 평균전력을 구하라.

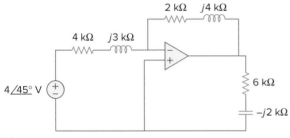

그림 11.85
문제 11.66.

11.67 그림 11.86의 연산증폭기 회로에서 다음을 구하라.

   (a) 전압원에 의해 전달되는 복소전력

   (b) 12 Ω의 저항에서 소비되는 평균전력

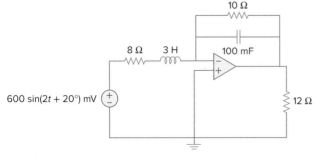

그림 11.86
문제 11.67.

11.68 그림 11.87의 직렬 *RLC* 회로에서 전류원에 의해 공급되는 복소전력을 구하라.

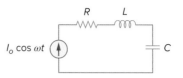

그림 11.87
문제 11.68.

11.8절 역률 개선

11.69 그림 11.88의 회로에서 다음을 구하라.

   (a) 역률

   (b) 소비되는 평균전력

   (c) 부하에 연결하여 단위역률을 얻기 위한 정전용량

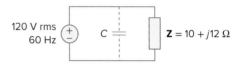

그림 11.88
문제 11.69.

11.70 다른 학생들이 역률 개선에 대해 더 잘 이해하도록 도와 **e⊘d** 주는 문제를 설계하라.

11.71 3개의 부하가 $120\underline{/0°}$ V rms의 실효값 전원에 병렬로 연결되어 있다. 부하 1은 60 kVAR, pf = 0.85(뒤짐)의 전력을 소비하고, 부하 2는 90 kW, 50 kVAR(앞섬)의 전력을 소비하며, 부하 3은 100 kW, pf = 1의 전력을 소비할 때 다음을 구하라. (a) 등가 임피던스. (b) 병렬연결의 전체 역률. (c) 전원에 의해 공급되는 전류

11.72 2개의 부하가 병렬연결되어 120 V rms, 60 Hz 전원으로부터 2.4 kW, 0.8 pf(뒤짐)의 전체 전력을 소비한다. 이 중 하나의 부하에서 1.5 kW, 0.707 pf(뒤짐)의 전력을 소비할 때 다음을 구하라. (a) 두 번째 부하의 역률. (b) 전체 부하에 대해 0.9 뒤짐 역률로 개선하는 데 필요한 병렬 소자

11.73 240 V rms, 60 Hz의 전원이 10 kW(저항성), 15 kVAR (용량성), 22 kVAR(유도성)인 부하에 공급될 때 다음을 구하라.

   (a) 피상전력

   (b) 공급원으로부터 유입되는 전류

   (c) 0.96 뒤짐 역률로 개선하는 데 필요한 kVAR 정격과 정전용량

   (d) 새로운 역률 조건하에 공급원으로부터 유입되는 전류

11.74 그림 11.89와 같이 병렬연결된 2개의 부하에 120 V rms, 60 Hz의 전원이 공급될 때 다음을 구하라.

(a) 병렬연결의 전체 역률

(b) 단위역률로 개선하기 위해 병렬연결되는 정전용량

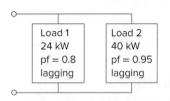

그림 11.89
문제 11.74.

11.75 그림 11.90에 나타낸 전력 시스템에서 다음을 구하라.

(a) 전체 복소전력

(b) 역률

(c) 단위역률을 설정하는 데 필요한 병렬 커패시턴스

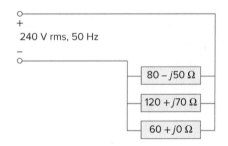

그림 11.90
문제 11.75.

11.9절   응용

11.76 그림 11.91의 회로에서 전력계가 가리키는 값을 구하라.

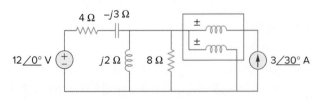

그림 11.91
문제 11.76.

11.77 그림 11.92의 회로망에서 전력계가 가리키는 값을 구하라.

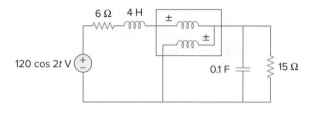

그림 11.92
문제 11.77.

11.78 그림 11.93의 회로에서 전력계가 가리키는 값을 구하라.

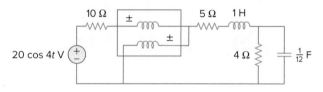

그림 11.93
문제 11.78.

11.79 그림 11.94의 회로에서 전력계가 가리키는 값을 구하라.

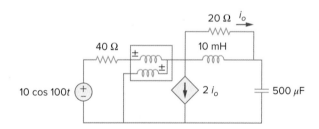

그림 11.94
문제 11.79.

11.80 그림 11.95는 전력계를 설치한 교류회로망을 나타낸 것이다. 다음을 구하라.

(a) 부하전류의 크기

(b) 전력계가 가리키는 값

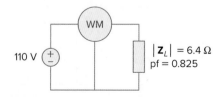

그림 11.95
문제 11.80.

11.81 다른 학생들이 단위역률값 이외의 역률 개선에 대해 더
eod 잘 이해하도록 도와주는 문제를 설계하라.

11.82 240 V rms, 60 Hz의 전원이 5 kW의 난로와 30 kVA(역
률 0.82)의 유도 전동기가 병렬연결된 부하에 공급될 때
다음을 구하라.

  (a) 시스템 피상전력

  (b) 시스템 무효전력

  (c) 시스템 역률을 0.9(뒤짐)로 개선하는 데 필요한 커
  패시터의 kVA 정격

  (d) 요구되는 커패시터의 값

11.83 어떤 회로의 부하 양단 전압과 여기에 흐르는 전류를 오
실로스코프로 측정한 결과가 각각 $210\underline{/60°}$ V, $8\underline{/25°}$ A
일 때 다음을 구하라.

  (a) 유효전력

  (b) 피상전력

  (c) 무효전력

  (d) 역률

11.84 계약 용량이 2.4 MVA이고 연간 사용량이 1,200 MWh
eod 인 수용가가 있는데, 기본 요금이 연간 kVA당 30달러이
고 사용료가 kWh당 4센트인 요율을 적용한다.

  (a) 연간 전기 사용료를 구하라.

  (b) 단일 요율에 의한 전력 회사의 수입이 위와 같이 두
  종류 요율에 의한 수입과 같게 되는 단일 요율의
  kWh당 부과 요금을 계산하라.

11.85 그림 11.96은 단상 3선식의 가정용 전기 시스템을 나타
낸 것으로, 이는 120 V와 240 V, 60 Hz용 가전기기 모
두를 사용할 수 있는 것이 장점이다. 다음을 구하라.

  (a) 전류 I_1, I_2, I_n

  (b) 공급되는 전체 복소전력

  (c) 회로의 전체 역률

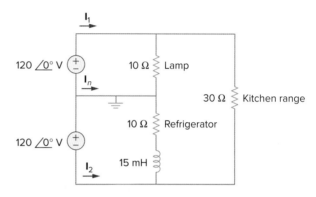

그림 11.96
문제 11.85.

종합문제

11.86 트랜스미터는 안테나가 4 μH 인덕턴스와 75 Ω 저항이
eod 직렬연결된 형태의 부하가 되도록 조절될 때 안테나에
최대 전력을 전달한다. 트랜스미터가 4.12 MHz의 주파
수에서 작동할 때 내부 임피던스를 구하라.

11.87 TV 트랜스미터에서 직렬회로가 3 kΩ의 임피던스와 총
전류 50 mA를 가진다. 저항에 걸리는 전압이 80 V일
때 회로의 역률은 얼마인가?

11.88 어떤 전자회로에 110-V 교류 전원이 인가되어 있다. 회
로에 유입되는 전류의 실효값이 2 A이고 그 위상각이
55°일 때 다음을 구하라.

  (a) 회로에 유입되는 실제 전력

  (b) 피상전력

11.89 산업용 난방기의 명판에 "210 V, 60 Hz, 12 kVA, 0.78
eod 의 뒤짐 역률"이라고 적혀 있을 때 다음을 구하라.

  (a) 피상전력과 복소전력

  (b) 난방기의 임피던스

****11.90** 정격부하에서 운전하고 있는 역률 0.85의 2,000 kW 터
eod 빈 발전기에 역률 0.8의 300 kW 부하가 증가했다. 이때
과부하가 되지 않도록 터빈 발전기를 운전하는 데 필요
한 커패시터의 kVAR은 얼마인가?

11.91 전동기의 명판에 다음과 같은 정보가 있다.
eod

  선 전압: 220 V rms

  선 전류: 15 A rms

  선 주파수: 60 Hz

  전력: 2,700 W

* 별표는 난이도가 높은 문제를 가리킨다.

모터의 역률(뒤짐)을 구하라. 그리고 단위역률로 운전하기 위해 전동기에 연결해야 하는 정전용량 C의 값을 구하라.

11.92 그림 11.97과 같이 550 V의 전원이 60 kW, 0.75 pf(유도성)의 전동기, 20 kVAR 정격의 커패시터, 20 kW의 전등 부하로 구성된 산업용 플랜트에 인가된다.

(a) 플랜트에서 소비되는 전체 무효전력과 피상전력

(b) 총역률

(c) 급전선의 전류 크기

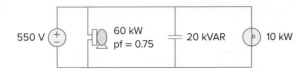

그림 11.97
문제 11.92.

11.93 어떤 공장의 네 가지 주요 부하가 다음과 같다.

- 전동기 정격 5 hp, 뒤짐 역률 0.8(1 hp = 0.7457 kW)
- 난방기 정격 1.2 kW, 역률 1.0
- 120 W 전등 10개
- 정격 1.6 kVAR, 앞섬 역률 0.6의 동기 전동기

(a) 전체 유효전력과 무효전력을 구하라.

(b) 총역률을 구하라.

11.94 1-MVA 변전소가 역률 0.7에서 전 부하로 운전하고 있는데, 커패시터를 설치하여 역률을 0.95까지 개선하고자 한다. 이를 위한 새로운 변전소와 배전시설 비용이 kVA당 120달러이고 커패시터 비용이 kVA당 30달러라고 가정한다.

(a) 필요한 커패시터의 비용을 계산하라.

(b) 변전소 정격용량의 절감량을 구하라.

(c) 변전소 정격용량이 감소하는 것에 대해 커패시터 설치가 경제적인가?

11.95 그림 11.98(a)와 같이 커플링 커패시터가 증폭기로부터 흘러 들어오는 직류 전류를 막기 위해 사용된다. 또한 그림 11.98(b)에서 보듯이 증폭기와 커패시터는 전원처

럼 동작하는 반면 스피커는 부하로 동작한다.

(a) 스피커에 최대 전력이 전달되는 주파수를 구하라.

(b) V_s = 4.6 V rms일 때, 그 주파수에서 스피커에 전달되는 전력은 얼마인가?

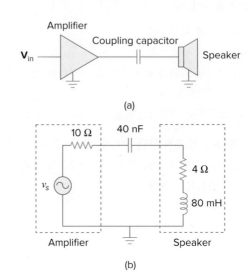

그림 11.98
문제 11.95.

11.96 전력 증폭기의 출력 임피던스가 $40 + j8$ Ω이고, 146 V (300 Hz)의 무부하 출력 전압이 발생한다.

(a) 최대 전력 전달이 가능한 부하의 임피던스를 구하라.

(b) 이 조건하에서 부하전력을 계산하라.

11.97 그림 11.99는 전형적인 전력 전달 시스템을 나타낸 것이다. $\mathbf{V}_s = 240\underline{/0°}$ V rms의 전원이 인가될 때 부하에서 소비되는 평균전력을 구하라.

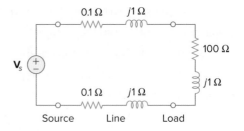

그림 11.99
문제 11.97.

3상 회로
Three-Phase Circuits

다른 사람을 용서할 수 없는 사람은 자기가 건너야 하는 다리를 스스로 무너뜨리는 것과 마찬가지이다.

—George Herbert

기술과 경력 향상하기

ABET EC 2000 준거(3.e), "공학적인 문제를 파악하고, 공식화하며 해결하는 능력"

독자의 "공학적인 문제를 파악하고, 공식화하며 해결하는 능력"을 개발하고 향상시키는 것이 이 책의 핵심 사항이다. 책에 제시된 여섯 단계의 해결 과정을 따라 하는 것은 이러한 기술을 연습하는 가장 좋은 방법이다. 이러한 과정을 가능하면 언제든지 사용할 것을 권장한다. 이러한 과정이 비공학적인 과정에도 잘 적용된다는 것을 알게 되면 만족스러울 것이다.

ABET EC 2000 준거(f), "전문적이고 윤리적인 책임에 대한 이해"

"전문적이고 윤리적인 책임에 대한 이해"는 모든 공학도들에게 필요한 것이다. 이러한 이해는 어느 정도까지는 우리 각자에게 매우 개인적인 일이다. 이 이해를 발전시키는 데 도움이 되는 몇 가지 사항을 알아보자. 내가 선호하는 예들 중 하나는 공학도가 내가 "물어보지 않은 문제"라고 부르는 것에 대해 대답 할 책임이 있다는 것이다. 예를 들어, 당신이 변속기에 문제가 있는 차를 가지고 있다고 가정해보자. 그 차를 판매하는 과정에서 구입 의사가 있는 사람이 우측 전면의 바퀴 베어링에 문제가 있는지 물어보았다. 당신은 아니라고 대답했다. 한편 공학도로서 당신은 그 사람이 질문하지 않더라도 변속기에 문제가 있다고 알려줄 필요가 있다.

　전문인으로서 그리고 윤리적으로 당신의 책임은 당신 주위에 있는 사람들과 당신이 책임을 지는 사람들에게 해를 끼치지 않는 방식으로 일을 하는 것이다. 분명히, 이러한 능력을 개발하려면 시간과 성숙함이 필요할 것이다. 당신의 일상 활동에서 전문적이고도 윤리적인 부분을 찾음으로써 이러한 것을 연습하기를 권한다.

Charles Alexander

학습목표

본 장에서 제시된 정보와 연습문제를 사용함으로써 다음 능력을 배양할 수 있다.

1. 평형 3상 전압을 이해할 수 있다.
2. 평형 Y-Y 회로를 해석할 수 있다.
3. 평형 Y-Δ 회로를 이해하고 해석할 수 있다.
4. 평형 Δ-Δ 회로를 해석할 수 있다.
5. 평형 Δ-Y 회로를 이해하고 해석할 수 있다.
6. 평형 3상 회로의 전력을 설명하고 해석할 수 있다.
7. 불평형 3상 회로를 해석할 수 있다.

12.1 ▌ 서론

지금까지는 단상회로를 다루었다. 단상 교류 시스템은 부하에 한 쌍의 전선(송전선)을 통해 연결된 발전기로 구성되어 있다. 그림 12.1(a)는 단상 2선식 시스템을 나타낸 것으로, 여기서 V_p는 전원 전압의 실효값 크기이고 ϕ는 위상이다. 실제로 더 일반적인 것은 그림 12.1(b)와 같은 단상 3선 시스템이다. 단상 3선 시스템은 동일한 2개의 전원(크기가 같고 위상이 똑같은)이 2개의 부하에 바깥쪽에 있는 2개의 전선과 하나의 중성선으로 연결되어 있다. 예를 들어, 일반 가정용 시스템은 단자 전압이 같은 크기와 위상을 가지고 있기 때문에 단상 3선식이다. 이러한 시스템을 통해 120 V와 240 V, 두 종류 전기기기의 연결이 가능하다.

역사적 기록: 토머스 에디슨은 4개의 전선 대신에 3개의 전선을 사용하는 *3선 시스템*을 발명했다.

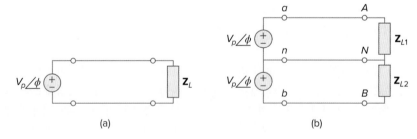

그림 12.1
단상 시스템: (a) 2선식, (b) 3선식.

교류 전원들이 주파수는 같지만 서로 다른 위상으로 동작하는 회로나 시스템을 다상이라고 한다. 그림 12.2는 2상 3선식 시스템을, 그림 12.3은 3상 4선식 시스템을 보여준다. 단상 시스템과 달리 2상 시스템은 하나의 코일에서 발생한 전압이 다른 코일에서 발생한 전압보다 위상이 90° 뒤처지도록 서로 수직으로 배치된 2개의 코일로 이루어진 발전기에 의해 생성된다. 마찬가지로, 3상 시스템은 같은 크기와 주파수를 갖지만 서로 120°의 위상차가 있는 3개의 전원으로

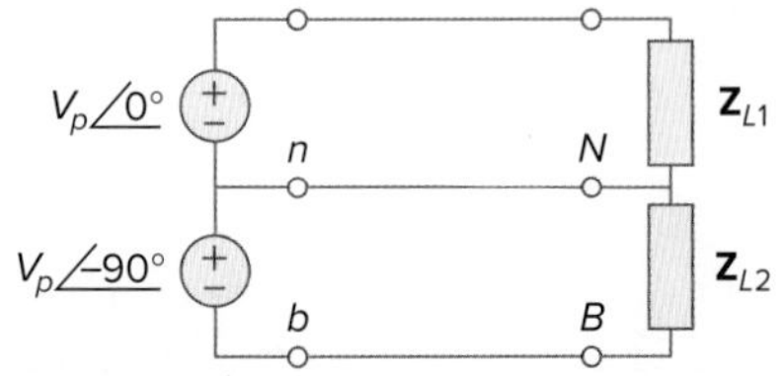

그림 12.2
2상 3선식 시스템.

Historical

Nikola Tesla (1856~1943), 크로아티아계 미국인으로, 그의 발명품들은—유도 전동기와 최초의 다상 교류전력 시스템—교류 대 직류의 논쟁이 교류에 호의적인 입장으로 귀결하는 데 매우 큰 영향을 미쳤다. 그는 미국에서 교류전력 시스템의 표준으로 60 Hz를 채택하는 데에도 책임 있는 역할을 했다.

오스트리아–헝가리 제국(오늘날의 크로아티아)에서 성직자의 아들로 태어난 테슬라는 기억력이 아주 뛰어났고 수학을 매우 좋아했다. 그는 1884년에 미국으로 이주하여 처음에는 토머스 에디슨과 함께 연구를 했다. 그 당시 미국은 교류를 장려하는 조지 웨스팅하우스(George Westinghouse, 1846~1914)와 완고하게 직류 진영을 이끌어가는 에디슨 간의 "전류의 전쟁"에 처해 있었다. 교류에 흥미를 가지고 있던 테슬라는 에디슨을 떠나 웨스팅하우스에 합류했다. 웨스팅하우스를 통해 테슬라는 자신이 개발한 다상 교류 발전, 송전, 배전 시스템이 채택됨으로써 명성을 얻게 되었다. 그는 일생 동안 700여 점의 특허권을 소유했다. 그의 다른 발명품으로는 고전압 설비(테슬라 코일)와 무선 송전 방식이 있다. 그를 기리기 위해 자속 밀도의 단위는 테슬라(tesla)가 되었다.

출처: Library of Congress
[LC-USZ62-61761]

구성된 발전기에 의해 생성된다. 3상 시스템은 가장 널리 쓰이고 가장 경제적인 다상 방식이기 때문에 이 장에서는 3상 시스템을 주로 다룰 것이다.

3상 시스템은 적어도 세 가지 이유로 중요하다. 첫째, 거의 모든 전력은 3상으로 발전되고 배분되며, 60 Hz(또는 ω = 377 rad/s)의 주파수는 미국에서 사용되고 다른 몇몇 나라에서는 50 Hz(또는 ω = 314 rad/s)의 주파수가 사용된다. 단상 또는 2상의 입력이 필요할 때는, 다른 방식으로 발전할 필요 없이 3상 시스템으로부터 가져올 수 있다. 심지어 3상보다 더 많은 위상이 필요할 때—알루미늄 산업에서 용해 공정에 48개의 위상이 필요할 때—조차도 공급된 3상의 조작을 통해 필요한 위상을 제공할 수 있다. 둘째, 3상 시스템에서 순시전력은 12.7절에서 알 수 있듯이 (맥동 형태가 아니라) 일정할 수 있다. 이는 균일한 전력 전송과 3상 기기의 진동이 적어지는 결과를 가져온다. 셋째, 동일한 전력량에 대해 3상 시스템은 단상 시스템보다 더 경제적이다. 3상 시스템에서 필요로 하는 전선의 양은 등가의 단상 시스템에서 필요로 하는 양보다 적다.

우리는 평형 3상 전압에 대한 논의부터 시작한다. 그런 다음 평형 3상 방식에서 가능한 4개의 구성 각각에 대해 해석할 것이다. 또한 불평형 3상 시스템의 해석에 대해서도 논할 것이다. 평형 또는 불평형 3상 시스템을 해석하기 위해 윈도우용 *PSpice* 사용법을 다룬다. 끝으로, 이 장에서 배운 개념을 3상 전력의 측정과 주거용 전기 배선에 적용할 것이다.

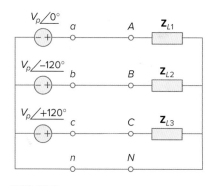

그림 12.3
3상 4선식 시스템.

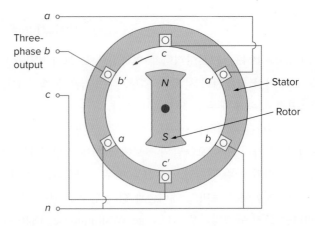

그림 12.4
3상 발전기.

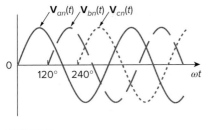

그림 12.5
생성된 전압은 서로 120° 떨어져 있다.

12.2   평형 3상 전압

3상 전압(three-phase voltage)은 대개 3상 교류 발전기(또는 교류기)를 통해 생산되는데 이 발전기의 단면도는 그림 12.4와 같다. 발전기는 기본적으로 회전자(rotor)로 불리는 회전하는 자석과 이를 둘러싼 **고정자**(stator)로 불리는 고정된 권선으로 구성된다. 단자 *a-a'*, *b-b'*, *c-c'*를 가진 3개의 분리된 권선 또는 코일은 고정자 둘레에 120°씩 떨어져 위치한다. 예를 들면, 단자 *a*와 *a'*은 페이지 속으로 들어가는 코일의 끝과 페이지에서 나오는 코일의 끝을 의미한다. 회전자가 회전할 때 회전자의 자계가 3개의 코일로부터 나오는 자속을 "끊게" 되어 이 코일에 전압이 유도된다. 코일이 120°씩 떨어져 위치하기 때문에 코일에 유도된 전압은 크기가 같지만 위상이 120°씩 다르다(그림 12.5). 각각의 코일이 그 자체로 하나의 단상 발전기로 여겨질 수 있으므로 3상 발전기는 단상과 3상의 부하모두에 전력을 공급할 수 있다.

전형적인 3상 시스템은 3개 또는 4개의 전선(또는 송전선)에 의해 부하에 연결된 3개의 전압 전원으로 구성되어 있다. (3상 전류 전원은 매우 드물다.) 3상 시스템은 3개의 단상회로와 등가이다. 전압원은 그림 12.6(a)와 같이 Y-결선 또는 그림 12.6(b)와 같이 Δ-결선으로 연결될 수 있다.

우선 그림 12.6(a)의 Y-결선된 전압을 생각해보자. 전압 $\mathbf{V}_{an}$, $\mathbf{V}_{bn}$, $\mathbf{V}_{cn}$은 각각 선로 *a*, *b*, *c*와 중성선 *n* 사이에 걸려 있다. 이러한 전압을 상전압(phase voltage)이라 한다. 만약 전압원이 같은 크기와 주파수 ω를 가지고 있고 서로 120°의 위상차라면 전압은 평형(balanced)이라고 말할 수 있다. 이것은 다음과 같은 의미를 갖는다.

$$\mathbf{V}_{an} + \mathbf{V}_{bn} + \mathbf{V}_{cn} = 0 \tag{12.1}$$

$$|\mathbf{V}_{an}| = |\mathbf{V}_{bn}| = |\mathbf{V}_{cn}| \tag{12.2}$$

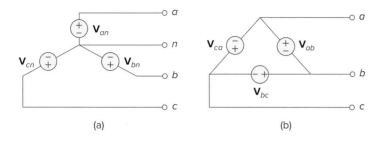

그림 12.6
3상 전압원: (a) Y-결선 전원, (b) Δ-결선 전원.

따라서,

> **평형 상전압**(balanced phase voltage)은 크기가 같고 서로 120°의 위상차가 있다.

3상 전압은 서로 120°의 위상차이기 때문에 다음의 두 가지 조합 형태일 수 있다. 하나의 가능한 조합은 그림 12.7(a)에 나타낸 것과 같으며, 수학적으로는 다음과 같이 표현된다.

$$
\begin{aligned}
\mathbf{V}_{an} &= V_p \underline{/0°} \\
\mathbf{V}_{bn} &= V_p \underline{/-120°} \\
\mathbf{V}_{cn} &= V_p \underline{/-240°} = V_p \underline{/+120°}
\end{aligned}
\tag{12.3}
$$

여기서 V_p는 상전압의 유효값 또는 rms 값이다. 이와 같은 상 순서를 *abc* 순 또는 정상순(positive sequence)이라 한다. 이러한 상 순서에서, $\mathbf{V}_{an}$은 $\mathbf{V}_{bn}$에 앞서고, $\mathbf{V}_{bn}$은 $\mathbf{V}_{cn}$에 앞선다. 이 순서는 그림 12.4의 회전자가 시계 반대 방향으로 회전할 때 발생한다. 또 하나의 가능한 조합은 그림 12.7(b)에 나타낸 것과 같으며, 그 식은 다음과 같다.

$$
\begin{aligned}
\mathbf{V}_{an} &= V_p \underline{/0°} \\
\mathbf{V}_{cn} &= V_p \underline{/-120°} \\
\mathbf{V}_{bn} &= V_p \underline{/-240°} = V_p \underline{/+120°}
\end{aligned}
\tag{12.4}
$$

이러한 상 순서를 *acb* 순 또는 역상순(negative sequence)이라 한다. 이러한 상 순서에서, $\mathbf{V}_{an}$은 $\mathbf{V}_{cn}$에 앞서고, $\mathbf{V}_{cn}$은 $\mathbf{V}_{bn}$에 앞선다. *acb* 순은 그림 12.4의 회전자가 시계 방향으로 회전할 때 발생한다. 식 (12.3) 또는 (12.4)의 전압이 식 (12.1)과 (12.2)를 만족하는 것을 보이기는 쉽다. 예를 들어, 식 (12.3)으로부터

$$
\begin{aligned}
\mathbf{V}_{an} + \mathbf{V}_{bn} + \mathbf{V}_{cn} &= V_p \underline{/0°} + V_p \underline{/-120°} + V_p \underline{/+120°} \\
&= V_p(1.0 - 0.5 - j0.866 - 0.5 + j0.866) \\
&= 0
\end{aligned}
\tag{12.5}
$$

전력 시스템의 관습상 이 장에서 전압과 전류는 다른 설명이 없으면 rms 값을 사용한다.

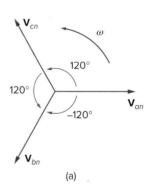

(a)

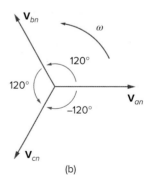

(b)

그림 12.7
상 순서: (a) *abc* 순 또는 정상순, (b) *acb* 순 또는 역상순.

예상순서는 시간에 대해 상전압이 피크(또는 최대값)에 도달하는 순서라고도 말할 수 있다.

주의: 시간이 증가할수록 각 상은 각속도 ω로 회전한다는 것을 기억하라.

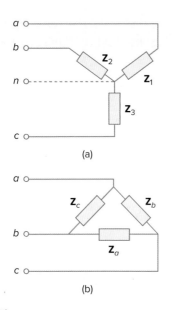

그림 12.8
가능한 2개의 3상 부하 구성도: (a) Y-결선 부하, (b) Δ-결선 부하.

주의: Y-결선 부하는 중성점에 연결된 3개의 임피던스로 구성되고, Δ-결선 부하는 루프로 연결된 3개의 부하로 구성된다. 두 경우에 3개의 임피던스가 같으면 부하는 평형이 된다.

상 순서(phase sequence)는 전압이 각각의 최대값을 지나는 시간 순서를 말한다.

상 순서는 페이저도에서 각각의 페이저가 고정된 점을 통과하는 순서에 의해 결정된다.

그림 12.7(a)에서 페이저들은 시계 반대 방향으로 ω의 주파수로 회전하기 때문에 수평축을 *abcabca...* 순으로 지나간다. 따라서 상 순서는 *abc* 또는 *bca* 또는 *cab*가 된다. 마찬가지로, 그림 12.7(b)의 페이저들은 시계 반대 방향으로 회전할 때 수평축을 *acbacba...* 순으로 지나간다. 이것은 *acb* 순을 나타낸다. 이러한 상 순서는 3상 전력 배전에서 중요하다. 예를 들어, 상 순서는 전원에 연결된 전동기의 회전 방향을 결정한다.

발전기의 결선처럼 3상 부하도 전선 끝의 연결 방법에 따라서 Y-결선 또는 Δ-결선이 가능하다. 그림 12.8(a)는 Y-결선 부하를 나타내고, 그림 12.8(b)는 Δ-결선 부하를 나타낸다. 그림 12.8(a)에서 중성선은 선로를 3개 사용하는지, 4개 사용하는지에 따라서 있을 수도 있고 없을 수도 있다. (물론, 중성선은 Δ-결선에서는 구조적으로 불가능하다.) Y-결선 부하 또는 Δ-결선 부하는 상 임피던스들의 크기나 위상이 같지 않은 경우 불평형(unbalanced)이 된다.

상 임피던스의 크기와 위상이 같은 부하를 평형 부하(balanced load)라 한다.

평형 Y-결선 부하에서,

$$\mathbf{Z}_1 = \mathbf{Z}_2 = \mathbf{Z}_3 = \mathbf{Z}_Y \qquad \textbf{(12.6)}$$

여기서 $\mathbf{Z}_Y$는 각 상에서의 부하 임피던스이다. 평형 Δ-결선 부하에서,

$$\mathbf{Z}_a = \mathbf{Z}_b = \mathbf{Z}_c = \mathbf{Z}_\Delta \qquad \textbf{(12.7)}$$

여기서 $\mathbf{Z}_\Delta$는 Δ-결선에서 각 상의 부하 임피던스이다. 식 (9.69)를 다시 보면,

$$\mathbf{Z}_\Delta = 3\mathbf{Z}_Y \qquad \text{or} \qquad \mathbf{Z}_Y = \frac{1}{3}\mathbf{Z}_\Delta \qquad \textbf{(12.8)}$$

따라서, 식 (12.8)을 사용하여 Y-결선 부하를 Δ-결선 부하로 변환할 수 있으며, 그 반대도 가능하다.

3상 전원과 3상 부하는 모두 Y-결선 또는 Δ-결선으로 나타낼 수 있기 때문에 다음과 같은 4개의 결선 상태가 가능하다:

- Y-Y 결선(즉, Y-결선 전원과 Y-결선 부하)
- Y-Δ 결선
- Δ-Δ 결선
- Δ-Y 결선

다음의 각 절에서 이러한 구성에 대해 살펴볼 것이다.

평형 Δ-결선 부하가 평형 Y-결선 부하보다 더 일반적으로 사용된다. 이는

Δ-결선 부하의 각 상으로부터 부하를 더하거나 제거하기가 쉽기 때문이다. Y-결선 부하에서는 중성점 접근이 불가능할 수도 있기 때문에 각 상에 부하를 더하거나 제거하기가 매우 어렵다. 반면에, Δ-결선 전원은 3상 전압이 약간이라도 불평형이 되면 Δ-메시에서 순환 전류가 발생하기 때문에 일반적으로 사용되지 않는다.

예제 12.1

다음 전압의 상 순서를 구하라.

$$v_{an} = 200 \cos(\omega t + 10°)$$
$$v_{bn} = 200 \cos(\omega t - 230°), \qquad v_{cn} = 200 \cos(\omega t - 110°)$$

풀이:

각 전압은 다음과 같이 페이저의 형태로 나타낼 수 있다.

$$\mathbf{V}_{an} = 200\underline{/10°} \text{ V}, \qquad \mathbf{V}_{bn} = 200\underline{/-230°} \text{ V}, \qquad \mathbf{V}_{cn} = 200\underline{/-110°} \text{ V}$$

전압 $\mathbf{V}_{an}$은 $\mathbf{V}_{cn}$을 120° 앞서고 $\mathbf{V}_{cn}$은 $\mathbf{V}_{bn}$을 120° 앞선다. 따라서, 이것은 acb 순이다.

실전문제 12.1

$\mathbf{V}_{bn} = 110\underline{/30°}$ V일 때, 정상순(abc 순)을 가정하여 $\mathbf{V}_{an}$과 $\mathbf{V}_{cn}$을 구하라.

답: $110\underline{/150°}$ V, $110\underline{/-90°}$ V

12.3   평형 Y-Y 결선

어떤 평형 3상 시스템도 등가의 Y-Y 시스템으로 축약할 수 있기 때문에 먼저 Y-Y 시스템으로 시작하고자 한다. 그러므로, 이 시스템의 해석은 모든 평형 3상 시스템을 해석하는 열쇠가 된다.

> **평형 Y-Y 시스템**은 평형 Y-결선 전원과 평형 Y-결선 부하로 구성된 3상 시스템이다.

Y-결선된 부하가 Y-결선된 전원과 연결되어 있는 그림 12.9의 평형 4선 Y-Y 시스템을 살펴보자. 부하 임피던스가 같은 평형 부하라고 가정한다. 임피던스 $\mathbf{Z}_Y$가 각 상에서의 총 부하 임피던스이지만, 임피던스들이 직렬로 연결되어 있기 때문에 각 상에 대해 전원 임피던스 $\mathbf{Z}_s$, 선로 임피던스 $\mathbf{Z}_\ell$, 부하 임피던스 $\mathbf{Z}_L$의 합으로 생각할 수도 있다. 그림 12.9에 예시되어 있듯이, $\mathbf{Z}_s$는 발전기 한 상 권선의 내부 임피던스; $\mathbf{Z}_\ell$은 부하의 한 상과 전원의 한 상을 연결하는 선로의 임피던스; $\mathbf{Z}_L$은 각 상당 부하의 임피던스; $\mathbf{Z}_n$은 중성선의 임피던스를 나타낸다. 따라서, 일반적으로

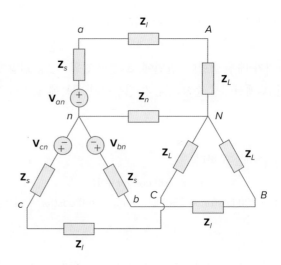

그림 12.9
전원, 선로, 부하 임피던스를 나타낸 평형 Y-Y 시스템.

$$\mathbf{Z}_Y = \mathbf{Z}_s + \mathbf{Z}_\ell + \mathbf{Z}_L \tag{12.9}$$

$\mathbf{Z}_s$와 $\mathbf{Z}_\ell$은 대개의 경우 $\mathbf{Z}_L$에 비해 매우 작기 때문에, 만약 전원 또는 선로 임피던스가 주어지지 않는다면 $\mathbf{Z}_Y = \mathbf{Z}_L$이라고 가정할 수 있다. 어쨌든, 이 임피던스들을 한데 뭉쳐서, 그림 12.9의 Y-Y 시스템은 그림 12.10과 같이 간략하게 나타낼 수 있다.

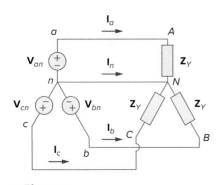

그림 12.10
평형 Y-Y 결선.

상 순서를 정상순이라고 가정하면 상전압(또는 선과 중성선 간 전압)은

$$\mathbf{V}_{an} = V_p\underline{/0^\circ}$$
$$\mathbf{V}_{bn} = V_p\underline{/-120^\circ}, \qquad \mathbf{V}_{cn} = V_p\underline{/+120^\circ} \tag{12.10}$$

선간전압(line-to-line voltage) 또는 간단히 선전압 $\mathbf{V}_{ab}$, $\mathbf{V}_{bc}$, $\mathbf{V}_{ca}$는 상전압과 관련이 있다. 예를 들면,

$$\mathbf{V}_{ab} = \mathbf{V}_{an} + \mathbf{V}_{nb} = \mathbf{V}_{an} - \mathbf{V}_{bn} = V_p\underline{/0^\circ} - V_p\underline{/-120^\circ}$$
$$= V_p\left(1 + \frac{1}{2} + j\frac{\sqrt{3}}{2}\right) = \sqrt{3}\,V_p\underline{/30^\circ} \tag{12.11a}$$

마찬가지로, 다음과 같은 결과를 구할 수 있다.

$$\mathbf{V}_{bc} = \mathbf{V}_{bn} - \mathbf{V}_{cn} = \sqrt{3}\,V_p\underline{/-90^\circ} \tag{12.11b}$$

$$\mathbf{V}_{ca} = \mathbf{V}_{cn} - \mathbf{V}_{an} = \sqrt{3}\,V_p\underline{/-210^\circ} \tag{12.11c}$$

따라서, 선전압의 크기 V_L은 상전압의 크기 V_p의 $\sqrt{3}$배이다.

$$\boxed{V_L = \sqrt{3}\,V_p} \tag{12.12}$$

여기서

$$V_p = |\mathbf{V}_{an}| = |\mathbf{V}_{bn}| = |\mathbf{V}_{cn}| \qquad (12.13)$$

$$V_L = |\mathbf{V}_{ab}| = |\mathbf{V}_{bc}| = |\mathbf{V}_{ca}| \qquad (12.14)$$

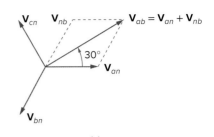

(a)

또한 선전압은 대응하는 상전압보다 위상이 30° 앞서며, 그림 12.11(a)에 이것을 나타냈다. 또한 그림 12.11(a)는 상전압으로부터 $\mathbf{V}_{ab}$를 어떻게 결정하는지를 보여주며, 그림 12.11(b)는 3개의 선전압을 구하는 방법을 보여준다. 주의할 점은 $\mathbf{V}_{ab}$가 $\mathbf{V}_{bc}$보다 120° 앞서고 $\mathbf{V}_{bc}$는 $\mathbf{V}_{ca}$보다 120° 앞서기 때문에 선전압의 총합은 상전압에서와 같이 0이 된다는 것이다.

그림 12.10의 각 상에 KVL을 적용하면 다음과 같이 선전류를 구할 수 있다.

$$\mathbf{I}_a = \frac{\mathbf{V}_{an}}{\mathbf{Z}_Y}, \qquad \mathbf{I}_b = \frac{\mathbf{V}_{bn}}{\mathbf{Z}_Y} = \frac{\mathbf{V}_{an}\underline{/-120^\circ}}{\mathbf{Z}_Y} = \mathbf{I}_a\underline{/-120^\circ} \qquad (12.15)$$

$$\mathbf{I}_c = \frac{\mathbf{V}_{cn}}{\mathbf{Z}_Y} = \frac{\mathbf{V}_{an}\underline{/-240^\circ}}{\mathbf{Z}_Y} = \mathbf{I}_a\underline{/-240^\circ}$$

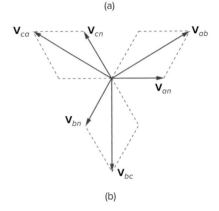

(b)

그림 12.11
선전압과 상전압의 관계를 나타내는 페이저도.

여기서 선전류의 합이 0이 된다는 것을 쉽게 추론할 수 있다.

$$\mathbf{I}_a + \mathbf{I}_b + \mathbf{I}_c = 0 \qquad (12.16)$$

따라서

$$\mathbf{I}_n = -(\mathbf{I}_a + \mathbf{I}_b + \mathbf{I}_c) = 0 \qquad (12.17a)$$

또는

$$\mathbf{V}_{nN} = \mathbf{Z}_n \mathbf{I}_n = 0 \qquad (12.17b)$$

즉, 중성선 양단의 전압이 0이다. 그러므로 중성선은 시스템에 어떤 영향도 없이 제거될 수 있다. 실제로 장거리 전력 전송에서 3개의 선을 한 묶음으로 하고 대지를 중성의 도체 역할을 하도록 하여 사용된다. 이러한 방법으로 설계된 전력 시스템은 모든 중요 지점에서 안전을 확실히 하기 위해 잘 접지되어 있다.

선전류는 각 전선에 흐르는 전류이고, **상전류**는 전원 또는 부하의 각 상에 흐르는 전류이다. Y-Y 시스템에서 선전류와 상전류는 동일하다. 선전류가 전원에서 부하로 흐른다는 가정이 당연하면서도 관례적이기 때문에 선전류를 나타내는 데 하나의 첨자만을 사용한다.

평형 Y-Y 시스템 해석의 다른 방법은 "상에 대한" 기준으로 해석하는 것이다. 상 a라고 부르는 하나의 상을 관찰하여 그림 12.12의 단상 등가회로를 해석한다. 단상 해석으로부터 다음과 같이 선전류 $\mathbf{I}_a$를 구한다.

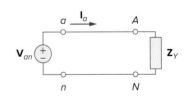

그림 12.12
단상 등가회로.

$$\boxed{\mathbf{I}_a = \frac{\mathbf{V}_{an}}{\mathbf{Z}_Y}} \qquad (12.18)$$

$\mathbf{I}_a$로부터 다른 선전류를 얻기 위해 상 순서를 사용한다. 그러므로 시스템이 평형

인 경우 단 하나의 상에 대한 해석만 하면 된다. 심지어 3선 시스템과 같이 중성선이 없는 경우에도 이러한 방법으로 해석할 수 있다.

예제 12.2

그림 12.13의 3선 Y-Y 시스템에서 선전류를 구하라.

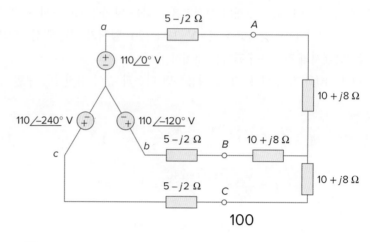

그림 12.13
예제 12.2를 위한 3선 Y-Y 시스템.

풀이:

그림 12.13의 3상 회로는 평형이며, 그림 12.12와 같은 단상 등가회로로 대체할 수 있다. 단상 해석으로부터 다음과 같이 $\mathbf{I}_a$를 구할 수 있다.

$$\mathbf{I}_a = \frac{\mathbf{V}_{an}}{\mathbf{Z}_Y}$$

여기서 $\mathbf{Z}_Y = (5 - j2) + (10 + j8) = 15 + j6 = 16.155\underline{/21.8°}$.
따라서,

$$\mathbf{I}_a = \frac{110\underline{/0°}}{16.155\underline{/21.8°}} = 6.81\underline{/-21.8°} \text{ A}$$

그림 12.13에서 전원 전압들이 정상순으로 되어 있어 선전류 또한 정상순이 된다.

$$\mathbf{I}_b = \mathbf{I}_a\underline{/-120°} = 6.81\underline{/-141.8°} \text{ A}$$
$$\mathbf{I}_c = \mathbf{I}_a\underline{/-240°} = 6.81\underline{/-261.8°} \text{ A} = 6.81\underline{/98.2°} \text{ A}$$

실전문제 12.2

각 상당 임피던스가 $0.4 + j0.3$ Ω으로 Y-결선된 평형 3상 발전기가 각 상당 임피던스가 $24 + j19$ Ω으로 Y-결선된 평형 3상 부하에 연결되어 있다. 발전기와 부하를 연결하는 선로의 임피던스는 각 상당 $0.6 + j0.7$ Ω이다. 전원 전압이 정상순이고 $\mathbf{V}_{an} = 120\underline{/30°}$ V라고 가정할 때 (a) 선전압, (b) 선전류를 구하라.

답: (a) $207.8\underline{/60°}$ V, $207.8\underline{/-60°}$ V, $207.8\underline{/-180°}$ V,

(b) $3.75\underline{/-8.66°}$ A, $3.75\underline{/-128.66°}$ A, $3.75\underline{/111.34°}$ A

12.4   평형 Y-Δ 결선

평형 Y-Δ 시스템은 평형 Y-결선 전원과 평형 Δ-결선 부하로 구성된다.

평형 Y-Δ 시스템은 그림 12.14에 나타낸 바와 같으며, 여기서 전원은 Y-결선으로, 부하는 Δ-결선으로 되어 있다. 물론, 이 경우에 전원에서 부하까지 연결하는 중성선이 존재하지 않는다. 정상순이라고 가정할 때 상전압은 다음과 같다.

$$\mathbf{V}_{an} = V_p\underline{/0°}$$
$$\mathbf{V}_{bn} = V_p\underline{/-120°}, \qquad \mathbf{V}_{cn} = V_p\underline{/+120°} \tag{12.19}$$

12.3절에서 언급한 것처럼 선전압은

$$\mathbf{V}_{ab} = \sqrt{3}\,V_p\underline{/30°} = \mathbf{V}_{AB}, \qquad \mathbf{V}_{bc} = \sqrt{3}\,V_p\underline{/-90°} = \mathbf{V}_{BC}$$
$$\mathbf{V}_{ca} = \sqrt{3}\,V_p\underline{/150°} = \mathbf{V}_{CA} \tag{12.20}$$

이 시스템 구성에서 선전압이 부하 임피던스 양단의 전압과 같음을 보여준다. 이 전압들로부터 상전류를 구할 수 있다.

$$\mathbf{I}_{AB} = \frac{\mathbf{V}_{AB}}{\mathbf{Z}_\Delta}, \qquad \mathbf{I}_{BC} = \frac{\mathbf{V}_{BC}}{\mathbf{Z}_\Delta}, \qquad \mathbf{I}_{CA} = \frac{\mathbf{V}_{CA}}{\mathbf{Z}_\Delta} \tag{12.21}$$

이 전류들은 크기는 같지만 서로 120°의 위상차가 있다.

이 상전류를 구하는 또 다른 방법은 KVL을 적용하는 것이다. 예를 들어, 루프 *aABbna*에 KVL을 적용하면,

3상 전원은 보통 Y-결선이 되고 3상 부하는 보통 Δ-결선이 되므로 이 결선 방법이 가장 실제적인 3상 시스템이라고 할 수 있다.

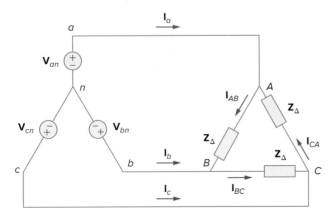

그림 12.14
평형 Y-Δ 결선.

$$-\mathbf{V}_{an} + \mathbf{Z}_\Delta\mathbf{I}_{AB} + \mathbf{V}_{bn} = 0$$

또는

$$\mathbf{I}_{AB} = \frac{\mathbf{V}_{an} - \mathbf{V}_{bn}}{\mathbf{Z}_\Delta} = \frac{\mathbf{V}_{ab}}{\mathbf{Z}_\Delta} = \frac{\mathbf{V}_{AB}}{\mathbf{Z}_\Delta} \qquad \textbf{(12.22)}$$

위 식은 식 (12.21)과 같다. 이 방법이 상전류를 구하는 더 일반적인 방법이다.

선전류는 노드 *A*, *B*, *C*에 KCL을 적용함으로써 상전류로부터 구할 수 있다. 따라서,

$$\mathbf{I}_a = \mathbf{I}_{AB} - \mathbf{I}_{CA}, \qquad \mathbf{I}_b = \mathbf{I}_{BC} - \mathbf{I}_{AB}, \qquad \mathbf{I}_c = \mathbf{I}_{CA} - \mathbf{I}_{BC} \qquad \textbf{(12.23)}$$

$\mathbf{I}_{CA} = \mathbf{I}_{AB}\underline{/-240^\circ}$ 이므로,

$$\begin{aligned}
\mathbf{I}_a = \mathbf{I}_{AB} - \mathbf{I}_{CA} &= \mathbf{I}_{AB}(1 - 1\underline{/-240^\circ}) \\
&= \mathbf{I}_{AB}(1 + 0.5 - j0.866) = \mathbf{I}_{AB}\sqrt{3}\underline{/-30^\circ}
\end{aligned} \qquad \textbf{(12.24)}$$

선전류의 크기 I_L은 상전류의 크기 I_p의 $\sqrt{3}$ 배이다. 또는

$$\boxed{I_L = \sqrt{3}I_p} \qquad \textbf{(12.25)}$$

여기서

$$I_L = |\mathbf{I}_a| = |\mathbf{I}_b| = |\mathbf{I}_c| \qquad \textbf{(12.26)}$$

그리고

$$I_p = |\mathbf{I}_{AB}| = |\mathbf{I}_{BC}| = |\mathbf{I}_{CA}| \qquad \textbf{(12.27)}$$

또한, 정상순이라고 가정할 때 선전류는 대응하는 상전류보다 위상이 30° 뒤진다. 그림 12.15는 상전류와 선전류의 관계를 나타내는 페이저도이다.

Y-Δ 회로를 해석하는 또 다른 방법은 Δ-결선 부하를 등가의 Y-결선 부하로 변환하는 것이다. 식 (12.8)의 Δ-Y 변환 공식을 이용하면,

$$\boxed{\mathbf{Z}_Y = \frac{\mathbf{Z}_\Delta}{3}} \qquad \textbf{(12.28)}$$

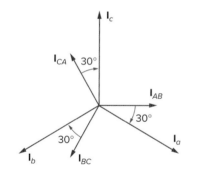

그림 12.15
상전류와 선전류의 관계를 나타내는 페이저도.

이 변환 후에는 그림 12.10과 같은 Y-Y 시스템이 된다. 그림 12.14의 3상 Y-Δ 시스템은 그림 12.16과 같은 단상 등가회로로 대체할 수 있다. 이는 단지 선전류만을 계산할 수 있게 한다. 상전류는 식 (12.25)와 각각의 상전류가 대응하는 선전류에 대해 위상이 30° 앞선다는 사실을 이용하여 구할 수 있다.

그림 12.16
평형 Y-Δ 회로의 단상 등가회로.

예제 12.3

$\mathbf{V}_{an} = 100\underline{/10^\circ}$ V이며 *abc* 순으로 Y-결선된 평형 전원이 각 상당 $(8 + j4)$ Ω으로 Δ-결선된 평형 부하에 연결되어 있다. 상전류와 선전류를 구하라.

풀이:

이 문제는 두 가지 방법으로 풀 수 있다.

■ **방법 1** 부하 임피던스는

$$\mathbf{Z}_\Delta = 8 + j4 = 8.944\underline{/26.57^\circ}\ \Omega$$

만약 상전압이 $\mathbf{V}_{an} = 100\underline{/10^\circ}$이면 선전압은

$$\mathbf{V}_{ab} = \mathbf{V}_{an}\sqrt{3}\underline{/30^\circ} = 100\sqrt{3}\underline{/10^\circ + 30^\circ} = \mathbf{V}_{AB}$$

또는

$$\mathbf{V}_{AB} = 173.2\underline{/40^\circ}\ \text{V}$$

상전류는

$$\mathbf{I}_{AB} = \frac{\mathbf{V}_{AB}}{\mathbf{Z}_\Delta} = \frac{173.2\underline{/40^\circ}}{8.944\underline{/26.57^\circ}} = 19.36\underline{/13.43^\circ}\ \text{A}$$
$$\mathbf{I}_{BC} = \mathbf{I}_{AB}\underline{/-120^\circ} = 19.36\underline{/-106.57^\circ}\ \text{A}$$
$$\mathbf{I}_{CA} = \mathbf{I}_{AB}\underline{/+120^\circ} = 19.36\underline{/133.43^\circ}\ \text{A}$$

선전류는

$$\mathbf{I}_a = \mathbf{I}_{AB}\sqrt{3}\underline{/-30^\circ} = \sqrt{3}(19.36)\underline{/13.43^\circ - 30^\circ}$$
$$= 33.53\underline{/-16.57^\circ}\ \text{A}$$
$$\mathbf{I}_b = \mathbf{I}_a\underline{/-120^\circ} = 33.53\underline{/-136.57^\circ}\ \text{A}$$
$$\mathbf{I}_c = \mathbf{I}_a\underline{/+120^\circ} = 33.53\underline{/103.43^\circ}\ \text{A}$$

■ **방법 2** 또는, 단상 해석방법을 사용하면 다음을 얻을 수 있다.

$$\mathbf{I}_a = \frac{\mathbf{V}_{an}}{\mathbf{Z}_\Delta/3} = \frac{100\underline{/10^\circ}}{2.981\underline{/26.57^\circ}} = 33.54\underline{/-16.57^\circ}\ \text{A}$$

다른 선전류는 *abc* 상 순서를 이용하여 구할 수 있다.

실전문제 12.3

평형 Y-결선 전원 하나의 선전압이 $\mathbf{V}_{AB} = 120\underline{/-20^\circ}$ V이다. 만약 전원이 $20\underline{/40^\circ}$ Ω인 Δ-결선 부하에 연결되어 있을 때 상전류와 선전류를 구하라. 상 순서는 *abc* 순이라고 가정한다.

답: $6\underline{/-60^\circ}$ A, $6\underline{/-180^\circ}$ A, $6\underline{/60^\circ}$ A, $10.392\underline{/-90^\circ}$ A, $10.392\underline{/150^\circ}$ A, $10.392\underline{/30^\circ}$ A

12.5   평형 Δ-Δ 결선

평형 Δ-Δ 시스템은 평형 전원과 평형 부하가 모두 Δ-결선으로 되어 있다.

그림 12.17은 부하뿐만 아니라 전원도 Δ-결선으로 되어 있다. 우리의 목표는 이번에도 상전류와 선전류를 구하는 것이다.

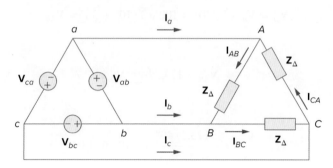

그림 12.17
평형 Δ-Δ 결선.

정상순을 가정하면 Δ-결선 전원의 상전압은 다음과 같다.

$$\mathbf{V}_{ab} = V_p\underline{/0^\circ}$$
$$\mathbf{V}_{bc} = V_p\underline{/-120^\circ}, \qquad \mathbf{V}_{ca} = V_p\underline{/+120^\circ} \tag{12.29}$$

선전압은 상전압과 똑같다. 그림 12.17로부터 선로 임피던스가 없다고 가정하면 Δ-결선된 전원의 상전압은 임피던스 양단의 전압과 같다. 즉,

$$\mathbf{V}_{ab} = \mathbf{V}_{AB}, \qquad \mathbf{V}_{bc} = \mathbf{V}_{BC}, \qquad \mathbf{V}_{ca} = \mathbf{V}_{CA} \tag{12.30}$$

그러므로 상전류는

$$\mathbf{I}_{AB} = \frac{\mathbf{V}_{AB}}{\mathbf{Z}_\Delta} = \frac{\mathbf{V}_{ab}}{\mathbf{Z}_\Delta}, \qquad \mathbf{I}_{BC} = \frac{\mathbf{V}_{BC}}{\mathbf{Z}_\Delta} = \frac{\mathbf{V}_{bc}}{\mathbf{Z}_\Delta}$$
$$\mathbf{I}_{CA} = \frac{\mathbf{V}_{CA}}{\mathbf{Z}_\Delta} = \frac{\mathbf{V}_{ca}}{\mathbf{Z}_\Delta} \tag{12.31}$$

앞 절에서와 같이 부하가 Δ-결선되어 있기 때문에 앞 절에서 유도된 몇 개의 공식이 여기서도 적용된다. 앞 절에서 한 것처럼 먼저 노드 A, B, C에 KCL을 적용하면 상전류로부터 선전류를 구할 수 있다.

$$\mathbf{I}_a = \mathbf{I}_{AB} - \mathbf{I}_{CA}, \qquad \mathbf{I}_b = \mathbf{I}_{BC} - \mathbf{I}_{AB}, \qquad \mathbf{I}_c = \mathbf{I}_{CA} - \mathbf{I}_{BC} \tag{12.32}$$

또한, 앞에서 보았듯이, 각 선전류는 대응하는 상전류보다 위상이 30° 뒤지며, 선전류의 크기 I_L은 상전류의 크기 I_p의 $\sqrt{3}$ 배가 된다.

$$I_L = \sqrt{3}I_p \tag{12.33}$$

Δ-Δ 회로 해석의 또 다른 방법은 전원과 부하를 모두 Y 등가회로로 변환하

는 것이다. 우리는 이미 $\mathbf{Z}_Y = \mathbf{Z}_\Delta/3$임을 알고 있다. Δ-결선된 전원을 Y-결선된 전원으로 변환하는 것은 다음 절을 참조하기 바란다.

임피던스가 $20 - j15 \; \Omega$인 평형 Δ-결선 부하가 Δ-결선된 $\mathbf{V}_{ab} = 330\underline{/0°}$ V 정상 순 발전기에 연결되어 있다. 부하의 상전류와 선전류를 구하라.

예제 12.4

풀이:
상당 부하 임피던스는 다음과 같다.

$$\mathbf{Z}_\Delta = 20 - j15 = 25\underline{/-36.57°} \; \Omega$$

$\mathbf{V}_{AB} = \mathbf{V}_{ab}$이므로, 상전류는 다음과 같다.

$$\mathbf{I}_{AB} = \frac{\mathbf{V}_{AB}}{\mathbf{Z}_\Delta} = \frac{330\underline{/0°}}{25\underline{/-36.87°}} = 13.2\underline{/36.87°} \; \text{A}$$

$$\mathbf{I}_{BC} = \mathbf{I}_{AB}\underline{/-120°} = 13.2\underline{/-83.13°} \; \text{A}$$

$$\mathbf{I}_{CA} = \mathbf{I}_{AB}\underline{/+120°} = 13.2\underline{/156.87°} \text{A}$$

Δ 부하의 경우, 선전류는 항상 대응하는 상전류보다 위상이 30° 뒤지고, 크기는 상전류의 $\sqrt{3}$배이다. 그러므로 선전류는 다음과 같다.

$$\mathbf{I}_a = \mathbf{I}_{AB}\sqrt{3}\underline{/-30°} = (13.2\underline{/36.87°})(\sqrt{3}\underline{/-30°})$$
$$= 22.86\underline{/6.87°} \; \text{A}$$
$$\mathbf{I}_b = \mathbf{I}_a\underline{/-120°} = 22.86\underline{/-113.13°} \; \text{A}$$
$$\mathbf{I}_c = \mathbf{I}_a\underline{/+120°} = 22.86\underline{/126.87°} \; \text{A}$$

정상순의 평형 Δ-결선 전원이 평형 Δ-결선 부하에 공급하고 있다. 만약 부하의 상당 임피던스가 $18 + j12 \; \Omega$이고, $\mathbf{I}_a = 9.609\underline{/35°}$ A일 때 $\mathbf{I}_{AB}$와 $\mathbf{V}_{AB}$를 구하라.

실전문제 12.4

답: $5.548\underline{/65°}$ A, $120\underline{/98.69°}$ V

12.6   평형 Δ-Y 결선

> **평형 Δ-Y 시스템**은 평형 Y-결선 부하에 공급하는 평형 Δ-결선 전원으로 구성된다.

그림 12.18의 Δ-Y 회로를 고려해보자. 여기서도 상 순서를 abc 순으로 가 정하면 Δ-결선된 전원의 상전압은 다음과 같다.

$$\mathbf{V}_{ab} = V_p\underline{/0°}, \qquad \mathbf{V}_{bc} = V_p\underline{/-120°}$$
$$\mathbf{V}_{ca} = V_p\underline{/+120°}$$

$$\tag{12.34}$$

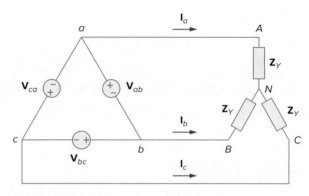

그림 12.18
평형 Δ-Y 결선.

이것들은 또한 상전압뿐만 아니라 선전압이기도 하다.

우리는 여러 가지 방법으로 선전류를 구할 수 있다. 하나의 방법은 그림 12.18에서 루프 *aANBba*에 KVL을 적용하는 것이다.

$$-\mathbf{V}_{ab} + \mathbf{Z}_Y \mathbf{I}_a - \mathbf{Z}_Y \mathbf{I}_b = 0$$

또는

$$\mathbf{Z}_Y(\mathbf{I}_a - \mathbf{I}_b) = \mathbf{V}_{ab} = V_p\underline{/0°}$$

따라서,

$$\mathbf{I}_a - \mathbf{I}_b = \frac{V_p\underline{/0°}}{\mathbf{Z}_Y} \tag{12.35}$$

그러나 상 순서를 *abc* 순으로 가정했기 때문에 $\mathbf{I}_b$는 $\mathbf{I}_a$보다 120° 뒤진다. 즉 $\mathbf{I}_b = \mathbf{I}_a\underline{/-120°}$이다. 그러므로,

$$\begin{aligned}
\mathbf{I}_a - \mathbf{I}_b &= \mathbf{I}_a(1 - 1\underline{/-120°}) \\
&= \mathbf{I}_a\left(1 + \frac{1}{2} + j\frac{\sqrt{3}}{2}\right) = \mathbf{I}_a\sqrt{3}\underline{/30°}
\end{aligned} \tag{12.36}$$

식 (12.36)을 식 (12.35)에 대입하면,

$$\mathbf{I}_a = \frac{V_p/\sqrt{3}\underline{/-30°}}{\mathbf{Z}_Y} \tag{12.37}$$

이로부터, 다른 선전류 $\mathbf{I}_b$와 $\mathbf{I}_c$를 상 순서가 정상순인 것, 즉 $\mathbf{I}_b = \mathbf{I}_a\underline{/-120°}$, $\mathbf{I}_c = \mathbf{I}_a\underline{/+120°}$를 이용해서 구할 수 있다. 상전류는 선전류와 같다.

선전류를 구하는 또 다른 방법은 그림 12.19와 같이 Δ-결선 전원을 등가인 Y-결선 전원으로 대체하는 것이다. 12.3절에서, Y-결선 전원의 선간전압은 대응되는 상전압과 비교했을 때 위상이 30° 앞선다는 것을 살펴보았다. 그러므로, 등가 Y-결선 전원에서의 각 상전압은 Δ-결선 전원의 대응되는 선전압을 $\sqrt{3}$으로

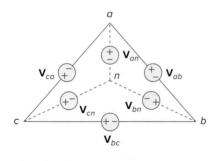

그림 12.19
Δ-결선 전원을 등가 Y-결선 전원으로 변환.

나누고 위상을 −30°만큼 이동함으로써 구할 수 있다. 따라서, 등가 Y-결선 전원은 다음과 같은 상전압을 갖게 된다.

$$\mathbf{V}_{an} = \frac{V_p}{\sqrt{3}}\underline{/-30°}$$

$$\mathbf{V}_{bn} = \frac{V_p}{\sqrt{3}}\underline{/-150°}, \qquad \mathbf{V}_{cn} = \frac{V_p}{\sqrt{3}}\underline{/+90°} \tag{12.38}$$

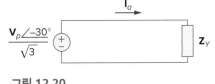

그림 12.20
단상 등가회로.

만약 Δ-결선 전원의 각 상당 전원 임피던스가 $\mathbf{Z}_s$라면, 등가인 Y-결선 전원은 식 (9.69)에 의해 각 상당 $\mathbf{Z}_s/3$의 전원 임피던스를 갖게 된다.

일단 전원이 Y-결선으로 변환되면 회로는 Y-Y 시스템이 된다. 그러므로, 그림 12.20에 나타낸 등가 단상회로를 사용할 수 있으며, 이것으로부터 상 a의 선전류는

$$\mathbf{I}_a = \frac{V_p/\sqrt{3}\underline{/-30°}}{\mathbf{Z}_Y} \tag{12.39}$$

이것은 식 (12.37)과 같다.

또 다른 해석 방법은, Y-결선 부하를 Δ-결선 부하로 변환하는 것이다. 이 결과는 12.5절에서 해석한 Δ-Δ 시스템으로 변환하게 된다.

$$\mathbf{V}_{AN} = \mathbf{I}_a\mathbf{Z}_Y = \frac{V_p}{\sqrt{3}}\underline{/-30°}$$

$$\mathbf{V}_{BN} = \mathbf{V}_{AN}\underline{/-120°}, \qquad \mathbf{V}_{CN} = \mathbf{V}_{AN}\underline{/+120°} \tag{12.40}$$

앞에서 언급했듯이, Δ-결선 부하는 Y-결선 부하보다 바람직하다. Δ-결선 부하는 각각의 부하가 선로 사이에 직접 연결되어 있기 때문에 어느 한 상에서 부하를 바꾸기가 더 쉽다. 반면에, Δ-결선 전원은 상 전압 사이에 약간의 불평형이 발생하더라도 원치 않는 순환 전류가 발생하기 때문에 실제로는 거의 사용되지 않는다.

네 가지 결선 방법에서의 상전류와 상전압 그리고 선전류와 선전압에 대한 식을 표 12.1에 요약하여 정리했다. 학생들은 식을 외울 필요 없이 이 식들이 어떻게 유도되었는지를 이해하는 것이 좋다. 이러한 식은 적절한 3상 회로에 KCL과 KVL을 직접 적용하여 언제든지 구할 수 있다.

예제 12.5

상 임피던스가 $40 + j25$ Ω인 Y-결선된 평형 부하가 선전압이 210 V인 정상순으로 Δ-결선된 평형 전원으로부터 공급받고 있다. 상전류를 구하라. $\mathbf{V}_{ab}$를 기준값으로 사용하라.

풀이:
부하 임피던스는

$$\mathbf{Z}_Y = 40 + j25 = 47.17\underline{/32°}\ \Omega$$

그리고 전원 전압은

표 12.1

평형 3상 시스템의 상전압/상전류와 선전압/선전류의 요약.[1]

결선	상전압/상전류	선전압/선전류
Y-Y	$\mathbf{V}_{an} = V_p\underline{/0°}$	$\mathbf{V}_{ab} = \sqrt{3}V_p\underline{/30°}$
	$\mathbf{V}_{bn} = V_p\underline{/-120°}$	$\mathbf{V}_{bc} = \mathbf{V}_{ab}\underline{/-120°}$
	$\mathbf{V}_{cn} = V_p\underline{/+120°}$	$\mathbf{V}_{ca} = \mathbf{V}_{ab}\underline{/+120°}$
	선전류와 동일	$\mathbf{I}_a = \mathbf{V}_{an}/\mathbf{Z}_Y$
		$\mathbf{I}_b = \mathbf{I}_a\underline{/-120°}$
		$\mathbf{I}_c = \mathbf{I}_a\underline{/+120°}$
Y-Δ	$\mathbf{V}_{an} = V_p\underline{/0°}$	$\mathbf{V}_{ab} = \mathbf{V}_{AB} = \sqrt{3}\,V_p\underline{/30°}$
	$\mathbf{V}_{bn} = V_p\underline{/-120°}$	$\mathbf{V}_{bc} = \mathbf{V}_{BC} = \mathbf{V}_{ab}\underline{/-120°}$
	$\mathbf{V}_{cn} = V_p\underline{/+120°}$	$\mathbf{V}_{ca} = \mathbf{V}_{CA} = \mathbf{V}_{ab}\underline{/+120°}$
	$\mathbf{I}_{AB} = \mathbf{V}_{AB}/\mathbf{Z}_\Delta$	$\mathbf{I}_a = \mathbf{I}_{AB}\sqrt{3}\underline{/-30°}$
	$\mathbf{I}_{BC} = \mathbf{V}_{BC}/\mathbf{Z}_\Delta$	$\mathbf{I}_b = \mathbf{I}_a\underline{/-120°}$
	$\mathbf{I}_{CA} = \mathbf{V}_{CA}/\mathbf{Z}_\Delta$	$\mathbf{I}_c = \mathbf{I}_a\underline{/+120°}$
Δ-Δ	$\mathbf{V}_{ab} = V_p\underline{/0°}$	상전압과 동일
	$\mathbf{V}_{bc} = V_p\underline{/-120°}$	
	$\mathbf{V}_{ca} = V_p\underline{/+120°}$	
	$\mathbf{I}_{AB} = \mathbf{V}_{ab}/\mathbf{Z}_\Delta$	$\mathbf{I}_a = \mathbf{I}_{AB}\sqrt{3}\underline{/-30°}$
	$\mathbf{I}_{BC} = \mathbf{V}_{bc}/\mathbf{Z}_\Delta$	$\mathbf{I}_b = \mathbf{I}_a\underline{/-120°}$
	$\mathbf{I}_{CA} = \mathbf{V}_{ca}/\mathbf{Z}_\Delta$	$\mathbf{I}_c = \mathbf{I}_a\underline{/+120°}$
Δ-Y	$\mathbf{V}_{ab} = V_p\underline{/0°}$	상전압과 동일
	$\mathbf{V}_{bc} = V_p\underline{/-120°}$	
	$\mathbf{V}_{ca} = V_p\underline{/+120°}$	
	선전류와 동일	$\mathbf{I}_a = \dfrac{V_p\underline{/-30°}}{\sqrt{3}\mathbf{Z}_Y}$
		$\mathbf{I}_b = \mathbf{I}_a\underline{/-120°}$
		$\mathbf{I}_c = \mathbf{I}_a\underline{/+120°}$

[1] 정상순 또는 *abc* 순으로 가정한다.

$$\mathbf{V}_{ab} = 210\underline{/0°}\text{ V}$$

Δ-결선 전원이 Y-결선 전원으로 변환되면,

$$\mathbf{V}_{an} = \frac{\mathbf{V}_{ab}}{\sqrt{3}}\underline{/-30°} = 121.2\underline{/-30°}\text{ V}$$

선전류는

$$\mathbf{I}_a = \frac{\mathbf{V}_{an}}{\mathbf{Z}_Y} = \frac{121.2\underline{/-30°}}{47.12\underline{/32°}} = 2.57\underline{/-62°}\text{ A}$$

$$\mathbf{I}_b = \mathbf{I}_a\underline{/-120°} = 2.57\underline{/-178°}\text{ A}$$

$$\mathbf{I}_c = \mathbf{I}_a\underline{/120°} = 2.57\underline{/58°}\text{ A}$$

이는 상전류와 동일하다.

평형 Δ-Y 회로에서, $\mathbf{V}_{ab} = 240\underline{/15°}$, $\mathbf{Z}_Y = (12 + j15)\ \Omega$이다. 선전류를 구하라.

답: $7.21\underline{/-66.34°}$ A, $7.21\underline{/+173.66°}$ A, $7.21\underline{/53.66°}$ A

12.7 평형 시스템의 전력

이제 평형 3상 시스템의 전력을 살펴보자. 부하에 흡수된 순시전력을 살펴보는 것으로부터 시작하는데 이는 시간 영역의 해석을 필요로 한다. Y-결선 부하에서 상전압은

$$v_{AN} = \sqrt{2}\,V_p \cos \omega t, \qquad v_{BN} = \sqrt{2}\,V_p \cos(\omega t - 120°)$$
$$v_{CN} = \sqrt{2}\,V_p \cos(\omega t + 120°) \tag{12.41}$$

여기서 $\sqrt{2}$는 V_p가 상전압의 rms 값으로 정의되었기 때문에 필요하다. 만약 $\mathbf{Z}_Y = Z\underline{/\theta}$라면 상전류는 대응하는 상전압에 비해 θ만큼 위상이 뒤진다. 그러므로,

$$i_a = \sqrt{2}\,I_p \cos(\omega t - \theta), \qquad i_b = \sqrt{2}\,I_p \cos(\omega t - \theta - 120°)$$
$$i_c = \sqrt{2}\,I_p \cos(\omega t - \theta + 120°) \tag{12.42}$$

여기서 I_p는 상전류의 rms 값이다. 부하에서의 전체 순시전력은 3상에서의 순시전력 합과 같다. 즉,

$$
\begin{aligned}
p &= p_a + p_b + p_c = v_{AN}i_a + v_{BN}i_b + v_{CN}i_c \\
&= 2V_p I_p[\cos \omega t \cos(\omega t - \theta) \\
&\qquad + \cos(\omega t - 120°)\cos(\omega t - \theta - 120°) \\
&\qquad + \cos(\omega t + 120°)\cos(\omega t - \theta + 120°)]
\end{aligned} \tag{12.43}
$$

삼각함수의 항등식 (12.44)를 적용하면 식 (12.45)를 얻는다.

$$\cos A \cos B = \frac{1}{2}[\cos(A + B) + \cos(A - B)] \tag{12.44}$$

$$
\begin{aligned}
p &= V_p I_p[3 \cos \theta + \cos(2\omega t - \theta) + \cos(2\omega t - \theta - 240°) \\
&\qquad + \cos(2\omega t - \theta + 240°)] \\
&= V_p I_p[3 \cos \theta + \cos \alpha + \cos \alpha \cos 240° + \sin \alpha \sin 240° \\
&\qquad + \cos \alpha \cos 240° - \sin \alpha \sin 240°] \\
&\qquad \text{where } \alpha = 2\omega t - \theta \\
&= V_p I_p\left[3 \cos \theta + \cos \alpha + 2\left(-\frac{1}{2}\right)\cos \alpha\right] = 3V_p I_p \cos \theta
\end{aligned} \tag{12.45}
$$

따라서 평형 3상 시스템에서 전체 순시전력은 일정하며, 각 상에서의 순시전력처럼 시간에 따라서 변하지 않는다. 이 결과는 부하의 Y-결선 또는 Δ-결선에 상관없이 사실이다. 이것은 발전이나 배전에서 3상 시스템을 사용하는 중요한 이유 중 하나이다. 잠시 후에 또 다른 이유에 대해 살펴볼 것이다.

전체 순시전력이 시간에 대해 독립적이므로 Δ-결선 부하 또는 Y-결선 부하

의 각 상당 평균전력 P_p는 $p/3$이다. 또는

$$P_p = V_p I_p \cos \theta \tag{12.46}$$

그리고 각 상당 무효전력은

$$Q_p = V_p I_p \sin \theta \tag{12.47}$$

각 상당 피상전력은

$$S_p = V_p I_p \tag{12.48}$$

각 상당 복소전력은

$$\mathbf{S}_p = P_p + jQ_p = \mathbf{V}_p \mathbf{I}_p^* \tag{12.49}$$

여기서 $\mathbf{V}_p$와 $\mathbf{I}_p$는 크기가 각각 V_p, I_p인 상전압과 상전류이다. 전체 평균전력은 각 상에서 평균전력의 합이다.

$$P = P_a + P_b + P_c = 3P_p = 3V_p I_p \cos \theta = \sqrt{3} V_L I_L \cos \theta \tag{12.50}$$

Y-결선 부하의 경우, $I_L = I_p$이지만 $V_L = \sqrt{3} V_p$인 반면에 Δ-결선 부하의 경우, $I_L = \sqrt{3} I_p$이지만 $V_L = V_p$가 된다. 따라서 식 (12.50)은 Y-결선과 Δ-결선 부하 모두에 적용된다. 마찬가지로 전체 무효전력은

$$Q = 3V_p I_p \sin \theta = 3Q_p = \sqrt{3} V_L I_L \sin \theta \tag{12.51}$$

그리고 전체 복소전력은

$$\boxed{\mathbf{S} = 3\mathbf{S}_p = 3\mathbf{V}_p \mathbf{I}_p^* = 3I_p^2 \mathbf{Z}_p = \frac{3V_p^2}{\mathbf{Z}_p^*}} \tag{12.52}$$

여기서 $\mathbf{Z}_p = Z_p \underline{/\theta}$는 각 상당 부하 임피던스이다($\mathbf{Z}_p$는 $\mathbf{Z}_Y$ 또는 $\mathbf{Z}_\Delta$일 수 있다). 다른 방법으로 식 (12.52)는 다음과 같이 쓸 수 있다.

$$\boxed{\mathbf{S} = P + jQ = \sqrt{3} V_L I_L \underline{/\theta}} \tag{12.53}$$

V_p, I_p, V_L, I_L은 모두 rms 값이고, θ는 부하 임피던스의 각 또는 상전압과 상전류 사이의 각이라는 것을 기억하라.

전력 배전에서 3상 시스템의 두 번째 중요한 장점은 선전압 V_L과 부하전력 P_L이 똑같은 단상 시스템보다 전선의 양을 적게 사용한다는 것이다. 두 전선이 같은 물질(예를 들면 비저항이 ρ인 구리), 같은 길이 ℓ, 그리고 부하가 저항성(즉 역률이 1)이라 가정하고 이 두 가지 경우를 비교할 것이다. 그림 12.21(a)의 2선 단상 시스템에서 $I_L = P_L/V_L$이며, 따라서 두 선로에서의 전력 손실은

$$P_{\text{loss}} = 2I_L^2 R = 2R\frac{P_L^2}{V_L^2} \tag{12.54}$$

그림 12.21(b)의 3상 3선 시스템에서 식 (12.50)으로부터 $I_L' = |\mathbf{I}_a| = |\mathbf{I}_b| = |\mathbf{I}_c|$

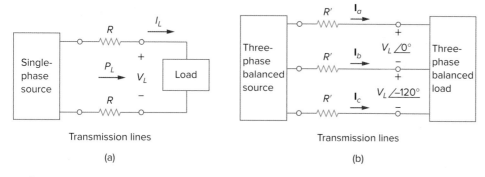

그림 12.21

전력 손실의 비교: (a) 단상 시스템, (b) 3상 시스템.

$= P_L/\sqrt{3}\,V_L$이 된다. 3개 선로에서의 전력 손실은

$$P'_{\text{loss}} = 3(I'_L)^2 R' = 3R'\frac{P_L^2}{3V_L^2} = R'\frac{P_L^2}{V_L^2} \tag{12.55}$$

식 (12.54)와 (12.55)는 똑같은 전체 전송 전력 P_L과 똑같은 선전압 V_L에 대해 다음이 성립함을 보여준다.

$$\frac{P_{\text{loss}}}{P'_{\text{loss}}} = \frac{2R}{R'} \tag{12.56}$$

그러나 2장에서 $R = \rho\ell/\pi r^2$, $R' = \rho\ell/\pi r'^2$이고, r과 r'은 전선들의 반지름이므로,

$$\frac{P_{\text{loss}}}{P'_{\text{loss}}} = \frac{2r'^2}{r^2} \tag{12.57}$$

두 시스템에서 같은 전력 손실이 허용된다면 $r^2 = 2r'^2$가 된다. 선로에서 요구되는 전선 재료의 비는 선로의 수와 부피에 의해 결정된다. 그래서

$$\frac{\text{단상의 재료}}{\text{3상의 재료}} = \frac{2(\pi r^2 \ell)}{3(\pi r'^2 \ell)} = \frac{2r^2}{3r'^2}$$
$$= \frac{2}{3}(2) = 1.333 \tag{12.58}$$

여기서 $r^2 = 2r'^2$이다. 식 (12.58)은 단상 시스템이 3상 시스템보다 33% 더 많은 양의 재료를 필요로 하거나, 3상 시스템이 등가의 단상 시스템에서 사용하는 재료의 75%만을 사용한다는 것을 보여준다. 다시 말해서, 똑같은 전력을 보내는 데 3상 시스템이 단상 시스템보다 상당히 적은 재료가 필요하다는 것이다.

그림 12.13(예제 12.2) 회로에서 전원과 부하에서의 전체 평균전력, 무효전력, 복소전력을 구하라.

예제 12.6

풀이:

시스템이 평형이므로 하나의 상만을 고려해도 충분하다. 상 a에 대해,

$$\mathbf{V}_p = 110\underline{/0°}\ \text{V}, \qquad \mathbf{I}_p = 6.81\underline{/-21.8°}\ \text{A}$$

그러므로, 전원에서 흡수된 복소전력은

$$\mathbf{S}_s = -3\mathbf{V}_p\mathbf{I}_p^* = -3(110\underline{/0°})(6.81\underline{/21.8°})$$
$$= -2247\underline{/21.8°} = -(2087 + j834.6)\ \text{VA}$$

흡수된 유효전력 또는 평균전력은 −2087 W이고 무효전력은 −834.6 VAR이다. 부하에서 흡수되는 복소전력은

$$\mathbf{S}_L = 3|\mathbf{I}_p|^2\mathbf{Z}_p$$

여기서 $\mathbf{Z}_p = 10 + j8 = 12.81\underline{/38.66°}$, $\mathbf{I}_p = \mathbf{I}_a = 6.81\underline{/-21.8°}$ 이다. 그러므로,

$$\mathbf{S}_L = 3(6.81)^2 12.81\underline{/38.66°} = 1782\underline{/38.66°}$$
$$= (1392 + j1113)\ \text{VA}$$

흡수되는 유효전력은 1391.7 W이고 무효전력은 1113.3 VAR이다. 두 복소전력 값의 차이는 선로 임피던스 (5 − j2) Ω에 의해 흡수된 것이다. 이것이 사실임을 보여주기 위해 선로에서 흡수되는 복소전력을 구하면

$$\mathbf{S}_\ell = 3|\mathbf{I}_p|^2\mathbf{Z}_\ell = 3(6.81)^2(5 - j2) = 695.6 - j278.3\ \text{VA}$$

이는 $\mathbf{S}_s$와 $\mathbf{S}_L$의 차이를 나타내며, 예상한 대로 $\mathbf{S}_s + \mathbf{S}_\ell + \mathbf{S}_L = 0$이다.

실전문제 12.6

실전문제 12.2의 Y-Y 회로에서 전원과 부하에서의 복소전력을 구하라.

답: −(1054.2 + j843.3) VA, (1012 + j801.6) VA

예제 12.7

3상 전동기는 평형 Y-결선 부하로 간주할 수 있다. 3상 전동기가 선전압이 220 V이고 선전류가 18.2 A일 때 5.6 kW를 소모한다. 전동기의 역률을 구하라.

풀이:
피상전력은

$$S = \sqrt{3}V_L I_L = \sqrt{3}(220)(18.2) = 6935.13\ \text{VA}$$

유효전력이 다음과 같으므로,

$$P = \text{S}\cos\theta = 5600\ \text{W}$$

역률은

$$\text{pf} = \cos\theta = \frac{P}{S} = \frac{5600}{6935.13} = 0.8075$$

실전문제 12.7

선전압이 440 V인 평형 전원에 연결된 경우, 역률이 0.85 뒤짐이고 30 kW의 전력을 소모하는 3상 전동기에 필요한 선전류를 구하라.

답: 46.31 A

그림 12.22(a)에 나타낸 것과 같이 2개의 평형 부하가 240 kV rms 60 Hz인 선로에 연결되어 있다. 부하 1이 0.6 뒤짐 역률에서 30 kW를 소모하고, 부하 2는 0.8 뒤짐 역률에서 45 kVAR을 소모한다. 상이 abc 순이라 가정하고, (a) 결합된 부하에 의해 흡수되는 복소전력, 유효전력, 무효전력, (b) 선전류, (c) 부하에 병렬로 연결되어 역률을 0.9 뒤짐 역률로 올리는 데 필요한 Δ-결선된 3개 커패시터의 kVAR 정격과 각 커패시터의 커패시턴스 값을 구하라.

예제 12.8

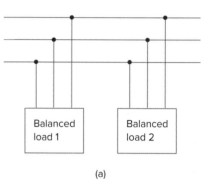

(a)

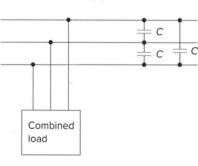

(b)

그림 12.22
예제 12.8의 회로: (a) 원래의 평형 부하, (b) 개선된 역률을 가진 결합된 부하.

풀이:

(a) 부하 1에 대해 $P_1 = 30$ kW이고 $\cos\theta_1 = 0.6$이므로 $\sin\theta_1 = 0.8$이다. 따라서,

$$S_1 = \frac{P_1}{\cos\theta_1} = \frac{30\text{ kW}}{0.6} = 50\text{ kVA}$$

그리고 $Q_1 = S_1 \sin\theta_1 = 50(0.8) = 40$ kVAR이다. 따라서, 부하 1에 의한 복소전력은

$$\mathbf{S}_1 = P_1 + jQ_1 = 30 + j40\text{ kVA} \qquad \textbf{(12.8.1)}$$

부하 2에 대해, 만약 $Q_2 = 45$ kVAR이고 $\cos\theta_2 = 0.8$이면 $\sin\theta_2 = 0.6$이다. 따라서,

$$S_2 = \frac{Q_2}{\sin\theta_2} = \frac{45\text{ kVA}}{0.6} = 75\text{ kVA}$$

그리고 $P_2 = S_2 \cos\theta_2 = 75(0.8) = 60$ kW이다. 따라서 부하 2에 의한 복소전력은

$$\mathbf{S}_2 = P_2 + jQ_2 = 60 + j45\text{ kVA} \qquad \textbf{(12.8.2)}$$

식 (12.8.1)과 (12.8.2)로부터 부하에서 흡수되는 전체 복소전력은

$$\mathbf{S} = \mathbf{S}_1 + \mathbf{S}_2 = 90 + j85\text{ kVA} = 123.8\underline{/43.36°}\text{ kVA} \qquad \textbf{(12.8.3)}$$

따라서 $\cos 43.36° = 0.727$ 뒤짐 역률이 된다. 이때 유효전력은 90 kW이고 무효전력은 85 kVAR이다.

부하들이 Y-결선되어 있다고 가정하고 그 크기가 $V_{AN} = (240/\sqrt{3})$ kV인 상전압을 사용하는 것이 계산에 도움이 될 것이다.

(b) $S = 3((240\text{ kV}/\sqrt{3})I_L) = \sqrt{3}(240\text{ kV})I_L$이므로, 선전류의 크기는

$$I_L = \frac{S}{\sqrt{3}(240,000)} \qquad \textbf{(12.8.4)}$$

우리는 이 식을 상전압의 크기가 $(240/\sqrt{3})$ kV라는 점을 염두에 두고 각 부하에 적용한다. 부하 1에 대해,

$$I_{L1} = \frac{50,000}{\sqrt{3}\,240,000} = 120.28 \text{ mA}$$

역률이 뒤짐 역률이기 때문에 선전류는 $\theta_1 = \cos^{-1} 0.6 = 53.13°$만큼 선전압에 뒤진다. 그러므로

$$\mathbf{I}_{a1} = 120.28\underline{/-53.13°}$$

부하 2에 대해

$$I_{L2} = \frac{75,000}{\sqrt{3}\,240,000} = 180.42 \text{ mA}$$

이때 선전류는 $\theta_2 = \cos^{-1} 0.8 = 36.87°$만큼 선전압에 뒤진다. 그러므로

$$\mathbf{I}_{a2} = 180.42\underline{/-36.87°}$$

전체 선전류는

$$\begin{aligned} \mathbf{I}_a = \mathbf{I}_{a1} + \mathbf{I}_{a2} &= 120.28\underline{/-53.13°} + 180.42\underline{/-36.87°} \\ &= (72.168 - j96.224) + (144.336 - j108.252) \\ &= 216.5 - j204.472 = 297.8\underline{/-43.36°} \text{ mA} \end{aligned}$$

또 다른 해석 방법으로, 식 (12.8.4)를 이용하여 전체 복소전력으로부터 전류를 구할 수 있다.

$$I_L = \frac{123,800}{\sqrt{3}\,240,000} = 297.82 \text{ mA}$$

그리고

$$\mathbf{I}_a = 297.82\underline{/-43.36°} \text{ mA}$$

이 결과는 앞의 것과 똑같다. 다른 선전류 $\mathbf{I}_{b2}$와 $\mathbf{I}_{ca}$는 abc 순에 따라 구할 수 있다(즉 $\mathbf{I}_b = 297.82\underline{/-163.36°}$ mA, $\mathbf{I}_c = 297.82\underline{/76.64°}$ mA).

(c) 식 (11.59)를 사용하여 0.9 뒤짐 역률이 되는 데 필요한 무효전력을 구할 수 있다.

$$Q_C = P(\tan\theta_{\text{old}} - \tan\theta_{\text{new}})$$

여기서 $P = 90$ kW, $\theta_{\text{old}} = 43.36°$, $\theta_{\text{new}} = \cos^{-1} 0.9 = 25.84°$이다. 그러므로

$$Q_C = 90,000(\tan 43.36° - \tan 25.84°) = 41.4 \text{ kVAR}$$

이 무효전력은 3개의 커패시터에 대한 값이다. 각 커패시터에 대해서는 $Q_C' = 13.8$ kVAR 이 정격이 된다. 식 (11.60)으로부터 요구되는 커패시턴스 값은

$$C = \frac{Q_C'}{\omega V_{\text{rms}}^2}$$

그림 12.22(b)에서 보듯이 커패시터가 Δ-결선되어 있으므로 위 식에서 V_{rms}는 240 kV의 선간전압 또는 선전압이다. 따라서,

$$C = \frac{13,800}{(2\pi60)(240,000)^2} = 635.5 \text{ pF}$$

그림 12.22(a)에서 2개의 평형 부하가 840 V rms 60 Hz의 선로를 통해 공급받는다고 가정하자. 부하 1은 상당 $30 + j40 \ \Omega$으로 Y-결선되어 있으며, 부하 2는 0.8 뒤짐 역률로 48 kW의 전력을 공급받는 평형 3상 전동기이다. abc 순이라 가정하고, (a) 결합된 부하에 의해 흡수되는 복소전력, (b) 역률을 1로 높이기 위해 부하에 Δ-결선으로 병렬연결된 3개 커패시터 각각의 kVAR 정격, (c) 역률이 1인 상태에서 전원으로부터 공급되는 전류를 구하라.

답: (a) $56.47 + j47.29$ kVA, (b) 15.76 kVAR, (c) 38.81 A

12.8　†불평형 3상 시스템

이 장에서 불평형 3상 시스템에 대해 언급하지 않을 수 없다. 불평형 시스템은 다음 두 가지 가능한 상황에 의해 발생한다. (1) 전원 전압의 크기가 같지 않거나 위상차가 같지 않은 경우, 또는 (2) 부하 임피던스가 같지 않은 경우. 따라서,

불평형 시스템(unbalanced system)은 불평형 전압원 또는 불평형 부하로 인해 발생한다.

해석을 간단히 하기 위해 전압원은 평형이지만 부하는 불평형인 경우를 생각해 보자.

　불평형 3상 시스템은 메시 해석법과 노드 해석법을 직접 적용하여 풀 수 있다. 그림 12.23은 평형의 전원 전압(그림에 표현되지 않음)과 불평형 Y-결선 부하(그림에 표현됨)로 구성된 불평형 3상 시스템의 예를 보여준다. 부하가 불평형이기 때문에 $\mathbf{Z}_A$, $\mathbf{Z}_B$, $\mathbf{Z}_C$는 같지 않다. 선전류는 옴의 법칙에 의해 다음과 같이 결정된다.

$$\mathbf{I}_a = \frac{\mathbf{V}_{AN}}{\mathbf{Z}_A}, \qquad \mathbf{I}_b = \frac{\mathbf{V}_{BN}}{\mathbf{Z}_B}, \qquad \mathbf{I}_c = \frac{\mathbf{V}_{CN}}{\mathbf{Z}_C} \tag{12.59}$$

이러한 불평형 선전류는 중성선에 전류를 발생시키며, 이때의 전류는 평형 시스템에서와 달리 0이 아니다. 노드 N에 KCL을 적용하면 중성선의 전류는

$$\mathbf{I}_n = -(\mathbf{I}_a + \mathbf{I}_b + \mathbf{I}_c) \tag{12.60}$$

　중성선이 없는 3선 시스템에서 메시 해석법을 사용하여 $\mathbf{I}_a$, $\mathbf{I}_b$, $\mathbf{I}_c$의 선전류

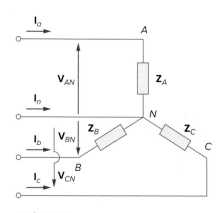

그림 12.23
불평형 3상 Y-결선 부하.

│ 불평형 3상 시스템을 해석하는 특별한 해석 방법으로는 *대칭 성분법*이 있으나 이 책의 범위를 벗어나므로 생략한다.

를 구할 수 있다. 노드 N에서 KCL이 성립되어야 하며, 이 경우 $\mathbf{I}_a + \mathbf{I}_b + \mathbf{I}_c = 0$이 된다. Δ-Y, Y-Δ, 또는 Δ-Δ의 3선 시스템에도 같은 방법을 적용할 수 있다. 앞서 언급했듯이, 장거리 전력 전송에서는 대지가 중성선의 역할을 하고 3의 배수(다중 3선 시스템)인 도체가 사용된다.

불평형 3상 시스템에서 전력을 계산하려면 식 (12.46)~(12.49)를 사용하여 각 상에서의 전력을 구할 필요가 있다. 전체 전력은 단순히 한 상의 전력을 3배 하는 것이 아니라 3개 각 상에서의 전력 합이 된다.

예제 12.9

그림 12.23의 불평형 Y-부하가 100 V의 평형 전압과 *acb* 순을 가질 때 선전류와 중성선 전류를 구하라. $\mathbf{Z}_A = 15\ \Omega$, $\mathbf{Z}_B = 10 + j5\ \Omega$, $\mathbf{Z}_C = 6 - j8\ \Omega$이다.

풀이:

식 (12.59)를 이용하면, 선전류는

$$\mathbf{I}_a = \frac{100\underline{/0°}}{15} = 6.67\underline{/0°}\ \text{A}$$

$$\mathbf{I}_b = \frac{100\underline{/120°}}{10 + j5} = \frac{100\underline{/120°}}{11.18\underline{/26.56°}} = 8.94\underline{/93.44°}\ \text{A}$$

$$\mathbf{I}_c = \frac{100\underline{/-120°}}{6 - j8} = \frac{100\underline{/-120°}}{10\underline{/-53.13°}} = 10\underline{/-66.87°}\ \text{A}$$

식 (12.60)을 이용하면, 중성선의 전류는

$$\mathbf{I}_n = -(\mathbf{I}_a + \mathbf{I}_b + \mathbf{I}_c) = -(6.67 - 0.54 + j8.92 + 3.93 - j9.2)$$

$$= -10.06 + j0.28 = 10.06\underline{/178.4°}\ \text{A}$$

실전문제 12.9

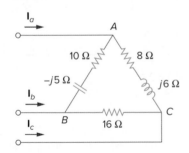

그림 12.24
실전문제 12.9의 불평형 Δ-부하.

그림 12.24의 불평형 Δ-부하에 평형 정상순인 440 V의 선전압이 공급될 때 선전류를 구하라. $\mathbf{V}_{ab}$를 기준으로 한다.

답: $39.71\underline{/-41.06°}$ A, $64.12\underline{/-139.8°}$ A, $70.13\underline{/74.27°}$ A

예제 12.10

그림 12.25의 불평형 회로에서 (a) 선전류, (b) 부하에서 흡수되는 전체 복소전력, (c) 전원에서 흡수되는 전체 복소전력을 구하라.

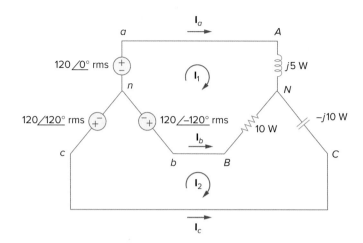

그림 12.25
예제 12.10의 회로.

풀이:

(a) 선전류를 구하기 위해 메시 해석법을 사용한다. 메시 1에 대해,

$$120\underline{/-120^\circ} - 120\underline{/0^\circ} + (10 + j5)\mathbf{I}_1 - 10\mathbf{I}_2 = 0$$

또는

$$(10 + j5)\mathbf{I}_1 - 10\mathbf{I}_2 = 120\sqrt{3}\underline{/30^\circ} \qquad (12.10.1)$$

메시 2에 대해,

$$120\underline{/120^\circ} - 120\underline{/-120^\circ} + (10 - j10)\mathbf{I}_2 - 10\mathbf{I}_1 = 0$$

또는

$$-10\mathbf{I}_1 + (10 - j10)\mathbf{I}_2 = 120\sqrt{3}\underline{/-90^\circ} \qquad (12.10.2)$$

식 (12.10.1)과 (12.10.2)는 다음과 같은 행렬로 표현된다.

$$\begin{bmatrix} 10 + j5 & -10 \\ -10 & 10 - j10 \end{bmatrix} \begin{bmatrix} \mathbf{I}_1 \\ \mathbf{I}_2 \end{bmatrix} = \begin{bmatrix} 120\sqrt{3}\underline{/30^\circ} \\ 120\sqrt{3}\underline{/-90^\circ} \end{bmatrix}$$

행렬식은

$$\Delta = \begin{vmatrix} 10 + j5 & -10 \\ -10 & 10 - j10 \end{vmatrix} = 50 - j50 = 70.71\underline{/-45^\circ}$$

$$\Delta_1 = \begin{vmatrix} 120\sqrt{3}\underline{/30^\circ} & -10 \\ 120\sqrt{3}\underline{/-90^\circ} & 10 - j10 \end{vmatrix} = 207.85(13.66 - j13.66)$$
$$= 4015\underline{/-45^\circ}$$

$$\Delta_2 = \begin{vmatrix} 10 + j5 & 120\sqrt{3}\underline{/30^\circ} \\ -10 & 120\sqrt{3}\underline{/-90^\circ} \end{vmatrix} = 207.85(13.66 - j5)$$
$$= 3023.4\underline{/-20.1^\circ}$$

메시 전류는

$$\mathbf{I}_1 = \frac{\Delta_1}{\Delta} = \frac{4015.23\underline{/-45°}}{70.71\underline{/-45°}} = 56.78 \text{ A}$$

$$\mathbf{I}_2 = \frac{\Delta_2}{\Delta} = \frac{3023.4\underline{/-20.1°}}{70.71\underline{/-45°}} = 42.75\underline{/24.9°} \text{ A}$$

선전류는

$$\mathbf{I}_a = \mathbf{I}_1 = 56.78 \text{ A}, \qquad \mathbf{I}_c = -\mathbf{I}_2 = 42.75\underline{/-155.1°} \text{ A}$$
$$\mathbf{I}_b = \mathbf{I}_2 - \mathbf{I}_1 = 38.78 + j18 - 56.78 = 25.46\underline{/135°} \text{ A}$$

(b) 이제 우리는 부하에 흡수되는 복소전력을 계산할 수 있다. 상 A에 대해,

$$\mathbf{S}_A = |\mathbf{I}_a|^2\mathbf{Z}_A = (56.78)^2(j5) = j16,120 \text{ VA}$$

상 B에 대해,

$$\mathbf{S}_B = |\mathbf{I}_b|^2\mathbf{Z}_B = (25.46)^2(10) = 6480 \text{ VA}$$

상 C에 대해,

$$\mathbf{S}_C = |\mathbf{I}_c|^2\mathbf{Z}_C = (42.75)^2(-j10) = -j18,276 \text{ VA}$$

부하에 흡수된 전체 복소전력은

$$\mathbf{S}_L = \mathbf{S}_A + \mathbf{S}_B + \mathbf{S}_C = 6480 - j2156 \text{ VA}$$

(c) 전원에 의해 흡수되는 전력을 구함으로써 위의 계산 결과를 확인할 수 있다. 상 a의 전압원에 대해,

$$\mathbf{S}_a = -\mathbf{V}_{an}\mathbf{I}_a^* = -(120\underline{/0°})(56.78) = -6813.6 \text{ VA}$$

상 b의 전압원에 대해,

$$\mathbf{S}_b = -\mathbf{V}_{bn}\mathbf{I}_b^* = -(120\underline{/-120°})(25.46\underline{/-135°})$$
$$= -3055.2\underline{/105°} = 790 - j2951.1 \text{ VA}$$

상 c의 전압원에 대해,

$$\mathbf{S}_c = -\mathbf{V}_{bn}\mathbf{I}_c^* = -(120\underline{/120°})(42.75\underline{/155.1°})$$
$$= -5130\underline{/275.1°} = -456.03 + j5109.7 \text{ VA}$$

3상 전원에 의해 흡수되는 전체 복소전력은

$$\mathbf{S}_s = \mathbf{S}_a + \mathbf{S}_b + \mathbf{S}_c = -6480 + j2156 \text{ VA}$$

이는 $\mathbf{S}_s + \mathbf{S}_L = 0$을 보임으로써 교류전력의 보존 법칙을 확인해준다.

실전문제 12.10

그림 12.26의 불평형 3상 회로에서, 선전류와 부하에서 흡수되는 유효전력을 구하라.

답: $64\underline{/80.1°}$ A, $38.1\underline{/-60°}$ A, $42.5\underline{/-135°}$ A, 4.84 kW

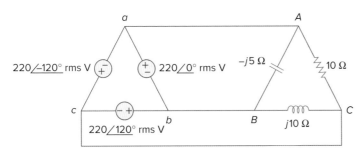

그림 12.26
실전문제 12.10의 회로.

12.9 　 3상 회로를 위한 *PSpice*

*PSpice*는 단상 교류회로의 해석에서 사용한 것과 같은 방법으로 평형 또는 불평형 3상 회로를 해석하는 데 사용될 수 있다. 그러나, Δ-결선된 전원은 *PSpice*에서 사용하는 데 두 가지 중요한 문제가 있다. 첫째, Δ-결선된 전원은 전압 전원이 루프를 이루는데, *PSpice*에서는 이러한 전원의 연결 상태가 적합하지 않다. 이 문제를 피하기 위해 무시할 만한 저항(예: 상당 1 $\mu\Omega$)을 Δ-결선된 전원의 각 상에 삽입하는 방법을 사용한다. 둘째, Δ-결선된 전원은 *PSpice*를 실행하는 데 필요한 접지 노드로 사용하기에 편리한 노드를 제공하지 않는다. 이러한 문제는 평형 Y-결선된 큰 저항(예: 상당 1 MΩ)을 Δ-결선된 전원에 삽입하여 Y-결선 저항의 중성 노드가 접지 노드 0의 역할을 하게 함으로써 해결할 수 있다. 예제 12.12에서 이것을 예시했다.

예제 12.11

그림 12.27의 평형 Y-Δ 회로에서 *PSpice*를 이용하여 선전류 $\mathbf{I}_{aA}$, 상전압 $\mathbf{V}_{AB}$, 상전류 $\mathbf{I}_{AC}$를 구하라. 전원의 주파수는 60 Hz라고 가정한다.

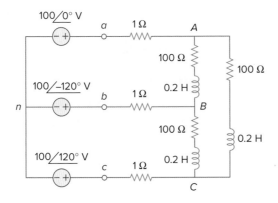

그림 12.27
예제 12.11의 회로.

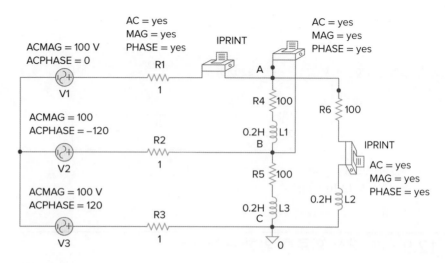

그림 12.28

그림 12.27의 회로에 대한 개략도.

풀이:

회로도는 그림 12.28과 같다. $\mathbf{I}_{aA}$와 $\mathbf{I}_{AC}$를 구하기 위해 가상소자인 IPRINT를 적절한 선에 삽입하고, 전위차 $\mathbf{V}_{AB}$를 출력하기 위해 VPRINT2는 마디 A와 B 사이에 삽입한다. 전류와 전압의 크기와 위상만을 출력하기 위해 IPRINT와 VPRINT2의 속성을 각각 *AC = yes*, *MAG = yes*, *PHASE = yes*로 놓는다. 단일 주파수 해석을 위해 **Analysis/Setup/AC Sweep**를 선택하고, *Total Pts = 1*, *Start Freq = 60*, *Final Freq = 60*을 입력한다. 회로가 저장되었으면 **Analysis/Simulate**를 선택하여 시뮬레이션을 실행한다. 출력 파일은 다음 사항을 포함한다.

```
FREQ            V(A,B)          VP(A,B)
6.000E+01       1.699E+02       3.081E+01

FREQ            IM(V_PRINT2)    IP(V_PRINT2)
6.000E+01       2.350E+00       -3.620E+01

FREQ            IM(V_PRINT3)    IP(V_PRINT3)
6.000E+01       1.357E+00       -6.620E+01
```

앞의 결과로부터, 다음과 같은 해석 결과를 구할 수 있다.

$$\mathbf{I}_{aA} = 2.35\underline{/-36.2°}\text{ A}$$
$$\mathbf{V}_{AB} = 169.9\underline{/30.81°}\text{ V}, \quad \mathbf{I}_{AC} = 1.357\underline{/-66.2°}\text{ A}$$

실전문제 12.11

그림 12.29의 평형 Y-Y 회로에서 *PSpice*를 이용하여 선전류 $\mathbf{I}_{bB}$와 상전압 $\mathbf{V}_{AN}$을 구하라. $f = 100$ Hz라고 가정한다.

답: $100.9\underline{/60.87°}$ V, $8.547\underline{/-91.27°}$ A

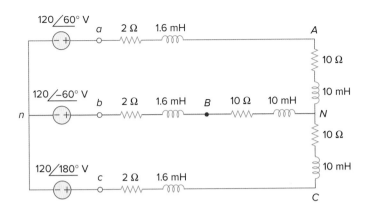

그림 12.29
실전문제 12.11의 회로.

그림 12.30의 불평형 Δ-Δ 회로에서 *PSpice*를 이용하여 발전기 전류 $\mathbf{I}_{ab}$와 선전류 $\mathbf{I}_{bB}$, 상전류 $\mathbf{I}_{BC}$를 구하라.

예제 12.12

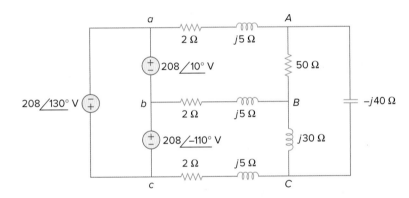

그림 12.30
예제 12.12의 회로.

풀이:

1. **정의하라.** 문제와 풀이 과정이 명확히 정의되었다.

2. **제시하라.** *a*에서 *b*로 흐르는 발전기 전류와 *b*에서 *B*로 흐르는 선전류, *B*에서 *C*로 흐르는 상전류를 구하려고 한다.

3. **대체방안을 고려하라.** 이 문제를 푸는 다른 방법이 있지만 *PSpice*를 이용하라고 했으므로 다른 방법을 사용하지 않는다.

4. **시도하라.** 앞에서 언급했듯이 전압 전원을 루프로 구성하는 문제는 1 μΩ의 직렬 저항을 Δ-결선 전원에 삽입하여 피할 수 있다. 접지 노드 0을 제공하기 위해 그림 12.31의 구성도에 나타낸 것과 같이 평형 Y-결선 저항 (상당 1 MΩ)을 Δ-결선 전원에 삽입한다. 속성을 설정한 3개의 가상소자 IPRINT를 전류 $\mathbf{I}_{ab}$, $\mathbf{I}_{bB}$, $\mathbf{I}_{BC}$를 구할 수 있도록 구성도에 삽입한다. 사용 주

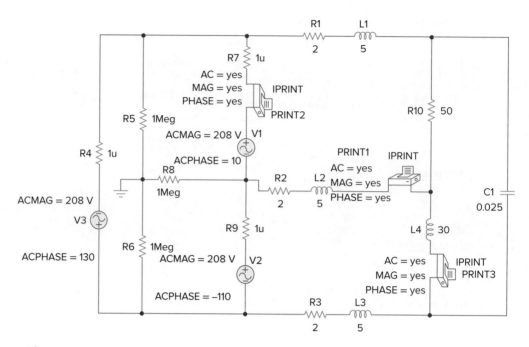

그림 12.31

그림 12.30의 회로에 대한 개략도.

파수가 주어지지 않았고 인덕턴스 값과 커패시턴스 값이 임피던스 대신에 지정되어야 하기 때문에 $\omega = 1$ rad/s, $f = 1/2\pi = 0.159155$ Hz라고 가정한다. 따라서,

$$L = \frac{X_L}{\omega}, \quad C = \frac{1}{\omega X_C}$$

Analysis/Setup/AC Sweep를 선택하고, *Total pts* = 1, *Start Freq* = 0.159155, *Final Freq* = 0.159155를 입력한다. 구성도가 저장되면 **Analysis/Simulate**를 선택하여 회로를 시뮬레이션한다. 출력 파일은 다음 사항을 포함한다:

```
FREQ           IM(V_PRINT1)    IP(V_PRINT1)
1.592E-01      9.106E+00       1.685E+02

FREQ           IM(V_PRINT2)    IP(V_PRINT2)
1.592E-01      5.959E+00       -1.772E+02

FREQ           IM(V_PRINT3)    IP(V_PRINT3)
1.592E-01      5.500E+00       1.725E+02
```

이로부터 다음 결과가 도출된다.

$$\mathbf{I}_{ab} = 5.595 \underline{/-177.2°}\ \mathbf{A}, \mathbf{I}_{bB} = 9.106 \underline{/168.5°}\ \mathbf{A},$$

$$\mathbf{I}_{BC} = 5.5 \underline{/172.5°}\ \mathbf{A}$$

5. **평가하라.** 위의 해석 결과는 메시 해석법을 사용하여 검토할 수 있다. 루프 *aABb*를 루프 1, 루프 *bBCc*를 루프 2, 루프 *ACB*를 루프 3이라 하고, 3개 루프의 전류가 모두 시계 방향으로 흐른다고 가정한다. 그러면 다음과 같은 루프 방정식을 구성할 수 있다.

루프 1

$$(54 + j10)\mathbf{I}_1 - (2 + j5)\mathbf{I}_2 - (50)\mathbf{I}_3 = 208\underline{/10°} = 204.8 + j36.12$$

루프 2

$$-(2 + j5)\mathbf{I}_1 + (4 + j40)\mathbf{I}_2 - (j30)\mathbf{I}_3 = 208\underline{/-110°}$$
$$= -71.14 - j195.46$$

루프 3

$$-(50)\mathbf{I}_1 - (j30)\mathbf{I}_2 + (50 - j10)\mathbf{I}_3 = 0$$

MATLAB을 사용하여 이 문제를 풀면,

```
>>Z=[(54+10i),(-2-5i),-50;(-2-5i),(4+40i),
-30i;-50,-30i,(50-10i)]

Z=
54.0000+10.0000i-2.0000-5.0000i-50.0000
-2.0000-5.0000i 4.0000 + 40.0000i 0-30.0000i
-50.0000 0-30.0000i 50.0000-10.0000i

>>V=[(204.8+36.12i);(-71.14-195.46i);0]

V=
1.0e+002*
2.0480+0.3612i
-0.7114-1.9546i
    0
>>I=inv(Z)*V

I=
8.9317+2.6983i
0.0096+4.5175i
5.4619+3.7964i
```

$$\mathbf{I}_{bB} = -\mathbf{I}_1 + \mathbf{I}_2 = -(8.932 + j2.698) + (0.0096 + j4.518)$$
$$= -8.922 + j1.82 = \mathbf{9.106}\underline{/168.47°}\,\mathbf{A} \quad \text{(정답 확인)}$$
$$\mathbf{I}_{BC} = \mathbf{I}_2 - \mathbf{I}_3 = (0.0096 + j4.518) - (5.462 + j3.796)$$
$$= -5.452 + j0.722 = \mathbf{5.5}\underline{/172.46°}\,\mathbf{A} \quad \text{(정답 확인)}$$

다음으로 $\mathbf{I}_{ab}$를 구해보자. 각 전원에서 작은 내부 임피던스를 가정하면 $\mathbf{I}_{ab}$의 타당한 추정값을 구할 수 있다. 전원 회로 주위에 내부 저항으로 0.01 Ω을 더하고 네 번째 루프를 추가하면 다음 식을 얻는다.

루프 1

$$(54.01 + j10)\mathbf{I}_1 - (2 + j5)\mathbf{I}_2 - (50)\mathbf{I}_3 - 0.01\mathbf{I}_4 = 208\underline{/10^\circ}$$
$$= 204.8 + j36.12$$

루프 2

$$-(2 + j5)\mathbf{I}_1 + (4.01 + j40)\mathbf{I}_2 - (j30)\mathbf{I}_3 - 0.01\mathbf{I}_4$$
$$= 208\underline{/-110^\circ} = -71.14 - j195.46$$

루프 3

$$-(50)\mathbf{I}_1 - (j30)\mathbf{I}_2 + (50 - j10)\mathbf{I}_3 = 0$$

루프 4

$$-(0.01)\mathbf{I}_1 - (0.01)\mathbf{I}_2 + (0.03)\mathbf{I}_4 = 0$$

```
>>Z=[(54.01+10i),(-2-5i),-50,-0.01;(-2-5i),
(4.01+40i),-30i,-0.01;-50,-30i,(50-10i),
0;-0.01,-0.01,0,0.03]

Z =

54.0100+10.0000i -2.0000-5.0000i, -50.0000 -0.0100
-2.0000-5.0000i 4.0100-40.0000i 0-30.0000i 0.0100
-50.0000 0-30.0000i 50.0000-10.0000i 0
-0.0100 -0.0100 0 0.0300

>>V=[(204.8+36.12i);(-71.14-195.46i);0;0]

V =

1.0e+002*

2.0480+0.3612i
-0.7114-1.9546i
    0
    0
>>I=inv(Z)*V

I =

8.9309+2.6973i
0.0093+4.5159i
5.4623+3.7954i
2.9801+2.4044i
```

$$\mathbf{I}_{ab} = -\mathbf{I}_1 + \mathbf{I}_4 = -(8.931 + j2.697) + (2.98 + j2.404)$$
$$= -5.951 - j0.293 = \mathbf{5.958}\underline{/-177.18^\circ}\ \mathbf{A}. \qquad (\text{정답 확인})$$

6. **만족하는가?** 만족스러운 풀이 과정과 해석 결과를 적절히 검토했다. 이 해석 결과를 문제의 해답으로 제시할 수 있다.

그림 12.32의 불평형 회로에서 *PSpice*를 이용하여 발전기 전류 $\mathbf{I}_{ca}$, 선전류 $\mathbf{I}_{cC}$, 상전류 $\mathbf{I}_{AB}$를 구하라.

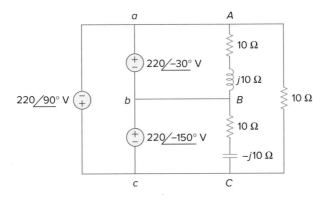

그림 12.32
실전문제 12.12의 회로.

답: $24.68\underline{/-90°}$ A, $37.25\underline{/83.79°}$ A, $15.55\underline{/-75.01°}$ A

12.10 †응용

Y와 Δ, 두 가지 전원 연결 방법은 중요한 실용적 응용을 가지고 있다. Y-전원 연결은 전력을 장거리 전송하는 데 이용되며, 이 경우 저항으로 인한 손실(I^2R)은 최소화되어야 한다. Y-결선은 Δ-결선보다 $\sqrt{3}$배 더 큰 선전압을 가지며, 따라서 전송 전력이 같은 경우 선전류는 $\sqrt{3}$배 더 작아진다. 게다가, Δ-결선된 전원은 치명적인 순환 전류가 발생할 가능성이 있어서 바람직하지 않다. 때때로 변압기를 사용하여 등가 Δ-결선된 전원을 만들 수 있다. 이러한 3상에서 단상으로의 변환은 주거용 배선에 필요한데, 가정의 전등과 전기 제품 등에 단상의 전력을 사용하기 때문이다. 3상 전력은 큰 전력을 필요로 하는 산업용 배선에 이용된다. 어떤 응용에서는 부하가 Y-결선인지 Δ-결선인지가 무의미하다. 예를 들면, 두 가지 연결 방법이 유도 전동기에 만족스럽게 사용된다. 실제로 어떤 제조 회사에서는 한 계열의 전동기가 두 가지 다른 전압에 적응할 수 있도록 220 V에서 Δ-결선으로, 그리고 440 V에서 Y-결선으로 전동기를 연결한다.

　여기서는 이 장에서 다루었던 개념 중 두 가지 실제적인 응용, 즉 3상 회로에서의 전력 측정과 주거용 배선에 대해 살펴본다.

12.10.1 3상 전력 측정

11.9절에서 단상회로의 평균전력(또는 유효전력)을 측정하는 기기로 전력계

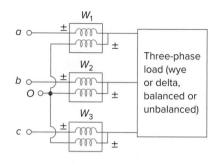

그림 12.33
3상 전력을 측정하기 위한 3-전력계 방법.

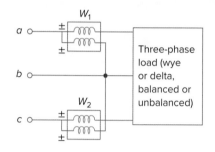

그림 12.34
3상 전력을 측정하기 위한 2-전력계 방법.

를 소개했다. 단상 전력계는 또한 $P_1 = P_2 = P_3$인 평형 3상 시스템의 평균전력을 측정할 수 있으며, 이때 전체 전력은 하나의 전력계에서 읽은 값을 3배 한 값이 된다. 그러나, 불평형 시스템이라면 전력을 측정하는 데 2~3개의 단상 전력계가 필요하다. 전력 측정에서 그림 12.33과 같은 3-전력계 방법(three-wattmeter method)은 부하의 평형이나 불평형, Y-결선이나 Δ-결선에 상관없이 사용할 수 있다. 3-전력계 방법은 역률이 지속적으로 변하는 3상 시스템에서 전력을 측정하는 데 아주 적합하다. 전체 평균전력은 3개 전력계 측정값의 대수합과 같다.

$$P_T = P_1 + P_2 + P_3 \tag{12.61}$$

여기서 P_1, P_2, P_3는 각각 전력계 W_1, W_2, W_3의 측정값에 대응된다. 그림 12.33에서 공통점 또는 기준점인 o는 임의로 선택되었음에 주목하라. 만약 부하가 Y-결선되었다면 기준점 o는 중성점인 n에 연결될 수 있다. Δ-결선 부하에 대해 기준점 o는 어떤 지점과도 연결될 수 있다. 예를 들어, 기준점 o가 지점 b에 연결되었다면 전력계 W_2의 전압 코일은 0의 값을 측정하게 되고, $P_2 = 0$이 되어 전력계 W_2가 필요하지 않음을 나타낸다. 따라서 전체 전력을 측정하는 데 2개의 전력계로 충분하다.

2-전력계 방법(two-wattmeter method)은 3상 전력을 측정하는 데 가장 일반적으로 사용된다. 2개의 전력계는 일반적으로 그림 12.34에서 보듯이 적절하게 임의의 두 상에 연결되어야 한다. 각 전력계의 전류 코일은 선전류를 측정하는 반면, 각 전압 코일은 선과 세 번째 선 사이에 연결되어 선전압을 측정한다는 점에 주목하라. 또한 전압 코일의 ± 단자는 대응하는 전류 코일이 연결되어 있는 선에 연결되는 것에 주목하라. 비록 각각의 전력계가 더 이상 어떤 특별한 상에서의 전력을 측정하지는 않지만, 두 전력계 측정값의 대수합은 Y-결선 또는 Δ-결선, 평형 또는 불평형에 상관없이 부하에서 흡수된 전체 평균전력과 같아진다. 전체 유효전력은 두 전력계 측정값의 대수합과 같다.

$$P_T = P_1 + P_2 \tag{12.62}$$

이러한 방법이 평형 3상 시스템에 적용되는 것을 살펴보자.

그림 12.35의 평형 Y-결선 부하를 고려해보자. 우리의 목적은 부하에 흡수되는 평균전력을 구하는 데 2-전력계 방법을 적용하는 것이다. 전원이 abc 순이고, 부하 임피던스가 $\mathbf{Z}_Y = Z_Y \underline{/\theta}$라고 가정한다. 부하 임피던스로 인해 각 전압 코일은 전류 코일보다 위상이 θ만큼 앞서고, 역률은 $\cos\theta$가 된다. 각 선전압이 대응하는 상전압보다 위상이 30° 앞선다는 것을 상기하자. 따라서, 상전류 $\mathbf{I}_a$와 선전압 $\mathbf{V}_{ab}$의 전체 위상차는 $\theta + 30°$이며, 전력계 W_1의 평균전력 측정값은

$$P_1 = \text{Re}[\mathbf{V}_{ab}\mathbf{I}_a^*] = V_{ab}I_a \cos(\theta + 30°) = V_L I_L \cos(\theta + 30°) \tag{12.63}$$

마찬가지로, 전력계 2의 평균전력 측정값은 다음과 같음을 보일 수 있다.

$$P_2 = \text{Re}[\mathbf{V}_{cb}\mathbf{I}_c^*] = V_{cb}I_c \cos(\theta - 30°) = V_L I_L \cos(\theta - 30°) \tag{12.64}$$

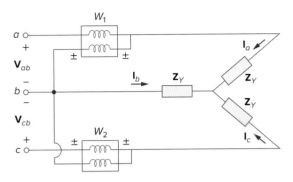

그림 12.35
평형 Y 부하에 적용한 2-전력계 방법.

이제 다음 삼각함수의 항등식을 이용한다.

$$\cos(A + B) = \cos A \cos B - \sin A \sin B$$
$$\cos(A - B) = \cos A \cos B + \sin A \sin B \tag{12.65}$$

이 항등식을 이용하여 식 (12.63)과 (12.64)의 두 전력계에서 읽은 측정값의 합과 차를 구하면 다음과 같다.

$$\begin{aligned}
P_1 + P_2 &= V_L I_L[\cos(\theta + 30°) + \cos(\theta - 30°)] \\
&= V_L I_L(\cos\theta\cos 30° - \sin\theta\sin 30° \\
&\quad + \cos\theta\cos 30° + \sin\theta\sin 30°) \\
&= V_L I_L 2\cos 30°\cos\theta = \sqrt{3}\,V_L I_L \cos\theta
\end{aligned} \tag{12.66}$$

위에서 $2\cos 30° = \sqrt{3}$인 것을 이용했다. 식 (12.66)과 (12.50)을 비교해보면 전력계 측정값의 합이 전체 평균전력이 된다는 것을 알 수 있다.

$$\boxed{P_T = P_1 + P_2} \tag{12.67}$$

마찬가지로,

$$\begin{aligned}
P_1 - P_2 &= V_L I_L[\cos(\theta + 30°) - \cos(\theta - 30°)] \\
&= V_L I_L(\cos\theta\cos 30° - \sin\theta\sin 30° \\
&\quad -\cos\theta\cos 30° - \sin\theta\sin 30°) \\
&= -V_L I_L 2\sin 30°\sin\theta
\end{aligned} \tag{12.68}$$

$$P_2 - P_1 = V_L I_L \sin\theta$$

위에서 $2\sin 30° = 1$인 것을 이용했다. 식 (12.68)과 (12.51)을 비교해보면 전력계 측정값의 차가 전체 무효전력에 비례함을 알 수 있다.
또는

$$\boxed{Q_T = \sqrt{3}(P_2 - P_1)} \tag{12.69}$$

식 (12.67)과 (12.69)로부터 다음과 같이 전체 피상전력을 구할 수 있다.

$$S_T = \sqrt{P_T^2 + Q_T^2} \tag{12.70}$$

식 (12.69)를 식 (12.67)로 나누면 역률각의 탄젠트 값이 구해진다.

$$\tan \theta = \frac{Q_T}{P_T} = \sqrt{3} \frac{P_2 - P_1}{P_2 + P_1} \tag{12.71}$$

위의 식에서 역률은 pf $= \cos \theta$를 이용하여 구할 수 있다. 그러므로, 2-전력계 방법은 전체 유효전력과 무효전력을 제공할 뿐만 아니라 역률을 계산하는 데에도 사용된다. 식 (12.67), (12.69), (12.71)로부터 다음과 같은 결론을 얻을 수 있다.

1. $P_2 = P_1$이면 부하는 저항성이다.
2. $P_2 > P_1$이면 부하는 유도성이다.
3. $P_2 < P_1$이면 부하는 용량성이다.

이러한 결과는 평형 Y-결선 부하로부터 유도되었지만 평형 Δ-결선 부하에 대해서도 마찬가지로 유용하다. 그러나, 2-전력계 방법은 중성선에 흐르는 전류가 0이 아니라면 3상 4선 시스템에서는 전력 측정에 사용할 수 없다. 3상 4선 시스템에서 유효전력을 측정하려면 3-전력계 방법을 사용한다.

예제 12.13

그림 12.23(예제 12.9)의 불평형 Y-결선 부하에서 흡수되는 전체 전력을 측정하기 위해 전력계 W_1, W_2, W_3가 각각 상 a, b, c에 연결되어 있다. (a) 전력계의 측정값을 예측하라. (b) 흡수되는 전체 전력을 구하라.

풀이:

문제의 일부분은 이미 예제 12.9에서 풀었다. 전력계가 그림 12.36과 같이 적절하게 연결되었다고 가정한다.

(a) 예제 12.9로부터

$$\mathbf{V}_{AN} = 100\underline{/0^\circ}, \qquad \mathbf{V}_{BN} = 100\underline{/120^\circ}, \qquad \mathbf{V}_{CN} = 100\underline{/-120^\circ} \text{ V}$$

한편

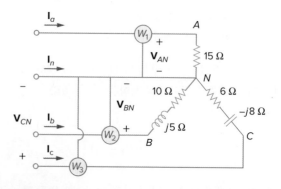

그림 12.36
예제 12.13의 회로.

$$\mathbf{I}_a = 6.67\underline{/0°}, \qquad \mathbf{I}_b = 8.94\underline{/93.44°}, \qquad \mathbf{I}_c = 10\underline{/-66.87°} \text{ A}$$

전력계의 측정값은 다음과 같이 계산된다:

$$P_1 = \text{Re}(\mathbf{V}_{AN}\mathbf{I}_a^*) = V_{AN}I_a\cos(\theta_{\mathbf{V}_{AN}} - \theta_{\mathbf{I}_a})$$
$$= 100 \times 6.67 \times \cos(0° - 0°) = 667 \text{ W}$$
$$P_2 = \text{Re}(\mathbf{V}_{BN}\mathbf{I}_b^*) = V_{BN}I_b\cos(\theta_{\mathbf{V}_{BN}} - \theta_{\mathbf{I}_b})$$
$$= 100 \times 8.94 \times \cos(120° - 93.44°) = 800 \text{ W}$$
$$P_3 = \text{Re}(\mathbf{V}_{CN}\mathbf{I}_c^*) = V_{CN}I_c\cos(\theta_{\mathbf{V}_{CN}} - \theta_{\mathbf{I}_c})$$
$$= 100 \times 10 \times \cos(-120° + 66.87°) = 600 \text{ W}$$

(b) 흡수되는 전체 전력은

$$P_T = P_1 + P_2 + P_3 = 667 + 800 + 600 = 2067 \text{ W}$$

우리는 그림 12.36에서 저항에 의해 흡수되는 전력을 구할 수 있고, 이 결과를 검토 하거나 확인하는 데 사용할 수 있다.

$$P_T = |I_a|^2(15) + |I_b|^2(10) + |I_c|^2(6)$$
$$= 6.67^2(15) + 8.94^2(10) + 10^2(6)$$
$$= 667 + 800 + 600 = 2067 \text{ W}$$

위의 결과는 정확히 일치한다.

실전문제 12.13

그림 12.24(실전문제 12.9 참조)의 회로망에 대해 예제 12.13을 다시 풀라.

힌트: 그림 12.33에서 기준점 o를 지점 B에 연결한다.

답: (a) 13.175 kW, 0 W, 29.91 kW, (b) 43.08 kW

예제 12.14

2-전력계 방법을 사용하여 측정한 Δ-결선 부하의 측정값이 $P_1 = 1560$ W, $P_2 = 2100$ W이다. 선전압이 220 V일 때 (a) 상당 평균전력, (b) 상당 무효전력, (c) 역률, (d) 상 임피던스를 구하라.

풀이:

문제에서 주어진 측정값을 Δ-결선 부하에 적용한다.

(a) 전체 유효전력 또는 평균전력은

$$P_T = P_1 + P_2 = 1560 + 2100 = 3660 \text{ W}$$

상당 평균전력은

$$P_p = \frac{1}{3}P_T = 1220 \text{ W}$$

(b) 전체 무효전력은

$$Q_T = \sqrt{3}(P_2 - P_1) = \sqrt{3}(2100 - 1560) = 935.3 \text{ VAR}$$

그러므로 상당 무효전력은

$$Q_p = \frac{1}{3}Q_T = 311.77 \text{ VAR}$$

(c) 역률각은

$$\theta = \tan^{-1}\frac{Q_T}{P_T} = \tan^{-1}\frac{935.3}{3660} = 14.33°$$

따라서, 역률은

$$\cos\theta = 0.9689(\text{뒤짐})$$

Q_T가 양이므로 또는 $P_2 > P_1$이므로 뒤짐 역률이 된다.

(d) 상 임피던스는 $\mathbf{Z}_p = Z_p\underline{/\theta}$이다. 우리는 θ가 역률각과 같다는 것을 알고 있다. 즉 $\theta = 14.33°$이다.

$$Z_p = \frac{V_p}{I_p}$$

Δ-결선 부하에서 $V_P = V_L = 220$ V임을 상기하자. 식 (12.46)으로부터

$$P_p = V_pI_p\cos\theta \quad \Rightarrow \quad I_p = \frac{1220}{220 \times 0.9689} = 5.723 \text{ A}$$

그러므로,

$$Z_p = \frac{V_p}{I_p} = \frac{220}{5.723} = 38.44 \text{ Ω}$$

그리고

$$\mathbf{Z}_p = 38.44\underline{/14.33°} \text{ Ω}$$

실전문제 12.14

그림 12.35의 평형 시스템에서 선전압 $V_L = 208$ V이고, 전력계의 측정값이 $P_1 = -560$ W, $P_2 = 800$ W일 때, 다음을 결정하라:

(a) 전체 평균전력

(b) 전체 무효전력

(c) 역률

(d) 상 임피던스

임피던스는 유도성인가, 용량성인가?

답: (a) 240 W, (b) 2.356 kVAR, (c) 0.1014, (d) 18.25$\underline{/84.18°}$ Ω, 유도성

그림 12.35의 3상 평형 부하가 상당 $\mathbf{Z}_Y = 8 + j6\ \Omega$의 임피던스를 갖는다. 부하가 208 V의 선로에 연결되어 있을 때 전력계 W_1과 W_2의 측정값을 예측하라. 그리고 P_T와 Q_T를 구하라.

풀이:

상당 임피던스는

$$\mathbf{Z}_Y = 8 + j6 = 10\underline{/36.87^\circ}\ \Omega$$

그러므로 역률각은 36.87°이다. 선전압이 $V_L = 208$ V이므로 선전류는

$$I_L = \frac{V_p}{|\mathbf{Z}_Y|} = \frac{208/\sqrt{3}}{10} = 12\ \text{A}$$

따라서

$$P_1 = V_L I_L \cos(\theta + 30^\circ) = 208 \times 12 \times \cos(36.87^\circ + 30^\circ)$$
$$= 980.48\ \text{W}$$

$$P_2 = V_L I_L \cos(\theta - 30^\circ) = 208 \times 12 \times \cos(36.87^\circ - 30^\circ)$$
$$= 2478.1\ \text{W}$$

그러므로, 전력계 1의 측정값은 908.48 W이고 전력계 2의 측정값은 2478.1 W이다. $P_2 > P_1$이므로 부하는 유도성이다. 이 사실은 부하 $\mathbf{Z}_Y$의 값으로부터 명확히 알 수 있다. 다음으로

$$P_T = P_1 + P_2 = 3.459\ \text{kW}$$

그리고

$$Q_T = \sqrt{3}(P_2 - P_1) = \sqrt{3}(1497.6)\ \text{VAR} = 2.594\ \text{kVAR}$$

그림 12.35의 부하가 Δ-결선되어 있고, 상당 임피던스가 $\mathbf{Z}_p = 30 - j40\ \Omega$, $V_L = 440$ V일 때 전력계 W_1과 W_2의 측정값을 예측하라. 그리고 P_T와 Q_T를 구하라.

답: 6.167 kW, 0.8021 kW, 6.969 kW, −9.292 kVAR

12.10.2 주거용 배선

미국에서는 대부분의 가정용 조명과 전기기기가 단상 교류 120 V, 60 Hz로 작동된다(전기는 지역에 따라 110 V, 115 V, 117 V로 공급될 수도 있다). 지역의 전력 회사는 3선 교류 방식으로 가정에 전기를 공급한다. 그림 12.37과 같이 일반적으로 12,000 V의 선전압은 변압기를 사용하여 120/240 V로 강압된다(변압기에 대한 더 자세한 내용은 다음 장에서 다룬다). 변압기에서 나오는 3개의 선은 일반적으로 빨간색(활성선), 검은색(활성선), 흰색(중성선)으로 칠해져 있다.

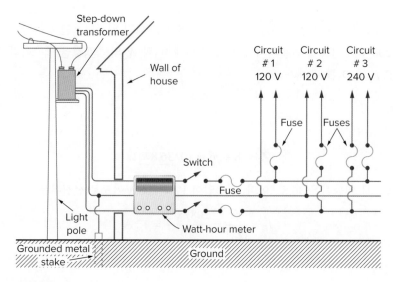

그림 12.37
120/240 V 가정용 전력 시스템.

출처: Marcus, A., and C. M. Thomson. *Electricity for Technicians*. 2nd ed. Upper Saddle River, NJ: Pearson Education, Inc., 1975, 324.

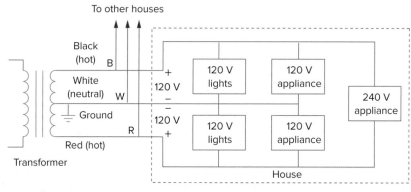

그림 12.38
단상 3선 주거용 배선.

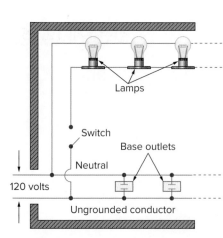

그림 12.39
전형적인 방의 배선도.

출처: Marcus, A., and C. M. Thomson. *Electricity for Technicians*. 2nd ed. Upper Saddle River, NJ: Pearson Education, Inc., 1975, 325.

그림 12.38에서 보듯이 2개의 120 V 전압은 위상이 반대이고 합이 0이다. 즉 $\mathbf{V}_W = 0\underline{/0°}$, $\mathbf{V}_B = 120\underline{/0°}$, $\mathbf{V}_R = 120\underline{/180°} = -\mathbf{V}_B$이다.

$$\mathbf{V}_{BR} = \mathbf{V}_B - \mathbf{V}_R = \mathbf{V}_B - (-\mathbf{V}_B) = 2\mathbf{V}_B = 240\underline{/0°} \qquad \textbf{(12.72)}$$

대부분의 전기기기는 120 V에서 작동하도록 설계되었기 때문에 그림 12.39에 예시한 바와 같이 조명과 전기기기는 방에서 120 V 선로에 연결되어 있다. 그림 12.37에서 모든 전기기기는 병렬로 연결되어 있는 것에 주목하라. 에어컨, 식기세척기, 오븐, 세탁기 등과 같이 큰 전류를 소비하는, 부하가 큰 전기기기는 240 V 전력선에 연결되어 있다.

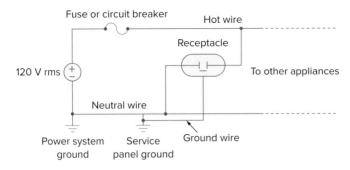

그림 12.40
활성선(hot line)과 접지선의 콘센트 연결.

전기의 위험성 때문에 가정용 배선은 지방 정부의 조례와 국가 전기 규정 (National Electrical Code: NEC)에 따라 안전하게 다루도록 규제된다. 고장(사고)을 방지하기 위해 절연과 접지, 퓨즈, 회로 차단기가 사용되고 있다. 최신 배선 규정은 별도의 접지를 위해 세 번째 선이 필요하다. 접지선은 중성선과 같이 전력을 운반하지는 않지만 전기기기가 각각 접지에 연결되도록 해준다. 그림 12.40은 120 V rms 선과 접지를 연결하는 콘센트의 연결상태를 보여준다. 그림에서 보듯이 중성선은 많은 중요한 위치에서 접지(대지)와 연결되어 있다. 접지선이 중복되어 보일지라도 접지는 여러 가지 이유로 중요하다. 첫째, NEC에서 요구한다. 둘째, 접지는 전력선을 때리는 번개에 대해 대지로 가는 편리한 통로를 제공한다. 셋째, 접지는 감전의 위험성을 최소화해준다. 인체의 한 부분에서 다른 부분으로 전류가 통과함으로써 감전이 발생하게 된다. 인간의 몸은 하나의 커다란 저항 R과 같다. 만약 V가 몸과 대지 사이의 전위차라면 몸을 통해 흐르는 전류는 옴의 법칙에 의해 다음과 같이 결정된다.

$$I = \frac{V}{R} \tag{12.73}$$

R의 값은 사람마다, 그리고 몸이 젖었는지 건조한지에 따라서 다르다. 감전이 얼마나 큰지 또는 얼마나 치명적인지는 전류의 양과 몸을 통과하는 전류의 경로, 그리고 몸에 전류가 흐르는 시간의 길이에 달렸다. 1 mA보다 낮은 전류는 몸에 해를 끼치지 않을지도 모르지만 10 mA 이상일 경우에는 심각한 충격을 줄 수 있다. 최신 안전장치로는 감전의 위험성이 가장 큰 곳인 옥외 회로와 욕실에서 사용되는 누전 차단기(GFCI)가 있다. 이것은 본질적으로 빨간색, 흰색, 검은색 선을 통과하는 전류인 i_R, i_W, i_B의 합이 0이 아닐 때, 즉 $i_R + i_W + i_B \neq 0$인 경우 열리는 회로 차단기이다.

감전을 피할 수 있는 가장 좋은 방법은 전기 시스템과 전기기기의 안전 지침을 따르는 것이다. 안전 지침 중에서 몇 가지 사항은 다음과 같다.

- 전기회로에 전압이 걸려 있지 않다고 절대 가정하지 말라. 늘 확실히 확인하라.

- 필요한 경우 안전장치를 사용하고, 적절한 의복(절연된 신발과 장갑 등)을 착용하라.
- 고전압 회로를 시험할 때 절대 두 손을 사용하지 말라. 한 손에서 다른 손으로 흐르는 전류는 가슴과 심장을 직접적으로 통과하기 때문이다.
- 젖은 상태로 전기기기를 만지지 말라. 물은 전기가 통한다는 것을 명심하라.
- 라디오나 TV와 같은 전자 제품 안에는 큰 커패시터가 있으므로 전자 제품을 수리할 때는 특히 조심하라. 커패시터는 전원이 끊어진 후에도 방전되는 데 시간이 걸린다.
- 사고에 대비하여 배선 시스템 작업 시 항상 다른 사람이 있는 상태에서 진행하라.

12.11 요약

1. 상 순서는 3상 발전기의 상전압이 시간에 대해 나타나는 순서이다. 평형 전압원의 abc 순에서 $\mathbf{V}_{an}$은 $\mathbf{V}_{bn}$보다 위상이 120° 앞서고, 다시 $\mathbf{V}_{bn}$은 $\mathbf{V}_{cn}$보다 위상이 120° 앞선다. 평형 전압원의 acb 순에서 $\mathbf{V}_{an}$은 $\mathbf{V}_{cn}$보다 위상이 120° 앞서고, 다시 $\mathbf{V}_{cn}$은 $\mathbf{V}_{bn}$보다 위상이 120° 앞선다.

2. 평형 Y-결선 또는 Δ-결선 부하에서는 3상 임피던스가 같다.

3. 평형 3상 회로를 해석하는 가장 쉬운 방법은 전원과 부하를 Y-Y 시스템으로 바꾼 후 단상 등가회로를 해석하는 것이다. 표 12.1에 가능한 4개 구성의 상전류와 상전압, 선전류와 선전압에 대한 공식을 요약하여 제시했다.

4. 선전류 I_L은 3상 시스템에서 발전기로부터 부하까지 각각의 전송 선로에 흐르는 전류이다. 선전압 V_L은 중성선을 제외한 각각 한 쌍의 선로 사이 전압이고, 상전류 I_p는 3상 부하에서 각 상을 통과하여 흐르는 전류이다. 또한 상전압 V_P는 각 상의 전압이다. Y-결선 부하에서,

$$V_L = \sqrt{3}V_p, \ I_L = I_p$$

Δ-결선 부하에서,

$$V_L = V_p, \ I_L = \sqrt{3}I_p$$

5. 평형 3상 계통에서 전체 순시전력은 일정하며 평균전력과 같다.

6. 평형 3상 Y-결선 또는 Δ-결선 부하가 흡수하는 전체 복소전력은

$$\mathbf{S} = P + jQ = \sqrt{3}V_L I_L \underline{/\theta}$$

여기서 θ는 부하 임피던스의 각이다.

7. 불평형 3상 시스템은 노드 해석법과 메시 해석법을 사용하여 해석할 수 있다.

8. *PSpice*는 단상회로를 해석할 때와 같은 방법으로 3상 회로 해석에 사용된다.

9. 3상 시스템에서 전체 유효전력은 3-전력계 방법 또는 2-전력계 방법을 사용하여 측정할 수 있다.

10. 주거용 배선은 120/240 V, 단상, 3선 시스템을 사용한다.

복습문제

12.1 $\mathbf{V}_{AN} = 220\underline{/-100°}$ V, $\mathbf{V}_{BN} = 220\underline{/140°}$ V일 때 3상 전동기의 상 순서는?

(a) *abc*   (b) *acb*

12.2 상 순서가 *acb*이고 $\mathbf{V}_{an} = 100\underline{/-20°}$일 때 $\mathbf{V}_{cn}$은?

(a) $100\underline{/-140°}$ (b) $100\underline{/100°}$

(c) $100\underline{/-50°}$ (d) $100\underline{/10°}$

12.3 평형 시스템에 필요 없는 조건은?

(a) $|\mathbf{V}_{an}| = |\mathbf{V}_{bn}| = |\mathbf{V}_{cn}|$

(b) $\mathbf{I}_a + \mathbf{I}_b + \mathbf{I}_c = 0$

(c) $V_{an} + V_{bn} + V_{cn} = 0$

(d) 전원 전압은 각각 위상차가 120°이다.

(e) 3상에서 부하 임피던스가 같다.

12.4 Y-결선 부하에서, 선전류와 상전류는 같다.

(a) 참   (b) 거짓

12.5 Δ-결선 부하에서, 선전류와 상전류는 같다.

(a) 참   (b) 거짓

12.6 Y-Y 시스템에서, 선전압이 220 V일 때 상전압은?

(a) 381 V   (b) 311 V   (c) 220 V

(d) 156 V   (e) 127 V

12.7 Δ-Δ 시스템에서, 상전압이 100 V일 때 선전압은?

(a) 58 V   (b) 71 V   (c) 100 V

(d) 173 V   (e) 141 V

12.8 Y-결선된 부하에 *abc* 순의 전압이 공급될 때, 선전압은 대응하는 상전압에 비해 위상이 30° 뒤진다.

(a) 참   (b) 거짓

12.9 평형 3상 회로에서 전체 순시전력은 평균전력과 같다.

(a) 참   (b) 거짓

12.10 평형 Δ-부하에 공급되는 전체 전력은 평형 Y-부하에서와 같은 방법으로 구할 수 있다.

(a) 참   (b) 거짓

답: *12.1a, 12.2a, 12.3c, 12.4a, 12.5b, 12.6e, 12.7c, 12.8b, 12.9a, 12.10a*

문제[1]

12.2절 평형 3상 전압

12.1 평형 Y-결선 3상 발전기에서 $\mathbf{V}_{ab} = 400$ V이고 상 순서가 다음과 같을 때 상전압을 구하라.

(*a*) *abc*   (*b*) *acb*

12.2 $\mathbf{V}_{an} = 120\underline{/30°}$ V, $\mathbf{V}_{cn} = 120\underline{/-90°}$ V일 때 평형 3상 회로의 상 순서와 $\mathbf{V}_{bn}$을 구하라.

12.3 평형 Y-결선 3상 발전기에서 $\mathbf{V}_{bn} = 440\underline{/130°}$ V, $\mathbf{V}_{cn} = 440\underline{/10°}$ V일 때 상 순서와 $\mathbf{V}_{an}$을 구하라.

12.4 상 순서가 *abc*인 3상 시스템에서 $\mathbf{Z}_L = 40\underline{/30°}$ Ω의 Y-결선 부하에 $V_L = 440$ V의 전압이 공급될 때 선전류를 구하라.

---

[1] 별도의 설명이 없는 한 모든 전압과 전류는 rms 값이라고 가정한다.

12.5 Y-결선 부하에서 부하 단자에서의 3개 도선과 중성선 사이의 전압이 시간 영역에서 다음과 같이 표현된다.

$$v_{AN} = 120\cos(\omega t + 32°) \text{ V}$$
$$v_{BN} = 120\cos(\omega t - 88°) \text{ V}$$
$$v_{CN} = 120\cos(\omega t + 152°) \text{ V}$$

시간 영역에서 선간전압 v_{AB}, v_{BC}, v_{CA}의 표현식을 구하라.

12.3절   평형 Y-Y 결선

12.6 그림 12.41을 이용하여 다른 학생들이 평형 Y-Y 결선 **ed** 회로를 더 잘 이해하도록 도와주는 문제를 설계하라.

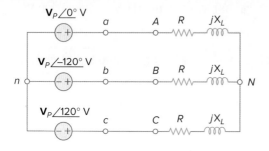

그림 12.41
문제 12.6.

12.7 그림 12.42의 3상 회로에서 선전류를 구하라.

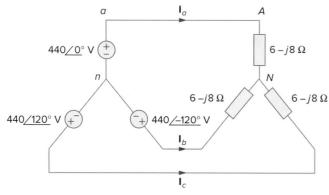

그림 12.42
문제 12.7.

12.8 평형 3상 Y-Y 시스템에서 전원 전압이 acb 순이고 $\mathbf{V}_{an} = 100\underline{/20°}$ V rms이다. 상당 선로 임피던스가 $(0.6 + j1.2)$ Ω이고 부하의 상당 임피던스가 $(10 + j14)$ Ω일 때, 선전류와 부하전압을 구하라.

12.9 평형 Y-Y 4선 시스템에서 상전압이 다음과 같다.

$$\mathbf{V}_{an} = 120\underline{/0°}, \qquad \mathbf{V}_{bn} = 120\underline{/-120°}$$
$$\mathbf{V}_{cn} = 120\underline{/120°} \text{ V}$$

상당 부하 임피던스가 $19 + j13$ Ω이고 상당 선로 임피던스가 $1 + j2$ Ω일 때, 선전류와 중성선 전류를 구하라.

12.10 그림 12.43의 회로에서 중성선의 전류를 구하라.

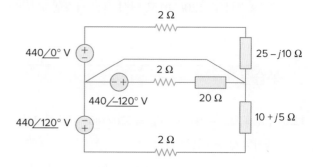

그림 12.43
문제 12.10.

12.4절   평형 Y-Δ 결선

12.11 그림 12.44의 Y-Δ 시스템에서 전원이 정상순이며, $\mathbf{V}_{an} = 240\underline{/0°}$ V이고 상 임피던스가 $\mathbf{Z}_p = 2 - j3$ Ω이다. 선전압 $\mathbf{V}_L$과 선전류 $\mathbf{I}_L$을 구하라.

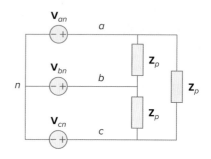

그림 12.44
문제 12.11.

12.12 그림 12.45를 이용하여 다른 학생들이 Y-Δ 결선 회로를 **ed** 더 잘 이해하도록 도와주는 문제를 설계하라.

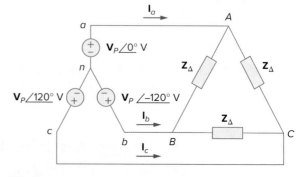

그림 12.45
문제 12.12.

12.13 그림 12.46의 평형 3상 Y-Δ 시스템에서 선전류의 크기 I_L과 부하에 전달되는 평균전력을 구하라.

ML

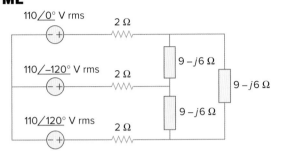

그림 12.46
문제 12.13.

12.14 그림 12.47의 3상 회로에서 선전류를 구하라.

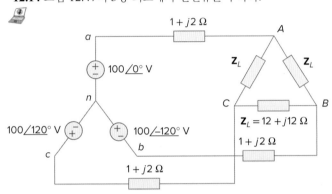

그림 12.47
문제 12.14.

12.15 그림 12.48의 회로에 선전압 210 V의 평형 3상 전원 전압이 공급되고 있다. $\mathbf{Z}_l = 1 + j1$ Ω, $\mathbf{Z}_\Delta = 24 - j30$ Ω, $\mathbf{Z}_Y = 12 + j5$ Ω일 때, 결합된 부하의 선전류 크기를 구하라.

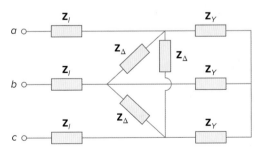

그림 12.48
문제 12.15.

12.16 평형 Δ-결선된 부하에 흐르는 상전류가 $\mathbf{I}_{AC} = 5\underline{/-30°}$ A 이다.

(a) 회로가 정상순으로 동작할 때 3개의 선전류를 구하라.

(b) 선전압 $\mathbf{V}_{AB} = 110\underline{/0°}$ V일 때 부하 임피던스를 구하라.

12.17 평형 Δ-결선된 부하에 흐르는 선전류가 $\mathbf{I}_a = 5\underline{/-25°}$ A 일 때, 상전류 $\mathbf{I}_{AB}$, $\mathbf{I}_{BC}$, $\mathbf{I}_{CA}$를 구하라.

12.18 그림 12.49의 회로망에서 $\mathbf{V}_{an} = 220\underline{/60°}$ V일 때, 부하 상전류 $\mathbf{I}_{AB}$, $\mathbf{I}_{BC}$, $\mathbf{I}_{CA}$를 구하라.

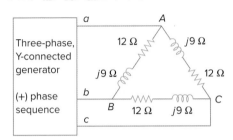

그림 12.49
문제 12.18.

12.5절 평형 Δ-Δ 결선

12.19 그림 12.50의 Δ-Δ 회로에서 상전류와 선전류를 구하라.

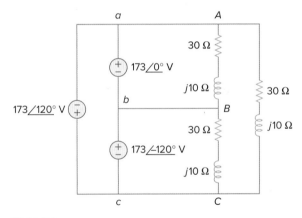

그림 12.50
문제 12.19.

12.20 그림 12.51을 이용하여 다른 학생들이 Δ-Δ 결선 회로를 더 잘 이해하도록 도와주는 문제를 설계하라.

e⊘d

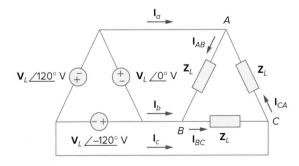

그림 12.51
문제 12.20.

12.21 그림 12.52와 같이 Δ-결선된 230 V 발전기 3개가 상당 $\mathbf{Z}_L = (10 + j8)$ Ω의 평형 Δ-결선 부하에 연결되어 있다.

(a) $\mathbf{I}_{AC}$의 값을 결정하라.

(b) $\mathbf{I}_b$의 값은 무엇인가?

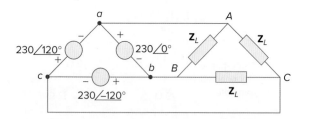

그림 12.52
문제 12.21.

12.22 그림 12.53의 3상 회로망에서 선전류 $\mathbf{I}_a$, $\mathbf{I}_b$, $\mathbf{I}_c$를 구하라. 이때 $\mathbf{Z}_\Delta = (12 - j15)$ Ω, $\mathbf{Z}_Y = (4 + j6)$ Ω, $\mathbf{Z}_l = 2$ Ω이다.

12.23 208 V (rms)의 선전압을 갖는 3상 평형 시스템이 $\mathbf{Z}_P = 25\underline{/60°}$ Ω로 Δ-결선된 부하를 공급한다.

(a) 선전류를 구하라.

(b) A와 C선에 연결된 2개의 전력계를 사용하여 부하에 공급되는 총 전력을 구하라.

12.24 상전압이 $\mathbf{V}_{ab} = 416\underline{/30°}$ V이고 정상순인 평형 Δ-결선 전원이 평형 Δ-결선 부하에 연결되어 있을 때 선전류와 상전류를 구하라. 상당 부하 임피던스는 $60\underline{/30°}$ Ω이고 각 상당 선로 임피던스는 $1 + j1$ Ω이다.

12.6절   평형 Δ-Y 결선

12.25 그림 12.54의 회로에서 $\mathbf{V}_{ab} = 440\underline{/10°}$ V, $\mathbf{V}_{bc} = 440\underline{/-110°}$ V, $\mathbf{V}_{ca} = 440\underline{/130°}$ V일 때 선전류를 구하라.

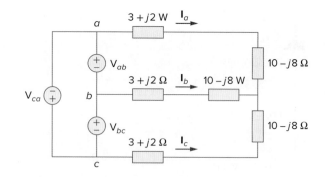

그림 12.54
문제 12.25.

12.26 그림 12.55를 이용하여 다른 학생들이 평형 Δ-결선 전원이 평형 Y-결선 부하에 전력을 전달하는 것을 더 잘 이해하도록 도와주는 문제를 설계하라.

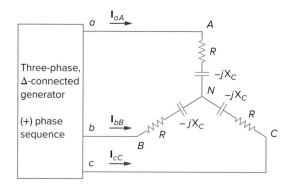

그림 12.55
문제 12.26.

12.27 평형 3상 시스템에서 Δ-결선된 전원이 Y-결선된 부하에 전력을 공급하고 있다. 상당 선로 임피던스가 $2 + j1$ Ω이고 상당 부하 임피던스가 $6 + j4$ Ω일 때, 부하에서의 선전압 크기를 구하라. 전원의 상전압은 $\mathbf{V}_{ab} = 208\underline{/0°}$ V

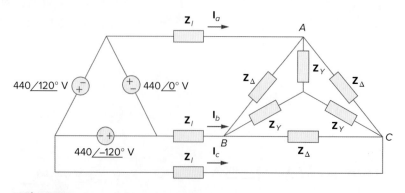

그림 12.53
문제 12.22.

rms라고 가정한다.

12.28 Y-결선 부하의 선간전압의 크기가 440 V이고, 60 Hz에서 정상순이다. 부하가 $\mathbf{Z}_1 = \mathbf{Z}_2 = \mathbf{Z}_3 = 25\underline{/30°}$로 평형부하일 때 모든 선전류와 상전압을 구하라.

12.7절   평형 시스템의 전력

12.29 평형 3상 Y-Δ 시스템에서 $\mathbf{V}_{an} = 240\underline{/0°}$ V rms이고 $\mathbf{Z}_\Delta = 51 + j45$ Ω이다. 상당 선로 임피던스가 $0.4 + j1.2$ Ω일 때 부하에 전달되는 복소전력을 구하라.

12.30 그림 12.56에서 선전압의 rms 값이 208 V일 때, 부하에 전달되는 평균전력을 구하라.

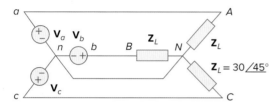

그림 12.56
문제 12.30.

12.31 평형 Δ-결선 부하에 선전압이 240 V인 60 Hz 3상 전원이 공급되고 있다. 각 상부하가 0.8 뒤짐 역률에서 6 kW의 전력을 공급받을 때 다음을 구하라.

(a) 상당 부하 임피던스

(b) 선전류

(c) 전원으로부터의 전류를 최소화하기 위해 각 상부하에 병렬로 연결해야 하는 커패시턴스 값

12.32 다른 학생들이 평형 3상 시스템의 전력을 더 잘 이해하도록 도와주는 문제를 설계하라.

12.33 3상 전원이 상전압 208 V, 0.9 뒤짐 역률의 Y-결선 부하에 4.8 kVA를 공급할 때, 전원의 선전류와 선전압을 구하라.

12.34 상 임피던스가 $10 - j16$ Ω인 평형 Y-결선 부하가 선전압이 220 V인 평형 3상 발전기에 연결되어 있다. 부하에서 흡수되는 선전류와 복소전력을 구하라.

12.35 3상 회로에서 각각 $60 + j30$ Ω의 동일한 임피던스 3개가 230 V rms에 Δ-결선으로 연결되어 있다. 또 다른 $40 + j10$ Ω의 동일한 부하 3개가 같은 회로에서 같은 지점에 Y-결선으로 연결되어 있을 때 다음을 구하라.

(a) 선전류

(b) 2개의 부하에 공급되는 전체 복소전력

(c) 결합된 두 부하에서의 역률

12.36 4200 V 3상 송전 선로가 상당 $4 + j$ Ω의 선로 임피던스를 갖는다. 1 MVA, 0.75 뒤짐 역률의 부하에 전력을 공급할 때 다음을 구하라.

(a) 복소전력

(b) 선로에서의 전력 손실

(c) 송전단에서의 전압

12.37 3상 시스템에서 평형 Y-결선 부하에 공급하는 전체 전력이 12 kW, 0.6 앞섬 역률로 측정되었다. 선전압이 208 V일 때 선전류 I_L과 부하 임피던스 $\mathbf{Z}_Y$를 구하라.

12.38 그림 12.57의 회로에서, 부하에서 흡수되는 전체 복소전력을 구하라.

12.39 그림 12.58의 회로에서, 부하에서 흡수되는 유효전력을 구하라.

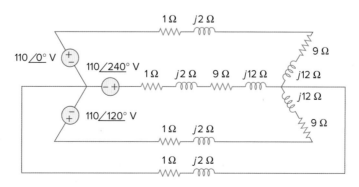

그림 12.57
문제 12.38.

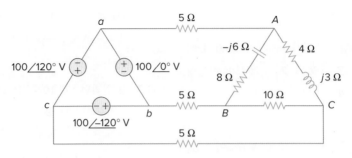

그림 12.58
문제 12.39.

12.40 그림 12.59의 3상 회로에서 $\mathbf{Z}_\Delta = 21 + j24\ \Omega$으로 Δ-결선된 부하에서 흡수되는 평균전력을 구하라.

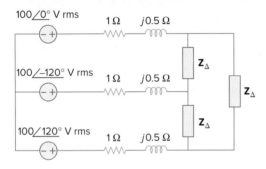

그림 12.59
문제 12.40.

12.41 평형 Δ-결선 부하가 5 kW, 0.8 뒤짐 역률의 전력을 공급받고 있다. 3상 시스템의 유효 선전압이 400 V일 때 선전류를 구하라.

12.42 평형 3상 발전기가 상당 $30 - j40\ \Omega$의 임피던스를 가진 Y-결선 부하에 7.2 kW를 공급할 때, 선전류 I_L과 선전압 V_L을 구하라.

12.43 그림 12.48의 회로에서 결합된 부하에서 흡수되는 복소전력을 구하라.

12.44 3상 선로가 상당 $1 + j3\ \Omega$의 임피던스를 가지며, 선로가 평형 Δ-결선 부하에 전체 복소전력 $12 + j5$ kVA를 공급하고 있다. 부하단의 선전압이 240 V일 때, 전원단에서의 선전압 크기와 전원의 역률을 구하라.

12.45 평형 Y-결선 부하가 상당 $0.5 + j2\ \Omega$의 임피던스를 가진 평형 송전 선로에 의해 발전기에 연결되어 있다. 부하가 정격 450 kW, 0.708 뒤짐 역률, 440 V의 선전압을 가질 때 발전기에서의 선전압을 구하라.

12.46 3상 부하가 Y-결선 또는 Δ-결선될 수 있는 100-Ω 저항 3개로 구성되어 있다. 어떤 결선이 선전압 110 V의 3상 전원으로부터 가장 많은 평균전력을 흡수하겠는가? 선로 임피던스는 0이라고 가정한다.

12.47 다음과 같은 병렬연결된 3상 부하 3개가 평형 3상 전원으로부터 전력을 공급받고 있다.

부하 1: 250 kVA, 0.8 뒤짐 역률
부하 2: 300 kVA, 0.95 앞섬 역률
부하 3: 450 kVA, 역률 = 1

선전압이 13.8 kV일 때 선전류와 전원의 역률을 구하라. 선로 임피던스는 0이라고 가정한다.

12.48 평형 정상순의 $\mathbf{V}_{an} = 240\underline{/0^\circ}$ V인 Y-결선 전원이 상당 $2 + j3\ \Omega$의 임피던스를 가진 선로를 통해 불평형 Δ-결선 부하에 전력을 공급하고 있다.

(a) $\mathbf{Z}_{AB} = 40 + j15\ \Omega$, $\mathbf{Z}_{BC} = 60\ \Omega$, $\mathbf{Z}_{CA} = 18 - j12\ \Omega$ 일 때 선전류를 구하라.

(b) 전원에서 공급되는 복소전력을 구하라.

12.49 각 상의 부하가 20-Ω의 저항과 10-Ω의 유도성 리액턴스로 구성되어 있다. 선전압이 220 V rms이고 다음의 조건일 때, 부하에서 소모되는 평균전력을 구하라.

(a) 3상 부하가 Δ-결선인 경우

(b) 부하가 Y-결선인 경우

12.50 $\mathbf{V}_L = 240$ V rms인 평형 3상 전원이 2개의 Y-결선 병렬 부하에 8 kVA, 0.6 뒤짐 역률의 전력을 공급하고 있다. 그중 하나의 부하가 역률이 1에서 3 kW의 전력을 공급받을 때, 두 번째 부하의 상당 임피던스를 구하라.

12.8절 불평형 3상 시스템

12.51 그림 12.60의 Y-Δ 시스템에서 $\mathbf{Z}_1 = 8 + j6\ \Omega$, $\mathbf{Z}_2 = 4.2 - j2.2\ \Omega$, $\mathbf{Z}_3 = 10 + j0\ \Omega$이다.

(a) 상전류 $\mathbf{I}_{AB}$, $\mathbf{I}_{BC}$, $\mathbf{I}_{CA}$를 구하라.

(b) 선전류 $\mathbf{I}_{aA}$, $\mathbf{I}_{bB}$, $\mathbf{I}_{cC}$를 구하라.

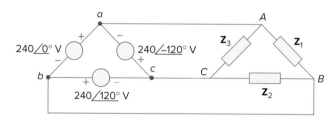

그림 12.60
문제 12.51.

12.52 4선 Y-Y 회로가 다음과 같은 전압과 임피던스를 가질 때, 중성선에 흐르는 전류를 구하라.

$$\mathbf{V}_{an} = 120\underline{/120^\circ}, \qquad \mathbf{V}_{bn} = 120\underline{/0^\circ}$$

$$\mathbf{V}_{cn} = 120\underline{/-120^\circ}\ V$$

$$\mathbf{Z}_{AN} = 20\underline{/60^\circ}, \qquad \mathbf{Z}_{BN} = 30\underline{/0^\circ}$$

$$\mathbf{Z}_{cn} = 40\underline{/30^\circ}\ \Omega$$

12.53 그림 12.61을 이용하여 다른 학생들이 불평형 3상 시스템을 더 잘 이해하도록 도와주는 문제를 설계하라.

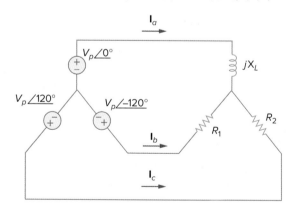

그림 12.61
문제 12.53.

12.54 $V_p = 210$ V rms인 평형 3상 Y-전원이 상 임피던스가 $\mathbf{Z}_A = 80\ \Omega$, $\mathbf{Z}_B = 60 + j90\ \Omega$, $\mathbf{Z}_C = j80\ \Omega$인 Y-결선 3상 부하에 전력을 공급할 때, 선전류와 부하에 전달되는 복소전력을 구하라. 중성선은 서로 연결되어 있다고 가정한다.

12.55 그림 12.62와 같이 선간전압이 240 V rms인 3상 전원이 불평형 부하에 연결되어 있다. 상전류와 부하에 공급되는 전체 복소전력을 구하라.

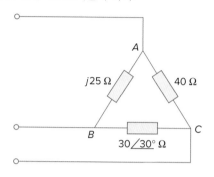

그림 12.62
문제 12.55.

12.56 그림 12.63을 이용하여 다른 학생들이 불평형 3상 시스템을 더 잘 이해하도록 도와주는 문제를 설계하라.

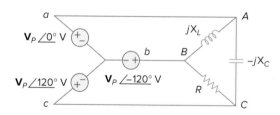

그림 12.63
문제 12.56.

12.57 그림 12.64의 3상 회로에서 $\mathbf{V}_a = 110\underline{/0^\circ}$ V, $\mathbf{V}_b = 110\underline{/-120^\circ}$ V, $\mathbf{V}_c = 110\underline{/120^\circ}$ V일 때, 선전류를 구하라.

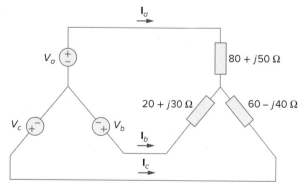

그림 12.64
문제 12.57.

12.9절   3상 회로를 위한 *PSpice*

12.58 *PSpice* 또는 *MultiSim*을 이용하여 문제 12.10을 다시 풀라.

12.59 그림 12.65의 전원은 평형이고 정상순을 나타낸다. $f =$ 60 Hz일 때, *PSpice* 또는 *MultiSim*을 이용하여 $\mathbf{V}_{AN}$, $\mathbf{V}_{BN}$, $\mathbf{V}_{CN}$을 구하라.

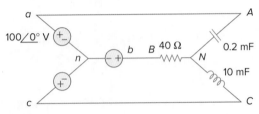

그림 12.65
문제 12.59.

12.60 그림 12.66의 단상 3선 회로에서 *PSpice* 또는 *MultiSim*을 이용하여 $\mathbf{I}_o$를 구하라. $\mathbf{Z}_1 = 15 - j10\ \Omega$, $\mathbf{Z}_2 = 30 + j20\ \Omega$, $\mathbf{Z}_3 = 12 + j5\ \Omega$이라고 가정한다.

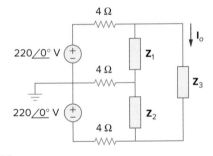

그림 12.66
문제 12.60.

12.61 그림 12.67의 회로에서 *PSpice* 또는 *MultiSim*을 이용하여 전류 $\mathbf{I}_{aA}$와 전압 $\mathbf{V}_{BN}$을 구하라.

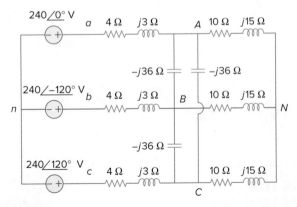

그림 12.67
문제 12.61.

12.62 그림 12.68을 이용하여 다른 학생들이 *PSpice* 또는 *MultiSim*에 의한 3상 회로의 해석을 더 잘 이해하도록 도와주는 문제를 설계하라.

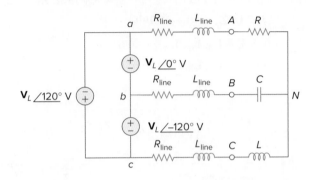

그림 12.68
문제 12.62.

12.63 그림 12.69의 불평형 3상 시스템에서 *PSpice* 또는 *MultiSim*을 이용하여 전류 $\mathbf{I}_{aA}$와 $\mathbf{I}_{AC}$를 구하라. $\mathbf{Z}_l = 2 + j$, $\mathbf{Z}_1 = 40 + j20\ \Omega$, $\mathbf{Z}_2 = 50 - j30\ \Omega$, $\mathbf{Z}_3 = 25\ \Omega$이라고 가정한다.

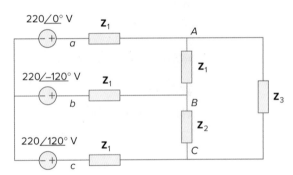

그림 12.69
문제 12.63.

12.64 그림 12.58의 회로에서 *PSpice* 또는 *MultiSim*을 이용하여 선전류와 상전류를 구하라.

12.65 그림 12.70의 평형 3상 회로에서 *PSpice* 또는 *MultiSim*을 이용하여 선전류 $\mathbf{I}_{aA}$, $\mathbf{I}_{bB}$, $\mathbf{I}_{cC}$를 구하라.

12.10절   응용

12.66 그림 12.71은 208 V의 선전압을 가진 3상 4선 시스템을 나타낸 것이다. 전원 전압은 평형이다. Y-결선 저항 부하에 의해 흡수되는 전력을 3-전력계 방법으로 측정할 때 다음을 구하라.

(a) 도선과 중성점 사이의 전압

(b) 전류 $\mathbf{I}_1$, $\mathbf{I}_2$, $\mathbf{I}_3$, $\mathbf{I}_n$

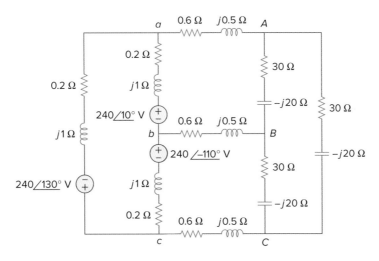

그림 12.70
문제 12.65.

(c) 전력계들의 측정값

(d) 부하에 의해 흡수된 전체 전력

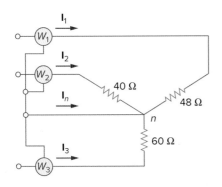

그림 12.71
문제 12.66.

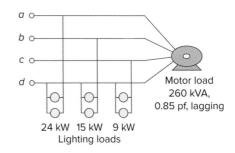

그림 12.72
문제 12.67.

12.68 전동기에 전력을 공급하는 3상 Y-결선 교류 발전기의 측정값이 선전압 330 V, 선전류 8.4 A, 전체 선전력 4.5 kW일 때 다음을 구하라.

(a) 부하의 VA 값

(b) 부하의 역률

(c) 상전류

(d) 상전압

12.69 어느 가게에 3개의 평형 3상 부하가 있고 3개의 부하는 다음과 같다.

　　　　부하 1: 16 kVA, 0.85 뒤짐 역률

　　　　부하 2: 12 kVA, 0.6 뒤짐 역률

　　　　부하 3: 8 kW, 역률 = 1

*12.67 그림 12.72와 같이 120 V rms 상전압, 정상순을 가진 3상 4선로가 260 kVA, 0.85 뒤짐 역률인 평형 전동기 부하에 전력을 공급하고 있다. 전동기 부하는 a, b, c로 표시된 주요 선로와 연결되어 있고, 백열전구(역률 = 1)가 선로 a에서 중성점까지 24 kW, 선로 b에서 중성점까지 15 kW, 선로 c에서 중성점까지 9 kW로 연결되어 있다.

(a) 각 선로의 전력을 측정하기 위해 3개의 전력계를 배열할 때 각 전력계의 측정값을 구하라.

(b) 중성선에 흐르는 전류의 크기를 구하라.

_____

* 별표는 난이도가 높은 문제를 가리킨다.

부하의 선전압이 60 Hz에서 208 V rms이고, 선로의 임피던스가 $0.4 + j0.8$ Ω이다. 선전류와 부하에 전달되는 복소전력을 구하라.

12.70 240 V 선전압에서 동작하는 3상 전동기에서 2-전력계 방법을 사용하여 $P_1 = 1200$ W, $P_2 = -400$ W를 구했다. 전동기 부하가 Y-결선되어 있고 6 A의 선전류가 흐를 때, 전동기의 역률과 상 임피던스 값을 구하라.

12.71 그림 12.73에서 2개의 전력계가 정상순이며 $\mathbf{V}_{ab} = 208$ $\underline{/0°}$ V인 평형 전원으로부터 전력을 공급받는 불평형 부하에 적절하게 연결되어 있다.

(a) 각 전력계의 측정값을 구하라.

(b) 부하에서 흡수되는 전체 피상전력을 구하라.

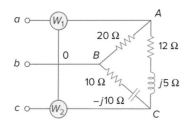

그림 12.73
문제 12.71.

12.72 그림 12.44의 Δ-결선 부하에서 흡수되는 전력을 구하기 위해 전력계 W_1과 W_2를 각각 선로 a와 b, 선로 b와 c 사이에 적절하게 연결할 때, 전력계의 측정값을 예측하라.

12.73 그림 12.74의 회로에서 전력계의 측정값을 구하라.

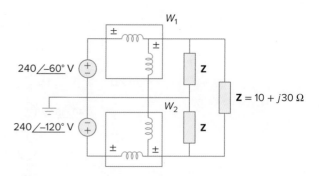

그림 12.74
문제 12.73.

12.74 그림 12.75의 회로에서 전력계의 측정값을 구하라.

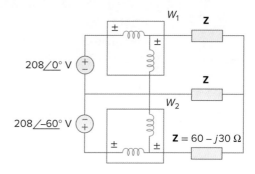

그림 12.75
문제 12.74.

12.75 어떤 사람이 600 Ω의 인체 저항을 갖고 있다고 하자. 다음의 조건에서 접지되지 않은 그의 몸을 통해 얼마만큼의 전류가 흐르겠는가?

(a) 12 V의 자동차 축전지 단자에 닿았을 때

(b) 120 V의 조명 소켓에 손가락을 꽂았을 때

12.76 같은 정격 전력일 때, 120 V의 전기기기에서 240 V의 전기기기보다 훨씬 높은 $I^2 R$ 손실이 발생하는 것을 보여라.

종합문제

12.77 3상 발전기가 3.6 kVA, 0.85 뒤짐 역률로 공급하고 있다. 2,500 W가 부하에 전달되고 상당 80 W의 선로 손실이 발생한다면 발전기에서의 손실은 얼마인가?

12.78 3상 440 V, 51 kW, 60 kVA인 유도성 부하가 60 Hz에서 동작하고 Y-결선되어 있다. 역률을 0.95 뒤짐 역률로 바꾸려고 할 때, 각 부하 임피던스에 얼마만큼의 커패시터를 병렬로 설치해야 하는가?

12.79 평형 3상 발전기가 abc 순의 $\mathbf{V}_{an} = 255\underline{/0°}$ V인 상전압을 갖는다. 발전기가 상당 $12 + j5$ Ω의 임피던스를 가진 평형 Y-결선 부하로 표현되는 유도 전동기에 전력을 공급할 때 선전류와 부하전압을 구하라. 선로 임피던스는 상당 2 Ω이라고 가정한다.

12.80 평형 3상 전원이 다음과 같은 3개의 부하에 전력을 공급하고 있다.

부하 1: 6 kVA, 0.83 뒤짐 역률

부하 2: 미지의 부하

부하 3: 8 kW, 0.7071 앞섬 역률

선전류가 84.6 A rms, 부하의 선전압이 208 V rms, 결합 부하가 0.8 뒤짐 역률일 때 미지의 부하를 구하라.

12.81 어떤 전문 센터가 평형 3상 전원을 공급받으며 다음과 같은 4개의 평형 3상 부하를 갖고 있다.

부하 1: 150 kVA, 0.8 앞섬 역률

부하 2: 100 kW, 역률 = 1

부하 3: 200 kVA, 0.6 뒤짐 역률

부하 4: 80 kW와 95 kVAR (유도성)

상당 선로 임피던스가 $0.02 + j0.05 \ \Omega$이고 부하에서의 선전압이 480 V일 때, 전원에서의 선전압 크기를 구하라.

12.82 평형 3상 시스템이 상당 $2 + j6 \ \Omega$의 임피던스를 가진 배전 선로를 가지고 있고, 시스템이 병렬로 연결된 2개의 3상 부하에 전력을 공급한다. 첫 번째는 400 kVA, 0.8 뒤짐 역률을 흡수하는 평형 Y-결선 부하이고, 두 번째는 상당 $10 + j8 \ \Omega$의 임피던스를 가진 평형 Δ-결선 부하이다. 부하에서의 선전압 크기가 2400 V rms일 때, 전원에서의 선전압 크기와 2개의 부하에 공급되는 전체 복소전력을 구하라.

12.83 상업용 3상 유도 전동기가 120 hp (1 hp = 746 W)의 전부하, 0.707 뒤짐 역률에서 95%의 효율로 동작하고 있다. 전동기가 80 kW, 역률 = 1의 평형 3상 전열기와 병렬로 연결되어 있고, 선전압의 크기가 480 V rms일 때 선전류를 구하라.

*12.84 그림 12.76은 440 V의 선전압과 72%의 뒤짐 역률에 4 kVA를 소모하는 3상 Δ-결선 전동기 부하를 나타낸 것이다. 또한 하나의 1.8 kVAR 커패시터가 선로 a와 b 사이에 연결되어 있고, 800 W의 조명 부하가 선로 c와 중성선 사이에 연결되어 있다. abc 순이고 $\mathbf{V}_{an} = V_p \underline{/0°}$일 때 전류 $\mathbf{I}_a$, $\mathbf{I}_b$, $\mathbf{I}_c$, $\mathbf{I}_n$의 크기와 위상각을 구하라.

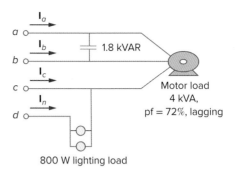

그림 12.76
문제 12.84.

12.85 Y-결선의 순수 저항을 사용하여 적절한 대칭 부하로 3상 전열기를 설계하라. 240 V의 선전압이 공급되고 27 kW의 열을 발생시킨다고 가정한다.

12.86 그림 12.77의 단상 3선 시스템에서 전류 $\mathbf{I}_{aA}$, $\mathbf{I}_{bB}$, $\mathbf{I}_{nN}$을 구하라.

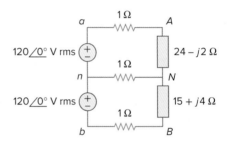

그림 12.77
문제 12.86.

12.87 그림 12.78의 단상 3선 시스템에서 중성선의 전류와 각 전원에서 공급하는 복소전력을 구하라. 이때 $\mathbf{V}_s$는 $115\underline{/0°}$ V이고, 60 Hz의 전원이다.

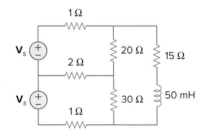

그림 12.78
문제 12.87.

13

자기결합회로
Magnetically Coupled Circuits

*당신의 행복을 증가시키고 수명을 늘리고 싶다면 이웃의 결점을 잊어버려라. ⋯
당신 친구들의 나쁜 습성을 잊어버리고, 그들을 좋아하게 만드는 장점만을 기억
하라. ⋯ 어제의 불쾌했던 모든 일을 기억에서 지우고, 오늘의 깨끗한 종이 위에
아름답고 사랑스러운 것들을 써라.*

—Anonymous

경력 향상하기

전자기학 분야의 경력

전자기학은 전계와 자계의 해석 및 응용을 취급하는 전기공학(또는 물리학)의 한 분
야이다. 전자기학에서 전기회로 해석은 낮은 주파수에서 적용된다.

전자기학의 원리는 전기기계, 전기기계적 에너지 변환, 레이다 기상학, 원격 감
지, 위성통신, 생체 전자기학, 전자기 간섭 및 적합성, 플라스마, 광섬유 등 다양한
관련 분야에 응용된다. 전자기 소자에는 전기 전동기와 발전기, 변압기, 전자석, 자
기 부상, 안테나, 레이다, 전자레인지, 초고주파 접시형 안테나, 초전도체, 심전도 등
이 있다. 이러한 소자의 설계는 전자기학 법칙과 원리에 대한 완벽한 지식을 요구
한다.

전자기학은 전기공학에서 좀 더 어려운 분야로 간주된다. 그 이유의 하나는 전
자기 현상이 다소 추상적이기 때문이다. 그러나 수학을 좋아하고 보이지 않는 현상
을 시각화할 수 있는 사람이라면 이 분야에 전문인 전기공학도가 거의 없기 때문에
전자기 분야의 전문가가 되는 것을 고려해볼 만하다. 초고주파 산업, 라디오/TV 방
송국, 전자기 분야 연구소 및 여러 통신 산업에서는 전자기 분야에 전문화된 전기공
학도를 필요로 한다.

우주 위성을 위한 원격 측정 수신국.
Digital Vision/Getty Images

Historical

Bettmann/Getty Images

James Clerk Maxwell (1831~1879), 케임브리지대학 수학과를 졸업했으며, 1865년에 패러데이와 앙페르의 법칙을 수학적으로 통합한 가장 뛰어난 논문을 발표했다. 전기장과 자기장 사이의 이러한 관계는 후에 전자기장과 전자파로 일컫는 전기공학 주요 분야의 토대가 되었다. IEEE(전기전자공학회)는 이 원리를 그래픽으로 표현한, 직선의 화살표가 전류를 나타내고 곡선의 화살표가 전자계를 나타내는 로고를 사용하고 있다. 이러한 관계는 일반적으로 **오른손의 법칙**이라고 알려져 있다. 맥스웰은 매우 활동적인 이론가이자 과학자였다. 그는 "맥스웰 방정식"으로 가장 잘 알려져 있다. 자속의 단위인 맥스웰은 그의 이름에서 따온 것이다.

학습목표

본 장에서 제시된 정보와 연습문제를 사용함으로써 다음 능력을 배양할 수 있다.

1. 상호 결합된 회로의 기초가 되는 물리학적 원리 및 상호 결합된 인덕터를 포함하는 회로를 어떻게 해석하는지 이해할 수 있다.
2. 상호 결합된 회로에서 에너지가 어떻게 저장되는지 이해할 수 있다.
3. 선형 변압기의 동작 방식과 이를 포함하는 회로를 어떻게 해석하는지 이해할 수 있다.
4. 이상적인 변압기의 동작 방식과 이를 포함하는 회로를 어떻게 해석하는지 이해할 수 있다.
5. 이상적인 단권변압기의 동작 방식을 이해하고 이상적인 단권변압기를 포함하는 회로가 여러 회로에 사용될 때 어떻게 해석하는지 이해할 수 있다.

13.1   서론

지금까지 다룬 회로는 하나의 루프가 전류 전도에 의해 다른 루프에 영향을 미치기 때문에 전기적으로 결합된 회로로 볼 수 있다. 2개의 루프가 서로 접촉되어 있거나 또는 접촉되어 있지 않은 경우, 이 중 하나의 루프에서 만들어진 자기장에 의해 서로 영향을 미칠 때 두 루프는 **자기적으로 결합**되어 있다고 말한다.

변압기는 자기결합의 개념에 근거하여 만들어진 전기장치이다. 이것은 자기적으로 결합된 코일을 사용하여 하나의 회로에서 다른 회로로 에너지를 전달한다. 변압기는 중요한 회로소자로, 전력 시스템에서는 교류 전압과 전류를 올리거나 내리기 위한 목적으로 사용된다. 변압기는 라디오와 TV 수신기 같은 전자회로에서 임피던스 정합, 회로와 회로의 격리, 그리고 전압과 전류를 올리거나 낮추기 위해 사용된다.

이 장에서는 먼저 상호 인덕턴스의 개념으로 시작해서 유도 결합 성분의 전압극성을 결정하기 위한 점 관례(dot convention)를 소개한다. 상호 인덕턴스의 개념에 근거하여 변압기(transformer)라 불리는 회로소자를 소개한다. 여기서는 선형 변압기, 이상적인 변압기, 이상적인 단권변압기, 그리고 3상 변압기를 다룬다. 마지막으로 중요한 응용 중에서 격리와 정합 장치로서의 변압기와 배전에서의 사용에 대해 살펴본다.

13.2 상호 인덕턴스

2개의 인덕터(코일)가 서로 근접할 때 하나의 코일에 흐르는 전류에서 만들어진 자속이 다른 코일을 쇄교하여 다른 코일에 전압을 유기하게 된다. 이 현상은 상호 인덕턴스(mutual inductance)라고 알려져 있다.

우선 권선수가 N인 하나의 인덕터를 생각해보자. 전류 i가 이 코일에 흐르면 그 주위에 자속 ϕ가 만들어진다(그림 13.1). 패러데이의 법칙에 의해, 코일에 유기된 전압 v는 코일의 권선수 N과 자속 ϕ의 시간적 변화율에 비례한다. 즉

$$v = N \frac{d\phi}{dt} \tag{13.1}$$

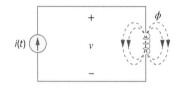

그림 13.1
권선수가 N인 단일 코일에서 발생하는 자속.

그러나 자속 ϕ는 전류 i에 의해 발생된 것으로, 전류가 변화하면 자속 ϕ이 변화하게 된다. 따라서 식 (13.1)은 다음과 같이 쓸 수 있다.

$$v = N \frac{d\phi}{di} \frac{di}{dt} \tag{13.2}$$

또는

$$v = L \frac{di}{dt} \tag{13.3}$$

이 식은 인덕터에 대한 전압–전류 관계식을 나타낸다. 식 (13.2)와 (13.3)으로부터 인덕터의 인덕턴스 L은 다음 식으로 주어진다.

$$L = N \frac{d\phi}{di} \tag{13.4}$$

이 인덕턴스는 코일에 흐르는 시변 전류에 의해서 같은 코일에 유기되는 전압과의 관계를 나타내기 때문를 보통 자기 인덕턴스(self-inductance)라고 한다.

이번에는 자기 인덕턴스가 각각 L_1과 L_2인 서로 근접한 2개의 코일을 생각해보자(그림 13.2). 코일 1은 권선수가 N_1이고, 코일 2는 권선수가 N_2이다. 설명을 간단하게 하기 위해 코일 2에는 전류가 흐르지 않는다고 가정한다. 코일 1로부터 나오는 자속 ϕ_1은 2개의 성분을 가지고 있다. 하나는 코일 1만 쇄교하는 성분 ϕ_{11}이고, 또 하나는 코일 1과 코일 2 모두를 쇄교하는 성분 ϕ_{12}이다. 따라서,

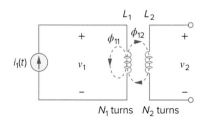

그림 13.2
코일 1에 대한 코일 2의 상호 인덕턴스 M_{21}.

$$\phi_1 = \phi_{11} + \phi_{12} \tag{13.5}$$

이 경우 두 코일이 물리적으로는 분리되어 있지만 자기적으로 결합되어 있다고 말한다. 전체 자속 ϕ_1은 코일 1을 쇄교하므로 코일 1에 유기된 전압은

$$v_1 = N_1 \frac{d\phi_1}{dt} \tag{13.6}$$

자속 ϕ_{12}만이 코일 2를 쇄교하므로 코일 2에 유기된 전압은

$$v_2 = N_2 \frac{d\phi_{12}}{dt} \tag{13.7}$$

다시 코일 1에 흐르는 전류 i_1에 의해 자속이 발생하므로 식 (13.6)은 다음과 같이 나타낼 수 있다.

$$v_1 = N_1 \frac{d\phi_1}{di_1} \frac{di_1}{dt} = L_1 \frac{di_1}{dt} \tag{13.8}$$

여기서 $L_1 = N_1 \, d\phi_1/di_1$은 코일 1의 자기 인덕턴스이다. 마찬가지로 식 (13.7)은 다음과 같이 나타낼 수 있다.

$$v_2 = N_2 \frac{d\phi_{12}}{di_1} \frac{di_1}{dt} = M_{21} \frac{di_1}{dt} \tag{13.9}$$

여기서,

$$M_{21} = N_2 \frac{d\phi_{12}}{di_1} \tag{13.10}$$

M_{21}은 코일 1에 대한 코일 2의 상호 인덕턴스라고 한다. 인덕턴스의 아래첨자 21은 인덕턴스 M_{21}이 코일 2에 유기된 전압을 코일 1의 전류와 관련시킨다는 것을 나타낸다. 그러므로 코일 2 양단에서의 개방회로 상호 전압(또는 유기된 전압)은

$$\boxed{v_2 = M_{21} \frac{di_1}{dt}} \tag{13.11}$$

이제 코일 2에 전류 i_2가 흐르는 반면에 코일 1에는 전류가 흐르지 않는다고 가정하자(그림 13.3). 코일 2로부터 발생된 자속 ϕ_2는 코일 2만 쇄교하는 자속 ϕ_{22}와 두 코일 모두를 쇄교하는 자속 ϕ_{21}을 포함한다. 그러므로

$$\phi_2 = \phi_{21} + \phi_{22} \tag{13.12}$$

전체 자속 ϕ_2가 코일 2를 쇄교하므로 코일 2에 유기된 전압은

$$v_2 = N_2 \frac{d\phi_2}{dt} = N_2 \frac{d\phi_2}{di_2} \frac{di_2}{dt} = L_2 \frac{di_2}{dt} \tag{13.13}$$

여기서 $L_2 = N_2 \, d\phi_2/di_2$는 코일 2의 자기 인덕턴스이다. 그리고 ϕ_{21}만이 코일 1을 쇄교하므로 코일 1에 유기된 전압은

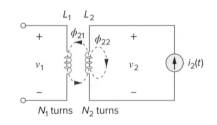

그림 13.3
코일 2에 대한 코일 1의 상호 인덕턴스 M_{12}.

$$v_1 = N_1 \frac{d\phi_{21}}{dt} = N_1 \frac{d\phi_{21}}{di_2} \frac{di_2}{dt} = M_{12} \frac{di_2}{dt} \qquad \textbf{(13.14)}$$

여기서

$$M_{12} = N_1 \frac{d\phi_{21}}{di_2} \qquad \textbf{(13.15)}$$

이것은 코일 2에 대한 코일 1의 상호 인덕턴스이다. 그러므로 코일 1 양단의 개방 회로 상호 전압은

$$\boxed{v_1 = M_{12} \frac{di_2}{dt}} \qquad \textbf{(13.16)}$$

다음 절에서 M_{12}와 M_{21}이 같다는 것을 알게 될 것이다. 즉,

$$M_{12} = M_{21} = M \qquad \textbf{(13.17)}$$

이때 M을 두 코일 사이의 상호 인덕턴스라고 한다. 자기 인덕턴스 L과 같이 상호 인덕턴스 M은 헨리(H) 단위로 측정된다. 2개의 인덕터나 코일이 가까이 근접하고 상호 결합된 이 회로가 시변 전원에 의해서 구동되는 경우에만 두 코일 사이에 상호 결합이 이루어진다는 사실을 명심해야 한다. 또한 직류 전원에 대해 인덕터는 단락회로처럼 동작한다는 것을 기억하자.

그림 13.2와 13.3의 두 경우로부터, 다른 회로의 시변 전류에 의해 전압이 유도되면 상호 인덕턴스가 발생한다고 결론 내릴 수 있다. 근접한 다른 인덕터에서의 시변 전류에 대한 반응으로서 전압을 발생시키는 것이 인덕터의 성질이다.

> **상호 인덕턴스**는 하나의 인덕터가 이웃의 인덕터 양단에 전압을 유기하는 특성이 있으며, 헨리(H) 단위로 측정된다.

상호 인덕턴스 M은 항상 양의 값이지만, 자기유도전압 $L\,di/dt$처럼 상호유도전압 $M\,di/dt$는 양 또는 음의 값을 갖는다. 그러나 자기유도전압 $L\,di/dt$의 극성이 수동소자처럼 전류 기준 방향과 전압 기준 극성에 의해 정해지는 것과 달리 상호유도전압 $M\,di/dt$의 극성은 4개의 단자가 포함되므로 결정하기가 쉽지 않다. $M\,di/dt$의 정확한 극성을 선택하는 것은 2개의 코일이 물리적으로 감긴 방향 또는 특정한 방법으로 하고 렌츠의 법칙과 오른손 법칙을 적용하여 결정된다. 회로도상에서 코일의 구조를 상세히 나타내는 것이 불편하므로 회로 해석에 점 관례를 적용한다. 이 규정에 의하면, 자기적으로 결합된 2개 코일의 각각 한쪽 끝에 점을 찍어 점이 찍힌 단자로 전류가 흘러 들어갈 때 자속의 방향을 나타내도록 했다. 이것을 그림 13.4에 나타냈다. 주어진 회로에서 사용자가 점을 어디에 표시해야 할지 당황하지 않도록 코일의 옆에 이미 점이 표시되어 있다. 점은 상호유도전압의 극성을 결정하기 위해 점 관례에 따라서 사용된다. 점 관례는

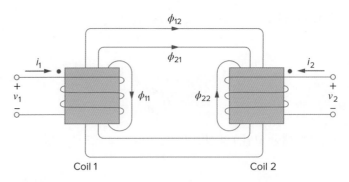

그림 13.4
점 관례의 도시.

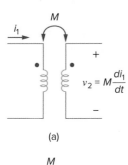

(a)

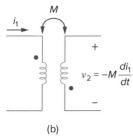

(b)

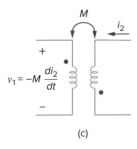

(c)

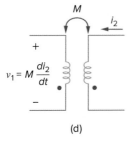

(d)

그림 13.5
점 관례의 적용 방법을 보여주는 예.

다음과 같이 설명할 수 있다.

> 만약 전류가 한 코일의 점이 찍힌 단자로 **흘러 들어가면** 두 번째 코일에서 상호유도전압의 기준 극성은 점이 찍힌 단자에서 **양**이 된다.

또는,

> 만약 한 코일의 점이 찍힌 단자에서 전류가 **흘러 나가면** 두 번째 코일에서 상호유도전압의 기준 극성은 점이 찍힌 단자에서 **음**이 된다.

그러므로, 상호유도전압의 기준 극성은 결합된 코일에서 유기 전류의 기준 방향과 점에 의해 정해진다. 점 관례의 사용 방법을 그림 13.5에 나타낸 네 쌍의 자기결합회로를 통해 설명했다. 그림 13.5(a)의 결합회로에서 상호유도전압 v_2의 부호는 v_2의 기준 극성과 i_1의 방향에 의해 결정된다. i_1이 코일 1의 점이 찍힌 단자로 흘러 들어가고, v_2는 코일 2의 점이 찍힌 단자에서 양이므로 상호유도전압은 $+M\,di_1/dt$이다. 그림 13.5(b)에서 전류 i_1은 코일 1의 점이 찍힌 단자로 흘러 들어가고, v_2는 코일 2의 점이 찍힌 단자에서 음이다. 따라서 상호유도전압은 $-M\,di_1/dt$이다. 똑같은 추론이 그림 13.5(c)와 13.5(d)의 코일에 적용된다.

그림 13.6은 직렬연결된 자기결합 코일에서의 점 관례를 보여준다. 그림 13.6(a)의 코일에서 전체 인덕턴스는

$$L = L_1 + L_2 + 2M \qquad \text{(직렬 보조 연결)} \tag{13.18}$$

그림 13.6(b)의 코일에서는

$$L = L_1 + L_2 - 2M \qquad \text{(직렬 대립 연결)} \tag{13.19}$$

상호유도전압의 극성을 결정하는 방법을 알게 되었으므로 상호 인덕턴스를 포함하는 회로를 해석할 준비가 되었다. 첫 번째 예로, 그림 13.7(a)의 회로를 생각

해보자. 코일 1에 KVL을 적용하면,

$$v_1 = i_1 R_1 + L_1 \frac{di_1}{dt} + M \frac{di_2}{dt} \tag{13.20a}$$

코일 2에 KVL을 적용하면,

$$v_2 = i_2 R_2 + L_2 \frac{di_2}{dt} + M \frac{di_1}{dt} \tag{13.20b}$$

주파수 영역에서 식 (13.20)은 다음과 같이 쓸 수 있다.

$$\mathbf{V}_1 = (R_1 + j\omega L_1)\mathbf{I}_1 + j\omega M\mathbf{I}_2 \tag{13.21a}$$

$$\mathbf{V}_2 = j\omega M\mathbf{I}_1 + (R_2 + j\omega L_2)\mathbf{I}_2 \tag{13.21b}$$

두 번째 예로, 그림 13.7(b)의 회로를 생각해보자. 이 회로를 주파수 영역에서 해석하기 위해 코일 1에 KVL을 적용하면,

$$\mathbf{V} = (\mathbf{Z}_1 + j\omega L_1)\mathbf{I}_1 - j\omega M\mathbf{I}_2 \tag{13.22a}$$

코일 2에 KVL을 적용하면,

$$0 = -j\omega M\mathbf{I}_1 + (\mathbf{Z}_L + j\omega L_2)\mathbf{I}_2 \tag{13.22b}$$

식 (13.21)과 (13.22)는 일반적인 방법으로 풀이가 되어 전류가 구해진다.

문제를 정확하게 해석했는지 확인하는 중요한 방법은 풀이 과정의 각 단계를 확인하는 것과 문제를 풀기 위한 가정이 옳다는 것을 확인하는 것이다. 상호 결합회로를 푸는 일은 흔히 상호유도전압의 부호와 값에 관해 한 번에 취한 2개 이상의 과정을 다시 하도록 요구한다.

경험에 의하면 값을 구하는 단계와 부호를 결정하는 단계로 문제를 나누어 생각하면 해석하기 더 쉽다. 그림 13.8(a)의 상호 결합된 회로를 포함하는 회로를 해석할 때 그림 13.8(b)의 모델을 사용할 것을 제안한다.

이때 모델에서 부호는 포함하지 않았음을 주목하라. 그 이유는 우선 유도전압의 값을 구하고 다음으로 적절한 부호를 결정하는 것이 바람직하기 때문이다. 분명히 $\mathbf{I}_1$은 두 번째 코일에 $j\omega\mathbf{I}_1$으로 표시된 전압을 유기하고, $\mathbf{I}_2$는 첫 번째 코일에 $j\omega\mathbf{I}_2$로 표시된 전압을 유기한다. 위의 값을 구한 다음에는 그림 13.8(c)에 나타낸 바와 같이 두 회로에서 종속 전원의 정확한 부호를 구한다.

전류 $\mathbf{I}_1$이 코일 L_1의 점이 있는 방향으로 들어가므로 L_2에 전압을 유기하는

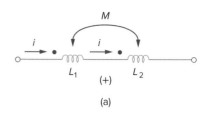
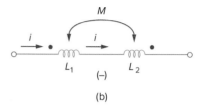

그림 13.6
직렬연결 코일의 점 관례(부호는 상호유도전압의 극성을 나타냄): (a) 직렬 보조 연결, (b) 직렬 대립 연결.

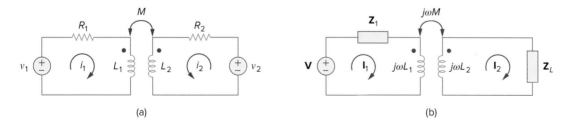

그림 13.7
자기결합 코일을 포함하는 회로의 시간 영역 해석(a)과 주파수 영역 해석(b).

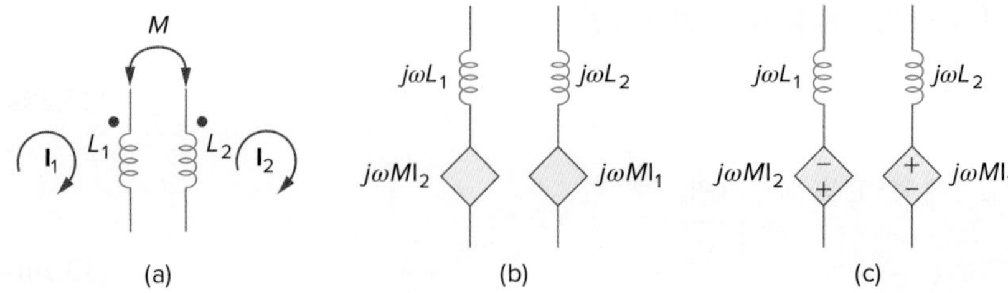

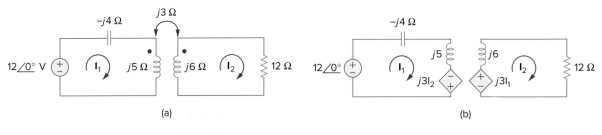

그림 13.8
상호결합회로의 해석을 쉽게 하기 위한 모델.

데, 유기된 전압에 의해서 L_2 코일의 점이 표시된 단자로부터 전류가 흘러 나오도록 한다. 이는 그림 13.8(c)에서 보듯이 전원의 위가 (+) 부호가 되고 아래가 (−) 부호가 되는 것을 의미한다. 전류 $\mathbf{I}_2$는 코일 L_2의 점이 표시된 단자로부터 흘러 나오며, 이는 L_1에 전압을 유기하여 L_1의 점이 있는 단자로 전류가 흘러 들어가도록 하므로, 그림 13.8(c)에서 보듯이 종속 전원의 아래가 (+) 부호가 되고 위가 (−) 부호가 되어야 한다. 이제 우리가 할 일은 2개의 종속 전원을 가진 회로를 해석하는 것이다. 이 과정을 통해 각 가정을 확인할 수 있다.

이러한 도입 단계에서는 코일의 상호 인덕턴스와 점 위치의 결정에 관심을 두지 않는다. R, L, C와 같이 M의 계산은 코일의 실제적인 물리적 특성에 전자기학 이론의 적용을 포함한다. 이 책에서는 상호 인덕턴스와 점의 위치가 R, L, C 회로소자처럼 회로 문제에 "주어진 것"이라고 가정한다.

예제 13.1

그림 13.9의 회로에서 페이저 전류 $\mathbf{I}_1$과 $\mathbf{I}_2$를 구하라.

그림 13.9
예제 13.1.

풀이:
루프 1에 KVL을 적용하면,

$$-12 + (-j4 + j5)\mathbf{I}_1 - j3\mathbf{I}_2 = 0$$

또는

$$j\mathbf{I}_1 - j3\mathbf{I}_2 = 12 \tag{13.1.1}$$

루프 2에 KVL을 적용하면,

$$-j3\mathbf{I}_1 + (12 + j6)\mathbf{I}_2 = 0$$

또는

$$\mathbf{I}_1 = \frac{(12 + j6)\mathbf{I}_2}{j3} = (2 - j4)\mathbf{I}_2 \qquad (13.1.2)$$

식 (13.1.1)에 위의 식을 대입하면,

$$(j2 + 4 - j3)\mathbf{I}_2 = (4 - j)\mathbf{I}_2 = 12$$

또는

$$\mathbf{I}_2 = \frac{12}{4 - j} = 2.91 \underline{/14.04°} \text{ A} \qquad (13.1.3)$$

식 (13.1.2)와 (13.1.3)으로부터

$$\mathbf{I}_1 = (2 - j4)\mathbf{I}_2 = (4.472 \underline{/-63.43°})(2.91 \underline{/14.04°})$$
$$= 13.01 \underline{/-49.39°} \text{ A}$$

그림 13.10의 회로에서 전압 $\mathbf{V}_o$를 구하라.

실전문제 13.1

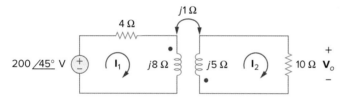

그림 13.10
실전문제 13.1.

답: $20\underline{/-135°}$ V

그림 13.11의 회로에서 메시 전류를 구하라.

예제 13.2

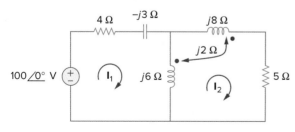

그림 13.11
예제 13.2.

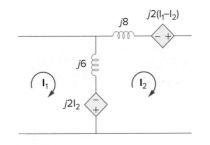

그림 13.12
예제 13.2의 유도전압 극성을 나타내는
모델.

풀이:

자기적으로 결합된 회로를 해석하는 열쇠는 상호유도전압의 극성을 아는 것이며, 이를 위해서는 점 관례를 적용해야 한다. 그림 13.11에서 코일 1의 리액턴스가 6 Ω, 코일 2의 리액턴스가 8 Ω이라 하자. 전류 $\mathbf{I}_2$에 의한 코일 1의 상호유도전압 극성을 알기 위해서는 $\mathbf{I}_2$가 코일 2의 점이 찍힌 단자에서 흘러 나오는 것에 주목해야 한다. 시계 방향으로 KVL을 적용하면 상호유도전압은 음의 극성, 즉 $-j2\mathbf{I}_2$가 된다.

또 다른 방법으로, 그림 13.12에 나타낸 바와 같이 회로에서 해당하는 부분을 다시 그려서 상호유도전압을 구하는 것이 가장 좋으며, 이때 상호유도전압이 $\mathbf{V}_1 = -2j\mathbf{I}_2$임을 명백히 알 수 있다.

따라서 그림 13.11의 메시 1에 KVL을 적용하면,

$$-100 + \mathbf{I}_1(4 - j3 + j6) - j6\mathbf{I}_2 - j2\mathbf{I}_2 = 0$$

또는

$$100 = (4 + j3)\mathbf{I}_1 - j8\mathbf{I}_2 \tag{13.2.1}$$

마찬가지로, 전류 $\mathbf{I}_1$에 의한 코일 2의 상호유도전압을 구하기 위해 그림 13.12와 같이 회로의 관련 부분을 고려하자. 점 관례를 적용하면 상호유도전압은 $\mathbf{V}_2 = -2j\mathbf{I}_1$이 된다. 또한 전류 $\mathbf{I}_2$는 그림 13.11에서 직렬연결된 2개의 결합 코일을 보게 되고, 두 코일 모두 점이 있는 단자에서 흘러 나오므로 식 (13.18)이 적용된다. 그러므로 그림 13.11의 메시 2에 KVL을 적용하면,

$$0 = -2j\mathbf{I}_1 - j6\mathbf{I}_1 + (j6 + j8 + j2 \times 2 + 5)\mathbf{I}_2$$

또는

$$0 = -j8\mathbf{I}_1 + (5 + j18)\mathbf{I}_2 \tag{13.2.2}$$

식 (13.2.1)과 (13.2.2)를 행렬 형태로 나타내면,

$$\begin{bmatrix} 100 \\ 0 \end{bmatrix} = \begin{bmatrix} 4 + j3 & -j8 \\ -j8 & 5 + j18 \end{bmatrix} \begin{bmatrix} \mathbf{I}_1 \\ \mathbf{I}_2 \end{bmatrix}$$

행렬식은 다음과 같다.

$$\Delta = \begin{vmatrix} 4 + j3 & -j8 \\ -j8 & 5 + j18 \end{vmatrix} = 30 + j87$$

$$\Delta_1 = \begin{vmatrix} 100 & -j8 \\ 0 & 5 + j18 \end{vmatrix} = 100(5 + j18)$$

$$\Delta_2 = \begin{vmatrix} 4 + j3 & 100 \\ -j8 & 0 \end{vmatrix} = j800$$

그러므로 다음과 같이 메시 전류를 구할 수 있다.

$$\mathbf{I}_1 = \frac{\Delta_1}{\Delta} = \frac{100(5 + j18)}{30 + j87} = \frac{1{,}868.2\,\underline{/74.5°}}{92.03\,\underline{/71°}} = 20.3\,\underline{/3.5°}\text{ A}$$

$$\mathbf{I}_2 = \frac{\Delta_2}{\Delta} = \frac{j800}{30 + j87} = \frac{800\underline{/90°}}{92.03\underline{/71°}} = 8.693\underline{/19°} \text{ A}$$

실전문제 13.2

그림 13.13의 회로에서 페이저 전류 $\mathbf{I}_1$과 $\mathbf{I}_2$를 구하라.

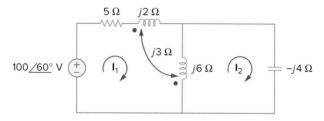

그림 13.13
실전문제 13.2.

답: $\mathbf{I}_1 = 17.889\underline{/86.57°}$ A, $\mathbf{I}_2 = 26.83\underline{/86.57°}$ A

13.3 자기결합회로의 에너지

6장에서 인덕터에 저장된 에너지는 다음과 같이 주어진다는 것을 알았다.

$$w = \frac{1}{2}Li^2 \tag{13.23}$$

이제 자기적으로 결합된 코일에 저장된 에너지를 구하고자 한다.

그림 13.14의 회로를 고려해보자. 전류 i_1과 i_2가 초기에 0이므로 코일에 저장된 에너지가 0이라고 가정한다. 만약 $i_2 = 0$을 유지한 상태에서 i_1을 0에서 I_1까지 증가시킨다면 코일 1의 전력은

$$p_1(t) = v_1 i_1 = i_1 L_1 \frac{di_1}{dt} \tag{13.24}$$

그리고 회로에 저장되는 에너지는

$$w_1 = \int p_1 dt = L_1 \int_0^{I_1} i_1 \, di_1 = \frac{1}{2} L_1 I_1^2 \tag{13.25}$$

다음으로 $i_1 = I_1$을 유지한 상태에서 i_2를 0에서 I_2로 증가시키면 코일 1에 유기된 상호유도전압은 $M_{12} \, di_2/dt$이지만 i_1은 변하지 않으므로 코일 2에 유기된 상호유도전압은 0이 된다. 이때 결합 코일의 전력은

$$p_2(t) = i_1 M_{12} \frac{di_2}{dt} + i_2 v_2 = I_1 M_{12} \frac{di_2}{dt} + i_2 L_2 \frac{di_2}{dt} \tag{13.26}$$

그리고 회로에 저장된 에너지는

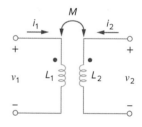

그림 13.14
결합회로의 저장된 에너지를 유도하기 위한 회로.

$$w_2 = \int p_2 dt = M_{12}I_1 \int_0^{I_2} di_2 + L_2 \int_0^{I_2} i_2 di_2$$

$$= M_{12}I_1I_2 + \frac{1}{2}L_2I_2^2 \tag{13.27}$$

i_1, i_2가 일정한 값에 도달했을 때 결합 코일에 저장된 전체 에너지는

$$w = w_1 + w_2 = \frac{1}{2}L_1I_1^2 + \frac{1}{2}L_2I_2^2 + M_{12}I_1I_2 \tag{13.28}$$

전류가 최종값에 도달하는 데까지의 순서를 반대로 하여, 즉 우선 i_2를 0에서 I_2로 증가시킨 후 i_1을 0에서 I_1으로 증가시켰을 때 결합회로의 전체 에너지는

$$w = \frac{1}{2}L_1I_1^2 + \frac{1}{2}L_2I_2^2 + M_{21}I_1I_2 \tag{13.29}$$

최종 조건에 어떻게 도달하는지 순서에 관계없이 전체 저장된 에너지가 같아야 하므로, 식 (13.28)과 (13.29)를 비교하면 다음과 같은 결론을 얻을 수 있다.

$$M_{12} = M_{21} = M \tag{13.30a}$$

그리고

$$w = \frac{1}{2}L_1I_1^2 + \frac{1}{2}L_2I_2^2 + MI_1I_2 \tag{3.30b}$$

이 방정식은 코일 전류가 모두 점이 있는 단자로 흘러 들어간다는 가정을 기반으로 유도된 것이다. 만약 한 전류가 점이 찍힌 단자로 흘러 들어가고 다른 한 전류가 다른 점이 찍힌 단자에서 흘러 나온다면 상호유도전압은 음이 되고, 따라서 상호 에너지 MI_1I_2는 음이 된다. 이 경우에는

$$w = \frac{1}{2}L_1I_1^2 + \frac{1}{2}L_2I_2^2 - MI_1I_2 \tag{13.31}$$

또한, 전류 I_1, I_2는 임의의 값이므로 i_1, i_2로 대치할 수 있으며, 이로부터 결합회로에 저장된 순시 에너지의 일반적 표현은 다음과 같다.

$$\boxed{w = \frac{1}{2}L_1i_1^2 + \frac{1}{2}L_2i_2^2 \pm Mi_1i_2} \tag{13.32}$$

위 식에서 (+) 부호는 결합회로에서 두 전류가 모두 코일의 점이 찍힌 단자로 흘러 들어가거나 또는 점이 찍힌 단자로부터 흘러 나올 때 선택되며, 다른 경우에는 (−) 부호가 선택된다.

이제 상호 인덕턴스 M의 상한값에 대해 살펴보자. 회로에 축적된 에너지는 그 회로가 수동소자이므로 음이 될 수 없다. 이는 $1/2L_1i_1^2 + 1/2L_2i_2^2 - Mi_1i_2$의 값이 0보다 크거나 같아야 한다는 것을 의미한다.

$$\frac{1}{2}L_1i_1^2 + \frac{1}{2}L_2i_2^2 - Mi_1i_2 \geq 0 \tag{13.33}$$

완전제곱을 위해 식 (13.33)에 $i_1i_2(\sqrt{L_1L_2})$ 항을 더하고 빼면 다음 식을 얻을 수 있다.

$$\frac{1}{2}(i_1\sqrt{L_1} - i_2\sqrt{L_2})^2 + i_1 i_2(\sqrt{L_1 L_2} - M) \geq 0 \qquad \textbf{(13.34)}$$

위 식에서 제곱으로 표현된 항은 음이 될 수 없으며, 적어도 0이다. 그러므로 식 (13.34)의 두 번째 항은 0보다 크거나 같아야 한다. 즉

$$\sqrt{L_1 L_2} - M \geq 0$$

또는

$$M \leq \sqrt{L_1 L_2} \qquad \textbf{(13.35)}$$

따라서 상호 인덕턴스는 코일 자기 인덕턴스의 기하평균값보다 클 수 없다. 상호 인덕턴스 M이 상한값에 접근하는 정도를 결합계수(coupling coefficient) k로 정의한다.

$$k = \frac{M}{\sqrt{L_1 L_2}} \qquad \textbf{(13.36)}$$

또는

$$\boxed{M = k\sqrt{L_1 L_2}} \qquad \textbf{(13.37)}$$

여기서 $0 \leq k \leq 1$ 또는 등가적으로 $0 \leq M \leq \sqrt{L_1 L_2}$이다. 결합계수는 한 코일에서 발생된 전체 자속에서 다른 코일을 쇄교하는 비율을 나타낸다. 예를 들어 그림 13.2에서,

$$k = \frac{\phi_{12}}{\phi_1} = \frac{\phi_{12}}{\phi_{11} + \phi_{12}} \qquad \textbf{(13.38)}$$

그리고 그림 13.3에서,

$$k = \frac{\phi_{21}}{\phi_2} = \frac{\phi_{21}}{\phi_{21} + \phi_{22}} \qquad \textbf{(13.39)}$$

만약 한 코일에서 발생된 모든 자속이 다른 코일을 쇄교하면 $k = 1$이며, 그 코일은 100% 결합 또는 완전히 결합되었다고 한다. $k < 0.5$이면 약하게 결합되었다고 하고, $k > 0.5$이면 강하게 결합되었다고 한다.

결합계수 k는 두 코일 사이에 자기적인 결합의 척도를 나타낸다; $0 \leq k \leq 1$.

우리는 k 값이 두 코일 사이의 근접 정도, 코어, 권선의 감긴 방향, 권선수에 의존할 것으로 예상한다. 그림 13.15는 약하게 결합된 권선과 강하게 결합된 권선을 보여준다. 라디오 주파수 회로에 사용되는 공심(air-core) 변압기는 느슨하게 결합되어 있고, 전력 시스템에 사용되는 철심 변압기는 강하게 결합되어 있다. 3.4절에서 설명한 선형 변압기는 대부분 공심이고, 13.5절과 13.6절에서 설명할 이상적인 변압기는 주로 철심이다.

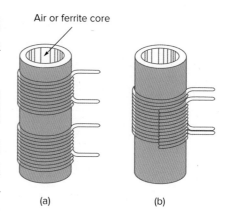

Air or ferrite core

(a)　　(b)

그림 13.15
두 권선을 설명하기 위한 내부 모형: (a) 약하게 결합됨, (b) 강하게 결합됨.

예제 13.3

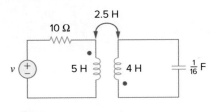

그림 13.16
예제 13.3.

그림 13.16의 회로에서 결합계수를 구하라. 그리고 $v = 60\cos(4t + 30°)$ V일 때, $t = 1$ s에서 결합된 인덕터에 축적된 에너지를 구하라.

풀이:
결합계수는

$$k = \frac{M}{\sqrt{L_1 L_2}} = \frac{2.5}{\sqrt{20}} = 0.56$$

위의 결과는 인덕터가 강하게 결합되어 있음을 나타낸다. 저장된 에너지를 구하기 위해서는 전류를 계산해야 한다. 전류를 구하려면 주파수 영역에서의 등가회로를 구해야 한다.

$$60\cos(4t + 30°) \quad\Rightarrow\quad 60\underline{/30°},\ \omega = 4 \text{ rad/s}$$
$$5\text{ H} \quad\Rightarrow\quad j\omega L_1 = j20\ \Omega$$
$$2.5\text{ H} \quad\Rightarrow\quad j\omega M = j10\ \Omega$$
$$4\text{ H} \quad\Rightarrow\quad j\omega L_2 = j16\ \Omega$$
$$\frac{1}{16}\text{ F} \quad\Rightarrow\quad \frac{1}{j\omega C} = -j4\ \Omega$$

주파수 영역에서의 등가회로를 그림 13.17에 나타냈다. 이 회로에 메시 해석법을 적용한다. 메시 1에 대해,

$$(10 + j20)\mathbf{I}_1 + j10\mathbf{I}_2 = 60\underline{/30°} \tag{13.3.1}$$

메시 2에 대해,

$$j10\mathbf{I}_1 + (j16 - j4)\mathbf{I}_2 = 0$$

또는

$$\mathbf{I}_1 = -1.2\mathbf{I}_2 \tag{13.3.2}$$

이를 식 (13.3.1)에 대입하면,

$$\mathbf{I}_2(-12 - j14) = 60\underline{/30°} \quad\Rightarrow\quad \mathbf{I}_2 = 3.254\underline{/160.6°}\text{ A}$$

그리고

$$\mathbf{I}_1 = -1.2\mathbf{I}_2 = 3.905\underline{/-19.4°}\text{ A}$$

시간 영역에서,

$$i_1 = 3.905\cos(4t - 19.4°), \qquad i_2 = 3.254\cos(4t + 160.6°)$$

시간 $t = 1$ s, $4t = 4$ rad $= 229.2°$이고

$$i_1 = 3.905\cos(229.2° - 19.4°) = -3.389\text{ A}$$
$$i_2 = 3.254\cos(229.2° + 160.6°) = 2.824\text{ A}$$

결합 인덕터에 저장된 전체 에너지는

$$w = \frac{1}{2}L_1 i_1^2 + \frac{1}{2}L_2 i_2^2 + M i_1 i_2$$

$$= \frac{1}{2}(5)(-3.389)^2 + \frac{1}{2}(4)(2.824)^2 + 2.5(-3.389)(2.824) = 20.73 \text{ J}$$

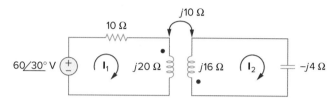

그림 13.17
그림 13.16에서 주파수 영역 등가회로.

실전문제 13.3

그림 13.18의 회로에서 결합계수와 $t = 1.5$ s에서 결합 인덕터에 저장된 에너지를 구하라.

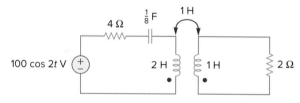

그림 13.18
실전문제 13.3.

답: 0.7071, 246.2 J

13.4   선형 변압기

이 절에서는 새로운 회로소자로서 변압기를 소개한다. 변압기는 상호 인덕턴스 현상을 이용한 자기장치이다.

> 일반적으로 **변압기**는 자기적으로 결합된 2개(또는 그 이상)의 코일을 가진 4단자 장치이다.

그림 13.19에 나타낸 것처럼 전압원에 직접 연결된 코일을 1차 권선이라 한다. 부하에 연결된 코일을 2차 권선이라 한다. 저항 R_1과 R_2는 코일에서의 손실(전력 소모)을 나타내기 위해 포함된다. 코일이 자기적으로 선형인 물질(자기적 투자율이 상수인 물질) 위에 감겨 있으면 변압기는 선형이라 한다. 이와 같은 물질에는 공기, 플라스틱, 베이클라이트, 나무 등이 있다. 사실 대부분의 물질은 자기적으로 선형이다. 선형 변압기가 모두 공심인 것은 아니지만 때때로 **공심 변압기**

선형 변압기는 권선에 흐르는 전류에 비례하여 자속이 증가하는 것으로 간주할 수 있다.

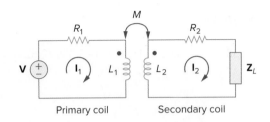

그림 13.19
선형 변압기.

(air-core transformer)라 불린다. 이는 라디오, TV 세트에 사용되며, 그림 13.20에 여러 형태의 변압기를 제시했다.

$\mathbf{Z}_{in}$이 1차 측 회로의 동작을 지배하기 때문에 전원에서 바라본 입력 임피던스 $\mathbf{Z}_{in}$을 구하고자 한다. 그림 13.19에서 두 메시에 KVL을 적용하면,

$$\mathbf{V} = (R_1 + j\omega L_1)\mathbf{I}_1 - j\omega M\mathbf{I}_2 \tag{13.40a}$$

$$0 = -j\omega M\mathbf{I}_1 + (R_2 + j\omega L_2 + \mathbf{Z}_L)\mathbf{I}_2 \tag{13.40b}$$

식 (13.40b)에서 $\mathbf{I}_2$를 $\mathbf{I}_1$으로 표현하고, 이를 식 (13.40a)에 대입하여 입력 임피던스를 구하면,

(a)

(b)

그림 13.20
여러 형태의 변압기: (a) 대용량 변전소 변압기, (b) 오디오 변압기.
(a) James Watson, (b) Jensen Transformers, Inc., Chatsworth, CA

$$\mathbf{Z}_{in} = \frac{\mathbf{V}}{\mathbf{I}_1} = R_1 + j\omega L_1 + \frac{\omega^2 M^2}{R_2 + j\omega L_2 + \mathbf{Z}_L} \qquad \textbf{(13.41)}$$

입력 임피던스가 2개의 항으로 이루어져 있음을 주목하라. 첫 번째 항, $(R_1 + j\omega L_1)$은 1차 측 임피던스이다. 두 번째 항은 1차 권선과 2차 권선의 자기결합에 기인한 것이다. 이는 2차 측 임피던스가 마치 1차 측에 반사된 것처럼 나타나 반사 임피던스 $\mathbf{Z}_R$이라 한다.

일부 저자들은 이것을 *결합* 임피던스라 부른다.

$$\boxed{\mathbf{Z}_R = \frac{\omega^2 M^2}{R_2 + j\omega L_2 + \mathbf{Z}_L}} \qquad \textbf{(13.42)}$$

식 (13.41) 또는 (13.42)의 결과가 M을 $-M$으로 대치했을 때와 같은 결과가 되기 때문에 변압기 점의 위치에 영향을 받지 않는다는 것을 주목해야 한다.

13.2절과 13.3절에서 얻은 약간의 경험은 자기결합회로를 해석하는 것이 이전 장에서의 회로해석만큼 쉽지 않다는 것을 누구에게나 납득시키기에 충분하다. 이런 이유로 자기결합회로를 자기결합이 없는 등가회로로 대치하는 것이 편리할 때가 있다. 그림 13.21의 선형 변압기를 상호 인덕턴스를 갖지 않은 등가 T 또는 Π 회로로 대치하고자 한다.

1차 코일과 2차 코일에 대한 전압-전류 관계로부터 다음과 같은 행렬 형태의 식을 구할 수 있다.

$$\boxed{\begin{bmatrix} \mathbf{V}_1 \\ \mathbf{V}_2 \end{bmatrix} = \begin{bmatrix} j\omega L_1 & j\omega M \\ j\omega M & j\omega L_2 \end{bmatrix} \begin{bmatrix} \mathbf{I}_1 \\ \mathbf{I}_2 \end{bmatrix}} \qquad \textbf{(13.43)}$$

역행렬을 구하면,

$$\begin{bmatrix} \mathbf{I}_1 \\ \mathbf{I}_2 \end{bmatrix} = \begin{bmatrix} \dfrac{L_2}{j\omega(L_1 L_2 - M^2)} & \dfrac{-M}{j\omega(L_1 L_2 - M^2)} \\ \dfrac{-M}{j\omega(L_1 L_2 - M^2)} & \dfrac{L_1}{j\omega(L_1 L_2 - M^2)} \end{bmatrix} \begin{bmatrix} \mathbf{V}_1 \\ \mathbf{V}_2 \end{bmatrix} \qquad \textbf{(13.44)}$$

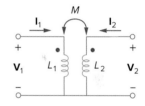

그림 13.21
선형 변압기의 등가회로 결정.

우리의 목표는 식 (13.43)과 (13.44)를 T와 Π 회로에 대한 방정식과 대응시키는 것이다.

그림 13.22의 T(또는 Y) 회로망에 대한 메시 해석을 적용하면 다음과 같이 단자 방정식으로 나타낼 수 있다.

$$\begin{bmatrix} \mathbf{V}_1 \\ \mathbf{V}_2 \end{bmatrix} = \begin{bmatrix} j\omega(L_a + L_c) & j\omega L_c \\ j\omega L_c & j\omega(L_b + L_c) \end{bmatrix} \begin{bmatrix} \mathbf{I}_1 \\ \mathbf{I}_2 \end{bmatrix} \qquad \textbf{(13.45)}$$

그림 13.21과 13.22의 회로가 등가이면 식 (13.43)과 (13.45)는 같아야 한다. 식 (13.43)과 (13.45)의 임피던스 행렬에서 해당 항을 같도록 하면,

$$\boxed{L_a = L_1 - M, \qquad L_b = L_2 - M, \qquad L_c = M} \qquad \textbf{(13.46)}$$

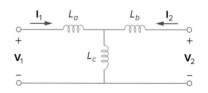

그림 13.22
등가 T 회로.

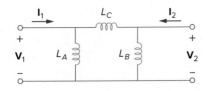

그림 13.23
등가 Π 회로.

그림 13.23의 Π(또는 Δ) 회로망에 노드 해석법을 적용하면 다음과 같은 단자 방정식을 구할 수 있다.

$$\begin{bmatrix} \mathbf{I}_1 \\ \mathbf{I}_2 \end{bmatrix} = \begin{bmatrix} \dfrac{1}{j\omega L_A} + \dfrac{1}{j\omega L_C} & -\dfrac{1}{j\omega L_C} \\ -\dfrac{1}{j\omega L_C} & \dfrac{1}{j\omega L_B} + \dfrac{1}{j\omega L_C} \end{bmatrix} \begin{bmatrix} \mathbf{V}_1 \\ \mathbf{V}_2 \end{bmatrix} \tag{13.47}$$

식 (13.44)와 (13.47)의 어드미턴스 행렬에서 해당 항을 같도록 하면,

$$L_A = \frac{L_1 L_2 - M^2}{L_2 - M}, \qquad L_B = \frac{L_1 L_2 - M^2}{L_1 - M}$$

$$L_C = \frac{L_1 L_2 - M^2}{M} \tag{13.48}$$

그림 13.22와 13.23에서 인덕터는 자기적으로 결합되어 있지 않다는 것에 주목하라. 또한 그림 13.21에서 점의 위치를 변경하면 M은 $-M$이 된다는 것을 주의하라. 예제 13.6에서 설명하는 것처럼, 음의 값을 가진 M은 물리적으로 실현할 수 없으나 등가 모델은 여전히 수학적으로 유효하다.

예제 13.4

그림 13.24의 회로에서, 입력 임피던스와 전류 $\mathbf{I}_1$을 구하라. $\mathbf{Z}_1 = 60 - j100\ \Omega$, $\mathbf{Z}_2 = 30 + j40\ \Omega$, $\mathbf{Z}_L = 80 + j60\ \Omega$이다.

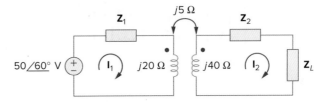

그림 13.24
예제 13.4.

풀이:
식 (13.41)로부터

$$\mathbf{Z}_{\text{in}} = \mathbf{Z}_1 + j20 + \frac{(5)^2}{j40 + \mathbf{Z}_2 + \mathbf{Z}_L}$$

$$= 60 - j100 + j20 + \frac{25}{110 + j140}$$

$$= 60 - j80 + 0.14\underline{/-51.84°}$$

$$= 60.09 - j80.11 = 100.14\underline{/-53.1°}\ \Omega$$

그러므로,

$$\mathbf{I}_1 = \frac{\mathbf{V}}{\mathbf{Z}_{\text{in}}} = \frac{50\underline{/60°}}{100.14\underline{/-53.1°}} = 0.5\underline{/113.1°}\ \text{A}$$

그림 13.25의 회로에서 입력 임피던스와 전압원에서 나오는 전류를 구하라.

실전문제 13.4

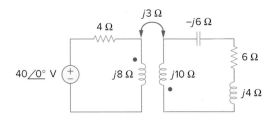

그림 13.25
실전문제 13.4.

답: $8.58\underline{/58.05°}$ Ω, $4.662\underline{/-58.05°}$ A

그림 13.26(a)의 선형 변압기에서 T 등가회로를 구하라.

예제 13.5

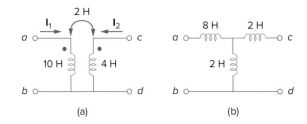

그림 13.26
예제 13.5: (a) 선형 변압기, (b) T 등가회로.

풀이:

$L_1 = 10$, $L_2 = 4$, $M = 2$이므로 T 등가회로는 다음과 같은 파라미터를 갖는다.

$$L_a = L_1 - M = 10 - 2 = 8 \text{ H}$$
$$L_b = L_2 - M = 4 - 2 = 2 \text{ H}, \qquad L_c = M = 2 \text{ H}$$

그림 13.26(b)에 T 등가회로를 나타냈다. 1차 권선과 2차 권선 전류의 기준 방향과 전압의 극성은 그림 13.21의 방식을 따른다고 가정했다. 그렇지 않으면 예제 13.6에서 설명했듯이 M을 $-M$으로 대치할 필요가 있다.

그림 13.26(a)의 선형 변압기에서 Π 등가회로를 구하라.

실전문제 13.5

답: $L_A = 18$ H, $L_B = 4.5$ H, $L_C = 18$ H

그림 13.27(실전문제 13.1과 같은 회로)에서 선형 변압기에 대한 T 등가회로를 이용하여 $\mathbf{I}_1$, $\mathbf{I}_2$, $\mathbf{V}_o$를 구하라.

예제 13.6

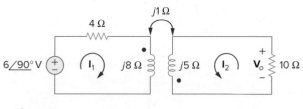

그림 13.27
예제 13.6.

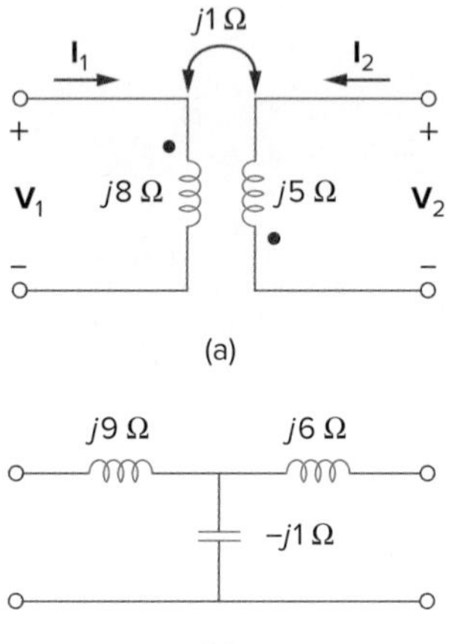

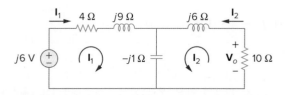

그림 13.28
예제 13.6: (a) 그림 13.27의 결합 코일 회로, (b) T 등가회로.

풀이:

자기적으로 결합된 코일을 T 등가회로로 대치할 필요가 있다. 그림 13.27의 관련 부분을 그림 13.28(a)에 나타냈다. 그림 13.28(a)를 그림 13.21과 비교하면 두 가지 다른 점이 있다는 것을 알 수 있다. 첫째, 전류의 기준 방향과 전압의 극성 때문에 그림 13.28(a)가 그림 13.21을 따르도록 하기 위해서는 M을 $-M$으로 대치해야 한다. 둘째, 그림 13.21의 회로는 시간 영역에서, 그림 13.28(a)는 주파수 영역에서 표현된 것이다. 그 차이는 $j\omega$ 인자이다. 즉, 그림 13.21에서 L은 $j\omega L$로, M은 $j\omega M$으로 대치되었다. ω가 지정되지 않았으므로 $\omega = 1$ rad/s 또는 다른 값으로 가정할 수 있으며, 이는 문제가 되지 않는다. 이 두 가지 차이점을 염두에 두고,

$$L_a = L_1 - (-M) = 8 + 1 = 9\,\text{H}$$
$$L_b = L_2 - (-M) = 5 + 1 = 6\,\text{H}, \qquad L_c = -M = -1\,\text{H}$$

그러므로 자기결합된 코일의 T 등가회로는 그림 13.28(b)와 같이 나타낼 수 있다.

그림 13.27의 두 코일을 대치하기 위해 그림 13.28(b)의 T 등가회로를 삽입하면 그림 13.29의 등가회로가 구해지며, 노드 해석법 또는 메시 해석법을 사용하여 해석할 수 있다. 메시 해석법을 적용하면,

$$j6 = \mathbf{I}_1(4 + j9 - j1) + \mathbf{I}_2(-j1) \qquad (13.6.1)$$

그리고

$$0 = \mathbf{I}_1(-j1) + \mathbf{I}_2(10 + j6 - j1) \qquad (13.6.2)$$

식 (13.6.2)로부터

$$\mathbf{I}_1 = \frac{(10 + j5)}{j}\mathbf{I}_2 = (5 - j10)\mathbf{I}_2 \qquad (13.6.3)$$

그림 13.29
예제 13.6.

식 (13.6.3)을 식 (13.6.1)에 대입하면,

$$j6 = (4 + j8)(5 - j10)\mathbf{I}_2 - j\mathbf{I}_2 = (100 - j)\mathbf{I}_2 \simeq 100\mathbf{I}_2$$

100은 1에 비해 매우 크므로 $(100 - j)$의 허수부는 무시하고 $100 - j \simeq 100$이 된다. 따라서

$$\mathbf{I}_2 = \frac{j6}{100} = j0.06 = 0.06\underline{/90^\circ}\ \text{A}$$

식 (13.6.3)으로부터

$$\mathbf{I}_1 = (5 - j10)j0.06 = 0.6 + j0.3\ \text{A}$$

그리고

$$\mathbf{V}_o = -10\mathbf{I}_2 = -j0.6 = 0.6\underline{/-90^\circ}\ \text{V}$$

자기적으로 결합된 코일에 대해 T 등가 모델을 사용하는 것의 장점은 그림 13.29에서 결합 코일의 점을 걱정할 필요가 없다는 것이다.

자기적으로 결합된 코일에 대한 T 등가 모델을 사용하여 예제 13.1(그림 13.9) 을 다시 풀라.

답: $13\underline{/-49.4^\circ}$ A, $2.91\underline{/14.04^\circ}$ A

13.5   이상적인 변압기

이상적인 변압기는 코일이 완전히 결합된$(k = 1)$ 변압기이다. 이것은 투자율이 높은 공통 코어에 감긴 매우 많은 권선수의 코일 2개(또는 그 이상)로 구성된다. 코어의 큰 투자율 때문에 자속은 두 코일의 모든 권선을 쇄교하여 완전한 결합 을 이룬다.

    이상적인 변압기가 인덕턴스가 무한대에 접근하고 결합이 완벽한 2개의 결 합된 인덕터의 제한 사례에 해당하는 것인지 확인하기 위해 그림 13.14의 회로 를 다시 살펴보자. 주파수 영역에서

$$\mathbf{V}_1 = j\omega L_1 \mathbf{I}_1 + j\omega M \mathbf{I}_2 \tag{13.49a}$$
$$\mathbf{V}_2 = j\omega M \mathbf{I}_1 + j\omega L_2 \mathbf{I}_2 \tag{13.49b}$$

식 (13.49a)로부터 $\mathbf{I}_1 = (\mathbf{V}_1 - j\omega M \mathbf{I}_2)/j\omega L_1$이다(우리는 곧 배울 전력 보존의 법칙을 사용하는 대신에 이 식을 사용하여 전류비에 대한 식을 유도할 수 있다). 이것을 식 (13.49b)에 대입하면,

$$\mathbf{V}_2 = j\omega L_2 \mathbf{I}_2 + \frac{M \mathbf{V}_1}{L_1} - \frac{j\omega M^2 \mathbf{I}_2}{L_1}$$

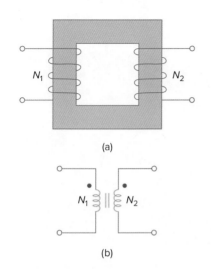

(a)

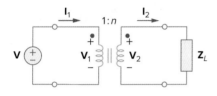

(b)

그림 13.30
(a) 이상적인 변압기, (b) 이상적인 변압기
의 회로 기호.

그림 13.31
이상적인 변압기의 1차 측과 2차 측 값의
관계.

그러나 완전결합($k = 1$)인 경우 $M = \sqrt{L_1 L_2}$이므로,

$$\mathbf{V}_2 = j\omega L_2 \mathbf{I}_2 + \frac{\sqrt{L_1 L_2}\,\mathbf{V}_1}{L_1} - \frac{j\omega L_1 L_2 \mathbf{I}_2}{L_1} = \sqrt{\frac{L_2}{L_1}}\,\mathbf{V}_1 = n\mathbf{V}_1$$

여기서 $n = \sqrt{L_2/L_1}$이고 권선수비(turns ratio)라 한다. L_1, L_2, $M \to \infty$인 경우에 권선수비 n은 동일하며 결합 코일은 이상적인 변압기가 된다. 변압기는 다음 성질을 가지면 이상적이라고 한다.

1. 코일이 매우 큰 리액턴스를 갖는다(L_1, L_2, $M \to \infty$).
2. 결합계수가 1이다($k = 1$).
3. 1차 및 2차 코일의 손실이 없다($R_1 = 0 = R_2$).

이상적인 변압기는 1차 및 2차 코일이 무한대의 자기 인덕턴스를 가진 완전결합된 무손실 변압기이다.

철심 변압기는 이상적인 변압기에 가깝고 전력 시스템과 전자회로에 사용된다.

그림 13.30(a)는 전형적인 이상적인 변압기를 나타낸 것이며, 회로 기호는 그림 13.30(b)와 같다. 두 코일 사이의 평행 수직선은 철심을 나타낸 것이며, 이는 선형 변압기에 사용된 공심과 구별하기 위한 것이다. 1차 권선은 N_1의 권선수를 가지며, 2차 권선은 N_2의 권선수를 갖는다.

그림 13.31에 나타낸 것과 같이 정현파 전압이 1차 권선에 인가될 때 똑같은 자속 ϕ가 두 권선을 통과한다. 패러데이의 법칙에 의해 1차 권선 양단의 전압은

$$v_1 = N_1 \frac{d\phi}{dt} \tag{13.50a}$$

2차 권선 양단의 전압은

$$v_2 = N_2 \frac{d\phi}{dt} \tag{13.50b}$$

식 (13.50b)를 식 (13.50a)로 나누면,

$$\frac{v_2}{v_1} = \frac{N_2}{N_1} = n \tag{13.51}$$

여기서 n은 권선수비 또는 변압비(transformation ratio)라고 한다. 순시값인 v_1, v_2 대신 페이저 전압 $\mathbf{V}_1$과 $\mathbf{V}_2$를 사용하면 식 (13.51)은 다음과 같이 쓸 수 있다.

$$\boxed{\frac{\mathbf{V}_2}{\mathbf{V}_1} = \frac{N_2}{N_1} = n} \tag{13.52}$$

전력 보존의 이유 때문에 이상적인 변압기에서는 에너지 손실이 없으므로 1차 측에 공급된 에너지는 2차 측에 흡수된 에너지와 같아야 한다. 이것에 의해

$$v_1 i_1 = v_2 i_2 \tag{13.53}$$

페이저 형태를 사용하면 식 (13.53)은 식 (13.52)와 연계하여,

$$\frac{\mathbf{I}_1}{\mathbf{I}_2} = \frac{\mathbf{V}_2}{\mathbf{V}_1} = n \qquad \textbf{(13.54)}$$

위의 식은 1차 측과 2차 측의 전류가 전압과는 반대로 권선수비와 연관이 있음을 보여준다.

$$\boxed{\frac{\mathbf{I}_2}{\mathbf{I}_1} = \frac{N_1}{N_2} = \frac{1}{n}} \qquad \textbf{(13.55)}$$

$n = 1$일 때의 변압기를 일반적으로 격리변압기(isolation transformer)라고 한다. 그 이유는 13.9.1절에서 명확히 알게 될 것이다. $n > 1$이면 승압변압기(step-up transformer)라고 하며, 1차 측보다 2차 측의 전압이 증가한다($\mathbf{V}_2 > \mathbf{V}_1$). 반대로 $n < 1$이면 강압변압기(step-down transformer)라고 하며, 1차 측보다 2차 측의 전압이 감소한다($\mathbf{V}_2 < \mathbf{V}_1$).

> **강압변압기**는 2차 측 전압이 1차 측 전압보다 작은 변압기이다.

> **승압변압기**는 2차 측 전압이 1차 측 전압보다 큰 변압기이다.

변압기의 정격은 보통 V_1/V_2으로 나타낸다. 정격이 2400/120 V인 변압기는 1차 측이 2400 V이고 2차 측이 120 V인 강압변압기이다. 그리고 전압은 모두 실효값으로 나타낸다는 사실을 기억하라.

전력 회사에서는 흔히 편리한 전압으로 발전하고, 승압변압기를 사용하여 전압을 증가시켜서 매우 높은 전압과 낮은 전류로 송전선에서 전력을 전달하여 상당한 비용을 절감한다. 주거용 수요자 가옥 근처에서 강압변압기를 사용하여 전압을 120 V로 강하하는데, 이에 관해 13.9.3절에서 자세히 설명할 것이다.

그림 13.31의 변압기에 대해 전압의 극성과 전류의 방향을 어떻게 적절하게 취할지를 아는 것이 중요하다. 만약 $\mathbf{V}_1$ 또는 $\mathbf{V}_2$의 극성이나 $\mathbf{I}_1$ 또는 $\mathbf{I}_2$의 방향이 바뀌면 식 (13.51)~(13.55)의 n은 $-n$으로 대치되어야 한다. 여기에는 두 가지 간단한 규칙이 적용된다.

1. 만약 $\mathbf{V}_1$과 $\mathbf{V}_2$가 점이 찍힌 단자에 대해 모두 양이거나 음이면 식 (13.52)에서 $+n$을 사용하고, 다른 경우는 $-n$을 사용한다.
2. 만약 $\mathbf{I}_1$과 $\mathbf{I}_2$가 점이 찍힌 단자로 흘러 들어가거나 흘러 나오면 식 (13.55)에서 $-n$을 사용하고, 다른 경우는 $+n$을 사용한다.

이 규칙을 그림 13.32에서 4개의 회로로 설명했다.

식 (13.52)와 (13.55)를 사용하여 $\mathbf{V}_1$을 $\mathbf{V}_2$에 대해 그리고 $\mathbf{I}_1$을 $\mathbf{I}_2$에 대해 표현할 수 있고, 그 반대도 가능하다.

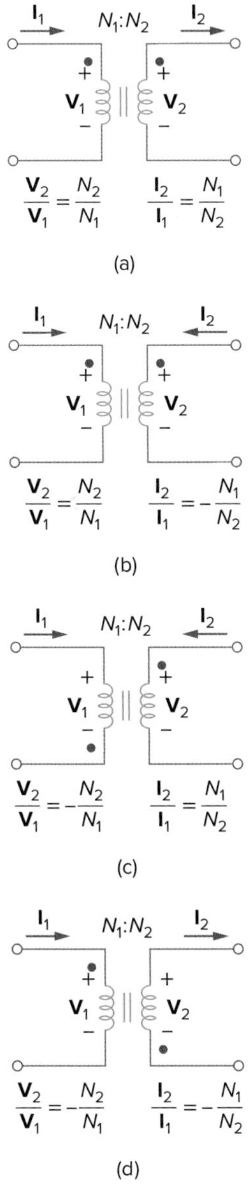

$$\frac{\mathbf{V}_2}{\mathbf{V}_1} = \frac{N_2}{N_1} \qquad \frac{\mathbf{I}_2}{\mathbf{I}_1} = \frac{N_1}{N_2}$$

(a)

$$\frac{\mathbf{V}_2}{\mathbf{V}_1} = \frac{N_2}{N_1} \qquad \frac{\mathbf{I}_2}{\mathbf{I}_1} = -\frac{N_1}{N_2}$$

(b)

$$\frac{\mathbf{V}_2}{\mathbf{V}_1} = -\frac{N_2}{N_1} \qquad \frac{\mathbf{I}_2}{\mathbf{I}_1} = \frac{N_1}{N_2}$$

(c)

$$\frac{\mathbf{V}_2}{\mathbf{V}_1} = -\frac{N_2}{N_1} \qquad \frac{\mathbf{I}_2}{\mathbf{I}_1} = -\frac{N_1}{N_2}$$

(d)

그림 13.32
이상적인 변압기에서 적절한 전압 극성과 전류 방향을 설명하기 위한 전형적인 회로.

$$\mathbf{V}_1 = \frac{\mathbf{V}_2}{n} \qquad \text{또는} \qquad \mathbf{V}_2 = n\mathbf{V}_1 \tag{13.56}$$

$$\mathbf{I}_1 = n\mathbf{I}_2 \qquad \text{또는} \qquad \mathbf{I}_2 = \frac{\mathbf{I}_1}{n} \tag{13.57}$$

1차 권선의 복소전력은

$$\mathbf{S}_1 = \mathbf{V}_1\mathbf{I}_1^* = \frac{\mathbf{V}_2}{n}(n\mathbf{I}_2)^* = \mathbf{V}_2\mathbf{I}_2^* = \mathbf{S}_2 \tag{13.58}$$

위 식은 1차 측에 공급된 복소전력이 손실 없이 2차 측에 전달되는 것을 보여준다. 변압기는 전력을 흡수하지 않는다. 물론 이상적인 변압기로 가정했기 때문에 손실이 없는 것이다. 그림 13.31에서 전원 측에서 본 입력 임피던스는 식 (13.56)과 (13.57)로부터 다음과 같이 구할 수 있다.

$$\mathbf{Z}_{\text{in}} = \frac{\mathbf{V}_1}{\mathbf{I}_1} = \frac{1}{n^2}\frac{\mathbf{V}_2}{\mathbf{I}_2} \tag{13.59}$$

그림 13.31에서 $\mathbf{V}_2/\mathbf{I}_2 = \mathbf{Z}_L$이 명백하므로,

$$\mathbf{Z}_{\text{in}} = \frac{\mathbf{Z}_L}{n^2} \tag{13.60}$$

이상적인 변압기는 권선수비의 제곱만큼 임피던스가 반사된다는 것에 주의하라.

입력 임피던스는 반사 임피던스라고도 하는데, 이는 부하 임피던스가 마치 1차 측에 반사된 것처럼 보이기 때문이다. 어떤 주어진 임피던스를 다른 임피던스로 변환하는 변압기의 기능은 최대 전력 전달을 위한 임피던스 정합(impedance matching)의 수단을 제공한다. 임피던스 정합의 개념은 실제로 매우 유용하게 사용되므로 13.9.2절에서 더 설명할 것이다.

이상적인 변압기를 포함한 회로를 해석하는 데 변압기의 한쪽에서 다른 쪽으로 임피던스와 전원을 반사함으로써 변압기를 제거하는 것이 일반적인 방법이다. 그림 13.33의 회로에서 회로의 2차 측을 1차 측으로 반사한다고 가정하자. 단자 *a-b*의 오른쪽에 대한 테브냉 등가회로를 구해보자. 그림 13.34(a)에 나타낸 것처럼 단자 *a-b*에서의 개방회로 전압은 $\mathbf{V}_{\text{Th}}$가 된다.

단자 *a-b*는 개방이므로 $\mathbf{I}_1 = 0 = \mathbf{I}_2$이고, 따라서 $\mathbf{V}_2 = \mathbf{V}_{s2}$이다. 그러므로 식 (13.56)으로부터,

$$\mathbf{V}_{\text{Th}} = \mathbf{V}_1 = \frac{\mathbf{V}_2}{n} = \frac{\mathbf{V}_{s2}}{n} \tag{13.61}$$

$\mathbf{Z}_{\text{Th}}$를 얻기 위해 그림 13.34(b)와 같이 2차 권선에서 전압원을 제거하고 단자 *a-b*에 단위전원을 삽입한다. 식 (13.56)과 (13.57)로부터 $\mathbf{I}_1 = n\mathbf{I}_2$, $\mathbf{V}_1 = \mathbf{V}_2/n$이다. 따라서

$$\mathbf{Z}_{\text{Th}} = \frac{\mathbf{V}_1}{\mathbf{I}_1} = \frac{\mathbf{V}_2/n}{n\mathbf{I}_2} = \frac{\mathbf{Z}_2}{n^2}, \qquad \mathbf{V}_2 = \mathbf{Z}_2\mathbf{I}_2 \tag{13.62}$$

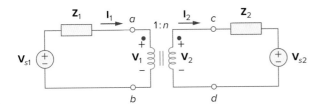

그림 13.33

이상적인 변압기 회로에 대한 등가회로 구하기.

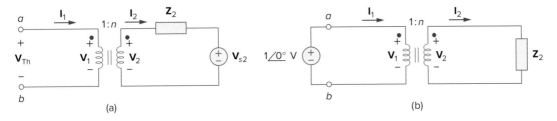

그림 13.34

(a) 그림 13.33 회로의 $\mathbf{V}_{Th}$, (b) 그림 13.33 회로의 $\mathbf{Z}_{Th}$.

이는 식 (13.60)으로부터 기대된 결과이다. $\mathbf{V}_{Th}$와 $\mathbf{Z}_{Th}$를 구했으므로 그림 13.33의 회로에서 단자 a-b의 왼쪽에 테브냉 등가회로를 연결한다. 그림 13.35에 이러한 결과를 나타냈다.

> 변압기를 제거하고 2차 측 회로를 1차 측에 반사하는 일반적인 방법은 2차 측 임피던스를 n^2으로 나누고, 2차 측 전압은 n으로 나누며, 2차 측 전류는 n을 곱하는 것이다.

또한 그림 13.33의 회로에서 1차 측을 2차 측에 반사하여 등가회로로 나타낼 수도 있다. 그림 13.36은 그 등가회로를 보여준다.

> 변압기를 제거하고 1차 측 회로를 2차 측에 반사하는 방법은 1차 측 임피던스에 n^2을 곱하고, 1차 측 전압은 n을 곱하며, 1차 측 전류는 n으로 나누는 것이다.

식 (13.58)에 의하면 전력은 1차 측에서 계산하든 2차 측에서 계산하든 같다. 그러나 반사에 의한 접근 방법은 1차 측 권선과 2차 측 권선 사이에 외부적인 연결이 없을 때만 적용할 수 있다는 것을 알아야 한다. 1차 측 권선과 2차 측 권선 사이에 외부 연결이 있을 때는 일반적인 메시 해석법 또는 노드 해석법을 사용하면 된다. 1차 측 권선과 2차 측 권선 사이에 외부적인 연결을 가진 회로의 예를 그림 13.39와 13.40에 나타냈다. 또한 그림 13.33의 점 위치가 바뀌면 그림 13.32에서 보여준 바와 같이 점 관례를 따라서 n을 $-n$으로 대치해야 한다.

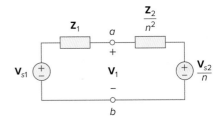

그림 13.35

2차 측을 1차 측으로 반사한 그림 13.33의 등가회로.

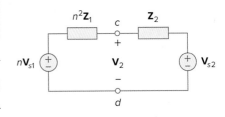

그림 13.36

1차 측을 2차 측으로 반사한 그림 13.33의 등가회로.

예제 13.7

정격이 2400/120 V, 9.6 kVA인 이상적인 변압기의 2차 측 권선수가 50이다.
(a) 권선수비, (b) 1차 측 권선수, (c) 1차 측과 2차 측 권선의 전류정격을 구하라.

풀이:

(a) $V_1 = 2,400 \text{ V} > V_2 = 120 \text{ V}$이므로 강압변압기이다.

$$n = \frac{V_2}{V_1} = \frac{120}{2,400} = 0.05$$

(b)

$$n = \frac{N_2}{N_1} \quad \Rightarrow \quad 0.05 = \frac{50}{N_1}$$

또는

$$N_1 = \frac{50}{0.05} = 1,000 \text{ turns}$$

(c) $S = V_1 I_1 = V_2 I_2 = 9.6 \text{ kVA}$ 이므로,

$$I_1 = \frac{9,600}{V_1} = \frac{9,600}{2,400} = 4 \text{ A}$$

$$I_2 = \frac{9,600}{V_2} = \frac{9,600}{120} = 80 \text{ A} \quad \text{또는} \quad I_2 = \frac{I_1}{n} = \frac{4}{0.05} = 80 \text{ A}$$

실전문제 13.7

정격이 2200/110 V인 이상적인 변압기의 1차 측 전류가 5 A이다. (a) 권선수비,
(b) kVA 정격, (c) 2차 측 전류를 구하라.

답: (a) 1/20, (b) 11 kVA, (c) 100 A

예제 13.8

그림 13.37의 이상적인 변압기 회로에서 (a) 전원전류 $\mathbf{I}_1$, (b) 출력 전압 $\mathbf{V}_o$,
(c) 전원이 공급하는 복소전력을 구하라.

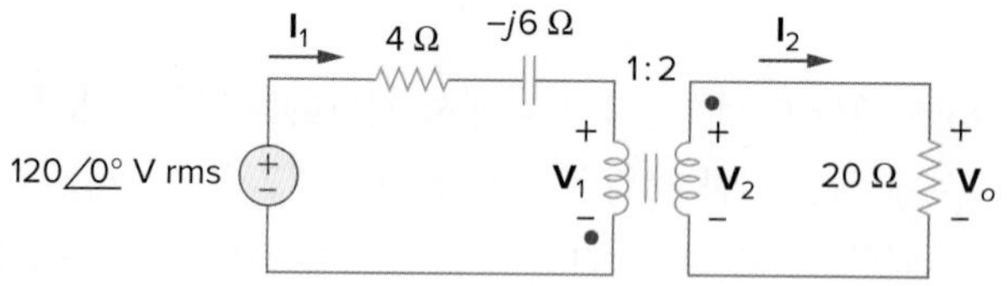

그림 13.37
예제 13.8.

풀이:

(a) 20 Ω 임피던스를 1차 측에 반사시키면,

$$\mathbf{Z}_R = \frac{20}{n^2} = \frac{20}{4} = 5 \text{ Ω}$$

그러므로,

$$\mathbf{Z}_{\text{in}} = 4 - j6 + \mathbf{Z}_R = 9 - j6 = 10.82\underline{/-33.69°}\ \Omega$$

$$\mathbf{I}_1 = \frac{120\underline{/0°}}{\mathbf{Z}_{\text{in}}} = \frac{120\underline{/0°}}{10.82\underline{/-33.69°}} = 11.09\underline{/33.69°}\ \text{A}$$

(b) $\mathbf{I}_1$과 $\mathbf{I}_2$ 모두 점이 찍힌 단자로부터 흘러 나가므로,

$$\mathbf{I}_2 = -\frac{1}{n}\mathbf{I}_1 = -5.545\underline{/33.69°}\ \text{A}$$

$$\mathbf{V}_o = 20\mathbf{I}_2 = 110.9\underline{/213.69°}\ \text{V}$$

(c) 공급되는 복소전력은

$$\mathbf{S} = \mathbf{V}_s\mathbf{I}_1^* = (120\underline{/0°})(11.09\underline{/-33.69°}) = 1{,}330.8\underline{/-33.69°}\ \text{VA}$$

실전문제 13.8

그림 13.38의 이상적인 변압기 회로에서 $\mathbf{V}_o$와 전원에서 공급되는 복소전력을 구하라.

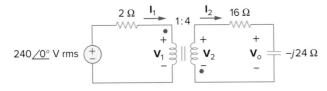

그림 13.38
실전문제 13.8.

답: $429.4\underline{/116.57°}\ \text{V},\ 17.174\underline{/-26.57°}\ \text{kVA}$

예제 13.9

그림 13.39의 이상적인 변압기 회로에서 10 Ω 저항에 공급되는 전력을 구하라.

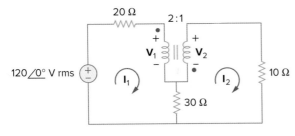

그림 13.39
예제 13.9.

풀이:

이 회로에서는 1차 측과 2차 측 사이에 30 Ω 저항에 의한 직접 연결이 있기 때문에 2차 측 또는 1차 측으로의 반사를 할 수 없다. 메시 해석법을 적용한다. 메시 1에 대해,

$$-120 + (20 + 30)\mathbf{I}_1 - 30\mathbf{I}_2 + \mathbf{V}_1 = 0$$

또는

$$50\mathbf{I}_1 - 30\mathbf{I}_2 + \mathbf{V}_1 = 120 \qquad \textbf{(13.9.1)}$$

메시 2에 대해,

$$-\mathbf{V}_2 + (10 + 30)\mathbf{I}_2 - 30\mathbf{I}_1 = 0$$

또는

$$-30\mathbf{I}_1 + 40\mathbf{I}_2 - \mathbf{V}_2 = 0 \qquad \textbf{(13.9.2)}$$

변압기 단자에서,

$$\mathbf{V}_2 = -\frac{1}{2}\mathbf{V}_1 \qquad \textbf{(13.9.3)}$$

$$\mathbf{I}_2 = -2\mathbf{I}_1 \qquad \textbf{(13.9.4)}$$

($n = 1/2$임을 주목하라.) 우리는 지금 4개의 미지 변수에 대한 4개의 방정식을 가지고 있지만 $\mathbf{I}_2$를 구하는 것이 목표이다. 그러므로 식 (13.9.1)과 (13.9.2)에서 $\mathbf{V}_1$와 $\mathbf{I}_1$을 $\mathbf{V}_2$와 $\mathbf{I}_2$로 대치하면 식 (13.9.1)은

$$-55\mathbf{I}_2 - 2\mathbf{V}_2 = 120 \qquad \textbf{(13.9.5)}$$

그리고 식 (13.9.2)는

$$15\mathbf{I}_2 + 40\mathbf{I}_2 - \mathbf{V}_2 = 0 \quad \Rightarrow \quad \mathbf{V}_2 = 55\mathbf{I}_2 \qquad \textbf{(13.9.6)}$$

식 (13.9.6)을 식 (13.9.5)에 대입하면,

$$-165\mathbf{I}_2 = 120 \quad \Rightarrow \quad \mathbf{I}_2 = -\frac{120}{165} = -0.7272 \text{ A}$$

10 Ω 저항이 흡수한 전력은

$$P = (-0.7272)^2(10) = 5.3 \text{ W}$$

실전문제 13.9

그림 13.40의 회로에서 $\mathbf{V}_o$를 구하라.

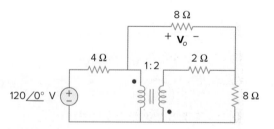

그림 13.40
실전문제 13.9.

답: 48 V

13.6 | 이상적인 단권변압기

지금까지 다룬 일반적인 2권선 변압기와 달리 단권변압기(autotransformer)는 1차 측과 2차 측 사이에 탭(tap)이라는 연결점이 있는 하나의 연속된 권선을 갖는다. 이 탭은 전압을 강압 또는 승압하기 위해 적절한 권선수비를 제공하도록 조정 가능하게 되어 있다. 이런 방법에 의해 단권변압기에 연결된 부하에 다양한 전압이 제공된다.

> 단권변압기는 1차 측과 2차 측이 하나의 권선으로 되어 있는 변압기이다.

그림 13.41은 전형적인 단권변압기를 보여준다. 그림 13.42에 나타낸 바와 같이 단권변압기는 강압 또는 승압 모드로 동작할 수 있다. 단권변압기는 전력변압기의 한 형태이다. 2권선 변압기에 비해 단권변압기의 중요 이점은 보다 큰 피상전력을 전달할 수 있다는 것이다. 예제 13.10에서 이것을 보여줄 것이다. 또 다른 이점은 단권변압기는 등가의 2권선 변압기에 비해 보다 작고 가볍다는 것이다. 그렇지만 1차 권선과 2차 권선 모두 하나의 권선을 사용하므로 전기적인 격리(전기적으로 직접 연결되지 않은 것)를 잃게 된다(13.9.1절에서 전통적인 변압기의 전기적 격리 특성이 어떻게 실제로 적용되는지를 보게 될 것이다). 1차 권선과 2차 권선 사이에 전기적 격리가 되지 않는다는 것은 단권변압기의 중요한 단점이다.

이상적인 변압기에 대해 유도한 몇 가지 공식은 이상적인 단권변압기에서도 그대로 적용된다. 그림 13.42(a)의 강압용 단권변압기 회로에 대해 식 (13.52)는

$$\boxed{\frac{\mathbf{V}_1}{\mathbf{V}_2} = \frac{N_1 + N_2}{N_2} = 1 + \frac{N_1}{N_2}} \qquad \textbf{(13.63)}$$

이상적인 단권변압기는 손실이 없기 때문에 1차 권선과 2차 권선에서 복소전력이 같다.

$$\mathbf{S}_1 = \mathbf{V}_1\mathbf{I}_1^* = \mathbf{S}_2 = \mathbf{V}_2\mathbf{I}_2^* \qquad \textbf{(13.64)}$$

식 (13.64)는 또한 다음과 같이 나타낼 수 있다.

$$V_1 I_1 = V_2 I_2$$

또는

$$\frac{V_2}{V_1} = \frac{I_1}{I_2} \qquad \textbf{(13.65)}$$

따라서, 전류 관계는

$$\frac{\mathbf{I}_1}{\mathbf{I}_2} = \frac{N_2}{N_1 + N_2} \qquad \textbf{(13.66)}$$

그림 13.41
전형적인 단권변압기.
Sandremix/Shutterstock

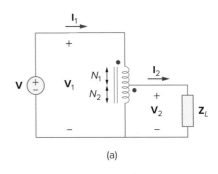

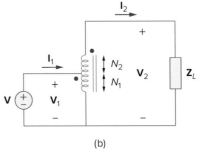

그림 13.42
(a) 강압용 단권변압기, (b) 승압용 단권변압기.

그림 13.42(b)의 승압용 단권변압기에서,

$$\frac{\mathbf{V}_1}{N_1} = \frac{\mathbf{V}_2}{N_1 + N_2}$$

또는

$$\boxed{\frac{\mathbf{V}_1}{\mathbf{V}_2} = \frac{N_1}{N_1 + N_2}} \tag{13.67}$$

식 (13.64)로 주어진 복소전력은 또한 승압용 단권변압기에 대해 적용할 수 있으며, 식 (13.65)도 적용이 가능하다. 따라서 전류 관계는

$$\frac{\mathbf{I}_1}{\mathbf{I}_2} = \frac{N_1 + N_2}{N_1} = 1 + \frac{N_2}{N_1} \tag{13.68}$$

일반 변압기와 단권변압기의 주요 차이점은 단권변압기의 1차 측과 2차 측이 자기적으로 결합되어 있을 뿐만 아니라 전기적으로도 결합되어 있다는 것이다. 단권변압기는 전기적 격리가 필요없는 경우에 일반 변압기 대신 사용될 수 있다.

예제 13.10

그림 13.43(a) 2권선 변압기와 그림 13.43(b) 단권변압기의 정격전력을 비교하라.

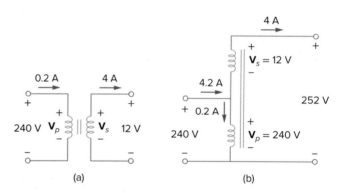

그림 13.43
예제 13.10.

풀이:

단권변압기의 1차 측과 2차 측 권선이 연속된 하나의 권선으로 되어 있지만 그림 13.43(b)에서는 명확하게 분리해서 나타냈다. 그림 13.43(b)에 나타낸 단권변압기 각 권선의 전류와 전압은 그림 13.43(a)의 2권선 변압기와 같다는 사실에 주의하자. 이것은 두 변압기의 정격전력을 비교하는 기준이 된다.

2권선 변압기에서 정격전력은

$$S_1 = 0.2(240) = 48 \text{ VA} \quad \text{또는} \quad S_2 = 4(12) = 48 \text{ VA}$$

단권변압기에서 정격전력은

$$S_1 = 4.2(240) = 1,008 \text{ VA} \qquad \text{또는} \qquad S_2 = 4(252) = 1,008 \text{ VA}$$

이것은 2권선 변압기의 21배에 달하는 정적전력이다.

실전문제 13.10

그림 13.43에서 2권선 변압기가 60 VA, 120 V/10 V인 변압기라면 단권변압기의 정격전력은 얼마인가?

답: 780 VA

예제 13.11

그림 13.44의 단권변압기 회로에서 (a) $\mathbf{Z}_L = 8 + j6 \ \Omega$일 때 $\mathbf{I}_1$, $\mathbf{I}_2$, $\mathbf{I}_o$, (b) 부하에 공급되는 복소전력을 구하라.

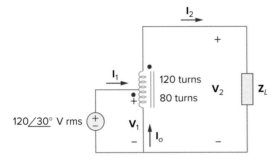

그림 13.44
예제 13.11.

풀이:

(a) $N_1 = 80$, $N_2 = 120$, $\mathbf{V}_1 = 120\underline{/30°}$인 승압용 단권변압기이므로, $\mathbf{V}_2$를 구하기 위해 식 (13.67)을 사용하면,

$$\frac{\mathbf{V}_1}{\mathbf{V}_2} = \frac{N_1}{N_1 + N_2} = \frac{80}{200}$$

또는

$$\mathbf{V}_2 = \frac{200}{80} \mathbf{V}_1 = \frac{200}{80} (120\underline{/30°}) = 300\underline{/30°} \text{ V}$$

$$\mathbf{I}_2 = \frac{\mathbf{V}_2}{\mathbf{Z}_L} = \frac{300\underline{/30°}}{8 + j6} = \frac{300\underline{/30°}}{10\underline{/36.87°}} = 30\underline{/-6.87°} \text{ A}$$

그러나

$$\frac{\mathbf{I}_1}{\mathbf{I}_2} = \frac{N_1 + N_2}{N_1} = \frac{200}{80}$$

또는

$$\mathbf{I}_1 = \frac{200}{80} \mathbf{I}_2 = \frac{200}{80} (30\underline{/-6.87°}) = 75\underline{/-6.87°} \text{ A}$$

탭에서 KCL을 적용하면,

$$\mathbf{I}_1 + \mathbf{I}_o = \mathbf{I}_2$$

또는

$$\mathbf{I}_o = \mathbf{I}_2 - \mathbf{I}_1 = 30\underline{/-6.87°} - 75\underline{/-6.87°} = 45\underline{/173.13°} \text{ A}$$

(b) 부하에 공급되는 복소전력은

$$\mathbf{S}_2 = \mathbf{V}_2\mathbf{I}_2^* = |\mathbf{I}_2|^2 \mathbf{Z}_L = (30)^2(10\underline{/36.87°}) = 9\underline{/36.87°} \text{ kVA}$$

실전문제 13.11

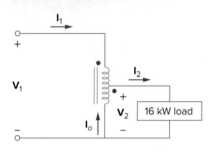

그림 13.45
실전문제 13.11.

그림 13.45의 단권변압기 회로에서 전류 $\mathbf{I}_1$, $\mathbf{I}_2$, $\mathbf{I}_o$를 구하라. $\mathbf{V}_1$ = 2.5 kV, $\mathbf{V}_2$ = 1 kV이다.

답: 6.4 A, 16 A, 9.6 A

13.7   †3상 변압기

3상 전력 전송을 위해서는 3상 운용에 적합한 변압기의 연결이 필요하다. 변압기 연결은 3대의 단상변압기를 연결하여 소위 **변압기 뱅크**(transformer bank)를 형성하거나, 또는 특별한 3상 변압기를 사용하는 두 가지 방법으로 가능하다. 동일한 kVA 정격에 대해 하나의 3상 변압기가 3대의 단상변압기보다 항상 작고 가격이 싸다. 단상변압기를 사용할 때는 평형 3상 시스템을 이루기 위해 동일한 권선수비 n을 가지도록 보장해야 한다. 3상 운용을 위해서는 3대의 단상변압기 또는 3상 변압기를 연결하는 네 가지 표준 방식, 즉 Y-Y, Δ-Δ, Y-Δ, Δ-Y가 있다.

네 가지 연결 방식 어느 것에 대해서도 전체 피상전력 S_T, 유효전력 P_T, 무효전력 Q_T는 다음과 같이 구해진다.

$$S_T = \sqrt{3}\, V_L I_L \tag{13.69a}$$
$$P_T = S_T \cos\theta = \sqrt{3}\, V_L I_L \cos\theta \tag{13.69b}$$
$$Q_T = S_T \sin\theta = \sqrt{3}\, V_L I_L \sin\theta \tag{13.69c}$$

여기서 V_L과 I_L은 각각 1차 측의 선전압 V_{Lp}, 선전류 I_{Lp}, 또는 2차 측의 선전압 V_{Ls}, 선전류 I_{Ls}와 같다. 이상적인 변압기에서는 전력이 보존되어야 하므로 식 (13.69)로부터 네 가지 연결 방식 각각에 대해 $V_{Ls}I_{Ls} = V_{Lp}I_{Lp}$이다.

그림 13.46의 Y-Y 결선에 대해 1차 측의 선전압 V_{Lp}와 2차 측의 선전압 V_{Ls}, 1차 측의 선전류 I_{Lp}와 2차 측의 선전류 I_{Ls}는 변압기의 상당 권선수비 n과 식 (13.52), (13.55)와 같이 연관된다.

$$V_{Ls} = nV_{Lp} \tag{13.70a}$$

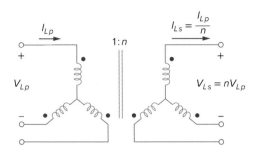

그림 13.46
Y-Y 3상 변압기 결선.

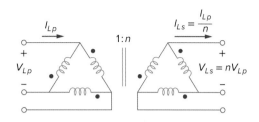

그림 13.47
Δ-Δ 3상 변압기 결선.

$$I_{Ls} = \frac{I_{Lp}}{n} \tag{13.70b}$$

그림 13.47의 Δ-Δ 결선에서도 식 (13.70)이 선전압과 선전류에 대해 적용된다. 이 결선은 3대의 변압기 중 1대가 수리나 유지·보수를 위해 제거되는 경우 다른 2대의 변압기가 **개방 Δ** 결선을 형성하여 원래의 3상 변압기에 비해 단순화된 수준에서 3상 전압을 제공할 수 있다는 점에서 독특하다.

그림 13.48의 Y-Δ 결선에 대해서는 변압기의 상당 권선수비 n에 추가하여 선과 상 값의 관계를 나타내는 $\sqrt{3}$의 인자가 사용된다. 그러므로

$$V_{Ls} = \frac{nV_{Lp}}{\sqrt{3}} \tag{13.71a}$$

$$I_{Ls} = \frac{\sqrt{3}I_{Lp}}{n} \tag{13.71b}$$

마찬가지로 그림 13.49의 Δ-Y 결선에서는,

$$V_{Ls} = n\sqrt{3}\,V_{Lp} \tag{13.72a}$$

$$I_{Ls} = \frac{I_{Lp}}{n\sqrt{3}} \tag{13.72b}$$

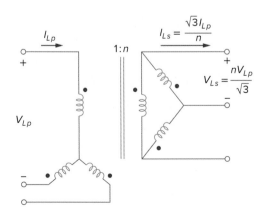

그림 13.48
Y-Δ 3상 변압기 결선.

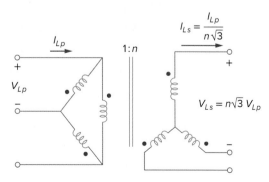

그림 13.49
Δ-Y 3상 변압기 결선.

예제 13.12

그림 13.50에 나타낸 42 kVA 평형 부하가 3상 변압기에 의해 공급된다. (a) 변압기 결선 형태를 구하라. (b) 1차 측의 선전압과 선전류를 구하라. (c) 변압기 뱅크에 사용된 각 변압기의 kVA 정격을 구하라. 여기서 변압기는 이상적인 변압기라고 가정한다.

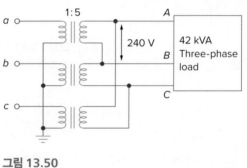

그림 13.50
예제 13.12.

풀이:

(a) 그림 13.50을 면밀히 살펴보면 1차 측은 Y 결선, 2차 측은 Δ 결선으로 되어 있다. 그러므로 3상 변압기는 그림 13.48에 나타낸 것과 유사하게 Y-Δ 결선이다.

(b) 부하의 전체 피상전력이 $S_T = 42$ kVA이고, 권선수비 $n = 5$, 2차 측 선전압이 $V_{Ls} = 240$ V이므로 식 (13.69a)를 사용하여 2차 측 선전류를 구하면,

$$I_{Ls} = \frac{S_T}{\sqrt{3}\ V_{Ls}} = \frac{42,000}{\sqrt{3}(240)} = 101 \text{ A}$$

식 (13.71)로부터

$$I_{Lp} = \frac{n}{\sqrt{3}}\ I_{Ls} = \frac{5 \times 101}{\sqrt{3}} = 292 \text{ A}$$

$$V_{Lp} = \frac{\sqrt{3}}{n}\ V_{Ls} = \frac{\sqrt{3} \times 240}{5} = 83.14 \text{ V}$$

(c) 부하가 평형이기 때문에 각 상 변압기는 전체 부하를 똑같이 분담하고 손실이 없으므로(이상적인 변압기라고 가정) 각 변압기의 kVA 정격은 $S = S_T/3 = 14$ kVA이다. 다른 방법으로는 1차 측 또는 2차 측의 상전류와 상전압을 곱하여 각 변압기의 정격을 구할 수 있다. 예를 들어 1차 측을 Δ 결선했으므로 1차 측의 상전압은 선전압 240 V와 같고, 상전류는 $I_{Lp}/\sqrt{3} = 58.34$ A이다. 그러므로 $S = 240 \times 58.34 = 14$ kVA가 된다.

실전문제 13.12

3상 Δ-Δ 변압기가 선전압 12.5 kV로 운전되는 공장에 공급하기 위해 선전압 625 kV를 강압하는 데 사용된다. 이 공장은 뒤짐 역률 85%의 40 MW 전력을 소비하고 있다. (a) 공장에 공급되는 전류, (b) 권선수비, (c) 변압기 1차 측의 전

류, (d) 각 변압기가 분담하는 부하를 구하라.

답: (a) 2.174 kA, (b) 0.02, (c) 43.47 A, (d) 15.69 MVA

13.8 *PSpice*를 이용한 자기결합회로의 해석

*PSpice*는 점 관례를 따라야 한다는 것을 제외하고는 마치 인덕터 회로처럼 자기적 결합회로를 해석한다. *PSpice* 회로도에서 점은 (보이지 않지만) 항상 핀 1의 옆에 있는데, 핀 1은 부품 이름 L인 인덕터가 회로도상에서 회전하지 않고 도면에 수평으로 놓여 있을 때 인덕터의 왼편 단자가 된다. 따라서 점 또는 핀 1은 시계 반대 방향으로 90° 회전할 때 아래에 있게 되는데, 이는 핀 1에 대해 회전하기 때문이다. 헨리(H) 단위로 값을 나타내는 자기적 결합회로가 점 관례를 고려해서 배열되어 있으면 결합을 명시하기 위해 결합 기호 K_LINEAR를 사용한다. 결합 인덕터의 각 쌍에 대해 다음 단계를 수행한다.

1. **Draw/Get New Part**를 선택하고 K_LINEAR를 입력한다.
2. 엔터 키를 치거나 **OK**를 클릭하고, 그림 13.51과 같이 구성도에 K_LIN-EAR 기호를 놓는다(여기서 K_LINEAR는 부품이 아니므로 핀이 없다).
3. COUPLING에 대해 **DCLICKL**(마우스의 왼쪽 버튼을 더블클릭)을 하고, 결합계수 k의 값을 설정한다.
4. 네모 안의 K(결합 기호)에 대해 **DCLICKL**을 하고, 결합 인덕터의 이름으로 Li, i = 1, 2, ..., 6과 같이 기준 지정 이름을 입력한다. 예를 들어 인덕터 L20과 L23이 결합되어 있으면 L1 = L20, L2 = L23을 설정한다. L1과 적어도 다른 하나의 Li에 값이 할당되어야 한다. 나머지 Li는 빈칸으로 남겨두어도 된다.

단계 4에서 결합되는 인덕터는 6개까지 지정할 수 있다.

공심 변압기에 대해 부품 이름은 XFRM_LINEAR이다. **Draw/Get Part Name**을 선택하여 부품 이름을 입력하거나 analog.slb 라이브러리로부터 부품 이름을 선택하여 회로에 삽입할 수 있다. 그림 13.52(a)에 나타낸 것과 같이 선형 변압기의 주요 속성은 결합계수 k와 헨리 단위의 인덕턴스 값 L1, L2이다. 상호 인덕턴스 M이 지정되면 이 값은 L1, L2와 함께 k를 계산하는 데 사용되어야 한다. k의 값은 0과 1 사이라는 것을 기억하라.

이상적인 변압기에 대한 부품 이름은 XFRM_NONLINEAR이고, 이는 breakout.slb 라이브러리에 있다. **Draw/Get Part Name**을 클릭하고 부품 이름을 입력하여 선택한다. 이것의 속성은 그림 13.52(b)에 나타낸 것처럼 결합계수 L1, L2와 연관된 권선수이다. 상호 결합계수의 값은 $k = 1$이다.

*PSpice*에는 이 책에서 다루지 않은 몇 개의 변압기 형태가 더 있다.

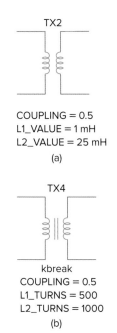

그림 13.51
결합을 정의하는 K_Linear.

그림 13.52
(a) 선형 변압기 XFRM_LINEAR, (b) 이상적인 변압기 XFRM_NONLINEAR.

예제 13.13

그림 13.53의 회로에서 *PSpice*를 이용하여 i_1, i_2, i_3를 구하라.

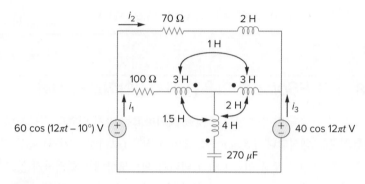

그림 13.53
예제 13.13.

풀이:

결합 인덕터의 결합계수 3개는 다음과 같이 결정된다.

$$k_{12} = \frac{M_{12}}{\sqrt{L_1 L_2}} = \frac{1}{\sqrt{3 \times 3}} = 0.3333$$

$$k_{13} = \frac{M_{13}}{\sqrt{L_1 L_3}} = \frac{1.5}{\sqrt{3 \times 4}} = 0.433$$

$$k_{23} = \frac{M_{23}}{\sqrt{L_2 L_3}} = \frac{2}{\sqrt{3 \times 4}} = 0.5774$$

동작주파수 f는 그림 13.53으로부터 $\omega = 12\pi = 2\pi f \rightarrow f = 6$ Hz가 된다.

그림 13.54에 회로도를 나타냈다. 점이 어디에 붙어 있는지 주의해야 한다. L2에 대해서는 점(보이지 않음)이 핀 1(왼쪽 단자)에 있으므로 회전 없이 놓는다. L1의 경우, 점이 인덕터의 오른쪽에 놓여 있기 위해서는 인덕터가 180° 회전되어야 한다. L3의 경우, 점이 아래에 놓여 있기 위해서는 인덕터가 90° 회전되어야 한다. 2 H의 값을 가진 인덕터(L_4)는 결합되어 있지 않다는 것에 주목하라. 3개의 결합 인덕터를 다루기 위해 analog 라이브러리에서 제공되는 3개의 **K_LINEAR** 부품을 사용하여 다음 속성을 설정한다(네모 안의 기호 **K**를 더블클릭).

오른쪽의 값은 회로도상에서 인덕터의 기준 지정값을 나타낸다.

```
K1 - K_LINEAR
L1 = L1
L2 = L2
COUPLING = 0.3333

K2 - K_LINEAR
L1 = L1
L2 = L3
COUPLING = 0.433
```

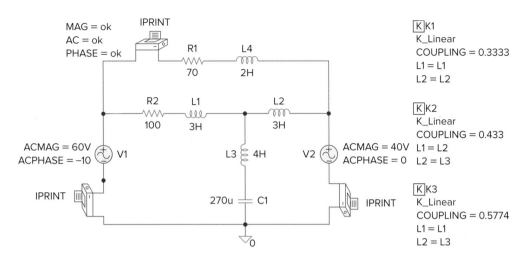

그림 13.54
그림 13.53의 회로에 대한 개략도.

```
K3 - K_LINEAR
L1 = L2
L2 = L3
COUPLING = 0.5774
```

전류 i_1, i_2, i_3를 구하기 위해 3개의 가상소자 **IPRINT**를 적절한 선로에 삽입한다. AC 단일 주파수 해석을 위해 **Analysis/Setup/AC Sweep**를 선택하고, *Total Pts* = 1, *Start Freq* = 6, *Final Freq* = 6을 입력한다. 회로도를 저장한 후 **Analysis/Simulate**를 선택하여 시뮬레이션을 실행한다. 출력 파일은 다음 결과를 포함한다.

```
FREQ          IM(V_PRINT2)     IP(V_PRINT2)
6.000E+00     2.114E-01        -7.575E+01
FREQ          IM(V_PRINT1)     IP(V_PRINT1)
6.000E+00     4.654E-01        -7.025E+01
FREQ          IM(V_PRINT3)     IP(V_PRINT3)
6.000E+00     1.095E-01        1.715E+01
```

이것으로부터 다음을 얻는다.

$$\mathbf{I}_1 = 0.4654\underline{/-70.25°}$$

$$\mathbf{I}_2 = 0.2114\underline{/-75.75°}, \qquad \mathbf{I}_3 = 0.1095\underline{/17.15°}$$

그러므로,

$$i_1 = 0.4654 \cos(12\pi t - 70.25°) \text{ A}$$
$$i_2 = 0.2114 \cos(12\pi t - 75.75°) \text{ A}$$
$$i_3 = 0.1095 \cos(12\pi t + 17.15°) \text{ A}$$

실전문제 13.13

그림 13.55의 회로에서 *PSpice*를 이용하여 i_o를 구하라.

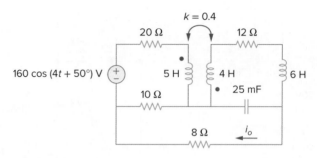

그림 13.55
실전문제 13.13.

답: $2.012 \cos(4t + 68.52°)$ A

예제 13.14

그림 13.56의 이상적인 변압기 회로에서 *PSpice*를 이용하여 $\mathbf{V}_1$, $\mathbf{V}_2$를 구하라.

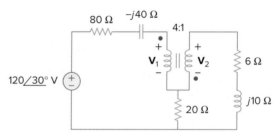

그림 13.56
예제 13.14.

풀이:

1. **정의하라.** 문제가 명확히 정의되었으므로 다음 단계를 진행한다.

2. **제시하라.** 이상적인 변압기의 입력 전압과 출력 전압을 구하려고 한다. 전압을 구하기 위해 *PSpice*를 사용한다.

3. **대체방안을 고려하라.** *PSpice*를 사용해야 하며, 검증하기 위해 메시 해석법을 사용할 수 있다.

4. **시도하라.** 일반적으로 $\omega = 1$로 가정하여 해당하는 커패시턴스와 인덕턴스의 값을 구한다.

$$j10 = j\omega L \qquad \Rightarrow \qquad L = 10 \text{ H}$$
$$-j40 = \frac{1}{j\omega C} \qquad \Rightarrow \qquad C = 25 \text{ mF}$$

그림 13.57에 회로도를 나타냈다. 이상적인 변압기의 경우 결합계수 0.99999와 권선수 400,000 및 100,000을 설정한다. $\mathbf{V}_1$, $\mathbf{V}_2$를 구하기 위해 2개의 가상소자

VPRINT2를 변압기 단자 양단에 연결한다. 단일 주파수 해석을 위해 **Analysis/Setup/AC Sweep**를 선택하고, *Total Pts* = 1, *Start Freq* = 0.1592, *Final Freq* = 0.1592를 입력한다. 회로도를 저장하고 **Analysis/Simulate**를 선택하여 시뮬레이션을 실행한다. 이 출력 파일은 다음의 정보를 포함한다.

주의: 이상적인 변압기에서 1차 권선과 2차 권선의 인덕턴스는 모두 무한히 큰 값을 갖는다.

```
FREQ        VM($N_0003,$N_0006)  VP($N_0003,$N_0006)
1.592E-01   9.112E+01            3.792E+01

FREQ        VM($N_0006,$N_0005)  VP($N_0006,$N_0005)
1.592E-01   2.278E+01            -1.421E+02
```

위의 결과는 다음과 같이 쓸 수 있다.

$$\mathbf{V}_1 = \mathbf{91.12}\underline{/\mathbf{37.92°}}\ \mathbf{V},\quad \mathbf{V}_2 = \mathbf{22.78}\underline{/\mathbf{-142.1°}}\ \mathbf{V}$$

5. **평가하라.** 메시 해석법을 사용하여 위의 결과를 다음과 같이 검증할 수 있다.

Loop 1　　$-120\underline{/30°} + (80 - j40)\mathbf{I}_1 + \mathbf{V}_1 + 20(\mathbf{I}_1 - \mathbf{I}_2) = 0$

Loop 2　　$20(-\mathbf{I}_1 + \mathbf{I}_2) - \mathbf{V}_2 + (6 + j10)\mathbf{I}_2 = 0$

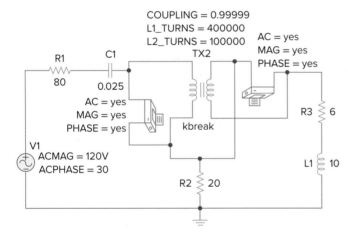

그림 13.57
그림 13.56의 회로에 대한 개략도.

그러나 $\mathbf{V}_2 = -\mathbf{V}_1/4$ 그리고 $\mathbf{I}_2 = -4\mathbf{I}_1$이다. 이로부터

$$-120\underline{/30°} + (80 - j40)\mathbf{I}_1 + \mathbf{V}_1 + 20(\mathbf{I}_1 + 4\mathbf{I}_1) = 0$$
$$(180 - j40)\mathbf{I}_1 + \mathbf{V}_1 = 120\underline{/30°}$$
$$20(-\mathbf{I}_1 - 4\mathbf{I}_1) + \mathbf{V}_1/4 + (6 + j10)(-4\mathbf{I}_1) = 0$$
$$(-124 - j40)\mathbf{I}_1 + 0.25\mathbf{V}_1 = 0\quad \text{또는}\quad \mathbf{I}_1 = \mathbf{V}_1/(496 + j160)$$

이 결과를 첫 번째 방정식에 대입하면,

$$(180 - j40)\mathbf{V}_1/(496 + j160) + \mathbf{V}_1 = 120\underline{/30°}$$

$$(184.39\underline{/-12.53°}/521.2\underline{/17.88°})\mathbf{V}_1 + \mathbf{V}_1$$

$$= (0.3538\underline{/-30.41°} + 1)\mathbf{V}_1 = (0.3051 + 1 - j0.17909)\mathbf{V}_1 = 120\underline{/30°}$$

$$\mathbf{V}_1 = 120\underline{/30°}/1.3173\underline{/-7.81°} = \mathbf{91.1\underline{/37.81°}\ V},$$

$$\mathbf{V}_2 = \mathbf{22.78\underline{/-142.19°}\ V}$$

두 결과가 일치함이 확인되었다.

6. **만족하는가?** 문제에 대해 만족스러운 답을 구하고 결과를 검증했다. 이제 문제에 대한 전체 해석 결과를 제시할 수 있다.

실전문제 13.14

그림 13.58의 회로에서 *PSpice*를 이용하여 $\mathbf{V}_1$, $\mathbf{V}_2$를 구하라.

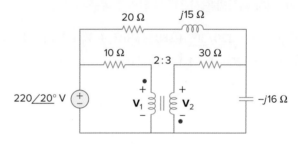

그림 13.58
실전문제 13.14.

답: $\mathbf{V}_1 = 153\underline{/2.18°}$ V, $\mathbf{V}_2 = 230.2\underline{/2.09°}$ V

13.9   †응용

변압기는 회로소자 중 가장 크고, 가장 무겁고, 때로는 가장 비싸다. 그럼에도 불구하고 변압기는 전기회로에서 필수적인 수동소자이다. 변압기는 가장 효율이 좋은 기기에 속하며, 보통 95%의 효율이고 99%까지 달성할 수 있다. 변압기는 많은 분야에 사용되는데 예를 들면 다음과 같다.

- 전압과 전류를 올리거나 낮추어 송전과 배분에 유용하게 사용된다.
- 회로의 한 부분을 다른 부분으로부터 격리하기 위해 사용된다(즉, 전기적 연결 없이 전력을 전송하기 위해).
- 최대 전력 전달을 위해 임피던스 정합 소자로 사용된다.
- 인덕턴스의 응답에 따라 동작이 달라지는 주파수 선택 회로에 사용된다.

이러한 다양한 용도로 인해 변압기를 위한 다양한 특수 설계가 있다. (이 장에서는 일부만 설명함): 전압변압기, 전류변압기, 전력변압기, 배전변압기, 임피던스 정합 변압기, 오디오 변압기, 단상변압기, 3상 변압기, 정류변압기, 인버터 변압기 등. 이 절에서는 중요한 응용 예인 격리장치로서의 변압기, 정합장치로서의 변압기, 전력 배분 시스템으로서의 변압기를 다룬다.

13.9.1 격리장치로서의 변압기

물리적인 연결이 없는 두 장치 사이에는 전기적 격리가 이루어진다고 말한다. 변압기에서 에너지는 1차 측 회로와 2차 측 회로 사이에 전기적 연결이 없이 자기적인 결합에 의해 전달된다. 이제 변압기의 이런 특성을 어떻게 이용할 수 있는지 실제적인 간단한 예를 세 가지 생각해보자.

첫 번째 예로 그림 13.59의 회로를 살펴보자. 정류기는 교류 전원을 직류 전원으로 변환해주는 전자회로이다. 변압기는 교류 전원과 정류기를 결합하는 데 종종 사용된다. 이 변압기는 두 가지 목적으로 사용된다. 첫째는 전압을 승압 또는 강압하는 것이고, 둘째는 교류 전원과 정류기 사이를 전기적으로 격리하여 전자장치를 다룰 때 감전을 감소시키는 것이다.

두 번째 예로 변압기는 한 단계의 직류 전압이 다음 단계의 직류 바이어스에 영향을 주지 않도록 하기 위해 증폭기의 두 단계를 결합하는 데 자주 사용된다. 바이어스란 바람직한 동작 모드를 만들기 위해 트랜지스터 증폭기 또는 다른 전자장치에 직류 전압을 가하는 것이다. 각 증폭단은 특정한 모드로 동작하기 위해 분리하여 바이어스된다. 변압기가 직류 격리를 제공하지 않으면 바람직한 모드에서 동작하기가 어려울 것이다. 그림 13.60에 나타낸 바와 같이 교류 신호만이 변압기를 통해 한 단에서 다음 단으로 결합된다. 직류 전압 전원에서는 자기적인 결합이 존재하지 않는다는 것을 상기해야 한다. 이런 변압기는 라디오 또는 TV 수신기에서 고주파 증폭기의 단들을 결합하기 위해 사용된다. 변압기의 사용 목적이 격리뿐인 경우 권선수비는 1이다. 그러므로 격리변압기에서는 $n = 1$이다.

세 번째 예로 13.2 kV 선로 양단의 전압을 측정하는 것을 생각해보자. 이러한 고압선에 전압계를 직접 연결하는 것은 분명히 안전하지 않다. 그림 13.61에 나타낸 바와 같이 전력선을 전압계로부터 전기적으로 격리하고 전압을 안전한 수준으로 강압하기 위해 변압기를 사용할 수 있다. 전압계가 2차 측 전압을

다양한 변압기에 대한 보다 상세한 정보는 W. M. Flanagan, *Handbook of Transformer Design and Applications*, 2nd ed.(New York: McGraw-Hill, 1993)을 참조하라.

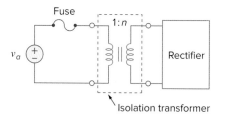

그림 13.59
교류 전원을 정류기로부터 절연하기 위한 변압기.

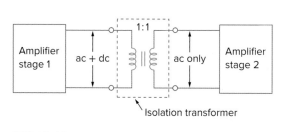

그림 13.60
두 증폭단 사이에 직류 격리를 제공하기 위한 변압기.

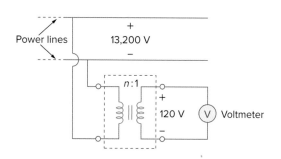

그림 13.61
전력선과 전압계 사이에 격리를 제공하기 위한 변압기.

측정하는 데 사용되는 경우, 1차 측 선전압을 구하기 위해 권선수비를 고려해야 한다.

예제 13.15

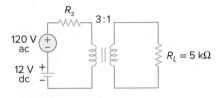

그림 13.62
예제 13.15.

그림 13.62의 회로에서 부하 양단에 걸리는 전압을 구하라.

풀이:

부하전압을 결정하기 위해 중첩의 원리를 적용할 수 있다. $v_L = v_{L1} + v_{L2}$라 하면, 이때 v_{L1}은 직류 전원에 의한 것이고 v_{L2}는 교류 전원에 의한 것이다. 그림 13.63과 같이 직류 전원과 교류 전원을 분리하여 생각한다. 직류 전원에 의한 부하전압은 0이 되는데, 이는 2차 측 회로에 전압을 유기하기 위해 1차 측 회로에 시변 전압이 필요하기 때문이다. 그러므로 $v_{L1} = 0$이다. 교류 전원의 경우는 R_s의 값이 너무 작기 때문에 무시할 수 있다.

$$\frac{V_2}{V_1} = \frac{V_2}{120} = \frac{1}{3} \qquad 또는 \qquad V_2 = \frac{120}{3} = 40 \text{ V}$$

따라서 $V_{L2} = $ 교류 40 V 또는 $v_{L2} = 40 \cos \omega t$이다. 즉 교류 전압만이 변압기에 의해 부하에 전달된다. 이 예는 변압기가 어떻게 직류 격리를 제공하는지를 보여준다.

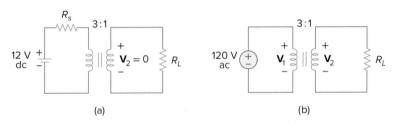

(a)   (b)

그림 13.63
예제 13.15: (a) 직류 전원, (b) 교류 전원.

실전문제 13.15

그림 13.61의 회로에서 13.2 kV 선전압을 120 V의 안전한 전압으로 강압하는 데 필요한 권선수비를 구하라.

답: 110

13.9.2 정합장치로서의 변압기

부하에 최대 전력을 전달하기 위해서는 부하저항 R_L이 전원저항 R_s와 같아야 한다는 것을 상기하라. 대부분의 경우 두 저항은 같지 않으며, 둘 다 고정되어 있고 바뀔 수 없다. 그러나 철심 변압기가 부하저항을 전원저항과 같도록 하는 데 사용될 수 있는데 이것을 임피던스 정합이라 한다. 예를 들어, 오디오 전력증폭기에 음향이 큰 스피커를 연결하기 위해서는 변압기가 필요한데, 이는 스피커의 저항이 수 옴인 반면에 증폭기의 내부 저항은 수천 옴이기 때문이다.

그림 13.64의 회로를 고려해보자. 식 (13.60)으로부터 이상적인 변압기는 부하저항의 크기를 $1/n^2$배 하여 1차 측에 반사시킨다. 반사된 부하 R_L/n^2을 전원저항 R_s와 정합시키기 위해서는 다음과 같이 놓으면 된다.

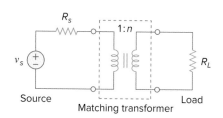

그림 13.64
정합장치로 사용되는 변압기.

$$R_s = \frac{R_L}{n^2} \tag{13.73}$$

식 (13.73)은 권선수비 n을 적절히 선택함으로써 만족될 수 있다. 식 (13.73)으로부터 $R_s > R_L$일 때는 정합장치로서 강압변압기($n < 1$)가 필요하고, $R_s < R_L$일 때는 승압변압기($n > 1$)가 필요하다는 것을 알 수 있다.

그림 13.65의 이상적인 변압기는 최대 전력 전달을 달성하기 위해 증폭기 회로와 스피커를 정합하는 데 사용된다. 증폭기의 테브냉(또는 출력) 임피던스는 192 Ω이고, 스피커의 내부 임피던스는 12 Ω이다. 요구되는 권선수비를 구하라.

풀이:
증폭기 회로를 테브냉 등가회로로 대치하고 스피커의 임피던스 $\mathbf{Z}_L = 12\ \Omega$을 이상적인 변압기 1차 측에 반사시킨다. 그림 13.66은 그 결과를 나타낸다. 최대 전력 전달을 위해,

$$\mathbf{Z}_{Th} = \frac{\mathbf{Z}_L}{n^2} \quad \text{또는} \quad n^2 = \frac{\mathbf{Z}_L}{\mathbf{Z}_{Th}} = \frac{12}{192} = \frac{1}{16}$$

그러므로 권선수비는 $n = 1/4 = 0.25$이다.

스피커에 전달된 전력은 실제로 이상적인 변압기가 없을 때보다 훨씬 크다는 것을 $P = I^2 R$을 사용하여 보일 수 있다. 이상적인 변압기가 없을 때 증폭기는 스피커에 직접 연결된다. 스피커에 전달된 전력은

$$P_L = \left(\frac{\mathbf{V}_{Th}}{\mathbf{Z}_{Th} + \mathbf{Z}_L}\right)^2 \mathbf{Z}_L = 288\ \mathbf{V}_{Th}^2\ \mu W$$

변압기가 제 위치에 있을 때 1차 측과 2차 측 전류는

$$I_p = \frac{\mathbf{V}_{Th}}{\mathbf{Z}_{Th} + \mathbf{Z}_L/n^2}, \qquad I_s = \frac{I_p}{n}$$

따라서

$$P_L = I_s^2 \mathbf{Z}_L = \left(\frac{\mathbf{V}_{Th}/n}{\mathbf{Z}_{Th} + \mathbf{Z}_L/n^2}\right)^2 \mathbf{Z}_L$$

$$= \left(\frac{n\mathbf{V}_{Th}}{n^2\mathbf{Z}_{Th} + \mathbf{Z}_L}\right)^2 \mathbf{Z}_L = 1{,}302\ \mathbf{V}_{Th}^2\ \mu W$$

이 결과는 앞에서 설명한 내용을 확인하는 것이다.

예제 13.16

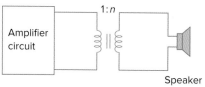

그림 13.65
예제 13.16: 스피커와 증폭기를 정합하기 위한 이상적인 변압기의 사용.

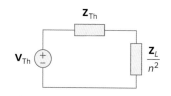

그림 13.66
예제 13.16: 그림 13.65 회로의 등가회로.

실전문제 13.16

내부 임피던스가 2.5 kΩ인 전원에 400 Ω의 부하를 정합시키는 데 필요한 이상적인 변압기의 권선수비를 구하라. 그리고 전원전압이 60 V일 때 부하전압을 구하라.

답: 0.4, 12 V

13.9.3 전력 배분

전력 시스템은 근본적으로 세 가지 요소인 발전, 송전, 배전으로 구성된다. 지역의 전력 회사는 일반적으로 약 18 kV의 전압으로 수백 MVA 전력을 발생시키는 발전소를 운전하고 있다. 그림 13.67에 나타낸 바와 같이 3상 승압변압기가 발전된 전력을 송전선에 전송하는 데 사용된다. 왜 변압기가 필요할까? 거리 50 km에 100,000 VA의 전력 전달이 필요하다고 가정하자. $S = VI$이므로 선전압 1,000 V이면 송전 선로에는 100 A의 전류가 흘러야 되고, 이 전류를 흘리기 위해 지름이 큰 전선을 사용해야 한다. 반면에 10,000 V의 선전압이 사용되면 전류는 10 A이면 된다. 전류가 작을수록 필요한 송전선 도체 굵기가 줄어들어 송전 선로에서의 손실 I^2R을 최소화할 뿐만 아니라 상당한 절감 효과를 가져온다. 손실을 최소화하기 위해서는 승압변압기가 필요하다. 변압기가 없다면 생산된 전력의 대부분이 송전 선로에서 손실로 사라지게 된다. 변압기가 전압을 승압 또는 강압하는 능력과 경제적으로 전력을 배분하는 것은 직류보다 교류로 발전하는 중요한 이유 중 하나이다. 따라서 주어진 전력의 경우 전압이 클수록 더 좋다. 오늘날 사용되는 전압 중 가장 큰 값은 1 MV이다. 이 수준은 연구와 실험의 결과로 더 증가할 수도 있다.

독자 중 일부는 어떻게 전류를 증가시켜서 I^2R의 손실을 증가시키지 않고 전압을 증가시키는지 궁금할 것이다. $I = V_\ell/R$임을 기억하라. 여기서 V_ℓ은 선로의 송전단과 수전단 양 끝에서의 전위차이다. 상승되는 전압은 V_ℓ이 아니라 송전단 전압 V이다. 수전단 끝부분의 전압을 V_R이라 하면 $V_\ell = V - V_R$이 된다. V와 V_R이 서로 비슷한 값이므로 V_ℓ은 V가 승압되더라도 작은 값이다.

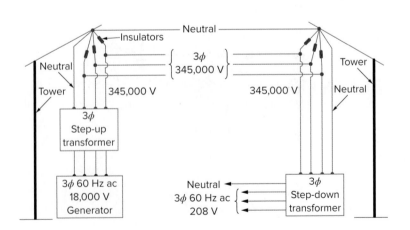

그림 13.67
전형적인 전력 배전 시스템.
출처: Marcus, Abraham, and Charles M. Thomson. *Electricity for Technicians*. 2nd ed. Upper Saddle River, NJ: Person Education, Inc., 1975, 337.

발전소를 지나서 전력은 **전력계통**(power grid)이라 불리는 전기망을 통해 수백 마일 전송된다. 전력계통에서는 3상 전력이 크기와 모양이 다양한 철탑에 의해 공중에 매달려 있는 전송 선로로 운반된다. 이 (스틸 보강 알루미늄 도체) 선로는 도체의 지름이 약 40 mm까지 있으며, 1,380 A까지의 전류를 보낼 수 있다.

변전소에서 배전변압기는 전압을 강압하는 데 사용된다. 강압은 보통 여러 단계에 걸쳐 수행된다. 전력은 가공 또는 지중 케이블을 통해 지역으로 배분될 수 있다. 변전소는 전력을 주거용, 상업용, 산업용 고객에게 배분한다. 수전단에서 주거용 고객은 120/240 V로 공급받고, 산업용과 상업용 고객은 460/208 V와 같은 보다 높은 전압을 공급받는다. 주거용 고객은 전력 회사의 전신주 위에 있는 배전용 변압기로부터 공급받는다. 직류 전류가 필요한 경우는 전자장치를 통해 교류를 직류로 변환한다.

그림 13.68과 같이 가정에 전기를 공급하기 위해 배전변압기가 사용된다. 부하는 100 W 전구 8개, 350 W TV 1대, 15 kW 주방용 레인지 1대로 구성되어 있다. 변압기의 2차 측 권선수가 72일 때 (a) 1차 측 권선의 권선수, (b) 1차 측 권선의 전류 I_p를 구하라.

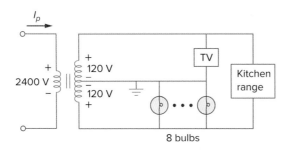

그림 13.68
예제 13.17.

풀이:
(a) 관련된 변수의 크기에만 관심이 있으므로 권선의 점 위치는 중요하지 않다.

$$\frac{N_p}{N_s} = \frac{V_p}{V_s}$$

그러므로

$$N_p = N_s \frac{V_p}{V_s} = 72 \frac{2,400}{240} = 720$$

(b) 부하에서 흡수된 전체 전력은

$$S = 8 \times 100 + 350 + 15,000 = 16.15 \text{ kW}$$

그러나 $S = V_p I_p = V_s I_s$이므로,

$$I_p = \frac{S}{V_p} = \frac{16,150}{2,400} = 6.729 \text{ A}$$

실전문제 13.17

예제 13.17에서 만약 100 W 전구 8개를 60 W 전구 12개로 대치하고, 주방용 전열기를 4.5 kW의 에어컨으로 대치할 때 (a) 전체 공급 전력, (b) 1차 권선의 전류 I_p를 구하라.

답: (a) 5.57 kW, (b) 2.321 A

13.10   요약

1. 자속 ϕ가 한 코일에서 나와서 다른 코일을 통과하면 두 코일은 상호 결합되어 있다고 한다. 두 코일 사이의 상호 인덕턴스는 다음과 같이 주어진다.

$$M = k\sqrt{L_1 L_2}$$

   여기서 k는 결합계수로 $0 < k < 1$이다.

2. 코일 1의 전압과 전류를 v_1, i_1, 코일 2의 전압과 전류를 v_2, i_2라 하면,

$$v_1 = L_1 \frac{di_1}{dt} + M \frac{di_2}{dt}, \quad v_2 = L_2 \frac{di_2}{dt} + M \frac{di_1}{dt}$$

   그러므로 결합 코일에 유도된 전압은 자기유도전압과 상호유도전압으로 구성된다.

3. 상호유도전압의 극성은 점 관례에 의해 회로도에 표현된다.

4. 두 결합 코일에 저장된 에너지는

$$\frac{1}{2} L_1 i_1^2 + \frac{1}{2} L_2 i_2^2 \pm M i_1 i_2$$

5. 변압기는 2개 이상의 자기결합 코일을 포함하는 4단자 장치이다. 이것은 회로에서 전류, 전압, 임피던스 값을 변화시키는 데 사용된다.

6. 선형(또는 약하게 결합된) 변압기에는 자기적으로 선형인 물질 위에 감긴 코일이 있다. 이것은 해석을 위해 등가의 T 또는 Π 회로망으로 대치될 수 있다.

7. 이상적인(또는 철심) 변압기는 무손실($R_1 = R_2 = 0$) 변압기로, 결합계수가 1 ($k = 1$)이고 무한대의 인덕턴스를 갖는다($L_1, L_2, M \rightarrow \infty$).

8. 이상적인 변압기에서,

$$\mathbf{V}_2 = n\mathbf{V}_1, \quad \mathbf{I}_2 = \frac{\mathbf{I}_1}{n}, \quad \mathbf{S}_1 = \mathbf{S}_2, \quad \mathbf{Z}_R = \frac{\mathbf{Z}_L}{n^2}$$

   여기서 $n = N_2/N_1$는 권선수비이다. N_1은 1차 권선의 감긴 수, N_2는 2차 권선의 감긴 수이다. 변압기는 $n > 1$일 때 1차 측 전압을 승압하고, $n < 1$일 때 1차 측 전압을 강압한다. 또는 $n = 1$일 때 임피던스 정합장치로 사용된다.

9. 단권변압기는 1차 측과 2차 측 회로에 공통된 단일 권선을 가진 변압기이다.

10. *PSpice*는 자기결합회로를 해석하는 데 유용한 도구이다.

11. 변압기는 전력 배전 시스템의 모든 전압 단계에서 필수적으로 사용된다. 3상 전압은 3상 변압기에 의해 승압 또는 강압된다.

12. 전자공학적 응용에서 변압기의 중요한 용도는 전기적 격리장치와 임피던스 정합장치이다.

복습문제

13.1 그림 13.69(a)의 자기적으로 결합된 2개의 코일에서 상호유도전압의 극성은?

(a) 양   (b) 음

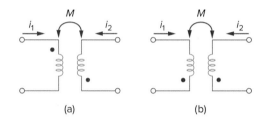

(a)   (b)

그림 13.69
복습문제 13.1, 13.2.

13.2 그림 13.69(b)의 자기적으로 결합된 2개의 코일에서 상호유도전압의 극성은?

(a) 양   (b) 음

13.3 $L_1 = 2$ H, $L_2 = 8$ H, $M = 3$ H인 2개의 코일에서 결합계수는?

(a) 0.1875   (b) 0.75

(c) 1.333   (d) 5.333

13.4 변압기는 무엇을 강압 또는 승압하는 데 사용되는가?

(a) 직류 전압

(b) 교류 전압

(c) 직류와 교류 전압 모두

13.5 그림 13.70(a)의 이상적인 변압기는 $N_2/N_1 = 10$이다. 전압비 V_2/V_1는?

(a) 10   (b) 0.1

(c) -0.1 (d) -10

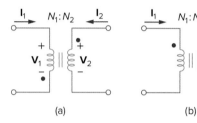

(a)   (b)

그림 13.70
복습문제 13.5, 13.6.

13.6 그림 13.70(b)의 이상적인 변압기는 $N_2/N_1 = 10$이다. 전류비 I_2/I_1는?

(a) 10   (b) 0.1

(c) -0.1 (d) -10

13.7 3권선 변압기가 그림 13.71(a)와 같이 연결되어 있다. 출력 전압 V_o의 값은?

(a) 10   (b) 6

(c) -6 (d) -10

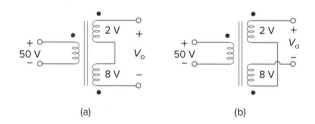

(a)   (b)

그림 13.71
복습문제 13.7, 13.8.

13.8 3권선 변압기가 그림 13.71(b)와 같이 연결되어 있다. 출력 전압 V_o의 값은?

(a) 10   (b) 6

(c) -6 (d) -10

13.9 내부 임피던스가 500 Ω인 전원을 15 Ω의 부하와 정합 시키려고 한다. 어떤 변압기가 필요한가?

(a) 승압용 선형 변압기

(b) 강압용 선형 변압기

(c) 승압용 이상적인 변압기

(d) 강압용 이상적인 변압기

(e) 단권변압기

13.10 어떤 변압기가 격리장치로 사용될 수 있는가?

(a) 선형 변압기   (b) 이상적인 변압기

(c) 단권변압기   (d) 위의 보기 모두

답: *13.1b, 13.2a, 13.3b, 13.4b, 13.5d, 13.6b, 13.7c, 13.8a, 13.9d, 13.10b*

문제[1]

13.2절   상호 인덕턴스

13.1 그림 13.72의 결합 코일 3개에 대해 전체 인덕턴스를 구하라.

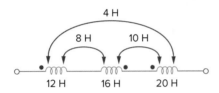

그림 13.72
문제 13.1.

13.2 그림 13.73을 이용하여 다른 학생들이 상호 인덕턴스의 개념을 더 잘 이해하도록 도와주는 문제를 설계하라.

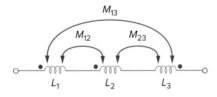

그림 13.73
문제 13.2.

13.3 직렬 보조 형태로 연결된 두 코일이 전체 인덕턴스 500 mH를 갖는다. 직렬 대립 형태로 연결되었을 때는 300 mH의 전체 인덕턴스를 갖는다. 만약 한 코일의 인덕턴스(L_1)가 다른 코일의 3배이면 L_1, L_2, M, 그리고 결합계수 k는 얼마인가?

13.4 (a) 그림 13.74(a)의 결합 코일에 대해 다음을 보여라.

$$L_{eq} = L_1 + L_2 + 2M$$

(b) 그림 13.74(b)의 결합 코일에 대해 다음을 보여라.

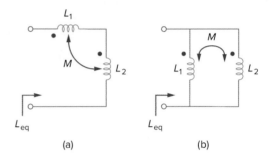

(a)   (b)

그림 13.74
문제 13.4.

13.5 상호 결합된 2개의 코일에서 $L_1 = 50$ mH, $L_2 = 120$ mH, $k = 0.5$이다. 다음의 경우에 가능한 최대 등가 인덕턴스를 구하라.

(a) 2개의 코일이 직렬연결인 경우

(b) 2개의 코일이 병렬연결인 경우

13.6 그림 13.75의 회로의 코일은 $L_1 = 40$ mH, $L_2 = 5$ mH, 결합계수 $k = 0.6$이다. $v_1 = 20 \cos(\omega t)$ V, $i_2 = 4 \sin(\omega t)$ A, $\omega = 2{,}000$ rad/s인 경우 $i_1(t)$와 $v_2(t)$를 구하라.

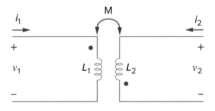

그림 13.75
문제 13.6.

---

*별도의 설명이 없는 한 모든 전압과 전류는 rms 값이라고 가정한다.

13.7 그림 13.76의 회로에서 $\mathbf{V}_o$을 구하라.

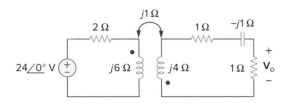

그림 13.76
문제 13.7.

13.8 그림 13.77의 회로에서 $v(t)$를 구하라.

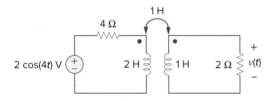

그림 13.77
문제 13.8.

13.9 그림 13.78의 회로망에서 $\mathbf{V}_x$를 구하라.

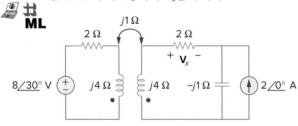

그림 13.78
문제 13.9.

13.10 그림 13.79의 회로에서 v_o를 구하라.

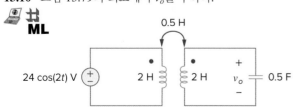

그림 13.79
문제 13.10.

13.11 그림 13.80의 회로에서 메시 해석법을 이용하여 i_x를 구하라. $i_s = 4\cos(600t)$ A이고, $v_s = 110\cos(600t + 30°)$ V이다.

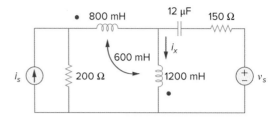

그림 13.80
문제 13.11.

13.12 그림 13.81의 회로에서 등가 L_{eq}를 구하라.

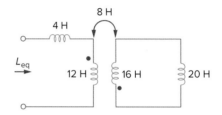

그림 13.81
문제 13.12.

13.13 그림 13.82의 회로에서, 전원에서 본 임피던스를 구하라.

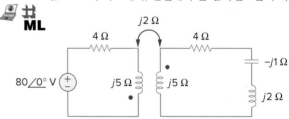

그림 13.82
문제 13.13.

13.14 그림 13.83의 회로에서 단자 a-b에서의 테브냉 등가회로를 구하라.

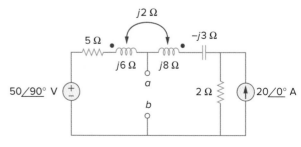

그림 13.83
문제 13.14.

13.15 그림 13.84에서 단자 *a-b*에서의 노턴 등가회로를 구하라.

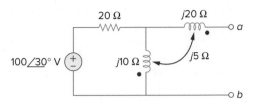

그림 13.84
문제 13.15.

13.16 그림 13.85의 회로에서 단자 *a-b*에서의 노턴 등가회로를 구하라.

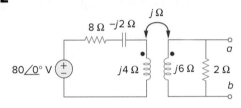

그림 13.85
문제 13.16.

13.17 그림 13.86의 회로에서 $\mathbf{Z}_L$은 임피던스가 $j40\ \Omega$인 15 mH 인덕터이다. $k = 0.6$일 때 $\mathbf{Z}_{in}$을 구하라.

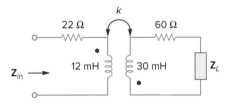

그림 13.86
문제 13.17.

13.18 그림 13.87의 회로에서 부하 **Z**의 왼쪽에 대해 테브냉 등가회로를 구하라.

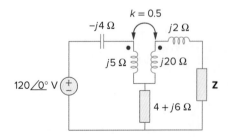

그림 13.87
문제 13.18.

13.19 그림 13.88의 변압기를 대치할 수 있는 등가 T-섹션을 구하라.

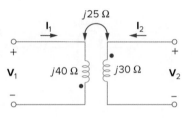

그림 13.88
문제 13.19.

13.3절   자기결합회로의 에너지

13.20 그림 13.89의 회로에서 전류 $\mathbf{I}_1$, $\mathbf{I}_2$, $\mathbf{I}_3$를 구하라. $t = 2$ ms에서 결합 코일에 저장된 에너지를 구하라. 이때 $\omega = 1,000$ rad/s이다.

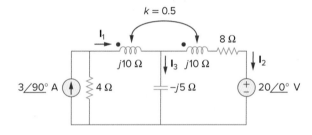

그림 13.89
문제 13.20.

13.21 그림 13.90을 이용하여 다른 학생들이 결합회로에서의 저장 에너지를 더 잘 이해하도록 도와주는 문제를 설계하라.

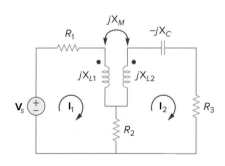

그림 13.90
문제 13.21.

*13.22 그림 13.91의 회로에서 전류 $\mathbf{I}_o$를 구하라.

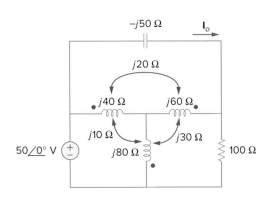

그림 13.91
문제 13.22.

13.23 그림 13.92의 회로에서 $M = 0.2$ H, $v_s = 12 \cos (10t)$ V 일 때, $i_1(t)$와 $i_2(t)$를 구하고 $t = 15$ ms에서 결합 코일에 저장된 에너지를 구하라.

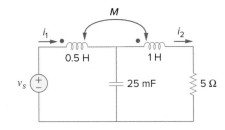

그림 13.92
문제 13.23.

13.24 그림 13.93의 회로에서 다음 값을 구하라.

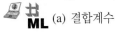

(a) 결합계수

(b) v_o

(c) $t = 2$ s일 때 결합 인덕터에 저장된 에너지

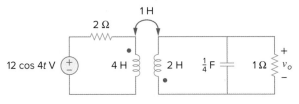

그림 13.93
문제 13.24.

---

* 별표는 난이도가 높은 문제를 가리킨다.

13.25 그림 13.94의 회로에서 $\mathbf{Z}_{ab}$와 $\mathbf{I}_o$를 구하라.

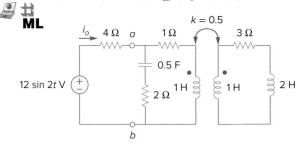

그림 13.94
문제 13.25.

13.26 그림 13.95의 회로에서 전류 $\mathbf{I}_o$를 구하라. 그리고 오른쪽 권선의 점 위치를 아래로 변경했을 때 $\mathbf{I}_o$를 다시 구하라.

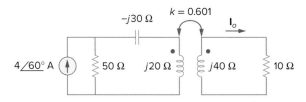

그림 13.95
문제 13.26.

13.27 그림 13.96의 회로에서 50 Ω 저항에 전달되는 평균전력을 구하라.

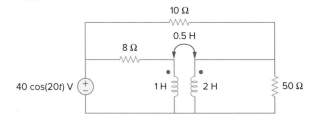

그림 13.96
문제 13.27.

*13.28 그림 13.97의 회로에서 20 Ω 부하에 최대 전력을 전달하기 위한 X 값을 구하라.

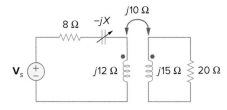

그림 13.97
문제 13.28.

13.4절 선형 변압기

13.29 그림 13.98의 회로에서 $10\,\Omega$ 저항이 $320\,W$를 소모하도록 하는 결합계수 k를 구하라. 이 k 값에서 $t = 1.5\,s$일 때 결합 코일에 저장된 에너지를 구하라.

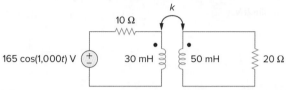

그림 13.98
문제 13.29.

13.30 (a) 그림 13.99의 회로에서 반사 임피던스 개념을 사용하여 입력 임피던스를 구하라.

(b) 선형 변압기를 T 등가회로로 대치하여 입력 임피던스를 구하라.

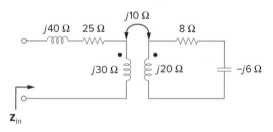

그림 13.99
문제 13.30.

13.31 그림 13.100을 이용하여 다른 학생들이 선형 변압기와 T 등가회로, Π 등가회로를 구하는 방법을 더 잘 이해하도록 도와주는 문제를 설계하라.

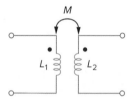

그림 13.100
문제 13.31.

*13.32 그림 13.101에 나타낸 바와 같이 선형 변압기가 종속으로 연결되어 있다. 입력 임피던스가 다음과 같음을 보여라.

$$\mathbf{Z}_{in} = \frac{\omega^2 R(L_a^2 + L_a L_b - M_a^2) + j\omega^3(L_a^2 L_b + L_a L_b^2 - L_a M_b^2 - L_b M_a^2)}{\omega^2(L_a L_b + L_b^2 - M_b^2) - j\omega R(L_a + L_b)}$$

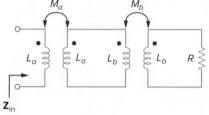

그림 13.101
문제 13.32.

13.33 그림 13.102의 공심 변압기 회로에서 입력 임피던스를 구하라.

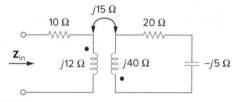

그림 13.102
문제 13.33.

13.34 그림 13.103을 이용하여 다른 학생들이 변압기를 포함하는 회로의 입력 임피던스를 구하는 방법을 더 잘 이해하도록 도와주는 문제를 설계하라.

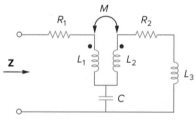

그림 13.103
문제 13.34.

*13.35 그림 13.104의 회로에서 전류 $\mathbf{I}_1$, $\mathbf{I}_2$, $\mathbf{I}_3$를 구하라.

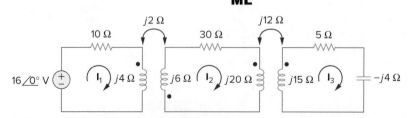

그림 13.104
문제 13.35.

13.5절 이상적인 변압기

13.36 그림 13.32와 같이 그림 13.105의 각 이상적인 변압기에서 단자 전압과 전류의 관계를 구하라.

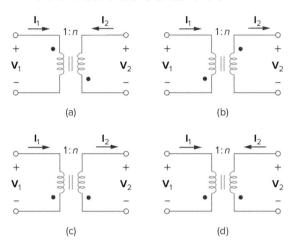

그림 13.105
문제 13.36.

13.37 480/2,400 V rms 승압 이상적인 변압기가 50 kW를 저항성 부하에 전달하고 있을 때 다음을 구하라.

(a) 권선수비

(b) 1차 측 전류

(c) 2차 측 전류

13.38 다른 학생들이 이상적인 변압기를 더 잘 이해하도록 도와주는 문제를 설계하라.

13.39 1,200/240 V rms 변압기의 고압 측이 $60\underline{/-30^\circ}$ Ω의 임피던스를 갖고 있다. 이 변압기가 저압 측의 $0.8\underline{/10^\circ}$ Ω의 부하에 연결되어 있는 경우 변압기가 1,200 V rms에 연결될 때의 1차 측과 2차 측 전류를 구하라.

13.40 권선수비가 5인 이상적인 변압기의 1차 측이 $v_{\text{Th}} = 10$ cos 2,000t V, $R_{\text{Th}} = 100$ Ω인 테브냉 파라미터를 가진 전압원에 연결되어 있다. 2차 측의 양단에 연결된 200 Ω 부하에 전달되는 평균전력을 구하라.

13.41 그림 13.106의 회로에서 $\mathbf{I}_1$, $\mathbf{I}_2$를 구하라.

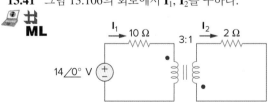

그림 13.106
문제 13.41.

13.42 그림 13.107의 회로에서 2 Ω의 저항에서 흡수되는 전력을 구하라. 80 V는 rms 값이라고 가정한다.

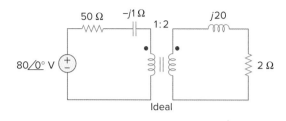

그림 13.107
문제 13.42.

13.43 그림 13.108의 이상적인 변압기 회로에서 전압 $\mathbf{V}_1$, $\mathbf{V}_2$를 구하라.

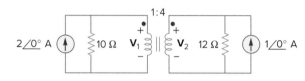

그림 13.108
문제 13.43.

*13.44 그림 13.109의 이상적인 변압기 회로에서 전류 $i_1(t)$, $i_2(t)$를 구하라.

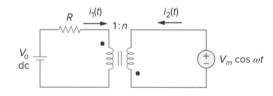

그림 13.109
문제 13.44.

13.45 그림 13.110의 회로에서, 8 Ω의 저항에서 흡수되는 평균전력을 구하라.

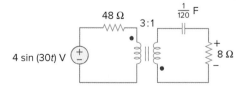

그림 13.110
문제 13.45.

13.46 (a) 그림 13.111의 회로에서 전류 $\mathbf{I}_1$, $\mathbf{I}_2$를 구하라.

(b) 권선 중 한 곳의 점 위치를 변경한 후 다시 전류 $\mathbf{I}_1$, $\mathbf{I}_2$를 구하라.

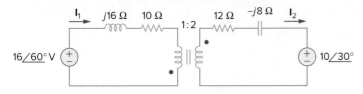

그림 13.111
문제 13.46.

13.47 그림 13.112의 회로에서 $v(t)$를 구하라.

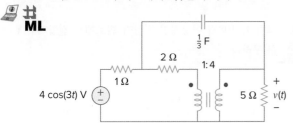

그림 13.112
문제 13.47.

13.48 그림 13.113을 이용하여 다른 학생들이 이상적인 변압기가 어떻게 동작하는지 더 잘 이해하도록 도와주는 문제를 설계하라.

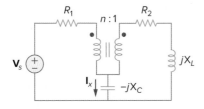

그림 13.113
문제 13.48.

13.49 그림 13.114의 이상적인 변압기 회로에서 전류 i_x를 구하라.

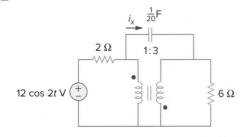

그림 13.114
문제 13.49.

13.50 그림 13.115의 회로망에서 입력 임피던스를 구하라.

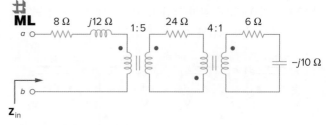

그림 13.115
문제 13.50.

13.51 그림 13.116의 회로에서 반사 임피던스 개념을 사용하여 입력 임피던스와 전류 $\mathbf{I}_1$을 구하라.

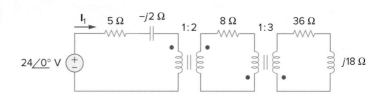

그림 13.116
문제 13.51.

13.52 그림 13.117의 회로에서 부하에 최대 평균전력을 전달하는 권선수비 n과 이때의 최대 평균전력을 구하라.

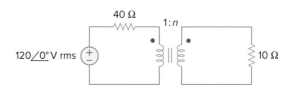

그림 13.117
문제 13.52.

13.53 그림 13.118의 회로에서 다음을 구하라.

(a) 200 Ω 부하에 최대 전력을 공급하기 위한 n

(b) $n = 10$일 때 200 Ω 부하에서의 전력

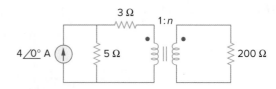

그림 13.118
문제 13.53.

13.54 그림 13.119와 같이 증폭기를 8 Ω의 부하에 정합시키기 위해 변압기가 사용되고 있다. 증폭기의 테브냉 등가회로가 $V_{Th} = 10$ V, $Z_{Th} = 128$ Ω이다.

(a) 최대 전력 전달에 필요한 권선수비를 구하라.

(b) 1차 측과 2차 측의 전류를 구하라.

(c) 1차 측과 2차 측의 전압을 구하라.

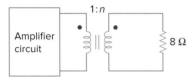

그림 13.119
문제 13.54.

13.55 그림 13.120의 회로에서 등가저항을 구하라.

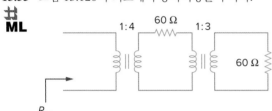

그림 13.120
문제 13.55.

13.56 그림 13.121의 이상적인 변압기 회로에서 10 Ω의 저항에 흡수되는 전력을 구하라.

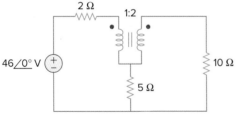

그림 13.121
문제 13.56.

13.57 그림 13.122의 이상적인 변압기 회로에서 다음을 구하라.

(a) $\mathbf{I}_1$, $\mathbf{I}_2$

(b) $\mathbf{V}_1$, $\mathbf{V}_2$, $\mathbf{V}_o$

(c) 전원에서 공급하는 복소전력

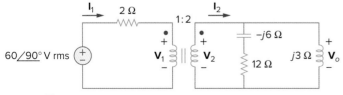

그림 13.122
문제 13.57.

13.58 그림 13.123의 회로에서 각 저항이 흡수하는 평균전력을 구하라.

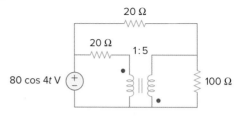

그림 13.123
문제 13.58.

13.59 그림 13.124의 회로에서 $v_s = 165\sin(1{,}000t)$ V이다. 각 저항에 전달되는 평균전력을 구하라.

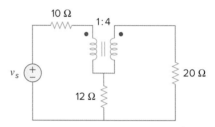

그림 13.124
문제 13.59.

13.60 그림 13.125의 회로에서 다음을 구하라.

(a) $\mathbf{I}_1$, $\mathbf{I}_2$, $\mathbf{I}_3$

(b) 40 Ω의 저항에서 소비하는 전력

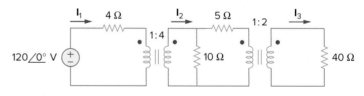

그림 13.125
문제 13.60.

*13.61 그림 13.126의 회로에서 $\mathbf{I}_1$, $\mathbf{I}_2$, $\mathbf{V}_o$를 구하라.

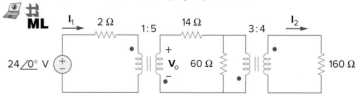

그림 13.126
문제 13.61.

13.62 그림 13.127의 회로망에서 다음을 구하라.

(a) 전원이 공급하는 복소전력

(b) 18 Ω의 저항에 전달되는 평균전력

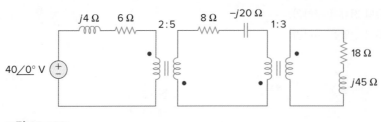

그림 13.127
문제 13.62.

13.63 그림 13.128의 회로에서 메시 전류를 구하라.

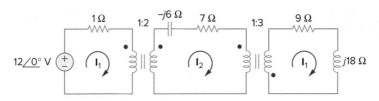

그림 13.128
문제 13.63.

13.64 그림 13.129의 회로에서 30 kΩ의 저항에 최대 전력을 전달하기 위한 권선수비를 구하라.

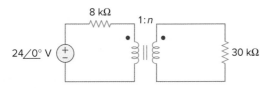

그림 13.129
문제 13.64.

*13.65 그림 13.130의 회로에서 20 Ω의 저항에서 소모되는 평균전력을 구하라.

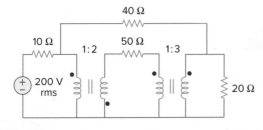

그림 13.130
문제 13.65.

13.6절 이상적인 단권변압기

13.66 다른 학생들이 이상적인 단권변압기가 어떻게 동작하는지 더 잘 이해하도록 도와주는 문제를 설계하라.

13.67 40% 탭을 가진 단권변압기가 400 V, 60 Hz의 전원으로부터 전기를 공급받으면서 강압 운전에 사용되고 있다. 역률이 1인 5 kVA 부하가 2차 측 단자에 연결되어 있을 때 다음을 구하라.

(a) 2차 측 전압

(b) 2차 측 전류

(c) 1차 측 전류

13.68 그림 13.131의 이상적인 단권변압기에서 $\mathbf{I}_1$, $\mathbf{I}_2$, $\mathbf{I}_o$와 부하에 전달되는 평균전력을 구하라.

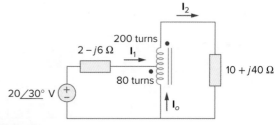

그림 13.131
문제 13.68.

*13.69 그림 13.132의 회로에서 $\mathbf{Z}_L$은 최대 평균전력이 $\mathbf{Z}_L$에 전 **e⊘d** 달될 때까지 조정된다. $N_1 = 600$회, $N_2 = 200$회일 때, $\mathbf{Z}_L$과 그것에 전달된 최대 평균전력을 구하라.

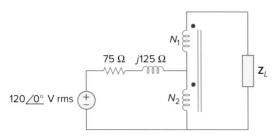

그림 13.132
문제 13.69.

13.70 그림 13.133의 이상적인 변압기 회로에서 부하에 전달 **ML** 되는 평균전력을 구하라.

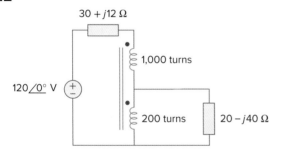

그림 13.133
문제 13.70.

13.71 그림 13.134의 단권변압기 회로에서 다음을 보여라.

$$\mathbf{Z}_{\text{in}} = \left(1 + \frac{N_1}{N_2}\right)^2 \mathbf{Z}_L$$

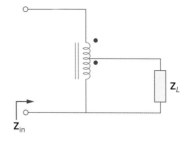

그림 13.134
문제 13.71.

13.7절   3상 변압기

13.72 긴급 상황에 대처하기 위해 12,470/7,200 V rms인 3대 **e⊘d** 의 단상변압기를 Δ-Y 결선하여 3상 변압기를 형성하고 12,470 V 송전선에 연결했다. 이 변압기가 부하에 60 MVA를 공급할 때 다음을 구하라.

(a) 각 변압기의 권선수비

(b) 변압기 1차 측과 2차 측 권선의 전류

(c) 선로의 송전단과 수전단에서의 전류

13.73 그림 13.135는 Y-결선 부하에 전력을 공급하는 3상 변 **ML** 압기를 나타낸 것이다. 다음을 구하라.

(a) 변압기의 결선 형태

(b) 전류 $\mathbf{I}_2$와 $\mathbf{I}_c$

(c) 부하가 흡수하는 평균전력

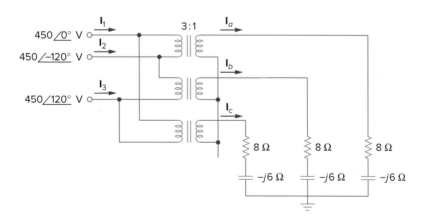

그림 13.135
문제 13.73.

13.74 그림 13.136의 3상 변압기에서 1차 측은 선전압 2.4 kV rms의 3상 전원으로 공급되고, 2차 측은 역률 0.8, 120 kW인 평형 3상 부하에 공급한다. 다음을 구하라.

(a) 변압기의 결선 형태

(b) I_{LS}, I_{PS}

(c) I_{LP}, I_{PP}

(d) 변압기 각 상의 kVA 정격

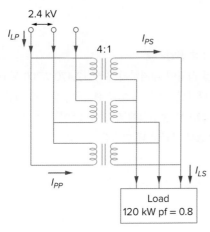

그림 13.136
문제 13.74.

13.75 그림 13.137에 나타낸 Δ-Y 결선 평형 3상 변압기 뱅크가 선전압을 4,500 V rms에서 900 V rms로 강압하는 데 사용되고 있다. 이 변압기가 120 kVA 부하에 전력을 공급할 때 다음을 구하라.

(a) 변압기 권선수비

(b) 1차 측과 2차 측의 선전류

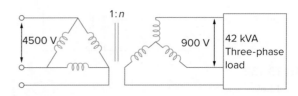

그림 13.137
문제 13.75.

13.76 그림 13.138을 이용하여 다른 학생들이 Y-Δ 결선의 3상 변압기가 어떻게 동작하는지 더 잘 이해하도록 도와주는 문제를 설계하라.

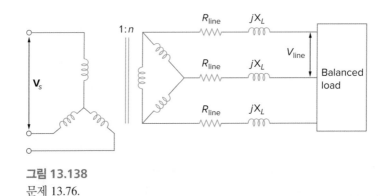

그림 13.138
문제 13.76.

13.77 어떤 도시에서 3상 시스템이 선전압 13.2 kV로 전력을 배분하고 있다. 그림 13.139에 나타낸 바와 같이 단선과 접지선에 연결된 주상변압기가 고전압 선로를 120 V rms로 강압하여 주택에 전력을 공급할 때 다음을 구하라.

(a) 120 V를 얻기 위한 주상변압기의 권선수비

(b) 120 V 선로에 연결된 100 W 전등은 고압선으로부터 얼마만큼의 전류를 공급받고 있는가?

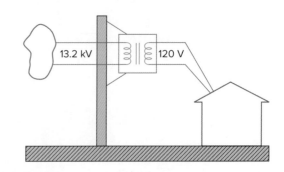

그림 13.139
문제 13.77.

13.8절 *PSpice*를 이용한 자기결합회로의 해석

💻

13.78 그림 13.140의 회로에서 *PSpice* 또는 *MultiSim*을 이용하여 메시 전류를 구하라. $\omega = 1$ rad/s이고, 문제 풀이 시 $k = 0.5$를 사용하라.

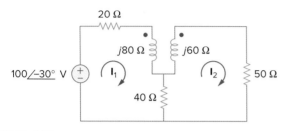

그림 13.140
문제 13.78.

13.79 그림 13.141의 회로에서 *PSpice* 또는 *MultiSim*을 이용하여 전류 I_1, I_2, I_3를 구하라.

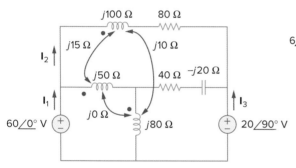

그림 13.141
문제 13.79.

13.80 *PSpice* 또는 *MultiSim*을 사용하여 문제 13.22를 다시 풀라.

13.81 그림 13.142의 회로에서 *PSpice* 또는 *MultiSim*을 이용하여 전류 I_1, I_2, I_3를 구하라.

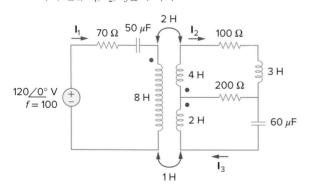

그림 13.142
문제 13.81.

13.82 그림 13.143의 회로에서 *PSpice* 또는 *MultiSim*을 이용하여 V_1, V_2, I_o를 구하라.

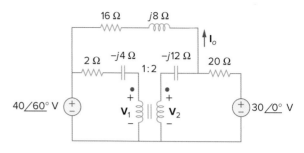

그림 13.143
문제 13.82.

13.83 그림 13.144의 회로에서 *PSpice* 또는 *MultiSim*을 이용하여 I_x, V_x를 구하라.

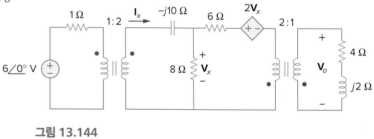

그림 13.144
문제 13.83.

13.84 그림 13.145의 이상적인 변압기 회로에서 *PSpice* 또는 *MultiSim*을 이용하여 전류 I_1, I_2, I_3를 구하라.

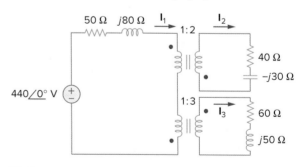

그림 13.145
문제 13.84.

13.9절 응용

13.85 출력 임피던스가 7.2 kΩ인 스테레오 증폭기 회로에 입력 임피던스 8 Ω을 가진 스피커를 연결하는데 1차 측이 3,000회의 권선수를 가진 변압기를 통해 정합하려고 한다. 2차 측에 필요한 권선수를 구하라.

13.86 1차 측의 권선수가 2,400, 2차 측의 권선수가 48인 변압기를 임피던스 정합장치로 사용하고자 한다. 2차 측에 연결된 3 Ω 부하의 반사 임피던스를 구하라.

13.87 입력 임피던스가 300 Ω인 라디오 수신기가 있다. 이것을 특성 임피던스가 75 Ω인 안테나 시스템에 직접 연결했더니 임피던스 부정합이 발생했다. 임피던스 정합 변압기를 수신기의 앞부분에 삽입하여 최대 전력 전달을 실현하고자 할 때 필요한 권선수비를 구하라.

13.88 권선수비가 $n = 0.1$인 강압 전력변압기가 저항 부하에 12.6 V rms를 공급하고 있다. 1차 측의 전류가 2.5 A rms일 때 부하에 얼마만큼의 전력이 전달되는가?

13.89 240/120 V rms인 전력변압기의 정격이 10 kVA일 때 권선수비 및 1차 측과 2차 측의 전류를 구하라.

13.90 1차 측 권선수가 250이고 4 kVA, 2,400/240 V rms인 변압기에서 다음을 구하라.

(a) 권선수비

(b) 2차 측의 권선수

(c) 1차 측과 2차 측의 전류

13.91 1차 측의 정격전류가 75 A인 25,000/240 V rms의 배전변압기에서 다음을 구하라.

(a) 변압기의 kVA 정격

(b) 2차 측의 전류

13.92 4,800 V rms인 송전 선로가 1차 측 권선수가 1,200, 2차 측 권선수가 28인 배전변압기에 전력을 공급하고 있다. 10 Ω의 부하가 2차 측 양단에 연결되어 있을 때 다음을 구하라.

(a) 2차 측 전압

(b) 1차 측과 2차 측의 전류

(c) 부하에 공급되는 전력

종합문제

13.93 4권선 변압기(그림 13.146)가 110 V 또는 220 V에서 동작하는 장치(예: PC, VCR 등)에 종종 사용된다. 이는 이러한 장치가 국내 또는 국외에서 모두 사용될 수 있도록 해준다. 다음의 조건을 만족하기 위해 어떤 결선이 필요한지를 보여라.

(a) 입력 110 V, 출력 14 V

(b) 입력 220 V, 출력 50 V

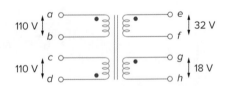

그림 13.146
문제 13.93.

*13.94 440/110 V의 이상적인 변압기는 550/440 V의 이상적인 단권변압기가 되도록 연결될 수 있다. 가능한 네 가지 결선 방법이 있는데 이 중 두 가지는 잘못된 결선 방법이다. 다음의 경우에 출력 전압을 구하라.

(a) 잘못된 결선

(b) 올바른 결선

13.95 병렬로 연결된 10개의 전구가 그림 13.147과 같이 7,200/120 V 변압기에 의해 전력을 공급받고 있다. 여기서 전구는 144 Ω의 저항으로 나타낼 수 있을 때 다음을 구하라.

(a) 권선수비 n

(b) 1차 측 권선의 전류

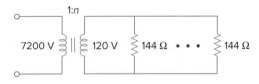

그림 13.147
문제 13.95.

*13.96 현대의 몇몇 전력 전송 시스템은 중요한 고전압 직류 송전 구간을 포함하고 있다. 그렇게 하는 데에는 타당한 이유가 많지만 여기서는 세부적으로 다루지 않는다. 교류에서 직류로 변환하기 위해서는 전력전자 장치를 사용하고 3상 교류 전력을 정류해야 한다(전파 정류기를 사용). 1차 측에 Δ, 2차 측에 Y와 Δ 결합의 결선을 하면 전파 정류 결과에서 리플이 훨씬 작아진다. 이러한 결선이 어떻게 이루어지는가? 이 부품이 실제 부품이고 공

통 코어에 감겨 있다는 것을 기억하라.

(힌트: 그림 13.47과 13.49를 사용하고, 2차 측에 Y-결선된 각 코일과 2차 측에 Δ-결선된 각 코일이 Δ-결선된 1차 측의 각 코일과 같은 코어에 감겨 있어서 대응하는 각 코일의 전압이 동상이다. 2차 측 두 결선의 출력 단자가 전파 정류기를 통해 같은 부하에 연결되어 있을 때 리플이 크게 감소하는 것을 보게 될 것이다. 더 자세한 내용이 필요하다면 강사에게 문의하기 바란다.)

주파수 응답
Frequency Response

CHAPTER
14

그대는 인생을 사랑하는가? 그렇다면 시간을 낭비하지 말라. 인생이 바로 그것으로 만들어지기 때문이다.

—Benjamin Franklin

경력 향상하기

제어시스템 분야의 경력

제어 시스템은 회로 해석이 사용되는 전자전기공학의 또 다른 분야이다. 제어 시스템은 하나 또는 그 이상의 변수 상태를 어떤 정해진 방식으로 조절한다. 제어 시스템은 우리의 일상생활에서 중요한 역할을 담당하고 있다. 냉난방장치, 세탁기, 건조기 등의 가전제품, 자동차 순항장치, 승강기, 교통신호, 생산 공장, 항법장치 등은 모두 제어 시스템을 이용하고, 우주항공 분야에서는 우주 탐색선의 정밀 유도, 우주선의 다양한 활동 및 지구에서의 원격조종 등이 모두 제어 시스템에 대한 지식을 필요로 한다. 제조업 분야에서 반복 생산 작업은 로봇을 이용하여 수행하는 경우가 많아지고 있으며, 로봇은 몇 시간이고 지치지 않고 일할 수 있고 프로그램으로 임무를 바꿀 수 있다.

제어공학은 회로 이론과 통신 이론을 통합한 것이다. 제어공학은 어떤 특별한 기술 분야에 제한되지는 않지만 대체로 화공, 우주항공, 기계, 토목, 전기전자 분야에 관련된다. 예를 들면 제어 시스템 기술자의 전형적인 일 중 하나는 디스크 드라이브 헤드 속도 조절기를 설계하는 것이다.

제어 시스템 기술에 대한 확실한 지식은 전기전자공학 기술자에게 필수적인 것이며, 원하는 기능을 수행해야 하는 제어 시스템을 설계하는 데 이루 말할 수 없이 큰 자산이 된다.

불빛 영상

> **학습 목표**
>
> 본 장에서 제시된 정보와 연습문제를 사용함으로써 다음 능력을 배양할 수 있다.
> 1. 전달함수의 개념과 회로에서 전달함수를 구하는 방법을 이해할 수 있다.
> 2. 데시벨 스케일, 데시벨의 사용 이유, 데시벨을 사용하는 방법을 이해할 수 있다.
> 3. 보드선도, 보드선도의 사용 이유, 보드선도를 구하는 방법을 이해할 수 있다.
> 4. 직렬 및 병렬 공진의 개념, 공진회로의 중요성, 공진회로의 각종 특성을 구하는 방법을 이해할 수 있다.
> 5. 수동 필터에 대해 이해할 수 있다.
> 6. 능동 필터에 대해 이해할 수 있다.
> 7. 크기(진폭)와 주파수 스케일링 및 그것이 중요한 이유를 설명할 수 있다.

14.1　서론

정현파 회로 해석에서는 일정 주파수 전원이 있는 회로의 전압과 전류를 구하는 방법을 공부했다. 만약 정현파 전원의 진폭을 일정하게 유지하면서 그 주파수를 변화시키면 그 회로의 **주파수 응답**(frequency response)을 얻을 수 있다. 주파수 응답은 주파수의 함수로 정현파 정상상태로 동작하는 회로의 완벽한 해석이라고 할 수 있다.

> 회로의 **주파수 응답**은 신호 주파수의 변화에 따른 회로 동작의 변화이다.

회로의 주파수 응답은 임의의 주파수 대비 이득과 위상의 변화로 여겨지기도 한다.

회로의 정현파 정상상태 응답은 다양한 분야, 특히 통신, 제어 시스템 등의 분야에서 중요하다. 구체적인 응용 사례로 원치 않는 주파수의 신호는 제거하고 원하는 주파수의 신호만 통과시키는 전기필터가 있다. 이러한 필터는 라디오, TV, 전화 등에서 서로 간의 방송 주파수를 분리하는 데 사용된다.

이 장에서는 전달함수를 사용하여 간단한 회로의 주파수 응답을 고려하면서 시작한다. 이어서 주파수 응답을 나타내는 산업 표준 방법인 보드선도(Bode plot), 직렬·병렬 공진회로와 공진, 선택도(quality factor), 차단주파수, 대역폭과 같은 개념을 살펴보고, 다른 종류의 필터나 네트워크 척도(network scaling) 등을 다룰 것이다. 마지막 절에서는 공진회로의 실제 응용 사례와 필터의 두 가지 응용 분야를 살펴볼 것이다.

14.2　전달함수

전달함수(transfer function) $\mathbf{H}(\omega)$(회로망함수라고도 함)는 회로의 주파수 응답을 찾는 데 도움이 되는 유익한 해석 도구이다. 사실 회로의 주파수 응답은 $\omega = 0$에서 $\omega = \infty$까지 변하는 ω에 대해 회로의 전달함수 $\mathbf{H}(\omega)$ 대 ω의 관계를 나타낸 그림이다.

전달함수는 강제하는 함수에 대한 강제된 함수(또는 입력에 대한 출력)의 주파수 의존 비이다. 전압, 전류와 관련해서 임피던스와 어드미턴스의 개념을 사용했을 때 전달함수를 직접 표현하지 않더라도 그 개념이 내포되어 있는 것이다. 일반적으로 선형 회로망에서는 그림 14.1에서 보듯이 블록 다이어그램으로 표현할 수 있다.

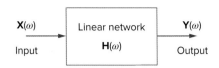

그림 14.1
선형 회로망의 블록 다이어그램 표현.

> 회로의 **전달함수 H**(ω)는 페이저 입력(phasor input) **X**(ω)(전원전압 또는 전원전류)에 대한 페이저 출력(phasor output) **Y**(ω)(부하전압 또는 부하전류)의 주파수 의존 비이다.

따라서 초기 조건이 0이라고 가정했을 때 **H**(ω)는 다음과 같다.

$$\mathbf{H}(\omega) = \frac{\mathbf{Y}(\omega)}{\mathbf{X}(\omega)} \tag{14.1}$$

이 그림에서 **X**(ω)와 **Y**(ω)는 선형 회로망의 입력과 출력 페이저를 나타낸다. 이는 리액턴스나 어드미턴스를 표현할 때 사용하는 동일 기호와 혼동하지 말아야 한다. 영문자로는 모든 회로 변수를 구별하여 표현할 수 없기 때문에 관습적으로 표현 기호의 다중 사용이 허용된 것이다.

ω와 j는 분리할 수 없기 때문에 어떤 저자들은 전달함수를 표현하는 데 **H**(ω) 대신 **H**($j\omega$)를 사용하기도 한다.

회로에서 어디든 전압 또는 전류가 입력과 출력이 될 수 있기 때문에 다음과 같은 4개의 가능한 전달함수가 있다.

$$\mathbf{H}(\omega) = \text{전압이득} = \frac{\mathbf{V}_o(\omega)}{\mathbf{V}_i(\omega)} \tag{14.2a}$$

$$\mathbf{H}(\omega) = \text{전류이득} = \frac{\mathbf{I}_o(\omega)}{\mathbf{I}_i(\omega)} \tag{14.2b}$$

$$\mathbf{H}(\omega) = \text{전달 임피던스} = \frac{\mathbf{V}_o(\omega)}{\mathbf{I}_i(\omega)} \tag{14.2c}$$

$$\mathbf{H}(\omega) = \text{전달 어드미턴스} = \frac{\mathbf{I}_o(\omega)}{\mathbf{V}_i(\omega)} \tag{14.2d}$$

위 식에서 첨자 i와 o는 입력값과 출력값을 나타낸다. 복소량 **H**(ω)는 크기 $H(\omega)$와 위상 ϕ를 가진다. 즉 $\mathbf{H}(\omega) = H(\omega)\underline{/\phi}$이다.

식 (14.2)를 사용하여 전달함수를 얻기 위해 먼저 저항, 인덕터, 커패시터 대신에 임피던스인 R, $j\omega L$, $1/j\omega C$을 사용하여 주파수 영역 등가회로를 얻는다. 그리고 식 (14.2)에 있는 적절한 값을 얻기 위해 회로 해석을 한다. 다음에 주파수의 변화에 따른 전달함수의 크기와 위상을 그림으로써 회로의 주파수 응답을 얻을 수 있다. 컴퓨터를 사용함으로써 전달함수를 그릴 때 걸리는 시간을 절약할 수 있다.

전달함수 **H**(ω)는 다음과 같이 분자 다항식 **N**(ω)와 분모 다항식 **D**(ω)로 표현할 수 있다.

$$\mathbf{H}(\omega) = \frac{\mathbf{N}(\omega)}{\mathbf{D}(\omega)} \tag{14.3}$$

여기서 $\mathbf{N}(\omega)$와 $\mathbf{H}(\omega)$가 각각 입력 및 출력 함수의 표현과 동일할 필요는 없다. 식 (14.3)의 전달함수 $\mathbf{H}(\omega)$의 표현이 분자와 분모에 있는 공통 인자가 제거되고 최저차 항의 비로 차수를 줄였다고 가정하자. $\mathbf{N}(\omega) = 0$의 근을 $\mathbf{H}(\omega)$의 영점이라 부르고 일반적으로 $j\omega = z_1, z_2, \ldots$로 표현하며, 마찬가지로 $\mathbf{D}(\omega) = 0$의 근을 $\mathbf{H}(\omega)$의 극점이라 부르고 $j\omega = p_1, p_2, \ldots$로 표현한다.

| 영점은 $\mathbf{H}(s)$를 0으로 만드는 $s = j\omega$의 값으로, 극점은 $\mathbf{H}(s)$를 무한대로 만드는 $s = j\omega$의 값으로 간주할 수 있다.

> 분자 다항식의 근인 **영점**은 함수를 0으로 만들게 하는 값이고, 분모 다항식의 근인 **극점**은 함수를 무한대로 만들게 하는 값이다.

$\mathbf{H}(\omega)$를 구할 때는 복소 계산을 피하기 위해 $j\omega$ 대신 s를 사용한다.

예제 14.1

그림 14.2(a)의 RC 회로에서 입력이 $v_s = V_m \cos \omega t$일 때 전달함수 $\mathbf{V}_o/\mathbf{V}_s$와 주파수 응답을 구하라.

풀이:

회로의 주파수 영역 등가회로는 그림 14.2(b)와 같다. 전압 분배에 의해 전달함수는 다음과 같이 주어진다.

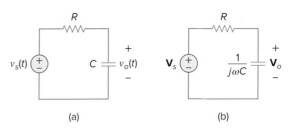

그림 14.2
예제 14.1: (a) 시간 영역 RC 회로, (b) 주파수 영역 RC 회로.

$$\mathbf{H}(\omega) = \frac{\mathbf{V}_o}{\mathbf{V}_s} = \frac{1/j\omega C}{R + 1/j\omega C} = \frac{1}{1 + j\omega RC}$$

식 (9.18e)와 비교하여 다음과 같이 $\mathbf{H}(\omega)$의 크기와 위상을 얻는다.

$$H = \frac{1}{\sqrt{1 + (\omega/\omega_0)^2}}, \qquad \phi = -\tan^{-1}\frac{\omega}{\omega_0}$$

여기서 $\omega_0 = 1/RC$이다. $0 < \omega < \infty$에 대해 H와 ϕ를 그리기 위해 우선 어떤 임계점에서 그 값을 얻어 그림을 그린다.

$\omega = 0$에서 $H = 1$, $\phi = 0$이고, $\omega = \infty$에서 $H = 0$, $\phi = -90°$이며, $\omega = \omega_0$에서 $H = 1/\sqrt{2}$, $\phi = -45°$이다. 표 14.1에서 보듯이 이러한 값에 몇 개를 더하여 주파수 영역에서 그린 것이 그림 14.3이다. 14.6.1절의 저주파 통과 필터(low-pass filter)에서 그림 14.3의 주파수 응답에 대해 자세히 설명할 것이다.

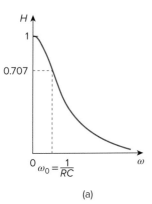

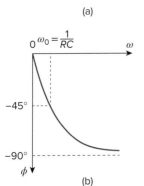

그림 14.3
RC 회로의 주파수 응답: (a) 진폭(이득) 응답, (b) 위상 응답.

표 14.1

예제 14.1

ω/ω_0	H	ϕ	ω/ω_0	H	ϕ
0	1	0	10	0.1	$-84°$
1	0.71	$-45°$	20	0.05	$-87°$
2	0.45	$-63°$	100	0.01	$-89°$
3	0.32	$-72°$	∞	0	$-90°$

실전문제 14.1

그림 14.4의 RL 회로에서 입력 $v_s = V_m \cos \omega t$일 때 $\mathbf{V}_o/\mathbf{V}_s$를 구하고 주파수 응답을 그려라.

답: $j\omega L/(R + j\omega L)$; 주파수 응답은 그림 14.5와 같다.

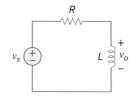

그림 14.4
실전문제 14.1.

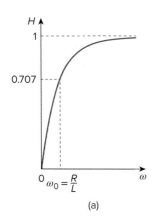

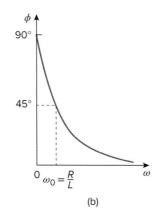

(a)　　　　　　　　(b)

그림 14.5
실전문제 14.1: 주파수 응답.

예제 14.2

그림 14.6의 회로에서 이득 $\mathbf{I}_o(\omega)/\mathbf{I}_i(\omega)$와 극점 및 영점을 구하라.

풀이:

전류 분배에 의해,

$$\mathbf{I}_o(\omega) = \frac{4 + j2\omega}{4 + j2\omega + 1/j0.5\omega} \mathbf{I}_i(\omega)$$

또는

$$\frac{\mathbf{I}_o(\omega)}{\mathbf{I}_i(\omega)} = \frac{j0.5\omega(4 + j2\omega)}{1 + j2\omega + (j\omega)^2} = \frac{s(s+2)}{s^2 + 2s + 1}, \qquad s = j\omega$$

영점은

$$s(s+2) = 0 \quad \Rightarrow \quad z_1 = 0, \, z_2 = -2$$

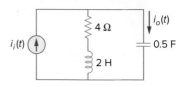

그림 14.6
예제 14.2.

극점은

$$s^2 + 2s + 1 = (s + 1)^2 = 0$$

따라서 $p = -1$에서 이중 극점(double pole)이다.

실전문제 14.2

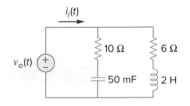

그림 14.7
실전문제 14.2.

그림 14.7 회로에서 전달 함수 $\mathbf{V}_o(\omega)/\mathbf{I}_i(\omega)$와 극점 및 영점을 구하라.

답: $\dfrac{10(s + 2)(s + 3)}{s^2 + 8s + 10}$, $s + j\omega$; 영점: -2, -3; 극점: -1.5505, -6.449

14.3 $\dagger$ 데시벨 스케일

앞에서 본 것처럼 전달함수의 크기와 위상을 빨리 그린다는 것은 항상 쉬운 일이 아니다. 주파수 응답을 보다 체계적으로 구하는 방법은 보드선도를 이용하는 것이다. 보드선도를 그리기 전에 먼저 두 가지 중요한 정보를 제공하는데, 즉 이득을 표현할 때 로그(logarithm)와 데시벨(decibel)을 사용하는 것이다.

보드선도는 로그에 기초하므로 다음과 같은 로그의 성질을 기억하는 것이 중요하다.

1. $\log P_1 P_2 = \log P_1 + \log P_2$
2. $\log P_1/P_2 = \log P_1 - \log P_2$
3. $\log P^n = n \log P$
4. $\log 1 = 0$

Historical

Ingram Publishing

Alexander Graham Bell (1847~1922), 스코틀랜드계 미국인 과학자로 전화를 발명했다.

벨은 스코틀랜드 에든버러에서 알렉산더 멜빈 벨(유명한 강사)의 아들로 태어났다. 젊은 시절 벨은 에든버러대학과 런던대학을 졸업한 후 아버지를 따라 강사가 되었다. 1866년에 그는 음성 신호의 전기적 전송에 흥미를 갖게 되었다. 그의 형이 결핵으로 숨진 후 아버지는 캐나다로 이주하기로 결심했다. 벨은 농아학교에서 일하기 위해 보스턴으로 가고자 했다. 그곳에서 그는 토머스 왓슨을 만났고, 그의 전자기적 통신 실험의 연구 보조원이 되었다. 1876년 3월 10일에 벨은 그 유명한 첫 번째 전화 메시지를 보냈다. "왓슨, 이쪽으로 오게. 자네가 필요해." 이 장에서 소개되는 로그 단위인 벨은 벨의 업적을 기리기 위해 그의 이름에서 따온 것이다.

통신 시스템에서 이득은 벨(bel)로 측정된다. 역사적으로 벨은 두 전력값의 비 또는 전력이득 G를 측정하는 데 사용되었다.

$$G = 벨의\ 수 = \log_{10} \frac{P_2}{P_1} \qquad (14.4)$$

데시벨(dB)은 더 작은 크기의 단위로 사용되며, 벨의 1/10 크기로 다음과 같이 주어진다.

$$\boxed{G_{\mathrm{dB}} = 10 \log_{10} \frac{P_2}{P_1}} \qquad (14.5)$$

$P_1 = P_2$일 때 전력의 변화는 없고 이득은 0 dB이다. 만약 $P_2 = 2P_1$이면 이득은

$$G_{\mathrm{dB}} = 10 \log_{10} 2 \simeq 3\ \mathrm{dB} \qquad (14.6)$$

$P_2 = 0.5P_1$이면 이득은

$$G_{\mathrm{dB}} = 10 \log_{10} 0.5 \simeq -3\ \mathrm{dB} \qquad (14.7)$$

식 (14.6)과 (14.7)은 왜 로그가 많이 사용되는지를 보여주는 또 다른 이유이다. 어떤 양의 역수의 로그는 간단히 그 양의 로그 부호만 바꾸면 된다.

한편 이득 G는 전압과 전류비로 표시할 수도 있다. 이렇게 하기 위해 그림 14.8에 나타낸 회로를 고려해보자. P_1이 입력 전력, P_2가 출력(부하) 전력, R_1이 입력 저항, R_2가 부하저항이다. 그러면 $P_1 = 0.5V_1^2/R_1$, $P_2 = 0.5V_2^2/R_2$이고, 식 (14.5)는 다음과 같다.

$$\begin{aligned}
G_{\mathrm{dB}} &= 10 \log_{10} \frac{P_2}{P_1} = 10 \log_{10} \frac{V_2^2/R_2}{V_1^2/R_1} \\
&= 10 \log_{10} \left(\frac{V_2}{V_1}\right)^2 + 10 \log_{10} \frac{R_1}{R_2}
\end{aligned} \qquad (14.8)$$

$$G_{\mathrm{dB}} = 20 \log_{10} \frac{V_2}{V_1} - 10 \log_{10} \frac{R_2}{R_1} \qquad (14.9)$$

전압의 레벨을 비교하기 위해 종종 가정하는 조건, 즉 $R_2 = R_1$인 경우 식 (14.9)는 다음과 같이 된다.

$$\boxed{G_{\mathrm{dB}} = 20 \log_{10} \frac{V_2}{V_1}} \qquad (14.10)$$

또한 $P_1 = I_1^2 R_1$, $P_2 = I_2^2 R_2$이면 $R_1 = R_2$에서 다음 식을 얻을 수 있다.

$$G_{\mathrm{dB}} = 20 \log_{10} \frac{I_2}{I_1} \qquad (14.11)$$

식 (14.5), (14.10), (14.11)로부터 다음과 같은 세 가지 중요한 내용이 있다.

1. $10 \log_{10}$은 전력에서 사용되고, $20 \log_{10}$은 전압이나 전류에서 사용된다.

역사적 기록: 벨은 전화를 발명한 알렉산더 그레이엄 벨의 이름에서 유래되었다.

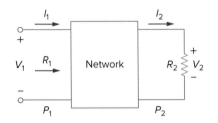

그림 14.8
4단자 회로망의 전압−전류 관계.

그 이유는 이 둘 사이에 제곱 관계가 있기 때문이다$(P = V^2/R = I^2R)$.

2. dB 값은 같은 형태의 두 변수비의 로그 측정값이다. 따라서 식 (14.2c)나 (14.2d)처럼 단위가 다른 양의 비교가 아니라, 식 (14.2a)나 (14.2b)처럼 단위가 같은 양의 전달함수 H를 나타내는 데 사용된다.

3. 식 (14.10)과 (14.11)에서 전압과 전류의 크기만을 사용한다는 점을 주의해야 한다. 14.4절에서 살펴볼 음의 부호와 각도는 독립적으로 다루게 될 것이다.

이를 토대로 보드선도를 그리기 위해 로그와 데시벨의 개념을 사용한다.

14.4   보드선도

14.2절에서 언급했듯이 전달함수에서 주파수 응답을 얻기란 힘든 일이다. 주파수 응답에서 요구되는 주파수 영역은 아주 넓어서 주파수 축을 선형 스케일로 사용하는 것은 매우 불편하다. 또한 전달함수의 크기나 위상선도의 주요 특징을 찾아내는 데 더 체계적인 방법이 있다. 이런 이유로 전달함수를 한 쌍의 반로그선도(semilogarithmic plot)를 이용하여 도시하는 방법이 표준화되어 있다. 하나는 로그 스케일로 나타낸 주파수 축에 대한 데시벨로 크기를 그린 이득선도이고, 또 하나는 역시 로그 스케일로 나타낸 주파수 축에 대한 각도를 그린 위상선도이다. 이러한 전달함수의 반로그선도를 **보드선도**라 하는데 이는 산업적 표준이다.

보드선도는 주파수 대 전달함수의 크기(데시벨)와 위상(각도)의 반로그선도이다.

보드선도는 앞 절에서 논의한 비로그(또는 선형 스케일)선도와 같은 정보를 갖지만, 곧 알게 되듯이 그림을 그리기가 훨씬 쉽다.
    전달함수는 다음과 같이 쓸 수 있다.

$$\mathbf{H} = H\underline{/\phi} = He^{j\phi} \tag{14.12}$$

양변에 자연로그를 취하면,

$$\ln \mathbf{H} = \ln H + \ln e^{j\phi} = \ln H + j\phi \tag{14.13}$$

따라서 $\ln \mathbf{H}$의 실수부는 크기의 함수이고 허수부는 위상이다.

$$\boxed{H_{\text{dB}} = 20 \log_{10} H} \tag{14.14}$$

보드 크기선도에서 이득은 주파수 대 데시벨(dB)로 그린다. H의 몇 개 값에 대한 데시벨 값을 표 14.2에 나타냈다. 보드 위상선도에서 위상 ϕ는 주파수 대 각도로 그린다. 크기선도와 위상선도 둘 다 반로그 그래프 용지에 그린다.

역사적 기록: 보드선도는 1930~1940년대에 벨전화연구소에서 엔지니어로 근무한 헨드릭 보드(Hendrik W. Bode, 1905~1982)의 선구적 업적을 기리기 위해 그의 이름에서 따온 것이다.

표 14.2

특정 이득에 대한 데시벨 값*

크기 H	$20 \log_{10} H$(dB)
0.001	−60
0.01	−40
0.1	−20
0.5	−6
$1/\sqrt{2}$	−3
1	0
$\sqrt{2}$	3
2	6
10	20
20	26
100	40
1000	60

* 이 값 중 일부는 근삿값이다.

식 (14.3)의 형태로 전달함수는 실수부와 허수부를 가진 인자의 항으로 쓸 수 있다. 그러한 표현 중 하나는 다음과 같다.

$$\mathbf{H}(\omega) = \frac{K(j\omega)^{\pm 1}(1 + j\omega/z_1)[1 + j2\zeta_1\omega/\omega_k + (j\omega/\omega_k)^2]\cdots}{(1 + j\omega/p_1)[1 + j2\zeta_2\omega/\omega_n + (j\omega/\omega_n)^2]\cdots} \tag{14.15}$$

이 식은 $\mathbf{H}(\omega)$의 극점과 영점을 나누어서 얻어지는데, 식 (14.15)와 같은 $\mathbf{H}(\omega)$의 표현을 **표준형**(standard form)이라 부른다. $\mathbf{H}(\omega)$는 전달함수에서 다양한 조합으로 나타나는 일곱 가지의 다른 인자를 포함할 수 있다. 이는 다음과 같다.

1. 이득 K
2. 원점에 있는 극점 $(j\omega)^{-1}$ 또는 영점 $j\omega$
3. 단일 극점 $1/(1 + j\omega/p_1)$ 또는 단일 영점 $(1 + j\omega/z_1)$
4. 이차 극점 $1/[1 + j2\zeta_2\omega/\omega_n + (j\omega/\omega_n)^2]$ 또는 이차 영점 $[1 + j2\zeta_1\omega/\omega_k + (j\omega/\omega_k)^2]$

보드선도를 그리려면 각 인자의 보드선도를 별도로 그려서 그것들을 그래프에서 더한다. 각 인자는 로그항이 포함되어 있으므로 한 번에 하나씩 그려서 더한다. 로그의 이러한 수학적 편리함 덕분에 보드선도는 강력한 공학적 도구가 된다.

위에서 열거한 인자의 직선 선도를 그려보자. 직선 선도는 실제의 선도를 근사화한 보드선도로 다음과 같다.

상수항: 이득 K는 크기가 $20 \log_{10} K$이고 위상은 0이며, 둘 다 주파수에 대해 상수이다. 이득의 크기선도와 위상선도를 그림 14.9에 나타냈다. 만약 K가 음수이면 크기는 $20 \log_{10} |K|$이고 위상은 $\pm 180°$이다.

원점에 있는 극점/영점: 원점에 있는 영점 $j\omega$는 크기가 $20 \log_{10} \omega$이고 위상은 $90°$이다. 이득의 크기선도와 위상선도를 그림 14.10에 나타냈다. 그림에서 알 수 있듯이 크기선도의 기울기는 20 dB/decade이고 위상은 주파수에 대해 상수이다.

원점에 있는 극점 $(j\omega)^{-1}$의 보드선도는 크기선도의 기울기가 -20 dB/decade이고 위상이 $-90°$인 것을 제외하고는 영점의 보드선도와 유사하다. 일반적으로 N이 정수일 때 $(j\omega)^N$에 대한 크기선도의 기울기는 $20N$ dB/decade이고 위상은 $90N$이다.

단일 극점/영점: 단일 영점 $1 + j\omega/z_1$의 크기는 $20 \log_{10} |1 + j\omega/z_1|$이고 위상은 $\tan^{-1} \omega/z_1$이다.

$$H_{dB} = 20 \log_{10} \left| 1 + \frac{j\omega}{z_1} \right| \quad \Rightarrow \quad 20 \log_{10} 1 = 0 \tag{14.16}$$
$$\omega \to 0 일 때$$

$$H_{dB} = 20 \log_{10} \left| 1 + \frac{j\omega}{z_1} \right| \quad \Rightarrow \quad 20 \log_{10} \frac{\omega}{z_1} \tag{14.17}$$
$$\omega \to \infty 일 때$$

원점(ω)은 $\omega = 1$ 또는 $\log \omega = 0$인 점이고 이득은 0이다.

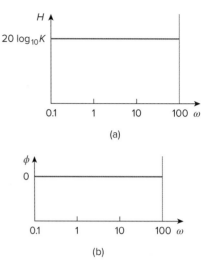

그림 14.9
이득 K의 보드선도: (a) 크기선도, (b) 위상선도.

디케이드는 주파수의 비가 10인 두 주파수 사이의 간격을 말한다. 예를 들면 ω_0와 $10\omega_0$ 사이, 또는 10 Hz와 100 Hz 사이이다. 그러므로 20 dB/decade는 주파수가 10배 또는 1 decade가 변할 때 크기 변화가 20 dB임을 의미한다.

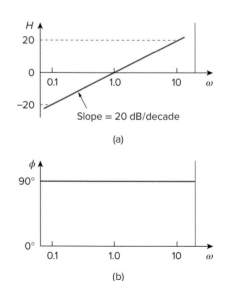

그림 14.10
원점에 있는 영점 $j\omega$의 보드선도: (a) 크기선도, (b) 위상선도.

dc($\omega = 0$)와 같은 특별한 경우는 보드선도로 표시할 수 없다. 왜냐하면 log 0 = $-\infty$이므로 주파수가 0에 근사하면 보드선도에서는 원점의 왼쪽으로 무한히 가게 되기 때문이다.

ω의 값이 작을 때는 크기를 0(기울기가 0인 직선)으로 근사화할 수 있고, ω가 클 때는 기울기가 20 dB/decade인 직선으로 근사화된다. 이 두 점근선(asymptotic line)이 만나는 주파수 $\omega = z_1$을 절점주파수(corner frequency 또는 break frequency)라고 한다. 따라서 그림 14.11(a)에 근사화된 크기선도와 실제 선도를 동시에 나타낸다. 근사화 선도는 차단주파수인 $\omega = z_1$에서 편차가 최대인 20 $\log_{10}|(1 + j1)| = 20 \log_{10} \sqrt{2} \simeq 3$ dB인 것을 제외하고는 실제 선도와 거의 일치한다.

위상 $\tan^{-1}(\omega/z_1)$는 다음과 같이 표현된다.

$$\phi = \tan^{-1}\left(\frac{\omega}{z_1}\right) = \begin{cases} 0, & \omega = 0 \\ 45°, & \omega = z_1 \\ 90°, & \omega \to \infty \end{cases} \qquad \textbf{(14.18)}$$

직선 근사의 경우, $\omega \le z_1/10$에서 $\phi \simeq 0°$이고, $\omega = z_1$에서 $\phi \simeq 45°$이며, $\omega \ge 10z_1$에서 $\phi \simeq 90°$이다. 실제 선도와 함께 그림 14.11(b)에 나타낸 위상선도에서 직선선도는 디케이드(10배의 주파수)당 45°의 기울기이다.

극점 $1/(1 + j\omega/p_1)$의 보드선도는 절점주파수 $\omega = p_1$에서 크기는 -20 dB/decade의 기울기이고, 위상은 디케이드당 $-45°$의 기울기인 것을 제외하고는 그림 14.11의 보드선도와 유사하다.

이차 극점/영점: 이차 극점 $1/[1 + j2\zeta_2\omega/\omega_n + (j\omega/\omega_n)^2]$의 크기는 $-20 \log_{10}|1 + j2\zeta_2\omega/\omega_n + (j\omega/\omega_n)^2|$이고, 위상은 $-\tan^{-1}(2\zeta_2\omega/\omega_n)/(1 - \omega^2/\omega_n^2)$이다. 또한

$$H_{\text{dB}} = -20 \log_{10}\left|1 + \frac{j2\zeta_2\omega}{\omega_n} + \left(\frac{j\omega}{\omega_n}\right)^2\right| \quad \Rightarrow \quad 0 \qquad \textbf{(14.19)}$$
$$\omega \to 0\text{일 때}$$

$$H_{\text{dB}} = -20 \log_{10}\left|1 + \frac{j2\zeta_2\omega}{\omega_n} + \left(\frac{j\omega}{\omega_n}\right)^2\right| \quad \Rightarrow \quad -40 \log_{10}\frac{\omega}{\omega_n} \qquad \textbf{(14.20)}$$
$$\omega \to \infty\text{일 때}$$

따라서 크기선도는 2개의 직선 점근선으로 구성된다. 절점주파수 ω_n을 중심으로 하나는 $\omega < \omega_n$에서 기울기가 0이고, 또 하나는 $\omega < \omega_n$에서 기울기가 -40

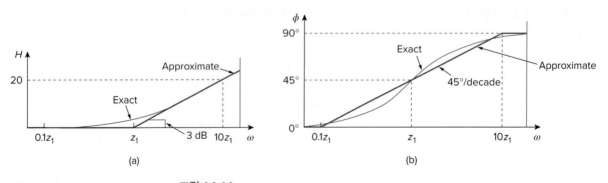

그림 14.11
영점 $1 + j\omega/z_1$의 보드선도: (a) 크기선도, (b) 위상선도.

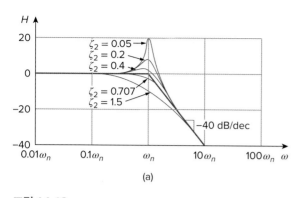
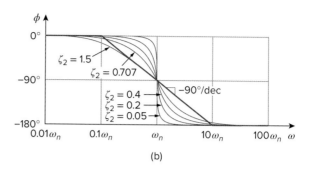

그림 14.12

이차 극점 $[1 + j2\zeta\omega/\omega_n - \omega^2/\omega_n^2]^{-1}$의 보드선도: (a) 크기선도, (b) 위상선도.

dB/decade인 직선이다. 그림 14.12(a)에 근사화 선도와 실제 선도를 나타냈다. 실제 선도는 절점주파수 ω_n뿐만 아니라 제동 요소(damping factor) ζ_2에 의해 결정된다. 더 높은 정확도가 필요하면 절점주파수 근처에서 중요한 첨두값을 직선 근사에 더해야 한다. 그러나 여기서는 간단히 하기 위해 직선 근사를 사용할 것이다.

위상은 다음과 같이 표현할 수 있다.

$$\phi = -\tan^{-1}\frac{2\zeta_2\omega/\omega_n}{1 - \omega^2/\omega_n^2} = \begin{cases} 0, & \omega = 0 \\ -90°, & \omega = \omega_n \\ -180°, & \omega \to \infty \end{cases} \qquad \textbf{(14.21)}$$

위상선도는 그림 14.12(b)에 나타낸 바와 같이 $\omega_n/10$에서 시작하여 $10\omega_n$까지 주파수 10배(디케이드)당 $-90°$의 기울기인 직선이다. 실제 선도와 직선 선도의 차이는 제동 요소에 기인한다. 이차 극점에 대한 크기선도와 위상선도의 근삿값은 이중 극점, 즉 $(1 + j\omega/\omega_n)^{-2}$의 것과 같음을 주의하라. 그 이유는 이중 극점 $(1 + j\omega/\omega_n)^{-2}$이 $\zeta_2 = 1$일 때 이차 극점 $1/[1 + j2\zeta_2\omega/\omega_n + (j\omega/\omega_n)^2]$과 같기 때문이다. 따라서 이차 극점은 직선 근사에 관한 한 이중 극점과 같이 취급할 수 있다.

이차 영점 $[1 + j2\zeta_1\omega/\omega_k + (j\omega/\omega_k)^2]$의 크기선도는 40 dB/decade의 기울기이고, 위상선도는 주파수 10배당 90°의 기울기이므로 그림 14.12의 보드선도와는 정반대이다(즉 주파수 축에 대해 대칭이다).

표 14.3은 일곱 가지 인자에 대한 보드선도의 요약을 정리한 것이다. 물론 모든 전달함수가 일곱 가지 인자를 모두 가지고 있는 것은 아니다. 예를 들어 식 (14.15)의 형태인 전달함수 $\mathbf{H}(\omega)$의 보드선도를 그리려면 반로그 그래프 용지에 먼저 절점주파수를 표시하고, 앞에서 언급한 대로 각 인자를 차례로 그린 다음 각 인자의 보드선도를 더하면 된다. 더해진 그래프는 왼쪽에서 오른쪽으로 그려갈 때 매번 절점주파수에서 기울기가 적당하게 변하는 것을 확인할 수 있다. 다음 예제에서 이러한 과정을 살펴보자.

더 효율적이고 빠르게 보드선도를 얻을 수 있는 방법이 있다. 영점은 기울기의 증가, 극점은 기울기의 감소를 유발한다는 것을 주지하고, 보드선도를 구할 때 저주파의 근삿값에서 시작하여 주파수 축을 따라 움직이고 각 절점주파수마다의 기울기를 증가/감소시킨다. 따라서 개별적인 선도나 그것들을 더하는 수고 없이 전달함수로부터 바로 보드선도를 그려낼 수 있다. 이 전처리 기법은 이 장에서 논의한 내용에 익숙한 사람만이 주로 쓸 수 있을 것이다.

디지털 컴퓨터에서 이 내용은 거의 쓸모없어졌다. 몇 가지 소프트웨어 패키지(*PSpice*, *MATLAB*, Mathcad, Micro-Cap)를 이용하여 주파수 응답의 선도를 구할 수 있다. 이 장 후반부에서 *PSpice*에 대해 다룰 것이다.

표 14.3

보드 직선 크기선도와 위상선도의 요약

인자	크기	위상

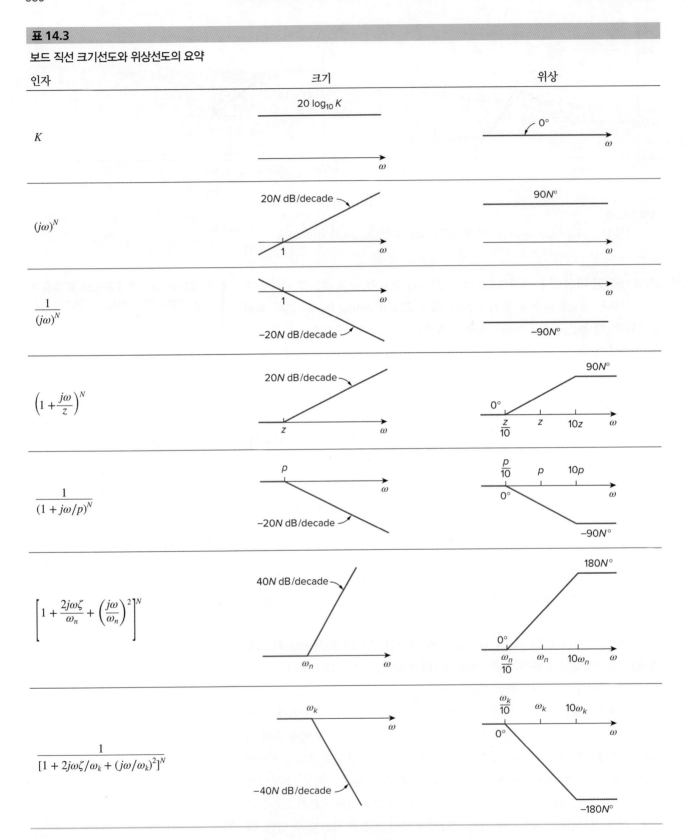

다음의 전달함수에 대한 보드선도를 그려라.

$$\mathbf{H}(\omega) = \frac{200j\omega}{(j\omega + 2)(j\omega + 10)}$$

풀이:

먼저 극점과 영점을 나누어 표준형인 $\mathbf{H}(\omega)$ 형태로 만든다. 따라서

$$\mathbf{H}(\omega) = \frac{10j\omega}{(1 + j\omega/2)(1 + j\omega/10)}$$

$$= \frac{10\,|j\omega|}{|1 + j\omega/2||1 + j\omega/10|}\underline{/90° - \tan^{-1}\omega/2 - \tan^{-1}\omega/10}$$

그러므로 크기와 위상은 다음과 같다.

$$H_{dB} = 20\log_{10}10 + 20\log_{10}|j\omega| - 20\log_{10}\left|1 + \frac{j\omega}{2}\right|$$

$$- 20\log_{10}\left|1 + \frac{j\omega}{10}\right|$$

$$\phi = 90° - \tan^{-1}\frac{\omega}{2} - \tan^{-1}\frac{\omega}{10}$$

$\omega = 2, 10$에서 2개의 절점주파수가 있음을 알 수 있다. 크기선도와 위상선도를 얻기 위해 그림 14.13에서 점선으로 나타낸 것처럼 각 항을 그린다. 그런 다음 그래프상에서 각 항을 더하여 실선으로 보이는 종합적인 보드선도를 얻는다.

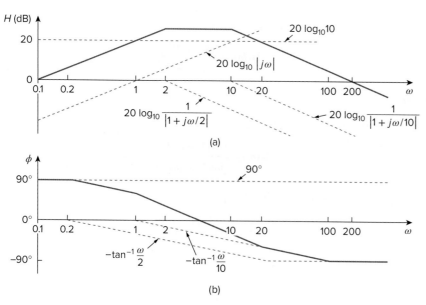

(a)

(b)

그림 14.13

예제 14.3: (a) 크기선도, (b) 위상선도.

실전문제 14.3

다음의 전달함수에 대한 보드선도를 그려라.

$$\mathbf{H}(\omega) = \frac{5(j\omega + 2)}{j\omega(j\omega + 10)}$$

답: 그림 14.14를 보라.

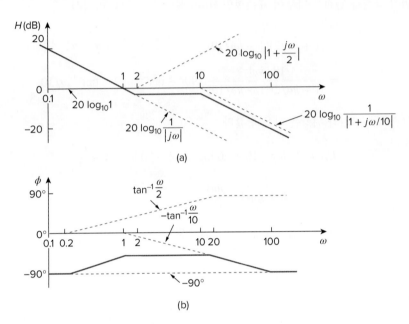

그림 14.14
실전문제 14.3: (a) 크기선도, (b) 위상선도.

예제 14.4

다음의 전달함수에 대한 보드선도를 그려라.

$$\mathbf{H}(\omega) = \frac{j\omega + 10}{j\omega(j\omega + 5)^2}$$

풀이:

먼저 $\mathbf{H}(\omega)$를 표준형으로 만들면,

$$\mathbf{H}(\omega) = \frac{0.4(1 + j\omega/10)}{j\omega(1 + j\omega/5)^2}$$

이 식으로부터 다음과 같은 크기와 위상을 얻는다.

$$H_{\mathrm{dB}} = 20\log_{10} 0.4 + 20\log_{10}\left|1 + \frac{j\omega}{10}\right| - 20\log_{10}|j\omega|$$

$$- 40\log_{10}\left|1 + \frac{j\omega}{5}\right|$$

$$\phi = 0° + \tan^{-1}\frac{\omega}{10} - 90° - 2\tan^{-1}\frac{\omega}{5}$$

절점주파수가 $\omega = 5, 10$ rad/s이다. 절점주파수가 $\omega = 5$인 극점에서는 제곱 때문에 디케이드당 크기선도의 기울기가 -40 dB/decade이고, 위상선도의 기울기는 $-90°$이다. 각 항의 크기선도 및 위상선도(점선)와 전체 $\mathbf{H}(j\omega)$의 크기선도 및 위상선도(실선)를 그림 14.15에 나타냈다.

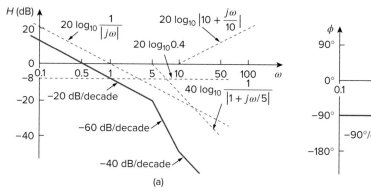
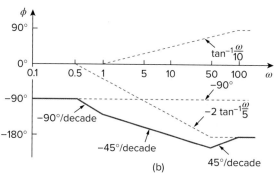

그림 14.15
예제 14.4: (a) 크기선도, (b) 위상선도.

다음의 전달함수에 대한 보드선도를 그려라.

$$\mathbf{H}(\omega) = \frac{50\,j\omega}{(j\omega + 4)(j\omega + 10)^2}$$

답: 그림 14.16을 보라.

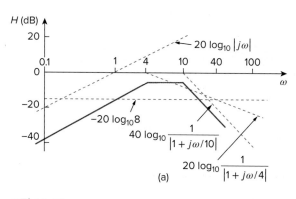
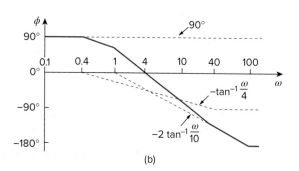

그림 14.16
실전문제 14.4: (a) 크기선도, (b) 위상선도.

다음의 전달함수에 대한 보드선도를 그려라.

$$\mathbf{H}(s) = \frac{s + 1}{s^2 + 12s + 100}$$

풀이:

1. **정의하라.** 문제를 명확하게 정의하고 이 장에서 개략적으로 언급된 기법을 따른다.

2. **제시하라.** 주어진 함수 $\mathbf{H}(s)$의 근사적인 보드선도를 전개한다.

3. **대체방안을 고려하라.** 가장 효과적으로 보드선도를 그릴 수 있는 방법이 두 가지 있다. 그중 하나는 이 절에서 언급한 근사화 기법이고(여기서는 이 방법을 사용할 것이다), 또 하나는 *MATLAB*을 이용하여 정확한 보드선도를 그리는 것이다.

4. **시도하라.** 다음과 같이 $\mathbf{H}(s)$를 표현한다.

$$\mathbf{H}(\omega) = \frac{1/100(1 + j\omega)}{1 + j\omega 1.2/10 + (j\omega/10)^2}$$

절점주파수가 $\omega_n = 10$ rad/s인 이차 극점에 대한 크기와 위상은 다음과 같다.

$$H_{\mathrm{dB}} = -20 \log_{10} 100 + 20 \log_{10} |1 + j\omega|$$

$$- 20 \log_{10} \left| 1 + \frac{j\omega 1.2}{10} - \frac{\omega^2}{100} \right|$$

$$\phi = 0° + \tan^{-1} \omega - \tan^{-1}\left[\frac{\omega 1.2/10}{1 - \omega^2/100} \right]$$

그림 14.17은 보드선도이다. 이차 극점이 ω_k에서 중복 극점이 됨을 주의하라. 즉 그것의 근삿값은 $(1 + j\omega/\omega_k)^2$이다.

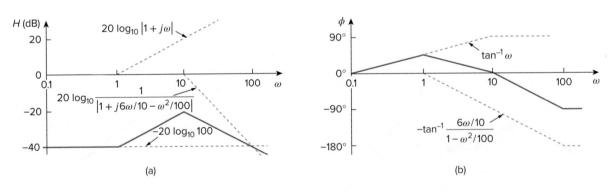

그림 14.17
예제 14.5: (a) 크기선도, (b) 위상선도.

5. **평가하라.** 정확한 해를 구하기 위해 *MATLAB*을 사용할 수도 있지만 여기서는 좀 더 간단한 방법을 사용할 것이다. 먼저 근삿값을 구하기 위해 전달함수의 분모에 있는 제동 요소가 $\zeta = 0$이라 가정하고, 답을 확인하기 위해 다음의 방정식을 사용할 것이다.

$$\mathbf{H}(s) \simeq \frac{s+1}{s^2 + 10^2}$$

또한 실제로 H_{dB}와 그에 대응하는 위상각 ϕ를 구할 필요가 있다. 이를 위해 먼저 $\omega = 0$이라 하면 다음 식이 얻어진다.

$$H_{dB} = 20 \log_{10}(1/100) = -40, \quad \phi = 0°$$

이제 $\omega = 1$로 두고 다시 풀면,

$$H_{dB} = 20 \log_{10}(1.4142/99) = -36.9 \text{ dB}$$

이것은 절점주파수로부터 약 3 dB 큰 값이다.

$$\mathbf{H}(j) = \frac{j+1}{-1+100} \text{로부터} \quad \phi = 45°$$

$\omega = 100$으로 두고 다시 풀면,

$$H_{dB} = 20 \log_{10}(100) - 20 \log_{10}(9900) = 39.91 \text{ dB}$$

ϕ는 분자의 90°로부터 180°를 뺀 값으로 −90°이다. 이제 3개의 다른 점을 체크하고 이것들이 얼마나 정답에 접근했는지를 확인한다. 마지막으로 이것이 근삿값이라면 이 문제를 성공적으로 풀었다고 확신할 수 있다.

관심이 있는 독자는 왜 $\omega = 10$인 경우는 체크하지 않았는지 궁금할 것이다. 앞에서 언급한 대로, 만약 근삿값만을 사용한다면 $\omega = 10$에서는 결국 $\zeta = 0$에서 예상되는 무한대의 값으로 끝날 것이다[그림 14.12(a) 참조]. 만약 $\mathbf{H}(j10)$의 실제 값을 사용하더라도 $\zeta = 0.6$이고 그림 14.12(a)가 근삿값으로부터 커다란 편차를 보이기 때문에, 여전히 근삿값으로부터 먼 거리에서 계산을 끝마쳤을 것이다. $\zeta = 0.707$을 사용하여 근삿값에 더 가까운 값을 얻기 위해 다시 계산할 수 있지만 실제로 충분한 점들을 얻었으므로 더 이상 계산할 필요가 없다.

6. **만족하는가?** 성공적으로 문제를 풀어낸 것에 만족한다면 이 문제의 해답을 결과로 제출한다.

실전문제 14.5

다음의 전달함수에 대한 보드선도를 그려라.

$$H(s) = \frac{10}{s(s^2 + 80s + 400)}$$

답: 그림 14.18을 보라.

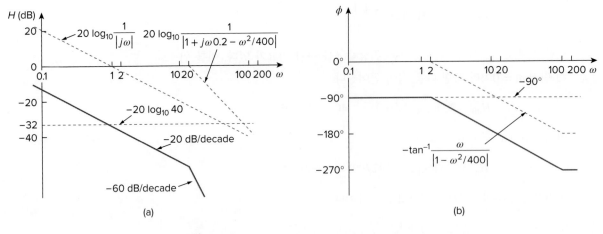

그림 14.18
실전문제 14.5: (a) 크기선도, (b) 위상선도.

예제 14.6

그림 14.19의 보드선도에 대한 전달함수 $\mathbf{H}(\omega)$를 구하라.

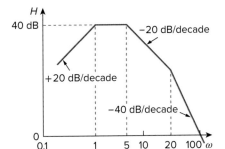

그림 14.19
예제 14.6.

풀이:
보드선도로부터 $\mathbf{H}(\omega)$를 구하기 위해, 우선 영점은 절점주파수에서 기울기가 위로 올라가고 극점은 절점주파수에서 기울기가 아래로 내려간다는 것을 항상 유념해야 한다. 그림 14.19로부터 $\omega = 1$인 주파수 축과 교차하는 원점에 영점 $j\omega$가 있다는 것을 주의하자. 이는 기울기가 +20 dB/decade인 직선으로 나타나 있기 때문이다. 이 직선이 40 dB만큼 위쪽으로 이동했다는 사실은 40 dB 이득이 있다는 것을 나타낸다. 즉

$$40 = 20 \log_{10} K \quad \Rightarrow \quad \log_{10} K = 2$$

또는

$$K = 10^2 = 100$$

그 밖에 원점이 있는 영점 $j\omega$ 이외에도 $\omega = 1, 5, 20$ rad/s에 절점주파수가 갖는 3개의 인자가 있다.

1. 기울기가 −20 dB/decade인 $p = 1$에서의 극점은 기울기를 아래로 내려가게 하여 원점에 있는 극점의 영향을 없앤다. $p = 1$에 있는 이 극점이 $1/(1 + j\omega/1)$이다.

2. 기울기가 −20 dB/decade인 $p = 5$에 있는 두 번째 극점도 기울기를 아래로 내려가게 한다. $p = 5$에 있는 이 극점은 $1/(1 + j\omega/5)$이다.

3. 기울기가 −20 dB/decade인 $p = 20$에 있는 세 번째 극점도 기울기를 아래로 내려가게 한다. $p = 20$에 있는 이 극점은 $1/(1 + j\omega/20)$이다.

이 모두를 함께 정리하면 다음과 같은 전달함수가 된다.

$$\mathbf{H}(\omega) = \frac{100\,j\omega}{(1 + j\omega/1)(1 + j\omega/5)(1 + j\omega/20)}$$

$$= \frac{j\omega 10^4}{(j\omega + 1)(j\omega + 5)(j\omega + 20)}$$

또는

$$\mathbf{H}(s) = \frac{10^4 s}{(s + 1)(s + 5)(s + 20)}, \qquad s = j\omega$$

그림 14.20의 보드선도에 대한 전달함수 $\mathbf{H}(\omega)$를 구하라.

답: $\mathbf{H}(\omega) = \dfrac{2,000,000(s + 5)}{(s + 10)(s + 100)^2}$

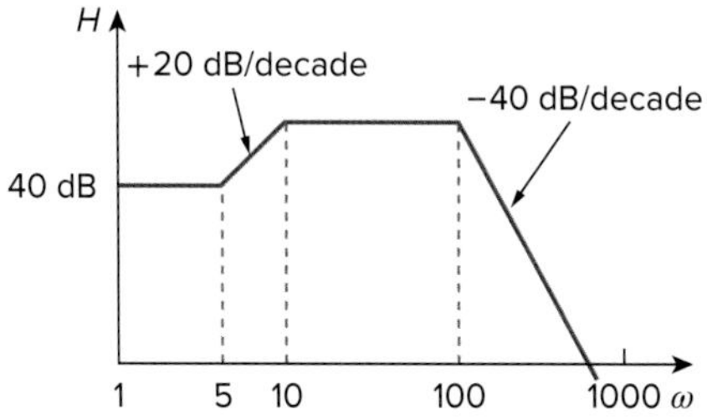

---

*MATLAB*을 이용하여 보드선도를 구하는 방법은 14.11절을 참조하라.

실전문제 14.6

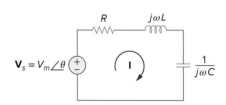

그림 14.20
실전문제 14.6.

14.5 직렬공진

회로의 주파수 응답에서 가장 중요한 특징은 그것의 크기 특성을 나타내는 뾰족한 피크(공진 피크)이다. 공진의 개념은 과학과 공학의 많은 분야에 쓰인다. 공진은 극점의 복소공액 쌍을 가진 시스템에서 자주 일어나는데, 한 곳에서 다른 곳으로 저장된 에너지의 진동을 유발한다. 이것은 통신 회로망에서 주파수 판별을 가능하게 하는 현상이다. 공진은 적어도 하나의 인덕터와 하나의 커패시터를 가진 회로에서 일어난다.

> **공진**은 용량성 리액턴스와 유도성 리액턴스의 크기가 같은 *RLC* 회로에서 일어나는 조건이므로 결과적으로 저항 임피던스 회로가 된다.

공진회로(직렬 또는 병렬)는 필터를 구성하는 데 매우 유용하며, 공진회로의 전달함수는 어떤 특정한 주파수의 선택을 높게 할 수 있다. 이는 라디오나 TV 수신기에서 원하는 방송국을 선택하는 것 등의 많은 응용 분야에 사용된다.

그림 14.21과 같은 주파수 영역으로 표시된 직렬 *RLC* 회로를 고려해보자. 입력 임피던스는

$$\mathbf{Z} = \mathbf{H}(\omega) = \frac{\mathbf{V}_s}{\mathbf{I}} = R + j\omega L + \frac{1}{j\omega C} \qquad \textbf{(14.22)}$$

또는

$$\mathbf{Z} = R + j\left(\omega L - \frac{1}{\omega C}\right) \qquad \textbf{(14.23)}$$

그림 14.21
직렬공진회로.

공진은 전달함수의 허수부가 0이 될 때 일어난다. 이를 식으로 나타내면 다음과 같다.

$$\text{Im}(\mathbf{Z}) = \omega L - \frac{1}{\omega C} = 0 \tag{14.24}$$

이 조건을 만족하는 ω의 값을 공진주파수(resonant frequency) ω_0라 한다. 따라서 공진 조건은

$$\omega_0 L = \frac{1}{\omega_0 C} \tag{14.25}$$

또는

$$\boxed{\omega_0 = \frac{1}{\sqrt{LC}}\,\text{rad/s}} \tag{14.26}$$

$\omega_0 = 2\pi f_0$이므로,

$$f_0 = \frac{1}{2\pi\sqrt{LC}}\,\text{Hz} \tag{14.27}$$

공진에서는 다음과 같은 중요한 성질이 있다.

4번은 다음과 같은 사실로부터 증명할 수 있다.

$$|\mathbf{V}_L| = \frac{V_m}{R}\omega_0 L = QV_m$$

$$|\mathbf{V}_C| = \frac{V_m}{R}\frac{1}{\omega_0 C} = QV_m$$

여기서 Q는 선택도이고 식 (14.38)에서 정의했다.

1. 임피던스는 순수 저항이다. 따라서 $\mathbf{Z} = R$이다. 바꾸어 말하면 LC 직렬조합은 단락회로처럼 작용하고, 모든 전압은 R 양단에서만 나타난다.
2. 전압 $\mathbf{V}_s$와 전류 $\mathbf{I}$는 동상이고, 역률은 1이다.
3. 전달함수 $\mathbf{H}(\omega) = \mathbf{Z}(\omega)$의 크기는 최소이다.
4. 인덕터 전압과 커패시터 전압은 입력 전압보다 훨씬 클 수 있다.

회로 전류 크기의 주파수 응답은 다음과 같고,

$$I = |\mathbf{I}| = \frac{V_m}{\sqrt{R^2 + (\omega L - 1/\omega C)^2}} \tag{14.28}$$

그림 14.22에 크기선도를 나타냈다. 이 선도를 보면 주파수 축이 로그일 때, ω_0에 대해 거의 좌우로 대칭인 응답이 나타난다. RLC 회로에서 소비하는 평균전력은

$$P(\omega) = \frac{1}{2}I^2 R \tag{14.29}$$

소비되는 전력은 공진이 일어날 때 최대가 되고, 이때 전류는 $I = V_m/R$이다. 그 결과 최대 전력은 다음과 같다.

$$P(\omega_0) = \frac{1}{2}\frac{V_m^2}{R} \tag{14.30}$$

$\omega = \omega_1,\ \omega_2$인 어떤 주파수에서 소비되는 전력은 최대 소비 전력의 절반이다. 즉

$$P(\omega_1) = P(\omega_2) = \frac{(V_m/\sqrt{2})^2}{2R} = \frac{V_m^2}{4R} \tag{14.31}$$

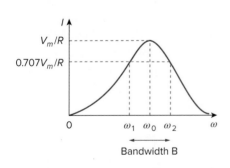

그림 14.22

그림 14.21의 직렬공진회로에 대한 주파수 대 전류 크기선도.

따라서 ω_1과 ω_2를 반전력주파수(half-power frequency)라고 한다.

반전력주파수는 $Z = \sqrt{2}\,R$이 되면 얻을 수 있다. 이것을 식으로 나타내면,

$$\sqrt{R^2 + \left(\omega L - \frac{1}{\omega C}\right)^2} = \sqrt{2}\,R \tag{14.32}$$

이 식을 ω에 대해 풀면 다음을 얻는다.

$$\boxed{\begin{aligned}\omega_1 &= -\frac{R}{2L} + \sqrt{\left(\frac{R}{2L}\right)^2 + \frac{1}{LC}} \\[2mm] \omega_2 &= \frac{R}{2L} + \sqrt{\left(\frac{R}{2L}\right)^2 + \frac{1}{LC}}\end{aligned}} \tag{14.33}$$

반전력주파수와 공진주파수는 식 (14.26)과 (14.33)으로부터 다음과 같다.

$$\omega_0 = \sqrt{\omega_1 \omega_2} \tag{14.34}$$

이는 공진주파수가 반전력주파수의 기하학적인 평균임을 나타낸다. 일반적으로 ω_1과 ω_2는 공진주파수 ω_0에 대해 정확하게 대칭이 아님을 주의하라. 그 이유는 일반적으로 주파수 응답이 정확하게 대칭이 아니기 때문이다. 곧 설명하겠지만 종종 근사적으로 이를 대칭으로 간주한다.

그림 14.22의 곡선 높이는 R에 의해 결정되지만 곡선의 폭은 다른 요소에 의해 좌우된다. 응답 곡선의 폭은 대역폭(bandwidth) B에 의해 결정되는데, 이것은 두 반전력주파수 간의 차이이고 다음과 같이 정의한다.

$$B = \omega_2 - \omega_1 \tag{14.35}$$

식 (14.35)와 같은 대역폭의 정의는 보통 사용되는 몇 가지 중 하나이다. 정확히 말하면 식 (14.35)에서 B는 반전력대역폭이라고 한다. 왜냐하면 반전력주파수 사이 주파수 대역의 폭이기 때문이다.

공진회로에서 공진의 "날카로움(sharpness)"은 일반적으로 선택도(quality factor; 성능계수로 변역되나 selectivity와 같은 의미로 사용) Q를 사용하여 양적으로 측정한다. 공진 시에 회로 내의 리액티브 에너지는 커패시터와 인덕터 사이의 진동이다. 선택도는 진동의 한 주기 동안 회로에서 소비되는 에너지와 저장된 최대 또는 피크 에너지의 관계이다. 이를 식으로 표현하면 다음과 같다.

$$Q = 2\pi \frac{\text{회로에서 저장된 에너지}}{\text{진동의 한 주기 동안 회로에서 소비되는 에너지}} \tag{14.36}$$

이것은 회로의 에너지 소비 특성과 비교하여 회로의 에너지 저장 특성의 척도로 간주할 수 있다. 직렬 RLC 회로에서 저장되는 피크 에너지는 $\frac{1}{2}LI^2$이고, 한 주기 동안 소비되는 에너지는 $\frac{1}{2}(I^2R)(1/f_0)$이다. 따라서

리액티브 전력을 나타내는 데에도 같은 기호 Q가 사용되지만 선택도의 Q와는 전혀 다른 것이다. 절대로 혼동하지 말아야 한다. 선택도 Q는 단위가 없지만 리액티브 전력 Q는 단위가 VAR이다. 이는 이 둘을 구별하는 데 도움이 될 것이다.

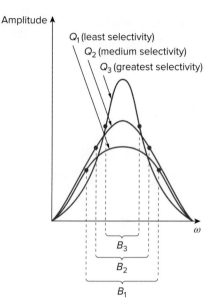

그림 14.23
Q가 클수록 대역폭은 점점 더 작아진다.

┃ 선택도는 회로의 선택도 또는 공진의 "날카로움" 척도이다.

$$Q = 2\pi \frac{\frac{1}{2}LI^2}{\frac{1}{2}I^2 R(1/f_0)} = \frac{2\pi f_0 L}{R} \tag{14.37}$$

또는

$$Q = \frac{\omega_0 L}{R} = \frac{1}{\omega_0 CR} \tag{14.38}$$

선택도는 단위가 없다는 것에 주의하라. 대역폭 B와 선택도 Q 사이의 관계는 식 (14.35)에 식 (14.33)을 대입하고 식 (14.38)을 이용하면,

$$B = \frac{R}{L} = \frac{\omega_0}{Q} \tag{14.39}$$

또는 $B = \omega_0^2 CR$이다.

┃ 공진회로의 선택도는 그것의 공진주파수와 대역폭의 비이다.

식 (14.33), (14.38), (14.39)는 직렬 RLC 공진회로에서만 적용할 수 있음을 명심하라.

그림 14.23에 나타낸 바와 같이 Q가 클수록 회로의 선택은 점점 더 좋아지는 반면에 대역폭은 점점 더 작아진다. RLC 회로의 선택도(selectivity)는 다른 모든 주파수와 구별하여 어떤 특정한 주파수만을 끄집어내는 회로의 능력이다. 만약 선택되거나 제거되는 주파수 대역이 좁으면 공진회로의 선택도가 높다. 반면에 주파수 대역이 넓으면 선택도가 낮다.

공진회로는 공진주파수 또는 그 근처에서 동작하도록 설계되어 있다. 일반적으로 선택도가 10 이상이면 *high-Q* 회로로 간주한다. high-Q 회로($Q \geq 10$)에서 사실상 반전력주파수는 공진주파수를 중심으로 대칭이고, 다음과 같이 근사화할 수 있다.

$$\omega_1 \simeq \omega_0 - \frac{B}{2}, \qquad \omega_2 \simeq \omega_0 + \frac{B}{2} \tag{14.40}$$

High-Q 회로는 통신 회로망에서 자주 사용된다.

공진회로는 2개의 반전력주파수 ω_1과 ω_2, 공진주파수 ω_0, 대역폭 B, 선택도 Q 등 5개의 파라미터로 특징짓는다.

예제 14.7

그림 14.24의 회로에서 $R = 2\ \Omega$, $L = 1$ mH, $C = 0.4\ \mu$F이다. (a) 공진주파수와 반전력주파수를 구하라. (b) 선택도 Q와 대역폭 B를 구하라. (c) $\omega_0, \omega_1, \omega_2$에서 전류의 크기를 구하라.

풀이:

(a) 공진주파수는

$$\omega_0 = \frac{1}{\sqrt{LC}} = \frac{1}{\sqrt{10^{-3} \times 0.4 \times 10^{-6}}} = 50 \text{ krad/s}$$

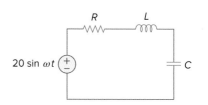

그림 14.24
예제 14.7.

■ **방법 1** 하한 반전력주파수는

$$\omega_1 = -\frac{R}{2L} + \sqrt{\left(\frac{R}{2L}\right)^2 + \frac{1}{LC}}$$

$$= -\frac{2}{2 \times 10^{-3}} + \sqrt{(10^3)^2 + (50 \times 10^3)^2}$$

$$= -1 + \sqrt{1 + 2500} \text{ krad/s} = 49 \text{ krad/s}$$

마찬가지로 상한 반전력주파수는

$$\omega_2 = 1 + \sqrt{1 + 2500} \text{ krad/s} = 51 \text{ krad/s}$$

(b) 대역폭 B는

$$B = \omega_2 - \omega_1 = 2 \text{ krad/s}$$

또는

$$B = \frac{R}{L} = \frac{2}{10^{-3}} = 2 \text{ krad/s}$$

선택도 Q는

$$Q = \frac{\omega_0}{B} = \frac{50}{2} = 25$$

■ **방법 2** 방법 1과 달리 선택도 Q를 먼저 구해서 문제를 풀 수도 있다.

$$Q = \frac{\omega_0 L}{R} = \frac{50 \times 10^3 \times 10^{-3}}{2} = 25$$

Q로부터 B를 구한다.

$$B = \frac{\omega_0}{Q} = \frac{50 \times 10^3}{25} = 2 \text{ krad/s}$$

$Q > 10$이기 때문에 이 회로는 high-Q 회로이므로 반전력주파수는 다음과 같다.

$$\omega_1 = \omega_0 - \frac{B}{2} = 50 - 1 = 49 \text{ krad/s}$$

$$\omega_2 = \omega_0 + \frac{B}{2} = 50 + 1 = 51 \text{ krad/s}$$

앞에서 얻은 값과 같다.

(c) $\omega = \omega_0$에서,

$$I = \frac{V_m}{R} = \frac{20}{2} = 10 \text{ A}$$

$\omega = \omega_1, \omega_2$에서,

$$I = \frac{V_m}{\sqrt{2}\,R} = \frac{10}{\sqrt{2}} = 7.071 \text{ A}$$

실전문제 14.7

직렬로 연결된 RLC 회로에서 $R = 4\ \Omega$이고 $L = 25$ mH이다. (a) 선택도 Q가 50이 되는 C의 값을 구하라. (b) ω_1, ω_2와 B를 구하라. (c) $V_m = 100$ V일 때 $\omega = \omega_0, \omega_1, \omega_2$에서 소비되는 평균전력을 구하라.

답: (a) 0.625 μF, (b) 7920 rad/s, 8080 rad/s, 160 rad/s, (c) 1.25 kW, 0.625 kW, 0.625 kW

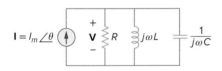

그림 14.25
병렬공진회로.

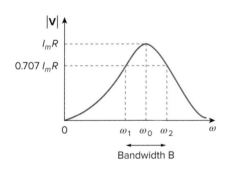

그림 14.26
그림 14.25의 병렬공진회로에 대한 주파수 대 전압 크기선도.

다음의 사실로부터 인덕터나 커패시터에 전원전류보다 훨씬 더 많은 전류가 흐른다는 것을 알 수 있다.

$$|\mathbf{I}_L| = \frac{I_m R}{\omega_0 L} = Q I_m$$

$$|\mathbf{I}_C| = \omega_0 C I_m R = Q I_m$$

여기서 Q는 선택도이고 식 (14.47)에서 정의했다.

14.6 ■ 병렬공진

그림 14.25의 병렬 RLC 회로는 직렬 RLC 회로와 서로 쌍대 관계이므로 이 절에서는 반복 작업을 생략한다. 어드미턴스는

$$\mathbf{Y} = H(\omega) = \frac{\mathbf{I}}{\mathbf{V}} = \frac{1}{R} + j\omega C + \frac{1}{j\omega L} \tag{14.41}$$

또는

$$\mathbf{Y} = \frac{1}{R} + j\left(\omega C - \frac{1}{\omega L}\right) \tag{14.42}$$

공진은 $\mathbf{Y}$의 허수부가 0일 때 일어나므로,

$$\omega C - \frac{1}{\omega L} = 0 \tag{14.43}$$

또는

$$\boxed{\omega_0 = \frac{1}{\sqrt{LC}} \text{ rad/s}} \tag{14.44}$$

식 (14.44)는 직렬공진회로에서의 식 (14.26)과 같다. 전압 $|\mathbf{V}|$는 주파수 함수로 그림 14.26에 나타냈다. 공진 시에 병렬 LC 조합은 개방회로처럼 동작하고, 모든 전류는 R을 통해서만 흐른다. 또한 공진 시에는 인덕터나 커패시터에 전원전류보다 훨씬 더 많은 전류가 흐를 수 있다.

식 (14.42)와 (14.23)을 비교하여 그림 14.21과 14.25 사이의 쌍대성을 이용한다. 직렬공진회로에 있는 R을 $1/R$로, L을 C로, C를 L로 각각 바꾸면 병렬공진회로에 관한 내용을 얻을 수 있다.

$$\omega_1 = -\frac{1}{2RC} + \sqrt{\left(\frac{1}{2RC}\right)^2 + \frac{1}{LC}}$$
$$\omega_2 = \frac{1}{2RC} + \sqrt{\left(\frac{1}{2RC}\right)^2 + \frac{1}{LC}}$$

(14.45)

$$B = \omega_2 - \omega_1 = \frac{1}{RC}$$

(14.46)

$$Q = \frac{\omega_0}{B} = \omega_0 RC = \frac{R}{\omega_0 L}$$

(14.47)

식 (14.45)~(14.47)은 병렬 RLC 공진회로에서만 적용된다는 점에 주의하라. 식 (14.45)와 (14.47)을 사용하여 반전력주파수를 선택도 Q로 표현하면 그 결과는 다음과 같다.

$$\omega_1 = \omega_0 \sqrt{1 + \left(\frac{1}{2Q}\right)^2} - \frac{\omega_0}{2Q}, \qquad \omega_2 = \omega_0 \sqrt{1 + \left(\frac{1}{2Q}\right)^2} + \frac{\omega_0}{2Q} \quad \textbf{(14.48)}$$

다시 high-Q 회로($Q \geq 10$)에 대해,

$$\omega_1 \simeq \omega_0 - \frac{B}{2}, \qquad \omega_2 \simeq \omega_0 + \frac{B}{2}$$

(14.49)

표 14.4에 직렬공진회로와 병렬공진회로의 특징을 요약했다. 실제로 여기서 고려한 직렬 및 병렬 RLC 공진회로 이외에 다른 공진회로도 많이 있다. 예제 14.9에서 전형적인 예를 다룰 것이다.

표 14.4

RLC 공진회로의 특성

특성	직렬공진회로	병렬공진회로
공진주파수 ω_0	$\dfrac{1}{\sqrt{LC}}$	$\dfrac{1}{\sqrt{LC}}$
선택도 Q	$\dfrac{\omega_0 L}{R}$ 또는 $\dfrac{1}{\omega_0 RC}$	$\dfrac{R}{\omega_0 L}$ 또는 $\omega_0 RC$
대역폭 B	$\dfrac{\omega_0}{Q}$	$\dfrac{\omega_0}{Q}$
반전력주파수 ω_1, ω_2	$\omega_0 \sqrt{1 + \left(\dfrac{1}{2Q}\right)^2} \pm \dfrac{\omega_0}{2Q}$	$\omega_0 \sqrt{1 + \left(\dfrac{1}{2Q}\right)^2} \pm \dfrac{\omega_0}{2Q}$
$Q \geq 10$일 때 ω_1, ω_2	$\omega_0 \pm \dfrac{B}{2}$	$\omega_0 \pm \dfrac{B}{2}$

예제 14.8

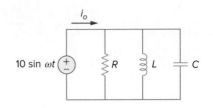

그림 14.27
예제 14.8.

그림 14.27의 병렬 RLC 공진회로에서 $R = 8$ kΩ, $L = 0.2$ mH, $C = 8$ μF이다.
(a) ω_0, Q, B를 구하라. (b) ω_1, ω_2를 구하라. (c) ω_0, ω_1, ω_2에서 소비되는 전력을 구하라.

풀이:

(a)

$$\omega_0 = \frac{1}{\sqrt{LC}} = \frac{1}{\sqrt{0.2 \times 10^{-3} \times 8 \times 10^{-6}}} = \frac{10^5}{4} = 25 \text{ krad/s}$$

$$Q = \frac{R}{\omega_0 L} = \frac{8 \times 10^3}{25 \times 10^3 \times 0.2 \times 10^{-3}} = 1,600$$

$$B = \frac{\omega_0}{Q} = 15.625 \text{ rad/s}$$

(b) Q가 매우 큰 값이기 때문에 이 회로는 high-Q 회로로 간주할 수 있다. 따라서

$$\omega_1 = \omega_0 - \frac{B}{2} = 25,000 - 7.812 = 24,992 \text{ rad/s}$$

$$\omega_2 = \omega_0 + \frac{B}{2} = 25,000 + 7.812 = 25,008 \text{ rad/s}$$

(c) $\omega = \omega_0$에서 $\mathbf{Y} = 1/R$ 또는 $\mathbf{Z} = R = 8$ kΩ이다. 그렇다면

$$\mathbf{I}_o = \frac{\mathbf{V}}{\mathbf{Z}} = \frac{10\underline{/-90°}}{8,000} = 1.25\underline{/-90°} \text{ mA}$$

공진 시 모든 전류는 R을 통해 흐르기 때문에 $\omega = \omega_0$에서 소비되는 평균전력은

$$P = \frac{1}{2}|\mathbf{I}_o|^2 R = \frac{1}{2}(1.25 \times 10^{-3})^2(8 \times 10^3) = 6.25 \text{ mW}$$

또는

$$P = \frac{V_m^2}{2R} = \frac{100}{2 \times 8 \times 10^3} = 6.25 \text{ mW}$$

$\omega = \omega_1$, ω_2에서,

$$P = \frac{V_m^2}{4R} = 3.125 \text{ mW}$$

실전문제 14.8

병렬 RLC 공진회로에서 $R = 100$ kΩ, $L = 20$ mH, $C = 5$ nF이다. ω_0, ω_1, ω_2, Q, B를 구하라.

답: 100 krad/s, 99 krad/s, 101 krad/s, 50, 2 krad/s

예제 14.9

그림 14.28의 회로에서 공진주파수를 구하라.

풀이:

입력 어드미턴스는

$$\mathbf{Y} = j\omega 0.1 + \frac{1}{10} + \frac{1}{2 + j\omega 2} = 0.1 + j\omega 0.1 + \frac{2 - j\omega 2}{4 + 4\omega^2}$$

공진 시에 $\text{Im}(\mathbf{Y}) = 0$이므로,

$$\omega_0 0.1 - \frac{2\omega_0}{4 + 4\omega_0^2} = 0 \quad \Rightarrow \quad \omega_0 = 2 \text{ rad/s}$$

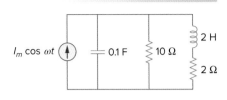

그림 14.28
예제 14.9.

그림 14.29의 회로에서 공진주파수를 구하라.

답: 435.9 rad/s

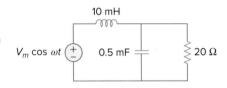

그림 14.29
실전문제 14.9.

14.7   수동필터

필터의 개념은 초창기부터 전기전자공학 발전의 한 구성 요소가 되었다. 전기적인 필터 없이 다수의 기술적인 결과물은 실현 불가능하고, 그 때문에 필터에 대한 이론, 설계, 구조 등을 전개하는 데 많은 노력을 기울여 이에 관한 기사나 책이 많이 있다. 이 장에서는 필터를 소개할 것이다.

> 필터는 원하는 주파수의 신호는 통과시키고 다른 주파수의 신호는 제거하거나 감쇄시키도록 설계된 회로이다.

필터는 주파수 선택소자처럼 신호의 주파수 스펙트럼을 주파수의 어떤 특정 대역으로 제한하는 데 사용된다. 필터는 라디오나 TV 수신기에서 주위의 다수 방송 신호 중 원하는 신호를 선택하도록 하는 회로이다.

    수동소자인 R, L, C로만 구성되어 있으면 **수동필터**, 수동소자에 능동소자(트랜지스터나 연산증폭기 같은)가 포함되어 있으면 **능동필터**라 한다. 이 장에서는 수동소자를 살펴보고 다음 장에서는 능동소자를 다룰 것이다. LC 필터는 과거 80년 이상 실제로 많은 분야에 적용되었으며, LC 필터 기술은 등화기, 임피던스 매칭, 트랜스포머, 정형 회로망, 전력 분배기, 감쇄기, 방향성 결합기 등과 같은 관련 분야에 많은 영향을 주었다. 이 장에서 다루는 LC 필터 외에도 디지털 필터, 전자기계 필터, 마이크로 웨이브 필터 등과 같은 다른 종류의 필터가 있는데, 이는 이 책의 범위를 벗어나므로 생략한다.

    그림 14.30에서 보듯이 수동소자나 능동소자는 네 가지 형태가 있다.

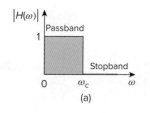

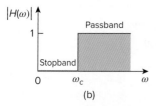

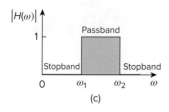

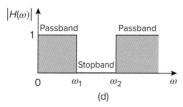

그림 14.30
네 가지 필터의 이상적인 주파수 응답:
(a) 저주파 통과 필터, (b) 고주파 통과 필터, (c) 대역 통과 필터, (d) 대역 차단 필터.

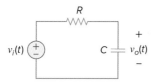

그림 14.31
저주파 통과 필터.

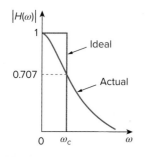

그림 14.32
저주파 통과 필터의 이상적인 주파수 응답과 실제 주파수 응답.

1. 저주파 통과 필터는 그림 14.30(a)와 같이 저주파는 통과시키고 고주파는 차단한다.

2. 고주파 통과 필터는 그림 14.30(b)와 같이 고주파는 통과시키고 저주파는 차단한다.

3. 대역 통과 필터는 그림 14.30(c)와 같이 주파수 대역 내의 주파수는 통과시키고 그 외의 주파수는 차단한다.

4. 대역 차단 필터는 그림 14.30(d)와 같이 주파수 대역 외의 주파수는 통과시키고 대역 내의 주파수는 차단한다.

표 14.5에 이 필터들의 특성을 요약하여 정리했다. 표 14.5에 요약한 특성은 일차 혹은 이차 필터에만 적용될 수 있다. 그렇지만 이런 종류의 필터만이 존재하는 것은 아니다. 지금부터 표 14.5에 제시한 필터를 실현하기 위한 전형적인 회로를 살펴보자.

표 14.5

필터 특성의 요약

필터 유형	$H(0)$	$H(\infty)$	$H(\omega_c)$ 또는 $H(\omega_0)^*$
저주파 통과 필터	1	0	$1/\sqrt{2}$
고주파 통과 필터	0	1	$1/\sqrt{2}$
대역 통과 필터	0	0	1
대역 차단 필터	1	1	0

* ω_c는 저주파 통과 및 고주파 통과 필터의 차단주파수, ω_0는 대역 차단 및 대역 통과 필터의 중심주파수이다.

14.7.1   저주파 통과 필터

전형적인 저주파 통과 필터는 그림 14.31에 나타낸 것처럼 RC 회로의 출력을 C에서 끄집어냈을 때 이루어진다. 이때의 전달함수(예제 14.1 참조)는

$$\mathbf{H}(\omega) = \frac{\mathbf{V}_o}{\mathbf{V}_i} = \frac{1/j\omega C}{R + 1/j\omega C}$$

$$\mathbf{H}(\omega) = \frac{1}{1 + j\omega RC} \tag{14.50}$$

$\mathbf{H}(0) = 1$, $\mathbf{H}(\infty) = 0$임을 주목하라. 그림 14.32는 이상적인 특성과 함께 $|\mathbf{H}(\omega)|$의 선도를 나타낸 것이다. 보드선도에서 절점주파수와 같은 반전력주파수는 필터 분야에서는 일반적으로 **차단주파수(cutoff frequency)** ω_c라 부르고, 이것은 $\mathbf{H}(\omega)$의 크기를 $1/\sqrt{2}$로 두면 구할 수 있다. 따라서

$$H(\omega_c) = \frac{1}{\sqrt{1 + \omega_c^2 R^2 C^2}} = \frac{1}{\sqrt{2}}$$

또는

$$\omega_c = \frac{1}{RC} \qquad (14.51)$$

차단주파수는 롤오프 주파수(rolloff frequency)라고도 한다.

> 저주파 통과 필터는 직류(dc)부터 차단주파수(ω_c)까지 통과하도록 설계한다.

저주파 통과 필터는 RL 회로의 출력을 R에서 끄집어낼 때도 구성할 수 있다. 물론 저주파 통과 필터는 다른 많은 회로가 있다.

14.7.2 고주파 통과 필터

그림 14.33에 나타낸 것처럼 RC 회로의 출력을 R에서 끄집어냈을 때 고주파 통과 필터가 된다. 이때 전달함수는

$$\mathbf{H}(\omega) = \frac{\mathbf{V}_o}{\mathbf{V}_i} = \frac{R}{R + 1/j\omega C}$$

$$\mathbf{H}(\omega) = \frac{j\omega RC}{1 + j\omega RC} \qquad (14.52)$$

$\mathbf{H}(0) = 0$, $\mathbf{H}(\infty) = 1$임을 주목하라. 그림 14.34는 $|H(\omega)|$의 선도를 나타낸 것이다. 코너 주파수 혹은 차단주파수는

$$\omega_c = \frac{1}{RC} \qquad (14.53)$$

> 고주파 통과 필터는 차단주파수 이상의 모든 주파수를 통과하도록 설계한다.

고주파 통과 필터는 RL 회로의 L에서 출력을 끄집어낼 때도 구성할 수 있다.

14.7.3 대역 통과 필터

그림 14.35에 나타낸 것처럼 직렬 RLC 공진회로에서 출력을 R에서 끄집어냈을 때 대역 통과 필터가 된다. 전달함수는

$$\mathbf{H}(\omega) = \frac{\mathbf{V}_o}{\mathbf{V}_i} = \frac{R}{R + j(\omega L - 1/\omega C)} \qquad (14.54)$$

$\mathbf{H}(0) = 0$, $\mathbf{H}(\infty) = 0$임을 주목하라. 그림 14.36은 $|H(\omega)|$의 선도를 나타낸 것이다. 대역 통과 필터는 ω_0를 중심으로 한 주파수 대역($\omega_1 < \omega < \omega_2$)을 통과시키며, 중심주파수는 다음과 같이 주어진다.

$$\omega_0 = \frac{1}{\sqrt{LC}} \qquad (14.55)$$

> 대역 통과 필터는 $\omega_1 < \omega < \omega_2$ 주파수 대역 안에 있는 모든 주파수만 통과하도록 설계한다.

> 차단주파수는 전달함수 $\mathbf{H}$의 크기가 최대값의 70.71%로 떨어지는 주파수 대역의 주파수이다. 이때의 전력은 최대값의 반이 된다.

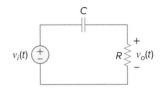

그림 14.33
고주파 통과 필터.

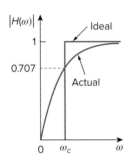

그림 14.34
고주파 통과 필터의 이상적인 주파수 응답과 실제 주파수 응답.

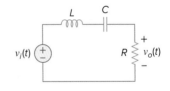

그림 14.35
대역 통과 필터.

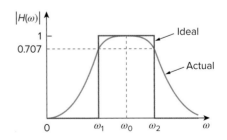

그림 14.36
대역 통과 필터의 이상적인 주파수 응답과 실제 주파수 응답.

그림 14.35의 대역 통과 필터는 직렬공진회로이기 때문에 반전력주파수, 대역폭, 선택도가 14.5절의 내용으로 결정된다. 대역 통과 필터는 그림 14.31의 저주파 통과 필터($\omega_2 = \omega_c$일 때)를 그림 14.33의 고주파 통과 필터($\omega_1 = \omega_c$일 때)를 종속으로 연결하여 구성할 수도 있다. 그러나 한 회로의 부하가 다른 회로로 연결되고 원하는 전달함수의 값이 변해버리기 때문에, 그 결과는 단순히 고주파 통과 필터의 출력에 저주파 통과 필터의 출력을 더한 값과 똑같은 것이 아니다.

14.7.4   대역 차단 필터

미리 지정한 두 주파수(ω_1과 ω_2) 사이의 주파수 대역이 통과하지 못하도록 하는 필터를 대역 차단(band-stop), 대역 제거(band-reject), 혹은 노치(notch) 필터라고 한다. 대역 차단 필터는 그림 14.37과 같이 직렬 *RLC* 공진회로에서 출력을 *LC* 직렬에서 끄집어내도록 구성했을 때 이루어진다. 이 경우 전달함수는

$$\mathbf{H}(\omega) = \frac{\mathbf{V}_o}{\mathbf{V}_i} = \frac{j(\omega L - 1/\omega C)}{R + j(\omega L - 1/\omega C)} \tag{14.56}$$

여기서 $\mathbf{H}(0) = 1$, $\mathbf{H}(\infty) = 1$이다. 그림 14.38은 $|H(\omega)|$를 나타낸 것이다. 중심주파수는 다음과 같이 주어진다.

$$\omega_0 = \frac{1}{\sqrt{LC}} \tag{14.57}$$

반전력주파수, 대역폭, 선택도는 14.5절의 직렬공진회로 공식을 사용하여 계산한다. 여기서 ω_0는 차단중심주파수(frequency of rejection)이고 대역폭($B = \omega_2 - \omega_1$)은 차단대역폭(bandwidth of rejection)이라 부른다.

> 대역 차단 필터는 $\omega_1 < \omega < \omega_2$ 주파수 대역의 모든 주파수를 제거하도록 설계한다.

두 필터의 *R, L, C*가 같은 값일 때 대역 통과 필터와 대역 차단 필터의 전달함수를 합하면 1이 된다. 물론 일반적으로는 적용되지 않지만 여기서 다루는 회로에 대해서는 적용된다. 이는 대역 통과 필터와 대역 차단 필터가 역수 관계이기 때문이다.

이 결과를 다음과 같이 정리할 수 있다.

1. 식 (14.50), (14.52), (14.54), (14.56)에서 수동필터의 최대 이득은 1이다. 이득을 1보다 크게 하려면 다음 절에서 소개하는 능동필터를 사용해야 한다.
2. 이 절에서 다룬 형태의 필터를 얻는 다른 방법이 있다.
3. 여기서 다룬 필터들은 간단한 형태이다. 더 날카롭고 복잡한 주파수 응답을 가진 필터가 많이 있다.

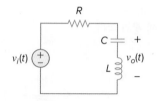

그림 14.37
대역 차단 필터.

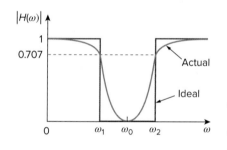

그림 14.38
대역 차단 필터의 이상적인 주파수 응답과 실제 주파수 응답.

그림 14.39의 필터는 어떤 종류의 필터인지 결정하고 차단주파수를 구하라. 단,
$R = 2\ \text{k}\Omega$, $L = 2\ \text{H}$, $C = 2\ \mu\text{F}$이다.

풀이:

전달함수는

$$\mathbf{H}(s) = \frac{\mathbf{V}_o}{\mathbf{V}_i} = \frac{R\|1/sC}{sL + R\|1/sC}, \qquad s = j\omega \tag{14.10.1}$$

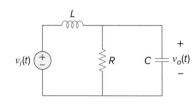

그림 14.39
예제 14.10.

그러나

$$R \left\| \frac{1}{sC} = \frac{R/sC}{R + 1/sC} = \frac{R}{1 + sRC}\right.$$

이것을 식 (14.10.1)에 대입하면,

$$\mathbf{H}(s) = \frac{R/(1 + sRC)}{sL + R/(1 + sRC)} = \frac{R}{s^2 RLC + sL + R}, \qquad s = j\omega$$

또는

$$\mathbf{H}(\omega) = \frac{R}{-\omega^2 RLC + j\omega L + R} \tag{14.10.2}$$

$\mathbf{H}(0) = 1$, $\mathbf{H}(\infty) = 0$이므로 그림 14.39의 회로는 표 14.5에 따라 이차 저주파
통과 필터이다. $\mathbf{H}$의 크기는

$$H = \frac{R}{\sqrt{(R - \omega^2 RLC)^2 + \omega^2 L^2}} \tag{14.10.3}$$

차단주파수는 반전력주파수와 같으며, 이때 $\mathbf{H}$는 $1/\sqrt{2}$로 감소한다. 차단주파수
에서 $H(\omega)$의 직류값이 1이므로 식 (14.10.3)을 제곱하면,

$$H^2 = \frac{1}{2} = \frac{R^2}{(R - \omega_c^2 RLC)^2 + \omega_c^2 L^2}$$

또는

$$2 = (1 - \omega_c^2 LC)^2 + \left(\frac{\omega_c L}{R}\right)^2$$

여기에 R, L, C 값을 대입하면,

$$2 = (1 - \omega_c^2 4 \times 10^{-6})^2 + (\omega_c 10^{-3})^2$$

ω_c를 krad/s라 가정하면,

$$2 = (1 - 4\omega_c^2)^2 + \omega_c^2 \qquad \text{또는} \qquad 16\omega_c^4 - 7\omega_c^2 - 1 = 0$$

ω_c^2에서 이차 방정식으로 풀면 $\omega_c^2 = 0.5509$, -0.1134를 얻고 ω_c가 실수이므로
다음과 같다.

$$\omega_c = 0.742\ \text{krad/s} = 742\ \text{rad/s}$$

실전문제 14.10

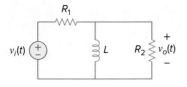

그림 14.40
실전문제 14.10.

그림 14.40의 회로에서 전달함수 $\mathbf{V}_o(\omega)/\mathbf{V}_i(\omega)$를 구하라. 그리고 필터의 종류와 차단주파수를 구하라. 단, $R_1 = R_2 = 100\ \Omega$, $L = 2$ mH이다.

답: $\dfrac{R_2}{R_1 + R_2}\left(\dfrac{j\omega}{j\omega + \omega_c}\right)$, 고주파 통과 필터,

$\omega_c = \dfrac{R_1 R_2}{(R_1 + R_2)L} = 25$ krad/s

예제 14.11

그림 14.37의 대역 제거 필터가 200 Hz 정현파만 제거하고 다른 주파수는 통과시킬 때 L과 C의 값을 구하라. 단, $R = 150\ \Omega$, 대역폭은 100 Hz이다.

풀이:

14.5절의 직렬공진회로 공식을 이용하면,

$$B = 2\pi(100) = 200\pi \text{ rad/s}$$

그런데

$$B = \frac{R}{L} \quad \Rightarrow \quad L = \frac{R}{B} = \frac{150}{200\pi} = 0.2387 \text{ H}$$

200 Hz 정현파의 제거는 f_0가 200 Hz임을 의미하므로 그림 14.38에서 ω_0는

$$\omega_0 = 2\pi f_0 = 2\pi(200) = 400\pi$$

$\omega_0 = 1/\sqrt{LC}$이므로,

$$C = \frac{1}{\omega_0^2 L} = \frac{1}{(400\pi)^2(0.2387)} = 2.653 \ \mu\text{F}$$

실전문제 14.11

대역 통과 필터의 하한 차단주파수가 20.1 kHz, 상한 차단주파수가 20.3 kHz가 되도록 그림 14.35의 형태로 설계하라. $R = 20$ kΩ일 때 L, C, Q를 구하라.

답: 15.915 H, 3.9 pF, 101

14.8   능동필터

앞 절에서 논의했던 수동필터는 세 가지 제약이 있다. 첫째, 수동소자는 회로에 에너지를 더할 수 없으므로 1보다 더 큰 이득을 얻을 수 없다. 둘째, 크기가 크고 값비싼 인덕터가 필요하다. 셋째, 음성주파수 영역(300 Hz < f < 3,000 Hz) 이하 주파수에서의 구현이 힘들다. 그러므로 수동필터는 고주파에서 주로 유용하다.

능동필터는 저항, 커패시터, 연산증폭기로 구성되어 있다. 이는 RLC 수동

필터에 비해 이점이 있다. 첫째, 인덕터를 사용하지 않으므로 크기가 작고 값이 싸다. 이는 필터의 집적회로 구현을 가능하게 한다. 둘째, *RLC* 수동필터와 같은 주파수 응답 형태를 가지면서 이득을 1 이상으로 얻을 수 있다. 셋째, 능동필터는 전원 및 부하 임피던스의 영향으로부터 각 부분을 분리하는 용도의 버퍼 증폭기(voltage follower)를 같이 사용할 수 있다. 이는 요구된 전달함수 구현을 위해 각 단(stage)을 독립적으로 설계하여 그것을 종속적으로 연결하는 것을 가능하게 한다(전달함수가 종속적일 때 보드선도는 로그 형태이므로 더해진다). 그러나 능동필터는 신뢰도와 안정도 면에서 낮다. 능동필터의 실제적인 제한은 100 kHz 정도이다. 대부분의 능동필터는 이 이하의 주파수에서 잘 동작한다.

필터는 차수(극점의 수)나 명시된 설계 형태에 따라 분류된다.

14.8.1 일차 저주파 통과 필터

그림 14.41은 일차 필터의 한 형태이다. 필터가 저주파 통과 필터인지 고주파 통과 필터인지는 Z_i와 Z_f를 어떻게 선택할 것인가에 따라 달라지며, 두 소자 중 하나는 무효 성분(reactive)이어야 한다.

그림 14.42는 전형적인 능동 저주파 통과 필터이다. 이 필터의 전달함수는

$$\mathbf{H}(\omega) = \frac{\mathbf{V}_o}{\mathbf{V}_i} = -\frac{\mathbf{Z}_f}{\mathbf{Z}_i} \tag{14.58}$$

여기서 $\mathbf{Z}_i = R_i$이다. 또한

$$\mathbf{Z}_f = R_f \left\| \frac{1}{j\omega C_f} = \frac{R_f/j\omega C_f}{R_f + 1/j\omega C_f} = \frac{R_f}{1 + j\omega C_f R_f} \tag{14.59}$$

그러므로

$$\mathbf{H}(\omega) = -\frac{R_f}{R_i} \frac{1}{1 + j\omega C_f R_f} \tag{14.60}$$

식 (14.60)은 저주파($\omega \to 0$) 이득 또는 직류이득 $-R_f/R_i$가 식에 포함된 것을 제외하고는 식 (14.50)과 유사하다. 또한 차단주파수는

$$\omega_c = \frac{1}{R_f C_f} \tag{14.61}$$

이는 R_i와 무관하며, 다른 R_i를 가진 여러 입력을 필요에 따라서 더한다고 해도 차단주파수는 모든 입력에 대해 항상 같다는 것을 의미한다.

14.8.2 일차 고주파 통과 필터

그림 14.43은 전형적인 능동 고주파 통과 필터이다. 앞에서와 같이

$$\mathbf{H}(\omega) = \frac{\mathbf{V}_o}{\mathbf{V}_i} = -\frac{\mathbf{Z}_f}{\mathbf{Z}_i} \tag{14.62}$$

여기서 $\mathbf{Z}_i = R_i + 1/j\omega C_i$이고 $\mathbf{Z}_f = R_f$이면,

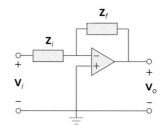

그림 14.41
일반적인 일차 능동필터.

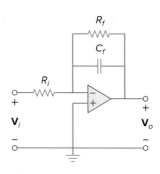

그림 14.42
능동 일차 저주파 통과 필터.

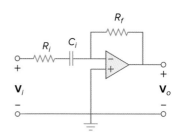

그림 14.43
능동 일차 고주파 통과 필터.

$$\mathbf{H}(\omega) = -\frac{R_f}{R_i + 1/j\omega C_i} = -\frac{j\omega C_i R_f}{1 + j\omega C_i R_i} \tag{14.63}$$

식 (14.63)은 고주파($\omega \to \infty$)에서 이득 $-R_f/R_i$가 식에 포함된 것을 제외하고는 식 (14.52)와 유사하다. 또한 차단주파수는

$$\omega_c = \frac{1}{R_i C_i} \tag{14.64}$$

14.8.3 대역 통과 필터

대역 통과 필터를 이렇게 설계하는 방법이 최선은 아니지만 더 이해하기 쉬운 방법이다.

그림 14.42의 회로와 그림 14.43의 회로를 결합하면 원하는 주파수 범위에 이득 K를 가진 대역 통과 필터가 된다. 그림 14.44(a)처럼 단위이득(이득 = 1)인 저주파 통과 필터와 단위이득인 고주파 통과 필터, 이득이 $-R_f/R_i$인 인버터를 종속으로 연결하면 그림 14.44(b)와 같이 주파수 응답을 가진 대역 통과 필터를 설계할 수 있다. 연산증폭기를 사용하여 실제로 능동 대역 통과 필터를 구성한 회로를 그림 14.45에 나타냈다.

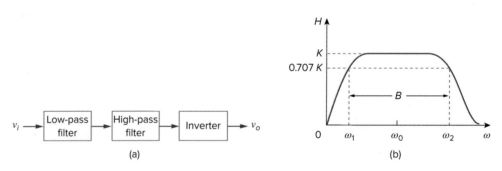

그림 14.44
능동 대역 통과 필터: (a) 블록 다이어그램, (b) 주파수 응답.

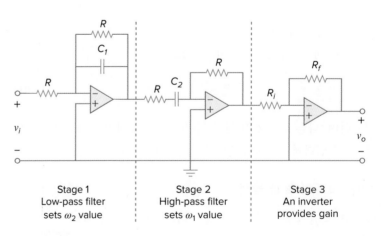

그림 14.45
능동 대역 통과 필터.

대역 통과 필터의 해석은 상대적으로 간단하다. 전달함수는 인버터의 이득과 식 (14.60), (14.63)을 곱하여 구할 수 있다.

$$\mathbf{H}(\omega) = \frac{\mathbf{V}_o}{\mathbf{V}_i} = \left(-\frac{1}{1 + j\omega C_1 R} \right) \left(-\frac{j\omega C_2 R}{1 + j\omega C_2 R} \right) \left(-\frac{R_f}{R_i} \right)$$

$$= -\frac{R_f}{R_i} \frac{1}{1 + j\omega C_1 R} \frac{j\omega C_2 R}{1 + j\omega C_2 R} \tag{14.65}$$

저주파 통과 부분의 상한 주파수는

$$\omega_2 = \frac{1}{RC_1} \tag{14.66}$$

고주파 통과 부분의 하한 주파수는

$$\omega_1 = \frac{1}{RC_2} \tag{14.67}$$

ω_1과 ω_2의 값을 이용하여 중심주파수, 대역폭, 선택도를 표현하면 다음과 같다.

$$\omega_0 = \sqrt{\omega_1 \omega_2} \tag{14.68}$$

$$B = \omega_2 - \omega_1 \tag{14.69}$$

$$Q = \frac{\omega_0}{B} \tag{14.70}$$

통과 대역 이득 K를 구하기 위해 식 (14.65)를 식 (14.15)와 같은 표준형 식으로 바꾸면,

$$\mathbf{H}(\omega) = -\frac{R_f}{R_i} \frac{j\omega/\omega_1}{(1 + j\omega/\omega_1)(1 + j\omega/\omega_2)} = -\frac{Rf}{R_i} \frac{j\omega\omega_2}{(\omega_1 + j\omega)(\omega_2 + j\omega)} \tag{14.71}$$

중심주파수 $\omega_0 = \sqrt{\omega_1 \omega_2}$에서 전달함수의 크기는

$$|\mathbf{H}(\omega_0)| = \left| \frac{R_f}{R_i} \frac{j\omega_0 \omega_2}{(\omega_1 + j\omega_0)(\omega_2 + j\omega_0)} \right| = \frac{R_f}{R_i} \frac{\omega_2}{\omega_1 + \omega_2} \tag{14.72}$$

따라서 통과 대역 이득은 다음과 같다.

$$K = \frac{R_f}{R_i} \frac{\omega_2}{\omega_1 + \omega_2} \tag{14.73}$$

14.8.4 대역 제거(노치) 필터

대역 제거 필터는 그림 14.46(a)와 같이 저주파 통과 필터와 고주파 통과 필터의 병렬결합과 그것의 합 증폭기(summing amplifier)로 구성되며, 하한 차단주파수 ω_1은 저주파 통과 필터에 의해, 상한 차단주파수 ω_2는 고주파 통과 필터에 의해 결정된다. ω_1과 ω_2 사이의 간격을 필터의 대역폭이라 하는데, 그림 14.46(b)와 같이 ω_1 이상과 ω_2 이하의 주파수 간격이라고 보면 된다. 그림 14.46(a)의 블록 다이어그램을 실제로 연산증폭기를 사용하여 구성한 회로를 그림 14.47에 나타냈다. 그 전달함수는

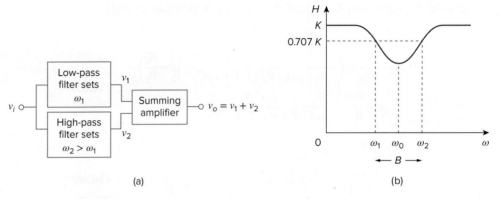

그림 14.46
능동 대역 제거 필터: (a) 블록 다이어그램, (b) 주파수 응답.

$$\mathbf{H}(\omega) = \frac{\mathbf{V}_o}{\mathbf{V}_i} = -\frac{R_f}{R_i}\left(-\frac{1}{1+j\omega C_1 R} - \frac{j\omega C_2 R}{1+j\omega C_2 R}\right) \tag{14.74}$$

ω_1, ω_2, 중심주파수, 대역폭, 선택도를 계산하는 공식은 식 (14.66)~(14.70)과 같다.

필터의 통과 대역 이득 K를 결정하기 위해 식 (14.74)를 상한 차단주파수와 하한 차단주파수 항으로 다시 표현하면,

$$\begin{aligned}\mathbf{H}(\omega) &= \frac{R_f}{R_i}\left(\frac{1}{1+j\omega/\omega_1} + \frac{j\omega/\omega_2}{1+j\omega/\omega_2}\right)\\ &= \frac{R_f}{R_i}\frac{(1+j2\omega/\omega_1+(j\omega)^2/\omega_1\omega_2)}{(1+j\omega/\omega_1)(1+j\omega/\omega_2)}\end{aligned} \tag{14.75}$$

이 식을 표준형인 식 (14.15)와 비교하면 두 통과 대역($\omega \to 0$과 $\omega \to \infty$)에서 이득은 다음과 같고,

$$K = \frac{R_f}{R_i} \tag{14.76}$$

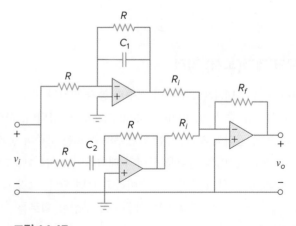

그림 14.47
능동 대역 제거 필터.

중심주파수 이득은 $\omega_0 = \sqrt{\omega_1 \omega_2}$에서 전달함수의 크기를 구하면 된다.

$$H(\omega_0) = \left| \frac{R_f}{R_i} \frac{(1 + j2\omega_0/\omega_2 + (j\omega_0)^2/\omega_1\omega_2)}{(1 + j\omega_0/\omega_1)(1 + j\omega_0/\omega_2)} \right|$$

$$= \frac{R_f}{R_i} \frac{2\omega_1}{\omega_1 + \omega_2} \tag{14.77}$$

이 절에서 다룬 필터는 모두 전형적인 것이고, 실제로는 훨씬 다양하고 복잡한 필터가 존재한다.

예제 14.12

직류이득이 4이고 차단주파수가 500 Hz가 되도록 능동 저주파 통과 필터를 설계하라.

풀이:

식 (14.61)에서,

$$\omega_c = 2\pi f_c = 2\pi(500) = \frac{1}{R_f C_f} \tag{14.12.1}$$

직류이득은

$$H(0) = -\frac{R_f}{R_i} = -4 \tag{14.12.2}$$

여기서 식은 2개이고 변수는 3개이다. 만약 $C_f = 0.2 \ \mu$F을 선택하면,

$$R_f = \frac{1}{2\pi(500)0.2 \times 10^{-6}} = 1.59 \ \text{k}\Omega$$

$$R_i = \frac{R_f}{4} = 397.5 \ \Omega$$

R_f는 1.6 kΩ, R_i는 400 Ω을 사용한다. 이렇게 설계한 필터가 그림 14.42이다.

실전문제 14.12

고주파 이득이 5이고 차단주파수가 2 kHz인 고주파통과 필터를 설계하라. 커패시터는 0.1 μF를 사용하라.

답: $R_i = 800 \ \Omega$, $R_f = 4 \ \text{k}\Omega$

예제 14.13

250~3,000 Hz의 주파수를 통과시키고 $K = 10$이 되도록 대역 통과 필터를 그림 14.45의 형태로 설계하라. 단, $R = 20$ kΩ이다.

풀이:

1. **정의하라.** 문제가 명확하게 규정되고, 사용되는 회로가 사전에 명시된 설계 회로이다.
2. **제시하라.** 대역 통과 필터를 설계하기 위해 그림 14.45의 연산증폭기 회로

를 사용해야 한다. R 값은 20 kΩ이고, 필터를 통과하는 주파수의 범위는 250~ 3,000 Hz로 한다.

3. **대체방안을 고려하라.** 14.8.3절의 방정식을 이용하여 답을 얻을 것이다. 그리고 결과로 나온 전달함수를 사용하여 정답인지 확인할 것이다.

4. **시도하라.** $\omega_1 = 1/RC_2$이므로,

$$C_2 = \frac{1}{R\omega_1} = \frac{1}{2\pi f_1 R} = \frac{1}{2\pi \times 250 \times 20 \times 10^3} = \mathbf{31.83\ nF}$$

마찬가지로 $\omega_2 = 1/RC_1$이므로,

$$C_1 = \frac{1}{R\omega_2} = \frac{1}{2\pi f_2 R} = \frac{1}{2\pi \times 3,000 \times 20 \times 10^3} = \mathbf{2.65\ nF}$$

식 (14.73)에서,

$$\frac{R_f}{R_i} = K\frac{\omega_1 + \omega_2}{\omega_2} = K\frac{f_1 + f_2}{f_2} = \frac{10(3,250)}{3,000} = 10.83$$

$R_i = \mathbf{10}$ kΩ으로 하면 $R_f = 10.83R_i \simeq \mathbf{108.3}$ kΩ이다.

5. **평가하라.** 첫 번째 연산증폭기의 출력은 다음과 같다.

$$V_1 = \frac{R}{R}\frac{1}{1 + j\omega C_1 R}V_i$$

$$= \frac{1}{1 + s(2.65 \times 10^{-9})(20 \times 10^3)}V_i$$

$$= \frac{1}{1 + s(5.3 \times 10^{-5})}V_i$$

$$\frac{V_i - 0}{(20 \times 10^3)} + \frac{V_1 - 0}{(20 \times 10^3)} + \frac{(V_1 - 0)}{\dfrac{1}{s(2.65 \times 10^{-9})}} = 0 \rightarrow$$

$$V_1 = \frac{1}{1 + s(5.3 \times 10^{-5})}V_i$$

두 번째 연산증폭기의 출력은 다음과 같다.

$$\frac{V_1 - 0}{20 \times 10^3 + \dfrac{1}{s(31.83 \times 10^{-9})}} + \frac{V_2 - 0}{20 \times 10^3} = 0 \rightarrow$$

$$V_2 = -\frac{6.366 \times 10^{-4}}{1 + s(6.366 \times 10^{-4})}V_1$$

$$= \frac{6.366 \times 10^{-4}}{[1 + s(6.366 \times 10^{-4})][1 + (5.3 \times 10^{-5})s]}V_i$$

세 번째 연산증폭기의 출력은 다음과 같다.

$$\frac{V_2 - 0}{(10 \times 10^3)} + \frac{V_o - 0}{(108.3 \times 10^3)} = 0 \rightarrow V_o = 10.83\ V_2 \rightarrow$$

$$V_o \simeq \frac{(6.894 \times 10^{-3})\,s}{[1 + s\,(6.366 \times 10^{-4})][1 + (5.3 \times 10^{-5})\,s]}\,V_i$$

$s = j2\pi \times (250) \simeq j1{,}570.8$으로 놓고, V_o/V_i의 크기를 구한다.

$$\frac{V_o}{V_i} = \frac{(6.894 \times 10^{-3})(j1570.8)}{[1 + (j1570.8)(6.366 \times 10^{-4})][1 + (5.3 \times 10^{-5})(j1570.8)]}\,V_i$$

$$\simeq -\frac{j10.829}{(1 + j1)(1)}$$

$$= \frac{10.829\underline{/-90°}}{1.4142\underline{/45°}}$$

$$= \frac{1}{\sqrt{2}}\,(10.829\,\underline{/-135°})$$

$$= 0.7071\,(10.829\,\underline{/-135°})$$

$\left|\dfrac{V_o}{V_i}\right| = 0.7071(10.829)$, 이 이득은 하한 차단주파수 점에서의 이득이다.

$s = j2\pi \times (3{,}000) \simeq j18{,}849$라고 하면,

$$\frac{V_o}{V_i} = -\frac{(6.894 \times 10^{-3})(j18{,}849)}{[1 + (j18{,}849)(6.366 \times 10^{-4})][1 + (5.3 \times 10^{-5})(j18{,}849)]}\,V_i$$

$$\simeq -\frac{j129.94}{(1 + j12)(1 + j1)}$$

$$\simeq \frac{129.94\,\underline{/-90°}}{(12.042\,\underline{/85.24°})(1.142\,\underline{/45°})}$$

$$= \frac{1}{\sqrt{2}}\,(10.791\,\underline{/-220.24°})$$

$$= 0.7071(10.791)\,\underline{/-220.24°}$$

확실하게 이것이 상한 차단주파수이고 정답임을 확인하라.

6. **만족하는가?** 우리가 푼 것이 이 문제의 정답임을 확신할 수 있다.

$\omega_0 = 20$ krad/s, $K = 5$, $Q = 10$ 이도록 그림 14.47과 같은 형태의 노치필터를 설계하라. 단, $R = R_i = 10$ kΩ이다.   **실전문제 14.13**

답: $C_1 = 5.263$ nF, $C_2 = 4.762$ nF, $R_f = 50$ kΩ

14.9   스케일링

일반적으로 필터나 공진회로를 설계하거나 해석할 때 또는 회로를 해석할 때 1 Ω, 1 H, 1 F의 값을 사용하는 것이 편리할 때가 있다. 그다음에 스케일링(scaling)으로 이 값들을 실제 값으로 변환하는 것이다. 이 아이디어는 대부분의 예제와 문제에서 실제 소자 값을 사용하지 않는다는 데 이점이 있다. 회로 해석이 숙달되기 위해서는 편리한 소자 값을 사용하여 계산을 쉽게 한 후, 스케일링으로 실제 값으로 변환한다.

회로 스케일링에는 크기(임피던스) 스케일링과 주파수 스케일링이 있다. 둘 다 스케일링 응답과 회로소자 값을 실제적 범위 내로 하는 데 유용하다. 크기 스케일링은 회로의 주파수 응답을 변화시키지 않는 반면, 주파수 스케일링은 주파수 스펙트럼상에서 주파수 응답을 위나 아래로 이동한다.

14.9.1   크기 스케일링

크기 스케일링은 어떤 척도에 의해 회로망의 모든 임피던스를 크게 하는 과정으로 주파수 응답이 변하지 않는다.

각 소자 R, L, C의 임피던스는 다음과 같고,

$$\mathbf{Z}_R = R, \qquad \mathbf{Z}_L = j\omega L, \qquad \mathbf{Z}_C = \frac{1}{j\omega C} \tag{14.78}$$

크기 스케일링에서 각 회로의 소자에 K_m을 곱하고 주파수는 상수로 한다. 새로운 임피던스는 다음과 같다.

$$\mathbf{Z}'_R = K_m \mathbf{Z}_R = K_m R, \qquad \mathbf{Z}'_L = K_m \mathbf{Z}_L = j\omega K_m L$$

$$\mathbf{Z}'_C = K_m \mathbf{Z}_C = \frac{1}{j\omega C / K_m} \tag{14.79}$$

식 (14.79)와 (14.78)을 비교하면 $R \rightarrow K_m R$, $L \rightarrow K_m L$, $C \rightarrow C/K_m$가 된다. 따라서 크기 스케일링에서 각 소자와 주파수의 새로운 값은 다음과 같다.

$$\boxed{\begin{array}{cc} R' = K_m R, & L' = K_m L \\[2mm] C' = \dfrac{C}{K_m}, & \omega' = \omega \end{array}} \tag{14.80}$$

위의 식에서 ′(프라임)이 붙은 변수는 새로운 값이고, 붙지 않은 변수는 이전의 값이다. 직렬 또는 병렬 RLC 회로를 생각해보자.

$$\omega'_0 = \frac{1}{\sqrt{L'C'}} = \frac{1}{\sqrt{K_m LC / K_m}} = \frac{1}{\sqrt{LC}} = \omega_0 \tag{14.81}$$

공진주파수는 변하지 않는다. 마찬가지로 선택도와 대역폭은 크기 스케일링에서 영향을 받지 않는다. 크기 스케일링은 단위가 없는 양의 식 (14.2a)와 (14.2b)의 형태에 영향을 주지 않는다.

14.9.2 주파수 스케일링

주파수 스케일링은 임피던스는 변하지 않고 주파수 응답을 주파수 축의 위아래로 이동하는 과정이다.

주파수 스케일링은 주파수 응답선도의 주파수 축에 새로이 값을 매기는 것과 같다. 이는 공진회로, 차단주파수, 대역폭 등의 값을 실제 값으로 변환할 때 필요하다. 또한 커패시턴스나 인덕턴스의 값을 작업하기 편리한 값으로 바꾸는 데 사용할 수도 있다.

임피던스는 그대로 유지하고 주파수에 K_f를 곱하는 것을 주파수 스케일링이라고 한다.

식 (14.78)에서 보듯이 L과 C는 주파수에 의존적이다. 식 (14.78)의 $\mathbf{Z}_L(\omega)$, $\mathbf{Z}_C(\omega)$에 주파수 스케일링을 하면 다음 두 식을 얻을 수 있다.

$$\mathbf{Z}_L = j(\omega K_f)L' = j\omega L \quad \Rightarrow \quad L' = \frac{L}{K_f} \tag{14.82a}$$

$$Z_C = \frac{1}{j(\omega K_f)C'} = \frac{1}{j\omega C} \quad \Rightarrow \quad C' = \frac{C}{K_f} \tag{14.82b}$$

인덕터와 커패시터의 임피던스는 주파수 스케일링 후에도 변함이 없어야 하기 때문에 각 소자는 $L \rightarrow L/K_f$, $C \rightarrow C/K_f$로 바꾼다. R의 임피던스는 주파수와 무관하므로 주파수 스케일링의 영향을 받지 않는다. 따라서 주파수 스케일링에서 각 소자와 주파수의 새로운 값은 다음과 같다.

$$\boxed{\begin{aligned} R' &= R, & L' &= \frac{L}{K_f} \\ C' &= \frac{C}{K_f}, & \omega' &= K_f\omega \end{aligned}} \tag{14.83}$$

다시 한 번 직렬 또는 병렬 RLC 회로를 생각해보자. 공진주파수는

$$\omega'_0 = \frac{1}{\sqrt{L'C'}} = \frac{1}{\sqrt{(L/K_f)(C/K_f)}} = \frac{K_f}{\sqrt{LC}} = K_f\omega_0 \tag{14.84}$$

대역폭은

$$B' = K_f B \tag{14.85}$$

그러나 선택도는 같다($Q' = Q$).

14.9.3 크기와 주파수 스케일링

만약 어떤 회로에 크기 스케일링과 주파수 스케일링을 동시에 하면 다음과 같이 된다.

$$\boxed{\begin{aligned} R' &= K_m R, & L' &= \frac{K_m}{K_f}L \\ C' &= \frac{1}{K_m K_f}C, & \omega' &= K_f\omega \end{aligned}} \tag{14.86}$$

이는 식 (14.80)과 (14.83)보다 일반화된 공식이다. 식 (14.86)에서 $K_m = 1$이면 크기 스케일링을 하지 않은 것이고, $K_f = 1$이면 주파수 스케일링을 하지 않은 것을 의미한다.

예제 14.14

그림 14.48(a)는 사차 버터워스(Butterworth) 저주파 통과 필터이다. 이 필터는 차단주파수 $\omega_c = 1$ rad/s로 설계되어 있다. 10 kΩ 저항을 사용한 50 kHz의 차단주파수를 가지도록 스케일링하라.

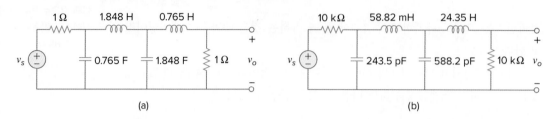

그림 14.48
예제 14.14: (a) 정규화된 버터워스 저주파 통과 필터, (b) 같은 필터를 스케일링한 것.

풀이:

차단주파수 $\omega_c = 1$ rad/s를 $\omega_c' = 2\pi(50)$ krad/s로 이동하면 주파수 스케일 척도는

$$K_f = \frac{\omega_c'}{\omega_c} = \frac{100\pi \times 10^3}{1} = \pi \times 10^5$$

모든 1 Ω 저항을 10 kΩ으로 대치한 후의 크기 스케일 척도는

$$K_m = \frac{R'}{R} = \frac{10 \times 10^3}{1} = 10^4$$

식 (14.86)을 이용하면,

$$L_1' = \frac{K_m}{K_f}L_1 = \frac{10^4}{\pi \times 10^5}(1.848) = 58.82 \text{ mH}$$

$$L_2' = \frac{K_m}{K_f}L_2 = \frac{10^4}{\pi \times 10^5}(0.765) = 24.35 \text{ mH}$$

$$C_1' = \frac{C_1}{K_mK_f} = \frac{0.765}{\pi \times 10^9} = 243.5 \text{ pF}$$

$$C_2' = \frac{C_2}{K_mK_f} = \frac{1.848}{\pi \times 10^9} = 588.2 \text{ pF}$$

스케일링된 회로를 그림 14.48(b)에 나타냈다. 이 회로는 실제 값을 가지며, 회로의 모양과 전달함수는 그림 14.48(a)와 동일하고 주파수만을 이동한 것이다.

실전문제 14.14

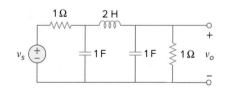

그림 14.49
실전문제 14.14.

그림 14.49는 $\omega_c = 1$ rad/s로 규정화된 삼차 버터워스 필터이다. 차단주파수를 10 kHz로 스케일링하라. 단, 15 nF의 커패시터를 사용하라.

답: $R_1' = R_2' = 1.061$ kΩ, $C_1' = C_2' = 15$ nF, $L' = 33.77$ mH

14.10 *PSpice*를 이용한 주파수 응답

*PSpice*는 오늘날의 회로 설계자들이 회로의 주파수 응답을 구하는 데 사용하는 유용한 도구이다. 주파수 응답은 D.5절(부록 D)에 설명되어 있는 바와 같이 AC Sweep를 이용하여 구하며, 대화상자에 *Total Pts, Start Freq, End Freq*, 스위프 종류를 입력해야 한다. *Total Pts*는 시뮬레이션할 주파수 범위인 주파수 스위프 상의 점 개수이고, *Start Freq*와 *End Freq*는 각각 주파수 스위프상의 시작 주파수와 끝 주파수(Hz 단위)이다. *Start Freq*와 *End Freq* 사이에서 특정 주파수를 선택하기 위해서는 구하고자 하는 주파수 응답의 개략적인 개요를 그려서 만들어지는 중요한 주파수의 범위를 고려해야 한다. 회로가 복잡해지면 이 방법은 사용하기 어렵고 대신 시도와 수정(시행착오)을 반복해야 한다.

　　스위프는 다음과 같이 세 가지 종류가 있다.

> *Linear*: 주파수는 *Start Freq*에서 *End Freq*까지 선형적으로 변한다.
>
> *Octave*: 주파수는 *Start Freq*에서 *End Freq*까지 옥타브만큼 변한다. 옥타브는 증가 비율이 2배이다(예: 2에서 4까지, 4에서 8까지, 8에서 16까지).
>
> *Decade*: 주파수는 *Start Freq*에서 *End Freq*까지 디케이드만큼 변한다. 디케이드는 증가 비율이 10배이다(예: 2 Hz에서 20 Hz까지, 20 Hz에서 200 Hz까지, 200 Hz에서 2 kHz까지).

관찰하고자 하는 대역폭의 범위가 좁은 경우에는 리니어 스위프가 적절하고, 관찰하고자 하는 주파수 범위가 넓은 경우에는 대수함수 스위프(옥타브 또는 디케이드)가 적절하다. 주파수 범위가 넓은 경우 리니어 스위프를 사용하면 시뮬레이션 결과 데이터가 낮은 주파수 또는 높은 주파수에 집중되어 반대 주파수에서의 데이터가 빈약해진다.

　　이상과 같이 규정하면 *PSpice*는 모든 독립 전원의 주파수가 *Start Freq*(시작 주파수)에서 *End Freq*(끝 주파수)까지 변화(또는 스위프)함에 따른 회로의 정상상태 정현파 해석을 수행한다.

　　PSpice A/D 프로그램은 시뮬레이션 결과를 그래프로 그려주며, 출력 데이터의 종류를 *Trace Command Box*에서 V 또는 I 뒤에 다음과 같은 문자를 붙여서 규정해야 한다.

M　정현파의 진폭

P　정현파의 위상

dB　데시벨로 표시한 정현파의 진폭[즉 $20 \log_{10}($진폭$)$]

예제 14.15

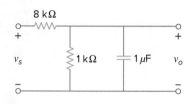

그림 14.50
예제 14.15.

그림 14.50의 회로에서 주파수 응답을 구하라.

풀이:

입력 전압 v_s를 진폭이 1 V, 위상이 0°인 정현파로 한다. 그림 14.51은 회로에 대한 도식도이다. 커패시터는 270° 시계 반대 방향으로 회전하여 배치한 것으로, 가장 위쪽이 1번 단자(양극 단자)가 되도록 하기 위한 것이다. 전압 마커가 커패시터의 한 단자에 접속되어 있다. $1 < f < 1,000$ Hz 범위의 50개 점에서 시뮬레이션하기 위해 **Analaysis/Setup/AC Sweep, DCLICK** *Linear*를 선택하고, *Total Pts*에 50, *Start Freq*에 1, *End Freq*에 1000을 입력한다. 파일을 저장한 다음 **Analysis/Simulate**를 선택하여 회로를 시뮬레이션한다. 오류가 없다면 *PSpice* A/D 창에 V(C1:1) 파형이 나타나며, 이것은 V_o 또는 $H(\omega) = V_o/1$와 같은 파형으로서 그림 14.52(a)와 같다. 이 파형은 크기를 나타내는 그래프(magnitude plot)로 V(C1:1)이 VM(C1:1)과 같기 때문에 그려지는 것이다. 위상을 나타내는 그래프를 구하기 위해서는 *PSpice* A/D 메뉴에서 **Trace/Add**를 선택하여 **Trace Command** 상자에 VP(C1:1)을 입력한다. 그림 14.52(b)는 그 결과이다. 직접 전달함수를 구하면 다음과 같다.

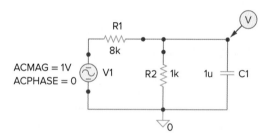

그림 14.51
예제 14.15: 회로도.

$$H(\omega) = \frac{V_o}{V_s} = \frac{1,000}{9,000 + j\omega 8}$$

또는

$$H(\omega) = \frac{1}{9 + j16\pi \times 10^{-3}}$$

그림 14.52에서 보듯이 이 회로는 저역 통과 필터이다. 그림 14.52의 선도와 그림 14.3의 선도가 유사하다는 것을 알 수 있다. (단, 두 그림의 수평축이 다르다는 것을 주의하라. 그림 14.52는 로그로 수평축을 설정했고, 그림 14.3은 선형적으로 설정했다.)

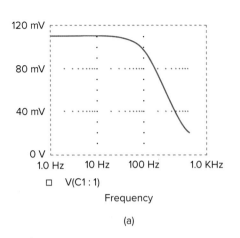

(a)

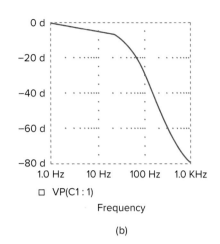

(b)

그림 14.52
예제 14.15: (a) 크기선도, (b) 위상선도.

실전문제 14.15

그림 14.53의 회로에서 *PSpice*를 이용하여 주파수 응답을 구하라. 리니어 스위프를 이용하고, 시뮬레이션할 주파수 값은 $1 < f < 1,000$ Hz를 100구간으로 나눈다.

답: 그림 14.54를 보라.

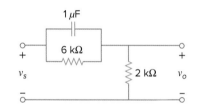

그림 14.53
실전문제 14.15.

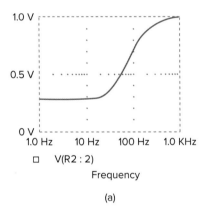

(a)

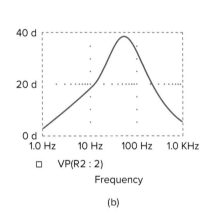

(b)

그림 14.54
실전문제 14.15: (a) 크기선도, (b) 위상선도.

예제 14.16

그림 14.55의 회로에서 *PSpice*를 이용하여 V에 대한 이득과 위상의 보드선도를 그려라.

풀이:

예제 14.15의 회로는 일차이지만 이 예제에서 다루는 회로는 이차이므로 보드선도를 중요하게 생각해야 한다. 스위프의 종류는 decade frequency sweep로 하고, 주파수 범위는 $300 < f < 3,000$ Hz로 설정하며, 디케이드당 50개의 점을 사용한다. 이렇게 범위를 설정한 이유는 회로의 공진주파수가 이 범위 안에 들어간다는 것을 이미 알고 있기 때문이다. 공진주파수가 다음과 같음을 기억하라.

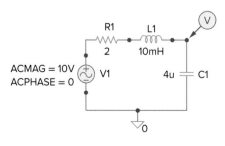

그림 14.55
예제 14.16.

$$\omega_0 = \frac{1}{\sqrt{LC}} = 5 \text{ krad/s} \qquad \text{또는} \qquad f_0 = \frac{\omega}{2\pi} = 795.8 \text{ Hz}$$

그림 14.55와 같이 회로를 그린 후 **Analysis/Setup/AC Sweep, DCLICK** *Decade*를 선택하고, *Total Pts*에 50, *Start Freq*에 300, *End Freq*에 3000을 입력한다. 파일을 저장한 다음 **Analysis/Simulate**를 선택하여 회로를 시뮬레이션한다. 오류가 없다면 V(C1:1) 파형이 자동적으로 *PSpice* A/D 창에 나타난다. 우리는 보드선도에 관심이 있기 때문에, 보드 크기선도를 구하기 위해서는 *PSpice* A/D 메뉴에서 **Trace/Add**를 선택하고 **Trace Command**에 dB(V(C1:1))을 입력한다. 그 결과는 그림 14.56(a)와 같은 보드 크기선도이다. 위상선도를 구하려면 *PSpice* A/D 메뉴에서 **Trace/Add**를 선택하고 **Trace Command**에 VP(C1:1)을 입력한다. 그 결과는 그림 14.56(b)와 같은 보드 위상선도이다. 시뮬레이션으로 구한 보드선도를 보면 공진주파수가 795.8 Hz임을 확실히 알 수 있다.

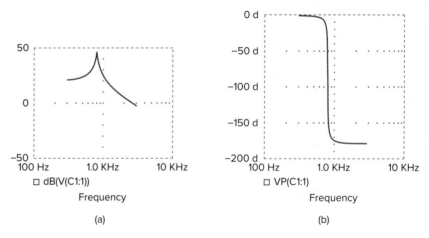

그림 14.56
예제 14.16: (a) 보드 크기선도, (b) 보드 위상선도.

실전문제 14.16

그림 14.57과 같은 회로망을 고려해보자. 디케이드당 20개의 점을 사용하여 1 kHz에서 100 kHz까지 Vo의 보드선도를 *PSpice*로 구하라.

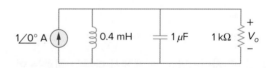

그림 14.57
실전문제 14.16.

답: 그림 14.58을 보라.

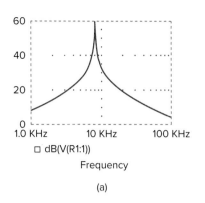
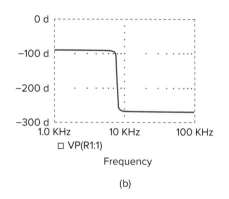

(a)   (b)

그림 14.58
실전문제 14.16: (a) 보드 크기선도, (b) 보드 위상선도.

14.11   *MATLAB*을 이용한 계산

*MATLAB*은 공학적 계산이나 시뮬레이션에서 광범위하게 사용되는 소프트웨어 제품이다. 초보자를 위한 *MATLAB* 리뷰는 부록 E에 실려 있다. 이 절의 목표는 14장과 15장에서 언급되는 대부분의 연산이 어떻게 소프트웨어를 통해 수치적으로 실행되는가를 보여주는 것이다. *MATLAB*을 이용하여 시스템을 구성할 때 가장 중요하게 생각해야 하는 것 중 하나는 시스템 전달함수의 분자(num)와 분모(den)를 정확하게 지정하는 것이다. 이것만 제대로 해놓으면 *MATLAB*의 몇 가지 명령어를 사용해서 그 시스템의 보드선도(주파수 응답)나 시스템의 응답 등을 주어진 입력을 통해 구할 수 있다.

bode라는 명령은 주어진 전달함수 $H(s)$를 통해 보드선도(크기선도, 위상선도)를 구하라는 명령이다. 이 명령의 기본 형태는 **bode** (num, den)이고, num은 $H(s)$의 분자, den은 $H(s)$의 분모이다. 주파수 범위와 기준점은 자동적으로 선택된다. 예를 들어 예제 14.3의 전달함수를 생각해보자. 다항식 형태로 분자와 분모를 기술해놓는 편이 좋을 것이다.
따라서 다음과 같이 전달함수를 표현한다.

$$H(s) = \frac{200\,j\omega}{(j\omega + 2)(j\omega + 10)} = \frac{200s}{s^2 + 12s + 20}, \qquad s = j\omega$$

다음 명령어를 사용하여 그림 14.59와 같은 보드선도를 그려낼 수 있다. 필요하다면 **logspace** 명령을 사용하여 대수적으로 정의된 공간상의 주파수를 발생시킬 수 있고, **semilogx** 명령을 사용하여 반로그 범위를 지정할 수도 있다.

```
>> num = [200 0];   % specify the numerator of H(s)
>> den = [1 12 20]; % specify the denominator of H(s)
>> bode(num, den);   % determine and draw Bode plots
```

시스템의 계단응답 $y(t)$는 입력 $x(t)$로 단위계단함수가 입력되었을 때의 출력이다. **step** 명령은 정해진 전달함수의 분자, 분모를 가진 시스템의 계단응답을 도시하는 데 사용된다. 시간 구간과 측정점 설정은 자동으로 이루어진다. 예를 들어 전달함수가 다음과 같이 이차 시스템이라고 생각해보자.

$$H(s) = \frac{12}{s^2 + 3s + 12}$$

다음 명령어를 사용하여 그림 14.60과 같은 계단응답을 얻어낼 수 있을 것이다.

```
>> n = 12;
>> d = [1 3 12];
>> step(n,d);
```

$y(t) = x(t) * u(t)$나 $Y(s) = X(s)H(s)$를 풀어서 그림 14.60을 대신할 수도 있다.

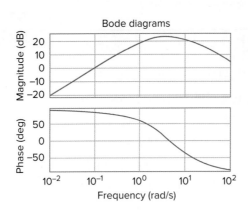

그림 14.59
크기선도와 위상선도.

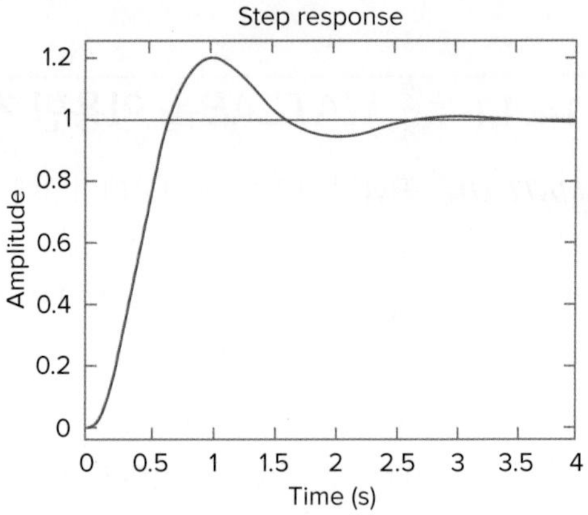

그림 14.60
$H(s) = 12/(s^2 + 13s + 12)$의 계단응답.

　　lsim 명령은 **step** 명령보다 더 일반적으로 쓰이는 것으로, 모든 임의의 입력 신호에 대한 시스템의 시간응답을 계산하는 명령이다. 명령의 가장 기본적인 형태는 $y =$ **lsim** (num, den, x, t)이고, 여기서 $x(t)$는 입력 신호, t는 시간 벡터, y(t)는 발생되는 출력 신호이다. 예를 들어 다음과 같은 전달함수로 시스템이 표현된다고 가정하면,

$$H(s) = \frac{s + 4}{s^3 + 2s^2 + 5s + 10}$$

입력을 $x(t) = 10e^{-t}u(t)$로 받는 시스템의 응답 $y(t)$를 찾기 위해 다음과 같은 MATLAB 명령을 사용한다. 응답 $y(t)$와 입력 $x(t)$ 모두 그림 14.61에 그려져 있다.

```
>> t = 0:0.02:5; % time vector 0 < t < 5 with increment
        0.02
>> x = 10*exp(-t);
>> num = [1 4];
>> den = [1 2 5 10];
>> y = lsim(num,den,x,t);
>> plot(t,x,t,y)
```

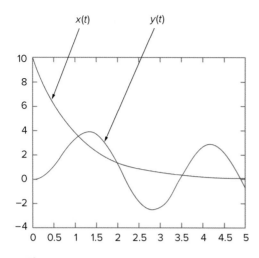

그림 14.61

입력이 지수함수인 $H(s) = (s + 4)/(s^2 + 2s^2 + 5s + 10)$에 대한 시스템의 응답.

14.12 †응용

공진회로와 필터는 전자공학, 전력 시스템, 통신 시스템에서 특히 많이 사용된다. 예를 들어 60 Hz 차단주파수의 노치 필터는 다양한 통신전자 분야에서 60 Hz 전원선 잡음을 없애는 데 사용된다. 통신 시스템에서 신호의 필터링은 같은 범위의 다른 신호로부터 원하는 신호를 선택하고 원하는 신호에서 잡음과 간섭의 영향을 최소화하기 위해 필요하다(다음에 살펴볼 라디오 수신기의 경우처럼). 이 절에서는 공진회로의 실제 응용 사례 한 가지와 필터의 두 가지 응용 사례에 대해 설명할 것이다. 각 예의 초점은 각 소자가 어떻게 동작하는지 자세하게 이해하는 것이 아니라, 이 장에서 다룬 회로가 어떻게 실제 장치에서 적용되는지를 살피는 것이다.

14.12.1 라디오 수신기

직렬 및 병렬공진회로는 라디오와 TV 수신기에서 방송국을 선택하여 라디오 주파수 반송파로부터 오디오 신호를 구분해내는 데 사용된다. 예를 들어 그림 14.62와 같은 AM 라디오 수신기의 블록 다이어그램을 보자. 안테나를 통해 진폭 변조된 라디오파(이런 신호 대부분은 각기 다른 방송국에서 송출된 다른 주파수를 가진 신호이다)가 들어오고 공진회로(또는 대역 통과 필터)는 들어온 신호 중 하나를 선택하는 데 사용된다. 선택된 신호는 매우 미약하기 때문에 들을 수 있는 가청주파수 신호를 만들기 위해 증폭해야 한다. 따라서 선택된 방송 신호를 증폭하기 위해서는 RF (radio frequency) 증폭기를 사용하고, RF 신호에 기반하여 내부적으로 생성된 신호를 증폭하기 위해서는 IF (intermediate frequency) 증폭기를 사용한다. 그리고 스피커에 도달하기 바로 전에 오디오 신

호를 증폭하기 위해서는 오디오 증폭기를 사용한다. 모든 주파수 영역에서 같은
증폭을 하기보다는 이렇게 3단으로 나누어 신호를 순서대로 증폭하는 편이 더
쉽다.

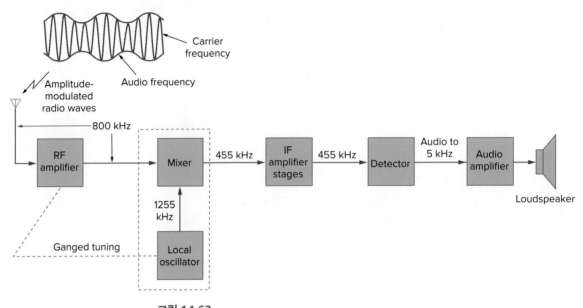

그림 14.62
AM 라디오 수신기의 슈퍼헤테로다인 블록 다이어그램.

그림 14.62의 AM 수신기는 슈퍼헤테로다인(superheterodyne) 수신기로 알
려져 있다. 라디오가 처음 개발되었을 때는 각 증폭단이 들어오는 신호의 주파
수를 선택(tuning)했다. 이와 같은 방법에서는 모든 AM 밴드(540~1,600 kHz)
를 수신하려면 각 증폭단이 여러 개의 동조회로를 가지고 있어야 한다. 그러나
현대의 수신기는 여러 개의 공진회로를 사용하는 문제를 해결하기 위해 주파수
믹서기(frequency mixer) 또는 헤테로다인(heterodyne) 회로를 사용한다. 이러한
회로는 항상 입력 신호(carrier signal)에 운반되어 온 오디오 신호(audio signal)
를 그대로 가지고 있는 IF 신호(445 kHz)를 만들어낸다. 일정 상수인 IF 주파
수를 만들기 위해, 분리된 가변 커패시터의 로터(회전자) 2개는 기계적으로 서
로 결합되어 하나만 제어해도 동시에 회전하도록 만들 수 있다. 이것을 **연결 동
조**(ganged tuning)라고 한다. **국부 발진기**(local oscillator)는 RF 증폭기와 연결
되어 RF 신호를 만드는데, 이는 들어온 신호 및 두 신호의 합과 차 주파수를 포
함하는 출력 신호를 만드는 주파수 믹서기가 결합되어 있다. 예를 들어 공진회
로가 800 kHz가 수신되도록 동조되었다면 국부 발진기는 1,255 kHz가 발진되
어 합(1,255 + 800 = 2,055 kHz)과 차(1,255 − 800 = 455 kHz)가 믹서기 출
력으로 나온다. 하지만 실제로는 차(455 kHz)만 사용된다. 이것이 선택된 방송
에 무관하게 모든 IF 증폭기가 동조되는 유일한 주파수이다. 원래 오디오 신호
("intelligence" 포함)는 검파기(detector) 단계에서 얻어낸다. 검파기는 IF 신호

를 제거하여 오디오 신호를 얻어낸다. 오디오 신호는 증폭되어 스피커에 인가되며, 스피커는 전기 신호를 소리로 변환하는 변환기(transducer)로 동작한다.

여기서 주요 관점은 AM 수신기의 동조회로이다. FM 라디오 수신기는 여기서 다루는 AM 수신기와 동작이 서로 다르고 주파수 영역도 다르지만 동조하는 과정은 비슷하다.

예제 14.17

AM 라디오의 공진회로 또는 동조회로가 그림 14.63과 같다. $L = 1\ \mu$H로 주어졌을 때 AM 밴드의 처음부터 끝까지 공진주파수를 조정할 수 있는 C 값의 범위를 구하라.

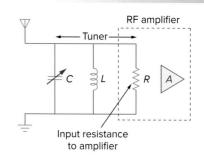

그림 14.63
예제 14.17.

풀이:

AM 방송의 주파수 범위는 540~1,600 kHz이다. 대역의 낮은 끝과 높은 끝을 생각해보자. 그림 14.63의 공진회로는 병렬형이므로 14.6절을 적용한다. 식 (14.44)로부터

$$\omega_0 = 2\pi f_0 = \frac{1}{\sqrt{LC}}$$

또는

$$C = \frac{1}{4\pi^2 f_0^2 L}$$

AM 밴드의 높은 끝은 $f_0 = 1{,}600$ kHz이므로 이에 대응하는 C는

$$C_1 = \frac{1}{4\pi^2 \times 1{,}600^2 \times 10^6 \times 10^{-6}} = 9.9\ \text{nF}$$

AM 밴드의 낮은 쪽 끝은 $f_0 = 540$ kHz이므로 이에 대응되는 C는

$$C_2 = \frac{1}{4\pi^2 \times 540^2 \times 10^6 \times 10^{-6}} = 86.9\ \text{nF}$$

따라서 C는 9.9 nF에서 86.9 nF까지 조정할 수 있어야 한다.

실전문제 14.17

FM 라디오 수신기에 들어오는 전파는 88~108 MHz의 주파수 범위이다. 이 동조회로는 4 μH의 코일을 사용한 병렬 RLC 회로이다. 전 밴드를 아우를 수 있는 C 값의 범위를 구하라.

답: 0.543~0.818 pF

14.12.2 버튼식 전화기

필터 응용의 대표적인 예로 그림 14.64와 같은 버튼식 전화기가 있다. 자판은 4열 3행의 12개 버튼으로 되어 있다. 이는 2개의 그룹(저주파 그룹: 697~941

Hz, 고주파 그룹: 1,209~1,477 Hz)으로 7개의 음을 사용한다. 버튼을 누르면 관련 주파수 쌍의 합이 생성되는데, 예를 들어 6을 누르면 770 Hz와 1,477 Hz의 정현파 음이 생성된다.

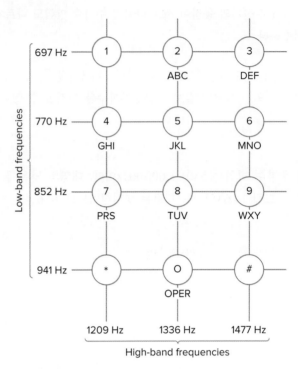

그림 14.64
버튼식 전화기의 주파수 배정.

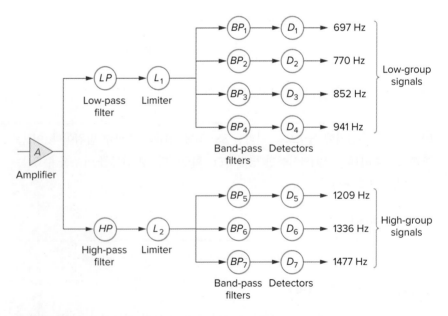

그림 14.65
인지 방식의 블록 다이어그램.

전화번호를 누르면 해당 신호들의 집합이 전화국에 송신되고 전화기는 버튼에 따라 주파수를 인지하여 번호를 인식한다. 그림 14.65는 인지 시스템의 블록 다이어그램이다. 신호는 먼저 증폭되어 저주파부(LP)와 고주파부(HP)로 분리된다. 리미터(L)는 분리된 음을 구형파로 변환한다. 각각의 음은 7개의 대역통과 필터(BP)를 통해 인식되는데, 각 필터는 한 음만 통과시키고 다른 음은 제거한다. 이러한 필터의 출력은 검파기(D)에 입력되는데 그 입력이 어떤 값을 초과하면 인지된다. 검파기 출력은 전화 건 곳과 전화 받을 곳을 연결하도록 교환 시스템에 필요한 직류 신호를 출력한다.

예제 14.18

전화 회로에서 사용되는 표준 600 Ω 저항과 직렬 *RLC* 회로를 이용하여 그림 14.65의 대역 통과 필터 BP_2를 설계하라.

풀이:

대역 통과 필터는 그림 14.35와 같은 직렬공진회로이다. BP_2가 697~852 Hz를 통과시키고 $f_0 = 770$ Hz가 중심주파수이므로 대역폭은

$$B = 2\pi(f_2 - f_1) = 2\pi(852 - 697) = 973.89 \text{ rad/s}$$

식 (14.39)로부터

$$L = \frac{R}{B} = \frac{600}{973.89} = 0.616 \text{ H}$$

식 (14.27) 또는 (14.55)로부터

$$C = \frac{1}{\omega_0^2 L} = \frac{1}{4\pi^2 f_0^2 L} = \frac{1}{4\pi^2 \times 770^2 \times 0.616} = 69.36 \text{ nF}$$

실전문제 14.18

대역 통과 필터 BP_6에 대해 예제 14.18을 다시 풀라.

답: 356 mH, 39.83 nF

14.12.3 교차 회로망

필터의 또 다른 전형적인 응용 예는 그림 14.66(a)처럼 오디오 증폭기에 저음 재생용 스피커인 우퍼와 고음 재생용 스피커인 트위터를 연결한 **교차 회로망**(crossover network)이다. 이 회로는 하나의 *RC* 고주파 통과 필터와 하나의 *LR* 저주파 통과 필터로 되어 있다. 교차주파수인 f_c보다 높은 주파수는 고주파용 스피커인 트위터로 나가고, f_c보다 낮은 주파수는 저주파용 스피커인 우퍼로 나간다. 이 확성기는 어떤 특정 주파수에 응답 특성이 좋도록 설계되어 있다. 우퍼는 3 kHz 정도까지의 낮은 주파수 영역을 잘 재생하도록 설계되어 있고, 트위터는 3~20 kHz 대역의 가청주파수 재생이 가능하다. 두 스피커의 성질은 전 오디오 영역

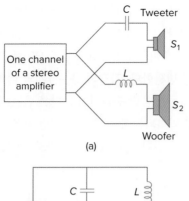

(a)

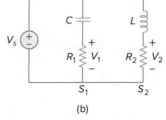

(b)

그림 14.66
(a) 2개의 확성기를 장착한 교차 회로망,
(b) 등가회로 모델.

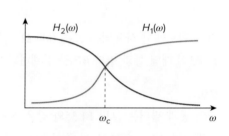

그림 14.67
그림 14.66 교차 회로망의 주파수 응답.

에서 잘 동작하도록 설계되어 있어 주파수 응답 특성을 좋게 만든다.

증폭기를 전압원으로 대치하여 교차 회로망의 근사 등가회로를 만들면 그림 14.66(b)와 같다. 여기서 확성기는 저항으로 표시되어 있다. 고주파 통과 필터에서 전달함수 V_1/V_s은

$$H_1(\omega) = \frac{V_1}{V_s} = \frac{j\omega R_1 C}{1 + j\omega R_1 C}$$ **(14.87)**

마찬가지로 저주파 통과 필터의 전달함수는

$$H_2(\omega) = \frac{V_2}{V_s} = \frac{R_2}{R_2 + j\omega L}$$ **(14.88)**

여기서 R_1, R_2, L, C 값을 이용하여 그림 14.67과 같이 두 필터가 같은 차단주파수(교차 회로망에서는 이 주파수를 **교차주파수**라고 한다)를 선택할 수 있다.

이 교차 회로망의 원리는 TV 수신기의 RF 반송파 주파수에서 비디오 영역과 오디오 영역을 구분하는 데에도 사용된다. 저주파수 영역(30 Hz~4 MHz 범위의 영상 정보)은 수신기의 비디오 증폭기에, 고주파수 영역(4.5 MHz 부근의 소리 정보)은 수신기의 오디오 증폭기에 각각 연결된다.

예제 14.19

그림 14.66의 교차 회로망에서 각 스피커가 6 Ω의 저항으로 동작한다고 하자. 교차주파수가 2.5 kHz일 때 C와 L을 구하라.

풀이:
고주파 통과 필터에 대해,

$$\omega_c = 2\pi f_c = \frac{1}{R_1 C}$$

또는

$$C = \frac{1}{2\pi f_c R_1} = \frac{1}{2\pi \times 2.5 \times 10^3 \times 6} = 10.61 \ \mu\text{F}$$

저주파 통과 필터에 대해,

$$\omega_c = 2\pi f_c = \frac{R_2}{L}$$

또는

$$L = \frac{R_2}{2\pi f_c} = \frac{6}{2\pi \times 2.5 \times 10^3} = 382 \ \mu\text{H}$$

그림 14.66의 각 스피커가 저항값이 8 Ω이고 $C = 10 \ \mu\text{F}$일 때 L 값과 교차주파수를 구하라.

실전문제 14.19

답: 0.64 mH, 1.989 kHz

14.13   요약

1. 전달함수 $\mathbf{H}(\omega)$는 입력 구동원 $\mathbf{X}(\omega)$에 대한 출력 응답 $\mathbf{Y}(\omega)$의 비이다. 즉 $\mathbf{H}(\omega) = \mathbf{Y}(\omega)/\mathbf{X}(\omega)$이다.

2. 주파수 응답은 주파수에 대한 전달함수의 변화이다.

3. 전달함수 $\mathbf{H}(s)$의 영점은 $H(s) = 0$이 되는 $s = j\omega$의 값이고, 극점은 $H(s) \rightarrow \infty$가 되는 s의 값이다.

4. 데시벨은 로그이득의 단위이다. 전압이득 또는 전류이득 G에 대해 데시벨 값은 $G_{\text{dB}} = 20 \log_{10} G$이다.

5. 보드선도는 주파수가 변할 때 전달함수의 크기와 위상을 반로그로 그린 것이다. H(dB)와 ϕ(각도)의 직선 근사는 $\mathbf{H}(\omega)$의 극점과 영점에 의해 결정되는 차단주파수를 사용하여 그린다.

6. 공진주파수는 전달함수의 허수부가 0일 때의 주파수이다. 직렬 및 병렬 RLC 회로에서

$$\omega_0 = \frac{1}{\sqrt{LC}}$$

7. 전력이 공진주파수에서의 1/2이 되는 주파수를 반전력주파수(ω_1, ω_2)라 한다. 반전력주파수 사이의 기하학적 평균이 공진주파수이다.

$$\omega_0 = \sqrt{\omega_1 \omega_2}$$

8. 반전력주파수 사이의 주파수 대역을 대역폭이라 한다.

$$B = \omega_2 - \omega_1$$

9. 선택도는 공진 시 날카로움의 척도로, 대역폭에 대한 공진주파수의 비이다.

$$Q = \frac{\omega_0}{B}$$

10. 필터는 임의의 주파수는 통과시키고 다른 주파수는 제거하는 회로이다. 수동필터는 저항, 인덕터, 커패시터로 구성되고 능동필터는 저항, 커패시터, 인덕터, 능동소자(대개 연산증폭기)로 구성된다.

11. 필터는 저주파 통과, 고주파 통과, 대역 통과, 대역 차단의 네 가지 형태가 있다. 저주파 통과 필터는 차단주파수 ω_c 이하의 주파수를 가진 신호만 통과시키고, 고주파 통과 필터는 차단주파수 ω_c 이상의 주파수를 가진 신호만 통과시킨다. 대역 통과 필터는 두 주파수($\omega_1 < \omega < \omega_2$) 사이의 주파수를 가진 신호만 통과시키고, 대역 차단 필터는 두 주파수($\omega_1 < \omega < \omega_2$) 외의 주파수를 가진 신호만 통과시킨다.

12. 스케일링은 실제가 아닌 값을 K_m으로 크기 스케일링하고, K_f로 주파수 스케일링하여 실제 값을 만드는 과정이다.

$$R' = K_m R, \qquad L' = \frac{K_m}{K_f} L, \qquad C' = \frac{1}{K_m K_f} C$$

13. 응답의 주파수 범위와 범위 내의 원하는 점 개수가 AC Sweep에서 정의되었다면 회로의 주파수 응답을 얻는 데 *PSpice*를 사용할 수 있다.

14. 라디오 수신기는 공진회로의 실제적인 예로, 안테나에서 수신된 모든 방송 신호에서 한 주파수를 선택하기 위한 대역 통과 공진회로이다.

15. 버튼식 전화기와 교차 회로망은 필터의 대표적인 예이다. 버튼식 전화기 시스템은 다른 주파수의 음을 분리하여 전자 스위치를 동작시킨다. 교차 회로망은 확성기 시스템에서 트위터와 우퍼 같은 다른 장치에 인가되도록 다른 주파수 범위로 분리하는 것이다.

복습문제

14.1 다음 전달함수의 영점은?

$$H(s) = \frac{10(s+1)}{(s+2)(s+3)}$$

(a) 10   (b) −1

(c) −2   (d) −3

14.2 보드 크기선도에서 충분히 큰 ω에서의 $1/(5 + j\omega)^2$의 기울기는?

(a) 20 dB/decade   (b) 40 dB/decade

(c) −40 dB/decade   (d) −20 dB/decade

14.3 보드 위상선도에서 주파수 구간이 $0.5 < \omega < 50$일 때 $[1 + j10\omega - \omega^2/25]^2$의 기울기는?

   (a) $45°$/decade   (b) $90°$/decade

   (c) $135°$/decade   (d) $180°$/decade

14.4 커패시터의 값이 12 nF일 때, 5 kHz에서 공진하기 위한 인덕턴스의 값은?

   (a) 2,652 H   (b) 11.844 H

   (c) 3.333 H   (d) 84.43 mH

14.5 반전력주파수 간의 차이를 무엇이라 부르는가?

   (a) 선택도   (b) 공진주파수

   (c) 대역폭   (d) 차단주파수

14.6 직렬 *RLC* 회로의 공진 근처에서 가장 날카로운 크기 응답 곡선을 가지는 선택도는?

   (a) $Q = 20$ (b) $Q = 12$

   (c) $Q = 8$ (d) $Q = 4$

14.7 병렬 *RLC* 회로에서 대역폭 B는 R에 정비례한다.

   (a) 참   (b) 거짓

14.8 *RLC* 회로의 각 소자가 크기 스케일링과 주파수 스케일링이 되었을 때 어떤 값이 영향을 받지 않는가?

   (a) 저항   (b) 공진주파수

   (c) 대역폭   (d) 선택도

14.9 한 공중파 라디오 방송 신호를 선택하는 데 사용되는 필터는?

   (a) 저주파 통과   (b) 고주파 통과

   (c) 대역 통과   (d) 대역 차단

14.10 0~40 kHz인 일정 크기의 전압원을 *RC* 저주파 통과 필터에 인가했다. 커패시터 양단에 병렬로 연결된 부하저항은 몇 kHz에서 최대 전압을 얻을 수 있는가?

   (a) dc   (b) 10 kHz

   (c) 20 kHz   (d) 40 kHz

답: *14.1b, 14.2c, 14.3d, 14.4d, 14.5c, 14.6a, 14.7b, 14.8d, 14.9c, 14.10a*

문제

14.2절 전달함수

14.1 그림 14.68에 있는 *RC* 회로의 전달함수 $\mathbf{V}_o/\mathbf{V}_i$ 구하라. 단, $\omega_0 = 1/(RC)$를 사용하여 표현하라.

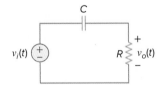

그림 14.68
문제 14.1.

14.2 그림 14.69를 이용하여 다른 학생들이 전달함수를 구하
e𝟮d 는 방법을 더 잘 이해하도록 도와주는 문제를 설계하라.

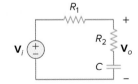

그림 14.69
문제 14.2.

14.3 그림 14.70인 회로에서 $\mathbf{H}(s) = \mathbf{V}_o(s)/\mathbf{V}_i(s)$를 구하라.

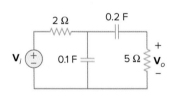

그림 14.70
문제 14.3.

14.4 그림 14.71의 두 개의 회로에서 전달함수 $\mathbf{H}(s) = \mathbf{V}_o(s)/\mathbf{V}_i(s)$를 각각 구하라.

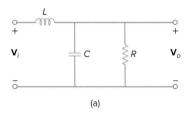

(a)

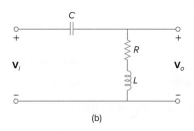

그림 14.71
문제 14.4.

14.5 그림 14.72의 두 개의 회로에서 $\mathbf{H}(s) = \mathbf{V}_o(s)/\mathbf{V}_s(s)$를 각각 구하라.

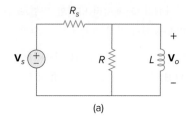

(a)

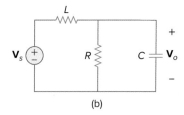

(b)

그림 14.72
문제 14.5.

14.6 그림 14.73의 회로에서 $\mathbf{H}(s) = \mathbf{I}_o(s)/\mathbf{I}_s(s)$를 구하라.

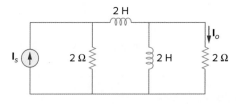

그림 14.73
문제 14.6.

14.3절 데시벨 스케일

14.7 H_{dB}가 다음과 같을 때 $|\mathbf{H}(\omega)|$를 구하라.

(a) 0.05 dB   (b) −6.2 dB   (c) 104.7 dB

14.8 다른 학생들이 ω 함수인 신호값에서 다양한 전달함수의 크기(dB)와 위상(각도)을 계산하는 방법을 더 잘 이해하도록 도와주는 문제를 설계하라.

14.4절 보드선도

14.9 사다리형 회로망의 전압이득이 다음과 같을 때 이 이득에 대한 보드선도를 그려라.

$$H(\omega) = \frac{10}{(1 + j\omega)(10 + j\omega)}$$

14.10 다른 학생들이 $j\omega$ 항으로 주어진 전달함수에서 보드 크기선도와 위상선도를 구하는 방법을 더 잘 이해하도록 도와주는 문제를 설계하라.

14.11 다음의 전달함수에 대한 보드선도를 그려라.

$$\mathbf{H}(\omega) = \frac{0.2(10 + j\omega)}{j\omega(2 + j\omega)}$$

14.12 다음의 전달함수에 대한 보드 크기선도와 위상선도를 그려라.

$$T(s) = \frac{100(s + 10)}{s(s + 10)}$$

14.13 다음의 전달함수에 대한 보드선도를 그려라.

$$G(s) = \frac{0.1(s + 1)}{s^2(s + 10)}, \qquad s = j\omega$$

14.14 다음의 전달함수에 대한 보드선도를 그려라.

$$\mathbf{H}(\omega) = \frac{250(j\omega + 1)}{j\omega(-\omega^2 + 10\,j\omega + 25)}$$

14.15 다음의 전달함수에 대한 보드 크기선도와 위상선도를 그려라.

$$H(s) = \frac{2(s + 1)}{(s + 2)(s + 10)}, \qquad s = j\omega$$

14.16 다음의 전달함수에 대한 보드 크기선도와 위상선도를 그려라.

$$H(s) = \frac{1.6}{s(s^2 + s + 16)}, \quad s = j\omega$$

14.17 다음의 전달함수에 대한 보드선도를 그려라.

$$G(s) = \frac{s}{(s + 2)^2(s + 1)}, \qquad s = j\omega$$

14.18 어떤 선형 회로망의 전달함수가 다음과 같다.

$$H(s) = \frac{7s^2 + s + 4}{s^3 + 8s^2 + 14s + 5}, \qquad s = j\omega$$

*MATLAB*을 이용하거나 등가적으로 전달함수의 크기와 위상(각도)을 그려라. 주파수 범위는 $0.1 < \omega < 10$ rad/s 이다.

14.19 다음의 전달함수에 대한 점근선 보드 크기선도와 위상선도를 그려라.

$$H(s) = \frac{80s}{(s + 10)(s + 20)(s + 40)}, \qquad s = j\omega$$

14.20 다른 학생들이 $j\omega$ 항으로 주어진 전달함수에서 보드 크

e🔒d 기선도와 위상선도를 구하는 방법을 더 잘 이해하도록 도와주는 문제를 문제 14.10보다 더 복잡하게 설계하라. 적어도 이차 중복근을 포함해야 한다.

14.21 다음의 전달함수에 대한 보드 크기선도를 그려라.

$$H(s) = \frac{10s(s + 20)}{(s + 1)(s^2 + 60s + 400)}, \qquad s = j\omega$$

14.22 그림 14.74의 보드 크기선도에 대한 전달함수 $\mathbf{H}(\omega)$를 구하라.

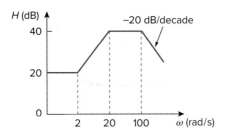

그림 14.74
문제 14.22.

14.23 그림 14.75의 보드 크기선도에 대한 전달함수 $\mathbf{H}(\omega)$를 구하라.

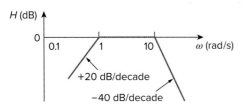

그림 14.75
문제 14.23.

14.24 그림 14.76은 전치증폭기(preamplifier)의 전달함수 특성을 크기선도로 나타낸 것이다. 이 전치증폭기의 전달함수 $H(s)$를 구하라.

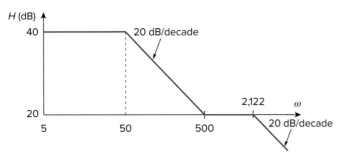

그림 14.76
문제 14.24.

14.5절   직렬공진

14.25 $R = 2\ \text{k}\Omega$, $L = 40\ \text{mH}$, $C = 1\ \mu\text{F}$인 직렬 RLC 회로망이 있다. 이 회로가 공진일 때와 공진주파수의 1/4, 1/2, 2, 4배일 때의 임피던스를 각각 구하라.

14.26 다른 학생들이 직렬 RLC 회로에서 공진 시의 ω_0, Q, B

e🔒d 를 더 잘 이해하도록 도와주는 문제를 설계하라.

14.27 $\omega_0 = 40\ \text{rad/s}$, $B = 10\ \text{rad/s}$인 직렬 RLC 공진회로를

e🔒d 설계하라.

14.28 $B = 20\ \text{rad/s}$, $\omega_0 = 1{,}000\ \text{rad/s}$인 직렬 RLC 공진회로를 설계하고 Q의 값을 구하라. $R = 10\ \Omega$이다.

14.29 그림 14.77의 회로에서 $v_s = 20\cos(\omega t)$ V일 때, 커패시터에서 바라본 ω_0, Q, B를 각각 구하라.

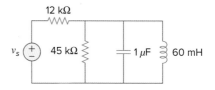

그림 14.77
문제 14.29.

14.30 20 Ω의 저항과 10 mH의 코일로 구성된 회로가 실효값(rms)이 120 V인 발전기, 커패시터와 직렬로 연결되어 있다.

(a) 15 kHz에서 공진이 일어났을 때 커패시터의 값을 구하라.

(b) 공진 시 코일에 흐르는 전류를 구하라.

(c) 회로의 Q를 구하라.

14.6절   병렬공진

14.31 $\omega_0 = 10\ \text{rad/s}$, $Q = 20$인 병렬 RLC 공진회로를 설계하

e🔒d 고, 이 회로의 대역폭을 구하라. 단, $R = 10\ \Omega$이다.

14.32 다른 학생들이 병렬 RLC 회로의 대역폭(B), 공진주파

e🔒d 수(ω_0), 선택도(Q)를 더 잘 이해하도록 도와주는 문제를 설계하라.

14.33 선택도가 120인 병렬공진회로의 공진주파수가 6×10^6 rad/s이다. 반전력주파수와 대역폭을 구하라.

14.34 어떤 병렬 RLC 공진회로가 5.6 MHz에서 공진이 일어나고, Q가 80이며 저항은 40 kΩ이다. 나머지 두 요소인 L과 C의 값을 구하라.

14.35 $R = 5\ \text{k}\Omega$, $L = 8\ \text{mH}$, $C = 60\ \mu\text{F}$인 병렬 RLC 회로가 있다.

(a) 공진주파수를 구하라.

(b) 대역폭을 구하라.

(c) 선택도를 구하라.

14.36 어떤 병렬 RLC 회로의 중간대역 어드미턴스가 25×10^{-3} S, 선택도가 120, 공진주파수가 200 krad/s일 때 R, L, C 값을 구하라. 또한 반전력주파수와 대역폭을 구하라.

14.37 문제 14.25의 모든 요소가 병렬로 연결되었다고 가정하고 다시 풀라.

14.38 그림 14.78의 회로의 공진주파수를 구하라.

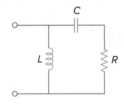

그림 14.78
문제 14.38.

14.39 그림 14.79의 탱크회로(tank circuit)에서 공진주파수를 구하라.

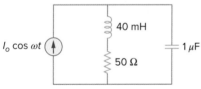

그림 14.79
문제 14.39, 14.71, 14.91.

14.40 저항이 2 kΩ이고 반전력주파수가 86 kHz, 90 kHz인 병렬공진회로에서 다음을 구하라.

(a) 커패시턴스   (b) 인덕턴스

(c) 공진주파수   (d) 대역폭

(e) 선택도

14.41 그림 14.80을 이용하여 다른 학생들이 RLC 회로의 대
e⌇d 역폭(B), 공진주파수(ω_0), 선택도(Q)를 더 잘 이해하도록 도와주는 문제를 설계하라.

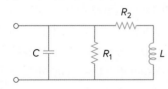

그림 14.80
문제 14.41.

14.42 그림 14.81의 두 회로에서 공진주파수 ω_0, 선택도 Q, 대역폭 B를 각각 구하라.

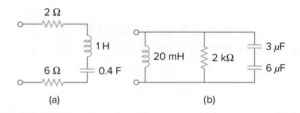

그림 14.81
문제 14.42.

14.43 그림 14.82의 두 회로에서 공진주파수를 각각 구하라.

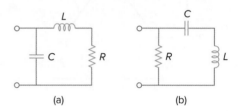

그림 14.82
문제 14.43.

*14.44 그림 14.83의 회로에서 다음을 구하라.

(a) 공진주파수 ω_0

(b) $\mathbf{Z}_{\text{in}}(\omega_0)$

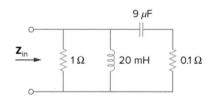

그림 14.83
문제 14.44.

14.45 그림 14.84의 회로에서 인덕터 양단의 전압에 의해 보이는 ω_0, B, Q를 구하라.

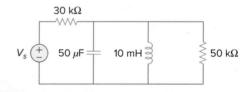

그림 14.84
문제 14.45.

---

* 별표는 난이도가 높은 문제를 가리킨다.

14.46 그림 14.85의 회로망에서 다음을 구하라.

(a) 전달함수 $\mathbf{H}(\omega) = \mathbf{V}_o(\omega)/\mathbf{I}(\omega)$

(b) $\omega_0 = 1$ rad/s일 때 $\mathbf{H}$의 크기

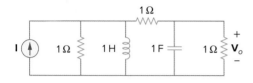

그림 14.85
문제 14.46, 14.78, 14.92.

14.7절 수동필터

14.47 LR 직렬회로에서 출력을 저항 양단의 전압으로 한다면 이 회로가 저주파 통과 필터임을 보여라. $L = 2$ mH, $R = 10$ kΩ일 때 차단주파수 f_c를 구하라.

14.48 그림 14.86에 있는 회로의 전달함수 $\mathbf{V}_o/\mathbf{V}_s$를 구하라. 이 회로가 저주파 통과 필터임을 보여라.

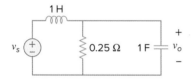

그림 14.86
문제 14.48.

14.49 다른 학생들이 전달함수에 의해 기술되는 저주파 통과 필터를 더 잘 이해하도록 도와주는 문제를 설계하라.

14.50 그림 14.87의 회로는 어떤 종류의 필터인지를 밝히고, 차단주파수 f_c를 구하라.

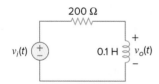

그림 14.87
문제 14.50.

14.51 40 mH의 코일을 사용하여 차단주파수가 5 kHz인 RL 저주파 통과 필터를 설계하라.

14.52 다른 학생들이 수동 고주파 통과 필터를 더 잘 이해하도록 도와주는 문제를 설계하라.

14.53 차단주파수가 10 kHz, 11 kHz인 직렬 RLC 형태의 대역 통과 필터를 설계하라. $C = 80$ pF일 때 R, L, Q를 구하라.

14.54 $\omega_0 = 10$ rad/s, $Q = 20$인 수동 대역 차단 필터를 설계하라.

14.55 $R = 10$ Ω, $L = 25$ mH, $C = 0.4$ μF인 직렬 RLC 대역 통과 필터를 통과한 주파수의 범위를 구하라.

14.56 (a) 다음의 전달함수가 대역 통과 필터임을 보여라.

$$\mathbf{H}(s) = \frac{sB}{s^2 + sB + \omega_0^2}, \qquad s = j\omega$$

여기서 B는 회로의 대역폭, ω_0는 중심주파수이다.

(b) 다음의 전달함수가 대역 차단 필터임을 보여라.

$$\mathbf{H}(s) = \frac{s^2 + \omega_0^2}{s^2 + sB + \omega_0^2}, \qquad s = j\omega$$

14.57 그림 14.88의 두 대역 통과 필터에서 대역폭과 중심주파수를 각각 구하라.

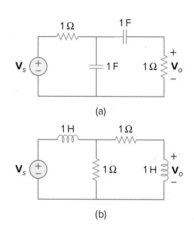

그림 14.88
문제 14.57.

14.58 직렬 RLC 대역차단 필터의 회로 소자 값들이 $R = 2$ kΩ, $L = 100$ mH, $C = 40$ pF이다. 다음을 계산하라.

(a) 중심주파수

(b) 반전력주파수

(c) 선택도

14.59 그림 14.89의 대역 차단 필터에서 대역폭과 중심주파수
를 구하라.

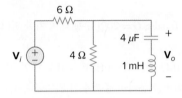

그림 14.89
문제 14.59.

14.8절   능동필터

14.60 차단주파수가 50 rad/s이고 통과 대역이 득이 10인 고주
파 통과 필터의 전달함수를 구하라.

14.61 그림 14.90의 두 능동필터에서 전달함수를 각각 구하라.

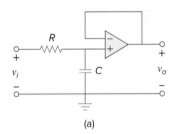

(a)

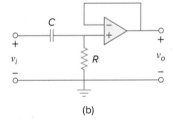

(b)

그림 14.90
문제 14.61, 14.62.

14.62 그림 14.90(b)의 필터는 3 dB 차단주파수가 1 kHz이다.
입력이 120 mV의 가변주파수 신호와 연결되었을 때,
다음 입력 신호의 주파수에 대해 출력 전압을 구하라.

　(a) 200 Hz　　　(b) 2 kHz　　　(c) 10 kHz

14.63 다음과 같은 전달함수를 가진 능동 일차 고주파 통과 필
e⊘d 터를 설계하라. 단, 1 μF의 커패시터를 사용하라.

$$H(s) = -\frac{100s}{s + 10}, \qquad s = j\omega$$

14.64 그림 14.91의 능동필터에서 전달함수를 구하라. 이 필
터의 종류는 무엇인가?

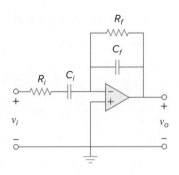

그림 14.91
문제 14.64.

14.65 그림 14.92의 고주파 통과 필터에서 전달함수가 다음과
같음을 보여라.

$$H(\omega) = \left(1 + \frac{R_f}{R_i}\right)\frac{j\omega RC}{1 + j\omega RC}$$

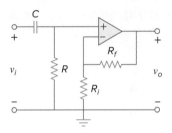

그림 14.92
문제 14.65.

14.66 "일반적인" 일차 필터는 그림 14.93과 같다.

　(a) 전달함수가 다음과 같음을 보여라.

$$H(s) = \frac{R_4}{R_3 + R_4} \times \frac{s + (1/R_1C)[R_1/R_2 - R_3/R_4]}{s + 1/R_2C},$$

$$s = j\omega$$

　(b) 고주파 통과 필터로 동작하기 위해 이 회로는 어떤
조건을 만족해야 하는가?

　(c) 저주파 통과 필터로 동작하기 위해 이 회로는 어떤
조건을 만족해야 하는가?

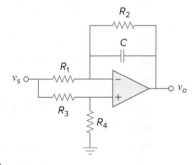

그림 14.93
문제 14.66.

14.67 직류이득이 0.25이고 차단주파수가 500 Hz인 능동 저
eⓏd 주파 통과 필터를 설계하라.

14.68 다른 학생들이 고주파 이득과 차단주파수를 명시할 때
eⓏd 능동 고주파 통과 필터의 설계를 더 잘 이해하도록 도와
주는 문제를 설계하라.

14.69 다음 요구 사항을 만족하는 그림 14.94의 필터를 설계
eⓏd 하라.

(a) 10 MHz의 값과 비교하여 2 kHz에서 3 dB만큼 신
호의 크기를 감쇠해야 한다.

(b) 입력 $v_s(t) = 4 \sin(2\pi \times 10^8 t)$ V에 대해 정상상태 출
력 $v_o(t) = 10 \sin(2\pi \times 10^8 t + 180°)$ V를 공급할 수
있어야 한다.

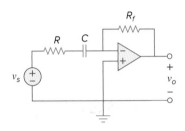

그림 14.94
문제 14.69.

***14.70** 그림 14.95는 버터워스 필터로 알려진 이차 능동필터
eⓏd 회로이다.

(a) 전달함수 $\mathbf{V}_o/\mathbf{V}_i$를 구하라.

(b) 이 회로가 저주파 통과 필터임을 보여라.

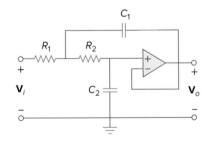

그림 14.95
문제 14.70.

14.9절 스케일링

14.71 그림 14.79의 회로를 크기와 주파수 스케일링을 하여
인덕터와 커패시터가 각각 1 H, 1 F의 크기인 등가회로
로 재구성하라.

14.72 다른 학생들이 크기 스케일링과 주파수 스케일링을 더
eⓏd 잘 이해하도록 도와주는 문제를 설계하라.

14.73 $R = 12$ kΩ, $L = 40$ μH, $C = 300$ nF인 회로에서 크기
스케일링을 800, 주파수 스케일링을 1,000으로 했을 때
R, L, C 값을 구하라.

14.74 $R_1 = 3$ Ω, $R_2 = 10$ Ω, $L = 2$ H, $C = 1/10$ F인 회로에
서 크기 스케일링을 100, 주파수 스케일링을 10^6으로 했
을 때 각 소자의 새로운 값을 구하라.

14.75 $R = 20$ Ω, $L = 4$ H, $C = 1$ F인 RLC 회로에서 크기 스
케일링을 10, 주파수 스케일링을 10^5으로 했을 때 각 소
자의 새로운 값을 구하라.

14.76 $R = 5$ kΩ, $L = 10$ mH, $C = 20$ μF인 병렬 RLC 회로가
있다. 이 회로가 $K_m = 500$으로 크기 스케일링되고, K_f
$= 10^5$으로 주파수 스케일링이 되었을 때 새로운 R, L, C
값을 구하라.

14.77 $R = 10$ Ω, $\omega_0 = 40$ rad/s, $B = 5$ rad/s인 직렬 RLC 회
로가 다음과 같이 스케일링되었을 때 L과 C의 값을 구
하라.

(a) 크기 스케일링 600

(b) 주파수 스케일링 1,000

(c) 크기 스케일링 400, 주파수 스케일링 10^5

14.78 그림 14.85의 회로에서 모든 저항소자는 1,000으로 스
케일링되고, 주파수 의존소자(L, C)는 모두 10^4으로 스
케일링되었을 때, 회로를 새로운 값으로 재설계하라.

***14.79** 그림 14.96의 회로망에서 다음을 구하라.

(a) $\mathbf{Z}_{in}(s)$

(b) $K_m = 10$, $K_f = 100$으로 각 소자를 스케일링했을 때
$\mathbf{Z}_{in}(s)$와 ω_0

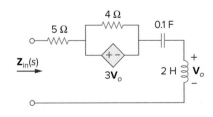

그림 14.96
문제 14.79.

14.80 (a) 그림 14.97의 회로에서 $K_m = 200$, $K_f = 10^4$으로 스케일링했을 때 새로운 회로를 그려라.

(b) $\omega = 10^4$ rad/s에서 스케일링된 회로의 단자 a-b에서의 테브냉 등가 임피던스를 구하라.

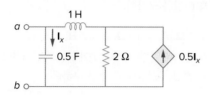

그림 14.97
문제 14.80.

14.81 그림 14.98의 회로는 다음과 같은 임피던스를 가지고 있다.

$$Z(s) = \frac{1,000(s+1)}{(s+1+j50)(s+1-j50)}, \qquad s = j\omega$$

(a) R, L, C, G의 값을 구하라.

(b) 주파수 스케일링에 의해 10^3만큼 공진주파수를 올릴 수 있는 소자의 값을 구하라.

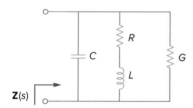

그림 14.98
문제 14.81.

14.82 그림 14.99의 회로에서 차단주파수를 1 rad/s에서 200 rad/s로 증가시키기 위한 능동 저주파 통과 필터를 스케일링하라. 단, 1 μF 커패시터를 사용하라.

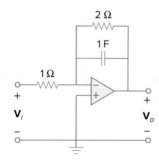

그림 14.99
문제 14.82.

14.83 그림 14.100의 연산증폭기 회로가 100으로 크기 스케일링되고 10^5으로 주파수 스케일링되었을 때 각 소자의 값을 구하라.

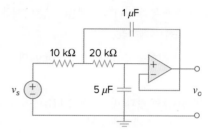

그림 14.100
문제 14.83.

14.10절   *PSpice*를 이용한 주파수 응답

14.84 그림 14.101의 회로에서 *PSpice* 또는 *MultiSim*을 이용하여 주파수 응답을 구하라.

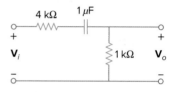

그림 14.101
문제 14.84.

14.85 그림 14.102의 회로에서 *PSpice* 또는 *MultiSim*을 이용하여 $\mathbf{V}_o/\mathbf{I}_s$의 크기선도와 위상선도를 구하라.

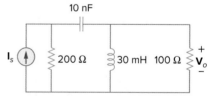

그림 14.102
문제 14.85.

14.86 그림 14.103을 이용하여 다른 학생들이 전기회로에서 주파수 응답($\mathbf{I}$의 크기와 위상)을 얻기 위해 *PSpice*를 사용하는 방법을 더 잘 이해하도록 도와주는 문제를 설계하라.

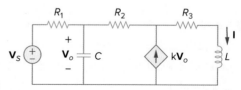

그림 14.103
문제 14.86.

14.87 그림 14.104의 회로망에서 주파수 구간 $0.1 < f < 100$ Hz에 대해 응답을 도시하라. 또한 이 필터의 종류와 ω_0를 구하라.

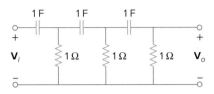

그림 14.104
문제 14.87.

14.88 그림 14.105의 회로에서 *PSpice* 또는 *MultiSim*을 이용하여 $\mathbf{V}_o$의 보드 크기선도와 위상선도를 구하라.

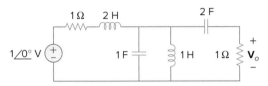

그림 14.105
문제 14.88.

14.89 그림 14.106의 회로망에서 주파수 구간 $100 < f < 1,000$ Hz에 대해 응답 $\mathbf{V}_o$(인덕터 양단의 전압)의 크기선도를 그려라.

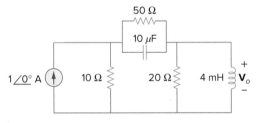

그림 14.106
문제 14.89.

14.90 그림 14.40(실전문제 14.10 참조)의 회로에서 주파수 응답을 구하라. 단, $R_1 = R_2 = 100\ \Omega$, $L = 2$ mH이고 $1 < f < 100,000$ Hz를 사용하라.

14.91 그림 14.79의 탱크회로에서 *PSpice* 또는 *MultiSim*을 이용하여 주파수 응답(커패시터 양단의 전압)을 구하라. 또한 회로의 공진주파수를 구하라.

14.92 그림 14.85의 회로에서 *PSpice* 또는 *MultiSim*을 이용하여 주파수 응답의 크기선도를 그려라.

14.12절 응용

14.93 그림 14.107의 위상변이 회로에서 $\mathbf{H} = V_o/V_s$를 구하라.

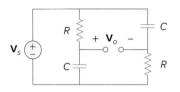

그림 14.107
문제 14.93.

14.94 긴급한 상황에서 기술자가 *RC* 고주파 통과 필터가 필요했다. 그는 10 pF 커패시터, 30 pF 커패시터, 1.8 kΩ 저항, 3.3 kΩ 가변 저항을 각각 하나씩 가지고 있다. 이러한 소자를 사용하여 실현 가능한 최대의 차단주파수를 구하라.

14.95 직렬 동조 안테나 회로가 가변 커패시터(40~360 pF)와 직류 저항이 12 Ω인 240 μH의 안테나 코일로 구성되어 있다.

(a) 라디오가 동조 가능한 라디오 신호의 주파수 범위를 구하라.

(b) 주파수 범위의 양 끝에서 Q 값을 구하라.

14.96 그림 14.108의 교차회로는 우퍼 스피커와 연결된 저주파 통과 필터이다. 전달함수 $\mathbf{H}(\omega) = \mathbf{V}_o(\omega)/\mathbf{V}_i(\omega)$를 구하라.

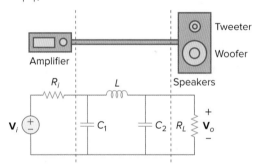

그림 14.108
문제 14.96.

14.97 그림 14.109의 교차회로는 트위터 스피커와 연결된 고주파 통과 필터이다. 전달함수 $\mathbf{H}(\omega) = \mathbf{V}_o(\omega)/\mathbf{V}_i(\omega)$를 구하라.

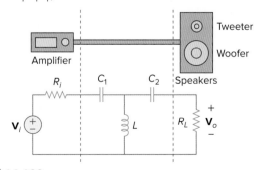

그림 14.109
문제 14.97.

종합문제

14.98 어떤 전자 실험 회로의 반전력주파수가 432 Hz, 454 Hz인 공진 곡선을 만들어냈다. 만약 $Q = 20$이라면 이 회로의 공진주파수는 얼마인가?

14.99 어떤 전자장치가 2 MHz에서 사용될 때 100 Ω의 저항과 5 kΩ의 커패시티브 리액턴스, 300 Ω의 인덕티브 리액턴스가 직렬회로로 구성되어 있다. 이 회로의 대역폭과 공진주파수를 구하라.

14.100 어떤 응용에서는 단순한 RC 저주파 통과 필터가 고주파의 잡음 성분을 제거하도록 설계되어 있다. 원하는 차단주파수가 20 kHz이고 $C = 0.5 \mu\text{F}$일 때 R의 값을 구하라.

14.101 증폭회로에서 단순한 RC 고주파 통과 필터는 시변소자들이 동작하는 동안에 직류 성분을 차단할 필요가 있다. 원하는 차단주파수가 15 Hz이고 $C = 10 \mu\text{F}$일 때 R의 값을 구하라.

14.102 실제로 RC 필터를 설계할 때는 전원저항과 부하저항이 그림 14.110처럼 연결되어 있다. $R = 4 \text{ kΩ}$, $C = 40 \text{ nF}$일 때 다음의 조건에서 차단주파수를 구하라.

    (a) $R_s = 0$, $R_L = \infty$

    (b) $R_s = 1 \text{ kΩ}$, $R_L = 5 \text{ kΩ}$

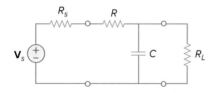

그림 14.110
문제 14.102.

14.103 그림 14.111의 RC 회로는 시스템 설계에서 종종 도선 보상기(lead compensator)로 사용되곤 한다. 회로의 전달함수를 구하라.

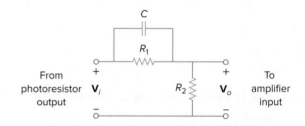

그림 14.111
문제 14.103.

14.104 그림 14.112는 로우 선택도(low-quality-factor), 복동조 대역 통과 필터(double-tuned band-pass filter)를 나타낸 것이다. *PSpice*나 *MultiSim*을 이용하여 $\mathbf{V}_o(\omega)$의 크기선도를 그려라.

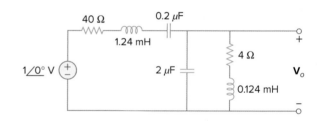

그림 14.112
문제 14.104.

PART 3

고급 회로 해석

OUTLINE

15 라플라스 변환

16 라플라스 변환의 응용

17 푸리에 급수

18 푸리에 변환

19 2단자망

Source: NASA, ESA, and M. Livio and The Hubble 20th Anniversary Team (STScI)

라플라스 변환
Introduction to the Laplace Transform

어떠한 문제에 있어 중요한 것은 정답을 구하는 것이 아니라 정답을 구할 수 있는 능력을 기르는 것이다.

—Anonymous

기술과 경력 향상하기

ABET EC 2000 준거(3.h), *"세계적이고 사회적인 문제 중에서 공학적인 해법의 충격을 받아들이기 위해서는 다양한 교육이 필요하다"*

학생은 얻으려고 하는 것을 확실히 해야 한다. "세계적이고 사회적인 문제 중에서 공학적인 해법의 충격을 받아들이기 위해서는 다양한 교육이 필요하다." 만약 이미 ABET-accredited engineering program에 입회 원서를 제출했다면 이러한 기준과 관계된 몇 가지 코스가 주어질 것이다. 나의 추천으로 그러한 프로그램을 선택했을지라도 세계적인 문제와 사회적인 관심에 대한 지식을 넓히기 위해 모든 선택 코스를 주의 깊게 보아야만 한다. 미래의 엔지니어들은 자신 혹은 자신의 활동이 우리 모두에게 영향을 미친다는 것을 이해해야 한다.

Charles Alexander

ABET EC 2000 준거(3.i), *"필요에 의해, 그리고 평생학습과 관계된 능력"*

학생들은 모든 것을 지각하고 "필요에 의해, 그리고 평생학습과 관계된 능력"에 대해 인색해야 한다. 이러한 필요성과 능력에 대해 논쟁한다는 것은 거의 부질없는 것처럼 보인다. 그럼에도 불구하고 많은 엔지니어가 이러한 개념조차 이해하지 못한다는 사실에 당신은 놀랄 것이다. 우리가 현재 혹은 미래에 직면하게 될 과학적 폭발과 매우 밀접한 관계를 가질 수 있는 방법은 성실한 학습을 통해 가능하다. 이러한 학습은 당신 공간 안에서의 최신 과학기술뿐만 아니라 비과학적 문제도 포함해야 한다.

당신 공간 안의 첨단기술과 관련해 밀접한 관계를 맺게 하는 가장 좋은 방법은 동료나 당신 자신이 기술적인 조직(특히 IEEE)을 통해 만나는 개인들과의 관계를 통해 만들어 나갈 수 있다. 최첨단 기술의 기사를 읽는 것은 그다음으로 좋은 방법이다.

717

Georgios Kollidas/Shutterstock

Pierre Simon Laplace (1749~1827), 프랑스의 천문학자이자 수학자이다. 1779년 그의 이름을 붙인 라플라스 변환이 처음으로 발표되었는데 이는 미분방정식에 응용된다.

라플라스는 프랑스 노르망디 보몽타노주의 변변치 않은 집안에서 태어나 20세에 수학 교수가 되었다. 그의 수학적 재능에 프랑스의 아이작 뉴턴이라 불리는 시몽 푸아송도 놀랐다. 라플라스는 포텐셜 이론, 확률 이론, 천문학, 천체역학 등에 큰 공헌을 했다. 그는 천문학 분야에서 뉴턴의 업적을 보충한 『천체 역학(*Traite de Mecanique*)』으로 잘 알려져 있다. 이 장의 주제인 라플라스 변환은 그가 죽은 후 명명된 것이다.

학습목표

본 장에서 제시된 정보와 연습문제를 사용함으로써 다음 능력을 배양할 수 있다.

1. 회로 해석에서 중요한 라플라스 변환의 개념과 해석해야 할 함수의 일반적인 라플라스 변환을 구하는 방법을 이해할 수 있다.
2. 라플라스 변환의 성질을 이해할 수 있다.
3. 라플라스 역변환과 s-영역에서 주어진 함수의 라플라스 역변환을 구하는 방법을 이해할 수 있다.
4. 콘볼루션 적분의 개념과 이를 시간 영역과 s-영역에서 이용하는 방법을 이해할 수 있다.

15.1   서론

이 장과 다음 장의 목표는 다양한 입력과 응답을 가진 회로를 다루는 기술을 익히는 것이다. 이러한 회로는 전체 응답이 풀이 과정으로 묘사되는 **미분방정식**의 형태로 모델화된다. 수학적인 방법이 미분방정식의 근을 조직적으로 측정하기 위해 고안되었다. 여기서는 **라플라스 변환**의 유용한 방법을 소개할 것이다. 이는 미분방정식을 선형 방정식으로 바꾸는 것을 포함하며 풀이 과정을 더 용이하게 해줄 것이다.

변환에 관한 아이디어는 매우 친근할 것이다. 회로 해석을 위해 페이저를 사용할 때는 회로를 시간 영역에서 주파수 또는 페이저 영역으로 변환한다. 일단 페이저의 결과를 얻으면 그것을 다시 시간 영역으로 변환한다. 라플라스 변환 방법 역시 같은 과정을 따른다. 우리는 회로를 해석하기 위해 라플라스 변환을 이용하여 회로를 시간 영역에서 주파수 영역으로 변환하여 해를 구하고, 그다음에 라플라스 역변환을 이용하여 그 값을 다시 시간 영역으로 변환한다.

　라플라스 변환은 많은 이유로 매우 중요하다. 첫째, 페이저 해석 방법보다 훨씬 다양한 입력의 경우에도 적용될 수 있다. 둘째, 초기 조건을 포함한 회로 문제를 푸는 데 보다 쉬운 방법을 제공한다. 이는 미분방정식 대신에 대수방정식으로 풀어가기 때문이다. 셋째, 라플라스 변환은 한 번에 고유응답과 강제응답 모두를 포함한 회로의 완전응답을 제공할 수 있다.

　우선 라플라스 변환의 정의에서 시작하여 기본적이고 중요한 함수의 라플라스 변환 성질을 유도한다. 그 성질을 조사함으로써 어떻게, 왜 그러한 방법이 작용하는지 확인해볼 수 있다. 이것은 더 적절한 수학 변환에 대한 생각을 향상하도록 도와줄 것이다. 또한 회로 해석에 매우 도움이 되는 라플라스 변환의 성질을 생각해보고, 라플라스 역변환, 전달함수, 콘볼루션(convolution)을 설명한다. 이 장에서는 라플라스 변환의 기술에 초점을 맞추고, 16장에서는 라플라스 변환이 회로 해석, 회로망 안정도, 회로망 합성에 어떻게 적용되는지를 설명할 것이다.

15.2　　라플라스 변환의 정의

함수 $f(t)$의 라플라스 변환은 $F(s)$ 또는 $\mathcal{L}[f(t)]$로 나타내며 다음과 같이 정의된다.

$$\mathcal{L}[f(t)] = F(s) = \int_{0^-}^{\infty} f(t)e^{-st}\,dt \qquad (15.1)$$

여기서 s는 복소변수로 다음과 같이 주어진다.

$$s = \sigma + j\omega \qquad (15.2)$$

식 (15.1)의 지수 e의 인수 st는 무차원이므로 s는 주파수의 차원을 가지며, 시간의 역수인 단위(s^{-1})이다. 식 (15.1)의 적분 하한은 $t = 0$ 바로 이전을 나타내는 0^-로 표현한다. 원점과 $t = 0$에서의 $f(t)$의 불연속을 포착하기 위해 하한으로 0^-를 사용한다. 이것에 의해 $t = 0$에서 불연속인 특이함수도 다룰 수 있다.

　그것은 식 (15.1)에서 시간에 의해 결정되고 정의된 적분으로 나타난다. 결국 적분 결과는 시간에 비종속적이고 s 수치만을 포함하게 된다.

　식 (15.1)은 일반적인 변환에 관한 설명이다. $f(t)$ 함수는 $F(s)$ 함수로 변환된다. 전자의 식이 t를 포함하는 반면에 후자의 식은 s를 포함한다. 변환은 시간 영역(t-domain)에서 주파수 영역(s-domain)으로 바꾸는 것을 의미한다. 주파수 s의 주어진 해석을 통해 다음과 같은 라플라스 변환의 정의에 도달할 수 있다.

> **라플라스 변환**은 시간 영역의 함수 $f(t)$의 적분 변환에 의해 주파수 영역의 함수 $F(s)$로 변환하는 것이다.

고전 방정식 $f(t)$에서 하한값은 0으로 대체된다.

라플라스 변환을 회로 해석에 적용할 때, 미분방정식은 시간 영역 안에 회로로 나타난다. 미분방정식의 형태는 $f(t)$로 대체된다. $F(s)$와 대응되는 라플라스 변환은 주파수 영역에서 회로로서 대수방정식으로 구성된다.

식 (15.1)에서 $f(t)$는 $t < 0$에 대해서는 무시한다고 가정한다. 이를 보증하기 위해 함수는 종종 단위계단함수의 곱으로 나타낸다. 즉 $f(t)$는 $f(t)u(t)$ 또는 $f(t)$, $t \geq 0$으로 나타낸다.

식 (15.1)의 라플라스 변환은 단방향(one-sided 또는 unilateral) 라플라스 변환이라 한다. 양방향(two-sided 또는 bilateral) 라플라스 변환은 다음과 같이 주어진다.

$$F(s) = \int_{-\infty}^{\infty} f(t)e^{-st}\,dt \tag{15.3}$$

우리의 목적에 적합한 식 (15.1)의 단방향 라플라스 변환이 이 책에서 다루는 라플라스 변환의 형태이다.

함수 $f(t)$는 라플라스 변환을 갖지 않을 수도 있다. $f(t)$가 라플라스 변환을 갖기 위해서는 식 (15.1)의 적분이 어떤 유한값에 수렴해야 한다. 어떤 t 값에 대해서 $|e^{j\omega t}| = 1$이기 때문에, 실수 $\sigma = \sigma_c$에 대해 다음 식을 만족할 때 이 적분[식 (15.1)]은 수렴한다.

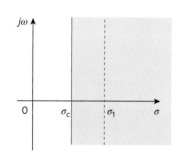

$$|e^{j\omega t}| = \cos^2 \omega t + \sin^2 \omega t = 1$$

$$\int_0^{\infty} e^{-\sigma t} |f(t)|\,dt < \infty \tag{15.4}$$

이와 같이 라플라스 변환의 수렴 영역은 그림 15.1에서 보듯이 $\mathrm{Re}(s) = \sigma > \sigma_c$인 영역이다. 이 영역에서 $|F(s)| < \infty$이고 $F(s)$가 존재한다. $F(s)$는 이 수렴 영역 밖에서는 정의되지 않는다. 다행히 회로 해석에서 관심을 받는 모든 함수는 식 (15.4)의 수렴 기준을 만족하며 라플라스 변환을 갖는다. 그러므로 σ_c를 꼭 지정할 필요는 없다.

식 (15.1)의 라플라스 변환에 대응하는 **라플라스 역변환**은 다음과 같다.

그림 15.1
라플라스 변환의 수렴 영역.

$$\mathcal{L}^{-1}[F(s)] = f(t) = \frac{1}{2\pi j} \int_{\sigma_1 - j\infty}^{\sigma_1 + j\infty} F(s)e^{st}\,ds \tag{15.5}$$

여기서 적분은 수렴 영역($\sigma_1 > \sigma_c$)에 있어 그림 15.1의 직선($\sigma_1 + j\omega$, $-\infty < \omega < \infty$)을 따라 수행된다. 식 (15.5)의 이용은 복소 해석에 대한 지식이 필요하고 실제로 이용하기에는 복잡하므로 라플라스 역변환을 위해서는 사용하지 않으며, 15.3절의 변환표를 이용한다. 함수 $f(t)$와 $F(s)$는 라플라스 변환 쌍으로 간주하여 일대일 대응 관계로 취급한다.

$$f(t) \quad \Leftrightarrow \quad F(s) \tag{15.6}$$

다음 예에서 중요한 몇 개 함수의 라플라스 변환을 유도한다.

예제 15.1

다음 함수의 라플라스 변환을 구하라.

(a) $u(t)$, (b) $e^{-at}u(t)$, $a \geq 0$, (c) $\delta(t)$

풀이:

(a) 그림 15.2(a)에 나타낸 단위계단함수 $u(t)$의 라플라스 변환은

$$\mathcal{L}[u(t)] = \int_{0^-}^{\infty} 1e^{-st}\, dt = -\frac{1}{s}\, e^{-st}\Big|_0^{\infty}$$
$$= -\frac{1}{s}(0) + \frac{1}{s}(1) = \frac{1}{s} \tag{15.1.1}$$

(b) 그림 15.2(b)에 나타낸 지수함수의 라플라스 변환은

$$\mathcal{L}[e^{-at}\, u(t)] = \int_{0^-}^{\infty} e^{-at}\, e^{-st}\, dt$$
$$= -\frac{1}{s+a}\, e^{-(s+a)t}\Big|_0^{\infty} = \frac{1}{s+a} \tag{15.1.2}$$

(c) 그림 15.2(c)에 나타낸 단위임펄스함수의 라플라스 변환은

$$\mathcal{L}[\delta(t)] = \int_{0^-}^{\infty} \delta(t)e^{-st}\, dt = e^{-0} = 1 \tag{15.1.3}$$

임펄스함수 $\delta(t)$는 $t = 0$을 제외한 모든 영역에서 0이다. 식 (7.33)의 천이성이 식 (15.1.3)에 적용되었다.

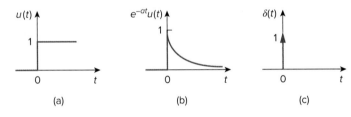

그림 15.2
예제 15.1: (a) 단위계단함수, (b) 지수함수, (c) 단위임펄스함수.

다음 함수의 라플라스 변환을 구하라.

$r(t) = tu(t)$, 즉 램프함수 $Ae^{-at}u(t)$; $Be^{-j\omega t}u(t)$

답: $1/s^2$, $A/(s+a)$, $B/(s+j\omega)$

$f(t) = \sin \omega t\, u(t)$의 라플라스 변환을 구하라.

풀이:

식 (15.1)과 (B.27)을 이용하여 사인함수의 라플라스 변환을 구한다.

$$F(s) = \mathcal{L}[\sin \omega t] = \int_0^{\infty} (\sin \omega t)e^{-st}\, dt = \int_0^{\infty} \left(\frac{e^{j\omega t} - e^{-j\omega t}}{2j}\right)e^{-st}\, dt$$
$$= \frac{1}{2j} \int_0^{\infty} (e^{-(s-j\omega)t} - e^{-(s+j\omega)t})\, dt$$
$$= \frac{1}{2j} \left(\frac{1}{s-j\omega} - \frac{1}{s+j\omega}\right) = \frac{\omega}{s^2 + \omega^2}$$

실전문제 15.2

코사인함수의 지수 표현을 이용하여 $f(t) = 50 \cos(\omega t)u(t)$의 라플라스 변환을 구하라.

답: $50s/(s^2 + \omega^2)$

15.3   라플라스 변환의 성질

예제 15.1과 15.2에서 했던 것처럼 식 (15.1)을 직접 이용하지 않고 라플라스 변환의 성질을 이용하면 용이하게 라플라스 변환 쌍을 얻을 수 있다. 이러한 성질을 유도할 때 식 (15.1)의 라플라스 변환의 정의는 염두에 두어야 한다.

선형성

$F_1(s)$와 $F_2(s)$가 각각 $f_1(t)$와 $f_2(t)$의 라플라스 변환이라면,

$$\mathcal{L}[a_1 f_1(t) + a_2 f_2(t)] = a_1 F_1(s) + a_2 F_2(s) \tag{15.7}$$

여기서 a_1과 a_2는 상수이다. 식 (15.7)은 라플라스 변환의 선형성을 나타낸다. 식 (15.7)은 식 (15.1)의 라플라스 변환의 정의로부터 쉽게 증명된다.

예를 들어 식 (15.7)의 선형성에 의해,

$$\mathcal{L}[\cos \omega t \, u(t)] = \mathcal{L}\left[\frac{1}{2}(e^{j\omega t} + e^{-j\omega t})\right] = \frac{1}{2}\mathcal{L}[e^{j\omega t}] + \frac{1}{2}\mathcal{L}[e^{-j\omega t}] \tag{15.8}$$

그러나 예제 15.1(b)로부터 $\mathcal{L}[e^{-at}] = 1/(s + a)$이므로, 결국

$$\mathcal{L}[\cos \omega t \, u(t)] = \frac{1}{2}\left(\frac{1}{s - j\omega} + \frac{1}{s + j\omega}\right) = \frac{s}{s^2 + \omega^2} \tag{15.9}$$

스케일링

$F(s)$가 $f(t)$의 라플라스 변환이라 할 때,

$$\mathcal{L}[f(at)] = \int_{0^-}^{\infty} f(at)e^{-st} \, dt \tag{15.10}$$

여기서 a는 상수이며 $a > 0$이다. $x = at$라 하면 $dx = a \, dt$이고, 따라서

$$\mathcal{L}[f(at)] = \int_{0^-}^{\infty} f(x) \, e^{-x(s/a)} \frac{dx}{a} = \frac{1}{a}\int_{0^-}^{\infty} f(x)e^{-x(s/a)}dx \tag{15.11}$$

이 적분을 식 (15.1)의 라플라스 변환과 비교해보면 식 (15.1)의 s는 s/a로, 적분변수 t는 x로 대치되어 있다. 따라서 스케일링의 성질은

$$\mathcal{L}[f(at)] = \frac{1}{a}F\left(\frac{s}{a}\right) \tag{15.12}$$

예를 들어 예제 15.2로부터,

$$\mathcal{L}[\sin \omega t\, u(t)] = \frac{\omega}{s^2 + \omega^2} \tag{15.13}$$

식 (15.12)의 스케일링 성질을 이용하여,

$$\mathcal{L}[\sin 2\omega t\, u(t)] = \frac{1}{2}\frac{\omega}{(s/2)^2 + \omega^2} = \frac{2\omega}{s^2 + 4\omega^2} \tag{15.14}$$

이는 역시 식 (15.13)에서 ω 대신에 2ω를 대입하여 얻을 수 있다.

시간 추이

$F(s)$가 $f(t)$의 라플라스 변환이라 할 때,

$$\mathcal{L}[f(t-a)u(t-a)] = \int_{0^-}^{\infty} f(t-a)u(t-a)e^{-st}\, dt \tag{15.15}$$
$$a \geq 0$$

그러나 $t < a$일 때 $u(t-a) = 0$, $t > a$일 때 $u(t-a) = 1$이므로, 결국

$$\mathcal{L}[f(t-a)u(t-a)] = \int_{a}^{\infty} f(t-a)e^{-st}\, dt \tag{15.16}$$

여기서 $x = t - a$라 놓으면 $dx = dt$, $t = x + a$, 그리고 $t \to a$이면 $x \to 0$, $t \to \infty$이면 $x \to \infty$이다. 이와 같이

$$\mathcal{L}[f(t-a)u(t-a)] = \int_{0^-}^{\infty} f(x)e^{-s(x+a)}\, dx$$
$$= e^{-as}\int_{0^-}^{\infty} f(x)e^{-sx}\, dx = e^{-as}F(s)$$

또는

$$\boxed{\mathcal{L}[f(t-a)u(t-a)] = e^{-as}F(s)} \tag{15.17}$$

다시 말해 함수가 시간 a만큼 지연되면, 그 결과는 s-영역에서 함수의 라플라스 변환에 e^{-as}가 곱해진다. 이것을 라플라스 변환의 시간 추이 성질이라 한다.

예를 들어 식 (15.9)로부터,

$$\mathcal{L}[\cos \omega t\, u(t)] = \frac{s}{s^2 + \omega^2}$$

식 (15.17)의 시간 추이 성질을 이용하여,

$$\mathcal{L}[\cos \omega(t-a)u(t-a)] = e^{-as}\frac{s}{s^2 + \omega^2} \tag{15.18}$$

주파수 추이

$F(s)$가 $f(t)$의 라플라스 변환이라 할 때,

$$\mathcal{L}[e^{-at}f(t)u(t)] = \int_{0}^{\infty} e^{-at}f(t)e^{-st}\, dt$$
$$= \int_{0}^{\infty} f(t)e^{-(s+a)t}\, dt = F(s+a)$$

또는

$$\mathcal{L}[e^{-at}f(t)u(t)] = F(s + a) \qquad \textbf{(15.19)}$$

즉 $e^{-at}f(t)$의 라플라스 변환은 $f(t)$의 라플라스 변환으로부터 s 대신에 $s + a$로 대체하여 얻을 수 있다. 이것을 주파수 추이라 한다.

예를 들어

$$\cos \omega t\, u(t) \qquad \Leftrightarrow \qquad \frac{s}{s^2 + \omega^2}$$
$$\sin \omega t\, u(t) \qquad \Leftrightarrow \qquad \frac{\omega}{s^2 + \omega^2} \qquad \textbf{(15.20)}$$

식 (15.19)의 주파수 추이 성질을 이용하여 지수감쇠 정현파와 지수감쇠 여현파의 라플라스 변환을 얻을 수 있다.

$$\mathcal{L}[e^{-at}\cos \omega t\, u(t)] = \frac{s + a}{(s + a)^2 + \omega^2} \qquad \textbf{(15.21a)}$$

$$\mathcal{L}[e^{-at}\sin \omega t\, u(t)] = \frac{\omega}{(s + a)^2 + \omega^2} \qquad \textbf{(15.21b)}$$

시간 미분

$F(s)$가 $f(t)$의 라플라스 변환이라 할 때 $f(t)$의 미분의 라플라스 변환은

$$\mathcal{L}\left[\frac{df}{dt}u(t)\right] = \int_{0^-}^{\infty} \frac{df}{dt} e^{-st}\, dt \qquad \textbf{(15.22)}$$

부분적분을 위해 $u = e^{-st}$, $du = -se^{-st}\, dt$, $dv = (df/dt)dt = df(t)$, $v = f(t)$라 하면,

$$\mathcal{L}\left[\frac{df}{dt}u(t)\right] = f(t)e^{-st}\Big|_{0^-}^{\infty} - \int_{0^-}^{\infty} f(t)[-se^{-st}]\, dt$$

$$= 0 - f(0^-) + s\int_{0^-}^{\infty} f(t)e^{-st}\, dt = sF(s) - f(0^-)$$

또는

$$\mathcal{L}[f'(t)] = sF(s) - f(0^-) \qquad \textbf{(15.23)}$$

$f(t)$의 이차 미분의 라플라스 변환은 식 (15.23)을 적용하여 다음과 같이 나타낼 수 있다.

$$\mathcal{L}\left[\frac{d^2f}{dt^2}\right] = s\mathcal{L}[f'(t)] - f'(0^-) = s[sF(s) - f(0^-)] - f'(0^-)$$

$$= s^2F(s) - sf(0^-) - f'(0^-)$$

또는

$$\mathcal{L}[f''(t)] = s^2F(s) - sf(0^-) - f'(0^-) \qquad \textbf{(15.24)}$$

같은 방법으로 반복하면 $f(t)$의 n계 미분의 라플라스 변환을 얻을 수 있다.

$$\mathcal{L}\left[\frac{d^n f}{dt^n}\right] = s^n F(s) - s^{n-1} f(0^-)$$
$$-s^{n-2} f'(0^-) - \cdots - s^0 f^{(n-1)}(0^-)$$

    (15.25)

예를 들어 식 (15.23)을 이용하여 코사인의 라플라스 변환으로부터 사인의 라플라스 변환을 얻을 수 있다. $f(t) = \cos \omega t\, u(t)$라면 $f(0) = 1$, $f'(t) = -\omega \sin \omega t\, u(t)$이다. 식 (15.23)과 스케일링 성질을 이용하여,

$$\mathcal{L}[\sin \omega t\, u(t)] = -\frac{1}{\omega} \mathcal{L}[f'(t)] = -\frac{1}{\omega}[sF(s) - f(0^-)]$$
$$= -\frac{1}{\omega}\left(s \frac{s}{s^2 + \omega^2} - 1\right) = \frac{\omega}{s^2 + \omega^2}$$

    (15.26)

시간 적분

$F(s)$가 $f(t)$의 라플라스 변환이라 할 때 이 적분함수의 라플라스 변환은

$$\mathcal{L}\left[\int_0^t f(x)dx\right] = \int_{0^-}^{\infty}\left[\int_0^t f(x)dx\right] e^{-st}\, dt$$

    (15.27)

부분적분을 위해,

$$u = \int_0^t f(x)dx, \qquad du = f(t)dt$$

그리고

$$dv = e^{-st}\, dt, \qquad v = -\frac{1}{s}e^{-st}$$

이때

$$\mathcal{L}\left[\int_0^t f(x)dx\right] = \left[\int_0^t f(x)dx\right]\left(-\frac{1}{s}e^{-st}\right)\Big|_{0^-}^{\infty}$$
$$-\int_0^{\infty}\left(-\frac{1}{s}\right)e^{-st} f(t)dt$$

이 식의 오른쪽 첫 번째 항에 대해 $t = \infty$에서 평가하면 $e^{-s\infty}$에 의해 0이 되고, $t = 0$에서는 $\frac{1}{s}\int_0^0 f(x)\, dx = 0$이다. 이와 같이 첫 번째 항은 0이 된다. 그리고

$$\mathcal{L}\left[\int_0^t f(x)dx\right] = \frac{1}{s}\int_{0^-}^{\infty} f(t)e^{-st}\, dt = \frac{1}{s}F(s)$$

또는 간단히

$$\mathcal{L}\left[\int_0^t f(x)dx\right] = \frac{1}{s}F(s)$$

    (15.28)

예를 들어 $f(t) = u(t)$라 하면 예제 15.1(a)로부터 $F(s) = 1/s$이다. 식 (15.28)

을 이용하여,

$$\mathcal{L}\left[\int_0^t f(x)dx\right] = \mathcal{L}[t] = \frac{1}{s}\left(\frac{1}{s}\right)$$

이와 같이 램프함수의 라플라스 변환은

$$\mathcal{L}[t] = \frac{1}{s^2} \tag{15.29}$$

식 (15.28)을 적용하면,

$$\mathcal{L}\left[\int_0^t x\,dx\right] = \mathcal{L}\left[\frac{t^2}{2}\right] = \frac{1}{s}\frac{1}{s^2}$$

또는

$$\mathcal{L}[t^2] = \frac{2}{s^3} \tag{15.30}$$

식 (15.28)을 반복 적용하면,

$$\mathcal{L}[t^n] = \frac{n!}{s^{n+1}} \tag{15.31}$$

마찬가지로 부분적분을 사용하여 다음을 얻을 수 있다.

$$\mathcal{L}\left[\int_{-\infty}^t f(x)dx\right] = \frac{1}{s}F(s) + \frac{1}{s}f^{-1}(0^-) \tag{15.32}$$

여기서

$$f^{-1}(0^-) = \int_{-\infty}^{0^-} f(t)dt$$

주파수 미분

$F(s)$가 $f(t)$의 라플라스 변환이라 할 때,

$$F(s) = \int_{0^-}^{\infty} f(t)e^{-st}\,dt$$

이것을 s에 대해 미분하면,

$$\frac{dF(s)}{ds} = \int_{0^-}^{\infty} f(t)(-te^{-st})\,dt = \int_{0^-}^{\infty} (-tf(t))e^{-st}\,dt = \mathcal{L}[-tf(t)]$$

따라서 주파수 미분 성질은

$$\boxed{\mathcal{L}[tf(t)] = -\frac{dF(s)}{ds}} \tag{15.33}$$

이 식을 반복 적용하면,

$$\mathcal{L}[t^n f(t)] = (-1)^n \frac{d^n F(s)}{ds^n} \tag{15.34}$$

예를 들어 예제 15.1(b)로부터 $\mathcal{L}[e^{-at}] = 1/(s + a)$임을 알고 있으므로 식 (15.33)의 성질을 이용하면,

$$\mathcal{L}[te^{-at}u(t)] = -\frac{d}{ds}\left(\frac{1}{s + a}\right) = \frac{1}{(s + a)^2} \tag{15.35}$$

만약 $a = 0$이면 식 (15.29)와 같이 $\mathcal{L}[t] = 1/s^2$을 얻을 수 있고, 또한 식 (15.33)을 반복 적용하면 식 (15.31)을 만들 수 있다는 것을 주의하라.

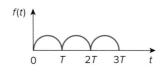

그림 15.3
주기함수.

시간 주기성

그림 15.3에서 보는 바와 같이 $f(t)$가 주기함수라면 그림 15.4에 나타낸 시간 추이 함수의 합으로 나타낼 수 있다. 이와 같이

$$f(t) = f_1(t) + f_2(t) + f_3(t) + \cdots \tag{15.36}$$
$$= f_1(t) + f_1(t - T)u(t - T) + f_1(t - 2T)u(t - 2T) + \cdots$$

여기서 $f_1(t)$는 구간 $0 < t < T$에서 $f(t)$의 함수와 같다. 즉

$$f_1(t) = f(t)[u(t) - u(t - T)] \tag{15.37a}$$

또는

$$f_1(t) = \begin{cases} f(t), & 0 < t < T \\ 0, & \text{그 밖의 경우} \end{cases} \tag{15.37b}$$

식 (15.36)의 각 항을 변환하고 식 (15.17)의 시간 추이 성질을 적용하면,

$$F(s) = F_1(s) + F_1(s)e^{-Ts} + F_1(s)e^{-2Ts} + F_1(s)e^{-3Ts} + \cdots \tag{15.38}$$
$$= F_1(s)[1 + e^{-Ts} + e^{-2Ts} + e^{-3Ts} + \cdots]$$

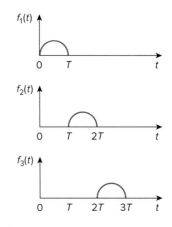

그림 15.4
그림 15.3 주기함수의 분해.

그러나 $|x| < 1$일 때 다음과 같으므로,

$$1 + x + x^2 + x^3 + \cdots = \frac{1}{1 - x} \tag{15.39}$$

결국

$$\boxed{F(s) = \frac{F_1(s)}{1 - e^{-Ts}}} \tag{15.40}$$

여기서 $F_1(s)$는 $f_1(t)$의 라플라스 변환 또는 첫 번째 주기에서만 정의된 $f(t)$의 라플라스 변환이다. 식 (15.40)은 주기함수의 라플라스 변환이 그 함수의 첫 번째 주기함수의 라플라스 변환을 $1 - e^{-Ts}$로 나누어 얻을 수 있음을 나타낸다.

초기값 정리와 최종값 정리

초기값 정리와 최종값 정리에 의해 $f(t)$의 초기값 $f(0)$와 최종값 $f(\infty)$를 라플라스 변환 $F(s)$로부터 직접 구할 수 있다. 이 정리를 얻기 위해 식 (15.23)의 미분 성질로부터,

$$sF(s) - f(0) = \mathcal{L}\left[\frac{df}{dt}\right] = \int_{0^-}^{\infty} \frac{df}{dt} e^{-st}\, dt \tag{15.41}$$

만약 $s \to \infty$이면 식 (15.41)의 적분의 지수함수가 0이 되기 때문에 식 (15.41)은

$$\lim_{s\to\infty}[sF(s) - f(0)] = 0$$

$f(0)$는 s의 함수가 아니므로 다음과 같이 나타낼 수 있다.

$$\boxed{f(0) = \lim_{s\to\infty} sF(s)} \tag{15.42}$$

이것이 초기값 정리이다. 예를 들어 식 (15.21a)로부터,

$$f(t) = e^{-2t}\cos 10t\, u(t) \quad \Leftrightarrow \quad F(s) = \frac{s+2}{(s+2)^2 + 10^2} \tag{15.43}$$

초기값 정리를 이용하면,

$$f(0) = \lim_{s\to\infty} sF(s) = \lim_{s\to\infty} \frac{s^2 + 2s}{s^2 + 4s + 104}$$

$$= \lim_{s\to\infty} \frac{1 + 2/s}{1 + 4/s + 104/s^2} = 1$$

이는 주어진 $f(t)$로부터 기대할 수 있다.

그리고 식 (15.41)에서 $s \to 0$으로 놓으면,

$$\lim_{s\to 0}[sF(s) - f(0^-)] = \int_{0^-}^{\infty} \frac{df}{dt} e^{0t}\, dt = \int_{0^-}^{\infty} df = f(\infty) - f(0^-)$$

또는

$$\boxed{f(\infty) = \lim_{s\to 0} sF(s)} \tag{15.44}$$

이것은 **최종값** 정리라 한다. 최종값 정리가 성립하기 위해서는 $F(s)$의 모든 극이 s-평면의 좌측에 있어야 한다(그림 15.1 또는 15.9 참조). 즉 극의 실수부가 음이어야 한다. 이 요구 조건의 유일한 예외가 되는 것은 $s = 0$에서 단순극을 가질 때이며, 이는 $1/s$이 식 (15.44)에서 $sF(s)$에 의해 제거되기 때문이다. 예를 들어 식 (15.21b)로부터,

$$f(t) = e^{-2t}\sin 5t\, u(t) \quad \Leftrightarrow \quad F(s) = \frac{5}{(s+2)^2 + 5^2} \tag{15.45}$$

여기에 최종값 정리를 적용하면 주어진 $f(t)$로부터 다음과 같이 된다.

$$f(\infty) = \lim_{s\to 0} sF(s) = \lim_{s\to 0} \frac{5s}{s^2 + 4s + 29} = 0$$

또 다른 예를 들면

$$f(t) = \sin t\, u(t) \quad \Leftrightarrow \quad f(s) = \frac{1}{s^2 + 1} \tag{15.46}$$

따라서

$$f(\infty) = \lim_{s \to 0} sF(s) = \lim_{s \to 0} \frac{s}{s^2 + 1} = 0$$

이것은 정확하지 않다. $f(t) = \sin t$는 $t \to \infty$에 따라 $+1$과 -1 사이를 진동하며, 극한을 갖지 않기 때문이다. 이와 같이 최종값 정리는 $f(t) = \sin t$의 최종값을 찾는 데는 적용될 수 없다. 이는 $F(s)$의 극이 $s = \pm j$이고, 따라서 모두 s-평면의 좌측에 존재하지 않기 때문이다. 일반적으로 최종값 정리는 정현파 함수의 최종값 값을 찾는 데는 적용하지 않는다. 이 함수는 영원히 진동하며 최종값을 갖지 않는다.

초기값 정리와 최종값 정리는 시간 영역과 s-영역에 있어 원점과 무한대 사이의 관계를 나타낸다. 이는 라플라스 변환을 확인하는 데 유용한 도움이 된다.

표 15.1에 라플라스 변환의 성질을 정리했다. 마지막 성질(콘볼루션)은 15.5절에서 증명할 것이다. 다른 성질들도 있지만, 현재의 목적으로는 충분하다. 표 15.2는 일반적인 함수의 라플라스 변환을 정리한 것이다. 여기서 $u(t)$는 필요한 것을 제외하고는 모두 생략했다.

우리는 상징적인 수식을 제공하는 Mathcad, *MATLAB*, Maple, Mathematica 등과 같은 많은 소프트웨어 패키지를 언급했다. 예를 들어 Mathcad는 역함수뿐만 아니라 라플라스, 푸리에, Z 변환을 제공한다.

예제 15.3

$f(t) = \delta(t) + 2u(t) - 3e^{-2t}\,u(t)$의 라플라스 변환을 구하라.

풀이:

선형성에 의해,

$$F(s) = \mathcal{L}[\delta(t)] + 2\mathcal{L}[u(t)] - 3\mathcal{L}[e^{-2t}\,u(t)]$$

$$= 1 + 2\frac{1}{s} - 3\frac{1}{s+2} = \frac{s^2 + s + 4}{s(s+2)}$$

실전문제 15.3

$f(t) = (\cos(2t) + e^{-4t})u(t)$의 라플라스 변환을 구하라.

답: $\dfrac{2s^2 + 4s + 4}{(s+4)(s^2+4)}$

예제 15.4

$f(t) = t^2 \sin 2t \, u(t)$의 라플라스 변환을 구하라.

풀이:

$$\mathcal{L}[\sin 2t] = \frac{2}{s^2 + 2^2}$$

표 15.1

라플라스 변환의 성질

성질	$f(t)$	$F(s)$
선형성	$a_1f_1(t) + a_2f_2(t)$	$a_1F_1(s) + a_2F_2(s)$
스케일링	$f(at)$	$\dfrac{1}{a}F\left(\dfrac{s}{a}\right)$
시간 추이	$f(t-a)u(t-a)$	$e^{-as}F(s)$
주파수 추이	$e^{-at}f(t)$	$F(s+a)$
시간 미분	$\dfrac{df}{dt}$	$sF(s) - f(0^-)$
	$\dfrac{d^2f}{dt^2}$	$s^2F(s) - sf(0^-) - f'(0^-)$
	$\dfrac{d^3f}{dt^3}$	$s^3F(s) - s^2f(0^-) - sf'(0^-) - f''(0^-)$
	$\dfrac{d^nf}{dt^n}$	$s^nF(s) - s^{n-1}f(0^-) - s^{n-2}f'(0^-)$ $- \cdots - f^{(n-1)}(0^-)$
시간 적분	$\displaystyle\int_0^t f(x)dx$	$\dfrac{1}{s}F(s)$
주파수 미분	$tf(t)$	$-\dfrac{d}{ds}F(s)$
주파수 적분	$\dfrac{f(t)}{t}$	$\displaystyle\int_s^\infty F(s)ds$
주기함수	$f(t) = f(t + nT)$	$\dfrac{F_1(s)}{1 - e^{-sT}}$
초기값	$f(0)$	$\displaystyle\lim_{s\to\infty} sF(s)$
최종값	$f(\infty)$	$\displaystyle\lim_{s\to 0} sF(s)$
콘볼루션	$f_1(t) * f_2(t)$	$F_1(s)F_2(s)$

표 15.2

라플라스 변환 쌍*

$f(t)$	$F(s)$
$\delta(t)$	1
$u(t)$	$\dfrac{1}{s}$
e^{-at}	$\dfrac{1}{s+a}$
t	$\dfrac{1}{s^2}$
t^n	$\dfrac{n!}{s^{n+1}}$
te^{-at}	$\dfrac{1}{(s+a)^2}$
t^ne^{-at}	$\dfrac{n!}{(s+a)^{n+1}}$
$\sin \omega t$	$\dfrac{\omega}{s^2 + \omega^2}$
$\cos \omega t$	$\dfrac{s}{s^2 + \omega^2}$
$\sin(\omega t + \theta)$	$\dfrac{s \sin \theta + \omega \cos \theta}{s^2 + \omega^2}$
$\cos(\omega t + \theta)$	$\dfrac{s \cos \theta - \omega \sin \theta}{s^2 + \omega^2}$
$e^{-at} \sin \omega t$	$\dfrac{\omega}{(s+a)^2 + \omega^2}$
$e^{-at} \cos \omega t$	$\dfrac{s+a}{(s+a)^2 + \omega^2}$

* $t < 0$일 때 $f(t) = 0$이며, $t \geq 0$일 때 정의된 값이다.

이것을 이미 알고 있으므로 식 (15.34)의 주파수 미분을 이용하여,

$$F(s) = \mathcal{L}[t^2 \sin 2t] = (-1)^2 \frac{d^2}{ds^2}\left(\frac{2}{s^2 + 4}\right)$$

$$= \frac{d}{ds}\left(\frac{-4s}{(s^2+4)^2}\right) = \frac{12s^2 - 16}{(s^2+4)^3}$$

실전문제 15.4

$f(t) = t^2 \cos 3t\, u(t)$의 라플라스 변환을 구하라.

답: $\dfrac{2s(s^2 - 27)}{(s^2 + 9)^3}$

그림 15.5에 나타낸 게이트함수의 라플라스 변환을 구하라.

풀이:

그림 15.5의 게이트함수는 다음과 같이 나타낼 수 있다.

$$g(t) = 10[u(t-2) - u(t-3)]$$

$u(t)$의 라플라스 변환은 알고 있으므로 시간 추이 성질을 이용하여,

$$G(s) = 10\left(\frac{e^{-2s}}{s} - \frac{e^{-3s}}{s}\right) = \frac{10}{s}(e^{-2s} - e^{-3s})$$

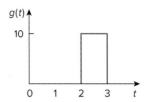

그림 15.5
예제 15.5의 게이트함수.

그림 15.6에 나타낸 함수 $h(t)$의 라플라스 변환을 구하라.

답: $\dfrac{10}{s}(2 - e^{-4s} - e^{-8s})$

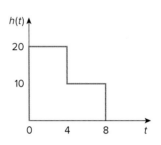

그림 15.6
실전문제 15.5.

그림 15.7에 나타낸 주기함수의 라플라스 변환을 구하라.

풀이:

함수의 주기 $T = 2$이다. 식 (15.40)을 적용하기 위해 우선 함수 첫 주기의 라플라스 변환을 얻는다.

$$f_1(t) = 2t[u(t) - u(t-1)] = 2tu(t) - 2tu(t-1)$$
$$= 2tu(t) - 2(t-1+1)u(t-1)$$
$$= 2tu(t) - 2(t-1)u(t-1) - 2u(t-1)$$

그림 15.7
예제 15.6.

시간 추이 성질을 이용하면,

$$F_1(s) = \frac{2}{s^2} - 2\frac{e^{-s}}{s^2} - \frac{2}{s}e^{-s} = \frac{2}{s^2}(1 - e^{-s} - se^{-s})$$

따라서 그림 15.7의 라플라스 변환은

$$F(s) = \frac{F_1(s)}{1 - e^{-Ts}} = \frac{2}{s^2(1 - e^{-2s})}(1 - e^{-s} - se^{-s})$$

실전문제 15.6

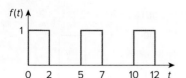

그림 15.8
실전문제 15.6.

그림 15.8에 나타낸 주기함수의 라플라스 변환을 구하라.

답: $\dfrac{1 - e^{-2s}}{s(1 - e^{-5s})}$

예제 15.7

라플라스 변환을 갖는 다음 함수의 초기값과 최종값을 구하라.

$$H(s) = \frac{20}{(s + 3)(s^2 + 8s + 25)}$$

풀이:

초기값 정리를 적용하면,

$$h(0) = \lim_{s \to \infty} sH(s) = \lim_{s \to \infty} \frac{20s}{(s + 3)(s^2 + 8s + 25)}$$

$$= \lim_{s \to \infty} \frac{20/s^2}{(1 + 3/s)(1 + 8/s + 25/s^2)} = \frac{0}{(1 + 0)(1 + 0 + 0)} = 0$$

최종값 정리가 적용될 수 있는지 확인하기 위해 $H(s)$의 극 위치를 검사한다. $H(s)$의 극은 $s = -3$, $-4 \pm j3$이고, 모두 음의 실수부를 갖는다. 즉 모두 s-평면의 좌반부에 있다(그림 15.9). 따라서 최종값 정리를 적용할 수 있으며 그 값은

$$h(\infty) = \lim_{s \to 0} sH(s) = \lim_{s \to 0} \frac{20s}{(s + 3)(s^2 + 8s + 25)}$$

$$= \frac{0}{(0 + 3)(0 + 0 + 25)} = 0$$

$h(t)$를 알고 있다면 초기값과 최종값도 결정할 수 있다. 예제 15.11에서는 $h(t)$가 주어진다.

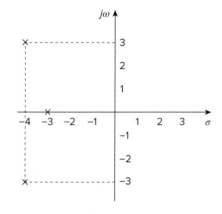

그림 15.9
예제 15.7: $H(s)$의 극점.

실전문제 15.7

라플라스 변환을 갖는 다음 함수의 초기값과 최종값을 구하라.

$$G(s) = \frac{6s^3 + 2s + 5}{s(s + 2)^2(s + 3)}$$

답: 6, 0.4167

15.4 　라플라스 역변환

$F(s)$가 주어질 때 어떻게 시간 영역으로 역변환하여 대응하는 함수 $f(t)$를 구할 수 있을까? 표 15.2에 나타낸 변환을 참조함으로써 $f(t)$를 구하면 식 (15.5)를 사용하지 않아도 된다.

$F(s)$가 다음과 같은 일반적인 형태라고 하자.

$$F(s) = \frac{N(s)}{D(s)} \tag{15.47}$$

여기서 $N(s)$는 분자 다항식이고, $D(s)$는 분모 다항식이다. $N(s) = 0$의 근을 $F(s)$의 영점이라 하며, $D(s) = 0$의 근을 $F(s)$의 극점이라 한다. 식 (15.47)은 식 (14.3)과 형태가 유사하나 식 (15.47)의 $F(s)$는 어떤 함수의 라플라스 변환이며, 반드시 전달함수일 필요는 없다. $F(s)$를 부분분수 전개하여 역변환을 표 15.2로부터 얻을 수 있는 간단한 항으로 나타낸다. 따라서 $F(s)$의 라플라스 역변환을 구하기 위해서는 두 단계가 필요하다.

MATLAB, Mathcad, Maple과 같은 소프트웨어를 이용하여 쉽게 부분분수 전개를 할 수 있다.

$F(s)$의 역변환을 구하는 데 포함되는 두 단계

1. $F(s)$를 부분분수로 전개하여 분해한다.
2. 표 15.2의 변환 쌍으로부터 각 항의 역변환을 얻는다.

$F(s)$가 가질 수 있는 세 가지 가능 형태를 고려하여 각 형태에 이 두 단계가 어떻게 적용되는지 생각해보자.

15.4.1 　단순극의 형태

14장에서 단순극을 1개의 극으로 정의했던 것을 상기하라. 만약 $F(s)$가 단순극만을 갖는다면 $D(s)$는 다음 식과 같이 그것의 곱으로 나타낼 수 있다.

$$F(s) = \frac{N(s)}{(s + p_1)(s + p_2) \cdots (s + p_n)} \tag{15.48}$$

여기서 $s = -p_1, -p_2, ..., -p_n$은 단순극이며, $i \neq j$이면 $p_i \neq p_j$이다(즉, 그 극들은 다른 값이다). $N(s)$의 차수가 $D(s)$의 차수보다 작다고 가정하면 부분분수 전개하여 다음과 같이 식 (15.48)의 $F(s)$를 분해한다.

그렇지 않으면 $F(s) = N(s)/D(s) = Q(s) + R(s)/D(s)$가 되도록 장제법을 먼저 적용해야 한다. 여기서 $R(s)$는 장제법의 나머지이고 $D(s)$의 차원보다 작다.

$$F(s) = \frac{k_1}{s + p_1} + \frac{k_2}{s + p_2} + \cdots + \frac{k_n}{s + p_n} \tag{15.49}$$

계수 $k_1, k_2, ..., k_n$은 각 극점에서 $F(s)$의 유수이다. 유수를 찾는 방법은 여러 가지가 있는데 그중 한 가지 방법이 유수법을 이용하는 것이다. 식 (15.49)의 양변에 $(s + p_1)$을 곱하면,

$$(s + p_1)F(s) = k_1 + \frac{(s + p_1)k_2}{s + p_2} + \cdots + \frac{(s + p_1)k_n}{s + p_n} \tag{15.50}$$

$p_i \neq p_j$이므로 식 (15.50)에서 $s = -p_1$으로 놓으면 오른쪽은 k_1만 남는다. 따라서

$$(s + p_1)F(s) \big|_{s=-p_1} = k_1 \tag{15.51}$$

이와 같이 하여 일반적으로 나타내면,

$$\boxed{k_i = (s + p_i)F(s) \big|_{s=-p_i}} \tag{15.52}$$

역사적 기록: 올리버 헤비사이드(Oliver Heaviside, 1850~1925)는 영국의 엔지니어로, 경영수학의 선구자이다.

이는 헤비사이드의 정리이다. k_i를 얻은 후 식 (15.49)를 이용하여 $F(s)$의 역변환을 구한다. 식 (15.49) 각 항의 역변환은 $\mathcal{L}^{-1}[k/(s + a)] = ke^{-at} u(t)$이고, 표 15.2 로부터

$$\boxed{f(t) = (k_1 e^{-p_1 t} + k_2 e^{-p_2 t} + \cdots + k_n e^{-p_n t})u(t)} \tag{15.53}$$

15.4.2 다중극의 형태

$F(s)$가 $s = -p$에서 n 중극을 갖는다고 가정하자. 이때 $F(s)$는 다음과 같이 나타낼 수 있다.

$$F(s) = \frac{k_n}{(s + p)^n} + \frac{k_{n-1}}{(s + p)^{n-1}} + \cdots + \frac{k_2}{(s + p)^2}$$
$$+ \frac{k_1}{s + p} + F_1(s) \tag{15.54}$$

여기서 $F_1(s)$는 $s = -p$에서 극을 갖지 않는 $F(s)$의 나머지 부분이다. 계수 k_n은 다음과 같이 결정할 수 있다.

$$k_n = (s + p)^n F(s) \big|_{s=-p} \tag{15.55}$$

계수 k_{n-1}을 결정하기 위해서는 식 (15.54)의 각 항에 $(s + p)^n$을 곱한 후 k_n을 제거하기 위해 한 번 미분하여 $s = -p$를 대입하면 k_{n-1} 이외의 계수가 모두 제거된다. 이와 같이 하여

$$k_{n-1} = \frac{d}{ds}[(s + p)^n F(s)] \big|_{s=-p} \tag{15.56}$$

이것을 한 번 더 반복하면,

$$k_{n-2} = \frac{1}{2!} \frac{d^2}{ds^2}[(s + p)^n F(s)] \big|_{s=-p} \tag{15.57}$$

같은 방법으로 m번 반복하여 얻은 결과는

$$k_{n-m} = \frac{1}{m!} \frac{d^m}{ds^m}[(s + p)^n F(s)] \big|_{s=-p} \tag{15.58}$$

여기서 $m = 1, 2, ..., n - 1$이다. m이 증가할수록 미분값을 얻기가 어렵다는 것

을 알 수 있다. 부분분수 전개로 $k_1, k_2 ..., k_n$값을 얻으면 역변환을 적용한다.

$$\mathcal{L}^{-1}\left[\frac{1}{(s+a)^n}\right] = \frac{t^{n-1}e^{-at}}{(n-1)!}u(t) \tag{15.59}$$

식 (15.54)의 오른쪽 각 항에 대해,

$$\boxed{\begin{aligned} f(t) = &\left(k_1 e^{-pt} + k_2 t e^{-pt} + \frac{k_3}{2!}t^2 e^{-pt}\right. \\ &\left.+ \cdots + \frac{k_n}{(n-1)!}t^{n-1}e^{-pt}\right)u(t) + f_1(t) \end{aligned}} \tag{15.60}$$

15.4.3 복소극의 형태

복소극이 공액복소 쌍의 형태로 존재하며, 반복되지 않으면 단순극이 되고 반복될 때는 중극 또는 다중극이 된다. 단순 복소극은 단순 실수극처럼 다룰 수 있지만 복소수 계산을 해야 한다. 좀 더 쉬운 방법은 공액복소 쌍을 하나의 항으로 취급하는 것이다. 즉 $D(s)$에 있는 공액복소 쌍을 $(s+\alpha)^2 + \beta^2$과 같은 자승 형태로 나타내고 표 15.2를 사용하여 역변환을 하는 것이다.

$N(s)$와 $D(s)$는 항상 실수의 계수를 가지고 있고, 실수 계수가 있는 다항식의 복소극은 항상 공액 쌍으로 존재한다. $F(s)$는 다음과 같은 일반적인 형태로 나타낼 수 있다.

$$F(s) = \frac{A_1 s + A_2}{s^2 + as + b} + F_1(s) \tag{15.61}$$

여기서 $F_1(s)$는 공액복소 쌍을 갖지 않는 $F(s)$의 나머지 항이다. 만약 다음과 같이 공액복소 쌍을 나타내면,

$$s^2 + as + b = s^2 + 2\alpha s + \alpha^2 + \beta^2 = (s+\alpha)^2 + \beta^2 \tag{15.62}$$

또한 다음과 같이 하여,

$$A_1 s + A_2 = A_1(s+\alpha) + B_1\beta \tag{15.63}$$

식 (15.61)은

$$F(s) = \frac{A_1(s+\alpha)}{(s+\alpha)^2 + \beta^2} + \frac{B_1\beta}{(s+\alpha)^2 + \beta^2} + F_1(s) \tag{15.64}$$

표 15.2로부터 역변환은

$$\boxed{f(t) = (A_1 e^{-\alpha t}\cos\beta t + B_1 e^{-\alpha t}\sin\beta t)u(t) + f_1(t)} \tag{15.65}$$

사인 항과 코사인 항은 식 (9.11)을 사용하여 하나로 묶을 수 있다.

극이 단순극, 다중극, 또는 복소극이든 부분분수 전개 시 계수를 결정하는데 항상 사용할 수 있는 방법은 예제 15.9~15.11에서 설명한 대수법이다. 이 방

법을 적용하기 위해 우선 $F(s) = N(s)/D(s)$를 미지의 상수 계수를 가진 부분분수 형태로 전개한다. 양변에 공통된 분모를 곱하고 계수가 같도록 미지 상수를 결정한다(즉 s의 거듭제곱과 같은 계수에 대한 일련의 연립방정식을 푼다).

또 다른 방법은 s에 적당한 값을 대입하여 미지 계수의 수만큼 방정식을 얻고, 이를 풀어 미지 계수를 얻는 것이다. 이때 선택한 s 값은 $F(s)$의 극이 아니어야 한다. 이 방법은 예제 15.11에서 설명한다.

예제 15.8

다음 라플라스 변환의 역변환을 구하라.

$$F(s) = \frac{3}{s} - \frac{5}{s+1} + \frac{6}{s^2+4}$$

풀이:

역변환은

$$f(t) = \mathcal{L}^{-1}[F(s)] = \mathcal{L}^{-1}\left(\frac{3}{s}\right) - \mathcal{L}^{-1}\left(\frac{5}{s+1}\right) + \mathcal{L}^{-1}\left(\frac{6}{s^2+4}\right)$$

$$= (3 - 5e^{-t} + 3\sin 2t)u(t), \qquad t \geq 0$$

표 15.2는 각각의 역을 구하는 데 도움을 준다.

실전문제 15.8

다음 라플라스 변환의 역변환을 구하라.

$$F(s) = 5 + \frac{6}{s+4} - \frac{7s}{s^2+25}$$

답: $5\delta(t) + (6e^{-4t} - 7\cos(5t))u(t)$

예제 15.9

다음 $F(s)$의 역변환 $f(t)$를 구하라.

$$F(s) = \frac{s^2+12}{s(s+2)(s+3)}$$

풀이:

부분분수가 주어졌던 앞의 예제와 달리 먼저 부분분수를 정해야 한다. 여기에는 3개의 극이 있으므로 다음과 같이 놓는다.

$$\frac{s^2+12}{s(s+2)(s+3)} = \frac{A}{s} + \frac{B}{s+2} + \frac{C}{s+3} \tag{15.9.1}$$

여기서 A, B, C는 결정해야 할 상수이다. 두 가지 방법을 사용하여 상수를 구할 수 있다.

■ **방법 1** **유수법:**

$$A = sF(s) \big|_{s=0} = \frac{s^2 + 12}{(s + 2)(s + 3)} \bigg|_{s=0} = \frac{12}{(2)(3)} = 2$$

$$B = (s + 2)F(s) \big|_{s=-2} = \frac{s^2 + 12}{s(s + 3)} \bigg|_{s=-2} = \frac{4 + 12}{(-2)(1)} = -8$$

$$C = (s + 3)F(s) \big|_{s=-3} = \frac{s^2 + 12}{s(s + 2)} \bigg|_{s=-3} = \frac{9 + 12}{(-3)(-1)} = 7$$

■ **방법 2** **대수법:** 식 (15.9.1)의 양변에 $s(s + 2)(s + 3)$을 곱하면,

$$s^2 + 12 = A(s + 2)(s + 3) + Bs(s + 3) + Cs(s + 2)$$

또는

$$s^2 + 12 = A(s^2 + 5s + 6) + B(s^2 + 3s) + C(s^2 + 2s)$$

양변 s의 각 계수가 같도록 방정식으로 놓으면,

상수: $\quad 12 = 6A \quad \Rightarrow \quad A = 2$

s: $\qquad 0 = 5A + 3B + 2C \quad \Rightarrow \quad 3B + 2C = -10$

s^2: $\qquad 1 = A + B + C \quad \Rightarrow \quad B + C = -1$

이와 같이 하여 $A = 2$, $B = -8$, $C = 7$, 따라서 식 (15.9.1)은

$$F(s) = \frac{2}{s} - \frac{8}{s + 2} + \frac{7}{s + 3}$$

각 항의 역변환을 구하면

$$f(t) = (2 - 8e^{-2t} + 7e^{-3t})u(t)$$

실전문제 15.9

다음 $F(s)$의 역변환 $f(t)$를 구하라.

$$F(s) = \frac{6(s + 2)}{(s + 1)(s + 3)(s + 4)}$$

답: $f(t) = (8e^{-t} + 24e^{-3t} - 32e^{-4t})u(t)$

예제 15.10

다음 $V(s)$의 역변환 $v(t)$를 구하라.

$$V(s) = \frac{10s^2 + 4}{s(s + 1)(s + 2)^2}$$

풀이:

앞의 예제에는 단순극만 존재했지만 이 예제에는 중극이 존재한다. 이 경우 $V(s)$

는 다음과 같이 놓는다.

$$V(s) = \frac{10s^2 + 4}{s(s+1)(s+2)^2}$$

$$= \frac{A}{s} + \frac{B}{s+1} + \frac{C}{(s+2)^2} + \frac{D}{s+2}$$

(15.10.1)

■ **방법 1   유수법:**

$$A = sV(s)\Big|_{s=0} = \frac{10s^2 + 4}{(s+1)(s+2)^2}\Big|_{s=0} = \frac{4}{(1)(2)^2} = 1$$

$$B = (s+1)V(s)\Big|_{s=-1} = \frac{10s^2 + 4}{s(s+2)^2}\Big|_{s=-1} = \frac{14}{(-1)(1)^2} = -14$$

$$C = (s+2)^2V(s)\Big|_{s=-2} = \frac{10s^2 + 4}{s(s+1)}\Big|_{s=-2} = \frac{44}{(-2)(-1)} = 22$$

$$D = \frac{d}{ds}[(s+2)^2V(s)]\Big|_{s=-2} = \frac{d}{ds}\left(\frac{10s^2 + 4}{s^2 + s}\right)\Big|_{s=-2}$$

$$= \frac{(s^2 + s)(20s) - (10s^2 + 4)(2s + 1)}{(s^2 + s)^2}\Big|_{s=-2} = \frac{52}{4} = 13$$

■ **방법 2   대수법:** 식 (15.10.1)의 양변에 $s(s+1)(s+2)^2$을 곱하면,

$$10s^2 + 4 = A(s+1)(s+2)^2 + Bs(s+2)^2$$
$$+ Cs(s+1) + Ds(s+1)(s+2)$$

또는

$$10s^2 + 4 = A(s^3 + 5s^2 + 8s + 4) + B(s^3 + 4s^2 + 4s)$$
$$+ C(s^2 + s) + D(s^3 + 3s^2 + 2s)$$

양변 계수의 항등식은

$$\text{상수:}\quad 4 = 4A \quad\Rightarrow\quad A = 1$$
$$s:\quad 0 = 8A + 4B + C + 2D \quad\Rightarrow\quad 4B + C + 2D = -8$$
$$s^2:\quad 10 = 5A + 4B + C + 3D \quad\Rightarrow\quad 4B + C + 3D = 5$$
$$s^3:\quad 0 = A + B + D \quad\Rightarrow\quad B + D = -1$$

방정식을 풀면 $A = 1$, $B = -14$, $C = 22$, $D = 13$이다. 따라서

$$V(s) = \frac{1}{s} - \frac{14}{s+1} + \frac{13}{s+2} + \frac{22}{(s+2)^2}$$

역변환을 하면,

$$v(t) = (1 - 14e^{-t} + 13e^{-2t} + 22te^{-2t})u(t)$$

다음 $G(s)$의 역변환 $g(t)$를 구하라.

$$G(s) = \frac{s^3 + 2s + 6}{s(s + 1)^2(s + 3)}$$

답: $(2 - 3.25e^{-t} - 1.5te^{-t} + 2.25e^{-3t})u(t)$

예제 15.7에 등장한 다음 주파수 영역 함수의 역변환을 구하라.

$$H(s) = \frac{20}{(s + 3)(s^2 + 8s + 25)}$$

풀이:

이 예제에서 $H(s)$는 $s^2 + 8s + 25 = 0$ 또는 $s = -4 \pm j3$에서 복소극을 갖는다.

$$H(s) = \frac{20}{(s + 3)(s^2 + 8s + 25)} = \frac{A}{s + 3} + \frac{Bs + C}{(s^2 + 8s + 25)} \qquad \textbf{(15.11.1)}$$

두 가지 방법으로 미지 상수를 결정해보자.

■ **방법 1 두 방법의 혼합:** 유수법을 사용하여 A를 계산한다.

$$A = (s + 3)H(s)\big|_{s=-3} = \frac{20}{s^2 + 8s + 25}\bigg|_{s=-3} = \frac{20}{10} = 2$$

B와 C 모두 유수법을 사용하여 구할 수 있지만 복소 계산을 피하기 위해 다른 방법을 사용한다. $F(s)$의 극이 아닌 적절한 값, 여기서는 $s = 0$, 1을 대입해보자. 이는 B와 C를 결정하기 위한 2개의 방정식을 제공한다. $s = 0$일 때 식 (15.11.1)은

$$\frac{20}{75} = \frac{A}{3} + \frac{C}{25}$$

또는

$$20 = 25A + 3C \qquad \textbf{(15.11.2)}$$

$A = 2$이므로 $C = -10$이다. $s = 1$일 때 식 (15.11.1)은

$$\frac{20}{(4)(34)} = \frac{A}{4} + \frac{B + C}{34}$$

또는

$$20 = 34A + 4B + 4C \qquad \textbf{(15.11.3)}$$

$A = 2$, $C = -10$이므로 $B = -2$이다.

■ **방법 2 대수법:** 식 (15.11.1)의 양변에 $(s + 3)(s^2 + 8s + 25)$를 곱하면,

$$20 = A(s^2 + 8s + 25) + (Bs + C)(s + 3)$$
$$= A(s^2 + 8s + 25) + B(s^2 + 3s) + C(s + 3)$$

(15.11.4)

계수의 항등식은

$$s^2: \quad 0 = A + B \quad \Rightarrow \quad A = -B$$

$$s: \quad 0 = 8A + 3B + C = 5A + C \quad \Rightarrow \quad C = -5A$$

$$상수: \quad 20 = 25A + 3C = 25A - 15A \quad \Rightarrow \quad A = 2$$

따라서 $B = -2$, $C = -10$, 이와 같이 하여

$$H(s) = \frac{2}{s+3} - \frac{2s+10}{(s^2+8s+25)} = \frac{2}{s+3} - \frac{2(s+4)+2}{(s+4)^2+9}$$

$$= \frac{2}{s+3} - \frac{2(s+4)}{(s+4)^2+9} - \frac{2}{3}\frac{3}{(s+4)^2+9}$$

각 항을 역변환하면 다음과 같은 결과를 남긴다.

$$h(t) = \left(2e^{-3t} - 2e^{-4t}\cos 3t - \frac{2}{3}e^{-4t}\sin 3t\right)u(t)$$

(15.11.5)

그러나 코사인과 사인 형태를 합성하면,

$$h(t) = (2e^{-3t} - Re^{-4t}\cos(3t - \theta))u(t)$$

(15.11.6)

식 (15.11.5)로부터 식 (15.11.6)을 얻기 위해 우리는 식 (9.11)을 제시했다. 다음으로 계수 R과 위상각 θ를 결정하면,

$$R = \sqrt{2^2 + \left(\frac{2}{3}\right)^2} = 2.108, \qquad \theta = \tan^{-1}\frac{\frac{2}{3}}{2} = 18.43°$$

그러므로

$$h(t) = (2e^{-3t} - 2.108e^{-4t}\cos(3t - 18.43°))u(t)$$

실전문제 15.11

다음 $G(s)$의 역변환 $g(t)$를 구하라.

$$G(s) = \frac{60}{(s+1)(s^2+4s+13)}$$

답: $6e^{-t} - 6e^{-2t}\cos 3t - 2e^{-2t}\sin 3t, \; t \geq 0$

15.5   콘볼루션 적분

콘볼루션이라는 용어는 "접힘(folding)"을 의미한다. 콘볼루션은 물리적 시스템을 관찰하고 특징을 찾아내는 수단을 제공하기 때문에 엔지니어에게는 매우 중

요한 도구이다. 예를 들어 임펄스 응답 $h(t)$를 알고 있는 시스템의 입력 $x(t)$에 대한 응답 $y(t)$를 찾는 데 사용된다. 이는 다음 식으로 나타낸 **콘볼루션 적분(convolution integral)**을 통해 달성할 수 있다.

$$y(t) = \int_{-\infty}^{\infty} x(\lambda)h(t - \lambda)\,d\lambda \qquad \textbf{(15.66)}$$

또는 단순히

$$y(t) = x(t) * h(t) \qquad \textbf{(15.67)}$$

여기서 λ는 가변수(dummy variable)이고, $*$는 콘볼루션을 나타낸다. 식 (15.66) 또는 (15.67)은 출력이 입력과 단위 임펄스 응답의 콘볼루션과 같다는 것을 나타낸다. 콘볼루션의 연산은 상호 교환적이다.

$$y(t) = x(t) * h(t) = h(t) * x(t) \qquad \textbf{(15.68a)}$$

또는

$$y(t) = \int_{-\infty}^{\infty} x(\lambda)h(t - \lambda)\,d\lambda = \int_{-\infty}^{\infty} h(\lambda)x(t - \lambda)\,d\lambda \qquad \textbf{(15.68b)}$$

콘볼루션에서 두 함수의 순서는 중요하지 않다. 콘볼루션의 계산에 관한 그래프를 설명할 때 상호 교환적인 성질의 이점을 간단히 다룰 것이다.

두 **함수의 콘볼루션** 계산은 하나의 함수를 시간에 대해 역전하여 이것을 이동하면서 다른 함수와 곱하여 적분을 해나가는 것이다.

식 (15.66)의 콘볼루션 적분이 일반적이며, 이것은 선형 시스템에 적용된다. 그러나 콘볼루션 적분은 시스템이 다음 두 가지의 성질을 가지고 있다고 가정하면 간단해질 수 있다. 첫 번째는 $t < 0$일 때 $x(t) = 0$이면,

$$y(t) = \int_{-\infty}^{\infty} x(\lambda)h(t - \lambda)\,d\lambda = \int_{0}^{\infty} x(\lambda)h(t - \lambda)\,d\lambda \qquad \textbf{(15.69)}$$

두 번째는 시스템의 임펄스 응답이 $t < 0$일 때 $h(t) = 0$이면(causal) $h(t - \lambda) = 0$, $t - \lambda < 0$ 또는 $\lambda > t$이므로 식 (15.69)는 다음과 같이 표현된다.

$$\boxed{y(t) = h(t) * x(t) = \int_{0}^{t} x(\lambda)h(t - \lambda)d\lambda} \qquad \textbf{(15.70)}$$

다음은 콘볼루션의 성질이다.

1. $x(t) * h(t) = h(t) * x(t)$ (교환 법칙)
2. $f(t) * [x(t) + y(t)] = f(t) * x(t) + f(t) * y(t)$ (분배 법칙)
3. $f(t) * [x(t) * y(t)] = [f(t) * x(t)] * y(t)$ (결합 법칙)
4. $f(t) * \delta(t) = \int_{-\infty}^{\infty} f(\lambda)\delta(t - \lambda)\,d\lambda = f(t)$
5. $f(t) * \delta(t - t_o) = f(t - t_o)$

6. $f(t) * \delta'(t) = \int_{-\infty}^{\infty} f(\lambda)\delta'(t - \lambda) \, d\lambda = f'(t)$

7. $f(t) * u(t) = \int_{-\infty}^{\infty} f(\lambda)u(t - \lambda) \, d\lambda = \int_{-\infty}^{t} f(\lambda) \, d\lambda$

식 (15.70)의 콘볼루션 적분 λ 계산에 대해 알아보기 전에 라플라스 변환과 콘볼루션 적분의 관계를 살펴보자. 라플라스 변환이 각각 $F_1(s)$, $F_2(s)$인 두 함수 $f_1(t), f_2(t)$가 주어지면 콘볼루션은

$$f(t) = f_1(t) * f_2(t) = \int_0^t f_1(\lambda)f_2(t - \lambda) \, d\lambda \tag{15.71}$$

이것의 라플라스 변환을 구하면,

$$F(s) = \mathcal{L}[f_1(t) * f_2(t)] = F_1(s)F_2(s) \tag{15.72}$$

식 (15.72)가 사실임을 증명하기 위해 $F_1(s)$를 다음과 같이 정의할 수 있다.

$$F_1(s) = \int_{0^-}^{\infty} f_1(\lambda)e^{-s\lambda} \, d\lambda \tag{15.73}$$

여기에 $F_2(s)$를 곱하면,

$$F_1(s)F_2(s) = \int_{0^-}^{\infty} f_1(\lambda)[F_2(s)e^{-s\lambda}] \, d\lambda \tag{15.74}$$

식 (15.17)의 시간 추이 성질을 이용하여 위 식의 대괄호 안에 있는 항을 다음과 같이 나타낼 수 있다.

$$F_2(s)e^{-s\lambda} = \mathcal{L}[f_2(t - \lambda)u(t - \lambda)]$$
$$= \int_0^{\infty} f_2(t - \lambda)u(t - \lambda)e^{-st} \, dt \tag{15.75}$$

식 (15.75)를 식 (15.74)에 대입하면,

$$F_1(s)F_2(s) = \int_0^{\infty} f_1(\lambda)\left[\int_0^{\infty} f_2(t - \lambda)u(t - \lambda)e^{-st} \, dt\right]d\lambda \tag{15.76}$$

적분의 순서를 바꾸면,

$$F_1(s)F_2(s) = \int_0^{\infty} \left[\int_0^t f_1(\lambda)f_2(t - \lambda) \, d\lambda\right]e^{-st} \, dt \tag{15.77}$$

$\lambda < t$일 때 $u(t - \lambda) = 1$이고, $\lambda > t$일 때 $u(t - \lambda) = 0$이므로 식 (15.77)의 대괄호 안에 있는 적분은 t에 대해 0에서 t까지 포함한다. 식 (15.77)의 대괄호 안에 있는 적분은 식 (15.71)의 $f_1(t), f_2(t)$의 콘볼루션과 같음에 주의하라. 따라서

$$\boxed{F_1(s)F_2(s) = \mathcal{L}[f_1(t) * f_2(t)] \tag{15.78}}$$

이는 시간 영역에서의 콘볼루션이 s-영역에서의 곱하기와 같다는 것을 나타낸다. 예를 들어 $x(t) = 4e^{-t}$, $h(t) = 5e^{-2t}$일 때 식 (15.78)의 성질을 적용하면,

$$h(t) * x(t) = \mathcal{L}^{-1}[H(s)X(s)] = \mathcal{L}^{-1}\left[\left(\frac{5}{s+2}\right)\left(\frac{4}{s+1}\right)\right]$$

$$= \mathcal{L}^{-1}\left[\frac{20}{s+1} + \frac{-20}{s+2}\right] \tag{15.79}$$

$$= 20(e^{-t} - e^{-2t}), \qquad t \geq 0$$

식 (15.78)을 사용하여 두 함수의 콘볼루션을 구할 수 있지만 $F_1(s)F_2(s)$는 매우 복잡하여 구하기 어려운 경우도 있다. 또한 $f_1(t)$와 $f_2(t)$가 실험에 의한 데이터이면 명확한 라플라스 변환이 없다. 이런 경우는 시간 영역에서 콘볼루션을 구해야 한다.

시간 영역에서 두 함수의 콘볼루션을 구하는 과정은 그래프에 의해 잘 설명될 수 있다. 식 (15.70)의 콘볼루션 적분을 그래프로 나타낼 때 다음과 같은 4단계로 설명할 수 있다.

> **콘볼루션 적분을 구하는 단계**
>
> 1. 뒤집기: $h(\lambda)$를 세로 좌표축을 기준으로 뒤집어 $h(-\lambda)$를 얻는다.
> 2. 이동: $h(-\lambda)$를 t만큼 이동하여 $h(t - \lambda)$를 얻는다.
> 3. 곱하기: $h(t - \lambda)$와 $x(\lambda)$의 곱을 구한다.
> 4. 적분: 주어진 시간 t에 대해 $0 < \lambda < t$ 구간에서 $h(t - \lambda)x(\lambda)$가 만드는 면적을 구한다.

첫 번째 단계에서 뒤집기 연산은 **콘볼루션** 때문에 필요하다. $h(t - \lambda)$는 $x(\lambda)$로 변환할 수 있다. 중첩 과정에서 보면 콘볼루션 적분은 또한 **중첩적분**으로도 알려져 있다.

위의 4단계를 적용하기 위해서는 $x(\lambda)$와 $h(t - \lambda)$를 스케칭할 수 있어야 한다. 원래의 함수 $x(t)$에서 t 대신에 λ로 대치하면 $x(\lambda)$를 얻을 수 있다. $h(t - \lambda)$의 스케칭이 콘볼루션 과정에서 중요하다. $h(\lambda)$를 수직축에 대해 뒤집어 t만큼 이동한다. 해석적으로는 $h(t)$에서 t 대신에 $t - \lambda$로 대치하여 얻는다. 콘볼루션은 상호 교환성이 있으므로 단계 1과 2에서 $h(t)$ 대신에 $x(t)$에 대해 적용하는 것이 편리할 수도 있다. 이 과정을 몇 가지 예를 통해 살펴보자.

예제 15.12

그림 15.10에 나타낸 두 신호의 콘볼루션을 구하라.

풀이:

$y(t) = x_1(t) * x_2(t)$를 구하기 위해 4단계를 따라가보자. 우선 $x_1(t)$를 그림 15.11(a)와 같이 세로축에 대해 뒤집는다. 그리고 그림 15.11(b)와 같이 t만큼 이동한다. 겹치는 부분의 면적을 구하기 위해서 t 값을 변화시키면서 두 신호의 곱을 적분해나간다.

구간 $0 < t < 1$에서는 그림 15.12(a)에 나타낸 바와 같이 두 신호가 중첩된

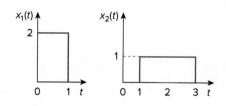

그림 15.10
예제 15.12.

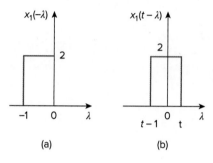

그림 15.11
(a) $x_1(\lambda)$의 뒤집기, (b) $x_1(-\lambda)$를 t만큼 이동.

곳이 없다. 따라서

$$y(t) = x_1(t) * x_2(t) = 0, \qquad 0 < t < 1 \tag{15.12.1}$$

구간 $1 < t < 2$에서는 그림 15.12(b)에 나타낸 바와 같이 두 신호가 1과 t 사이에서 중첩된다.

$$y(t) = \int_1^t (2)(1)\, d\lambda = 2\lambda \Big|_1^t = 2(t-1), \qquad 1 < t < 2 \tag{15.12.2}$$

구간 $2 < t < 3$에서는 그림 15.12(c)에 나타낸 바와 같이 두 신호가 $(t-1)$과 t 사이에서 중첩된다. 커브 아래의 면적이 2임을 쉽게 알 수 있다.

$$y(t) = \int_{t-1}^t (2)(1)\, d\lambda = 2\lambda \Big|_{t-1}^t = 2, \qquad 2 < t < 3 \tag{15.12.3}$$

구간 $3 < t < 4$에서는 그림 15.12(d)에 나타낸 바와 같이 두 신호가 $(t-1)$과 3 사이에서 중첩된다.

$$\begin{aligned} y(t) &= \int_{t-1}^3 (2)(1)\, d\lambda = 2\lambda \Big|_{t-1}^3 \\ &= 2(3-t+1) = 8 - 2t, \qquad 3 < t < 4 \end{aligned} \tag{15.12.4}$$

구간 $t > 4$에서는 그림 15.12(e)에 나타낸 바와 같이 두 신호가 중첩된 곳이 없다. 따라서

$$y(t) = 0, \qquad t > 4 \tag{15.12.5}$$

식 (15.12.1)~(15.12.5)를 합성하면,

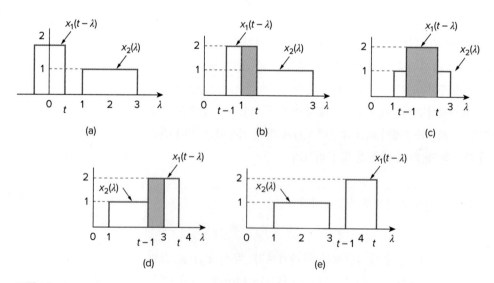

그림 15.12
$x_1(t-\lambda)$와 $x_2(\lambda)$의 중첩: (a) $0 < t < 1$, (b) $1 < t < 2$, (c) $2 < t < 3$, (d) $3 < t < 4$, (e) $t > 4$.

$$y(t) = \begin{cases} 0, & 0 \le t \le 1 \\ 2t - 2, & 1 \le t \le 2 \\ 2, & 2 \le t \le 3 \\ 8 - 2t, & 3 \le t \le 4 \\ 0, & t \ge 4 \end{cases} \qquad \textbf{(15.12.6)}$$

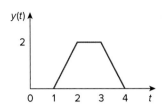

그림 15.13
그림 15.10: $x_1(t)$와 $x_2(t)$의 콘볼루션.

이를 그림 15.13에 나타냈다. 이 식의 $y(t)$는 연속적이다. 이것을 통해 t에서부터 또 다른 범위로 이동할 때의 결과를 확인해볼 수 있다. 식 (15.12.6)의 결과는 그래프식의 과정을 사용하지 않고도 식 (15.70)과 계단함수의 수치만으로도 알아낼 수 있다. 이는 예제 15.14에서 증명될 것이다.

그림 15.14에 나타낸 두 함수의 콘볼루션을 그래프를 이용하여 구하라. 이 과정이 s-영역에서 얼마나 강력한 수법인지 보이기 위해 s-영역에서 다른 등가 수법을 이용하여 그 답을 확인해본다.

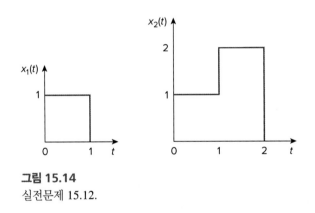

그림 15.14
실전문제 15.12.

답: 콘볼루션의 결과를 그림 15.15에 나타냈으며 이를 수식으로 표현하면,

$$y(t) = \begin{cases} t, & 0 \le t \le 2 \\ 6 - 2t, & 2 \le t \le 3 \\ 0, & \text{그 밖의 경우} \end{cases}$$

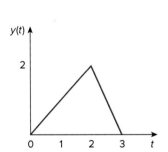

그림 15.15
그림 15.14: 콘볼루션.

그림 15.16에 나타낸 $g(t)$와 $u(t)$의 콘볼루션을 그래프를 이용하여 구하라.

풀이:

$y(t) = g(t) * u(t)$로 놓아 $y(t)$를 두 가지 방법으로 구해보자.

■ **방법 1**　그림 15.17(a)와 같이 $g(t)$를 세로 좌표축을 기준으로 뒤집고, 그림 15.17(b)와 같이 t만큼 이동한다. $0 < t < 1$에서 $g(t) = t$이므로 $0 < t - \lambda < 1$ 또는 $t - 1 < \lambda < t$에서 $g(t - \lambda) = t - \lambda$이다. 따라서 $t < 0$에서는 두 함수가 중

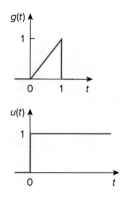

그림 15.16
예제 15.13.

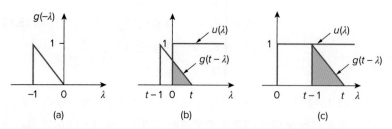

그림 15.17
$g(t)$를 뒤집은, 그림 15.16 함수 $g(t)$와 $u(t)$의 콘볼루션 과정.

첩된 곳에 없고, 이 경우 $y(0) = 0$이다.

$0 < t < 1$에서 $g(t - \lambda)$와 $u(\lambda)$는 그림 15.17(b)에 나타낸 바와 같이 0에서 t까지 중첩된다. 따라서

$$
\begin{aligned}
y(t) &= \int_0^t (1)(t - \lambda)\, d\lambda = \left(t\lambda - \frac{1}{2}\lambda^2 \right) \bigg|_0^t \\
&= t^2 - \frac{t^2}{2} = \frac{t^2}{2}, \qquad 0 \le t \le 1
\end{aligned}
$$
(15.13.1)

$t > 1$에서 두 함수는 그림 15.17(c)에 나타낸 바와 같이 $(t - 1)$에서 t까지 완전히 중첩된다. 따라서

$$
\begin{aligned}
y(t) &= \int_{t-1}^t (1)(t - \lambda)\, d\lambda \\
&= \left(t\lambda - \frac{1}{2}\lambda^2 \right) \bigg|_{t-1}^t = \frac{1}{2}, \qquad t \ge 1
\end{aligned}
$$
(15.13.2)

그러므로 식 (15.13.1)과 (15.13.2)로부터

$$
y(t) = \begin{cases} \dfrac{1}{2}t^2, & 0 \le t \le 1 \\[2mm] \dfrac{1}{2}, & t \ge 1 \end{cases}
$$

■ **방법 2**   그림 15.18(a)와 같이 $u(t)$를 뒤집고, 그림 15.18(b)와 같이 t만큼 이동한다. $t > 0$에서 $u(t) = 1$이므로 $t - \lambda > 0$ 또는 $\lambda < t$에서 $u(t - \lambda) = 1$이다. $0 < t < 1$에서 두 함수는 0에서 t까지 중첩된다.

$$
y(t) = \int_0^t (1)\lambda\, d\lambda = \frac{1}{2}\lambda^2 \bigg|_0^t = \frac{t^2}{2}, \qquad 0 \le t \le 1 \tag{15.13.3}
$$

$t > 1$에서 두 함수는 그림 15.18(c)에 나타낸 바와 같이 0에서 1까지 중첩된다.

$$
y(t) = \int_0^1 (1)\lambda\, d\lambda = \frac{1}{2}\lambda^2 \bigg|_0^1 = \frac{1}{2}, \qquad t \ge 1 \tag{15.13.4}
$$

이와 같이 식 (15.13.3)과 (15.13.4)로부터,

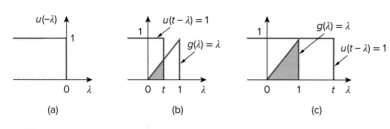

그림 15.18

$u(t)$를 뒤집은, 그림 15.16 함수 $g(t)$와 $u(t)$의 콘볼루션 과정.

$$y(t) = \begin{cases} \dfrac{1}{2}t^2, & 0 \leq t \leq 1 \\ \dfrac{1}{2}, & t \geq 1 \end{cases}$$

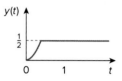

두 방법의 결과가 같을지라도 $g(t)$보다는 $u(t)$를 뒤집기하여 구하는 것이 더 편리하다. 그림 15.19는 $y(t)$를 보여준다.

그림 15.19

예제 15.13의 결과.

실전문제 15.13

그림 15.20과 같이 $g(t)$와 $f(t)$가 주어질 때, 그래프를 이용하여 $y(t) = g(t) * f(t)$를 구하라.

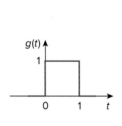
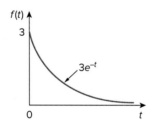

그림 15.20

실전문제 15.13.

답: $y(t) = \begin{cases} 3(1 - e^{-t}), & 0 \leq t \leq 1 \\ 3(e - 1)e^{-t}, & t \geq 1 \\ 0, & \text{그 밖의 경우} \end{cases}$

예제 15.14

그림 15.21(a)의 *RL* 회로에서 그림 15.21(b)에 나타낸 입력에 의한 응답 $i_o(t)$를 콘볼루션 적분으로 구하라.

풀이:

1. **정의하라.** 문제는 명확히 정의되어 있고 풀이 방법 또한 명백하다.

2. **제시하라.** 그림 15.21(b)에서는 $i_s(t)$와 $i_o(t)$ 응답의 풀이를 위해 콘볼루션 적분을 사용한다.

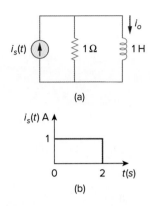

(a)

(b)

그림 15.21
예제 15.14.

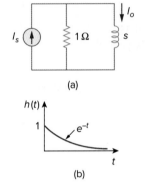

(a)

(b)

그림 15.22
그림 15.21(a): (a) s-영역 등가회로, (b) 임펄스 응답.

3. **대체방안을 고려하라.** 콘볼루션 적분과 그것을 어떻게 그래픽적으로 사용할 것인가에 의해 적분하는 법을 배울 수 있다. 게다가 우리는 전류에 대해 s-영역상에서 구해낼 수 있다. 콘볼루션 적분을 사용하여 전류 문제를 풀수 있으며, 이를 그래픽으로 확인해볼 수 있다.

4. **시도하라.** 이 문제는 두 가지 방법으로 풀 수 있다. 콘볼루션 적분에 의해 직접적으로 또는 그래프를 이용하여 구할 수 있다. 어느 방법을 사용하든 회로의 단위임펄스 응답 $h(t)$가 필요하다. s-영역의 그림 15.22(a) 회로에 전류 배분 법칙을 적용하면,

$$I_o = \frac{1}{s+1}I_s$$

따라서

$$H(s) = \frac{I_o}{I_s} = \frac{1}{s+1} \tag{15.14.1}$$

그리고 이것의 역변환을 구하면,

$$h(t) = e^{-t}u(t) \tag{15.14.2}$$

그림 15.22(b)는 회로의 임펄스 응답 $h(t)$를 나타낸 것이다.

콘볼루션 적분을 직접 사용하기 위해 s-영역에서 응답을 나타내면,

$$I_o(s) = H(s)I_s(s)$$

그림 15.21(b)에 주어진 $i_s(t)$에 대해,

$$i_s(t) = u(t) - u(t-2)$$

따라서

$$i_o(t) = h(t) * i_s(t) = \int_0^t i_s(\lambda)h(t-\lambda)\,d\lambda$$
$$= \int_0^t [u(\lambda) - u(\lambda-2)]e^{-(t-\lambda)}\,d\lambda \tag{15.14.3}$$

$0 < \lambda < 2$에서 $u(\lambda-2) = 0$이므로 피적분함수는 $\lambda > 0$에서 $u(\lambda)$가 0이 아닌 값을 포함하게 된다. 게다가 피적분함수는 $\lambda > 2$에서 $u(\lambda-2)$가 0이 아닌 값을 포함한다. 적분을 다루는 가장 좋은 방법은 두 부분으로 나누는 것이다. $0 < t < 2$에서

$$i_o'(t) = \int_0^t (1)e^{-(t-\lambda)}\,d\lambda = e^{-t}\int_0^t (1)e^{\lambda}\,d\lambda$$
$$= e^{-t}(e^t - 1) = 1 - e^{-t}, \qquad 0 < t < 2 \tag{15.14.4}$$

$t > 2$에서

$$i_o''(t) = \int_2^t (1)e^{-(t-\lambda)}\,d\lambda = e^{-t}\int_2^t e^{\lambda}\,d\lambda$$
$$= e^{-t}(e^t - e^2) = 1 - e^2 e^{-t}, \qquad t > 2 \tag{15.14.5}$$

식 (15.14.3)에 식 (15.14.4)와 (15.14.5)를 적용하면,

$$i_o(t) = i'_o(t) - i''_o(t)$$

$$= (1 - e^{-t})[u(t-2) - u(t)] - (1 - e^2 e^{-t})u(t-2)$$ **(15.14.6)**

$$= \begin{cases} 1 - e^{-t}\text{A}, & 0 < t < 2 \\ (e^2 - 1)e^{-t}\text{ A}, & t > 2 \end{cases}$$

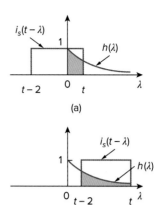

(a)

(b)

그림 15.23
예제 15.14.

5. **평가하라.** 그래픽 기술을 사용하기 위해 그림 15.23(a)와 같이 그림 15.21(b)의 $i_s(t)$를 뒤집고 t만큼 이동해야 한다. $0 < t < 2$에서 $i_s(t-\lambda)$와 $h(\lambda)$ 사이에 중첩된 부분이 0에서 t까지이므로,

$$i_o(t) = \int_0^t (1)e^{-\lambda} \, d\lambda = -e^{-\lambda} \Big|_0^t = (1 - e^{-t})\text{A}, \qquad 0 \le t \le 2 \quad \textbf{(15.14.7)}$$

$t > 2$에서는 그림 15.23(b)와 같이 $(t-2)$와 t 사이에 두 함수가 중첩된다. 따라서

$$i_o(t) = \int_{t-2}^t (1)e^{-\lambda} \, d\lambda = -e^{-\lambda} \Big|_{t-2}^t = -e^{-t} + e^{-(t-2)}$$ **(15.14.8)**

$$= (e^2 - 1)e^{-t} \text{ A}, \qquad t \ge 0$$

식 (15.14.7)과 (15.14.8)로부터 응답이

$$i_o(t) = \begin{cases} 1 - e^{-t} \text{ A}, & 0 \le t \le 2 \\ (e^2 - 1)e^{-t} \text{ A}, & t \ge 2 \end{cases}$$ **(15.14.9)**

이는 식 (15.14.6)과 같다. $i_s(t)$의 자극에 의한 $i_o(t)$의 응답을 그림 15.24에 나타냈다.

6. **만족하는가?** 문제를 만족할 만한 수준으로 풀고 풀이 결과를 남길 수 있다.

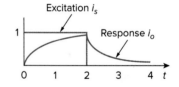

그림 15.24
예제 15.14: 구동과 응답.

실전문제 15.14

그림 15.25(a)의 회로에서 입력이 그림 15.25(b)와 같을 때 콘볼루션 적분을 사용하여 응답 $v_o(t)$를 구하라. 이 과정이 s-영역에서 얼마나 강력한 수법인지 보이기 위해 s-영역에서 다른 등가 수법을 이용하여 그 답을 확인하라.

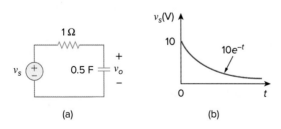

그림 15.25
실전문제 15.14.

답: $20(e^{-t} - e^{-2t})u(t)$ V

15.6   † 미적분방정식에서 라플라스 변환의 적용

라플라스 변환은 미적분방정식을 푸는 데 매우 유용하게 사용된다. 라플라스 변환의 미분과 적분 성질을 이용하여 미적분방정식의 각 항을 변환한다. 초기 조건은 자동적으로 고려된다. 그리고 변환된 후 방정식은 s-영역의 대수방정식이 되는데, 이를 푼 결과를 역변환하여 시간 영역의 해를 얻는다. 다음 예제에서 이 과정을 설명한다.

예제 15.15

초기 조건이 $v(0) = 1$, $v'(0) = -2$일 때, 라플라스 변환을 이용하여 다음 미분방정식을 풀라.

$$\frac{d^2v(t)}{dt^2} + 6\frac{dv(t)}{dt} + 8v(t) = 2u(t)$$

풀이:

주어진 미분방정식의 각 항을 라플라스 변환하면,

$$[s^2V(s) - sv(0) - v'(0)] + 6[sV(s) - v(0)] + 8V(s) = \frac{2}{s}$$

$v(0) = 1$, $v'(0) = -2$를 대입하여 정리하면,

$$s^2V(s) - s + 2 + 6sV(s) - 6 + 8V(s) = \frac{2}{s}$$

또는

$$(s^2 + 6s + 8)V(s) = s + 4 + \frac{2}{s} = \frac{s^2 + 4s + 2}{s}$$

따라서

$$V(s) = \frac{s^2 + 4s + 2}{s(s + 2)(s + 4)} = \frac{A}{s} + \frac{B}{s + 2} + \frac{C}{s + 4}$$

여기서

$$A = sV(s)\big|_{s=0} = \frac{s^2 + 4s + 2}{(s + 2)(s + 4)}\bigg|_{s=0} = \frac{2}{(2)(4)} = \frac{1}{4}$$

$$B = (s + 2)V(s)\big|_{s=-2} = \frac{s^2 + 4s + 2}{s(s + 4)}\bigg|_{s=-2} = \frac{-2}{(-2)(2)} = \frac{1}{2}$$

$$C = (s + 4)V(s)\big|_{s=-4} = \frac{s^2 + 4s + 2}{s(s + 2)}\bigg|_{s=-4} = \frac{2}{(-4)(-2)} = \frac{1}{4}$$

따라서

$$V(s) = \frac{\frac{1}{4}}{s} + \frac{\frac{1}{2}}{s + 2} + \frac{\frac{1}{4}}{s + 4}$$

역변환하면

$$v(t) = \frac{1}{4}(1 + 2e^{-2t} + e^{-4t})u(t)$$

실전문제 15.15

$v(0) = v'(0) = 2$일 때, 라플라스 변환을 이용하여 다음 미분방정식을 풀라.

$$\frac{d^2v(t)}{dt^2} + 4\frac{dv(t)}{dt} + 4v(t) = 2e^{-t}$$

답: $(2e^{-t} + 4\,te^{-2t})u(t)$

예제 15.16

다음 미적분방정식에서 응답 $y(t)$를 구하라.

$$\frac{dy}{dt} + 5y(t) + 6\int_0^t y(\tau)d\tau = u(t), \qquad y(0) = 2$$

풀이:

각 항을 라플라스 변환하면,

$$[sY(s) - y(0)] + 5Y(s) + \frac{6}{s}Y(s) = \frac{1}{s}$$

$y(0) = 2$를 대입하고 양변에 s를 곱하면,

$$Y(s)(s^2 + 5s + 6) = 1 + 2s$$

또는

$$Y(s) = \frac{2s + 1}{(s + 2)(s + 3)} = \frac{A}{s + 2} + \frac{B}{s + 3}$$

여기서

$$A = (s + 2)Y(s)\Big|_{s=-2} = \frac{2s + 1}{s + 3}\Big|_{s=-2} = \frac{-3}{1} = -3$$

$$B = (s + 3)Y(s)\Big|_{s=-3} = \frac{2s + 1}{s + 2}\Big|_{s=-3} = \frac{-5}{-1} = 5$$

이와 같이

$$Y(s) = \frac{-3}{s + 2} + \frac{5}{s + 3}$$

이를 역변환하면

$$y(t) = (-3e^{-2t} + 5e^{-3t})u(t)$$

실전문제 15.16

라플라스 변환을 이용하여 다음 미적분방정식을 풀라.

$$\frac{dy}{dt} + 3y(t) + 2\int_0^t y(\tau)d\tau = 2e^{-3t}, \qquad y(0) = 0$$

답: $(-e^{-t} + 4e^{-2t} - 3e^{-3t})u(t)$

15.7   요약

1. 라플라스 변환을 이용하여 시간 영역에서 나타낸 신호를 s-영역(복소주파수 영역)에서 해석할 수 있다. 라플라스 변환은 다음과 같이 정의된다.

$$\mathcal{L}[f(t)] = F(s) = \int_0^\infty f(t)e^{-st}\,dt$$

2. 라플라스 변환의 성질은 표 15.1에, 일반적인 함수의 라플라스 변환은 표 15.2에 정리했다.

3. 라플라스 역변환은 부분분수 전개와 표 15.2의 라플라스 변환 쌍을 이용하여 실행할 수 있다. 극점이 실수부만을 가지면 지수형의 함수가 되고, 복소수 형태이면 지수 감쇄형의 정현파 함수가 된다.

4. 두 신호의 콘볼루션은 하나의 신호를 세로 좌표축을 기준으로 뒤집어 이동하면서 다른 신호와 점 대 점으로 곱하여 그 곱을 적분하는 것이다. 시간 영역에서 두 신호의 콘볼루션은 각 신호의 라플라스 변환의 곱을 역변환한 것과 같다.

$$\mathcal{L}^{-1}[F_1(s)F_2(s)] = f_1(t) * f_2(t) = \int_0^t f_1(\lambda)f_2(t-\lambda)\,d\lambda$$

5. 시간 영역에서 회로망의 출력 $y(t)$는 임펄스 응답 $h(t)$와 입력 $x(t)$의 콘볼루션과 같다.

$$y(t) = h(t) * x(t)$$

6. 라플라스 변환은 선형 미적분방정식을 푸는 데 사용할 수 있다.

복습문제

15.1 모든 함수 $f(t)$는 라플라스 변환을 할 수 있다.

    (a) 참   (b) 거짓

15.2 라플라스 변환 $H(s)$에서 변수 s는?

    (a) 복소주파수   (b) 전달함수

    (c) 영점   (d) 극점

15.3 $u(t - 2)$의 라플라스 변환은?

(a) $\dfrac{1}{s + 2}$　　　　(b) $\dfrac{1}{s - 2}$

(c) $\dfrac{e^{2s}}{s}$　　　　(d) $\dfrac{e^{-2s}}{s}$

15.4 함수 $F(s) = \dfrac{s + 1}{(s + 2)(s + 3)(s + 4)}$의 영점은?

(a) -4　　　　(b) -3

(c) -2　　　　(d) -1

15.5 함수 $F(s) = \dfrac{s + 1}{(s + 2)(s + 3)(s + 4)}$의 극점은?

(a) -4　　　　(b) -3

(c) -2　　　　(d) -1

15.6 $F(s) = 1/(s + 2)$일 때 $f(t)$는?

(a) $e^{2t}u(t)$　　　　(b) $e^{-2t}u(t)$

(c) $u(t - 2)$　　　　(d) $u(t + 2)$

15.7 $F(s) = e^{-2s}/(s + 1)$일 때 $f(t)$는?

(a) $e^{-2(t-1)}u(t - 1)$　　　　(b) $e^{-(t-2)}u(t - 2)$

(c) $e^{-t}u(t - 2)$　　　　(d) $e^{-t}u(t + 1)$

(e) $e^{-(t-2)}u(t)$

15.8 함수 $F(s) = \dfrac{s + 1}{(s + 2)(s + 3)}$에서 $f(t)$의 초기값은?

(a) 없음　　　(b) ∞　　　(c) 0

(d) 1　　　(e) $\dfrac{1}{6}$

15.9 $\dfrac{s + 2}{(s + 2)^2 + 1}$의 라플라스 역변환은?

(a) $e^{-t} \cos 2t$　　　　(b) $e^{-t} \sin 2t$

(c) $e^{-2t} \cos t$　　　　(d) $e^{-2t} \sin 2t$

(e) 보기 중 답이 없음

15.10 $u(t) * u(t)$의 결과는?

(a) $u^2(t)$　　　　(b) $tu(t)$

(c) $t^2u(t)$　　　　(d) $\delta(t)$

답: *15.1b, 15.2a, 15.3d, 15.4d, 15.5a, b, c, 15.6b, 15.7b, 15.8c, 15.9c, 15.10b*

문제

15.2절과 15.3절　라플라스 변환의 정의와 성질

15.1 다음 함수의 라플라스 변환을 구하라.

(a) $\cosh (at)$　　　　(b) $\sinh (at)$

[힌트: $\cosh x = \dfrac{1}{2}(e^x + e^{-x})$, $\sinh x = \dfrac{1}{2}(e^x - e^{-x})$.]

15.2 다음 함수의 라플라스 변환을 구하라.

(a) $\cos (\omega t + \theta)$　　　　(b) $\sin (\omega t + \theta)$

15.3 다음 함수의 라플라스 변환을 구하라.

(a) $e^{-2t} \cos 3tu(t)$　　　　(b) $e^{-2t} \sin 4tu(t)$

(c) $e^{-3t} \cosh 2tu(t)$　　　　(d) $e^{-4t} \sinh tu(t)$

(e) $te^{-t} \sin 2tu(t)$

15.4 학생들이 다른 시변함수의 라플라스 변환을 구하는 방법을 더 잘 이해하도록 도와주는 문제를 설계하라.

15.5 다음 함수의 라플라스 변환을 구하라.

(a) $t^2 \cos(2t + 30°)u(t)$

(b) $3t^4 e^{-2t} u(t)$

(c) $2tu(t) - 4\dfrac{d}{dt} \delta(t)$

(d) $2e^{-(t-1)} u(t)$

(e) $5u(t/2)$

(f) $6e^{-t/3} u(t)$

(g) $\dfrac{d^n}{dt^n}\delta(t)$

15.6 다음 함수에 대한 $F(s)$를 구하라.

$$f(t) = \begin{cases} 5t, & 0 < t < 1s \\ -5t, & 1 < t < 2s \\ 0, & \text{그 밖의 경우} \end{cases}$$

15.7 다음 함수의 라플라스 변환을 구하라.

(a) $f(t) = (2t + 4)u(t)$

(b) $g(t) = (4 + 3e^{-2t})u(t)$

(c) $h(t) = (6 \sin(3t) + 8 \cos(3t))u(t)$

(d) $x(t) = (e^{-2t} \cosh(4t))u(t)$

15.8 $f(t)$가 다음과 같이 주어질 때 라플라스 변환 $F(s)$를 구하라.

(a) $2tu(t-4)$ (b) $5\cos(t)\,\delta(t-2)$

(c) $e^{-t}u(t-t)$ (d) $\sin(2t)u(t-\tau)$

15.9 다음 함수의 라플라스 변환을 구하라.

(a) $f(t) = (t-4)u(t-2)$

(b) $g(t) = 2e^{-4t}u(t-1)$

(c) $h(t) = 5\cos(2t-1)u(t)$

(d) $p(t) = 6[u(t-2) - u(t-4)]$

15.10 다음 식의 라플라스 변환을 두 가지 다른 방법으로 구하라.

$$g(t) = \frac{d}{dt}(te^{-t}\cos t)$$

15.11 다음 함수의 $F(s)$를 구하라.

(a) $f(t) = 6e^{-t}\cosh 2t$ (b) $f(t) = 3te^{-2t}\sinh 4t$

(c) $f(t) = 8e^{-3t}\cosh tu(t-2)$

15.12 $g(t) = e^{-2t}\cos 4t$일 때 $G(s)$를 구하라.

15.13 다음 함수의 라플라스 변환을 구하라.

(a) $t\cos tu(t)$ (b) $e^{-t}t\sin tu(t)$

(c) $\dfrac{\sin\beta t}{t}u(t)$

15.14 그림 15.26에 나타낸 신호의 라플라스 변환을 구하라.

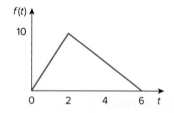

그림 15.26
문제 15.14.

15.15 그림 15.27에 나타낸 함수의 라플라스 변환을 구하라.

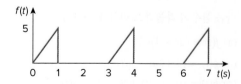

그림 15.27
문제 15.15.

15.16 그림 15.28에 나타낸 $f(t)$의 라플라스 변환을 구하라.

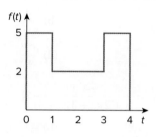

그림 15.28
문제 15.16.

15.17 그림 15.29를 이용하여 다른 학생들이 간단한 비주기 파형의 라플라스 변환을 더 잘 이해하도록 도와주는 문제를 설계하라.

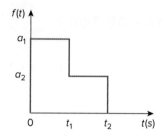

그림 15.29
문제 15.17.

15.18 그림 15.30에 나타낸 함수의 라플라스 변환을 구하라.

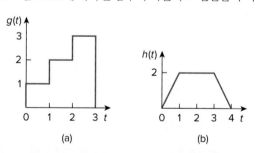

그림 15.30
문제 15.18.

15.19 그림 15.31과 같은 무한의 단위임펄스함수의 라플라스 변환을 구하라.

그림 15.31
문제 15.19.

15.20 그림 15.32를 이용하여 다른 학생들이 간단한 주기 파 **e⊘d** 형의 라플라스 변환을 더 잘 이해하도록 도와주는 문제를 설계하라.

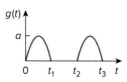

그림 15.32
문제 15.20.

15.21 그림 15.33에 나타낸 주기함수의 라플라스 변환을 구하라.

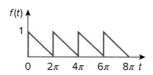

그림 15.33
문제 15.21.

15.22 그림 15.34에 나타낸 두 함수의 라플라스 변환을 구하라.

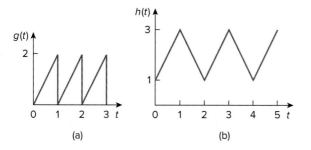

(a)   (b)

그림 15.34
문제 15.22.

15.23 그림 15.35에 나타낸 두 주기함수의 라플라스 변환을 구하라.

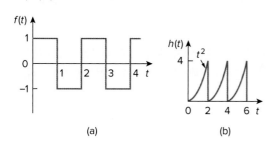

(a)   (b)

그림 15.35
문제 15.23.

15.24 다른 학생들이 전달함수의 초기값과 최종값을 구하는 **e⊘d** 방법을 더 잘 이해하도록 도와주는 문제를 설계하라.

15.25 $F(s) = \dfrac{5(s + 1)}{(s + 2)(s + 3)}$ 이다.

   (a) 초기값과 최종값 정리를 이용하여 $f(0)$와 $f(\infty)$를 구하라.

   (b) 부분분수를 사용하여 $f(t)$를 구하고, 이를 이용하여 (a)의 답을 확인하라.

15.26 다음과 같은 라플라스 변환이 있다. 만약 $f(t)$의 초기값과 최종값이 존재한다면 초기값과 최종값을 구하라.

   (a) $F(s) = \dfrac{5s^2 + 3}{s^3 + 4s^2 + 6}$

   (b) $F(s) = \dfrac{s^2 - 2s + 1}{4(s - 2)(s^2 + 2s + 4)}$

15.4절   라플라스 역변환

15.27 다음 함수의 라플라스 역변환을 구하라.

   (a) $F(s) = \dfrac{1}{s} + \dfrac{2}{s + 1}$

   (b) $G(s) = \dfrac{3s + 1}{s + 4}$

   (c) $H(s) = \dfrac{4}{(s + 1)(s + 3)}$

   (d) $J(s) = \dfrac{12}{(s + 2)^2(s + 4)}$

15.28 다른 학생들이 라플라스 역변환을 구하는 방법을 더 잘 **e⊘d** 이해하도록 도와주는 문제를 설계하라.

15.29 다음 함수의 라플라스 역변환을 구하라.

$$F(s) = \dfrac{2s + 26}{s^3 + 4s^2 + 13s}$$

15.30 다음 함수의 라플라스 역변환을 구하라.

   (a) $F_1(s) = \dfrac{6s^2 + 8s + 3}{s(s^2 + 2s + 5)}$

   (b) $F_2(s) = \dfrac{s^2 + 5s + 6}{(s + 1)^2(s + 4)}$

   (c) $F_3(s) = \dfrac{10}{(s + 1)(s^2 + 4s + 8)}$

15.31 다음 $F(s)$의 역변환 $f(t)$를 각각 구하라.

(a) $\dfrac{10s}{(s+1)(s+2)(s+3)}$

(b) $\dfrac{2s^2+4s+1}{(s+1)(s+2)^3}$

(c) $\dfrac{s+1}{(s+2)(s^2+2s+5)}$

15.32 다음 함수의 라플라스 역변환을 구하라.

(a) $\dfrac{8(s+1)(s+3)}{s(s+2)(s+4)}$

(b) $\dfrac{s^2-2s+4}{(s+1)(s+2)^2}$

(c) $\dfrac{s^2+1}{(s+3)(s^2+4s+5)}$

15.33 다음 함수의 라플라스 역변환을 구하라.

(a) $\dfrac{6(s-1)}{s^4-1}$ (b) $\dfrac{se^{-\pi s}}{s^2+1}$

(c) $\dfrac{8}{s(s+1)^3}$

15.34 다음의 라플라스 변환을 갖는 시간함수를 구하라.

(a) $F(s)=10+\dfrac{s^2+1}{s^2+4}$

(b) $G(s)=\dfrac{e^{-s}+4e^{-2s}}{s^2+6s+8}$

(c) $H(s)=\dfrac{(s+1)e^{-2s}}{s(s+3)(s+4)}$

15.35 다음 함수의 $f(t)$를 구하라.

(a) $F(s)=\dfrac{(s+3)e^{-6s}}{(s+1)(s+2)}$

(b) $F(s)=\dfrac{4-e^{-2s}}{s^2+5s+4}$

(c) $F(s)=\dfrac{se^{-s}}{(s+3)(s^2+4)}$

15.36 다음 함수의 라플라스 역변환을 구하라.

(a) $X(s)=\dfrac{3}{s^2(s+2)(s+3)}$

(b) $Y(s)=\dfrac{2}{s(s+1)^2}$

(c) $Z(s)=\dfrac{5}{s(s+1)(s^2+6s+10)}$

15.37 다음 함수의 라플라스 역변환을 구하라.

(a) $H(s)=\dfrac{s+4}{s(s+2)}$

(b) $G(s)=\dfrac{s^2+4s+5}{(s+3)(s^2+2s+2)}$

(c) $F(s)=\dfrac{e^{-4s}}{s+2}$

(d) $D(s)=\dfrac{10s}{(s^2+1)(s^2+4)}$

15.38 다음 $F(s)$의 역변환 $f(t)$를 구하라.

(a) $F(s)=\dfrac{s^2+4s}{s^2+10s+26}$

(b) $F(s)=\dfrac{5s^2+7s+29}{s(s^2+4s+29)}$

*15.39 다음 $F(s)$의 역변환 $f(t)$를 구하라.

(a) $F(s)=\dfrac{2s^3+4s^2+1}{(s^2+2s+17)(s^2+4s+20)}$

(b) $F(s)=\dfrac{s^2+4}{(s^2+9)(s^2+6s+3)}$

15.40 다음 식을 증명하라.

$$\mathcal{L}^{-1}\left[\dfrac{4s^2+7s+13}{(s+2)(s^2+2s+5)}\right]=$$
$$\left[\sqrt{2}e^{-t}\cos(2t+45°)+3e^{-2t}\right]u(t)$$

15.5절   콘볼루션 적분

*15.41 $x(t)$와 $y(t)$가 그림 15.36과 같다. $z(t)=x(t)*y(t)$를 구하라.

15.42 다른 학생들이 두 함수를 함께 콘볼루션 적분하는 방법을 더 잘 이해하도록 도와주는 문제를 설계하라.

---

* 별표는 난이도가 높은 문제를 가리킨다.

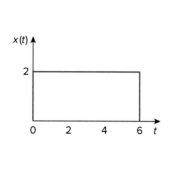

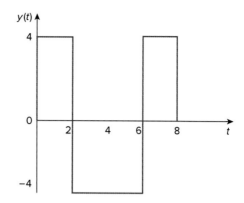

그림 15.36
문제 15.41.

15.43 그림 15.37의 각 함수 쌍인 $x(t)$와 $h(t)$에 대해 $y(t) = x(t) * h(t)$를 구하라.

 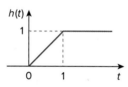

(a)

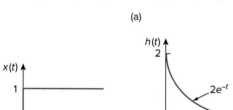

(b)

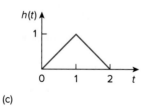

(c)

그림 15.37
문제 15.43.

15.44 그림 15.38의 각 신호 쌍에 대해 콘볼루션을 구하라.

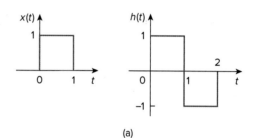

(a)

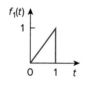 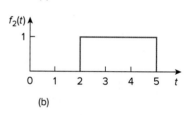

(b)

그림 15.38
문제 15.44.

15.45 $h(t) = 4e^{-2t}u(t)$, $x(t) = \delta(t) - 2e^{-2t}u(t)$일 때 $y(t) = x(t) * h(t)$를 구하라.

15.46 $x(t) = 2\delta(t)$, $y(t) = 4u(t)$, $z(t) = e^{-2t}u(t)$일 때 다음의 콘볼루션을 구하라.

(a) $x(t) * y(t)$

(b) $x(t) * z(t)$

(c) $y(t) * z(t)$

(d) $y(t) * [y(t) + z(t)]$

15.47 어떤 시스템의 전달함수가 다음과 같다.

$$H(s) = \frac{s}{(s+1)(s+2)}$$

(a) 시스템의 임펄스 응답을 구하라.

(b) 입력이 $x(t) = u(t)$일 때 출력 $y(t)$를 구하라.

15.48 다음의 라플라스 변환에 대해 콘볼루션을 이용하여 $f(t)$를 구하라.

(a) $F(s) = \dfrac{4}{(s^2 + 2s + 5)^2}$

(b) $F(s) = \dfrac{2s}{(s+1)(s^2+4)}$

*15.49 콘볼루션 적분을 이용하여 다음을 구하라.

(a) $t * e^{at} u(t)$

(b) $\cos(t) * \cos(t)u(t)$

15.6절 미적분방정식에서 라플라스 변환의 적용

15.50 라플라스 변환을 이용하여 다음 미분방정식을 풀라.

$$\frac{d^2v(t)}{dt^2} + 2\frac{dv(t)}{dt} + 10v(t) = 3\cos 2t$$

초기 조건은 $v(0) = 1, dv(0)/dt = -2$이다.

15.51 $v(0) = 5, dv(0)/dt = 10$일 때 다음을 풀라.

$$\frac{d^2v}{dt^2} + 2\frac{dv}{dt} + 6v = 10e^{-t}u(t)$$

15.52 다음 미분방정식에서 $t > 0$일 때 라플라스 변환을 이용하여 $i(t)$를 구하라.

$$\frac{d^2i}{dt^2} + 3\frac{di}{dt} + 2i + \delta(t) = 0,$$
$$i(0) = 0, \qquad i'(0) = 3$$

*15.53 다음 식에서 라플라스 변환을 이용하여 $x(t)$를 구하라.

$$x(t) = \cos t + \int_0^t e^{\lambda - t} x(\lambda) d\lambda$$

15.54 다른 학생들이 시변 입력을 가진 이계 미분방정식을 푸는 방법을 더 잘 이해하도록 도와주는 문제를 설계하라.

15.55 다음 미분방정식에서 초기 조건이 0일 때 $y(t)$를 구하라.

$$\frac{d^3y}{dt^3} + 6\frac{d^2y}{dt^2} + 8\frac{dy}{dt} = e^{-t}\cos 2t$$

15.56 다음 미적분방정식에서 $v(0) = 2$일 때 $v(t)$를 구하라.

$$4\frac{dv}{dt} + 12\int_0^t v\,d\tau = 0$$

15.57 라플라스 변환을 이용하여 다른 학생들이 주기 입력을 가진 미적분방정식을 푸는 방법을 더 잘 이해하도록 도와주는 문제를 설계하라.

15.58 초기 조건이 $v(0) = -1$인 다음 미적분방정식에서 $t > 0$일 때 $v(t)$를 구하라.

$$\frac{dv}{dt} + 2v + 5\int_0^t v(\lambda)d\lambda = 4u(t)$$

15.59 다음의 미적분방정식을 풀라.

$$\frac{dy}{dt} + 4y + 3\int_0^t y\,d\tau = 6e^{-2t}u(t), \qquad y(0) = -1$$

15.60 다음의 미적분방정식을 풀라.

$$2\frac{dx}{dt} + 5x + 3\int_0^t x\,dt + 4 = \sin 4t, \qquad x(0) = 1$$

15.61 특정한 초기 조건인 다음의 미분방정식을 풀라.

(a) $d^2v/dt^2 + 4v = 12, v(0) = 0, dv(0)/dt = 2$

(b) $d^2i/dt^2 + 5di/dt + 4i = 8, i(0) = -1, di(0)/dt = 0$

(c) $d^2v/dt^2 + 2dv/dt + v = 3, v(0) = 5, dv(0)/dt = 1$

(d) $d^2i/dt^2 + 2di/dt + 5i = 10, i(0) = 4, di(0)/dt = -2$

16

라플라스 변환의 응용
Applications of the Laplace Transform

의사소통은 모든 엔지니어에게 가장 중요한 기술이다. 의사소통의 매우 중요한 요소는 질문을 하고 대답을 이해하는 것이다. 이는 매우 단순한 것이지만 성공과 실패를 좌우할 수 있다.

—James A. Watson

기술과 경력 향상하기

질문하기

30년 이상의 가르침 동안 나는 어떻게 하면 학생들이 공부하는 데 가장 큰 도움을 줄 수 있을지 고심했다. 학습에 얼마나 많은 시간을 투자하는지에 상관없이 학생들에게 가장 효과적인 방법은 수업 중에 어떻게 질문을 하는지 배우고 질문을 하는 것이다. 학생들은 질문을 함으로써 학습 과정에 더욱 적극적으로 참여할 수 있고, 수동적인 정보 수용체에서 벗어난다. 나는 이러한 적극적인 참여가 현대적인 엔지니어를 배출하는 가장 중요한 과정을 배우는 데 매우 큰 기여를 한다고 생각한다. 실제로 질문은 과학의 기본이다. 찰스(Charles P. Steinmetz)가 말한 것처럼 "질문을 멈추기 전까지 누구도 바보가 아니다."

Charles Alexander

질문은 아주 쉬운 것처럼 보인다. 우리는 그동안 질문을 하지 않았는가? 사실은 적절한 방법으로 질문하고 배우는 과정을 극대화하기 위해서는 약간의 생각과 준비가 필요하다는 것이다.

나는 효과적인 여러 방법이 있다고 확신한다. 내가 연구했던 것들을 공유하고자 한다. 명심해야 할 가장 중요한 점은 완벽한 질문의 형태를 갖출 필요가 없다는 것이다. 반복되는 과정에서 질문과 답변의 형식이 질문을 발전시키기 때문에 최초의 질문은 반복되는 중에 쉽게 다듬어진다. 나는 수업 중에 질문하는 것을 환영한다고 자주 말한다.

질문을 할 때 명심해야 할 세 가지가 있다. 첫째, 질문을 준비하라. 만약 많은 학생들처럼 수업 시간에 부끄러워하거나 질문할 것이 없다면 수업 전에 적어 온 질문으로 시작하기 바란다. 둘째, 질문하기에 적당한 때를 기다려라. 셋째, 질문을 명백히 하거나 알기 쉽도록 질문을 반복해달라는 요구를 받을 때를 대비하여 바꾸어 말하거나 다른 방식으로 말하는 것을 준비하라.

학습목표

본 장에서 제시된 정보와 연습문제를 사용함으로써 다음 능력을 배양할 수 있다.

1. s-영역에서의 회로소자 모델을 이해하고 효과적으로 활용할 수 있다.
2. s-영역에서 회로 해석을 어떻게 수행하고 그 결과를 시간 영역으로 어떻게 변환하는지 이해할 수 있다.
3. 전달함수가 무엇인지 그리고 어떻게 사용하는지 이해할 수 있다.
4. 회로 해석에서 상태변수를 어떻게 적용하고 사용하는지 이해할 수 있다.

마지막 코멘트: 모든 교수들이 비록 좋아한다고 했더라도 수업 중 학생들이 질문하는 것을 좋아하지는 않는다. 여러분은 어떤 교수가 수업 중 질문을 좋아하는지 알아야 한다. 엔지니어로서 가장 중요한 기술 중 하나를 향상시키는 데 행운을 빈다.

16.1   서론

앞에서 라플라스 변환을 소개했는데 이것으로 무엇을 할 수 있는지 알아보자. 회로 해석, 회로망 합성, 회로 설계를 위한 가장 강력한 수학적 도구 중 하나가 라플라스 변환이라는 것을 명심하라. 회로와 시스템을 s-영역에서 조사할 수 있다는 것은 회로와 시스템이 어떻게 동작하는지 이해하는 데 도움을 준다. 이 장에서는 s-영역에서 회로를 가지고 작업하는 것이 얼마나 쉬운지 면밀하게 살펴볼 것이다. 또한, 물리적 시스템을 간단히 살펴볼 것이다. 우리는 독자들이 물리적 시스템에 대해 공부했고, 그것을 묘사하기 위해 우리가 전기회로를 묘사하는 데 사용했던 것처럼 미분방정식을 사용했다고 확신한다. 실제로 그것은 우리가 살고 있는 물리적인 세계에서 엄청난 것이다. 동일한 미분방정식이 임의의 선형 회로, 선형 시스템, 또는 선형 공정을 묘사하는 데 사용될 수 있다. 중요한 것은 선형성이라는 용어이다.

시스템은 입력을 출력과 연관시켜 주는 물리적인 과정의 수학적 모델이다.

회로를 시스템이라고 생각하는 것은 적절하다. 역사적으로 회로는 시스템과는 다른 주제로 다루어졌다. 그래서 이 장에서는 회로가 전기 시스템의 한 부류에서 벗어나지 않는다는 것을 깨닫게 하는 회로와 시스템에 대해 실제적으로 다룰 것이다.

기억해야 할 가장 중요한 점은 15장과 이 장에서 다루는 내용이 어떤 선형 시스템에도 적용된다는 것이다. 15장에서는 선형 미분방정식과 적분방정식을 풀기 위해 어떻게 라플라스 변환을 이용하는가를 배웠다. 이 장에서는 s-영역에서 회로를 모델링하는 개념을 소개한다. 우리는 어떤 종류의 선형 회로라도 풀 수 있도록 도와주는 원리를 사용할 수 있다. 또한, 복수의 입력과 출력이 있는 시스템을 해석하기 위해 상태변수가 어떻게 이용될 수 있는지를 알아볼 것이다. 마지막으로 회로망 안정성 해석과 회로망 합성에서 어떻게 라플라스 변환이 사용되는지를 살펴볼 것이다.

16.2　　회로소자 모델

라플라스 변환과 역변환을 얻는 방법을 알았으므로 라플라스 변환을 회로 해석에 적용할 수 있는 준비가 되었다. 라플라스 변환을 적용하는 데는 보통 세 단계가 필요하다.

> **라플라스 변환의 단계적 적용**
>
> 1. 시간 영역에서 s-영역으로 회로를 변환한다.
> 2. 노드 해석법, 메시 해석법, 전원 변환, 중첩 정리, 또는 익숙한 다른 회로 해석 방법을 사용하여 회로를 푼다.
> 3. 해의 역변환을 통해 시간 영역의 해를 얻는다.

2단계에서 언급한 바와 같이 직류회로에 적용된 모든 회로 해석 방법은 s-영역에 적용될 수 있다.

새로운 방법인 첫 번째 단계를 여기서 설명한다. 페이저 해석에서 했듯이 회로의 각 항에 대해 라플라스 변환을 함으로써 시간 영역의 회로를 주파수 영역 또는 s-영역으로 변환한다.

저항의 경우 시간 영역에서 전압–전류 관계식은

$$v(t) = Ri(t) \tag{16.1}$$

이 수식을 라플라스 변환하면

$$\boxed{V(s) = RI(s)} \tag{16.2}$$

인덕터의 경우

$$v(t) = L\frac{di(t)}{dt} \tag{16.3}$$

수식의 양변을 라플라스 변환하면

$$V(s) = L[sI(s) - i(0^-)] = sLI(s) - Li(0^-) \tag{16.4}$$

또는

$$\boxed{I(s) = \frac{1}{sL}V(s) + \frac{i(0^-)}{s}} \tag{16.5}$$

s-영역의 등가회로는 그림 16.1에 나타냈다. 여기서 초기 조건은 전압원 또는 전류원으로 모델링되었다.

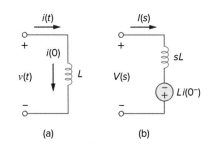

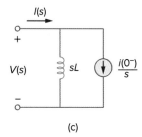

그림 16.1
인덕터의 표현: (a) 시간 영역, (b, c) s-영역 등가회로.

회로 해석에서 라플라스 변환의 정확성은 변환 과정에서 초기 조건을 자동으로 반영함으로써 완전응답(과도응답과 정상상태 응답)을 제공하는 데 있다.

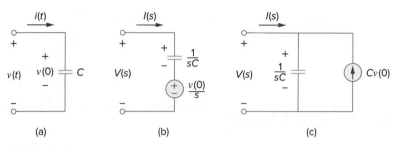

그림 16.2
커패시터의 표현: (a) 시간 영역, (b, c) s-영역 등가회로.

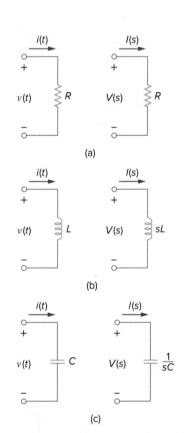

그림 16.3
수동소자의 초기 조건이 0일 때 시간 영역과 s-영역의 표현.

커패시터의 경우

$$i(t) = C\frac{dv(t)}{dt} \tag{16.6}$$

s-영역으로 변환하면

$$I(s) = C[sV(s) - v(0^-)] = sCV(s) - Cv(0^-) \tag{16.7}$$

또는

$$\boxed{V(s) = \frac{1}{sC}I(s) + \frac{v(0^-)}{s}} \tag{16.8}$$

s-영역의 등가회로는 그림 16.2에 나타냈다. s-영역 등가회로를 이용하는 라플라스 변환은 7장과 8장에서 다룬 회로와 같은 일차와 이차 회로를 해석하는 데 쉽게 사용될 수 있다. 식 (16.3)~(16.8)로부터 초기 조건은 라플라스 변환의 일부임을 알아야 한다. 이는 회로 해석에 라플라스 변환을 사용할 때의 이점 중 하나이다. 또 다른 이점은 회로망의 완전응답—과도응답과 정상상태 응답—을 얻을 수 있다는 것이다. 이에 관해서는 예제 16.2와 16.3에서 설명할 것이다. 또한, 식 (16.5)와 (16.8)이 지닌 쌍대성을 살펴보자. 이는 8장(표 8.1 참조)에서 배운 L과 C, $I(s)$와 $V(s)$, $v(0)$와 $i(0)$가 쌍대성의 짝이라는 것을 확인해준다.

만약 인덕터와 커패시터의 초기 조건이 0이라고 가정하면 전압–전류 관계식은 다음과 같이 간략하게 표현된다.

저항: $V(s) = RI(s)$

인덕터: $V(s) = sLI(s)$ $\qquad(16.9)$

커패시터: $V(s) = \frac{1}{sC}I(s)$

이러한 소자의 s-영역 등가회로는 그림 16.3에 나타냈다.

s-영역에서의 임피던스는 초기 조건이 0일 때 전압 변환과 전류 변환의 비로 정의한다. 즉

$$Z(s) = \frac{V(s)}{I(s)} \tag{16.10}$$

따라서 세 가지 회로소자의 임피던스는

$$\begin{aligned}
\text{저항:} &\qquad Z(s) = R \\
\text{인덕터:} &\qquad Z(s) = sL \\
\text{커패시터:} &\qquad Z(s) = \frac{1}{sC}
\end{aligned}$$

(16.11)

표 16.1에 이를 요약하여 정리했다. s-영역에서 어드미턴스는 임피던스의 역수
이다.

$$Y(s) = \frac{1}{Z(s)} = \frac{I(s)}{V(s)}$$

(16.12)

회로 해석에서 라플라스 변환의 사용은 다양한 전원, 즉 임펄스 함수, 단위계단
함수, 램프 함수, 지수 함수, 정현파 함수 형태의 전원을 쉽게 다룰 수 있게 한다.

　　종속 전원과 연산증폭기의 모델은 $f(t)$의 라플라스 변환이 $F(s)$이면 $af(t)$의
라플라스 변환은 $aF(s)$가 되는 선형성이라는 단순한 사실로부터 간단히 구할 수
있다. 종속 전원 모델은 하나의 값을 다룬다는 점에서 좀 더 쉽다. 종속 전원은
상수 전압 또는 상수 전류라는 단 2개의 제어값을 가질 수 있다. 따라서

$$\mathcal{L}[av(t)] = aV(s)$$

(16.13)

$$\mathcal{L}[ai(t)] = aI(s)$$

(16.14)

　　이상적인 연산증폭기는 저항처럼 취급될 수 있다. 실제적인 연산증폭기이
거나 이상적인 연산증폭기 안에서는 전압에 상수를 곱하는 것만 이루어진다. 그
러므로 연산증폭기의 입력 전압과 입력 전류는 0이 되어야 한다는 제약 조건을
이용하여 우리가 하던 대로 방정식을 쓰기만 하면 된다.

그림 16.4의 회로에서 초기 조건을 0으로 가정하고 $v_o(t)$를 구하라.

풀이:
먼저 회로를 시간 영역에서 s-영역으로 변환한다.

$$\begin{aligned}
u(t) &\quad \Rightarrow \quad \frac{1}{s} \\
1\,\text{H} &\quad \Rightarrow \quad sL = s \\
\frac{1}{3}\text{F} &\quad \Rightarrow \quad \frac{1}{sC} = \frac{3}{s}
\end{aligned}$$

s-영역의 회로를 그림 16.5에 나타냈다. 이제 이 회로에 메시 해석법을 적용한
다. 메시 1의 경우

$$\frac{1}{s} = \left(1 + \frac{3}{s}\right)I_1 - \frac{3}{s}I_2$$

(16.1.1)

메시 2의 경우

$$0 = -\frac{3}{s}I_1 + \left(s + 5 + \frac{3}{s}\right)I_2$$

표 16.1

s-영역에서 소자의 임피던스*

소자	$Z(s) = V(s)/I(s)$
저항	R
인덕터	sL
커패시터	$1/sC$

* 초기 조건은 0으로 가정한다.

예제 16.1

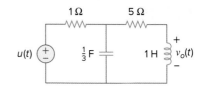

그림 16.4
예제 16.1.

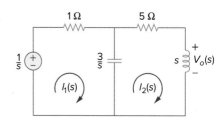

그림 16.5
주파수 영역 등가회로의 메시 해석.

또는

$$I_1 = \frac{1}{3}(s^2 + 5s + 3)I_2 \qquad\qquad (16.1.2)$$

이것을 식 (16.1.1)에 대입하면

$$\frac{1}{s} = \left(1 + \frac{3}{s}\right)\frac{1}{3}(s^2 + 5s + 3)I_2 - \frac{3}{s}I_2$$

양변에 $3s$를 곱하면

$$3 = (s^3 + 8s^2 + 18s)I_2 \quad\Rightarrow\quad I_2 = \frac{3}{s^3 + 8s^2 + 18s}$$

$$V_o(s) = sI_2 = \frac{3}{s^2 + 8s + 18} = \frac{3}{\sqrt{2}}\frac{\sqrt{2}}{(s+4)^2 + (\sqrt{2})^2}$$

역변환을 취하면 다음 식을 얻는다.

$$v_o(t) = \frac{3}{\sqrt{2}}e^{-4t}\sin\sqrt{2}t \text{ V}, \qquad t \geq 0$$

실전문제 16.1

그림 16.6의 회로에서 초기 조건을 0으로 가정하고 $v_o(t)$를 구하라.

답: $40(1 - e^{-2t} - 2te^{-2t})u(t)$ V

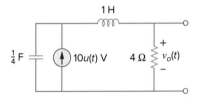

그림 16.6
실전문제 16.1.

예제 16.2

그림 16.7의 회로에서 $v_o(t)$를 구하라. $v_o(0) = 5$ V로 가정한다.

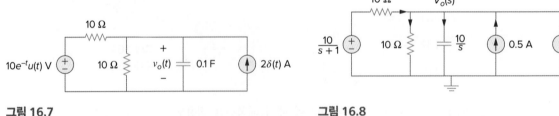

그림 16.7
예제 16.2.

그림 16.8
그림 16.7의 등가회로에 대한 노드 해석.

풀이:

그림 16.8에 나타낸 바와 같이 시간 영역의 회로를 s-영역으로 변환한다. 초기 조건은 전류원이 $Cv_o(0) = 0.1(5) = 0.5$ A의 형태로 포함된다[그림 16.2(c) 참조]. 노드 해석법을 적용한다. 맨 위 노드에서

$$\frac{10/(s+1) - V_o}{10} + 2 + 0.5 = \frac{V_o}{10} + \frac{V_o}{10/s}$$

또는

$$\frac{1}{s+1} + 2.5 = \frac{2V_o}{10} + \frac{sV_o}{10} = \frac{1}{10}V_o(s+2)$$

양변에 10을 곱하면

$$\frac{10}{s+1} + 25 = V_o(s+2)$$

또는

$$V_o = \frac{25s+35}{(s+1)(s+2)} = \frac{A}{s+1} + \frac{B}{s+2}$$

여기서

$$A = (s+1)V_o(s)\big|_{s=-1} = \frac{25s+35}{(s+2)}\bigg|_{s=-1} = \frac{10}{1} = 10$$

$$B = (s+2)V_o(s)\big|_{s=-2} = \frac{25s+35}{(s+1)}\bigg|_{s=-2} = \frac{-15}{-1} = 15$$

그러므로

$$V_o(s) = \frac{10}{s+1} + \frac{15}{s+2}$$

역라플라스 변환을 취하면

$$v_o(t) = (10e^{-t} + 15e^{-2t})u(t) \text{ V}$$

실전문제 16.2

그림 16.9의 회로에서 $v_o(t)$를 구하라. 전압 입력은 함수 $u(t)$가 곱해졌으므로 전압원이 $t < 0$인 구간에서 단락되어 있으며, $i_L(0) = 0$이다.

답: $(60e^{-2t} - 10e^{-t/3})u(t)$ V.

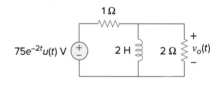

그림 16.9
실전문제 16.2.

예제 16.3

그림 16.10(a)의 회로에서 $t = 0$인 시점에 스위치가 a에서 b로 이동했다. $t > 0$인 구간에서 $i(t)$를 구하라.

풀이:

인덕터에 흐르는 초기 전류는 $i(0) = I_o$이다. 그림 16.10(b)는 $t > 0$인 구간에서 s-영역으로 변환된 회로를 보여준다. 초기 조건은 전압원이 $Li(0) = LI_o$의 형태

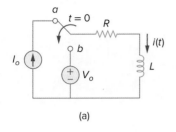

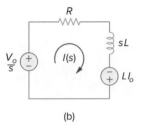

그림 16.10
예제 16.3.

로 포함되었다. 메시 해석법을 사용하면

$$I(s)(R + sL) - LI_o - \frac{V_o}{s} = 0 \qquad (16.3.1)$$

또는

$$I(s) = \frac{LI_o}{R + sL} + \frac{V_o}{s(R + sL)} = \frac{I_o}{s + R/L} + \frac{V_o/L}{s(s + R/L)} \qquad (16.3.2)$$

식 (16.3.2)의 오른쪽 두 번째 항을 부분분수로 전개하면

$$I(s) = \frac{I_o}{s + R/L} + \frac{V_o/R}{s} - \frac{V_o/R}{(s + R/L)} \qquad (16.3.3)$$

이 식에 역라플라스 변환을 취하면

$$i(t) = \left(I_o - \frac{V_o}{R}\right)e^{-t/\tau} + \frac{V_o}{R}, \qquad t \geq 0 \qquad (16.3.4)$$

여기서 $\tau = L/R$이다. 오른쪽 첫 번째 항은 과도응답이고 두 번째 항은 정상상태 응답이다. 달리 말하면 최종값은 $i(\infty) = V_o/R$이고, 이것은 식 (16.3.2) 또는 (16.3.3)에 최종값 정리를 적용하여 얻을 수 있다. 즉

$$\lim_{s \to 0} sI(s) = \lim_{s \to 0}\left(\frac{sI_o}{s + R/L} + \frac{V_o/L}{s + R/L}\right) = \frac{V_o}{R} \qquad (16.3.5)$$

식 (16.3.4)는 다음과 같이 나타낼 수 있다.

$$i(t) = I_o e^{-t/\tau} + \frac{V_o}{R}(1 - e^{-t/\tau}), \qquad t \geq 0 \qquad (16.3.6)$$

위 식의 첫 번째 항은 고유응답이고, 두 번째 항은 강제응답이다. 만약 초기 조건이 $I_o = 0$이면 식 (16.3.6)은

$$i(t) = \frac{V_o}{R}(1 - e^{-t/\tau}), \qquad t \geq 0 \qquad (16.3.7)$$

위 식은 초기 조건이 0인 에너지 상태에서 단위계단 입력 V_o에 의한 단위계단 응답이 된다.

실전문제 16.3

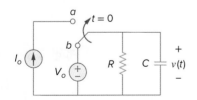

그림 16.11
실전문제 16.3.

그림 16.11의 회로에서 스위치가 오랫동안 위치 b에 있었다. $t = 0$인 시점에 스위치가 a로 이동되었다면 $t > 0$인 구간에서 $v(t)$를 구하라.

답: $v(t) = (V_o - I_oR)e^{-t/\tau} + I_oR, t > 0$, 여기서 $\tau = RC$

16.3 회로 해석

회로 해석은 s-영역에서 상대적으로 쉽다. 미분 연산자와 적분 연산자를 s와 $1/s$ 이라는 곱셈기로 변환함으로써 시간 영역에서의 수학적 관계식을 s-영역으로 단순히 변환하기만 하면 된다. 이렇게 함으로써 대수학을 사용하여 회로 방정식을 풀 수 있다. 놀라운 점은 직류회로를 위해 개발된 모든 회로 이론과 관계식이 s-영역에서 완벽하게 유효하다는 것이다.

> 커패시터와 인덕터를 가진 **등가회로**는 s-영역에서만 존재하며 그것들은 시간 영역으로 되돌릴 수 없다는 것을 명심하라.

그림 16.12(a)의 회로에서 커패시터에 걸리는 전압을 구하라. $v_s(t) = 10u(t)$ V 이며, $t = 0$인 시점에 -1 A의 전류가 인덕터에 흐르고, $+5$ V가 커패시터에 걸린다고 가정한다.

풀이:

그림 16.12(b)는 s-영역에서 초기 조건이 포함된 전체 회로를 보여준다. 이제 간단한 노드 해석 문제를 풀면 된다. 노드 전압 V_1은 시간 영역에서 커패시터의 전압값이고 우리가 모르는 유일한 전압이기 때문에 하나의 방정식만 세우면 된다.

$$\frac{V_1 - 10/s}{10/3} + \frac{V_1 - 0}{5s} + \frac{i(0)}{s} + \frac{V_1 - [v(0)/s]}{1/(0.1s)} = 0 \qquad \text{(16.4.1)}$$

또는

$$0.1\left(s + 3 + \frac{2}{s}\right)V_1 = \frac{3}{s} + \frac{1}{s} + 0.5 \qquad \text{(16.4.2)}$$

여기서 $v(0) = 5$ V이고 $i(0) = -1$ A이다. 위 식을 간략화하면

$$(s^2 + 3s + 2)\,V_1 = 40 + 5s$$

또는

$$V_1 = \frac{40 + 5s}{(s+1)(s+2)} = \frac{35}{s+1} - \frac{30}{s+2} \qquad \text{(16.4.3)}$$

역라플라스 변환을 취하면

$$v_1(t) = (35e^{-t} - 30e^{-2t})u(t) \text{ V} \qquad \text{(16.4.4)}$$

예제 16.4

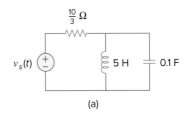

(a)

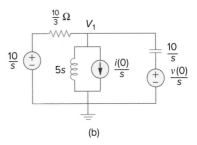

(b)

그림 16.12
예제 16.4.

실전문제 16.4

그림 16.12의 회로에서 동일한 초기 조건이 주어졌을 때, $t > 0$인 구간에서 인덕터에 흐르는 전류를 구하라.

답: $i(t) = (3 - 7e^{-t} + 3e^{-2t})u(t)$ A

예제 16.5

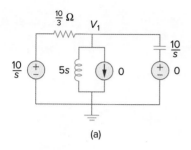

(a)

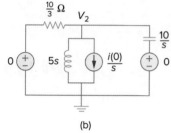

(b)

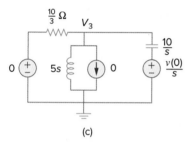

(c)

그림 16.13
예제 16.5.

그림 16.12의 회로에서 예제 16.4와 동일한 초기 조건이 주어졌을 때, 중첩 정리를 이용하여 커패시터에 걸리는 전압값을 구하라.

풀이:

이 회로는 s-영역에서 3개의 독립 신호원을 가지고 있으므로 한 번에 하나의 독립 신호원에 대한 해를 구할 수 있다. 그림 16.13은 s-영역에서 한 번에 하나의 전원에 대한 회로를 보여준다. 이제 3개의 노드 해석 문제를 갖게 된다. 우선 그림 16.13(a)의 회로에서 커패시터 전압을 구해보자.

$$\frac{V_1 - 10/s}{10/3} + \frac{V_1 - 0}{5s} + 0 + \frac{V_1 - 0}{1/(0.1s)} = 0$$

또는

$$0.1\left(s + 3 + \frac{2}{s}\right)V_1 = \frac{3}{s}$$

간략화하면

$$(s^2 + 3s + 2)V_1 = 30$$

$$V_1 = \frac{30}{(s+1)(s+2)} = \frac{30}{s+1} - \frac{30}{s+2}$$

또는

$$v_1(t) = (30e^{-t} - 30e^{-2t})u(t) \text{ V} \qquad \textbf{(16.5.1)}$$

그림 16.13(b)에서

$$\frac{V_2 - 0}{10/3} + \frac{V_2 - 0}{5s} - \frac{1}{s} + \frac{V_2 - 0}{1/(0.1s)} = 0$$

또는

$$0.1\left(s + 3 + \frac{2}{s}\right)V_2 = \frac{1}{s}$$

전개하면

$$V_2 = \frac{10}{(s+1)(s+2)} = \frac{10}{s+1} - \frac{10}{s+2}$$

역라플라스 변환을 취하면 다음을 얻는다.

$$v_2(t) = (10e^{-t} - 10e^{-2t})u(t) \text{ V} \qquad \textbf{(16.5.2)}$$

그림 16.13(c)에서

$$\frac{V_3 - 0}{10/3} + \frac{V_3 - 0}{5s} - 0 + \frac{V_3 - 5/s}{1/(0.1s)} = 0$$

또는

$$0.1\left(s + 3 + \frac{2}{s}\right)V_3 = 0.5$$

$$V_3 = \frac{5s}{(s+1)(s+2)} = \frac{-5}{s+1} + \frac{10}{s+2}$$

전개하면

$$v_3(t) = (-5e^{-t} + 10e^{-2t})u(t) \text{ V} \qquad\qquad \textbf{(16.5.3)}$$

이제 식 (16.5.1), (16.5.2), (16.5.3)을 더하면

$$v(t) = v_1(t) + v_2(t) + v_3(t)$$
$$= \{(30 + 10 - 5)e^{-t} + (-30 + 10 - 10)e^{-2t}\}u(t) \text{ V}$$

또는

$$v(t) = (35e^{-t} - 30e^{-2t})u(t) \text{ V}$$

예제 16.4의 해와 같음을 알 수 있다.

실전문제 16.5

그림 16.12의 회로에서 예제 16.4와 동일한 초기 조건이 주어졌을 때, $t > 0$인 구간에서 중첩 정리를 이용하여 인덕터에 흐르는 전류를 구하라.

답: $i(t) = (3 - 7e^{-t} + 3e^{-2t})u(t) \text{ A}$

예제 16.6

그림 16.14의 회로에서 $t = 0$인 시점에 초기 에너지가 저장되어 있지 않고, $i_s = 10u(t)$ A라고 가정한다. (a) 테브냉 법칙을 이용하여 $V_o(s)$를 구하라. (b) 초기값 정리와 최종값 정리를 적용하여 $v_o(0^+)$와 $v_o(\infty)$를 구하라. (c) $v_o(t)$를 구하라.

풀이:

회로에 저장된 초기 에너지가 없기 때문에, $t = 0$일 때 인덕터의 초기 전류와 커패시터의 초기 전압이 0이라고 가정한다.

(a) 테브냉 등가회로를 구하기 위해 5 Ω 저항을 제거하고 $V_{oc}(V_{Th})$와 I_{sc}를 구한다. V_{Th}를 구하기 위해 라플라스 변환된 그림 16.15(a)의 회로를 사용한다. $I_x = 0$이기 때문에 종속 전압원은 기여하는 부분이 없으므로

$$V_{oc} = V_{Th} = 5\left(\frac{10}{s}\right) = \frac{50}{s}$$

Z_{Th}를 구하기 위해 그림 16.15(b)의 회로에서 우선 I_{sc}를 구한다. 노드 해석을 사용하여 V_1을 구할 수 있으며, 결과적으로 $I_{sc}(I_{sc} = I_x = V_1/2s)$를 얻는다.

$$-\frac{10}{s} + \frac{(V_1 - 2I_x) - 0}{5} + \frac{V_1 - 0}{2s} = 0$$

그리고

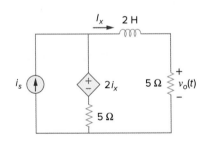

그림 16.14
예제 16.6.

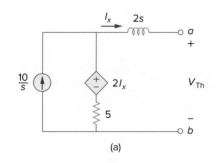

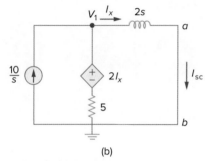

그림 16.15
예제 16.6: (a) V_{Th} 구하는 회로, (b) Z_{Th} 구하는 회로.

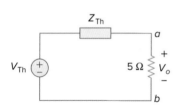

그림 16.16
예제 16.6: s-영역에서 테브냉 등가회로.

$$I_x = \frac{V_1}{2s}$$

전개하면

$$V_1 = \frac{100}{2s+3}$$

그러므로

$$I_{sc} = \frac{V_1}{2s} = \frac{100/(2s+3)}{2s} = \frac{50}{s(2s+3)}$$

그리고

$$Z_{Th} = \frac{V_{oc}}{I_{sc}} = \frac{50/s}{50/[s(2s+3)]} = 2s+3$$

　그림 16.14의 회로는 단자 a-b에서 그림 16.16에 나타낸 테브냉 등가회로로 대체되었다. 그림 16.16으로부터

$$V_o = \frac{5}{5+Z_{Th}}V_{Th} = \frac{5}{5+2s+3}\left(\frac{50}{s}\right) = \frac{250}{s(2s+8)} = \frac{125}{s(s+4)}$$

(b) 초기값 정리를 이용하면

$$v_o(0) = \lim_{s\to\infty} sV_o(s) = \lim_{s\to\infty}\frac{125}{s+4} = \lim_{s\to\infty}\frac{125/s}{1+4/s} = \frac{0}{1} = 0$$

최종값 정리를 이용하면

$$v_o(\infty) = \lim_{s\to 0} sV_o(s) = \lim_{s\to 0}\frac{125}{s+4} = \frac{125}{4} = 31.25 \text{ V}$$

(c) 부분분수를 이용하여

$$V_o = \frac{125}{s(s+4)} = \frac{A}{s} + \frac{B}{s+4}$$

$$A = sV_o(s)\Big|_{s=0} = \frac{125}{s+4}\Big|_{s=0} = 31.25$$

$$B = (s+4)V_o(s)\Big|_{s=-4} = \frac{125}{s}\Big|_{s=-4} = -31.25$$

$$V_o = \frac{31.25}{s} - \frac{31.25}{s+4}$$

역라플라스 변환을 취하면

$$v_o(t) = 31.25(1 - e^{-4t})u(t) \text{ V}$$

(b)에서 얻은 $v_o(0)$, $v_o(\infty)$ 값과 일치한다.

그림 16.17의 회로에서 $t = 0$인 시점에 초기 에너지가 0이다. $v_s = 30u(t)$ V라고 가정한다. (a) 테브냉 법칙을 이용하여 $V_o(s)$를 구하라. (b) 초기값 정리와 최종값 정리를 적용하여 $v_o(0)$와 $v_o(\infty)$를 구하라. (c) $v_o(t)$를 구하라.

답: (a) $V_o(s) = \frac{24(s+0.25)}{s(s+0.3)}$, (b) 24 V, 20 V,

(c) $(20 + 4e^{-0.3t})u(t)$ V

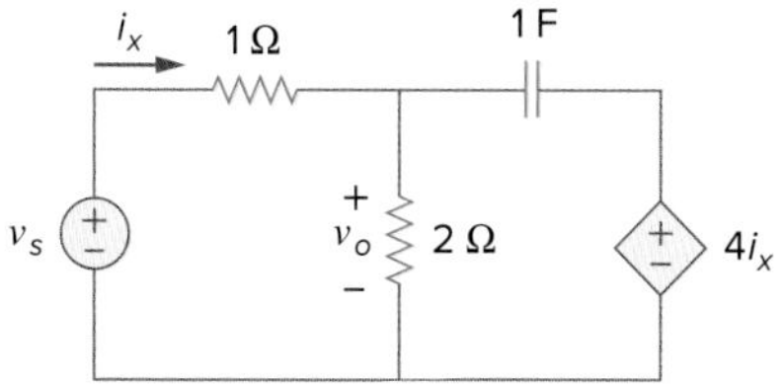

그림 16.17
실전문제 16.6.

16.4 전달함수

전달함수는 신호가 회로망을 통과할 때 어떻게 처리되는지를 나타내기 때문에 신호 처리에 매우 중요한 개념이다. 이것은 회로망 응답을 찾고, 회로망의 안정도를 결정하며(또는 설계하고), 회로망을 합성하는 데 적합한 도구로 사용된다. 회로망의 전달함수는 입력에 대해 출력이 어떻게 동작하는지를 나타낸다. 이는 초기 에너지를 0으로 가정하여 입력에서 출력으로의 전달 특성을 s-영역에서 나타낸다.

전기회로망에서 전달함수는 망함수로도 알려져 있다.

전달함수 $H(s)$는 초기 조건을 0으로 가정하고 입력 신호 $X(s)$에 대한 출력 응답 $Y(s)$의 비를 나타낸다.

그러므로

$$H(s) = \frac{Y(s)}{X(s)} \tag{16.15}$$

전달함수는 입력과 출력을 무엇으로 정하느냐에 따라 결정된다. 입력과 출력은 회로의 임의 지점에서 전류 또는 전압이 될 수 있기 때문에 여기에는 네 가지 유형의 전달함수가 있다.

어떤 저자는 식 (16.16c)와 (16.16d) 형태의 전달함수를 고려하지 않는다.

$$H(s) = \text{전압 이득} = \frac{V_o(s)}{V_i(s)} \tag{16.16a}$$

$$H(s) = \text{전류 이득} = \frac{I_o(s)}{I_i(s)} \tag{16.16b}$$

$$H(s) = \text{임피던스} = \frac{V(s)}{I(s)} \tag{16.16c}$$

$$H(s) = \text{어드미턴스} = \frac{I(s)}{V(s)} \tag{16.16d}$$

그러므로 회로는 다수의 전달함수를 가질 수 있다. 식 (16.16a)와 (16.16b)에서 $H(s)$는 무차원이다.

식 (16.16)의 각 전달함수는 두 가지 방법으로 구할 수 있다. 하나의 방법은 적절한 입력 $X(s)$를 가정하고 임의의 회로 해석 방법(예를 들면 전류 분배 또는 전압 분배, 노드 해석 또는 메시 해석)을 사용하여 출력 $Y(s)$를 구하고, 곧이어 입력에 대한 출력의 비를 구한다. 다른 방법은 **사다리 방법**을 적용하는 것이다. 이 방법은 출력을 1 V 또는 1 A로 가정하고 옴의 법칙과 키르히호프의 법칙(KCL)을 사용하여 입력을 구한다. 전달함수는 1을 입력으로 나눈 것이 된다. 이 방법은 회로에 많은 루프 또는 노드가 존재하여 노드 해석이나 메시 해석을 적용하기 어려운 회로에서 보다 편리한 방법이다. 첫 번째 방법에서는 입력을 가정하여 출력을 구하고, 두 번째 방법에서는 출력을 가정하여 입력을 구한다. 두 방법 모두 전달함수 $H(s)$는 입력에 대한 출력의 비로 구한다. 두 방법 모두 선형성에 의존하는데, 이는 이 책에서 선형 회로만을 다루기 때문이다. 예제 16.8에서 이러한 방법을 설명한다.

식 (16.15)는 $X(s)$와 $Y(s)$를 모두 알고 있다고 가정한다. 때로는 입력 $X(s)$와 전달함수 $H(s)$를 알고 있고, 출력 $Y(s)$를 다음과 같이 구한다.

$$Y(s) = H(s)X(s) \qquad \textbf{(16.17)}$$

그리고 이것을 역변환하여 출력 $y(t)$를 구한다. 특별한 예는 입력이 임펄스함수 $x(t) = \delta(t)$여서 라플라스 변환식이 $X(s) = 1$인 경우이다. 이때

| 단위 임펄스 응답은 입력이 단위 임펄스일 때 회로의 출력 응답이다.

$$Y(s) = H(s) \qquad \text{또는} \qquad y(t) = h(t) \qquad \textbf{(16.18)}$$

여기서

$$h(t) = \mathcal{L}^{-1}[H(s)] \qquad \textbf{(16.19)}$$

함수 $h(t)$는 단위 임펄스 응답, 즉 단위 임펄스에 대한 회로망의 시간 영역 응답을 나타낸다. 따라서 식 (16.19)는 전달함수에 대한 새로운 해석을 제시한다. 즉 $H(s)$는 회로망의 단위 임펄스 응답에 대한 라플라스 변환이다. 회로망의 임펄스 응답 $h(t)$를 알면 어떠한 입력에 대해서도 s-영역에서 식 (16.17)을 사용하거나 시간 영역에서 콘볼루션 적분(15.5절)을 사용하여 회로망의 응답을 구할 수 있다.

예제 16.7

선형 시스템의 입력이 $x(t) = e^{-t}u(t)$일 때 출력은 $y(t) = 10e^{-t}\cos 4t\, u(t)$이다. 이 시스템의 전달함수와 임펄스 응답을 구하라.

풀이:

$x(t) = e^{-t}u(t)$이고 $y(t) = 10e^{-t}\cos 4t\, u(t)$이면

$$X(s) = \frac{1}{s+1} \qquad \text{그리고} \qquad Y(s) = \frac{10(s+1)}{(s+1)^2 + 4^2}$$

따라서

$$H(s) = \frac{Y(s)}{X(s)} = \frac{10(s+1)^2}{(s+1)^2 + 16} = \frac{10(s^2 + 2s + 1)}{s^2 + 2s + 17}$$

$h(t)$를 구하기 위해 $H(s)$를 다음과 같이 나타내면

$$H(s) = 10 - 40\frac{4}{(s+1)^2 + 4^2}$$

표 15.2로부터

$$h(t) = 10\delta(t) - 40e^{-t}\sin 4t\, u(t)$$

실전문제 16.7

선형 시스템의 전달함수가 다음과 같다.

$$H(s) = \frac{2s}{s+6}$$

입력 $10e^{-3t}u(t)$에 대한 출력 $y(t)$와 임펄스 응답을 구하라.

답: $-20e^{-3t} + 40e^{-6t}$, $t \geq 0$, $2\delta(t) - 12e^{-6t}u(t)$

예제 16.8

그림 16.18의 회로에서 전달함수 $H(s) = V_o(s)/I_o(s)$를 구하라.

풀이:

■ **방법 1** 전류 분배에 의해

$$I_2 = \frac{(s+4)I_o}{s + 4 + 2 + 1/2s}$$

그리고

$$V_o = 2I_2 = \frac{2(s+4)I_o}{s + 6 + 1/2s}$$

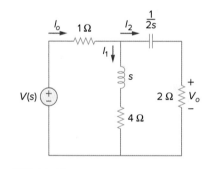

그림 16.18
예제 16.8.

따라서

$$H(s) = \frac{V_o(s)}{I_o(s)} = \frac{4s(s+4)}{2s^2 + 12s + 1}$$

■ **방법 2** 사다리 방법을 적용할 수 있다. 우선 $V_o = 1$ V라고 가정하자. 옴의 법칙에 의해 $I_2 = V_o/2 = 1/2$ A이다. $(2 + 1/2s)$ 임피던스 양단에 걸리는 전압은

$$V_1 = I_2\left(2 + \frac{1}{2s}\right) = 1 + \frac{1}{4s} = \frac{4s + 1}{4s}$$

이것은 $(s + 4)$ 임피던스 양단에 걸리는 전압과 같다. 그러므로

$$I_1 = \frac{V_1}{s+4} = \frac{4s+1}{4s(s+4)}$$

맨 위 노드에 KCL을 적용하면

$$I_o = I_1 + I_2 = \frac{4s + 1}{4s(s + 4)} + \frac{1}{2} = \frac{2s^2 + 12s + 1}{4s(s + 4)}$$

그러므로

$$H(s) = \frac{V_o}{I_o} = \frac{1}{I_o} = \frac{4s(s + 4)}{2s^2 + 12s + 1}$$

실전문제 16.8

그림 16.18의 회로에서 전달함수 $H(s) = I_1(s)/I_o(s)$를 구하라.

답: $\dfrac{4s + 1}{2s^2 + 12s + 1}$

예제 16.9

그림 16.19의 s-영역 회로에서 다음을 구하라. (a) 전달함수 $H(s) = V_o/V_i$, (b) 임펄스 응답, (c) 입력이 $v_i(t) = u(t)$ V일 때의 응답, (d) 입력이 $v_i(t) = 8\cos 2t$ V일 때의 응답

풀이:

(a) 전압 분배를 사용하여

$$V_o = \frac{1}{s + 1} V_{ab} \tag{16.9.1}$$

그리고

$$V_{ab} = \frac{1 \| (s + 1)}{1 + 1 \| (s + 1)} V_i = \frac{(s + 1)/(s + 2)}{1 + (s + 1)/(s + 2)} V_i$$

또는

$$V_{ab} = \frac{s + 1}{2s + 3} V_i \tag{16.9.2}$$

식 (16.9.2)를 식 (16.9.1)에 대입하면

$$V_o = \frac{V_i}{2s + 3}$$

따라서 전달함수는

$$H(s) = \frac{V_o}{V_i} = \frac{1}{2s + 3}$$

(b) $H(s)$는 다음과 같이 나타낼 수 있다.

$$H(s) = \frac{1}{2} \frac{1}{s + \frac{3}{2}}$$

이것의 역라플라스 변환은 임펄스 응답이다.

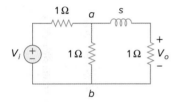

그림 16.19
예제 16.9.

$$h(t) = \frac{1}{2} e^{-3t/2} u(t)$$

(c) $v_i(t) = u(t)$일 때 $V_i(s) = 1/s$, 그리고

$$V_o(s) = H(s)V_i(s) = \frac{1}{2s(s + \frac{3}{2})} = \frac{A}{s} + \frac{B}{s + \frac{3}{2}}$$

여기서

$$A = sV_o(s)\big|_{s=0} = \frac{1}{2(s + \frac{3}{2})}\bigg|_{s=0} = \frac{1}{3}$$

$$B = \left(s + \frac{3}{2}\right)V_o(s)\bigg|_{s=-3/2} = \frac{1}{2s}\bigg|_{s=-3/2} = -\frac{1}{3}$$

따라서 $v_i(t) = u(t)$에 대해

$$V_o(s) = \frac{1}{3}\left(\frac{1}{s} - \frac{1}{s + \frac{3}{2}}\right)$$

이것의 역라플라스 변환은

$$v_o(t) = \frac{1}{3}(1 - e^{-3t/2})u(t) \text{ V}$$

(d) $v_i(t) = 8\cos 2t$일 때 $V_i(s) = \frac{8s}{s^2 + 4}$, 그리고

$$V_o(s) = H(s)V_i(s) = \frac{4s}{(s + \frac{3}{2})(s^2 + 4)}$$

$$= \frac{A}{s + \frac{3}{2}} + \frac{Bs + C}{s^2 + 4}$$

                                                                    (16.9.3)

여기서

$$A = \left(s + \frac{3}{2}\right)V_o(s)\bigg|_{s=-3/2} = \frac{4s}{s^2 + 4}\bigg|_{s=-3/2} = -\frac{24}{25}$$

B와 C를 얻기 위해 식 (16.9.3)의 양변에 $(s + 3/2)(s^2 + 4)$를 곱하면

$$4s = A(s^2 + 4) + B\left(s^2 + \frac{3}{2}s\right) + C\left(s + \frac{3}{2}\right)$$

양변의 계수를 일치시키면

$$\text{상수:} \quad 0 = 4A + \frac{3}{2}C \quad \Rightarrow \quad C = -\frac{8}{3}A$$

$$s: \quad 4 = \frac{3}{2}B + C$$

$$s^2: \quad 0 = A + B \quad \Rightarrow \quad B = -A$$

위 식을 풀면 $A = -24/25$, $B = 24/25$, $C = 64/25$이다. 그러므로 $v_i(t) = 8\cos 2t$ V일 때

$$V_o(s) = \frac{-\frac{24}{25}}{s + \frac{3}{2}} + \frac{24}{25}\frac{s}{s^2 + 4} + \frac{32}{25}\frac{2}{s^2 + 4}$$

이것의 역라플라스 변환은 다음과 같다.

$$v_o(t) = \frac{24}{25}\left(-e^{-3t/2} + \cos 2t + \frac{4}{3}\sin 2t\right)u(t) \text{ V}$$

실전문제 16.9

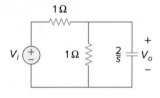

그림 16.20
실전문제 16.9.

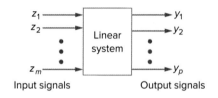

그림 16.21
m개의 입력과 p개의 출력을 가진 선형 시스템.

그림 16.20의 회로에 대해 예제 16.9를 다시 풀어라.

답: (a) $2/(s + 4)$, (b) $2e^{-4t}u(t)$, (c) $\frac{1}{2}(1 - e^{-4t})u(t)$ V,

(d) $3.2(-e^{-4t} + \cos 2t + \frac{1}{2}\sin 2t)u(t)$ V

16.5   상태변수

이 책에서 지금까지는 하나의 입력과 하나의 출력을 가지고 있는 시스템을 해석하는 기술에 대해 배웠다. 많은 공학 시스템은 그림 16.21과 같이 다수의 입력과 다수의 출력을 가지고 있다. 상태변수 방법은 이렇게 매우 복잡한 시스템을 해석하고 이해하는 데 매우 중요한 수단이다. 그러므로 상태변수 모델은 하나의 입력과 하나의 출력을 가진 모델, 예를 들면 전달함수보다 더 일반적이다. 이 주제는 하나의 장에서 충분히 다루기 어려우므로 이 절에서 가볍게 살펴보고자 한다.

상태변수 모델에서 우리는 시스템 내부의 동작을 묘사하는 변수의 집합을 구체화한다. 이 변수들은 시스템의 상태변수라고 알려져 있다. 이는 시스템의 현재 상태와 입력 신호가 알려졌을 때 시스템의 미래 동작을 결정하는 변수이다. 다시 말해 대수학 방정식만을 사용하여 결정할 수 있는 다른 시스템 변수를 허용하는 변수이다.

> 상태변수는 시스템이 어떻게 그 상태에 도달했는지에 상관없이 시스템의 상태를 특징짓는 물리적 특성이다.

상태변수의 일반적인 예는 압력, 부피, 온도이다. 전기회로에서 상태변수는 인덕터의 전류와 커패시터의 전압인데, 이는 두 변수가 시스템의 에너지 상태를 총체적으로 표현하기 때문이다.

상태방정식을 나타내는 일반적인 방법은 일차 미분방정식의 집합으로 정리하는 것이다.

$$\dot{\mathbf{x}} = \mathbf{A}\mathbf{x} + \mathbf{B}\mathbf{z} \qquad\qquad \text{(16.20)}$$

여기서

$$\dot{\mathbf{x}}(t) = \begin{bmatrix} x_1(t) \\ x_2(t) \\ \vdots \\ x_n(t) \end{bmatrix} = n\text{개의 상태변수를 나타내는 상태 벡터}$$

그리고 점은 시간에 대한 일차 미분을 나타낸다. 즉

$$\dot{\mathbf{x}}(t) = \begin{bmatrix} \dot{x}_1(t) \\ \dot{x}_2(t) \\ \vdots \\ \dot{x}_n(t) \end{bmatrix}$$

그리고

$$\mathbf{z}(t) = \begin{bmatrix} z_1(t) \\ z_2(t) \\ \vdots \\ z_m(t) \end{bmatrix} = m\text{개의 입력을 나타내는 입력 벡터}$$

$\mathbf{A}$와 $\mathbf{B}$는 각각 $n \times n$과 $n \times m$ 행렬을 나타낸다. 식 (16.20)의 상태방정식과 더불어 출력 방정식이 필요하다. 완전상태 모델 또는 상태 공간은

$$\begin{aligned} \dot{\mathbf{x}} &= \mathbf{Ax} + \mathbf{Bz} & \text{(16.21a)} \\ \mathbf{y} &= \mathbf{Cx} + \mathbf{Dz} & \text{(16.21b)} \end{aligned}$$

여기서

$$\mathbf{y}(t) = \begin{bmatrix} y_1(t) \\ y_2(t) \\ \vdots \\ y_p(t) \end{bmatrix} = p\text{개의 출력을 나타내는 출력 벡터}$$

$\mathbf{C}$와 $\mathbf{D}$는 각각 $p \times n$, $p \times m$ 행렬이다. 하나의 입력과 하나의 출력으로 이루어진 특별한 경우에는 $n = m = p = 1$이다.

초기 조건을 0이라 가정하면 시스템의 전달함수는 식 (16.21a)의 라플라스 변환을 통해 구할 수 있다. 따라서 다음 식을 얻게 된다.

$$s\mathbf{X}(s) = \mathbf{AX}(s) + \mathbf{BZ}(s) \qquad \rightarrow \qquad (s\mathbf{I} - \mathbf{A})\mathbf{X}(s) = \mathbf{BZ}(s)$$

또는

$$\mathbf{X}(s) = (s\mathbf{I} - \mathbf{A})^{-1}\mathbf{BZ}(s) \qquad\qquad \text{(16.22)}$$

여기서 $\mathbf{I}$는 단위함수이다. 식 (16.21b)에 라플라스 변환을 취하면

$$\mathbf{Y}(s) = \mathbf{CX}(s) + \mathbf{DZ}(s) \qquad\qquad \text{(16.23)}$$

식 (16.22)를 식 (16.23)에 대입하고 $\mathbf{Z}(s)$로 나누면 전달함수는 다음과 같다.

$$H(s) = \frac{Y(s)}{Z(s)} = C(sI - A)^{-1}B + D \tag{16.24}$$

여기서

$$A = \text{시스템 행렬}$$
$$B = \text{입력 결합 행렬}$$
$$C = \text{출력 행렬}$$
$$D = \text{피드포워드 행렬}$$

대부분의 경우 $D = 0$이다. 식 (16.24)에서 $H(s)$의 분자 차수는 분모 차수보다 작다. 따라서

$$\boxed{H(s) = C(sI - A)^{-1}B} \tag{16.25}$$

행렬 계산이 포함되어 있기 때문에 전달함수를 구하기 위해 *MATLAB*을 사용할 수 있다.

회로에 상태변수 해석을 적용하기 위해 다음과 같은 세 가지 단계를 따른다.

회로 해석을 위한 상태변수 방법의 적용 단계

1. 인덕터의 전류 i와 커패시터의 전압 v를 상태변수로 선택하고, 수동부호규정과 일치하는지 확인하라.
2. KCL과 KVL을 회로에 적용하고 상태변수로 표현된 회로 변수(전압과 전류)를 구하라. 이 식들은 모든 상태변수를 결정하기에 필요 충분한 일차 미분방정식의 집합으로 표현되어야 한다.
3. 출력 방정식을 구하고 상태 공간 표현에 마지막 결과를 대입하라.

일반적으로 1단계와 3단계는 간단하다. 가장 중요한 작업은 2단계인데 예제를 통해 이를 살펴보자.

예제 16.10

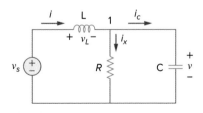

그림 16.22
예제 16.10.

그림 16.22의 회로에서 상태 공간 표현을 구하라. v_s는 입력, i_x는 출력일 때 회로의 전달함수를 구하라. $R = 1\ \Omega$, $C = 0.25\ F$, $L = 0.5\ H$이다.

풀이:
우리는 상태변수로서 인덕터의 전류 i와 커패시터의 전압 v를 상태변수로 선택한다.

$$v_L = L\frac{di}{dt} \tag{16.10.1}$$

$$i_C = C\frac{dv}{dt} \tag{16.10.2}$$

노드 1에 KCL을 적용하면

$$i = i_x + i_C \quad \rightarrow \quad C\frac{dv}{dt} = i - \frac{v}{R}$$

또는

$$\dot{v} = -\frac{v}{RC} + \frac{i}{C} \tag{16.10.3}$$

R과 C에 같은 전압 v가 걸리기 때문이다. 바깥쪽 루프에 KVL을 적용하면 다음 식을 구한다.

$$v_s = v_L + v \quad \rightarrow \quad L\frac{di}{dt} = -v + v_s$$

$$\dot{i} = -\frac{v}{L} + \frac{v_s}{L} \tag{16.10.4}$$

식 (16.10.3)과 (16.10.4)로 상태방정식을 구성한다. i_x를 출력으로 생각한다면

$$i_x = \frac{v}{R} \tag{16.10.5}$$

식 (16.10.3), (16.10.4), (16.10.5)를 표준형으로 나타내면

$$\begin{bmatrix} \dot{v} \\ \dot{i} \end{bmatrix} = \begin{bmatrix} \frac{-1}{RC} & \frac{1}{C} \\ \frac{-1}{L} & 0 \end{bmatrix} \begin{bmatrix} v \\ i \end{bmatrix} + \begin{bmatrix} 0 \\ \frac{1}{L} \end{bmatrix} v_s \tag{16.10.6a}$$

$$i_x = \begin{bmatrix} \frac{1}{R} & 0 \end{bmatrix} \begin{bmatrix} v \\ i \end{bmatrix} \tag{16.10.6b}$$

만약 $R = 1$, $C = \frac{1}{4}$, $L = \frac{1}{2}$이라면 식 (16.10.6) 행렬식으로부터 다음을 얻는다.

$$\mathbf{A} = \begin{bmatrix} \frac{-1}{RC} & \frac{1}{C} \\ \frac{-1}{L} & 0 \end{bmatrix} = \begin{bmatrix} -4 & 4 \\ -2 & 0 \end{bmatrix}, \qquad \mathbf{B} = \begin{bmatrix} 0 \\ \frac{1}{L} \end{bmatrix} = \begin{bmatrix} 0 \\ 2 \end{bmatrix},$$

$$\mathbf{C} = \begin{bmatrix} \frac{1}{R} & 0 \end{bmatrix} = \begin{bmatrix} 1 & 0 \end{bmatrix}$$

$$s\mathbf{I} - \mathbf{A} = \begin{bmatrix} s & 0 \\ 0 & s \end{bmatrix} - \begin{bmatrix} -4 & 4 \\ -2 & 0 \end{bmatrix} = \begin{bmatrix} s+4 & -4 \\ 2 & s \end{bmatrix}$$

역행렬을 구하면

$$(s\mathbf{I} - \mathbf{A})^{-1} = \frac{\mathbf{A}의\ 전치행렬}{\mathbf{A}의\ 행렬식} = \frac{\begin{bmatrix} s & 4 \\ -2 & s+4 \end{bmatrix}}{s^2 + 4s + 8}$$

따라서 전달함수는 다음과 같이 주어진다.

$$\mathbf{H}(s) = \mathbf{C}(s\mathbf{I} - \mathbf{A})^{-1}\mathbf{B} = \frac{\begin{bmatrix} 1 & 0 \end{bmatrix} \begin{bmatrix} s & 4 \\ -2 & s+4 \end{bmatrix} \begin{bmatrix} 0 \\ 2 \end{bmatrix}}{s^2 + 4s + 8} = \frac{\begin{bmatrix} 1 & 0 \end{bmatrix} \begin{bmatrix} 8 \\ 2s+8 \end{bmatrix}}{s^2 + 4s + 8}$$

$$= \frac{8}{s^2 + 4s + 8}$$

이는 직접적으로 회로에 라플라스 변환을 취하고 $\mathbf{H}(s) = I_x(s)/V_s(s)$를 얻는 것과 같다. 상태변수 접근법의 진정한 장점은 다수의 입력과 출력을 다룰 때 나타난다. 이 예제에는 하나의 입력 v_s와 하나의 출력 i_x가 있다. 다음 예제에서는 2개의 입력과 2개의 출력이 있는 문제를 다룰 것이다.

실전문제 16.10

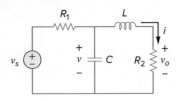

그림 16.23
실전문제 16.10.

그림 16.23의 회로에서 상태변수 모델을 구하라. $R_1 = 1$, $R_2 = 2$, $C = 0.5$, $L = 0.2$라고 가정하고 전달함수를 구하라.

답:

$$\begin{bmatrix} \dot{v} \\ \dot{i} \end{bmatrix} = \begin{bmatrix} \frac{-1}{R_1 C} & \frac{-1}{C} \\ \frac{1}{L} & \frac{-R_2}{L} \end{bmatrix} \begin{bmatrix} v \\ i \end{bmatrix} + \begin{bmatrix} \frac{1}{R_1 C} \\ 0 \end{bmatrix} v_s, \qquad v_o = \begin{bmatrix} 0 & R_2 \end{bmatrix} \begin{bmatrix} v \\ i \end{bmatrix}$$

$$\mathbf{H}(s) = \frac{20}{s^2 + 12s + 30}$$

예제 16.11

2개의 입력과 2개의 출력을 가진 시스템으로 여겨지는 그림 16.24의 회로를 고려하자. 시스템의 상태변수 모델을 결정하고 전달함수를 구하라.

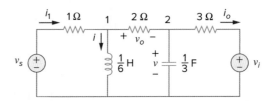

그림 16.24
예제 16.11.

풀이:

이 경우에는 2개의 입력 v_s와 v_i, 2개의 출력 v_o과 i_o가 있다. 또한 인덕터의 전류 i와 커패시터의 전압 v를 상태변수로 취한다. 왼쪽의 루프에 KVL을 적용하면 다음 식을 얻는다.

$$-v_s + i_1 + \frac{1}{6}i = 0 \quad \rightarrow \quad i = 6v_s - 6i_1 \qquad \textbf{(16.11.1)}$$

i_1을 제거할 필요가 있다. KVL을 v_s, 1 Ω 저항, 2 Ω 저항, $\frac{1}{3}$ F 커패시터를 포함한 루프에 적용하면

$$v_s = i_1 + v_o + v \qquad \textbf{(16.11.2)}$$

노드 1에 KCL을 적용하면

$$i_1 = i + \frac{v_o}{2} \quad \rightarrow \quad v_o = 2(i_1 - i) \qquad \textbf{(16.11.3)}$$

이 식을 식 (16.11.2)에 대입하면

$$v_s = 3i_1 + v - 2i \quad \rightarrow \quad i_1 = \frac{2i - v + v_s}{3} \tag{16.11.4}$$

이 식을 식 (16.11.1)에 대입하면

$$\dot{i} = 2v - 4i + 4v_s \tag{16.11.5}$$

이것은 하나의 상태방정식이다. 두 번째 상태방정식을 얻기 위해 노드 2에 KCL을 적용한다.

$$\frac{v_o}{2} = \frac{1}{3}\dot{v} + i_o \quad \rightarrow \quad \dot{v} = \frac{3}{2}v_o - 3i_o \tag{16.11.6}$$

v_o과 i_o를 제거할 필요가 있다. 오른쪽 루프로부터 다음 식이 구해진다.

$$i_o = \frac{v - v_i}{3} \tag{16.11.7}$$

식 (16.11.4)를 식 (16.11.3)에 대입하면

$$v_o = 2\left(\frac{2i - v + v_s}{3} - i\right) = -\frac{2}{3}(v + i - v_s) \tag{16.11.8}$$

식 (16.11.7)과 (16.11.8)을 식 (16.11.6)에 대입하면 다음과 같이 두 번째 상태방정식이 도출된다.

$$\dot{v} = -2v - i + v_s + v_i \tag{16.11.9}$$

2개의 출력 방정식을 이미 식 (16.11.7)과 (16.11.8)에서 얻었다. 식 (16.11.5)와 (16.11.7)을 (16.11.9)에 표준형으로 대입하여 다음과 같은 회로의 상태변수 모델을 만든다.

$$\begin{bmatrix} \dot{v} \\ \dot{i} \end{bmatrix} = \begin{bmatrix} -2 & -1 \\ 2 & -4 \end{bmatrix}\begin{bmatrix} v \\ i \end{bmatrix} + \begin{bmatrix} 1 & 1 \\ 4 & 0 \end{bmatrix}\begin{bmatrix} v_s \\ v_i \end{bmatrix} \tag{16.11.10a}$$

$$\begin{bmatrix} v_o \\ i_o \end{bmatrix} = \begin{bmatrix} -\frac{2}{3} & -\frac{2}{3} \\ \frac{1}{3} & 0 \end{bmatrix}\begin{bmatrix} v \\ i \end{bmatrix} + \begin{bmatrix} \frac{2}{3} & 0 \\ 0 & -\frac{1}{3} \end{bmatrix}\begin{bmatrix} v_s \\ v_i \end{bmatrix} \tag{16.11.10b}$$

실전문제 16.11

그림 16.25의 전기회로에서 상태변수 모델을 구하라. v_o과 i_o를 출력 변수로 취한다.

답:

$$\begin{bmatrix} \dot{v} \\ \dot{i} \end{bmatrix} = \begin{bmatrix} -2 & -2 \\ 4 & -8 \end{bmatrix}\begin{bmatrix} v \\ i \end{bmatrix} + \begin{bmatrix} 2 & 0 \\ 0 & -8 \end{bmatrix}\begin{bmatrix} i_1 \\ i_2 \end{bmatrix}$$

$$\begin{bmatrix} v_o \\ i_o \end{bmatrix} = \begin{bmatrix} 1 & 0 \\ 0 & 1 \end{bmatrix}\begin{bmatrix} v \\ i \end{bmatrix} + \begin{bmatrix} 0 & 0 \\ 0 & 1 \end{bmatrix}\begin{bmatrix} i_1 \\ i_2 \end{bmatrix}$$

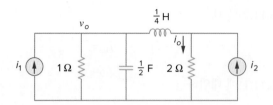

그림 16.25
실전문제 16.11.

예제 16.12

출력이 $y(t)$이고 입력이 $z(t)$인 시스템이 있다고 가정하자. 다음 미분방정식이 입력과 출력의 관계를 나타낼 때 시스템의 상태 모델과 전달함수를 구하라.

$$\frac{d^2y(t)}{dt^2} + 3\frac{dy(t)}{dt} + 2y(t) = 5z(t) \tag{16.12.1}$$

풀이:

먼저 상태변수를 선정한다. $x_1 = y(t)$라고 하면

$$\dot{x}_1 = \dot{y}(t) \tag{16.12.2}$$

이제 x_2를 다음과 같이 정하자.

$$x_2 = \dot{x}_1 = \dot{y}(t) \tag{16.12.3}$$

이 시점에서 일반적으로 일차 미분방정식 형태의 해 2개를 가진 이차 시스템을 다룬다.

이제 $\dot{x}_2 = \ddot{y}(t)$를 갖게 되므로 식 (16.12.1)로부터 $\dot{x}_2$ 값을 구할 수 있다. 즉

$$\dot{x}_2 = \ddot{y}(t) = -2y(t) - 3\dot{y}(t) + 5z(t) = -2x_1 - 3x_2 + 5z(t) \tag{16.12.4}$$

식 (16.12.2)~(16.12.4)로부터 다음 행렬방정식을 작성할 수 있다.

$$\begin{bmatrix} \dot{x}_1 \\ \dot{x}_2 \end{bmatrix} = \begin{bmatrix} 0 & 1 \\ -2 & -3 \end{bmatrix}\begin{bmatrix} x_1 \\ x_2 \end{bmatrix} + \begin{bmatrix} 0 \\ 5 \end{bmatrix}z(t) \tag{16.12.5}$$

$$\mathbf{y}(t) = [1 \quad 0]\begin{bmatrix} x_1 \\ x_2 \end{bmatrix} \tag{16.12.6}$$

이제 전달함수를 구한다.

$$s\mathbf{I} - \mathbf{A} = s\begin{bmatrix} 1 & 0 \\ 0 & 1 \end{bmatrix} - \begin{bmatrix} 0 & 1 \\ -2 & -3 \end{bmatrix} = \begin{bmatrix} s & -1 \\ 2 & s+3 \end{bmatrix}$$

역함수는 다음과 같다.

$$(s\mathbf{I} - \mathbf{A})^{-1} = \frac{\begin{bmatrix} s+3 & 1 \\ -2 & s \end{bmatrix}}{s(s+3)+2}$$

전달함수는 다음과 같다.

$$\mathbf{H}(s) = \mathbf{C}(s\mathbf{I} - \mathbf{A})^{-1}\mathbf{B} = \frac{(1 \quad 0)\begin{bmatrix} s+3 & 1 \\ -2 & s \end{bmatrix}\begin{pmatrix} 0 \\ 5 \end{pmatrix}}{s(s+3)+2} = \frac{(1 \quad 0)\begin{pmatrix} 5 \\ 5s \end{pmatrix}}{s(s+3)+2}$$

$$= \frac{5}{(s+1)(s+2)}$$

이것을 검증하기 위해 식 (16.12.1) 각각의 항에 라플라스 변환을 직접적으로 적용한다. 초기 조건이 0이므로 다음 식을 얻는다.

$$[s^2 + 3s + 2]Y(s) = 5Z(s) \quad \rightarrow \quad H(s) = \frac{Y(s)}{Z(s)} = \frac{5}{s^2 + 3s + 2}$$

이는 앞에서 구한 결과와 일치한다.

실전문제 16.12

다음의 미분방정식을 표현하는 상태변수 방정식의 집합을 구하라.

$$\frac{d^3y}{dt^3} + 18\frac{d^2y}{dt^2} + 20\frac{dy}{dt} + 5y = z(t)$$

답:

$$\mathbf{A} = \begin{bmatrix} 0 & 1 & 0 \\ 0 & 0 & 1 \\ -5 & -20 & -18 \end{bmatrix}, \quad \mathbf{B} = \begin{bmatrix} 0 \\ 0 \\ 1 \end{bmatrix}, \quad \mathbf{C} = [1 \quad 0 \quad 0]$$

16.6 　†응용

지금까지 라플라스 변환의 세 가지 응용, 즉 일반적인 회로 해석, 전달함수 구하기, 선형 미적분방정식 풀기를 살펴보았다. 라플라스 변환은 또한 회로 해석, 신호 처리, 제어 시스템 등 다른 분야에도 적용할 수 있다. 여기서는 중요한 두 가지 응용, 즉 회로망의 안정성과 회로망의 합성을 살펴보자.

16.6.1 　회로망의 안정성

회로의 임펄스 응답 $h(t)$가 $t \rightarrow \infty$에 따라 제한된 값을 가지면[즉 $h(t)$가 유한한 값으로 수렴하면] 회로는 안정하며, $h(t)$가 제한 없이 증가하면 회로는 불안정하다. 수학적으로 표현하면 회로는 다음과 같을 때 안정하다.

$$\lim_{t \to \infty} |h(t)| = 유한 \tag{16.26}$$

전달함수 $H(s)$는 임펄스 응답 $h(t)$의 라플라스 변환이므로 식 (16.26)을 만족하기 위해 $H(s)$는 어떤 요구 조건을 만족해야 한다. $H(s)$는 다음과 같이 나타낼 수 있음을 상기하라.

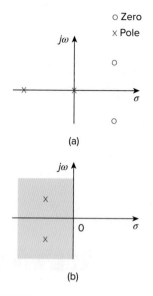

그림 16.26
복소수 s-평면: (a) 극점과 영점 표시, (b) 좌반 평면.

$$H(s) = \frac{N(s)}{D(s)} \quad \text{(16.27)}$$

여기서 $N(s) = 0$의 해를 $H(s)$의 **영점**이라고 하는데, 이는 영점에서 $H(s) = 0$을 만들기 때문이다. 반면에 $D(s) = 0$의 해를 $H(s)$의 **극점**이라고 하는데, 극점에서 $H(s) \to \infty$가 되기 때문이다. $H(s)$의 영점과 극점 위치는 그림 16.26(a)의 s 평면에 자주 나타난다. 식 (15.47)과 (15.48)로부터 $H(s)$는 다음과 같이 극점의 식으로 나타낼 수 있음을 상기하라.

$$H(s) = \frac{N(s)}{D(s)} = \frac{N(s)}{(s + p_1)(s + p_2)\cdots(s + p_n)} \quad \text{(16.28)}$$

$H(s)$는 회로가 안정하기 위해 두 가지 조건을 만족해야 한다. 첫째, $N(s)$의 차수가 $D(s)$의 차수보다 작아야 한다. 그렇지 않은 경우 다음과 같이 나타난다.

$$H(s) = k_n s^n + k_{n-1}s^{n-1} + \cdots + k_1 s + k_0 + \frac{R(s)}{D(s)} \quad \text{(16.29)}$$

여기서 $R(s)$는 나머지이며, $R(s)$의 차수는 $D(s)$의 차수보다 작다. 식 (16.29)에 있는 $H(s)$의 역함수는 식 (16.26)의 조건을 만족하지 않는다. 둘째, 식 (16.27)에서 $H(s)$의 모든 극점[즉 $D(s) = 0$의 모든 해]은 음의 실수부를 가져야 한다. 즉 그림 16.26(b)에 나타낸 바와 같이 모든 극점은 s 평면의 좌측에 위치해야 한다. 그 이유는 식 (16.27)의 $H(s)$의 역라플라스 변환을 구해보면 명확해진다. 식 (16.27)은 식 (15.48)과 유사하므로 그것의 부분분수 전개는 식 (15.49)와 유사하고, $H(s)$의 역변환은 식 (15.53)과 유사하다. 그러므로

$$h(t) = (k_1 e^{-p_1 t} + k_2 e^{-p_2 t} + \cdots + k_n e^{-p_n t})u(t) \quad \text{(16.30)}$$

이 식으로부터 t가 증가함에 따라 $e^{-p_i t}$가 감소하기 위해서는 p_i가 양수(즉 극점 $s = -p_i$는 좌반 평면에 위치)여야 한다.

> **회로는 전달함수의 모든 극점이 s-평면의 좌반부에 위치할 때 안정하다.**

불안정 회로는 과도응답이 감소하여 0이 되지 않기 때문에 정상상태에 도달할 수 없다. 결과적으로 정상상태 해석은 안정 회로에 대해서만 적용할 수 있다.

전적으로 수동소자(R, L, C)와 독립 전원으로 만들어진 회로는 불안정해질 수 없다. 이는 전원을 0으로 해도 어떤 분기 전류 또는 전압이 무한정으로 증가할 수 있음을 의미하기 때문이다. 수동소자는 그와 같은 무한정인 성분을 생성할 수 없다. 수동회로는 안정하거나 또는 실수부가 0인 극점을 가진다. 이를 증명하기 위해 그림 16.27의 직렬 RLC 회로를 고려해보자. 전달함수는 다음과 같이 주어진다.

$$H(s) = \frac{V_o}{V_s} = \frac{1/sC}{R + sL + 1/sC}$$

또는

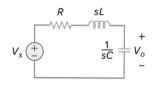

그림 16.27
전형적인 RLC 회로.

$$H(s) = \frac{1/L}{s^2 + sR/L + 1/LC} \qquad \textbf{(16.31)}$$

$D(s) = s^2 + sR/L + 1/LC = 0$은 식 (8.8)의 직렬 RLC 회로에서 얻은 특성방정식과 같다. 이 회로의 극점은

$$p_{1,2} = -\alpha \pm \sqrt{\alpha^2 - \omega_0^2} \qquad \textbf{(16.32)}$$

여기서

$$\alpha = \frac{R}{2L}, \qquad \omega_0 = \frac{1}{\sqrt{LC}}$$

$R, L, C > 0$에 대해 두 극점은 항상 s 평면의 좌반부에 있으며, 이는 회로가 항상 안정하다는 것을 의미한다. 그렇지만 $R = 0$일 때 $\alpha = 0$이 되고 회로가 불안정해진다. 이상적으로는 이런 상황이 가능하지만 실제적으로 R은 0이 아니기 때문에 일어나지 않는다.

반면에 능동회로 또는 제어 전원을 가진 수동회로는 에너지를 공급할 수 있고, 따라서 불안정해질 수 있다. 사실 발진기는 불안정하게 설계된 회로의 전형적인 예이다. 발진기는 전달함수가 다음과 같은 형태가 되도록 설계하여 응답이 정현파가 된다.

$$H(s) = \frac{N(s)}{s^2 + \omega_0^2} = \frac{N(s)}{(s + j\omega_0)(s - j\omega_0)} \qquad \textbf{(16.33)}$$

예제 16.13

그림 16.28의 회로가 안정하기 위한 k 값을 구하라.

풀이:
그림 16.28의 일차 회로에 메시 해석을 적용하면

$$V_i = \left(R + \frac{1}{sC}\right)I_1 - \frac{I_2}{sC} \qquad \textbf{(16.13.1)}$$

그리고

$$0 = -kI_1 + \left(R + \frac{1}{sC}\right)I_2 - \frac{I_1}{sC}$$

또는

$$0 = -\left(k + \frac{1}{sC}\right)I_1 + \left(R + \frac{1}{sC}\right)I_2 \qquad \textbf{(16.13.2)}$$

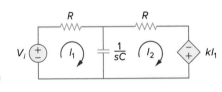

그림 16.28
예제 16.13.

식 (16.13.1)과 (16.13.2)를 행렬 형태로 나타내면

$$\begin{bmatrix} V_i \\ 0 \end{bmatrix} = \begin{bmatrix} \left(R + \dfrac{1}{sC}\right) & -\dfrac{1}{sC} \\ -\left(k + \dfrac{1}{sC}\right) & \left(R + \dfrac{1}{sC}\right) \end{bmatrix} \begin{bmatrix} I_1 \\ I_2 \end{bmatrix}$$

행렬식은

$$\Delta = \left(R + \frac{1}{sC}\right)^2 - \frac{k}{sC} - \frac{1}{s^2C^2} = \frac{sR^2C + 2R - k}{sC} \qquad \textbf{(16.13.3)}$$

특성방정식($\Delta = 0$)은 단일 극점을 제공한다.

$$p = \frac{k - 2R}{R^2C}$$

여기서 $k < 2R$일 때 음이 된다. 따라서 회로는 $k < 2R$일 때 안정하고 $k > 2R$일 때 불안정해진다.

실전문제 16.13

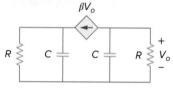

그림 16.29
실전문제 16.13.

그림 16.29의 회로가 안정하기 위한 β 값을 구하라.

답: $\beta > -1/R$

예제 16.14

능동 필터의 전달함수가 다음과 같을 때 필터가 안정하기 위한 k 값을 구하라.

$$H(s) = \frac{k}{s^2 + s(4 - k) + 1}$$

풀이:

이차 회로 $H(s)$는 다음과 같이 나타낼 수 있다.

$$H(s) = \frac{N(s)}{s^2 + bs + c}$$

여기서 $b = 4 - k$, $c = 1$, $N(s) = k$이다. 이것은 $p^2 + bp + c = 0$에서 극점을 갖는다. 즉

$$p_{1,2} = \frac{-b \pm \sqrt{b^2 - 4c}}{2}$$

이 회로가 안정하기 위해 극점은 s 평면의 좌반부에 있어야 한다. 이것은 $b > 0$을 의미한다.

이를 주어진 $H(s)$에 대해 적용한다는 것은 회로가 안정하기 위해 $4 - k > 0$ 또는 $k < 4$임을 의미한다.

실전문제 16.14

어떤 이차 능동회로가 다음과 같은 전달함수를 갖는다.

$$H(s) = \frac{1}{s^2 + s(25 + \alpha) + 25}$$

회로가 안정하기 위한 α 값의 범위를 구하라. α가 어떤 값일 때 회로의 발진을 야기하는가?

답: $\alpha > -25$, $\alpha = -25$

16.6.2 회로망 합성

회로망 합성이란 주어진 전달함수를 표현하기 위해 적합한 회로망을 구하는 과정이라 할 수 있다. 회로망 합성은 시간 영역보다 s-영역에서 쉽게 수행된다.

회로망 해석에서는 주어진 회로망에 대한 전달함수를 구한다. 회로망 합성에서는 역으로 접근한다. 전달함수가 주어지면 적합한 회로망을 찾아야 한다.

> **회로망 합성**은 주어진 전달함수를 표현하는 회로망을 찾는 것이다.

회로망 합성에서는 다수의 다른 해가 있을 수도 있고 없을 수도 있다. 이는 동일한 전달함수를 가진 많은 회로가 있기 때문이다. 반면에 회로 해석에서는 해가 하나만 존재한다.

회로망 합성은 매우 흥미로운 분야로서 기술적으로 매우 중요하다. 전달함수를 살펴보고 회로의 형태를 찾아내는 것은 회로 설계자에게 매우 큰 자산이다. 회로망 합성은 그 자체로 전 과정을 형성하지만 얼마간의 경험을 요구하며, 다음 예제는 독자들의 의욕을 자극할 것이다.

예제 16.15

다음과 같은 전달함수가 있다.

$$H(s) = \frac{V_o(s)}{V_i(s)} = \frac{10}{s^2 + 3s + 10}$$

그림 16.30(a)의 회로를 사용하여 전달함수를 구현하라. (a) $R = 5\ \Omega$을 선택하고 L과 C를 구하라. (b) $R = 1\ \Omega$을 선택하고 L과 C를 구하라.

풀이:

1. **정의하라.** 문제는 명확하고 완전하게 정의되어 있다. 이 문제는 합성 문제라고 부르는데, 전달함수가 주어지면 회로를 합성하고 주어진 전달함수를 만들어내는 것이다. 그러나 문제를 좀 더 다루기 쉽도록 원하는 전달함수를 만들어내는 회로를 제공한다.

   이 예제의 경우 값이 주어지지 않은 R을 하나의 변수로 잡으면 문제는 무한한 해를 갖게 된다. 이러한 종류의 끝이 없는 문제는 해의 집합을 한정할 수 있는 추가적인 가정을 요구한다.

2. **제시하라.** 출력 전압 대 입력 전압 형태의 전달함수는 $10/(s^2 + 3s + 10)$과

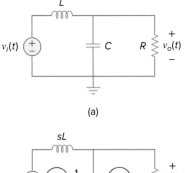

(a)

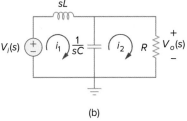

(b)

그림 16.30
예제 16.15.

같다. 또한 요구된 전달함수를 산출해낼 수 있도록 그림 16.30의 회로가 주어졌다. 5 Ω과 1 Ω으로 주어진 2개의 저항값 R은 주어진 전달함수를 생성하는 L과 C를 계산하는 데 이용된다.

3. **대체방안을 고려하라.** 모든 해결 방안은 그림 16.30의 전달함수를 결정하는 것과 전달함수의 다양한 항들을 매칭하는 것을 포함한다. 두 가지 접근법은 메시 해석이나 노드 해석을 사용하는 것이다. 여기서는 전압의 비를 찾기 때문에 노드 해석이 더 적당하다.

4. **시도하라.** 노드 해석을 사용하면 다음과 같다.

$$\frac{V_o(s) - V_i(s)}{sL} + \frac{V_o(s) - 0}{1/(sC)} + \frac{V_o(s) - 0}{R} = 0$$

양변에 sLR을 곱하면

$$RV_o(s) - RV_i(s) + s^2RLCV_o(s) + sLV_o(s) = 0$$

얻은 항들을 모으면

$$(s^2RLC + sL + R)V_o(s) = RV_i(s)$$

또는

$$\frac{V_o(s)}{V_i(s)} = \frac{1/(LC)}{s^2 + [1/(RC)]s + 1/(LC)}$$

두 전달함수를 비교하면 3개의 미지변수를 가진 2개의 방정식이 나온다.

$$LC = 0.1 \quad \text{또는} \quad L = \frac{0.1}{C}$$

그리고

$$RC = \frac{1}{3} \quad \text{또는} \quad C = \frac{1}{3R}$$

우리는 (a)의 경우 $R = 5$ Ω, (b)의 경우 $R = 1$ Ω이라는 하나의 구속 조건 식을 가지고 있다.

(a) $C = 1/(3 \times 5) =$ **66.67 mF**, $L =$ **1.5 H**

(b) $C = 1/(3 \times 1) =$ **333.3 mF**, $L =$ **300 mH**

5. **평가하라.** 해를 확인하는 다른 방법이 있다. 메시 해석을 사용하여 전달함수를 구하는 것은 가장 직접적이고 여기서 사용할 수 있는 접근법처럼 보인다. 그러나 이것은 수학적으로 더욱 복잡하고 노드 해석보다 더 오랜 시간이 걸린다. 다른 접근법도 존재한다. 입력 전압 $v_i(t)$를 $v_i(t) = u(t)$ V라 가정하고 메시 해석이나 노드 해석을 사용하여, 전달함수를 이용하여 얻은 것과 같은 해를 얻는지 알아보자. 우리는 메시 해석을 사용하여 이와 같이 시도할 것이다.

$v_i(t) = u(t)$ V 또는 $V_i(s) = 1/s$이라고 하면 다음 식이 산출된다.

$$V_o(s) = 10/(s^3 + 3s^2 + 10s)$$

그림 16.30에 메시 해석을 사용하면 다음 식을 얻는다.

(a) 루프 1에서

$$-(1/s) + 1.5sI_1 + [1/(0.06667s)](I_1 - I_2) = 0$$

또는

$$(1.5s^2 + 15)I_1 - 15I_2 = 1$$

루프 2에서

$$(15/s)(I_2 - I_1) + 5I_2 = 0$$

또는

$$-15I_1 + (5s + 15)I_2 = 0 \quad 또는 \quad I_1 = (0.3333s + 1)I_2$$

첫 번째 방정식에 대입하면 다음 식을 얻는다.

$$(0.5s^3 + 1.5s^2 + 5s + 15)I_2 - 15I_2 = 1$$

또는

$$I_2 = 2/(s^3 + 3s^2 + 10s)$$

그리고

$$V_o(s) = 5I_2 = 10/(s^3 + 3s^2 + 10s)$$

해를 확인해보라.

(b) 루프 1에서

$$-(1/s) + 0.3sI_1 + [1/(0.3333s)](I_1 - I_2) = 0$$

또는

$$(0.3s^2 + 3)I_1 - 3I_2 = 1$$

루프 2에서

$$(3/s)(I_2 - I_1) + I_2 = 0$$

또는

$$-3I_1 + (s + 3)I_2 = 0 \quad 또는 \quad I_1 = (0.3333s + 1)I_2$$

첫 번째 방정식에 대입하면 다음 식을 얻는다.

$$(0.09999s^3 + 0.3s^2 + s + 3)I_2 - 3I_2 = 1$$

또는

$$I_2 = 10/(s^3 + 3s^2 + 10s)$$

그리고

$$V_o(s) = 1 \times I_2 = 10/(s^3 + 3s^2 + 10s)$$

해를 확인해보라.

6. **만족하는가?** 각각의 조건에 맞는 L과 C의 값을 명백히 구했다. 또한, 값이 정확한지 조심스럽게 확인해보았다. 문제는 적절하게 해결되었으며 결과를 문제의 해로 제출할 수 있다.

실전문제 16.15

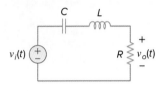

그림 16.31
실전문제 16.15.

그림 16.31의 회로를 사용하여 다음 전달함수를 구현하라. $R = 2\ \Omega$을 선택하고 L, C의 값을 구하라.

$$G(s) = \frac{V_o(s)}{V_i(s)} = \frac{4s}{s^2 + 4s + 20}$$

답: 500 mH, 100 mF

예제 16.16

그림 16.32의 구성도를 사용하여 다음 전달함수를 합성하라.

$$T(s) = \frac{V_o(s)}{V_s(s)} = \frac{10^6}{s^2 + 100s + 10^6}$$

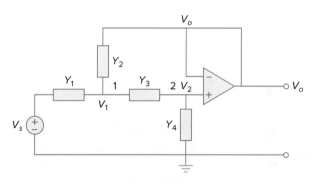

그림 16.32
예제 16.16.

풀이:

노드 1과 2에 노드 해석법을 적용한다. 노드 1에서

$$(V_s - V_1)Y_1 = (V_1 - V_o)Y_2 + (V_1 - V_2)Y_3 \tag{16.16.1}$$

노드 2에서

$$(V_1 - V_2)Y_3 = (V_2 - 0)Y_4 \tag{16.16.2}$$

$V_2 = V_o$이므로 식 (16.16.1)은 다음과 같이 된다.

$$Y_1 V_s = (Y_1 + Y_2 + Y_3)V_1 - (Y_2 + Y_3)V_o \qquad \textbf{(16.16.3)}$$

그리고 식 (16.16.2)는 다음과 같이 된다.

$$V_1 Y_3 = (Y_3 + Y_4)V_o$$

또는

$$V_1 = \frac{1}{Y_3}(Y_3 + Y_4)V_o \qquad \textbf{(16.16.4)}$$

식 (16.16.4)를 (16.16.3)에 대입하면

$$Y_1 V_s = (Y_1 + Y_2 + Y_3)\frac{1}{Y_3}(Y_3 + Y_4)V_o - (Y_2 + Y_3)V_o$$

또는

$$Y_1 Y_3 V_s = [Y_1 Y_3 + Y_4(Y_1 + Y_2 + Y_3)]V_o$$

그러므로

$$\frac{V_o}{V_s} = \frac{Y_1 Y_3}{Y_1 Y_3 + Y_4(Y_1 + Y_2 + Y_3)} \qquad \textbf{(16.16.5)}$$

주어진 전달함수 $T(s)$를 합성하기 위해 식 (16.16.5)와 비교한다. 두 가지 점을 주목하자. 첫째, $Y_1 Y_3$는 $T(s)$의 분자값이 상수이기 때문에 변수 s를 포함하지 않아야 한다. 둘째, 주어진 전달함수는 이차 함수이며, 이것은 2개의 커패시터를 가져야 함을 의미한다. 그러므로 Y_1과 Y_3는 저항, Y_2과 Y_4는 커패시터라 생각하고 다음을 선택한다.

$$Y_1 = \frac{1}{R_1}, \qquad Y_2 = sC_1, \qquad Y_3 = \frac{1}{R_2}, \qquad Y_4 = sC_2 \qquad \textbf{(16.16.6)}$$

식 (16.16.6)을 식 (16.16.5)에 대입하면

$$\frac{V_o}{V_s} = \frac{1/(R_1 R_2)}{1/(R_1 R_2) + sC_2(1/R_1 + 1/R_2 + sC_1)}$$

$$= \frac{1/(R_1 R_2 C_1 C_2)}{s^2 + s(R_1 + R_2)/(R_1 R_2 C_1) + 1/(R_1 R_2 C_1 C_2)}$$

이를 주어진 전달함수 $T(s)$와 비교하면

$$\frac{1}{R_1 R_2 C_1 C_2} = 10^6, \qquad \frac{R_1 + R_2}{R_1 R_2 C_1} = 100$$

만약 $R_1 = R_2 = 10 \text{ k}\Omega$을 선택하면

$$C_1 = \frac{R_1 + R_2}{100 R_1 R_2} = \frac{20 \times 10^3}{100 \times 100 \times 10^6} = 2 \ \mu\text{F}$$

$$C_2 = \frac{10^{-6}}{R_1 R_2 C_1} = \frac{10^{-6}}{100 \times 10^6 \times 2 \times 10^{-6}} = 5 \text{ nF}$$

따라서 주어진 전달함수는 그림 16.33의 회로를 사용하여 구현되었다.

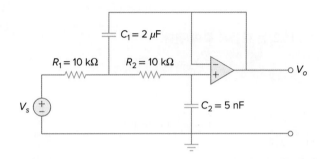

그림 16.33
예제 16.16.

실전문제 16.16

그림 16.34의 연산증폭기 회로를 사용하여 다음 전달함수를 합성하라.

$$\frac{V_o(s)}{V_{\text{in}}} = \frac{-2s}{s^2 + 6s + 10}$$

단,

$$Y_1 = \frac{1}{R_1}, \qquad Y_2 = sC_1, \qquad Y_3 = sC_2, \qquad Y_4 = \frac{1}{R_2}$$

이다. $R_1 = 1 \text{ k}\Omega$일 때 C_1, C_2, R_2를 구하라.

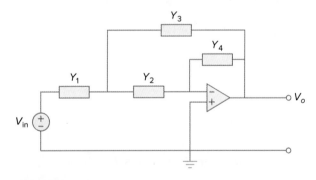

그림 16.34
실전문제 16.16.

답: 100 μF, 500 μF, 2 kΩ

16.7 요약

1. 라플라스 변환은 회로를 해석하는 데 사용될 수 있다. 시간 영역의 각 요소를 s-영역으로 변환하고 임의의 회로 해석 기법을 사용하여 문제를 푼 다음, 그 결과를 역라플라스 변환을 사용하여 시간 영역으로 변환한다.

2. s-영역에서 회로 요소는 $t = 0$에서의 초기 조건과 함께 다음과 같이 대치된다(아래에 전압 모델이 주어졌지만 상응하는 전류 모델도 똑같이 적용된다).

$$\text{저항:} \qquad v_R = Ri \quad \rightarrow \quad V_R = RI$$

$$\text{인덕터:} \qquad v_L = L\frac{di}{dt} \quad \rightarrow \quad V_L = sLI - Li(0^-)$$

$$\text{커패시터:} \qquad v_C = \int i\, dt \quad \rightarrow \quad V_C = \frac{1}{sC} - \frac{v(0^-)}{s}$$

3. 회로를 해석하는 데 있어 라플라스 변환을 사용하면 완전응답(과도응답과 정상상태 응답)을 얻을 수 있다. 이는 변환 과정에 초기 조건이 포함되기 때문이다.

4. 회로망의 전달함수 $H(s)$는 충격 응답 $h(t)$의 라플라스 변환이다.

5. s-영역에서 전달함수 $H(s)$는 출력 응답 $Y(s)$와 입력 $X(s)$의 관계를 나타낸다. 즉 $H(s) = Y(s)/X(s)$이다.

6. 상태변수 모델은 여러 개의 입력과 출력을 가진 복잡한 시스템을 해석하는 데 유용한 도구이다. 상태변수 해석은 회로 이론과 제어에서 가장 많이 쓰이는 강력한 기술이다. 시스템의 상태란 주어진 입력에 따른 미래의 응답을 결정하기 위해 알아야 하는 양(상태변수로 알려진)의 최소한의 집합이다. 상태변수 형태의 상태방정식은 다음과 같다.

$$\dot{\mathbf{x}} = \mathbf{A}x + \mathbf{B}z$$

출력은 다음과 같다.

$$\mathbf{y} = \mathbf{C}x + \mathbf{D}z$$

7. 전기회로에서 우선 커패시터의 전압과 인덕터의 전류를 상태변수로 선택한다. 그리고 나서 상태방정식을 구하기 위해 KCL과 KVL을 적용한다.

8. 이 장에서 다룬 라플라스 변환의 두 가지 응용 분야는 회로의 안정도와 회로망 합성 분야이다. 회로는 전달함수의 모든 극점이 s-평면의 좌반부에 위치할 때 안정하다. 회로망 합성은 주어진 전달함수를 구현하기 위해 적합한 회로망을 구하는 과정이다.

복습문제

16.1 저항에 전류 $i(t)$가 흐르면 s-영역에서 전압은 $sRI(s)$이
다.

(a) 참   (b) 거짓

16.2 입력 전압 $v(t)$가 주어진 RL 직렬회로에 흐르는 전류는
s-영역에서 어떤 값인가?

(a) $V(s)\left[R + \dfrac{1}{sL}\right]$ (b) $V(s)(R + sL)$

(c) $\dfrac{V(s)}{R + 1/sL}$ (d) $\dfrac{V(s)}{R + sL}$

16.3 10 F 커패시터의 임피던스는?

(a) $10/s$ (b) $s/10$ (c) $1/10s$ (d) $10s$

16.4 일반적으로 시간 영역에서 테브냉 등가회로를 얻을 수
있다.

(a) 참   (b) 거짓

16.5 전달함수는 초기 조건이 0일 때만 정의된다.

(a) 참   (b) 거짓

16.6 선형 시스템의 입력이 $\delta(t)$이고 출력이 $e^{-2t}u(t)$일 때 시
스템의 전달함수는?

(a) $\dfrac{1}{s + 2}$ (b) $\dfrac{1}{s - 2}$ (c) $\dfrac{s}{s + 2}$ (d) $\dfrac{s}{s - 2}$

(e) 보기 중 답이 없음

16.7 시스템의 전달함수가 다음과 같다.

$$H(s) = \frac{s^2 + s + 2}{s^3 + 4s^2 + 5s + 1}$$

입력이 $X(s) = s^3 + 4s^2 + 5s + 1$일 때 출력은 $Y(s) = s^2 + s + 2$가 된다.

(a) 참   (b) 거짓

16.8 회로망이 다음의 전달함수를 가지고 있다.

$$H(s) = \frac{s + 1}{(s - 2)(s + 3)}$$

회로망은 안정적이다.

(a) 참   (b) 거짓

16.9 다음 방정식 중 이떤 것이 상태방정식인가?

(a) $\dot{\mathbf{x}} = \mathbf{Ax} + \mathbf{Bz}$

(b) $\mathbf{y} + \mathbf{Cx} + \mathbf{Dz}$

(c) $\mathbf{H}(s) = \mathbf{Y}(s)/\mathbf{Z}(s)$

(d) $\mathbf{H}(s) = \mathbf{C}(s\mathbf{I} - \mathbf{A})^{-1}\mathbf{B}$

16.10 단일 입력과 단일 출력을 가진 시스템이 다음과 같은 상
태 모델로 표현되었다.

$$\dot{x}_1 = 2x_1 - x_2 + 3z$$
$$\dot{x}_2 = -4x_2 - z$$
$$y = 3x_1 - 2x_2 + z$$

다음의 행렬 중 옳지 않은 것은?

(a) $\mathbf{A} = \begin{bmatrix} 2 & -1 \\ 0 & -4 \end{bmatrix}$ (b) $\mathbf{B} = \begin{bmatrix} 3 \\ -1 \end{bmatrix}$

(c) $\mathbf{C} = \begin{bmatrix} 3 & -2 \end{bmatrix}$ (d) $\mathbf{D} = 0$

답: *16.1b, 16.2d, 16.3c, 16.4b, 16.5b, 16.6a, 16.7b, 16.8b, 16.9a, 16.10d*

문제

16.2절과 16.3절   회로소자 모델과 회로 해석

16.1 RLC 회로의 전류식이 다음과 같다.

$$\frac{d^2 i}{dt^2} + 10\frac{di}{dt} + 25i = 0$$

$i(0) = 2$ A이고 $di(0)/dt = 0$일 때, $t > 0$인 구간에서 $i(t)$
를 구하라.

16.2 RLC 회로망의 전압을 표현하는 미분방정식이 다음과
같다.

$$\frac{d^2 v}{dt^2} + 5\frac{dv}{dt} + 4v = 0$$

$v(0) = 0$, $dv(0)/dt = 5$ V/s일 때 $i(t)$를 구하라.

16.3 RLC 회로의 고유응답을 표현하는 미분방정식이 다음과 같다.

$$\frac{d^2v}{dt^2} + 2\frac{dv}{dt} + v = 0$$

초기 조건이 $v(0) = 20$ V, $dv(0)/dt = 0$일 때 $v(t)$를 구하라.

16.4 $R = 20\ \Omega$, $L = 0.6$ H일 때 C가 어떤 값이면 RLC 직렬회로가 되는가?

(a) 과다제동응답

(b) 임계제동응답

(c) 부족제동응답

16.5 직렬 RLC 회로의 응답이 다음과 같다.

$$v_c(t) = [30 - 10e^{-20t} + 30e^{-10t}]u(t)\text{V}$$

$$i_L(t) = [40e^{-20t} - 60e^{-10t}]u(t)\text{mA}$$

$v_C(t)$와 $i_L(t)$는 각각 커패시터 전압과 인덕터 전류를 나타낸다. R, L, C의 값을 구하라.

16.6 다음과 같은 특성방정식을 갖는 병렬 RLC 회로를 설계하라.

$$s^2 + 100s + 10^6 = 0.$$

16.7 RLC 회로에 대한 계단함수 응답이 다음과 같다.

$$\frac{d^2i}{dt^2} + 2\frac{di}{dt} + 5i = 10$$

$i(0) = 6$ A이고 $di(0)/dt = 12$ A/s일 때 $i(t)$를 구하라.

16.8 RLC 회로의 분기 전압이 다음과 같다.

$$\frac{d^2v}{dt^2} + 4\frac{dv}{dt} + 8v = 48$$

초기 조건이 $v(0) = 0 = dv(0)/dt$일 때 $v(t)$를 구하라.

16.9 직렬 RLC 회로가 다음과 같다.

$$L\frac{d^2i(t)}{dt} + R\frac{di(t)}{dt} + \frac{i(t)}{C} = 15$$

$L = 0.5$ H, $R = 4\ \Omega$, $C = 0.2$ F일 때 응답을 구하라. $i(0^-) = 7.5$ A, $di(0^-)/dt = 0$이라고 가정한다.

16.10 직렬 RLC 회로의 계단함수 응답이 다음과 같다.

$$V_c = 40 - 10e^{-2000t} - 10e^{-4000t} \text{ V}, t > 0$$

$$i_L(t) = 3e^{-2000t} + 6e^{-4000t} \text{ mA}, t > 0$$

(a) C를 구하라.

(b) 회로에 의해 어떤 유형의 제동을 나타내는지 결정하라.

16.11 병렬 RLC 회로의 계단함수 응답이 다음과 같다.

$$v = 10 + 20e^{-300t} (\cos 400t - 2 \sin 400t)\text{V}, t \geq 0$$

인덕터가 50 mH일 때 R과 C를 구하라.

16.12 그림 16.35의 회로에서 라플라스 변환을 이용하여 $i(t)$를 구하라.

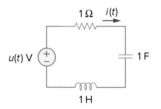

그림 16.35
문제 16.12.

16.13 그림 16.36을 이용하여 다른 학생들이 라플라스 변환을 통한 회로 해석을 더 잘 이해하도록 도와주는 문제를 설계하라.

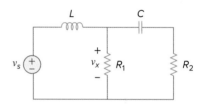

그림 16.36
문제 16.13.

16.14 그림 16.37의 회로에서 $t > 0$인 구간의 $i(t)$를 구하라. $i_s(t) = [4u(t) + 2\delta(t)]$ mA라고 가정한다.

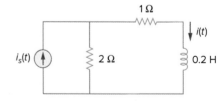

그림 16.37
문제 16.14.

16.15 그림 16.38의 회로에서 임계제동응답에 필요한 R 값을 구하라.

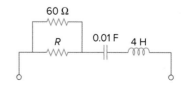

그림 16.38
문제 16.15.

16.16 그림 16.39의 회로에서 커패시터는 초기에 충전되어 있지 않았다. $t > 0$인 구간에서 $v_o(t)$를 구하라.

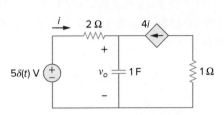

그림 16.39
문제 16.16.

16.17 그림 16.40의 회로에서 $i_s(t) = e^{-2t}u(t)$ A일 때 $i_o(t)$를 구하라.

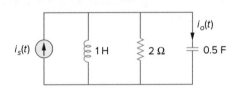

그림 16.40
문제 16.17.

16.18 그림 16.41의 회로에서 $t > 0$인 구간의 $v(t)$를 구하라. $v_s = 20$ V라고 한다.

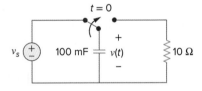

그림 16.41
문제 16.18.

16.19 그림 16.42의 회로에서 $t = 0$일 때 스위치가 위치 A에서 위치 B로 이동한다(스위치는 위치 A와 연결을 끊기 전에 위치 B와 연결되어야 한다). $t > 0$인 구간에서 $v(t)$를 구하라.

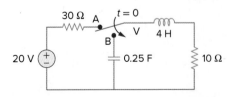

그림 16.42
문제 16.19.

16.20 그림 16.43의 회로에서 $t > 0$인 구간의 $i(t)$를 구하라.

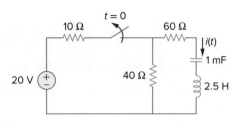

그림 16.43
문제 16.20.

16.21 그림 16.44의 회로에서 $t = 0$일 때 스위치가 위치 A에서 위치 B로 이동한다. $t \geq 0$인 구간에서 $v(t)$를 구하라.

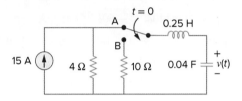

그림 16.44
문제 16.21.

16.22 그림 16.45의 회로에서 $t > 0$인 구간의 커패시터 양단에 걸리는 전압을 시간의 함수로 구하라. 정상상태 조건이 $t = 0^-$일 때 존재한다고 가정한다.

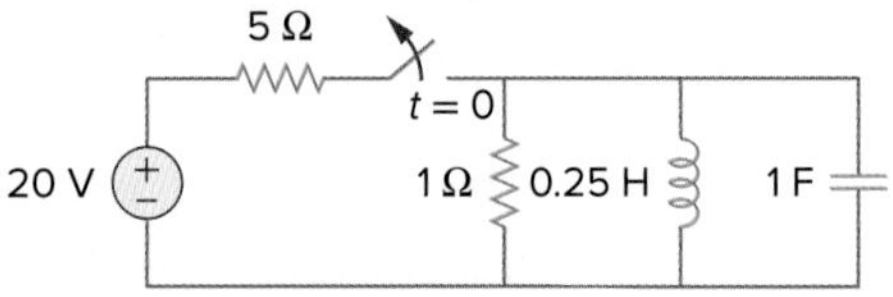

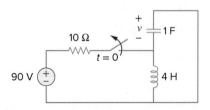

그림 16.45
문제 16.22.

16.23 그림 16.46의 회로에서 $t > 0$인 구간의 $v(t)$를 구하라.

그림 16.46
문제 16.23.

16.24 그림 16.47의 회로에서 스위치가 오랜 시간 닫혀 있다가 $t = 0$일 때 열렸다. $t > 0$인 구간의 $i(t)$를 구하라.

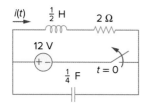

그림 16.47
문제 16.24.

16.25 그림 16.48의 회로에서 $t > 0$인 구간의 $v(t)$를 구하라.

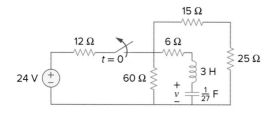

그림 16.48
문제 16.25.

16.26 그림 16.49의 회로에서 $t = 0$일 때 스위치가 위치 A에서 위치 B로 이동한다(스위치는 위치 A와 연결을 끊기 전에 위치 B와 연결되어야 한다). 커패시터의 초기 전압이 0이라 가정하고, $t > 0$인 구간의 $i(t)$를 구하라.

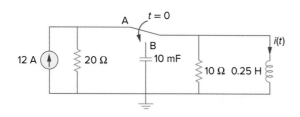

그림 16.49
문제 16.26.

16.27 그림 16.50의 회로에서 $t > 0$인 구간의 $v(t)$를 구하라.

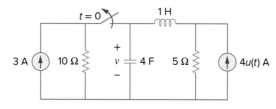

그림 16.50
문제 16.27.

16.28 그림 16.51의 회로에서 $t > 0$인 구간의 $v(t)$를 구하라.

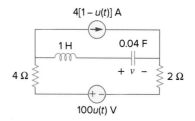

그림 16.51
문제 16.28.

16.29 그림 16.52의 회로에서 $t > 0$인 구간의 $i(t)$를 구하라.

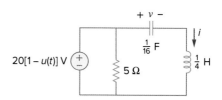

그림 16.52
문제 16.29.

16.30 그림 16.53의 회로에서 $t > 0$인 구간의 $v_o(t)$를 구하라.

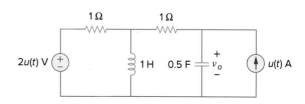

그림 16.53
문제 16.30.

16.31 그림 16.54의 회로에서 $t > 0$인 구간의 $v(t)$와 $i(t)$를 구하라.

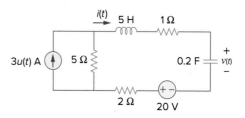

그림 16.54
문제 16.31.

16.32 그림 16.55의 회로망에서 $t > 0$인 구간의 $i(t)$를 구하라.

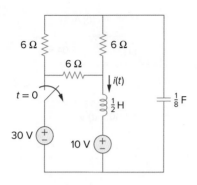

그림 16.55
문제 16.32.

16.33 그림 16.56을 이용하여 다른 학생들이 회로 해석을 위해 테브냉 정리(s-영역 안에서)를 이용하는 방법을 더 잘 이해하도록 도와주는 문제를 설계하라.

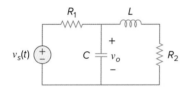

그림 16.56
문제 16.33.

16.34 그림 16.57의 회로에서 메시 전류를 구하라. s-영역에 결과를 남겨두어도 된다.

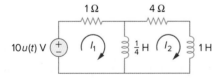

그림 16.57
문제 16.34.

16.35 그림 16.58의 회로에서 $v_o(t)$를 구하라.

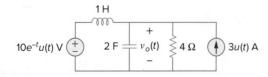

그림 16.58
문제 16.35.

16.36 그림 16.59의 회로에서 $t > 0$인 구간의 $i(t)$를 구하라.

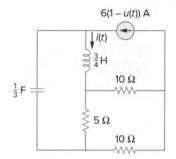

그림 16.59
문제 16.36.

16.37 그림 16.60의 회로에서 $t > 0$인 구간의 v를 구하라.

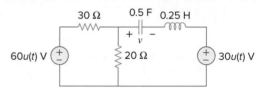

그림 16.60
문제 16.37.

16.38 그림 16.61의 회로에서 스위치가 $t = 0$일 때 a에서 b로 이동한다(스위치가 끊어지기 전에 연결한다). $t > 0$인 구간의 $i(t)$를 구하라.

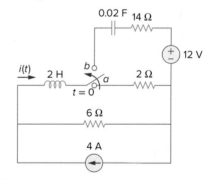

그림 16.61
문제 16.38.

16.39 그림 16.62의 회로망에서 $t > 0$인 구간의 $i(t)$를 구하라.

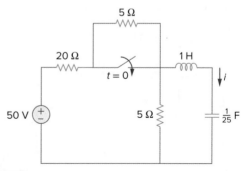

그림 16.62
문제 16.39.

16.40 그림 16.63의 회로에서 $t > 0$인 구간의 $v(t)$와 $i(t)$를 구하라. $v(0) = 0$ V이고 $i(0) = 1$ A라고 가정한다.

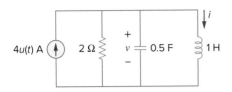

그림 16.63
문제 16.40.

16.41 그림 16.64의 회로에서 출력 전압 $v_o(t)$를 구하라.

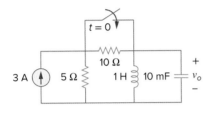

그림 16.64
문제 16.41.

16.42 그림 16.65의 회로에서 $t > 0$인 구간의 $i(t)$와 $v(t)$를 구하라.

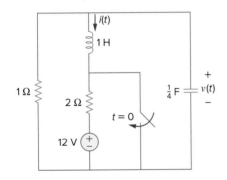

그림 16.65
문제 16.42.

16.43 그림 16.66의 회로에서 $t > 0$인 구간의 $i(t)$를 구하라.

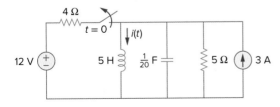

그림 16.66
문제 16.43.

16.44 그림 16.67의 회로에서 $t > 0$인 구간의 $i(t)$를 구하라.

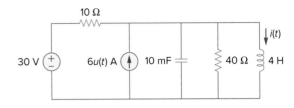

그림 16.67
문제 16.44.

16.45 그림 16.68의 회로에서 $t > 0$인 구간의 $v(t)$를 구하라.

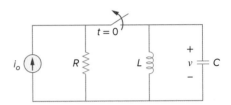

그림 16.68
문제 16.45.

16.46 그림 16.69의 회로에서 $i_o(t)$를 구하라.

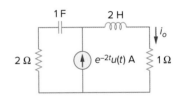

그림 16.69
문제 16.46.

16.47 그림 16.70의 회로망에서 $i_o(t)$를 구하라.

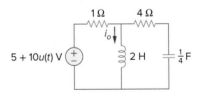

그림 16.70
문제 16.47.

16.48 그림 16.71의 회로에서 $V_x(s)$를 구하라.

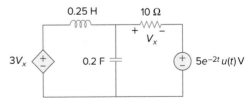

그림 16.71
문제 16.48.

16.49 그림 16.72의 회로에서 $t > 0$인 구간의 $i_o(t)$를 구하라.

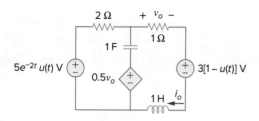

그림 16.72
문제 16.49.

16.50 그림 16.73의 회로에서 $t > 0$인 구간의 $v(t)$를 구하라. $i(0) = 2$ A라고 가정한다.

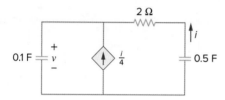

그림 16.73
문제 16.50.

16.51 그림 16.74의 회로에서 $t > 0$인 구간의 $i(t)$를 구하라.

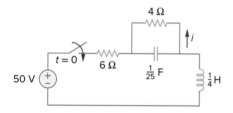

그림 16.74
문제 16.51.

16.52 그림 16.75의 회로에서 스위치가 $t = 0$ 이전에 오랜시간 닫혀있다가 $t = 0$일 때 열렸다. $t > 0$인 구간의 i_x와 v_R을 구하라.

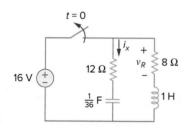

그림 16.75
문제 16.52.

16.53 그림 16.76의 회로에서 스위치가 오랜 시간 1에 있다가 $t = 0$일 때 2로 움직였다. 다음을 구하라.

(a) $v(0^+)$, $dv(0^+)/dt$

(b) $t \geq 0$일 때 $v(t)$

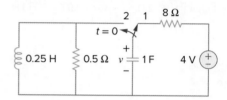

그림 16.76
문제 16.53.

16.54 그림 16.77의 회로에서 스위치가 $t < 0$인 구간에 1에 위치했다. $t = 0$일 때 커패시터의 상단으로 움직였다. 스위치는 연결하고 난 후 끊는 스위치이며, 커패시터의 상단으로 연결할 때까지 1과 연결을 유지하고 난 후 끊는다. $v(t)$를 구하라.

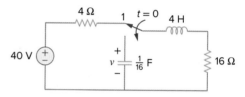

그림 16.77
문제 16.54.

16.55 그림 16.78의 회로에서 $t > 0$인 구간의 i_1과 i_2를 구하라.

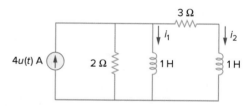

그림 16.78
문제 16.55.

16.56 그림 16.79의 회로망에서 $t > 0$인 구간의 $i_o(t)$를 구하라.

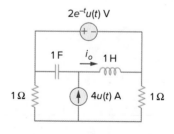

그림 16.79
문제 16.56.

16.57 (a) 그림 16.80(a)에 나타낸 전압의 라플라스 변환을 구하라. (b) 그림 16.80(b)의 회로에서 $v_s(t)$의 값을 이용하여 $v_o(t)$를 구하라.

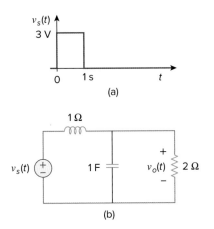

그림 16.80
문제 16.57.

16.58 그림 16.81을 이용하여 다른 학생들이 종속 전원이 있는 회로를 s-영역에서 해석하는 방법을 더 잘 이해하도록 도와주는 문제를 설계하라.

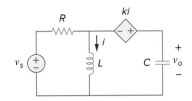

그림 16.81
문제 16.58.

16.59 그림 16.82의 회로에서 $v_x(0) = 2$ V, $i(0) = 1$ A일 때 $v_o(t)$를 구하라.

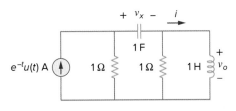

그림 16.82
문제 16.59.

16.60 그림 16.83의 회로에서 $t > 0$인 구간의 응답 $v(t)$를 구하라. $R = 3$ Ω, $L = 2$ H, $C = 1/18$ F라고 가정한다.

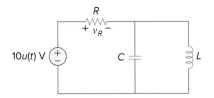

그림 16.83
문제 16.60.

*16.61 그림 16.84의 회로에서 라플라스 변환을 이용하여 $v_o(t)$를 구하라.

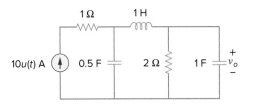

그림 16.84
문제 16.61.

16.62 그림 16.85를 이용하여 다른 학생들이 s-영역에서 노드의 전압을 구하는 방법을 더 잘 이해하도록 도와주는 문제를 설계하라.

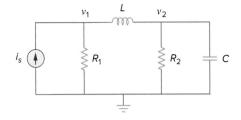

그림 16.85
문제 16.62.

16.63 그림 16.86의 병렬 RLC 회로에서 $v(0) = 5$ V, $i(0) = -2$ A일 때 $v(t)$와 $i(t)$를 구하라.

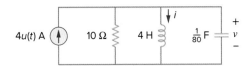

그림 16.86
문제 16.63.

———————————

* 별표는 난이도가 높은 문제를 가리킨다.

16.64 그림 16.87의 회로에서 $t = 0$일 때 스위치가 1에서 2로 이동한다. $t > 0$인 구간의 $v(t)$를 구하라.

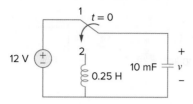

그림 16.87
문제 16.64.

16.65 그림 16.88의 *RLC* 회로에서 스위치가 닫힐 때 $v(0) = 2$ V인 경우 완전응답을 구하라.

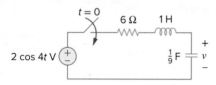

그림 16.88
문제 16.65.

16.66 그림 16.89의 연산증폭기 회로에서 $t > 0$인 구간의 $v_o(t)$를 구하라. $v_s = 3\,e^{-5t}u(t)$ V를 이용하라.

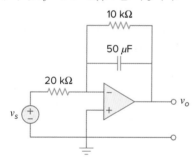

그림 16.89
문제 16.66.

16.67 그림 16.90의 연산증폭기 회로에서 $v_1(0^+) = 2$ V, $v_2(0^+) = 0$ V일 때 $t > 0$인 구간의 v_0를 구하라. $R = 100$ kΩ, $C = 1\,\mu$F라고 가정한다.

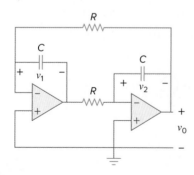

그림 16.90
문제 16.67.

16.68 그림 16.91의 연산증폭기 회로에서 V_0/V_s를 구하라.

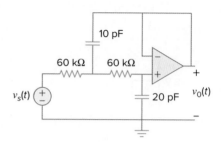

그림 16.91
문제 16.68.

16.69 그림 16.92의 회로에서 $I_1(s)$와 $I_2(s)$를 구하라.

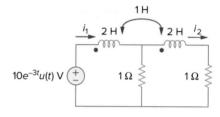

그림 16.92
문제 16.69.

16.70 그림 16.93을 이용하여 다른 학생들이 s-영역에서 상호 간 결합된 소자를 가진 회로를 해석하는 방법을 더 잘 이해하도록 도와주는 문제를 설계하라.

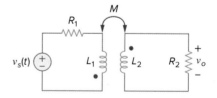

그림 16.93
문제 16.70.

16.71 그림 16.94의 이상적인 변압기 회로에서 $i_o(t)$를 구하라.

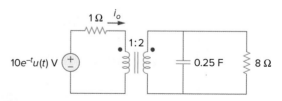

그림 16.94
문제 16.71.

16.4절 전달함수

16.72 시스템의 전달함수가 다음과 같다.

$$H(s) = \frac{s^2}{3s + 1}$$

회로의 입력이 $4e^{-t/3}u(t)$일 때 출력을 구하라.

16.73 시스템의 입력이 단위계단 함수일 때 응답이 $10\cos 2tu(t)$ 이다. 시스템의 전달함수를 구하라.

16.74 다른 학생들이 전달함수와 입력이 주어졌을 때 출력을 구하는 방법을 더 잘 이해하도록 도와주는 문제를 설계하라.

16.75 $t = 0$일 때 단위계단 함수가 시스템에 입력으로 주어지면 출력은 다음과 같다.

$$y(t) = [4 + 0.5\,e^{-3t} - e^{-2t}(2\cos 4t + 3\sin 4t)]u(t)$$

시스템의 전달함수를 구하라.

16.76 그림 16.95의 회로에서 $H(s) = V_0(s)/V_s(s)$를 구하라. 초기 조건은 0이라 가정한다.

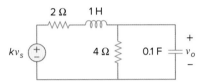

그림 16.95
문제 16.76.

16.77 그림 16.96의 회로에서 전달함수 $H(s) = V_o/V_s$를 구하라.

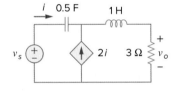

그림 16.96
문제 16.77.

16.78 회로의 전달함수가 다음과 같다.

$$H(s) = \frac{5}{s+1} - \frac{3}{s+2} + \frac{6}{s+4}$$

이 회로의 임펄스 응답을 구하라.

16.79 그림 16.97의 회로에서 다음을 구하라.

(a) I_1/V_s (b) I_2/V_x

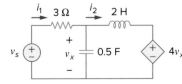

그림 16.97
문제 16.79.

16.80 그림 16.98의 회로망에서 다음 전달함수를 구하라.

(a) $H_1(s) = V_o(s)/V_s(s)$

(b) $H_2(s) = V_o(s)/V_s(s)$

(c) $H_3(s) = I_o(s)/I_s(s)$

(d) $H_4(s) = I_o(s)/V_s(s)$

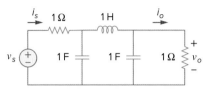

그림 16.98
문제 16.80.

16.81 그림 16.99의 연산증폭기 회로에서 전달함수 $T(s) = I(s)/V_s(s)$를 구하라. 초기 조건은 0이라 가정한다.

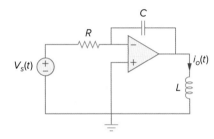

그림 16.99
문제 16.81.

16.82 그림 16.100의 연산증폭기 회로에서 이득 $H(s) = V_o/V_s$를 구하라.

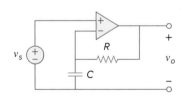

그림 16.100
문제 16.82.

16.83 그림 16.101의 *RL* 회로에서 다음을 구하라.

(a) 회로의 임펄스 응답 $h(t)$

(b) 회로의 단위계단 응답

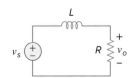

그림 16.101
문제 16.83.

16.84 병렬 RL 회로가 $R = 4\ \Omega$, $L = 1$ H이고, 회로의 입력이 $i_s(t) = 2e^{-t}u(t)$ A이다. $i_L(0) = -2$ A라 가정하고 $t > 0$인 구간에서 인덕터 전류 $i_L(t)$를 구하라.

16.85 회로의 전달함수가 다음과 같다.

$$H(s) = \frac{s + 4}{(s + 1)(s + 2)^2}$$

임펄스 응답을 구하라.

16.5절 상태변수

16.86 문제 16.12의 상태방정식을 전개하라.

16.87 문제 16.13에서 설계한 문제의 상태방정식을 전개하라.

16.88 그림 16.102의 회로에서 상태방정식을 전개하라.

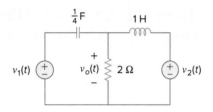

그림 16.102
문제 16.88.

16.89 그림 16.103의 회로에서 상태방정식을 전개하라.

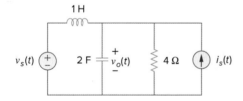

그림 16.103
문제 16.89.

16.90 그림 16.104의 회로에서 상태방정식을 전개하라.

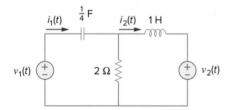

그림 16.104
문제 16.90.

16.91 다음 미분방정식의 상태방정식을 전개하라.

$$\frac{d^2y(t)}{dt^2} + \frac{6\,dy(t)}{dt} + 7y(t) = z(t)$$

*16.92 다음 미분방정식의 상태방정식을 전개하라.

$$\frac{d^2y(t)}{dt^2} + \frac{7\,dy(t)}{dt} + 9y(t) = \frac{dz(t)}{dt} + z(t)$$

*16.93 다음 미분방정식의 상태방정식을 전개하라.

$$\frac{d^3y(t)}{dt^3} + \frac{6\,d^2y(t)}{dt^2} + \frac{11\,dy(t)}{dt} + 6y(t) = z(t)$$

*16.94 다음의 상태방정식에서 $y(t)$를 구하라.

$$\dot{\mathbf{x}} = \begin{bmatrix} -4 & 4 \\ -2 & 0 \end{bmatrix} x + \begin{bmatrix} 0 \\ 2 \end{bmatrix} u(t)$$

$$y(t) = [1 \quad 0]x$$

*16.95 다음의 상태방정식에서 $y_1(t)$와 $y_2(t)$를 구하라.

$$\dot{\mathbf{x}} = \begin{bmatrix} -2 & -1 \\ 2 & -4 \end{bmatrix} x + \begin{bmatrix} 1 & 1 \\ 4 & 0 \end{bmatrix} \begin{bmatrix} u(t) \\ 2u(t) \end{bmatrix}$$

$$\mathbf{y} = \begin{bmatrix} -2 & -2 \\ 1 & 0 \end{bmatrix} x + \begin{bmatrix} 2 & 0 \\ 0 & -1 \end{bmatrix} \begin{bmatrix} u(t) \\ 2u(t) \end{bmatrix}$$

16.6절 응용

16.96 그림 16.105의 병렬 RLC 회로가 안정임을 보여라.

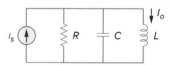

그림 16.105
문제 16.96.

16.97 그림 16.106의 시스템은 2개의 시스템을 종속 연결함으로써 형성되었다. 시스템의 임펄스 응답은 $h_1(t) = 3e^{-t}u(t)$, $h_2(t) = e^{-4t}u(t)$이다.

(a) 전체 시스템의 임펄스 응답을 구하라.

(b) 전체 시스템이 안정적인지 확인하라.

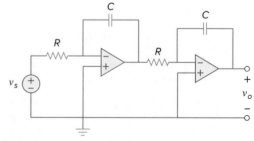

그림 16.106
문제 16.97.

16.98 그림 16.107의 연산증폭기 회로가 안정적인지 확인하라.

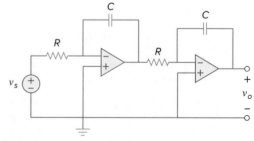

그림 16.107
문제 16.98.

16.99 그림 16.108의 회로를 이용하여 다음 전달함수를 구현하려고 한다.

$$\frac{V_2(s)}{V_1(s)} = \frac{2s}{s^2 + 2s + 6}$$

$R = 1\ \text{k}\Omega$을 선택하고 L과 C를 구하라.

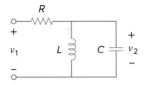

그림 16.108
문제 16.99.

16.100 그림 16.109의 회로를 이용하여 다음 전달함수를 구현하는 연산증폭기 회로를 설계하라.

$$\frac{V_o(s)}{V_i(s)} = -\frac{s + 1000}{2(s + 4000)}$$

$C_1 = 10\ \mu\text{F}$을 선택하고 R_1, R_2, C_2를 구하라.

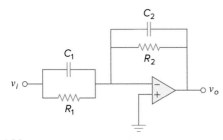

그림 16.109
문제 16.100.

16.101 그림 16.110의 회로를 이용하여 다음 전달함수를 구현하라.

$$\frac{V_o(s)}{V_s(s)} = -\frac{s}{s + 10}$$

$Y_1 = sC_1$, $Y_2 = 1/R_1$, $Y_3 = sC_2$라고 가정한다. $R_1 = 1$ kΩ을 선택하고 C_1과 C_2를 구하라.

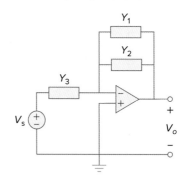

그림 16.110
문제 16.101.

16.102 그림 16.111의 회로 구조를 이용하여 다음 전달함수를 합성하라.

$$\frac{V_o(s)}{V_{in}(s)} = \frac{10^6}{s^2 + 100s + 10^6}$$

$Y_1 = 1/R_1$, $Y_2 = 1/R_2$, $Y_3 = sC_1$, $Y_4 = sC_2$라고 가정한다. $R_1 = 1$ kΩ을 선택하고 C_1, C_2, R_2를 구하라.

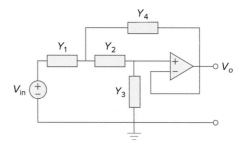

그림 16.111
문제 16.102.

종합문제

16.103 그림 16.112의 연산증폭기 회로에서 다음과 같은 형태의 전달함수를 구하라.

$$\frac{V_o(s)}{V_i(s)} = \frac{as}{s^2 + bs + c}$$

여기서 상수 a, b, c를 구하라.

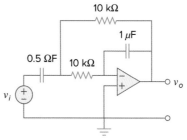

그림 16.112
문제 16.103.

16.104 어떤 회로의 입력 어드미턴스가 $Y(s)$이다. 이 어드미턴스는 $s = -3$에서 하나의 극점을, $s = -1$에서 하나의 영점을, $Y(\infty) = 0.25$ S를 갖는다.

(a) $Y(s)$를 구하라.

(b) 8 V 전지가 스위치를 통해 회로망에 연결되어 있다. $t = 0$일 때 스위치가 닫힌다면 라플라스 변환을 이용하여 $Y(s)$에 흐르는 전류 $i(t)$를 구하라.

16.105 회전기는 회로망에서 인덕터를 시뮬레이션하는 장치이며 기본적인 회전기 회로를 그림 16.113에 나타냈다. $V_i(s)/I_o(s)$를 구함으로써 회전기에 의해 생성된 인덕턴스가 $L = CR^2$임을 보여라.

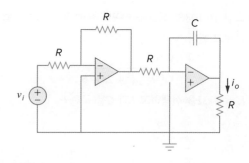

그림 16.113
문제 16.105.

17

푸리에 급수
The Fourier Series

> 연구란 모든 사람들이 보아왔던 것을 보는 것이며, 아무도 생각하지 못했던 것을 생각하는 것이다.
>
> —Albert Szent-Gyorgyi

기술과 경력 향상하기

ABET EC 2000 준거(3.j), "현대의 이슈에 관한 지식"

공학자는 반드시 현시대의 이슈에 관한 지식을 습득해야 한다. 21세기에 참으로 의미 있는 직업을 갖기 위해 학생들은 현대의 이슈에 관한 지식, 특히 자신의 직업 혹은 일에 직접적인 영향을 줄지 모르는 지식을 반드시 습득해야 한다. 이것을 성취하는 가장 쉬운 방법 중 하나는 뉴스, 잡지, 그리고 오늘날의 책을 많이 읽는 것이다. 공학인증 프로그램에 등록한 학생으로서, 수강하는 일부 과목은 이러한 기준을 만족하려고 할 것이다.

ABET EC 2000 준거(3.k), "공학 실습에 필요한 방법, 기술, 현대적인 공학 도구를 사용할 수 있는 능력"

성공한 공학자는 반드시 "공학 실습에 필요한 방법, 기술, 현대적인 공학 도구를 사용할 수 있는 능력"을 가지고 있어야 한다. 분명히 이 책의 주요 관점은 그렇게 되도록 하는 것이다. 현대의 "정보를 습득하는 통합 개발 환경(KCIDE)" 도구를 능숙하게 사용하기 위해 배우는 것은 공학자로서의 실행력에 필수적인 것이다. 현대의 KCIDE에서 작업할 수 있는 능력은 개발 환경과 관련된 도구에 대한 꼼꼼한 이해를 필요로 한다.

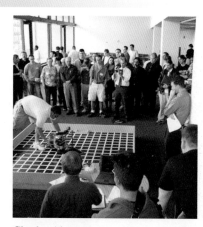

Charles Alexander

따라서 성공한 공학자는 새로운 디자인, 해석, 시뮬레이션 도구의 사용에 뒤떨어지지 않도록 해야 한다. 공학자는 또한 도구의 사용에 익숙해질 때까지 그러한 도구를 사용해야 한다. 그리고 소프트웨어 결과가 실제 세계의 현상과 일치함을 확인해야 한다. 이는 아마도 대부분의 공학자들이 가장 큰 어려움을 겪는 영역일 것이다. 따라서 이러한 도구의 성공적인 사용은 공학자가 일하고 있는 영역의 근본 법칙에 관한 지속적인 학습과 재학습을 필요로 한다.

Hulton Archive/Getty Images

Jean Baptiste Joseph Fourier (1768~1830), 프랑스 수학자이며, 그의 이름이 붙은 푸리에 급수와 푸리에 변환을 처음으로 발표했다. 푸리에의 결과는 과학계에서 열광적으로 받아들여지지 않았고 더군다나 푸리에는 결과를 논문으로 출판할 수도 없었다.

프랑스의 오세르 지역에서 태어난 푸리에는 8세 때 고아가 되었으며, 베네딕트회 수도사들이 운영하는 지방 사관학교에 다니는 동안 수학적 재능을 나타냈다. 동시대의 사람들이 그랬듯 푸리에도 프랑스 혁명의 정치적 격동에 휩쓸렸다. 그는 1790년대 후반 나폴레옹의 이집트 원정에 참여하여 중요한 역할을 했고, 정치적 참여로 두 번이나 죽을 고비를 넘기기도 했다.

학습목표

본 장에서 제시된 정보와 연습문제를 사용함으로써 다음 능력을 배양할 수 있다.

1. 삼각함수형 푸리에 급수를 이해하고 다양한 주기함수로 푸리에 급수를 구하는 방법을 알 수 있다.
2. 다양한 주기함수 입력에 대해 회로의 응답을 해석하는 데 푸리에 급수를 효과적으로 사용할 수 있다.
3. 일부 파형 모양의 대칭적인 특성을 통해 주기함수 그룹의 푸리에 급수를 쉽게 구하는 방법을 알 수 있다.
4. 주기함수의 평균전력과 rms 값을 구하는 방법을 이해할 수 있다.
5. 이산 푸리에 변환과 고속 푸리에 변환의 사용을 이해할 수 있다.

17.1   서론

우리는 정현파 전원이 있는 회로의 해석에 많은 시간을 투자했다. 이 장에서는 비정현파의 주기함수 전원이 있는 회로를 해석하는 방법에 관해 설명한다. 주기함수의 표기는 9장에서 소개했는데, 그때 정현파는 가장 간단하고 유용한 주기함수라고 언급되었다. 이 장에서는 정현파의 식으로 주기함수를 표현하는 방법인 푸리에 급수를 소개한다. 일단 전원함수가 정현파의 식으로 표현되면 회로를 해석하는 데 페이저 방법을 적용할 수 있다.

푸리에 급수라는 용어는 푸리에의 이름을 딴 것이다. 1822년 푸리에의 천재성은 실제의 주기함수가 정현파들의 합으로 표현될 수 있다는 통찰력과 함께 나타났다. 이와 같은 표현과 중첩 원리를 통해 우리는 페이저 기법을 사용하여 임의의 주기함수 입력에 대한 회로의 응답을 찾을 수 있다.

여기서는 삼각함수형 푸리에 급수로 시작한다. 이어서 지수함수형 푸리에에 급수를 살펴본다. 그다음에 회로 해석에 푸리에 급수를 적용한다. 마지막으로 스펙트럼 분석기와 필터에서 푸리에 급수의 실제적인 응용을 설명할 것이다.

17.2 삼각함수형 푸리에 급수

열전달에 관해 연구하는 동안 푸리에는 비정현파 주기함수를 정현파 함수의 무한합으로 표현할 수 있다는 것을 발견했다. 주기함수는 T초마다 반복되는 함수이다. 즉 주기함수 $f(t)$는 다음 식을 만족한다.

$$f(t) = f(t + nT) \tag{17.1}$$

여기서 n은 정수, T는 함수의 주기이다.

푸리에 정리에 의하면 주파수 ω_0의 주기함수는 주파수가 ω_0의 정수배인 사인함수 또는 코사인함수의 무한합으로 나타낼 수 있다. 따라서 $f(t)$는 다음과 같이 나타낼 수 있다.

$$f(t) = a_0 + a_1 \cos \omega_0 t + b_1 \sin \omega_0 t + a_2 \cos 2\omega_0 t$$
$$+ b_2 \sin 2\omega_0 t + a_3 \cos 3\omega_0 t + b_3 \sin 3\omega_0 t + \cdots \tag{17.2}$$

또는

$$f(t) = \underbrace{a_0}_{\text{dc}} + \underbrace{\sum_{n=1}^{\infty} (a_n \cos n\omega_0 t + b_n \sin n\omega_0 t)}_{\text{ac}} \tag{17.3}$$

여기서 $\omega\pi_0 = 2\pi/T$는 기본 주파수라고 하며 단위는 초당 라디안이다. 정현파 $\sin n\omega_0 t$ 또는 $\cos n\omega_0 t$를 $f(t)$의 n차 고조파라고 한다. n이 기수이면 기수 고조파, n이 우수이면 우수 고조파라고 한다. 식 (17.3)은 $f(t)$의 삼각함수형 푸리에 급수라고 불리며, 상수 a_n과 b_n은 푸리에 계수이다. 계수 a_0는 $f(t)$의 직류 성분 또는 $f(t)$의 평균값이다(정현파는 평균값이 0이라는 것을 상기하라). 계수 a_n과 b_n ($n \neq 0$일 때)은 정현파의 교류 성분에 대한 진폭이다.

고조파 ω_n은 기본 주파수 ω_0의 정수배이다. 즉 $\omega_n = n\omega_0$이다.

> 주기함수 $f(t)$의 **푸리에 급수**는 직류 성분과 정현파의 무한급수로 나타내는 교류 성분으로 표현된다.

식 (17.3)의 푸리에 급수로 나타낼 수 있는 함수는 특정 요구 조건을 만족해야 하는데, 이는 식 (17.3)의 무한급수가 수렴 또는 발산할 수 있기 때문이다. 푸리에 급수가 수렴하기 위한 $f(t)$에 관한 조건은 다음과 같다.

1. $f(t)$는 모든 곳에서 단일 값이어야 한다.
2. $f(t)$는 어떤 한 구간에서 유한개의 불연속점을 가져야 한다.

3. $f(t)$는 어떤 한 구간에서 유한개의 극대점과 극소점을 가져야 한다.

4. 임의의 t_0에 대해 적분은 수식 $\int_{t_0}^{t_0+T} |f(t)| \, dt < \infty$를 만족해야 한다.

역사적 기록: 푸리에가 그의 이론을 1882년에 발표했음에도 불구하고 나중에 디리클레(1805~1859)가 그 이론이 받아들여질 만한 증명을 제공했다.

푸리에 계수를 구하기 위해 *Mathcad*나 *Maple* 같은 소프트웨어 패키지를 사용할 수 있다.

이러한 조건을 디리클레 조건이라 하며, 이는 필요조건은 아닐지라도 푸리에 급수가 존재하기 위한 충분조건이다.

푸리에 급수에서 중요한 작업은 푸리에 계수 a_0, a_n, b_n을 정하는 것이다. 이러한 계수를 구하는 과정을 푸리에 해석이라 한다. 다음 삼각함수의 적분은 푸리에 해석에 매우 유용하다. 임의의 정수 m과 n에 대해,

$$\int_0^T \sin n\omega_0 t \, dt = 0 \tag{17.4a}$$

$$\int_0^T \cos n\omega_0 t \, dt = 0 \tag{17.4b}$$

$$\int_0^T \sin n\omega_0 t \cos m\omega_0 t \, dt = 0 \tag{17.4c}$$

$$\int_0^T \sin n\omega_0 t \sin m\omega_0 t \, dt = 0, \qquad (m \neq n) \tag{17.4d}$$

$$\int_0^T \cos n\omega_0 t \cos m\omega_0 t \, dt = 0, \qquad (m \neq n) \tag{17.4e}$$

$$\int_0^T \sin^2 n\omega_0 t \, dt = \frac{T}{2} \tag{17.4f}$$

$$\int_0^T \cos^2 n\omega_0 t \, dt = \frac{T}{2} \tag{17.4g}$$

푸리에 계수를 구하기 위해 이러한 항등식을 사용해보자.

우선 a_0를 구한다. 한 주기 동안 식 (17.3)의 양변을 적분하면

$$\int_0^T f(t) \, dt = \int_0^T \left[a_0 + \sum_{n=1}^{\infty} (a_n \cos n\omega_0 t + b_n \sin n\omega_0 t) \right] dt$$

$$= \int_0^T a_0 \, dt + \sum_{n=1}^{\infty} \left[\int_0^T a_n \cos n\omega_0 t \, dt + \int_0^T b_n \sin n\omega_0 t \, dt \right] dt \tag{17.5}$$

식 (17.4a)와 (17.4b)의 항등식을 적용하면 교류항을 포함하고 있는 두 개의 적분이 0이 된다. 따라서

$$\int_0^T f(t) \, dt = \int_0^T a_0 \, dt = a_0 \, T$$

또는

$$\boxed{a_0 = \frac{1}{T} \int_0^T f(t) \, dt} \tag{17.6}$$

a_0는 $f(t)$의 평균값임을 나타낸다.

a_n을 구하기 위해 식 (17.3)의 양변에 $\cos m\omega_0 t$를 곱하고 한 주기 동안 적분하면

$$\int_0^T f(t) \cos m\omega_0 t \, dt$$

$$= \int_0^T \left[a_0 + \sum_{n=1}^{\infty} (a_n \cos n\omega_0 t + b_n \sin n\omega_0 t) \right] \cos m\omega_0 t \, dt$$

$$= \int_0^T a_0 \cos m\omega_0 t \, dt + \sum_{n=1}^{\infty} \left[\int_0^T a_n \cos n\omega_0 t \cos m\omega_0 t \, dt \right.$$

$$\left. + \int_0^T b_n \sin n\omega_0 t \cos m\omega_0 t \, dt \right] dt \tag{17.7}$$

위 식에서 a_0를 포함하는 적분은 식 (17.4b)에 의해 0이며, b_n을 포함하는 적분은 식 (17.4c)에 의해 0이 된다. a_n을 포함하는 적분은 식 (17.4e)와 (17.4g)에 의해 $m = n$일 때는 $T/2$이며, $m = n$인 경우를 제외하고는 0이다. 따라서

$$\int_0^T f(t) \cos m\omega_0 t \, dt = a_n \frac{T}{2}, \qquad m = n일 \ 때$$

또는

$$\boxed{a_n = \frac{2}{T} \int_0^T f(t) \cos n\omega_0 t \, dt} \tag{17.8}$$

같은 방법으로 식 (17.3)의 양변에 $\sin m\omega_0 t$를 곱하고 한 주기 동안 적분하면 b_n을 얻는다. 그 결과는

$$\boxed{b_n = \frac{2}{T} \int_0^T f(t) \sin n\omega_0 t \, dt} \tag{17.9}$$

$f(t)$는 주기함수이므로 0에서 T까지 적분하는 것보다는 $-T/2$에서 $T/2$까지 또는 일반적으로 t_0에서 $t_0 + T$까지 적분하는 것이 보다 편리하다. 물론 그 결과는 동일할 것이다.

식 (17.3)의 다른 형태는 **진폭-위상** 형태로 표현하는 것이다.

$$\boxed{f(t) = a_0 + \sum_{n=1}^{\infty} A_n \cos(n\omega_0 t + \phi_n)} \tag{17.10}$$

식 (17.3)을 식 (17.10)으로 나타내기 위해 식 (9.11)과 (9.12)를 사용하거나 삼각 공식을 적용할 수 있다.

$$\cos(\alpha + \beta) = \cos\alpha \cos\beta - \sin\alpha \sin\beta \tag{17.11}$$

식 (17.10)의 교류항에 대입하면

$$a_0 + \sum_{n=1}^{\infty} A_n \cos(n\omega_0 t + \phi_n) = a_0 + \sum_{n=1}^{\infty} (A_n \cos\phi_n) \cos n\omega_0 t$$
$$- (A_n \sin\phi_n) \sin n\omega_0 t \tag{17.12}$$

식 (17.3)과 (17.12)에서 급수 전개의 계수들을 같다고 놓으면

$$a_n = A_n \cos \phi_n, \qquad b_n = -A_n \sin \phi_n \qquad \text{(17.13a)}$$

또는

$$\boxed{A_n = \sqrt{a_n^2 + b_n^2}, \qquad \phi_n = -\tan^{-1}\frac{b_n}{a_n}} \qquad \text{(17.13b)}$$

ϕ_n을 구할 때 혼돈을 피하기 위해 이를 복소수 형태로 나타내는 것이 더 좋다.

$$A_n \underline{/\phi_n} = a_n - jb_n \qquad \text{(17.14)}$$

| 주파수 스펙트럼은 이산 주파수 성분의 관점에서 *선 스펙트럼*이라고도 알려져 있다.

이 관계의 편리성은 17.6절에서 보다 명확해질 것이다. $n\omega_0$에 대해 고조파의 진폭 A_n을 나타낸 그래프를 $f(t)$의 진폭 스펙트럼이라 하고, $n\omega_0$에 대해 고조파의 위상 ϕ_n을 나타낸 그래프를 위상 스펙트럼이라 한다. 진폭 스펙트럼과 위상 스펙트럼은 $f(t)$의 주파수 스펙트럼을 형성한다.

> 신호의 **주파수 스펙트럼**은 주파수에 대한 고조파의 진폭과 위상을 나타낸 그래프로 구성된다.

그러므로 푸리에 해석은 주기적 신호의 스펙트럼을 찾는 도구가 된다. 17.6절에서 신호의 스펙트럼에 관해 더 자세히 설명할 것이다.

푸리에 계수 a_0, a_n, b_n을 구하기 위해 종종 다음과 같은 적분을 적용할 필요가 있다.

$$\int \cos at\, dt = \frac{1}{a}\sin at \qquad \text{(17.15a)}$$

$$\int \sin at\, dt = -\frac{1}{a}\cos at \qquad \text{(17.15b)}$$

$$\int t\cos at\, dt = \frac{1}{a^2}\cos at + \frac{1}{a}t\sin at \qquad \text{(17.15c)}$$

$$\int t\sin at\, dt = \frac{1}{a^2}\sin at - \frac{1}{a}t\cos at \qquad \text{(17.15d)}$$

또한 π의 정수배에 대한 코사인함수, 사인함수, 지수함수의 값도 알아두면 유용하다. 이에 관해서는 표 17.1에 정리했으며, n은 정수이다.

표 17.1

π의 정수배에 대한 코사인함수, 사인함수, 지수함수의 값

함수	값
$\cos 2n\pi$	1
$\sin 2n\pi$	0
$\cos n\pi$	$(-1)^n$
$\sin n\pi$	0
$\cos \dfrac{n\pi}{2}$	$\begin{cases} (-1)^{n/2}, & n = \text{짝수} \\ 0, & n = \text{홀수} \end{cases}$
$\sin \dfrac{n\pi}{2}$	$\begin{cases} (-1)^{(n-1)/2}, & n = \text{짝수} \\ 0, & n = \text{홀수} \end{cases}$
$e^{j2n\pi}$	1
$e^{jn\pi}$	$(-1)^n$
$e^{jn\pi/2}$	$\begin{cases} (-1)^{n/2}, & n = \text{짝수} \\ j(-1)^{(n-1)/2}, & n = \text{홀수} \end{cases}$

예제 17.1

그림 17.1에 나타낸 파형의 푸리에 급수를 구하고 진폭과 위상 스펙트럼을 구하라.

풀이:

푸리에 급수는 식 (17.3)에 의해 주어진다. 즉

$$f(t) = a_0 + \sum_{n=1}^{\infty}(a_n \cos n\omega_0 t + b_n \sin n\omega_0 t) \qquad \text{(17.1.1)}$$

우리의 목적은 식 (17.6), (17.8), (17.9)를 사용하여 푸리에 계수 a_0, a_n, b_n을 구하는 것이다. 우선 주어진 파형을 수식으로 나타내면

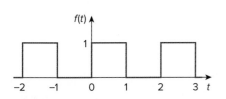

그림 17.1

예제 17.1: 구형파.

$$f(t) = \begin{cases} 1, & 0 < t < 1 \\ 0, & 1 < t < 2 \end{cases} \qquad \textbf{(17.1.2)}$$

그리고 $f(t) = f(t + T)$이다. $T = 2$, $\omega_0 = 2\pi/T = \pi$이므로

$$a_0 = \frac{1}{T}\int_0^T f(t)\,dt = \frac{1}{2}\left[\int_0^1 1\,dt + \int_1^2 0\,dt\right] = \frac{1}{2}t\,\Big|_0^1 = \frac{1}{2} \qquad \textbf{(17.1.3)}$$

식 (17.8)과 (17.15a)를 사용하여

$$a_n = \frac{2}{T}\int_0^T f(t)\cos n\omega_0 t\,dt$$

$$= \frac{2}{2}\left[\int_0^1 1\cos n\pi t\,dt + \int_1^2 0\cos n\pi t\,dt\right] \qquad \textbf{(17.1.4)}$$

$$= \frac{1}{n\pi}\sin n\pi t\,\Big|_0^1 = \frac{1}{n\pi}\left[\sin n\pi - \sin(0)\right] = 0$$

식 (17.9)와 (17.15b)로부터

$$b_n = \frac{2}{T}\int_0^T f(t)\sin n\omega_0 t\,dt$$

$$= \frac{2}{2}\left[\int_0^1 1\sin n\pi t\,dt + \int_1^2 0\sin n\pi t\,dt\right]$$

$$= -\frac{1}{n\pi}\cos n\pi t\,\Big|_0^1 \qquad \textbf{(17.1.5)}$$

$$= -\frac{1}{n\pi}(\cos n\pi - 1), \qquad \cos n\pi = (-1)^n$$

$$= \frac{1}{n\pi}\left[1 - (-1)^n\right] = \begin{cases} \dfrac{2}{n\pi}, & n = \text{odd} \\ 0, & n = \text{even} \end{cases}$$

식 (17.1.3)~(17.1.5)의 푸리에 계수를 식 (17.1.1)에 대입하면 다음과 같은 푸리에 급수를 얻는다.

$$f(t) = \frac{1}{2} + \frac{2}{\pi}\sin \pi t + \frac{2}{3\pi}\sin 3\pi t + \frac{2}{5\pi}\sin 5\pi t + \cdots \qquad \textbf{(17.1.6)}$$

$f(t)$는 직류 성분과 기본파 및 기수 고조파로 이루어진 사인항만을 포함하고 있으며, 이는 다음과 같이 나타낼 수 있다.

$$f(t) = \frac{1}{2} + \frac{2}{\pi}\sum_{k=1}^{\infty}\frac{1}{n}\sin n\pi t, \qquad n = 2k - 1 \qquad \textbf{(17.1.7)}$$

그림 17.2에 나타낸 것처럼 각 항을 하나하나 더함으로써 각 항의 중첩이 어떻게 원형의 구형파로 발전해 가는지를 알 수 있다. 더욱 많은 푸리에 성분을 더하면 합은 점점 더 구형파에 가까워진다. 그렇지만 식 (17.1.6) 또는 (17.1.7)의 급수를 무한대까지 더해나가는 것은 실제로 불가능하다. 단지 부분적인 합($n = 1, 2, 3, \ldots, N$, 여기서 N은 유한한 값)만이 가능하다. 그림 17.3에 나타낸 것처럼 큰 정수 N에 대해 한 주기 동안 부분 합을 그려보면 부분 합은 $f(t)$의 실제 값보다 위아래로 진동함을 알 수 있다. 불연속 점($x = 0, 1, 2, \ldots$)의 주변에서 오버

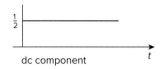

dc component

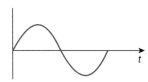

Fundamental ac component

(a)

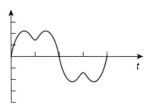

Sum of first two ac components

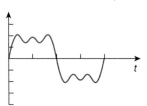

Sum of first three ac components

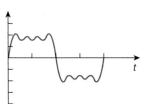

Sum of first four ac components

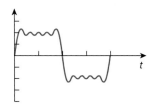

Sum of first five ac components

(b)

그림 17.2
푸리에 성분에 의한 구형파의 형성.

푸리에 항들을 손으로 계산해서 합치는 것은 지루한 일이다. 컴퓨터는 각 항을 계산하고 그 합을 그림 17.2에 나타낸 것들과 같이 그리는데 유용하다.

역사적 기록: 수리물리학자 깁스의 이름을 따른 깁스 현상은 1899년에 처음으로 발견되었다.

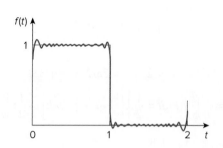

그림 17.3
$N = 11$까지의 푸리에 급수; 깁스 현상.

슈트와 언더슈트가 존재한다. 사실 $f(t)$를 근사화하는 데 사용된 항의 수와 관계없이 첨둣값의 약 9%만큼 오버슈트가 항상 존재한다. 이것을 깁스 현상이라 부른다.

마지막으로 그림 17.1의 신호에 대한 진폭 스펙트럼과 위상 스펙트럼을 구해보자. $a_n = 0$이므로,

$$A_n = \sqrt{a_n^2 + b_n^2} = |b_n| = \begin{cases} \dfrac{2}{n\pi}, & n = \text{odd} \\ 0, & n = \text{even} \end{cases} \tag{17.1.8}$$

그리고

$$\phi_n = -\tan^{-1}\frac{b_n}{a_n} = \begin{cases} -90°, & n = \text{odd} \\ 0, & n = \text{even} \end{cases} \tag{17.1.9}$$

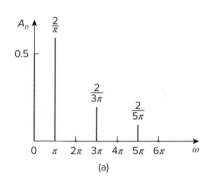

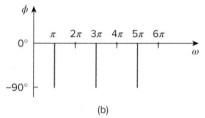

그림 17.4
예제 17.1: (a) 진폭 스펙트럼, (b) 위상 스펙트럼.

그림 17.4에서 보듯이 $n\omega_0 = n\pi$에 대해 A_n과 ϕ_n을 나타낸 그래프가 진폭 스펙트럼과 위상 스펙트럼이 된다. 고조파의 진폭은 주파수 증가에 따라 빠르게 감소한다.

실전문제 17.1

그림 17.5의 구형파에 대해 푸리에 급수를 구하고 진폭과 위상 스펙트럼을 그려라.

답: $f(t) = \dfrac{4}{\pi} \displaystyle\sum_{k=1}^{\infty} \dfrac{1}{n} \sin n\pi t$, $n = 2k - 1$, 스펙트럼은 그림 17.6과 같다.

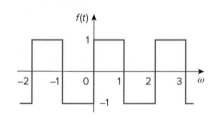

그림 17.5
실전문제 17.1.

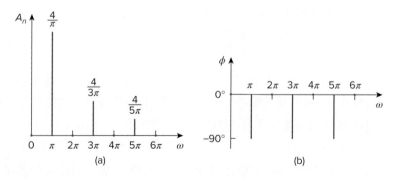

그림 17.6
실전문제 17.1: 그림 17.5의 함수에 대한 진폭 스펙트럼과 위상 스펙트럼.

그림 17.7의 주기함수에 대해 푸리에 급수를 구하고 진폭과 위상 스펙트럼을 그려라.

풀이:

함수는 다음과 같이 표현된다.

$$f(t) = \begin{cases} t, & 0 < t < 1 \\ 0, & 1 < t < 2 \end{cases}$$

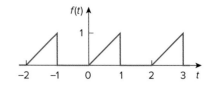

그림 17.7
예제 17.2.

$T = 2$, $\omega_0 = 2\pi/T = \pi$이기 때문이다. 따라서

$$a_0 = \frac{1}{T} \int_0^T f(t)\, dt = \frac{1}{2}\left[\int_0^1 t\, dt + \int_1^2 0\, dt \right] = \frac{1}{2}\frac{t^2}{2}\Big|_0^1 = \frac{1}{4} \qquad \textbf{(17.2.1)}$$

a_n과 b_n을 구하기 위해 식 (17.15)의 적분을 이용하면

$$\begin{aligned}
a_n &= \frac{2}{T} \int_0^T f(t) \cos n\omega_0 t\, dt \\
&= \frac{2}{2}\left[\int_0^1 t \cos n\pi t\, dt + \int_1^2 0 \cos n\pi t\, dt \right] \\
&= \left[\frac{1}{n^2\pi^2} \cos n\pi t + \frac{t}{n\pi} \sin n\pi t \right]\Big|_0^1 \\
&= \frac{1}{n^2\pi^2}(\cos n\pi - 1) + 0 = \frac{(-1)^n - 1}{n^2\pi^2}
\end{aligned} \qquad \textbf{(17.2.2)}$$

$\cos n\pi = (-1)^n$이기 때문이다. 그리고

$$\begin{aligned}
b_n &= \frac{2}{T} \int_0^T f(t) \sin n\omega_0 t\, dt \\
&= \frac{2}{2}\left[\int_0^1 t \sin n\pi t\, dt + \int_1^2 0 \sin n\pi t\, dt \right] \\
&= \left[\frac{1}{n^2\pi^2} \sin n\pi t - \frac{t}{n\pi} \cos n\pi t \right]\Big|_0^1 \\
&= 0 - \frac{\cos n\pi}{n\pi} = \frac{(-1)^{n+1}}{n\pi}
\end{aligned} \qquad \textbf{(17.2.3)}$$

식 (17.2.1)~(17.2.3)의 푸리에 계수를 식 (17.3)에 대입하면

$$f(t) = \frac{1}{4} + \sum_{n=1}^{\infty} \left[\frac{[(-1)^n - 1]}{(n\pi)^2} \cos n\pi t + \frac{(-1)^{n+1}}{n\pi} \sin n\pi t \right]$$

진폭과 위상 스펙트럼을 구하기 위해 우수 고조파에 대해 $a_n = 0$, $b_n = -1/n\pi$을 적용하면

$$A_n\underline{/\phi_n} = a_n - jb_n = 0 + j\frac{1}{n\pi} \qquad \textbf{(17.2.4)}$$

그러므로

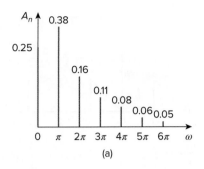

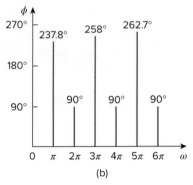

그림 17.8
예제 17.2: (a) 진폭 스펙트럼, (b) 위상 스펙트럼.

$$A_n = |b_n| = \frac{1}{n\pi}, \qquad n = 2, 4, \ldots$$

$$\phi_n = 90°, \qquad n = 2, 4, \ldots \tag{17.2.5}$$

기수 고조파에 대해서는 $a_n = -2/(n^2\pi^2)$, $b_n = 1/(n\pi)$이므로

$$A_n \underline{/\phi_n} = a_n - jb_n = -\frac{2}{n^2\pi^2} - j\frac{1}{n\pi} \tag{17.2.6}$$

따라서

$$A_n = \sqrt{a_n^2 + b_n^2} = \sqrt{\frac{4}{n^4\pi^4} + \frac{1}{n^2\pi^2}}$$

$$= \frac{1}{n^2\pi^2}\sqrt{4 + n^2\pi^2}, \qquad n = 1, 3, \ldots \tag{17.2.7}$$

식 (17.2.6)으로부터 ϕ는 3사분면에 존재한다는 것을 알 수 있고, 그러므로

$$\phi_n = 180° + \tan^{-1}\frac{n\pi}{2}, \qquad n = 1, 3, \ldots \tag{17.2.8}$$

식 (17.2.5), (17.2.7), (17.2.8)로부터 $n\omega_0 = n\pi$에 대해 A_n과 ϕ_n을 그리면 그림 17.8에 나타낸 진폭과 위상 스펙트럼을 얻을 수 있다.

실전문제 17.2

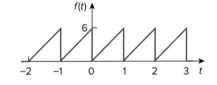

그림 17.9
실전문제 17.2.

그림 17.9의 톱니 파형에 대한 푸리에 급수를 구하라.

답: $f(t) = 3 - \dfrac{6}{\pi}\displaystyle\sum_{n=1}^{\infty}\frac{1}{n}\sin 2\pi nt$

17.3 대칭성

예제 17.1의 푸리에 급수는 사인항만으로 구성되어 있다. 어떤 푸리에 계수가 0이라는 것을 미리 알 수 있고 그러한 계수에 대한 불필요한 계산 과정을 생략할 수 있는 방법이 존재한다면 아마 놀랄 것이다. 그런데 그와 같은 방법이 존재한다. 이는 대칭성의 존재에 대한 인지를 바탕으로 한다. 여기서는 세 가지 형태의 대칭성, 즉 (1) 우함수 대칭, (2) 기함수 대칭, (3) 반파 대칭을 검토한다.

17.3.1 우함수 대칭

함수 $f(t)$가 수직 좌표축에 대해 대칭이면 우함수라 한다. 즉

$$\boxed{f(t) = f(-t)} \tag{17.16}$$

우함수의 예로는 t^2, t^4, $\cos t$ 등이 있다. 그림 17.10은 주기 우함수의 추가적인 예를 보여주며 이 예는 식 (17.16)을 만족한다. 우함수 $fe(t)$의 주요 성질은 다음과 같다.

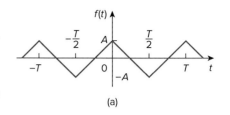

$$\int_{-T/2}^{T/2} f_e(t)\, dt = 2\int_0^{T/2} f_e(t)\, dt \tag{17.17}$$

이는 $-T/2$부터 0까지의 적분이 0에서 $T/2$까지의 적분과 같기 때문이다. 이 성질을 이용하여 우함수의 푸리에 계수는 다음과 같이 나타낼 수 있다.

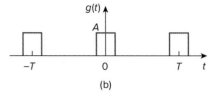

$$a_0 = \frac{2}{T}\int_0^{T/2} f(t)\,dt$$
$$a_n = \frac{4}{T}\int_0^{T/2} f(t)\cos n\omega_0 t\, dt \tag{17.18}$$
$$b_n = 0$$

$b_n = 0$이므로 식 (17.3)은 푸리에 코사인 급수가 된다. 이는 코사인함수 자체가 우함수이기 때문이다. 또한 사인함수는 기함수이므로 우함수는 사인항을 포함하지 않는다.

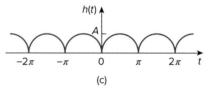

그림 17.10
주기 우함수의 전형적인 예.

식 (17.18)을 확인하기 위해 식 (17.6), (17.8), (17.9)의 푸리에 급수를 구하는 데 식 (17.17)의 우함수 성질을 적용한다. 그리고 적분은 $-T/2 < t < T/2$ 구간에 대해 적분하는 것이 보다 편리한데, 이는 원점에 대해 대칭이 된다. 따라서

$$a_0 = \frac{1}{T}\int_{-T/2}^{T/2} f(t)\, dt = \frac{1}{T}\left[\int_{-T/2}^0 f(t)\, dt + \int_0^{T/2} f(t)\, dt\right] \tag{17.19}$$

구간 $-T/2 < t < 0$에서 적분에 필요한 변수를 바꾸기 위해 $t = -x$로 놓으면 $dt = -dx$, $f(t)$는 우함수이기 때문에 $f(t) = f(-t) = f(x)$, 그리고 $t = -T/2$일 때 $x = T/2$가 된다. 따라서

$$a_0 = \frac{1}{T}\left[\int_{T/2}^0 f(x)(-dx) + \int_0^{T/2} f(t)\, dt\right]$$
$$= \frac{1}{T}\left[\int_0^{T/2} f(x)\, dx + \int_0^{T/2} f(t)\, dt\right] \tag{17.20}$$

이 식은 두 적분이 동일함을 보인다. 그러므로

$$a_0 = \frac{2}{T}\int_0^{T/2} f(t)\, dt \tag{17.21}$$

마찬가지로 식 (17.8)로부터

$$a_n = \frac{2}{T}\left[\int_{-T/2}^0 f(t)\cos n\omega_0 t\, dt + \int_0^{T/2} f(t)\cos n\omega_0 t\, dt\right] \tag{17.22}$$

식 (17.20)과 같이 변수들을 변환하고, $f(t)$와 $\cos n\omega_0 t$는 모두 우함수이므로 $f(-t) = f(t)$와 $\cos(-n\omega_0 t) = \cos n\omega_0 t$를 의미한다. 식 (17.22)는 다음과 같이 된다.

$$a_n = \frac{2}{T}\left[\int_{T/2}^{0} f(-x)\cos(-n\omega_0 x)(-dx) + \int_{0}^{T/2} f(t)\cos n\omega_0 t\, dt\right]$$

$$= \frac{2}{T}\left[\int_{T/2}^{0} f(x)\cos(n\omega_0 x)(-dx) + \int_{0}^{T/2} f(t)\cos n\omega_0 t\, dt\right]$$

$$= \frac{2}{T}\left[\int_{0}^{T/2} f(x)\cos(n\omega_0 x)dx + \int_{0}^{T/2} f(t)\cos n\omega_0 t\, dt\right]$$

$$\textbf{(17.23a)}$$

또는

$$a_n = \frac{4}{T}\int_{0}^{T/2} f(t)\cos n\omega_0 t\, dt \qquad\qquad \textbf{(17.23b)}$$

b_n에 대해 식 (17.9)를 적용하면

$$b_n = \frac{2}{T}\left[\int_{-T/2}^{0} f(t)\sin n\omega_0 t\, dt + \int_{0}^{T/2} f(t)\sin n\omega_0 t\, dt\right] \qquad \textbf{(17.24)}$$

변수에 대해 동일한 변경을 취하고, $f(-t) = f(t)$이지만 $\sin(-n\omega_0 t) = -\sin n\omega_0 t$를 염두에 둔다. 식 (17.24)는 다음과 같이 나타낼 수 있으며

$$b_n = \frac{2}{T}\left[\int_{T/2}^{0} f(-x)\sin(-n\omega_0 x)(-dx) + \int_{0}^{T/2} f(t)\sin n\omega_0 t\, dt\right]$$

$$= \frac{2}{T}\left[\int_{T/2}^{0} f(x)\sin n\omega_0 x\, dx + \int_{0}^{T/2} f(t)\sin n\omega_0 t\, dt\right]$$

$$= \frac{2}{T}\left[-\int_{0}^{T/2} f(x)\sin(n\omega_0 x)dx + \int_{0}^{T/2} f(t)\sin n\omega_0 t\, dt\right]$$

$$= 0$$

$$\textbf{(17.25)}$$

식 (17.18)을 입증한다.

17.3.2 기함수 대칭

함수 $f(t)$가 수직 좌표축에 대해 반대칭이면 기함수라 한다.

$$\boxed{f(-t) = -f(t)} \qquad\qquad \textbf{(17.26)}$$

기함수의 예로는 t, t^3, $\sin t$ 등이 있다. 그림 17.11은 주기 기함수의 추가적인 예를 보여주며 이 예는 식 (17.26)을 만족한다. 기함수 $f_o(t)$는 다음과 같은 주요 성질을 가지고 있다.

$$\int_{-T/2}^{T/2} f_o(t)\, dt = 0 \qquad\qquad \textbf{(17.27)}$$

이는 $-T/2$부터 0까지의 적분이 0에서 $T/2$까지 적분의 음수와 같기 때문이다. 이 성질을 이용하여 기함수의 푸리에 계수는 다음과 같이 나타낼 수 있다.

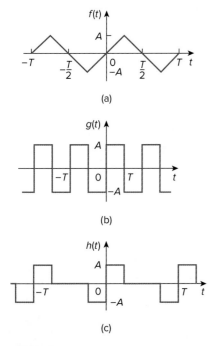

그림 17.11
주기 기함수의 전형적인 예.

$$
\boxed{
\begin{aligned}
a_0 &= 0, \qquad a_n = 0 \\
b_n &= \frac{4}{T} \int_0^{T/2} f(t) \sin n\omega_0 t \, dt
\end{aligned}
}
$$

(17.28)

위 식은 푸리에 사인 급수가 된다. 위 식이 이치에 맞는 이유는 사인함수 자체가 기함수이기 때문이다. 또한 기함수의 푸리에 급수는 직류 성분을 포함하지 않는다.

식 (17.28)의 증명은 $f(t)$가 기함수여서 $f(t) = -f(t)$인 것을 제외하고는 식 (17.18)의 증명에 사용된 동일한 절차를 따른다. 기본적이지만 단순한 차이와 함께, 기함수의 경우 식 (17.20)의 $a_0 = 0$, 식 (17.23a)의 $a_n = 0$, 식 (17.24)의 b_n은 다음 식이 되는 것을 쉽게 알 수 있다.

$$
\begin{aligned}
b_n &= \frac{2}{T} \left[\int_{T/2}^0 f(-x) \sin(-n\omega_0 x)(-dx) + \int_0^{T/2} f(t) \sin n\omega_0 t \, dt \right] \\
&= \frac{2}{T} \left[-\int_{T/2}^0 f(x) \sin n\omega_0 x \, dx + \int_0^{T/2} f(t) \sin n\omega_0 t \, dt \right] \\
&= \frac{2}{T} \left[\int_0^{T/2} f(x) \sin(n\omega_0 x) \, dx + \int_0^{T/2} f(t) \sin n\omega_0 t \, dt \right] \\
b_n &= \frac{4}{T} \int_0^{T/2} f(t) \sin n\omega_0 t \, dt
\end{aligned}
$$

(17.29)

우함수도 기함수도 아닌 어떤 주기함수 $f(t)$를 우함수와 기함수로 분해할 수 있다는 것은 흥미로운 일이다. 식 (17.16)과 (17.26)의 우함수와 기함수의 특성을 사용하여 다음과 같이 나타낼 수 있다.

$$
f(t) = \underbrace{\frac{1}{2}[f(t) + f(-t)]}_{\text{우함수}} + \underbrace{\frac{1}{2}[f(t) - f(-t)]}_{\text{기함수}} = f_e(t) + f_o(t)
$$

(17.30)

식 (17.30)에서 $f_e(t) = 1/2[f(t) + f(t)]$는 식 (17.16)의 우함수 특성을 만족하며, $f_o(t) = -1/2[f(t) - f(t)]$는 식 (17.26)의 기함수 특성을 만족한다. $f_e(t)$는 직류 성분과 코사인 성분만 포함하고, $f_o(t)$는 사인 성분만 포함한다는 사실을 이용하여 $f(t)$의 푸리에 급수 전개를 다음과 같이 그룹으로 나눌 수 있다.

$$
f(t) = \underbrace{a_0 + \sum_{n=1}^{\infty} a_n \cos n\omega_0 t}_{\text{우함수}} + \underbrace{\sum_{n=1}^{\infty} b_n \sin n\omega_0 t}_{\text{기함수}} = f_e(t) + f_o(t)
$$

(17.31)

식 (17.31)로부터 $f(t)$가 우함수일 때 $b_n = 0$이고 $f(t)$가 기함수일 때 $a_0 = 0 = a_n$임을 쉽게 알 수 있다.

또한 우함수와 기함수는 다음과 같은 특징이 있다.

1. 두 우함수의 곱은 우함수이다.

2. 두 기함수의 곱은 우함수이다.

3. 우함수와 기함수의 곱은 기함수이다.

4. 두 우함수의 합(또는 차)은 우함수이다.

5. 두 기함수의 합(또는 차)은 기함수이다.

6. 우함수와 기함수의 합(또는 차)은 우함수도 기함수도 아니다.

이러한 각 특성은 식 (17.16)과 (17.26)을 이용하여 증명할 수 있다.

17.3.3 반파 대칭

함수가 다음과 같은 조건을 만족하면 반파 대칭이다.

$$f\left(t - \frac{T}{2}\right) = -f(t) \tag{17.32}$$

이것은 함수의 반사이클은 다른 반사이클과 좌우 대칭이 됨을 의미한다. $\cos n\omega_0 t$와 $\sin n\omega_0 t$는 홀수 n에 대해 식 (17.32)를 만족한다. 따라서 이 함수들은 n이 홀수일 경우 반파 대칭 함수가 된다. 그림 17.12는 반파 대칭 함수의 다른 예를 보여준다. 그림 17.11(a)와 17.11(b)의 함수도 반파 대칭이다. 이 함수들의 반사이클은 인접한 반사이클을 뒤집은 것과 같다. 이러한 함수의 푸리에 계수는 다음과 같다.

$$
\begin{aligned}
a_0 &= 0 \\
a_n &= \begin{cases} \dfrac{4}{T} \displaystyle\int_0^{T/2} f(t) \cos n\omega_0 t \, dt, & n = \text{홀수} \\ 0, & n = \text{짝수} \end{cases} \\
b_n &= \begin{cases} \dfrac{4}{T} \displaystyle\int_0^{T/2} f(t) \sin n\omega_0 t \, dt, & n = \text{홀수} \\ 0, & n = \text{홀수} \end{cases}
\end{aligned}
\tag{17.33}
$$

이와 같이 반파 대칭 함수의 푸리에 급수는 홀수 고조파만을 포함한다.

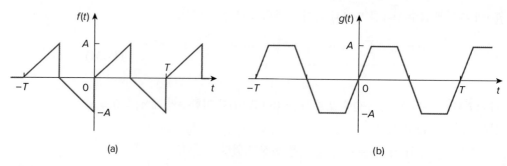

(a)   (b)

그림 17.12

반파 대칭 기함수의 전형적인 예.

식 (17.33)을 유도하기 위해 식 (17.32)의 반파 대칭 함수의 특성을 적용하여 식 (17.6), (17.8), (17.9)를 구한다. 따라서

$$a_0 = \frac{1}{T} \int_{-T/2}^{T/2} f(t)\, dt = \frac{1}{T}\left[\int_{-T/2}^{0} f(t)\, dt + \int_{0}^{T/2} f(t)\, dt\right] \tag{17.34}$$

구간 $-T/2 < t < 0$에서 적분에 필요한 변수를 바꾸기 위해 $x = t + T/2$로 놓으면 $dx = dt$, $t = -T/2$일 때 $x = 0$ 그리고 $t = 0$일 때 $x = T/2$가 된다. 또한 식 (17.32)인 $f(x - T/2) = -f(x)$를 이용하면

$$\begin{aligned}
a_0 &= \frac{1}{T}\left[\int_{0}^{T/2} f\!\left(x - \frac{T}{2}\right) dx + \int_{0}^{T/2} f(t)\, dt\right] \\
&= \frac{1}{T}\left[-\int_{0}^{T/2} f(x)\, dx + \int_{0}^{T/2} f(t)\, dt\right] = 0
\end{aligned} \tag{17.35}$$

식 (17.33)의 계수 a_0의 표현식과 같다. 마찬가지로

$$a_n = \frac{2}{T}\left[\int_{-T/2}^{0} f(t) \cos n\omega_0 t\, dt + \int_{0}^{T/2} f(t) \cos n\omega_0 t\, dt\right] \tag{17.36}$$

식 (17.35)를 유도할 때 적용한 변수의 변경을 동일하게 적용하면 식 (17.36)은 다음 식이 된다.

$$\begin{aligned}
a_n = \frac{2}{T}\Bigg[&\int_{0}^{T/2} f\!\left(x - \frac{T}{2}\right) \cos n\omega_0\!\left(x - \frac{T}{2}\right) dx \\
&+ \int_{0}^{T/2} f(t) \cos n\omega_0 t\, dt\Bigg]
\end{aligned} \tag{17.37}$$

함수 $f(x - T/2) = -f(x)$이고

$$\begin{aligned}
\cos n\omega_0\!\left(x - \frac{T}{2}\right) &= \cos(n\omega_0 t - n\pi) \\
&= \cos n\omega_0 t \cos n\pi + \sin n\omega_0 t \sin n\pi \\
&= (-1)^n \cos n\omega_0 t
\end{aligned} \tag{17.38}$$

그러므로 이를 식 (17.37)에 대입하면

$$\begin{aligned}
a_n &= \frac{2}{T}[1 - (-1)^n] \int_{0}^{T/2} f(t) \cos n\omega_0 t\, dt \\
&= \begin{cases} \dfrac{4}{T} \displaystyle\int_{0}^{T/2} f(t) \cos n\omega_0 t\, dt, & n = \text{홀수} \\[2mm] 0, & n = \text{짝수} \end{cases}
\end{aligned} \tag{17.39}$$

위 식은 식 (17.33)을 입증한다. 동일한 과정을 통해 식 (17.33)의 b_n을 유도할 수 있다.

푸리에 계수에 미치는 이러한 대칭성의 효과를 표 17.2에 요약했다. 표 17.3은 몇 가지 일반적인 주기함수의 푸리에 급수를 정리한 것이다.

표 17.2

푸리에 계수에 미치는 대칭성의 영향

대칭성	a_0	a_n	b_n	비고
우함수 대칭	$a_0 \neq 0$	$a_n \neq 0$	$b_n = 0$	$T/2$ 구간에서 적분하고 2를 곱하여 계수를 구한다.
기함수 대칭	$a_0 = 0$	$a_n = 0$	$b_n \neq 0$	$T/2$ 구간에서 적분하고 2를 곱하여 계수를 구한다.
반파 대칭	$a_0 = 0$	$a_{2n} = 0$	$b_{2n} = 0$	$T/2$ 구간에서 적분하고 2를 곱하여 계수를 구한다.
		$a_{2n+1} \neq 0$	$b_{2n+1} \neq 0$	

표 17.3

일반적인 함수의 푸리에 급수

함수	푸리에 급수

1. 구형파

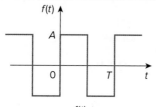

$$f(t) = \frac{4A}{\pi} \sum_{n=1}^{\infty} \frac{1}{2n-1} \sin(2n-1)\omega_0 t$$

2. 구형파 펄스열

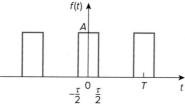

$$f(t) = \frac{A\tau}{T} + \frac{2A}{T} \sum_{n=1}^{\infty} \frac{1}{n} \sin \frac{n\pi\tau}{T} \cos n\omega_0 t$$

3. 톱니파

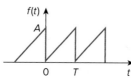

$$f(t) = \frac{A}{2} - \frac{A}{\pi} \sum_{n=1}^{\infty} \frac{\sin n\omega_0 t}{n}$$

4. 삼각파

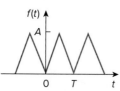

$$f(t) = \frac{A}{2} - \frac{4A}{\pi^2} \sum_{n=1}^{\infty} \frac{1}{(2n-1)^2} \cos(2n-1)\omega_0 t$$

5. 반파 정류된 사인함수

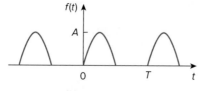

$$f(t) = \frac{A}{\pi} + \frac{A}{2} \sin \omega_0 t - \frac{2A}{\pi} \sum_{n=1}^{\infty} \frac{1}{4n^2-1} \cos 2n\omega_0 t$$

6. 전파 정류된 사인함수

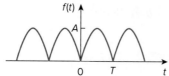

$$f(t) = \frac{2A}{\pi} - \frac{4A}{\pi} \sum_{n=1}^{\infty} \frac{1}{4n^2-1} \cos n\omega_0 t$$

그림 17.13에 나타낸 함수 $f(t)$의 푸리에 급수를 구하라.

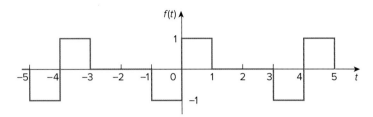

그림 17.13
예제 17.3.

풀이:

함수 $f(t)$는 기함수이다. 따라서 $a_0 = 0 = a_n$이다. 주기 $T = 4$, $\omega_0 = 2\pi/T = \pi/2$이므로

$$b_n = \frac{4}{T} \int_0^{T/2} f(t) \sin n\omega_0 t \, dt$$

$$= \frac{4}{4} \left[\int_0^1 1 \sin \frac{n\pi}{2} t \, dt + \int_1^2 0 \sin \frac{n\pi}{2} t \, dt \right]$$

$$= -\frac{2}{n\pi} \cos \frac{n\pi t}{2} \Big|_0^1 = \frac{2}{n\pi} \left(1 - \cos \frac{n\pi}{2} \right)$$

따라서

$$f(t) = \frac{2}{\pi} \sum_{n=1}^{\infty} \frac{1}{n} \left(1 - \cos \frac{n\pi}{2} \right) \sin \frac{n\pi}{2} t$$

이는 푸리에 사인 급수이다.

그림 17.14에 나타낸 함수 $f(t)$의 푸리에 급수를 구하라.

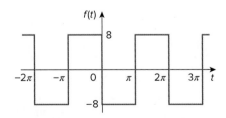

그림 17.14
실전문제 17.3.

답: $f(t) = -\frac{32}{\pi} \sum_{k=1}^{\infty} \frac{1}{n} \sin nt, \ n = 2k - 1$

예제 17.4

그림 17.15에 나타낸 반파 정류된 코사인함수의 푸리에 급수를 구하라.

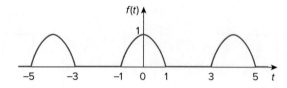

그림 17.15
예제 17.4: 반파 정류된 코사인함수

풀이:

이 함수는 우함수이므로 $b_n = 0$이다. 또한 $T = 4$, $\omega_0 = 2\pi/T = \pi/2$이다. 함수의 한 주기 동안

$$f(t) = \begin{cases} 0, & -2 < t < -1 \\ \cos \dfrac{\pi}{2} t, & -1 < t < 1 \\ 0, & 1 < t < 2 \end{cases}$$

$$a_0 = \frac{2}{T} \int_0^{T/2} f(t)\, dt = \frac{2}{4} \left[\int_0^1 \cos \frac{\pi}{2} t\, dt + \int_1^2 0\, dt \right]$$

$$= \frac{1}{2} \frac{2}{\pi} \sin \frac{\pi}{2} t \,\Big|_0^1 = \frac{1}{\pi}$$

$$a_n = \frac{4}{T} \int_0^{T/2} f(t) \cos n\omega_0 t\, dt = \frac{4}{4} \left[\int_0^1 \cos \frac{\pi}{2} t \cos \frac{n\pi t}{2}\, dt + 0 \right]$$

그러나 $\cos A \cos B = \dfrac{1}{2}[\cos(A + B) + \cos(A - B)]$이므로

$$a_n = \frac{1}{2} \int_0^1 \left[\cos \frac{\pi}{2}(n + 1)t + \cos \frac{\pi}{2}(n - 1)t \right] dt$$

$n = 1$인 경우

$$a_1 = \frac{1}{2} \int_0^1 [\cos \pi t + 1]\, dt = \frac{1}{2} \left[\frac{\sin \pi t}{\pi} + t \right] \Big|_0^1 = \frac{1}{2}$$

$n > 1$인 경우

$$a_n = \frac{1}{\pi(n + 1)} \sin \frac{\pi}{2}(n + 1) + \frac{1}{\pi(n - 1)} \sin \frac{\pi}{2}(n - 1)$$

$n = $ 홀수$(n = 1, 3, 5, \dots)$인 경우 $(n + 1)$과 $(n - 1)$은 모두 짝수이므로

$$\sin \frac{\pi}{2}(n + 1) = 0 = \sin \frac{\pi}{2}(n - 1), \qquad n = \text{홀수}$$

$n = $ 짝수$(n = 2, 4, 6, \dots)$인 경우 $(n + 1)$과 $(n - 1)$은 모두 홀수이므로

$$\sin \frac{\pi}{2}(n + 1) = -\sin \frac{\pi}{2}(n - 1) = \cos \frac{n\pi}{2} = (-1)^{n/2}, \qquad n = \text{짝수}$$

그러므로

$$a_n = \frac{(-1)^{n/2}}{\pi(n+1)} + \frac{-(-1)^{n/2}}{\pi(n-1)} = \frac{-2(-1)^{n/2}}{\pi(n^2-1)}, \qquad n = \text{짝수}$$

따라서

$$f(t) = \frac{1}{\pi} + \frac{1}{2}\cos\frac{\pi}{2}t - \frac{2}{\pi}\sum_{n=\text{even}}^{\infty}\frac{(-1)^{n/2}}{(n^2-1)}\cos\frac{n\pi}{2}t$$

$n = 2, 4, 6, \dots$의 사용을 피하고 계산을 쉽게 하기 위해 n을 $2k$로 대치하며, $k = 1, 2, 3, \dots$일 때 다음 식을 얻는다.

$$f(t) = \frac{1}{\pi} + \frac{1}{2}\cos\frac{\pi}{2}t - \frac{2}{\pi}\sum_{k=1}^{\infty}\frac{(-1)^k}{(4k^2-1)}\cos k\pi t$$

위 함수는 푸리에 코사인 급수이다.

실전문제 17.4

그림 17.16에 나타낸 함수의 푸리에 급수를 구하라.

답: $f(t) = 4 - \dfrac{32}{\pi^2}\sum_{k=1}^{\infty}\dfrac{1}{n^2}\cos nt, \quad n = 2k-1$

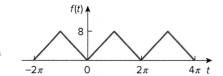

그림 17.16
실전문제 17.4.

예제 17.5

그림 17.17에 나타낸 함수의 푸리에 급수를 구하라.

풀이:

그림 17.17은 반파 대칭 기함수이다. 따라서 $a_0 = 0 = a_n$이다. 이 함수의 반주기만 나타내면

$$f(t) = t, \qquad -1 < t < 1$$

그리고 $T = 4$, $\omega_0 = 2\pi/T = \pi/2$이므로

$$b_n = \frac{4}{T}\int_0^{T/2} f(t)\sin n\omega_0 t \, dt$$

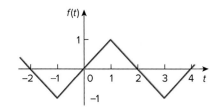

그림 17.17
예제 17.5.

$f(t)$를 0에서 2까지 적분하는 것보다는 -1에서 1까지 적분하는 것이 편리하다. 식 (17.15d)를 적용하면

$$b_n = \frac{4}{4}\int_{-1}^{1} t\sin\frac{n\pi t}{2}\,dt = \left[\frac{\sin n\pi t/2}{n^2\pi^2/4} - \frac{t\cos n\pi t/2}{n\pi/2}\right]\Bigg|_{-1}^{1}$$

$$= \frac{4}{n^2\pi^2}\left[\sin\frac{n\pi}{2} - \sin\left(-\frac{n\pi}{2}\right)\right] - \frac{2}{n\pi}\left[\cos\frac{n\pi}{2} - \cos\left(-\frac{n\pi}{2}\right)\right]$$

$$= \frac{8}{n^2\pi^2}\sin\frac{n\pi}{2}$$

이는 $\sin(-x) = -\sin x$가 기함수이고, $\cos(-x) = \cos x$가 우함수이기 때문이다.
표 17.1의 $\sin n\pi/2$에 대한 항등식을 이용하면

$$b_n = \frac{8}{n^2\pi^2}(-1)^{(n-1)/2}, \qquad n = \text{홀수} = 1, 3, 5, \ldots$$

따라서

$$f(t) = \sum_{n=1,3,5}^{\infty} b_n \sin\frac{n\pi}{2} t.$$

실전문제 17.5

그림 17.12(a)에 나타낸 함수의 푸리에 급수를 구하라. 이때 $A = 5$, $T = 2\pi$이다.

답: $f(t) = \dfrac{10}{\pi} \displaystyle\sum_{k=1}^{\infty} \left(\dfrac{-2}{n^2\pi} \cos nt + \dfrac{1}{n} \sin nt \right), n = 2k - 1$

17.4   회로 응용

실제적으로 많은 회로가 비정현파 주기함수의 전원으로 구동된다. 비정현파 주기함수의 입력에 대한 회로의 정상상태 응답을 구하기 위해서는 푸리에 급수, 교류 페이저 해석, 중첩 원리가 필요하다. 그 절차는 보통 네 단계를 필요로 한다.

푸리에 급수를 회로에 적용하는 단계

1. 전원함수를 푸리에 급수로 표현한다.
2. 회로를 시간 영역에서 주파수 영역으로 변환한다.
3. 푸리에 급수의 직류항과 교류항에 대한 응답을 구한다.
4. 중첩 원리를 이용하여 각각의 직류 응답과 교류 응답을 더한다.

첫 번째 단계는 전원함수의 푸리에 급수를 구하는 것이다. 예를 들어 그림 17.18(a)에 나타낸 주기 전압원은 푸리에 급수로 다음과 같이 표현된다.

$$v(t) = V_0 + \sum_{n=1}^{\infty} V_n \cos(n\omega_0 t + \theta_n) \tag{17.40}$$

(주기 전류원에 대해서도 동일한 표현이 가능하다.) 식 (17.40)은 $v(t)$가 두 부분, 즉 직류 성분 V_0와 여러 개의 고조파로 이루어진 교류 성분 $\mathbf{V}_n = V_n\underline{/\theta_n}$으로 구성되어 있음을 나타낸다. 이러한 푸리에 급수 표현은 직렬 연결된 정현파 전원의 집합으로 간주할 수 있다. 여기서 각 전원은 그림 17.18(b)에 나타낸 바와 같이 자신의 진폭과 주파수를 갖고 있다.

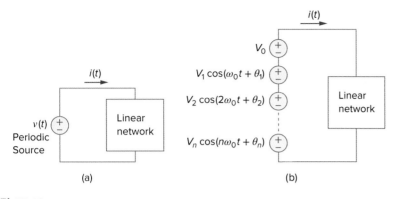

그림 17.18
(a) 주기 전압원이 입력된 선형 회로망, (b) 푸리에 급수 표현(시간 영역).

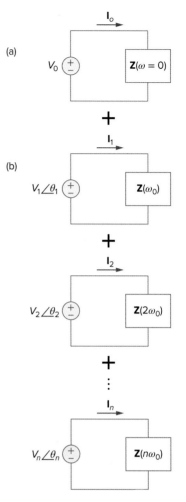

그림 17.19
정상상태 응답: (a) 직류 성분, (b) 교류 성분(주파수 영역).

세 번째 단계는 푸리에 급수의 각 항에 대한 응답을 구하는 것이다. 직류 성분에 대한 응답은 그림 17.19(a)에 나타낸 바와 같이 주파수 영역에서 $n = 0$ 또는 $\omega = 0$으로 설정하여 구하거나, 시간 영역에서 모든 인덕터는 단락회로로 변환하고 모든 커패시터는 개방회로로 변환한 상태에서 구한다. 교류 성분의 응답은 9장에서 다룬 페이저 기법을 적용하여 구하며, 그림 17.19(b)에서 이를 보여 준다. 회로망은 임피던스 $\mathbf{Z}(n\omega_0)$ 또는 어드미턴스 $\mathbf{Y}(n\omega_0)$로 나타낸다. $\mathbf{Z}(n\omega_0)$는 ω가 $n\omega_0$로 변환될 때 전원 측에서 본 입력 임피던스이고, $\mathbf{Y}(n\omega_0)$는 $\mathbf{Z}(n\omega_0)$의 역수이다.

마지막으로 중첩 원리를 이용하여 모든 개별 응답을 더한다. 그림 17.19에 나타낸 경우에 대하여

$$i(t) = i_0(t) + i_1(t) + i_2(t) + \cdots$$
$$= \mathbf{I}_0 + \sum_{n=1}^{\infty} |\mathbf{I}_n| \cos(n\omega_0 t + \psi_n) \tag{17.41}$$

여기서 주파수 $n\omega_0$를 가진 각 성분 $\mathbf{I}_n$을 시간 영역으로 변환하여 $i_n(t)$를 얻으며, ψ_n은 $\mathbf{I}_n$의 위상각이다.

예제 17.6

예제 17.1의 함수 $f(t)$를 그림 17.20에 나타낸 회로의 전압원 $v_s(t)$라고 하자. 이때 회로의 응답 $v_o(t)$를 구하라.

풀이:
예제 17.1로부터

$$v_s(t) = \frac{1}{2} + \frac{2}{\pi} \sum_{k=1}^{\infty} \frac{1}{n} \sin n\pi t, \qquad n = 2k - 1$$

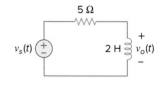

그림 17.20
예제 17.6.

여기서 $\omega_n = n\omega_0 = n\pi$ rad/s이다. 페이저를 이용하여 그림 17.20의 회로에서 응답 $\mathbf{V}_0$를 전압 분배로 구하면

$$\mathbf{V}_o = \frac{j\omega_n L}{R + j\omega_n L} \mathbf{V}_s = \frac{j2n\pi}{5 + j2n\pi} \mathbf{V}_s$$

직류 성분의 경우($\omega_n = 0$ 또는 $n = 0$)

$$\mathbf{V}_s = \frac{1}{2} \quad \Rightarrow \quad \mathbf{V}_o = 0$$

직류에 대해 인덕터는 단락회로로 동작하므로 당연한 결과이다. n차 고조파에 대해서는

$$\mathbf{V}_s = \frac{2}{n\pi} \underline{/-90°} \tag{17.6.1}$$

그리고 이것에 대한 응답은

$$\mathbf{V}_o = \frac{2n\pi \underline{/90°}}{\sqrt{25 + 4n^2\pi^2} \ \underline{/\tan^{-1}2n\pi/5}} \left(\frac{2}{n\pi} \underline{/-90°}\right)$$

$$= \frac{4 \underline{/-\tan^{-1}2n\pi/5}}{\sqrt{25 + 4n^2\pi^2}} \tag{17.6.2}$$

시간 영역으로 변환하면

$$v_o(t) = \sum_{k=1}^{\infty} \frac{4}{\sqrt{25 + 4n^2\pi^2}} \cos\left(n\pi t - \tan^{-1}\frac{2n\pi}{5}\right), \qquad n = 2k - 1$$

홀수 고조파의 세 번째 항($k = 1, 2, 3$ 또는 $n = 1, 3, 5$)까지 나타내면
$$v_o(t) = 0.4981 \cos(\pi t - 51.49°) + 0.2051 \cos(3\pi t - 75.14°)$$
$$+ 0.1257 \cos(5\pi t - 80.96°) + \cdots \text{ V}$$

그림 17.21은 출력 전압 $v_o(t)$의 진폭 스펙트럼을 나타낸 것이며 입력 전압 $v_s(t)$의 스펙트럼은 그림 17.4(a)에 나타냈다. 이 두 스펙트럼은 매우 유사하다. 왜 그런가? 그림 17.20의 회로는 코너 주파수 $\omega_c = R/L = 2.5$ rad/s인 고역 통과 필터인데, 코너 주파수는 기본 주파수 $\omega_0 = \pi$ rad/s보다 작은 값이다. 직류 성분은 통과하지 못하고, 첫 번째 고조파는 약간 감소하며, 높은 고조파는 통과한다. 사실 식 (17.6.1)과 (17.6.2)로부터 n의 큰 값에 대해서는 $\mathbf{V}_o$가 $\mathbf{V}_s$와 같으며, 이는 고역 통과 필터의 특성이다.

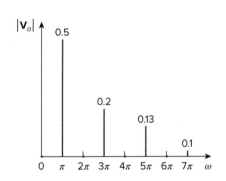

그림 17.21
예제 17.6: 출력 전압의 진폭 스펙트럼.

실전문제 17.6

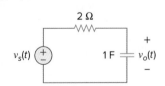

그림 17.22
실전문제 17.6.

그림 17.9의 톱니 파형(실전문제 17.2 참조)이 그림 17.22에 나타낸 회로의 전압원 $v_s(t)$일 때 응답 $v_o(t)$를 구하라.

답: $v_o(t) = \dfrac{3}{2} - \dfrac{3}{\pi} \displaystyle\sum_{n=1}^{\infty} \dfrac{\sin(2\pi n t - \tan^{-1}4n\pi)}{n\sqrt{1 + 16n^2\pi^2}}$ V

그림 17.23의 회로에서 입력 전압 $v(t)$의 푸리에 급수가 다음과 같을 때 응답 $i_o(t)$를 구하라.

$$v(t) = 1 + \sum_{n=1}^{\infty} \frac{2(-1)^n}{1+n^2}(\cos nt - n \sin nt)$$

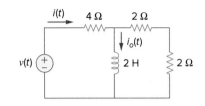

그림 17.23
예제 17.7.

풀이:

식 (17.13)을 이용하여 입력 전압을 다음과 같이 나타낼 수 있다.

$$v(t) = 1 + \sum_{n=1}^{\infty} \frac{2(-1)^n}{\sqrt{1+n^2}} \cos(nt + \tan^{-1} n)$$

$$= 1 - 1.414 \cos(t + 45°) + 0.8944 \cos(2t + 63.45°)$$

$$-0.6345 \cos(3t + 71.56°) - 0.4851 \cos(4t + 78.7°) + \cdots$$

$\omega_0 = 1$이고 $\omega_n = n$ rad/s이다. 전원에서 본 임피던스는

$$\mathbf{Z} = 4 + j\omega_n 2 \parallel 4 = 4 + \frac{j\omega_n 8}{4 + j\omega_n 2} = \frac{8 + j\omega_n 8}{2 + j\omega_n}$$

입력 전류는

$$\mathbf{I} = \frac{\mathbf{V}}{\mathbf{Z}} = \frac{2 + j\omega_n}{8 + j\omega_n 8} \mathbf{V}$$

여기서 $\mathbf{V}$는 소스 전압 $v(t)$의 페이저 형태이다. 전류 분배에 의해

$$\mathbf{I}_o = \frac{4}{4 + j\omega_n 2} \mathbf{I} = \frac{\mathbf{V}}{4 + j\omega_n 4}$$

$\omega_n = n$이고 $\mathbf{I}_o$는 다음과 같이 나타낼 수 있다.

$$\mathbf{I}_o = \frac{\mathbf{V}}{4\sqrt{1+n^2} \underline{/\tan^{-1} n}}$$

직류 성분($\omega_n = 0$ 또는 $n = 0$)의 경우

$$\mathbf{V} = 1 \quad \Rightarrow \quad \mathbf{I}_o = \frac{\mathbf{V}}{4} = \frac{1}{4}$$

n차 고조파의 경우

$$\mathbf{V} = \frac{2(-1)^n}{\sqrt{1+n^2}} \underline{/\tan^{-1} n}$$

따라서

$$\mathbf{I}_o = \frac{1}{4\sqrt{1+n^2} \underline{/\tan^{-1}n}} \frac{2(-1)^n}{\sqrt{1+n^2}} \underline{/\tan^{-1} n} = \frac{(-1)^n}{2(1+n^2)}$$

시간 영역으로 변환하면

$$i_o(t) = \frac{1}{4} + \sum_{n=1}^{\infty} \frac{(-1)^n}{2(1+n^2)} \cos nt \text{ A}$$

실전문제 17.7

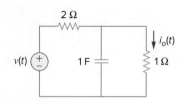

그림 17.24
실전문제 17.7.

그림 17.24의 회로에서 입력 전압이 다음과 같을 때 응답 $i_o(t)$를 구하라.

$$v(t) = \frac{1}{3} + \frac{1}{\pi^2} \sum_{n=1}^{\infty} \left(\frac{1}{n^2} \cos nt - \frac{\pi}{n} \sin nt \right) \text{ V}$$

답: $\dfrac{1}{9} + \displaystyle\sum_{n=1}^{\infty} \dfrac{\sqrt{1 + n^2\pi^2}}{n^2\pi^2 \sqrt{9 + 4n^2}} \cos\left(nt - \tan^{-1}\dfrac{2n}{3} + \tan^{-1}n\pi \right) \text{ A}$

17.5 평균전력과 RMS 값

11장에서 다룬 주기함수 신호의 평균전력과 rms 값의 개념을 상기하라. 주기함수 입력에 의해 회로가 흡수한 평균전력을 구하기 위해 전압과 전류를 다음과 같이 진폭–위상의 형태[식 (17.10) 참조]로 나타낸다.

$$v(t) = V_{\text{dc}} + \sum_{n=1}^{\infty} V_n \cos(n\omega_0 t - \theta_n) \tag{17.42}$$

$$i(t) = I_{\text{dc}} + \sum_{m=1}^{\infty} I_m \cos(m\omega_0 t - \phi_m) \tag{17.43}$$

수동부호규정(그림 17.25)에 따라 평균전력은

$$P = \frac{1}{T} \int_0^T vi \, dt \tag{17.44}$$

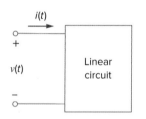

그림 17.25
전압의 극성 기준과 전류의 기준 방향.

식 (17.42)와 (17.43)을 식 (17.44)에 대입하면

$$
\begin{aligned}
P = \frac{1}{T} \int_0^T V_{\text{dc}} I_{\text{dc}} \, dt &+ \sum_{m=1}^{\infty} \frac{I_m V_{\text{dc}}}{T} \int_0^T \cos(m\omega_0 t - \phi_m) \, dt \\
&+ \sum_{n=1}^{\infty} \frac{V_n I_{\text{dc}}}{T} \int_0^T \cos(n\omega_0 t - \theta_n) \, dt \\
&+ \sum_{m=1}^{\infty} \sum_{n=1}^{\infty} \frac{V_n I_m}{T} \int_0^T \cos(n\omega_0 t - \theta_n) \cos(m\omega_0 t - \phi_m) \, dt
\end{aligned}
\tag{17.45}
$$

두 번째와 세 번째 적분 항은 0이 되는데 이는 한 주기 동안 코사인함수를 적분하기 때문이다. 식 (17.4e)에 따라 $m \neq n$일 때 네 번째 적분 항은 0이 된다. 첫 번째 적분값을 구하고 $m = n$일 때 식 (17.4g)를 네 번째 적분 항에 대입하면 다음 식을 얻는다.

$$P = V_{\text{dc}} I_{\text{dc}} + \frac{1}{2} \sum_{n=1}^{\infty} V_n I_n \cos(\theta_n - \phi_n) \tag{17.46}$$

이와 같이 주기함수인 전압과 전류의 전체 평균전력은 각 고조파 성분의 전압과 전류에 대한 평균전력의 합이 된다.

주기함수 $f(t)$가 주어지면 이것의 rms 값(또는 실효값)은 다음과 같이 주어진다.

$$F_{\text{rms}} = \sqrt{\frac{1}{T} \int_0^T f^2(t)\, dt} \tag{17.47}$$

식 (17.10)의 $f(t)$를 식 (17.47)에 대입하고 $(a + b)^2 = a^2 + 2ab + b^2$을 이용하여 다음 식을 얻는다.

$$\begin{aligned}
F_{\text{rms}}^2 &= \frac{1}{T} \int_0^T \Bigg[a_0^2 + 2 \sum_{n=1}^{\infty} a_0 A_n \cos(n\omega_0 t + \phi_n) \\
&\quad + \sum_{n=1}^{\infty} \sum_{m=1}^{\infty} A_n A_m \cos(n\omega_0 t + \phi_n) \cos(m\omega_0 t + \phi_m) \Bigg] dt \\
\\
&= \frac{1}{T} \int_0^T a_0^2\, dt + 2 \sum_{n=1}^{\infty} a_0 A_n \frac{1}{T} \int_0^T \cos(n\omega_0 t + \phi_n)\, dt \\
\\
&\quad + \sum_{n=1}^{\infty} \sum_{m=1}^{\infty} A_n A_m \frac{1}{T} \int_0^T \cos(n\omega_0 t + \phi_n) \cos(m\omega_0 t + \phi_m)\, dt
\end{aligned} \tag{17.48}$$

정수 n과 m은 두 급수 형태의 합에 대한 곱을 다루기 위해 사용되었다. 앞에서와 같은 이유로,

$$F_{\text{rms}}^2 = a_0^2 + \frac{1}{2} \sum_{n=1}^{\infty} A_n^2$$

또는

$$F_{\text{rms}} = \sqrt{a_0^2 + \frac{1}{2} \sum_{n=1}^{\infty} A_n^2} \tag{17.49}$$

식 (17.49)를 푸리에 계수 a_n과 b_n으로 나타내면 다음과 같다.

$$F_{\text{rms}} = \sqrt{a_0^2 + \frac{1}{2} \sum_{n=1}^{\infty} \left(a_n^2 + b_n^2 \right)} \tag{17.50}$$

만약 $f(t)$가 저항 R에 흐르는 전류이면 저항에서 소비된 전력은

$$P = R F_{\text{rms}}^2 \tag{17.51}$$

또는 $f(t)$가 저항 R에 걸리는 전압이면 저항에서 소비된 전력은

$$P = \frac{F_{\text{rms}}^2}{R} \tag{17.52}$$

1 Ω의 저항을 선택하면 신호의 성질에 대해 명시할 필요가 없다. 1 Ω의 저항에 의해 소비된 전력은

$$\boxed{ P_{1\Omega} = F_{\text{rms}}^2 = a_0^2 + \frac{1}{2} \sum_{n=1}^{\infty} (a_n^2 + b_n^2) } \tag{17.53}$$

이 결과를 파르스발의 정리라 한다. a_0^2는 직류 성분의 전력이고 $\frac{1}{2}(a_n^2 + b_n^2)$은 n차 고조파의 교류전력이다. 이와 같이 파르스발의 정리는 주기 신호의 평균전력은 직류 성분의 평균전력과 각 고조파의 평균전력의 합이 됨을 나타낸다.

역사적 기록: 파르스발의 정리는 프랑스의 수학자 마르크-앙투안 파르스발 데셴(1755~1836)의 이름을 따서 명명되었다.

예제 17.8

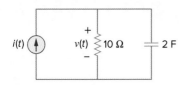

그림 17.26
예제 17.8.

그림 17.26의 회로에서 $i(t) = 2 + 10\cos(t + 10°) + 6\cos(3t + 35°)$ A일 때 회로에 공급된 평균전력을 구하라.

풀이:

회로망의 입력 임피던스는

$$\mathbf{Z} = 10 \,\Big\|\, \frac{1}{j2\omega} = \frac{10(1/j2\omega)}{10 + 1/j2\omega} = \frac{10}{1 + j20\omega}$$

그러므로

$$\mathbf{V} = \mathbf{IZ} = \frac{10\mathbf{I}}{\sqrt{1 + 400\omega^2}\big/\tan^{-1}20\omega}$$

직류 성분의 경우 $\omega = 0$이고

$$\mathbf{I} = 2\,A \qquad \Rightarrow \qquad \mathbf{V} = 10(2) = 20\ \text{V}$$

이는 예상된 결과로, 커패시터는 직류에 대해 개방회로로 동작하고 저항을 통해 2 A의 전류가 흐르기 때문이다. $\omega = 1$ rad/s인 경우

$$\mathbf{I} = 10\underline{/10°} \qquad \Rightarrow \qquad \mathbf{V} = \frac{10(10\underline{/10°})}{\sqrt{1 + 400}\big/\tan^{-1}20}$$

$$= 5\underline{/-77.14°}$$

$\omega = 3$ rad/s인 경우

$$\mathbf{I} = 6\underline{/35°} \qquad \Rightarrow \qquad \mathbf{V} = \frac{10(6\underline{/35°})}{\sqrt{1 + 3600}\big/\tan^{-1}60}$$

$$= 1\underline{/-54.04°}$$

따라서 시간 영역에서 표현하면

$$v(t) = 20 + 5\cos(t - 77.14°) + 1\cos(3t - 54.04°)\ \text{V}$$

식 (17.46)을 적용하여 회로에 공급된 평균전력을 구하면

$$P = V_{\text{dc}}I_{\text{dc}} + \frac{1}{2}\sum_{n=1}^{\infty} V_n I_n \cos(\theta_n - \phi_n)$$

θ_n과 ϕ_n의 적절한 부호를 구하기 위해 이 예제의 v와 i를 식 (17.42), (17.43)과 비교해야 한다. 따라서

$$P = 20(2) + \frac{1}{2}(5)(10)\cos[77.14° - (-10°)]$$

$$+ \frac{1}{2}(1)(6)\cos[54.04° - (-35°)]$$

$$= 40 + 1.247 + 0.05 = 41.5\ \text{W}$$

달리 표현하면 저항에서 흡수한 평균전력을 다음과 같이 구할 수 있다.

$$P = \frac{V_{dc}^2}{R} + \frac{1}{2}\sum_{n=1}^{\infty}\frac{|V_n|^2}{R} = \frac{20^2}{10} + \frac{1}{2}\cdot\frac{5^2}{10} + \frac{1}{2}\cdot\frac{1^2}{10}$$

$$= 40 + 1.25 + 0.05 = 41.5\ \text{W}$$

이는 공급된 전력과 일치하며, 커패시터는 평균전력을 흡수하지 않기 때문이다.

실전문제 17.8

어떤 회로의 단자에서 전압과 전류가 다음과 같을 때, 회로에서 흡수된 평균전력을 구하라.

$$v(t) = 128 + 192\cos 120\pi t + 96\cos(360\pi t - 30°)$$
$$i(t) = 4\cos(120\pi t - 10°) + 1.6\cos(360\pi t - 60°)$$

답: 444.7 W

예제 17.9

예제 17.7에서 전압의 rms 값을 구하라.

풀이:

예제 17.7로부터 $v(t)$는 다음과 같이 나타낸다.

$$v(t) = 1 - 1.414\cos(t + 45°) + 0.8944\cos(2t + 63.45°)$$
$$- 0.6345\cos(3t + 71.56°)$$
$$- 0.4851\cos(4t + 78.7°) + \cdots\ \text{V}$$

식 (17.49)를 사용하여 다음을 구한다.

$$V_{rms} = \sqrt{a_0^2 + \frac{1}{2}\sum_{n=1}^{\infty}A_n^2}$$

$$= \sqrt{1^2 + \frac{1}{2}[(-1.414)^2 + (0.8944)^2 + (-0.6345)^2 + (-0.4851)^2 + \ldots]}$$

$$= \sqrt{2.7186} = 1.649\ \text{V}$$

이 값은 단지 예상치인데 급수의 항들을 충분히 취하지 않았기 때문이다. 푸리에 급수로 나타낸 실제 함수는 다음과 같다.

$$v(t) = \frac{\pi e^t}{\sin\text{h}\ \pi}, \qquad -\pi < t < \pi$$

여기서 $v(t) = v(t + T)$이다. 이것의 정확한 rms 값은 1.776 V이다.

실전문제 17.9

다음 주기함수에서 전류의 rms 값을 구하라.

$$i(t) = 8 + 30\cos 2t - 20\sin 2t + 15\cos 4t - 10\sin 4t\ \text{A}$$

답: 29.61 A

17.6   지수함수형 푸리에 급수

식 (17.3)의 푸리에 급수를 간결하게 하는 방법은 이를 지수함수 형태로 나타내는 것이다. 오일러 공식을 사용하여 사인함수와 코사인함수를 지수함수 형태로 나타낼 필요가 있다.

$$\cos n\omega_0 t = \frac{1}{2}\left[e^{jn\omega_0 t} + e^{-jn\omega_0 t}\right] \tag{17.54a}$$

$$\sin n\omega_0 t = \frac{1}{2j}\left[e^{jn\omega_0 t} - e^{-jn\omega_0 t}\right] \tag{17.54b}$$

식 (17.54)를 식 (17.3)에 대입하고 각 항을 취합하면

$$f(t) = a_0 + \frac{1}{2}\sum_{n=1}^{\infty}\left[(a_n - jb_n)e^{jn\omega_0 t} + (a_n + jb_n)e^{-jn\omega_0 t}\right] \tag{17.55}$$

새로운 계수 c_n을 다음과 같이 정의하면

$$c_0 = a_0, \qquad c_n = \frac{(a_n - jb_n)}{2}, \qquad c_{-n} = c_n^* = \frac{(a_n + jb_n)}{2} \tag{17.56}$$

함수 $f(t)$는 다음 식이 된다.

$$f(t) = c_0 + \sum_{n=1}^{\infty}(c_n e^{jn\omega_0 t} + c_{-n}e^{-jn\omega_0 t}) \tag{17.57}$$

또는

$$\boxed{f(t) = \sum_{n=-\infty}^{\infty} c_n e^{jn\omega_0 t}} \tag{17.58}$$

이를 $f(t)$의 복소수형 또는 지수함수형 푸리에 급수라 한다. 이 지수함수형은 식 (17.3)의 사인–코사인 형태보다 매우 간결하다. 지수함수형 푸리에 급수의 계수 c_n은 식 (17.56)을 사용하여 a_n과 b_n으로부터 구할 수 있지만, 다음과 같이 $f(t)$로부터 직접 구할 수도 있다.

$$\boxed{c_n = \frac{1}{T}\int_0^T f(t)e^{-jn\omega_0 t}\,dt} \tag{17.59}$$

여기서 $\omega_0 = 2\pi/T$이다. $n\omega_0$에 대한 c_n의 진폭과 위상을 나타낸 그래프를 각각 $f(t)$의 복소 진폭 스펙트럼, 복소 위상 스펙트럼이라 한다. 이 두 스펙트럼은 $f(t)$의 복소 주파수 스펙트럼을 형성한다.

주기함수 $f(t)$의 지수함수형 푸리에 급수는 양수와 음수의 고조파 주파수에서 $f(t)$의 스펙트럼을 진폭과 위상의 형태로 표현한다.

푸리에 급수의 세 가지 형태(사인–코사인형, 진폭–위상형, 지수함수형)의 계수는 다음과 같은 관계가 있다.

$$\boxed{A_n \underline{/\phi_n} = a_n - jb_n = 2c_n} \tag{17.60}$$

또는

$$c_n = |c_n|\underline{/\theta_n} = \frac{\sqrt{a_n^2 + b_n^2}}{2}\ \underline{/-\tan^{-1} b_n/a_n} \tag{17.61}$$

이때 $a_n > 0$이다. c_n의 위상 ϕ_n은 θ_n과 같다.

   푸리에 복소 계수 c_n에 의해 주기 신호 $f(t)$의 rms 값은 다음과 같다.

$$\begin{aligned}
F_{\text{rms}}^2 &= \frac{1}{T}\int_0^T f^2(t)\,dt = \frac{1}{T}\int_0^T f(t)\left[\sum_{n=-\infty}^{\infty} c_n e^{jn\omega_0 t}\right] dt \\
&= \sum_{n=-\infty}^{\infty} c_n\left[\frac{1}{T}\int_0^T f(t)e^{jn\omega_0 t}\,dt\right] \\
&= \sum_{n=-\infty}^{\infty} c_n c_n^* = \sum_{n=-\infty}^{\infty} |c_n|^2
\end{aligned} \tag{17.62}$$

또는

$$F_{\text{rms}} = \sqrt{\sum_{n=-\infty}^{\infty} |c_n|^2} \tag{17.63}$$

식 (17.62)는 다음과 같이 나타낼 수 있다.

$$F_{\text{rms}}^2 = |c_0|^2 + 2\sum_{n=1}^{\infty} |c_n|^2 \tag{17.64}$$

다시 1 Ω의 저항에 의해 소비된 전력은

$$P_{1\Omega} = F_{\text{rms}}^2 = \sum_{n=-\infty}^{\infty} |c_n|^2 \tag{17.65}$$

이것은 지수함수형에서의 파르스발의 정리이다. 신호 $f(t)$의 전력 스펙트럼은 $n\omega_0$에 대한 $|c_n|^2$의 그래프이다. 만약 $f(t)$가 저항 R에 걸리는 전압이면 저항에 의해 흡수한 평균전력은 F_{rms}^2/R이고, $f(t)$가 저항 R에 흐르는 전류이면 전력은 $F_{\text{rms}}^2 R$이다.

   예를 들어 그림 17.27의 주기적인 펄스열을 생각해보자. 목적은 진폭과 위상 스펙트럼을 구하는 것이다. 펄스열의 주기는 $T = 10$이므로 $\omega_0 = 2\pi/T = \pi/5$이다. 식 (17.59)를 사용하여

$$\begin{aligned}
c_n &= \frac{1}{T}\int_{-T/2}^{T/2} f(t)e^{-jn\omega_0 t}\,dt = \frac{1}{10}\int_{-1}^{1} 10e^{-jn\omega_0 t}\,dt \\
&= \frac{1}{-jn\omega_0}e^{-jn\omega_0 t}\Big|_{-1}^{1} = \frac{1}{-jn\omega_0}(e^{-jn\omega_0} - e^{jn\omega_0}) \\
&= \frac{2}{n\omega_0}\frac{e^{jn\omega_0} - e^{-jn\omega_0}}{2j} = 2\frac{\sin n\omega_0}{n\omega_0}, \qquad \omega_0 = \frac{\pi}{5} \\
&= 2\frac{\sin n\pi/5}{n\pi/5}
\end{aligned} \tag{17.66}$$

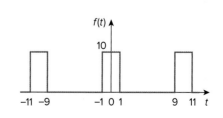

그림 17.27
주기적인 펄스열.

그리고

$$f(t) = 2 \sum_{n=-\infty}^{\infty} \frac{\sin n\pi/5}{n\pi/5} e^{jn\pi/5} \tag{17.67}$$

싱크 함수는 통신 이론에서 *샘플링* 함수로 불리며, 이는 매우 유용하다.

식 (17.66)을 보면 c_n은 2와 sin x/x 형태인 함수의 곱으로 되어 있다. 이 형태의 함수를 싱크 함수라 하며 다음과 같이 나타낸다.

$$\text{sinc}(x) = \frac{\sin x}{x} \tag{17.68}$$

여기서 이 싱크 함수의 몇 가지 성질은 중요하다. 인수 0에 대해 싱크함수의 값은 1이다.

$$\text{sinc}(0) = 1 \tag{17.69}$$

위 식은 로피탈의 법칙을 식 (17.68)에 적용하여 얻을 수 있다. π의 정수배에 대해 싱크함수의 값은 0이 된다.

$$\text{sinc}(n\pi) = 0, \qquad n = 1, 2, 3, \ldots \tag{17.70}$$

또한 싱크함수는 우함수이다. 이러한 성질을 이용하여 $f(t)$의 진폭과 위상 스펙트럼을 구할 수 있다. 식 (17.66)으로부터 진폭은 다음과 같다.

$$|c_n| = 2 \left| \frac{\sin n\pi/5}{n\pi/5} \right| \tag{17.71}$$

반면에 위상은 다음과 같다.

$$\theta_n = \begin{cases} 0°, & \sin \dfrac{n\pi}{5} > 0 \\ 180°, & \sin \dfrac{n\pi}{5} < 0 \end{cases} \tag{17.72}$$

입력과 출력 스펙트럼의 비교는 주기 신호에 대해 회로의 효과를 시각화해준다.

그림 17.28은 −10에서 10까지 변하는 n에 대한 $|c_n|$의 그래프를 나타낸 것이다. 여기서 $n = \omega/\omega_0$는 정규화된 주파수이다. 그리고 그림 17.29는 n에 대한 θ_n의 그래프를 나타낸 것이다. 이 진폭 스펙트럼과 위상 스펙트럼은 둘 다 선 스펙트럼이라고 한다. 이는 이산주파수에서만 $|c_n|$과 θ_n의 값이 주어지기 때문이다. 선 사이의 공간은 ω_0이다. 전력 스펙트럼, 즉 $n\omega_0$에 대한 $|c_n|^2$의 그래프도 얻을 수 있다. 싱크함수는 진폭 스펙트럼의 포락선을 형성한다.

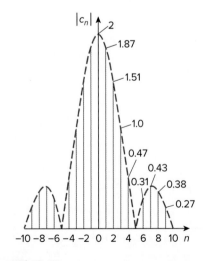

그림 17.28
주기적인 펄스열의 진폭 스펙트럼.

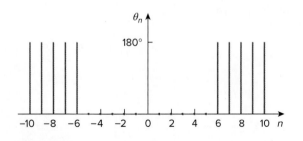

그림 17.29
주기적인 펄스열의 위상 스펙트럼.

다음 주기함수의 지수함수형 푸리에 급수를 구하라.

$$f(t) = e^t,\ 0 < t < 2\pi,\ f(t + 2\pi) = f(t)$$

풀이:

$T = 2\pi,\ \omega_0 = 2\pi/T = 1$이다. 따라서

$$c_n = \frac{1}{T} \int_0^T f(t)e^{-jn\omega_0 t}\, dt = \frac{1}{2\pi} \int_0^{2\pi} e^t e^{-jnt}\, dt$$

$$= \frac{1}{2\pi} \frac{1}{1 - jn} e^{(1-jn)t} \Big|_0^{2\pi} = \frac{1}{2\pi(1 - jn)} [e^{2\pi} e^{-j2\pi n} - 1]$$

오일러 공식에 의해

$$e^{-j2\pi n} = \cos 2\pi n - j \sin 2\pi n = 1 - j0 = 1$$

따라서

$$c_n = \frac{1}{2\pi(1 - jn)} [e^{2\pi} - 1] = \frac{85}{1 - jn}$$

복소 푸리에 급수는

$$f(t) = \sum_{n=-\infty}^{\infty} \frac{85}{1 - jn} e^{jnt}$$

$f(t)$의 복소 주파수 스펙트럼을 그리고자 한다. $c_n = |c_n| \underline{/\theta_n}$으로 나타내면

$$|c_n| = \frac{85}{\sqrt{1 + n^2}}, \qquad \theta_n = \tan^{-1} n$$

n에 음수값과 양수값을 대입함으로써 그림 17.30과 같이 $n\omega_0 = n$에 대한 c_n의 진폭과 위상 그래프를 구한다.

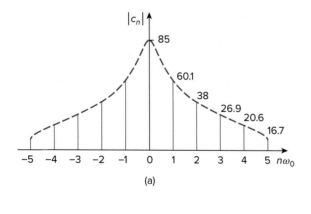
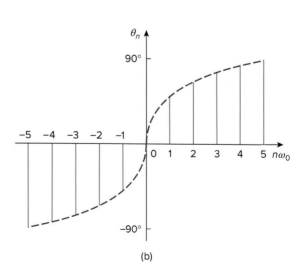

그림 17.30

예제 17.10의 함수에 대한 복소 주파수 스펙트럼: (a) 진폭 스펙트럼, (b) 위상 스펙트럼.

실전문제 17.10

그림 17.1에 나타낸 함수의 복소 푸리에 급수를 구하라.

답: $f(t) = \dfrac{1}{2} - \displaystyle\sum_{\substack{n=-\infty \\ n \neq 0 \\ n = \text{odd}}}^{\infty} \dfrac{j}{n\pi} e^{jn\pi t}$

예제 17.11

그림 17.9의 톱니파에 대한 복소 푸리에 급수를 구하고 진폭과 위상 스펙트럼을 나타내라.

풀이:

식 (17.9)로부터 $0 < t < 1$일 때 $f(t) = t$, $T = 1$이므로 $\omega_0 = 2\pi/T = 2\pi$이다. 따라서

$$c_n = \frac{1}{T} \int_0^T f(t) e^{-jn\omega_0 t}\, dt = \frac{1}{1} \int_0^1 t e^{-j2n\pi t}\, dt \qquad (17.11.1)$$

그러나

$$\int t e^{at}\, dt = \frac{e^{at}}{a^2} (ax - 1) + C$$

이를 식 (17.11.1)에 적용하면

$$c_n = \frac{e^{-j2n\pi t}}{(-j2n\pi)^2} (-j2n\pi t - 1) \Big|_0^1$$

$$= \frac{e^{-j2n\pi} (-j2n\pi - 1) + 1}{-4n^2\pi^2} \qquad (17.11.2)$$

다시

$$e^{-j2\pi n} = \cos 2\pi n - j \sin 2\pi n = 1 - j0 = 1$$

따라서 식 (17.11.2)는 다음 식이 된다.

$$c_n = \frac{-j2n\pi}{-4n^2\pi^2} = \frac{j}{2n\pi} \qquad (17.11.3)$$

이것은 $n = 0$인 경우를 포함하지 않는다. $n = 0$일 때

$$c_0 = \frac{1}{T} \int_0^T f(t)dt = \frac{1}{1} \int_0^1 t\, dt = \frac{t^2}{2} \Big|_1^0 = 0.5 \qquad (17.11.4)$$

그러므로

$$f(t) = 0.5 + \sum_{\substack{n=-\infty \\ n \neq 0}}^{\infty} \frac{j}{2n\pi} e^{j2n\pi t} \qquad (17.11.5)$$

그리고

$$|c_n| = \begin{cases} \dfrac{1}{2|n|\pi}, & n \neq 0 \\ 0.5, & n = 0 \end{cases}, \qquad \theta_n = 90°, \qquad n \neq 0 \qquad \textbf{(17.11.6)}$$

n에 대한 $|c_n|$과 ϕ_n을 나타냄으로써 그림 17.31과 같은 진폭과 위상 스펙트럼을 구한다.

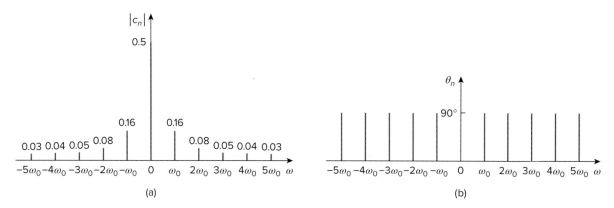

그림 17.31
예제 17.11: (a) 진폭 스펙트럼, (b) 위상 스펙트럼.

그림 17.17에 나타낸 함수 $f(t)$의 복소 푸리에 급수를 구하라.

실전문제 17.11

답: $f(t) = \displaystyle\sum_{\substack{n=-\infty \\ n \neq 0}}^{\infty} - \frac{j4(-1)^{(n-1)/2}}{n^2\pi^2} e^{jn\pi t/2}$. 스펙트럼은 그림 17.32를 보라.

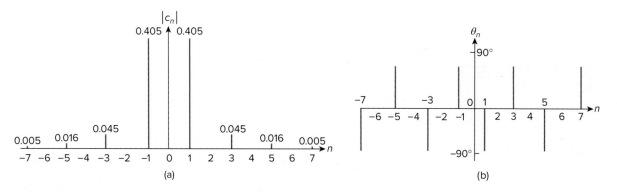

그림 17.32
실전문제 17.11: (a) 진폭 스펙트럼, (b) 위상 스펙트럼.

17.7   PSpice를 이용한 푸리에 해석

푸리에 해석은 보통 과도 해석과 함께 *PSpice*로 수행된다. 그러므로 푸리에 해석을 하기 위해서는 과도 해석을 해야 한다.

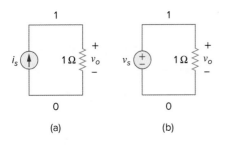

그림 17.33
*PSpice*를 이용한 푸리에 해석: (a) 전류원,
(b) 전압원.

어떤 파형의 푸리에 해석을 수행하는 데는 회로의 입력이 그 파형이고 회로의 출력이 푸리에 분해인 회로가 필요하다. 여기에 적합한 회로는 그림 17.33에 나타낸 바와 같이 1 Ω의 저항과 직렬로 연결된 전류원(또는 전압원)이다. 파형은 $v_s(t)$로 입력되는데 펄스에 대해서는 VPULSE, 정현파에 대해서는 VSIN을 이용한다. 그리고 파형의 속성은 한 주기 T 동안에 대해 설정된다. 노드 1에서 얻는 출력 V(1)은 직류(a_0) 그리고 처음 아홉개 고조파 성분(A_n)과 그에 대응되는 위상 ψ_n이다. 즉

$$v_o(t) = a_0 + \sum_{n=1}^{9} A_n \sin(n\omega_0 t + \psi_n) \tag{17.73}$$

여기서

$$A_n = \sqrt{a_n^2 + b_n^2}, \qquad \psi_n = \phi_n - \frac{\pi}{2}, \qquad \phi_n = \tan^{-1}\frac{b_n}{a_n} \tag{17.74}$$

식 (17.74)에서 *PSpice*의 출력은 식 (17.10)의 코사인과 위상의 형태가 아니라 사인과 위상의 형태이다. *PSpice*의 출력은 또한 정규화된 푸리에 계수를 포함한다. 각 계수 a_n은 기본파의 크기 a_1으로 나누어 정규화되며, 정규화된 성분은 a_n/a_1이 된다. 여기에 일치하는 위상 ψ_n은 이것으로부터 기본파의 위상 ψ_1을 빼서 정규화하며, 정규화된 위상은 $\psi_n - \psi_1$이다.

윈도우용 *PSpice*에서 제공하는 푸리에 해석은 두 가지 유형이 있다. *PSpice* 프로그램에 의해 수행된 이산 푸리에 변환(DFT)과 *PSpice A/D* 프로그램에 의해 수행된 고속 푸리에 변환(FFT)이다. DFT는 지수함수형 푸리에 급수의 근사법이며, FFT는 DFT의 빠르고 효율적인 수치 계산을 위한 알고리즘이다. DFT와 FFT에 관해 모두 다루는 것은 이 책의 범위를 벗어나므로 생략한다.

17.7.1 이산 푸리에 변환

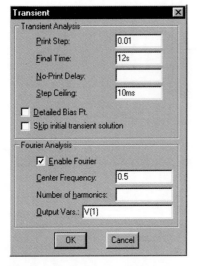

그림 17.34
과도 해석 대화상자.

이산 푸리에 변환(DFT)은 *PSpice* 프로그램에 의해 수행되며, 고조파 성분을 출력 파일에 도표로 나타낸다. 푸리에 해석을 하기 위해 **Analysis/Setup/Transient**를 선택하고, 그림 17.34와 같은 과도 해석 대화상자를 불러온다. 여기서 *Print Step*은 주기 T보다 작은 값이어야 하며, *Final Time*은 6T가 될 수 있다. *Center Frequency*는 기본 주파수 $f_0 = 1/T$이다. DFT의 값을 원하는 특별한 변수인 그림 17.34의 V(1)은 **Output Vars**라는 명령상자 내에 넣는다. 과도 해석 대화상자를 다 채우고 *Enable Fourier*를 선택한다. 푸리에 해석이 가능하게 설정하고 회로 구성도를 저장한 후 **Analysis/Simulate**를 선택하여 *PSpice*를 실행한다. 프로그램은 과도 해석 결과의 고조파 성분을 푸리에 성분으로 분해한다. 그 결과는 **Analysis/Examine Output**을 선택하여 검색할 수 있는 출력 파일에 보낸다. 출력 파일은 기본적으로 직류 성분과 처음 아홉 개의 고조파를 포함하며, 고조파의 개수는 *Number of harmonics* 명령상자(그림 17.34 참조) 내에서 더 큰 값으로 지정할 수 있다.

17.7.2 고속 푸리에 변환

고속 푸리에 변환(FFT)은 *PSpice A/D* 프로그램에 의해 수행되며, 과도 해석의 완전한 스펙트럼을 *PSpice A/D* 그래프의 형태로 보여준다. 앞서 설명한 바와 같이 우선 그림 17.33(b)의 구성도를 만들고 파형의 속성을 입력한다. 또한 과도 해석 대화상자 내의 *Print Step*과 *Final Time* 값을 입력한다. 이와 같이 설정하면 파형의 FFT를 두 가지 방법으로 구할 수 있다.

　　한 가지 방법은 그림 17.33(b) 회로의 노드 1에서 전압 표시기를 삽입하는 것이다. 이 회로 구성도를 저장하고 **Analysis/Simulate**를 선택하면 파형 V(1)이 *PSpice A/D* 창에 나타나게 된다. *PSpice A/D* 메뉴에서 FFT 아이콘을 더블 클릭하면 자동적으로 파형이 FFT로 대치된다. 생성된 FFT 그래프로부터 고조파 성분을 얻을 수 있다. 생성된 FFT 그래프가 너무 빽빽하면 *User Defined*라는 데이터의 범위(그림 17.35 참조)를 이용하여 보다 작은 범위를 지정할 수 있다.

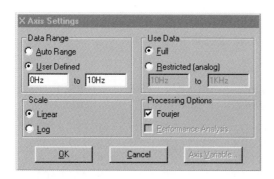

그림 17.35
*X*축 설정 대화상자.

　　V(1)의 FFT를 구하는 또 다른 방법은 구성도의 노드 1에 전압 표시기를 삽입하지 않는 것이다. **Analysis/Simulate**를 선택하면 *PSpice A/D* 창에 그래프가 나타나지 않는다. **Trace/Add**를 선택한 후 **Trace/Command** 상자에서 V(1)을 입력하고 OK 버튼을 누른다. 이제 그림 17.35에 나타낸 *X-Axis Setting* 대화상자를 가져오기 위해 **Plot/X-Axis Settings**를 선택한다. 그리고 **Fourier/OK**를 선택하면 선택된 파형의 FFT가 나타난다. 이 두 번째 방법은 회로와 연관된 어떤 파형의 FFT를 구하는 데 유용하게 사용된다.

　　FFT 방법의 주요 장점은 그래프의 출력을 제공한다는 것이다. 반면에 단점은 고조파의 일부가 너무 작아서 볼 수 없다는 것이다.

　　DFT와 FFT 모두 매우 많은 사이클에 대해 시뮬레이션을 실행할 수 있도록 해야 하며, 정확한 결과를 얻기 위해 *Step Ceiling*(과도 해석 대화상자에서)에서 매우 작은 값을 사용해야 한다. 과도 해석 대화상자에서 *Final Time*은 시뮬레이션이 정상상태에 이르도록 적어도 신호 주기의 5배 이상이 되어야 한다.

예제 17.12

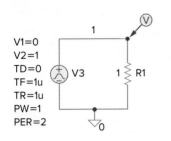

V1=0
V2=1
TD=0
TF=1u
TR=1u
PW=1
PER=2

그림 17.36
예제 17.12의 회로구성도.

그림 17.1에 나타낸 신호에 대해 *PSpice*를 이용하여 푸리에 계수를 구하라.

풀이:

그림 17.36은 푸리에 계수를 구하기 위한 회로 구성도이다. 그림 17.1의 펄스파를 나타내기 위해 그림 17.36에 나타낸 전압원 VPULSE의 속성을 입력한다. 이 예제에서는 DFT와 FFT 방법을 사용하여 해를 구해보려 한다.

■ **방법 1   DFT 방법:** (이 방법에서는 그림 17.36의 전압 표시기가 필요하지 않다.) 그림 17.1에서 $T = 2$ s이므로

$$f_0 = \frac{1}{T} = \frac{1}{2} = 0.5 \text{ Hz}$$

그러므로 과도 해석 대화상자에서 *Final Time*은 *6T* = 12 s, *Print Step*은 0.01 s, *Step Ceiling*은 10 ms, *Center Frequency*는 0.5 Hz, *Output Vars*는 V(1)을 선택한다. (그림 17.34는 이 예제를 위한 것이다.) *PSpice*를 실행하면 출력 파일은 다음과 같은 결과를 포함한다.

```
FOURIER COEFFICIENTS OF TRANSIENT RESPONSE V(1)

DC COMPONENT = 4.989950E-01
```

HARMONIC NO	FREQUENCY (HZ)	FOURIER COMPONENT	NORMALIZED COMPONENT	PHASE (DEG)	NORMALIZED PHASE (DEG)
1	5.000E-01	6.366E-01	1.000E+00	-1.809E-01	0.000E+00
2	1.000E+00	2.012E-03	3.160E-03	-9.226E+01	-9.208E+01
3	1.500E+00	2.122E-01	3.333E-01	-5.427E-01	-3.619E-01
4	2.000E+00	2.016E-03	3.167E-03	-9.451E+01	-9.433E+01
5	2.500E+00	1.273E-01	1.999E-01	-9.048E-01	-7.239E-01
6	3.000E+00	2.024E-03	3.180E-03	-9.676E+01	-9.658E+01
7	3.500E+00	9.088E-02	1.427E-01	-1.267E+00	-1.086E+00
8	4.000E+00	2.035E-03	3.197E-03	-9.898E+01	-9.880E+01
9	4.500E+00	7.065E-02	1.110E-01	-1.630E+00	-1.449E+00

결과를 식 (17.1.7)(예제 17.1 참조) 또는 그림 17.4의 스펙트럼과 비교하면 매우 일치함을 보인다. 식 (17.1.7)에서 직류 성분은 0.5이지만 *PSpice*는 0.498995를 출력한다. 또한 신호는 $\psi_n = -90°$인 홀수 고조파 성분만을 가지고 있는 반면에, *PSpice*는 비록 크기는 작지만 짝수 고조파 성분도 가지고 있음을 보인다.

■ **방법 2   FFT 방법:** 그림 17.36에 나타낸 위치에 전압 표시기를 선택하고 *PSpice*를 실행하여 *PSpice A/D* 창을 통해 그림 17.37(a)에 나타낸 V(1)의 파형을 얻는다. *PSpice A/D* 메뉴에 있는 FFT 아이콘을 더블클릭하고 X축 설정을 0에서 10 Hz로 변경하여 그림 17.37(b)와 같은 V(1)의 FFT를 얻는다. 생성된 FFT 그래프는 직류 성분과 선택된 주파수 범위 내의 고조파 성분을 포함하고 있다. 고조파의 크기와 주파수는 DFT의 표 값과 일치한다.

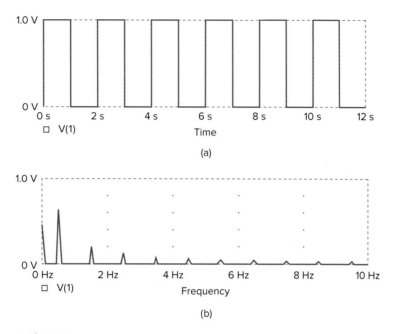

그림 17.37
(a) 그림 17.1의 파형, (b) 파형의 FFT.

그림 17.7의 함수에 대해 *PSpice*를 이용하여 푸리에 계수를 구하라.

실전문제 17.12

답:

```
FOURIER COEFFICIENTS OF TRANSIENT RESPONSE V(1)

DC COMPONENT = 4.950000E-01
```

HARMONIC NO	FREQUENCY (HZ)	FOURIER COMPONENT	NORMALIZED COMPONENT	PHASE (DEG)	NORMALIZED PHASE (DEG)
1	1.000E+00	3.184E-01	1.000E+00	-1.782E+02	0.000E+00
2	2.000E+00	1.593E-01	5.002E-01	-1.764E+02	1.800E+00
3	3.000E+00	1.063E-01	3.338E-01	-1.746E+02	3.600E+00
4	4.000E+00	7.979E-02	2.506E-03	-1.728E+02	5.400E+00
5	5.000E+00	6.392E-01	2.008E-01	-1.710E+02	7.200E+00
6	6.000E+00	5.337E-02	1.676E-03	-1.692E+02	9.000E+00
7	7.000E+00	4.584E-02	1.440E-01	-1.674E+02	1.080E+01
8	8.000E+00	4.021E-02	1.263E-01	-1.656E+02	1.260E+01
9	9.000E+00	3.584E-02	1.126E-01	-1.638E+02	1.440E+01

예제 17.13

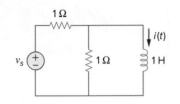

그림 17.38
예제 17.13.

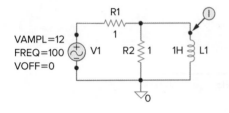

그림 17.39
그림 17.38에 대한 회로 구성도.

그림 17.38의 회로에서 $v_s = 12 \sin(200\pi t)u(t)$ V일 때 전류 $i(t)$를 구하라.

풀이:

1. **정의하라.** 문제는 명확하게 제시되었지만 출제자가 정상상태 응답 대신 과도응답을 원하는지 명확히 할 필요가 있다. 정상상태 응답을 원하는 경우 문제가 간단해진다.

2. **제시하라.** 입력 $v_s(t)$가 주어진 경우 *PSpice*와 푸리에 해석을 이용하여 출력 $i(t)$를 구하고자 한다.

3. **대체방안을 고려하라.** 초기값 해석을 위해 DFT를 이용하고 그런 다음 FFT를 사용하여 점검하려 한다.

4. **시도하라.** 회로 구성도는 그림 17.39에 나타냈다. $i(t)$의 푸리에 계수를 구하기 위해 DFT 방법을 사용한다. 입력 파형의 주기는 $T = 1/100 = 10$ ms이므로 과도 해석 대화상자에서 *Print Step*은 0.1 ms, *Final Time*은 100 ms, *Center Frequency*는 100 Hz, *Number of harmonics*는 4, *Output Vars*는 I(L1)을 선택한다. 회로를 시뮬레이션하면 출력 파일은 다음과 같다.

```
FOURIER COEFFICIENTS OF TRANSIENT RESPONSE I(VD)

DC COMPONENT = 8.583269E-03
```

HARMONIC NO	FREQUENCY (HZ)	FOURIER COMPONENT	NORMALIZED COMPONENT	PHASE (DEG)	NORMALIZED PHASE (DEG)
1	1.000E+02	8.730E-03	1.000E+00	-8.984E+01	0.000E+00
2	2.000E+02	1.017E-04	1.165E-02	-8.306E+01	6.783E+00
3	3.000E+02	6.811E-05	7.802E-03	-8.235E+01	7.490E+00
4	4.000E+02	4.403E-05	5.044E-03	-8.943E+01	4.054E+00

이러한 푸리에 계수에 의해 전류 $i(t)$의 푸리에 급수는 식 (17.73)을 사용하여 구할 수 있다. 즉

$$i(t) = 8.5833 + 8.73 \sin(2\pi \cdot 100t - 89.84°)$$
$$+ 0.1017 \sin(2\pi \cdot 200t - 83.06°)$$
$$+ 0.068 \sin(2\pi \cdot 300t - 82.35°) + \cdots \text{ mA}$$

5. **평가하라.** 이 결과를 교차 검토하기 위해 FFT 방법을 사용할 수 있다. 전류 표시기가 그림 17.39에 나타낸 인덕터의 핀 1에 삽입된다. *PSpice*를 실행하면 자동적으로 그림 17.40(a)와 같이 *PSpice A/D* 창에 I(L1)의 그래프가 만들어진다. FFT 아이콘을 더블클릭하여 X축의 범위를 0~200 Hz로 설정하고, 그림 17.40(b)에 나타낸 I(L1)의 FFT를 생성한다. 생성된 FFT 그래프를 통해 직류 성분과 첫 번째 고조파 성분만 볼 수 있다. 보다 높은 차수의 고조파는 무시할 수 있을 정도로 작다.

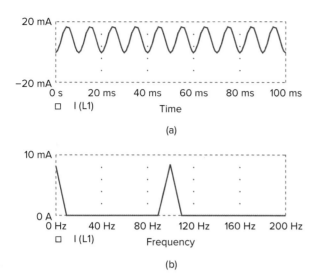

그림 17.40

예제 17.13: (a) $i(t)$의 그래프, (b) $i(t)$의 FFT.

마지막 관찰은 답이 맞는지이다. 실제 과도응답 $i(t) = (9.549e^{-0.5t} -$ $9.549) \cos(200\pi t)u(t)$ mA를 관찰하자. 지수함수의 시상수는 2000 ms (2 초)인 반면에 코사인함수의 주기는 10 ms이다. 따라서 푸리에 방법을 통 해 얻은 답이 일치한다.

6. **만족하는가?** 주어진 방법을 사용하여 문제를 만족스럽게 풀었다. 그 결 과를 답으로 제출할 수 있다.

실전문제 17.13

진폭 4 A, 주파수 2 kHz의 정현파 전류원이 그림 17.41의 회로에 인가된다. *PSpice*를 이용하여 $v(t)$를 구하라.

답: $v(t) = -150.72 + 145.5 \sin(4\pi \cdot 10^3 t + 90°)1 \cdots$ μV. 그리고 푸리에 성분은 다음과 같다.

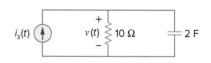

그림 17.41

실전문제 17.13.

```
FOURIER COEFFICIENTS OF TRANSIENT RESPONSE V(R1:1)

DC COMPONENT = -1.507169E-04
```

HARMONIC NO	FREQUENCY (HZ)	FOURIER COMPONENT	NORMALIZED COMPONENT	PHASE (DEG)	NORMALIZED PHASE (DEG)
1	2.000E+03	1.455E-04	1.000E+00	9.006E+01	0.000E+00
2	4.000E+03	1.851E-06	1.273E-02	9.597E+01	5.910E+00
3	6.000E+03	1.406E-06	9.662E-03	9.323E+01	3.167E+00
4	8.000E+03	1.010E-06	6.946E-02	8.077E+01	-9.292E+00

17.8   †응용

17.4절에서 푸리에 급수의 표현이 비정현파 주기함수의 전원을 포함한 회로의 교류 해석에 사용되는 페이저 방법의 응용을 가능케 함을 설명했다. 푸리에 급수는 많은 다른 분야, 특히 통신과 신호 처리에 적용된다. 전형적인 응용 분야는 스펙트럼 해석, 필터, 정류, 고조파 왜곡 등인데 이 중에서 스펙트럼 분석기와 필터에의 적용을 살펴보자.

17.8.1   스펙트럼 분석기

푸리에 급수는 신호의 스펙트럼을 제공한다. 지금까지 보았던 것처럼 스펙트럼은 주파수에 대한 고조파의 진폭과 위상으로 구성된다. 어떤 신호 $f(t)$의 스펙트럼을 제공함으로써 푸리에 급수는 그 신호의 특징을 확인하는 데 도움을 준다. 푸리에 급수는 어떤 주파수가 출력 파형에 중요한 역할을 하는지, 또 중요하지 않은지를 확인해준다. 예를 들어 가청음은 대부분 주파수 20 Hz에서 15 kHz 범위의 고조파 성분으로 구성된다. 반면에 가시광선 신호는 $10^5 \sim 10^6$ GHz의 범위이다. 표 17.4에 몇 가지 신호와 그 신호의 주파수 범위를 나타낸다. 주기함수가 이것의 진폭 스펙트럼이 유한한 개수의 계수 A_n 또는 c_n만을 포함하면 대역제한되었다고 한다. 이 경우에 푸리에 급수는 다음과 같다.

$$f(t) = \sum_{n=-N}^{N} c_n e^{jn\omega_0 t} = a_0 + \sum_{n=1}^{N} A_n \cos(n\omega_0 t + \phi_n) \tag{17.75}$$

이 식은 ω_0를 알 때 $f(t)$를 완전히 나타내는 데는 $2N + 1$개 항(즉 a_0, A_1, A_2, ..., A_n, ϕ_1, ϕ_2, ..., ϕ_n)만이 필요하다는 것을 나타낸다. 이것에 의해 샘플링 이론은 다음과 같이 나타낸다. 즉 푸리에 급수가 N개의 고조파를 가진 대역제한 주기함수는 한 주기 동안 $2N + 1$개의 순간 값에 의해 유일하게 나타낼 수 있다.

스펙트럼 분석기는 주파수에 대한 신호 성분의 진폭을 나타내는 장비이다. 각 주파수에서의 에너지양을 나타내는 주파수 성분(spectral line)을 보인다.

이것은 시간에 대해 전체 신호를 나타내는 오실로스코프와는 다르다. 오실로스코프는 시간 영역에서 신호를 나타내고, 스펙트럼 분석기는 주파수 영역의 신호를 나타낸다. 회로 해석에서 스펙트럼 분석기보다 유용한 장비는 아마 없을 것이다. 분석기는 잡음과 불필요한 신호의 해석, 위상 검색, 전자파 간섭, 필터 시험, 진동 측정, 레이다 측정 등을 수행한다. 스펙트럼 분석기는 여러 형태와 크기가 있으며, 그림 17.42에 대표적인 것을 제시했다.

17.8.2   필터

필터는 전자회로와 통신 시스템의 중요한 성분이다. 14장에서 수동필터와 능동필터에 관해 자세하게 다루었다. 여기서는 입력 신호의 기본적인 성분(또는 원하는 고조파 성분)을 선택하고 다른 고조파는 제거하는 필터를 어떻게 설계할까

표 17.4

전형적인 신호의 주파수 범위

신호	주파수 범위
가청음	20 Hz~15 kHz
AM 라디오	540~1600 kHz
단파 라디오	3~36 MHz
비디오 신호 (U.S. 표준)	dc~4.2 MHz
VHF 텔레비전, FM 라디오	54~216 MHz
UHF 텔레비전	470~806 MHz
이동전화	824~891.5 MHz
마이크로웨이브	2.4~300 GHz
가시광선	$10^5 \sim 10^6$ GHz
엑스레이	$10^8 \sim 10^9$ GHz

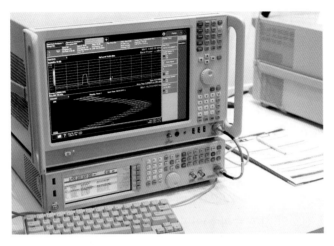

그림 17.42
신호와 신호 발생기의 최신 분석기.
Aleksey Dmetsov/Ala,my Stock Photo

에 관해 설명한다. 이와 같은 필터링 처리는 입력 신호에 대한 푸리에 급수를 전개하지 않고는 수행될 수 없다. 설명을 위해 두 가지 경우인 저주파 통과 필터와 대역 통과 필터를 살펴보자. 예제 17.6에서 이미 고역 통과 RL 필터를 살펴보았다.

저주파 통과 필터의 출력은 입력 신호, 필터의 전달함수 $H(\omega)$, 절점주파수 또는 반전력주파수 ω_c에 의존한다. RC 수동필터에 대해 $\omega_c = 1/RC$임을 상기하라. 그림 17.43(a)에 나타낸 바와 같이 저주파 통과 필터는 직류 성분과 저주파

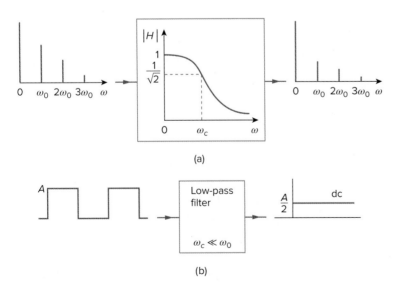

(a)

(b)

그림 17.43
(a) 저주파 통과 필터의 입력과 출력 스펙트럼, (b) 저주파 통과 필터는 $\omega_c \ll \omega_0$일 때 직류 성분만 통과시킨다.

이 절에서는 대역 통과 필터의 중심주파수로 14장에서 사용한 ω_0 대신에 ω_c를 사용했는데, 이는 ω_0 와 입력 신호의 기본 주파수와의 혼동을 피하기 위해서다.

성분을 통과시키고 고주파 성분을 제거한다. ω_c를 충분히 크게 하여($\omega_c \gg \omega_0$, 즉 C를 작게 함) 많은 고조파를 통과시킬 수 있다. 반면에 ω_c를 충분히 작게 하면($\omega_c \ll \omega_0$) 모든 교류 성분을 막아서 직류 성분만 통과시킬 수 있는데, 이를 그림 17.43(b)에 나타냈다. (구형파의 푸리에 급수는 그림 17.2(a)를 참조하라.)

마찬가지로 대역 통과 필터의 출력은 입력 신호, 필터의 전달함수 $H(\omega)$, 필터의 대역폭 B, 필터의 중심주파수 ω_c에 의존한다. 그림 17.44(a)에 나타낸 바와 같이 필터는 ω_c를 중심으로 주파수 범위($\omega_1 < \omega < \omega_2$) 내에 있는 입력 신호의 모든 고조파를 통과시킨다. 여기서는 ω_0, $2\omega_0$, $3\omega_0$가 주파수 범위 내에 있다고 가정했다. 만약 필터가 선택도가 매우 높게($B \ll \omega_0$) 만들어져 있고 $\omega_c = \omega_0$ (ω_0는 입력 신호의 기본 주파수)이면 필터는 입력 신호의 기본 주파수($n = 1$)만 통과시키고, 그 이외의 모든 고조파는 막는다. 그림 17.44(b)에 나타낸 것처럼 입력으로서 구형파일 때 출력으로서 같은 주파수의 사인파를 얻는다. (그림 17.2(a) 참조.)

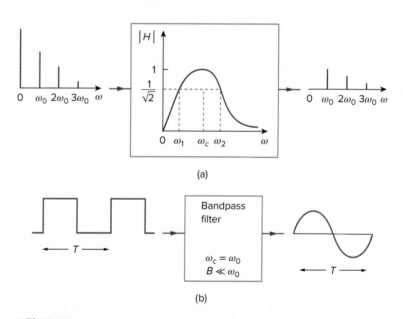

(a)

(b)

그림 17.44
(a) 대역 통과 필터의 입력과 출력 스펙트럼, (b) 대역 통과 필터는 $B \ll \omega_0$일 때 기본 성분만 통과시킨다.

예제 17.14

그림 17.45(a)의 톱니 파형이 그림 17.45(b)에 나타낸 전달함수를 가진 이상적인 저주파 통과 필터에 입력될 때 출력 파형을 구하라.

풀이:
그림 17.45(a)의 입력 신호는 그림 17.9의 신호와 같다. 실전문제 17.2로부터 푸리에 급수는 다음과 같다.

$$x(t) = \frac{1}{2} - \frac{1}{\pi}\sin \omega_0 t - \frac{1}{2\pi}\sin 2\omega_0 t - \frac{1}{3\pi}\sin 3\omega_0 t - \cdots$$

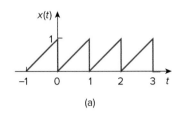 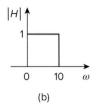

그림 17.45
예제 17.14.

여기서 주기 $T = 1$ s, 기본 주파수 $\omega_0 = 2\pi$ rad/s이다. 필터의 절점주파수 $\omega_c = 10$ rad/s이므로 직류 성분과 $n\omega_0 < 10$인 고조파만이 통과될 것이다. $n = 2$일 때 $n\omega_0 = 4\pi = 12.566$ rad/s인데, 이는 10 rad/s보다 크므로 이차 이상의 고조파는 제거됨을 의미한다. 따라서 직류 성분과 기본파 성분만이 통과된다. 그러므로 필터의 출력은 다음과 같다.

$$y(t) = \frac{1}{2} - \frac{1}{\pi} \sin 2\,\pi t$$

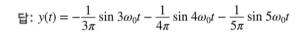

예제 17.14의 저주파 통과 필터를 그림 17.46에 나타낸 대역 통과 필터로 대치하여 문제를 다시 풀라.

답: $y(t) = -\dfrac{1}{3\pi} \sin 3\omega_0 t - \dfrac{1}{4\pi} \sin 4\omega_0 t - \dfrac{1}{5\pi} \sin 5\omega_0 t$

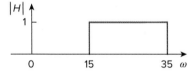

실전문제 17.14

그림 17.46
실전문제 17.14.

17.9   요약

1. 주기함수는 T초마다 반복되는 함수이다. 즉 $f(t \pm nT) = f(t)$, $n = 1, 2, 3, \ldots$ 이다.

2. 전기공학에서 접하게 되는 비정현파 주기함수 $f(t)$는 푸리에 급수를 이용하여 정현파의 식으로 나타낼 수 있다.

$$f(t) = \underbrace{a_0}_{\text{dc}} + \underbrace{\sum_{n=1}^{\infty} (a_n \cos n\omega_0 t + b_n \sin n\omega_0 t)}_{\text{ac}}$$

여기서 $\omega_0 = 2\pi/T$는 기본 주파수이다. 푸리에 급수는 함수를 직류 성분 a_0와 무한개의 정현파를 포함하는 교류 성분으로 분해한다. 푸리에 계수는 다음과 같이 구한다.

$$a_0 = \frac{1}{T}\int_0^T f(t)\,dt, \qquad a_n = \frac{2}{T}\int_0^T f(t)\cos n\omega_0 t\,dt$$

$$b_n = \frac{2}{T}\int_0^T f(t)\sin n\omega_0 t\,dt$$

만약 $f(t)$가 우함수이면 $b_n = 0$이고, $f(t)$가 기함수이면 $a_0 = 0$, $a_n = 0$이다. $f(t)$가 반파 대칭이면 n의 짝숫값에 대해 $a_0 = a_n = b_n = 0$이다.

3. 삼각함수형(또는 사인–코사인형) 푸리에 급수의 또 다른 형태는 진폭–위상형이다.

$$f(t) = a_0 + \sum_{n=1}^{\infty} A_n \cos(n\omega_0 t + \phi_n)$$

여기서

$$A_n = \sqrt{a_n^2 + b_n^2}, \qquad \phi_n = -\tan^{-1}\frac{b_n}{a_n}$$

4. 푸리에 급수의 표현은 전원 함수가 비정현파 주기함수인 회로의 해석에 페이저 방법을 적용할 수 있게 한다. 급수의 각 고조파에 대한 응답을 결정하기 위해 페이저 방법을 사용하고 이 응답을 시간 영역으로 변환하여 모두 더하면 된다.

5. 주기적인 전압과 전류의 평균전력은 다음과 같다.

$$P = V_{dc}I_{dc} + \frac{1}{2}\sum_{n=1}^{\infty} V_n I_n \cos(\theta_n - \phi_n)$$

다시 말해 전체 평균전력은 전압과 전류에 관련된 각 고조파의 평균전력을 합한 것이다.

6. 주기함수는 지수함수형(또는 복소형) 푸리에 급수로도 나타낼 수 있다.

$$f(t) = \sum_{n=-\infty}^{\infty} c_n e^{jn\omega_0 t}$$

여기서

$$c_n = \frac{1}{T}\int_0^T f(t)e^{-jn\omega_0 t}\,dt$$

그리고 $\omega_0 = 2\pi/T$이다. 지수함수 형태는 $f(t)$의 스펙트럼을 양과 음의 고조파 주파수에서 교류 성분의 진폭과 위상의 형태로 나타낸다. 그래서 푸리에 급수의 표현에는 세 가지의 기본적인 형태, 즉 삼각함수형, 진폭–위상형, 지수함수형이 있다.

7. 주파수(또는 선) 스펙트럼은 주파수에 대한 A_n과 ϕ_n 또는 $|c_n|$과 θ_n을 그래프로 나타낸 것이다.

8. 주기함수의 rms 값은 다음에 의해 주어진다.

$$F_{\text{rms}} = \sqrt{a_0^2 + \frac{1}{2}\sum_{n=1}^{\infty} A_n^2}$$

1 Ω 저항에 의해 소비된 전력은 다음과 같다.

$$P_{1\Omega} = F_{\text{rms}}^2 = a_0^2 + \frac{1}{2}\sum_{n=1}^{\infty}(a_n^2 + b_n^2) = \sum_{n=-\infty}^{\infty} |c_n|^2$$

이 관계를 **파르스발의 정리**라 한다.

9. 회로의 푸리에 해석은 *PSpice*를 사용하여 과도 해석과 연계해서 수행할 수 있다.

10. 푸리에 급수는 스펙트럼 분석기와 필터에 적용된다. 스펙트럼 분석기는 입력 신호의 이산 푸리에 스펙트럼을 나타내는 장비이다. 분석가는 신호 성분의 주파수와 관련된 에너지를 결정할 수 있다. 푸리에 스펙트럼은 이산 스펙트럼이기 때문에, 필터는 요구하는 범위 밖에 존재하는 신호의 주파수 성분을 매우 효과적으로 차단하도록 설계될 수 있다.

복습문제

17.1 다음 중 푸리에 급수가 될 수 없는 것은?

(a) $t - \dfrac{t^2}{2} + \dfrac{t^3}{3} - \dfrac{t^4}{4} + \dfrac{t^5}{5}$

(b) $5\sin t + 3\sin 2t - 2\sin 3t + \sin 4t$

(c) $\sin t - 2\cos 3t + 4\sin 4t + \cos 4t$

(d) $\sin t + 3\sin 2.7t - \cos \pi t + 2\tan \pi t$

(e) $1 + e^{-j\pi t} + \dfrac{e^{-j2\pi t}}{2} + \dfrac{e^{-j3\pi t}}{3}$

17.2 $0 < t < \pi$ 구간에서 $f(t) = t$이고 $f(t + n\pi) = f(t)$일 때 ω_0의 값은?

(a) 1   (b) 2   (c) π (d) 2π

17.3 다음 중 우함수는?

(a) $t + t^2$ (b) $t^2 \cos t$ (c) e^{t^2}

(d) $t^2 + t^4$ (e) $\sinh t$

17.4 다음 중 기함수는?

(a) $\sin t + \cos t$ (b) $t \sin t$

(c) $t \ln t$ (d) $t^3 \cos t$

(e) $\sinh t$

17.5 $f(t) = 10 + 8\cos t + 4\cos 3t + 2\cos 5t + \cdots$일 때 직류 성분의 크기는?

(a) 10   (b) 8   (c) 4

(d) 2   (e) 0

17.6 $f(t) = 10 + 8\cos t + 4\cos 3t + 2\cos 5t + \cdots$일 때 6차 고조파의 각주파수는?

(a) 12   (b) 11   (c) 9

(d) 6   (e) 1

17.7 그림 17.14의 함수는 반파 대칭이다.

(a) 참   (b) 거짓

17.8 $n\omega_0$에 대한 $|c_n|$의 그래프를 무엇이라 하는가?

(a) 복소 주파수 스펙트럼

(b) 복소 진폭 스펙트럼

(c) 복소 위상 스펙트럼

17.9 주기함수 전압 $2 + 6\sin \omega_0 t$가 1 Ω 저항에 인가되었을 때, 저항에서 소비한 전력(와트)에 가장 가까운 정수는?

(a) 5   (b) 8   (c) 20

(d) 22   (e) 40

17.10 신호의 스펙트럼을 나타내는 장비는 무엇인가?

(a) 오실로스코프   (b) 스펙트로그램

(c) 스펙트럼 분석기   (d) 푸리에 스펙트로미터

답: *17.1a,d, 17.2b, 17.3b,c,d, 17.4d,e, 17.5a, 17.6d, 17.7a, 17.8b, 17.9d, 17.10c*

문제

17.2절   삼각함수형 푸리에 급수

17.1 다음 각 함수가 주기함수인지 알아보고, 주기함수이면 주기를 구하라.

(a) $f(t) = \cos \pi t + 2 \cos 3\pi t + 3 \cos 5\pi t$

(b) $y(t) = \sin t + 4 \cos 2 \pi t$

(c) $g(t) = \sin 3t \cos 4t$

(d) $h(t) = \cos^2 t$

(e) $z(t) = 4.2 \sin(0.4\pi t + 10°) + 0.8 \sin(0.6\pi t + 50°)$

(f) $p(t) = 10$

(g) $q(t) = e^{-\pi t}$

17.2 다음의 푸리에 급수로 표현된 주기 파형을 MATLAB을 이용하여 합성하라.

ML

$$f(t) = \frac{1}{2} - \frac{4}{\pi^2}\left(\cos t + \frac{1}{9}\cos 3t + \frac{1}{25}\cos 5t + \cdots\right)$$

17.3 그림 17.47의 파형에 대한 푸리에 계수 a_0, a_n, b_n을 구하고, 진폭과 위상 스펙트럼을 그려라.

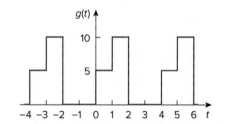

그림 17.47
문제 17.3.

17.4 그림 17.48의 역방향 톱니 파형에 대한 푸리에 급수를 구하고, 진폭과 위상 스펙트럼을 그려라.

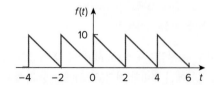

그림 17.48
문제 17.4, 17.66.

17.5 그림 17.49의 파형에 대한 푸리에 급수를 구하라.

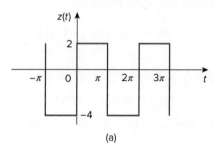

(a)

그림 17.49
문제 17.5.

17.6 다음 식에 대한 삼각함수형 푸리에 급수를 구하라.

$$f(t) = \begin{cases} 5 & 0 < t < \pi \\ 10, & \pi < t < 2\pi \end{cases} \quad 그리고 \quad f(t + 2\pi) = f(t).$$

*17.7 그림 17.50에 나타낸 주기함수의 푸리에 급수를 구하라.

ML

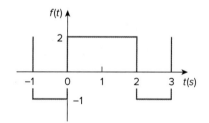

그림 17.50
문제 17.7.

17.8 그림 17.51을 이용하여 다른 학생들이 주기 신호 파형에서 지수함수형 푸리에 급수를 구하는 방법을 더 잘 이해하도록 도와주는 문제를 설계하라.

e⌒d

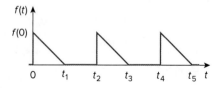

그림 17.51
문제 17.8.

---

* 별표는 난이도가 높은 문제를 가리킨다.

17.9 그림 17.52에 나타낸 정류된 코사인 파형의 세 번째 고조파 항까지의 푸리에 계수 a_n과 b_n을 구하라.

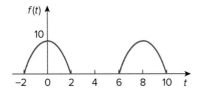

그림 17.52
문제 17.9.

17.10 그림 17.53의 파형에 대한 푸리에 급수를 구하라.

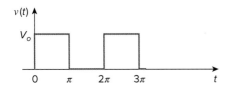

그림 17.53
문제 17.10.

17.11 그림 17.54의 신호에 대한 푸리에 급수를 구하라.

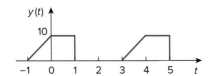

그림 17.54
문제 17.11.

*17.12 어떤 전압원의 파형은 주기함수로 한 주기 동안 파형이 다음과 같이 정의되었다.

$$v(t) = 10t(2\pi - t) \text{ V}, \qquad 0 < t < 2\pi$$

이 전압의 푸리에 급수를 구하라.

17.13 다른 학생들이 어떤 주기함수의 푸리에 급수를 구하는 방법을 더 잘 이해하도록 도와주는 문제를 설계하라.

17.14 다음의 푸리에 급수를 삼각함수형(코사인과 사인) 푸리에 급수로 나타내라.

$$f(t) = 5 + \sum_{n=1}^{\infty} \frac{25}{n^3 + 1} \cos\left(2nt + \frac{n\pi}{4}\right)$$

17.15 다음의 푸리에 급수를 주어진 형식으로 나타내라.

$$f(t) = 10 + \sum_{n=1}^{\infty} \frac{4}{n^2 + 1} \cos 10nt + \frac{1}{n^3} \sin 10nt$$

(a) 코사인과 위상의 형태

(b) 사인과 위상의 형태

17.16 그림 17.55(a)의 파형이 다음과 같은 푸리에 급수를 갖는다.

$$v_1(t) = \frac{1}{2} - \frac{4}{\pi^2}\Big(\cos \pi t + \frac{1}{9} \cos 3\pi t$$
$$+ \frac{1}{25} \cos 5\pi t + \cdots\Big) \text{ V}$$

그림 17.55(b)에 나타낸 $v_2(t)$의 푸리에 급수를 구하라.

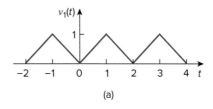

(a)

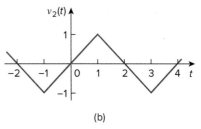

(b)

그림 17.55
문제 17.16, 17.69.

17.3절 대칭성

17.17 다음 함수가 우함수인지 기함수인지, 또는 둘 다 아닌지를 결정하라.

(a) $1 + t$ (b) $t^2 - 1$ (c) $\cos n\pi t \sin n\pi t$

(d) $\sin^2 \pi t$ (e) e^{-t}

17.18 그림 17.56에 나타낸 함수의 기본 주파수와 대칭 형태를 구하라.

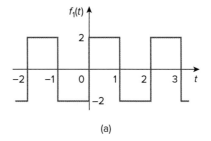

(a)

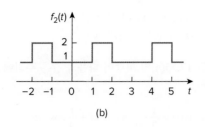

(b)

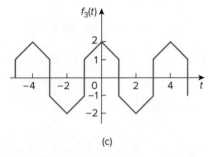

(c)

그림 17.56
문제 17.18, 17.63.

17.19 그림 17.57의 주기 파형에 대한 푸리에 급수를 구하라.

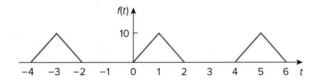

그림 17.57
문제 17.19.

17.20 그림 17.58의 신호에 대한 푸리에 급수를 구하라. 처음 3개의 고조파를 사용하여 $t = 2$일 때 $f(t)$의 값을 구하라.

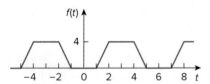

그림 17.58
문제 17.20, 17.67.

17.21 그림 17.59의 신호에 대한 삼각함수형 푸리에 급수를 구하라.

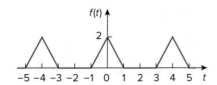

그림 17.59
문제 17.21.

17.22 그림 17.60에 나타낸 함수의 푸리에 계수를 구하라.

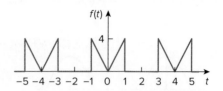

그림 17.60
문제 17.22.

17.23 그림 17.61을 이용하여 다른 학생들이 주기 신호 파형에 대한 푸리에 급수를 구하는 방법을 더 잘 이해하도록 도와주는 문제를 설계하라.

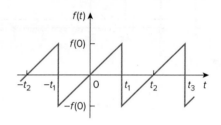

그림 17.61
문제 17.23.

17.24 그림 17.62의 주기함수에 대해 다음을 풀라.

(a) 삼각함수형 푸리에 급수의 계수 a_2와 b_2를 구하라.

(b) $f(t)$에서 $\omega_n = 10$ rad/s를 갖는 성분의 진폭과 위상을 구하라.

(c) 푸리에 급수의 처음 4개의 0이 아닌 항을 사용하여 $f(\pi/2)$를 구하라.

(d) 다음 식이 성립함을 보여라.

$$\frac{\pi}{4} = \frac{1}{1} - \frac{1}{3} + \frac{1}{5} - \frac{1}{7} + \frac{1}{9} - \frac{1}{11} + \cdots$$

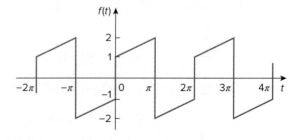

그림 17.62
문제 17.24, 17.60.

17.25 그림 17.63에 나타낸 함수의 푸리에 급수를 구하라.

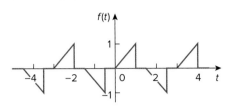

그림 17.63
문제 17.25.

17.26 그림 17.64의 신호에 대한 푸리에 급수를 구하라.

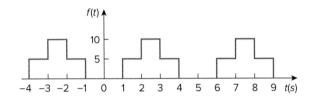

그림 17.64
문제 17.26.

17.27 그림 17.65의 파형에 대해 다음을 구하라.

(a) 대칭성의 유형을 나타내라.

(b) 푸리에 급수의 계수 a_3와 b_3를 구하라.

(c) 푸리에 급수의 처음 5개의 항을 사용하여 rms 값을 구하라.

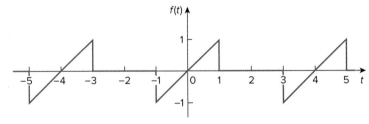

그림 17.65
문제 17.27.

17.28 그림 17.66의 전압 파형에 대한 삼각함수형 푸리에 급수를 구하라.

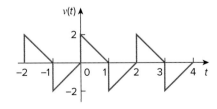

그림 17.66
문제 17.28.

17.29 그림 17.67에 나타낸 톱니파 함수의 푸리에 급수를 구하라.

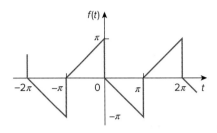

그림 17.67
문제 17.29.

17.30 (a) $f(t)$가 우함수라면 다음 식이 성립함을 보여라.

$$c_n = \frac{2}{T}\int_0^{T/2} f(t)\cos n\omega_o t\, dt$$

(b) $f(t)$가 기함수라면 다음 식이 성립함을 보여라.

$$c_n = -\frac{j2}{T}\int_0^{T/2} f(t)\sin n\omega_o t\, dt$$

17.31 a_n과 b_n을 $f(t)$에 대한 푸리에 급수의 계수라 하고 ω_0를 기본 주파수라 하자. $h(t) = f(\alpha t)$라고 가정할 때, 함수 $h(t)$의 a'_n, b'_n, ω'_0를 $f(t)$의 계수 a_n, b_n, ω_0의 식으로 나타내라.

17.4절 회로 응용

17.32 그림 17.68의 회로에서 전류원이 다음과 같을 때 전류 $i(t)$를 구하라.

$$i_s(t) = 1 + \sum_{n=1}^{\infty} \frac{1}{n^2}\cos 3nt \text{ A}$$

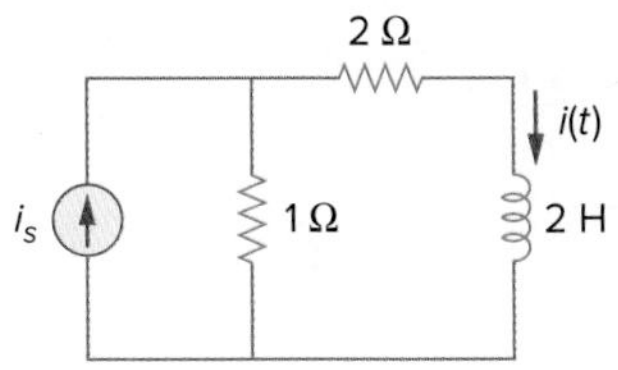

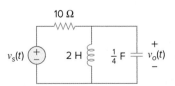

그림 17.68
문제 17.32.

17.33 그림 17.69의 회로에서 $v_s(t)$의 푸리에 급수가 다음과 같을 때 $v_o(t)$를 구하라.

$$v_s(t) = 3 + \frac{4}{\pi}\sum_{n=1}^{\infty} \frac{1}{n}\sin(n\pi t)$$

그림 17.69
문제 17.33.

17.34 그림 17.70을 이용하여 다른 학생들이 푸리에 급수에 대한 회로의 응답을 구하는 방법을 더 잘 이해하도록 도와주는 문제를 설계하라.

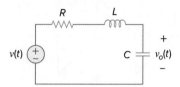

그림 17.70
문제 17.34.

17.35 그림 17.71의 회로에서 v_s는 그림 17.56(b)의 $f_2(t)$와 같다면 $v_o(t)$의 직류 성분과 교류 성분의 처음 3개의 고조파 성분을 구하라.

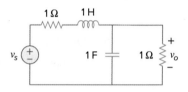

그림 17.71
문제 17.35.

*****17.36** 그림 17.72(b)의 $v_s(t)$가 주어질 때, 그림 17.72(a)의 회로에서 응답 i_o를 구하라.

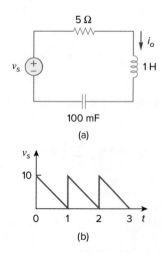

그림 17.72
문제 17.36.

17.37 그림 17.73(a)의 주기 전류 파형이 그림 17.73(b)의 회로에 인가될 때 v_o를 구하라.

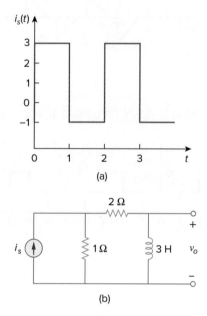

그림 17.73
문제 17.37.

17.38 그림 17.74(a)의 구형파가 그림 17.74(b)의 회로에 인가될 때 $v_o(t)$를 구하라.

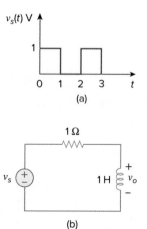

그림 17.74
문제 17.38.

17.39 그림 17.75(a)의 주기 전압 파형이 그림 17.75(b)의 회로에 인가될 때 $i_o(t)$를 구하라.

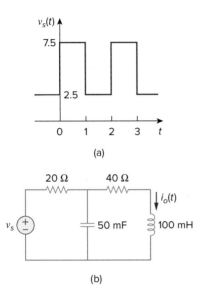

(a)

(b)

그림 17.75
문제 17.39.

*17.40 그림 17.76(a)의 신호가 그림 17.76(b)의 회로에 인가될 때 $v_o(t)$를 구하라.

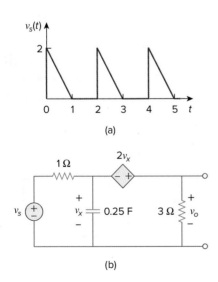

(a)

(b)

그림 17.76
문제 17.40.

17.41 그림 17.77(a)의 전파 정류된 정현파 전압이 그림 17.77(b)의 저역 통과 필터에 인가되었다. 필터의 출력 전압 $v_o(t)$를 구하라.

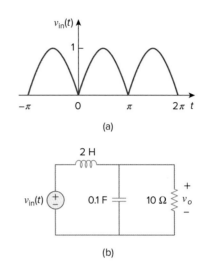

(a)

(b)

그림 17.77
문제 17.41.

17.42 그림 17.78(a)의 구형파 신호가 그림 17.78(b)의 회로에 인가되었다. $v_o(t)$의 푸리에 급수를 구하라.

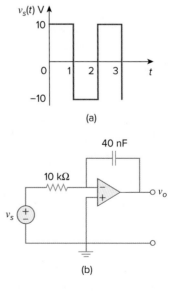

(a)

(b)

그림 17.78
문제 17.42.

17.5절   평균전력과 RMS 값

17.43 어떤 회로의 단자 전압이 다음과 같다.

$$v(t) = [30 + 20 \cos(60\pi t + 45°)$$
$$+ 10 \cos(120\pi t - 45°)] \text{ V}$$

전압이 더 높은 단자에 흘러 들어가는 전류가 다음과 같을 때 문제를 풀라.

$$i(t) = 6 + 4 \cos(60\pi t + 10°)$$
$$- 2 \cos(120\pi t - 60°) \text{ A}$$

(a) 전압의 rms 값을 구하라.

(b) 전류의 rms 값을 구하라.

(c) 회로가 흡수하는 평균전력을 구하라.

*17.44 다른 학생들이 전류와 전압에 대한 푸리에 급수가 주어진 전기소자의 rms 전압과 rms 전류를 구하는 방법을 더 잘 이해하도록 도와주는 문제를 설계하라. 또한 그 전기소자에 전달된 평균전력과 전력 스펙트럼을 구하라.

17.45 직렬 *RLC* 회로에서 $R = 10\ \Omega$, $L = 2$ mH, $C = 40\ \mu F$ 이다. 이 회로에 인가된 전압이 다음과 같을 때 실효값 전류와 흡수된 평균전력을 구하라.

$$v(t) = 100 \cos 1000t + 50 \cos 2000t$$
$$+ 25 \cos 3000t \text{ V}$$

17.46 $0 < t < 5$ 구간에서 *MATLAB*을 이용하여 다음의 사인 곡선을 그려라.

(a) $5 \cos 3t - 2 \cos(3t - \pi/3)$

(b) $8 \sin(\pi t + \pi/4) + 10 \cos(\pi t - \pi/8)$

17.47 그림 17.79의 주기 전류 신호가 2 kΩ 저항에 인가되었다. 직류 성분에 의해 야기된 전체 평균전압 손실의 비율을 구하라.

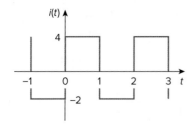

그림 17.79
문제 17.47.

17.48 그림 17.80의 회로에서 $i(t)$는 다음과 같다.

$$i(t) = 20 + 16 \cos(10t + 45°)$$
$$+ 12 \cos(20t - 60°) \text{ mA}$$

(a) $v(t)$를 구하라.

(b) 저항에서 소비된 평균전력을 구하라.

그림 17.80
문제 17.48.

17.49 (a) 문제 17.5의 주기 파형에 대한 rms 값을 구하라.

(b) 문제 17.5의 푸리에 급수에서 처음 5개의 고조파를 사용하여 신호의 실효값을 구하라.

(c) 에러 비율이 다음과 같이 정의될 때, $z(t)$의 rms 추정값에 나타나는 에러 비율을 구하라.

$$\% \text{ error} = \left(\frac{\text{estimated value}}{\text{exact value}} - 1\right) \times 100$$

17.6절   지수함수형 푸리에 급수

17.50 $-1 < t < 1$ 구간에서 $f(t) = t$이고, 모든 정숫값 n에 대해 $f(t + 2n) = f(t)$인 함수 $f(t)$의 지수함수형 푸리에 급수를 구하라.

17.51 다른 학생들이 주어진 주기함수에 대한 지수함수형 푸리에 급수를 구하는 방법을 더 잘 이해하도록 도와주는 문제를 설계하라.

17.52 $-\pi < t < \pi$ 구간에서 $f(t) = e^t$이고, 모든 정숫값 n에 대해 $f(t + 2\pi n) = f(t)$인 함수 $f(t)$의 복소 푸리에 급수를 구하라.

17.53 $0 < t < 1$ 구간에서 $f(t) = e^{-t}$이고, 모든 정숫값 n에 대해 $f(t + n) = f(t)$인 함수 $f(t)$의 복소 푸리에 급수를 구하라.

17.54 그림 17.81에 나타낸 함수의 지수함수형 푸리에 급수를 구하라.

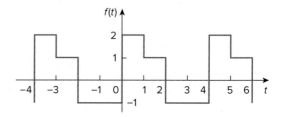

그림 17.81
문제 17.54.

17.55 그림 17.82의 반파정류 정현파 전류에 대한 지수함수형 푸리에 급수를 구하라.

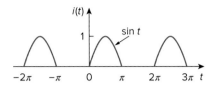

그림 17.82
문제 17.55.

17.56 주기함수의 삼각함수형 푸리에 급수가 다음과 같다.

$$f(t) = 10 + \sum_{n=1}^{\infty} \left(\frac{1}{n^2+1} \cos n\pi t + \frac{n}{n^2+1} \sin n\pi t \right)$$

$f(t)$의 지수함수형 푸리에 급수를 구하라.

17.57 삼각함수형 푸리에 급수의 계수가 다음과 같다.

$$b_n = 0, \qquad a_n = \frac{6}{n^3-2}, \qquad n = 0, 1, 2, \dots$$

$\omega_n = 50n$일 때 이 함수의 지수함수형 푸리에 급수를 구하라.

17.58 다음과 같은 삼각함수형 푸리에 급수의 계수를 갖는 함수의 지수함수형 푸리에 급수를 구하라.

$$a_0 = \frac{\pi}{4}, \qquad b_n = \frac{(-1)^n}{n}, \qquad a_n = \frac{(-1)^n-1}{\pi n^2}$$

$T = 2\pi$ 값을 취한다.

17.59 그림 17.83(a)에 나타낸 함수의 지수함수형 푸리에 급수는 다음과 같다.

$$f(t) = \frac{1}{2} - \sum_{n=-\infty}^{\infty} \frac{je^{-j(2n+1)t}}{(2n+1)\pi}$$

그림 17.83(b)에 나타낸 함수 $h(t)$의 지수함수형 푸리에 급수를 구하라.

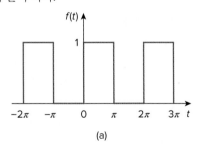

(a)

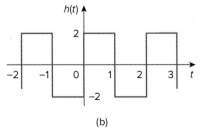

(b)

그림 17.83
문제 17.59.

17.60 그림 17.62의 신호에 대한 복소 푸리에 급수를 구하라.

17.61 그림 17.84는 어떤 함수에 대한 푸리에 급수의 스펙트럼을 나타낸 것이다. (a) 삼각함수형 푸리에 급수를 구하라. (b) 이 함수의 rms 값을 구하라.

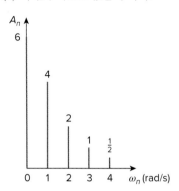

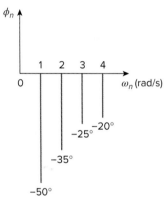

그림 17.84
문제 17.61.

17.62 그림 17.85는 일부만 표현된 푸리에 급수의 진폭과 위상 스펙트럼을 나타낸 것이다.

(a) 크기-위상 형태 주기 전압의 표현식을 구하라. 식 (17.10)을 참조하라.

(b) 전압은 시간에 대해 기함수인가, 우함수인가?

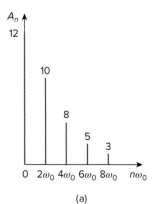

(a)

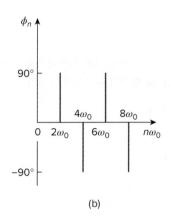

(b)

그림 17.85
문제 17.62.

17.63 그림 17.56(b)에 나타낸 신호 $f_2(t)$의 진폭 스펙트럼을 처음의 5개 항까지만 나타내라.

17.64 다른 학생들이 주어진 푸리에 급수에 대한 진폭 스펙트럼과 위상 스펙트럼을 구하는 방법을 더 잘 이해하도록 도와주는 문제를 설계하라.

17.65 함수 $f(t)$가 다음과 같이 주어졌다.

$$f(t) = \sum_{\substack{n=1 \\ n=odd}}^{\infty} \left(\frac{20}{n^2\pi^2} \cos 2nt - \frac{3}{n\pi} \sin 2nt \right)$$

이 함수의 진폭 스펙트럼과 위상 스펙트럼을 처음 5개 항까지 나타내어라.

17.7절 *PSpice*를 이용한 푸리에 해석

17.66 그림 17.48의 파형에 대한 푸리에 계수를 *PSpice*나 *MultiSim*을 이용하여 구하라.

17.67 그림 17.58의 신호에 대한 푸리에 계수를 *PSpice*나 *MultiSim*을 이용하여 구하라.

17.68 문제 17.7의 신호에 대한 푸리에 계수를 *PSpice*나 *MultiSim*을 이용하여 구하라.

17.69 그림 17.55(a)의 파형에 대한 푸리에 계수를 *PSpice*나 *MultiSim*을 이용하여 구하라.

17.70 다른 학생들이 주기적인 입력을 가진 회로 문제를 풀기 위해 *PSpice*나 *MultiSim*을 이용하는 방법을 더 잘 이해하도록 도와주는 문제를 설계하라.

17.71 문제 17.40을 *PSpice*나 *MultiSim*을 이용하여 다시 풀라.

17.8절 응용

17.72 어떤 의료 장비로 나타낸 신호가 그림 17.86의 파형에 의해 근사화될 수 있다. 이 신호의 푸리에 급수를 구하라.

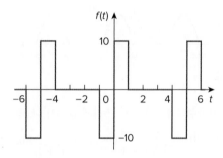

그림 17.86
문제 17.72.

17.73 스펙트럼 분석기가 세 가지 성분, 즉 640 kHz에서 2 V, 644 kHz에서 1 V, 636 kHz에서 1 V만으로 구성된 신호를 보였다. 이 신호가 1 Ω 저항에 인가되었을 때 이 저항에서 흡수된 평균전력은 얼마인가?

17.74 어떤 대역 제한된 주기 전류가 푸리에 급수 표현에서 3개의 주파수, 즉 직류, 50 Hz, 100 Hz를 갖고 있다. 전류는 다음과 같이 나타낼 수 있다.

$$i(t) = 4 + 6 \sin 100\pi t + 8 \cos 100\pi t$$
$$- 3 \sin 200\,\pi t - 4 \cos 200\pi t \text{ A}$$

(a) 진폭–위상의 형태로 $i(t)$를 구하라.

(b) $i(t)$가 2 Ω 저항에 흐를 때 평균 소비 전력은 얼마가 될 것인가?

17.75 저항 $R = 2$ kΩ인 저주파 통과 RC 필터를 설계하라. 필터의 입력은 구형파 펄스열이며(표 17.3 참조), $A = 1$ V, $T = 10$ ms, $\tau = 1$ ms이다. 출력의 직류 성분이 출력의 기본 주파수 성분보다 50배 큰 값이 되도록 C의 값을 선택하라.

17.76 $0 < t < 1$ 구간에서 $v_s(t) = 10$ V이고 $1 < t < 2$ 구간에서 0 V인 주기 신호가 그림 17.87의 고주파 통과 필터에 가해졌다. 출력 신호 $v_o(t)$의 평균전력이 최소한 입력 신호 평균전력의 70% 이상이 되도록 R의 값을 구하라.

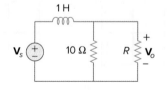

그림 17.87
문제 17.76.

종합문제

17.77 어떤 장치에 가해진 전압이 다음과 같다.

$$v(t) = -2 + 10 \cos 4t + 8 \cos 6t + 6 \cos 8t$$
$$- 5 \sin 4t - 3 \sin 6t - \sin 8t \text{ V}$$

(a) $v(t)$의 주기를 구하라.

(b) $v(t)$의 평균값을 구하라.

(c) $v(t)$의 실효값을 구하라.

17.78 어떤 대역 제한된 주기 전압은 푸리에 급수 표현에서 3개의 고조파 성분만을 갖는다. 이 고조파는 다음과 같은 rms 값을 갖고 있다. 즉 기본파 40 V, 3차 고조파 20 V, 5차 고조파 10 V이다.

(a) 이 전압이 5 Ω의 저항에 인가될 때 이 저항에서 소비된 평균전력을 구하라.

(b) 직류 성분이 주기 전압에 더해지고, 이때 측정된 소비 전력이 5% 증가되었다면, 추가된 직류 성분의 값을 구하라.

17.79 표 17.3에서 $A = 10$이고 $T = 2$인 구형파의 푸리에 계수(10차 고조파 항까지)를 계산하는 프로그램을 작성하라.

17.80 그림 17.82의 반파 정류된 정현파 전류의 지수함수형 푸리에 급수를 계산하는 컴퓨터 프로그램을 작성하라. 10차 고조파 항까지 고려하라.

17.81 표 17.3의 전파 정류된 정현파 전류를 생각해보자. 이 전류가 1 Ω 저항을 통과한다고 가정한다.

(a) 이 저항에서 흡수된 평균전력을 구하라.

(b) $n = 1, 2, 3, 4$에 대한 c_n을 구하라.

(c) 전체 전력의 어느 정도가 직류 성분에 의해 전달되는가?

(d) 전체 전력의 어느 정도가 2차 고조파 성분에 의해 전달되는가?

17.82 대역 제한된 전압 신호가 다음 표에 나타낸 복소 푸리에 계수를 갖는다. 이 신호가 4 Ω 저항에 공급하는 평균전력을 구하라.

$n\omega_0$	$|n_n|$	θ_n
0	10.0	0°
ω	8.5	15°
2ω	4.2	30°
3ω	2.1	45°
4ω	0.5	60°
5ω	0.2	75°

푸리에 변환
Fourier Transform

계획을 세우는 것은 우리의 더 좋은 내일을 위해 오늘 행하는 것이다. 왜냐하면 미래는 오늘 어려운 결정을 내리는 사람들의 것이기 때문이다.

—*BusinessWeek*

기술과 경력 향상하기

통신 시스템의 직업

회로 해석의 원리는 통신 시스템에 적용된다. 통신 시스템은 송신기 신호원의 정보가 전파 매체인 통신로를 통해 목적지인 수신기에 전달되도록 설계되어 있다. 통신 공학자는 정보를 송신하고 수신하기 위한 시스템을 설계한다. 정보는 음성, 데이터, 화상 등의 형태로 되어 있다.

Charles Alexander

우리는 통신 시스템을 통해 뉴스, 날씨, 스포츠, 쇼핑 정보, 상품 목록 등을 거의 순간적으로 알아볼 수 있는 정보화 시대에 살고 있다. 통신 시스템의 몇 가지 알기 쉬운 예로는 전화망, 이동전화, 라디오, 케이블 TV, 위성 TV, 팩스, 레이다가 있다. 경찰, 소방서, 항공기와 그 외에 여러 가지 업무용으로 사용하는 이동 무선 송수신기는 통신 시스템의 또 다른 예이다.

통신은 전기전자공학 중에서 가장 빠르게 성장하고 있는 분야이다. 최근에는 통신 기술과 컴퓨터 기술의 접목에 의해 지역 통신망(LAN), 대도시 통신망, 광대역 종합정보통신망(BISDN)과 같은 디지털 데이터 통신망이 탄생했다. 예를 들어 인터넷(정보 고속도로)은 사람들이 전 세계로 전자우편을 발송하고, 원격으로 데이터베이스에 접속하고 파일을 전송할 수 있게 해준다. 인터넷은 사업, 통신, 정보 획득 방식을 획기적으로 변화시키고 온 세상으로 밀물처럼 밀려오고 있으며, 이러한 추세는 계속될 것이다.

통신 기술자는 고품질의 정보 서비스를 제공하는 시스템을 설계해야 한다. 통신 시스템은 정보를 포함한 신호를 만들고 보내고 받는 데 필요한 하드웨어가 있어야 한다. 통신 기술자는 수많은 통신 사업이나 통신 시스템이 일상적으로 운영되는 곳에 고용된다. 점점 더 많은 정부 기관, 학교, 경제 기관이 더 빠르고 정확한 정보의 전송을 필요로 하며, 이로 인해 통신 기술자에 대한 수요가 많아지고 있다. 미래는 통신이 더욱 중요한 시대가 될 것이고, 전기전자공학 기술자는 여기에 발맞추어 준비해야 한다.

학습 목표

본 장에서 제시된 정보와 연습문제를 사용함으로써 다음 능력을 배양할 수 있다.

1. 푸리에 변환을 정의하고 이를 어떻게 사용하는지 설명할 수 있다.
2. 푸리에 변환의 특징을 이해할 수 있다.
3. 회로를 분석하는 데 푸리에 변환을 어떻게 사용하는지 이해할 수 있다.
4. 파르스발의 정리를 이해할 수 있다.
5. 라플라스 변환과 푸리에 변환의 관계를 이해할 수 있다.

18.1   서론

푸리에 급수를 이용하면 주기함수를 정현파의 합으로 나타낼 수 있으며, 구한 푸리에 급수로부터 주파수 스펙트럼을 알 수 있다. 푸리에 변환은 푸리에 급수의 주파수 스펙트럼 개념을 확장하여 비주기함수에 적용한 것이다. 즉 푸리에 변환은 비주기 파형의 주기를 무한대로 가정하여 푸리에 급수의 개념을 확장한 것이다. 그러므로 주기함수의 푸리에 급수 표현과 유사하게 푸리에 변환은 비주기함수의 적분형 표현이다.

　　푸리에 변환은 라플라스 변환처럼 **적분형 변환**이며, 시간 영역의 함수를 주파수 영역의 함수로 표현하는 수학적 기법이다. 푸리에 변환은 통신 시스템과 디지털 신호 처리 등 라플라스 변환을 적용하기 힘든 곳에서 매우 유용하다. 라플라스 변환은 초기 조건이 있고 시간 영역이 $t > 0$인 영역만을 다루지만, 푸리에 변환은 시간 영역이 $t < 0$인 영역뿐만 아니라 $t > 0$인 영역도 다룰 수 있다.

　　푸리에 급수를 바탕으로 하여 푸리에 변환의 정의와 성질을 알아본 다음 푸리에 변환을 이용하여 회로를 해석한다. 또한 파르스발의 정리를 알아보고, 라플라스 변환과 푸리에 변환을 비교해보며, 푸리에 변환이 진폭 변조와 샘플링을 다루는 데 어떻게 응용되는지 살펴본다.

18.2   푸리에 변환의 정의

디리클레 조건(Dirichlet condition)을 만족하는 경우 비정현 주기함수를 푸리에 급수로 표현할 수 있다는 것을 앞 장에서 알아보았다. 함수가 주기적이지 않으면 어떻게 될까? 안타깝게도 단위계단함수, 지수함수 등 많은 중요한 신호 중에는 푸리에 급수로 표현할 수 없는 비주기함수가 많이 있다. 곧 배울 텐데, 함수가 주기적이지 않아도 푸리에 변환을 이용하면 시간 영역의 함수를 주파수 영역의 함수로 변환할 수 있다.

　　그림 18.1(a)와 같은 비주기함수 $p(t)$의 푸리에 변환을 구해보자. 먼저 그림 18.1(b)에서 보듯이 한 주기가 $p(t)$와 같은 $f(t)$를 생각하자. 주기 $T \to \infty$로 가정

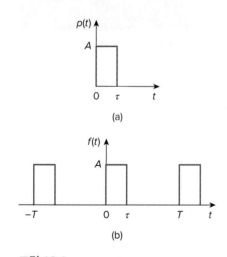

그림 18.1
(a) 비주기함수, (b) T가 ∞가 되면 $f(t)$는 (a)처럼 비주기함수가 된다.

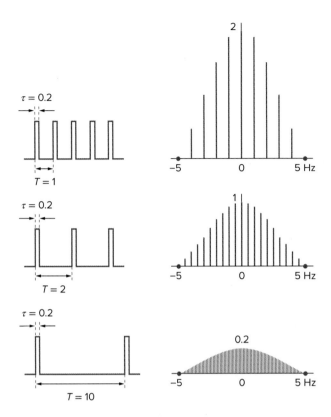

그림 18.2
적절하게 수정된 식 (17.66)을 사용하여, T가 증가함에 따라
그림 18.1(b)의 주기적인 펄스 열의 스펙트럼이 변화하는 모습.

하면 인접한 펄스는 무한대로 옮겨지므로 펄스폭이 τ인 단일 펄스[그림 18.1(a)
에서 원하는 비주기 파형]만 남는다. 그래서 함수 $f(t)$는 더 이상 주기 파형이 아
니다. 다시 말해 $T \rightarrow \infty$이면 $f(t) = p(t)$이다. $A = 10$이고 $\tau = 0.2$(17.6절 참조)
인 $f(t)$를 생각해보자. 주기 T의 증가가 스펙트럼에 미치는 영향은 그림 18.2를
통해 알 수 있다. 우선 주파수 스펙트럼의 대체적인 모양이 비슷하며, 스펙트럼
의 값이 처음으로 0이 되는 주파수 값이 같다는 것을 알 수 있다. 그러나 고조파
의 숫자가 증가할수록 스펙트럼의 크기와 인접 성분과의 간격이 둘 다 줄어든
다. 따라서 주어진 주파수 범위에서 고조파 크기의 합은 거의 일정하다. 주어진
대역 내 성분들의 전체 세기 또는 에너지가 일정해야 하므로 주기 T가 커질수록
고조파의 크기는 줄어든다. $f = 1/T$이므로 T가 증가할수록 f나 ω는 감소하고, 결
과적으로 이산 스펙트럼이 연속적으로 된다.

    비주기함수와 관련 주기함수 사이의 관계를 좀 더 깊이 이해하기 위해 식
(17.58)의 푸리에 급수의 지수함수 형태를 이용해보자.

$$f(t) = \sum_{n=-\infty}^{\infty} c_n e^{jn\omega_0 t} \tag{18.1}$$

여기서

$$c_n = \frac{1}{T}\int_{-T/2}^{T/2} f(t)e^{-jn\omega_0 t}\,dt \tag{18.2}$$

기본 주파수는 다음 식으로 표현된다.

$$\omega_0 = \frac{2\pi}{T} \tag{18.3}$$

인접 고조파 주파수 사이의 간격은 다음과 같다.

$$\Delta\omega = (n+1)\omega_0 - n\omega_0 = \omega_0 = \frac{2\pi}{T} \tag{18.4}$$

식 (18.2)를 식 (18.1)에 대입하면,

$$
\begin{aligned}
f(t) &= \sum_{n=-\infty}^{\infty}\left[\frac{1}{T}\int_{-T/2}^{T/2} f(t)e^{-jn\omega_0 t}\,dt\right]e^{jn\omega_0 t} \\
&= \sum_{n=-\infty}^{\infty}\left[\frac{\Delta\omega}{2\pi}\int_{-T/2}^{T/2} f(t)e^{-jn\omega_0 t}\,dt\right]e^{jn\omega_0 t} \\
&= \frac{1}{2\pi}\sum_{n=-\infty}^{\infty}\left[\int_{-T/2}^{T/2} f(t)e^{-jn\omega_0 t}\,dt\right]\Delta\omega\, e^{jn\omega_0 t}
\end{aligned}
\tag{18.5}
$$

$T \to \infty$라고 하면 더하기는 적분이 되고, 간격의 증가분 $\Delta\omega$는 미분 $d\omega$가 되며, 이산 고조파 주파수 $n\omega_0$는 연속 주파수 ω가 된다. 그러므로 $T \to \infty$가 되면 각각의 기호는 다음과 같이 바뀐다.

$$
\begin{aligned}
\sum_{n=-\infty}^{\infty} &\;\Rightarrow\; \int_{-\infty}^{\infty} \\
\Delta\omega &\;\Rightarrow\; d\omega \\
n\omega_0 &\;\Rightarrow\; \omega
\end{aligned}
\tag{18.6}
$$

따라서 식 (18.5)는 다음과 같이 된다.

$$f(t) = \frac{1}{2\pi}\int_{-\infty}^{\infty}\left[\int_{-\infty}^{\infty} f(t)e^{-j\omega t}\,dt\right]e^{j\omega t}\,d\omega \tag{18.7}$$

어떤 저자들은 푸리에 변환 기호로 $F(\omega)$ 대신에 $F(j\omega)$를 사용한다.

다음 식은 $f(t)$의 푸리에 변환이며, 이는 $F(\omega)$로 표현한다.

$$\boxed{\; F(\omega) = \mathcal{F}[f(t)] = \int_{-\infty}^{\infty} f(t)e^{-j\omega t}\,dt \;} \tag{18.8}$$

위 식의 $\mathcal{F}$는 푸리에 연산자이다. 식 (18.8)을 통해 다음 사실을 알 수 있다.

> 푸리에 변환은 $f(t)$의 시간 영역을 주파수 영역으로 변환하는 적분형 변환이다.

일반적으로 $F(\omega)$는 복소함수이며 그 크기는 **진폭 스펙트럼**, 그 위상은 **위상 스펙트럼**이라 부른다. 그러므로 $F(\omega)$는 **스펙트럼**이다.

식 (18.7)은 $F(\omega)$의 항으로 나타낼 수 있으며, 다음과 같이 푸리에 역변환식을 구할 수 있다.

$$f(t) = \mathcal{F}^{-1}[F(\omega)] = \frac{1}{2\pi} \int_{-\infty}^{\infty} F(\omega)e^{j\omega t}\, d\omega \qquad \textbf{(18.9)}$$

함수 $f(t)$와 그 변환 $F(\omega)$는 푸리에 변환 쌍이므로 하나로부터 다른 하나를 유도할 수 있다.

$$f(t) \qquad \Leftrightarrow \qquad F(\omega) \qquad \textbf{(18.10)}$$

푸리에 변환 $F(\omega)$는 식 (18.8)의 푸리에 적분이 수렴할 때 존재한다. 다음 식은 $f(t)$의 푸리에 변환이 존재할 필요조건은 아니지만 충분조건이다.

$$\int_{-\infty}^{\infty} |f(t)|\, dt < \infty \qquad \textbf{(18.11)}$$

예를 들어 단위램프함수 $tu(t)$는 위의 조건을 만족하지 않기 때문에 푸리에 변환이 존재하지 않는다.

푸리에 변환에서 명백히 나타나는 복소 계산을 피하기 위해 잠시 $j\omega$를 s로 바꾸어 쓰다가 마지막에는 s를 $j\omega$로 바꾸는 방편을 사용하기도 한다.

예제 18.1

다음 함수의 푸리에 변환을 구하라.

(a) $\delta(t - t_0)$, (b) $e^{j\omega_0 t}$, (c) $\cos \omega_0 t$

풀이:

(a) 임펄스 함수에 대한 푸리에 변환

$$F(\omega) = \mathcal{F}[\delta(t - t_0)] = \int_{-\infty}^{\infty} \delta(t - t_0)e^{-j\omega t}\, dt = e^{-j\omega t_0} \qquad \textbf{(18.1.1)}$$

위 식을 구하는 데 식 (7.32)의 임펄스 함수의 천이(sifting) 성질을 이용했다. $t_0 = 0$일 때는 다음과 같이 그 값이 1이 된다.

$$\mathcal{F}[\delta(t)] = 1 \qquad \textbf{(18.1.2)}$$

위 식은 임펄스 함수의 스펙트럼 크기가 일정함을 보여준다. 즉 임펄스 함수는 모든 주파수 성분이 같다는 의미이다.

(b) $e^{j\omega_0 t}$의 푸리에 변환은 두 가지 방법으로 구할 수 있다. 다음과 같이 놓고,

$$F(\omega) = \delta(\omega - \omega_0)$$

식 (18.9)를 이용하면,

$$f(t) = \frac{1}{2\pi} \int_{-\infty}^{\infty} \delta(\omega - \omega_0)e^{j\omega t}\, d\omega$$

임펄스 함수의 천이 성질을 이용하면,

$$f(t) = \frac{1}{2\pi} e^{j\omega_0 t}$$

$F(\omega)$와 $f(t)$는 푸리에 변환 쌍이므로 $2\pi\delta(\omega - \omega_0)$와 $e^{j\omega_0 t}$는 당연히 푸리에 변환 쌍이 된다.

$$\mathcal{F}[e^{j\omega_0 t}] = 2\pi\delta(\omega - \omega_0) \qquad \textbf{(18.1.3)}$$

또 다른 방법은 식 (18.1.2)로부터,

$$\delta(t) = \mathcal{F}^{-1}[1]$$

식 (18.9)의 푸리에 역변환식을 사용하면,

$$\delta(t) = \mathcal{F}^{-1}[1] = \frac{1}{2\pi}\int_{-\infty}^{\infty} 1 e^{j\omega t}\, d\omega$$

또는

$$\int_{-\infty}^{\infty} e^{j\omega t}\, d\omega = 2\pi\delta(t) \qquad \textbf{(18.1.4)}$$

변수 t와 ω를 서로 바꾸면,

$$\int_{-\infty}^{\infty} e^{j\omega t}\, dt = 2\pi\delta(\omega) \qquad \textbf{(18.1.5)}$$

위의 결과를 이용하면 주어진 함수의 푸리에 변환은 다음과 같다.

$$\mathcal{F}[e^{j\omega_0 t}] = \int_{-\infty}^{\infty} e^{j\omega_0 t}\, e^{-j\omega t}\, dt = \int_{-\infty}^{\infty} e^{j(\omega_0 - \omega)}\, dt = 2\pi\delta(\omega_0 - \omega)$$

임펄스 함수는 우함수이므로 $\delta(\omega_0 - \omega) = \delta(\omega - \omega_0)$가 되어 위 식을 다음과 같이 나타낼 수 있다.

$$\mathcal{F}[e^{j\omega_0 t}] = 2\pi\delta(\omega - \omega_0) \qquad \textbf{(18.1.6)}$$

ω_0의 부호를 바꾸면,

$$\mathcal{F}[e^{-j\omega_0 t}] = 2\pi\delta(\omega + \omega_0) \qquad \textbf{(18.1.7)}$$

$\omega_0 = 0$으로 놓으면,

$$\mathcal{F}[1] = 2\pi\delta(\omega) \qquad \textbf{(18.1.8)}$$

(c) 식 (18.1.6)과 (18.1.7)을 사용하면 다음과 같은 식을 구할 수 있다.

$$\begin{aligned}
\mathcal{F}[\cos\omega_0 t] &= \mathcal{F}\left[\frac{e^{j\omega_0 t} + e^{-j\omega_0 t}}{2}\right] \\
&= \frac{1}{2}\mathcal{F}[e^{j\omega_0 t}] + \frac{1}{2}\mathcal{F}[e^{-j\omega_0 t}] \\
&= \pi\delta(\omega - \omega_0) + \pi\delta(\omega + \omega_0)
\end{aligned} \qquad \textbf{(18.1.9)}$$

코사인 신호의 푸리에 변환은 그림 18.3과 같다.

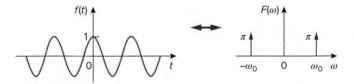

그림 18.3
$f(t) = \cos\omega_0 t$의 푸리에 변환.

실전문제 18.1

다음 함수의 푸리에 변환을 구하라.

(a) 게이트 함수 $g(t) = 4u(t + 1) - 4u(t - 2)$, (b) $4\delta(t + 2)$, (c) $10 \sin \omega_0 t$

답: (a) $4(e^{-j\omega} - e^{-j2\omega})/j\omega$, (b) $4e^{j2\omega}$, (c) $j10\pi[\delta(\omega + \omega_0) - \delta(\omega - \omega_0)]$

예제 18.2

그림 18.4와 같이 펄스폭이 τ이고 높이가 A인 단일 구형 펄스파의 푸리에 변환을 구하라.

풀이:

$$F(\omega) = \int_{-\tau/2}^{\tau/2} A e^{-j\omega t} \, dt = -\frac{A}{j\omega} e^{-j\omega t} \Big|_{-\tau/2}^{\tau/2}$$

$$= \frac{2A}{\omega} \left(\frac{e^{j\omega\tau/2} - e^{-j\omega\tau/2}}{2j} \right)$$

$$= A\tau \frac{\sin \omega\tau/2}{\omega\tau/2} = A\tau \operatorname{sinc} \frac{\omega\tau}{2}$$

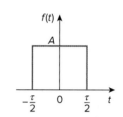

그림 18.4
예제 18.2: 구형 펄스파.

그림 17.27처럼 $A = 10$, $\tau = 2$라고 하면(17.6절에서와 같이),

$$F(\omega) = 20 \operatorname{sinc} \omega$$

이것의 진폭 스펙트럼은 그림 18.5와 같다. 그림 17.28에 나타낸 구형 펄스파의 주파수 스펙트럼을 그림 18.4와 비교하면 그림 17.28은 이산적이고 그 포락선은 단일 구형 펄스파의 푸리에 변환과 똑같은 모양이다.

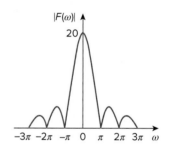

그림 18.5
예제 18.2: 구형 펄스파의 진폭 스펙트럼.

실전문제 18.2

그림 18.6에 나타낸 함수의 푸리에 변환을 구하라.

답: $\dfrac{20(\cos \omega - 1)}{j\omega}$

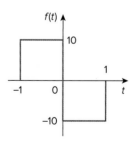

그림 18.6
실전문제 18.2.

예제 18.3

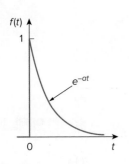

그림 18.7
예제 18.3.

그림 18.7에 나타낸 지수함수의 푸리에 변환을 구하라.

풀이:

그림 18.7에서

$$f(t) = e^{-at}u(t) = \begin{cases} e^{-at}, & t > 0 \\ 0, & t < 0 \end{cases}$$

그러므로

$$F(\omega) = \int_{-\infty}^{\infty} f(t)e^{-j\omega t}\,dt = \int_{0}^{\infty} e^{-at}\,e^{-j\omega t}\,dt = \int_{0}^{\infty} e^{-(a+j\omega)t}\,dt$$

$$= \frac{-1}{a+j\omega}\,e^{-(a+j\omega)t}\,\bigg|_{0}^{\infty} = \frac{1}{a+j\omega}$$

실전문제 18.3

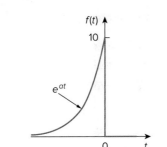

그림 18.8
실전문제 18.3.

그림 18.8에 나타낸 지수함수의 푸리에 변환을 구하라.

답: $\dfrac{10}{a-j\omega}$

18.3 ▌ 푸리에 변환의 성질

이 절에서는 푸리에 변환의 성질을 전개하여 간단한 함수의 푸리에 변환으로부터 복잡한 함수의 푸리에 변환을 찾아내는 데 유용하게 사용하도록 할 것이다. 먼저 각 성질에 대해 설명하고 유도한 후 예를 들어 살펴본다.

선형성

$F_1(\omega)$과 $F_2(\omega)$를 $f_1(t)$와 $f_2(t)$의 푸리에 변환이라 하면,

$$\boxed{\mathcal{F}[a_1 f_1(t) + a_2 f_2(t)] = a_1 F_1(\omega) + a_2 F_2(\omega)} \qquad \textbf{(18.12)}$$

여기서 a_1과 a_2는 상수이다. 이 성질은 함수들의 선형 조합의 푸리에 변환이 각 푸리에 변환의 선형 조합과 같다는 것을 의미한다. 식 (18.12)의 선형성 성질의 증명은 간단하다. 정의에 의해,

$$\mathcal{F}[a_1 f_1(t) + a_2 f_2(t)] = \int_{-\infty}^{\infty} [a_1 f_1(t) + a_2 f_2(t)]e^{-j\omega t}\,dt$$

$$= \int_{-\infty}^{\infty} a_1 f_1(t)e^{-j\omega t}\,dt + \int_{-\infty}^{\infty} a_2 f_2(t)e^{-j\omega t}\,dt \qquad \textbf{(18.13)}$$

$$= a_1 F_1(\omega) + a_2 F_2(\omega)$$

예를 들어 $\sin \omega_0 t = \dfrac{1}{2j}(e^{j\omega_0 t} - e^{-j\omega_0 t})$이므로 선형성의 성질을 사용하면,

$$F[\sin \omega_0 t] = \frac{1}{2j}[\mathcal{F}(e^{j\omega_0 t}) - \mathcal{F}(e^{-j\omega_0 t})]$$

$$= \frac{\pi}{j}[\delta(\omega - \omega_0) - \delta(\omega + \omega_0)] \qquad \textbf{(18.14)}$$

$$= j\pi[\delta(\omega + \omega_0) - \delta(\omega - \omega_0)]$$

시간 스케일링

$F(\omega) = \mathcal{F}[f(t)]$이면,

$$\boxed{\mathcal{F}[f(at)] = \frac{1}{|a|} F\left(\frac{\omega}{a}\right)} \qquad \textbf{(18.15)}$$

여기서 a는 상수이며, 식 (18.15)는 $|a| > 1$일 때 주파수 압축을 나타내고 $|a| <$ 1일 때 주파수 확장을 나타낸다. 시간 스케일링의 성질은 다음과 같이 증명된다.

$$\mathcal{F}[f(at)] = \int_{-\infty}^{\infty} f(at)e^{-j\omega t}\, dt \qquad \textbf{(18.16)}$$

$x = at$라 하면 $dx = a\, dt$이므로,

$$\mathcal{F}[f(at)] = \int_{-\infty}^{\infty} f(x)e^{-j\omega x/a} \frac{dx}{a} = \frac{1}{a}F\left(\frac{\omega}{a}\right) \qquad \textbf{(18.17)}$$

예를 들어 예제 18.2의 구형파 $p(t)$의 경우,

$$\mathcal{F}[p(t)] = A\tau \operatorname{sinc} \frac{\omega\tau}{2} \qquad \textbf{(18.18a)}$$

식 (18.15)를 사용하면,

$$\mathcal{F}[p(2t)] = \frac{A\tau}{2} \operatorname{sinc} \frac{\omega\tau}{4} \qquad \textbf{(18.18b)}$$

위 수식은 $p(t)$와 $p(2t)$ 그리고 두 함수의 푸리에 변환을 그림으로 그리는 데 유용하게 사용할 수 있다.

$$p(t) = \begin{cases} A, & -\frac{\tau}{2} < t < \frac{\tau}{2} \\ 0, & \text{그 밖의 경우} \end{cases} \qquad \textbf{(18.19a)}$$

t 대신 $2t$를 대입하면,

$$p(2t) = \begin{cases} A, & -\frac{\tau}{2} < 2t < \frac{\tau}{2} \\ 0, & \text{그 밖의 경우} \end{cases} = \begin{cases} A, & -\frac{\tau}{4} < t < \frac{\tau}{4} \\ 0, & \text{그 밖의 경우} \end{cases} \qquad \textbf{(18.19b)}$$

그림 18.9(b)는 $p(2t)$가 시간 압축되어 있음을 보여준다. 식 (18.18)의 두 푸리에 변환식을 그리기 위해 n이 정수이면 $n\pi$에서 sinc 함수는 0이 된다는 사실을 이용한다. 식 (18.18a)의 $p(t)$의 변환에서는 $\omega\tau/2 = 2\pi f\tau/2 = n\pi \rightarrow f = n/\tau$, 식 (18.18b)의 $p(2t)$의 변환에서는 $\omega\tau/4 = 2\pi f\tau/4 = n\pi \rightarrow f = 2n/\tau$이 된다. 이 푸리에 변환을 그림 18.9에 나타냈는데, 시간 압축은 주파수 확장으로 나타난다. 직관적으로 신호가 시간 축상에서 압축되면 신호가 빨리 변하고, 그리하여 더 높

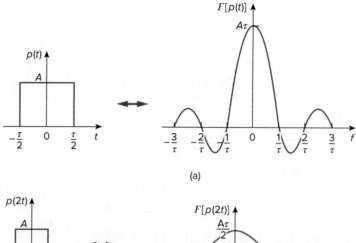

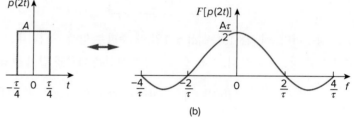

그림 18.9
시간 스케일링 효과: (a) 구형파의 푸리에 변환, (b) 주파수 확장을 야기하
는 펄스의 시간 압축.

은 주파수 성분이 생길 것임을 예상할 수 있다.

시간 축 천이

$F(\omega) = \mathcal{F}[f(t)]$이면,

$$\mathcal{F}[f(t - t_0)] = e^{-j\omega t_0} F(\omega) \tag{18.20}$$

이는 시간 영역에서 지연되면 주파수 영역에서는 위상 천이가 일어난다는 의미
이다. 이 성질을 증명하기 위해 다음 정의를 사용한다.

$$\mathcal{F}[f(t - t_0)] = \int_{-\infty}^{\infty} f(t - t_0) e^{-j\omega t} \, dt \tag{18.21}$$

$x = t - t_0$로 놓으면 $dx = dt$, $t = x + t_0$이므로,

$$\begin{aligned}
\mathcal{F}[f(t - t_0)] &= \int_{-\infty}^{\infty} f(x) e^{-j\omega(x + t_0)} \, dx \\
&= e^{-j\omega t_0} \int_{-\infty}^{\infty} f(x) e^{-j\omega x} \, dx = e^{-j\omega t_0} F(\omega)
\end{aligned} \tag{18.22}$$

마찬가지로 $\mathcal{F}[f(t + t_0)] = e^{j\omega t_0} F(\omega)$이다.

예를 들어 예제 18.3을 보면,

$$\mathcal{F}[e^{-at} u(t)] = \frac{1}{a + j\omega} \tag{18.23}$$

그러므로 $f(t) = e^{-(t-2)} u(t - 2)$의 푸리에 변환은

$$F(\omega) = \mathcal{F}[e^{-(t-2)}\,u(t-2)] = \frac{e^{-j2\omega}}{1+j\omega} \qquad \textbf{(18.24)}$$

주파수 천이(또는 진폭 변조)

$F(\omega) = \mathcal{F}[f(t)]$일 때, 주파수 천이의 성질은

$$\boxed{\mathcal{F}[f(t)e^{j\omega_0 t}] = F(\omega - \omega_0)} \qquad \textbf{(18.25)}$$

이는 주파수 영역에서 주파수 천이가 시간 함수에 위상 천이를 부가한 것임을 의미한다. 이 성질은 푸리에 변환 정의에 의해 다음과 같이 증명한다.

$$
\begin{aligned}
\mathcal{F}[f(t)e^{j\omega_0 t}] &= \int_{-\infty}^{\infty} f(t)e^{j\omega_0 t}\,e^{-j\omega t}\,dt \\
&= \int_{-\infty}^{\infty} f(t)e^{-j(\omega-\omega_0)t}\,dt = F(\omega - \omega_0)
\end{aligned}
\qquad \textbf{(18.26)}
$$

예를 들어 $\cos\omega_0 t = \frac{1}{2}(e^{j\omega_0 t} + e^{-j\omega_0 t})$이고 식 (18.25)를 사용하면,

$$
\begin{aligned}
\mathcal{F}[f(t)\cos\omega_0 t] &= \frac{1}{2}\mathcal{F}[f(t)e^{j\omega_0 t}] + \frac{1}{2}\mathcal{F}[f(t)e^{-j\omega_0 t}] \\
&= \frac{1}{2}F(\omega - \omega_0) + \frac{1}{2}F(\omega + \omega_0)
\end{aligned}
\qquad \textbf{(18.27)}
$$

이는 신호의 주파수 성분을 천이시키는 변조에서 사용되는 중요한 결과이다. 예를 들어 $f(t)$의 진폭 스펙트럼이 그림 18.10(a)와 같으면 $f(t)\cos\omega_0 t$의 진폭 스펙트럼은 그림 18.10(b)와 같다. 18.7.1절에서 이에 대해 자세히 다룰 것이다.

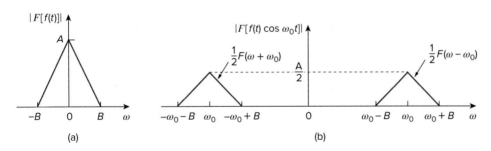

그림 18.10
진폭 스펙트럼: (a) 신호 $f(t)$, (b) 변조된 신호 $f(t)\cos\omega_0 t$.

시간 미분

$F(\omega) = \mathcal{F}[f(t)]$이면,

$$\boxed{\mathcal{F}[f'(t)] = j\omega F(\omega)} \qquad \textbf{(18.28)}$$

다시 말하면 $f(t)$ 미분의 푸리에 변환은 $f(t)$의 푸리에 변환에 $j\omega$를 곱하여 구한다. 정의에 의해,

$$f(t) = \mathcal{F}^{-1}[F(\omega)] = \frac{1}{2\pi}\int_{-\infty}^{\infty} F(\omega)e^{j\omega t}\, d\omega \tag{18.29}$$

양변을 t로 미분하면,

$$f'(t) = \frac{j\omega}{2\pi}\int_{-\infty}^{\infty} F(\omega)e^{j\omega t}\, d\omega = j\omega\mathcal{F}^{-1}[F(\omega)]$$

또는

$$\mathcal{F}[f'(t)] = j\omega F(\omega) \tag{18.30}$$

식 (18.30)을 다시 쓰면,

$$\boxed{\mathcal{F}[f^{(n)}(t)] = (j\omega)^n F(\omega)} \tag{18.31}$$

예를 들어 $f(t) = e^{-at}u(t)$이면,

$$f'(t) = -ae^{-at}u(t) + e^{-at}\delta(t) = -af(t) + e^{-at}\delta(t) \tag{18.32}$$

첫 항과 마지막 항을 푸리에 변환하면,

$$j\omega F(\omega) = -aF(\omega) + 1 \quad \Rightarrow \quad F(\omega) = \frac{1}{a+j\omega} \tag{18.33}$$

이는 예제 18.3의 결과와 같다.

시간 적분

$F(\omega) = \mathcal{F}[f(t)]$일 때,

$$\boxed{\mathcal{F}\left[\int_{-\infty}^{t} f(\tau)\, d\tau\right] = \frac{F(\omega)}{j\omega} + \pi F(0)\delta(\omega)} \tag{18.34}$$

$f(t)$ 적분의 변환은 $f(t)$의 변환을 $j\omega$로 나눈 후 직류 성분인 $F(0)$에 관련된 임펄스 항을 더하여 얻는다. 어떤 사람은 의문을 가질 것이다. "시간 적분의 푸리에 변환 때 적분 구간이 $[-\infty, \infty]$가 아니라 $[-\infty, t]$인가?" $[-\infty, \infty]$를 적분하면 그 결과는 시간의 함수가 아니라 상수의 적분이 될 것이다. 함수를 과거에서 t까지 적분해야 그 결과가 t의 함수가 되어 푸리에 변환을 구할 수 있다.

식 (18.8)에서 ω를 0으로 대치하면,

$$F(0) = \int_{-\infty}^{\infty} f(t)\, dt \tag{18.35}$$

이는 $f(t)$를 모든 시간 동안 적분한 값이 0이면 직류 성분이 0임을 보여준다. 식 (18.34)의 시간 적분에 대한 증명은 추후에 콘볼루션 성질을 살펴볼 때 다룰 것이다.

예를 들어 $\mathcal{F}[d(t)] = 1$이고 임펄스 함수의 적분은 단위계단함수이므로[식 (7.39a) 참조] 식 (18.34)의 성질을 적용하여 다음과 같이 단위계단함수의 푸리에 변환을 구한다.

$$\mathcal{F}[u(t)] = \mathcal{F}\left[\int_{-\infty}^{t} \delta(\tau)\, d\tau\right] = \frac{1}{j\omega} + \pi\delta(\omega) \qquad \textbf{(18.36)}$$

시간 축 반전

$F(\omega) = \mathcal{F}[f(t)]$일 때,

$$\boxed{\mathcal{F}[f(-t)] = F(-\omega) = F^*(\omega)} \qquad \textbf{(18.37)}$$

여기서 *는 켤레복소수를 나타낸다. 이 성질은 $f(t)$를 시간 축에서 반전하는 것이 $F(\omega)$를 주파수 축에서 반전하는 것임을 의미한다. 이는 식 (18.15)에서 $a = -1$인 시간 스케일링의 특별한 경우이다.

예를 들어 $1 = u(t) + u(-t)$일 때 다음과 같은 값을 얻을 수 있다.

$$\mathcal{F}[1] = \mathcal{F}[u(t)] + \mathcal{F}[u(-t)]$$

$$= \frac{1}{j\omega} + \pi\delta(\omega)$$

$$-\frac{1}{j\omega} + \pi\delta(-\omega)$$

$$= 2\pi\delta(\omega)$$

쌍대성

이 성질은 $F(\omega)$가 $f(t)$의 푸리에 변환일 때 $F(t)$의 푸리에 변환은 $2\pi f(-\omega)$라는 것이다.

$$\boxed{\mathcal{F}[f(t)] = F(\omega) \quad \Rightarrow \quad \mathcal{F}[F(t)] = 2\pi f(-\omega)} \qquad \textbf{(18.38)}$$

이는 푸리에 변환의 대칭 성질이다. 이 성질을 증명하면,

$$f(t) = \mathcal{F}^{-1}[F(\omega)] = \frac{1}{2\pi}\int_{-\infty}^{\infty} F(\omega)e^{j\omega t}\, d\omega$$

또는

$$2\pi f(t) = \int_{-\infty}^{\infty} F(\omega)e^{j\omega t}\, d\omega \qquad \textbf{(18.39)}$$

t를 $-t$로 놓으면,

$$2\pi f(-t) = \int_{-\infty}^{\infty} F(\omega)e^{-j\omega t}\, d\omega$$

t와 ω를 바꾸면,

$$2\pi f(-\omega) = \int_{-\infty}^{\infty} F(t)e^{-j\omega t}\, dt = \mathcal{F}[F(t)] \qquad \textbf{(18.40)}$$

예를 들어 $f(t) = e^{-|t|}$라면,

$f(t)$는 그림 18.7과 18.8의 합이므로 $F(\omega)$는 예제 18.3과 실전문제 18.3의 결과를 합한 것이다.

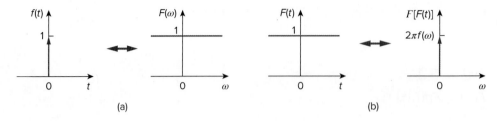

그림 18.11
쌍대성 성질의 전형적인 예: (a) 임펄스의 변환, (b) 단위 직류 전원 값의 변환.

$$F(\omega) = \frac{2}{\omega^2 + 1} \tag{18.41}$$

쌍대성 성질에 의해 $F(t) = 2/(t^2 + 1)$의 푸리에 변환은

$$2\pi f(\omega) = 2\pi e^{-|\omega|} \tag{18.42}$$

그림 18.11은 쌍대성 성질의 다른 예를 보여준다. 그림 18.11(a)에서 보듯이 $f(t) = \delta(t)$일 때 $F(\omega) = 1$이므로 $F(t) = 1$의 푸리에 변환은 그림 18.11(b)와 같이 $2\pi f(\omega) = 2\pi \delta(\omega)$이다.

콘볼루션

임펄스 응답이 $h(t)$인 회로의 입력 신호가 $x(t)$라면 출력 $y(t)$는 다음과 같이 콘볼루션 적분이 된다는 15장의 내용을 상기해보라.

$$y(t) = h(t) * x(t) = \int_{-\infty}^{\infty} h(\lambda)x(t - \lambda)\, d\lambda \tag{18.43}$$

$X(\omega)$, $H(\omega)$, $Y(\omega)$가 $x(t)$, $h(t)$, $y(t)$의 푸리에 변환이라면,

$$\boxed{Y(\omega) = \mathcal{F}[h(t) * x(t)] = H(\omega)X(\omega)} \tag{18.44}$$

이는 시간 영역에서의 콘볼루션이 주파수 영역에서 곱에 해당함을 의미한다.
콘볼루션 성질을 증명하기 위해 식 (18.43)의 양변을 푸리에 변환하면,

$$Y(\omega) = \int_{-\infty}^{\infty} \left[\int_{-\infty}^{\infty} h(\lambda)x(t - \lambda)\, d\lambda \right] e^{-j\omega t}\, dt \tag{18.45}$$

적분 순서를 바꾸고 시간 t와 무관한 $h(\lambda)$를 분리하면,

$$Y(\omega) = \int_{-\infty}^{\infty} h(\lambda) \left[\int_{-\infty}^{\infty} x(t - \lambda)e^{-j\omega t}\, dt \right] d\lambda$$

$\tau = t - \lambda$로 놓으면 $t = \tau + \lambda$, $dt = d\tau$이므로,

$$Y(\omega) = \int_{-\infty}^{\infty} h(\lambda) \left[\int_{-\infty}^{\infty} x(\tau)e^{-j\omega(\tau + \lambda)}\, d\tau \right] d\lambda$$

$$= \int_{-\infty}^{\infty} h(\lambda)e^{-j\omega\lambda}\, d\lambda \int_{-\infty}^{\infty} x(\tau)e^{-j\omega\tau}\, d\tau = H(\omega)X(\omega) \tag{18.46}$$

이 결과는 17장에서 푸리에 계수를 가지고 했던 방법 이상으로 페이저 기법을 확장시킨다.

콘볼루션 성질을 설명하기 위해 그림 18.12(a)와 (b) 같은 이상적인 구형 펄스 $h(t)$와 $x(t)$를 생각해보자. 예제 18.2와 그림 18.5에서 구형 펄스의 푸리에 변환은 그림 18.12(c)와 (d) 같은 싱크함수가 됨을 상기하라. 콘볼루션 정리에 의

식 (18.46)의 중요한 관계식은 선형 시스템의 해석 시 푸리에 변환을 많이 사용하는 주된 이유이다.

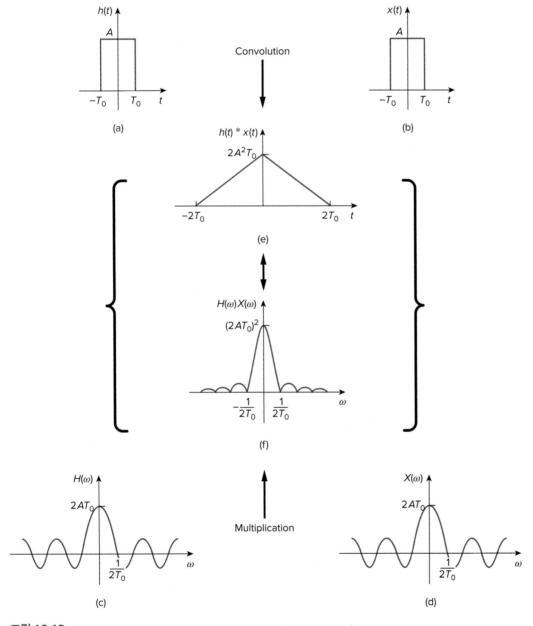

그림 18.12
콘볼루션 성질의 그래픽 설명.
출처: E. O. Brigham, *The Fast Fourier Transform*, 1st edition, © 1974, p. 60. Pearson Education, Inc., Upper Saddle River, NJ.

하면 싱크함수의 곱은 시간 영역에서 구형파의 콘볼루션이 되어야 한다. 따라서 그림 18.12(e) 구형파 콘볼루션과 그림 18.12(f) 싱크함수의 곱은 푸리에 변환 쌍이 된다.

쌍대성 성질의 관점에서 보았을 때 시간 영역에서의 콘볼루션이 주파수 영역에서 곱이 된다면 시간 영역의 곱은 주파수 영역에서 대응되는 식이 있으리라고 예측할 수 있다. 이것은 사실이며, $f(t) = f_1(t)f_2(t)$이면,

$$F(\omega) = \mathcal{F}[f_1(t)f_2(t)] = \frac{1}{2\pi}F_1(\omega) * F_2(\omega) \qquad \textbf{(18.47)}$$

또는

$$F(\omega) = \frac{1}{2\pi}\int_{-\infty}^{\infty} F_1(\lambda)F_2(\omega - \lambda)d\lambda \qquad \textbf{(18.48)}$$

이는 주파수 영역에서의 콘볼루션이다. 식 (18.48)의 증명은 식 (18.38)의 이중성 성질로부터 쉽게 구할 수 있다.

식 (18.34)의 시간 적분 성질을 증명해보자. 식 (18.43)에서 $x(t)$를 단위계단함수인 $u(t)$로, $h(t)$를 $f(t)$로 바꾸면,

$$\int_{-\infty}^{\infty} f(\lambda)u(t - \lambda)\,d\lambda = f(t) * u(t) \qquad \textbf{(18.49)}$$

단위계단함수의 정의에 의해,

$$u(t - \lambda) = \begin{cases} 1, & t - \lambda > 0 \\ 0, & t - \lambda > 0 \end{cases}$$

다시 쓰면,

$$u(t - \lambda) = \begin{cases} 1, & \lambda < t \\ 0, & \lambda > t \end{cases}$$

식 (18.49)에 대입하고 적분 구간 $[-\infty, \infty]$를 $[-\infty, t]$로 바꾸면 식 (18.49)는

$$\int_{-\infty}^{t} f(\lambda)\,d\lambda = u(t) * f(t)$$

양변을 푸리에 변환하면,

$$\mathcal{F}\left[\int_{-\infty}^{t} f(\lambda)\,d\lambda\right] = U(\omega)F(\omega) \qquad \textbf{(18.50)}$$

식 (18.36)에서 단위계단함수의 푸리에 변환은

$$U(\omega) = \frac{1}{j\omega} + \pi\delta(\omega)$$

이것을 식 (18.50)에 대입하면,

$$\mathcal{F}\left[\int_{-\infty}^{t} f(\lambda)\,d\lambda\right] = \left(\frac{1}{j\omega} + \pi\delta(\omega)\right)F(\omega)$$

$$\qquad \textbf{(18.51)}$$

$$= \frac{F(\omega)}{j\omega} + \pi F(0)\delta(\omega)$$

이는 식 (18.34)의 시간 적분 성질이다. 식 (18.51)에서 $\delta(\omega)$는 $\omega = 0$일 때만 0이 아니므로 $F(\omega)\delta(\omega) = F(0)\delta(\omega)$이다.

표 18.1에 푸리에 변환의 성질을 정리하고 표 18.2에는 몇몇 함수의 푸리에 변환 쌍을 제시했다. 표 15.1, 15.2와 비교해보라.

표 18.1

푸리에 변환의 성질

성질	$f(t)$	$F(\omega)$
선형성	$a_1 f_1(t) + a_2 f_2(t)$	$a_1 F_1(\omega) + a_2 F_2(\omega)$
시간 스케일링	$f(at)$	$\dfrac{1}{\|a\|}F\left(\dfrac{\omega}{a}\right)$
시간 축 천이	$f(t - a)$	$e^{-j\omega a}F(\omega)$
주파수 천이	$e^{j\omega_0 t}f(t)$	$F(\omega - \omega_0)$
변조	$\cos(\omega_0 t)f(t)$	$\dfrac{1}{2}[F(\omega + \omega_0) + F(\omega - \omega_0)]$
시간 미분	$\dfrac{df}{dt}$	$j\omega F(\omega)$
	$\dfrac{d^n f}{dt^n}$	$(j\omega)^n F(\omega)$
시간 적분	$\displaystyle\int_{-\infty}^{t} f(t)\,dt$	$\dfrac{F(\omega)}{j\omega} + \pi F(0)\delta(\omega)$
주파수 미분	$t^n f(t)$	$(j)^n \dfrac{d^n}{d\omega^n}F(\omega)$
시간 축 반전	$f(-t)$	$F(-\omega)$　or　$F^*(\omega)$
쌍대성	$F(t)$	$2\pi f(-\omega)$
시간 축 콘볼루션	$f_1(t) * f_2(t)$	$F_1(\omega)F_2(\omega)$
주파수 축 콘볼루션	$f_1(t)f_2(t)$	$\dfrac{1}{2\pi}F_1(\omega) * F_2(\omega)$

표 18.2

푸리에 변환 쌍

$f(t)$	$F(\omega)$
$\delta(t)$	1
1	$2\pi\,\delta(\omega)$
$u(t)$	$\pi\,\delta(\omega) + \dfrac{1}{j\omega}$
$u(t + \tau) - u(t - \tau)$	$2\dfrac{\sin\omega\tau}{\omega}$
$\|t\|$	$\dfrac{-2}{\omega^2}$
$\operatorname{sgn}(t)$	$\dfrac{2}{j\omega}$
$e^{-at}u(t)$	$\dfrac{1}{a + j\omega}$

표 18.2 (계속)

$f(t)$	$F(\omega)$
$e^{at}\,u(-t)$	$\dfrac{1}{a - j\omega}$
$t^n e^{-at}\,u(t)$	$\dfrac{n!}{(a + j\omega)^{n+1}}$
$e^{-a|t|}$	$\dfrac{2a}{a^2 + \omega^2}$
$e^{j\omega_0 t}$	$2\pi\delta(\omega - \omega_0)$
$\sin \omega_0 t$	$j\pi[\delta(\omega + \omega_0) - \delta(\omega - \omega_0)]$
$\cos \omega_0 t$	$\pi[\delta(\omega + \omega_0) + \delta(\omega - \omega_0)]$
$e^{-at}\sin \omega_0 t u(t)$	$\dfrac{\omega_0}{(a + j\omega)^2 + \omega_0^2}$
$e^{-at}\cos \omega_0 t u(t)$	$\dfrac{a + j\omega}{(a + j\omega)^2 + \omega_0^2}$

예제 18.4

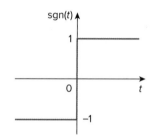

그림 18.13
예제 18.4의 시그넘함수.

다음 함수의 푸리에 변환을 구하라.

(a) 그림 18.13의 시그넘(signum)함수 sgn(t), (b) 양방향 지수함수 $e^{-a|t|}$, (c) 싱크함수 $(\sin t)/t$

풀이:

(a) 시그넘함수의 푸리에 변환은 세 가지 방법으로 얻는다.

■ **방법 1**   시그넘함수를 단위계단함수로 나타낸다.

$$\text{sgn}(t) = f(t) = u(t) - u(-t)$$

식 (18.36)에서

$$U(\omega) = \mathcal{F}[u(t)] = \pi\delta(\omega) + \frac{1}{j\omega}$$

이 식과 역의 성질을 적용하면,

$$\mathcal{F}[\text{sgn}(t)] = U(\omega) - U(-\omega)$$

$$= \left(\pi\delta(\omega) + \frac{1}{j\omega}\right) - \left(\pi\delta(-\omega) + \frac{1}{-j\omega}\right) = \frac{2}{j\omega}$$

■ **방법 2** $\delta(\omega) = \delta(-\omega)$이므로 시그넘함수를 다른 형태의 단위계단함수로 표현하면,

$$f(t) = \text{sgn}(t) = -1 + 2u(t)$$

각 항을 푸리에 변환하면,

$$F(\omega) = -2\pi\delta(\omega) + 2\left(\pi\delta(\omega) + \frac{1}{j\omega}\right) = \frac{2}{j\omega}$$

■ **방법 3**   그림 18.13의 시그넘함수를 미분하면,

$$f'(t) = 2\delta(t)$$

이를 변환하면,

$$j\omega F(\omega) = 2 \quad\Rightarrow\quad F(\omega) = \frac{2}{j\omega}$$

앞에서 얻은 결과와 같다.

(b) 양방향 지수함수는 다음과 같이 표현된다.

$$f(t) = e^{-a|t|} = e^{-at}u(t) + e^{at}u(-t) = y(t) + y(-t)$$

여기서 $y(t) = e^{-at}u(t)$이므로 $Y(\omega) = 1/(a + j\omega)$이다. 역의 성질을 적용하면,

$$\mathcal{F}[e^{-a|t|}] = Y(\omega) + Y(-\omega) = \left(\frac{1}{a+j\omega} + \frac{1}{a-j\omega}\right) = \frac{2a}{a^2 + \omega^2}$$

(c) 예제 18.2로부터,

$$\mathcal{F}\left[u\left(t + \frac{\tau}{2}\right) - u\left(t - \frac{\tau}{2}\right)\right] = \tau\frac{\sin(\omega\tau/2)}{\omega\tau/2} = \tau\,\mathrm{sinc}\,\frac{\omega\tau}{2}$$

$\tau/2 = 1$로 놓으면,

$$\mathcal{F}[u(t + 1) - u(t - 1)] = 2\frac{\sin\omega}{\omega}$$

쌍대성 성질을 이용하면,

$$\mathcal{F}\left[2\frac{\sin t}{t}\right] = 2\pi\,[U(\omega + 1) - U(\omega - 1)]$$

또는

$$\mathcal{F}\left[\frac{\sin t}{t}\right] = \pi[U(\omega + 1) - U(\omega - 1)]$$

실전문제 18.4

다음 함수의 푸리에 변환을 구하라.

(a) 게이트함수 $g(t) = u(t) - u(t - 1)$, (b) $f(t) = te^{-2t}u(t)$, (c) 톱니 펄스파 $p(t)$ $= 50t[u(t) - u(t - 2)]$

답: (a) $(1 - e^{-j\omega})\left[\pi\delta(\omega) + \dfrac{1}{j\omega}\right]$, (b) $\dfrac{1}{(2 + j\omega)^2}$, (c) $\dfrac{50(e^{-j2\omega} - 1)}{\omega^2} + \dfrac{100j}{\omega}\,e^{-j2\omega}$.

예제 18.5

그림 18.14에 나타낸 함수의 푸리에 변환을 구하라.

풀이:

식 (18.8)을 이용하면 쉽게 구할 수 있다. 그러나 미분 성질을 사용하면 더 쉽게

구할 수 있다. 함수는 다음과 같이 표현할 수 있다.

$$f(t) = \begin{cases} 1 + t, & -1 < t < 0 \\ 1 - t, & 0 < t < 1 \end{cases}$$

이 신호의 일차 미분은 그림 18.15(a)와 같으며, 다음의 식으로 주어진다.

$$f'(t) = \begin{cases} 1, & -1 < t < 0 \\ -1, & 0 < t < 1 \end{cases}$$

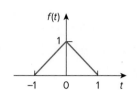

그림 18.14
예제 18.5.

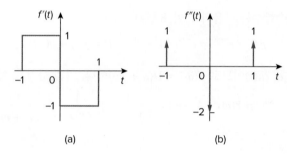

그림 18.15
예제 18.5: $f(t)$의 일차와 이차 미분.

이차 미분은 그림 18.15(b)와 같으며, 다음 식으로 주어진다.

$$f''(t) = \delta(t + 1) - 2\delta(t) + \delta(t - 1)$$

양변을 푸리에 변환하면,

$$(j\omega)^2 F(\omega) = e^{j\omega} - 2 + e^{-j\omega} = -2 + 2\cos\omega$$

또는

$$F(\omega) = \frac{2(1 - \cos\omega)}{\omega^2}$$

실전문제 18.5

그림 18.16에 나타낸 함수의 푸리에 변환을 구하라.

답: $(20\cos 3\omega - 10\cos 4\omega - 10\cos 2\omega)/\omega^2$

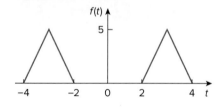

그림 18.16
실전문제 18.5.

예제 18.6

다음 함수의 푸리에 역변환을 구하라.

(a) $F(\omega) = \dfrac{10j\omega + 4}{(j\omega)^2 + 6j\omega + 8}$　　(b) $G(\omega) = \dfrac{\omega^2 + 21}{\omega^2 + 9}$

풀이:

(a) 복소 계산을 피하기 위해 $j\omega$를 s로 바꿔 쓰고 부분분수 전개를 하면,

$$F(s) = \frac{10s + 4}{s^2 + 6s + 8} = \frac{10s + 4}{(s + 4)(s + 2)} = \frac{A}{s + 4} + \frac{B}{s + 2}$$

여기서

$$A = (s + 4)F(s)|_{s=-4} = \frac{10s + 4}{(s + 2)}\bigg|_{s=-4} = \frac{-36}{-2} = 18$$

$$B = (s + 2)F(s)|_{s=-2} = \frac{10s + 4}{(s + 4)}\bigg|_{s=-2} = \frac{-16}{2} = -8$$

$F(s)$에서 $A = 18$, $B = 28$, 그리고 s에 $j\omega$를 대입하면,

$$F(j\omega) = \frac{18}{j\omega + 4} + \frac{-8}{j\omega + 2}$$

표 18.2로부터,

$$f(t) = (18e^{-4t} - 8e^{-2t})u(t)$$

(b) $G(\omega)$를 다음과 같이 간단히 한다.

$$G(\omega) = \frac{\omega^2 + 21}{\omega^2 + 9} = 1 + \frac{12}{\omega^2 + 9}$$

표 18.2로부터,

$$g(t) = \delta(t) + 2e^{-3|t|}$$

다음 함수의 푸리에 역변환을 구하라.

(a) $H(\omega) = \dfrac{6(3 + j2\omega)}{(1 + j\omega)(4 + j\omega)(2 + j\omega)}$

(b) $Y(\omega) = \pi\delta(\omega) + \dfrac{1}{j\omega} + \dfrac{2(1 + j\omega)}{(1 + j\omega)^2 + 16}$

답: (a) $h(t) = (2e^{-t} + 3e^{-2t} - 5e^{-4t})\, u(t)$, (b) $y(t) = (1 + 2e^{-t}\cos 4t)u(t)$.

18.4 회로 응용

푸리에 변환은 페이저 기법을 일반화하여 비주기함수에 적용한 것이다. 따라서 정현파 여기(excitation)회로에 페이저 기법을 적용하는 것과 같이 비정현파 여기회로에 푸리에 변환을 적용한다. 옴의 법칙이 여전히 유효하다.

$$V(\omega) = Z(\omega)I(\omega) \tag{18.52}$$

여기서 $V(\omega)$, $I(\omega)$는 푸리에 변환이고 $Z(\omega)$는 임피던스이다. 저항, 인덕터, 커패시터의 임피던스도 페이저 해석에서와 같은 형태로 표현된다.

$$
\begin{aligned}
R &\Rightarrow R \\
L &\Rightarrow j\omega L \\
C &\Rightarrow \frac{1}{j\omega C}
\end{aligned}
\qquad (18.53)
$$

알지 못하는 응답(전압 혹은 전류)을 구하기 위해 회로의 각 소자에 대한 함수를 주파수 영역으로 변환하고 여기 신호를 푸리에 변환한 후 전압 분배, 전원 변환, 메시 해석, 노드 해석, 테브냉 정리 등을 적용한다. 시간 영역의 응답을 구하기 위해서는 역변환을 실행한다.

푸리에 변환을 이용하면 $-\infty < t < \infty$ 구간에서의 응답을 구할 수 있지만, 초기 조건을 가진 회로는 처리할 수 없다.

전달함수는 입력 여기 신호 $X(\omega)$에 대한 출력 응답 $Y(\omega)$의 비로 정의된다.

$$
H(\omega) = \frac{Y(\omega)}{X(\omega)}
\qquad (18.54)
$$

또는

$$
Y(\omega) = H(\omega)X(\omega)
\qquad (18.55)
$$

그림 18.17
주파수 영역에서 회로의 입출력 관계.

주파수 영역의 입출력 관계를 그림 18.17에 나타냈다. 식 (18.55)에서 전달함수와 입력을 알고 있으면 출력을 구할 수 있다. 식 (18.54)의 관계식은 회로 해석에 푸리에 변환을 사용하는 주된 이유이다. $H(\omega)$는 $s = j\omega$일 때의 $H(s)$이다. 따라서 입력이 임펄스 함수[즉 $x(t) = \delta(t)$]이면 $X(\omega) = 1$이므로 응답은

$$
Y(\omega) = H(\omega) = \mathcal{F}[h(t)]
\qquad (18.56)
$$

이는 $H(\omega)$가 임펄스 응답 $h(t)$의 푸리에 변환임을 의미한다.

예제 18.7

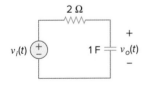

그림 18.18
예제 18.7.

그림 18.18의 회로에서 $v_i(t) = 2e^{-3t}u(t)$일 때 $v_o(t)$를 구하라.

풀이:
입력 전압의 푸리에 변환은

$$
V_i(\omega) = \frac{2}{3 + j\omega}
$$

전압 분배 법칙을 이용하여 전달함수를 구한다.

$$
H(\omega) = \frac{V_o(\omega)}{V_i(\omega)} = \frac{1/j\omega}{2 + 1/j\omega} = \frac{1}{1 + j2\omega}
$$

따라서

$$V_o(\omega) = V_i(\omega)H(\omega) = \frac{2}{(3 + j\omega)(1 + j2\omega)}$$

또는

$$V_o(\omega) = \frac{1}{(3 + j\omega)(0.5 + j\omega)}$$

부분분수로 나누면,

$$V_o(\omega) = \frac{-0.4}{3 + j\omega} + \frac{0.4}{0.5 + j\omega}$$

푸리에 역변환을 하면,

$$v_o(t) = 0.4(e^{-0.5t} - e^{-3t})u(t)$$

그림 18.19의 회로에서 $v_i(t) = 5\,\text{sgn}(t) = (-5 + 10u(t))$ V일 때 $v_o(t)$를 구하라.

답: $-5 + 10(1 - e^{-4t})u(t)$ V

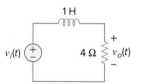

그림 18.19
실전문제 18.7.

그림 18.20의 회로에서 $i_s(t) = 10 \sin 2t$ A일 때 푸리에 변환을 이용하여 $i_o(t)$를 구하라.

풀이:

전류 분배에 의해,

$$H(\omega) = \frac{I_o(\omega)}{I_s(\omega)} = \frac{2}{2 + 4 + 2/j\omega} = \frac{j\omega}{1 + j\omega3}$$

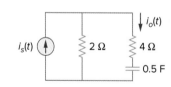

그림 18.20
예제 18.8.

$i_s(t) = 10 \sin 2t$이면,

$$I_s(\omega) = j\pi10[\delta(\omega + 2) - \delta(\omega - 2)]$$

그러므로

$$I_o(\omega) = H(\omega)I_s(\omega) = \frac{10\pi\omega[\delta(\omega - 2) - \delta(\omega + 2)]}{1 + j\omega3}$$

$I_o(\omega)$의 푸리에 역변환은 표 18.2에 없다. 식 (18.9)의 푸리에 역변환을 이용하면,

$$i_o(t) = \mathcal{F}^{-1}[I_o(\omega)] = \frac{1}{2\pi}\int_{-\infty}^{\infty} \frac{10\pi\omega[\delta(\omega - 2) - \delta(\omega + 2)]}{1 + j\omega3}\, e^{j\omega t}\, d\omega$$

임펄스 함수의 천이 성질을 적용하면,

$$\delta(\omega - \omega_0)f(\omega) = f(\omega_0)$$

또는

$$\int_{-\infty}^{\infty} \delta(\omega - \omega_0)f(\omega)\, d\omega = f(\omega_0)$$

그러므로 다음과 같이 된다.

$$i_o(t) = \frac{10\pi}{2\pi}\left[\frac{2}{1+j6}e^{j2t} - \frac{-2}{1-j6}e^{-j2t}\right]$$

$$= 10\left[\frac{e^{j2t}}{6.082e^{j80.54°}} + \frac{e^{-j2t}}{6.082e^{-j80.54°}}\right]$$

$$= 1.644[e^{j(2t-80.54°)} + e^{-j(2t-80.54°)}]$$

$$= 3.288\cos(2t - 80.54°)\ \text{A}$$

실전문제 18.8

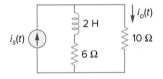

그림 18.21
실전문제 18.8.

그림 18.21의 회로에서 $i_s(t) = 20\cos 4t$ A일 때 $i_o(t)$를 구하라.

답: 11.18 $\cos(4t + 26.57°)$ A

18.5   파르스발의 정리

파르스발의 정리는 푸리에 변환의 실제적인 적용 예 중 하나이며, 신호가 가지고 있는 에너지를 그 신호의 푸리에 변환과 연계해준다. $p(t)$가 신호의 전력이면 신호가 가지고 있는 에너지는

$$W = \int_{-\infty}^{\infty} p(t)\, dt \qquad\qquad \textbf{(18.57)}$$

전류와 전압 신호의 에너지양을 비교할 수 있도록 하기 위해서는 에너지 계산의 기초로 1 Ω 저항을 사용하는 것이 편리하다. 1 Ω 저항을 사용하면 $p(t) = v^2(t) = i^2(t) = f^2(t)$인데, 여기서 $f(t)$는 전압 혹은 전류이다. 1 Ω 저항에 전달되는 에너지는

$$W_{1\Omega} = \int_{-\infty}^{\infty} f^2(t)\, dt \qquad\qquad \textbf{(18.58)}$$

파르스발의 정리는 이 에너지가 주파수 영역에서 다음과 같이 계산될 수 있음을 말한다.

$$W_{1\Omega} = \int_{-\infty}^{\infty} f^2(t)\, dt = \frac{1}{2\pi}\int_{-\infty}^{\infty} |F(\omega)|^2\, d\omega \qquad\qquad \textbf{(18.59)}$$

파르스발의 정리는 1 Ω 저항에 전달된 에너지가 $f(t)$ 제곱의 전체 면적 혹은 $f(t)$의 푸리에 변환 절대값 제곱의 전체 면적 1/2π배와 같다.

파르스발의 정리는 신호의 에너지와 그 푸리에 변환의 관계를 나타낸다. $F(\omega)$의 물리적 의미는 $|F(\omega)|^2$이 $f(t)$에 관한 에너지 밀도(헤르츠당 줄)의 크기라는 것이다.

식 (18.59)를 유도하기 위해 식 (18.58)의 $f(t)$ 2개 중 하나를 식 (18.9)의 푸리에 역변환식에 대입하면,

$$W_{1\Omega} = \int_{-\infty}^{\infty} f^2(t)\, dt = \int_{-\infty}^{\infty} f(t) \left[\frac{1}{2\pi} \int_{-\infty}^{\infty} F(\omega) e^{j\omega t}\, d\omega \right] dt \qquad \textbf{(18.60)}$$

대괄호 내의 적분은 시간에 대한 적분이 아니므로 $f(t)$를 대괄호 내의 적분식 안으로 옮기면,

$$W_{1\Omega} = \frac{1}{2\pi} \int_{-\infty}^{\infty} \int_{-\infty}^{\infty} f(t) F(\omega) e^{j\omega t}\, d\omega\, dt \qquad \textbf{(18.61)}$$

적분 순서를 바꾸면,

$$W_{1\Omega} = \frac{1}{2\pi} \int_{-\infty}^{\infty} F(\omega) \left[\int_{-\infty}^{\infty} f(t) e^{-j(-\omega)t}\, dt \right] d\omega$$

$$\qquad \textbf{(18.62)}$$

$$= \frac{1}{2\pi} \int_{-\infty}^{\infty} F(\omega) F(-\omega)\, d\omega = \frac{1}{2\pi} \int_{-\infty}^{\infty} F(\omega) F^*(\omega)\, d\omega$$

$z = x + jy$이면 $zz^* = (x + jy)(x - jy) = x^2 + y^2 = |z|^2$이므로,

$$\boxed{W_{1\Omega} = \int_{-\infty}^{\infty} f^2(t)\, dt = \frac{1}{2\pi} \int_{-\infty}^{\infty} |F(\omega)|^2\, d\omega} \qquad \textbf{(18.63)}$$

식 (18.63)은 신호가 가진 에너지는 시간 영역에서 $f(t)$의 제곱, 혹은 주파수 영역에서 $F(\omega)$의 제곱에 1/2π배 한 것을 적분함으로써 구할 수 있음을 보여준다.

$|F(\omega)|^2$이 우함수이므로 0에서 ∞까지 적분하여 2배 해도 된다.

$$W_{1\Omega} = \int_{-\infty}^{\infty} f^2(t)\, dt = \frac{1}{\pi} \int_{0}^{\infty} |F(\omega)|^2\, d\omega \qquad \textbf{(18.64)}$$

또한 일정 주파수 영역 $\omega_1 < \omega < \omega_2$에서 에너지를 다음과 같이 계산할 수 있다.

$$W_{1\Omega} = \frac{1}{\pi} \int_{\omega_1}^{\omega_2} |F(\omega)|^2\, d\omega \qquad \textbf{(18.65)}$$

이 절에서 설명한 것처럼 파르스발의 정리는 비주기함수에 적용된다는 것을 주의하라. 주기함수에 대한 파르스발의 정리는 17.5절과 17.6절에 소개되어 있다. 식 (18.63)을 통해 비주기 파형에서의 에너지가 전 주파수 스펙트럼에 퍼져 있음을 알 수 있다. 반면에 주기 파형의 에너지는 그 고조파 주파수에 집중되어 있다.

사실 $|F(\omega)|^2$은 가끔 신호 $f(t)$의 에너지 스펙트럼 밀도로 알려져 있다.

예제 18.9

$10 \, \Omega$ 저항 양단의 전압 $v(t) = 5e^{-3t}u(t)$ V이다. 이 저항에 공급되는 전체 에너지는 얼마인가?

풀이:

1. **정의하라.** 이 문제는 잘 정의되고 명확히 설명되어 있다.

2. **제시하라.** 저항 양단에 전압을 상시 인가할 때 저항에 의해 소비되는 에너지를 구하는 문제이다. $t < 0$일 때 전압은 0이다. 그러므로 시간을 0부터 무한대까지만 고려하면 된다.

3. **대체방안을 고려하라.** 기본적으로 두 가지 방법을 찾을 수 있다. 첫 번째는 시간 영역에서 답을 구하는 방법인데, 여기서는 푸리에 해석을 사용하여 답을 구하는 두 번째 접근 방법을 사용할 것이다.

4. **시도하라.** 시간 영역에서

$$W_{10\Omega} = 0.1 \int_{-\infty}^{\infty} f^2(t) \, dt = 0.1 \int_{0}^{\infty} 25 e^{-6t} \, dt$$

$$= 2.5 \left. \frac{e^{-6t}}{-6} \right|_{0}^{\infty} = \frac{2.5}{6} = \textbf{416.7 mJ}$$

5. **평가하라.** 주파수 영역에서 값을 구하면,

$$F(\omega) = V(\omega) = \frac{5}{3 + j\omega}$$

그러므로

$$|F(\omega)|^2 = F(\omega)F(\omega)* = \frac{25}{9 + \omega^2}$$

따라서 소비된 에너지는

$$W_{10\Omega} = \frac{0.1}{2\pi} \int_{-\infty}^{\infty} |F(\omega)|^2 \, d\omega = \frac{0.1}{\pi} \int_{0}^{\infty} \frac{25}{9 + \omega^2} \, d\omega$$

$$= \frac{2.5}{\pi} \left(\frac{1}{3} \tan^{-1} \frac{\omega}{3} \right) \Big|_{0}^{\infty} = \frac{2.5}{\pi} \left(\frac{1}{3} \right) \left(\frac{\pi}{2} \right) = \frac{2.5}{6} = \textbf{416.7 mJ}$$

6. **만족하는가?** 문제를 만족스럽게 풀었으며 답으로 제시할 수 있다.

실전문제 18.9

(a) 시간 영역에서 $i(t) = 10e^{-2|t|}$ A가 흐르는 $1 \, \Omega$ 저항에서 발생하는 전체 에너지를 구하라. (b) (a)를 주파수 영역에서 다시 풀라.

답: (a) 50 J, (b) 50 J

양단 전압이 $v(t) = e^{-2t}u(t)$일 때 $-10 < \omega < 10$ rad/s의 주파수 대역에 대해 1 Ω 저항에서 소비되는 에너지의 전체 에너지에 대한 비율을 구하라.

풀이:

$f(t) = v(t) = e^{-2t}u(t)$로 놓으면,

$$F(\omega) = \frac{1}{2 + j\omega} \quad \Rightarrow \quad |F(\omega)|^2 = \frac{1}{4 + \omega^2}$$

저항에서 발생하는 전체 에너지는

$$W_{1\Omega} = \frac{1}{\pi} \int_0^\infty |F(\omega)|^2 \, d\omega = \frac{1}{\pi} \int_0^\infty \frac{d\omega}{4 + \omega^2}$$

$$= \frac{1}{\pi}\left(\frac{1}{2}\tan^{-1}\frac{\omega}{2}\Big|_0^\infty\right) = \frac{1}{\pi}\left(\frac{1}{2}\right)\frac{\pi}{2} = 0.25 \text{ J}$$

$-10 < \omega < 10$ rad/s 주파수 대역에서의 에너지는

$$W = \frac{1}{\pi} \int_0^{10} |F(\omega)|^2 \, d\omega = \frac{1}{\pi} \int_0^{10} \frac{d\omega}{4 + \omega^2} = \frac{1}{\pi}\left(\frac{1}{2}\tan^1\frac{\omega}{2}\Big|_0^{10}\right)$$

$$= \frac{1}{2\pi}\tan^{-1} 5 = \frac{1}{2\pi}\left(\frac{78.69°}{180°}\pi\right) = 0.218 \text{ J}$$

전체 에너지에 대한 백분율은

$$\frac{W}{W_{1\Omega}} = \frac{0.218}{0.25} = 87.4\%$$

저항 2 Ω에 $i(t) = 2e^{-t}u(t)$ A의 전류가 흐른다. $-4 < \omega < 4$ rad/s의 주파수 대역에는 전체 에너지의 몇 %인가?

답: 84.4%

18.6 푸리에 변환과 라플라스 변환의 비교

잠시 시간을 내어 라플라스 변환과 푸리에 변환을 비교해보는 것은 의미 있는 일일 것이다. 다음의 유사점과 차이점을 유념해야 한다.

1. 15장에서 정의된 라플라스 변환은 $0 < t < \infty$의 적분 구간을 가진 단측형 이므로 $f(t)$가 $t > 0$인 양시간(positive-time) 함수인 경우에만 유용하다. 푸리에 변환은 모든 시간에서 정의된 함수에 대해 적용 가능하다.

2. 양의 시간에서만 0이 아니고[즉 $f(t) = 0$, $t < 0$] 그리고 $\int_0^\infty |f(t)| \, dt < \infty$인 함수 $f(t)$에서 라플라스 변환과 푸리에 변환의 관계는 다음과 같다.

$$F(\omega) = F(s)|_{s=j\omega} \tag{18.66}$$

즉 $F(s)$의 모든 극점이 s-평면에서 왼쪽에 있으면 s에 $j\omega$를 대입하여 라플라스 변환식 $F(s)$로부터 푸리에 변환식 $F(\omega)$를 구할 수 있다. $u(t)$나 $\cos atu(t)$ 같은 경우는 적용되지 않는다.

이 식은 푸리에 변환을 $s = j\omega$인 라플라스 변환의 특별한 경우로 생각할 수 있음을 보여준다. $s = \sigma + j\omega$임을 상기하면 식 (18.66)으로부터 라플라스 변환은 전 s-평면에 관련되지만 푸리에 변환은 $j\omega$ 축으로 제한됨을 알 수 있다. 그림 15.1을 참조하라.

3. 라플라스 변환은 푸리에 변환보다 더 넓은 범위의 함수에 적용된다. 예를 들면 함수 $tu(t)$는 라플라스 변환은 존재하나 푸리에 변환은 존재하지 않는다. 그러나 물리적으로 구현 불가능한 신호이면서 라플라스 변환이 존재하지 않는 신호에 대해 푸리에 변환이 존재한다.

4. 라플라스 변환은 초기 조건이 있는 과도 문제의 해석에 더 적합하다. 그 이유는 라플라스 변환은 초기 조건을 포함하지만 푸리에 변환은 초기 조건을 포함하지 않기 때문이다. 푸리에 변환은 정상상태 문제에 유리하다.

5. 푸리에 변환은 라플라스 변환보다 신호의 주파수 특성에 대한 더 많은 정보를 제공한다.

표 15.1, 15.2를 표 18.1, 18.2와 비교하면 라플라스 변환과 푸리에 변환의 유사점과 차이점을 알 수 있다.

18.7   †응용

푸리에 변환은 회로 해석 이외에도 광학, 분광사진학, 음향학, 컴퓨터 과학, 전기전자와 같은 광범위한 분야에서 사용된다. 전기전자공학에서는 주파수 응답과 주파수 스펙트럼이 아주 중요한 통신 시스템과 신호 처리에 사용된다. 이 절에서는 진폭 변조와 샘플링, 두 가지 간단한 응용에 관해 설명한다.

18.7.1   진폭 변조

공간을 통한 정보의 전자파 방사나 전송은 현대 기술 사회에서 필요 불가결한 부분이 되었다. 공간을 통한 전송은 고주파(20 kHz 이상)에서 효과적이고 경제적이다. 음성이나 음악과 같이 50 Hz에서 20 kHz의 낮은 주파수 영역에 포함되는 지적 정보 신호(intelligent signal)를 전송하는 데는 많은 전력과 큰 안테나가 필요하므로 비용이 많이 든다. 낮은 주파수의 오디오 정보를 전송하는 일반적인 방법은 고주파 신호인 **반송파(carrier)**를 사용하는 것인데, 이 반송파를 오디오 정보와 연계하여 제어한다. 반송파의 크기나 주파수 또는 위상은 지적 정보 신호, 즉 메시지 신호의 크기와 비례하게 조절되는데, 여기서는 반송파의 크기를 제어하는 방법만을 다루며, 이는 **진폭 변조(amplitude modulation: AM)**이다.

진폭 변조(AM)는 반송파의 크기가 메시지 신호 크기에 비례하여 제어되는 프로세스이다.

AM은 보통 상업 라디오 대역과 상업 TV의 비디오 부분에서 사용된다.

　　전송할 음성이나 음악(또는 일반적인 메시지 신호) 같은 오디오 정보가 $m(t)$ $= V_m \cos \omega_m t$이고, 고주파 반송파가 $c(t) = V_c \cos \omega_c t$, $\omega_c \gg \omega_m$이라 하자. 그러면 AM 신호 $f(t)$는

$$f(t) = V_c [1 + m(t)] \cos \omega_c t \qquad\qquad (18.67)$$

그림 18.22에 메시지 신호 $m(t)$, 반송파 $c(t)$, AM 신호 $f(t)$를 예시했다. 진폭 변조 신호의 스펙트럼을 구하기 위해 코사인함수의 푸리에 변환과 식 (18.27)을 사용하면(예제 18.1과 표 18.1 참조),

$$\begin{aligned} F(\omega) &= \mathcal{F}[V_c \cos \omega_c t] + \mathcal{F}[V_c m(t) \cos \omega_c t] \\ &= V_c \pi [\delta(\omega - \omega_c) + \delta(\omega + \omega_c)] \\ &\quad + \frac{V_c}{2}[M(\omega - \omega_c) + M(\omega + \omega_c)] \end{aligned} \qquad (18.68)$$

여기서 $M(\omega)$는 메시지 신호 $m(t)$의 푸리에 변환이다. 그림 18.23은 진폭 변조파의 주파수 스펙트럼이다. 그림 18.23을 보면 진폭 변조파가 반송파와 2개의 다른 정현파로 구성되어 있음을 알 수 있다. 주파수가 $\omega_c - \omega_m$인 정현파는 하측파

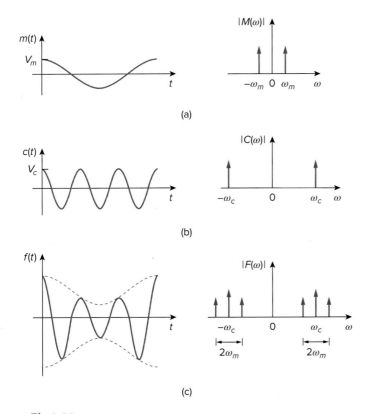

그림 18.22
시간 영역과 주파수 영역 표현: (a) 메시지 신호, (b) 반송파, (c) 진폭 변조파.

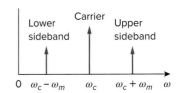

그림 18.23
AM 신호의 주파수 스펙트럼.

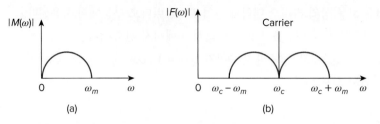

그림 18.24
푸리에 스펙트럼: (a) 메시지 신호, (b) AM 신호.

대(lower sideband)로, 주파수가 $\omega_c + \omega_m$인 정현파는 상측파대(upper sideband)
로 불린다.

쉽게 해석할 수 있도록 변조파를 정현파로 가정한다. 실제의 $m(t)$는 비정현
파로 주파수 대역이 제한된 신호인데, 그 주파수 스펙트럼은 0과 $\omega_u = 2\pi f_u$(즉
신호의 주파수 상한선이 있음) 사이에 값이 있다. 전형적으로 AM 방송에서의 f_u
= 5 kHz이다. 메시지 신호의 주파수 스펙트럼이 그림 18.24(a)와 같다면, 진폭
변조 신호의 주파수 스펙트럼은 그림 18.24(b)처럼 된다. 그래서 간섭을 피하기
위해 AM 라디오 송신소의 반송파들은 10 kHz만큼 간격이 떨어져 있다.

수신단에서는 복조(demodulation)라는 과정에 의해 변조된 반송파로부터
오디오 정보가 복원된다.

예제 18.11

음악 신호가 15 Hz에서 30 kHz의 주파수 성분을 가지고 있다. 이 신호를 1.2
MHz 반송파로 진폭 변조하는 데 사용할 때 하측파대와 상측파대의 주파수 범
위를 구하라.

풀이:
하측파대는 반송파 주파수와 변조 주파수의 차이이다. 이는

$$1,200,000 - 30,000 \text{ Hz} = 1,170,000 \text{ Hz}$$

부터

$$1,200,000 - 15 \text{ Hz} = 1,199,985 \text{ Hz}$$

까지의 주파수를 포함한다. 상측파대는 반송파 주파수와 메시지 주파수의 합이
다. 이는

$$1,200,000 + 15 \text{ Hz} = 1,200,015 \text{ Hz}$$

부터

$$1,200,000 + 30,000 \text{ Hz} = 1,230,000 \text{ Hz}$$

까지의 주파수를 포함한다.

실전문제 18.11

2 MHz 반송파로 4 kHz의 메시지 신호가 변조되어 있다. AM 신호 세 성분의 주파수를 구하라.

답: 2,004,000 Hz, 2,000,000 Hz, 1,996,000 Hz

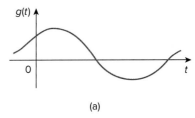

(a)

18.7.2 샘플링

아날로그 시스템에서는 신호의 모든 부분이 신호 처리되지만, 최근 디지털 시스템에서는 신호 처리하는 데 신호의 표본만이 필요하다. 이는 17.8.1절에서 다룬 샘플링 이론에 의해 가능해졌다. 펄스열이나 임펄스열을 이용하여 샘플링할 수 있는데 여기서는 임펄스 샘플링을 사용해보자.

그림 18.25(a)의 연속 신호 $g(t)$를 보자. 이 신호에 그림 18.25(b)의 임펄스열 $\delta(t - nT_s)$를 곱한다. 여기서 T_s는 샘플링 간격이고 $f_s = 1/T_s$은 샘플링 주파수 혹은 샘플링 속도이다. 그러므로 샘플링 신호 $g(t)$는

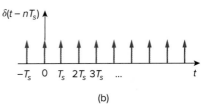

(b)

$$g_s(t) = g(t) \sum_{n=-\infty}^{\infty} \delta(t - nT_s) = \sum_{n=-\infty}^{\infty} g(nT_s)\, \delta(t - nT_s) \tag{18.69}$$

이 신호의 푸리에 변환은

$$G_s(\omega) = \sum_{n=-\infty}^{\infty} g(nT_s)\, \mathcal{F}[\delta(t - nT_s)] = \sum_{n=-\infty}^{\infty} g(nT_s) e^{-jn\omega T_s} \tag{18.70}$$

이는 다음과 같이 된다.

$$\sum_{n=-\infty}^{\infty} g(nT_s) e^{-jn\omega T_s} = \frac{1}{T_s} \sum_{n=-\infty}^{\infty} G(\omega + n\omega_s) \tag{18.71}$$

여기서 $\omega_s = 2\pi/T_s$이다. 따라서 식 (18.70)은

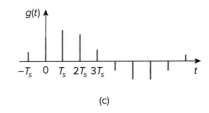

(c)

그림 18.25
(a) 표본화해야 할 연속 아날로그 신호,
(b) 임펄스열, (c) 표본화된 디지털 신호.

$$G_s(\omega) = \frac{1}{T_s} \sum_{n=-\infty}^{\infty} G(\omega + n\omega_s) \tag{18.72}$$

샘플링 신호의 푸리에 변환 $G_s(\omega)$는 원래 신호의 푸리에 변환을 $1/T_s$의 간격으로 좌표 이동한 것들의 합이다.

원래 신호를 최적으로 복원하기 위해서는 샘플링 간격이 얼마가 되어야 할까? 샘플링의 이 근본적인 질문은 샘플링 이론에서 답을 찾을 수 있다.

> *W* Hz보다 큰 주파수가 없는, 대역폭이 제한된 신호는 초당 2*W*번(최고 주파수의 2배) 이상으로 샘플링된 표본을 이용하여 완전하게 복원할 수 있다.

즉 대역폭 W Hz의 신호에 대해 샘플링 주파수가 신호 최대 주파수의 적어도 2배이면 정보의 분실이나 중첩이 발생하지 않는다. 그러므로

$$\frac{1}{T_s} = f_s \geq 2W \tag{18.73}$$

샘플링 주파수 $f_s = 2W$는 나이퀴스트 주파수(Nyquist frequency) 혹은 나이퀴스트속도로 불리며, $1/f_s$은 나이퀴스트 간격(Nyquist interval)이라 한다.

예제 18.12

차단주파수가 5 kHz인 전화 신호가 최소 샘플링 속도보다 60% 높게 샘플링되었다. 샘플링 속도를 구하라.

풀이:

최소 샘플링 속도는 나이퀴스트 속도 $= 2W = 2 \times 5 = 10$ kHz이다. 그러므로

$$f_s = 1.60 \times 2W = 16 \text{ kHz}$$

실전문제 18.12

12.5 kHz로 대역 제한된 오디오 신호가 8비트 표본으로 디지털화되었다. 완전하게 복원하기 위한 최대 샘플링 간격은 얼마인가?

답: 40 μs

18.8   요약

1. 비주기함수 $f(t)$의 푸리에 변환은

$$F(\omega) = \mathcal{F}[f(t)] = \int_{-\infty}^{\infty} f(t)e^{-j\omega t}\, dt$$

2. $F(\omega)$의 푸리에 역변환은

$$f(t) = \mathcal{F}^{-1}[F(\omega)] = \frac{1}{2\pi}\int_{-\infty}^{\infty} F(\omega)e^{j\omega t}\, d\omega$$

3. 중요한 푸리에 변환 성질과 변환 쌍이 표 18.1과 18.2에 요약되어 있다.

4. 회로 해석을 위해 푸리에 변환을 이용한다는 것은 여기 신호를 푸리에 변환하고 회로소자를 주파수 영역으로 변환하여 구하고자 하는 응답을 구한 후, 푸리에 역변환을 이용하여 시간 영역으로 변환하는 것이다.

5. $H(\omega)$가 회로의 전달함수라면 $H(\omega)$는 회로 임펄스 응답의 푸리에 변환이다. 즉

$$H(\omega) = \mathcal{F}[h(t)]$$

회로의 출력 $V_o(\omega)$는 입력 $V_i(\omega)$로부터 다음과 같이 얻는다.

$$V_o(\omega) = H(\omega)V_i(\omega)$$

6. 파르스발의 정리는 함수 $f(t)$와 그 푸리에 변환 $F(\omega)$ 사이의 에너지 관계를 나타낸다. 1 Ω 에너지는

$$W_{1\Omega} = \int_{-\infty}^{\infty} f^2(t)\, dt = \frac{1}{2\pi} \int_{-\infty}^{\infty} |F(\omega)|^2 \, d\omega$$

이 정리는 시간 영역에서나 주파수 영역에서 신호에 의해 전달된 에너지를 계산하는 데 유용하다.

7. 푸리에 변환의 전형적 응용은 진폭 변조와 샘플링에서 찾을 수 있다. AM 응용에서 진폭 변조된 파형의 측파대를 결정하는 방법은 푸리에 변환의 변조 성질을 이용하여 유도할 수 있다. 샘플링 응용에서 샘플링 주파수가 나이퀴스트 속도의 2배이면 정보의 손실이 발생하지 않는다(디지털 전송에서 요구됨).

복습문제

18.1 다음 함수 중 푸리에 변환이 존재하지 않는 것은?

(a) $e^t u(-t)$ (b) $te^{-3t} u(t)$

(c) $1/t$ (d) $|t|u(t)$

18.2 e^{j2t}의 푸리에 변환은?

(a) $\dfrac{1}{2+j\omega}$ (b) $\dfrac{1}{-2+j\omega}$

(c) $2\pi\delta(\omega - 2)$ (d) $2\pi\delta(\omega + 2)$

18.3 $\dfrac{e^{-j\omega}}{2+j\omega}$의 푸리에 역변환은?

(a) e^{-2t} (b) $e^{-2t}u(t-1)$

(c) $e^{-2(t-1)}$ (d) $e^{-2(t-1)}u(t-1)$

18.4 $\delta(\omega)$의 푸리에 역변환은?

(a) $\delta(t)$ (b) $u(t)$ (c) 1 (d) $1/2\pi$

18.5 $j\omega$의 푸리에 역변환은?

(a) $\delta'(t)$ (b) $u'(t)$

(c) $1/t$ (d) 정의되지 않음

18.6 적분 $\displaystyle\int_{-\infty}^{\infty} \dfrac{10\delta(\omega)}{4+\omega^2}\, d\omega$는?

(a) 0 (b) 2 (c) 2.5 (d) ∞

18.7 적분 $\displaystyle\int_{-\infty}^{\infty} \dfrac{10\delta(\omega - 1)}{4+\omega^2}\, d\omega$는?

(a) 0 (b) 2 (c) 2.5 (d) ∞

18.8 1 F 커패시터에 흐르는 전류가 $\delta(t)$ A이다. 커패시터 양단의 전압은?

(a) $u(t)$ V   (b) $-1/2 + u(t)$ V

(c) $e^{-t}u(t)$ V   (d) $\delta(t)$ V

18.9 단위계단 전류가 1 H 인덕터에 인가된다. 인덕터 양단의 전압은?

(a) $u(t)$ V   (b) $\text{sgn}(t)$ V

(c) $e^{-t}u(t)$ V   (d) $\delta(t)$ V

18.10 파르스발의 정리는 비주기함수에만 적용된다.

(a) 참   (b) 거짓

답: *18.1c, 18.2c, 18.3d, 18.4d, 18.5a, 18.6c, 18.7b, 18.8a, 18.9d, 18.10b*

문제

†18.2절과 18.3절   푸리에 변환의 정의와 성질

18.1 그림 18.26에 나타낸 함수의 푸리에 변환을 구하라.

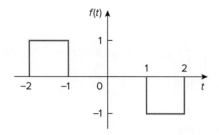

그림 18.26
문제 18.1.

18.2 그림 18.27을 이용하여 다른 학생들이 파형 모양이 주어졌을 때의 푸리에 변환을 더 잘 이해하도록 도와주는 문제를 설계하라.

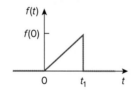

그림 18.27
문제 18.2.

18.3 그림 18.28에 나타낸 신호의 푸리에 변환을 구하라.

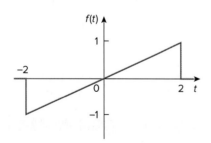

그림 18.28
문제 18.3.

18.4 그림 18.29에 나타낸 파형의 푸리에 변환을 구하라.

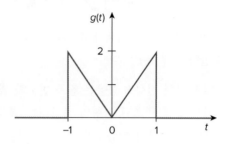

그림 18.29
문제 18.4.

18.5 그림 18.30에 나타낸 신호의 푸리에 변환을 구하라.

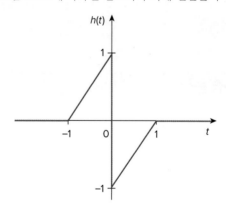

그림 18.30
문제 18.5.

18.6 그림 18.31에 나타낸 두 함수의 푸리에 변환을 구하라.

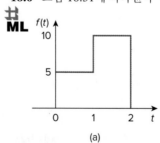 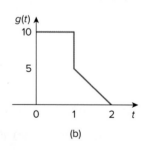

그림 18.31
문제 18.6.

---

† 어떤 파형의 푸리에 변환을 구하는 문제는 *MATLAB* 아이콘으로 표시했다. 이는 *MATLAB*을 사용하여 결과를 확인할 수 있다.

18.7 그림 18.32에 나타낸 두 신호의 푸리에 변환을 구하라.

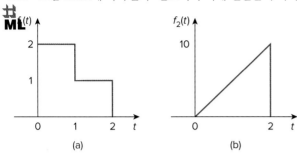

그림 18.32
문제 18.7.

18.8 그림 18.33에 나타낸 두 신호의 푸리에 변환을 구하라.

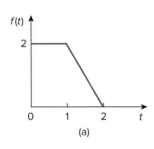

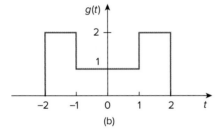

그림 18.33
문제 18.8.

18.9 그림 18.34에 나타낸 두 신호의 푸리에 변환을 구하라.

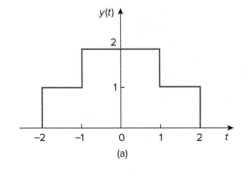

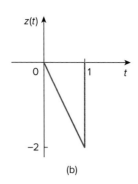

그림 18.34
문제 18.9.

18.10 그림 18.35에 나타낸 두 신호의 푸리에 변환을 구하라.

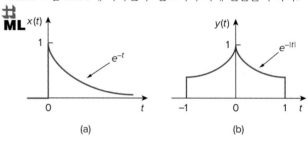

그림 18.35
문제 18.10.

18.11 그림 18.36에 나타낸 정현파 펄스의 푸리에 변환을 구하라.

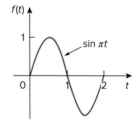

그림 18.36
문제 18.11.

18.12 다음 신호의 푸리에 변환을 구하라.

(a) $f_1(t) = e^{-3}t \sin(10t)u(t)$

(b) $f_2(t) = e^{-4}t \cos(10t)u(t)$

18.13 다음 신호의 푸리에 변환을 구하라.

(a) $f(t) = \cos(at - \pi/3)$, $-\infty < t < \infty$

(b) $g(t) = u(t + 1) \sin \pi t$, $-\infty < t < \infty$

(c) $h(t) = (1 + A \sin at)\cos bt$, $-\infty < t < \infty$, 여기서 A, a, b는 상수

(d) $i(t) = 1 - t$, $0 < t < 4$

18.14 다른 학생들이 다양한 시변 함수(적어도 3개 이상)의 푸 리에 변환을 더 잘 이해하도록 도와주는 문제를 설계하라.

18.15 다음 함수의 푸리에 변환을 구하라.

(a) $f(t) = \delta(t + 3) - \delta(t - 3)$

(b) $f(t) = \int_{-\infty}^{\infty} 2\delta(t - 1)\, dt$

(c) $f(t) = \delta(3t) - \delta'(2t)$

*18.16 다음 함수의 푸리에 변환을 구하라.

(a) $f(t) = 4/t^2$

(b) $g(t) = 8/(4 + t^2)$

18.17 다음 함수의 푸리에 변환을 구하라.

(a) $\cos 2t\, u(t)$

(b) $\sin 10t\, u(t)$

18.18 $F(\omega) = \mathcal{F}[f(t)]$일 때, 푸리에 변환의 정의를 이용하여 다음 결과를 증명하라.

(a) $\mathcal{F}[f(t - t_0)] = e^{-j\omega t_0} F(\omega)$

(b) $\mathcal{F}\left[\dfrac{df(t)}{dt}\right] = j\omega F(\omega)$

(c) $\mathcal{F}[f(-t)] = F(-\omega)$

(d) $\mathcal{F}[tf(t)] = j\dfrac{d}{d\omega} F(\omega)$

18.19 $f(t) = \cos 2\pi t[u(t) - u(t - 1)]$의 푸리에 변환을 구하라.

18.20 (a) 다음의 지수형 푸리에 급수를 가진 신호가

$$f(t) = \sum_{n=-\infty}^{\infty} c_n e^{jn\omega_0 t}$$

다음과 같은 푸리에 변환을 가지고 있음을 증명하라.

$$F(\omega) = \sum_{n=-\infty}^{\infty} c_n \delta(\omega - n\omega_0)$$

이때 $\omega_0 = 2\pi/T$이다.

(b) 그림 18.37에 나타낸 신호의 푸리에 변환을 구하라.

그림 18.37
문제 18.20(b).

---

* 별표는 난이도가 높은 문제를 가리킨다.

18.21 $\displaystyle\int_{-\infty}^{\infty} \left(\dfrac{\sin a\omega}{a\omega}\right)^2 d\omega = \dfrac{\pi}{a}$임을 보여라.

(힌트: 다음 사실을 이용하라.)

$$\mathcal{F}[u(t + a) - u(t - a)] = 2a\left(\dfrac{\sin a\omega}{a\omega}\right).$$

18.22 $f(t)$의 푸리에 변환이 $F(\omega)$일 때 다음을 증명하라.

$$\mathcal{F}[f(t)\sin\omega_0 t] = \dfrac{j}{2}[F(\omega + \omega_0) - F(\omega - \omega_0)]$$

18.23 $f(t)$의 푸리에 변환이 일 때 다음 신호의 푸리에 변환은?

$$F(\omega) = \dfrac{10}{(2 + j\omega)(5 + j\omega)}$$

(a) $f(-3t)$ (b) $f(2t - 1)$ (c) $f(t)\cos 2t$

(d) $\dfrac{d}{dt} f(t)$ (e) $\displaystyle\int_{-\infty}^{t} f(t)\, dt$

18.24 $\mathcal{F}[f(t)t] = (j/\omega)(e^{-j\omega} - 1)$일 때 다음의 푸리에 변환은?

(a) $x(t) = f(t) + 3$ (b) $y(t) = f(t - 2)$

(c) $h(t) = f'(t)$

(d) $g(t) = 4f\left(\dfrac{2}{3}t\right) + 10f\left(\dfrac{5}{3}t\right)$

18.25 다음 신호의 푸리에 역변환을 구하라.

(a) $G(\omega) = \dfrac{5}{j\omega - 2}$

(b) $H(\omega) = \dfrac{12}{\omega^2 + 4}$

(c) $X(\omega) = \dfrac{10}{(j\omega - 1)(j\omega - 2)}$

18.26 다음 신호의 푸리에 역변환을 구하라.

(a) $F(\omega) = \dfrac{e^{-j2\omega}}{1 + j\omega}$

(b) $H(\omega) = \dfrac{1}{(j\omega + 4)^2}$

(c) $G(\omega) = 2u(\omega + 1) - 2u(\omega - 1)$

18.27 다음 함수의 푸리에 역변환을 구하라.

(a) $F(\omega) = \dfrac{100}{j\omega(j\omega + 10)}$

(b) $G(\omega) = \dfrac{10\,j\omega}{(-j\omega + 2)(j\omega + 3)}$

(c) $H(\omega) = \dfrac{60}{-\omega^2 + j40\omega + 1300}$

(d) $Y(\omega) = \dfrac{\delta(\omega)}{(j\omega + 1)(j\omega + 2)}$

18.28 다음의 푸리에 역변환을 구하라.

(a) $\dfrac{\pi\delta(\omega)}{(5+j\omega)(2+j\omega)}$ (b) $\dfrac{10\delta(\omega+2)}{j\omega(j\omega+1)}$

(c) $\dfrac{20\delta(\omega-1)}{(2+j\omega)(3+j\omega)}$ (d) $\dfrac{5\pi\delta(\omega)}{5+j\omega}+\dfrac{5}{j\omega(5+j\omega)}$

*18.29 다음 함수의 푸리에 역변환을 구하라.

(a) $F(\omega)=4\delta(\omega+3)+\delta(\omega)+4\delta(\omega-3)$

(b) $G(\omega)=4u(\omega+2)-4u(\omega-2)$

(c) $H(\omega)=6\cos 2\omega$

18.30 입력이 $x(t)$이고 출력이 $y(t)$인 선형 시스템에서 다음의 경우에 대한 임펄스 응답을 구하라.

(a) $x(t)=e^{-at}u(t),\qquad y(t)=u(t)-u(-t)$

(b) $x(t)=e^{-t}u(t),\qquad y(t)=e^{-2t}u(t)$

(c) $x(t)=\delta(t),\qquad y(t)=e^{-at}\sin btu(t)$

18.31 출력이 $y(t)$이고 임펄스 응답이 $h(t)$인 선형 시스템에서 다음의 경우에 대한 입력 $x(t)$를 구하라.

(a) $y(t)=te^{-at}u(t),\ h(t)=e^{-at}u(t)$

(b) $y(t)=u(t+1)-u(t-1),\ h(t)=\delta(t)$

(c) $y(t)=e^{-at}u(t),\ h(t)=\text{sgn}(t)$

*18.32 다음 푸리에 변환에 부합하는 함수를 구하라.

(a) $F_1(\omega)=\dfrac{e^{j\omega}}{-j\omega+1}$ (b) $F_2(\omega)=2e^{|\omega|}$

(c) $F_3(\omega)=\dfrac{1}{(1+\omega^2)^2}$ (d) $F_4(\omega)=\dfrac{\delta(\omega)}{1+j2\omega}$

*18.33 다음의 $f(t)$를 구하라.

(a) $F(\omega)=2\sin\pi\omega[u(\omega+1)-u(\omega-1)]$

(b) $F(\omega)=\dfrac{1}{\omega}(\sin 2\omega-\sin\omega)+\dfrac{j}{\omega}(\cos 2\omega-\cos\omega)$

18.34 푸리에 변환이 그림 18.38과 같은 함수 $f(t)$를 구하라. (힌트: 쌍대성 성질을 이용하라.)

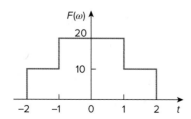

그림 18.38
문제 18.34.

18.35 신호 $f(t)$의 푸리에 변환이 $F(\omega)=\dfrac{1}{2+j\omega}$일 때, 다음 신호의 푸리에 변환을 구하라.

(a) $x(t)=f(3t-1)$

(b) $y(t)=f(t)\cos 5t$

(c) $z(t)=\dfrac{d}{dt}f(t)$

(d) $h(t)=f(t)*f(t)$

(e) $i(t)=t\,f(t)$

18.4절 회로 응용

18.36 회로의 전달함수가 다음과 같다.

$$H(\omega)=\dfrac{2}{j\omega+2}$$

회로의 입력 신호가 $v_s(t)=e^{-4t}u(t)$ V일 때 출력 신호를 구하라. 모든 초기 조건은 0이다.

18.37 그림 18.39의 회로에서 전달함수 $I_o(\omega)/I_s(\omega)$를 구하라.

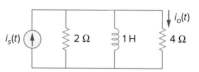

그림 18.39
문제 18.37.

18.38 그림 18.40을 이용하여 다른 학생들이 푸리에 변환을 통한 회로 해석을 더 잘 이해하도록 도와주는 문제를 설계하라.

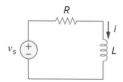

그림 18.40
문제 18.38.

18.39 그림 18.41의 전압원과 회로에서 $i(t)$의 푸리에 변환을 구하라.

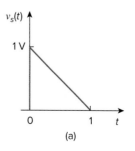

(a)

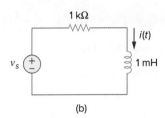

그림 18.41
문제 18.39.

18.40 그림 18.42(b)의 회로에 그림 18.42(a)의 전압원이 인가
될 때 전류 $i(t)$를 구하라.

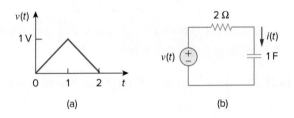

그림 18.42
문제 18.40.

18.41 그림 18.43의 회로에서 $v(t)$의 푸리에 변환을 구하라.

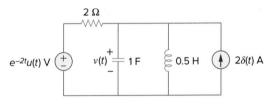

그림 18.43
문제 18.41.

18.42 그림 18.44의 회로에서 전류 $i_o(t)$를 구하라.

(a) $i(t) = \text{sgn}(t)$ A일 때

(b) $i(t) = 4[u(t) - u(t - 1)]$ A일 때

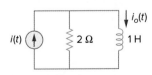

그림 18.44
문제 18.42.

18.43 그림 18.45의 회로에서 $v_o(t)$를 구하라. 단, $i_s = 5e^{-t}u(t)$
A이다.

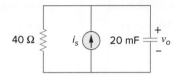

그림 18.45
문제 18.43.

18.44 그림 18.46(b)의 회로에 그림 18.46(a)의 구형파 펄스가
인가될 때 $t = 1$ s에서의 v_o를 구하라.

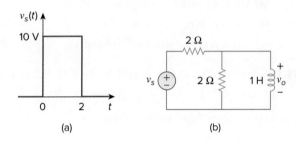

그림 18.46
문제 18.44.

18.45 그림 18.47의 회로에서 $v_s(t) = 10e^{-2t}u(t)$일 때, 푸리에
변환을 사용하여 $i(t)$를 구하라.

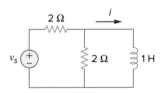

그림 18.47
문제 18.45.

18.46 그림 18.48의 회로에서 $i_o(t)$의 푸리에 변환을 구하라.

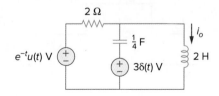

그림 18.48
문제 18.46.

18.47 그림 18.49의 회로에서 $i_s(t) = 8e^{-t}u(t)$ A일 때 전압 $v_o(t)$를 구하라.

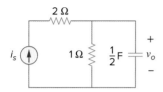

그림 18.49
문제 18.47.

18.48 그림 18.50의 연산증폭기 회로에서 $i_o(t)$를 구하라.

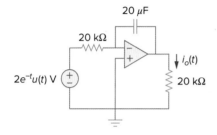

그림 18.50
문제 18.48.

18.49 그림 18.51의 회로에서 푸리에 변환을 이용하여 $v_o(t)$를 구하라.

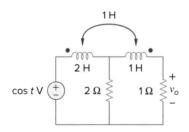

그림 18.51
문제 18.49.

18.50 그림 18.52의 변압기 회로에서 $v_o(t)$를 구하라.

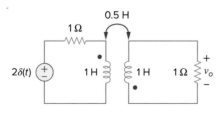

그림 18.52
문제 18.50.

18.51 그림 18.53의 회로에서 저항에 의해 소모되는 에너지를 구하라.

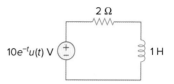

그림 18.53
문제 18.51.

18.5절　파르스발의 정리

18.52 $F(\omega) = \dfrac{1}{3 + j\omega}$일 때 $J = \displaystyle\int_{-\infty}^{\infty} f^2(t)\, dt$를 구하라.

18.53 $f(t) = e^{-2|t|}$일 때 $J = \displaystyle\int_{-\infty}^{\infty} |F(\omega)|^2\, d\omega$를 구하라.

18.54 다른 학생들이 주어진 신호에서 전체 에너지를 구하는 방법을 더 잘 이해하도록 도와주는 문제를 설계하라.

18.55 $f(t) = 5e^{-(t-2)}u(t)$일 때 $F(\omega)$를 구하고, 이를 이용하여 $f(t)$의 전체 에너지를 구하라.

18.56 1 Ω 저항이 걸리는 전압이 $v(t) = te^{-2t}u(t)$ V이다.
　(a) 저항에 의해 소모된 전체 에너지는 얼마인가?
　(b) 주파수 영역 $-2 \le \omega \le 2$에서 소비되는 에너지 비율은 전체 중 얼마인가?

18.57 $i(t) = 2e^{t}u(-t)$ A일 때 $i(t)$에 의한 전체 에너지를 구하고, $-5 < \omega < 5$ rad/s의 주파수 대역에서 1 Ω의 에너지 비율을 구하라.

18.6절　응용

18.58 진폭 변조 파형이 $f(t) = 10(1 + 4\cos 200\pi t) \cos(\pi \times 10^4 t)$일 때 다음을 구하라.
　(a) 반송파 주파수
　(b) 하측파대 주파수
　(c) 상측파대 주파수

18.59 그림 18.54의 선형 시스템에서 입력 전압 $v_i(t) = 2\delta(t)$ V일 때 출력 전압이 $v_o(t) = 10e^{-2t} - 6e^{-4t}$ V였다. 입력이 $v_i(t) = 4e^{-t}u(t)$ V일 때 출력을 구하라.

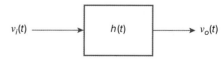

그림 18.54
문제 18.9.

18.60 대역 제한 신호가 다음과 같은 푸리에 급수로 표현된다.

e⊘d
$$i_s(t) = 10 + 8\cos(2\pi t + 30°) + 5\cos(4\pi t - 150°)\text{mA}$$

이 신호가 그림 18.55에 인가될 때 $v(t)$를 구하라.

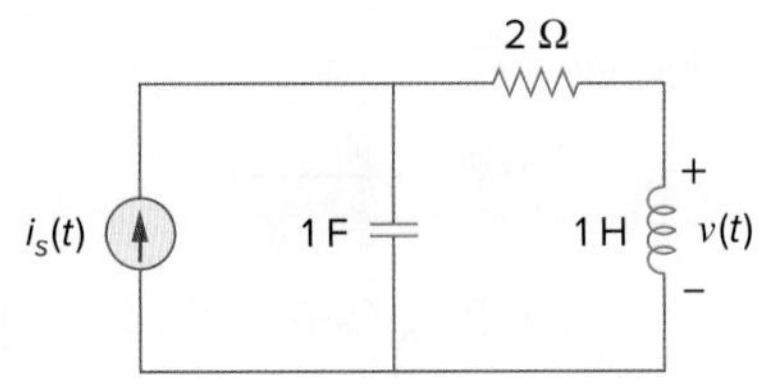

그림 18.55
문제 18.60.

18.61 어떤 시스템에서 입력 신호 $x(t)$는 $m(t) = 2 + \cos\omega_0 t$에 의해 진폭 변조되고 그 응답은 $y(t) = m(t)x(t)$이다. $Y(\omega)$를 $X(\omega)$에 관해 나타내라.

18.62 0.4~3.5 kHz의 음성 신호가 10 MHz의 반송파와 진폭 변조되었다. 하측파대역과 상측파대역의 주파수 범위를 구하라.

18.63 주어진 지역에서 다른 방송과 간섭되지 않도록 AM 방
e⊘d 송 영역(540~1,600 kHz)에 허용 가능한 방송국의 수를 구하라.

18.64 반송파 주파수가 200 kHz씩 떨어져 있다고 가정하고
e⊘d FM 방송 영역(88~108 MHz)에 대해 문제 18.63을 다시 풀라.

18.65 음성 신호의 가장 높은 주파수가 3.4 kHz일 때, 음성 신호 샘플링 기기의 나이퀴스트 속도를 구하라.

18.66 TV 신호가 4.5 MHz로 대역 제한되어 있다. 샘플을 멀
e⊘d 리 있는 포인트로부터 재구성하려고 할 때, 허용 가능한 최대 샘플링 간격을 구하라.

*18.67 $g(t) = \text{sinc}(200\pi t)$일 때 신호의 나이퀴스트 속도와 나이퀴스트 간격을 구하라.

종합문제

18.68 필터의 입력에 전압 신호 $v(t) = 50e^{-2|t|}$ V가 인가되었다. 전체 1 Ω의 저항 에너지 중에서 주파수 영역 $1 < \omega < 5$ rad/s에 몇 %가 있겠는가?

18.69 푸리에 변환이 다음과 같은 신호가 차단주파수가 2 rad/s인 필터를 통과했다(단, $0 < \omega < 2$). 입력 에너지의 몇 %가 출력에 포함되었는가?

$$F(\omega) = \frac{20}{4 + j\omega}$$

2단자망
Two-Port Networks

오늘 할 수 있는 일을 내일로 미루지 마라. 자기가 해야 할 일을 다른 사람에게 시키지 마라. 돈이 수중에 들어오기 전에 절대로 쓰지 마라. 싸다고 해서 필요하지 않은 물건을 사지 마라. 자존심이야말로 의식주보다 소중한 것이다. 적게 먹으면 절대 후회하지 않는다. 의지를 가지고 하는 일에는 문제가 없다. 앞으로의 일을 걱정하면서 마음의 고통을 겪는다. 일은 항상 부드럽게 처리하라. 화가 나거든 무엇인가 말하기 전에 10까지 세어라. 매우 화가 나거든 100까지 세어라.

—Thomas Jeffeyrson

경력 향상하기

교육 분야의 경력

공학자의 2/3가 일반 산업체에서 근무하고 나머지는 학계에서 일하거나 학생들을 가르친다. 당신이 공부하고 있는 회로 해석은 준비 과정으로서 아주 중요한 과목이다. 다른 사람들을 가르치는 것을 좋아한다면 공학교육자를 고려해본다.

James Watson

　　공학 교수는 최신 기술의 연구 과제를 수행하며, 대학이나 대학원의 학생들을 가르치고 전공 분야 및 일반 지역사회에 기여한다. 전공 분야에 대한 원천적인 기여가 요구되는데, 이를 위해서는 전기전자공학의 기본적인 분야에서의 폭넓은 학습과 다른 사람들에게 그들의 성과를 알리는 데 필요한 기술의 숙달이 필요하다.

　　연구 활동을 하고 공학 분야의 선구자가 되어 기술 발전에 공헌하면서 새로운 것을 발명하고 가르치고 싶다면 공학교육 분야의 일을 생각해보기 바란다. 가장 좋은 시작점은 교수와 상담하여 경험을 듣고 참고하는 것이다.

　　공학 교수가 되려면 학부 과정의 수학과 물리학 지식을 확실히 갖출 필요가 있다. 전공 교과서의 문제를 풀기 어려우면 수학이나 물리학의 기초 중에서 취약한 부분을 찾아 공부해야 한다.

　　요즘 대부분의 대학교수에게는 박사 학위를 요구한다. 어떤 학교에서는 박사 학위 외에 유명 학술지에 게재할 수 있을 정도로 활발한 연구 활동을 요구하기도 한다. 공학교육에 종사하고자 한다면 가능한 한 넓은 분야의 교육을 받기 바란다. 전기전자공학 분야는 매우 빠르게 변하고 다른 전공과 통합 학문화되기 때문이다. 교수라는 직업은 학생들이 졸업하여 전문 분야에서 선구자가 되고 인류의 복지에 기여하는 것을 보면서 만족감과 보람을 느낀다.

학습 목표

본 장에서 제시된 정보와 연습문제를 사용함으로써 다음 능력을 배양할 수 있다.

1. 회로를 쉽게 해석할 수 있게 하는 다양한 2단자망 파라미터를 이해할 수 있다.
2. 임피던스 파라미터를 알고, 어떤 종류의 회로 해석 문제를 분석하는 데 임피던스 파라미터를 효율적으로 사용하는 방법을 이해할 수 있다.
3. 어드미턴스 파라미터를 알고, 어떤 종류의 회로 해석 문제를 분석하는 데 어드미턴스 파라미터를 효율적으로 사용하는 방법을 이해할 수 있다.
4. 하이브리드 파라미터를 알고, 어떤 종류의 회로 해석 문제를 분석하는 데 하이브리드 파라미터를 효율적으로 사용하는 방법을 이해할 수 있다.
5. 전송 파라미터를 알고, 어떤 종류의 회로 해석 문제를 분석하는 데 전송 파라미터를 효율적으로 사용하는 방법을 이해할 수 있다.
6. 모든 2단자 파라미터 사이의 관계를 이해할 수 있다.
7. 다양한 파라미터 관계의 특성을 사용하여 회로망을 연결하는 방법을 이해할 수 있다.

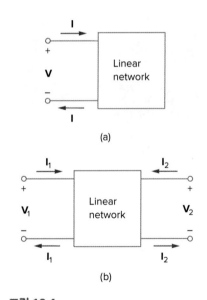

그림 19.1
(a) 1포트 회로망, (b) 2포트 회로망.

19.1 서론

회로망으로 전류가 들어오거나 나가는 단자들의 쌍을 **포트**(port)라 한다. 두 단자 장치나 소자(저항, 커패시터, 인덕터)는 1포트 회로망이다. 우리가 다루는 대부분의 회로는 그림 19.1(a)와 같은 2단자 혹은 1포트 회로이다. 우리는 한 쌍의 단자를 통해 전류가 흐르거나 양 단자에 전압이 걸려 있는 경우(저항, 커패시터, 인덕터의 두 단자같이)를 살펴보았다. 또한 그림 19.1(b)와 같은 연산증폭기, 트랜지스터, 변압기 등 4단자 혹은 2포트 회로에 대해서도 살펴보았다. 일반적으로 회로망은 n 포트로 되어 있고 회로는 쌍으로 되어 있다. 한 단자에 들어오는 전류는 순 전류가 0이 되도록 다른 단자로 나간다.

이 장에서는 주로 2포트 회로망(또는 간단하게 2포트)에 대해 다룬다.

2포트 회로망은 입력과 출력이라는 별도의 두 포트를 지닌 전기적 회로망이다.

따라서 2포트 회로망은 2개의 단자 쌍으로 되어 있다. 그림 19.1(b)에서처럼 한 단자 쌍에 들어오는 전류는 다른 단자 쌍으로 나간다. 트랜지스터와 같은 3단자 소자도 2포트 회로망으로 표현이 가능하다.

2포트 회로를 취급해야 하는 두 가지 이유가 있다. 첫째, 이러한 회로망은 통신, 제어, 전력 시스템 등 많은 전기공학 분야에 유용하다. 예를 들어 전자공학에서는 트랜지스터를 모델링하는 데, 그리고 직렬 설계를 손쉽게 하는 데 사용된다. 둘째, 2포트 파라미터를 앎으로써 큰 회로 내의 일부를 블랙박스로 취급할 수 있다.

2포트 회로망의 특성을 기술하는 것은 그림 19.1(b)의 단자량인 $\mathbf{V}_1$, $\mathbf{V}_2$, $\mathbf{I}_1$, $\mathbf{I}_2$를 관련시켜 주는 것인데, 그중 2개는 서로 독립적이다. 이러한 전압과 전류를 연결해주는 여러 항을 **파라미터**라 한다. 이 장에서는 여섯 가지 파라미터 세트를 유도하는 것을 목표로 한다. 이 파라미터들 사이의 관계, 2포트 회로망이 직렬, 병렬, 종속 등으로 연결되는 방법 등을 논의할 것이다. 우리는 연산증폭기처럼 회로 단자에서의 반응에만 관심을 둔다. 2포트 회로는 종속 전원은 있어도 되나 독립 전원은 없다고 가정한다. 결국 이 장에서 개발된 개념을 트랜지스터 회로 해석, 사다리형 회로의 합성 등에 적용할 것이다.

19.2   임피던스 파라미터

임피던스와 어드미턴스 파라미터 등은 필터의 합성에 사용된다. 또한 임피던스 정합회로망 또는 전력 분배 회로의 설계나 해석에 유용하게 사용된다. 이 절에서는 임피던스 파라미터를 논의하고 다음 절에서는 어드미턴스 파라미터를 살펴볼 것이다.

2포트 회로망은 그림 19.2(a)와 같이 전압으로 구동되거나 그림 19.2(b)와 같이 전류로 구동된다. 그림 19.2(a)나 (b)로부터 다음과 같이 단자 전압은 단자 전류와 연계되어 있다.

$$\boxed{\begin{aligned} \mathbf{V}_1 &= \mathbf{z}_{11}\mathbf{I}_1 + \mathbf{z}_{12}\mathbf{I}_2 \\ \mathbf{V}_2 &= \mathbf{z}_{21}\mathbf{I}_1 + \mathbf{z}_{22}\mathbf{I}_2 \end{aligned}} \tag{19.1}$$

또는 행렬 형태로

$$\begin{bmatrix} \mathbf{V}_1 \\ \mathbf{V}_2 \end{bmatrix} = \begin{bmatrix} \mathbf{z}_{11} & \mathbf{z}_{12} \\ \mathbf{z}_{21} & \mathbf{z}_{22} \end{bmatrix} \begin{bmatrix} \mathbf{I}_1 \\ \mathbf{I}_2 \end{bmatrix} = [\mathbf{z}] \begin{bmatrix} \mathbf{I}_1 \\ \mathbf{I}_2 \end{bmatrix} \tag{19.2}$$

여기서 $\mathbf{z}$ 항은 임피던스 파라미터 혹은 z 파라미터라 부르며 단위는 옴이다.

각 파라미터 값은 $\mathbf{I}_1$을 0(입력 포트 개방)으로 하거나 $\mathbf{I}_2$를 0(출력 포트 개방)으로 하여 구할 수 있다. 따라서

기억할 것: 4개의 변수($\mathbf{V}_1$, $\mathbf{V}_2$, $\mathbf{I}_1$, $\mathbf{I}_2$) 중 오직 2개만 독립적이며 나머지 2개는 식 (19.1)을 이용해서 구할 수 있다.

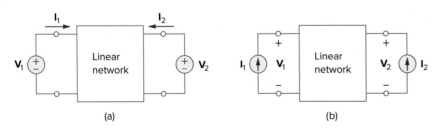

그림 19.2
선형 2포트 회로망: (a) 전압으로 구동, (b) 전류로 구동.

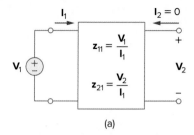

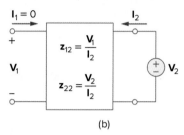

그림 19.3
z 파라미터 구하기: (a) $\mathbf{z}_{11}$과 $\mathbf{z}_{21}$ 구하기,
(b) $\mathbf{z}_{12}$와 $\mathbf{z}_{22}$ 구하기.

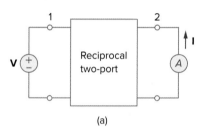

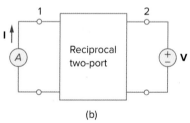

그림 19.4
가역 2포트 회로망에서는 한 포트에 전압
원, 다른 포트에 이상적인 전류계를 서로
바꿔서 연결해도 같은 결과를 얻는다.

$$\mathbf{z}_{11} = \frac{\mathbf{V}_1}{\mathbf{I}_1}\bigg|_{\mathbf{I}_2=0}, \qquad \mathbf{z}_{12} = \frac{\mathbf{V}_1}{\mathbf{I}_2}\bigg|_{\mathbf{I}_1=0}$$
$$\mathbf{z}_{21} = \frac{\mathbf{V}_2}{\mathbf{I}_1}\bigg|_{\mathbf{I}_2=0}, \qquad \mathbf{z}_{22} = \frac{\mathbf{V}_2}{\mathbf{I}_2}\bigg|_{\mathbf{I}_1=0} \tag{19.3}$$

z 파라미터는 입력 포트나 출력 포트를 개방함으로써 구하기 때문에 개방회로 임피던스 파라미터라 부른다. 구체적으로,

$\mathbf{z}_{11}$ = 개방회로 입력 임피던스
$\mathbf{z}_{12}$ = 포트 1에서 포트 2로의 개방회로 전달 임피던스
$\mathbf{z}_{21}$ = 포트 2에서 포트 1로의 개방회로 전달 임피던스
$\mathbf{z}_{22}$ = 개방회로 출력 임피던스

$$\tag{19.4}$$

식 (19.3)에 의해 그림 19.3(a)와 같이 포트 2를 개방하고 포트 1에 전압 $\mathbf{V}_1$(또는 전류원 $\mathbf{I}_1$)을 연결하여 $\mathbf{I}_1$과 $\mathbf{V}_2$를 구하여 $\mathbf{z}_{11}$, $\mathbf{z}_{21}$을 얻는다.

$$\mathbf{z}_{11} = \frac{\mathbf{V}_1}{\mathbf{I}_1}, \qquad \mathbf{z}_{21} = \frac{\mathbf{V}_2}{\mathbf{I}_1} \tag{19.5}$$

마찬가지로 그림 19.3(b)와 같이 포트 1을 개방하고 포트 2에 전압 $\mathbf{V}_2$(또는 전류원 $\mathbf{I}_2$)를 인가한 후 $\mathbf{I}_2$와 $\mathbf{V}_1$를 구하여 $\mathbf{z}_{12}$, $\mathbf{z}_{22}$를 얻는다.

$$\mathbf{z}_{12} = \frac{\mathbf{V}_1}{\mathbf{I}_2}, \qquad \mathbf{z}_{22} = \frac{\mathbf{V}_2}{\mathbf{I}_2} \tag{19.6}$$

위의 과정에 의해 z 파라미터를 계산하거나 측정하게 된다.

$\mathbf{z}_{11}$과 $\mathbf{z}_{22}$는 구동점 임피던스(driving-point impedance), $\mathbf{z}_{12}$와 $\mathbf{z}_{21}$은 전달 임피던스라고도 부른다. 구동점 임피던스는 2단자(1포트) 소자의 입력 임피던스이다. 그래서 $\mathbf{z}_{11}$은 출력 포트 개방 때 입력 구동점 임피던스이고, $\mathbf{z}_{22}$는 입력 포트 개방 때 출력 구동점 임피던스이다.

$\mathbf{z}_{11} = \mathbf{z}_{22}$일 때 2포트 회로망이 대칭(symmetrical)이라고 일컫는다. 이는 어떤 중간선을 중심으로 거울같이 대칭임을 말한다. 즉 회로망을 비슷한 반반씩의 두 회로로 분리하는 선이 있다는 의미이다.

2포트 회로망이 선형이고 종속 전원이 없다면 전달 임피던스는 같고($\mathbf{z}_{12} = \mathbf{z}_{21}$), 이 경우 2포트는 가역(reciprocal)이라고 일컫는다. 이는 구동점과 관찰점이 서로 바뀌어도 전달 임피던스는 같다는 의미이다. 그림 19.4와 같이 어느 한 포트의 이상적인 전압원과 다른 포트의 이상적인 전류계를 서로 바꾸어도 같은 전류계의 값이 읽히면 2포트 회로는 가역적이라 한다. 가역회로망은 그림 19.4(a)처럼 연결되어 있으면 식 (19.1)에 의해 $\mathbf{V} = \mathbf{z}_{12}\mathbf{I}$가 되고, 그림 19.4(b)처럼 연결되어 있으면 $\mathbf{V} = \mathbf{z}_{21}\mathbf{I}$가 된다. 이는 $\mathbf{z}_{12} = \mathbf{z}_{21}$일 때만 가능하다. 저항, 커패시터, 인덕터로만 이루어진 2포트 회로는 가역회로가 된다. 가역회로에서는 그림 19.5(a)와 같은 T 등가회로로 대치될 수 있다. 회로가 가역이 아니면 그림

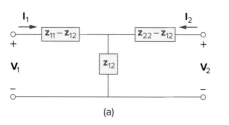
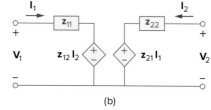

(a)   (b)

그림 19.5
(a) 가역인 경우의 T 등가회로, (b) 일반적인 등가회로.

19.5(b)와 같은 좀 더 일반적인 등가회로가 사용된다. 이 모양은 식 (19.1)로 직접 구할 수 있다.

어떤 2포트 회로망은 식 (19.1)과 같이 표현할 수 없어서 z 파라미터가 존재하지 않는다. 예를 들면 그림 19.6과 같이 이상적인 변압기를 생각해보자. 2포트 회로망의 정의식은

$$\mathbf{V}_1 = \frac{1}{n}\mathbf{V}_2, \qquad \mathbf{I}_1 = -n\mathbf{I}_2 \tag{19.7}$$

식 (19.1)의 형태로 전압을 전류의 항으로 표현하는 것은 불가능하다. 따라서 이상적인 변압기는 z 파라미터가 없다. 대신 이 경우는 19.4절에서 살펴볼 하이브리드 파라미터를 가진다.

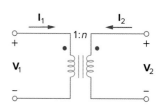

그림 19.6
이상적인 변압기는 z 파라미터가 없다.

그림 19.7의 회로에서 z 파라미터를 구하라.

풀이:

■ **방법 1** $\mathbf{z}_{11}$과 $\mathbf{z}_{21}$을 구하기 위해 그림 19.8(a)와 같이 입력 포트에 $\mathbf{V}_1$을 인가하고 출력 포트를 개방한다. 그러면

$$\mathbf{z}_{11} = \frac{\mathbf{V}_1}{\mathbf{I}_1} = \frac{(20+40)\mathbf{I}_1}{\mathbf{I}_1} = 60\ \Omega$$

여기서 $\mathbf{z}_{11}$은 포트 1의 입력 임피던스이다.

$$\mathbf{z}_{21} = \frac{\mathbf{V}_2}{\mathbf{I}_1} = \frac{40\mathbf{I}_1}{\mathbf{I}_1} = 40\ \Omega$$

$\mathbf{z}_{12}$와 $\mathbf{z}_{22}$를 구하기 위해 그림 19.8(b)와 같이 출력 포트에 $\mathbf{V}_2$를 인가하고 입력 포트를 개방한다. 그러면

$$\mathbf{z}_{12} = \frac{\mathbf{V}_1}{\mathbf{I}_2} = \frac{40\mathbf{I}_2}{\mathbf{I}_2} = 40\ \Omega, \qquad \mathbf{z}_{22} = \frac{\mathbf{V}_2}{\mathbf{I}_2} = \frac{(30+40)\mathbf{I}_2}{\mathbf{I}_2} = 70\ \Omega$$

따라서

$$[\mathbf{z}] = \begin{bmatrix} 60\ \Omega & 40\ \Omega \\ 40\ \Omega & 70\ \Omega \end{bmatrix}$$

예제 19.1

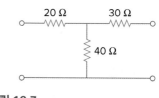

그림 19.7
예제 19.1.

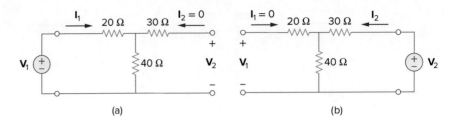

그림 19.8
예제 19.1: (a) $\mathbf{z}_{11}$과 $\mathbf{z}_{21}$ 구하기, (b) $\mathbf{z}_{12}$와 $\mathbf{z}_{22}$ 구하기.

■ **방법 2** 주어진 회로에는 종속 전원이 없으므로 $\mathbf{z}_{12} = \mathbf{z}_{21}$이고 그림 19.5(a)를 사용한다. 그림 19.7과 19.5(a)를 비교하면,

$$\mathbf{z}_{12} = 40\ \Omega = \mathbf{z}_{21}$$

$$\mathbf{z}_{11} - \mathbf{z}_{12} = 20 \quad \Rightarrow \quad \mathbf{z}_{11} = 20 + \mathbf{z}_{12} = 60\ \Omega$$

$$\mathbf{z}_{22} - \mathbf{z}_{12} = 30 \quad \Rightarrow \quad \mathbf{z}_{22} = 30 + \mathbf{z}_{12} = 70\ \Omega$$

실전문제 19.1

그림 19.9의 회로에서 2포트 회로망의 z 파라미터를 구하라.

답: $\mathbf{z}_{11} = 7\ \Omega,\ \mathbf{z}_{12} = \mathbf{z}_{21} = \mathbf{z}_{22} = 3\ \Omega$

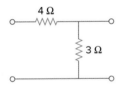

그림 19.9
실전문제 19.1.

예제 19.2

그림 19.10의 회로에서 $\mathbf{I}_1$과 $\mathbf{I}_2$를 구하라.

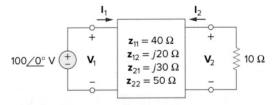

그림 19.10
예제 19.2.

풀이:

가역회로망이 아니다. 그림 19.5(b)의 등가회로를 사용할 수 있지만 식 (19.1)을 직접 사용한다. 주어진 z 파라미터를 식 (19.1)에 대입하면,

$$\mathbf{V}_1 = 40\mathbf{I}_1 + j20\mathbf{I}_2 \tag{19.2.1}$$

$$\mathbf{V}_2 = j30\mathbf{I}_1 + 50\mathbf{I}_2 \tag{19.2.2}$$

I_1과 I_2를 찾아야 하므로 다음 식을

$$V_1 = 100\underline{/0°}, \qquad V_2 = -10I_2$$

식 (19.2.1)과 (19.2.2)에 대입하면,

$$100 = 40I_1 + j20I_2 \qquad\qquad \text{(19.2.3)}$$

$$-10I_2 = j30I_1 + 50I_2 \quad\Rightarrow\quad I_1 = j2I_2 \qquad \text{(19.2.4)}$$

식 (19.2.4)를 식 (19.2.3)에 대입하면,

$$100 = j80I_2 + j20I_2 \quad\Rightarrow\quad I_2 = \frac{100}{j100} = -j$$

식 (19.2.4)로부터 $I_1 = j2(-j) = 2$이다. 그러므로

$$I_1 = 2\underline{/0°}\,\text{A}, \qquad I_2 = 1\underline{/-90°}\,\text{A}$$

실전문제 19.2

그림 19.11의 2포트 회로에서 I_1과 I_2를 구하라.

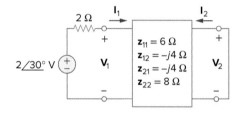

그림 19.11
실전문제 19.2.

답: $200\underline{/30°}$ mA, $100\underline{/120°}$ mA

19.3 어드미턴스 파라미터

앞 절에서 2포트 회로에 임피던스 파라미터가 존재하지 않을 수 있음을 설명했다. 따라서 그러한 회로의 경우 다른 방법으로 표현할 필요가 있다. 두 번째 파라미터 세트는 단자 전류를 단자 전압의 항으로 나타낸 것이다. 그림 19.12(a)나 (b)와 같이 단자 전류는 단자 전압의 항으로 표현할 수 있다.

$$\boxed{\begin{array}{l} I_1 = y_{11}V_1 + y_{12}V_2 \\ I_2 = y_{21}V_1 + y_{22}V_2 \end{array}} \qquad \text{(19.8)}$$

행렬 형태로 나타내면,

$$\begin{bmatrix} I_1 \\ I_2 \end{bmatrix} = \begin{bmatrix} y_{11} & y_{12} \\ y_{21} & y_{22} \end{bmatrix} \begin{bmatrix} V_1 \\ V_2 \end{bmatrix} = [\mathbf{y}]\begin{bmatrix} V_1 \\ V_2 \end{bmatrix} \qquad \text{(19.9)}$$

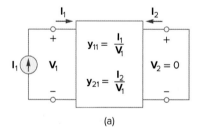

(a)

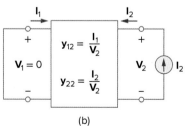

(b)

그림 19.12
y 파라미터 구하기: (a) y_{11}과 y_{21} 구하기, (b) y_{12}와 y_{22} 구하기.

y 항은 어드미턴스 파라미터라 하며(간단히 y 파라미터) 단위는 지멘스이다.

파라미터 값은 $\mathbf{V}_1 = 0$(입력 포트 단락)으로 하거나 $\mathbf{V}_2 = 0$(출력 포트 단락)으로 함으로써 구한다.

$$\mathbf{y}_{11} = \frac{\mathbf{I}_1}{\mathbf{V}_1} \bigg|_{\mathbf{V}_2=0}, \quad \mathbf{y}_{12} = \frac{\mathbf{I}_1}{\mathbf{V}_2} \bigg|_{\mathbf{V}_1=0}$$
$$\mathbf{y}_{21} = \frac{\mathbf{I}_2}{\mathbf{V}_1} \bigg|_{\mathbf{V}_2=0}, \quad \mathbf{y}_{22} = \frac{\mathbf{I}_2}{\mathbf{V}_2} \bigg|_{\mathbf{V}_1=0}$$

(19.10)

y 파라미터는 입력 포트나 출력 포트를 단락하여 얻어지므로 특별히 단락회로 어드미턴스 파라미터라 부른다. 구체적으로,

$\mathbf{y}_{11}$ = 단락회로 입력 어드미턴스

$\mathbf{y}_{12}$ = 포트 2에서 포트 1로의 단락회로 전달 어드미턴스

$\mathbf{y}_{21}$ = 포트 1에서 포트 2로의 단락회로 전달 어드미턴스

$\mathbf{y}_{22}$ = 단락회로 출력 어드미턴스

(19.11)

식 (19.10)에 따라 그림 19.12(a)와 같이 포트 1에 $\mathbf{I}_1$을 연결하고 포트 2를 단락하여 $\mathbf{V}_1$, $\mathbf{I}_2$를 구하고 $\mathbf{y}_{11}$, $\mathbf{y}_{21}$을 얻는다.

$$\mathbf{y}_{11} = \frac{\mathbf{I}_1}{\mathbf{V}_1}, \qquad \mathbf{y}_{21} = \frac{\mathbf{I}_2}{\mathbf{V}_1}$$

(19.12)

마찬가지로 그림 19.12(b)와 같이 포트 2에 $\mathbf{I}_2$를 연결하고 포트 1을 단락하여 $\mathbf{I}_1$, $\mathbf{V}_2$를 구하고 $\mathbf{y}_{12}$, $\mathbf{y}_{22}$를 얻는다.

$$\mathbf{y}_{12} = \frac{\mathbf{I}_1}{\mathbf{V}_2}, \qquad \mathbf{y}_{22} = \frac{\mathbf{I}_2}{\mathbf{V}_2}$$

(19.13)

위의 과정에 의해 y 파라미터를 계산하거나 측정한다. 임피던스 파라미터와 어드미턴스 파라미터를 합하여 이미턴스 파라미터라 한다.

선형이고 종속 전원이 없는 2포트 회로에서 전달 어드미턴스는 같다($\mathbf{y}_{12} = \mathbf{y}_{21}$). 이것은 z 파라미터의 경우와 같이 증명할 수 있다. 가역회로망($\mathbf{y}_{12} = \mathbf{y}_{21}$)은 그림 19.13(a)와 같은 Π 등가회로로 모델링화할 수 있다. 회로가 가역이 아니면 좀 더 일반적인 등가회로인 그림 19.13(b)와 같이 된다.

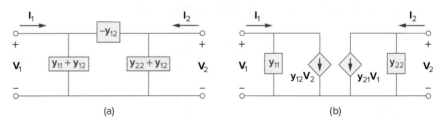

그림 19.13
(a) Π 등가회로(가역인 경우), (b) 일반적인 등가회로.

그림 19.14의 Π 회로에서 y 파라미터를 구하라.

풀이:

■ **방법 1**　y_{11}과 y_{21}을 구하기 위해 그림 19.15(a)와 같이 출력 포트를 단락하고 입력 단자에 전류원 I_1을 연결한다. 8 Ω 저항이 단락되므로 2 Ω과 4 Ω 저항은 병렬이 된다.

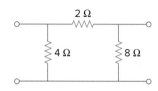

그림 19.14
예제 19.3.

$$V_1 = I_1(4 \parallel 2) = \frac{4}{3}I_1, \qquad y_{11} = \frac{I_1}{V_1} = \frac{I_1}{\frac{4}{3}I_1} = 0.75 \text{ S}$$

전류 분배에 의해,

$$-I_2 = \frac{4}{4+2}I_1 = \frac{2}{3}I_1, \qquad y_{21} = \frac{I_2}{V_1} = \frac{-\frac{2}{3}I_1}{\frac{4}{3}I_1} = -0.5 \text{ S}$$

y_{12}와 y_{22}를 구하기 위해 그림 19.15(b)와 같이 입력 포트를 단락하고 출력 단자에 전류원 I_2를 연결한다. 4 Ω 저항이 단락되므로 2 Ω과 8 Ω 저항은 병렬이 된다.

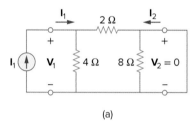

(a)

$$V_2 = I_2(8 \parallel 2) = \frac{8}{5}I_2, \qquad y_{22} = \frac{I_2}{V_2} = \frac{I_2}{\frac{8}{5}I_2} = \frac{5}{8} = 0.625 \text{ S}$$

전류 분배에 의해,

$$-I_1 = \frac{8}{8+2}I_2 = \frac{4}{5}I_2, \qquad y_{12} = \frac{I_1}{V_2} = \frac{-\frac{4}{5}I_2}{\frac{8}{5}I_2} = -0.5 \text{ S}$$

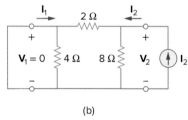

(b)

그림 19.15
예제 19.3: (a) y_{11}과 y_{21} 구하기, (b) y_{12}와 y_{22} 구하기.

■ **방법 2**　그림 19.13(a)와 그림 19.14를 비교하면,

$$y_{12} = -\frac{1}{2} \text{ S} = y_{21}$$

$$y_{11} + y_{12} = \frac{1}{4} \quad \Rightarrow \quad y_{11} = \frac{1}{4} - y_{12} = 0.75 \text{ S}$$

$$y_{22} + y_{12} = \frac{1}{8} \quad \Rightarrow \quad y_{22} = \frac{1}{8} - y_{12} = 0.625 \text{ S}$$

앞의 결과와 일치한다.

그림 19.16의 T 회로망에서 y 파라미터를 구하라.

답: $y_{11} = 227.3 \text{ mS}$, $y_{12} = y_{21} = -90.91 \text{ mS}$, $y_{22} = 136.36 \text{ mS}$

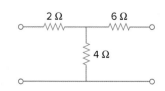

그림 19.16
실전문제 19.3.

예제 19.4

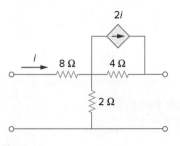

그림 19.17
예제 19.4.

그림 19.17의 2포트 회로망에서 y 파라미터를 구하라.

풀이:

앞의 예제와 같은 과정을 거친다. $\mathbf{y}_{11}$과 $\mathbf{y}_{21}$을 구하기 위해 그림 19.18(a)와 같이 포트 2가 단락되고 포트 1에 전류원이 인가된 회로를 사용한다. 노드 1에서

$$\frac{\mathbf{V}_1 - \mathbf{V}_o}{8} = 2\mathbf{I}_1 + \frac{\mathbf{V}_o}{2} + \frac{\mathbf{V}_o - 0}{4}$$

그런데 $\mathbf{I}_1 = \dfrac{\mathbf{V}_1 - \mathbf{V}_o}{8}$이므로,

$$0 = \frac{\mathbf{V}_1 - \mathbf{V}_o}{8} + \frac{3\mathbf{V}_o}{4}$$

$$0 = \mathbf{V}_1 - \mathbf{V}_o + 6\mathbf{V}_o \quad \Rightarrow \quad \mathbf{V}_1 = -5\mathbf{V}_o$$

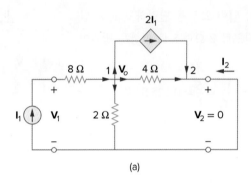

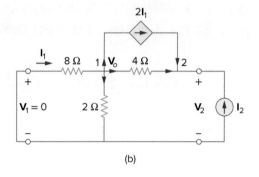

그림 19.18
예제 19.4: (a) $\mathbf{y}_{11}$과 $\mathbf{y}_{21}$ 구하기, (b) $\mathbf{y}_{12}$와 $\mathbf{y}_{22}$ 구하기.

그러므로

$$\mathbf{I}_1 = \frac{-5\mathbf{V}_o - \mathbf{V}_o}{8} = -0.75\mathbf{V}_o$$

그리고

$$\mathbf{y}_{11} = \frac{\mathbf{I}_1}{\mathbf{V}_1} = \frac{-0.75\mathbf{V}_o}{-5\mathbf{V}_o} = 0.15 \text{ S}$$

노드 2에서

$$\frac{\mathbf{V}_o - 0}{4} + 2\mathbf{I}_1 + \mathbf{I}_2 = 0$$

또는

$$-\mathbf{I}_2 = 0.25\mathbf{V}_o - 1.5\mathbf{V}_o = -1.25\mathbf{V}_o$$

그러므로

$$\mathbf{y}_{21} = \frac{\mathbf{I}_2}{\mathbf{V}_1} = \frac{1.25\mathbf{V}_o}{-5\mathbf{V}_o} = -0.25 \text{ S}$$

마찬가지로 그림 19.18(b)를 통해 $\mathbf{y}_{12}$와 $\mathbf{y}_{22}$를 구한다. 노드 1에서

$$\frac{0 - \mathbf{V}_o}{8} = 2\mathbf{I}_1 + \frac{\mathbf{V}_o}{2} + \frac{\mathbf{V}_o - \mathbf{V}_2}{4}$$

그런데 $\mathbf{I}_1 = \dfrac{0 - \mathbf{V}_o}{8}$이므로,

$$0 = -\frac{\mathbf{V}_o}{8} + \frac{\mathbf{V}_o}{2} + \frac{\mathbf{V}_o - \mathbf{V}_2}{4}$$

또는

$$0 = -\mathbf{V}_o + 4\mathbf{V}_o + 2\mathbf{V}_o - 2\mathbf{V}_2 \qquad \Rightarrow \qquad \mathbf{V}_2 = 2.5\mathbf{V}_o$$

그러므로

$$\mathbf{y}_{12} = \frac{\mathbf{I}_1}{\mathbf{V}_2} = \frac{-\mathbf{V}_o/8}{2.5\mathbf{V}_o} = -0.05 \text{ S}$$

노드 2에서

$$\frac{\mathbf{V}_o - \mathbf{V}_2}{4} + 2\mathbf{I}_1 + \mathbf{I}_2 = 0$$

또는

$$-\mathbf{I}_2 = 0.25\mathbf{V}_o - \frac{1}{4}(2.5\mathbf{V}_o) - \frac{2\mathbf{V}_o}{8} = -0.625\mathbf{V}_o$$

그러므로

$$\mathbf{y}_{22} = \frac{\mathbf{I}_2}{\mathbf{V}_2} = \frac{0.625\mathbf{V}_o}{2.5\mathbf{V}_o} = 0.25 \text{ S}$$

이 경우 $\mathbf{y}_{12} \neq \mathbf{y}_{21}$이고 회로는 가역이 아니다.

그림 19.19의 회로에서 y 파라미터를 구하라.

답: $\mathbf{y}_{11} = 625$ mS, $\mathbf{y}_{12} = -125$ mS, $\mathbf{y}_{21} = 375$ mS, $\mathbf{y}_{22} = 125$ mS

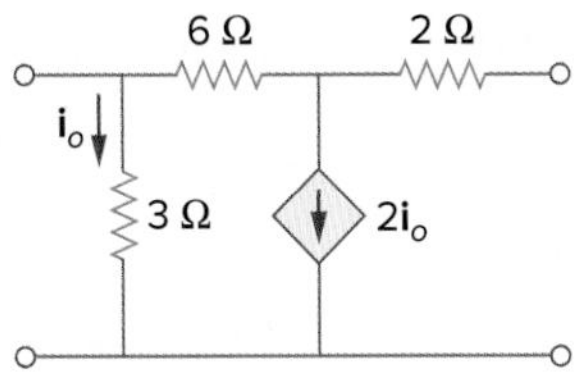

실전문제 19.4

그림 19.19
실전문제 19.4.

19.4   하이브리드 파라미터

2포트 회로에 z나 y 파라미터가 존재하지 않을 수 있다. 따라서 다른 파라미터 세트가 있어야 한다. 이 세 번째 파라미터는 $\mathbf{V}_1$과 $\mathbf{I}_2$를 종속 변수로 설정하여 만들 수 있다.

$$\boxed{\begin{aligned} \mathbf{V}_1 &= \mathbf{h}_{11}\mathbf{I}_1 + \mathbf{h}_{12}\mathbf{V}_2 \\ \mathbf{I}_2 &= \mathbf{h}_{21}\mathbf{I}_1 + \mathbf{h}_{22}\mathbf{V}_2 \end{aligned}}$$

(19.14)

행렬 형태로 표현하면,

$$\begin{bmatrix} \mathbf{V}_1 \\ \mathbf{I}_2 \end{bmatrix} = \begin{bmatrix} \mathbf{h}_{11} & \mathbf{h}_{12} \\ \mathbf{h}_{21} & \mathbf{h}_{22} \end{bmatrix} \begin{bmatrix} \mathbf{I}_1 \\ \mathbf{V}_2 \end{bmatrix} = [\mathbf{h}] \begin{bmatrix} \mathbf{I}_1 \\ \mathbf{V}_2 \end{bmatrix} \tag{19.15}$$

h 항은 각 항의 전압–전류 비율이 하이브리드로 되어 있어 하이브리드 파라미터 (또는 간단히 h 파라미터)라고 한다. 이는 트랜지스터 같은 전자소자를 묘사하는 데 매우 유효하다(19.9절 참조). 이런 소자는 z나 y 파라미터를 측정하는 것보다 실험적으로 h 파라미터를 측정하는 것이 더 쉽다. 사실 그림 19.6의 이상적인 변압기는 식 (19.7)과 같이 표현되어 z 파라미터가 존재하지 않는다. 이상적인 변압기는 식 (19.7)을 식 (19.14)와 같이 표현할 수 있으므로 하이브리드 파라미터로 표현 가능하다.

파라미터 값은 다음과 같이 결정한다.

$$\mathbf{h}_{11} = \frac{\mathbf{V}_1}{\mathbf{I}_1} \bigg|_{\mathbf{V}_2=0}, \qquad \mathbf{h}_{12} = \frac{\mathbf{V}_1}{\mathbf{V}_2} \bigg|_{\mathbf{I}_1=0}$$

$$\mathbf{h}_{21} = \frac{\mathbf{I}_2}{\mathbf{I}_1} \bigg|_{\mathbf{V}_2=0}, \qquad \mathbf{h}_{22} = \frac{\mathbf{I}_2}{\mathbf{V}_2} \bigg|_{\mathbf{I}_1=0} \tag{19.16}$$

식 (19.16)에서 $\mathbf{h}_{11}$, $\mathbf{h}_{12}$, $\mathbf{h}_{21}$, $\mathbf{h}_{22}$는 임피던스, 전압이득, 전류이득, 어드미턴스를 나타낸다. 하이브리드 파라미터라고 하는 이유가 바로 이것이다. 구체적으로,

$$\begin{aligned} \mathbf{h}_{11} &= 단락회로\ 입력\ 임피던스 \\ \mathbf{h}_{12} &= 개방회로\ 역방향\ 전압이득 \\ \mathbf{h}_{21} &= 단락회로\ 정방향\ 전류이득 \\ \mathbf{h}_{22} &= 개방회로\ 출력\ 어드미턴스 \end{aligned} \tag{19.17}$$

h 파라미터를 계산하는 과정은 z나 y 파라미터에서 사용한 방법과 유사하다. 적당한 포트에 전압원이나 전류원을 인가하고 다른 포트는 단락 혹은 개방하며(구하고자 하는 파라미터에 따라) 정상적인 회로 해석을 행한다. 가역회로망에서는 $\mathbf{h}_{12} = -\mathbf{h}_{21}$인데, 이는 $\mathbf{z}_{12} = \mathbf{z}_{21}$을 증명한 방법으로 증명할 수 있다. 그림 19.20은 2포트 회로의 하이브리드 모델을 보여준다.

h 파라미터와 밀접한 관계가 있는 파라미터 세트로는 g 파라미터 혹은 역하이브리드 파라미터(inverse hybrid parameter)가 있다. 이를 이용하여 단자 전압과 단자 전류를 다음과 같이 표현한다.

$$\mathbf{I}_1 = \mathbf{g}_{11}\mathbf{V}_1 + \mathbf{g}_{12}\mathbf{I}_2$$
$$\mathbf{V}_2 = \mathbf{g}_{21}\mathbf{V}_1 + \mathbf{g}_{22}\mathbf{I}_2 \tag{19.18}$$

행렬 형태로 표현하면,

$$\begin{bmatrix} \mathbf{I}_1 \\ \mathbf{V}_2 \end{bmatrix} = \begin{bmatrix} \mathbf{g}_{11} & \mathbf{g}_{12} \\ \mathbf{g}_{21} & \mathbf{g}_{22} \end{bmatrix} \begin{bmatrix} \mathbf{V}_1 \\ \mathbf{I}_2 \end{bmatrix} = [\mathbf{g}] \begin{bmatrix} \mathbf{V}_1 \\ \mathbf{I}_2 \end{bmatrix} \tag{19.19}$$

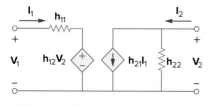

그림 19.20

2포트 회로망에서 h 파라미터 등가회로.

g 파라미터 값은 다음과 같이 결정한다.

$$\mathbf{g}_{11} = \frac{\mathbf{I}_1}{\mathbf{V}_1}\bigg|_{\mathbf{I}_2=0}, \qquad \mathbf{g}_{12} = \frac{\mathbf{I}_1}{\mathbf{I}_2}\bigg|_{\mathbf{V}_1=0}$$

$$\mathbf{g}_{21} = \frac{\mathbf{V}_2}{\mathbf{V}_1}\bigg|_{\mathbf{I}_2=0}, \qquad \mathbf{g}_{22} = \frac{\mathbf{V}_2}{\mathbf{I}_2}\bigg|_{\mathbf{V}_1=0}$$

(19.20)

그러므로 역하이브리드 파라미터는 다음과 같이 부른다.

$\mathbf{g}_{11}$ = 개방회로 입력 어드미턴스
$\mathbf{g}_{12}$ = 단락회로 역방향 전류이득
$\mathbf{g}_{21}$ = 개방회로 정방향 전압이득
$\mathbf{g}_{22}$ = 단락회로 출력 임피던스

(19.21)

그림 19.21은 2포트 회로망의 역하이브리드 모델을 나타낸 것이다. *g* 파라미터는 전계효과 트랜지스터를 모델링하는 데 사용된다.

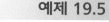

그림 19.21
2포트 회로망의 *g* 파라미터 모델.

그림 19.22의 2포트 회로망에서 하이브리드 파라미터를 구하라.

예제 19.5

풀이:

$\mathbf{h}_{11}$과 $\mathbf{h}_{21}$을 구하기 위해 그림 19.23(a)와 같이 출력 포트를 단락하고 입력 단자에 전류원 $\mathbf{I}_1$을 연결한다. 그림 19.23(a)로부터,

$$\mathbf{V}_1 = \mathbf{I}_1(2 + 3 \parallel 6) = 4\mathbf{I}_1$$

그러므로

$$\mathbf{h}_{11} = \frac{\mathbf{V}_1}{\mathbf{I}_1} = 4\ \Omega$$

또한 그림 19.23(a)로부터 전류 분배를 적용하면,

$$-\mathbf{I}_2 = \frac{6}{6+3}\mathbf{I}_1 = \frac{2}{3}\mathbf{I}_1$$

그러므로

$$\mathbf{h}_{21} = \frac{\mathbf{I}_2}{\mathbf{I}_1} = -\frac{2}{3}$$

$\mathbf{h}_{12}$와 $\mathbf{h}_{22}$를 구하기 위해 그림 19.23(b)와 같이 입력 포트를 개방하고 출력 단자에 전압원 $\mathbf{V}_2$를 연결한다. 전압 분배에 의해,

$$\mathbf{V}_1 = \frac{6}{6+3}\mathbf{V}_2 = \frac{2}{3}\mathbf{V}_2$$

그러므로

$$\mathbf{h}_{12} = \frac{\mathbf{V}_1}{\mathbf{V}_2} = \frac{2}{3}$$

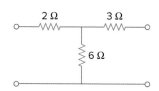

그림 19.22
예제 19.5.

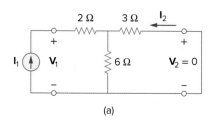

(a)

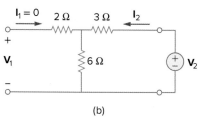

(b)

그림 19.23
예제 19.5: (a) $\mathbf{h}_{11}$과 $\mathbf{h}_{21}$ 구하기, (b) $\mathbf{h}_{12}$와 $\mathbf{h}_{22}$ 구하기.

또한

$$\mathbf{V}_2 = (3 + 6)\mathbf{I}_2 = 9\mathbf{I}_2$$

그러므로

$$\mathbf{h}_{22} = \frac{\mathbf{I}_2}{\mathbf{V}_2} = \frac{1}{9} \text{ S}$$

실전문제 19.5

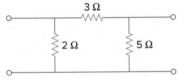

그림 19.24
실전문제 19.5.

그림 19.24의 회로에서 h 파라미터를 구하라.

답: $\mathbf{h}_{11} = 1.2 \text{ }\Omega$, $\mathbf{h}_{12} = 0.4$, $\mathbf{h}_{21} = -0.4$, $\mathbf{h}_{22} = 400 \text{ mS}$

예제 19.6

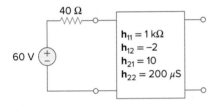

그림 19.25
예제 19.6.

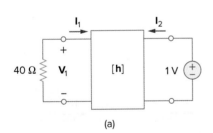

(a)

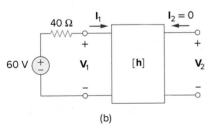

(b)

그림 19.26
예제 19.6: (a) $\mathbf{Z}_{\text{Th}}$ 구하기, (b) $\mathbf{V}_{\text{Th}}$ 구하기.

그림 19.25 회로의 출력 포트에서 테브냉 등가회로를 구하라.

풀이:

$\mathbf{Z}_{\text{Th}}$와 $\mathbf{V}_{\text{Th}}$를 구하기 위해 h 모델의 입출력 포트에 관련한 공식을 사용한다. $\mathbf{Z}_{\text{Th}}$를 구하기 위해 그림 19.26(a)와 같이 입력 포트의 60 V 전압원을 제거하고 출력 포트에 1 V 전압원을 인가한다. 식 (19.14)로부터

$$\mathbf{V}_1 = \mathbf{h}_{11}\mathbf{I}_1 + \mathbf{h}_{12}\mathbf{V}_2 \qquad\qquad \textbf{(19.6.1)}$$

$$\mathbf{I}_2 = \mathbf{h}_{21}\mathbf{I}_1 + \mathbf{h}_{22}\mathbf{V}_2 \qquad\qquad \textbf{(19.6.2)}$$

여기서 $\mathbf{V}_2 = 1$, $\mathbf{V}_1 = -40\mathbf{I}_1$이다. 이를 식 (19.6.1)과 (19.6.2)에 대입하면,

$$-40\mathbf{I}_1 = \mathbf{h}_{11}\mathbf{I}_1 + \mathbf{h}_{12} \quad\Rightarrow\quad \mathbf{I}_1 = -\frac{\mathbf{h}_{12}}{40 + \mathbf{h}_{11}} \qquad \textbf{(19.6.3)}$$

$$\mathbf{I}_2 = \mathbf{h}_{21}\mathbf{I}_1 + \mathbf{h}_{22} \qquad\qquad \textbf{(19.6.4)}$$

식 (19.6.3)을 식 (19.6.4)에 대입하면,

$$\mathbf{I}_2 = \mathbf{h}_{22} - \frac{\mathbf{h}_{21}\mathbf{h}_{12}}{\mathbf{h}_{11} + 40} = \frac{\mathbf{h}_{11}\mathbf{h}_{22} - \mathbf{h}_{21}\mathbf{h}_{12} + \mathbf{h}_{22}40}{\mathbf{h}_{11} + 40}$$

그러므로

$$\mathbf{Z}_{\text{Th}} = \frac{\mathbf{V}_2}{\mathbf{I}_2} = \frac{1}{\mathbf{I}_2} = \frac{\mathbf{h}_{11} + 40}{\mathbf{h}_{11}\mathbf{h}_{22} - \mathbf{h}_{21}\mathbf{h}_{12} + \mathbf{h}_{22}40}$$

h 파라미터 값을 대입하면,

$$\mathbf{Z}_{Th} = \frac{1000 + 40}{10^3 \times 200 \times 10^{-6} + 20 + 40 \times 200 \times 10^{-6}}$$

$$= \frac{1040}{20.21} = 51.46 \ \Omega$$

$\mathbf{V}_{Th}$를 구하기 위해 그림 19.26(b)에서 개방 전압 $\mathbf{V}_2$를 구한다. 입력 포트에서

$$-60 + 40\mathbf{I}_1 + \mathbf{V}_1 = 0 \qquad \Rightarrow \qquad \mathbf{V}_1 = 60 - 40\mathbf{I}_1 \qquad \textbf{(19.6.5)}$$

출력에서

$$\mathbf{I}_2 = 0 \qquad \textbf{(19.6.6)}$$

식 (19.6.5)와 식 (19.6.6)을 식 (19.6.1)과 (19.6.2)에 대입하면,

$$60 - 40\mathbf{I}_1 = \mathbf{h}_{11}\mathbf{I}_1 + \mathbf{h}_{12}\mathbf{V}_2$$

또는

$$60 = (\mathbf{h}_{11} + 40)\mathbf{I}_1 + \mathbf{h}_{12}\mathbf{V}_2 \qquad \textbf{(19.6.7)}$$

그리고

$$0 = \mathbf{h}_{21}\mathbf{I}_1 + \mathbf{h}_{22}\mathbf{V}_2 \qquad \Rightarrow \qquad \mathbf{I}_1 = -\frac{\mathbf{h}_{22}}{\mathbf{h}_{21}}\mathbf{V}_2 \qquad \textbf{(19.6.8)}$$

식 (19.6.8)을 식 (19.6.7)에 대입하면,

$$60 = \left[-(\mathbf{h}_{11} + 40)\frac{\mathbf{h}_{22}}{\mathbf{h}_{21}} + \mathbf{h}_{12} \right]\mathbf{V}_2$$

또는

$$\mathbf{V}_{Th} = \mathbf{V}_2 = \frac{60}{-(\mathbf{h}_{11} + 40)\mathbf{h}_{22}/\mathbf{h}_{21} + \mathbf{h}_{12}} = \frac{60\mathbf{h}_{21}}{\mathbf{h}_{12}\mathbf{h}_{21} - \mathbf{h}_{11}\mathbf{h}_{22} - 40\mathbf{h}_{22}}$$

h 파라미터 값을 대입하면,

$$\mathbf{V}_{Th} = \frac{60 \times 10}{-20.21} = -29.69 \ \text{V}$$

실전문제 19.6

그림 19.27 회로의 입력 포트에서 임피던스를 구하라.

답: 1.6667 kΩ

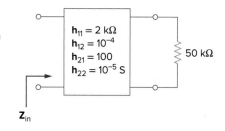

그림 19.27
실전문제 19.6.

예제 19.7

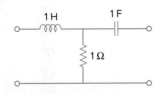

그림 19.28
예제 19.7.

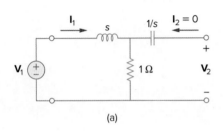

(a)

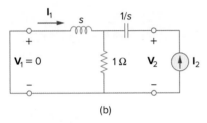

(b)

그림 19.29
예제 19.7: s-영역에서 g 파라미터 구하기.

그림 19.28의 회로에서 g 파라미터를 s의 함수로 나타내라.

풀이:

s-영역에서

$$1\,\mathrm{H} \quad \Rightarrow \quad sL = s, \qquad 1\,\mathrm{F} \quad \Rightarrow \quad \frac{1}{sC} = \frac{1}{s}$$

$\mathbf{g}_{11}$과 $\mathbf{g}_{21}$을 구하기 위해 그림 19.29(a)와 같이 출력 포트를 개방하고 입력 단자에 전압원 $\mathbf{V}_1$을 인가한다. 이로부터

$$\mathbf{I}_1 = \frac{\mathbf{V}_1}{s+1}$$

또는

$$\mathbf{g}_{11} = \frac{\mathbf{I}_1}{\mathbf{V}_1} = \frac{1}{s+1}$$

전압 분배에 의해,

$$\mathbf{V}_2 = \frac{1}{s+1}\,\mathbf{V}_1$$

또는

$$\mathbf{g}_{21} = \frac{\mathbf{V}_2}{\mathbf{V}_1} = \frac{1}{s+1}$$

$\mathbf{g}_{12}$와 $\mathbf{g}_{22}$를 구하기 위해 그림 19.29(b)와 같이 입력 포트를 단락하고 출력 단자에 전류원 $\mathbf{I}_2$를 인가한다. 전류 분배에 의해,

$$\mathbf{I}_1 = -\frac{1}{s+1}\,\mathbf{I}_2$$

또는

$$\mathbf{g}_{12} = \frac{\mathbf{I}_1}{\mathbf{I}_2} = -\frac{1}{s+1}$$

또한

$$\mathbf{V}_2 = \mathbf{I}_2\Big(\frac{1}{s} + s \,\|\, 1\Big)$$

또는

$$\mathbf{g}_{22} = \frac{\mathbf{V}_2}{\mathbf{I}_2} = \frac{1}{s} + \frac{s}{s+1} = \frac{s^2+s+1}{s(s+1)}$$

그러므로

$$[\mathbf{g}] = \begin{bmatrix} \dfrac{1}{s+1} & -\dfrac{1}{s+1} \\ \dfrac{1}{s+1} & \dfrac{s^2+s+1}{s(s+1)} \end{bmatrix}$$

그림 19.30의 사다리형 회로에서 s-영역의 g 파라미터를 구하라.

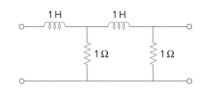

$$답: [\mathbf{g}] = \begin{bmatrix} \dfrac{s+2}{s^2+3s+1} & -\dfrac{1}{s^2+3s+1} \\ \dfrac{1}{s^2+3s+1} & \dfrac{s(s+2)}{s^2+3s+1} \end{bmatrix}$$

그림 19.30
실전문제 19.7.

19.5 전송 파라미터

어떤 단자 전압과 전류가 독립적으로 취급되어야 하는지, 어떤 것이 종속적인 변수인지에 대한 제약이 없기 때문에 많은 파라미터 세트를 만들어낼 수 있다. 또 다른 파라미터 세트는 입력 포트 변수를 출력 포트 변수로 나타내는 것이다. 그러므로

$$\begin{aligned} \mathbf{V}_1 &= \mathbf{A}\mathbf{V}_2 - \mathbf{B}\mathbf{I}_2 \\ \mathbf{I}_1 &= \mathbf{C}\mathbf{V}_2 - \mathbf{D}\mathbf{I}_2 \end{aligned} \tag{19.22}$$

또는

$$\begin{bmatrix} \mathbf{V}_1 \\ \mathbf{I}_1 \end{bmatrix} = \begin{bmatrix} \mathbf{A} & \mathbf{B} \\ \mathbf{C} & \mathbf{D} \end{bmatrix} \begin{bmatrix} \mathbf{V}_2 \\ -\mathbf{I}_2 \end{bmatrix} = [\mathbf{T}] \begin{bmatrix} \mathbf{V}_2 \\ -\mathbf{I}_2 \end{bmatrix} \tag{19.23}$$

식 (19.22)와 (19.23)은 입력 변수($\mathbf{V}_1$과 $\mathbf{I}_1$)를 출력 변수($\mathbf{V}_2$와 $-\mathbf{I}_2$)로 나타낸다. 여기서 전송 파라미터를 구할 때 $\mathbf{I}_2$보다는 $-\mathbf{I}_2$를 사용한다는 점을 주의하라. 그 이유는 그림 19.1(b)에서 전류가 회로에 들어가는 것으로 한 것과는 반대로 그림 19.31처럼 전류가 회로망에서 나가는 것으로 간주했기 때문이다. 2포트를 종속으로 연결(입력에 출력을)했을 때 포트에서 나가는 전류를 $\mathbf{I}_2$로 생각하는 것이 논리적이다. 또한 2포트에서 나가는 전류를 $\mathbf{I}_2$로 하는 것이 전력 산업에서 관습적이기도 하다.

식 (19.22)와 (19.23)의 2포트 파라미터는 회로가 전원에서 부하까지 전압이나 전류를 어떻게 전송하는가를 나타내는 수단을 제공한다. 이는 전송 측 변수($\mathbf{V}_1$과 $\mathbf{I}_1$)를 수신 측 변수($\mathbf{V}_2$와 $-\mathbf{I}_2$)로 표현하기 때문에 전송선(케이블이나 파이버 같은) 해석에 유용하며, 이런 이유로 **전송 파라미터**(transmission parameter)라 부른다. 전송 파라미터는 ABCD 파라미터라고도 알려져 있고 전화 시스템, 초고주파 회로망, 레이다 등의 설계에 사용된다.

전송 파라미터는 다음과 같이 결정된다.

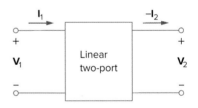

그림 19.31
단자 변수는 **ABCD** 파라미터로 정의되어 사용된다.

$$A = \frac{\mathbf{V_1}}{\mathbf{V_2}}\bigg|_{\mathbf{I_2}=0}, \qquad B = -\frac{\mathbf{V_1}}{\mathbf{I_2}}\bigg|_{\mathbf{V_2}=0}$$

$$C = \frac{\mathbf{I_1}}{\mathbf{V_2}}\bigg|_{\mathbf{I_2}=0}, \qquad D = -\frac{\mathbf{I_1}}{\mathbf{I_2}}\bigg|_{\mathbf{V_2}=0}$$

(19.24)

따라서 전송 파라미터는 구체적으로 다음과 같이 부른다.

A = 개방회로 전압 비율

B = 마이너스 단락회로 전달 임피던스

C = 개방회로 전달 어드미턴스

D = 마이너스 단락회로 전류 비율

(19.25)

A와 **D**는 단위가 없고 **B**의 단위는 옴, **C**의 단위는 지멘스이다. 전송 파라미터는 입력과 출력 변수 사이의 직접 관계를 나타내므로 종속연결된 회로망에 매우 유용하다.

파라미터의 마지막 세트는 출력 포트 변수를 입력 포트 변수항으로 표현함으로써 정의할 수 있다.

$$V_2 = aV_1 - bI_1$$

$$I_2 = cV_1 - dI_1$$

(19.26)

또는

$$\begin{bmatrix} V_2 \\ I_2 \end{bmatrix} = \begin{bmatrix} a & b \\ c & d \end{bmatrix} \begin{bmatrix} V_1 \\ -I_1 \end{bmatrix} = [t] \begin{bmatrix} V_1 \\ -I_1 \end{bmatrix}$$

(19.27)

a, **b**, **c**, **d** 파라미터는 역전송 파라미터(inverse transmission parameter) 또는 t 파라미터라고 한다. 역전송 파라미터는 다음과 같이 결정된다.

$$a = \frac{\mathbf{V_2}}{\mathbf{V_1}}\bigg|_{\mathbf{I_1}=0}, \qquad b = -\frac{\mathbf{V_2}}{\mathbf{I_1}}\bigg|_{\mathbf{V_1}=0}$$

$$c = \frac{\mathbf{I_2}}{\mathbf{V_1}}\bigg|_{\mathbf{I_1}=0}, \qquad d = -\frac{\mathbf{I_2}}{\mathbf{I_1}}\bigg|_{\mathbf{V_1}=0}$$

(19.28)

식 (19.28)과 지금까지의 경험으로 볼 때 이러한 파라미터는 각각 다음과 같이 명백하게 정의할 수 있다.

a = 개방회로 전압이득

b = 마이너스 단락회로 전달 임피던스

c = 개방회로 전달 어드미턴스

d = 마이너스 단락회로 전류이득

(19.29)

a와 **d**는 단위가 없고 **b**의 단위는 옴, **c**의 단위는 지멘스이다.

전송 파라미터와 역전송 파라미터의 관점에서 다음의 조건을 만족하면 회로망이 가역이라고 한다.

$$\boxed{AD - BC = 1, \qquad ad - bc = 1} \qquad (19.30)$$

z 파라미터의 전달 임피던스 관계식과 같은 방법으로 위 관계식을 증명할 수 있다. 또한 가역회로망에서 $\mathbf{z}_{12} = \mathbf{z}_{21}$이라는 사실로부터 식 (19.30)을 유도하는 데 뒤의 표 19.1을 사용할 수 있다.

예제 19.8

그림 19.32의 2포트 회로망에서 전송 파라미터를 구하라.

풀이:
A와 **C**를 구하기 위해 $\mathbf{I}_2 = 0$으로 만들려고 그림 19.33(a)의 출력 포트를 개방하고 입력 포트에 전압원 $\mathbf{V}_1$을 인가한다.

$$\mathbf{V}_1 = (10 + 20)\mathbf{I}_1 = 30\mathbf{I}_1, \quad \mathbf{V}_2 = 20\mathbf{I}_1 - 3\mathbf{I}_1 = 17\mathbf{I}_1$$

그러므로

$$\mathbf{A} = \frac{\mathbf{V}_1}{\mathbf{V}_2} = \frac{30\mathbf{I}_1}{17\mathbf{I}_1} = 1.765, \qquad \mathbf{C} = \frac{\mathbf{I}_1}{\mathbf{V}_2} = \frac{\mathbf{I}_1}{17\mathbf{I}_1} = 0.0588 \text{ S}$$

B와 **D**를 얻기 위해 그림 19.33(b)에서 $\mathbf{V}_2 = 0$이 되도록 출력 포트를 단락하고 입력 포트에 전압원 $\mathbf{V}_1$을 인가한다. 그림 19.33(b)의 노드 a에서 KCL을 적용하면,

$$\frac{\mathbf{V}_1 - \mathbf{V}_a}{10} - \frac{\mathbf{V}_a}{20} + \mathbf{I}_2 = 0 \qquad (19.8.1)$$

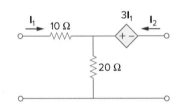

그림 19.32
예제 19.8.

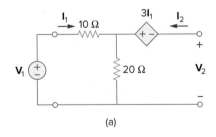 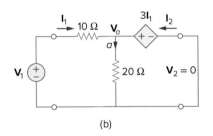

그림 19.33
예제 19.8: (a) **A**와 **C** 구하기, (b) **B**와 **D** 구하기.

$\mathbf{V}_a = 3\mathbf{I}_1$이고 $\mathbf{I}_1 = (\mathbf{V}_1 - \mathbf{V}_a)/10$이므로 이를 결합하면,

$$\mathbf{V}_a = 3\mathbf{I}_1 \qquad \mathbf{V}_1 = 13\mathbf{I}_1 \qquad (19.8.2)$$

식 (19.8.1)에 $\mathbf{V}_a = 3\mathbf{I}_1$을 대입하고 첫 항을 $\mathbf{I}_1$으로 교체하면,

$$\mathbf{I}_1 - \frac{3\mathbf{I}_1}{20} + \mathbf{I}_2 = 0 \quad \Rightarrow \quad \frac{17}{20}\mathbf{I}_1 = -\mathbf{I}_2$$

그러므로

$$D = -\frac{I_1}{I_2} = \frac{20}{17} = 1.176, \qquad B = -\frac{V_1}{I_2} = \frac{-13I_1}{(-17/20)I_1} = 15.29 \ \Omega$$

실전문제 19.8

그림 19.16(실전문제 19.3 참조)의 회로에서 전송 파라미터를 구하라.

답: $A = 1.5$, $B = 5.5 \ \Omega$, $C = 500$ mS, $D = 2.5$

예제 19.9

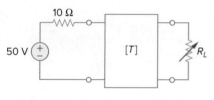

그림 19.34
예제 19.9.

그림 19.34의 2포트 회로망에서 **ABCD** 파라미터가 다음과 같다.

$$\begin{bmatrix} 4 & 20 \ \Omega \\ 0.1 \ S & 2 \end{bmatrix}$$

출력 포트에 최대 전력이 전달되도록 가변 부하가 연결되어 있다. R_L과 전달되는 최대 전력을 구하라.

풀이:

부하 혹은 출력 포트에서 테브냉 등가(Z_{Th}와 V_{Th})를 구할 필요가 있다. 그림 19.35(a)를 이용하여 Z_{Th}를 구한다. 목표는 $Z_{Th} = V_2/I_2$를 구하는 것이다. 식 (19.22)에 주어진 **ABCD** 파라미터를 대입하면,

$$V_1 = 4V_2 - 20I_2 \tag{19.9.1}$$
$$I_1 = 0.1V_2 - 2I_2 \tag{19.9.2}$$

입력 포트에서 $V_1 = -10I_1$이고 이를 식 (19.9.1)에 대입하면,

$$-10I_1 = 4V_2 - 20I_2$$

또는

$$I_1 = -0.4V_2 + 2I_2 \tag{19.9.3}$$

식 (19.9.2)와 (19.9.3)의 오른쪽을 같게 놓으면,

$$0.1V_2 - 2I_2 = -0.4V_2 + 2I_2 \quad \Rightarrow \quad 0.5V_2 = 4I_2$$

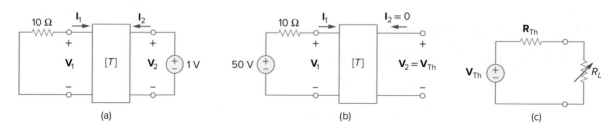

그림 19.35
예제 19.9: (a) Z_{Th} 구하기, (b) V_{Th} 구하기, (c) 최대 전력 전달일 때의 RL을 구하기.

그러므로

$$Z_{Th} = \frac{V_2}{I_2} = \frac{4}{0.5} = 8 \ \Omega$$

V_{Th}를 구하기 위해 그림 19.35(b)의 회로를 사용한다. 출력 포트에서 $I_2 = 0$이고 입력 포트에서는 $V_1 = 50 - 10I_1$이다. 이를 식 (19.9.1)과 (19.9.2)에 대입하면,

$$50 - 10I_1 = 4V_2 \qquad \qquad \textbf{(19.9.4)}$$
$$I_1 = 0.1V_2 \qquad \qquad \textbf{(19.9.5)}$$

식 (19.9.5)를 (19.9.4)에 대입하면

$$50 - V_2 = 4V_2 \quad \Rightarrow \quad V_2 = 10$$

그러므로

$$V_{Th} = V_2 = 10 \text{ V}$$

등가회로는 그림 19.35(c)와 같다. 최대 전력 전달을 위해,

$$R_L = Z_{Th} = 8 \ \Omega$$

식 (4.24)에서 최대 전력은

$$P = I^2 R_L = \left(\frac{V_{Th}}{2R_L} \right)^2 R_L = \frac{V^2_{Th}}{4R_L} = \frac{100}{4 \times 8} = 3.125 \text{ W}$$

그림 19.36의 2포트 회로망에서 전송 파라미터가 다음과 같을 때 I_1과 I_2를 구하라.

실전문제 19.9

$$\begin{bmatrix} 5 & 10 \ \Omega \\ 0.4 \text{ S} & 1 \end{bmatrix}$$

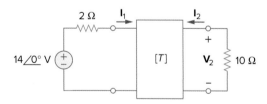

그림 19.36
실전문제 19.9.

답: 1 A, −0.2 A

19.6   †파라미터 사이의 관계

파라미터의 6세트는 똑같은 2포트 회로망의 같은 입출력 단자 변수를 관련시켜 주므로 세트는 서로 관계가 있다. 파라미터가 2세트 있으면 한 세트를 다른 세트와 관련지을 수 있다. 2개의 예를 통해 그 과정을 설명하려 한다.

주어진 z 파라미터에 대해 y 파라미터를 구해보자. 식 (19.2)에서

$$\begin{bmatrix} \mathbf{V}_1 \\ \mathbf{V}_2 \end{bmatrix} = \begin{bmatrix} \mathbf{z}_{11} & \mathbf{z}_{12} \\ \mathbf{z}_{21} & \mathbf{z}_{22} \end{bmatrix} \begin{bmatrix} \mathbf{I}_1 \\ \mathbf{I}_2 \end{bmatrix} = [\mathbf{z}] \begin{bmatrix} \mathbf{I}_1 \\ \mathbf{I}_2 \end{bmatrix} \tag{19.31}$$

또는

$$\begin{bmatrix} \mathbf{I}_1 \\ \mathbf{I}_2 \end{bmatrix} = [\mathbf{z}]^{-1} \begin{bmatrix} \mathbf{V}_1 \\ \mathbf{V}_2 \end{bmatrix} \tag{19.32}$$

또한 식 (19.9)에서

$$\begin{bmatrix} \mathbf{I}_1 \\ \mathbf{I}_2 \end{bmatrix} = \begin{bmatrix} \mathbf{y}_{11} & \mathbf{y}_{12} \\ \mathbf{y}_{21} & \mathbf{y}_{22} \end{bmatrix} \begin{bmatrix} \mathbf{V}_1 \\ \mathbf{V}_2 \end{bmatrix} = [\mathbf{y}] \begin{bmatrix} \mathbf{V}_1 \\ \mathbf{V}_2 \end{bmatrix} \tag{19.33}$$

식 (19.32)와 (19.33)을 비교하면, $\mathbf{V}_1 = \mathbf{z}_{11}\mathbf{I}_1 + \mathbf{z}_{12}\mathbf{I}_2$

$$[\mathbf{y}] = [\mathbf{z}]^{-1} \tag{19.34}$$

[$\mathbf{z}$] 행렬의 전치행렬은

$$\begin{bmatrix} \mathbf{z}_{22} & -\mathbf{z}_{12} \\ -\mathbf{z}_{21} & \mathbf{z}_{11} \end{bmatrix}$$

행렬식은

$$\Delta_z = \mathbf{z}_{11}\mathbf{z}_{22} - \mathbf{z}_{12}\mathbf{z}_{21}$$

식 (19.34)에 이것을 대입하면,

$$\begin{bmatrix} \mathbf{y}_{11} & \mathbf{y}_{12} \\ \mathbf{y}_{21} & \mathbf{y}_{22} \end{bmatrix} = \frac{\begin{bmatrix} \mathbf{z}_{22} & -\mathbf{z}_{12} \\ -\mathbf{z}_{21} & \mathbf{z}_{11} \end{bmatrix}}{\Delta_z} \tag{19.35}$$

각 항을 같게 놓으면,

$$\mathbf{y}_{11} = \frac{\mathbf{z}_{22}}{\Delta_z}, \qquad \mathbf{y}_{12} = -\frac{\mathbf{z}_{12}}{\Delta_z}, \qquad \mathbf{y}_{21} = -\frac{\mathbf{z}_{21}}{\Delta_z}, \qquad \mathbf{y}_{22} = \frac{\mathbf{z}_{11}}{\Delta_z} \tag{19.36}$$

두 번째 예로서 z 파라미터로 h 파라미터를 구해보자. 식 (19.1)로부터

$$\mathbf{V}_1 = \mathbf{z}_{11}\mathbf{I}_1 + \mathbf{z}_{12}\mathbf{I}_2 \tag{19.37a}$$

$$\mathbf{V}_2 = \mathbf{z}_{21}\mathbf{I}_1 + \mathbf{z}_{22}\mathbf{I}_2 \tag{19.37b}$$

식 (19.37b)를 $\mathbf{I}_2$에 대해 정리하면,

$$\mathbf{I}_2 = -\frac{\mathbf{z}_{21}}{\mathbf{z}_{22}}\mathbf{I}_1 + \frac{1}{\mathbf{z}_{22}}\mathbf{V}_2 \tag{19.38}$$

식 (19.37a)에 대입하면,

$$\mathbf{V}_1 = \frac{\mathbf{z}_{11}\mathbf{z}_{22} - \mathbf{z}_{12}\mathbf{z}_{21}}{\mathbf{z}_{22}} \mathbf{I}_1 + \frac{\mathbf{z}_{12}}{\mathbf{z}_{22}} \mathbf{V}_2 \qquad \textbf{(19.39)}$$

식 (19.38)과 (19.39)를 행렬 형태로 쓰면,

$$\begin{bmatrix} \mathbf{V}_1 \\ \mathbf{I}_2 \end{bmatrix} = \begin{bmatrix} \dfrac{\Delta_z}{\mathbf{z}_{22}} & \dfrac{\mathbf{z}_{12}}{\mathbf{z}_{22}} \\[2mm] -\dfrac{\mathbf{z}_{21}}{\mathbf{z}_{22}} & \dfrac{1}{\mathbf{z}_{22}} \end{bmatrix} \begin{bmatrix} \mathbf{I}_1 \\ \mathbf{V}_2 \end{bmatrix} \qquad \textbf{(19.40)}$$

식 (19.15)에서

$$\begin{bmatrix} \mathbf{V}_1 \\ \mathbf{I}_2 \end{bmatrix} = \begin{bmatrix} \mathbf{h}_{11} & \mathbf{h}_{12} \\ \mathbf{h}_{21} & \mathbf{h}_{22} \end{bmatrix} \begin{bmatrix} \mathbf{I}_1 \\ \mathbf{V}_2 \end{bmatrix}$$

식 (19.40)과 비교하면,

$$\mathbf{h}_{11} = \frac{\Delta_z}{\mathbf{z}_{22}}, \qquad \mathbf{h}_{12} = \frac{\mathbf{z}_{12}}{\mathbf{z}_{22}}, \qquad \mathbf{h}_{21} = -\frac{\mathbf{z}_{21}}{\mathbf{z}_{22}}, \qquad \mathbf{h}_{22} = \frac{1}{\mathbf{z}_{22}} \qquad \textbf{(19.41)}$$

표 19.1에 2포트 파라미터의 6세트에 대한 변환 공식을 실었다. 파라미터 1 세트가 주어지면 표 19.1을 이용하여 다른 파라미터를 구할 수 있다. 예를 들어 T 파라미터가 주어지면 3열 5행에서 해당 h 파라미터를 구할 수 있다. 가역회로 에서 $\mathbf{z}_{12} = \mathbf{z}_{21}$이면 표를 이용하여 이 조건을 다른 파라미터로 표현할 수 있다. 또한 다음과 같이 나타난다.

$$[\mathbf{g}] = [\mathbf{h}]^{-1} \qquad \textbf{(19.42)}$$

그러나

$$[\mathbf{t}] \neq [\mathbf{T}]^{-1} \qquad \textbf{(19.43)}$$

예제 19.10

다음의 2포트 회로망에서 [$\mathbf{z}$]와 [$\mathbf{g}$]를 구하라.

$$[\mathbf{T}] = \begin{bmatrix} 10 & 1.5\ \Omega \\ 2\ \text{S} & 4 \end{bmatrix}$$

풀이:

$\mathbf{A} = 10$, $\mathbf{B} = 1.5$, $\mathbf{C} = 2$, $\mathbf{D} = 4$이면 행렬의 행렬식은

$$\Delta_T = \mathbf{AD} - \mathbf{BC} = 40 - 3 = 37$$

표 19.1에서

$$\mathbf{z}_{11} = \frac{\mathbf{A}}{\mathbf{C}} = \frac{10}{2} = 5, \qquad \mathbf{z}_{12} = \frac{\Delta_T}{\mathbf{C}} = \frac{37}{2} = 18.5$$

$$\mathbf{z}_{21} = \frac{1}{\mathbf{C}} = \frac{1}{2} = 0.5, \qquad \mathbf{z}_{22} = \frac{\mathbf{D}}{\mathbf{C}} = \frac{4}{2} = 2$$

$$\mathbf{g}_{11} = \frac{\mathbf{C}}{\mathbf{A}} = \frac{2}{10} = 0.2, \qquad \mathbf{g}_{12} = -\frac{\Delta_T}{\mathbf{A}} = -\frac{37}{10} = -3.7$$

$$\mathbf{g}_{21} = \frac{1}{\mathbf{A}} = \frac{1}{10} = 0.1, \qquad \mathbf{g}_{22} = \frac{\mathbf{B}}{\mathbf{A}} = \frac{1.5}{10} = 0.15$$

표 19.1

2포트 파라미터 사이의 변환표

	z		y		h		g		T		t	
z	z_{11}	z_{12}	$\dfrac{y_{22}}{\Delta_y}$	$-\dfrac{y_{12}}{\Delta_y}$	$\dfrac{\Delta_h}{h_{22}}$	$\dfrac{h_{12}}{h_{22}}$	$\dfrac{1}{g_{11}}$	$-\dfrac{g_{12}}{g_{11}}$	$\dfrac{A}{C}$	$\dfrac{\Delta_T}{C}$	$\dfrac{d}{c}$	$\dfrac{1}{c}$
	z_{21}	z_{22}	$-\dfrac{y_{21}}{\Delta_y}$	$\dfrac{y_{11}}{\Delta_y}$	$-\dfrac{h_{21}}{h_{22}}$	$\dfrac{1}{h_{22}}$	$\dfrac{g_{21}}{g_{11}}$	$\dfrac{\Delta_g}{g_{11}}$	$\dfrac{1}{C}$	$\dfrac{D}{C}$	$\dfrac{\Delta_t}{c}$	$\dfrac{a}{c}$
y	$\dfrac{z_{22}}{\Delta_z}$	$-\dfrac{z_{12}}{\Delta_z}$	y_{11}	y_{12}	$\dfrac{1}{h_{11}}$	$-\dfrac{h_{12}}{h_{11}}$	$\dfrac{\Delta_g}{g_{22}}$	$\dfrac{g_{12}}{g_{22}}$	$\dfrac{D}{B}$	$-\dfrac{\Delta_T}{B}$	$\dfrac{a}{b}$	$-\dfrac{1}{b}$
	$-\dfrac{z_{21}}{\Delta_z}$	$\dfrac{z_{11}}{\Delta_z}$	y_{21}	y_{22}	$\dfrac{h_{21}}{h_{11}}$	$\dfrac{\Delta_h}{h_{11}}$	$-\dfrac{g_{21}}{g_{22}}$	$\dfrac{1}{g_{22}}$	$-\dfrac{1}{B}$	$\dfrac{A}{B}$	$-\dfrac{\Delta_t}{b}$	$\dfrac{d}{b}$
h	$\dfrac{\Delta_z}{z_{22}}$	$\dfrac{z_{12}}{z_{22}}$	$\dfrac{1}{y_{11}}$	$-\dfrac{y_{12}}{y_{11}}$	h_{11}	h_{12}	$\dfrac{g_{22}}{\Delta_g}$	$-\dfrac{g_{12}}{\Delta_g}$	$\dfrac{B}{D}$	$\dfrac{\Delta_T}{D}$	$\dfrac{b}{a}$	$\dfrac{1}{a}$
	$-\dfrac{z_{21}}{z_{22}}$	$\dfrac{1}{z_{22}}$	$\dfrac{y_{21}}{y_{11}}$	$\dfrac{\Delta_y}{y_{11}}$	h_{21}	h_{22}	$-\dfrac{g_{21}}{\Delta_g}$	$\dfrac{g_{11}}{\Delta_g}$	$-\dfrac{1}{D}$	$\dfrac{C}{D}$	$-\dfrac{\Delta_t}{a}$	$\dfrac{c}{a}$
g	$\dfrac{1}{z_{11}}$	$-\dfrac{z_{12}}{z_{11}}$	$\dfrac{\Delta_y}{y_{22}}$	$\dfrac{y_{12}}{y_{22}}$	$\dfrac{h_{22}}{\Delta_h}$	$-\dfrac{h_{12}}{\Delta_h}$	g_{11}	g_{12}	$\dfrac{C}{A}$	$-\dfrac{\Delta_T}{A}$	$\dfrac{c}{d}$	$-\dfrac{1}{d}$
	$\dfrac{z_{21}}{z_{11}}$	$\dfrac{\Delta_z}{z_{11}}$	$-\dfrac{y_{21}}{y_{22}}$	$\dfrac{1}{y_{22}}$	$-\dfrac{h_{21}}{\Delta_h}$	$\dfrac{h_{11}}{\Delta_h}$	g_{21}	g_{22}	$\dfrac{1}{A}$	$\dfrac{B}{A}$	$\dfrac{\Delta_t}{d}$	$\dfrac{b}{d}$
T	$\dfrac{z_{11}}{z_{21}}$	$\dfrac{\Delta_z}{z_{21}}$	$-\dfrac{y_{22}}{y_{21}}$	$-\dfrac{1}{y_{21}}$	$-\dfrac{\Delta_h}{h_{21}}$	$-\dfrac{h_{11}}{h_{21}}$	$\dfrac{1}{g_{21}}$	$\dfrac{g_{22}}{g_{21}}$	A	B	$\dfrac{d}{\Delta_t}$	$\dfrac{b}{\Delta_t}$
	$\dfrac{1}{z_{21}}$	$\dfrac{z_{22}}{z_{21}}$	$-\dfrac{\Delta_y}{y_{21}}$	$-\dfrac{y_{11}}{y_{21}}$	$-\dfrac{h_{22}}{h_{21}}$	$-\dfrac{1}{h_{21}}$	$\dfrac{g_{11}}{g_{21}}$	$\dfrac{\Delta_g}{g_{21}}$	C	D	$\dfrac{c}{\Delta_t}$	$\dfrac{a}{\Delta_t}$
t	$\dfrac{z_{22}}{z_{12}}$	$\dfrac{\Delta_z}{z_{12}}$	$-\dfrac{y_{11}}{y_{12}}$	$-\dfrac{1}{y_{12}}$	$\dfrac{1}{h_{12}}$	$\dfrac{h_{11}}{h_{12}}$	$-\dfrac{\Delta_g}{g_{12}}$	$-\dfrac{g_{22}}{g_{12}}$	$\dfrac{D}{\Delta_T}$	$\dfrac{B}{\Delta_T}$	a	b
	$\dfrac{1}{z_{12}}$	$\dfrac{z_{11}}{z_{12}}$	$-\dfrac{\Delta_y}{y_{12}}$	$-\dfrac{y_{22}}{y_{12}}$	$\dfrac{h_{22}}{h_{12}}$	$\dfrac{\Delta_h}{h_{12}}$	$-\dfrac{g_{11}}{g_{12}}$	$-\dfrac{1}{g_{12}}$	$\dfrac{C}{\Delta_T}$	$\dfrac{A}{\Delta_T}$	c	d

$\Delta_z = z_{11}z_{22} - z_{12}z_{21}, \qquad \Delta_h = h_{11}h_{22} - h_{12}h_{21}, \qquad \Delta_T = AD - BC$

$\Delta_y = y_{11}y_{22} - y_{12}y_{21}, \qquad \Delta_g = g_{11}g_{22} - g_{12}g_{21}, \qquad \Delta_t = ad - bc$

그러므로

$$[z] = \begin{bmatrix} 5 & 18.5 \\ 0.5 & 2 \end{bmatrix} \Omega, \qquad [g] = \begin{bmatrix} 0.2\ \text{S} & -3.7 \\ 0.1 & 0.15\ \Omega \end{bmatrix}$$

실전문제 19.10

2포트 회로의 z 파라미터가 다음과 같을 때 $[\mathbf{y}]$와 $[\mathbf{T}]$를 구하라.

$$[\mathbf{z}] = \begin{bmatrix} 6 & 4 \\ 4 & 6 \end{bmatrix} \Omega$$

답: $[\mathbf{y}] = \begin{bmatrix} 0.3 & -0.2 \\ -0.2 & 0.3 \end{bmatrix} \text{S}, \quad [\mathbf{T}] = \begin{bmatrix} 1.5 & 5\ \Omega \\ 0.25\ \text{S} & 1.5 \end{bmatrix}$

그림 19.37의 연산증폭기 회로에서 y 파라미터를 구하라. 이 회로는 z 파라미터가 없음을 보여라.

풀이:

연산증폭기의 입력 단자에 들어가는 전류가 없으므로 $\mathbf{I}_1 = 0$이고, $\mathbf{V}_1$과 $\mathbf{V}_2$의 항으로 표현하면,

$$\mathbf{I}_1 = 0\mathbf{V}_1 + 0\mathbf{V}_2 \tag{19.11.1}$$

식 (19.8)과 비교하면,

$$\mathbf{y}_{11} = 0 = \mathbf{y}_{12}$$

또한

$$\mathbf{V}_2 = R_3\mathbf{I}_2 + \mathbf{I}_o(R_1 + R_2)$$

여기서 $\mathbf{I}_o$는 R_1과 R_2에 흐르는 전류이다. 그런데 $\mathbf{I}_o = \mathbf{V}_1/R_1$이므로,

$$\mathbf{V}_2 = R_3\mathbf{I}_2 + \frac{\mathbf{V}_1(R_1 + R_2)}{R_1}$$

다음과 같이 쓸 수도 있다.

$$\mathbf{I}_2 = -\frac{(R_1 + R_2)}{R_1 R_3}\mathbf{V}_1 + \frac{\mathbf{V}_2}{R_3}$$

식 (19.8)과 비교하면,

$$\mathbf{y}_{21} = -\frac{(R_1 + R_2)}{R_1 R_3}, \qquad \mathbf{y}_{22} = \frac{1}{R_3}$$

[y] 행렬의 행렬식은

$$\Delta_y = \mathbf{y}_{11}\mathbf{y}_{22} - \mathbf{y}_{12}\mathbf{y}_{21} = 0$$

$\Delta_y = 0$이므로 [y] 행렬은 역이 없다. 따라서 식 (19.34)에 의해 [z] 행렬은 존재하지 않는다. 이 회로는 능동소자 때문에 가역이 아니라는 것을 주의하라.

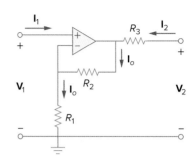

그림 19.37
예제 19.11.

그림 19.38의 연산증폭기 회로에서 z 파라미터를 구하라. 이 회로는 y 파라미터가 없음을 보여라.

답: $[\mathbf{z}] = \begin{bmatrix} R_1 & 0 \\ -R_2 & 0 \end{bmatrix}$. $[\mathbf{z}]^{-1}$가 존재하지 않으므로 [y]가 존재하지 않는다.

19.7 회로망 간의 연결

크고 복잡한 회로는 해석이나 설계를 목적으로 부회로망으로 나눌 수 있다. 부

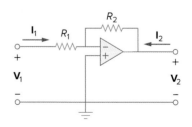

그림 19.38
실전문제 19.11.

회로망은 2포트 회로망으로 모델링되며 원래 회로망을 형성하기 위해 서로 연결된다. 그러므로 2포트 회로망은 복잡한 회로망을 형성하기 위해 서로 연결되는 빌딩 블록으로 간주된다. 이러한 연결은 직렬, 병렬, 혹은 종속으로 접속된다. 상호 연결된 회로망은 6개의 파라미터 세트 중에서 어느 것으로도 표현될 수 있지만, 어떤 하나의 세트로 표현하면 확실한 이점이 있는 것이 있다. 예를 들어 회로망이 직렬로 연결된 경우 전체 회로의 z 파라미터는 각 z 파라미터의 합이고, 병렬로 연결된 경우 전체 회로의 y 파라미터는 각 y 파라미터의 합이다. 회로망이 종속으로 연결되었으면 전체 회로의 전송 파라미터는 각 T 파라미터의 곱이다.

그림 19.39와 같이 2개의 2포트 회로망이 직렬연결된 경우를 살펴보자. 입력 전류는 같고 전압이 더해지므로 직렬로 간주된다. 아울러 각 회로망은 같은 기준점을 가지고 회로가 직렬로 연결되어 있다면 각 회로의 공통 기준점은 같이 연결된다. 회로망 N_a에서

$$\begin{aligned} \mathbf{V}_{1a} &= \mathbf{z}_{11a}\mathbf{I}_{1a} + \mathbf{z}_{12a}\mathbf{I}_{2a} \\ \mathbf{V}_{2a} &= \mathbf{z}_{21a}\mathbf{I}_{1a} + \mathbf{z}_{22a}\mathbf{I}_{2a} \end{aligned} \tag{19.44}$$

회로망 N_b에서

$$\begin{aligned} \mathbf{V}_{1b} &= \mathbf{z}_{11b}\mathbf{I}_{1b} + \mathbf{z}_{12b}\mathbf{I}_{2b} \\ \mathbf{V}_{2b} &= \mathbf{z}_{21b}\mathbf{I}_{1b} + \mathbf{z}_{22b}\mathbf{I}_{2b} \end{aligned} \tag{19.45}$$

그림 19.39로부터

$$\mathbf{I}_1 = \mathbf{I}_{1a} = \mathbf{I}_{1b}, \qquad \mathbf{I}_2 = \mathbf{I}_{2a} = \mathbf{I}_{2b} \tag{19.46}$$

그리고

$$\begin{aligned} \mathbf{V}_1 &= \mathbf{V}_{1a} + \mathbf{V}_{1b} = (\mathbf{z}_{11a} + \mathbf{z}_{11b})\mathbf{I}_1 + (\mathbf{z}_{12a} + \mathbf{z}_{12b})\mathbf{I}_2 \\ \mathbf{V}_2 &= \mathbf{V}_{2a} + \mathbf{V}_{2b} = (\mathbf{z}_{21a} + \mathbf{z}_{21b})\mathbf{I}_1 + (\mathbf{z}_{22a} + \mathbf{z}_{22b})\mathbf{I}_2 \end{aligned} \tag{19.47}$$

따라서 전체 회로의 z 파라미터는

$$\begin{bmatrix} \mathbf{z}_{11} & \mathbf{z}_{12} \\ \mathbf{z}_{21} & \mathbf{z}_{22} \end{bmatrix} = \begin{bmatrix} \mathbf{z}_{11a} + \mathbf{z}_{11b} & \mathbf{z}_{12a} + \mathbf{z}_{12b} \\ \mathbf{z}_{21a} + \mathbf{z}_{21b} & \mathbf{z}_{22a} + \mathbf{z}_{22b} \end{bmatrix} \tag{19.48}$$

또는

$$\boxed{[\mathbf{z}] = [\mathbf{z}_a] + [\mathbf{z}_b]} \tag{19.49}$$

전체 회로의 z 파라미터는 각 z 파라미터의 합임을 보여준다. 이를 n개의 직렬회로망까지 확장 적용할 수 있다. [h] 모델로 표현된 2개의 2포트 회로망이 서로 직렬연결되어 있으면 표 19.1을 사용하여 **h**를 **z**로 바꾼 후 식 (19.49)를 적용한다. 최종적으로는 표 19.1을 사용하여 **h**로 다시 변환한다.

2포트 회로망 2개의 포트 전압이 서로 같고 전체 전류의 포트 전류가 각 포트 전류의 합이면 병렬이다. 아울러 각 회로는 같은 기준점을 가져야 하며, 회로

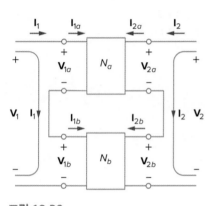

그림 19.39
2포트 회로 2개의 직렬연결.

가 서로 연결되었을 때 모든 회로가 공통 기준점에 함께 묶여야 한다. 2개의 2포트 회로망이 병렬연결된 것을 그림 19.40에 나타냈다. 두 회로망에서

$$\mathbf{I}_{1a} = \mathbf{y}_{11a}\mathbf{V}_{1a} + \mathbf{y}_{12a}\mathbf{V}_{2a}$$
$$\mathbf{I}_{2a} = \mathbf{y}_{21a}\mathbf{V}_{1a} + \mathbf{y}_{22a}\mathbf{V}_{2a}$$

(19.50)

그리고

$$\mathbf{I}_{1b} = \mathbf{y}_{11b}\mathbf{V}_{1b} + \mathbf{y}_{12b}\mathbf{V}_{2b}$$
$$\mathbf{I}_{2a} = \mathbf{y}_{21b}\mathbf{V}_{1b} + \mathbf{y}_{22b}\mathbf{V}_{2b}$$

(19.51)

그런데 그림 19.40으로부터,

$$\mathbf{V}_1 = \mathbf{V}_{1a} = \mathbf{V}_{1b}, \qquad \mathbf{V}_2 = \mathbf{V}_{2a} = \mathbf{V}_{2b}$$

(19.52a)

$$\mathbf{I}_1 = \mathbf{I}_{1a} + \mathbf{I}_{1b}, \qquad \mathbf{I}_2 = \mathbf{I}_{2a} + \mathbf{I}_{2b}$$

(19.52b)

식 (19.50)과 (19.51)을 식 (19.52b)에 대입하면,

$$\mathbf{I}_1 = (\mathbf{y}_{11a} + \mathbf{y}_{11b})\mathbf{V}_1 + (\mathbf{y}_{12a} + \mathbf{y}_{12b})\mathbf{V}_2$$
$$\mathbf{I}_2 = (\mathbf{y}_{21a} + \mathbf{y}_{21b})\mathbf{V}_1 + (\mathbf{y}_{22a} + \mathbf{y}_{22b})\mathbf{V}_2$$

(19.53)

따라서 전체 회로의 y 파라미터는

$$\begin{bmatrix} \mathbf{y}_{11} & \mathbf{y}_{12} \\ \mathbf{y}_{21} & \mathbf{y}_{22} \end{bmatrix} = \begin{bmatrix} \mathbf{y}_{11a} + \mathbf{y}_{11b} & \mathbf{y}_{12a} + \mathbf{y}_{12b} \\ \mathbf{y}_{21a} + \mathbf{y}_{21b} & \mathbf{y}_{22a} + \mathbf{y}_{22b} \end{bmatrix}$$

(19.54)

또는

$$\boxed{[\mathbf{y}] = [\mathbf{y}_a] + [\mathbf{y}_b]}$$

(19.55)

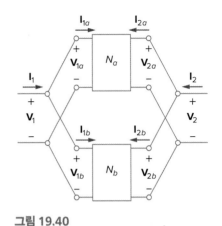

그림 19.40
2포트 회로 2개의 병렬연결.

전체 회로의 y 파라미터는 각 y 파라미터의 합임을 보여준다. 이 결과는 n개의 병렬회로망까지 확장 적용할 수 있다.

두 회로망 간에 하나의 출력이 다른 하나에 연결되어 있으면 두 회로망은 종속연결되어 있다고 말한다. 2개의 2포트 회로망이 종속연결된 것을 그림 19.41에 나타냈다. 두 회로망에 대해,

$$\begin{bmatrix} \mathbf{V}_{1a} \\ \mathbf{I}_{1a} \end{bmatrix} = \begin{bmatrix} \mathbf{A}_a & \mathbf{B}_a \\ \mathbf{C}_a & \mathbf{D}_a \end{bmatrix} \begin{bmatrix} \mathbf{V}_{2a} \\ -\mathbf{I}_{2a} \end{bmatrix}$$

(19.56)

$$\begin{bmatrix} \mathbf{V}_{1b} \\ \mathbf{I}_{1b} \end{bmatrix} = \begin{bmatrix} \mathbf{A}_b & \mathbf{B}_b \\ \mathbf{C}_b & \mathbf{D}_b \end{bmatrix} \begin{bmatrix} \mathbf{V}_{2b} \\ -\mathbf{I}_{2b} \end{bmatrix}$$

(19.57)

그림 19.41에서

$$\begin{bmatrix} \mathbf{V}_1 \\ \mathbf{I}_1 \end{bmatrix} = \begin{bmatrix} \mathbf{V}_{1a} \\ \mathbf{I}_{1a} \end{bmatrix}, \quad \begin{bmatrix} \mathbf{V}_{2a} \\ -\mathbf{I}_{2a} \end{bmatrix} = \begin{bmatrix} \mathbf{V}_{1b} \\ \mathbf{I}_{1b} \end{bmatrix}, \quad \begin{bmatrix} \mathbf{V}_{2b} \\ -\mathbf{I}_{2b} \end{bmatrix} = \begin{bmatrix} \mathbf{V}_2 \\ -\mathbf{I}_2 \end{bmatrix},$$

(19.58)

식 (19.56)과 (19.57)에 이를 대입하면,

$$\begin{bmatrix} \mathbf{V}_1 \\ \mathbf{I}_1 \end{bmatrix} = \begin{bmatrix} \mathbf{A}_a & \mathbf{B}_a \\ \mathbf{C}_a & \mathbf{D}_a \end{bmatrix} \begin{bmatrix} \mathbf{A}_b & \mathbf{B}_b \\ \mathbf{C}_b & \mathbf{D}_b \end{bmatrix} \begin{bmatrix} \mathbf{V}_2 \\ -\mathbf{I}_2 \end{bmatrix}$$

(19.59)

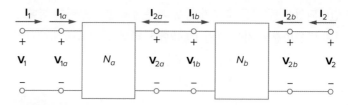

그림 19.41
2포트 회로 2개의 종속연결.

따라서 전체 회로의 전송 파라미터는 각 전송 파라미터의 곱이다.

$$\begin{bmatrix} \mathbf{A} & \mathbf{B} \\ \mathbf{C} & \mathbf{D} \end{bmatrix} = \begin{bmatrix} \mathbf{A}_a & \mathbf{B}_a \\ \mathbf{C}_a & \mathbf{D}_a \end{bmatrix} \begin{bmatrix} \mathbf{A}_b & \mathbf{B}_b \\ \mathbf{C}_b & \mathbf{D}_b \end{bmatrix} \qquad (19.60)$$

또는

$$\boxed{[\mathbf{T}] = [\mathbf{T}_a][\mathbf{T}_b]} \qquad (19.61)$$

이러한 성질 덕분에 전송 파라미터를 사용하는 것이 유용하다. 회로망 N_a와 N_b가 종속으로 연결된 순서와 같은 순서로 행렬의 곱이 됨을 기억하라.

예제 19.12

그림 19.42의 회로에서 $\mathbf{V}_2/\mathbf{V}_s$를 구하라.

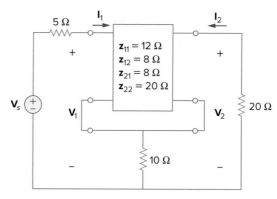

그림 19.42
예제 19.12.

풀이:

그림 19.42의 회로는 2개의 2포트 회로가 직렬연결된 것으로 간주할 수 있다. N_b에서

$$\mathbf{z}_{12b} = \mathbf{z}_{21b} = 10 = \mathbf{z}_{11b} = \mathbf{z}_{22b}$$

그러므로

$$[\mathbf{z}] = [\mathbf{z}_a] + [\mathbf{z}_b] = \begin{bmatrix} 12 & 8 \\ 8 & 20 \end{bmatrix} + \begin{bmatrix} 10 & 10 \\ 10 & 10 \end{bmatrix} = \begin{bmatrix} 22 & 18 \\ 18 & 30 \end{bmatrix}$$

그러나

$$\mathbf{V}_1 = \mathbf{z}_{11}\mathbf{I}_1 + \mathbf{z}_{12}\mathbf{I}_2 = 22\mathbf{I}_1 + 18\mathbf{I}_2 \qquad \textbf{(19.12.1)}$$

$$\mathbf{V}_2 = \mathbf{z}_{21}\mathbf{I}_1 + \mathbf{z}_{22}\mathbf{I}_2 = 18\mathbf{I}_1 + 30\mathbf{I}_2 \qquad \textbf{(19.12.2)}$$

또한 입력 포트에서는

$$\mathbf{V}_1 = \mathbf{V}_s - 5\mathbf{I}_1 \qquad \textbf{(19.12.3)}$$

출력 포트에서는

$$\mathbf{V}_2 = -20\mathbf{I}_2 \qquad \Rightarrow \qquad \mathbf{I}_2 = -\frac{\mathbf{V}_2}{20} \qquad \textbf{(19.12.4)}$$

식 (19.12.3)과 (19.12.4)를 식 (19.12.1)에 대입하면,

$$\mathbf{V}_s - 5\mathbf{I}_1 = 22\mathbf{I}_1 - \frac{18}{20}\mathbf{V}_2 \qquad \Rightarrow \qquad \mathbf{V}_s = 27\mathbf{I}_1 - 0.9\mathbf{V}_2 \quad \textbf{(19.12.5)}$$

식 (19.12.4)를 식 (19.12.2)에 대입하면,

$$\mathbf{V}_2 = 18\mathbf{I}_1 - \frac{30}{20}\mathbf{V}_2 \qquad \Rightarrow \qquad \mathbf{I}_1 = \frac{2.5}{18}\mathbf{V}_2 \qquad \textbf{(19.12.6)}$$

식 (19.12.6)을 식 (19.12.5)에 대입하면,

$$\mathbf{V}_s = 27 \times \frac{2.5}{18}\mathbf{V}_2 - 0.9\mathbf{V}_2 = 2.85\mathbf{V}_2$$

따라서

$$\frac{\mathbf{V}_2}{\mathbf{V}_s} = \frac{1}{2.85} = 0.3509$$

실전문제 19.12

그림 19.43의 회로에서 $\mathbf{V}_2/\mathbf{V}_s$를 구하라.

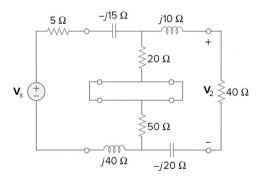

그림 19.43
실전문제 19.12.

답: $0.6799\underline{/-29.05°}$

예제 19.13

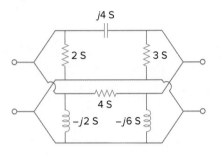

그림 19.44
예제 19.13.

그림 19.44의 회로에서 2포트의 y 파라미터를 구하라.

풀이:

위 회로망을 N_a라 하고 아래 회로망을 N_b라 하자. 두 회로망은 병렬연결되어 있다. N_a와 N_b를 그림 19.13(a)의 회로와 비교하면,

$$\mathbf{y}_{12a} = -j4 = \mathbf{y}_{21a}, \qquad \mathbf{y}_{11a} = 2 + j4, \qquad \mathbf{y}_{22a} = 3 + j4$$

또는

$$[\mathbf{y}_a] = \begin{bmatrix} 2 + j4 & -j4 \\ -j4 & 3 + j4 \end{bmatrix} S$$

그리고

$$\mathbf{y}_{12b} = -4 = \mathbf{y}_{21b}, \qquad \mathbf{y}_{11b} = 4 - j2, \qquad \mathbf{y}_{22b} = 4 - j6$$

또는

$$[\mathbf{y}_b] = \begin{bmatrix} 4 - j2 & -4 \\ -4 & 4 - j6 \end{bmatrix} S$$

전체 y 파라미터는

$$[\mathbf{y}] = [\mathbf{y}_a] + [\mathbf{y}_b] = \begin{bmatrix} 6 + j2 & -4 - j4 \\ -4 - j4 & 7 - j2 \end{bmatrix} S$$

실전문제 19.13

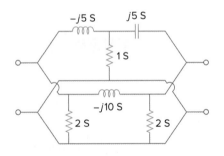

그림 19.45
실전문제 19.13.

그림 19.45의 회로망에서 y 파라미터를 구하라.

답: $\begin{bmatrix} 27 - j15 & -25 + j10 \\ -25 + j10 & 27 - j5 \end{bmatrix} S$

예제 19.14

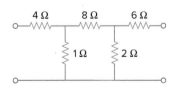

그림 19.46
예제 19.14.

그림 19.46의 회로에서 전송 파라미터를 구하라.

풀이:

그림 19.46의 회로를 그림 19.47(a)와 같이 T 회로망 2개의 종속연결로 간주한다. 그림 19.47(b)의 T 회로망은 다음의 전송 파라미터를 가진다[문제 19.52(b) 참조].

$$\mathbf{A} = 1 + \frac{R_1}{R_2}, \qquad \mathbf{B} = R_3 + \frac{R_1(R_2 + R_3)}{R_2}$$

$$\mathbf{C} = \frac{1}{R_2}, \qquad \mathbf{D} = 1 + \frac{R_3}{R_2}$$

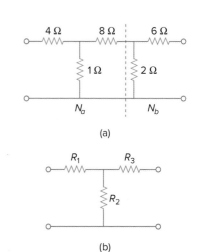

그림 19.47(a)의 종속된 회로망 N_a와 N_b에 이것을 적용하면,

$$\mathbf{A}_a = 1 + 4 = 5, \qquad \mathbf{B}_a = 8 + 4 \times 9 = 44 \ \Omega$$
$$\mathbf{C}_a = 1 \ \text{S}, \qquad \mathbf{D}_a = 1 + 8 = 9$$

행렬 형태로 나타내면,

$$[\mathbf{T}_a] = \begin{bmatrix} 5 & 44 \ \Omega \\ 1 \ \text{S} & 9 \end{bmatrix}$$

그리고

$$\mathbf{A}_b = 1, \qquad \mathbf{B}_b = 6 \ \Omega, \qquad \mathbf{C}_b = 0.5 \ \text{S}, \qquad \mathbf{D}_b = 1 + \frac{6}{2} = 4$$

따라서 그림 19.46의 전체 회로에 대해,

$$[\mathbf{T}_b] = \begin{bmatrix} 1 & 6 \ \Omega \\ 0.5 \ \text{S} & 4 \end{bmatrix}$$

그림 19.47
예제 19.14: (a) 그림 19.46의 회로를 2개의 2포트로 나눔, (b) 일반적인 T 2단자 회로.

여기서

$$
\begin{aligned}
[\mathbf{T}] = [\mathbf{T}_a][\mathbf{T}_b] &= \begin{bmatrix} 5 & 44 \\ 1 & 9 \end{bmatrix} \begin{bmatrix} 1 & 6 \\ 0.5 & 4 \end{bmatrix} \\
&= \begin{bmatrix} 5 \times 1 + 44 \times 0.5 & 5 \times 6 + 44 \times 4 \\ 1 \times 1 + 9 \times 0.5 & 1 \times 6 + 9 \times 4 \end{bmatrix} \\
&= \begin{bmatrix} 27 & 206 \ \Omega \\ 5.5 \ \text{S} & 42 \end{bmatrix}
\end{aligned}
$$

이는 회로망이 가역임을 보여준다.

$$\Delta_{T_a} = \Delta_{T_b} = \Delta_T = 1$$

실전문제 19.14

그림 19.48의 회로에서 **ABCD** 파라미터를 구하라.

답: $[\mathbf{T}] = \begin{bmatrix} 6.3 & 472 \ \Omega \\ 0.425 \ \text{S} & 32 \end{bmatrix}$

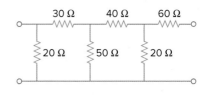

그림 19.48
실전문제 19.14.

19.8 *PSpice*를 이용한 2포트 파라미터의 계산

2포트 회로가 복잡한 경우에 2포트 파라미터를 손으로 계산하기가 어려운데, 이때 *PSpice*를 이용할 수 있다. 순수 저항만으로 이루어진 회로의 경우는 *PSpice*

직류 해석법을 사용할 수 있지만, 그렇지 않은 경우는 특정한 주파수에서의 *PSpice* 교류 해석법을 이용한다. 2포트 회로의 파라미터를 계산하는 데 *PSpice* 를 이용하는 것의 관건은 파라미터를 어떻게 정의하고, 1 A 전류원과 1 V 전압 원으로 적절한 포트 변수를 잡아주며, 다른 필요한 조건을 가하기 위해 개방회 로와 단락회로를 사용하는 것이다. 다음의 두 가지 예를 통해 이를 살펴보자.

예제 19.15

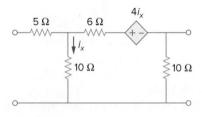

그림 19.49
예제 19.15.

그림 19.49의 회로망에서 h 파라미터를 구하라.

풀이:
식 (19.16)으로부터,

$$\mathbf{h}_{11} = \frac{\mathbf{V}_1}{\mathbf{I}_1}\bigg|_{\mathbf{V}_2=0}, \qquad \mathbf{h}_{21} = \frac{\mathbf{I}_2}{\mathbf{I}_1}\bigg|_{\mathbf{V}_2=0}$$

위 식은 $\mathbf{V}_2 = 0$으로 놓고 $\mathbf{h}_{11}$과 $\mathbf{h}_{21}$을 구할 수 있다는 것을 보여준다. $\mathbf{I}_1 = 1$ A로 놓으면 $\mathbf{h}_{11}$은 $\mathbf{V}_1/1$이 되고, $\mathbf{h}_{21}$은 $\mathbf{I}_2/1$가 된다. 이것을 고려하여 그림 19.50(a)와 같은 회로도를 그린다. $\mathbf{I}_1 = 1$ A로 하기 위해 1 A 직류 전류원 IDC를 삽입하고, $\mathbf{V}_1$을 관찰하기 위해 가상소자 VIEWPOINT를, $\mathbf{I}_2$를 관찰하기 위해 가상소자 IPROBE를 삽입한다. 회로도 파일을 저장한 후 **Analysis/Simulate**를 선택하고 *PSpice*를 실행하여 가상소자상에 표시된 값을 얻을 수 있다. 이 값들로부터 다 음을 얻을 수 있다.

$$\mathbf{h}_{11} = \frac{\mathbf{V}_1}{1} = 10 \ \Omega, \qquad \mathbf{h}_{21} = \frac{\mathbf{I}_2}{1} = -0.5$$

같은 방법으로 식 (19.16)으로부터,

$$\mathbf{h}_{12} = \frac{\mathbf{V}_1}{\mathbf{V}_2}\bigg|_{\mathbf{I}_1=0}, \qquad \mathbf{h}_{22} = \frac{\mathbf{I}_2}{\mathbf{V}_2}\bigg|_{\mathbf{I}_1=0}$$

위 식을 보면 입력 단자를 개방회로($\mathbf{I}_1 = 0$)로 하면 $\mathbf{h}_{12}$와 $\mathbf{h}_{22}$를 구할 수 있다. $\mathbf{V}_2 = 1$ V로 놓으면 $\mathbf{h}_{12}$는 $\mathbf{V}_1/1$이 되고, $\mathbf{h}_{22}$는 $\mathbf{I}_2/1$가 된다. 그래서 19.50(b)의 회로도상에서 $\mathbf{V}_2 = 1$ V로 만들기 위한 방법으로 출력 단자에 1 V 직류 전압원

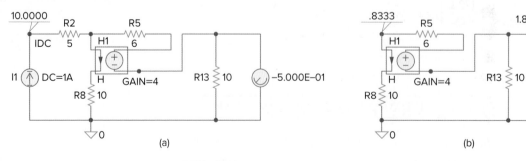

그림 19.50
예제 19.15: (a) $\mathbf{h}_{11}$과 $\mathbf{h}_{21}$ 구하기, (b) $\mathbf{h}_{12}$과 $\mathbf{h}_{22}$ 구하기.

VDC를 삽입한다. $\mathbf{V}_1$과 $\mathbf{I}_2$를 관찰하기 위해 가상소자 VIEWPOINT와 IPROBE 를 삽입한다. [그림 19.50(b)에서 5 Ω 저항은 무시되었다. 입력 단자가 개방회로 이고, *PSpice*에서는 이와 같이 아무 데도 연결되어 있지 않은 소자가 허용되지 않기 때문이다. 5 Ω 저항을 포함하려면 개방회로 대신에 아주 큰 저항, 예를 들면 10 MΩ을 연결한다.] 시뮬레이션을 실행한 후 그림 19.50(b)에 나타난 가상 소자상의 값을 구한다. 그러므로

$$\mathbf{h}_{12} = \frac{\mathbf{V}_1}{1} = 0.8333, \qquad \mathbf{h}_{22} = \frac{\mathbf{I}_2}{1} = 0.1833 \text{ S}$$

실전문제 19.15

그림 19.51의 회로에서 *PSpice*를 이용하여 h 파라미터를 구하라.

답: $h_{11} = 4.238 \text{ Ω}$, $h_{21} = 20.6190$, $h_{12} = 20.7143$, $h_{22} = 20.1429 \text{ S}$

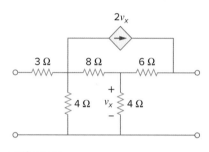

그림 19.51
실전문제 19.15.

예제 19.16

그림 19.52의 회로에서 $\omega = 10^6$ rad/s에서의 z 파라미터를 구하라.

풀이:

그림 19.49의 회로는 순수 저항성이기 때문에 예제 19.15에서는 직류 해석법을 사용했다. 여기서는 인덕터와 커패시터가 주파수 값에 따라 임피던스가 변하기 때문에 $f = \omega/2\pi = 0.15915$ MHz에서 교류 해석법을 사용한다.

식 (19.3)에서 z 파라미터는 다음과 같이 정의되었다.

$$\mathbf{z}_{11} = \frac{\mathbf{V}_1}{\mathbf{I}_1} \bigg|_{\mathbf{I}_2=0}, \qquad \mathbf{z}_{21} = \frac{\mathbf{V}_2}{\mathbf{I}_1} \bigg|_{\mathbf{I}_2=0}$$

$\mathbf{I}_1 = 1$ A로 놓고, 출력 단자를 개방하여 $\mathbf{I}_2 = 0$으로 하면,

$$\mathbf{z}_{11} = \frac{\mathbf{V}_1}{1}, \qquad \mathbf{z}_{21} = \frac{\mathbf{V}_2}{1}$$

위 식을 그림 19.53(a)의 회로도로 구현한다. 1 A 교류 전류원 IAC를 회로의 입력 단자에 삽입하고 $\mathbf{V}_1$과 $\mathbf{V}_2$를 얻기 위해 가상소자 VPRINT1 2개를 삽입한 다. 전압의 크기와 위상을 프린트하기 위해 VPRINT1의 속성으로 *AC = yes*, *MAG = yes*, *PHASE = yes*를 선택한다. **Analysis/Setup/AC Sweep**를 선택하고 **AC Sweep and Noise Analysis** 대화상자에서 *Total Pts*에 1, *Start Freq*에

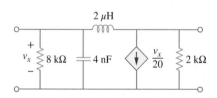

그림 19.52
예제 19.16.

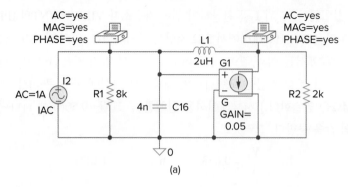

(a)

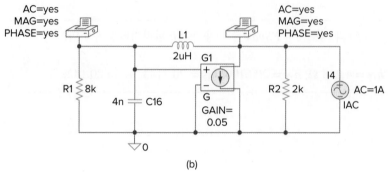

(b)

그림 19.53

예제 19.16: (a) $\mathbf{z}_{11}$과 $\mathbf{z}_{21}$ 구하기, (b) $\mathbf{z}_{12}$와 $\mathbf{z}_{22}$ 구하기.

0.1519MEG, *Final Freq*에 0.1519MEG를 입력한다. 회로도 파일을 저장한 후 **Analysis/Simulate**를 선택하여 시뮬레이션한다. 출력 파일로부터 $\mathbf{V}_1$과 $\mathbf{V}_2$를 구한다. 그러므로

$$\mathbf{z}_{11} = \frac{\mathbf{V}_1}{1} = 19.70\underline{/175.7^\circ}\ \Omega, \qquad \mathbf{z}_{21} = \frac{\mathbf{V}_2}{1} = 19.79\underline{/170.2^\circ}\ \Omega$$

같은 방법으로 식 (19.3)으로부터,

$$\mathbf{z}_{12} = \frac{\mathbf{V}_1}{\mathbf{I}_2}\bigg|_{\mathbf{I}_1=0}, \qquad \mathbf{z}_{22} = \frac{\mathbf{V}_2}{\mathbf{I}_2}\bigg|_{\mathbf{I}_1=0}$$

$\mathbf{I}_2 = 1$ A로 놓고 입력 단자를 개방하면,

$$\mathbf{z}_{12} = \frac{\mathbf{V}_1}{1}, \qquad \mathbf{z}_{22} = \frac{\mathbf{V}_2}{1}$$

이에 해당하는 회로도를 그리면 그림 19.53(b)와 같이 된다. 그림 19.53(a)와 유일하게 다른 점은 1 A 교류 전류원 IAC가 이제는 출력 단자에 있다는 것이다. 그림 19.53(b)의 회로도를 실행하여 출력 파일로부터 $\mathbf{V}_1$과 $\mathbf{V}_2$를 구한다. 따라서

$$\mathbf{z}_{12} = \frac{\mathbf{V}_1}{1} = 19.70\underline{/175.7^\circ}\ \Omega, \qquad \mathbf{z}_{22} = \frac{\mathbf{V}_2}{1} = 19.56\underline{/175.7^\circ}\ \Omega$$

실전문제 19.16

그림 19.54의 회로에서 $f = 60$ Hz일 때 z 파라미터를 구하라.

답: $z_{11} = 3.987\underline{/175.5°}\ \Omega$, $z_{21} = 0.0175\underline{/-2.65°}\ \Omega$,

$z_{12} = 0$, $z_{22} = 0.2651\underline{/91.9°}\ \Omega$

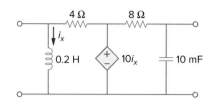

그림 19.54
실전문제 19.16.

19.9　†응용

다양한 2포트 회로망을 특징짓기 위해 여섯 가지 세트의 회로망 파라미터가 어떻게 사용되는지를 살펴보았다. 19.7절에서 설명한 것처럼 좀 더 큰 회로를 형성하기 위해 2포트 회로가 서로 연결되는 방법에 따라 특정 파라미터 세트가 다른 파라미터보다 이점이 있을 수 있다. 이 절에서는 2포트 파라미터의 중요한 응용 분야, 즉 트랜지스터 회로와 사다리형 회로망의 합성에 대해 알아보자.

19.9.1　트랜지스터 회로

2포트 회로망은 회로의 구동 측과 부하 측을 서로 분리하는 데도 사용된다. 예를 들어 그림 19.55의 2포트 회로는 증폭기, 여과기, 혹은 다른 회로 등으로 나타낼 수 있다. 2포트 회로가 증폭기로 표현되면 전압이득 A_v, 전류이득 A_i, 입력 임피던스 Z_{in}, 출력 임피던스 Z_{out}의 식을 쉽게 구할 수 있으며, 다음과 같이 정의된다.

$$A_v = \frac{V_2(s)}{V_1(s)} \tag{19.62}$$

$$A_i = \frac{I_2(s)}{I_1(s)} \tag{19.63}$$

$$Z_{in} = \frac{V_1(s)}{I_1(s)} \tag{19.64}$$

$$Z_{out} = \frac{V_2(s)}{I_2(s)} \bigg|_{V_s=0} \tag{19.65}$$

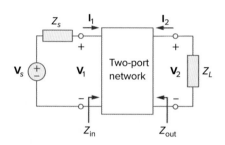

그림 19.55
전원과 부하가 분리된 2포트 회로망.

2포트 파라미터의 6세트 중 어느 것이라도 식 (19.62)~(19.65)를 구하는 데 사용될 수 있다. 그러나 트랜지스터는 하이브리드(h) 파라미터가 가장 유용하다. 이 파라미터는 쉽게 측정되며 때때로 트랜지스터 제조 회사의 데이터나 사양서에 제공된다. h 파라미터는 트랜지스터 회로의 성능을 빠르게 평가하는 데 사용된다. 이 파라미터는 트랜지스터의 정확한 전압이득, 입력 임피던스, 출력 임피던스를 구하는 데 사용된다.

　트랜지스터의 h 파라미터는 첨자로 표현된 특수한 의미를 지니고 있다. 그것은 첫 첨자로 표시되며 일반적인 h 파라미터와 다음의 관계를 가진다.

$$h_i = h_{11}, \qquad h_r = h_{12}, \qquad h_f = h_{21}, \qquad h_o = h_{22} \tag{19.66}$$

첨자 i, r, f, o는 입력, 역, 정, 출력을 나타내고 두 번째 첨자는 사용되는 연결 형태를 의미한다. e는 공통 이미터(common emitter: CE), c는 공통 컬렉터(common collector: CC), b는 공통 베이스(common base: CB)이다. 여기서는 주로 공통 이미터 연결을 사용한다. 따라서 이미터 접지 증폭기의 4개 h 파라미터는 다음과 같다.

$$h_{ie} = \text{베이스 입력 임피던스}$$
$$h_{re} = \text{역방향 전압 피드백 비율}$$
$$h_{fe} = \text{베이스 컬렉터 전류이득} \tag{19.67}$$
$$h_{oe} = \text{출력 어드미턴스}$$

이는 일반적인 h 파라미터를 구하는 것과 똑같은 방법으로 구한다. 전형적인 값은 $h_{ie} = 6 \text{ k}\Omega$, $h_{re} = 1.5 \times 10^{-4}$, $h_{fe} = 200$, $h_{oe} = 8 \text{ }\mu\text{S}$이다. 이 값은 특수 환경에서 측정된 트랜지스터의 교류 특성치이다.

그림 19.56은 이미터 접지 증폭기의 회로도와 그 등가 하이브리드 모델을 보여준다. 이 그림으로부터

$$\mathbf{V}_b = h_{ie}\mathbf{I}_b + h_{re}\mathbf{V}_c \tag{19.68a}$$
$$\mathbf{I}_c = h_{fe}\mathbf{I}_b + h_{oe}\mathbf{V}_c \tag{19.68b}$$

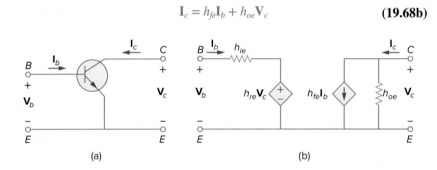

(a)   (b)

그림 19.56
이미터 접지 증폭기: (a) 회로도, (b) 하이브리드 모델.

그림 19.57과 같이 교류 전원과 부하가 연결된 트랜지스터 증폭기를 보자. 이는 큰 회로망에 포함된 2포트 회로망의 예이다. 하이브리드 등가회로는 식 (19.68)로 해석 가능하다(예제 19.6 참조). 그림 19.57에서 $\mathbf{V}_c = -R_L\mathbf{I}_c$이므로 이를 식 (19.68b)에 대입하면,

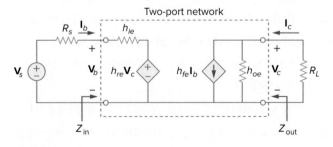

그림 19.57
전원 및 부하저항이 포함된 트랜지스터 증폭기.

$$\mathbf{I}_c = h_{fe}\mathbf{I}_b - h_{oe}R_L\mathbf{I}_c$$

또는

$$(1 + h_{oe}R_L)\mathbf{I}_c = h_{fe}\mathbf{I}_b \qquad \textbf{(19.69)}$$

이로부터 전류이득을 구하면,

$$\boxed{A_i = \frac{\mathbf{I}_c}{\mathbf{I}_b} = \frac{h_{fe}}{1 + h_{oe}R_L}} \qquad \textbf{(19.70)}$$

식 (19.68b)와 (19.70)으로부터 $\mathbf{I}_b$를 $\mathbf{V}_c$로 표현하면,

$$\mathbf{I}_c = \frac{h_{fe}}{1 + h_{oe}R_L}\mathbf{I}_b = h_{fe}\mathbf{I}_b + h_{oe}\mathbf{V}_c$$

또는

$$\mathbf{I}_b = \frac{h_{oe}\mathbf{V}_c}{\dfrac{h_{fe}}{1 + h_{oe}R_L} - h_{fe}} \qquad \textbf{(19.71)}$$

식 (19.71)을 식 (19.68a)에 대입하고 $\mathbf{V}_c$로 나누면,

$$\frac{\mathbf{V}_b}{\mathbf{V}_c} = \frac{h_{oe}h_{ie}}{\dfrac{h_{fe}}{1 + h_{oe}R_L} - h_{fe}} + h_{re}$$

$$= \frac{h_{ie} + h_{ie}h_{oe}R_L - h_{re}h_{fe}R_L}{-h_{fe}R_L} \qquad \textbf{(19.72)}$$

그러므로 전압이득은

$$\boxed{A_v = \frac{\mathbf{V}_c}{\mathbf{V}_b} = \frac{-h_{fe}R_L}{h_{ie} + (h_{ie}h_{oe} - h_{re}h_{fe})R_L}} \qquad \textbf{(19.73)}$$

$\mathbf{V}_c = -R_L\mathbf{I}_c$를 식 (19.68a)에 대입하면,

$$\mathbf{V}_b = h_{ie}\mathbf{I}_b - h_{re}R_L\mathbf{I}_c$$

또는

$$\frac{\mathbf{V}_b}{\mathbf{I}_b} = h_{ie} - h_{re}R_L\frac{\mathbf{I}_c}{\mathbf{I}_b} \qquad \textbf{(19.74)}$$

$\mathbf{I}_c/\mathbf{I}_b$를 식 (19.70)의 전류이득으로 대치해서 임피던스를 구하면,

$$\boxed{Z_{in} = \frac{\mathbf{V}_b}{\mathbf{I}_b} = h_{ie} - \frac{h_{re}h_{fe}R_L}{1 + h_{oe}R_L}} \qquad \textbf{(19.75)}$$

출력 임피던스 Z_{out}은 출력 단자에서의 테브냉 등가저항과 같다. 전압원을 제거하고 1 V 전원을 인가하면 그림 19.58과 같이 되는데, Z_{out}은 $1/\mathbf{I}_c$로 계산된다.

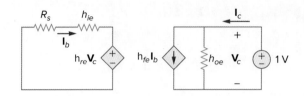

그림 19.58
그림 19.57 증폭기 회로의 출력 임피던스 구하기.

$\mathbf{V}_c = 1$ V이므로 입력 루프에서

$$h_{re}(1) = -\mathbf{I}_b(R_s + h_{ie}) \qquad \Rightarrow \qquad \mathbf{I}_b = -\frac{h_{re}}{R_s + h_{ie}} \qquad \textbf{(19.76)}$$

출력 루프에서

$$\mathbf{I}_c = \mathbf{h}_{oe}(1) + h_{fe}\mathbf{I}_b \qquad \textbf{(19.77)}$$

식 (19.76)을 식 (19.77)에 대입하면,

$$\mathbf{I}_c = \frac{(R_s + h_{ie})h_{oe} - h_{re}h_{fe}}{R_s + h_{ie}} \qquad \textbf{(19.78)}$$

이것으로부터 출력 임피던스 Z_{out}는 $1/\mathbf{I}_c$이므로,

$$\boxed{Z_{out} = \frac{R_s + h_{ie}}{(R_s + h_{ie})h_{oe} - h_{re}h_{fe}}} \qquad \textbf{(19.79)}$$

예제 19.17

그림 19.59의 이미터 접지 증폭기 회로에서 전압이득, 전류이득, 입력 임피던스, 출력 임피던스를 구하라. h 파라미터를 다음과 같이 가정한다.

$$h_{ie} = 1 \text{ k}\Omega, \qquad h_{re} = 2.5 \times 10^{-4}, \qquad h_{fe} = 50, \qquad h_{oe} = 20 \text{ }\mu\text{S}$$

출력 전압 $\mathbf{V}_o$를 구하라.

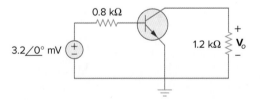

그림 19.59
예제 19.17.

풀이:

1. **정의하라.** 문제를 간단히 살펴보면 분명하게 서술되어 있다. 그러나 입력 임피던스와 전압이득을 구하려고 할 때, 그것이 트랜지스터에 관련이 있는가 또는 회로에 관련이 있는가? 전류이득과 출력 임피던스에 대해 두 가지

경우(트랜지스터, 회로)가 똑같다.

　　문제는 트랜지스터가 아닌 회로의 입력 임피던스, 출력 임피던스, 전압이득을 계산할 것을 요구한다. 간단한 설계 문제가 되도록 문제를 다시 기술할 수 있음을 알아차린다면 재미있을 것이다. 주어진 h 파라미터를 가지고 이득이 −60인 간단한 증폭기를 설계하라.

2. **제시하라.** 간단한 트랜지스터 회로, 3.2 mV의 입력 전압, 트랜지스터의 h 파라미터가 주어졌을 때 출력 전압을 계산하라.

3. **대체방안을 고려하라.** 이 문제에 접근할 수 있는 여러 가지 방법이 있는데, 가장 직접적인 방법은 그림 19.57의 등가회로를 이용하는 것이다. 일단 등가회로가 있다면 답을 결정하기 위해 회로 해석법을 사용할 수 있다. 답이 나오면 그것이 옳은지 회로 방정식에 대입함으로써 점검해볼 수 있다. 다른 접근법은 등가회로의 오른쪽을 간단히 하고, 거의 똑같은 답이 나오는지 반대 방향으로 풀어보는 것이다. 여기서는 이 방법을 사용한다.

4. **시도하라.** $R_s = 0.8$ kΩ이고 $R_L = 1.2$ kΩ이다. 그림 19.59의 트랜지스터를 2포트 회로망으로 간주하고 식 (19.70)~(19.79)를 적용하면,

$$h_{ie}h_{oe} - h_{re}h_{fe} = 10^3 \times 20 \times 10^{-6} - 2.5 \times 10^{-4} \times 50$$
$$= 7.5 \times 10^{-3}$$

$$A_v = \frac{-h_{fe}R_L}{h_{ie} + (h_{ie}h_{oe} - h_{re}h_{fe})R_L} = \frac{-50 \times 1200}{1000 + 7.5 \times 10^{-3} \times 1200}$$
$$= -59.46$$

$A_v = V_o/V_b$는 증폭기의 전압이득이다. 회로의 이득을 계산하기 위해서는 V_o/V_s를 알아야 한다. 회로의 왼쪽 부분에 메시 방정식을 사용하고 식 (19.71)과 (19.73)을 이용하면,

$$-V_s + R_sI_b + V_b = 0$$

또는

$$V_s = 800 \frac{20 \times 10^{-6}}{\dfrac{50}{1 + 20 \times 10^{-6} \times 1.2 \times 10^3} - 50} - \frac{1}{59.46}V_o$$

$$= -0.03047\,V_o$$

따라서 회로의 이득은 **−32.82**이다. 이제 출력 전압을 구하면,

$$V_o = \text{gain} \times V_s = \mathbf{-105.09\,\underline{/0°}\ mV}$$

$$A_i = \frac{h_{fe}}{1 + h_{oe}R_L} = \frac{50}{1 + 20 \times 10^{-6} \times 1200} = 48.83$$

$$Z_{in} = h_{ie} - \frac{h_{re}h_{fe}R_L}{1 + h_{oe}R_L}$$
$$= 1000 - \frac{2.5 \times 10^{-4} \times 50 \times 1200}{1 + 20 \times 10^{-6} \times 1200}$$
$$= 985.4\ \Omega$$

800 Ω 저항을 포함하도록 Z_{in}을 수정하면,

회로의 입력 임피던스 = 800 + 985.4 = **1785.4 Ω**

$$(R_s + h_{ie})h_{oe} - h_{re}h_{fe}$$

$$= (800 + 1000) \times 20 \times 10^{-6} - 2.5 \times 10^{-4} \times 50 = 23.5 \times 10^{-3}$$

$$Z_{out} = \frac{R_s + h_{ie}}{(R_s + h_{ie})h_{oe} - h_{re}h_{fe}} = \frac{800 + 1000}{23.5 \times 10^{-3}} = 76.6 \text{ k}\Omega$$

5. **평가하라.** 등가회로에서 h_{oe}는 50,000 Ω의 저항을 나타낸다. 이것은 1.2 kΩ의 부하저항과 병렬이다. 부하저항의 크기는 h_{oe} 저항과 비교했을 때 상대적으로 작아서 h_{oe}를 무시할 수 있다.

$$I_c = h_{fe}I_b = 50I_b, \quad V_c = -1200I_c,$$

그리고 회로 왼쪽 부분의 루프 방정식은 다음과 같다.

$$-0.0032 + (800 + 1000)I_b + (0.00025)(-1200)(50)I_b = 0$$

$I_b = 0.0032/(1785) = 1.7927 \ \mu A.$

$I_c = 50 \times 1.7927 = 89.64 \ \mu A$ and $V_c = -1200 \times 89.64 \times 10^{-6}$

$\quad = -107.57 \text{ mV}$

이는 −105.09 mV와 비교했을 때 좋은 근삿값이다.

전압이득 = −107.57/3.2 = −33.62가 되는데, 이 또한 32.82와 비교했을 때 좋은 근삿값이다.

입력 임피던스 = 0.032/1.7927 × 10^{-6} = **1785 Ω**

이는 앞서 구한 1785.4 Ω과 비교해보면 거의 비슷한 값이다.

이러한 계산을 위해 $Z_{out} = \infty$ Ω이라 가정했는데 계산하면 72.6 kΩ이 나온다. 부하저항과 이것의 등가저항을 계산함으로써 가정을 검증할 수 있다.

$$72,600 \times 1200/(72,600 + 1200) = 1,180.5 = 1.1805 \text{ k}\Omega$$

이 또한 매우 좋은 근삿값이다.

6. **만족하는가?** 만족스럽게 문제를 풀고 결과를 검증했다. 이제 결과를 이 문제의 답으로 제출할 수 있다.

실전문제 19.17

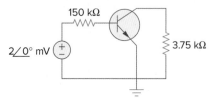

그림 19.60
실전문제 19.17.

그림 19.60의 트랜지스터 증폭기에서 전압이득, 전류이득, 입력 임피던스, 출력 임피던스를 구하라. h 파라미터를 다음과 같이 가정한다.

$$h_{ie} = 6 \text{ k}\Omega, \qquad h_{re} = 1.5 \times 10^{-4}, \qquad h_{fe} = 200, \qquad h_{oe} = 8 \ \mu S$$

답: 트랜지스터에 대해서는 −123.61이고 회로에 대해서는 −4.753, 194.17이며, 트랜지스터에 대해서는 6 kΩ, 회로에 대해서는 156 kΩ, 128.08 kΩ이다.

19.9.2 사다리형 회로망 합성

2포트 회로망의 다른 응용은 실제로 종종 발생하고 수동 저주파 통과 필터 설계에 특별하게 사용되는 사다리형 회로망의 합성(또는 빌딩)이다. 8장의 이차 회로에 대한 논의를 바탕으로 하면 필터의 차수는 필터를 나타내는 특성방정식의 차수와 같고, 한 소자로 결합할 수 없는 리액티브 소자(예를 들면 직렬결합 및 병렬결합)의 수에 의해 결정된다. 그림 19.61(a)는 홀수차 필터를 구현하기 위해 소자 수가 홀수인 LC 사다리형 회로이고, 그림 19.61(b)는 짝수차 필터를 구현하기 위해 소자 수가 짝수인 LC 사다리형 회로이다. 두 회로망이 부하 임피던스 Z_L, 전원 임피던스 Z_s로 단락되어 있으면 그림 19.62와 같은 구조가 된다. 설계를 간단히 하기 위해 $Z_s = 0$이라고 가정하자. 우리의 목표는 LC 사다리형 회로망의 전달함수를 합성하는 것이다. 사다리형 회로망을 어드미턴스 파라미터로 나타내면,

$$\mathbf{I}_1 = \mathbf{y}_{11}\mathbf{V}_1 + \mathbf{y}_{12}\mathbf{V}_2 \tag{19.80a}$$

$$\mathbf{I}_2 = \mathbf{y}_{21}\mathbf{V}_1 + \mathbf{y}_{22}\mathbf{V}_2 \tag{19.80b}$$

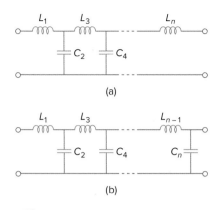

그림 19.61
저주파 통과 필터의 LC 사다리형 회로:
(a) 홀수 지수형, (b) 짝수 지수형.

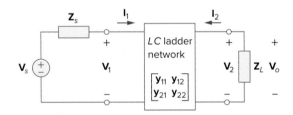

그림 19.62
종단 임피던스가 있는 LC 사다리형 회로망.

(물론 어드미턴스 파라미터 대신 임피던스 파라미터를 사용할 수도 있다.) 입력 포트에서 $\mathbf{Z}_s = 0$이므로 $\mathbf{V}_1 = \mathbf{V}_s$이고, 출력 포트에서 $\mathbf{V}_2 = \mathbf{V}_o$이고 $\mathbf{I}_2 = -\mathbf{V}_2/\mathbf{Z}_L = -\mathbf{V}_o\mathbf{Y}_L$이므로 식 (19.80b)는

$$-\mathbf{V}_o\mathbf{Y}_L = \mathbf{y}_{21}\mathbf{V}_s + \mathbf{y}_{22}\mathbf{V}_o$$

또는

$$\mathbf{H}(s) = \frac{\mathbf{V}_o}{\mathbf{V}_s} = \frac{-\mathbf{y}_{21}}{\mathbf{Y}_L + \mathbf{y}_{22}} \tag{19.81}$$

다시 쓰면,

$$\boxed{\mathbf{H}(s) = -\frac{\mathbf{y}_{21}/\mathbf{Y}_L}{1 + \mathbf{y}_{22}/\mathbf{Y}_L}} \tag{19.82}$$

필터의 요구 사항은 대개 전달함수의 크기 항으로 서술되므로 식 (19.82)에서 음 부호는 무시할 수 있다. 필터 설계의 주목적은 파라미터 $\mathbf{y}_{21}$과 $\mathbf{y}_{22}$가 합성되

어 원하는 전달함수가 구현되도록 커패시터와 인덕터 값을 결정하는 것이다. 이를 위해 *LC* 사다리형 회로망의 중요한 성질, 즉 모든 z와 y 파라미터는 s의 짝수 지수 혹은 홀수 지수인 다항식의 비라는 것을 이용한다. 즉 Od(s)/Ev(s) 혹은 Ev(s)/Od(s)이다. 여기서 Od와 Ev는 각각 기함수와 우함수이다. 다음과 같이 정의하자.

$$\mathbf{H}(s) = \frac{\mathbf{N}(s)}{\mathbf{D}(s)} = \frac{\mathbf{N}_o + \mathbf{N}_e}{\mathbf{D}_o + \mathbf{D}_e} \tag{19.83}$$

여기서 $\mathbf{N}(s)$와 $\mathbf{D}(s)$는 전달함수 $\mathbf{H}(s)$의 분자와 분모이다. $\mathbf{N}_o$와 $\mathbf{N}_e$는 N의 홀수와 짝수 부분이고, $\mathbf{D}_o$와 $\mathbf{D}_e$는 D의 홀수와 짝수 부분이다. $\mathbf{N}(s)$는 홀수이거나 짝수여야 하므로 식 (19.83)을 다음과 같이 쓸 수 있다.

$$\mathbf{H}(s) = \begin{cases} \dfrac{\mathbf{N}_o}{\mathbf{D}_o + \mathbf{D}_e}, & (\mathbf{N}_e = 0) \\[2mm] \dfrac{\mathbf{N}_e}{\mathbf{D}_o + \mathbf{D}_e}, & (\mathbf{N}_o = 0) \end{cases} \tag{19.84}$$

다시 쓰면

$$\mathbf{H}(s) = \begin{cases} \dfrac{\mathbf{N}_o/\mathbf{D}_e}{1 + \mathbf{D}_o/\mathbf{D}_e}, & (\mathbf{N}_e = 0) \\[2mm] \dfrac{\mathbf{N}_e/\mathbf{D}_o}{1 + \mathbf{D}_e/\mathbf{D}_o}, & (\mathbf{N}_o = 0) \end{cases} \tag{19.85}$$

식 (19.82)와 비교하면 회로의 y 파라미터는

$$\frac{\mathbf{y}_{21}}{\mathbf{Y}_L} = \begin{cases} \dfrac{\mathbf{N}_o}{\mathbf{D}_e}, & (\mathbf{N}_e = 0) \\[2mm] \dfrac{\mathbf{N}_e}{\mathbf{D}_o}, & (\mathbf{N}_o = 0) \end{cases} \tag{19.86}$$

그리고

$$\frac{\mathbf{y}_{22}}{\mathbf{Y}_L} = \begin{cases} \dfrac{\mathbf{D}_o}{\mathbf{D}_e}, & (\mathbf{N}_e = 0) \\[2mm] \dfrac{\mathbf{D}_e}{\mathbf{D}_o}, & (\mathbf{N}_o = 0) \end{cases} \tag{19.87}$$

다음 예제를 통해 이 과정을 설명한다.

예제 19.18

다음과 같이 정규화된 전달함수를 가지고 있고 1 Ω 저항으로 종단된 *LC* 사다리형 회로망을 설계하라(이 전달함수는 버터워스 저주파 통과 필터이다).

$$\mathbf{H}(s) = \frac{1}{s^3 + 2s^2 + 2s + 1}$$

풀이:
분모를 보면 삼차 회로망이다. 인덕터 2개, 커패시터 1개를 사용한 *LC* 사다리형

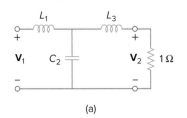

(a)

회로망을 그림 19.63(a)에 나타냈다. 우리의 목표는 커패시터와 인덕터 값을 구하는 것이다. 이를 위해 분모를 짝수 부분과 홀수 부분으로 구분하면,

$$\mathbf{D}(s) = (s^3 + 2s) + (2s^2 + 1)$$

즉

$$\mathbf{H}(s) = \frac{1}{(s^3 + 2s) + (2s^2 + 1)}$$

분모의 홀수 항으로 분자와 분모를 나누면,

$$\mathbf{H}(s) = \frac{\dfrac{1}{s^3 + 2s}}{1 + \dfrac{2s^2 + 1}{s^3 + 2s}} \qquad \textbf{(19.18.1)}$$

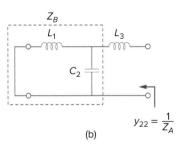

$y_{22} = \dfrac{1}{Z_A}$

(b)

식 (19.82)로부터 $\mathbf{Y}_L = 1$일 때,

$$\mathbf{H}(s) = \frac{-y_{21}}{1 + y_{22}} \qquad \textbf{(19.18.2)}$$

식 (19.18.1)과 (19.18.2)를 비교하면,

$$y_{21} = -\frac{1}{s^3 + 2s}, \qquad y_{22} = \frac{2s^2 + 1}{s^3 + 2s}$$

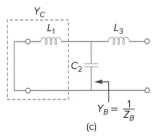

$Y_B = \dfrac{1}{Z_B}$

(c)

그림 19.63
예제 19.18.

y_{22}가 출력 구동점 어드미턴스, 즉 입력 포트 단락인 회로의 출력 어드미턴스이므로 y_{22}를 알면 y_{21}도 자동으로 알 수 있다. y_{22} 값이 만들어지도록 그림 19.63(a)에서 L과 C 값을 구한다. y_{22}가 단락 출력 어드미턴스이므로 그림 19.63(b)와 같이 입력 포트를 단락한다. 다음과 같이 L_3를 구한다.

$$Z_A = \frac{1}{y_{22}} = \frac{s^3 + 2s}{2s^2 + 1} = sL_3 + Z_B \qquad \textbf{(19.18.3)}$$

나누면,

$$Z_A = 0.5s + \frac{1.5s}{2s^2 + 1} \qquad \textbf{(19.18.4)}$$

식 (19.18.3)과 (19.18.4)를 비교하면,

$$L_3 = 0.5\text{H}, \qquad Z_B = \frac{1.5s}{2s^2 + 1}$$

다음으로 그림 19.63(c)와 같이 C_2를 구하면,

$$Y_B = \frac{1}{Z_B} = \frac{2s^2 + 1}{1.5s} = 1.333s + \frac{1}{1.5s} = sC_2 + Y_C$$

여기서 $C_2 = 1.33$ F이고,

$$Y_C = \frac{1}{1.5s} = \frac{1}{sL_1} \qquad \Rightarrow \qquad L_1 = 1.5 \text{ H}$$

그러므로 주어진 전달함수 **H**(s)를 만들어내기 위해 $L_1 = 1.5$ H, $C_2 = 1.333$ F, $L_3 = 0.5$ H를 가진 LC 사다리형 회로망이 그림 19.63(a)와 같이 합성되었다. 이 결과는 그림 19.63(a)에서 **H**(s) = **V**$_2$/**V**$_1$를 구하거나 요구되는 **y**$_{21}$을 확인함으로써 검토할 수 있다.

실전문제 19.18

1 Ω 저항으로 종단된 LC 사다리형 회로망을 사용하여 다음의 전달함수를 구현하라.

$$H(s) = \frac{2}{s^3 + s^2 + 4s + 2}$$

답: 그림 19.63(a)의 사다리형 회로망에서 $L_1 = L_3 = 1.0$ H, $C_2 = 500$ mF이다.

19.10   요약

1. 2포트 회로망은 입력 포트와 출력 포트로 알려진 2포트(또는 단자의 두 쌍)의 회로이다.

2. 2포트 회로망을 모델링하는 데 사용되는 6개의 파라미터는 임피던스 [**z**], 어드미턴스 [**y**], 하이브리드 [**h**], 역하이브리드 [**g**], 전송 [**T**], 역전송 [**t**]이다.

3. 입출력 포트 변수를 관련지어주는 파라미터는 다음과 같다.

$$\begin{bmatrix} \mathbf{V}_1 \\ \mathbf{V}_2 \end{bmatrix} = [\mathbf{z}] \begin{bmatrix} \mathbf{I}_1 \\ \mathbf{I}_2 \end{bmatrix}, \qquad \begin{bmatrix} \mathbf{I}_1 \\ \mathbf{I}_2 \end{bmatrix} = [\mathbf{y}] \begin{bmatrix} \mathbf{V}_1 \\ \mathbf{V}_2 \end{bmatrix}, \qquad \begin{bmatrix} \mathbf{V}_1 \\ \mathbf{I}_1 \end{bmatrix} = [\mathbf{h}] \begin{bmatrix} \mathbf{I}_1 \\ \mathbf{V}_2 \end{bmatrix}$$

$$\begin{bmatrix} \mathbf{I}_1 \\ \mathbf{V}_2 \end{bmatrix} = [\mathbf{g}] \begin{bmatrix} \mathbf{V}_1 \\ \mathbf{I}_2 \end{bmatrix}, \qquad \begin{bmatrix} \mathbf{V}_1 \\ \mathbf{I}_1 \end{bmatrix} = [\mathbf{T}] \begin{bmatrix} \mathbf{V}_2 \\ -\mathbf{I}_2 \end{bmatrix}, \qquad \begin{bmatrix} \mathbf{V}_2 \\ \mathbf{I}_2 \end{bmatrix} = [\mathbf{t}] \begin{bmatrix} \mathbf{V}_1 \\ -\mathbf{I}_1 \end{bmatrix}$$

4. 파라미터는 적절한 입출력 포트를 단락 혹은 개방하여 계산하거나 측정할 수 있다.

5. 2포트 회로망이 **z**$_{12}$ = **z**$_{21}$, **y**$_{12}$ = **y**$_{21}$, **h**$_{12}$ = −**h**$_{21}$, **g**$_{12}$ = −**g**$_{21}$, Δ_T = 1 혹은 Δ_t = 1이면 가역이다. 종속적인 신호원이 있는 회로망은 가역적이지 않다.

6. 표 19.1은 6개 파라미터 세트 간의 관계식을 보여준다. 세 가지 중요한 관계식은 다음과 같다.

$$[\mathbf{y}] = [\mathbf{z}]^{-1}, \qquad [\mathbf{g}] = [\mathbf{h}]^{-1}, \qquad [\mathbf{t}] \neq [\mathbf{T}]^{-1}$$

7. 2포트 회로망은 직렬, 병렬, 종속으로 연결될 수 있다. 직렬연결에서는 z 파라미터가 더해지고, 병렬연결에서는 y 파라미터가 더해지며, 종속연결에서는 전송 파라미터가 정확한 순서로 곱해진다.

8. *PSpice*를 이용하여 2포트 파라미터를 계산할 수 있다. 방법은 적절한 포트

에 1 A 전류원 또는 1 V 전압원을 인가하고, 다른 필요한 조건을 구현하기 위해 회로를 개방하거나 단락한다.

9. 회로망 파라미터는 특히 트랜지스터 회로의 해석과 사다리형 LC 회로망 합성에 적용된다. 회로망 파라미터는 트랜지스터 회로가 2포트 회로망으로 쉽게 모델링되므로 트랜지스터 회로 해석에 유용하다. LC 사다리형 회로망은 수동 저주파 필터 설계에 중요한데, 종속형 T 회로망과 닮아서 2포트로서 가장 잘 해석된다.

복습문제

19.1 그림 19.64(a)에 나타낸 단일 소자의 2포트 회로망에서 z_{11}은?

(a) 0   (b) 5   (c) 10
(d) 20   (e) 존재하지 않음

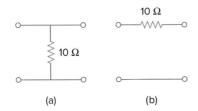

(a)   (b)

그림 19.64
복습문제.

19.2 그림 19.64(b)에 나타낸 단일 소자의 2포트 회로망에서 z_{11}은?

(a) 0   (b) 5   (c) 10
(d) 20   (e) 존재하지 않음

19.3 그림 19.64(a)에 나타낸 단일 소자의 2포트 회로망에서 y_{11}은?

(a) 0   (b) 5   (c) 10
(d) 20   (e) 존재하지 않음

19.4 그림 19.64(b)에 나타낸 단일 소자의 2포트 회로망에서 h_{21}은?

(a) −0.1   (b) −1   (c) 0
(d) 10   (e) 존재하지 않음

19.5 그림 19.64(a)에 나타낸 단일 소자의 2포트 회로망에서 B는?

(a) 0   (b) 5   (c) 10
(d) 20   (e) 존재하지 않음

19.6 그림 19.64(b)에 나타낸 단일 소자의 2포트 회로망에서 B는?

(a) 0   (b) 5   (c) 10
(d) 20   (e) 존재하지 않음

19.7 2포트 회로의 포트 1이 단락될 때 $I_1 = 4I_2$, $V_2 = 0.25I_2$이다. 다음 중 참인 것은?

(a) $y_{11} = 4$ (b) $y_{12} = 16$
(c) $y_{21} = 16$ (d) $y_{22} = 0.25$

19.8 2포트를 다음과 같은 식으로 나타낼 수 있다.

$$V_1 = 50I_1 + 10I_2$$
$$V_2 = 30I_1 + 20I_2$$

다음 중 참이 아닌 것은?

(a) $z_{12} = 10$ (b) $z_{12} = -0.0143$
(c) $h_{12} = 0.5$ (d) $A = 50$

19.9 2포트가 가역일 때 다음 중 참이 아닌 것은?

(a) $z_{21} = z_{12}$ (b) $y_{21} = y_{12}$
(c) $h_{21} = h_{12}$ (d) $AD = BC + 1$

19.10 그림 19.64의 단일 소자회로 2개가 서로 종속되었을 때 D는?

(a) 0   (b) 0.1   (c) 2
(d) 10   (e) 존재하지 않음

답: *19.1c, 19.2e, 19.3e, 19.4b, 19.5a, 19.6c, 19.7b, 19.8d, 19.9c, 19.10c*

문제

19.2절   임피던스 파라미터

19.1 그림 19.65의 회로망에서 z 파라미터를 구하라.

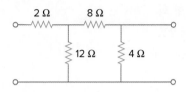

그림 19.65
문제 19.1, 19.28.

*19.2 그림 19.66의 회로망과 등가인 임피던스 파라미터를 구하라.

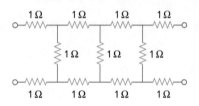

그림 19.66
문제 19.2.

19.3 그림 19.67의 회로망에서 z 파라미터를 구하라.

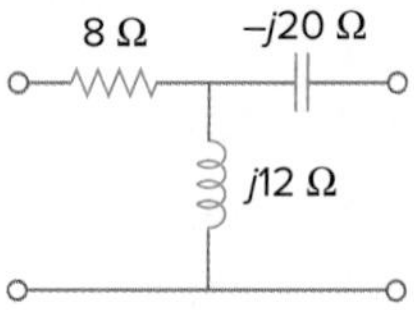

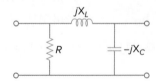

그림 19.67
문제 19.3.

19.4 그림 19.68을 이용하여 다른 학생들이 하나의 전기회로로부터 z 파라미터를 구하는 방법을 더 잘 이해하도록 도와주는 문제를 설계하라.

그림 19.68
문제 19.4.

***

* 별표는 난이도가 높은 문제를 가리킨다.

19.5 그림 19.69의 회로망에서 z 파라미터를 s의 함수로 구하라.

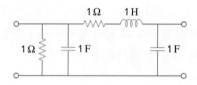

그림 19.69
문제 19.5.

19.6 그림 19.70의 회로망에서 z 파라미터를 구하라.

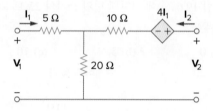

그림 19.70
문제 19.6, 19.73.

19.7 그림 19.71의 회로에서 등가 임피던스 파라미터를 계산하라.

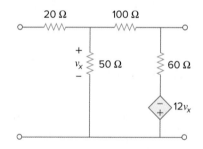

그림 19.71
문제 19.7, 19.80.

19.8 그림 19.72의 2포트 회로망에서 z 파라미터를 구하라.

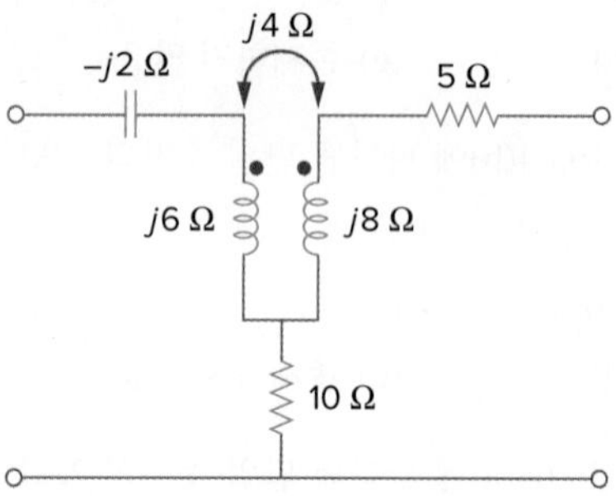

그림 19.72
문제 19.8.

19.9 회로망의 y 파라미터가 다음과 같을 때 z 파라미터를 구하라.

$$Y = [y] = \begin{bmatrix} 0.5 & -0.2 \\ -0.2 & 0.4 \end{bmatrix} S$$

19.10 다음의 각 z 파라미터로 구현하는 2포트 회로를 설계하라.

(a) $[z] = \begin{bmatrix} 25 & 20 \\ 5 & 10 \end{bmatrix} \Omega$

(b) $[z] = \begin{bmatrix} 1 + \dfrac{3}{s} & \dfrac{1}{s} \\ \dfrac{1}{s} & 2s + \dfrac{1}{s} \end{bmatrix} \Omega$

19.11 다음의 z 파라미터로 구현할 수 있는 2포트 회로망을 구하라.

$$[z] = \begin{bmatrix} 6 + j3 & 5 - j2 \\ 5 - j2 & 8 - j \end{bmatrix} \Omega$$

19.12 그림 19.73의 회로에서 z 파라미터가 다음과 같을 때 $\mathbf{I}_1$, $\mathbf{I}_2$, $\mathbf{V}_1$, $\mathbf{V}_2$를 구하라.

$$[z] = \begin{bmatrix} 10 & -6 \\ -4 & 12 \end{bmatrix} \Omega$$

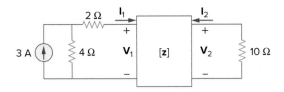

그림 19.73
문제 19.12.

19.13 그림 19.74의 회로망에서 $\mathbf{Z}_L = 5 + j4$에 전달되는 평균 전력을 구하라. (주: 전압은 rms이다.)

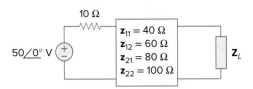

그림 19.74
문제 19.13.

19.14 그림 19.75에 나타낸 2포트 회로망의 출력 단자에서 다음 식을 증명하라.

$$\mathbf{Z}_{\text{Th}} = \mathbf{z}_{22} - \frac{\mathbf{z}_{12}\mathbf{z}_{21}}{\mathbf{z}_{11} + \mathbf{Z}_s}$$

$$\mathbf{V}_{\text{Th}} = \frac{\mathbf{z}_{21}}{\mathbf{z}_{11} + \mathbf{Z}_s} \mathbf{V}_s$$

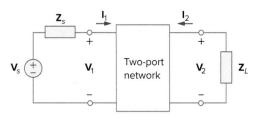

그림 19.75
문제 19.14, 19.41.

19.15 그림 19.76의 2포트 회로망에서 다음을 풀라.

$$[z] = \begin{bmatrix} 40 & 60 \\ 80 & 120 \end{bmatrix} \Omega$$

(a) 부하에 최대 전력이 전이되었을 때 $\mathbf{Z}_L$을 구하라.
(b) 부하에 전달되는 최대 전력을 계산하라.

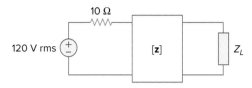

그림 19.76
문제 19.15.

19.16 그림 19.77의 회로에서 $\omega = 2$ rad/s일 때, $\mathbf{z}_{11} = 10 \; \Omega$, $\mathbf{z}_{12} = \mathbf{z}_{21} = j6 \; \Omega$, $\mathbf{z}_{22} = 4 \; \Omega$이다. 단자 a-b에서의 테브냉 등가회로를 구하고 v_o를 계산하라.

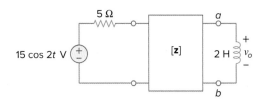

그림 19.77
문제 19.16.

19.3절 어드미턴스 파라미터

*19.17 그림 19.78의 회로에서 z와 y 파라미터를 구하라.

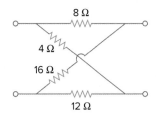

그림 19.78
문제 19.17.

19.18 그림 19.79의 2포트 회로에서 y 파라미터를 구하라.

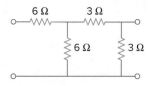

그림 19.79
문제 19.18, 19.37.

19.19 그림 19.80을 이용하여 다른 학생들이 s-영역에서 y 파라미터를 구하는 방법을 더 잘 이해하도록 도와주는 문제를 설계하라.

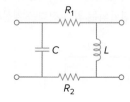

그림 19.80
문제 19.19.

19.20 그림 19.81의 회로에서 y 파라미터를 구하라.

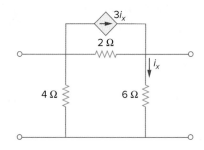

그림 19.81
문제 19.20.

19.21 그림 19.82의 2포트 회로에서 어드미턴스 파라미터 등가회로를 구하라.

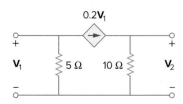

그림 19.82
문제 19.21.

19.22 그림 19.83의 2포트 회로에서 y 파라미터를 구하라.

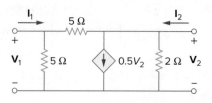

그림 19.83
문제 19.22.

19.23 (a) 그림 19.84의 2포트 회로에서 y 파라미터를 구하라.

(b) $v_s = 2u(t)$ V일 때 $\mathbf{V}_2(s)$를 구하라.

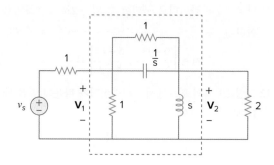

그림 19.84
문제 19.23.

19.24 다음의 y 파라미터가 나타내는 저항회로를 구하라.

$$[\mathbf{y}] = \begin{bmatrix} \dfrac{1}{2} & -\dfrac{1}{4} \\ -\dfrac{1}{4} & \dfrac{3}{8} \end{bmatrix} \text{S}$$

19.25 다음의 y 파라미터를 가진 2포트 단자 회로를 그려라.

$$[\mathbf{y}] = \begin{bmatrix} 1 & -0.5 \\ -0.5 & 1.5 \end{bmatrix} \text{S}$$

19.26 그림 19.85의 2포트 단자 회로에서 $[\mathbf{y}]$를 구하라.

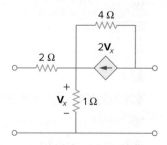

그림 19.85
문제 19.26.

19.27 그림 19.86의 회로에서 y 파라미터를 구하라.

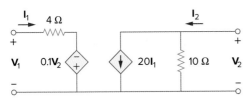

그림 19.86
문제 19.27.

19.28 그림 19.65의 회로에서 입력 포트에 1 A 직류 전류원이 인가되고 회로의 오른쪽은 끊어져 있다($I_2 = 0$). y 파라미터를 사용하여 회로에서 소비되는 전력을 구하고, 결과를 직접 회로 해석법으로 확인하라.

19.29 그림 19.87의 브리지 회로에서 $I_1 = 10$ A, $I_2 = -4$ A일 때 다음을 풀라.

(a) y 파라미터를 사용하여 V_1과 V_2를 구하라.

(b) (a)의 결과를 직접 회로 해석법으로 확인하라.

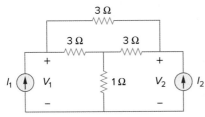

그림 19.87
문제 19.29.

19.4절   하이브리드 파라미터

19.30 그림 19.88의 회로망에서 h 파라미터를 구하라.

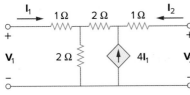

(a)   (b)

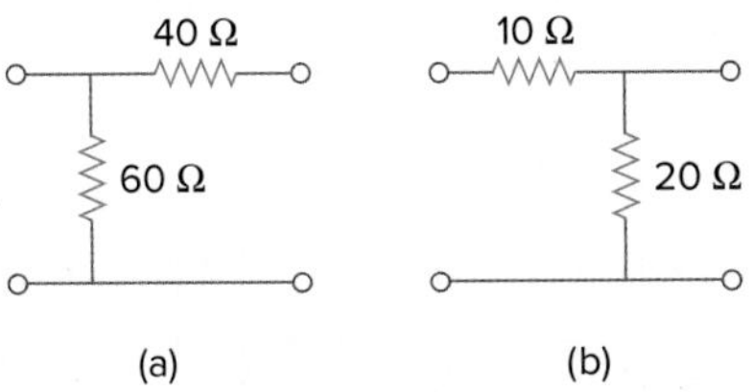

그림 19.88
문제 19.30.

19.31 그림 19.89의 회로망에서 하이브리드 파라미터를 구하라.

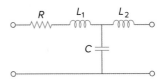

그림 19.89
문제 19.31.

19.32 그림 19.90을 이용하여 다른 학생들이 s-영역에서 회로의 h와 g 파라미터를 구하는 방법을 더 잘 이해하도록 도와주는 문제를 설계하라.

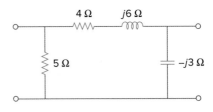

그림 19.90
문제 19.32.

19.33 그림 19.91의 2포트 회로망에서 h 파라미터를 구하라.

그림 19.91
문제 19.33.

19.34 그림 19.92의 2포트 회로망에서 h와 g 파라미터를 구하라.

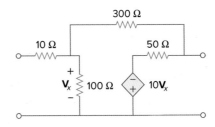

그림 19.92
문제 19.34.

19.35 그림 19.93의 회로망에서 h 파라미터를 구하라.

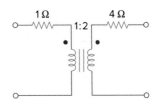

그림 19.93
문제 19.35.

19.36 그림 19.94의 2포트 회로망에서 다음을 구하라.

$$[\mathbf{h}] = \begin{bmatrix} 16\ \Omega & 3 \\ -2 & 0.01\ \text{S} \end{bmatrix}$$

(a) $\mathbf{V}_2/\mathbf{V}_1$ (b) $\mathbf{I}_2/\mathbf{I}_1$

(c) $\mathbf{I}_1/\mathbf{V}_1$ (d) $\mathbf{V}_2/\mathbf{I}_1$

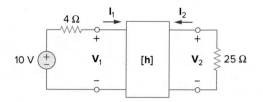

그림 19.94
문제 19.36.

19.37 그림 19.79의 회로에서 입력 포트에 10 V 직류 전압원을, 출력 포트에 5 Ω 저항을 연결했다. h 파라미터를 사용하여 5 Ω 양단의 전압을 구하라. 그리고 직접 회로 해석법을 사용하여 결과를 확인하라.

19.38 그림 19.95의 2포트 회로망에서 h 파라미터는 다음과 같다. $\mathbf{Z}_s = 2\ \text{k}\Omega$이고 $\mathbf{Z}_L = 400\ \Omega$일 때 $\mathbf{Z}_{\text{in}}$과 $\mathbf{Z}_{\text{out}}$을 구하라.

$$[\mathbf{h}] = \begin{bmatrix} 600\ \Omega & 0.04 \\ 30 & 2\ \text{mS} \end{bmatrix}$$

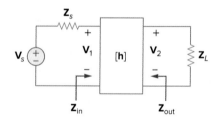

그림 19.95
문제 19.38.

19.39 그림 19.96의 wye 회로에서 g 파라미터를 구하라.

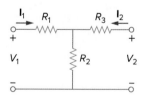

그림 19.96
문제 19.39.

19.40 그림 19.97을 이용하여 다른 학생들이 교류회로에서 g 파라미터를 구하는 방법을 더 잘 이해하도록 도와주는 문제를 설계하라.

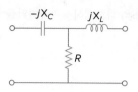

그림 19.97
문제 19.40.

19.41 그림 19.75의 2포트 회로망에서 다음 식이 성립함을 보여라.

$$\frac{\mathbf{I}_2}{\mathbf{I}_1} = \frac{-\mathbf{g}_{21}}{\mathbf{g}_{11}\mathbf{Z}_L + \Delta_g}$$

$$\frac{\mathbf{V}_2}{\mathbf{V}_s} = \frac{\mathbf{g}_{21}\mathbf{Z}_L}{(1 + \mathbf{g}_{11}\mathbf{Z}_s)(\mathbf{g}_{22} + \mathbf{Z}_L) - \mathbf{g}_{21}\mathbf{g}_{12}\mathbf{Z}_s}$$

여기서 Δ_g는 [**g**] 행렬의 결정 값이다.

19.42 2포트 회로의 h 파라미터가 다음과 같을 때, 각각의 소자 값이 명시된 회로 모델을 그려라.

$$\mathbf{h}_{11} = 600\ \Omega, \qquad \mathbf{h}_{12} = 10^{-3}, \qquad \mathbf{h}_{21} = 120,$$
$$\mathbf{h}_{22} = 2 \times 10^{-6}\ \text{S}$$

19.5절 전송 파라미터

19.43 그림 19.98의 단일 소자 2포트 회로망에서 전송 파라미터를 구하라.

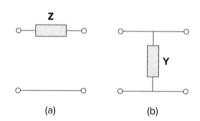

그림 19.98
문제 19.43.

19.44 그림 19.99를 이용하여 다른 학생들이 교류회로에서 전송 파라미터를 구하는 방법을 더 잘 이해하도록 도와주는 문제를 설계하라.

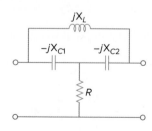

그림 19.99
문제 19.44.

19.45 그림 19.100의 회로에서 **ABCD** 파라미터를 구하라.

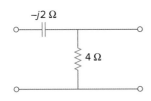

그림 19.100
문제 19.45.

19.46 그림 19.101의 회로에서 전송 파라미터를 구하라.

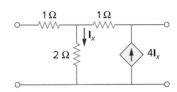

그림 19.101
문제 19.46.

19.47 그림 19.102의 회로망에서 **ABCD** 파라미터를 구하라.

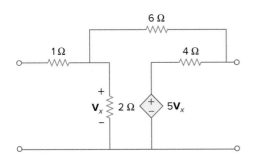

그림 19.102
문제 19.47.

19.48 2포트에서 **A** = 4, **B** = 30 Ω, **C** = 0.1 S, **D** = 1.5일 때 입력 임피던스 $\mathbf{Z}_{in} = \mathbf{V}_l/\mathbf{I}_l$을 구하라.

(a) 출력 단자가 단락되었을 때
(b) 출력 포트가 개방되었을 때
(c) 출력 포트가 10 Ω 저항에 종단되었을 때

19.49 그림 19.103의 회로에서 s-영역의 임피던스를 사용하여 전송 파라미터를 구하라.

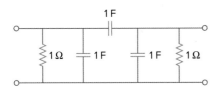

그림 19.103
문제 19.49.

19.50 그림 19.104의 회로에서 t 파라미터에 대한 s-영역 표현을 유도하라.

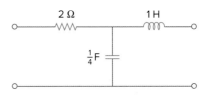

그림 19.104
문제 19.50.

19.51 그림 19.105의 회로망에서 t 파라미터를 구하라.

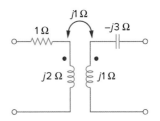

그림 19.105
문제 19.51.

19.6절 파라미터 사이의 관계

19.52 (a) 그림 19.106의 T 회로망에서 h 파라미터가 다음과 같음을 보여라.

$$\mathbf{h}_{11} = R_1 + \frac{R_2 R_3}{R_1 + R_3}, \qquad \mathbf{h}_{12} = \frac{R_2}{R_2 + R_3}$$

$$\mathbf{h}_{21} = -\frac{R_2}{R_2 + R_3}, \qquad h_{22} = \frac{1}{R_2 + R_3}$$

(b) 같은 회로망에서 전송 파라미터가 다음과 같음을 보여라.

$$\mathbf{A} = 1 + \frac{R_1}{R_2}, \qquad \mathbf{B} = R_3 + \frac{R_1}{R_2}(R_2 + R_3)$$

$$\mathbf{C} = \frac{1}{R_2}, \qquad \mathbf{D} = 1 + \frac{R_3}{R_2}$$

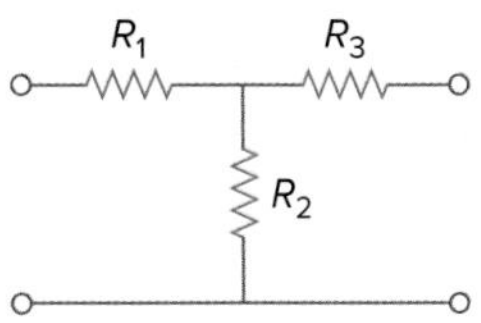

그림 19.106
문제 19.52.

19.53 z 파라미터를 **ABCD** 파라미터로 유도하여 나타내라.

19.54 2포트 전송 파라미터를 다음과 같은 y 파라미터를 사용하여 구할 수 있음을 증명하라.

$$A = -\frac{\mathbf{y}_{22}}{\mathbf{y}_{21}}, \qquad B = -\frac{1}{\mathbf{y}_{21}}$$

$$C = -\frac{\Delta_y}{\mathbf{y}_{21}}, \qquad D = -\frac{\mathbf{y}_{11}}{\mathbf{y}_{21}}$$

19.55 g 파라미터를 다음과 같은 z 파라미터를 사용하여 구할 수 있음을 증명하라.

$$\mathbf{g}_{11} = \frac{1}{\mathbf{z}_{11}}, \qquad \mathbf{g}_{12} = -\frac{\mathbf{z}_{12}}{\mathbf{z}_{11}}$$

$$\mathbf{g}_{21} = \frac{\mathbf{z}_{21}}{\mathbf{z}_{11}}, \qquad \mathbf{g}_{22} = \frac{\Delta_z}{\mathbf{z}_{11}}$$

19.56 그림 19.107의 회로망에서 $\mathbf{V}_o/\mathbf{V}_s$를 구하라.

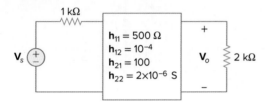

$h_{11} = 500\ \Omega$
$h_{12} = 10^{-4}$
$h_{21} = 100$
$h_{22} = 2\times10^{-6}$ S

그림 19.107
문제 19.56.

19.57 전송 파라미터가 다음과 같을 때 나머지 다섯 가지의 2포트 파라미터를 구하라.

$$[\mathbf{T}] = \begin{bmatrix} 3 & 20 \\ 1 & 7 \end{bmatrix}$$

19.58 다른 학생들이 하이브리드 파라미터로 주어진 방정식으로부터 y 파라미터와 전송 파라미터를 구하는 방법을 더 잘 이해하도록 도와주는 문제를 설계하라.

19.59

$$[\mathbf{g}] = \begin{bmatrix} 0.06\ \text{S} & -0.4 \\ 0.2 & 2\ \Omega \end{bmatrix}$$

일 때 다음을 구하라.

(a) [**z**]   (b) [**y**]   (c) [**h**]   (d) [**T**]

19.60 $\omega = 10^6$ rad/s일 때, 다음과 같은 z 파라미터를 구현하는 데 필요한 T 회로망을 설계하라.

$$[\mathbf{z}] = \begin{bmatrix} 4 + j3 & 3 \\ 2 & 5 - j \end{bmatrix} \text{k}\Omega$$

19.61 그림 19.108의 브리지 회로에서 다음을 구하라.

(a) z 파라미터   (b) h 파라미터
(c) 전송 파라미터

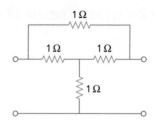

그림 19.108
문제 19.61.

19.62 그림 19.109의 연산증폭기 회로에서 z 파라미터와 전송 파라미터를 구하라.

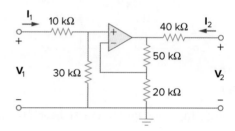

그림 19.109
문제 19.62.

19.63 그림 19.110의 2포트에서 z 파라미터를 구하라.

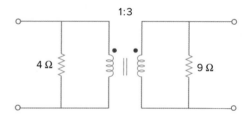

그림 19.110
문제 19.63.

19.64 그림 19.111의 연산증폭기 회로에서 $\omega = 1,000$ rad/s일 때 y 파라미터와 관련 h 파라미터를 구하라.

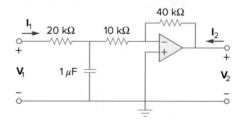

그림 19.111
문제 19.64.

19.7절 회로망 간의 연결

19.65 그림 19.112의 회로에서 y 파라미터를 구하라.

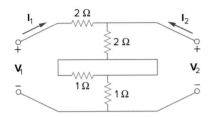

그림 19.112
문제 19.65.

19.66 그림 19.113의 회로에서 $\mathbf{y}_{12} = \mathbf{y}_{21} = 0$, $\mathbf{y}_{11} = 2$ mS, $\mathbf{y}_{22} = 10$ mS일 때 $\mathbf{V}_o/\mathbf{V}_s$를 구하라.

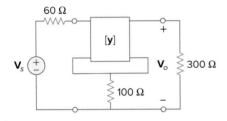

그림 19.113
문제 19.66.

19.67 그림 19.114와 같은 회로 3개가 병렬로 연결되어 있다. 전체적인 전송 파라미터를 구하라.

ML

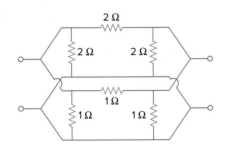

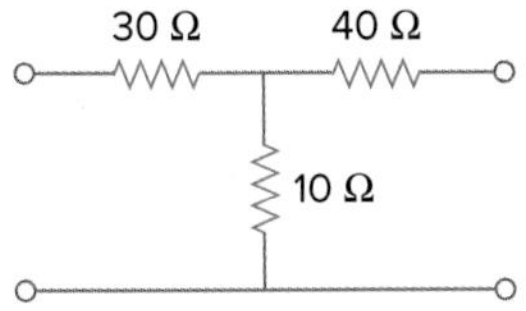

그림 19.114
문제 19.67.

19.68 그림 19.115의 회로망에서 h 파라미터를 구하라.

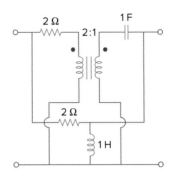

그림 19.115
문제 19.68.

*19.69 그림 19.116의 회로는 2개의 2포트가 병렬연결된 것으로 간주할 수 있다. y 파라미터를 s의 함수로 나타내라.

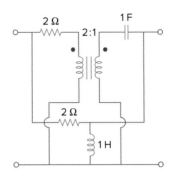

그림 19.116
문제 19.69.

*19.70 그림 19.117과 같이 2개의 2포트가 병렬 및 직렬로 연결된 회로망에서 g 파라미터를 구하라.

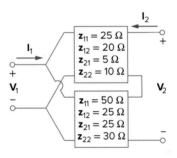

그림 19.117
문제 19.70.

*19.71 그림 19.118의 회로망에서 z 파라미터를 구하라.

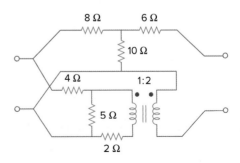

그림 19.118
문제 19.71.

*19.72 그림 19.119와 같이 2개의 2포트가 직렬 및 병렬로 연결되어 있는 회로망에서 z 파라미터를 구하라.

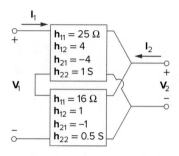

그림 19.119
문제 19.72.

19.73 그림 19.70의 회로 3개가 연속적으로 연결되어 있을 때 z 파라미터를 구하라.

*19.74 그림 19.120의 회로에서 **ABCD** 파라미터를 s의 함수로 나타내라. (힌트: 회로를 부분 회로로 나누고 문제 19.43의 결과를 이용하여 이 부분 회로를 연속으로 연결하라.)

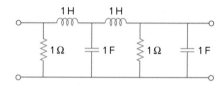

그림 19.120
문제 19.74.

*19.75 그림 19.121의 각 2포트에서 다음과 같은 조건이다.

$$[\mathbf{z}_a] = \begin{bmatrix} 8 & 6 \\ 4 & 5 \end{bmatrix} \Omega \quad [\mathbf{y}_b] = \begin{bmatrix} 8 & -4 \\ 2 & 10 \end{bmatrix} S$$

(a) 전체적인 2포트의 y 파라미터를 구하라.

(b) $\mathbf{Z}_L = 2\ \Omega$일 때 전압 비율 $\mathbf{V}_o/\mathbf{V}_i$를 구하라.

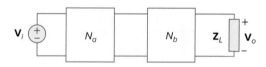

그림 19.121
문제 19.75.

19.8절　*PSpice*를 이용한 2포트 파라미터의 계산

19.76 그림 19.122의 회로망에서 *PSpice* 또는 *MultiSim*을 이용하여 z 파라미터를 구하라.

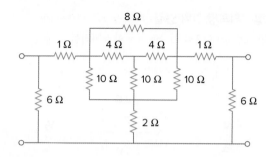

그림 19.122
문제 19.76.

19.77 그림 19.123의 회로망에서 *PSpice* 또는 *MultiSim*을 이용하여 h 파라미터를 구하라. $\omega = 1$ rad/s이다.

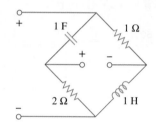

그림 19.123
문제 19.77.

19.78 그림 19.124의 회로에서 *PSpice* 또는 *MultiSim*을 이용하여 h 파라미터를 구하라. $\omega = 4$ rad/s이다.

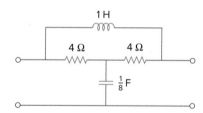

그림 19.124
문제 19.78.

19.79 그림 19.125의 회로에서 *PSpice* 또는 *MultiSim*을 이용하여 z 파라미터를 구하라. $\omega = 2$ rad/s이다.

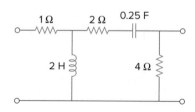

그림 19.125
문제 19.79.

19.80 그림 19.71의 회로에서 *PSpice* 또는 *MultiSim*을 이용하여 z 파라미터를 구하라.

19.81 *PSpice* 또는 *MultiSim*을 이용하여 문제 19.26을 다시 풀라.

19.82 *PSpice* 또는 *MultiSim*을 이용하여 문제 19.31을 다시 풀라.

19.83 *PSpice* 또는 *MultiSim*을 이용하여 문제 19.47을 다시 풀라.

19.84 그림 19.126의 회로망에서 *PSpice* 또는 *MultiSim*을 이용하여 전송 파라미터를 구하라.

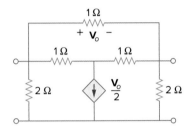

그림 19.126
문제 19.84.

19.85 그림 19.127의 회로망에서 *PSpice* 또는 *MultiSim*을 이용하여 전송 파라미터를 구하라. $\omega = 1$ rad/s이다.

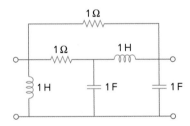

그림 19.127
문제 19.85.

19.86 그림 19.128의 회로망에서 *PSpice* 또는 *MultiSim*을 이용하여 g 파라미터를 구하라.

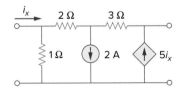

그림 19.128
문제 19.86.

19.87 그림 19.129의 회로에서 *PSpice* 또는 *MultiSim*을 이용하여 t 파라미터를 구하라. $\omega = 1$ rad/s이다.

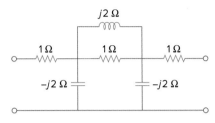

그림 19.129
문제 19.87.

19.9절　응용

19.88 y 파라미터를 사용하여 이미터 접지 트랜지스터 회로의 Z_{in}, Z_{out}, A_i, A_y에 대한 공식을 유도하라.

19.89 이미터 접지 트랜지스터 회로의 파라미터가 다음과 같다.

$$h_{ie} = 2{,}640\ \Omega, \qquad h_{re} = 2.6 \times 10^{-4}$$
$$h_{fe} = 72, \qquad h_{oe} = 16\ \mu S, \qquad R_L = 100\ k\Omega$$

트랜지스터의 전압이득을 구하라. dB로는 얼마인가?

19.90 다음과 같은 트랜지스터가 이미터 접지 증폭기로 사용되며 회로의 입력 저항이 1.5 kΩ이다.

$$h_{fe} = 120, \qquad h_{ie} = 2\ k\Omega$$
$$h_{re} = 10^{-4}, \qquad h_{oe} = 20\ \mu S$$

(a) 필요한 부하저항 R_L을 구하라.
(b) 내부 저항이 600 Ω인 4 mV의 전원으로 증폭기를 구동할 때 A_v, A_i, Z_{out}을 구하라.
(c) 부하 양단의 전압을 구하라.

19.91 그림 19.130의 트랜지스터 회로망은 다음과 같은 트랜지스터를 사용한다.

$$h_{fe} = 80, \qquad h_{ie} = 1.2\ k\Omega$$
$$h_{re} = 1.5 \times 10^{-4}, \qquad h_{oe} = 20\ \mu S$$

(a) 전압이득 $A_v = V_o/V_s$를 구하라.
(b) 전류이득 $A_i = I_o/I_i$를 구하라.
(c) 입력 임피던스 Z_{in}을 구하라.
(d) 출력 임피던스 Z_{out}을 구하라.

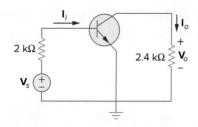

그림 19.130
문제 19.91.

*19.92 다음과 같은 트랜지스터를 사용한 그림 19.131의 증폭
기에서 A_v, A_i, Z_{in}, Z_{out}을 구하라.

$$h_{ie} = 4\ k\Omega, \qquad h_{re} = 10^{-4}$$
$$h_{fe} = 100, \qquad h_{oe} = 30\ \mu S$$

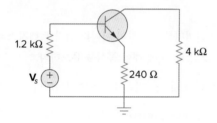

그림 19.131
문제 19.92.

*19.93 다음과 같은 트랜지스터를 사용한 그림 19.132의 트랜
지스터 회로망에서 A_v, A_i, Z_{in}, Z_{out}을 구하라.

$$h_{ie} = 2\ k\Omega, \qquad h_{re} = 2.5 \times 10^{-4}$$
$$h_{fe} = 150, \qquad h_{oe} = 10\ \mu S$$

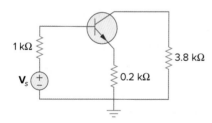

그림 19.132
문제 19.93.

19.94 이미터 접지 트랜지스터가 다음과 같은 값을 가지며, 같
e⊘d 은 트랜지스터 2개를 종속연결하여 오디오 주파수에서

사용되는 2단 증폭기를 형성했다. 증폭기가 4 kΩ으로
종단될 때 전체의 A_v, Z_{in}을 구하라.

$$[\mathbf{h}] = \begin{bmatrix} 200\ \Omega & 0 \\ 100 & 10^{-6}\ S \end{bmatrix}$$

19.95 다음의 LC 사다리형 회로망을 구현하라.

$$y_{22} = \frac{s^3 + 5s}{s^4 + 10s^2 + 8}$$

19.96 다음의 전달함수를 가진 저주파 통과 필터의 LC 사다리
e⊘d 형 회로망을 설계하라.

$$H(s) = \frac{1}{s^4 + 2.613s^2 + 3.414s^2 + 2.613s + 1}$$

19.97 그림 19.133의 LC 사다리형 회로망을 사용하여 다음의
e⊘d 전달함수를 합성하라.

$$H(s) = \frac{V_o}{V_s} = \frac{s^3}{s^3 + 6s + 12s + 24}$$

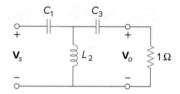

그림 19.133
문제 19.97.

19.98 그림 19.134의 2단 증폭기가 다음과 같은 동일한 스테
이지 2개로 구성되어 있다.

$$[\mathbf{h}] = \begin{bmatrix} 2\ k\Omega & 0.004 \\ 200 & 500\ \mu S \end{bmatrix}$$

$\mathbf{Z}_L = 20\ k\Omega$일 때 $\mathbf{V}_o = 16$ V를 만들어내는 데 필요한
$\mathbf{V}_s$의 값을 구하라.

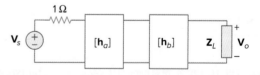

그림 19.134
문제 19.98.

종합문제

19.99 그림 19.135의 두 회로가 등가라고 가정한다. 두 회로의 파라미터는 똑같아야 한다. 이 사실과 z 파라미터를 이용하여 식 (9.67)과 (9.68)을 유도하라.

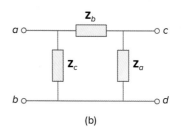

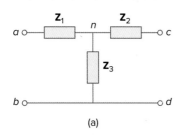

(a)

그림 19.135
문제 19.99.

PART 4

부록

OUTLINE

부록 A 연립방정식과 역행렬
부록 B 복소수
부록 C 수학 공식
부록 D 홀수 번호 문제의 정답

Source: NASA, ESA, and M. Livio and The Hubble 20th Anniversary Team (STScI)

부록 A

Appendix A

연립방정식과 역행렬

회로 해석에서 종종 다음과 같은 형태의 연립방정식을 접하게 된다.

$$
\begin{aligned}
a_{11}x_1 + a_{12}x_2 + \cdots + a_{1n}x_n &= b_1 \\
a_{21}x_1 + a_{22}x_2 + \cdots + a_{2n}x_n &= b_2 \\
\vdots \qquad \vdots \qquad \vdots \\
a_{n1}x_1 + a_{n2}x_2 + \cdots + a_{nn}x_n &= b_n
\end{aligned}
\tag{A.1}
$$

여기에는 구해야 할 n개의 미지 변수 $x_1, x_2, \ldots, x_n$이 있다. 식 (A.1)은 다음과 같은 행렬 형태로 나타낼 수 있다.

$$
\begin{bmatrix}
a_{11} & a_{12} & \cdots & a_{1n} \\
a_{21} & a_{22} & \cdots & a_{2n} \\
\vdots & \vdots & \vdots & \vdots \\
a_{n1} & a_{n2} & \cdots & a_{nn}
\end{bmatrix}
\begin{bmatrix}
x_1 \\
x_2 \\
\vdots \\
x_n
\end{bmatrix}
=
\begin{bmatrix}
b_2 \\
b_2 \\
\vdots \\
b_n
\end{bmatrix}
\tag{A.2}
$$

이 행렬방정식은 다음과 같이 간략한 형태로 나타낼 수 있다.

$$
\mathbf{AX} = \mathbf{B}
\tag{A.3}
$$

여기서

$$
\mathbf{A} =
\begin{bmatrix}
a_{11} & a_{12} & \cdots & a_{1n} \\
a_{21} & a_{22} & \cdots & a_{2n} \\
\vdots & \vdots & \vdots & \vdots \\
a_{n1} & a_{n2} & \cdots & a_{nn}
\end{bmatrix}, \quad
\mathbf{X} =
\begin{bmatrix}
x_1 \\
x_2 \\
\vdots \\
x_n
\end{bmatrix}, \quad
\mathbf{B} =
\begin{bmatrix}
b_1 \\
b_2 \\
\vdots \\
b_n
\end{bmatrix}
\tag{A.4}
$$

$\mathbf{A}$는 $(n \times n)$ 정방행렬이고, $\mathbf{X}$와 $\mathbf{B}$는 열벡터이다.

식 (A.1) 또는 (A.3)을 푸는 방법은 대치법, 가우스 소거법, 크레이머의 공식, 역행렬, 수치 해석법 등 여러 가지가 있다.

A.1 크레이머의 공식

많은 경우에 회로 해석에서 만나는 연립방정식을 푸는 데 크레이머의 공식을 사용할 수 있다. 크레이머의 공식에 의하면 식 (A.1) 또는 (A.3)의 해는 다음과 같다.

$$
\begin{vmatrix}
x_1 = \dfrac{\Delta_1}{\Delta} \\[6pt]
x_2 = \dfrac{\Delta_2}{\Delta} \\[4pt]
\vdots \\[4pt]
x_n = \dfrac{\Delta_n}{\Delta}
\end{vmatrix}
\tag{A.5}
$$

여기서 Δ는 다음의 행렬식이다.

$$
\Delta =
\begin{vmatrix}
a_{11} & a_{12} & \cdots & a_{1n} \\
a_{21} & a_{22} & \cdots & a_{2n} \\
\vdots & \vdots & \cdots & \vdots \\
a_{n1} & a_{n2} & \cdots & a_{nn}
\end{vmatrix},
\qquad
\Delta_1 =
\begin{vmatrix}
b_1 & a_{12} & \cdots & a_{1n} \\
b_2 & a_{22} & \cdots & a_{2n} \\
\vdots & \vdots & \cdots & \vdots \\
b_n & a_{n2} & \cdots & a_{nn}
\end{vmatrix}
$$

$$
\Delta_2 =
\begin{vmatrix}
a_{11} & b_1 & \cdots & a_{1n} \\
a_{21} & b_2 & \cdots & a_{2n} \\
\vdots & \vdots & \cdots & \vdots \\
a_{n1} & b_n & \cdots & a_{nn}
\end{vmatrix},
\ldots,
\Delta_n =
\begin{vmatrix}
a_{11} & a_{12} & \cdots & b_1 \\
a_{21} & a_{22} & \cdots & b_2 \\
\vdots & \vdots & \cdots & \vdots \\
a_{n1} & a_{n2} & \cdots & b_n
\end{vmatrix}
\tag{A.6}
$$

Δ는 행렬 **A**의 행렬식이고, Δ_k는 **A**의 k번째 열을 **B**로 대치한 행렬의 행렬식이다. 식 (A.5)로부터 크레이머의 공식은 $\Delta \neq 0$일 때만 적용된다는 것을 알 수 있다. $\Delta = 0$일 때 연립방정식은 유일한 해가 아닌 많은 해를 갖게 되는데, 이는 연립방정식이 선형 종속이기 때문이다.

예를 들어 행렬식 Δ의 값은 다음과 같이 첫 번째 행을 따라 전개하여 얻을 수 있다.

$$
\Delta =
\begin{vmatrix}
a_{11} & a_{12} & a_{13} & \cdots & a_{1n} \\
a_{21} & a_{22} & a_{23} & \cdots & a_{2n} \\
a_{31} & a_{32} & a_{33} & \cdots & a_{3n} \\
\vdots & \vdots & \vdots & \cdots & \vdots \\
a_{n1} & a_{n2} & a_{n3} & \cdots & a_{nn}
\end{vmatrix}
\tag{A.7}
$$

$$
= a_{11}M_{11} - a_{12}M_{12} + a_{13}M_{13} + \cdots + (-1)^{1+n}a_{1n}M_{1n}
$$

여기서 소행렬식 M_{ij}는 **A**에서 i번째 행과 j번째 열을 제거한 $(n-1) \times (n-1)$ 행렬의 행렬식이다. 또한 Δ의 값은 첫 번째 열에 대해 전개하여 다음과 같이 얻을 수도 있다.

$$
\Delta = a_{11}M_{11} - a_{21}M_{21} + a_{31}M_{31} + \cdots + (-1)^{n+1}a_{n1}M_{n1}
\tag{A.8}
$$

이제 2×2 행렬과 3×3 행렬의 행렬식을 계산하는 공식을 전개하는데, 이는 이 책에서 자주 다루기 때문이다.

$$
\Delta =
\begin{vmatrix}
a_{11} & a_{12} \\
a_{21} & a_{22}
\end{vmatrix}
= a_{11}a_{22} - a_{12}a_{21}
\tag{A.9}
$$

3×3 행렬에 대해

$$\Delta = \begin{vmatrix} a_{11} & a_{12} & a_{13} \\ a_{21} & a_{22} & a_{23} \\ a_{31} & a_{32} & a_{33} \end{vmatrix} = a_{11}(-1)^2 \begin{vmatrix} a_{22} & a_{23} \\ a_{32} & a_{33} \end{vmatrix} + a_{21}(-1)^3 \begin{vmatrix} a_{12} & a_{13} \\ a_{32} & a_{33} \end{vmatrix}$$

$$+ a_{31}(-1)^4 \begin{vmatrix} a_{12} & a_{13} \\ a_{22} & a_{23} \end{vmatrix}$$

$$= a_{11}(a_{22}a_{33} - a_{32}a_{23}) - a_{21}(a_{12}a_{33} - a_{32}a_{13})$$

$$+ a_{31}(a_{12}a_{23} - a_{22}a_{13}) \tag{A.10}$$

3×3 행렬의 행렬식을 구하는 또 다른 방법은 주어진 행렬의 첫 번째 두 행을 마지막 행에 추가하여 다음과 같이 대각으로 곱한다.

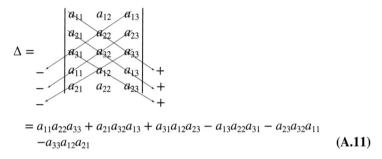

$$= a_{11}a_{22}a_{33} + a_{21}a_{32}a_{13} + a_{31}a_{12}a_{23} - a_{13}a_{22}a_{31} - a_{23}a_{32}a_{11}$$
$$- a_{33}a_{12}a_{21} \tag{A.11}$$

크레이머의 공식에 의한 선형 연립방정식의 해는 다음과 같다.

$$x_k = \frac{\Delta_k}{\Delta}, \qquad k = 1, 2, \ldots, n \tag{A.12}$$

여기서 Δ는 행렬 **A**의 행렬식이며, Δ_k는 **A**의 k번째 열을 **B**로 대치한 행렬의 행렬식이다.

계산기, 컴퓨터, *MATLAB*과 같은 소프트웨어의 유용성 관점에서 보면 선형 방정식의 집합을 푸는 데 쉽게 사용될 수 있기 때문에, 이 부록에서 설명한 크레이머의 방법을 사용할 필요성을 크게 찾을 수 없을 것이다. 그러나 손수 방정식을 푸는 경우에는 부록의 자료가 매우 유용할 것이다. 어쨌든 계산기나 소프트웨어 패키지의 수학적인 기초를 아는 것은 중요하다.

역행렬과 소거법 같은 다른 방법을 사용할 수도 있다. 여기서는 크레이머의 방법만 다루었는데, 이는 단순성과 강력한 계산기의 유용성 때문이다.

예제 A.1

다음 연립방정식의 해를 구하라.

$$4x_1 - 3x_2 = 17, \qquad -3x_1 + 5x_2 = -21$$

풀이:

주어진 방정식을 다음과 같이 행렬 형태로 나타낸다.

$$\begin{bmatrix} 4 & -3 \\ -3 & 5 \end{bmatrix} \begin{bmatrix} x_1 \\ x_2 \end{bmatrix} = \begin{bmatrix} 17 \\ -21 \end{bmatrix}$$

행렬식을 다음과 같이 구한다.

$$\Delta = \begin{vmatrix} 4 & -3 \\ -3 & 5 \end{vmatrix} = 4 \times 5 - (-3)(-3) = 11$$

$$\Delta_1 = \begin{vmatrix} 17 & -3 \\ -21 & 5 \end{vmatrix} = 17 \times 5 - (-3)(-21) = 22$$

$$\Delta_2 = \begin{vmatrix} 4 & 17 \\ -3 & -21 \end{vmatrix} = 4 \times (-21) - 17 \times (-3) = -33$$

그러므로

$$x_1 = \frac{\Delta_1}{\Delta} = \frac{22}{11} = 2, \quad x_2 = \frac{\Delta_2}{\Delta} = \frac{-33}{11} = -3$$

실전문제 A.1

다음 연립방정식의 해를 구하라.

$$3x_1 - x_2 = 4, \qquad -6x_1 + 18x_2 = 16$$

답: $x_1 = 1.833$, $x_2 = 1.5$

예제 A.2

다음 연립방정식의 x_1, x_2, x_3을 구하라.

$$25x_1 - 5x_2 - 20x_3 = 50$$
$$-5x_1 + 10x_2 - 4x_3 = 0$$
$$-5x_1 - 4x_2 + 9x_3 = 0$$

풀이:

주어진 연립방정식을 행렬 형태로 나타내면

$$\begin{bmatrix} 25 & -5 & -20 \\ -5 & 10 & -4 \\ -5 & -4 & 9 \end{bmatrix} \begin{bmatrix} x_1 \\ x_2 \\ x_3 \end{bmatrix} = \begin{bmatrix} 50 \\ 0 \\ 0 \end{bmatrix}$$

행렬식을 구하기 위해 식 (A.11)을 적용한다. 이를 위해 행렬의 첫 번째 두 행을 마지막 행에 추가한다. 따라서

$$\Delta = \begin{vmatrix} 25 & -5 & -20 \\ -5 & 10 & -4 \\ -5 & -4 & 9 \end{vmatrix} = \begin{matrix} \begin{vmatrix} 25 & -5 & -20 \\ -5 & 10 & -4 \\ -5 & -4 & 9 \\ 25 & -5 & -20 \\ -5 & 10 & -4 \end{vmatrix} \end{matrix}$$

$$= 25(10)9 + (-5)(-4)(-20) + (-5)(-5)(-4)$$
$$\quad - (-20)(10)(-5) - (-4)(-4)25 - 9(-5)(-5)$$
$$= 2250 - 400 - 100 - 1000 - 400 - 225 = 125$$

마찬가지로

$$\Delta_1 = \begin{vmatrix} 50 & -5 & -20 \\ 0 & 10 & -4 \\ 0 & -4 & 9 \end{vmatrix} =$$

$$= 4500 + 0 + 0 - 0 - 800 - 0 = 3700$$

$$\Delta_2 = \begin{vmatrix} 25 & 50 & -20 \\ -5 & 0 & -4 \\ -5 & 0 & 9 \end{vmatrix} =$$

$$= 0 + 0 + 1000 - 0 - 0 + 2250 = 3250$$

$$\Delta_3 = \begin{vmatrix} 25 & -5 & 50 \\ -5 & 10 & 0 \\ -5 & -4 & 0 \end{vmatrix} =$$

$$= 0 + 1000 + 0 + 2500 - 0 - 0 = 3500$$

그러므로 다음과 같은 값을 구할 수 있다.

$$x_1 = \frac{\Delta_1}{\Delta} = \frac{3700}{125} = 29.6$$

$$x_2 = \frac{\Delta_2}{\Delta} = \frac{3250}{125} = 26$$

$$x_3 = \frac{\Delta_2}{\Delta} = \frac{3500}{125} = 28$$

실전문제 A.2

다음 연립방정식의 해를 구하라.

$$3x_1 - x_2 - 2x_3 = 1$$
$$-x_1 + 6x_2 - 3x_3 = 0$$
$$-2x_1 - 3x_2 + 6x_3 = 6$$

답: $x_1 = 3 = x_3$, $x_2 = 2$

A.2 역행렬

식 (A.3)의 선형 시스템 방정식은 역행렬을 이용하여 풀 수 있다. 행렬방정식

$\mathbf{AX} = \mathbf{B}$에서 행렬 $\mathbf{X}$를 얻기 위해 행렬 $\mathbf{A}$의 역행렬을 구한다. 즉

$$\mathbf{X} = \mathbf{A}^{-1}\mathbf{B} \tag{A.13}$$

여기서 $\mathbf{A}^{-1}$은 $\mathbf{A}$의 역행렬이다. 역행렬은 연립방정식의 해를 구하는 데 이용될 뿐만 아니라 다른 응용에도 필요하다.

정의에 의하면 행렬 $\mathbf{A}$의 역행렬은 다음 관계를 만족한다.

$$\mathbf{A}^{-1}\mathbf{A} = \mathbf{A}\mathbf{A}^{-1} = \mathbf{I} \tag{A.14}$$

여기서 $\mathbf{I}$는 항등행렬이다. $\mathbf{A}^{-1}$은 다음과 같다.

$$\mathbf{A}^{-1} = \frac{\text{adj } \mathbf{A}}{\det \mathbf{A}} \tag{A.15}$$

여기서 adj $\mathbf{A}$는 $\mathbf{A}$의 수반행렬(adjoint matrix)이고 det $\mathbf{A}$ = |$\mathbf{A}$|는 행렬 $\mathbf{A}$의 행렬식이다. $\mathbf{A}$의 수반행렬은 $\mathbf{A}$의 여인수(cofactor) 행렬의 전치행렬이다. 주어진 $n \times n$ 행렬 $\mathbf{A}$가 다음과 같다고 가정하자.

$$\mathbf{A} = \begin{bmatrix} a_{11} & a_{12} & \cdots & a_{1n} \\ a_{21} & a_{22} & \cdots & a_{2n} \\ \vdots & & & \\ a_{n1} & a_{n2} & \cdots & a_{nn} \end{bmatrix} \tag{A.16}$$

$\mathbf{A}$의 여인수 행렬은 다음과 같이 정의된다.

$$\mathbf{C} = \text{cof}(\mathbf{A}) = \begin{bmatrix} c_{11} & c_{12} & \cdots & c_{1n} \\ c_{21} & c_{22} & \cdots & c_{2n} \\ \vdots & & & \\ c_{n1} & c_{n2} & \cdots & c_{nn} \end{bmatrix} \tag{A.17}$$

여기서 여인수 c_{ij}는 $(-1)^{i+j}$과 $\mathbf{A}$의 i번째 행, j번째 열을 제거한 $(n-1) \times (n-1)$ 부행렬의 행렬식과의 곱이다. 예를 들면 식 (A.16)에서 행렬 $\mathbf{A}$의 첫 번째 행과 첫 번째 열을 제거하여 다음과 같이 여인수 c_{11}을 얻는다.

$$c_{11} = (-1)^2 \begin{vmatrix} a_{22} & a_{23} & \cdots & a_{2n} \\ a_{32} & a_{33} & \cdots & a_{3n} \\ \vdots & & & \\ a_{n2} & a_{n3} & \cdots & a_{nn} \end{vmatrix} \tag{A.18}$$

일단 여인수 행렬을 구하면 $\mathbf{A}$의 수반행렬은 다음과 같이 얻는다.

$$\text{adj}(\mathbf{A}) = \begin{bmatrix} c_{11} & c_{12} & \cdots & c_{1n} \\ c_{21} & c_{22} & \cdots & c_{2n} \\ \vdots & & & \\ c_{n1} & c_{n2} & \cdots & c_{nn} \end{bmatrix}^T = \mathbf{C}^T \tag{A.19}$$

여기서 T는 전치를 나타낸다.

여인수 행렬은 $\mathbf{A}$의 수반행렬을 구하는 데 사용될 뿐만 아니라 다음과 같이 주어지는 $\mathbf{A}$의 행렬식을 구하는 데에도 사용된다.

$$|\mathbf{A}| = \sum_{j=1}^{n} a_{ij}c_{ij} \tag{A.20}$$

여기서 i는 1에서 n까지 임의의 값이다. 식 (A.19)와 (A.20)을 식 (A.15)에 대입하면 다음과 같은 $\mathbf{A}$의 역행렬을 얻는다.

$$\boxed{\mathbf{A}^{-1} = \frac{\mathbf{C}^{T}}{|\mathbf{A}|}} \tag{A.21}$$

2×2 행렬의 경우 행렬 $\mathbf{A}$가 다음과 같다면

$$\mathbf{A} = \begin{bmatrix} a & b \\ c & d \end{bmatrix} \tag{A.22}$$

$\mathbf{A}$의 역행렬은 다음과 같다.

$$\mathbf{A}^{-1} = \frac{1}{|\mathbf{A}|} \begin{bmatrix} d & -b \\ -c & a \end{bmatrix} = \frac{1}{ad - bc} \begin{bmatrix} d & -b \\ -c & a \end{bmatrix} \tag{A.23}$$

3×3 행렬의 경우, 행렬 $\mathbf{A}$가 다음과 같다면

$$\mathbf{A} = \begin{bmatrix} a_{11} & a_{12} & a_{13} \\ a_{21} & a_{22} & a_{23} \\ a_{31} & a_{32} & a_{33} \end{bmatrix} \tag{A.24}$$

먼저 여인수 행렬을 다음과 같이 얻는다.

$$\mathbf{C} = \begin{bmatrix} c_{11} & c_{12} & c_{13} \\ c_{21} & c_{22} & c_{23} \\ c_{31} & c_{32} & c_{33} \end{bmatrix} \tag{A.25}$$

여기서

$$c_{11} = \begin{vmatrix} a_{22} & a_{23} \\ a_{32} & a_{33} \end{vmatrix}, \qquad c_{12} = -\begin{vmatrix} a_{21} & a_{23} \\ a_{31} & a_{33} \end{vmatrix}, \qquad c_{13} = \begin{vmatrix} a_{21} & a_{22} \\ a_{31} & a_{32} \end{vmatrix},$$

$$c_{21} = -\begin{vmatrix} a_{12} & a_{13} \\ a_{32} & a_{33} \end{vmatrix}, \qquad c_{22} = \begin{vmatrix} a_{11} & a_{13} \\ a_{31} & a_{33} \end{vmatrix}, \qquad c_{23} = -\begin{vmatrix} a_{11} & a_{12} \\ a_{31} & a_{32} \end{vmatrix}, \tag{A.26}$$

$$c_{31} = \begin{vmatrix} a_{12} & a_{13} \\ a_{22} & a_{23} \end{vmatrix}, \qquad c_{32} = -\begin{vmatrix} a_{11} & a_{13} \\ a_{21} & a_{23} \end{vmatrix}, \qquad c_{33} = \begin{vmatrix} a_{11} & a_{12} \\ a_{21} & a_{22} \end{vmatrix}$$

3×3 행렬의 행렬식은 식 (A.11)을 이용하여 구할 수 있다. 여기서는 식 (A.20)을 사용하고자 한다. 즉

$$|\mathbf{A}| = a_{11}c_{11} + a_{12}c_{12} + a_{13}c_{13} \tag{A.27}$$

이 방식은 $n > 3$에 대해 확장할 수 있지만 이 책에서는 주로 2×2 행렬과 3×3 행렬을 다룬다.

예제 A.3

행렬 반전을 이용하여 다음 연립방정식의 해를 구하라.

$$2x_1 + 10x_2 = 2, \qquad -x_1 + 3x_2 = 7$$

풀이:

먼저 두 방정식을 다음과 같은 행렬 형태로 나타낸다.

$$\begin{bmatrix} 2 & 10 \\ -1 & 3 \end{bmatrix} \begin{bmatrix} x_1 \\ x_2 \end{bmatrix} = \begin{bmatrix} 2 \\ 7 \end{bmatrix}$$

또는

$$\mathbf{AX} = \mathbf{B} \longrightarrow \mathbf{X} = \mathbf{A}^{-1}\mathbf{B}$$

여기서

$$\mathbf{A} = \begin{bmatrix} 2 & 10 \\ -1 & 3 \end{bmatrix}, \qquad \mathbf{X} = \begin{bmatrix} x_1 \\ x_2 \end{bmatrix}, \qquad \mathbf{B} = \begin{bmatrix} 2 \\ 7 \end{bmatrix}$$

$\mathbf{A}$의 행렬식은 $|\mathbf{A}| = 2 \times 3 - 10(-1) = 16$이므로 $\mathbf{A}$의 역행렬은 다음과 같다.

$$\mathbf{A}^{-1} = \frac{1}{16} \begin{bmatrix} 3 & -10 \\ 1 & 2 \end{bmatrix}$$

그러므로

$$\mathbf{X} = \mathbf{A}^{-1}\mathbf{B} = \frac{1}{16} \begin{bmatrix} 3 & -10 \\ 1 & 2 \end{bmatrix} \begin{bmatrix} 2 \\ 7 \end{bmatrix} = \frac{1}{16} \begin{bmatrix} -64 \\ 16 \end{bmatrix} = \begin{bmatrix} -4 \\ 1 \end{bmatrix}$$

즉 $x_1 = -4$, $x_2 = 1$이다.

실전문제 A.3

행렬 반전을 이용하여 다음 두 방정식의 해를 구하라.

$$2y_1 - y_2 = 4, \quad y_1 + 3y_2 = 9$$

답: $y_1 = 3$, $y_2 = 2$

예제 A.4

역행렬을 이용하여 다음 연립방정식의 x_1, x_2, x_3을 구하라.

$$x_1 + x_2 + x_3 = 5$$
$$-x_1 + 2x_2 = 9$$
$$4x_1 + x_2 - x_3 = -2$$

풀이:

방정식을 행렬 형태로 나타내면 다음과 같다.

$$\begin{bmatrix} 1 & 1 & 1 \\ -1 & 2 & 0 \\ 4 & 1 & -1 \end{bmatrix} \begin{bmatrix} x_1 \\ x_2 \\ x_3 \end{bmatrix} = \begin{bmatrix} 5 \\ 9 \\ -2 \end{bmatrix}$$

또는

$$\mathbf{AX} = \mathbf{B} \longrightarrow \mathbf{X} = \mathbf{A}^{-1}\mathbf{B}$$

여기서

$$\mathbf{A} = \begin{bmatrix} 1 & 1 & 1 \\ -1 & 2 & 0 \\ 4 & 1 & -1 \end{bmatrix}, \qquad \mathbf{X} = \begin{bmatrix} x_1 \\ x_2 \\ x_3 \end{bmatrix}, \qquad \mathbf{B} = \begin{bmatrix} 5 \\ 9 \\ -2 \end{bmatrix}$$

이제 다음과 같이 여인수를 구한다.

$$c_{11} = \begin{vmatrix} 2 & 0 \\ 1 & -1 \end{vmatrix} = -2, \quad c_{12} = -\begin{vmatrix} -1 & 0 \\ 4 & -1 \end{vmatrix} = -1, \quad c_{13} = \begin{vmatrix} -1 & 2 \\ 4 & 1 \end{vmatrix} = -9$$

$$c_{21} = -\begin{vmatrix} 1 & 1 \\ 1 & -1 \end{vmatrix} = 2, \quad c_{22} = \begin{vmatrix} 1 & 1 \\ 4 & -1 \end{vmatrix} = -5, \qquad c_{23} = -\begin{vmatrix} 1 & 1 \\ 4 & 1 \end{vmatrix} = 3$$

$$c_{31} = \begin{vmatrix} 1 & 1 \\ 2 & 0 \end{vmatrix} = -2, \quad c_{32} = -\begin{vmatrix} 1 & 1 \\ -1 & 0 \end{vmatrix} = -1, \quad c_{33} = \begin{vmatrix} 1 & 1 \\ -1 & 2 \end{vmatrix} = 3$$

행렬 **A**의 수반행렬은 다음과 같다.

$$\text{adj } \mathbf{A} = \begin{bmatrix} -2 & -1 & -9 \\ 2 & -5 & 3 \\ -2 & -1 & 3 \end{bmatrix}^T = \begin{bmatrix} -2 & 2 & -2 \\ -1 & -5 & -1 \\ -9 & 3 & 3 \end{bmatrix}$$

A의 임의의 행 혹은 열을 이용하여 **A**의 행렬식을 구할 수 있다. 두 번째 행의 한 요소가 0이므로 행렬식을 구하는 데 다음과 같이 이용할 수 있다.

$$|\mathbf{A}| = -1c_{21} + 2c_{22} + (0)c_{23} = -1(2) + 2(-5) = -12$$

따라서 **A**의 역행렬은 다음과 같다.

$$\mathbf{A}^{-1} = \frac{1}{-12} \begin{bmatrix} -2 & 2 & -2 \\ -1 & -5 & -1 \\ -9 & 3 & 3 \end{bmatrix}$$

$$\mathbf{X} = \mathbf{A}^{-1}\mathbf{B} = \frac{1}{-12} \begin{bmatrix} -2 & 2 & -2 \\ -1 & -5 & -1 \\ -9 & 3 & 3 \end{bmatrix} \begin{bmatrix} 5 \\ 9 \\ -2 \end{bmatrix} = \begin{bmatrix} -1 \\ 4 \\ 2 \end{bmatrix}$$

즉 $x_1 = -1$, $x_2 = 4$, $x_3 = 2$이다.

실전문제 A.4

행렬 반전을 이용하여 다음 방정식의 해를 구하라.

$$y_1 - y_3 = 1$$
$$2y_1 + 3y_2 - y_3 = 1$$
$$y_1 - y_2 - y_3 = 3$$

답: $y_1 = 6$, $y_2 = -2$, $y_3 = 5$

부록 B

Appendix B

복소수

복소수를 다룰 수 있으면 일반적으로 회로 해석과 전기공학에 매우 유용하다. 복소수는 교류회로의 해석에 특히 유용하다. 또한 복소수를 다루는 데 계산기와 컴퓨터 소프트웨어 패키지를 이용할 수 있지만, 학생들이 복소수를 손수 다루는 방법에 익숙해지기를 권한다.

B.1 복소수의 표현

복소수 z는 다음과 같이 **직각좌표** 형식으로 나타낼 수 있다.

$$z = x + jy \qquad \text{(B.1)}$$

여기서 $j = \sqrt{-1}$이고, x는 z의 실수부, y는 z의 허수부이다. 즉

$$x = \text{Re}(z), \qquad y = \text{Im}(z) \qquad \text{(B.2)}$$

이 복소수를 그림 B.1의 복소평면에 나타냈다. $j = \sqrt{-1}$이므로

$$
\begin{aligned}
\frac{1}{j} &= -j \\
j^2 &= -1 \\
j^3 &= j \cdot j^2 = -j \\
j^4 &= j^2 \cdot j^2 = 1 \\
j^5 &= j \cdot j^4 = j \\
&\vdots \\
j^{n+4} &= j^n
\end{aligned}
\qquad \text{(B.3)}
$$

복소수 z를 나타내는 두 번째 방법은 그림 B.1과 같이 크기 r, 실수축과 이루는 각도 θ로 나타내는 것이다. 이것을 **극좌표** 형식이라 하며, 다음과 같이 주어진다.

$$z = |z| \underline{/\theta} = r \underline{/\theta} \qquad \text{(B.4)}$$

여기서

$$r = \sqrt{x^2 + y^2}, \qquad \theta = \tan^{-1} \frac{y}{x} \qquad \text{(B.5a)}$$

복소평면은 이차원 곡선 좌표 공간처럼 보이지만 그렇지 않다.

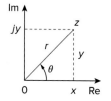

그림 B.1
복소수의 그래픽적 표현.

또는

$$x = r \cos \theta, \qquad y = r \sin \theta \qquad \textbf{(B.5b)}$$

즉

$$z = x + jy = r\underline{/\theta} = r \cos \theta + jr \sin \theta \qquad \textbf{(B.6)}$$

식 (B.5)를 사용하여 직각좌표 형식에서 극좌표 형식으로 변환할 때 θ의 정확한 값을 구하기 위해 주의해야 한다. 여기에는 네 가지 가능성이 있다.

$$
\begin{array}{lll}
z = x + jy, & \theta = \tan^{-1}\dfrac{y}{x} & \text{(1사분면)} \\[2mm]
z = -x + jy, & \theta = 180° - \tan^{-1}\dfrac{y}{x} & \text{(2사분면)} \\[2mm]
z = -x - jy, & \theta = 180° + \tan^{-1}\dfrac{y}{x} & \text{(3사분면)} \\[2mm]
z = x - jy, & \theta = 360° - \tan^{-1}\dfrac{y}{x} & \text{(4사분면)}
\end{array}
\qquad \textbf{(B.7)}
$$

x와 y는 양수라고 가정한다.

복소수 z를 나타내는 세 번째 방법은 지수함수 형식이다.

$$z = re^{j\theta} \qquad \textbf{(B.8)}$$

이 형식은 극좌표 형식과 거의 같은데, 이는 동일한 크기 r과 각도 θ를 이용하기 때문이다.

복소수를 나타내는 세 가지 형식을 요약하면 다음과 같다.

> 지수함수 형식에서 $z = re^{j\theta}$이므로 $dz/d\theta$ $= jre^{j\theta} = jz$이다.

$$
\boxed{
\begin{array}{lll}
z = x + jy, & (x = r \cos\theta, \, y = r \sin\theta) & \text{직각좌표 형식} \\[3mm]
z = r\underline{/\theta}, & \left(r = \sqrt{x^2 + y^2}, \, \theta = \tan^{-1}\dfrac{y}{x}\right) & \text{극좌표 형식} \\[3mm]
z = re^{j\theta}, & \left(r = \sqrt{x^2 + y^2}, \, \theta = \tan^{-1}\dfrac{y}{x}\right) & \text{지수함수 형식}
\end{array}
}
\qquad \textbf{(B.9)}
$$

첫 번째 두 형식은 식 (B.5)와 (B.6)에 의해 관계지어진다. B.3절에서 오일러 공식을 유도할 것이며, 이 공식은 세 번째 형식도 앞의 두 형식과 등가임을 증명한다.

예제 B.1

다음 복소수를 극좌표 형식과 지수함수 형식으로 나타내라.

(a) $z_1 = 6 + j8$, (b) $z_2 = 6 - j8$, (c) $z_3 = -6 + j8$, (d) $z_4 = -6 - j8$

풀이:

제시한 4개의 복소수는 그림 B.2에 나타낸 것처럼 각 사분면에 위치한다.

(a) $z_1 = 6 + j8$의 경우(1사분면)

$$r_1 = \sqrt{6^2 + 8^2} = 10, \qquad \theta_1 = \tan^{-1}\frac{8}{6} = 53.13°$$

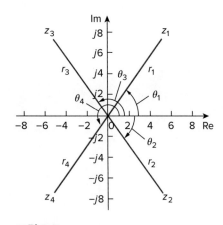

그림 B.2
예제 B.1.

따라서 극좌표 형식은 $10\underline{/53.13°}$이고 지수함수 형식은 $10e^{j53.13°}$이다.

(b) $z_2 = 6 - j8$의 경우(4사분면)

$$r_2 = \sqrt{6^2 + (-8)^2} = 10, \quad \theta_2 = 360° - \tan^{-1}\frac{8}{6} = 306.87°$$

따라서 극좌표 형식은 $10\underline{/306.87°}$이고 지수함수 형식은 $10e^{j306.87°}$이다. 각도 θ_2는 그림 B.2에 나타낸 바와 같이 $-53.13°$로 표현될 수도 있으며, 이때는 극좌표 형식은 $10\underline{/-53.13°}$이고 지수함수 형식은 $10e^{-j53.13°}$이다.

(c) $z_3 = -6 + j8$의 경우(2사분면)

$$r_3 = \sqrt{(-6)^2 + 8^2} = 10, \quad \theta_3 = 180° - \tan^{-1}\frac{8}{6} = 126.87°$$

따라서 극좌표 형식은 $10\underline{/126.87°}$이고 지수함수 형식은 $10e^{j126.87°}$이다.

(d) $z_4 = -6 - j8$의 경우(3사분면)

$$r_4 = \sqrt{(-6)^2 + (-8)^2} = 10, \quad \theta_4 = 180° + \tan^{-1}\frac{8}{6} = 233.13°$$

따라서 극좌표 형식은 $10\underline{/233.13°}$이고 지수함수 형식은 $10e^{j233.13°}$이다.

실전문제 B.1

다음 복소수를 극좌표 형식과 지수함수 형식으로 나타내라.

(a) $z_1 = 3 - j4$, (b) $z_2 = 5 + j12$, (c) $z_3 = -3 - j9$, (d) $z_4 = -7 + j$

답: (a) $5\underline{/306.9°}$, $5e^{j306.9°}$, (b) $13\underline{/67.38°}$, $13e^{j67.38°}$,
(c) $9.487\underline{/251.6°}$, $9.487e^{j251.6°}$, (d) $7.071\underline{/171.9°}$, $7.071e^{j171.9°}$

예제 B.2

다음 복소수를 직각좌표 형식으로 나타내라.

(a) $12\underline{/-60°}$, (b) $-50\underline{/285°}$, (c) $8e^{j10°}$, (d) $20e^{-j\pi/3}$

풀이:

(a) 식 (B.6)을 이용하여

$$12\underline{/-60°} = 12\cos(-60°) + j12\sin(-60°) = 6 - j10.39$$

$\theta = -60°$는 $\theta = 360° - 60° = 300°$와 같다.

(b) 마찬가지로

$$-50\underline{/285°} = -50\cos285° - j50\sin285° = -12.94 + j48.3$$

(c) 마찬가지로

$$8e^{j10°} = 8\cos10° + j8\sin10° = 7.878 + j1.389$$

(d) 마지막으로

$$20e^{-j\pi/3} = 20\cos(-\pi/3) + j20\sin(-\pi/3) = 10 - j17.32$$

다음 복소수의 직각좌표 형식을 구하라.

(a) $-8\underline{/210°}$, (b) $40\underline{/305°}$, (c) $10e^{-j30°}$, (d) $50e^{j\pi/2}$

답: (a) $6.928 + j4$, (b) $22.94 - j32.77$, (c) $8.66 - j5$, (d) $j50$

B.2   수학적 연산

두 복소수 $z_1 = x_1 + jy_1$과 $z_2 = x_2 + jy_2$는 실수부가 서로 같고 허수부가 서로 같은 경우에만 동일하다.

$$x_1 = x_2, \qquad y_1 = y_2 \tag{B.10}$$

복소수 $z = x + jy$의 공액복소수는 다음과 같다.

$$z^* = x - jy = r\underline{/-\theta} = re^{-j\theta} \tag{B.11}$$

이와 같이 복소수의 공액복소수는 j 대신에 $-j$로 대치하여 얻는다.

두 복소수 $z_1 = x_1 + jy_1 = r_1\underline{/\theta_1}$과 $z_2 = x_2 + jy_2 = r_2\underline{/\theta_2}$가 주어졌을 때 이 둘의 합은

$$z_1 + z_2 = (x_1 + x_2) + j(y_1 + y_2) \tag{B.12}$$

그리고 이 둘의 차는

$$z_1 - z_2 = (x_1 - x_2) + j(y_1 - y_2) \tag{B.13}$$

복소수의 덧셈과 뺄셈은 직각좌표 형식에서 수행하는 것이 편리하지만 곱셈과 나눗셈은 극좌표 또는 지수함수 형식이 훨씬 편리하다. 곱셈의 경우

$$z_1 z_2 = r_1 r_2 \underline{/\theta_1 + \theta_2} \tag{B.14}$$

대신에 직각좌표 형식을 사용하면

$$\begin{aligned} z_1 z_2 &= (x_1 + jy_1)(x_2 + jy_2) \\ &= (x_1 x_2 - y_1 y_2) + j(x_1 y_2 + x_2 y_1) \end{aligned} \tag{B.15}$$

나눗셈의 경우

$$\frac{z_1}{z_2} = \frac{r_1}{r_2}\underline{/\theta_1 - \theta_2} \tag{B.16}$$

대신에 직각좌표 형식을 사용하면

복소수는 시간 종속이나 주파수 종속이 아니기 때문에 획이 가는 글자를 사용하고, 페이저는 획이 굵은 글자를 사용한다.

$$\frac{z_1}{z_2} = \frac{x_1 + jy_1}{x_2 + jy_2} \tag{B.17}$$

분모와 분자에 z_2*를 곱하여 분모를 유리화한다.

$$\frac{z_1}{z_2} = \frac{(x_1 + jy_1)(x_2 - jy_2)}{(x_2 + jy_2)(x_2 - jy_2)} = \frac{x_1x_2 + y_1y_2}{x_2^2 + y_2^2} + \frac{jx_2y_1 - x_1y_2}{x_2^2 + y_2^2} \tag{B.18}$$

예제 B.3

$A = 2 + j5$이고 $B = 4 - j6$일 때 다음을 구하라. (a) $A*(A + B)$, (b) $(A + B)/(A - B)$

풀이:

(a) $A = 2 + j5$일 때 A* $= 2 - j5$이고,

$$A + B = (2 + 4) + j(5 - 6) = 6 - j$$

그러므로

$$A*(A + B) = (2 - j5)(6 - j) = 12 - j2 - j30 - 5 = 7 - j32$$

(b) 마찬가지로

$$A - B = (2 - 4) + j(5 - -6) = -2 + j11$$

그러므로

$$\frac{A + B}{A - B} = \frac{6 - j}{-2 + j11} = \frac{(6 - j)(-2 - j11)}{(-2 + j11)(-2 - j11)}$$

$$= \frac{-12 - j66 + j2 - 11}{(-2)^2 + 11^2} = \frac{-23 - j64}{125} = -0.184 - j0.512$$

실전문제 B.3

$C = -3 + j7$이고 $D = 8 + j$일 때 다음을 구하라.

(a) $(C - D*)(C + D*)$, (b) $D^2/C*$, (c) $2CD/(C + D)$

답: (a) $-103 - j26$, (b) $-5.19 + j6.776$, (c) $6.045 + j11.53$

예제 B.4

다음을 구하라.

(a) $\dfrac{(2 + j5)(8e^{j10°})}{2 + j4 + 2\,\underline{/-40°}}$ (b) $\dfrac{j(3 - j4)*}{(-1 + j6)(2 + j)^2}$

풀이:

(a) 극좌표 형식의 항과 지수함수 형식의 항이 있으므로 모든 항을 극좌표 형식으로 나타내면

$$2 + j5 = \sqrt{2^2 + 5^2} \underline{/\tan^{-1} 5/2} = 5.385 \underline{/68.2°}$$

$$(2 + j5)(8e^{j10°}) = (5.385 \underline{/68.2°})(8 \underline{/10°}) = 43.08 \underline{/78.2°}$$

$$2 + j4 + 2 \underline{/-40°} = 2 + j4 + 2\cos(-40°) + j2\sin(-40°)$$
$$= 3.532 + j2.714 = 4.454 \underline{/37.54°}$$

그러므로

$$\frac{(2 + j5)(8e^{j10°})}{2 + j4 + 2 \underline{/-40°}} = \frac{43.08 \underline{/78.2°}}{4.454 \underline{/37.54°}} = 9.672 \underline{/40.66°}$$

(b) 모든 항이 직각좌표 형식이므로 직각좌표 형식으로 계산할 수 있다.

$$j(3 - j4)* = j(3 + j4) = -4 + j3$$
$$(2 + j)^2 = 4 + j4 - 1 = 3 + j4$$
$$(-1 + j6)(2 + j)^2 = (-1 + j6)(3 + j4) = -3 - 4j + j18 - 24$$
$$= -27 + j14$$

그러므로

$$\frac{j(3 - j4)*}{(-1 + j6)(2 + j)^2} = \frac{-4 + j3}{-27 + j14} = \frac{(-4 + j3)(-27 - j14)}{27^2 + 14^2}$$

$$= \frac{108 + j56 - j81 + 42}{925} = 0.1622 - j0.027$$

실전문제 B.4

다음 복소 분수를 계산하라.

(a) $\dfrac{6\underline{/30°} + j5 - 3}{-1 + j + 2e^{j45°}}$ (b) $\left[\dfrac{(15 - j7)(3 + j2)*}{(4 + j6)*(3\underline{/70°})}\right]^*$

답: (a) $3.387\underline{/-5.615°}$, (b) $2.759\underline{/-287.6°}$

B.3   오일러 공식

오일러 공식은 복소 변수에 중요한 공식이다. 이 공식은 e^x, $\cos\theta$와 $\sin\theta$의 급수 전개로부터 유도된다.

$$e^x = 1 + x + \frac{x^2}{2!} + \frac{x^3}{3!} + \frac{x^4}{4!} + \cdots \tag{B.19}$$

변수 x를 $j\theta$로 치환하면

$$e^{j\theta} = 1 + j\theta - \frac{\theta^2}{2!} - j\frac{\theta^3}{3!} + \frac{\theta^4}{4!} + \cdots \tag{B.20}$$

또한

$$\cos\theta = 1 - \frac{\theta^2}{2!} + \frac{\theta^4}{4!} - \frac{\theta^6}{6!} + \cdots$$

(B.21)

$$\sin\theta = \theta - \frac{\theta^3}{3!} + \frac{\theta^5}{5!} - \frac{\theta^7}{7!} + \cdots$$

그래서

$$\cos\theta + j\sin\theta = 1 + j\theta - \frac{\theta^2}{2!} - j\frac{\theta^3}{3!} + \frac{\theta^4}{4!} + j\frac{\theta^5}{5!} - \cdots \qquad \text{(B.22)}$$

식 (B.20)과 (B.22)를 비교하면 다음과 같은 결과를 얻을 수 있다.

$$\boxed{e^{j\theta} = \cos\theta + j\sin\theta} \qquad \text{(B.23)}$$

이를 오일러 공식이라 한다. 식 (B.8)처럼 복소수의 지수함수 형식 표현은 오일러 공식에 근거한다. 식 (B.23)으로부터

$$\boxed{\cos\theta = \mathrm{Re}(e^{j\theta}), \qquad \sin\theta = \mathrm{Im}(e^{j\theta})} \qquad \text{(B.24)}$$

그리고

$$|e^{j\theta}| = \sqrt{\cos^2\theta + \sin^2\theta} = 1$$

식 (B.23)에서 θ를 $-\theta$로 치환하면

$$e^{-j\theta} = \cos\theta - j\sin\theta \qquad \text{(B.25)}$$

식 (B.23)과 (B.25)를 더하면 다음과 같다.

$$\boxed{\cos\theta = \frac{1}{2}(e^{j\theta} + e^{-j\theta})} \qquad \text{(B.26)}$$

식 (B.23)에서 식 (B.25)를 빼면 다음과 같다.

$$\boxed{\sin\theta = \frac{1}{2j}(e^{j\theta} - e^{-j\theta})} \qquad \text{(B.27)}$$

유용한 항등식

다음 항등식은 복소수를 다룰 때 유용하다. $z = x + jy = r\underline{/\theta}$라고 하면

$$zz^* = x^2 + y^2 = r^2 \qquad \text{(B.28)}$$

$$\sqrt{z} = \sqrt{x + jy} = \sqrt{r}\,e^{j\theta/2} = \sqrt{r}\ \underline{/\theta/2} \qquad \text{(B.29)}$$

$$z^n = (x + jy)^n = r^n\ \underline{/n\theta} = r^n e^{jn\theta} = r^n(\cos n\theta + j\sin n\theta) \qquad \text{(B.30)}$$

$$z^{1/n} = (x + jy)^{1/n} = r^{1/n}\ \underline{/\theta/n + 2\pi k/n} \qquad \text{(B.31)}$$

$$k = 0, 1, 2, \ldots, n - 1$$

$$\ln(re^{j\theta}) = \ln r + \ln e^{j\theta} = \ln r + j\theta + j2k\pi \qquad \textbf{(B.32)}$$

$(k = 정수)$

$$\frac{1}{j} = -j$$

$$e^{\pm j\pi} = -1$$

$$e^{\pm j2\pi} = 1 \qquad \textbf{(B.33)}$$

$$e^{j\pi/2} = j$$

$$e^{-j\pi/2} = -j$$

$$\mathrm{Re}(e^{(\alpha + j\omega)t}) = \mathrm{Re}\,(e^{\alpha t}e^{j\omega t}) = e^{\alpha t}\cos\omega t$$

$$\mathrm{Im}(e^{(\alpha + j\omega)t}) = \mathrm{Im}(e^{\alpha t}e^{j\omega t}) = e^{\alpha t}\sin\omega t \qquad \textbf{(B.34)}$$

예제 B.5

$A = 6 + j8$일 때 (a) $\sqrt{A}$, (b) A^4을 구하라.

풀이:

(a) 우선 A를 극좌표 형식으로 바꾼다.

$$r = \sqrt{6^2 + 8^2} = 10, \qquad \theta = \tan^{-1}\frac{8}{6} = 53.13°, \qquad A = 10\underline{/53.13°}$$

그러면

$$\sqrt{A} = \sqrt{10}\,\underline{/53.13°/2} = 3.162\underline{/26.56°}$$

(b) $A = 10\underline{/53.13°}$이므로

$$A^4 = r^4\underline{/4\theta} = 10^4\underline{/4 \times 53.13°} = 10{,}000\underline{/212.52°}$$

실전문제 B.5

$A = 3 - j4$일 때 (a) $A^{1/3}$(3개의 해), (b) $\ln A$를 구하라.

답: (a) $1.71\underline{/102.3°}$, $1.71\underline{/222.3°}$, $1.71\underline{/342.3°}$,

(b) $1.609 + j5.356 + j2n\pi$ $(n = 0, 1, 2, \ldots)$

부록 C

Appendix C

수학 공식

이 부록은 편리하게 사용할 수 있는 공식을 제공한다. 이 책의 회로 문제를 푸는 데 필요한 모든 공식을 포함하고 있다.

C.1 이차 방정식의 근의 공식

이차 방정식 $ax^2 + bx + c = 0$의 해는 다음과 같다.

$$x_1, x_2 = \frac{-b \pm \sqrt{b^2 - 4ac}}{2a}$$

C.2 삼각함수 항등식

$$\sin(-x) = -\sin x$$

$$\cos(-x) = \cos x$$

$$\sec x = \frac{1}{\cos x}, \qquad \csc x = \frac{1}{\sin x}$$

$$\tan x = \frac{\sin x}{\cos x}, \qquad \cot x = \frac{1}{\tan x}$$

$$\sin(x \pm 90°) = \pm\cos x$$

$$\cos(x \pm 90°) = \mp\sin x$$

$$\sin(x \pm 180°) = -\sin x$$

$$\cos(x \pm 180°) = -\cos x$$

$$\cos^2 x + \sin^2 x = 1$$

$$\frac{a}{\sin A} = \frac{b}{\sin B} = \frac{c}{\sin C} \qquad \text{(사인 법칙)}$$

$$a^2 = b^2 + c^2 - 2bc \cos A \qquad \text{(코사인 법칙)}$$

$$\frac{\tan \frac{1}{2}(A - B)}{\tan \frac{1}{2}(A + B)} = \frac{a - b}{a + b} \qquad \text{(탄젠트 법칙)}$$

$$\sin(x \pm y) = \sin x \cos y \pm \cos x \sin y$$

$$\cos(x \pm y) = \cos x \cos y \mp \sin x \sin y$$

$$\tan(x \pm y) = \frac{\tan x \pm \tan y}{1 \mp \tan x \tan y}$$

$$2 \sin x \sin y = \cos(x - y) - \cos(x + y)$$
$$2 \sin x \cos y = \sin(x + y) + \sin(x - y)$$
$$2 \cos x \cos y = \cos(x + y) + \cos(x - y)$$
$$\sin 2x = 2 \sin x \cos x$$
$$\cos 2x = \cos^2 x - \sin^2 x = 2 \cos^2 x - 1 = 1 - 2 \sin^2 x$$

$$\tan 2x = \frac{2 \tan x}{1 - \tan^2 x}$$

$$\sin^2 x = \frac{1}{2}(1 - \cos 2x)$$

$$\cos^2 x = \frac{1}{2}(1 + \cos 2x)$$

$$K_1 \cos x + K_2 \sin x = \sqrt{K_1^2 + K_2^2} \cos\left(x + \tan^{-1}\frac{-K_2}{K_1}\right)$$

$$e^{jx} = \cos x + j \sin x \qquad \text{(오일러 공식)}$$

$$\cos x = \frac{e^{jx} + e^{-jx}}{2}$$

$$\sin x = \frac{e^{jx} - e^{-jx}}{2j}$$

$$1 \text{ rad} = 57.296°$$

C.3 쌍곡선 함수

$$\sinh x = \frac{1}{2}(e^x - e^{-x})$$

$$\cosh x = \frac{1}{2}(e^x + e^{-x})$$

$$\tanh x = \frac{\sinh x}{\cosh x}$$

$$\coth x = \frac{1}{\tanh x}$$

$$\operatorname{csch} x = \frac{1}{\sinh x}$$

$$\operatorname{sech} x = \frac{1}{\cosh x}$$

$$\sinh(x \pm y) = \sinh x \cosh y \pm \cosh x \sinh y$$
$$\cosh(x \pm y) = \cosh x \cosh y \pm \sinh x \sinh y$$

C.4 미분

$U = U(x)$, $V = V(x)$이고 $a = $ 상수일 때

$$\frac{d}{dx}(aU) = a\frac{dU}{dx}$$

$$\frac{d}{dx}(UV) = U\frac{dV}{dx} + V\frac{dU}{dx}$$

$$\frac{d}{dx}\left(\frac{U}{V}\right) = \frac{V\dfrac{dU}{dx} - U\dfrac{dV}{dx}}{V^2}$$

$$\frac{d}{dx}(aU^n) = naU^{n-1}$$

$$\frac{d}{dx}(a^U) = a^U \ln a \frac{dU}{dx}$$

$$\frac{d}{dx}(e^U) = e^U \frac{dU}{dx}$$

$$\frac{d}{dx}(\sin U) = \cos U \frac{dU}{dx}$$

$$\frac{d}{dx}(\cos U) = -\sin U \frac{dU}{dx}$$

C.5 부정적분

$U = U(x)$, $V = V(x)$이고 $a = $ 상수일 때

$$\int a\, dx = ax + C$$

$$\int U\, dV = UV - \int V\, dU \qquad (\text{부분적분})$$

$$\int U^n\, dU = \frac{U^{n+1}}{n+1} + C, \qquad n \neq 1$$

$$\int \frac{dU}{U} = \ln U + C$$

$$\int a^U\, dU = \frac{a^U}{\ln a} + C, \qquad a > 0, a \neq 1$$

$$\int e^{ax}\, dx = \frac{1}{a} e^{ax} + C$$

$$\int xe^{ax}\, dx = \frac{e^{ax}}{a^2}(ax - 1) + C$$

$$\int x^2 e^{ax}\, dx = \frac{e^{ax}}{a^3}(a^2 x^2 - 2ax + 2) + C$$

$$\int \ln x\, dx = x \ln x - x + C$$

$$\int \sin ax\, dx = -\frac{1}{a}\cos ax + C$$

$$\int \cos ax\, dx = \frac{1}{a}\sin ax + C$$

$$\int \sin^2 ax\, dx = \frac{x}{2} - \frac{\sin 2ax}{4a} + C$$

$$\int \cos^2 ax \, dx = \frac{x}{2} + \frac{\sin 2ax}{4a} + C$$

$$\int x \sin ax \, dx = \frac{1}{a^2}(\sin ax - ax \cos ax) + C$$

$$\int x \cos ax \, dx = \frac{1}{a^2}(\cos ax + ax \sin ax) + C$$

$$\int x^2 \sin ax \, dx = \frac{1}{a^3}(2ax \sin ax + 2 \cos ax - a^2 x^2 \cos ax) + C$$

$$\int x^2 \cos ax \, dx = \frac{1}{a^3}(2ax \cos ax - 2 \sin ax + a^2 x^2 \sin ax) + C$$

$$\int e^{ax} \sin bx \, dx = \frac{e^{ax}}{a^2 + b^2}(a \sin bx - b \cos bx) + C$$

$$\int e^{ax} \cos bx \, dx = \frac{e^{ax}}{a^2 + b^2}(a \cos bx + b \sin bx) + C$$

$$\int \sin ax \sin bx \, dx = \frac{\sin(a-b)x}{2(a-b)} - \frac{\sin(a+b)x}{2(a+b)} + C, \quad a^2 \neq b^2$$

$$\int \sin ax \cos bx \, dx = -\frac{\cos(a-b)x}{2(a-b)} - \frac{\cos(a+b)x}{2(a+b)} + C, \quad a^2 \neq b^2$$

$$\int \cos ax \cos bx \, dx = \frac{\sin(a-b)x}{2(a-b)} + \frac{\sin(a+b)x}{2(a+b)} + C, \quad a^2 \neq b^2$$

$$\int \frac{dx}{a^2 + x^2} = \frac{1}{a} \tan^{-1} \frac{x}{a} + C$$

$$\int \frac{x^2 \, dx}{a^2 + x^2} = x - a \tan^{-1} \frac{x}{a} + C$$

$$\int \frac{dx}{(a^2 + x^2)^2} = \frac{1}{2a^2}\left(\frac{x}{x^2 + a^2} + \frac{1}{a} \tan^{-1} \frac{x}{a}\right) + C$$

C.6   정적분

m과 n이 정수일 때

$$\int_0^{2\pi} \sin ax \, dx = 0$$

$$\int_0^{2\pi} \cos ax \, dx = 0$$

$$\int_0^{\pi} \sin^2 ax \, dx = \int_0^{\pi} \cos^2 ax \, dx = \frac{\pi}{2}$$

$$\int_0^{\pi} \sin mx \sin nx \, dx = \int_0^{\pi} \cos mx \cos nx \, dx = 0, \quad m \neq n$$

$$\int_0^{\pi} \sin mx \cos nx \, dx = \begin{cases} 0, & m+n = \text{짝수} \\ \dfrac{2m}{m^2 - n^2}, & m+n = \text{홀수} \end{cases}$$

$$\int_0^{2\pi} \sin mx \sin nx \, dx = \int_{-\pi}^{\pi} \sin mx \sin nx \, dx = \begin{cases} 0, & m \neq n \\ \pi, & m = n \end{cases}$$

$$\int_0^{\infty} \frac{\sin ax}{x} \, dx = \begin{cases} \dfrac{\pi}{2}, & a > 0 \\ 0, & a = 0 \\ -\dfrac{\pi}{2}, & a < 0 \end{cases}$$

C.7　로피탈의 공식

$f(0) = 0 = h(0)$일 때

$$\lim_{x \to 0} \frac{f(x)}{h(x)} = \lim_{x \to 0} \frac{f'(x)}{h'(x)}$$

여기서 프라임 기호는 미분을 나타낸다.

부록 D

Appendix D

홀수 번호 문제의 정답

제1장

1.1 (a) −103.84 mC, (b) −198.65 mC, (c) −3.941 C, (d) −26.08 C

1.3 (a) $3t + 1$ C, (b) $t^2 + 5t$ mC,

(c) $2 \sin(10t + \pi/6) + 1$ μC,

(d) $-e^{-30t}[0.16 \cos 40t + 0.12 \sin 40t]$ C

1.5 25 C

1.7 $i = \dfrac{dq}{dt} = \begin{cases} 25 \text{ A}, & 0 < t < 2\,s \\ -25 \text{ A}, & 2 < t < 6\,s \\ 25 \text{ A}, & 6 < t < 8\,s \end{cases}$

그림 D.1의 파형을 참조하라.

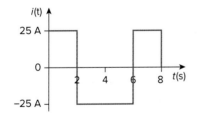

그림 D.1
문제 1.7.

1.9 (a) 10 C, (b) 22.5 C, (c) 30 C

1.11 3.888 kC, 5.832 kJ

1.13 123.37 mW, 58.76 mJ

1.15 (a) 2.945 mC, (b) $-720e^{-4t}$ μW, (c) -180 μJ

1.17 70 W 흡수

1.19 6 A, −72 W, 18 W, 18 W, 36 W

1.21 2.696×10^{23}개의 전자, 43,200 C

1.23 $1.35

1.25 10.08센트

1.27 (a) 43.2 kC, (b) 475.2 kJ, (c) 1.188센트

1.29 39.6센트

1.31 $42.05

1.33 6 C

1.35 2.333 MWh

1.37 1.728 MJ

1.39 24센트

제2장

2.1 복수의 해를 가진 설계문제이다.

2.3 184.3 mm

2.5 $n = 9$, $b = 15$, $l = 7$

2.7 6개 가지와 4개 노드

2.9 −7 A, −1 A, 5 A

2.11 6 V, 3 V

2.13 12 A, −10 A, 5 A, −2 A

2.15 6 V, −4 A

2.17 2 V, −22 V, 10 V

2.19 −2 A, 12 W, −24 W, 20 W, 16 W

2.21 4.167 V

2.23 6.667 V, 21.33 W

2.25 0.1 A, 2 kV, 0.2 kW

2.27 1 A

2.29 8.125 Ω

2.31 56 A, 8 A, 48 A, 32 A, 16 A

2.33 3 V, 6 A

2.35 32 V, 800 mA

2.37 2.5 Ω

2.39 (a) 727.3 Ω, (b) 3 kΩ

2.41 16 Ω

2.43 (a) 12 Ω, (b) 16 Ω

2.45 (a) 59.8 Ω, (b) 32.5 Ω

2.47 24 Ω

2.49 (a) 4 Ω, (b) $R_{an} = 18$ Ω, $R_{bn} = 6$ Ω, $R_{cn} = 3$ Ω

2.51 (a) 9.231 Ω, (b) 36.25 Ω

2.53 (a) 142.32 Ω, (b) 33.33 Ω

2.55 997.4 mA

2.57 12.21 Ω, 1.64 A

2.59 $P_{30} = 5.432$ W.

$P_{40} = 4.074$ W.

$P_{50} = 3.259$ W.

이 값들은 정격 출력보다 훨씬 못 미치기 때문에 어떤 전구도 충분히 밝지 않다. 제대로 동작하려면 이 전구들은 병렬로 연결되어야 한다.

2.61 R_1과 R_3 전구를 사용한다.

2.63 0.4 Ω, ≅ 1 W

2.65 4 kΩ

2.67 (a) 4 V, (b) 2.857 V, (c) 28.57%, (d) 6.25%

2.69 (a) 1.278 V (전압계가 있을 때), 1.29 V (전압계가 없을 때)

(b) 9.30 V (전압계가 있을 때), 10 V (전압계가 없을 때)

(c) 25 V (전압계가 있을 때), 30.77 V (전압계가 없을 때)

2.71 10 Ω

2.73 45 Ω

2.75 2 Ω

2.77 (a) 20 Ω 저항 4개의 병렬 연결

(b) 20 Ω 저항 2개를 병렬로 연결한 것과 300 Ω, 1.8 Ω 저항을 직렬로 연결

(c) 24 kΩ 저항 2개를 병렬로 연결한 것과 56 kΩ 저항 2개를 병렬로 연결한 것을 직렬로 연결

(d) 56 kΩ 저항 2개를 병렬로 연결한 것과 20 Ω, 300 Ω, 24 kΩ 저항을 직렬로 연결

2.79 75 Ω

2.81 38 kΩ, 3.333 kΩ

2.83 3.84 kΩ, ∞ Ω (최적의 값)

제3장

3.1 복수의 해를 가진 설계문제이다.

3.3 −6 A, −3 A, −2 A, 1 A, −60 V

3.5 20 V

3.7 5.714 V

3.9 79.34 mA

3.11 3 V, 293.9 W, 750 mW, 121.5 W

3.13 40 V, 40 V

3.15 29.45 A, 144.6 W, 129.6 W, 12 W

3.17 1.73 A

3.19 10 V, 4.933 V, 12.267 V

3.21 1 V, 3 V

3.23 22.34 V

3.25 25.52 V, 22.05 V, 14.842 V, 15.055 V

3.27 625 mV, 375 mV, 1.625 V

3.29 −0.7708 V, 1.209 V, 2.309 V, 0.7076 V

3.31 4.97 V, 4.85 V, −0.12 V

3.33 (a)와 (b)는 같은 평면상에 있어 그림 D.2와 같이 다시 그릴 수 있다.

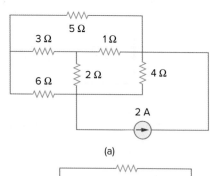

(a)

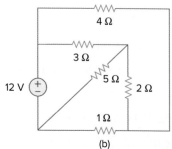

(b)

그림 D.2
문제 3.33.

3.35 20 V

3.37 12 V

3.39 복수의 해를 가진 설계문제이다.

3.41 1.188 A

3.43 1.7778 A, 53.33 V

3.45 8.561 A

3.47 10 V, 4.933 V, 12.267 V

3.49 57 V, 18 A

3.51 20 V

3.53 1.6196 mA, −1.0202 mA, −2.461 mA, 3 mA, −2.423 mA

3.55 −1 A, 0 A, 2 A

3.57 6 kΩ, 60 V, 30 V

3.59 −4.48 A, −1.0752 kV

3.61 −0.3

3.63 −4 V, 2.105 A

3.65 2.17 A, 1.9912 A, 1.8119 A, 2.094 A, 2.249 A

3.67 −30 V

3.69 $\begin{bmatrix} 1.75 & -0.25 & -1 \\ -0.25 & 1 & -0.25 \\ -1 & -0.25 & 1.25 \end{bmatrix} \begin{bmatrix} v_1 \\ v_2 \\ v_3 \end{bmatrix} = \begin{bmatrix} 20 \\ 5 \\ 5 \end{bmatrix}$

3.71 6.255 A, 1.9599 A, 3.694 A

3.73 $\begin{bmatrix} 9 & -3 & -4 & 0 \\ -3 & 8 & 0 & 0 \\ -4 & 0 & 6 & -1 \\ 0 & 0 & -1 & 2 \end{bmatrix} \begin{bmatrix} i_1 \\ i_2 \\ i_3 \\ i_4 \end{bmatrix} = \begin{bmatrix} 6 \\ 4 \\ 2 \\ -3 \end{bmatrix}$

3.75 −3 A, 0 A, 3 A

3.77 3.111 V, 1.4444 V

3.79 −10.556 V, 20.56 V, 1.3889 V, −43.75 V

3.81 26.67 V, 6.667 V, 173.33 V, −46.67 V

3.83 그림 D.3을 참조하라. −12.5 V

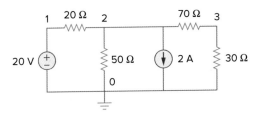

그림 D.3
문제 3.83.

3.85 9 Ω

3.87 −8

3.89 22.5 μA, 12.75 V

3.91 0.61 μA, 8.641 V, 49 mV

3.93 1.333 A, 1.333 A, 2.6667 A

제4장

4.1 600 mA, 250 V

4.3 (a) 0.5 V, 0.5 A, (b) 5 V, 5 A, (c) 5 V, 500 mA

4.5 4.5 V

4.7 888.9 mV

4.9 2 A

4.11 17.99 V, 1.799 A

4.13 8.696 V

4.15 1.875 A, 10.55 W

4.17 −8.571 V

4.19 −26.67 V

4.21 복수의 해를 가진 설계문제이다.

4.23 1 A, 8 W

4.25 −6.6 V

4.27 −48 V

4.29 3 V

4.31 3.652 V

4.33 40 V, 20 Ω, 1.6 A

4.35 −125 mV

4.37 10 Ω, 666.7 mA

4.39 20 Ω, −49.2 V

4.41 4 Ω, −8 V, −2 A

4.43 10 Ω, 0 V

4.45 3 Ω, 6 V

4.47 1.1905 V, 476.2 mΩ, 2.5 A

4.49 28 Ω, 3.286 V

4.51 (a) 2 Ω, 7 A, (b) 1.5 Ω, 12.667 A

4.53 3 Ω, 1 A

4.55 100 kΩ, −20 mA

4.57 10 Ω, 166.67 V, 16.667 A

4.59 22.5 Ω, 40 V, 1.7778 A

4.61 1.2 Ω, 9.6 V, 8 A

4.63 −3.333 Ω, 0 A

4.65 $V_0 = 24 - 5I_0$

4.67 25 Ω, 7.84 W

4.69 ∞ (이론적으로)

4.71 8 kΩ, 1.152 W

4.73 20.77 W

4.75 1 kΩ, 3 mW

4.77 (a) 3.8 Ω, 4 V, (b) 3.2 Ω, 15 V

4.79 10 Ω, 167 V

4.81 3.3 Ω, 10 V(값은 그래프를 이용하여 구할 수 있음)

4.83 8 Ω, 12 V

4.85 (a) 24 V, 30 kΩ, (b) 9.6 V

4.87 (a) 10 mA, 8 kΩ, (b) 9.926 mA

4.89 (a) 99.99 μA, (b) 99.99 μA

4.91 (a) 100 Ω, 20 Ω, (b) 100 Ω, 200 Ω

4.93 $\dfrac{V_s}{R_s + (1 + \beta)R_o}$

4.95 5.333 V, 66.67 kΩ

4.97 2.4 kΩ, 4.8 V

제5장

5.1 60 μV

5.3 10 V

5.5 0.999990

5.7 −100 nV, −10 mV

5.9 2 V, 2 V

5.11 복수의 해를 가진 설계문제이다.

5.13 2.7 V, 288 μA

5.15 (a) $-\left(R_1 + R_3 + \dfrac{R_1 R_3}{R_2}\right)$, (b) −92 kΩ

5.17 (a) −2.4, (b) −16, (c) −400

5.19 −562.5 μA

5.21 −4 V

5.23 $-\dfrac{R_f}{R_1}$

5.25 2.312 V

5.27 2.7 V

5.29 $\dfrac{R_2}{R_1}$

5.31 727.2 μA

5.33 12 mW, −2 mA

5.35 만약 $R_i = 60$ kΩ라면, $R_f = 390$ kΩ이다.

5.37 1.5 V

5.39 3 V

5.41 그림 D.4를 참조하라.

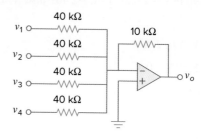

그림 D.4
문제 5.41.

5.43 20 kΩ.

5.45 이것은 많은 해를 가지고 있는 설계 문제이다. R < 100 kΩ.

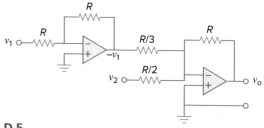

그림 D.5
문제 5.45.

5.47 14.09 V

5.49 $R_1 = R_3 = 20$ kΩ, $R_2 = R_4 = 80$ kΩ

5.51 그림 D.6을 참조하라.

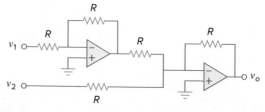

그림 D.6
문제 5.51.

5.53 증명

5.55 7.956, 7.956, 1.989

5.57 $6v_{s1} - 6v_{s2}$

5.59 -12

5.61 2.4 V

5.63 $\dfrac{R_2R_4/R_1R_5 - R_4/R_6}{1 - R_2R_4/R_3R_5}$

5.65 -21.6 mV

5.67 -400 mV

5.69 -25.71 mV

5.71 7.5 V

5.73 10.8 V

5.75 -2, 200 μA

5.77 -6.686 mV

5.79 -4.992 V

5.81 343.4 mV, 24.51 μA

5.83 결과는 당신의 설계에 달려 있다. 따라서

$R_G = 10$ kΩ, $R_1 = 10$ kΩ, $R_2 = 20$ kΩ, $R_3 = 30$ kΩ,

$R_4 = 80$ kΩ, $R_5 = 160$ kΩ, $R_6 = 320$ kΩ이라 하면

$$-v_o = (R_f/R_1)v_1 + \text{———} + (R_f/R_6)v_6$$
$$= v_1 + 0.5v_2 + 0.25v_3 + 0.125v_4$$
$$+ 0.0625v_5 + 0.03125v_6$$

(a) $|v_o| = 1.1875 = 1 + 0.125 + 0.0625 = 1 + (1/8) +$ (1/16), 이것은 다음을 의미한다.

$$[v_1v_2v_3v_4v_5v_6] = \mathbf{[100110]}$$

(b) $|v_o| = 0 + (1/2) + (1/4) + 0 + (1/16) +$ $(1/32) = (27/32) = \mathbf{843.75\ mV}$

(c) 이것은 [111111]에 일치한다.

$$|v_o| = 1 + (1/2) + (1/4) + (1/8) + (1/16)$$
$$+ (1/32)$$
$$= 63/32 = \mathbf{1.96875\ V}$$

5.85 160 kΩ

5.87 $\left(1 + \dfrac{R_4}{R_3}\right)v_2 - \left[\left(\dfrac{R_4}{R_3}\right) + \left(\dfrac{R_2R_4}{R_1R_3}\right)\right]v_1$

$R_4 = R_1$이고 $R_3 = R_2$일 때 $v_o = \left(1 + \dfrac{R_4}{R_3}\right)(v_2 - v_1)$ 이다.

이득이 $\left(1 + \dfrac{R_4}{R_3}\right)$인 감산기.

5.89 $v_o = -v_1 - (5/3)v_2$인 덧셈기이며, 여기서 $v_2 = 6$ V 배터리이고 $v_1 = -12\ v_s$인 반전증폭기이다.

5.91 9

5.93 $A = \dfrac{1}{\left(1 + \frac{R_1}{R_3}\right)R_L - R_1\left(\frac{R_2 + R_L}{R_2R_3}\right)\left(R_4 + \frac{R_2R_L}{R_2 + R_L}\right)}$

제6장

6.1 $15(1 - 3t)e^{-3t}$ A, $30t(1 - 3t)e^{-6t}$ W

6.3 복수의 해를 가진 설계문제이다.

6.5 $i_c(t) = \begin{cases} 50 \text{ mA}, & 0 < t < 2 \text{ ms} \\ -50 \text{ mA}, & 2 < t < 6 \text{ ms} \\ 50 \text{ mA}, & 6 < t < 8 \text{ ms} \end{cases}$

6.7 $[0.1t^2 + 10]$ V

6.9 13.624 V, 70.66 W

6.11 $v(t) = \begin{cases} 10 + 3.75t \text{ V}, & 0 < t < 2\text{s} \\ 22.5 - 2.5t \text{ V}, & 2 < t < 4\text{s} \\ 12.5 \text{ V}, & 4 < t < 6\text{s} \\ 2.5t - 2.5 \text{ V}, & 6 < t < 8\text{s} \end{cases}$

6.13 $v_1 = 42$ V, $v_2 = 48$ V

6.15 (a) 125 mJ, 375 mJ, (b) 70.31 mJ, 23.44 mJ

6.17 (a) 3 F, (b) 8 F, (c) 1 F

6.19 10 μF

6.21 2.5 μF

6.23 복수의 해를 가진 설계문제이다.

6.25 (a) 직렬 연결된 커패시터의 경우

$$Q_1 = Q_2 \rightarrow C_1v_1 = C_2v_2 \rightarrow \frac{v_1}{v_2} = \frac{C_2}{C_1}$$

$$v_s = v_1 + v_2 = \frac{C_2}{C_1}v_2 + v_2 = \frac{C_1 + C_2}{C_1}v_2$$

$$\rightarrow v_2 = \frac{C_1}{C_1 + C_2}v_s$$

마찬가지로, $v_1 = \dfrac{C_2}{C_1 + C_2}v_s$

(b) 병렬 연결된 커패시터의 경우

$$v_1 = v_2 = \frac{Q_1}{C_1} = \frac{Q_2}{C_2}$$

$$Q_s = Q_1 + Q_2 = \frac{C_1}{C_2}Q_2 + Q_2 = \frac{C_1 + C_2}{C_2}Q_2$$

또는

$$Q_2 = \frac{C_2}{C_1 + C_2}$$

$$Q_1 = \frac{C_1}{C_1 + C_2}Q_s$$

$$i = \frac{dQ}{dt} \rightarrow i_1 = \frac{C_1}{C_1 + C_2}i_s,$$

$$i_2 = \frac{C_2}{C_1 + C_2}i_s$$

6.27 1 μF, 16 μF

6.29 (a) 1.6 C, (b) 1 C

6.31 $v(t) = \begin{cases} 1.5t^2 \text{ kV}, & 0 < t < 1\text{s} \\ [3t - 1.5] \text{ kV}, & 1 < t < 3\text{s}; \\ [0.75t^2 - 7.5t + 23.25] \text{ kV}, & 3 < t < 5\text{s} \end{cases}$

$i_1 = \begin{cases} 18t \text{ mA}, & 0 < t < 1\text{s} \\ 18 \text{ mA}, & 1 < t < 3\text{s}; \\ [9t - 45] \text{ mA}, & 3 < t < 5\text{s} \end{cases}$

$i_2 = \begin{cases} 12t \text{ mA}, & 0 < t < 1\text{s} \\ 12 \text{ mA}, & 1 < t < 3\text{s} \\ [6t - 30] \text{ mA}, & 3 < t < 5\text{s} \end{cases}$

6.33 15 V, 10 F

6.35 6.4 mH

6.37 4.8 cos 100t V, 96 mJ

6.39 $5t^3 + 5t^2 + 20t + 1$

6.41 5.977 A, 35.72 J

6.43 144 μJ

6.45 $i(t) = \begin{cases} 250t^2 \text{ A}, & 0 < t < 1\text{s} \\ [1 - t + 0.25t^2] \text{ kA}, & 1 < t < 2\text{s} \end{cases}$

6.47 5 Ω

6.49 3.75 mH

6.51 7.778 mH

6.53 20 mH

6.55 (a) 1.4 L, (b) 500 mL

6.57 6.625 H

6.59 증명

6.61 (a) 6.667 mH, e^{-t} mA, $2e^{-t}$ mA

(b) $-20e^{-t}$ μV (c) 1.3534 nJ

6.63 그림 D.7을 참조하라.

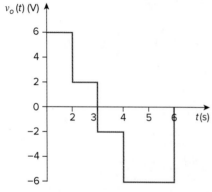

그림 D.7
문제 6.63.

6.65 (a) 40 J, 40 J, (b) 80 J, (c) $5 \times 10^{-5}(e^{-200t} - 1) + 4$ A,

$1.25 \times 10^{-5}(e^{-200t} - 1) - 2$ A

(d) $6.25 \times 10^{-5}(e^{-200t} - 1) + 2$ A

6.67 100 cos(50t) mV

6.69 그림 D.8을 참조하라.

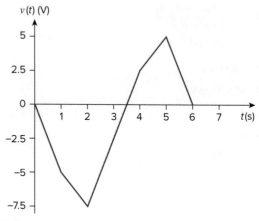

그림 D.8
문제 6.69.

6.71 덧셈기와 적분기를 결합함으로써 그림 D.9에 보인 회로를 얻는다. 여기서 $C = 2$ μF, $R_1 = 500$ kΩ, $R_2 = 125$ kΩ, $R_3 = 50$ kΩ이다.

$$v_o = -\frac{1}{R_1 C} \int v_1 \, dt - \frac{1}{R_2 C} \int v_2 \, dt - \frac{1}{R_2 C} \int v_2 \, dt$$

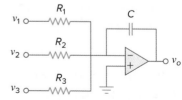

그림 D.9
문제 6.71.

6.73 그림 D.10의 연산증폭기를 고려하자.

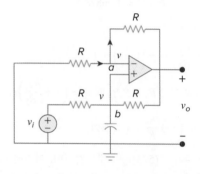

그림 D.10
문제 6.73.

$v_a = v_b = v$라고 하자. 노드 a에서

$$\frac{0 - v}{R} = \frac{v - v_0}{R} \longrightarrow 2v - v_0 = 0 \qquad (1)$$

노드 b에서, $\frac{v_i - v}{R} = \frac{v - v_0}{R} + C\frac{dv}{dt}$

$$v_i = 2v - v_o + RC\frac{dv}{dt} \qquad (2)$$

식 (1)과 (2)를 결합하면

$$v_i = v_o - v_o + \frac{RC}{2}\frac{dv_o}{dt} \quad \text{또는} \quad v_o = \frac{2}{RC}\int v_i dt$$

이 회로는 비반전 적분기이다.

6.79 그림 D.12를 참조하라.

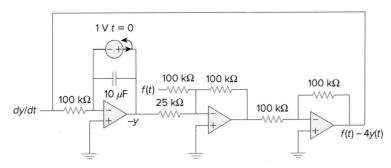

그림 D.12
문제 6.79.

6.81 그림 D.13을 참조하라.

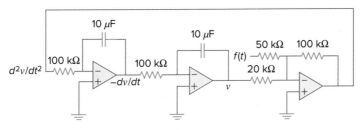

그림 D.13
문제 6.81.

6.83 8개의 그룹이 병렬로 연결되어 있으며, 각각의 그룹은 두 개의 커패시터가 직렬로 연결되어 있다.

6.85 1.25 mH 인덕터

6.75 -30 mV

6.77 그림 D.11을 참조하라.

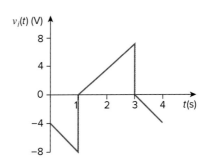

그림 D.11
문제 6.77.

제7장

7.1 (a) 0.7143 μF, (b) 5 ms, (c) 3.466 ms

7.3 3.222 μs

7.5 복수의 해를 가진 설계문제이다.

7.7 $12e^{-t}$ V for $0 < t < 1$ sec,
$4.415e^{-2(t-1)}$ V for 1 sec $< t < \infty$

7.9 $4e^{-t/12}$ V

7.11 $1.2e^{-3t}$ A

7.13 (a) 16 kΩ, 16 H, 1 ms, (b) 126.42 μJ

7.15 (a) 10 Ω, 500 ms, (b) 40 Ω, 250 μs

7.17 $[-6e^{-16t}u(t)]$ V for all $t > 0$.

7.19 $6e^{-5t}u(t)$ A

7.21 13.333 Ω

7.23 $10e^{-4t}$ V, $t > 0$, $2.5e^{-4t}$ V, $t > 0$

7.25 복수의 해를 가진 설계문제이다.

7.27 $[5u(t+1) + 10u(t) - 25u(t-1) + 15u(t-2)]$ V

7.29 (c) $z(t) = \cos 4t\, \delta(t-1) = \cos 4\delta(t-1) = -0.6536\delta(t-1)$, 이는 그림 D.14을 참조하라.

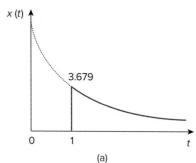

(a)

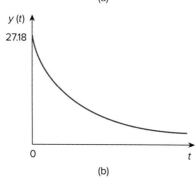

(b)

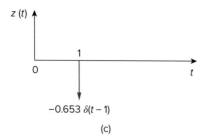

(c)

그림 D.14
문제 7.29.

7.31 (a) 112×10^{-9}, (b) 7

7.33 $1.5u(t-2)$ A

7.35 (a) $-e^{-2t}u(t)$ V, (b) $2e^{1.5t}u(t)$ A

7.37 (a) 4 s, (b) 10 V, (c) $(10 - 8e^{-t/4})u(t)$ V

7.39 (a) 4 V, $t < 0$, $20 - 16e^{-t/8}$, $t > 0$,
    (b) 4 V, $t < 0$, $12 - 8e^{-t/6}$ V, $t > 0$.

7.41 복수의 해를 가진 설계문제이다.

7.43 0.8 A, $0.8e^{-t/480}u(t)$ A

7.45 $[20 - 15e^{-14.286t}]u(t)$ V

7.47 $\begin{cases} 24(1 - e^{-t})\text{V}, & 0 < t < 1 \\ 30 - 14.83e^{-(t-1)} \text{ V}, & t > 1 \end{cases}$

7.49 $\begin{cases} 8(1 - e^{-t/5}) \text{ V}, & 0 < t < 1 \\ [-16 + 31.17e^{-(t-1)}] \text{ V}, & t > 1 \end{cases}$

7.51 $V_S = Ri + L\dfrac{di}{dt}$

또는 $L\dfrac{di}{dt} = -R\left(i - \dfrac{V_S}{R}\right)$

$\dfrac{di}{i - V_S/R} = \dfrac{-R}{L}dt$

양변을 적분하면

$\ln\left(i - \dfrac{V_S}{R}\right)\Big|_{I_0}^{i(t)} = \dfrac{-R}{L}t$

$\ln\left(\dfrac{i - V_S/R}{I_0 - V_S/R}\right) = \dfrac{-t}{\tau}$

또는 $\dfrac{i - V_S/R}{I_0 - V_S/R} = e^{-t/\tau}$

$i(t) = \dfrac{V_S}{R} + \left(I_0 - \dfrac{V_S}{R}\right)e^{-t/\tau}$

이것은 식 (7.60)과 같다.

7.53 (a) 5 A, $5e^{-t/2}u(t)$ A, (b) 6 A, $6e^{-2t/3}u(t)$ A

7.55 96 V, $96e^{-4t}u(t)$ V

7.57 $2.4e^{-2t}u(t)$ A, $600e^{-5t}u(t)$ mA

7.59 $6e^{-4t}u(t)$ volts

7.61 $20e^{-8t}u(t)$ V, $(10 - 5e^{-8t})u(t)$ A

7.63 $2e^{-8t}u(t)$ A, $-8e^{-8t}u(t)$ V

7.65 $\begin{cases} 2(1 - e^{-2t})\text{A} & 0 < t < 1 \\ 1.729e^{-2(t-1)}\text{A} & t > 1 \end{cases}$

7.67 $5e^{-100t/3}u(t)$ V

7.69 $48(e^{-t/3000} - 1)\, u(t)$ V

7.71 $[6(1 - e^{-5t})]u(t)$ V

7.73 $-6e^{-5t}u(t)$ V

7.75 $[6 - 3e^{-50t}]u(t)$ V, $-200\ \mu$A

7.77 그림 D.15을 참조하라.

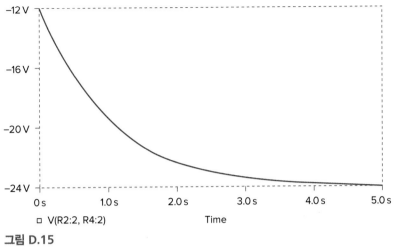

그림 D.15
문제 7.77.

7.79 $[-0.5 + 4.5e^{-2t}]u(t)$ A

7.81 그림 D.16을 참조하라.

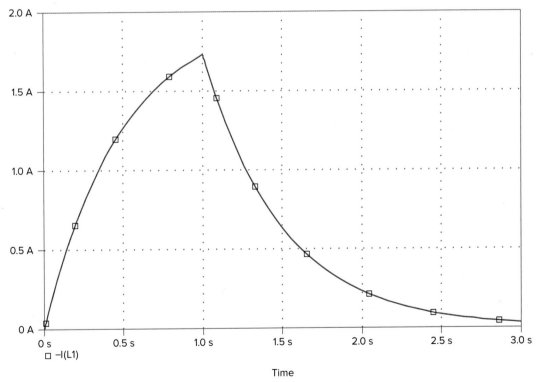

그림 D.16
문제 7.81.

7.83 6.278 m/s

7.85 (a) 659.7 μs, (b) 16.636 s

7.87 441 mA

7.89 $L < 200$ mH

7.91 1.271 Ω

8장

8.1 (a) 2 A, 12 V, (b) −4 A/s, −5 V/s, (c) 0 A, 0 V

8.3 (a) 0 A, −10 V, 0 V, (b) 0 A/s, 8 V/s, 8 V/s,
(c) 400 mA, 6 V, 16 V

8.5 (a) 0 A, 0 V, (b) 4 A/s, 0 V/s, (c) 2.4 A, 9.6 V

8.7 과감쇠

8.9 $[(10 + 50t)e^{-5t}]$ A

8.11 $[(10 + 10t)e^{-t}]$ V

8.13 120 Ω

8.15 750 Ω, 200 μF, 25 H

8.17 $[21.55e^{-2.679t} - 1.55e^{-37.32t}]$ V

8.19 $24 \sin(0.5t)$ V

8.21 $18e^{-t} - 2e^{-9t}$ V

8.23 40 mF

8.25 복수의 해를 가진 설계문제이다.

8.27 $[3 - 3(\cos(2t) + \sin(2t))e^{-2t}]$ volts

8.29 (a) $3 - 3 \cos 2t + \sin 2t$ V,
(b) $2 - 4e^{-t} + e^{-4t}$ A,
(c) $3 + (2 + 3t)e^{-t}$ V,
(d) $2 + 2 \cos 2te^{-t}$ A

8.31 80 V, 40 V

8.33 $[20 + 0.2052e^{-4.95t} - 10.205e^{-0.05t}]$ V

8.35 복수의 해를 가진 설계문제이다.

8.37 $7.5e^{-4t}$ A

8.39 $(-6 + [-0.021e^{-47.83t} + 6.02e^{-0.167t}])$ V

8.41 $[727.5 \sin(4.583t)e^{-2t}]u(t)$ mA

8.43 8 Ω, 2.075 mF

8.45 $[4 - [3 \cos(1.3229t)$

$+ 1.1339 \sin(1.3229t)]e^{-t/2}]$ A,
$[4.536 \sin(1.3229t)e^{-t/2}]$ V

8.47 $(200te^{-10t})$ V

8.49 $\{3 + [(3 + 6t)e^{-2t}]\}\, u(t)$ A

8.51 $\left[-\dfrac{i_0}{\omega_o C} \sin(\omega_o t)\right]$ V 여기서 $\omega_o = 1/\sqrt{LC}$

8.53 $(d^2i/dt^2) + 0.125(di/dt) + 400i = 600$

8.55 $[7.448 - 3.448e^{-7.25t}]$ V for $t > 0$

8.57 (a) $s^2 + 20s + 36 = 0$,
(b) $[-0.75e^{-2t} - 1.25e^{-18t}]u(t)$ A, $[6e^{-2t} + 10e^{-18t}]\, u(t)$ V

8.59 $-32te^{-2t}$ V

8.61 $2.4 - 2.667e^{-2t} + 0.2667e^{-5t}$ A,
$9.6 - 16e^{-2t} + 6.4e^{-5t}$ V

8.63 $\dfrac{d^2i(t)}{dt^2} = -\dfrac{v_s}{RCL}$

8.65 $\dfrac{d^2v_o}{dt^2} - \dfrac{v_o}{R^2C^2} = 0$, $e^{10t} - e^{-10t}$ V
회로는 불안정함을 주의하라.

8.67 $-te^{-t}u(t)$ V

8.69 그림 D.17을 참조하라.

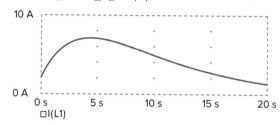

그림 D.17
문제 8.69.

8.71 그림 D.18을 참조하라.

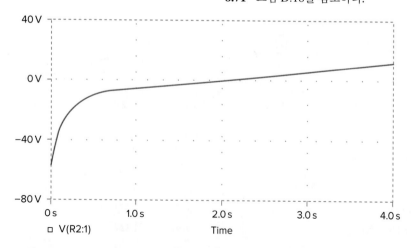

그림 D.18
문제 8.71.

8.73 복수의 해를 가진 설계문제이다.

8.75 그림 D.19를 참조하라.

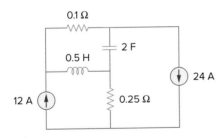

그림 D.19
문제 8.75.

8.77 그림 D.20을 참조하라.

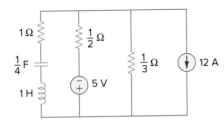

그림 D.20
문제 8.77.

8.79 434 μF

8.81 2.533 μH, 625 μF

8.83 $\dfrac{d^2v}{dt^2} + \dfrac{R}{L}\dfrac{dv}{dt} + \dfrac{R}{LC}i_D + \dfrac{1}{C}\dfrac{di_D}{dt} = \dfrac{v_s}{LC}$

제9장

9.1 (a) 50 V, (b) 209.4 ms, (c) 4.775 Hz,
(d) 44.48 V, 0.3 rad

9.3 (a) 10 cos($\omega t - 60°$), (b) 9 cos($8t + 90°$),
(c) 20 cos($\omega t + 135°$)

9.5 30°, v_1 lags v_2

9.7 증명

9.9 (a) 50.88 $\underline{/-15.52°}$, (b) 60.02 $\underline{/-110.96°}$

9.11 (a) 21 $\underline{/-15°}$ V, (b) 8 $\underline{/160°}$ mA,
(c) 120 $\underline{/-140°}$ V, (d) 60 $\underline{/-170°}$ mA

9.13 (a) $-1.2749 + j0.1520$, (b) -2.083, (c) $35 + j14$

9.15 (a) $-6 - j11$, (b) $120.99 + j4.415$, (c) -1

9.17 15.62 cos($50t - 9.8°$) V

9.19 (a) 3.32 cos($20t + 114.49°$),
(b) 64.78 cos($50t - 70.89°$),
(c) 9.44 cos($400t - 44.7°$)

9.21 (a) $f(t) = 8.324$ cos($30t + 34.86°$),
(b) $g(t) = 5.565$ cos($t - 62.49°$),
(c) $h(t) = 1.2748$ cos($40t - 168.69°$)

9.23 (a) 320.1 cos($20t - 80.11°$) A,
(b) 36.05 cos($5t + 93.69°$) A

9.25 (a) 0.8 cos($2t - 98.13°$) A,
(b) 0.745 cos($5t - 4.56°$) A

9.27 0.289 cos($377t - 92.45°$) V

9.29 2 sin($106t - 65°$)

9.31 78.3 cos($2t + 51.21°$) mA

9.33 69.82 V

9.35 4.789 cos($200t - 16.7°$) A

9.37 $(250 - j25)$ mS

9.39 $9.135 + j27.47$ Ω,
414.5 cos($10t - 71.6°$) mA

9.41 6.325 cos($t - 18.43°$) V

9.43 4.997 $\underline{/-28.85°}$ mA

9.45 -5 A

9.47 460.7 cos($2000t + 52.63°$) mA

9.49 1.4142 sin($200t - 45°$) V

9.51 25 cos($2t - 53.13°$) A

9.53 8.873$\underline{/-21.67°}$ A

9.55 $(2.798 - j16.403)$ Ω

9.57 $0.3171 - j0.1463$ S

9.59 $(2.707 + j2.509)$ ohms

9.61 $1 + j0.5$ Ω

9.63 $34.69 - j6.93$ Ω

9.65 17.35$\underline{/0.9°}$ A, $6.83 + j1.094$ Ω

9.67 (a) 14.8$\underline{/-20.22°}$ mS, (b) 19.704$\underline{/74.56°}$ mS

9.69 $1.661 + j0.6647$ S

9.71 $1.058 - j2.235$ Ω

9.73 $0.3796 + j1.46 \ \Omega$

9.75 그림 D.21의 RL 회로에 의해 얻을 수 있다.

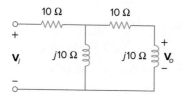

그림 D.21
문제 9.75.

9.77 (a) 51.49° 뒤짐, (b) 1.5915 MHz

9.79 (a) 140.2°, (b) 앞섬, (c) 18.43 V

9.81 $1.8 \ k\Omega, \ 0.1 \ \mu F$

9.83 104.17 mH

9.85 증명

9.87 $38.21 \underline{/-8.97°} \ \Omega$

9.89 $25 \ \mu F$

9.91 235 pF

9.93 $3.592 \underline{/-38.66°} \ A$

제10장

10.1 $1.9704 \cos(10t + 5.65°) \ A$

10.3 $3.835 \cos(4t - 35.02°) \ V$

10.5 $12.398 \cos(4 \times 10^3 t + 4.06°) \ mA$

10.7 $124.08 \underline{/-154°} \ V$

10.9 $6.154 \cos(10^3 t + 70.26°) \ V$

10.11 $199.5 \underline{/86.89°} \ mA$

10.13 $29.36 \underline{/62.88°} \ A$

10.15 $7.906 \underline{/43.49°} \ A$

10.17 $9.25 \underline{/-162.12°} \ A$

10.19 $7.682 \underline{/50.19°} \ V$

10.21 (a) $1, 0, -\dfrac{j}{R}\sqrt{\dfrac{L}{C}}$, (b) $0, 1, \dfrac{j}{R}\sqrt{\dfrac{L}{C}}$

10.23 $\dfrac{(1 - \omega^2 LC)V_s}{1 - \omega^2 LC + j\omega RC(2 - \omega^2 LC)}$

10.25 $1.4142 \cos(2t + 45°) \ A$

10.27 $4.698 \underline{/95.24°} \ A, \ 992.8 \underline{/37.71°} \ mA$

10.29 복수의 해를 가진 설계문제이다.

10.31 $2.179 \underline{/61.44°} \ A$

10.33 $7.906 \underline{/43.49°} \ A$

10.35 $1.971 \underline{/-2.1°} \ A$

10.37 $2.38 \underline{/-96.37°} \ A, \ 2.38 \underline{/143.63°} \ A, \ 2.38 \underline{/23.63°} \ A$

10.39 $381.4 \underline{/109.6°} \ mA, \ 344.3 \underline{/124.4°} \ mA,$

$145.5 \underline{/60.42°} \ mA, \ 100.5 \underline{/48.5°} \ mA$

10.41 $[4.243 \cos(2t + 45°) + 3.578 \sin(4t + 26.57°)] \ V$

10.43 $9.902 \cos(2t - 129.17°) \ A$

10.45 $791.1 \cos(10t + 21.47°)$

$+ \ 299.5 \sin(4t + 176.57°) \ mA$

10.47 $[4 + 0.504 \sin(t + 19.1°)$

$+ \ 0.3352 \cos(3t - 76.43°)] \ A$

10.49 $4.472 \sin(200t + 56.56°) \ A$

10.51 $109.3 \underline{/30°} \ mA$

10.53 $6.86 \underline{/-59.04°} \ V$

10.55 (a) $\mathbf{Z}_N = \mathbf{Z}_{Th} = 22.63 \underline{/-63.43°} \ \Omega,$

$\mathbf{V}_{Th} = 50 \underline{/-150°} \ V, \ \mathbf{I}_N = 2.236 \underline{/-86.6°} \ A,$

(b) $\mathbf{Z}_N = \mathbf{Z}_{Th} = 10 \underline{/26°} \ \Omega,$

$\mathbf{V}_{Th} = 33.92 \underline{/58°} \ V, \ \mathbf{I}_N = 3.392 \underline{/32°} \ A$

10.57 복수의 해를 가진 설계문제이다.

10.59 $-6 + j38 \ \Omega$

10.61 $(-24 + j12) \ V, \ (-8 + j6) \ \Omega$

10.63 $5.657 \underline{/75°} \ A, \ 1 \ k\Omega$

10.65 복수의 해를 가진 설계문제이다.

10.67 $4.945 \underline{/-69.76°} \ V, \ 437.8 \underline{/-75.24°} \ mA,$

$11.243 + j1.079 \ \Omega$

10.69 $-j\omega RC, \ V_m \sin(\omega t - 90°) \ V$

10.71 $48 \cos(2t + 29.52°) \ V$

10.73 $21.21 \underline{/-45°} \ k\Omega$

10.75 $0.12499 \underline{/180°}$

10.77 $\dfrac{R_2 + R_3 + j\omega C_2 R_2 R_3}{(1 + j\omega R_1 C_1)(R_3 + j\omega C_2 R_2 R_3)}$

10.79 3.578 cos(1000*t* + 26.56°) V

10.81 11.27$\underline{/128.1}$ V

10.83 6.611 cos (1,000*t* − 159.2°) V

10.85 복수의 해를 가진 설계문제이다.

10.87 15.91$\underline{/169.6°}$ V, 5.172$\underline{/-138.6°}$ V, 2.27$\underline{/-152.4°}$ V

10.89 증명

10.91 (a) 180 kHz,
(b) 40 kΩ

10.93 증명

10.95 증명

제11장

(다른 조건이 주어지지 않는다면 모든 전류와 전압 값은 rms 값으로 추정한다.)

11.1 [1.320 + 2.640 cos(100*t* + 60°)] kW, 1.320 kW

11.3 213.4 W

11.5 P$_{1Ω}$ = 1.4159 W, P$_{2Ω}$ = 5.097 W,
P$_{3H}$ = P$_{0.25F}$ = 0 W

11.7 160 W

11.9 22.42 mW

11.11 3.472 W

11.13 28.36 W

11.15 90 W

11.17 20 Ω, 31.25 W

11.19 2.567 Ω, 258.5 W

11.21 19.58 Ω

11.23 복수의 해를 가진 설계문제이다.

11.25 3.266

11.27 2.887 A

11.29 17.321 A, 3.6 kW

11.31 2.944 V

11.33 3.332 A

11.35 21.6 V

11.37 복수의 해를 가진 설계문제이다.

11.39 (a) 0.7592, 6.643 kW, 5.695 kVAR,

(b) 312 μF

11.41 (a) 0.5547(앞섬), (b) 0.9304(뒤짐)

11.43 복수의 해를 가진 설계문제이다.

11.45 (a) 46.9 V, 1.061 A, (b) 20 W

11.47 (a) S = (112 + *j*194) VA,
평균전력 = 112 W,
무효전력 = 194 VAR
(b) S = (226.3 − *j*226.3) VA,
평균전력 = 226.3 W,
무효전력 = −226.3 VAR
(c) S = (110.85 + *j*64) kVA,
평균전력 = 110.85 W, 무효전력 = 64 VAR
(d) S = (7.071 + *j*7.071) kVA,
평균전력 = 7.071 kW, 무효전력 = 7.071 kVAR

11.49 (a) 4 + *j*2.373 kVA,
(b) 1.6 − *j*1.2 kVA,
(c) 0.4624 + *j*1.2705 kVA,
(d) 110.77 + *j*166.16 VA

11.51 (a) 0.9956(뒤짐),
(b) 31.12 W,
(c) 2.932 VAR,
(d) 31.26 VA,
(e) [31.12 + *j*2.932] VA

11.53 (a) 47 $\underline{/29.8°}$ A, (b) 1.0(앞섬)

11.55 복수의 해를 가진 설계문제이다.

11.57 (50.45 − *j*33.64) VA

11.59 *j*339.3 VAR, −*j*1.4146 kVAR

11.61 66.2$\underline{/92.4°}$ A, 6.62$\underline{/-2.4°}$ kVA

11.63 221.6$\underline{/-28.13°}$ A

11.65 80 μW

11.67 (a) 18$\underline{/36.86°}$ mVA, (b) 2.904 mW

11.69 (a) 0.6402(뒤짐), (b) 295.1 W, (c) 130.4 μF

11.71 (a) 50.14 + *j*1.7509 mΩ,
(b) 0.9994(뒤짐),
(c) 2.392$\underline{/-2°}$ kA

11.73 (a) 12.21 kVA, (b) 50.86$\underline{/-35°}$ A,
(c) 4.083 kVAR, 188.03 μF, (d) 43.4$\underline{/-16.26°}$ A

11.75 (a) $(1.8359 - j0.11468)$ kVA, (b) 0.9748(앞섬),

(c) 회로는 이미 1에 가까운 앞섬 역률을 가지고 있으므로 보상회로는 필요하지 않다.

11.77 157.69 W

11.79 50 mW

11.81 복수의 해를 가진 설계문제이다.

11.83 (a) 688.1 W, (b) 840 VA,

(c) 481.8 VAR, (d) 0.8191(뒤짐)

11.85 (a) 20A, $17.85\,\underline{/163.26°}$ A, $5.907\,\underline{/-119.5°}$ A,

(b) $(4.451 + j0.617)$ kVA, (c) 0.9904(뒤짐)

11.87 0.5333

11.89 (a) 12 kVA, $9.36 + j7.51$ kVA,

(b) $2.866 + j2.3$ Ω

11.91 0.8182(뒤짐), 1.398 μF

11.93 (a) 7.328 kW, 1.196 kVAR, (b) 0.987

11.95 (a) 2.814 kHz,

(b) 431.8 mW

11.97 547.3 W

제12장

(다른 조건이 주어지지 않는다면 모든 전류와 전압값은 rms 값으로 추정)

12.1 (a) $231\,\underline{/-30°}$, $231\,\underline{/-150°}$, $231\,\underline{/90°}$ V,

(b) $231\,\underline{/30°}$, $231\,\underline{/150°}$, $231\,\underline{/-90°}$ V

12.3 abc 순, $440\,\underline{/-110°}$ V

12.5 $207.8 \cos(\omega t + 62°)$ V, $207.8 \cos(\omega t - 58°)$ V, $207.8 \cos(\omega t - 178°)$ V

12.7 $44\,\underline{/53.13°}$ A, $44\,\underline{/-66.87°}$ A, $44\,\underline{/173.13°}$ A

12.9 $4.8\,\underline{/-36.87°}$ A, $4.8\,\underline{/-156.87°}$ A, $4.8\,\underline{/83.13°}$ A

12.11 415.7 V, 199.69 A

12.13 20.43 A, 3.744 kW

12.15 13.66 A

12.17 $2.887\,\underline{/5°}$ A, $2.887\,\underline{/-115°}$ A, $2.887\,\underline{/125°}$ A

12.19 $5.47\,\underline{/-18.43°}$ A, $5.47\,\underline{/-138.43°}$ A, $5.47\,\underline{/101.57°}$ A,

$9.474\,\underline{/-48.43°}$ A, $9.474\,\underline{/-168.43°}$ A, $9.474\,\underline{/71.57°}$ A

12.21 $17.96\,\underline{/-98.66°}$ A, $31.1\,\underline{/171.34°}$ A.

12.23 13.995 A, 2.448 kW

12.25 $17.742\,\underline{/4.78°}$ A, $17.742\,\underline{/-115.22°}$ A, $17.742\,\underline{/124.78°}$ A

12.27 91.79 V

12.29 $[5.197 + j4.586]$ kVA

12.31 (a) $6.144 + j4.608$ Ω,

(b) 18.04 A, (c) 207.2 μF

12.33 7.69 A, 360.3 V

12.35 (a) $14.61 - j5.953$ A,

(b) $[10.081 + j4.108]$ kVA,

(c) 0.9261

12.37 55.51 A, $(1.298 - j1.731)$ Ω

12.39 431.1 W

12.41 9.021 A

12.43 $4.373 - j1.145$ kVA

12.45 $2.109\,\underline{/24.83°}$ kV

12.47 39.19 A (rms), 0.9982(뒤짐)

12.49 (a) 5.808 kW, (b) 1.9356 kW

12.51 $24\,\underline{/-36.87°}$ A, $50.62\,\underline{/147.65°}$ A, $24\,\underline{/-120°}$ A, $31.85\,\underline{/11.56°}$ A, $74.56\,\underline{/146.2°}$ A, $56.89\,\underline{/-57.27°}$ A

12.53 복수의 해를 가진 설계문제이다.

12.55 $9.6\,\underline{/-90°}$ A, $6\,\underline{/120°}$ A, $8\,\underline{/-150°}$ A, $(3.103 + j3.264)$ kVA

12.57 $I_a = 1.9585\,\underline{/-18.1°}$ A, $I_b = 1.4656\,\underline{/-130.55°}$ A, $I_c = 1.947\,\underline{/117.82°}$ A

12.59 $220.6\,\underline{/-34.56°}$, $214.1\,\underline{/-81.49°}$, $49.91\,\underline{/-50.59°}$ V, N은 접지로 가정

12.61 $11.15\,\underline{/37°}$ A, $230.8\,\underline{/-133.4°}$ V, N은 접지로 가정

12.63 $18.67\,\underline{/158.9°}$ A, $12.38\,\underline{/144.1°}$ A

12.65 $11.02\,\underline{/12°}$ A, $11.02\,\underline{/-108°}$ A, $11.02\,\underline{/132°}$ A

12.67 (a) 97.67 kW, 88.67 kW, 82.67 kW,

(b) 108.97 A

12.69 $I_a = 94.32\underline{/-62.05°}$ A, $I_b = 94.32\underline{/177.95°}$ A,

$I_c = 94.32\underline{/57.95°}$ A, $28.8 + j18.03$ kVA

12.71 (a) 2,590 W, 4,808 W,

(b) 8,335 VA

12.73 2,360 W, −632.8 W

12.75 (a) 20 mA,

(b) 200 mA

12.77 320 W

12.79 $17.15\underline{/-19.65°}$, $17.15\underline{/-139.65°}$, $17.15\underline{/100.35°}$ A,

$223\underline{/2.97°}$, $223\underline{/-117.03°}$, $223\underline{/122.97°}$ V

12.81 516 V

12.83 183.42 A

12.85 $Z_Y = 2.133$ Ω

12.87 $1.448\underline{/-176.6°}$ A, $(1.252 + j0.7116)$ kVA,

$(1.085 + j0.7212)$ kVA

제13장

(다른 조건이 주어지지 않는다면 모든 전류와 전압값은 rms 값으로 추정)

13.1 20 H

13.3 300 mH, 100 mH, 50 mH, 0.2887

13.5 (a) 247.4 mH, (b) 48.62 mH

13.7 $1.081\underline{/144.16°}$ V

13.9 $2.074\underline{/21.12°}$ V

13.11 $461.9 \cos(600t − 80.26°)$ mA

13.13 $[4.308 + j4.538]$ Ω

13.15 $(1.0014 + j19.498)$ Ω, $1.1452\underline{/6.37°}$ A

13.17 $[25.07 + j25.86]$ Ω

13.19 그림 D.22를 참조하라.

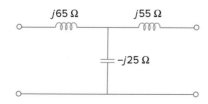

그림 D.22
문제 13.19.

13.21 복수의 해를 가진 설계문제이다.

13.23 $3.081 \cos(10t + 40.74°)$ A, $2.367 \cos(10t − 99.46°)$ A, 10.094 J.

13.25 $2.2 \sin(2t − 4.88°)$ A, $1.5085\underline{/17.9°}$ Ω

13.27 11.608 W

13.29 0.984, 130.51 mJ

13.31 복수의 해를 가진 설계문제이다.

13.33 $12.769 + j7.154$ Ω

13.35 $1.4754\underline{/-21.41°}$ A, $77.5\underline{/-134.85°}$ mA, $77\underline{/-110.41°}$ mA

13.37 (a) 5, (b) 104.17 A, (c) 20.83 A

13.39 $15.7\underline{/20.31°}$ A, $78.5\underline{/20.31°}$ A

13.41 500 mA, −1.5 A

13.43 4.186 V, 16.744 V

13.45 36.71 mW

13.47 $2.656 \cos(3t + 5.48°)$ V

13.49 $0.937 \cos(2t + 51.34°)$ A

13.51 $[8 − j1.5]$ Ω, $8.95\underline{/10.62°}$ A

13.53 (a) 5, (b) 8 W

13.55 1.6669 Ω

13.57 (a) $25.9\underline{/69.96°}$, $12.95\underline{/69.96°}$ A (rms),

(b) $21.06\underline{/147.4°}$, $42.12\underline{/147.4°}$,

$42.12\underline{/147.4°}$ V(rms), (c) $1554\underline{/20.04°}$ VA

13.59 24.69 W, 16.661 W, 3.087 W

13.61 6 A, 0.36 A, −60 V

13.63 $3.795\underline{/18.43°}$ A, $1.8975\underline{/18.43°}$ A, $632.5\underline{/161.57°}$ mA

13.65 11.05 W

13.67 (a) 160 V, (b) 31.25 A, (c) 12.5 A

13.69 $(1.2 − j2)$ kΩ, 5.333 W

13.71 $[1 + (N_1/N_2)]^2 Z_L$

13.73 (a) 3상 Δ-Y 변압기,

(b) $8.66\underline{/156.87°}$ A, $5\underline{/-83.13°}$ A,

(c) 1.8 kW

13.75 (a) 0.11547, (b) 76.98 A, 15.395 A

13.77 (a) 단상변압기, 1:n, $n = 1/110$,
(b) 7.576 mA

13.79 1.306$\underline{/-68.01°}$ A, 406.8$\underline{/-77.86°}$ mA,
1.336$\underline{/-54.92°}$ A

13.81 104.5$\underline{/13.96°}$ mA, 29.54$\underline{/-143.8°}$ mA,
208.8$\underline{/24.4°}$ mA

13.83 1.08$\underline{/33.91°}$ A, 15.14$\underline{/-34.21°}$ V

13.85 100 turns

13.87 0.5

13.89 0.5, 41.67 A, 83.33 A

13.91 (a) 1,875 kVA, (b) 7,812 A

13.93 (a) 그림 D.23(a)를 참조하라.
(b) 그림 D.23(b)를 참조하라.

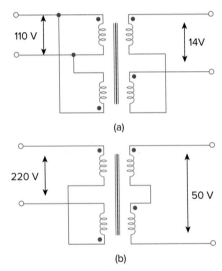

(a)

(b)

그림 D.23
문제 13.93.

13.95 (a) 1/60, (b) 139 mA

제14장

14.1 $\dfrac{j\omega/\omega_o}{1 + j\omega/\omega_o}$, $\omega_o = \dfrac{1}{RC}$

14.3 $5s/(s^2 + 8s + 5)$

14.5 $sRL/[RR_s + s(R + R_s)L]$, $R/(s^2LRC + sL + R)$

14.7 (a) 1.0058, (b) 0.4898, (c) 1.718×10^5

14.9 그림 D.24를 참조하라.

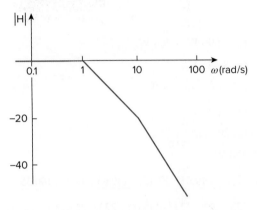

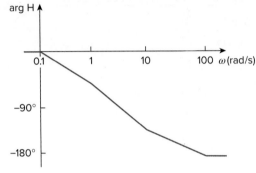

그림 D.24
문제 14.9.

14.11 그림 D.25를 참조하라.

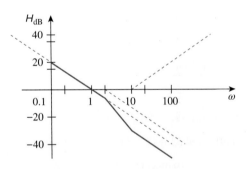

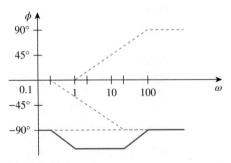

그림 D.25
문제 14.11.

14.13 그림 D.26을 참조하라.

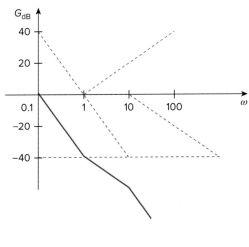

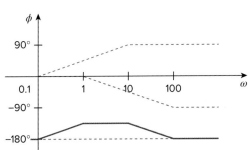

그림 D.26
문제 14.13.

14.15 그림 D.27을 참조하라.

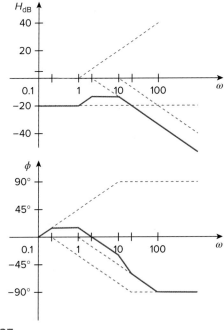

그림 D.27
문제 14.15.

14.17 그림 D.28을 참조하라.

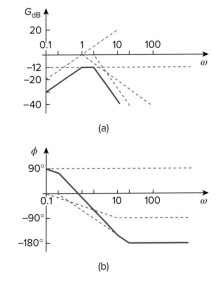

그림 D.28
문제 14.17.

14.19   그림 D.29를 참조하라.

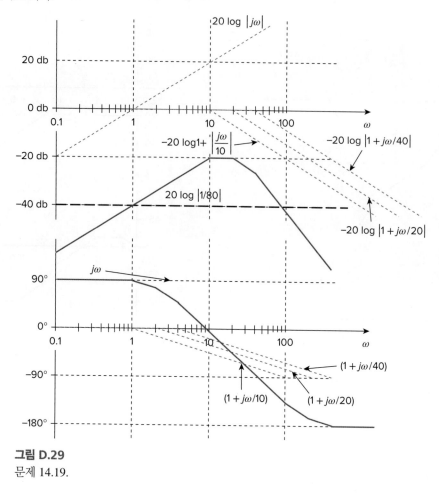

그림 D.29
문제 14.19.

14.21   그림 D.30을 참조하라.

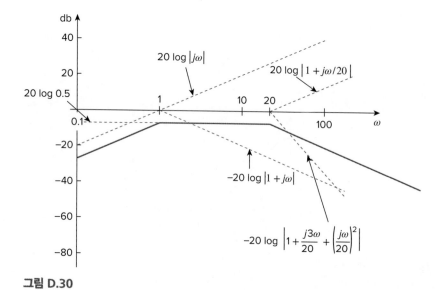

그림 D.30
문제 14.21.

14.23 $\dfrac{100j\omega}{(1+j\omega)(10+j\omega)^2}$

(이 함수는 앞에 마이너스를 포함할 수 있고, 여전히 옳다는 것을 주목해야 한다. 진폭 그래프는 이 정보를 포함하지 않는다. 오직 위상 그래프에서만 얻어질 수 있다.)

14.25 2 kΩ, 2 − j0.75 kΩ, 2 − j0.3 kΩ, 2 + j0.3 kΩ, 2 + j0.75 kΩ

14.27 $R = 1\ \Omega$, $L = 0.1$ H, $C = 25$ mF

14.29 4.082 krad/s, 105.55 rad/s, 38.67

14.31 0.5 rad/s

14.33 50 krad/s, 5.975×10^6 rad/s, 6.025×10^6 rad/s

14.35 1.443 krad/s, 3.33 rad/s, 432.9

14.37 2 kΩ, $(1.4212 + j53.3)\ \Omega$, $(8.85 + j132.74)\ \Omega$, $(8.85 − j132.74)\ \Omega$, $(1.4212 − j53.3)\ \Omega$

14.39 4.841 krad/s

14.41 복수의 해를 가진 설계문제이다.

14.43 $\sqrt{\dfrac{1}{LC} - \dfrac{R^2}{L^2}}$, $\dfrac{1}{\sqrt{LC}}$

14.45 447.2 rad/s, 1.067 rad/s, 419.1

14.47 796 kHz

14.49 복수의 해를 가진 설계문제이다.

14.51 1.256 kΩ

14.53 18.045 kΩ. 2.872 H, 10.5

14.55 1.56 kHz < f < 1.62 kHz, 25

14.57 (a) 1 rad/s, 3 rad/s, (b) 1 rad/s, 3 rad/s

14.59 2.408 krad/s, 15.811 krad/s

14.61 (a) $\dfrac{1}{1+j\omega RC}$,

(b) $\dfrac{j\omega RC}{1+j\omega RC}$

14.63 10 MΩ, 100 kΩ

14.65 증명

14.67 $R_f = 20$ kΩ이면, $R_i = 80$ kΩ이고 $C = 15.915$ nF이다.

14.69 $R = 10$ kΩ이라고 하면 $R_f = 25$kΩ이고 $C = 7.96$ nF이다.

14.71 $K_f = 2 \times 10^{-4}$, $K_m = 5 \times 10^{-3}$

14.73 9.6 MΩ, 32 μH, 0.375 pF

14.75 200 Ω, 400 μH, 1 μF

14.77 (a) 1,200 H, 0.5208 μF, (b) 2 mH, 312.5 nF, (c) 8 mH, 7.81 pF

14.79 (a) $8s + 5 + \dfrac{10}{s}$,

(b) $0.8s + 50 + \dfrac{10^4}{s}$, 111.8 rad/s

14.81 (a) 0.4 Ω, 0.4 H, 1 mF, 1 mS, (b) 0.4 Ω, 0.4 mH, 1 μF, 1 mS

14.83 0.1 pF, 0.5 pF, 1 MΩ, 2 MΩ

14.85 그림 D.31을 참조하라.

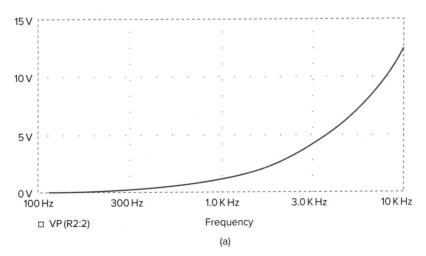

그림 D.31(a)
문제 14.85.

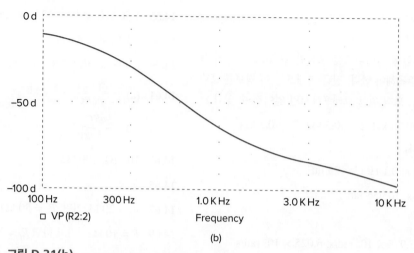

그림 D.31(b)
문제 14.85.

14.87 그림 D.32를 참조하라. 고주파통과 필터, $f_0 = 1.2$ Hz

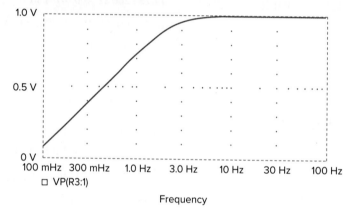

그림 D.32
문제 14.87.

14.89 그림 D.33을 참조하라.

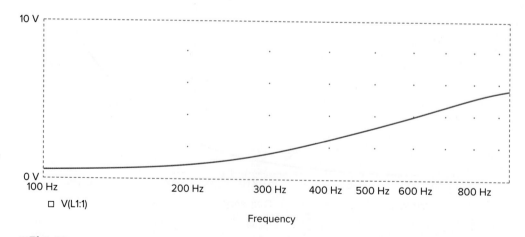

그림 D.33
문제 14.89.

14.91 그림 D.34를 참조하라. 고주파통과 필터, $f_0 = 800$ Hz

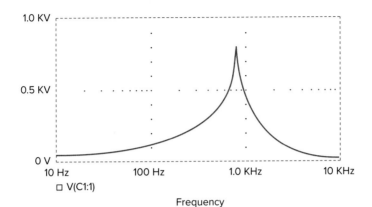

그림 D.34
문제 14.91.

14.93 $\dfrac{-RCs + 1}{RCs + 1}$

14.95 (a) 0.541 MHz $< f_o <$ 1.624 MHz,

　　　(b) 67.98, 204.1

14.97 $\dfrac{s^3 L R_L C_1 C_2}{(s R_i C_1 + 1)(s^2 L C_2 + s R_L C_2 + 1) + s^2 L C_1 (s R_L C_2 + 1)}$

14.99 8.165 MHz, 4.188×10^6 rad/s

14.101 1.061 kΩ

14.103 $\dfrac{R_2(1 + sCR_1)}{R_1 + R_2 + sCR_1R_2}$

제15장

15.1 $s/(s^2 - a^2)$, $a/(s^2 - a^2)$

15.3 (a) $\dfrac{s + 2}{(s + 2)^2 + 9}$, (b) $\dfrac{4}{(s + 2)^2 + 16}$,

　　　(c) $\dfrac{s + 3}{(s + 3)^2 - 4}$, (d) $\dfrac{1}{(s + 4)^2 - 1}$,

　　　(e) $\dfrac{4(s + 1)}{[(s + 1)^2 + 4]^2}$

15.5 (a) $\dfrac{8 - 12\sqrt{3}s - 6s^2 + \sqrt{3}s^3}{(s^2 + 4)^3}$,

　　　(b) $\dfrac{72}{(s + 2)^5}$, (c) $\dfrac{2}{s^2} - 4s$,

　　　(d) $\dfrac{2e}{s + 1}$, (e) $\dfrac{5}{s}$, (f) $\dfrac{18}{3s + 1}$, (g) s^n

15.7 (a) $\dfrac{2}{s^2} + \dfrac{4}{s}$, (b) $\dfrac{4}{s} + \dfrac{3}{s + 2}$,

　　　(c) $\dfrac{8s + 18}{s^2 + 9}$, (d) $\dfrac{s + 2}{s^2 + 4s - 12}$

15.9 (a) $\dfrac{e^{-2s}}{s^2} - \dfrac{2e^{-2s}}{s^2}$, (b) $\dfrac{2e^{-s}}{e^4(s + 4)}$,

　　　(c) $\dfrac{2.702s}{s^2 + 4} + \dfrac{8.415}{s^2 + 4}$,

　　　(d) $\dfrac{6}{s}e^{-2s} - \dfrac{6}{s}e^{-4s}$

15.11 (a) $\dfrac{6(s + 1)}{s^2 + 2s - 3}$,

　　　(b) $\dfrac{24(s + 2)}{(s^2 + 4s - 12)^2}$,

　　　(c) $\dfrac{e^{-(2s+6)}[(4e^2 + 4e^{-2})s + (16e^2 + 8e^{-2})]}{s^2 + 6s + 8}$

15.13 (a) $\dfrac{s^2 - 1}{(s^2 + 1)^2}$,

　　　(b) $\dfrac{2(s + 1)}{(s^2 + 2s + 2)^2}$,

　　　(c) $\tan^{-1}\left(\dfrac{\beta}{s}\right)$

15.15 $5\dfrac{1 - e^{-s} - se^{-s}}{s^2(1 - e^{-3s})}$

15.17 복수의 해를 가진 설계문제이다.

15.19 $\dfrac{1}{1 - e^{-2s}}$

15.21 $\dfrac{(2\pi s - 1 + e^{-2\pi s})}{2\pi s^2(1 - e^{-2\pi s})}$

15.23 (a) $\dfrac{(1 - e^{-s})^2}{s(1 - e^{-2s})}$,

　　　(b) $\dfrac{2(1 - e^{-2s}) - 4se^{-2s}(s + s^2)}{s^3(1 - e^{-2s})}$

15.25 (a) 5와 0, (b) 5와 0

15.27 (a) $u(t) + 2e^{-t}u(t)$, (b) $3\delta(t) - 11e^{-4t}u(t)$,

(c) $(2e^{-t} - 2e^{-3t})u(t)$,

(d) $(3e^{-4t} - 3e^{-2t} + 6te^{-2t})u(t)$

15.29 $[2 - 2e^{-2t}\cos(3t) - (2/3)e^{-2t}\sin(3t)]u(t)$

15.31 (a) $(-5e^{-t} + 20e^{-2t} - 15e^{-3t})u(t)$

(b) $\left(-e^{-t} + \left(1 + 3t - \dfrac{t^2}{2}\right)e^{-2t}\right)u(t)$,

(c) $(-0.2e^{-2t} + 0.2e^{-t}\cos(2t)$
$+ 0.4e^{-t}\sin(2t))u(t)$

15.33 (a) $(3e^{-t} + 3\sin(t) - 3\cos(t))u(t)$,

(b) $\cos(t - \pi)u(t - \pi)$,

(c) $8\,[1 - e^{-t} - te^{-t} - 0.5t^2e^{-t}]u(t)$

15.35 (a) $[2e^{-(t-6)} - e^{-2(t-6)}]u(t - 6)$,

(b) $\dfrac{4}{3}u(t)[e^{-t} - e^{-4t}] - \dfrac{1}{3}u(t - 2)[e^{-(t-2)} - e^{-4}(t-2)]$,

(c) $\dfrac{1}{13}u(t - 1)[-3e^{-3(t-1)} + 3\cos 2(t - 1)$
$+ 2\sin 2(t - 1)]$

15.37 (a) $(2 - e^{-2t})u(t)$,

(b) $[0.4e^{-3t} + 0.6e^{-t}\cos t + 0.8e^{-t}\sin t]u(t)$,

(c) $e^{-2}(t - 4)\,u(t - 4)$,

(d) $\left(\dfrac{10}{3}\cos t - \dfrac{10}{3}\cos 2t\right)u(t)$

15.39 (a) $(-1.6e^{-t}\cos 4t - 4.05e^{-t}\sin 4t$
$+ 3.6e^{-2t}\cos 4t + (3.45e^{-2t}\sin 4t)\,u(t)$,

(b) $[0.08333\cos 3t + 0.02778\sin 3t$
$+ 0.0944e^{-0.551t} - 0.1778e^{-5.449t}]u(t)$

15.41 $z(t) = \begin{cases} 8t, & 0 < t < 2 \\ 16 - 8t, & 2 < t < 6 \\ -16, & 6 < t < 8 \\ 8t - 80, & 8 < t < 12 \\ 112 - 8t, & 12 < t < 14 \\ 0, & \text{그 밖의 경우} \end{cases}$

15.43 (a) $y(t) = \begin{cases} \dfrac{1}{2}t^2, & 0 < t < 1 \\ -\dfrac{1}{2}t^2 + 2t - 1, & 1 < t < 2 \\ 1, & t > 2 \\ 0, & \text{그 밖의 경우} \end{cases}$

(b) $y(t) = 2(1 - e^{-t}), t > 0$

(c) $y(t) = \begin{cases} \dfrac{1}{2}t^2 + t + \dfrac{1}{2}, & -1 < t < 0 \\ -\dfrac{1}{2}t^2 + t + \dfrac{1}{2}, & 0 < t < 2 \\ \dfrac{1}{2}t^2 - 3t + \dfrac{9}{2}, & 2 < t < 3 \\ 0, & \text{그 밖의 경우} \end{cases}$

15.45 $(4e^{-2t} - 8te^{-2t})u(t)$

15.47 (a) $[-1e^{-t} + 2e^{-2t}]u(t)$, (b) $[e^{-t} - e^{-2t}]u(t)$

15.49 (a) $\left(\dfrac{t}{a}(e^{at} - 1) - \dfrac{1}{a^2} - \dfrac{e^{at}}{a^2}(at - 1)\right)u(t)$,

(b) $[0.5\cos(t)(t + 0.5\sin(2t))$
$- 0.5\sin(t)(\cos(t) - 1)]u(t)$

15.51 $[5e^{-t} - 3e^{-3t}]u(t)$

15.53 $\cos(t) + \sin(t)$ or $1.4142\cos(t - 45°)$

15.55 $\left(\dfrac{1}{40} + \dfrac{1}{20}e^{-2t} - \dfrac{3}{104}e^{-4t} - \dfrac{3}{65}e^{-t}\cos(2t)\right.$
$\left. - \dfrac{2}{65}e^{-t}\sin(2t)\right)u(t)$

15.57 복수의 해를 가진 설계문제이다.

15.59 $[-2.5e^{-t} + 12e^{-2t} - 10.5e^{-3t}]u(t)$

15.61 (a) $[3 + 3.162\cos(2t - 161.12°)]u(t)$ volts,

(b) $[2 - 4e^{-t} + e^{-4t}]u(t)$ amps,

(c) $[3 + 2e^{-t} + 3te^{-t}]u(t)$ volts,

(d) $[2 + 2e^{-t}\cos(2t)]u(t)$ amps

제16장

16.1 $[(2 + 10t)e^{-5t}]\,u(t)$ A

16.3 $[(20 + 20t)e^{-t}]u(t)$ V

16.5 750 Ω, 25 H, 200 μF

16.7 $[2 + 8.944e^{-t}\cos(2t - 63.44°)]u(t)$ A

16.9 $[3 + 5.924e^{-1.5505t} - 1.4235e^{-6.45t}]u(t)$ mA

16.11 20.83 Ω, 80 μF

16.13 복수의 해를 가진 설계문제이다.

16.15 120 Ω

16.17 $\left(e^{-2t} - \dfrac{2}{\sqrt{7}}e^{-0.5t}\sin\left(\dfrac{\sqrt{7}}{2}t\right)\right)u(t)$ A

16.19 $[-1.3333e^{-t/2} + 1.3333e^{-2t}]u(t)$ volts

16.21 $[64.65e^{-2.679t} - 4.65e^{-37.32t}]u(t)$ volts

16.23 $18\cos(0.5t - 90°)u(t)$ volts

16.25 $[18e^{-t} - 2e^{-9t}]u(t)$ volts

16.27 $[20 - 10.206e^{-0.05051t} + 0.2052e^{-4.949t}]u(t)$ volts

16.29 $10\cos(8t + 90°)u(t)$ amps

16.31 $[35 + 25e^{-0.8t}\cos(0.6t + 126.87°)]u(t)$ volts,
$5e^{-0.8t}[\cos(0.6t - 90°)]u(t)$ amps

16.33 복수의 해를 가진 설계문제이다.

16.35 $[3.636e^{-t} + 7.862e^{-0.0625t}$
$\cos(0.7044t - 117.55°]\,u(t)$ V.

16.37 $[-6 + 6.021e^{-0.1672t} - 0.021e^{-47.84t}]u(t)$ volts

16.39 $[363.6e^{-2t}\cos(4.583t - 90°)]u(t)$ amps

16.41 $[200te^{-10t}]u(t)$ volts

16.43 $[3 + 3e^{-2t} + 6te^{-2t}]u(t)$ amps

16.45 $[i_o/(\omega C)]\cos(\omega t + 90°)u(t)$ volts

16.47 $[15 - 10e^{-0.6t}(\cos(0.2t) - \sin(0.2t))]u(t)$ A

16.49 $[0.7143e^{-2t} - 1.7145e^{-0.5t}\cos(1.25t) + 3.194e^{-0.5t}$
$\sin(1.25t)]u(t)$ A

16.51 $[-5 + 17.156e^{-15.125t}\cos(4.608t - 73.06°)]u(t)$ amps

16.53 $[4.618e^{-t}\cos(1.7321t + 30°)]u(t)$ volts

16.55 $[4 - 3.2e^{-t} - 0.8e^{-6t}]u(t)$ amps,
$[1.6e^{-t} - 1.6e^{-6t}]u(t)$ amps

16.57 (a) $(3/s)[1 - e^{-s}]$, (b) $[(2 - 2e^{-1.5t})u(t)$
$- (2 - 2e^{-1.5(t-1)})u(t - 1)]$ V

16.59 $[e^{-t} - 2e^{-t/2}\cos(t/2)]u(t)$ V

16.61 $[6.667 - 6.8e^{-1.2306t} + 5.808e^{-0.6347t}$
$\cos(1.4265t + 88.68°)]u(t)$ V

16.63 $[5e^{-4t}\cos(2t) + 230e^{-4t}\sin(2t)]u(t)$ V,
$[6 - 6e^{-4t}\cos(2t) - 11.375e^{-4t}\sin(2t)]u(t)$ A

16.65 $\{2.202e^{-3t} + 3.84te^{-3t} - 0.202\cos(4t)$
$+ 0.6915\sin(4t)\}u(t)$ V

16.67 $[e^{10t} - e^{-10t}]u(t)$ V; 불안정한 회로이다.

16.69 $6.667(s + 0.5)/[s(s + 2)(s + 3)]$,
$-3.333(s - 1)/[s(s + 2)(s + 3)]$

16.71 $10[2e^{-1.5t} - e^{-t}]u(t)$ A

16.73 $\dfrac{10s^2}{s^2 + 4}$

16.75 $4 + \dfrac{s}{2(s + 3)} - \dfrac{2s(s + 2)}{s^2 + 4s + 20} - \dfrac{12s}{s^2 + 4s + 20}$

16.77 $\dfrac{9s}{3s^2 + 9s + 2}$

16.79 (a) $\dfrac{s^2 - 3}{3s^2 + 2s - 9}$, (b) $\dfrac{-3}{2s}$

16.81 $-1/(RLCs^2)$

16.83 (a) $\dfrac{R}{L}e^{-Rt/L}\,u(t)$, (b) $(1 - e^{-Rt/L})u(t)$

16.85 $[3e^{-t} - 3e^{-2t} - 2te^{-2t}]u(t)$

16.87 복수의 해를 가진 설계문제이다.

16.89 $\begin{bmatrix} v'_C \\ i'_L \end{bmatrix} = \begin{bmatrix} -0.25 & 1 \\ -1 & 0 \end{bmatrix}\begin{bmatrix} v'_C \\ i'_L \end{bmatrix} + \begin{bmatrix} 0 & 1 \\ 1 & 0 \end{bmatrix}\begin{bmatrix} v_s \\ i_s \end{bmatrix}$;
$v_o(t) = \begin{bmatrix} 1 \\ 0 \end{bmatrix}\begin{bmatrix} v_C \\ i_L \end{bmatrix} + \begin{bmatrix} 0 & 0 \\ 0 & 0 \end{bmatrix}\begin{bmatrix} v_s \\ i_s \end{bmatrix}$

16.91 $\begin{bmatrix} x'_1 \\ x'_2 \end{bmatrix} = \begin{bmatrix} 0 & 1 \\ -3 & -4 \end{bmatrix}\begin{bmatrix} x_1 \\ x_2 \end{bmatrix} + \begin{bmatrix} 0 \\ 1 \end{bmatrix}z(t)$;
$y(t) = [1 \quad 0]\begin{bmatrix} x_1 \\ x_2 \end{bmatrix} + [0]\,z(t)$

16.93 $\begin{bmatrix} x'_1 \\ x'_2 \\ x'_3 \end{bmatrix} = \begin{bmatrix} 0 & 1 & 0 \\ 0 & 0 & 1 \\ -6 & -11 & -6 \end{bmatrix}\begin{bmatrix} x_1 \\ x_2 \\ x_3 \end{bmatrix} + \begin{bmatrix} 0 \\ 0 \\ 1 \end{bmatrix}z(t)$;
$y(t) = [1 \quad 0 \quad 0]\begin{bmatrix} x_1 \\ x_2 \\ x_3 \end{bmatrix} + [0]z(t)$

16.95 $[-2.4 + 4.4e^{-3t}\cos(t) - 0.8e^{-3t}\sin(t)]u(t)$,
$[-1.2 - 0.8e^{-3t}\cos(t) + 0.6e^{-3t}\sin(t)]u(t)$

16.97 (a) $(e^{-t} - e^{-4t})u(t)$, (b) 안정한 시스템이다.

16.99 500 μF, 333.3 H

16.101 100 μF

16.103 $-100, 400, 2 \times 10^4$

16.105 $L = R^2C$이라면 $V_o/I_o = sL$이다.

제17장

17.1 (a) 주기, 2, (b) 비주기,
(c) 주기, 2π, (d) 주기, π,
(e) 주기, 10, (f) 비주기,
(g) 비주기

17.3　그림 D.35를 참조하라.

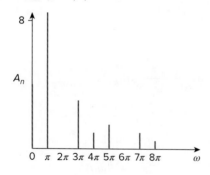

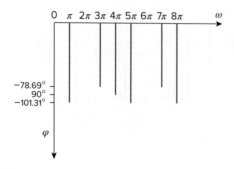

그림 D.35
문제 17.3.

17.5　$-1 + \sum_{\substack{n=1\\n=\text{odd}}}^{\infty} \frac{12}{n\pi} \sin nt$

17.7　$1 + \sum_{n=0}^{\infty} \left[\frac{3}{n\pi} \sin \frac{4n\pi}{3} \cos \frac{2n\pi t}{3} \right.$

$\left. + \frac{3}{n\pi} \left(1 - \cos \frac{4n\pi}{3} \right) \sin \frac{2n\pi t}{3} \right]$, 그림 D.36을 참조하라.

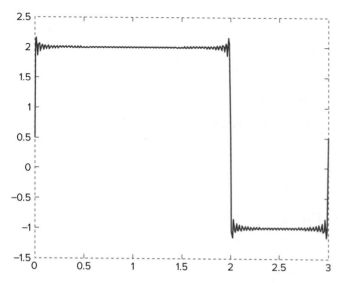

그림 D.36
문제 17.7.

17.9　$a_0 = 3.183,\ a_1 = 10,\ a_2 = 4.244,\ a_3 = 0,$
$b_1 = 0 = b_2 = b_3$

17.11　$\sum_{n=-\infty}^{\infty} \frac{5}{n^2\pi^2} [2 - 2\cos(n\pi/2) - 2j\sin(n\pi/2)$
$+ jn\pi \cos(n\pi/2) + n\pi\, (\sin(n\pi/2))]e^{jn\pi t/2}$

17.13　복수의 해를 가진 설계문제이다.

17.15　**(a)** $10 + \sum_{n=1}^{\infty} \sqrt{\frac{16}{(n^2+1)^2} + \frac{1}{n^6}}$
$\cos\left(10nt - \tan^{-1} \frac{n^2+1}{4\pi^3} \right),$

　　　(b) $10 + \sum_{n=1}^{\infty} \sqrt{\frac{16}{(n^2+1)} + \frac{1}{n^6}}$
$\sin\left(10nt + \tan^{-1} \frac{4n^3}{n^2+1} \right)$

17.17　(a) 우함수, 기함수 둘 다 아니다. (b) 우함수, (c) 기함수,
(d) 우함수, (e) 우함수, 기함수 둘 다 아니다.

17.19　$\frac{5}{n^2\omega_o^2} \sin n\pi/2 - \frac{10}{n\omega_o} (\cos \pi n - \cos n\pi/2)$
$- \frac{5}{n^2\omega_o^2} (\sin \pi n - \sin n\pi/2) - \frac{2}{n\omega_o} \cos n\pi - \frac{\cos \pi n/2}{n\omega_o}$

17.21　$\frac{1}{2} + \sum_{n=1}^{\infty} \frac{8}{n^2\pi^2} \left[1 - \cos\left(\frac{n\pi}{2} \right) \right] \cos\left(\frac{n\pi t}{2} \right)$

17.23　복수의 해를 가진 설계문제이다.

17.25

$\sum_{\substack{n=1\\n=\text{odd}}}^{\infty} \left\{ \left[\frac{3}{\pi^2 n^2} \left(\cos\left(\frac{2\pi n}{3} \right) - 1 \right) + \frac{2}{\pi n} \sin\left(\frac{2\pi n}{3} \right) \right] \cos\left(\frac{2\pi n}{3} \right) \right.$
$\left. + \left[\frac{3}{\pi^2 n^2} \sin\left(\frac{2\pi n}{3} \right) - \frac{2}{n\pi} \cos\left(\frac{2\pi n}{3} \right) \right] \sin\left(\frac{2\pi n}{3} \right) \right\}$

17.27　(a) 기함수, (b) -0.04503, (c) 0.383

17.29　$2\sum_{k=1}^{\infty} \left[\frac{2}{n^2\pi} \cos(nt) - \frac{1}{n} \sin(nt) \right], n = 2k - 1$

17.31　$\omega'_o = \frac{2\pi}{T'} = \frac{2\pi}{T/\alpha} = \alpha\omega_o$

$a'_n = \frac{2}{T'} \int_0^{T'} f(\alpha t) \cos n\omega'_o t\, dt$

$\alpha t = \lambda,\ dt = d\lambda/\alpha,$ 그리고 $\alpha T' = T$라 하면

$a'_n = \frac{2\alpha}{T} \int_0^{T} f(\lambda) \cos n\omega_o \lambda\, d\lambda/\alpha = a_n$

마찬가지로 $b'_n = b_n$

17.33　$v_o(t) = \sum_{n=1}^{\infty} A_n \sin(n\pi t - \theta_n)$ V,

$$A_n = \frac{8(4 - 2n^2\pi^2)}{\sqrt{(20 - 10n^2\pi^2)^2 - 64n^2\pi^2}},$$

$$\theta_n = 90° - \tan^{-1}\left(\frac{8n\pi}{20 - 10n^2\pi^2}\right)$$

17.35 $\frac{3}{8} + \sum\limits_{n=1}^{\infty} A_n \cos\left(\frac{2\pi n}{3} + \theta_n\right)$, 여기서

$$A_n = \frac{\frac{6}{n\pi}\sin\frac{2n\pi}{3}}{\sqrt{9\pi^2 n^2 + (2\pi^2 n^2/3 - 3)^2}},$$

$$\theta_n = \frac{\pi}{2} - \tan^{-1}\left(\frac{2n\pi}{9} - \frac{1}{n\pi}\right)$$

17.37 $\sum\limits_{n=1}^{\infty} \frac{2(1 - \cos n\pi)}{\sqrt{1 + n^2\pi^2}} \cos(n\pi t - \tan^{-1} n\pi)$

17.39 $\frac{1}{20} + \frac{200}{\pi} \sum\limits_{k=1}^{\infty} I_n \sin(n\pi t - \theta_n), n = 2k - 1,$

$$\theta_n = 90° + \tan^{-1}\frac{2n^2\pi^2 - 1{,}200}{802n\pi},$$

$$I_n = \frac{1}{n\sqrt{(804n\pi)^2 + (2n^2\pi^2 - 1{,}200)}}$$

17.41 $\frac{2}{\pi} + \sum\limits_{n=1}^{\infty} A_n \cos(2nt + \theta_n)$ 여기서

$$A_n = \frac{20}{\pi(4n^2 - 1)\sqrt{16n^2 - 40n + 29}},$$

$$\theta_n = 90° - \tan^{-1}(2n - 2.5)$$

17.43 (a) 33.91 V,

(b) 6.782 A,

(c) 203.1 W

17.45 4.263 A, 181.7 W

17.47 10%

17.49 (a) 3.162,

(b) 3.065,

(c) 3.068%

17.51 복수의 해를 가진 설계문제이다.

17.53 $\sum\limits_{n=-\infty}^{\infty} \frac{0.6321 e^{j2n\pi t}}{1 + j2n\pi}$

17.55 $\sum\limits_{n=-\infty}^{\infty} \frac{1 + e^{-jn\pi}}{2\pi(1 - n^2)} e^{jnt}$

17.57 $-3 + \sum\limits_{n=\infty, n\neq 0}^{\infty} \frac{3}{n^3 - 2} e^{j50nt}$

17.59 $-\sum\limits_{\substack{n=-\infty \\ n\neq 0}}^{\infty} \frac{j4 e^{-j(2n+1)\pi t}}{(2n + 1)\pi}$

17.61 (a) $6 + 2.571 \cos t - 3.83 \sin t + 1.638 \cos 2t$
$- 1.147 \sin 2t + 0.906 \cos 3t - 0.423 \sin 3t$
$+ 0.47 \cos 4t - 0.171 \sin 4t$, (b) 6.828

17.63 그림 D.37을 참조하라.

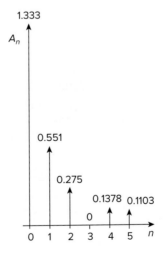

그림 D.37
문제 17.63.

17.65 그림 D.38을 참조하라.

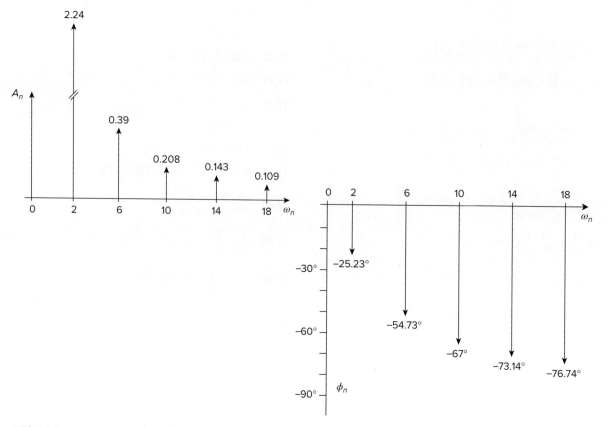

그림 D.38
문제 17.65.

17.67 DC COMPONENT=2.000396E + 00

HARMONIC NO	FREQUENCY (HZ)	FOURIER COMPONENT	NORMALIZED COMPONENT	PHASE (DEG)	NORMALIZED PHASE (DEG)
1	1.667E-01	2.432E+00	1.000E+00	-8.996E+01	0.000E+00
2	3.334E-01	6.576E-04	2.705E-04	-8.932E+01	6.467E-01
3	5.001E-01	5.403E-01	2.222E-01	9.011E+01	1.801E+02
4	6.668E+01	3.343E-04	1.375E-04	9.134E+01	1.813E+02
5	8.335E-01	9.716E-02	3.996E-02	-8.982E+01	1.433E-01
6	1.000E+00	7.481E-06	3.076E-06	-9.000E+01	-3.581E-02
7	1.167E+00	4.968E-02	2.043E-01	-8.975E+01	2.173E-01
8	1.334E+00	1.613E-04	6.634E-05	-8.722E+01	2.748E+00
9	1.500E+00	6.002E-02	2.468E-02	-9.032E+01	1.803E+02

17.69

HARMONIC NO	FREQUENCY (HZ)	FOURIER COMPONENT	NORMALIZED COMPONENT	PHASE (DEG)	NORMALIZED PHASE (DEG)
1	5.000E-01	4.056E-01	1.000E+00	-9.090E+01	0.000E+00
2	1.000E+00	2.977E-04	7.341E-04	-8.707E+01	3.833E+00
3	1.500E+00	4.531E-02	1.117E-01	-9.266E+01	-1.761E+00
4	2.000E+00	2.969E-04	7.320E-04	-8.414E+01	6.757E+00
5	2.500E+00	1.648E-02	4.064E-02	-9.432E+01	-3.417E+00
6	3.000E+00	2.955E-04	7.285E-04	-8.124E+01	9.659E+00
7	3.500E+00	8.535E-03	2.104E-02	-9.581E+01	-4.911E+00
8	4.000E+00	2.935E-04	7.238E-04	-7.836E+01	1.254E+01
9	4.500E+00	5.258E-03	1.296E-02	-9.710E+01	-6.197E+00

TOTAL HARMONIC DISTORTION=1.214285+01 PERCENT

17.71 그림 D.39를 참조하라.

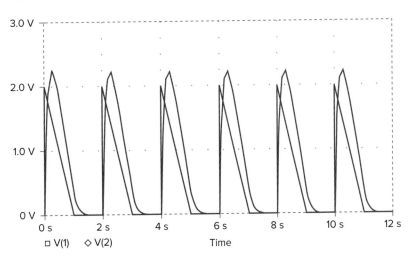

그림 D.39
문제 17.71.

17.73 300 mW

17.75 24.59 mF

17.77 (a) π, (b) -2 V, (c) 11.02 V

17.79 *MATLAB* 결과를 확인해보자.

```
% for problem 17.79
a = 10;
c = 4.*a/pi
for n = 1:10
  b(n) = c/(2*n-1);
end
diary
n, b
diary off
```

n	b_n
1	12.7307
2	4.2430
3	2.5461
4	1.8187
5	1.414
6	1.1573
7	0.9793
8	0.8487
9	0.7488
10	0.6700

17.81 (a) $\dfrac{A^2}{2}$, (b) $|c_1| = 2A/(3\pi)$, $|c_2| = 2A/(15\pi)$,

$|c_3| = 2A/(35\pi)$, $|c_4| = 2A/(63\pi)$ (c) 81.1%

(d) 0.72%

제18장

18.1 $\dfrac{2(\cos 2\omega - \cos\omega)}{j\omega}$

18.3 $\dfrac{j}{\omega^2}(2\omega \cos 2\omega - \sin 2\omega)$

18.5 $\dfrac{2j}{\omega} - \dfrac{2j}{\omega^2}\sin\omega$

18.7 (a) $\dfrac{2 - e^{-j\omega} - e^{-j2\omega}}{j\omega}$, (b) $\dfrac{5e^{-j2\omega}}{\omega^2}(1 + j\omega 2) - \dfrac{5}{\omega^2}$

18.9 (a) $\dfrac{2}{\omega}\sin 2\omega + \dfrac{4}{\omega}\sin\omega$,

(b) $\dfrac{2}{\omega^2} - \dfrac{2e^{-j\omega}}{\omega^2}(1 + j\omega)$

18.11 $\dfrac{\pi}{\omega^2 - \pi^2}(e^{-j\omega 2} - 1)$

18.13 (a) $\pi e^{-j\pi/3}\delta(\omega - a) + \pi e^{j\pi/3}\delta(\omega + a)$,

(b) $\dfrac{e^{j\omega}}{\omega^2 - 1}$, (c) $\pi[\delta(\omega + b) + \delta(\omega - b)]$

$+ \dfrac{j\pi A}{2}[\delta(\omega + a + b) - \delta(\omega - a + b)$

$+ \delta(\omega + a - b) - \delta(\omega - a - b)]$,

(d) $\dfrac{1}{\omega^2} - \dfrac{e^{-j4\omega}}{j\omega} - \dfrac{e^{-j4\omega}}{\omega^2}(j4\omega + 1)$

18.15 (a) $2j\sin 3\omega$, (b) $\dfrac{2e^{-j\omega}}{j\omega}$, (c) $\dfrac{1}{3} - \dfrac{j\omega}{2}$

18.17 (a) $0.5\,\pi[\delta(\omega + 2) + \delta(\omega - 2)] - \dfrac{j\omega}{\omega^2 - 4}$

(a) $\dfrac{j\pi}{2}[\delta(\omega + 10) - \delta(\omega - 10)] - \dfrac{10}{\omega^2 - 100}$

18.19 $\dfrac{j\omega}{\omega^2 - 4\pi^2}(e^{-j\omega} - 1)$

18.21 증명

18.23 (a) $\dfrac{30}{(6 - j\omega)(15 - j\omega)}$

(b) $\dfrac{20e^{-j\omega/2}}{(4 + j\omega)(10 + j\omega)}$

(c) $\dfrac{5}{[2 + j(\omega + 2)][5 + j(\omega + 2)]} +$

$\dfrac{5}{[2 + j(\omega - 2)][5 + j(\omega - 2)]}$

(d) $\dfrac{j\omega 10}{(2 + j\omega)(5 + j\omega)}$

(e) $\dfrac{10}{j\omega(2 + j\omega)(5 + j\omega)} + \pi\delta(\omega)$

18.25 (a) $5e^{2t}u(t)$, (b) $6e^{-2t}$, (c) $(-10e^t u(t) + 10e^{2t})u(t)$

18.27 (a) $5\,\mathrm{sgn}(t) - 10e^{-10t}\,u(t)$,

(b) $4e^{2t}u(-t) - 6e^{-3t}u(t)$,

(c) $2e^{-20t}\sin(30t)\,u(t)$, (d) $\dfrac{1}{4}\pi$

18.29 (a) $\dfrac{1}{2\pi}(1 + 8\cos 3t)$, (b) $\dfrac{4\sin 2t}{\pi t}$,

(c) $3\delta(t + 2) + 3\delta(t - 2)$

18.31 (a) $x(t) = e^{-at}u(t)$,

(b) $x(t) = u(t + 1) - u(t - 1)$,

(c) $x(t) = \dfrac{1}{2}\delta(t) - \dfrac{a}{2}e^{-at}\,u(t)$

18.33 (a) $\dfrac{2j\sin t}{t^2 - \pi^2}$, (b) $u(t - 1) - u(t - 2)$

18.35 (a) $\dfrac{e^{-j\omega/3}}{6 + j\omega}$, (b) $\dfrac{1}{2}\left[\dfrac{1}{2 + j(\omega + 5)} + \dfrac{1}{2 + j(\omega - 5)}\right]$,

(c) $\dfrac{j\omega}{2 + j\omega}$, (d) $\dfrac{1}{(2 + j\omega)^2}$, (e) $\dfrac{1}{(2 + j\omega)^2}$

18.37 $\dfrac{j\omega}{4 + j3\omega}$

18.39 $\dfrac{10^3}{10^6 + j\omega}\left(\dfrac{1}{j\omega} + \dfrac{1}{\omega^2} - \dfrac{1}{\omega^2}e^{-j\omega}\right)$

18.41 $\dfrac{2j\omega(4.5 + j2\omega)}{(2 + j\omega)(4 - 2\omega^2 + j\omega)}$

18.43 $1000(e^{-1t} - e^{-1.25t})u(t)$ V

18.45 $5(e^{-t} - e^{-2t})u(t)$ A

18.47 $16(e^{-t} - e^{-2t})u(t)$ V

18.49 $0.542\cos(t + 13.64°)$ V

18.51 16.667 J

18.53 π

18.55 682.5 J

18.57 2 J, 87.43%

18.59 $(16e^{-t} - 20e^{-2t} + 4e^{-4t})u(t)$ V

18.61 $2X(\omega) + 0.5X(\omega + \omega_0) + 0.5X(\omega - \omega_0)$

18.63 106 stations

18.65 6.8 kHz

18.67 200 Hz, 5 ms

18.69 35.24%

제19장

19.1 $\begin{bmatrix} 8 & 2 \\ 2 & 3.333 \end{bmatrix} \Omega$

19.3 $\begin{bmatrix} (8 + j12) & j12 \\ j12 & -j8 \end{bmatrix} \Omega$

19.5 $\begin{bmatrix} \dfrac{s^2 + s + 1}{s^3 + 2s^2 + 3s + 1} & \dfrac{1}{s^3 + 2s^2 + 3s + 1} \\ \dfrac{1}{s^3 + 2s^2 + 3s + 1} & \dfrac{s^2 + 2s + 2}{s^3 + 2s^2 + 3s + 1} \end{bmatrix}$

19.7 $\begin{bmatrix} 29.88 & 3.704 \\ -70.37 & 11.11 \end{bmatrix} \Omega$

19.9 $\begin{bmatrix} 2.5 & 1.25 \\ 1.25 & 3.125 \end{bmatrix} \Omega$

19.11 그림 D.40을 참조하라.

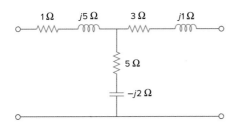

그림 D.40
문제 19.11.

19.13 329.9 W

19.15 24 Ω, 384 W

19.17 $\begin{bmatrix} 9.6 & -0.8 \\ -0.8 & 8.4 \end{bmatrix} \Omega,\ \begin{bmatrix} 0.105 & 0.01 \\ 0.01 & 0.12 \end{bmatrix} S$

19.19 복수의 해를 가진 설계문제이다.

19.21 그림 D.41을 참조하라.

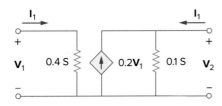

그림 D.41
문제 19.21.

19.23 $\begin{bmatrix} s + 2 & -(s + 1) \\ -(s + 1) & \dfrac{s^2 + s + 1}{s} \end{bmatrix},\ \dfrac{0.8(s + 1)}{s^2 + 1.8s + 1.2}$

19.25 그림 D.42를 참조하라.

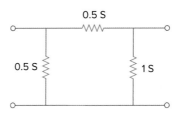

그림 D.42
문제 19.25.

19.27 $\begin{bmatrix} 0.25 & 0.025 \\ 5 & 0.6 \end{bmatrix} S$

19.29 (a) 22V, 8V, (b) 같다.

19.31 $\begin{bmatrix} 3.8\ \Omega & 0.4 \\ -3.6 & 0.2\ S \end{bmatrix}$

19.33 $\begin{bmatrix} (3.077 + j1.2821)\ \Omega & 0.3846 - j0.2564 \\ -0.3846 + j0.2564 & (76.9 + 282.1)\ mS \end{bmatrix}$

19.35 $\begin{bmatrix} 2\ \Omega & 0.5 \\ -0.5 & 0 \end{bmatrix}$

19.37 1.19 V

19.39 $g_{11} = \dfrac{1}{R_1 + R_2},\ g_{12} = -\dfrac{R_2}{R_1 + R_2}$

$g_{21} = \dfrac{R_2}{R_1 + R_2},\ g_{22} = R_3 + \dfrac{R_1 R_2}{R_1 + R_2}$

19.41 증명

19.43 (a) $\begin{bmatrix} 1 & \mathbf{Z} \\ 0 & 1 \end{bmatrix}$, (b) $\begin{bmatrix} 1 & 0 \\ \mathbf{Y} & 1 \end{bmatrix}$

19.45 $\begin{bmatrix} (1 - j0.5) & -j2\ \Omega \\ 0.25\ S & 1 \end{bmatrix}$

19.47 $\begin{bmatrix} 0.3235 & 1.176\ \Omega \\ 0.02941\ S & 0.4706 \end{bmatrix}$

19.49 $\begin{bmatrix} \dfrac{2s + 1}{s} & \dfrac{1}{s}\ \Omega \\ \dfrac{(s + 1)(3s + 1)}{s}\ S & 2 + \dfrac{1}{s} \end{bmatrix}$

19.51 $\begin{bmatrix} 2 & 2 + j5 \\ j & -2 + j \end{bmatrix}$

19.53 $z_{11} = \dfrac{A}{C},\ z_{12} = \dfrac{AD - BC}{C},\ z_{21} = \dfrac{1}{C},\ z_{22} = \dfrac{D}{C}$

19.55 증명

19.57 $\begin{bmatrix} 3 & 1 \\ 1 & 7 \end{bmatrix} \Omega,\ \begin{bmatrix} \dfrac{7}{20} & \dfrac{-1}{20} \\ \dfrac{-1}{20} & \dfrac{3}{20} \end{bmatrix} S,\ \begin{bmatrix} \dfrac{20}{7}\ \Omega & \dfrac{1}{7} \\ \dfrac{-1}{7} & \dfrac{1}{7}\ S \end{bmatrix},$

$\begin{bmatrix} \dfrac{1}{3}\ S & \dfrac{-1}{3} \\ \dfrac{1}{3} & \dfrac{20}{3}\ \Omega \end{bmatrix},\ \begin{bmatrix} 7 & 20\ \Omega \\ 1\ S & 3 \end{bmatrix}$

19.59 $\begin{bmatrix} 16.667 & 6.667 \\ 3.333 & 3.333 \end{bmatrix}\Omega, \begin{bmatrix} 0.1 & -0.2 \\ -0.1 & 0.5 \end{bmatrix}S,$

$\begin{bmatrix} 10\,\Omega & 2 \\ -1 & 0.3\,S \end{bmatrix}, \begin{bmatrix} 5\,\Omega & 10\,\Omega \\ 0.3\,S & 1 \end{bmatrix}$

19.61 (a) $\begin{bmatrix} \dfrac{5}{3} & \dfrac{4}{3} \\ \dfrac{4}{3} & \dfrac{5}{3} \end{bmatrix}\Omega$, (b) $\begin{bmatrix} \dfrac{5}{3}\,\Omega & \dfrac{4}{5} \\ \dfrac{-4}{5} & \dfrac{3}{5}\,S \end{bmatrix}$, (c) $\begin{bmatrix} \dfrac{5}{4} & \dfrac{3}{4}\,\Omega \\ \dfrac{3}{4}\,S & \dfrac{5}{4} \end{bmatrix}$

19.63 $\begin{bmatrix} 0.8 & 2.4 \\ 2.4 & 7.2 \end{bmatrix}\Omega$

19.65 $\begin{bmatrix} \dfrac{0.5}{3} & -\dfrac{1}{-0.5} \\ -\dfrac{-0.5}{3} & \dfrac{2}{5/6} \end{bmatrix}S$

19.67 $\begin{bmatrix} 4 & 63.29\,\Omega \\ 0.1576\,S & 4.994 \end{bmatrix}$

19.69 $\begin{bmatrix} \dfrac{s+1}{s+2} & \dfrac{-(3s+2)}{2(s+2)} \\ \dfrac{-(3s+2)}{2(s+2)} & \dfrac{5s^2+4s+4}{2s(s+2)} \end{bmatrix}$

19.71 $\begin{bmatrix} 2 & -3.334 \\ 3.334 & 20.22 \end{bmatrix}\Omega$

19.73 $\begin{bmatrix} 14.628 & 3.141 \\ 5.432 & 19.625 \end{bmatrix}\Omega$

19.75 (a) $\begin{bmatrix} 0.3015 & -0.1765 \\ 0.0588 & 19.625 \end{bmatrix}S$, (b) -0.0051

19.77 $\begin{bmatrix} 0.9488\underline{/-161.6°} \\ 0.3163\underline{/-161.6°} \end{bmatrix} \quad \begin{bmatrix} 0.3163\underline{/18.42°} \\ 0.9488\underline{/-161.6°} \end{bmatrix}$

19.79 $\begin{bmatrix} 4.669\underline{/-136.7°} \\ 2.53\underline{/-108.4°} \end{bmatrix} \quad \begin{bmatrix} 2.53\underline{/-108.4°} \\ 1.789\underline{/-153.4°} \end{bmatrix}\Omega$

19.81 $\begin{bmatrix} 1.5 & -0.5 \\ 3.5 & 1.5 \end{bmatrix}S$

19.83 $\begin{bmatrix} 0.3235 & 1.1765\,\Omega \\ 0.02941\,S & 0.4706 \end{bmatrix}$

19.85 $\begin{bmatrix} 1.581\underline{/71.59°} & -j\,\Omega \\ j\,S & 5.661\times10^{-4} \end{bmatrix}$

19.87 $\begin{bmatrix} -j1{,}765 & -j1{,}765\,\Omega \\ j888.2\,S & j888.2 \end{bmatrix}$

19.89 $-1{,}613,\ 64.15\ dB$

19.91 (a) 트랜지스터의 경우 -25.64, 회로의 경우 -9.615,

(b) 74.07, (c) 1.2 kΩ, (d) 51.28 kΩ

19.93 $-17.74,\ 144.5,\ 31.17\ \Omega,\ -6.148\ M\Omega$

19.95 그림 D.43을 참조하라.

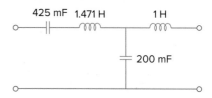

그림 D.43
문제 19.95.

19.97 250 mF, 333.3 mH, 500 mF

19.99 증명

참고문헌
Selected Bibliography

Aidala, J. B., and L. Katz. *Transients in Electric Circuits.* Englewood Cliffs, NJ: Prentice Hall, 1980.

Angerbaur, G. J. *Principles of DC and AC Circuits.* 3rd ed. Albany, NY: Delman Publishers, 1989.

Attia, J. O. *Electronics and Circuit Analysis Using MATLAB.* Boca Raton, FL: CRC Press, 1999.

Balabanian, N. *Electric Circuits.* New York: McGraw-Hill, 1994.

Bartkowiak, R. A. *Electric Circuit Analysis.* New York: Harper & Row, 1985.

Blackwell, W. A., and L. L. Grigsby. *Introductory Network Theory.* Boston, MA: PWS Engineering, 1985.

Bobrow, L. S. *Elementary Linear Circuit Analysis.* 2nd ed. New York: Holt, Rinehart & Winston, 1987.

Boctor, S. A. *Electric Circuit Analysis.* 2nd ed. Englewood Cliffs, NJ: Prentice Hall, 1992.

Boylestad, R. L. *Introduction to Circuit Analysis.* 10th ed. Columbus, OH: Merrill, 2000.

Budak, A. *Circuit Theory Fundamentals and Applications.* 2nd ed. Englewood Cliffs, NJ: Prentice Hall, 1987.

Carlson, B. A. *Circuit: Engineering Concepts and Analysis of Linear Electric Circuits.* Boston, MA: PWS Publishing, 1999.

Chattergy, R. *Spicey Circuits: Elements of Computer-Aided Circuit Analysis.* Boca Raton, FL: CRC Press, 1992.

Chen, W. K. *The Circuit and Filters Handbook.* Boca Raton, FL: CRC Press, 1995.

Choudhury, D. R. *Networks and Systems.* New York: John Wiley & Sons, 1988.

Ciletti, M. D. *Introduction to Circuit Analysis and Design.* New York: Oxford University Press, 1995.

Cogdeil, J. R. *Foundations of Electric Circuits.* Upper Saddle River, NJ: Prentice Hall, 1998.

Cunningham, D. R., and J. A. Stuller. *Circuit Analysis.* 2nd ed. New York: John Wiley & Sons, 1999.

Davis, A., (ed.). *Circuit Analysis Exam File.* San Jose, CA: Engineering Press, 1986.

Davis, A. M. *Linear Electric Circuit Analysis.* Washington, DC: Thomson Publishing, 1998.

DeCarlo, R. A., and P. M. Lin. *Linear Circuit Analysis.* 2nd ed. New York: Oxford University Press, 2001.

Del Toro, V. *Engineering Circuits.* Englewood Cliffs, NJ: Prentice Hall, 1987.

Dorf, R. C., and J. A. Svoboda. *Introduction to Electric Circuits.* 4th ed. New York: John Wiley & Sons, 1999.

Edminister, J. *Schaum's Outline of Electric Circuits.* 3rd ed. New York: McGraw-Hill, 1996.

Floyd, T. L. *Principles of Electric Circuits.* 7th ed. Upper Saddle River, NJ: Prentice Hall, 2002.

Franco, S. *Electric Circuits Fundamentals.* Fort Worth, FL: Saunders College Publishing, 1995.

Goody, R. W. *Microsim PSpice for Windows.* Vol. 1. 2nd ed. Upper Saddle River, NJ: Prentice Hall, 1998.

Harrison, C. A. *Transform Methods in Circuit Analysis.* Philadelphia, PA: Saunders, 1990.

Harter, J. J., and P. Y Lin. *Essentials of Electric Circuits.* 2nd ed. Englewood Cliffs, NJ: Prentice Hall, 1986.

Hayt, W H., and J. E. Kemmerly. *Engineering Circuit Analysis.* 6th ed. New York: McGraw-Hill, 2001.

Hazen, M. E. *Fundamentals of DC and AC Circuits.* Philadelphia, PA: Saunders, 1990.

Hostetter, G. H. *Engineering Network Analysis.* New York: Harper & Row, 1984.

Huelsman, L. P. *Basic Circuit Theory.* 3rd ed. Englewood Cliffs, NJ: Prentice Hall, 1991.

Irwin, J. D. *Basic Engineering Circuit Analysis.* 7th ed. New York: John Wiley & Sons, 2001.

Jackson, H. W., and P. A. White. *Introduction to Electric Circuits.* 7th ed. Englewood Cliffs, NJ: Prentice Hall, 1997.

Johnson, D. E. et al. *Electric Circuit Analysis.* 3rd ed. Upper Saddle River, NJ: Prentice Hall, 1997.

Karni, S. *Applied Circuit Analysis.* New York: John Wiley & Sons, 1988.

Kraus, A. D. *Circuit Analysis.* St. Paul, MN: West Publishing, 1991.

Madhu, S. *Linear Circuit Analysis.* 2nd ed. Englewood Cliffs, NJ: Prentice Hall, 1988.

Mayergoyz, I. D., and W. Lawson. *Basic Electric Circuits Theory.* San Diego, CA: Academic Press, 1997.

Mottershead, A. *Introduction to Electricity and Electronics: Conventional and Current Version.* 3rd ed. Englewood Cliffs, NJ: Prentice Hall, 1990.

Nasar, S. A. *3000 Solved Problems in Electric Circuits.* (Schaum's Outline) New York: McGraw-Hill, 1988.

Neudorfer, P. O., and M. Hassul. *Introduction to Circuit*

Analysis. Englewood Cliffs, NJ: Prentice Hall, 1990.

Nilsson, J. W., and S. A. Riedel. *Electric Circuits.* 5th ed. Reading, MA: Addison-Wesley, 1996.

O'Malley, J. R. *Basic Circuit Analysis. (Schaum's Outline)* 2nd ed. New York: McGraw-Hill, 1992.

Parrett, R. *DC-AC Circuits: Concepts and Applications.* Englewood Cliffs, NJ: Prentice Hall, 1991.

Paul, C. R. *Analysis of Linear Circuits.* New York: McGraw-Hill, 1989.

Poularikas, A. D., (ed.). *The Transforms and Applications Handbook.* 2nd ed. Boca Raton, FL: CRC Press, 1999.

Ridsdale, R. E. *Electric Circuits.* 2nd ed. New York: McGraw-Hill, 1984.

Sander, K. F. *Electric Circuit Analysis: Principles and Applications.* Reading, MA: Addison-Wesley, 1992.

Scott, D. *Introduction to Circuit Analysis: A Systems Approach.* New York: McGraw-Hill, 1987.

Smith, K. C., and R. E. Alley. *Electrical Circuits: An Introduction.* New York: Cambridge University Press, 1992.

Stanley, W. D. *Transform Circuit Analysis for Engineering and Technology.* 3rd ed. Upper Saddle River, NJ: Prentice Hall, 1997.

Strum, R. D., and J. R. Ward. *Electric Circuits and Networks.* 2nd ed. Englewood Cliffs, NJ: Prentice Hall, 1985.

Su, K. L. *Fundamentals of Circuit Analysis.* Prospect Heights, IL: Waveland Press, 1993.

Thomas, R. E., and A. J. Rosa. *The Analysis and Design of Linear Circuits.* 3rd ed. New York: John Wiley & Sons, 2000.

Tocci, R. J. *Introduction to Electric Circuit Analysis.* 2nd ed. Englewood Cliffs, NJ: Prentice Hall, 1990.

Tuinenga, P. W. *SPICE: A Guide to Circuit Simulation.* Englewood Cliffs, NJ: Prentice Hall, 1992.

Whitehouse, J. E. *Principles of Network Analysis.* Chichester, U.K.: Ellis Horwood, 1991.

Yorke, R. *Electric Circuit Theory.* 2nd ed. Oxford, U.K.: Pergamon Press, 1986.

찾아보기

Index

한글 찾아보기

ㄱ

가산기 197
가산성 137
가역 906
가지 38
각주파수 393
감산기 199
감쇠 342
감쇠 고유주파수 341
감쇠주파수 341
강압변압기 609
강제응답 290
강하게 결합 599
개방 619
개방루프 전압이득 188
개방회로 34, 35
개방회로 임피던스 파라미터 906
게이트함수 283
격리변압기 609
결합계수 599
계단응답 288
계측 64
고속 푸리에 변환 840
고유응답 270
고유저항 32
고유주파수 339
고정자 534
고정형 저항 34

고주파 통과 필터 676
공심 변압기 601
공액복소 735
공진주파수 339, 668
공진 피크 667
공통–베이스 전류 이득 116
공통–이미터 전류 이득 116
과도응답 291, 357
과제동 339
교류 393
교류 전류 7, 8
교류회로 393
교차주파수 702
교차 회로망 701
구동점 임피던스 906
국부 발진기 698
권선수비 608
권선 용량 241
권선저항 241
극점 733, 784
기기증폭기 198, 200, 209
기본 주파수 809
기준 노드 87
기함수 818
깁스 현상 814

ㄴ

나이퀴스트 간격 894
나이퀴스트 주파수 894

내부 저항 165
네트워크 38
네퍼주파수 339
노드 38
노드 해석 87
노치 필터 678
노턴 등가회로 155
노턴의 정리 155
누전 차단기 573
능동소자 15
능동필터 675

ㄷ

다르송발 미터 이동기 64, 66
다상 532
단계 202
단권변압기 615
단락회로 34
단락회로 어드미턴스 파라미터 910
단방향 720
단사화 282
단위계단함수 280
단위램프함수 280, 282
단위이득 증폭기 195
단위 임펄스 응답 772
단위임펄스함수 280, 281
대수법 735
대역 제거 678
대역제한 846

대역 차단 678
대역 차단 필터 676
대역 통과 필터 676
대역폭 669
대지 접지 87
대체방안 20
대칭 58, 906
데시벨 655
델타-와이 변환 56
델타함수 281
독립 루프 39
독립 전류원 15
동위상 396
뒤짐 499
등가 148
등가 개념 144
등가저항 48, 49, 51
등가 컨덕턴스 49
등가회로 767
디리클레 조건 810
디지털 미터기 67

ㄹ

라플라스 변환 718
라플라스 역변환 720
롤오프 주파수 677
루프 39
리액턴스 410
릴레이 313
릴레이 지연 시간 313
릴레이 회로 313

ㅁ

만족 20
맥스웰 브리지 435
멀티미터 64
메거 테스터 167
메시 99

메시-전류 해석 방법 99
메시 해석 98, 99
무감쇠 고유주파수 341
무전원 회로 268
무효전력 501
미국전기공학회 14
미분방정식 718
믹서기 698
민감도 68
밀리옴미터 167

ㅂ

바르크하우젠 조건 466
반사 임피던스 603, 610
반송파 890
반전기 193
반전력주파수 669
반전 입력 187
발진기 465
벤저민 프랭클린 6
벨 655
변수비 656
변압기 376, 589, 601
변압기 뱅크 618
변압비 608
병렬연결된 저항 49
병렬 저항 48
보드선도 656
복소수형 푸리에 급수 834
복소 위상 스펙트럼 834
복소전력 500, 502
복소 진폭 스펙트럼 834
복조 892
볼트-암페어 리액티브 502
볼트-옴 미터 64
부분분수 전개 733
부족제동 340
부족제동상태 339
부하 64, 148

부하가 없는 전원 166
부하 영향 166
불평형 168, 536
브리지증폭기 226
비례성 136
비반전 입력 187
비선형 인덕터 240
비선형 저항 35
비선형 커패시터 231
비평면 회로 99
빈 브리지 435
빈-브리지 발진기 466

ㅅ

사다리 방법 772
삼각함수형 푸리에 급수 809
상전류 539
상전압 534, 538
상측파대 892
상태변수 776
상호 인덕턴스 589, 590, 591
상호 전압 590, 591
샘플링 간격 893
샘플링 속도 893
샘플링 이론 846
샘플링 주파수 893
섀시 접지 87
서셉턴스 411
선간전압 538
선 스펙트럼 836
선전류 539
선전압 538
선택도 669, 670
선형 231, 601
선형 방정식 718
선형성 136, 760
선형 인덕터 240
선형 저항 35
선형 회로 136, 137

소거법 88
수동부호규정 11, 12
수동소자 15
수동필터 675
순시값 404
순시전력 11, 484
슈퍼헤테로다인 698
스위칭함수 280
스케일링 688
스펙트럼 866
스펙트럼 분석기 846
승압변압기 609
시간 7
시간 영역 404
시간 추이 성질 723
시그넘함수 880
시도 20
시상수 270, 314
시스템 760
신호 10
실수부 401
실효값 494
싱크 함수 836
쌍대성 371
쌍대성의 원리 371

ㅇ

아날로그 67
아날로그 미터기 67
안정 784
앞섬 499
약하게 결합 599
양방향 720
양의 전류 흐름 8
어드미턴스 411
어드미턴스 파라미터 910
에너지 11
에너지 보존법칙 12
역률 498

역률각 498
역률 개선 509
역상순 535
역전송 파라미터 920
역하이브리드 파라미터 914
역행렬 법 88
연결 동조 698
연산증폭기 186, 300
영점 652, 733, 784
오일러 함수 401
옴미터 66
옴의 법칙 33, 34, 48, 87
와이-델타 변환 57
완전응답 289, 290
완전히 결합 599
외부 전동력 9
요소 4
우함수 816
울림 342
위상 395
위상 스펙트럼 812, 866
유도성 410
유수 733
유수법 733
음극선관 17
음의 전류 흐름 8
이미턴스 910
이산 푸리에 변환 840
이상적인 독립 전원 15
이상적인 전류원 25
이상적인 전압원 25
이상적인 종속 전원 16
이진 가중 사다리 207
이차 미분방정식 338
이차 회로 332
인덕턴스 239
인덕턴스 시뮬레이터 481
일반적인 노드 94
일차 미분방정식 269

일차 회로 268
임계제동 339
임피던스 410
임피던스 스케일링 688
임피던스 정합 610, 628
임피던스 파라미터 905

ㅈ

자기 인덕턴스 589
자기적으로 결합 588, 590
자연응답 270
저장소자 228
저주파 통과 필터 676
저항 32, 33, 410
저항계 66
저항지시기 64
저항 행렬 108
적분형 변환 864
전기료 19
전기적으로 결합 588
전기적인 격리 615
전기적 점화 375
전기전자공학회 14
전기 조명 시스템 62
전기회로 4
전달 임피던스 906
전달함수 651, 771
전동력 7
전력 11
전력계 511
전력계통 631
전력 삼각형 502
전력 스펙트럼 835
전류 7
전류계 64, 66
전류 분배 48
전류 분배 법칙 50, 415
전류 분배회로 50
전류증폭기 225

전류 흐름 8
전송 파라미터 919
전압 9
전압 강하 10
전압계 64
전압 분배 47
전압 분배 법칙 414
전압 분배의 법칙 48
전압 분배회로 48
전압 상승 10
전압추종기 195
전원 변환 144, 145
전원 저항 165
전위 64
전위차 9
전위차계 35, 64
전자공학 85
전자기학의 법칙 7
전지 11
전하 6, 7
전하 보존 법칙 6, 41
전하 보존법칙
절점주파수 658
점 관례 591
접지 87
접합 트랜지스터 114
정상상태 응답 291, 357, 393
정상순 535
정의 20
정현파 393
제곱근 495
제곱 평균값 495
제동비 339
제시 20
종속연결 929
종속 전류원 16
종속 전압원 16
주기 394, 395
주기주파수 395

주기함수 395
주파수 404
주파수 스케일링 688
주파수 스펙트럼 812
주파수 영역 403
주파수 응답 650
주파수 추이 724
중첩의 원리 139
중첩적분 743
즈보리킨 18
지멘스 36
지수함수형 푸리에 급수 834
지연회로 309
직렬연결된 저항 48
직렬 저항 47
직류 전류 7
진폭 393
진폭 변조 890
진폭 스펙트럼 812, 866
진폭-위상 811

ㅊ

차단대역폭 678
차단주파수 676
차단중심주파수 678
천체 역학 718
초기값 333
초기값 정리 728
초크 239
최대 전력 전달 160
최대 전력 전달 법칙 160
최대 평균전력 전달 492
최상위 비트 207
최종값 333
최종값 정리 728
최하위 비트 207

ㅋ

커패시터 231
커패시턴스 229
커패시턴스 승산기 464
컨덕턴스 36, 411
컨덕턴스 행렬 107
코일 239
콘덴서 374
콘볼루션 740, 743
콘볼루션 적분 741
콜피츠 발진기 482
쿨롬 6
크기 스케일링 688
크레이머 공식 88, 89
큰 노드 94
큰 메시 104, 105
키르히호프 40, 41
키르히호프의 전류 법칙 41
키르히호프의 전압 법칙 41

ㅌ

탭 615
테브냉 등가회로 148
테브냉의 정리 148
토마스 에디슨 14
톱니파형 284
트랜스레지스턴스 증폭기 194
트랜지스터 114
특성방정식 339
특이함수 280

ㅍ

파괴점 375
파라미터 905, 910, 914
파르스발의 정리 831, 851
페이저 398
페이저도 402
페이저 영역 404
페이저 표현 401

편각 393
평가 20
평균전력 484, 486
평균증폭기 219
평면 회로 99
평형 168, 415, 422, 534
페루프 이득 188
포트 35, 904
표본화 282
표준형 657
푸리에 계수 809
푸리에 급수 809
푸리에 변환 866
푸리에 사인 급수 819
푸리에 역변환식 866
푸리에 정리 809
푸리에 코사인 급수 817
푸리에 해석 810
피상전력 498
필드 효과 트랜지스터 114

ㅎ

하이브리드 파라미터 914
하측파대 891
하틀리 발진기 482
허수부 401
헤비사이드의 정리 734
헤테로다인 698
회로 38
회로망함수 650
회로망 합성 787
회로이론 10
회로 해석 15
회전벡터 401
회전자 534

영문 찾아보기

A

ac 393
AIEE 14
air-core transformer 602
alternative 20
amplitude modulation: AM 890
argument 393
attempt 20
autotransformer 615
average power 484

B

balanced 58, 168, 534
band-reject 678
band-stop 678
bandwidth 669
bandwidth of rejection 678
Barkhausen criteria 466
bel 655
bilateral 720
binary weighted ladder 207
bipolar junction transistor: BJT 114
break frequency 658

C

capacitance 229
carrier 890
choke 239
conductance 36
convolution integral 741
corner frequency 658
coupling coefficient 599
cross-over network 701
cutoff frequency 676

D

dB 655
define 20
demodulation 892
DFT 840
driving-point impedance 906

E

electrical charge 6
element 4
emf 9
evaluate 20

F

FFT 840
field-effect transistor: FET 114
frequency mixer 698
frequency of rejection 678
frequency response 650

G

ganged tuning 698
GFCI 573

H

half-power frequency 669
heterodyne 698

I

IA 209
IEEE 14
impedance matching 610
independent loop 39
inductance 239
in phase 396
instantaneous power 484

instrumentation amplifier 198

inverse hybrid parameter 914

inverse transmission parameter 920

isolation transformer 609

K

KCL 41

KVL 41

L

lagging 499

leading 499

linear 231

line-to-line voltage 538

local oscillator 698

lower sideband 892

LSB 207

M

MSB 207

mutual inductance 589

N

natural response 270

negative sequence 535

Nyquist frequency 894

Nyquist interval 894

O

Ohm's law 33

one-sided 720

op amp 186

open circuit 34

operational amplifier 186

P

passive sign convention 12

phase 395

phase voltage 534

port 904

positive sequence 535

pot 35

potential difference 9

potentiometer 35

power factor 498

power factor angle 498

power grid 631

present 20

Q

quadrature power 501

quality factor 669

R

reactive power 501

reciprocal 906

resistance 32

resistivity 32

resistor 33

resonant frequency 668

ringing 342

rolloff frequency 677

rotor 534

S

satisfactorily 20

scaling 688

selectivity 670

self-inductance 589

short circuit 34

siemens 36

T

sifting 282

sinor 401

stage 202

standard form 657

stator 534

step-down transformer 609

step-up transformer 609

subtractor 199

summer 197

superheterodyne 698

supernode 94

symmetrical 906

tap 615

Thomas Alva Edison 62

three-wattmeter method 566

Traite de Mecanique 718

transformation ratio 608

transformer 589

transformer bank 618

transmission parameter 919

turns ratio 608

two-sided 720

two-wattmeter method 566

U

unbalanced 536

unilateral 720

upper sideband 892

V

VAR 502

Vladimir K. Zworykin 18

voltage 9

VOM 64

W

winding capacitance 241

winding resistance 241

기타 찾아보기

1차 권선 601

2-전력계 방법 566

2차 권선 601

2포트 회로망 904

3-전력계 방법 566

ac 전압 11

dc 전압 10

high-Q 회로 670

t 파라미터 920

무전원 RC 회로 269

무전원 RL 회로 273

윈도우용 $PSpice$ 86, 112, 205, 305, 533, 840